GONGYE FENGRENJI WEIXIU SHOUCE

工业缝纫机
维修手册

《工业缝纫机维修手册》编委会　　组织编写

化学工业出版社
·北京·

图书在版编目（CIP）数据

工业缝纫机维修手册/《工业缝纫机维修手册》编委会组织编写. —北京：化学工业出版社，2019.10（2024.4重印）
ISBN 978-7-122-34827-2

Ⅰ.①工… Ⅱ.①工… Ⅲ.①工业用缝纫机-维修-手册 Ⅳ.①TS941.562-62

中国版本图书馆 CIP 数据核字（2019）第 141270 号

责任编辑：贾　娜　　　　文字编辑：陈　喆
责任校对：杜杏然　　　　装帧设计：王晓宇

出版发行：化学工业出版社（北京市东城区青年湖南街 13 号　邮政编码 100011）
印　　装：北京盛通数码印刷有限公司
787mm×1092mm　1/16　印张 32½　字数 834 千字　2024 年 4 月北京第 1 版第 5 次印刷

购书咨询：010-64518888　　售后服务：010-64518899
网　　址：http://www.cip.com.cn
凡购买本书，如有缺损质量问题，本社销售中心负责调换。

定　　价：129.00 元

《工业缝纫机维修手册》
编写人员名单

主　　编：徐　峰　潘旺林

编写人员（按姓氏笔画排序）：

汪立亮　汪　宁　汪倩倩　陈忠明　杨小波

杨光明　连　帡　张　晨　周　宁　周　钊

徐　峰　徐　淼　程宇航　潘旺林　潘明明

潘珊珊　魏金营

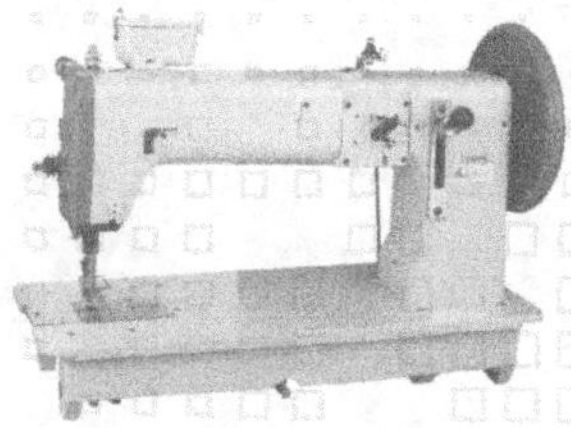

前 言

缝纫设备是服装、鞋帽、箱包等生产加工中不可缺少的主要生产设备，其应用范围极其广泛，产品的种类繁多，数量较大。而中国是世界上最大的服装生产和输出国，具有一定规模的服装生产企业多达十几万家，年产服装超过 500 亿件。同时中国也是缝纫机生产大国，缝纫机的生产量占全球产量的 70%以上。服装、鞋帽和缝纫机生产量均列世界第一位。

随着科学技术的不断进步，新产品、新技术、新工艺、新材料不断地应用到服装机械设备的生产中，促进了服装机械设备的发展。现代服装机械设备品种繁多，功能和用途各异。尤其是新兴科学技术在服装机械设备领域内的广泛应用，出现了许多新型服装机械，对从业人员的技能要求相应提高。

目前服装和缝纫行业的缝纫设备维修工奇缺，其根本原因是缺乏专业知识和系统培训。维修工学习的方式主要是拜师学艺，师傅的学历大多数是初高中水平，他们的实践经验较为丰富，能凭借多年经验推敲出某类具体故障的维修技巧，但是理论知识缺乏，很难上升到理论高度去指导不同机器之间同一类问题的修理，加上现代缝纫设备融入了多种自动化装置和电子方面的新技术，靠自己在摸索中学习显然已跟不上社会发展的要求。鉴于上述情况，我们组织行业相关专家整理编写了《工业缝纫机维修手册》一书。

为了使广大工业缝纫机从业人员尽快熟悉、掌握工业缝纫机的相关知识，提高实际维修技能，编者根据多年工作实践，综合工业缝纫机维修的特点，从基础知识、基础理论入手，由表及里，围绕缝纫机工作原理、产品结构、装配调试、使用维护及故障诊断等重要环节，选择了平缝机、包缝机、钉扣机、锁眼机等当前主流机种作为介绍学习对象，向广大读者讲解了最新的技术知识，内容翔实，针对性和可读性强。本手册共分 10 章，主要内容有：缝纫机维修基本知识、缝纫机维修技术基础、缝纫机装配与测试、工业平缝机、包缝机、钉扣机、平头锁眼机、圆头锁眼机、其他缝纫设备、缝纫机常见故障检修。本手册具有知识涵盖面广、通俗易懂、便于操作的特点，可供服装、针织行业的工人、设备管理技术人员阅读参考，也可作为技工培训、服装技术学校的参考书，还可供缝纫机制造行业的相关人员参考使用。

本书编写过程中，得到了中国缝制机械协会、上海市缝纫机研究所、南京裁圣缝纫设备有限公司等单位的大力支持，在此表示衷心的感谢！

由于笔者水平所限，书中不妥之处在所难免，敬请广大读者批评指正。

目 录

第一章 缝纫机维修基本知识 001

第一节 概述 / 001
一、服装机械发展概况 / 001
二、缝纫机的分类及型号 / 002
三、缝纫机专用名词术语 / 009
第二节 缝纫机机械结构 / 014
一、缝纫机基本结构 / 014
二、缝纫机通用机构 / 023
第三节 缝纫机电气基础 / 036
一、常用电器及电子元器件 / 036
二、传感器 / 047
第四节 缝纫机润滑知识 / 061
一、润滑目的和方法 / 061
二、缝纫设备的润滑方式 / 064
三、缝纫设备的润滑系统 / 069

第二章 缝纫机维修技术基础 077

第一节 线迹及形成原理 / 077
一、缝针与缝线 / 077
二、成缝的机件 / 082
三、线迹的形成 / 088
四、成缝的过程 / 093
第二节 常用钳工工具及量具 / 100
一、常用钳工工具 / 100
二、常用维修量具 / 105
第三节 常用电工工具及仪表 / 110
一、常用电工工具 / 110
二、常用电工仪表 / 116

第四节　缝纫机基本整修技术 / 129
一、缝纫机零部件的修复方法 / 129
二、缝纫机的整修技术 / 136
第五节　缝纫设备修理复杂系数 / 141
一、缝纫设备修理复杂系数计算方法 / 141
二、缝纫设备修理复杂系数表 / 143
三、缝纫设备修理保养工时计算 / 144
第六节　缝纫设备维修技巧 / 145
一、电脑缝制设备的保养与电路板的维修 / 145
二、机器常用易损件的优劣识别方法 / 148

第三章
缝纫机装配与测试　150

第一节　装配的基本概念 / 150
一、装配工艺 / 150
二、装配时应掌握的技术内容 / 153
三、装配工艺的选定 / 155
四、螺钉紧固、连接和拧紧力矩 / 156
第二节　装配前的准备工作 / 159
一、了解要装配的产品 / 159
二、工艺装备准备 / 159
三、零部件的检验 / 161
四、零件的清理和清洗 / 177
第三节　部件装配 / 178
一、轴套和轴的装配 / 179
二、轴类零件的装配 / 179
三、滚动轴承的装配 / 179
四、挑线杆组件的装配 / 181
五、针杆曲柄上轴组件的装配 / 181
六、送料调节器组件的装配 / 182
七、送料偏心轮组件的装配 / 182
八、牙架组件的装配 / 183
九、连杆传动机构的装配要求 / 183
十、齿轮传动机构的装配要求 / 183
十一、其他组件的装配 / 187
第四节　缝纫机的测试方法 / 189
一、缝纫机外观质量的测试 / 189
二、机器性能的测试 / 190
三、缝纫性能的测试 / 191
四、运转性能的测试 / 196
五、润滑及密封的测试 / 199

六、电气安全与伺服系统的检测 / 202

第四章
工业平缝机 210

第一节　工业平缝机性能简介 / 210
一、GB 型工业平缝机 / 210
二、GC 型工业平缝机 / 210
三、电脑控制工业平缝机 / 213
第二节　工业平缝机的结构与原理 / 213
一、线迹形式和形成过程 / 214
二、挑线机构 / 217
三、针杆机构 / 219
四、钩线机构 / 222
五、送料机构 / 225
六、压脚机构 / 229
七、润滑系统 / 232
八、运动曲线 / 234
九、自动剪线装置 / 235
十、缝针定位装置 / 241
十一、自动拨线装置 / 241
十二、自动倒缝及自动加固缝装置 / 243
第三节　工业平缝机的使用与维护 / 244
一、工业平缝机的使用 / 244
二、工业平缝机的保养及维护 / 250
三、工业平缝机的大修理交接技术条件和完好技术条件 / 254
第四节　工业平缝机的装配与检测 / 255
一、工业平缝机机头的装配 / 255
二、工业平缝机的装配调整 / 257
三、工业平缝机的性能检测 / 269
第五节　工业平缝机的常见故障及排除 / 272
一、断线故障分析及维修 / 272
二、跳针和断针故障分析及维修 / 273
三、针迹浮线和绕线故障分析及维修 / 274
四、送布故障分析及维修 / 276
五、缝料损伤、噪声和运动系统故障分析及维修 / 276

第五章
包缝机 279

第一节　包缝机性能简介 / 279

一、包缝机的分类和一般用途 / 279
二、国产包缝机及其技术规格 / 280
三、外国产缝纫机及其技术规格 / 284
第二节 包缝机的结构与原理 / 287
一、线迹形成和形成过程 / 287
二、传动机构 / 290
三、针杆机构 / 291
四、钩线（弯针）机构 / 293
五、送料机构 / 298
六、压脚机构 / 302
七、切刀机构 / 304
第三节 包缝机的使用与维护 / 306
一、包缝机的使用 / 306
二、包缝机的保养与维护 / 308
三、包缝机完好标准 / 310
第四节 包缝机的装配调整与检测 / 311
一、包缝机机头装配 / 311
二、包缝机主要机构的定位和调整 / 313
三、包缝机性能检测 / 324
第五节 包缝机的常见故障及排除 / 328

第六章 钉扣机 331

第一节 钉扣机性能简介 / 331
一、国产钉扣机 / 331
二、国外引进的钉扣机 / 332
第二节 钉扣机的结构与原理 / 336
一、钉扣机的结构 / 336
二、钉扣机的原理 / 340
第三节 钉扣机的保养与维护 / 342
一、日常保养 / 342
二、一级保养 / 343
三、二级保养 / 343
四、钉扣机完好标准 / 345
第四节 钉扣机的常见故障及排除 / 345

第七章 平头锁眼机 349

第一节 平头锁眼机性能简介 / 349

一、国产锁眼机 / 349
二、进口锁眼机 / 350
第二节　平头锁眼机的结构与原理 / 352
一、平头锁眼机的工作原理 / 352
二、主要机构及动作原理 / 354
第三节　平头锁眼机的保养与维护 / 365
一、日常保养法 / 365
二、一级保养法 / 365
三、二级保养法 / 366
第四节　平头锁眼机的常见故障及排除 / 370
一、平头锁眼机断线和浮线的缝纫故障及维修 / 370
二、平头锁眼机跳针、断线的缝纫故障及维修 / 372
三、平头锁眼机传递系统机械故障分析与维修 / 373
四、平头锁眼机功能系统机械故障分析与维修 / 375

第八章 圆头锁眼机 378

第一节　圆头锁眼机性能简介 / 378
第二节　圆头锁眼机的结构与原理 / 379
一、圆头锁眼机原理 / 379
二、主要机构及工作原理 / 381
三、圆头锁眼机的调整 / 386
四、圆头锁眼机各机构的调整 / 388
第三节　圆头锁眼机的保养与维护 / 393
一、日常保养 / 393
二、一级保养 / 394
三、二级保养 / 394
四、修整和更换 / 394
第四节　圆头锁眼机的常见故障及排除 / 401
一、圆头锁眼机挑线凸轮轴机构的传动及维修 / 401
二、圆头锁眼机挑线杆和切刀机构传动过程装配要求及维修 / 402
三、圆头锁眼机弯针、摆针和走针机构传动过程装配要求及维修 / 403
四、圆头锁眼机钮孔轨迹和转针机构的传动、装配要求及维修 / 404
五、圆头锁眼机抬压脚和绷料机构的传动、装配要求及维修 / 406
六、圆头锁眼机的机构组装及故障分析 / 406

第九章 其他缝纫设备 408

第一节　绷缝机 / 408

一、绷缝机的性能与技术特征 / 408
二、绷缝原理及其机构 / 413
三、绷缝机的使用与调整 / 418
四、绷缝机的装配及检测 / 427
五、绷缝机的故障及排除方法 / 438
第二节 粘合机 / 440
一、粘合机的基础知识 / 440
二、粘合机的结构及原理 / 442
三、粘合机的使用及维护 / 447
四、粘合机的常见故障及排除 / 449
第三节 撬边机 / 450
一、撬边机的性能 / 451
二、主要机构及其工作原理 / 451
三、撬边机的使用 / 454
四、机件的定位标准及调节方法 / 457
五、常见故障及排除方法 / 461

第十章 缝纫机常见故障检修 463

第一节 常见缝纫故障诊断与维修 / 463
一、断线故障的判断与维修 / 463
二、浮线故障分析和维修 / 468
三、跳针故障的分析及维修 / 470
四、起皱故障的分析及维修 / 479
第二节 常见的机械故障判断与维修 / 480
一、断针故障的判断与维修 / 480
二、机器力矩过大或轧住故障的判断与维修 / 481
三、噪声故障的判断与维修 / 483
第三节 常见的电气控制故障判断与维修 / 484
一、电控系统维修基础常识 / 484
二、电动机故障及检修 / 489
三、显示器故障 / 491
四、功能动作故障 / 492
第四节 油路故障及漏油分析 / 500
一、油路故障 / 500
二、高速平缝机漏油分析及维修方法 / 501
三、包缝机漏油分析及维修方法 / 504
四、绷缝机漏油分析及维修方法 / 506

参考文献 509

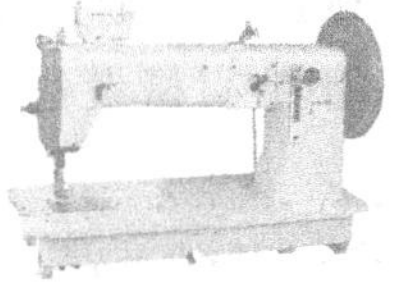

第一章
缝纫机维修基本知识

第一节 概 述

一、服装机械发展概况

服装机械设备的发展，与其他机械设备相比是较为缓慢的，它在半自动化和自动化方面走了一段漫长的道路，进入 20 世纪 80 年代后，随着电子技术的飞跃发展以及电子计算机的广泛应用，服装机械设备获得了新的生机，有了很大的发展。

最早的服装加工业，是在人类个体手工劳动的基础上发展起来的。服装机械设备的更新和改革，对于满足人们服装款式的多样化起着积极的作用。纵观缝纫技术的发展历史，可以看到缝纫技术从简到繁、从低级走向高级，采用机械缝纫代替手工缝纫已成为必然趋势。最早出现的缝纫机是在 1850 年，由美国胜家公司制造，其构造很简单，只能用一根线缝纫，主要机件是机针和钩针。

随着科学技术的不断进步，新产品、新技术、新工艺、新材料不断地应用到服装机械设备的生产中，促进了服装机械设备的发展。目前，一个大型服装厂，从剪裁、缝纫、熨烫成形，到成衣包装出厂，都已有全套的机械设备。尤其在一些发达国家和地区，近年来已使用带有微处理机的专用机，比如缝牛仔裤专用的双针机，前后片的接缝机，上裤腰、上衣领、上袖、上袖口、打折、开口袋、锁眼、钉扣、上带袢等均有专用机。目前，世界上已有四千多种服装机械设备，基本上形成了机械化、连续化、自动化的工业生产体系。

我国服装机械工业诞生于 19 世纪末期。当时只能进行修理和生产简单配件。新中国成立以来，服装机械工业有了很大的发展。人民生活水平的提高，进一步要求服装工业成衣化、工业化、多样化、时装化，从而对服装机械提出了越来越高的要求。近年来，我国在积极引进先进技术与设备的同时，大力抓好服装机械设备的研制和开发，已逐步形成自己的服装机械现代化体系。

20 世纪 80 年代以来，国际服装机械进入了全盛时期。现代服装机械设备品种繁多，功能和用途各异。尤其是新兴科学技术在服装机械设备领域内的广泛应用，出现了许多新型服装机械。概括起来有如下特点。

① 产品系列化程度不断提高，确定了基础产品，开发派生系列产品，向一机多用方向发展。常选用数量较大的平缝机作为基础产品，通过改变不同数量的机针及缝线，改变线迹形状和配置各种不同用途的附属装置，形成派生系列产品。

② 在功能上不断扩大服装机械的使用范围，促进产品质量不断提高。

③ 综合应用电子、电脑、液压、气动等先进技术，简化机械结构，实现服装机械设备操作自动化。

④ 广泛应用电脑及先进测试技术，提高缝纫质量，实现缝纫高速化、精密化。

⑤ 服装机械向多功能、自动化方向发展，更多的功能各异的数控缝纫机广泛用于生产实际，向多机台操作和自动生产线方向迈进。服装工程中的准备和整理两部分的自动化，将使验布、铺料、纸样设计、裁剪、衣片分配、衣片储备以及成品检验、整理和包装实现电脑控制，形成完善的先进的自动生产线。

二、缝纫机的分类及型号

缝纫机种类繁多，形式各异，世界上目前使用中的缝纫机有几千余种，当今各国生产的缝纫机也有 800 余种，想要认识和掌握这些外形各异、机构复杂的缝纫机，首先要懂得缝纫机的分类及型号。

1. 缝纫机的综合分类

(1) 按使用对象分类　共分为家用缝纫机、服务行业用缝纫机和工业用缝纫机三种。

① 家用缝纫机。一般为家庭和较小的服装厂（店）使用。它的特点是适应性强，能缝制多种织料的服装和用品，轻便灵活。另外家用缝纫机价格便宜，零件互换性好。它的线迹一般为直线形和锯齿形。其结构形式绝大多数为悬臂型，分为平底板和折叠型底板。其性能方面除一般缝纫之外，有些高级家用缝纫机还具有包缝、钉扣、锁眼等功能，有的机器还配有电脑控制的装饰图案变换机构。一般家用缝纫机主轴转速在 1000r/min 以下。

② 服务行业用缝纫机。一般为服务行业所使用，这类缝纫机大都具有专业性质，是按不同的缝纫对象和不同的缝纫工艺要求而设计制造的。由于用途不同，其结构也有所差异。

③ 工业用缝纫机。一般为服装厂和较大的服装店使用。制造精度高，材料的选用也较优良。其结构也比较复杂，品种则比家用缝纫机多，其速度分为中速、高速、超高速三种。速度在 1500～3500r/min 属于中速，在 3500～5000r/min 属于高速，在 5000r/min 以上属于超高速。

以上按使用对象分类并不是一定的。实际上目前有些服装生产单位，仍在大量使用着一般家用缝纫机，具体采用什么机器，主要根据各生产单位的需要和条件而定。

(2) 按线迹分类　可分为双线连锁线迹、双线链式线迹、三线切边包缝线迹、单线链式线迹、双线复合链式线迹和无线迹六种。

① 双线连锁线迹缝纫机。双线连锁线迹是摆梭钩线和旋转钩线缝纫机的线迹，大部分缝纫机都采用这种线迹。其特点是省线，线迹平坦整齐，但需要经常换梭心，工时利用率低。由于这种线迹缺乏足够的拉伸性，不能较好地适应缝料的伸缩性和使用弹性缝线。

② 双线链式线迹缝纫机。双线链式线迹是单弯针钩线机构的缝纫机的线迹。这种线迹从缝过的缝料的上面看与双线连锁线迹几乎一样，但从缝料的下面看，每个线迹都是由三、四股缝线交织在一起的。这种线迹在一个不长的线迹类型里，由多股缝线互相连环交织而成，它对缝制弹性衣料非常适宜，所以，被广泛地应用于缝制针织衣和弹力呢等衣料。不足之处在于衣料的底线迹突出，容易受到磨损而开缝，正因为这种缘故，从线缝的结尾处很容易把每个线迹都拆开。另外，双弯针与单弯针钩线机构相配合时，就形成了三线链式线迹。

③ 三线切边包缝线迹缝纫机。三线切边包缝线迹是双弯针钩线机构缝纫机的线迹。三线包缝机、四线包缝机、五线包缝机包边的一趟线迹就属于这一类。这种线迹缝纫机一般用于缝锁衣料毛边、针织衫和衬衫摆缝、袖笼等工序。如果在机器压脚前安装一个专用小工具，还可以用于缝制背心、圆领衫等针织品成衣的底边工序，因为这种线迹是由三根线互相交织而成的，所以对针织品和弹性衣料都很适用。

④ 单线链式线迹缝纫机。单线链式线迹是旋转钩线机构缝纫机线迹。这种线迹是通过旋转钩特殊反套作用，使缝线本身连续地使上一针的线环套住下一针的线环形成的。它对衣料的弹性有一定的适应性，可以承受一定程度的拉力，是连锁线迹所不能比拟的。单线链式线迹一边的抽头可以开链，但从另一边却拽不开，只能锁紧，因此用来缝合暂时性的衣料接缝是很适宜的。大多数钉扣机采用单线链式线迹，由于钉扣机的实际需要，一个个线迹都是重叠在一个或两个针距之间的，只有调整得当，才能保证缝合牢度。

⑤ 双线复合链式线迹缝纫机。双线复合链式线迹是双弯针双叉针钩线机构的缝纫机线迹，这种线迹一般在圆头锁眼机上使用。

⑥ 无线迹缝纫机。这一类缝纫机通常采用超声波和高频高速自控黏合来达到缝合的要求。

（3）按钩线机构分类　常见的可分摆梭钩线、旋梭钩线、单弯针钩线、双弯针钩线和旋转钩钩线五种。

① 摆梭钩线缝纫机。大多数家用缝纫机都采用这种钩线机构，有些工业缝纫机和服务行业缝纫机也采用这种机构。摆梭钩线的缝纫机梭床还可分为前开式和后开式两种，前者取出摆梭时，可以不卸下梭床体，只要把两个梭床圈的挡块向梭床外周方向转动一下便可取出摆梭。后者取摆梭时，则必须把梭床体卸下，所以，后开式不及前开式来得方便。

因为摆梭钩线缝纫机的钩线动作是通过摆梭托的推动做超过半径的往复运动来完成的，惯性影响较大，所以不能适应高转速，有些供工业使用的摆梭缝纫机，规定最高转速不能超过 2500r/min，如果超出极限转速使用，机器磨损加快，机器的使用寿命便会大大缩短。

② 旋梭钩线缝纫机。大多数工业缝纫机都采用这种机构，因为旋梭在钩线时做旋转运

动，所以能适应机器的高速运转。实际上每缝一针，旋梭转两周，这样，一台最高转速为3000r/min的缝纫机，它的旋梭转速便是6000r/min。由于旋梭钩线缝纫机转速很高，所以在使用过程中要特别注意机器的润滑。

③ 单弯针钩线缝纫机。多数针织成衣行业专用缝纫机属于这种类型的机器，服装行业五线包缝机上也采用这种机构。单弯针钩线过程特点：弯针不但有左右摆动动作，而且还有一个不大的前后摆动。因为弯针在前后左右动作时，不与其他机件接触，没有磨损，所以这种类型的机器一般转速很高。

④ 双弯针钩线缝纫机。所有的包缝机都采用这种钩线机构。它的钩线过程简单地讲是大弯针和小弯针在钩线时，两者只做交叉的左右摆动动作，和单弯针一样，两个弯针可各自按一定规律单独在空间运动，不与其他机件接触。

⑤ 旋转钩钩线缝纫机。旋转钩钩线是缝纫机中最简单的钩线机构。多数在钉扣机和草帽机上采用，旋转钩的外径一般小于摆梭外径的一半，略大于旋梭外径的一半。钩线过程的特点是：旋转钩上不需穿线，每缝一针，旋转钩转一周，钩线时旋转钩单独在空中旋转，可以在高速情况下工作，在一些摆针式的钉扣机上，采用旋转钩钩线机构时，由于机针左右摆动，机针上的线环经常变位，所以，常配以变速曲柄装置，使旋转钩在一周内不等速旋转，并配以线环扩展器以保证钩线的准确性。

（4）按挑线机构分类　有针杆挑线缝纫机、凸轮挑线缝纫机、连杆挑线缝纫机、滑杆挑线缝纫机、复动摆杆挑线缝纫机、旋转挑线缝纫机和齿轮挑线缝纫机。最常见的是凸轮挑线缝纫机、连杆挑线缝纫机和针杆挑线缝纫机三种。

① 凸轮挑线缝纫机。这类挑线机构多数用于完成钩线动作时需要较长余线的缝纫机上。这种凸轮挑线机构，是在机器上轴的一端装有一个曲线凹槽的圆柱凸轮，挑线杆上的小滚柱嵌入凸轮的凹槽内，当上轴转动时，通过凹槽和滚柱，驱动挑线杆按一定运动规律做上下摆动挑线，由于凸轮凹槽与挑线杆滚柱是高副接触形式，所以它存在着磨损大和不能传递较大的力的情况，即缝纫机不能高速运转，而且会产生噪声。

② 连杆挑线缝纫机。这类挑线机构多数用于完成钩线动作时需要较长余线的缝纫机上。这种挑线机构，是在机器上轴一端装一个曲柄驱动连杆机构，把回转运动转变成一定规律的上下摆动完成挑线动作。由于各种连杆连接处都是低副接触形式，具有动作灵活、磨损较小、能传递较大的力并且几乎没有噪声的特点，因此它很适应缝纫机的高速使用。

③ 针杆挑线缝纫机。这类挑线机构的缝纫机，适用于完成钩线动作时需要余线较短的机器，几乎所有的三线、四线、五线包缝机和大多数钉扣机、草帽机都采用这种机构。它的特点是机构简单，除了必要时加装几个过线装置外，没有单独的转动机构。挑线动作完全利用针杆固有的行程来完成。所以，这种挑线机构更加适应机器的高速使用。又因这种挑线机构没有单独的转动机构，所以无噪声。

除了上述划分种类的方法以外，还可以按缝纫机的外形状态、机架和台板的种类、机针与梭的工作位置、传动结构形式、照明装置、润滑方式、送布机构、机壳材质、转速情况等进行分类。由于这些分类不常见，因此就不一一列举了。

2. 缝纫机型号及编制规则

中华人民共和国轻工总会于1996年11月15日发布、1997年7月1日实施的QB/T

2251—1996《缝纫机型号编制规则》标准，规定了缝纫机的型号及编制规则。其标准适用于缝纫机行业的企事业单位所从事设计、生产、销售缝纫机的型号编制。

型号采用汉语拼音大写字母和阿拉伯数字为代号，表示使用对象、特征、设计顺序以及原型号基础上的派生号，代号的字体大小相同。

(1) 代号排列顺序规定

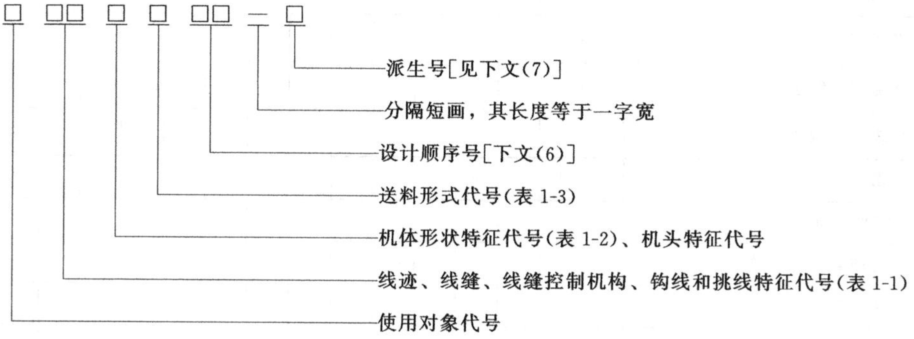

(2) 使用代号规定　家用缝纫机机头，用“J”表示；工业用缝纫机机头，用“G”表示；服务性行业用缝纫机机头，用“F”表示。

(3) 线迹、线缝、线缝控制机构、钩线和挑线特征代号　线迹、线缝、线缝控制机构、钩线和挑线特征代号按表 1-1 规定代号表示。

(4) 机体形状特征代号规定　机体形状的特征按表 1-2 规定的阿拉伯数字表示。

(5) 送料形式特征代号规定

① 送料形式特征代号，按表 1-3 规定的阿拉伯数字表示。

② 当机头是下送料形式时（包括 F 系列上、下复合送料），下列情况的机体形状连同送料形式，可以在型号中省略不表示：表 1-1 规定的 A、B 、C、G、H 系列的平板式机体；表 1-1 规定的 K、N、F 系列的平台式机体。

(6) 设计顺序号规定

① 设计顺序号由缝纫机型号管理单位（全国缝纫机标准化中心）统一注册登记编号。

② 凡符合下列规定之一者，必须变更设计顺序号：改变了专用缝纫对象；主要机构的布局和尺寸规格显著不同；形成的线迹种类不同。

③ 设计顺序号以两位数表示，当顺序号不满 10，而左边又无阿拉伯数字时，可省略为个位数表示。

(7) 原型号基础上的派生号（简称“派生号”）规定

① 派生号由设计单位提出，报缝纫机型号管理单位（全国缝纫机标准化中心）登记备案认可后才可标志。

② 派生号根据产品的具体特点，可以表达下列各种含义：在特征和机构的尺寸规格不变的情况下，造型显著改变；在原系列的基础上，调换个别零件后，增加或减少了线缝的行数；增加了某些零部件以后，辅助功能有某些增加；主要零部件如壳体、主轴以及其他主要传动零件，采用了不同的材料；设计单位需要表示的其他含义。

表 1-1　线迹、线缝、线缝控制机构、钩线和挑线特征代号

					A	B	B1	C	C1	C2	C3	D	D1	D2	D3	E	E1	E2	F	F1	F2
特征	线迹	手缝线迹																			
		锁式线迹			+	+	+	+	+	+	+	+	+	+	+		+	+	+	+	
		单线链式线迹														+					+
		双线链式线迹																			
		多线链式线迹																			
		覆盖链式线迹																			
		包边链式线迹																			
	线缝	直形线缝			+	+	+	+	+	+	+										
		Z 字形线缝																			
		曲形或装饰性线缝																			
		锁纽扣孔																	+	+	+
		钉纽扣														+	+	+			
		加固缝										+	+	+	+						
		暗缝																			
	线缝控制机构	无程序变化			+	+	+	+	+	+	+										
		机械控制	固定	刺料								+	+			+	+	+	+	+	+
				送料																	
			可换	刺料																	
				送料																	
		电子程序控制												+	+						
	钩线件类别	摆梭	卧式		+	+						+		+			+		+		
			立式				+														
			倾斜																		
		旋梭	卧式					+	+				+		+			+		+	
			立式							+											
			倾斜								+										
		钩梭																			
		线钩	摆动																		+
			旋转													+					
	挑线形式	凸轮挑线			+																
		连杆挑线				+		+			+	+		+			+		+		
		滑杆挑线					+			+			+		+			+			
		旋转挑线							+											+	
		针杆挑线														+					+

续表

代号					F3	G	G1	G2	G3	G4	G5	G6	G7	G8	H	H1	H2	H3	H4	H5	H6
特征	线迹	手缝线迹																			
		锁式线迹				+	+	+	+	+	+	+	+	+	+	+	+	+	+	+	
		单线链式线迹																			+
		双线链式线迹			+																
		多线链式线迹																			
		覆盖链式线迹																			
		包边链式线迹																			
	线缝	直形线缝				+	+	+	+	+	+	+	+	+	+	+	+	+	+	+	+
		Z 字形线缝				+	+	+	+	+	+	+	+	+	+	+	+	+	+	+	
		曲形或装饰性线缝					+	+	+	+	+	+	+	+		+	+	+	+	+	
		锁纽扣孔			+																
		钉纽扣																			
		加固缝																			
		暗缝																			
	线缝控制机构	无程序变化				+									+						+
		机械控制	固定	刺料	+			+			+					+	+				
				送料				+			+						+				
			可换	刺料					+	+		+						+	+		
				送料						+		+							+		
		电子程序控制											+	+						+	
	钩线件类别	摆梭	卧式												+	+	+	+	+	+	
			立式																		
			倾斜																		
		旋梭	卧式			+	+	+	+	+			+								
			立式								+	+		+							
			倾斜																		
		钩梭			+																
		线钩	摆动		+																
			旋转																		+
	挑线形式	凸轮挑线																			
		连杆挑线												+	+	+	+	+	+	+	
		滑杆挑线				+	+	+	+	+	+	+	+								
		旋转挑线																			
		针杆挑线			+																+

续表

代号					K	K1	K2	K3	K4	L	L1	L2	L3	L4	L5	N	N1	N2	N3	T	T1
特征	线迹	手缝线迹																		+	+
		锁式线迹												+	+			+	+		
		单线链式线迹			+					+	+										
		双线链式线迹						+	+			+	+				+				
		多线链式线迹				+		+	+												
		覆盖链式线迹					+														
		包边链式线迹														+	+	+	+		
	线缝	直形线缝			+	+	+	+	+	+	+	+	+	+	+	+	+	+	+	+	+
		Z字形线缝						+	+		+		+		+						+
		曲形或装饰性线缝							+												
		锁纽扣孔																			
		钉纽扣																			
		加固缝																			
		暗缝								+	+	+	+	+	+						
	线缝控制机构	无程序变化			+	+	+	+		+	+	+	+	+	+	+	+	+	+	+	+
		机械控制	固定	刺料																	
				送料					+												
			可换	刺料																	
				送料																	
		电子程序控制																			
	钩线件类别	摆梭	卧式															+			
			立式																		
			倾斜																		
		旋梭	卧式											+	+				+		
			立式																		
			倾斜																		
		钩梭			+	+	+	+	+		+	+	+			+	+	+	+		
		线钩	摆动							+											
			旋转																		
	挑线形式	凸轮挑线																			
		连杆挑线												+	+			+	+		
		滑杆挑线																			
		旋转挑线																			
		针杆挑线			+	+	+	+	+	+	+	+	+			+	+				

注：不属于表内所列特征的机头，用字母“Y”表示。

表 1-2 机体形状的特征代号

代号	机体形状	代号	机体形状
0	平板式	4	立柱式
1	平台式	5	箱体式
2	悬筒式	6	可变换式
3	肘形筒式	7	其他形式

表 1-3 送料形式的特征代号

<table>
<tr><th>代号</th><th>送料形式</th><th>代号</th><th colspan="2">送料形式</th></tr>
<tr><td>0</td><td>下送料</td><td>5</td><td colspan="2">针、下复合送料</td></tr>
<tr><td>1</td><td>上送料</td><td>6</td><td colspan="2">上、针、下综合送料</td></tr>
<tr><td>2</td><td>针送料</td><td>7</td><td rowspan="2">无送料系统</td><td>缝料、机头静止</td></tr>
<tr><td>3</td><td>上、下复合送料</td><td>8</td><td>缝料手动</td></tr>
<tr><td>4</td><td>上、针复合送料</td><td>9</td><td colspan="2">其他形式</td></tr>
</table>

三、缝纫机专用名词术语

缝纫机专用名词术语见表 1-4。

表 1-4 缝纫机专用名词术语

术语	解释
缝纫机	通过缝线将缝料缝合的机器
工业用缝纫机	适用于工业使用的缝纫机
家用缝纫机	适用于家庭使用的缝纫机
缝料	缝纫机缝纫用的材料
缝针(机针)	缝纫中带引缝线穿过缝料的针
弯针	缝纫中带引缝线穿过线环的弯形零(构)件
缝线	缝纫用的线
针线	穿过缝针孔的缝线
梭线	由梭芯引出的缝线
弯针	线穿过弯针孔的缝线
线环	缝纫机在运转中,缝针孔附近形成环状的缝线
自连	缝线的线环依次穿入同一根缝线形成的前一个线环
交织	一根缝线的线环穿入另一根缝线所形成的线环
连锁	一根缝线穿过另一根缝线的线环,或围绕另一根缝线
线辫	无缝料时,缝线通过自连、互连或交织形成的两个以上循环
线迹	在缝料上,缝线通过自连、互连或交织形成的一个循环
链式线迹	由一根或一根以上针线自连形成的线迹
锁式线迹	一组(一根或数根)缝线的线环,穿入缝料后与另一组缝线(一根或数根)交织而形成的线迹
线迹长度	线迹在送料方向的直线距离
线迹宽度	线迹在与送料方向垂直的直线距离
包缝宽度	包缝线迹的宽窄尺寸
线张力	缝线受夹线装置施加压力所产生的张力

续表

术语	解释
线缝	缝料上形成的连续线迹
直形线缝	呈直线状的线缝
曲形线缝	呈曲折状的线缝
装饰线缝	由一种线缝或多种线缝组合形成的非缝合结构所需的线缝
暗缝线缝	缝料的一面不易发现线迹的线缝
平缝缝纫	平缝针线、梭线交织形成锁式线迹的缝纫
链缝缝纫	链缝针线、弯针线或梭钩自连、互连或交织形成链式线迹的缝纫
曲折缝纫	曲折缝针线、梭线交织形成曲形线缝的缝纫
包缝缝纫(包缝)	由针线、弯针线自连、互连,将缝料包边和缝合的缝纫
安全缝包缝缝纫	由包缝缝纫与一行双线链式线迹组合的缝纫
接头包缝缝纫	将两段织物拼接的包缝缝纫
绷缝缝纫	针线、弯针线自连、互连、交织形成各种线缝的缝纫
暗缝缝纫	形成暗缝线缝的缝纫(图 1-1)
刺绣	按设定花样,通过针线、梭线交织或针线的自连等,形成组合的图案状线缝的缝纫
锁纽孔缝纫	钮孔缝针线、梭线交织或针线、弯针线互连形成锁钮孔状线缝的缝纫
钉纽扣缝纫	钉扣缝针线、梭线交织或针线自连形成钉钮孔状线缝的缝纫
加固缝纫	在需加固处,针线、梭线交织,形成密集型的直形线缝和曲形线缝组合的缝纫
封包缝纫	针线、弯针线互连或自连形成易拆除的直形线缝的缝纫
针迹	缝针刺过缝料的痕迹
针迹距(针距)	缝料相邻两针迹的距离
直向针迹距	在曲折缝纫中,针迹长度平行于实际送料方向的投影针迹距(图 1-2)
横向针迹距	在曲折缝纫中,针迹直针宽度垂直于实际送料方向的投影针迹距
针间距	多针缝纫机相邻两缝针垂直于实际送料方向的中心距离
外针间距	多针缝纫机最外侧两缝针垂直于实际送料方向的中心距离
缝纫速度	缝纫机每分钟缝纫的针数
最高缝纫速度	缝纫机允许的极限缝纫速度
工作缝纫速度	缝纫机允许正常连续缝纫的缝纫速度
挑线杆行程	挑线杆穿线孔中心上、下两个极限位置的距离
针杆行程	针杆上某一点沿针杆运动方向的两个极限位置的距离
机体形式	缝纫机支承缝料部位的形式
平板式	支承缝料的部位与台板在一个平面内的机体形式
平台式	支承缝料的部位凸出于台板的机体形式
筒式	支承缝料的部位悬臂伸出的机体形式
肘筒式	支承缝料的部位呈弯着的手臂悬空伸出的机体形式
立柱式	支承缝料的部位呈柱状竖立在底板上的机体形式
可变换式	支承缝料的部位根据需要可进行调整的机体形式
箱体式	没有支承缝料部位的机体形式

续表

术语	解　　释
驱动方式	使缝纫机缝纫的方式。可分为手摇驱动、脚踏驱动、电机驱动和组合式驱动
刺料机构(针杆机构)	缝针带引缝线刺穿缝料的机构
针杆摆动机构	使针杆左右、前后摆动的机构
挑线机构	输送、回收、收紧针线的机构。可分为凸轮挑线机构、连杆挑线机构、滑杆挑线机构、旋转挑线机构和针杆挑线机构
送料机构	输送缝料的机构
下送料机构	由下送料牙送料的机构
上送料机构	由上送料压脚(或滚轮)送料的机构
针、下复合送料机构(针送料机构)	刺入缝料的缝针与下送料牙一起运动的送料机构
上、下复合送料机构	由送料压脚和下送料牙一起送料的机构
上、针、下综合送料机构	由送料压脚、刺入缝料的缝针与下送料牙一起送料的机构
差动送料机构	由两个独立的送料器以不同的移动量送料的机构
滚轮送料机构	由滚轮压紧缝料与另一个送料滚轮或送料牙一起送料的机构
带送料机构	由一条或多条送料带送料的机构
钩线机构	钩住线环的机构
旋转钩线机构	带动钩线器旋转运动的钩线机构
旋梭钩线机构	带动旋梭进行旋转运动的钩线机构
摆梭钩线机构	带动摆梭进行摆动的钩线机构
弯针钩线机构	带动穿缝线的弯针摆动的钩线机构
线钩钩线机构	带动钩形钩线器运动的钩线机构
叉针钩线机构	带动叉住缝线的叉针摆动的钩线机构
压紧机构(压料机构)	对缝料施加压力的机构
压紧杆机构	实现单个压脚动作的压紧机构
交替压紧机构	实现两个压脚交替动作的压紧机构
滚轮压紧机构	实现滚轮动作的压紧机构
压脚提升机构	解除压脚对缝料压力的机构
手提压脚提升机构	由手操作的压脚提升机构
膝提压脚提升机构	由膝部操纵的压脚提升机构
自动压脚提升机构	由电动、气动或液压操纵的压脚提升机构
切料装置(开孔装置)	缝纫过程中切开缝料或开孔的装置
切边装置	缝纫过程中切除缝料边缘料的装置
绕线装置(绕线器)	把缝线绕到梭芯上的装置
夹线装置(夹线器)	对缝线施加压力并能进行调节的装置
润滑装置	缝纫过程中输送润滑油的装置
重力润滑装置	采用自重或油线形式的润滑装置
压力润滑装置	采用对润滑加压形式的润滑装置

续表

术语	解释
飞溅润滑装置	采用运动件飞溅润滑油形式的润滑装置
自动润滑装置	自动循环完成润滑的润滑装置
吸油装置(回油装置)	将润滑油吸回储油器的装置
松线装置	解除缝线张力的装置
针距调节装置	改变针迹距的装置
平缝缝纫机(平缝机)	完成平缝缝纫或曲折缝纫的缝纫机
链缝缝纫机(链缝机)	完成链缝缝纫的缝纫机,可分为单针、双针和多针链缝缝纫机
包缝缝纫机	完成包缝缝纫的缝纫机
绷缝缝纫机	完成绷缝缝纫的缝纫机
锁纽孔缝纫机(锁眼机)	完成锁纽孔缝纫的缝纫机
钉纽扣缝纫机(钉扣机)	完成钉纽扣缝纫的缝纫机
加固缝纫机(套结机)	完成加固缝纫的缝纫机,按控制方式分为机械控制和计算机控制加固缝纫机
封包缝纫机(封包机)	完成封包缝纫的缝纫机
刺绣机(绣花机)	完成刺绣的缝纫机
暗缝缝纫机(撬缝机)	完成暗缝缝纫的缝纫机
裘皮缝纫机	完成毛皮或人造毛皮拼接或缝制的缝纫机
开袋机	完成服装袋口裁和缝工序的缝纫设备
缝纫性能	缝纫机具有的缝纫能力。正常缝纫性能应满足标准要求的缝纫性能
普通缝纫性能	按规定的试验方法,满足最基本缝纫能力的缝纫性能
连续缝纫性能	按规定的试验方法,满足一定长度缝料不间断缝纫的缝纫性能
缝薄缝纫性能	按规定的试验方法,满足薄缝料缝纫的缝纫性能
层缝缝纫性能	按规定的试验方法,满足相叠缝料缝纫的缝纫性能
缝厚缝纫性能	按规定的试验方法,满足最多层数缝料缝纫的缝纫性能
缝料层潜移量	按规定的试验方法,两层相同缝料叠齐缝纫后,一层缝料相对于另一层缝料的缩短量
皱缩率	按规定的试验方法,缝料缝纫后的长度变化程度
高低速缝纫线迹长度误差	缝纫条件相同,因缝纫速度不同而产生的线迹长度误差
倒顺缝纫线迹长度误差	缝纫条件相同,因实际送料方向倒顺而产生的线迹长度误差
送料方向稳定性	实际送料方向偏离理论送料方向的程度
实际送料方向	缝纫后留下的连续针迹方向
理论送料方向	与针板槽长边平行的方向
机器性能	缝纫机机械结构和装置的可靠性
夹线装置稳定性	夹线装置反复松、紧时,针线张力的变化程度
停针精度	多次试验,实际停针位置的相对误差程度

续表

术语	解　　释
自动剪线	缝纫后,自动剪断缝线并能保证第二次起针不脱线的功能
自动拨线	自动剪线后,将针线拨出针板孔
连续启动	按规定的试验方法,缝纫机连续反复启动
压脚提升高度	压脚提升锁住后,压脚底平面与针板上平面之间的距离
曲折缝纫机的机构性能	完成曲折缝纫的缝纫机的摆针机构特性
针迹距重现性	针迹距调节器在给定位置上重复定位后测定的针迹距变化量
中基点	横针距为零时,针位在中间时的针迹
左、右基点	横针距为零时,针位在最左或最右时的针迹
基点偏移	横针距为零时,针杆摆动机构的左右偏移量
中基点	对左、右基点的对称度横针距为零时,左、右基点相对中基点的距离差值
针迹位置和针迹宽度的稳定性	手动时的针迹位置和针迹宽度与缝纫时的针迹位置和针迹宽度的偏差程度
噪声	按规定的试验方法,缝纫机运转产生的噪声大小。声压级或声功率级,单位为 dB(A)
振动	按规定的试验方法,缝纫机运转产生的振动大小。位移值单位为 μm;速度或加速度,单位为 m/s 或 m/s^2
启动转矩	缝纫机以规定转速运转时所产生的转矩,单位为 N·m
转动转矩	在工作缝纫速度下,驱动缝纫机所产生的转矩,单位为 N·m
空载	缝纫机按规定的针迹距(横向针迹距)、差动比,在不穿缝线、不带缝料、压脚提升或卸除的状态下运转
负载	缝纫机按规定的缝料、针迹距(横向针迹距)、差动比等正常缝纫条件下进行的试验
温升	按规定的试验方法,缝纫机机头或零部件、电子元器件温度的升高程度
密封	在工作缝纫速度下,自动润滑的缝纫机渗、漏油程度
可靠性	缝纫机在规定缝纫速度和负载条件下,连续间歇运转规定时间后,满足正常缝纫性能的能力
耐磨	耐久性试验缝纫机在工作缝纫速度和空载条件下,连续运转规定时间后,缝纫机主要机构间隙变化程度
浮线	构成线迹的缝线与缝料结合不紧密
毛巾状浮线	构成线迹的底面缝线形成连续或不连续环圈的浮线
断线	缝纫过程中,缝线产生断裂
卡线	缝纫过程中,缝线被机器卡住
线迹歪斜	缝纫后,线迹方向与实际送料方向不平行
跳针	缝纫过程中,形成不连续的线迹
断针	缝纫过程中,缝针被折断
起皱	缝纫后,缝料沿实际送料方向产生的皱缩
横起皱	缝纫后,缝料在垂直于实际送料方向产生的皱缩
扭曲	按规定试验方法缝纫后,缝料产生卷曲
绕线	不匀梭线无规律地绕在梭芯上

图 1-1　暗缝缝纫

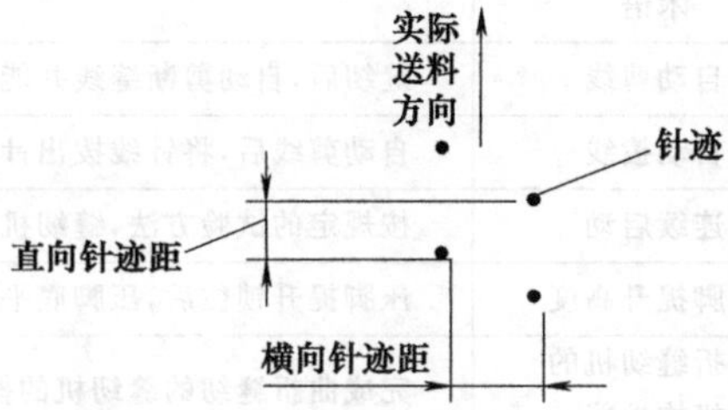

图 1-2　针迹距

第二节　缝纫机机械结构

一、缝纫机基本结构

缝纫机中采用了大量的、各种各样的基本机构，如连杆机构、凸轮机构和齿轮机构等。所谓基本机构，是指以最少量构件和运动副构成的最简单的机构。例如自由度为 3 的齿轮机构、凸轮机构和自由度为 4 的四连杆机构，以及有 2 个自由度的差动连杆机构、差动凸轮机构和差动齿轮机构等。

（一）平面连杆机构

平面连杆机构是由平面运动副（转动副和移动副）连接互做平行平面运动的构件组成的机构，又称为平面低副机构，在缝纫机械中有着非常广泛的应用。

最简单的平面连杆机构是由 1 个机架和 1 个转动件以转动副连接组成的开式链机构。如工业缝纫机中所用的电动机就是这样的机构，它是由转子和机架（定子）两个构件以转动副连接组成的。

最常用的平面连杆机构是四杆机构和五杆机构，它们都是基本机构。平面多杆机构都是它们按一定方式组合而构成的。

平面连杆机构有许多优点。例如，能实现各种各样的动作、导向运动；能实现执行构件的各种各样的运动规律和运动轨迹；低副为面接触，比压小，磨损小，寿命长；运动副元素为圆柱面或平面，结构简单，易于加工和保证制造精度；运动副锁合方式简单，一般都可自行锁合。因连杆机构运动副都是低副，运动约束多，通常只可实现近似的精确运动。

1. 平面四杆机构

平面四杆机构的类型很多，为了方便分类和给四杆机构命名，先将四杆机构中的两连架杆（即与机架直接连接的构件）进行分类。两连架杆与机架用转动副或移动副连接。这样，连架杆有 3 类：转动、摆动和移动，如表 1-5 所示，四杆机构的连架杆归纳起来共有 8 类，即曲柄、摇杆、滑块、摇块、转块、转动导杆、摆动导杆和移动导杆。

任何四杆机构都是由机架、2 个连架杆和 1 个连杆（连接两连架杆的联动件）组成的。联动件可以是双铰杆、铰移杆和双移杆。其中两连架杆的类型和名称，决定着四杆机构的类型和命名。

表 1-5 连架杆的类型

运动形式	整转	摆动	移动
杆	 曲柄	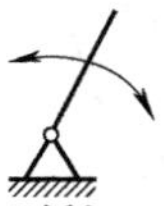 摇杆	
导杆	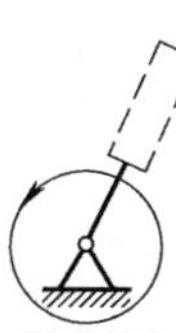 转动导杆	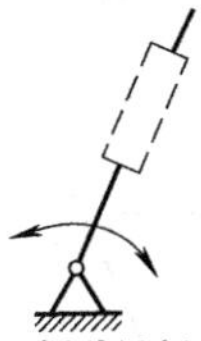 摆动导杆	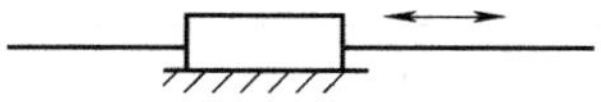 移动导杆
块	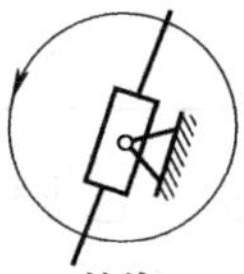 转块	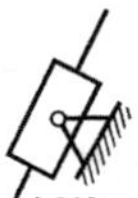 摇块	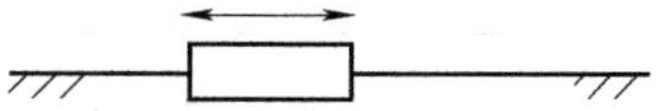 滑块

理论上，上述 8 类连架杆都可以两两组合，包括两同名连架杆组合和异名连架杆组合，构成四杆机构。例如，以 2 个曲柄作为两连架杆，可构成双曲柄机构；以 1 个滑块作为连架杆，可构成曲柄滑块机构等。

铰链四杆机构是平面四杆机构的最基本形式，其两连架杆可以是曲柄或摇杆，故可组合成 3 种机构，见表 1-6。这类四杆机构在缝纫机中应用很多，例如四连杆挑线机构、送料机构中的抬牙机构等，都用的是曲柄摇杆机构。

表 1-6 铰链四杆机构

名　称	曲柄摇杆机构	双曲柄机构	双摇杆机构
简图	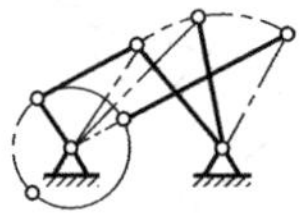	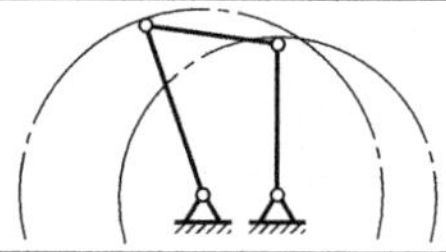	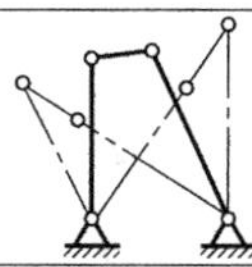
应用	刚体导向、平面曲线和实现运动函数等	刚体导向、平面曲线、再现函数(变速)等	近似直线、往复摆动等

一移三铰四杆机构，是由铰链四杆机构演变而得到的，它也有多种类型，如表 1-7 所示。其中以曲柄滑块机构、导杆机构在服装机械中应用最多，如裁剪机的切刀机构、缝纫机中的刺料机构等用的都是曲柄滑块机构；缝纫机中摆梭传动机构的后置四杆机构就是导杆机构。

双移双铰四杆机构，也是由铰链四杆机构演变得到的，也有多种类型，如表 1-8 所示。

2. 平面五杆机构

如前所述，平面五杆机构有 2 个自由度，是一种差动连杆机构，可用来实现运动的合成和分解，实现复杂的运动，因此，常用来作为组合机构中的基础机构。例如高速平缝机中的齿轮连杆挑线机构、各种缝纫机中的送料机构的基础机构。

表 1-7　一移三铰四杆机构

名　称	曲柄滑块机构	转动导杆机构	摆动导杆机构	移动导杆机构	转块机构	摇块机构
简图	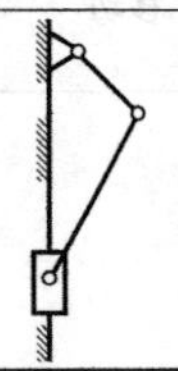		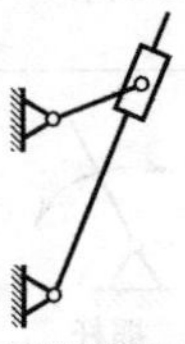	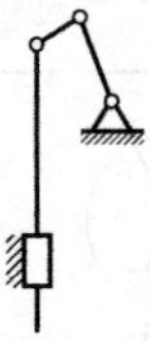		

表 1-8　双移双铰四杆机构

名　称	双滑块机构	双转(摇)块机构	摇块滑块机构	导杆滑块机构	正弦机构	正切机构
简图	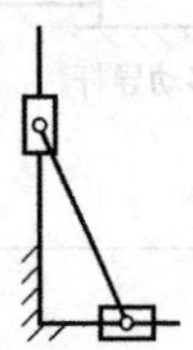	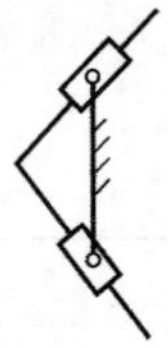	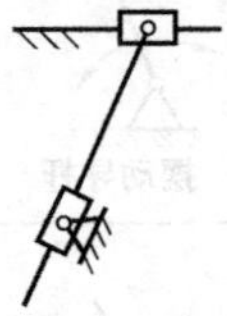	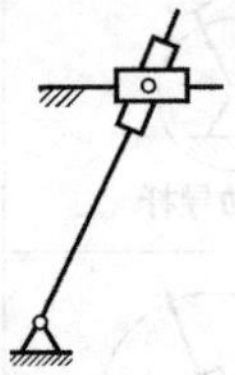	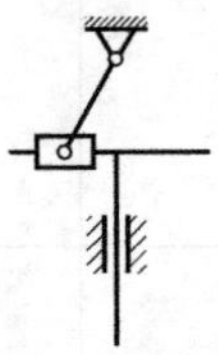	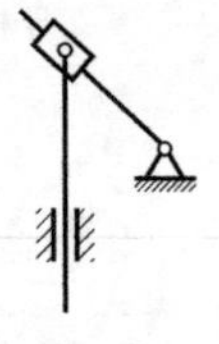

图 1-3 所示的缝纫机送布机构的执行机构即是五杆机构。它将抬牙机构和针距机构传来的运动合成为送布牙的运动轨迹。

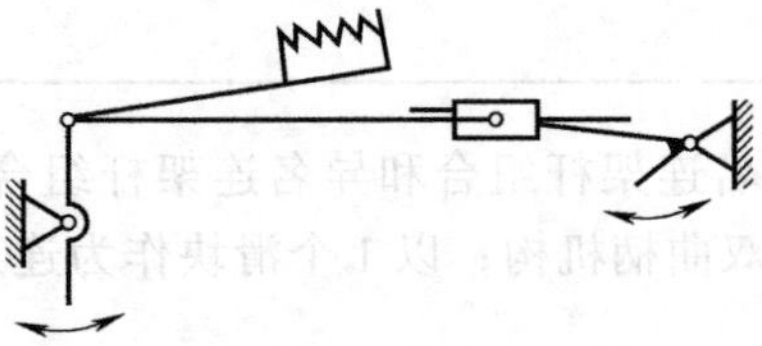

图 1-3　缝纫机送布机构

平面五杆机构的类型，细分有很多种，这里不再赘述。

3. 平面六杆机构

平面六杆机构可以分为两大类：一类是多杆组合六杆机构，即可看成是由 2 个四杆机构的串联组合；另一类是六杆Ⅲ级机构，最典型的是图 1-4 所示的六杆机构。如果拆掉其中的机架和主动杆 1，余下的 4 个杆、6 个转动副所组成的杆组自由度为 0，常称为Ⅲ级杆组（其中构件 3 个转动副，称为Ⅲ级构型），因而称该机构为Ⅲ级机构。

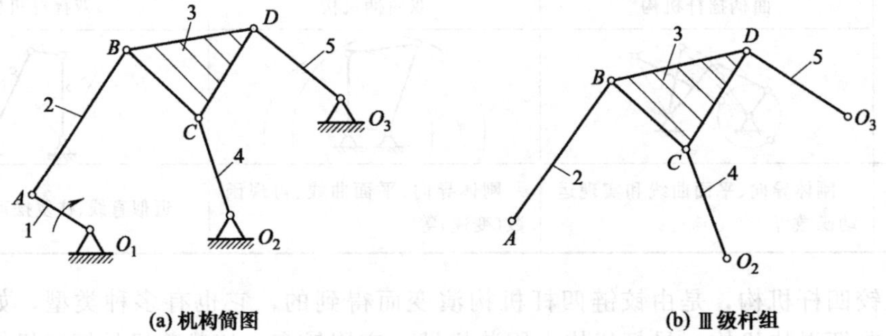

图 1-4　典型Ⅲ级六杆机构

1～5—杆或构件；A～D—运动副

典型Ⅲ级六杆机构的各个转动副也都可以用移动副替代，故可细分为更多的类型。

Ⅲ级六杆机构在缝纫机械中也有很多应用。如图 1-5（a）所示，送料机构中的针距机构（在针距调节确定后），就是一个Ⅲ级六杆机构，其中杆组 2、3、4、5 为Ⅲ级杆组。

图 1-6（a）所示为 541 型绱袖机送布机构简图，其中杆组 4、5、6、11 为Ⅲ级杆组，该机构属于Ⅲ级多杆机构。

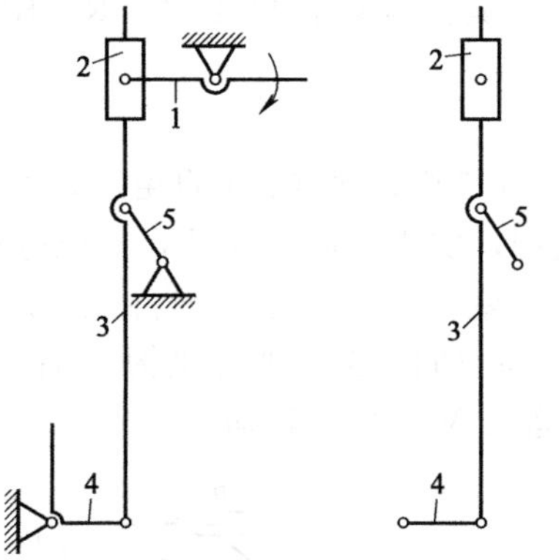

(a) 机构简图　　(b) Ⅲ级杆组

图 1-5　HB500 型绱袖机针距机构

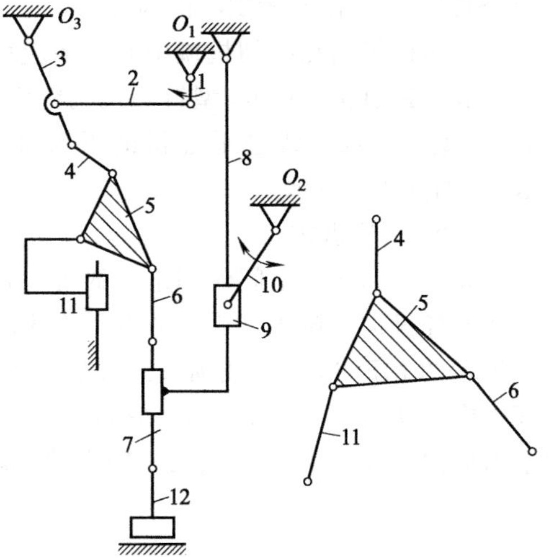

(a) 机构简图　　(b) Ⅲ级杆组

图 1-6　541 型绱袖机送布机构简图

（二）空间连杆机构

空间连杆机构是由空间低副连接的彼此互做空间运动的构件组成的机构，也称为空间低副机构。缝纫机械中的空间连杆机构，多为空间四杆机构和空间五杆机构。

空间连杆机构的类型，常用其所有运动副代号依序连写来表示。缝纫机械中空间机构常见的运动副及其代号见表 1-9。

表 1-9　缝纫机械中空间机构常见的运动副及其代号

运动副	球面副	圆柱副	转动副	移动副
代号	S	C	R	P

图 1-7 所示的空间机构含有 2 个转动副和 2 个球面副，依序写出，可称为空间 RSSR 机构。

图 1-8 所示的空间机构含有 1 个转动副、2 个球面副、1 个移动副，依序写出，可称为空间 RSSP 机构。

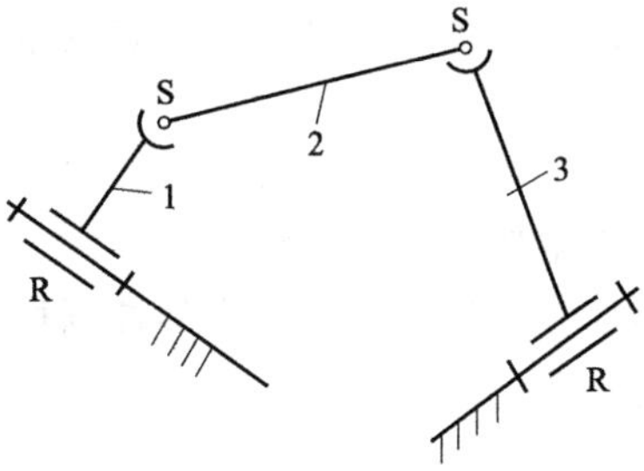

图 1-7　空间 RSSR 机构

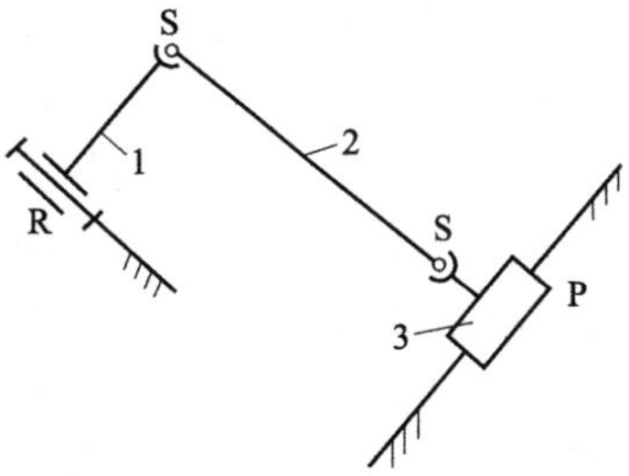

图 1-8　空间 RSSP 机构

空间连杆机构可用来实现刚体导引、空间运动轨迹和各种各样的运动规律。它能实现的运动更为复杂多样，并且结构紧凑、运转灵活可靠，在缝纫机械中的应用越来越多。

1. 空间四杆机构

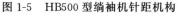

空间四杆机构，除了上述的空间 RSSR 机构、空间 RSSP 机构以外，还有多种，例如空

间 RCSR 机构、空间 RSRC 机构等。

空间四杆机构在缝纫机械中有许多应用，例如包缝机中的刺料机构、弯针机构等都采用了空间 RSSR 机构；D564 型钉扣机刺料机构和工作台横动机构也都使用了空间 RSSR 机构；而 D933 型单针双链线迹平缝机的下弯叉机构连用了 3 套空间四杆机构 RCSR、RSSR 和 RSRC，如图 1-9 所示。

2. 空间五杆机构

由 5 个杆和 5 个空间低副组成的机构，称为空间五杆机构，常有 2 个自由度，可称为差动空间连杆机构。该机构常用作组合机构中的基础机构，实现空间运动的合成或分解。图 1-10 所示的 MF860 型双线锁链式线迹缝纫机下弯叉机构就采用了空间 2 个自由度的 RSSRR 五杆机构（O_2、5、6、7、8），它将另两个分支机构，即空间 RSSR 四杆机构（O_1、4、5）和平面机构（O_1、1、2、3、8）输入的运动，合成下弯叉 M 的复合运动。

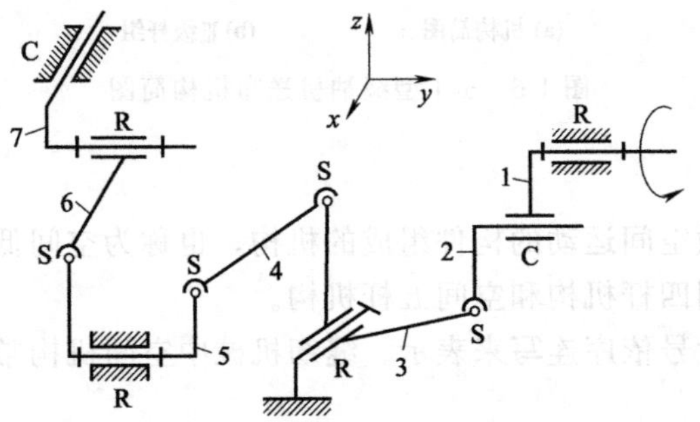

图 1-9 D933 型链式平缝机下弯叉机构

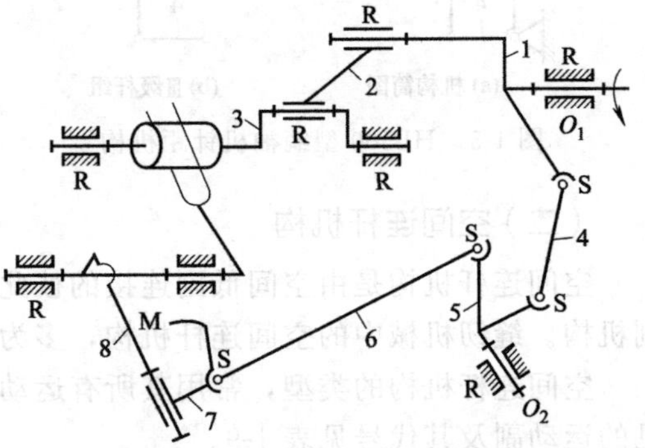

图 1-10 MF860 型缝纫机下弯叉机构

（三）凸轮机构

凸轮机构是以凸轮为主动件，从动件可实现精确的直动或摆动的三机构件机构，在缝纫机中有广泛的应用。

凸轮机构属于高副机构，如图 1-11 所示。凸轮是一具有曲线轮廓或凹槽的构件，它常做连续转动，也有做摆动或往复直动的。从动件则按预定的运动规律做精确的往复直动或摆动。

凸轮机构的明显优点是：只要适当地设计凸轮廓线，就可使从动件实现任意预定的运动规律；而且结构简单紧凑，故障少，维护保养方便，设计容易。因此，它广泛应用于各种机械、仪器的操纵控制装置中。例如，自动机床的上料机构、内燃机的配气机构，以及纺织机械、服装机械、印刷机械、包装机械和各种电气开关中都采用着凸轮机构。

凸轮机构也有缺点，如高副处为点线接触，易于磨损，常用于传力不大的控制机构。此外，凸轮廓线加工较难，高精度常需要特殊机床来制造。

凸轮机构的类型很多，常见凸轮机构可分类如下。

1. 按凸轮形状分类

（1）盘状凸轮　盘状凸轮是凸轮的最基本形式，见图 1-11，它是具有变化向径绕定轴转动的盘形构件，从动件与其做平行平面运动。

（2）移动凸轮　如图 1-12 所示，可看成是回转中心在无限远处的盘状凸轮，其从动件在其平行平面内移动。

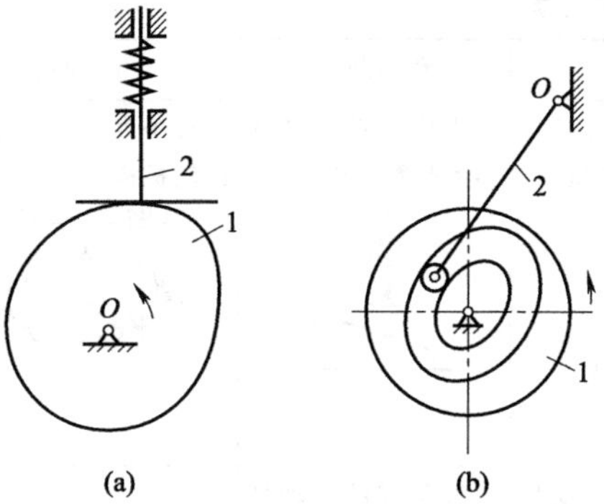

图 1-11　凸轮机构及其组成

1—凸轮；2—从动件

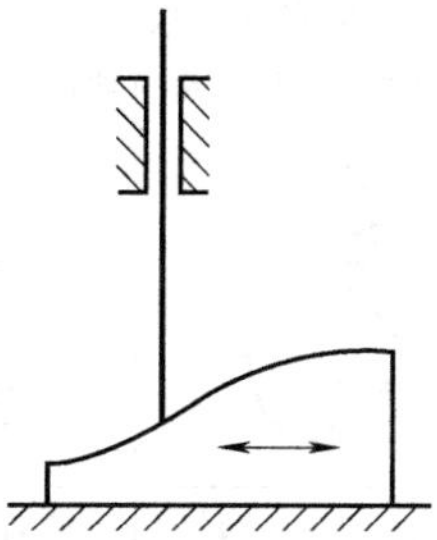

图 1-12　移动凸轮机构

（3）圆柱凸轮　如图 1-13 所示，从动件与其做空间相对运动，因而属于空间凸轮，空间凸轮还可制成圆锥形、筒形和球形等。

盘状凸轮、移动凸轮与从动件组成平面凸轮机构，空间凸轮与从动件组成空间凸轮机构。

2. 按从动件的触头形式分类

（1）尖底从动件　如图 1-12 所示，其优点是可与任意复杂轮廓的凸轮接触，实现任意运动规律。但尖底磨损快、寿命低，故只用于传力很小的凸轮机构中。

（2）滚子从动件　如图 1-11（b）所示，它摩擦小，磨损轻，可传递较大的力，故应用最普遍。

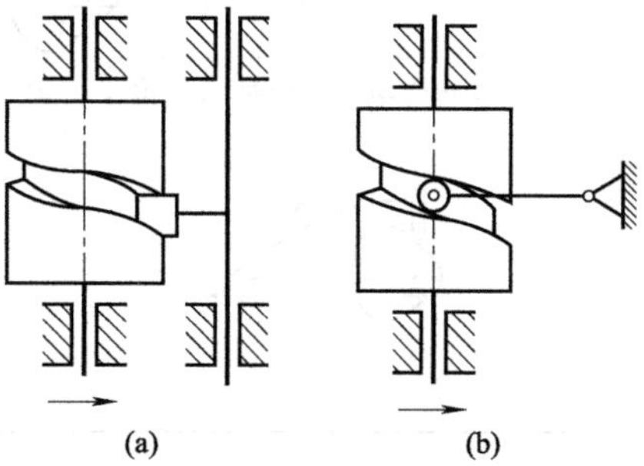

图 1-13　圆柱凸轮机构

（3）平底从动件　如图 1-11（a）所示，平底与凸轮工作面之间易形成楔形油膜，能减小摩擦磨损，常用于高速凸轮机构中。但平底只能与轮廓全部外凸的凸轮组成机构。

按运动形式分，从动件又可分为直动从动件和摆动从动件，从而有直动从动件凸轮机构和摆动从动件凸轮机构。表 1-10 列举了常见的各种凸轮机构。

3. 按高副的锁合方式分类

（1）力锁合凸轮机构　它利用弹簧力、重力或其他外力维持凸轮副始终接触，如图 1-11（a）所示。

（2）几何锁合凸轮机构　它靠凸轮副元素的几何形状维持其始终接触，常见形式如下。

① 槽道凸轮机构［图 1-11（b）］。从动件的滚子置于凸轮的槽道之中，保持与凸轮轮廓始终接触，锁合简便，且从动件运动规律不受限制，但将增大凸轮的尺寸和重量，且不能采用平底从动件。

② 等宽凸轮机构（表 1-10）。凸轮不论转到何处，其轮廓都同时与从动件上、下平底相切，保持接触。

③ 等径凸轮机构（表 1-10）。其从动件装有轴心距不变的两个滚子，凸轮无论转到何处都与两滚子同时相切接触。

显然，等宽或等径凸轮的廓线，只能在 180°范围内自由设计，而在另外 180°范围内需根据等宽或等径的长件来确定。

表 1-10　凸轮机构的分类

类型		盘状凸轮			移动凸轮	圆柱凸轮
直动从动杆	对心式	对心尖底直动从动杆盘状凸轮机构 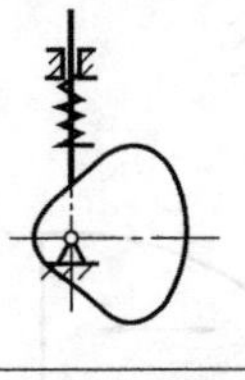	对心滚子直动从动杆盘状凸轮机构 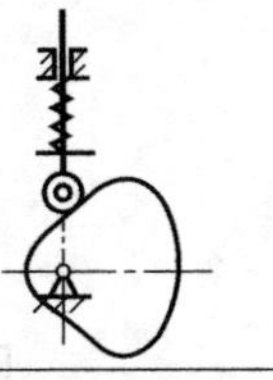	对心平底直动从动杆盘状凸轮机构 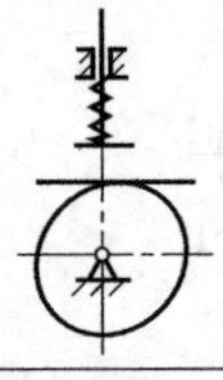	尖底直动从动杆移动凸轮机构 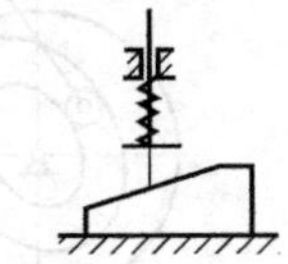	滚子直动从动杆圆柱凸轮机构 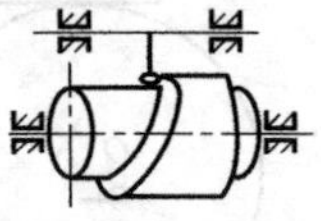
	偏置式	偏置尖底直动从动杆盘状凸轮机构 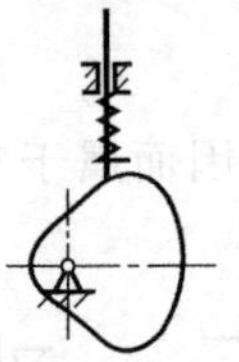	偏置滚子直动从动杆盘状凸轮机构 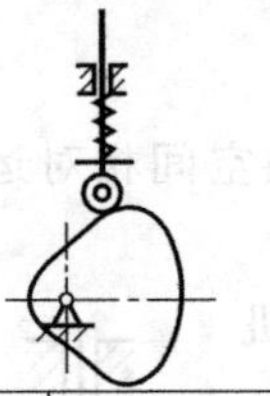	偏置平底直动从动杆盘状凸轮机构 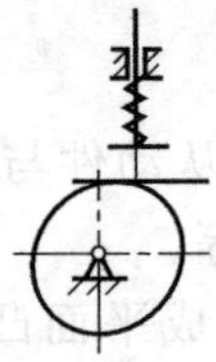	滚子直动从动杆移动凸轮机构 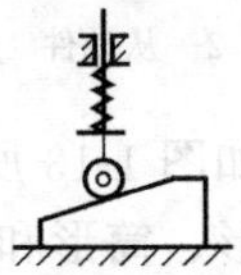	
摆动从动杆		尖底摆动从动杆盘状凸轮机构 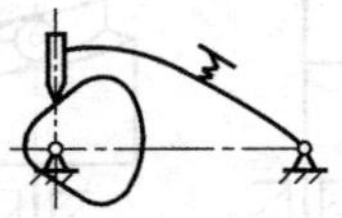	滚子摆动从动杆盘状凸轮机构 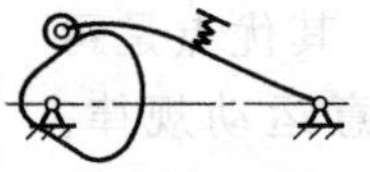		尖底和滚子摆动从动杆移动凸轮机构 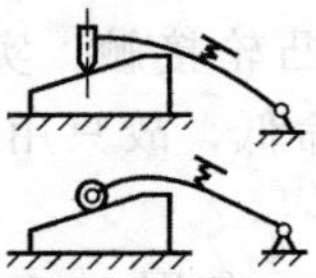	滚子摆动从动杆圆柱凸轮机构 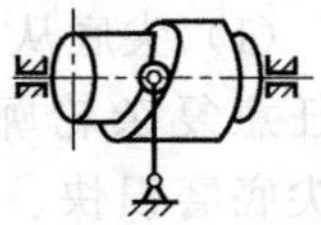

④ 主副凸轮机构（表 1-11）。它由两个固装在一体上的凸轮组成，主凸轮控制从动件工作行程的运动，副凸轮控制从动件回程的运动。结构和设计都较复杂，但克服了等宽或等径凸轮在轮廓设计上的局限，从动件的运动规律可以在 360°范围内任意选取。

表 1-11　凸轮机构的结构锁合

类型	等径凸轮	等宽凸轮	主副凸轮
示意图	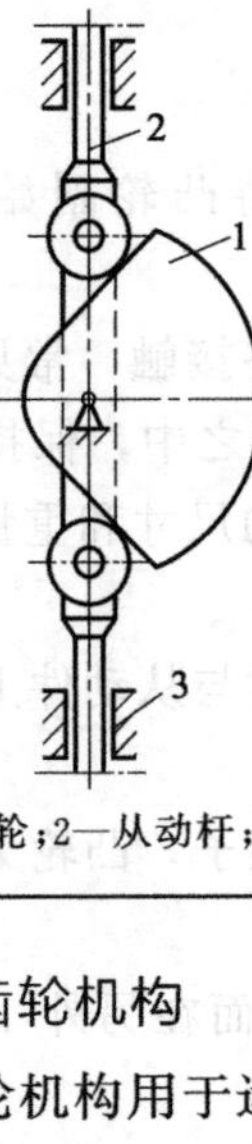 1—凸轮；2—从动杆；3—机架	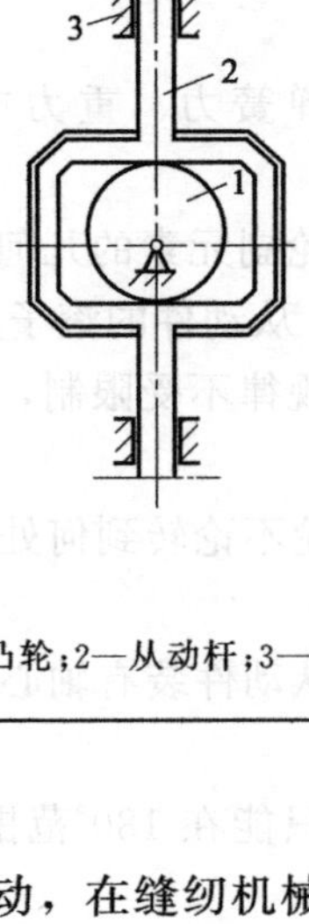 1—凸轮；2—从动杆；3—机架	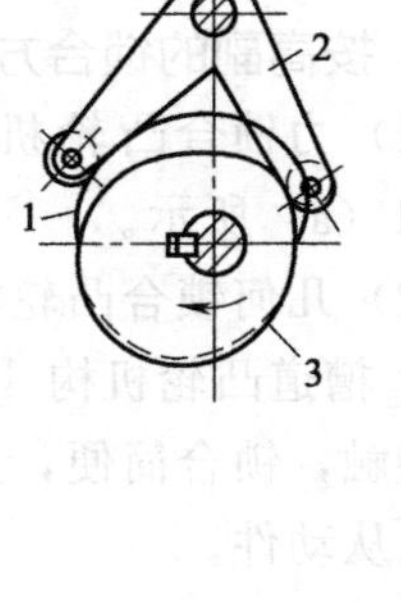 1—主凸轮；2—从动杆；3—副凸轮

（四）齿轮机构

通常齿轮机构用于运动和动力的传动，在缝纫机械中也有一定的应用，仅次于连杆机构和凸轮机构。

齿轮机构用于传递两轴间的动力和运动，它是应用最广的机械传动机构之一。其主要优点是：①适用的直径、圆周速度和功率范围广；②效率较高；③传动比稳定；④寿命较长；⑤工作可靠性较高；⑥可实现平行轴、任意角相交轴和任意角交错轴之间的传动。缺点是：①要求较高的制造和安装精度，成本较高；②不适于远距离两轴之间的传动。

齿轮机构可以按两轴的相对位置和齿向来分类，见表 1-12。

表 1-12 齿轮机构类型

<table>
<tr><td colspan="2">项 目</td><td colspan="4">两轴的相对位置</td></tr>
<tr><td rowspan="3">齿向</td><td rowspan="2">直齿</td><td>平 行</td><td>相 交</td><td colspan="2">交 错</td></tr>
<tr><td>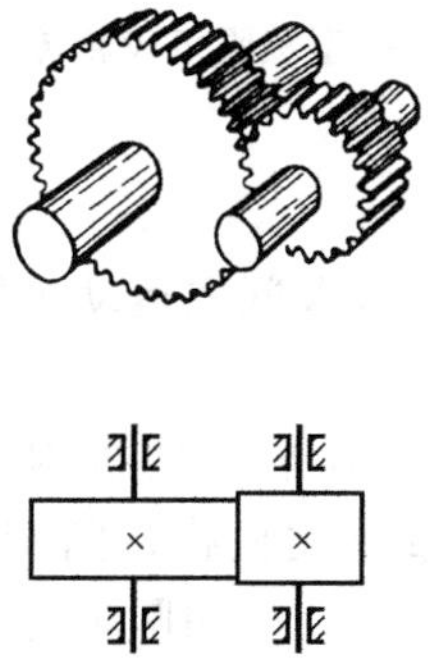
直齿圆柱齿轮机构</td><td>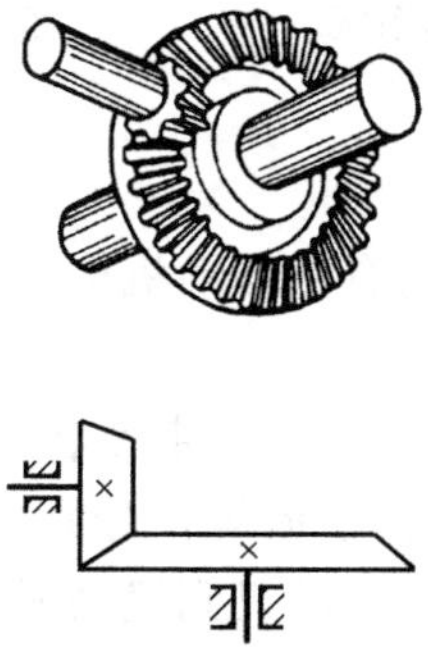
直齿圆锥齿轮机构</td><td colspan="2">—</td></tr>
<tr><td>斜齿或曲齿</td><td>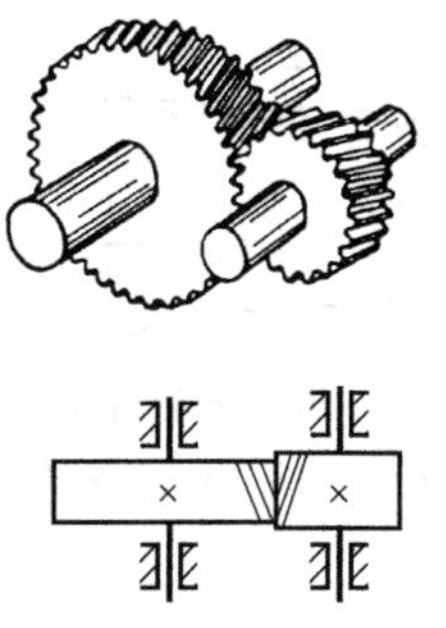
斜齿圆柱齿轮机构</td><td>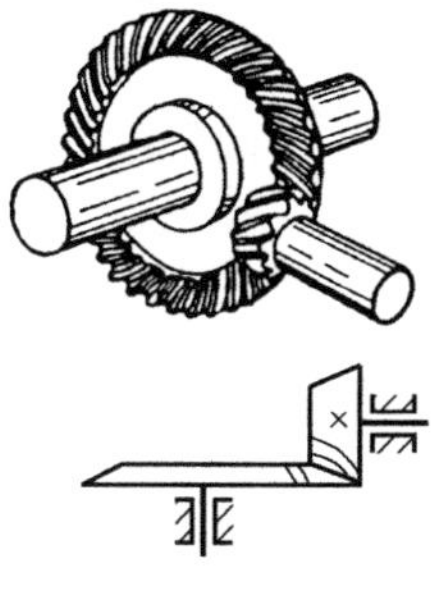
曲齿圆锥齿轮机构</td><td>
螺旋齿轮机构</td><td>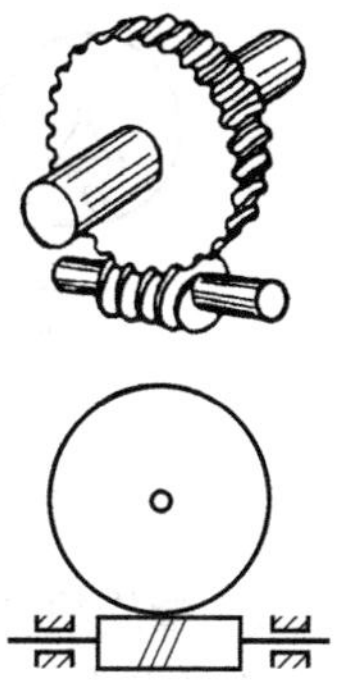
蜗杆机构</td></tr>
</table>

齿轮机构在缝纫机械中多用于定传动比的传动机构，其传动比 i_{12} 等于两轴转速 n_1 和 n_2 之比，等于两轮齿数 z_1 和 z_2 的反比，即

$$i_{12}=n_1/n_2=z_2/z_1$$

中速平缝机转锁的传动机构，采用的就是两对直齿圆柱齿轮机构。

图 1-14 所示为 GJ4-2 型钉扣机的部分齿轮传动系统，包括由主轴和下轴的两对直齿圆锥齿轮机构，以及传动针摆机构的蜗杆机构。

图 1-15 所示为 GJ2-1 型锁眼机齿轮传动系统，包含了更多种齿轮机构，如直齿圆柱齿轮机构、斜齿圆柱齿轮机构、螺旋齿轮机构和蜗杆机构。

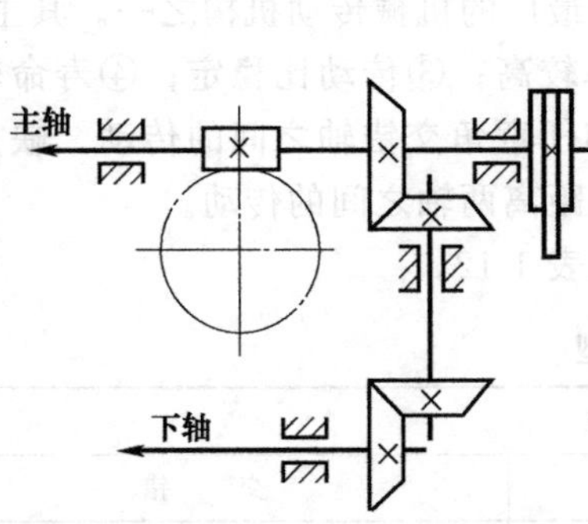

图 1-14　GJ4-2 型钉扣机的部分齿轮传动系统

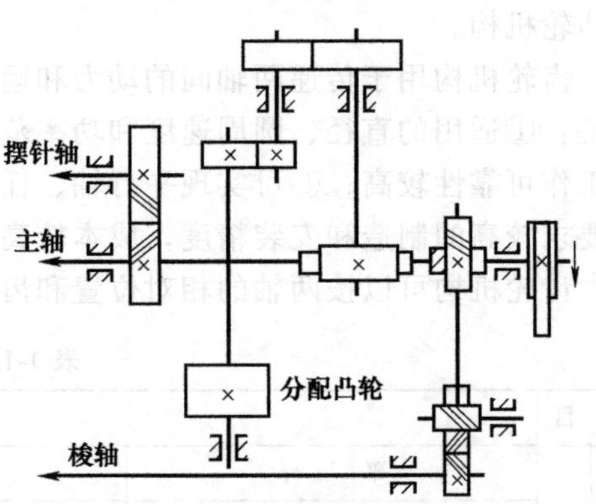

图 1-15　GJ2-1 型锁眼机齿轮传动系统

（五）其他常用基本机构

在缝纫机械中常用的其他基本机构有带传动机构、螺旋机构以及间歇运动机构等。

1. 带传动机构

带传动机构，最简单的是由主动带轮 1 经带 2 将运动传给从动轮 3 的机构，如图 1-16 所示。带的横截面形状有梯形、圆形、矩形等，分别称为 V 带传动机构、圆带传动机构、平带传动机构。由于缝纫机功率小，从电动机到缝纫机主轴的传动，多用圆带传动机构。

高速缝纫机主轴到旋梭轴的传动，常采用能实现定传动比的齿带传动机构，如图 1-17 所示，既能确保定传动比，又能传动平稳，消除或减小噪声。

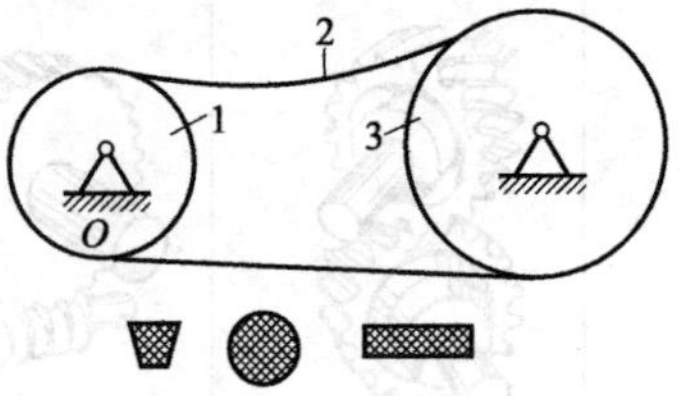

图 1-16　带传动机构

1—主动带轮；2—带；3—从动轮

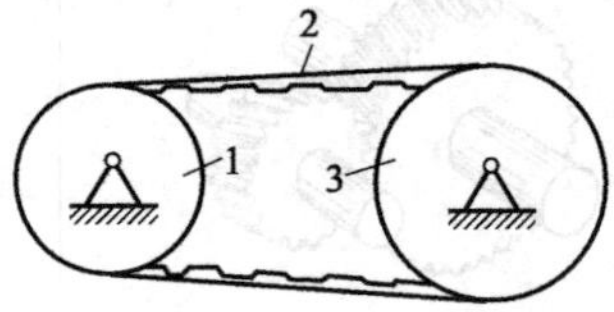

图 1-17　齿带传动机构

1—主动轮；2—齿带；3—从动轮

2. 螺旋机构

螺旋机构主要由螺杆和螺母构成，主要运动副为螺旋副，特别适用于微调机构。缝纫机中的针距调节机构，常采用螺旋机构。

3. 间歇运动机构

将主动件的连续转动或往复摆动转化为执行件的周期性的运动和停歇交替进行的机构，称为间歇运动机构。这种机构在缝纫机械中也有一定的应用，如圆头锁眼机中的送料机构、多线链式缝纫机中的拉料机构等。常见的间歇运动机构如下。

（1）棘轮机构　如图 1-18 所示，主要由驱动棘爪 1、棘轮 3、制动棘爪 4 和机架 5 组成。驱动棘爪 1 装在往复摆动的摇杆 2 上。当摇杆逆时针摆动时，驱动棘爪嵌入棘轮齿间，推动棘轮转过某一角度；当摇杆顺时针摆动时，驱动棘爪滑过棘轮齿背，而制动棘爪插入棘轮齿间防止其逆转，从而实现间歇运动。

除这种棘轮机构以外，还有双向回转棘轮机构、无声棘轮机构、电磁式棘轮机构等。棘轮机构在锁眼机、袖叉机中都有应用。

(2) 槽轮机构　一般用于恒定转角的分度机构中，如一些进口缝纫设备自动定位机构、送料传动机构等。

槽轮机构主要由曲柄 1 和槽轮 2 组成，如图 1-19 所示。运转时，曲柄销 3 进入槽轮径向槽，推动槽轮转过一个角度，而后退出径向槽，曲柄上和槽轮上的止动弧互相啮合，槽轮静止不动，从而实现间歇运动。

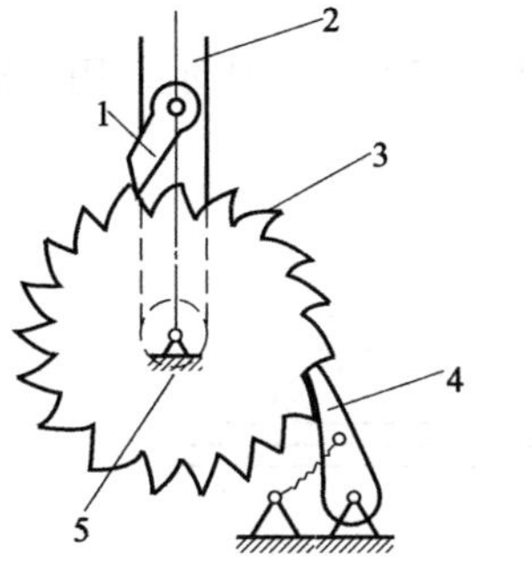

图 1-18　棘轮机构

1—驱动棘爪；2—摇杆；3—棘轮；4—制动棘爪；5—机架

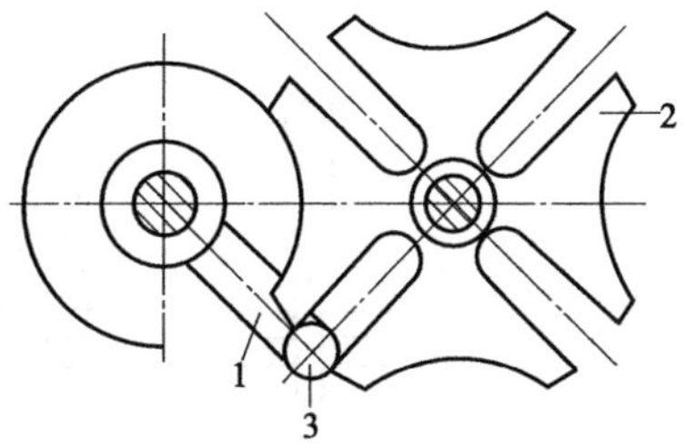

图 1-19　槽轮机构

1—曲柄；2—槽轮；3—曲柄销

其他间歇运动机构还有很多，如缺齿齿轮机构、星轮机构等。

二、缝纫机通用机构

缝纫机的主要功能是形成线迹，形成线迹的过程有 4 个基本程序，即 4 个基本运动，分别由 4 个执行构件和相关机构完成。

(一) 缝纫机的基本运动机构

缝纫机的连续线迹是依赖按时序完成的 4 个运动完成的，而这 4 个运动是通过基本执行机构驱动其执行构件直接实现的。

1. 缝纫机的基本运动

缝纫机种类繁多，但形成连续线迹的基本运动是相同或类似的，共有 4 个。

① 刺料运动，即面线穿刺过面料的运动。

② 挑线（供线和收线）运动，即调整线迹形成过程的用线量的运动。

③ 钩线（成缝）运动，完成底、面线线环的穿（嵌）套的运动。

④ 送布（料）运动，使线迹能连续形成的运动。

2. 缝纫机的通用机构

各种缝纫机完成上述 4 个基本运动的执行构件和相应的机构是相同或类似的。

① 刺料机构，又称穿针机构、针杆机构等，用以确保机针带线顺利穿刺面料，与钩线机构配合，完成线环的穿套（嵌套）。

② 挑线机构，按输送和收紧缝线的方式完成线迹用线量的适时调整。

③ 钩线（成缝）机构，保证钩线器完成线环的穿套（嵌套）。

④ 送布（料）机构，确保形成一个线迹后按时准确地送出一个针距的面料。

(二) 刺料形成和刺料机构

缝纫机刺料缝针有 4 种基本刺料形式，实现这 4 种刺料则有相应的多种刺料机构。

1. 缝针刺料基本形式

缝针可分为直针和弯针，刺料形式可分为 4 种。

① 垂直刺料，即缝针垂直刺入面料，形式如图 1-20（a）所示，用于平缝机、套结机等。

② 斜直刺料，即缝针倾斜刺入面料，形式如图 1-20（b）所示，用于各类包缝机等。

③ 摆动直刺料，和上述刺料一样，用的是直针，在摆动下斜直刺入面料，形式如图 1-20（c）所示，如钉扣机、平头锁眼机等。

④ 摆动弧形刺料，以弯针做摆动弧形刺料，形式如图 1-20（d）所示，用于暗缝机等。

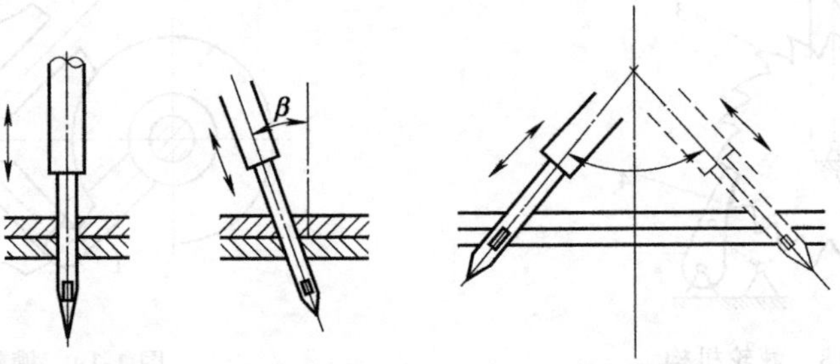

(a) 垂直刺料　(b) 斜直刺料　(c) 摆动直刺料

(d) 摆动弧形刺料

图 1-20　机针的类型和刺料形式

2. 刺料机构及其基本类型

缝纫机在缝纫工作时，由针杆带动缝针（机针）引导缝线刺穿面料进行缝纫的机构，称为刺料机构（又称刺布机构、穿针机构、针杆机构）。按针杆运动方向固定或摆动，刺料机构可分为两种。

（1）针杆直动式刺料机构　是指针杆在机头的针杆孔内只做上下往复直动，带动机针引导缝线刺穿面料完成缝纫的机构，常用于平缝机、包缝机、套结机等。直动式刺料机构还可细分为曲柄连杆式、曲柄滑块式和曲柄滑槽式 3 种，见表 1-13。

表 1-13　工业平缝机刺料机构类型及特点

机构类型	针杆直动式			针杆摆动式
	曲柄连杆式	曲柄滑块式	曲柄滑槽式	
机构简图		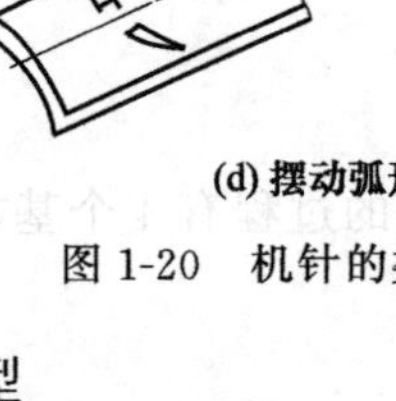	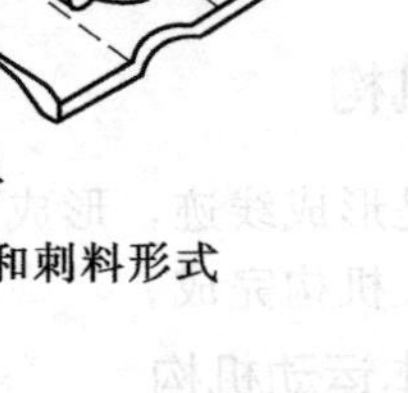	

续表

机构类型	针杆直动式			针杆摆动式
	曲柄连杆式	曲柄滑块式	曲柄滑槽式	
机构动作及特点	上轴 1 转动，通过针杆曲柄 2、针杆连杆 3 带动针杆 4 上下直动，针杆刚度较差，用于早期工业缝纫机中	上轴 1 转动，通过曲柄 2 带动连杆 3、传动针杆 4 上下移动，针杆连接轴另一端铰接的滑块 5 在导槽 6 中上下移动，针杆刚性好，应用最多	上轴 1 转动，通过曲柄 2 及滚柱 3 带动针杆 4 上下移动，滚柱与针杆弧形槽摩擦大，只用于缝厚料的低速平缝机中	上轴 1 转动，通过曲柄 2、连杆 3 带动针杆 4 上下运动，送料轴 6 通过连杆机构带动摆轴 5，使针杆摆动，从而既能完成刺料工作，又能完成针送料任务

(2) 针杆摆动式刺料机构　是指针杆在连接机头上的摆动架的针杆孔内“上下”往复移动带引缝线刺穿面料进行缝纫时，摆动架做前后或左右摆动，或绕支点做弧线摆动的机构。暗缝机、需要针送料的平缝机（GD8-1 型、GC20505-1 型等），均采用这种刺料机构。

（三）挑线机构

挑线机构是缝纫机的 4 个基本通用机构之一，根据不同类型缝纫机对供线和收线的需要，它有多种形式。

1. 挑线机构及其功用

缝纫机在缝纫时形成线迹的过程中，起着输送、回收针线并收紧线迹作用的机构，称为挑线机构。其作用是：

①当缝针（机针）下降进行刺料时，将缝线从其卷装中拉出，提供线环形成时增多的用线量。

②当缝针向上回退时，回收线环形成后多余的用线量，并收紧线迹。

2. 挑线机构基本类型和特点

挑线机构类型很多，在工业缝纫机中常用的挑线机构可归纳为 4 类，即凸轮式、连杆式、旋转式和针杆式。

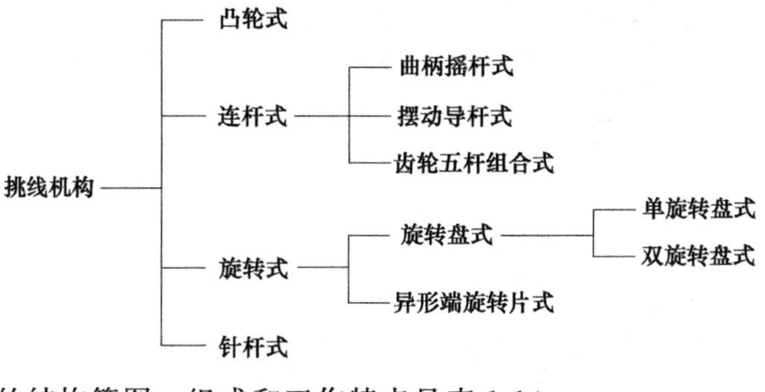

各类挑线机构的结构简图、组成和工作特点见表 1-14。

表 1-14　挑线机构的类型及特点

类　型	结构简图	结构组成、运动及工作特点
凸轮挑线机构	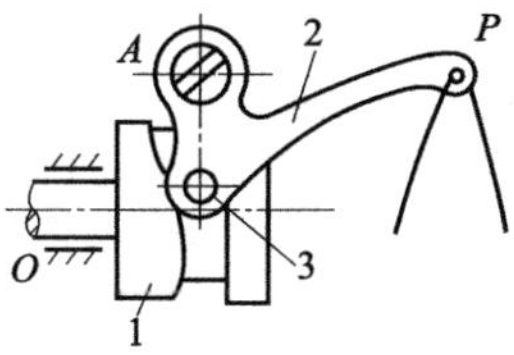	圆柱凸轮 1 装在上轴的前端，随上轴转动，通过滚柱 3 驱动挑线杆 2 绕轴线 A 摆动，完成供线和收线工作。该机构具有良好的挑线性能，凸轮副易磨损，噪声较大，传力小，只用于低速平缝机中

续表

类　型	结构简图	结构组成、运动及工作特点
连杆挑线机构	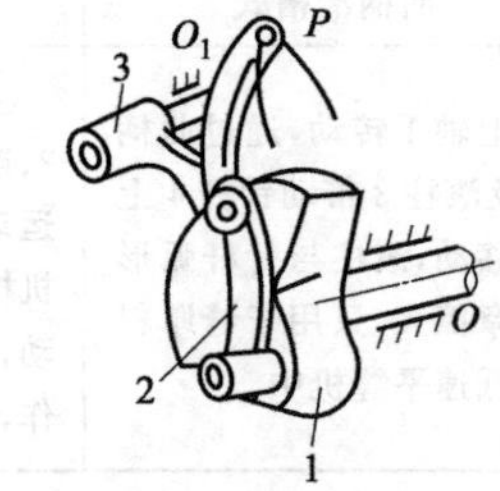	曲柄1随上轴转动，带动连杆2、摇杆3运动，使装置在连线上的挑线杆孔做曲线轨迹运动，完成供线、收线 该机构结构简单、磨损小，寿命长，运转平稳，噪声小，用于中、高速平缝机中
滑杆挑线机构	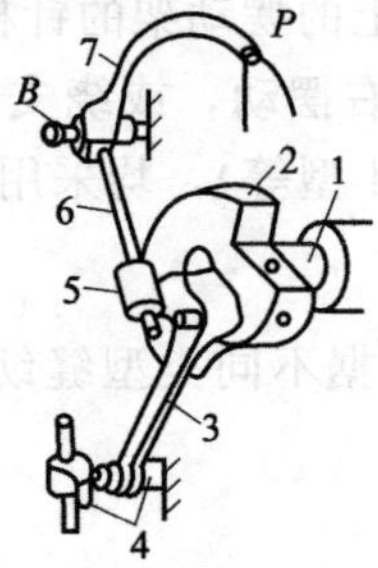	曲柄1随上轴转动，在连杆2和滑块3的制约下做平面运动，与连杆2铰接的滑块4做曲线运动，驱动滑杆6绕轴线B摆动，挑线杆7随之摆动挑线孔完成供线收线。该机构能适应高速，但制造复杂，造价高，应用不广（图中5为摇块）
异形端旋转片式挑线机构	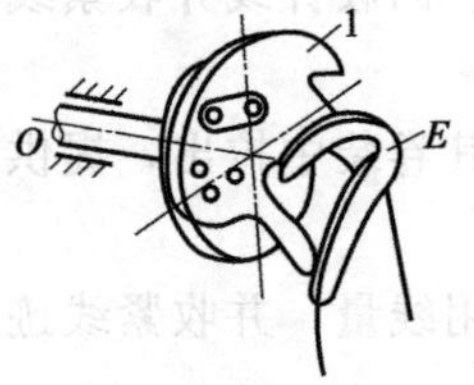	旋转片1随上轴转动，其异形端部E完成供线，收线。该机构结构简单，无附加动负荷，不需要专门润滑系统，可适用于超高速平缝机。异形端部形状复杂，难加工，应用不广
单旋转盘式挑线机构	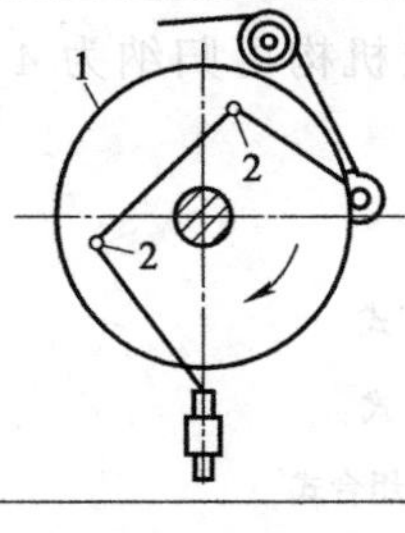	执行件由若干圆片1叠合而成，片间装有滚柱2构成整体，圆盘随上轴旋转，由滚柱完成挑线任务。该机构一般用于低速缝纫中。高速时易产生滚柱重绕，断针线，且穿线过程复杂
双旋转盘式挑线机构	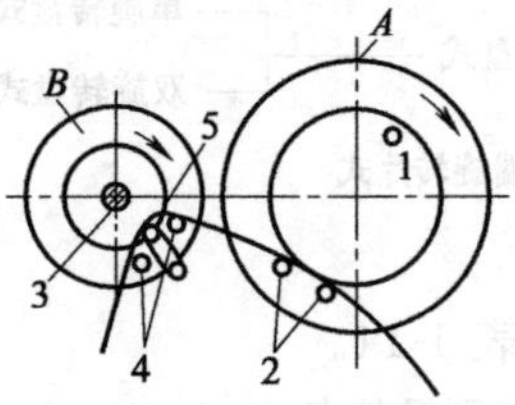	大圆盘A上有两个滚柱2，随上轴3转动，小圆盘B上也有两个滚柱4和一个销子5，当两盘同向转动时，滚柱与销子共同完成挑线。该机构适于高速，但结构复杂，占空间多，仅在少数机器上采用（图中1为销轴）
齿轮连杆挑线机构	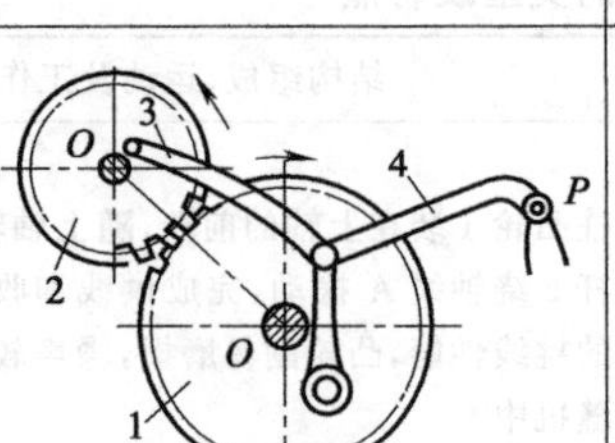	主动齿轮1随上轴转动，从动轮2逆向转动分别带动连杆3、4做平面运动，使连杆4上的挑线孔完成供线、收线。该机构可调节供线量，适用于针距变化大的情况，没有速度突变，运动平稳，噪声低，用于高速平缝机，结构复杂

续表

类 型	结构简图	结构组成、运动及工作特点
针杆挑线机构	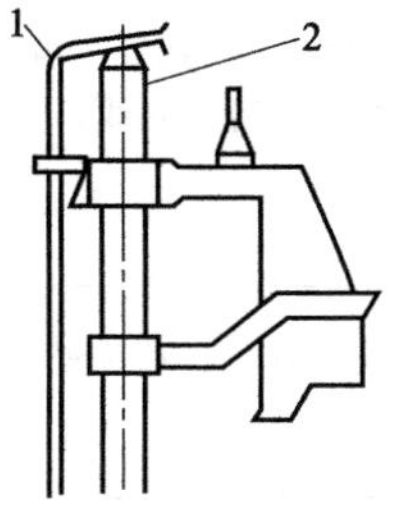	面线 1 随针杆 2 上下移动而供线和收线，供、收线量都不大，常用于链式线迹的缝纫，如钉扣机、暗缝机等。需和张力器、松线钩等部件配合使用

（四）钩线机构

形成线迹的线环，不仅要有刺布机构和挑线机构的协调配合，还要有成缝器的钩线与之穿套或嵌套。通常钩线机构亦称成缝机构。

1. 线环基本形式

线迹中线环的结构关系（穿套和嵌套）有 3 种基本形式：单线环穿套、双线环穿套和两线环嵌套（绞合穿套），如图 1-21 所示。

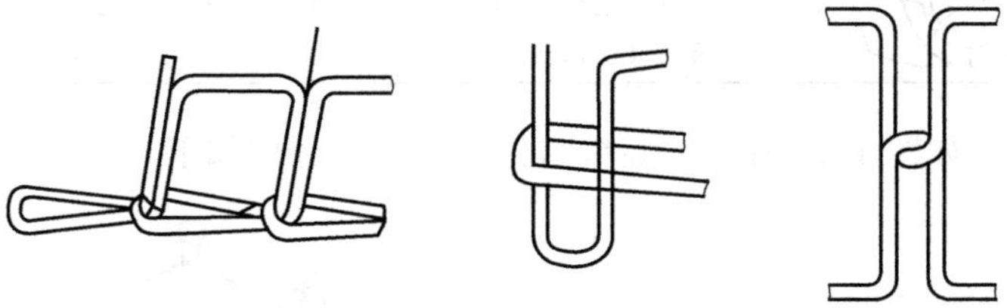

(a) 单线环穿套　(b) 双线环穿套　(c) 两线环嵌套

图 1-21　线环的基本结构形式

2. 线迹形式

3 种线环的穿套形成两种基本线迹类型。

（1）锁式线迹　线迹中的线环互相嵌套（绞合穿套）。其特点是：线迹结构简洁紧密，用线量少，缝料正后面的线迹一致；但弹性较差，强度较低，以梭芯供应底线，底线储存量有限。

（2）链式线迹　线迹中的线环互相穿套。其特点是：强度较高，有弹性（有一定用线余量），有一定装饰性，大卷装供线，效率高；但用线量较大，缝线张力调整要求较高，线迹结构不够紧密。

3. 成缝器的基本形式和结构

成缝器是在面料上形成各种线迹所必需的基本构件之一。其作用是钩住、带走、拉长、扩大针线环，引导线轴旋转供线，从而实现缝线之间的交织，以形成各种不同的线迹。

成缝器的基本形式有线钩（带线弯针）、叉钩（不带线弯针）、旋转钩和梭子 4 种。其中线钩和梭子都带有缝线（底线），叉钩和旋转钩本身不带缝线。线钩的功能是形成与穿套线环；叉钩和旋转钩的功能是把面线或别的线钩上的缝线钩住并转套于其他成缝构件上而相互穿套连接成各种线迹。

表 1-15 列举了 4 种成缝器的结构和功能。

表 1-15 成缝器基本形式及其结构、功能

成缝器形式	结构图	结构组成及作用	形成的线迹
线钩		由钩头 1、钩杆 2、钩槽 3、钩柄 4 和穿线孔 5 组成。钩头用来穿过线环，钩槽用来引导底线，钩柄固装于弯针架上	包缝线迹；双线链缝线迹；绷缝线迹
叉钩	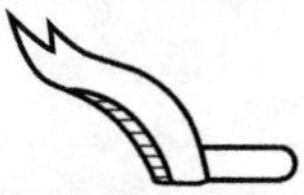	将其他线钩上的缝线叉送到机针的运动位置，钩头分有叉和无叉两类	双线包缝线迹
旋转钩	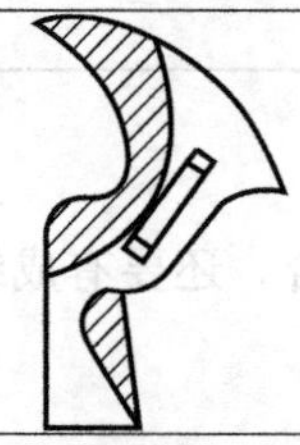	钩的尖嘴用来穿过直针线环，将其拉长、扩大，以便直针第二次穿刺缝料后穿入而形成单线链式线迹	单线链式线迹
梭子(旋梭、摆梭)	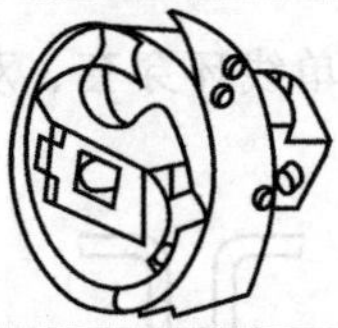	摆梭结构简单、造价低，但有径向惯性力，会引起梭床导轨、摆梭托两端及摆梭自身的磨损，只用于家用缝纫机及少数低速缝纫机上 旋梭匀速旋转，运转平稳，噪声小，适用于现代中高速缝纫机	锁式线迹

(1) 旋梭结构　如图 1-22 所示，旋梭组件的主要零部件如下。

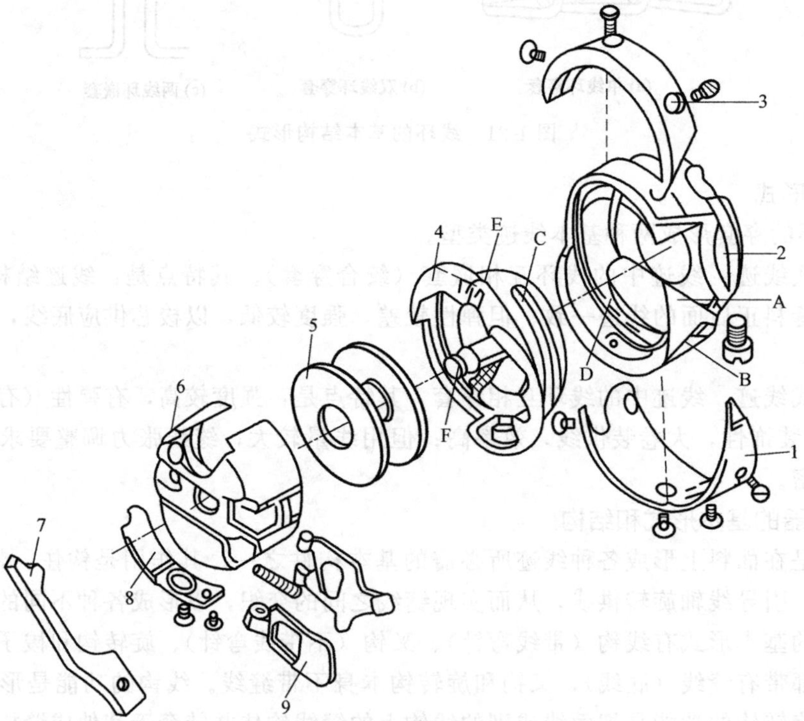

图 1-22　旋梭的结构

1—导线片；2—梭壳；3—脱线钩；4—梭架；5—梭芯；6—梭芯套；7—梭架定位钩；8—梭皮簧；9—梭门；A—梭尖；B—梭根；C—环形导轨；D—凹槽；E—定位槽；F—芯轴

① 梭壳。用螺钉紧固在下轴上，以 $2n$（n 为缝纫机转速，r/min）的转速沿梭架上的环形导轨 C（导向齿）高速运转。利用其上的梭尖 A 穿进针孔附近的针线环。梭壳内壁的凹槽 D（导向槽）与梭架上凸起的导向齿 C 相配合。

② 脱线钩。用螺钉附装在梭壳上，为一块半月形导板。作用一是用来压住环形导轨 C，使其与凹槽 D 相配合，防止梭架从梭壳内脱落；二是利用其上的弯形尖尾，在针线环收缩过程中，接住从针尖上脱出的线环，在挑线杆挑线时对线环起着导向作用。

③ 导线片（大梭皮）。它是一片弹簧钢片，用螺钉紧固梭壳的外侧，用来限制被梭尖钩住的针线环在梭根 B 处向外滑脱。其弧形边缘有助于收紧线迹中的底线。

④ 梭架。其环形导轨 C 的 2 个端尖是用来钩住针线环的一支，起到控制分线、脱线时间的作用。梭架端面有定位槽 E，由固定在机壳底板上的梭架定位钩 7 卡在槽内。因此，当梭壳随下轴高速转动时，梭架不会转动。梭架底部中心处的芯轴 F 是用来支持梭芯套和梭芯的。

⑤ 梭芯。活套在梭芯套的空心轴上，是一个绕有梭线（底线）的线架。缝纫中，当梭线被抽动时，它绕芯轴自由转动以供线。

⑥ 梭芯套。容纳并支撑梭芯。其中央有一空心轴，套在梭架芯轴 F 上，并由梭门 9 把它固定在梭架上，工作时不随梭壳转动。梭芯套外表装有梭皮簧 8，以调节梭线的张力。

⑦ 梭架定位钩。一端固定在机壳底上，一端凸缘嵌在梭架定位槽 E 中，以防止梭架转动，使其固定在正确的位置上。

（2）摆梭结构　如图 1-23 所示，摆梭组件的主要零部件如下。

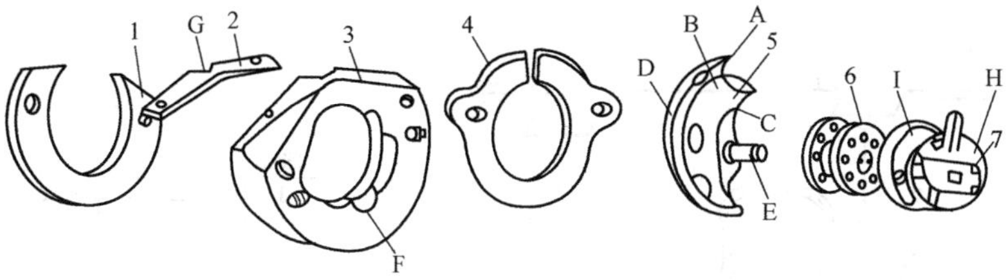

图 1-23　摆梭结构

1—梭床圈；2—梭盖；3—梭床；4—梭芯套定位圈；5—摆梭；6—梭芯；7—梭芯套

A—钩线尖；B—锥面；C—弧面；D—导轨环；E—摆梭轴；F—导轨槽；G—切口；H—梭门；I—梭皮簧

① 梭床圈。通过销钉孔与梭床上的销钉连成一体，为摆梭导轨槽的一部分。

② 梭盖。用两只螺钉固定在梭床上，切口 G 供机针通过以及使面线环从梭装置中抽出。

③ 梭床。用两只螺钉将其固装在缝纫机底板上，其内导轨槽 F 与摆梭上的导轨环 D 相配合。

④ 梭芯套定位圈。用两只螺钉将其固装在梭床上，使梭芯套静止不动。

⑤ 摆梭。在梭床的导轨槽中往复摆动。钩线尖 A 用来钩住面线环以构成线迹。锥面 B 使面线环顺利绕过梭芯套。弧面 C 用来收紧线迹中的底线，并从梭芯中抽出底线。

⑥ 梭芯。与旋梭梭芯相同。

⑦ 梭芯套。中央空心轴套在摆梭轴 E 上，定位圈使其不能绕梭轴转动。梭门 H 将其固定在梭轴上，其外表装有梭皮簧 I 以调节底线张力。

4. 成缝器的传动机构

钩线机构，即成缝器的传动机构，因成缝器整体运动形式不同而不同。成缝器为旋梭或旋转钩时，做连续转动，其传动机构大多是圆锥齿轮定轴轮系，如图 1-24（a）所示，或同步齿带传动，如图1-24（b）所示。

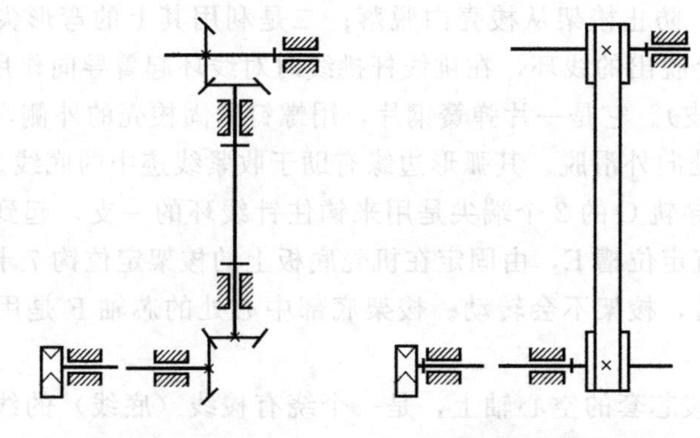

(a) 锥齿轮轮系　　(b)同步齿带传动

图 1-24　传动旋梭或旋转钩的钩线机构

成缝器为线钩、叉钩和摆梭时，做往复摆动，钩线机构则是连杆机构或是多杆组合机构，如 GN20-3 型高速三线包缝机的钩线机构。如图 1-25（a）所示，其上弯针 5′和下弯针 7′构成整个成缝器；上弯针 5′由主轴 1 经由 RSSR 机构（O_1、1、2、3）和平面四杆机构（O_3、3、4、5）组成的串联多杆机构带动；下弯针 7′则由 RSSR 曲柄摇杆机构（O_1、1、6、7）传动，其组合模式如图 1-25（b）所示。

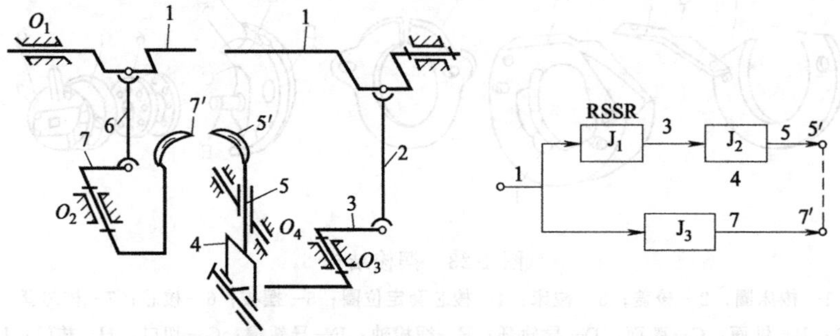

(a) 机构简图　　(b) 组合模式

图 1-25　GN20-3 型包缝机钩线机构

1—主轴；2～7—杆；5′—上弯针；7′—下弯针

（五）送料机构

送料机构又称为送布机构、缝料输送器等。送料机构的送料方式可以分为两大类：摩擦送料和精确送料。送料方式不同，执行的机构也有所不同。

1. 缝纫机的送料方式

将缝料按一定量和一定方向移送的构件称为缝料输送器，一般由送布牙和压脚组成。有些机种机针或其他构件也参与送布，以满足不同性质的缝料对送布机构的要求。

缝料输送方式（送布方式）很多，不同机种加工不同缝料要采用不同的送布方式。综合现代缝纫机的送布机，可分为两大类：一是摩擦式（齿式）送布，二是托架或夹板送布，具体分类如下：

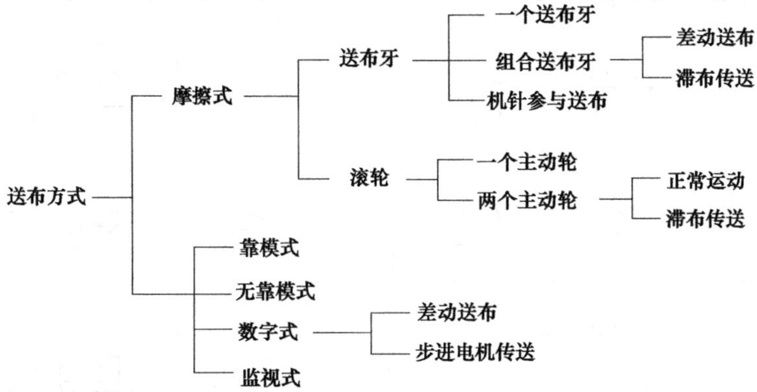

（1）送布牙　是表面具有相同高度的锯齿牙的扁平零件，它和压脚配合将缝料移送一个针距，形成一个线迹。不同缝纫机上采用的送布牙是不相同的，在单针平缝机上送布牙可有一排或两排牙齿，一般为三排牙齿，后者能防止缝料横向移动，送料稳定。双排牙齿便于缝边线缝，多用在包缝机上。

（2）滚轮　在某些专门缝制厚料以及缝制皮革、油布和皮鞋的缝纫中，常采用滚轮或滚轮与送布牙组合送料。滚轮送布分单滚轮和双滚轮两种。

（3）靠模式　许多半自动缝纫机是通过托架代替布牙完成送料的。托架能沿规定方向和确定的运动长度把缝料送至机针下方，它是靠模板圆盘的凸轮装置来驱动的。钉扣机机夹子移位和锁眼机缝料进给，就是用的这种装置。

（4）无靠模式　在加工服装小型制件（衣领、袖口等）的外围线以及把各种贴花、标签和商标缝在制件上时，就采用无靠模式送料。它是由一组彼此间铰接在一起、转速各不相同且具有规定长度的连杆，通过组合运动，使制件得到规定的线迹的。

（5）数字式　用程序元件（穿孔纸带、磁带和胶卷等）按所要缝制的线缝外形，编制好程序，通过程序控制步进电机，带动送料托架，以缝制各种导线缝。可缝制准确性高的很复杂的线缝。如德国阿德勒公司生产的GCM-80型缝纫机，就采用此种送布方式。

（6）监视式　又称为跟踪法，送料是把制件送到工作面的传送线上。在缝纫过程中，监视装置系统可以从移动程序图上计算出托架移动的数值。

带有光电管跟踪装置的缝纫机，由光电管负责“感觉”被加工件的边缘，以控制机头的运动，使缝纫机头沿着缝料切边缝制。

送料的具体形式是指送料构件作用于缝料的方式，其基本形式有三种：下送料、上送料和针送料。送料形式可为上列某一种基本形式，也可为两种或三种基本形式的组合，如表1-16所列。

从表1-16可见，无论是上送料形式还是下送料形式，均可分为送料牙传送与滚轮传送两种。送料牙传送应用最广，它可防止在收紧线迹时出现皱褶。此外，机针参与送料，可减少缝料层之间相对错动的可能性，有利于形成无皱缩线缝。

2. 缝纫机的送料机构

为形成精确的线迹，缝纫机送料机构必须精确地与前述3种机构（刺料机构、挑线机构和钩线机构）按设计的时序，协调地送料：按时让缝料输送器（送布牙或滚轮等）与面料接触；按时移动一个针距。这就要使缝料输送器（如送布牙）按图1-26（c）所示轨迹运动。因此，各种缝纫机的送料机构多由并联组合机构构成，其基础机构应是差动五杆机构或差动

表 1-16 送料形式

送料形式	示 意 图	送料形式	示 意 图
下送料	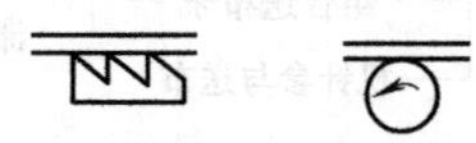	上、针综合送料	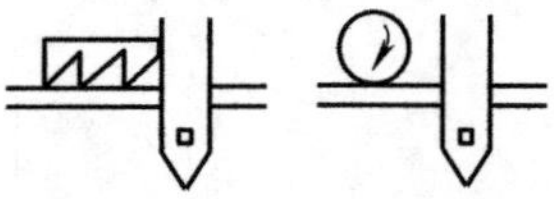
上送料	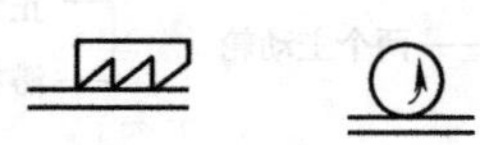	针、下综合送料	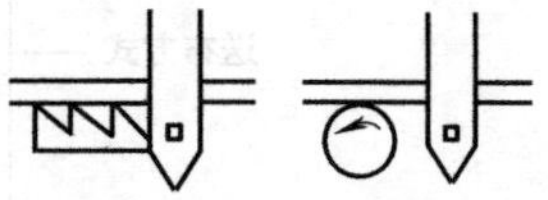
针送料	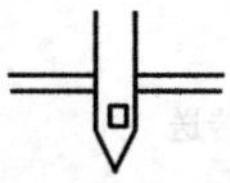	上、针、下综合送料	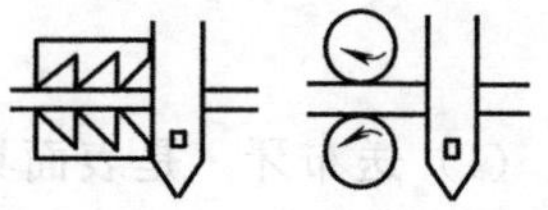
上、下综合送料	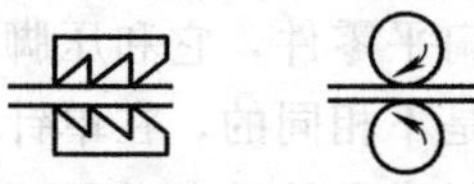		

凸轮机构，两分支附加子机构即抬牙机构和针距机构多用连杆机构。图 1-26 所示为 HB500 型绱袖机的下送料机构，其基础机构 J_0 为五杆差动机构（O_3、4、5、8、7）；抬牙机构 J_2（O_1、1、6、7）为四杆机构；针杆机构 J_1（O_1、1、2、3、5、4）为Ⅲ级六杆机构。当缝纫机主轴转动时，就带动机构 J_1 和 J_2，并经机构 J_0 将两个机构合成为送布牙 M 升→进→降的轨迹运动，每循环 1 次，即实现 1 个针距的送料。

图 1-27 所示为 LH-1182 型机针送布机构。它由基础机构 J_0 即差动五杆机构（O_1、1、2、3、4）附加串联多杆机构 J_1（O_4、8、7、6）和 J_2（O_3、6、5、4）组成，是个并联多杆组合机构，其组合模式如图 1-27（b）所示。其中构件 1 和 8 为主动件，构件 3 为针杆，执行送布动作。

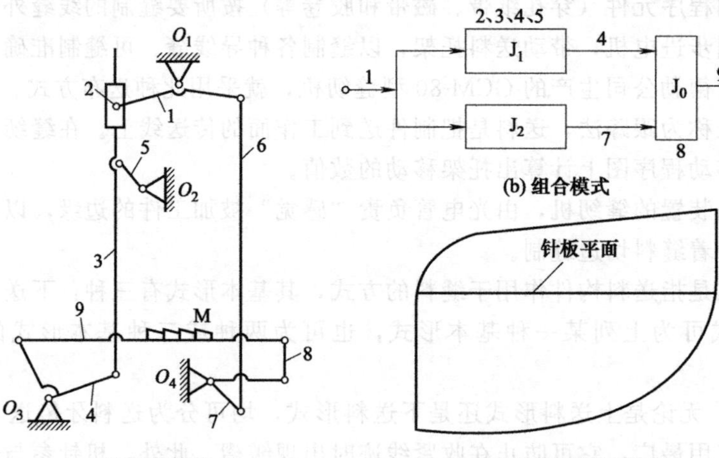

(a) 机构简图 (b) 组合模式 (c) 送布牙齿尖的运动轨迹

图 1-26 HB500 型绱袖机下送料机构

1—偏心轮；2—导块；3—送布导杆；4—送布摇杆；5—针距调节连杆；
6,8—抬牙连杆；7—抬牙摇杆；9—送布牙架

3. 针距调节机构

针距调节机构附属在送料机构中的针距分支机构中，用来调节针距的大小。

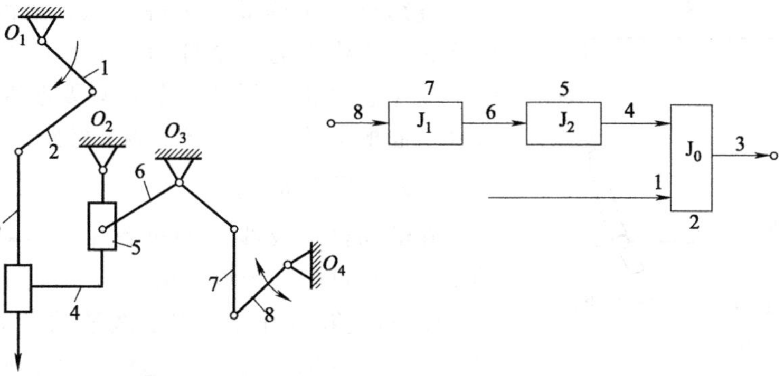

(a) 机构简图　　　　(b) 组合模式

图 1-27　LH-1182 型机针送布机构

1～8—构件

图 1-28 所示为 GC15-1 型高速平缝机的针距调节机构。当调节螺杆 1 的尖顶与调节凸轮 2 的凹部接触时，针距 $p=0$。旋转调节螺杆 1 使其向后退一段距离，由拉簧 7 的弹性恢复力，驱动四杆机构（Q、2、3、4）使杆 4 回转一个角度，直至调节凸轮 2 的下部轮廓与调节螺杆 1 尖顶接触；同时又经四杆机构（U、4、5、6）使摇杆 6 回转一个角度，改变摇杆 6 的转角 α，即可改变针距大小。α 增大，针距 p 加大；α 减小，针距 p 减小。

图 1-29 所示为 HB500 型绱袖机的针距调节机构，它附加在送料机构的针距分支机构旁［图 1-26（a）］，并与之相连。如图 1-29 所示，若要调节针距，可旋转螺杆 7（相对针距调节刻度盘），将杆 6 顺时针转一个角度改变铰链 O_3 的位置，增大角 α 及针距；反之，反转螺杆 7，使杆 6 逆时针转一个角度，改变 O_3 位置，减小 α，则针距减小。

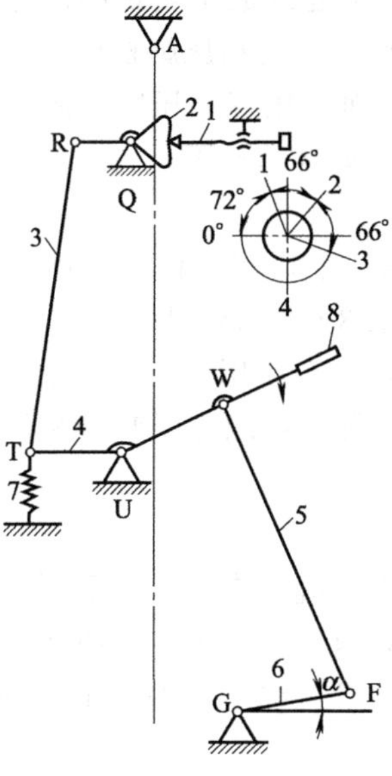

图 1-28　GC15-1 型高速平缝机的针距调节机构

1—调节螺杆；2—调节凸轮；3，5—连杆；4，6—摇杆；7—拉簧；8—手柄

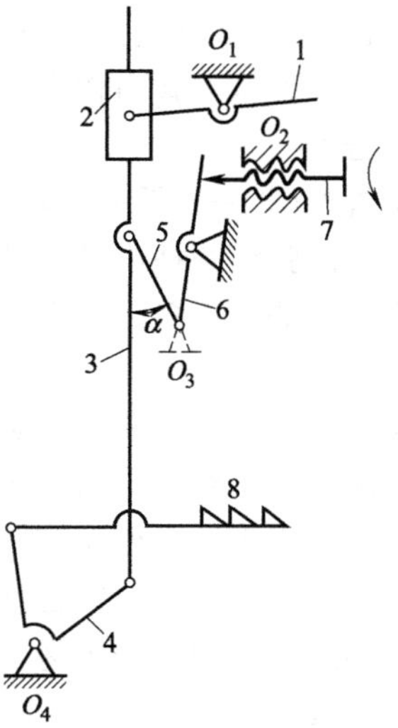

图 1-29　HB500 型绱袖机的针距调节机构

1，3～6—杆；2—滑块；7—螺杆；8—送布牙

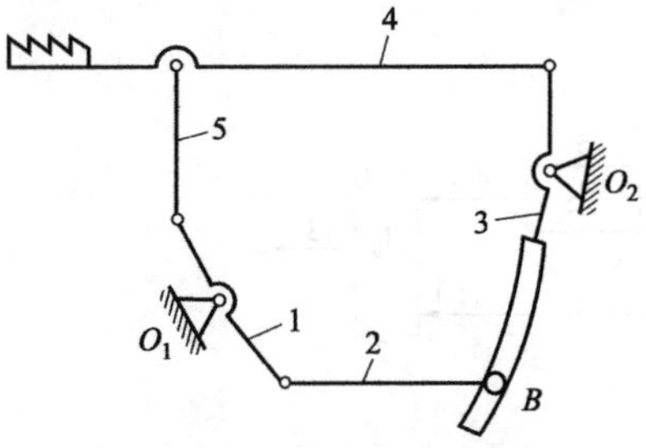

图 1-30 GN3-1 型包缝机针距的调节
1,2,4,5—杆；3—调节杆

缝纫机针距调节有多种办法，最简单的办法就是改变送料机构中的一个杆的长度。例如图 1-30 所示的 GN3-1 型包缝机针距的调节，只要改变铰链点 B 在调节杆 3 曲槽中的位置，就可调节针距的大小。

（六）压料机构

在缝纫机形成线迹的过程中，压料（压脚）机构的主要作用可归纳为如下两点。

① 防止缝料升浮，保证线迹的形成。当机针和挑线杆向上运动时，压脚将缝料压在针板平面上，这样既可保证线环的稳定性，避免因成缝器钩不住线环而产生“跳针”，又便于挑线杆收紧线迹，避免出现“浮线”。

② 协助送料机构，保证线迹的形成。为使送料牙能顺利地移送缝料，在送料牙和缝料之间应有足够的摩擦力，压脚压力就是产生这个摩擦力的决定因素。由于压脚下压缝料，使缝料与送料牙之间产生较大的摩擦力，致使缝料在送料牙的带动下，周期性地向前移动，最终形成连续的缝纫线迹。

压脚机构是由压料装置和膝抬压脚机构组成的，如图 1-31 所示。其中，压料装置的结构如图 1-32 所示，压脚 3 装在压杆 4 的下端，压杆中部与导架 7 固结，导杆 9 下端在压杆 4 内形成一体，导杆上端插在调节螺钉 12 的孔内，并可在孔内沿轴线上下移动，导杆上套着压簧 8，通过调节螺钉 12 使压簧 8 产生压缩力，并通过压杆和压脚施压在缝料上。旋转调节螺钉 12，可以改变压簧的压缩量，达到调节压脚压力的作用。

在工作过程中，压脚对缝料施加压力和释放压力是通过压脚的抬起和下降实现的，抬起、下降压脚有两种操作方式：手抬压脚和膝抬压脚，其工作原理见图 1-31。手抬压脚是通过上、下扳动压脚扳手 4，使导架 3 带着压杆 2 和压脚 1 抬起或放下实现的。膝抬压脚是利用膝盖推动膝控操纵板 11 向右摆动，使拉杆 10 向下运动，拉动抬压脚杠杆 9 绕杠杆螺钉 8 摆动，抬压脚杠杆 9 的左端将带动升降架 5 向上运动，从而使压杆和压脚抬起，当膝盖敲开操纵板时，在弹簧的弹力作用下操纵板向左摆回，便使压脚自动放下。

1. 导向压脚

导向压脚如图 1-33 所示。其座体 1 用螺栓固定在压脚杆上，在座体侧面缺口里，嵌入导向尺 5 和 6 的弹性圆柱小轴，并用螺栓 2 将其固定在卡爪 3 中。导向尺 5 和 6 的弹性圆柱小轴装入座体、缺口内多少，限定了两导向尺的内外侧位置。在使用任何一种线迹时，依靠半制品线迹位置需要的方向，轮流使用导向尺 5 和 6。这种附件功能与限制器相似，可使缝纫切止口工序缝距相等，缝边一致。这种压脚还可用作密缝。

2. 缝制软线（绳子）压脚

这种压脚适用于缝制妇女和儿童服装的装饰。为了将绳子缝在布料上，而不使针刺住绳子左右运动的小槽，使针与针运动线保持一定距离，操作者只要折叠面料，将绳子夹在里面即可。此压脚进行缝制时由于绳子受压脚限位，缝针就不会刺进绳子，如图 1-34 所示。

3. 加装花边或装饰带的压脚

沿衣襟边垫入花边进行缝制时，使用这种压脚。在缝制妇女、儿童服装需要进行密针缝缀装饰带时也要采用这种压脚。图 1-35 所示为其结构示意图，在压脚 1 上有两个叉口，其中一个叉口与另一个压脚板 3 连接。在开始加装花边或装饰带时，先将花边或装饰带放于压脚脚掌的下面和压脚板的表面上。缝制时花边由压脚板上表面喂入，进入压脚脚掌下面与面

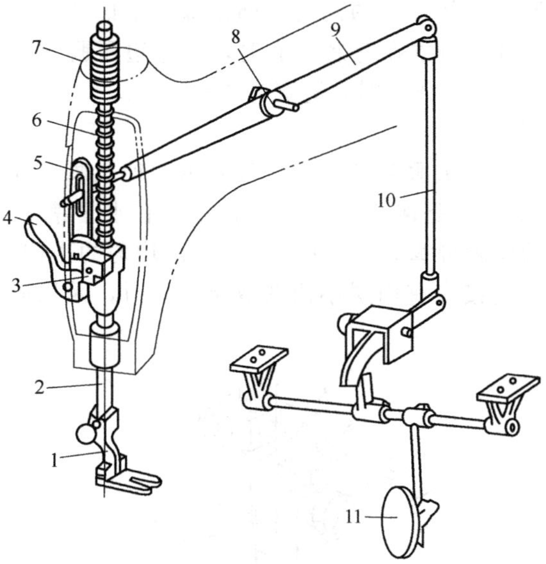

图 1-31 压脚机构

1—压脚；2—压杆；3—导架；4—扳手；5—升降架；6—压簧；7—调节螺钉；8—杠杆螺钉；9—抬压脚杠杆；10—拉杆；11—膝控操纵板

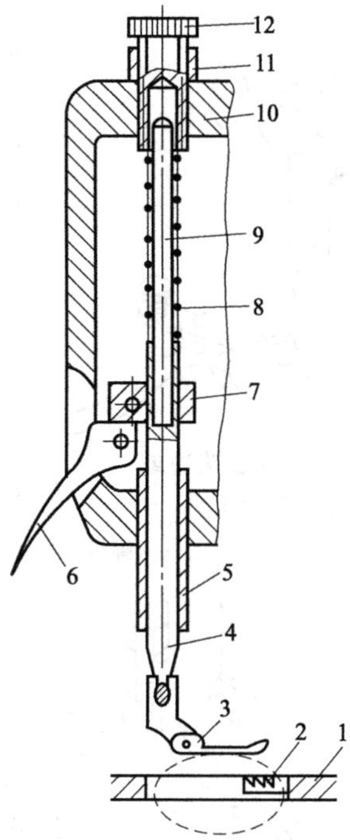

图 1-32 压料装置

1—针板；2—送料牙；3—压脚；4—压杆；5—压杆套；6—扳手；7—导架；8—压簧；9—导杆；10—机壳；11—螺母；12—调节螺钉

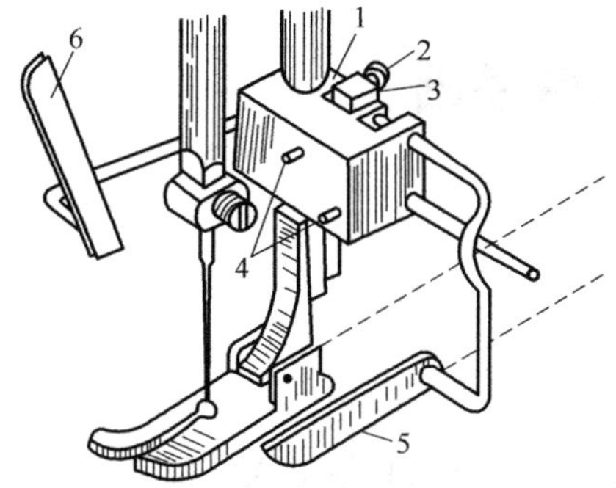

图 1-33 导向压脚

1—座体；2—螺栓；3—卡爪；4—小柱；5,6—导向尺

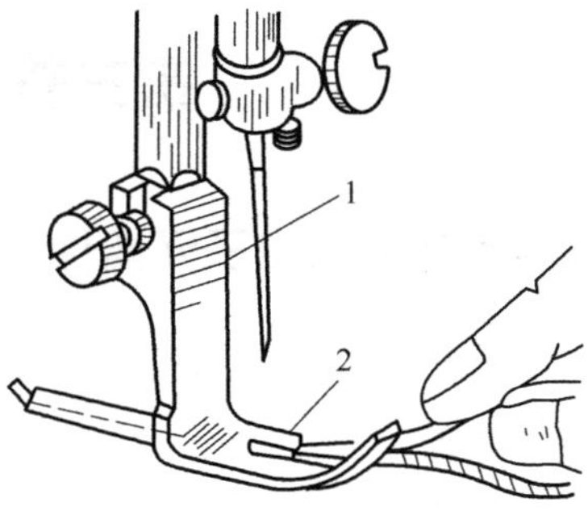

图 1-34 缝制软线压脚

1—压脚；2—压脚叉口

料合片后，由缝针压脚 1 和定向尺 2 配合，将花边与面料缝合。

4. 双卷边压脚

在进行衬衣与工作服的边缘缝合及双卷边加固缝时，采用这种压脚。如图 1-36 所示，双卷边压脚 3 与压脚 1 铰接。双卷边压脚 3 有两个叉口，左边叉口有凸出部 4，因凸出部的厚度比双卷边压脚 3 其他部位薄，所以使双卷边压脚 3 两个叉口间形成槽形空间，称为小

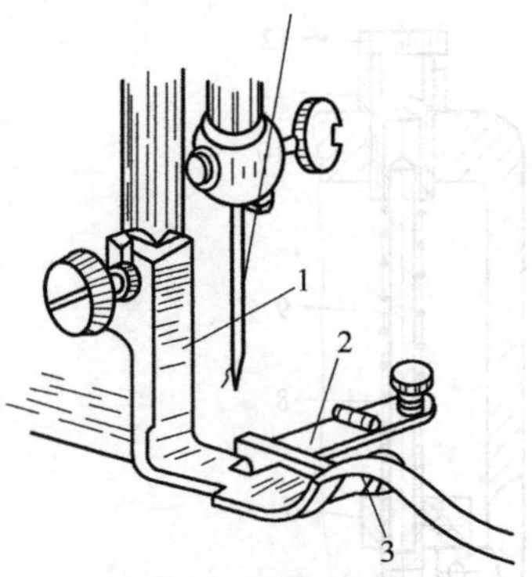

图 1-35　加装花边或装饰带的压脚

1—压脚；2—定向尺；3—压脚板

槽，凸出部 4 和小槽 2 配合，可使面料折叠，右边叉口为导向尺。

缝制边缝时，将衣片由外表面向内表面折叠，并将其送入双卷边压脚中，使折叠的内边沿凸出部 4 上面和压脚 1 的脚掌下面通过。通常在缝制衬衣时，双卷边压脚可缝 5～6mm 缝宽，缝制工作服时，缝宽为 6～8mm。

5. 装配压脚

在缝制妇女和儿童服装装饰中，常采用这种压脚。如图 1-37 所示，压脚 1 是刚性的，在压脚左面有水平槽 2，内装有收缩性的压脚脚掌 3，可用该压脚打出均匀的小褶，作为装饰品。在连接带有内层小褶的双层面料时，采用此压脚更好。

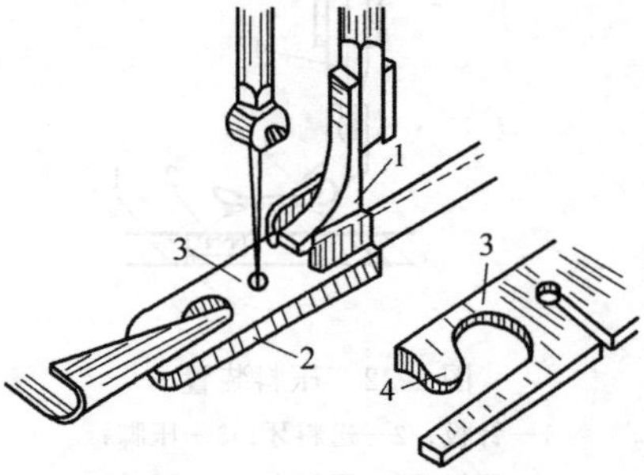

图 1-36　双卷边压脚

1—压脚；2—小槽；3—双卷边压脚；4—凸出部

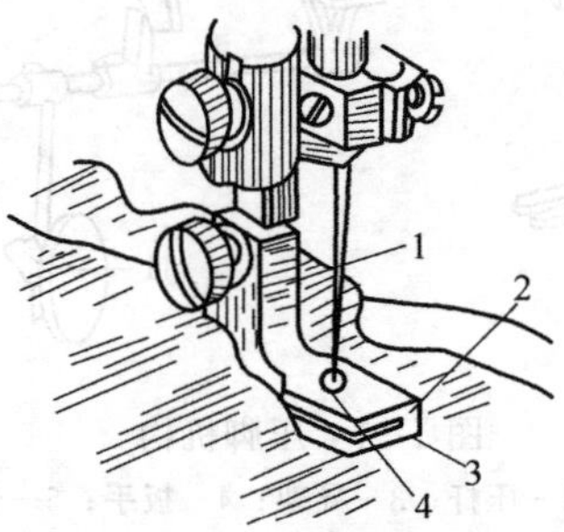

图 1-37　装配压脚

1—压脚；2—水平槽；3—压脚脚掌；4—容针孔

第三节　缝纫机电气基础

一、常用电器及电子元器件

（一）开关器件

1. 按钮开关

按钮开关通常用来接通或断开控制电路，从而控制电动机或其他电气设备的运行。

图 1-38 所示为一种按钮开关剖面图。将按钮帽按下时，下面一对原来断开的静触点被动触点接通，以接通某一控制电路；而上面一对静触点则被断开，以断开另一控制电路。

原来接通的触点称为常闭触点，原来断开的触点称为常开触点。图 1-38 所示的按钮有一个常闭触点和一个常开触点，有的按钮开关只有一个常闭触点或一个常开触点，也有具有两个常开触点或两个常开触点和两个常闭触点的。常见的一种双联按钮开关由两个按钮组成，如图 1-39 所示，用于电动机启动和停止。

2. 行程开关

行程开关又称位置开关或限位开关，是根据运动部件的行程位置而切换电路的自动电器，其功能是感测运动部件的机械位移并转换成电信号，使电动机运行状态发生改变，即按一定行程自动停机、反转、变速或循环，以控制机械运动或实现安全保护。其作用和原理与按钮类似，动作时碰撞行程开关的顶杆，使触头动作。

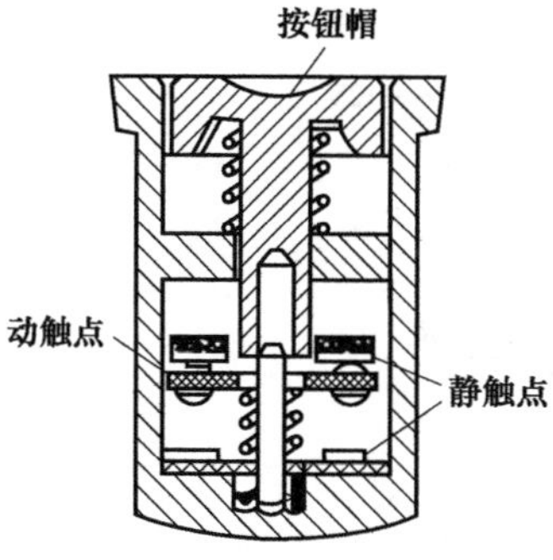

图 1-38 按钮开关剖面图

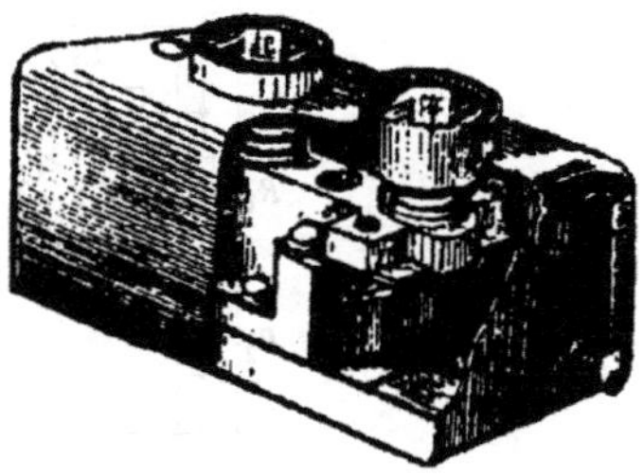

图 1-39 双联按钮开关

从结构来看，行程开关可分为三个部分：操作结构、触头系统和外壳。行程开关按其形式可分为直动式、滚轮式、无接触行程开关和限位开关。

（1）直动式行程开关 其结构原理如图 1-40 所示，其动作原理与按钮开关相同，但其触点的分合速度取决于机械的运行速度，不适用于速度低于 0.4m/min 的场所。

（2）滚轮式行程开关 其结构原理如图 1-41 所示，当被控机械上的撞块撞击带有滚轮 1 的撞杆时，撞杆转向右边带动凸轮转动，顶下推杆使微动开关中的触点迅速动作。当运动机械返回时，在复位弹簧的作用下各部分动作部件复位。

滚轮式行程开关又分为单滚轮自动复位式和双滚轮（羊角式）非自动复位式，双滚轮行程开关具有两个稳态位置，有“记忆”作用，在某些情况下可以简化线路。

行程开关广泛用于各类机床和起重机械，用以控制其行程，进行终端限位保护。在电梯的控制电路中，还利用行程开关来控制开关轿门的速度、自动开关门的限位，以及轿厢的上下限位保护。

（3）无接触行程开关和限位开关 在缝纫机制造中，无接触行程开关和限位开关由于性能较为可靠且使用方便，因此得到了广泛的应用。

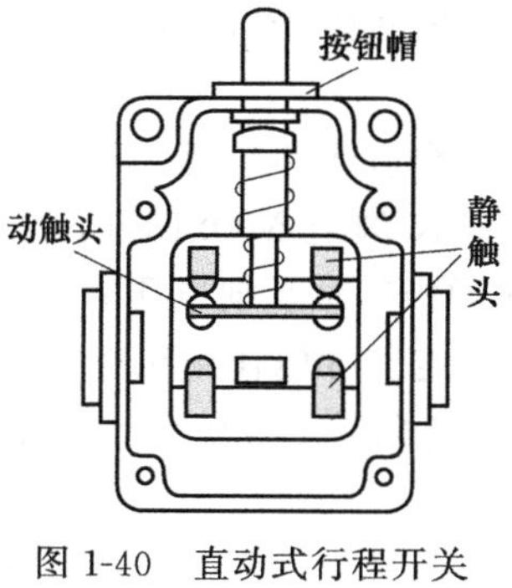

图 1-40 直动式行程开关

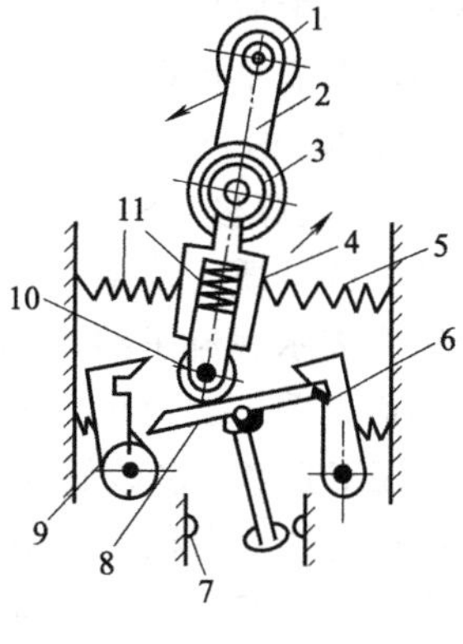

图 1-41 滚轮式行程开关

1—滚轮；2—上转臂；3,5,11—弹簧；4—套架；6—滑轮；7—压板；8,9—触点；10—横板

无接触行程开关和限位开关常常用作缝纫机上轴转速和机器结构状况的传感器。无接触

开关由振荡器和射偶三极管放大器（施密特触发器）组成，其无接触开关电路原理如图 1-42所示。

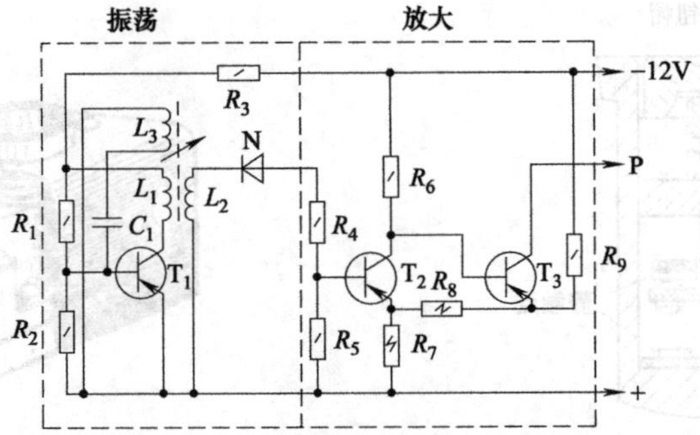

图 1-42　无接触开关电路原理图

在正常情况下，晶体三极管 T_1 处于振荡状态，晶体三极管 T_2 处在导通状态，而晶体三极管 T_3 截止。在基极线圈和集电极线圈之间插入金属薄片就会使耦合减小，引起停振。在常态中截止的输出晶体三极管导通，这就接通了三极管集电极电路中的继电器或逻辑元件。为了接通开关电源且消除断路时的反电势，并把电磁继电器或逻辑元件接到开关上，在开关接通电磁继电器工作时，继电器的线圈应并联二极管。

无接触开关在结构上制成塑料盒式，用热熔的绝缘材料密封开关外壳，工作缝隙宽 3～6mm，深 20mm，敏感区域在外壳上用箭头表示。

（二）功率开关器件 MOSFET 及 IGBT

1. 功率开关器件 MOSFET

功率场效应晶体管简称功率 MOSFET。功率 MOSFET 是一种载流子导电的单极型器件；它要求的栅极驱动电流很小，可看成是电压控制型器件。因有这些特点，使得功率 MOSFET 具有开关速度快、损耗低、驱动功率小、无二次击穿、安全工作区宽的优点，目前得到了越来越广泛的应用。

(1) 功率 MOSFET 的结构与工作原理　为了说明功率 MOSFET 的结构特点和工作原理，首先要说明场效应器件的基本结构和工作原理。图 1-43 是 N 沟道 MOSFET 的结构示意图。由于输出电流是由栅极通过金属（M)-氧化膜（O)-半导体（S）系统进行控制的，故这种结构就称作 MOS 结构。在功率 MOSFET 中，只有一种载流子（N 沟道时是电子，P 沟道时是空穴），从源极（S）出发经漏极（D）流出。

根据载流子的性质，功率 MOSFET 可分为 N 沟道和 P 沟道两种类型，其符号如图 1-44 所示，图中箭头表示载流子移动的方向。图 1-44（a）表示 N 沟道 MOSFET，栅源极间加正向电压时导通；图 1-44（b）表示 P 沟道 MOSFET，栅源极间加反向电压时导通。

功率 MOSFET 绝大多数做成 N 沟道增强型。这是因为电子导电作用比空穴大得多，而 P 沟道器件在相同硅片面积下，由于空穴迁移率低，其通态电阻是 N 型的 2～3 倍。

(2) 功率 MOSFET 的驱动和保护

① 功率 MOSFET 的驱动特性。功率 MOSFET 由于是单极型器件，没有少数载流子的存储效应，输入阻抗高。因此开关速度可以提高，驱动功率小，电路简单。但是，功率 MOSFET 的极间电容较大，因而工作速度与驱动源内阻抗有关，栅极驱动也需要考虑保护和隔离等问题。

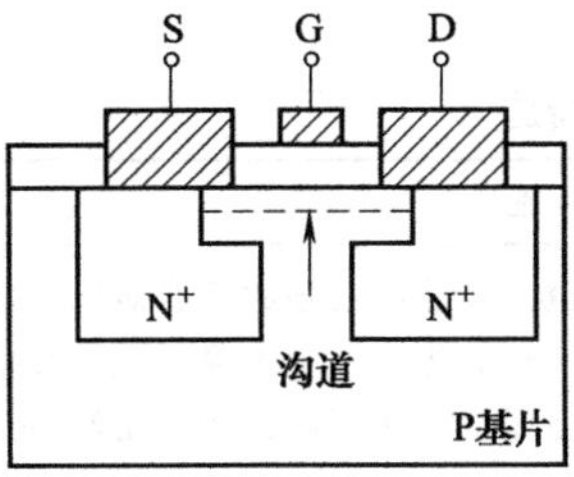

图 1-43 N 沟道 MOSFET 结构示意图

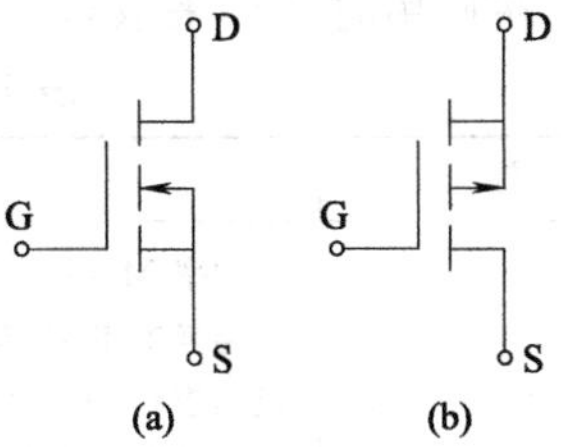

图 1-44 MOSFET 的图形符号

功率 MOSFET 的极间电容较大，驱动功率 MOSFET 的栅极相当于驱动一个容性网络，器件电容、驱动源阻抗都直接影响开关速度。如果与驱动电路配合不当，则难以发挥其优点。一般驱动电路的设计就是围绕如何充分发挥功率 MOSFET 的优点并使电路简单、快速且具有保护功能展开的。理想的栅极驱动等效电路如图 1-45 所示。图 1-45 中开关 S_1 接通充电路径，开关 S_2 控制放电过程。不管等效电阻的大小和充电的速率如何，C_{iss}和 $U_{GS(on)}$的数值就决定了开通期间传输的能量和关断时间的损耗，也就是说，损耗在 R_{on}上的能量与 R_{on}的大小、栅极电流均无关系。

尽管功率 MOSFET 栅源间静态电阻极大，静态时栅极驱动电流几乎为零，但由于栅极输入电容的存在，栅极在开通和关断的动态驱动中仍需要一定的驱动电流。

② 功率 MOSFET 的驱动电路。不同功率的功率 MOSFET 有不同的极间电容量，功率越大极间电容量也越大，在开通和关断驱动中所需的驱动电流也越大。

由于功率 MOSFET 与双极型晶体管不同，它是一个电压驱动型器件，因此可以有多种驱动形式，通常最简单和最方便的方法是通过 CMOS 集成电路进行驱动。

由于大多数 MOSFET 是用 VMOS 或 TMOS 工艺制成的，所以可以使用 CIOS 集成电路直接驱动 MOSFET。直接驱动 MOSFET 有一个最明显的优点，即可以采用 10～15V 的电源。这就使 CMOS 集成电路有 10V 以上的高电平输出，因此可以驱动 MOSFET 充分导通。这样，用 CMOS 直接驱动 MOSFET 无需加上拉电阻，使电路简单。

但是，CMOS 集成电路带负载的能力较低，因此会影响 MOSFET 的开关速度。图 1-46 是将 6 个 CMOS 缓冲器并联在一起，来加大驱动电流驱动 MOSFET。尽管 6 个 CMOS 缓冲器是集成在一块 MC14050 内的，但整个驱动电路仍较简单。

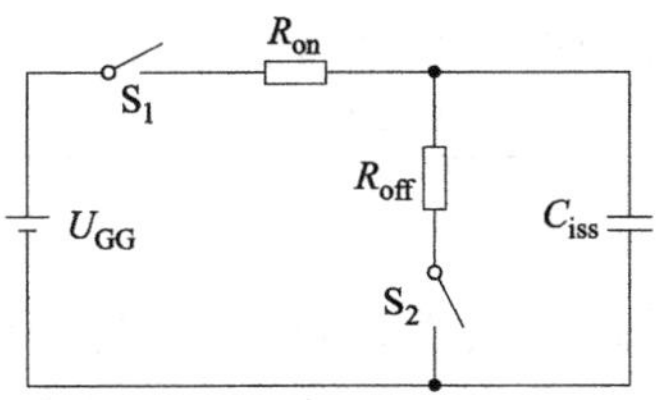

图 1-45 理想的栅极驱动等效电路

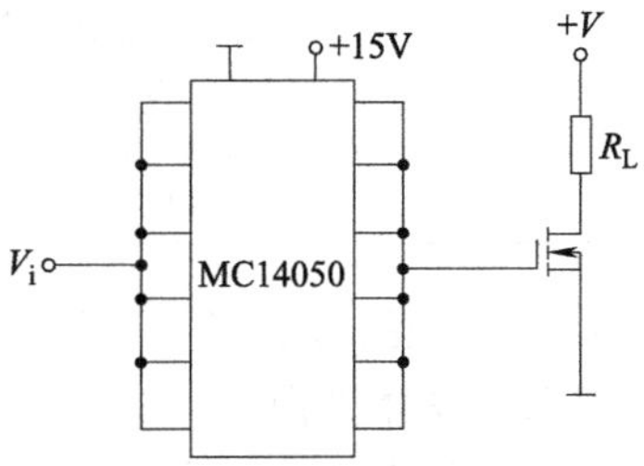

图 1-46 MOSFET 的 CMOS 驱动

③ 功率 MOSFET 的保护。功率 MOSFET 的薄弱之处是栅极绝缘层易被击穿损坏，栅源间电压不得超过±20V。一般认为绝缘栅场效应管易受各种静电感应而击穿栅极，实际上这种损坏的可能性还与器件的大小有关。管芯尺寸大，栅极输入电容也大，受静电电荷充电而使栅源间电压超过±20V 而击穿的可能性相对小些。此外，栅极输入电容可能经受多次静电电荷充电，电荷积累使栅极电压超过±20V 而击穿的可能性也是存在的。

为此，在使用时必须采取若干保护措施，见表 1-17。

表 1-17　功率 MOSFET 的保护措施

保护措施	具体措施
防止静电击穿	功率 MOSFET 最大的特点是有极高的输入阻抗，在静电较强的场合难以泄放电荷，容易引起静电击穿，有两种形式：一是电压型即栅极的薄氧化层发生击穿形成针孔，使栅极和源极间短路，或者使栅极和漏极间短路；二是功率型即金属化薄膜铝条被熔断，造成栅极开路或者是源极开路。防止静电击穿应注意以下几点 ①在测试和接入电路之前，器件应存放在静电包装袋、导电材料或金属容器中，不能放在塑料盒或塑料袋中。取用时应拿管壳部分而不是引线部分。工作人员需通过腕带良好接地 ②将器件接入电路时，工作台和烙铁都必须良好接地，焊接时烙铁应断电 ③在测试器件时，测量仪器和工作台都必须良好接地。器件的三个电极未全部接入测试仪器或电路前不要施加电压。改换测试范围时，电压和电流都必须恢复到零 ④注意栅极电压不要过限
防止偶然性振荡损坏器件	功率 MOSFET 与测试仪器、接插盒等的输入电容、输入电阻匹配不当时，可能出现偶然性振荡，造成器件损坏。因此在用图示仪等仪器测试时，在器件的栅极端子处外接 10kΩ 串联电阻，也可在栅源极之间外接大约 0.5μF 的电容器
防止过电压	①栅源间的过电压保护。如果栅源间的阻抗过高，则漏源间电压的突变会通过极间电容耦合到栅极而产生相当高的电压(V_{GS})过冲，这一电压会引起栅极氧化层永久性损坏，如果是正方向的 V_{GS} 瞬态电压还会导致器件的误导通。为此要适当降低栅极驱动电路的阻抗，在栅源之间并接阻尼电阻或并接约 20V 的稳压管。特别是要防止栅极开路工作 ②漏源间的过电压保护。如果电路中有电感性负载，则当器件关断时，漏极电流的突变会产生比电源电压还高得多的漏极电压过冲，导致器件的损坏。应采取稳压管钳位、二极管钳位或者 *RC* 抑制电路等保护措施
防止过电流	若干负载的接入或切除均可能产生很高的冲击电流，以致 I_{DM} 超过极限值，此时必须用电流传感器和控制电路使器件回路迅速断开。在脉冲应用中不仅要保证峰值电流 I_{PK} 不超过最大额定值 I_{DM}，而且还要保证其有效值电流 $I_{PK}\sqrt{D}$ 也不超过，其中 D 为占空比
消除寄生晶体管和二极管的影响	由于功率 MOSFET 内部构成寄生晶体管和二极管，通常，若短接，该寄生晶体管的基极和发射极就会造成二次击穿。另外寄生二极管的恢复时间为 150ns，而当耐压为 450V 时恢复时间为 500～1000ns。因此，在桥式开关电路中，功率 MOSFET 应外接快速恢复的并联二极管，以免发生桥臂直通短路故障
过热保护	结温过高会使功率 MOSFET 损坏，因此必须安装在散热器上，使在最大耗散功率和环境温度最坏的情况下，结温低于额定值 解决过热保护的方法：一是安装一个足够大的散热器，使其散热能力足以在总功耗一定的情况下，使结温限制在 150℃之内；二是检测结温，如果结温高于某个值，就应采取关断措施

2. 绝缘栅双极晶体管（IGBT）

绝缘栅双极晶体管简称 IGBT，是由 MOSFET 和晶体管技术结合而成的复合型器件，是 20 世纪 80 年代出现的新型复合器件，在电动机控制、中频和开关电源以及要求快速、低损耗的领域中备受青睐。

(1) IGBT 的结构与工作原理　图 1-47 给出了 IGBT 的结构剖面图。由图可知，IGBT 是在功率 MOSFET 的基础上发展起来的，两者的结构十分类似，不同之处是 IGBT 多一个 P+层发射极，可形成 PN 结 J_1，并由此引出漏极，门极和源极与 MOSFET 相类似。

从结构图可以看出，IGBT 相当于一个由 MOSFET 驱动的厚基区 GTR，其简化等效电路如图 1-48（a）所示，N 沟道 IGBT 的图形符号如图 1-48（b）所示。对于 P 沟道 IGBT，其图形符号中的箭头方向正好相反，图中的电阻 R_{dr} 是厚基区 GTR 基区内的扩展电阻。IGBT 是以 GTR 为主导元件，MOSFET 为驱动元件的达林顿结构。

IGBT 的开通和关断是由门极的电压来控制的。在门极施以正电压时，MOSFET 内形成沟道，并为 PNP 晶体管提供基极电流，从而使 IGBT 导通；在门极上施以负电压时，MOSFET 内的沟道消失，PNP 晶体管的基极电流被切断，IGBT 即为关断。

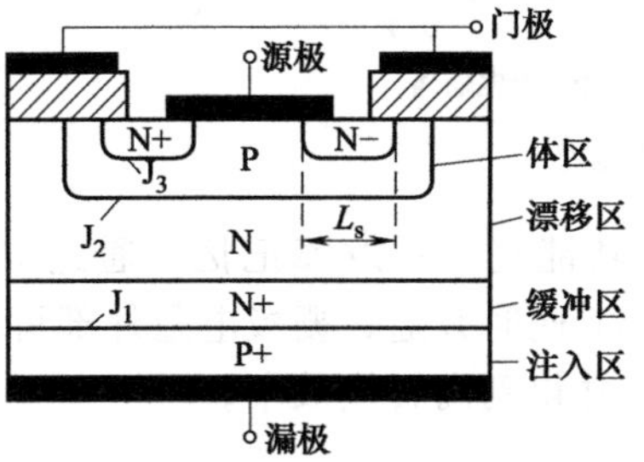

图 1-47 IGBT 的结构剖面图

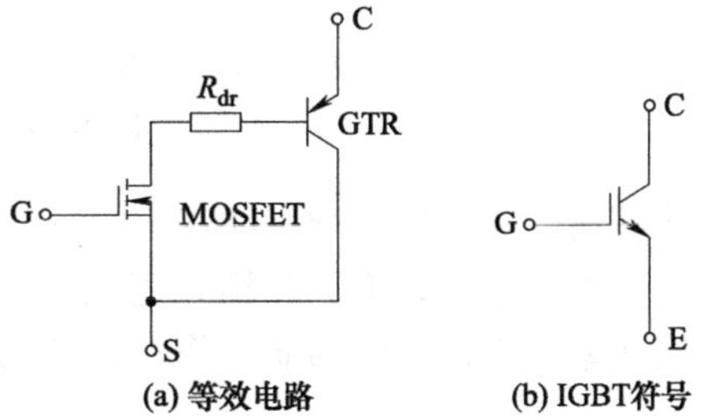

图 1-48 IGBT 的等效电路和符号

(2) IGBT 的驱动和保护 驱动条件：IGBT 的门极驱动条件密切关系到它的静态特性和动态特性。一切都围绕着缩短开关时间、减小开关损耗、保证电路可靠工作为目标。因此，IGBT 的驱动电路应满足下列要求和条件。

① IGBT 和 MOSFET 一样都是电压型驱动开关器件，都具有一个 2.5～5V 的开栅门槛电压，有一电容性输入阻抗，因此 IGBT 对门极电荷集聚非常敏感。因此，驱动电路必须很可靠，要保证有一条低阻抗值的放电回路，即驱动电路与 IGBT 的连线要尽量短。

② 用低电阻的驱动源对门极电容充放电，以保证门极控制电压 U_{GS} 有足够陡峭的前后沿，使 IGBT 的开关损耗尽量小。另外，IGBT 开通后门极驱动源应提供足够的功率使 IGBT 不会中途退出饱和而损耗。

③ 驱动电路要能提供高频脉冲信号，以利用 IGBT 的高频性能。

④ 门极驱动电压必须综合考虑，电路中的正偏压应为＋12～＋15V；负偏压应为－10～－2V。

⑤ IGBT 多用于高压场合，故驱动电路应与整个控制电路在电位上严格隔离。

⑥ 门极驱动电路应尽可能简单、实用，具有对 IGBT 的自保护功能，并有较强的抗干扰能力。

⑦ 如为大电感负载，IGBT 的关断时间不宜过短，以限制 di/dt 所形成的尖峰电压，保证 IGBT 的安全。

⑧ 门极电阻可选用 IGBT 产品说明书上给定的数值；但当 IGBT 的容量加大时，分布电感产生的浪涌电压与二极管恢复时的振荡电压增大，这将使门极产生错误动作，因此必须选用较大的电阻。

IGBT 驱动电路：在满足上述驱动条件的前提下，可设计 IGBT 的门极驱动电路。因为 IGBT 的输入特性几乎和 MOSFET 相同，所以用于 MOSFET 的驱动电路同样可以用于 IGBT。

(3) 常用驱动电路

① 正负偏压双电源门极驱动电路。在用于驱动电动机的逆变器电路中，为使 IGBT 能够稳定地工作，要求 IGBT 的驱动电路采用正负偏压双电源的工作方式。为了使门极驱动电路与信号电路隔离，应采用抗噪声能力强、信号传输时间短的光耦合器件。门极和发射极的引线尽量短，门极驱动电路的输出线应为绞合线，其具体电路如图 1-49 所示。

② IGBT 下桥臂驱动电路。图 1-50 给出了 IGBT 下桥臂的驱动电路。该驱动电路采用 HCPL-316J 芯片作为驱动器件，HCPL-316J 芯片具有过流检测和欠压闭锁输出功能，只需

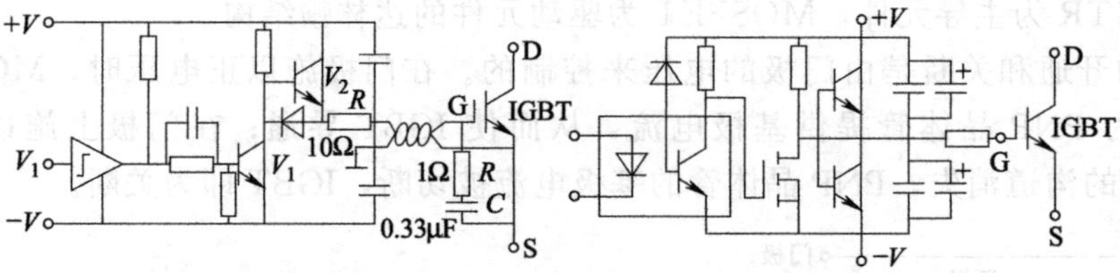

(a) 阻尼滤波　　(b) 光电隔离

图 1-49　IGBT 门极驱动电路

一个非隔离的＋15V 电源；具有高 du/dt 容量；保护功能完善；故障记忆，通过 FAULT 信号告知控制系统；上下互锁，避免同一桥臂两支 IGBT 同时开通；栅极电阻外部可调，使用不同功率的 IGBT 时都能工作在较高的开关频率下，并得到高转换效率。

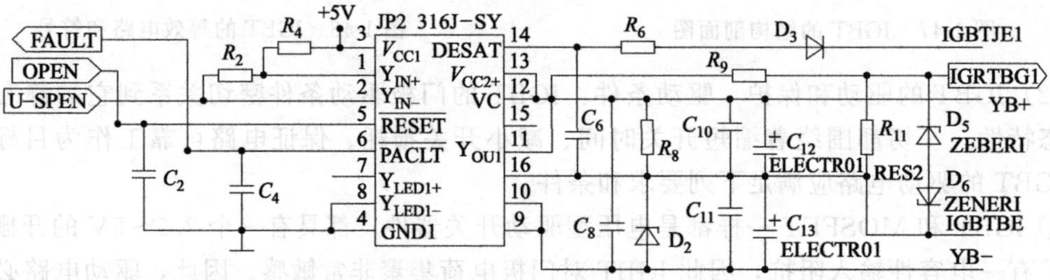

图 1-50　IGBT 下桥臂驱动电路

IGBT 的保护：在将 IGBT 用于电力变换器时，应采取保护措施以防损坏器件，常用的保护措施见表 1-18。

表 1-18　IGBT 的保护措施

常用保护	具体措施
集电极、发射极间过电压保护	IGBT 的集电极、发射极间产生过电压的类型有两类，IGBT 关断过电压和续流二极管反向恢复过电压。安装缓冲电路是抑制集电极、发射极间过电压的有效措施。缓冲电路之所以能减小 IGBT 集电极、发射极间的过电压，是因为它给回路电感提供了泄能回路，降低了回路电感上电流的变化率
栅极过电压保护	IGBT 的栅极出现过电压的原因有两个：静电聚积在栅极电容上引起过电压和密勒效应引起的栅极过电压
过电流保护	IGBT 的过电流保护电路可分为两类：一类是低倍数（1.2～1.5 倍）的过载保护；另一类是高倍数（8～10 倍）的短路保护 对于过载保护，不必快速响应，可采用集中式保护，即检测输入端或直流环节的总电流，当此电流超过设定值后比较器翻转，封锁所有 IGBT 驱动器的输入脉冲，使输出电流降为零。这种过电流保护一旦动作以后，要通过复位才能正常工作 IGBT 能承受时间很短的短路电流，能承受短路电流的时间与 IGBT 的导通饱和压降有关，随着饱和导通压降的增加而延长 通常采取的保护措施有软关断和降栅压两种 软关断指在过流和短路时直接关断 IGBT，其抗干扰能力差，一旦检测到过流信号就关断，很容易发生误动作。为了增加保护电路的抗干扰能力，可以在故障信号与启动信号保护电路之间加一延时，不过故障电流会在这个延时内急剧上升，大大增加功率损耗，同时还会导致器件的 di/dt 增大 降栅压是在检测到器件过流时，马上降低栅压，仍维持器件导通。降栅压后，设有固定延时，故障电流在这一延时内被限制在一较小值，从而降低故障时器件的功耗，延长了器件抗短路的时间，且能够降低器件关断时的 di/dt，对器件保护十分有利。如果延时后，故障信号依然存在，则关断器件；如果故障信号消失，驱动电路可自动恢复正常工作状态，因而大大增强了抗干扰能力

续表

常用保护	具体措施
过热保护	IGBT过热的原因，可能是驱动波形不好或电流过大或开关频率太高，也可能是散热状况不良。可以利用温度传感器检测IGBT的散热器温度，当超过允许温度时，使主电路停止工作

在IGBT下桥臂驱动电路中（图1-50），与HCPL-316J芯片16引脚相连的电位符号IGBTBE和IGBT模块下桥臂的发射极相连，与11引脚相连的IGBTBG1和下桥臂的门极相接，控制IGBT的导通和关断。当14引脚DESAT的电压高于7V检测到过流信号或V_{CC}欠电压时，6引脚FAULT为低电平，芯片自动闭锁所有输出用于保护IGBT模块。

（三）继电器

电磁继电器广泛用在工业缝纫机的控制系统上，它是一种断续工作的机电装置。继电器通常用来传递信号和同时控制多个电路，也可直接用它来控制小容量电动机或其他电气执行元件。继电器的输入是线圈，输出是触点。线圈电路也叫控制电路，触点电路叫作执行电路。

1. 舌簧继电器

舌簧继电器是一种受磁场控制的开关，又称“干簧管”。工业缝纫机上轴的转速传感器和断线传感器，都采用舌簧继电器。舌簧继电器具有较大的速度、很高的电气和机械稳定性及可靠性，可在1s内开关1000次，使用期限达10^8～10^{12}个周期。触点的接触电阻为$10^{-3}\Omega$，断路时电阻高达10^9～$10^{11}\Omega$。其缺点是触点容量小，只有4～60W。舌簧继电器结构如图1-51所示。圆柱形线圈1套在玻璃外壳2上，玻璃壳里面装有舌簧触点3。电流流经线圈时形成磁场，在舌簧及其间隙中产生磁通。由于磁力线的收缩，舌簧互相吸引，触点接通。为了改变电磁舌簧系统的状况，必须建立一定方位、一定大小的磁场。为此要接通线圈或借助于恒磁磁场对舌簧继电器簧片的磁力作用。图1-52所示为舌簧继电器的常见控制方式。

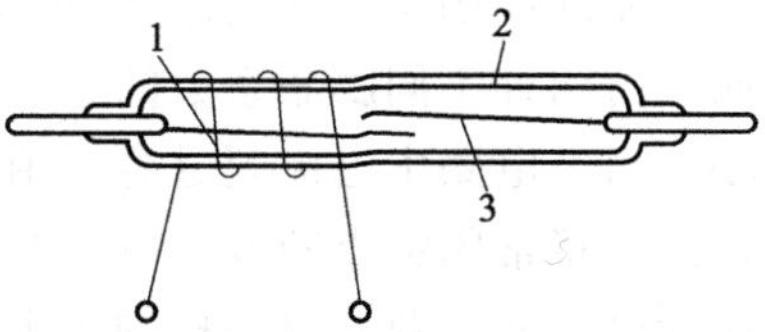

图1-51 舌簧继电器

1—圆柱形线圈；2—玻璃外壳；3—舌簧触点

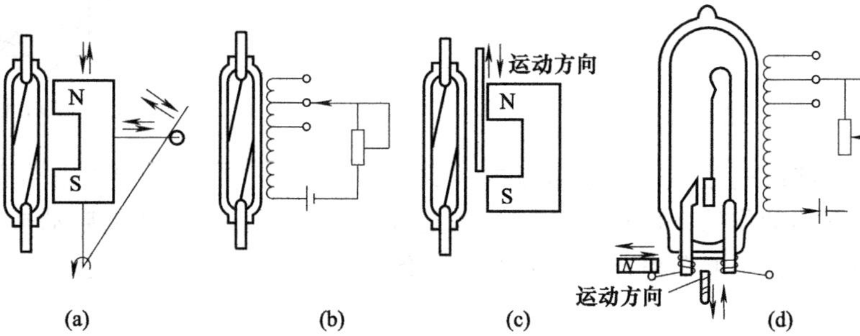

图1-52 舌簧继电器的控制方式

2. 灵敏继电器

灵敏继电器是一种常用的电气自动元件，由铁芯、线圈、衔铁、常闭触点和常开触点等组成，如图1-53所示。它利用带铁芯的线圈在电流流过时产生的电磁吸引力把衔铁吸合，使常开触点闭合，常闭触点断开。其吸合电流一般不超过 20mA 。当线圈中没有电流，电磁力消失时，衔铁在复位弹簧作用下断开，使常开触点断开，常闭触点闭合。切断和接通继电器线圈中的电流的任务是由处于开关工作状态的三极管担负的，如数字式通用程序控制器中控制灵敏继电器 JRX-13F，是由 3AX31B 完成的，如图 1-54 所示。

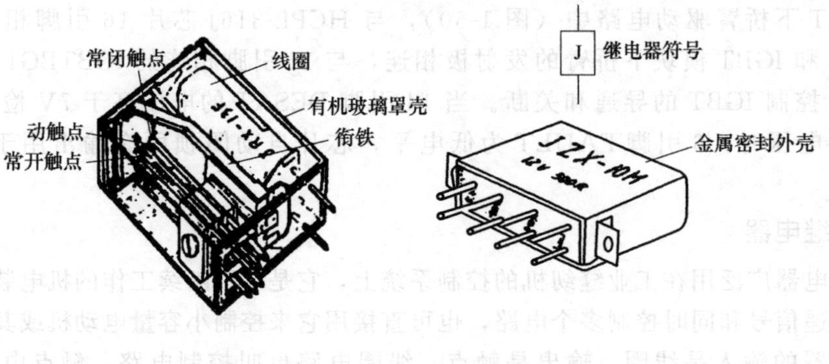

图 1-53　灵敏继电器

3. 热继电器

热继电器是用来保护电动机，使其免受长期过载危害的。它是利用电流的热效应而动作的，其原理如图 1-55 所示。热元件是一段电阻不大的电阻丝，接在电动机的主电路中。双金属片由两种不同膨胀系数的金属碾压而成。图中，下层金属的膨胀系数大，上层的膨胀系数小。当主电路中电流超过容许值而使双金属片受热时，它便向上弯曲而脱扣，扣板在弹簧的拉力下将常闭触点断开。触点是接在电动机的控制电路中的，控制电路断开而使接触器的线圈断电，从而断开电动机的主电路。

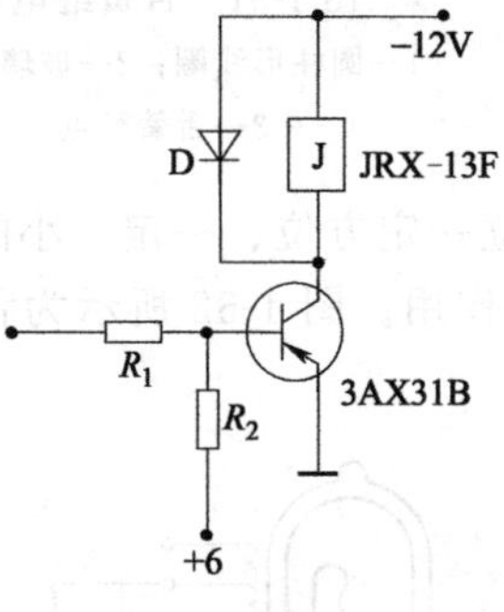

图 1-54　开关工作状态线路

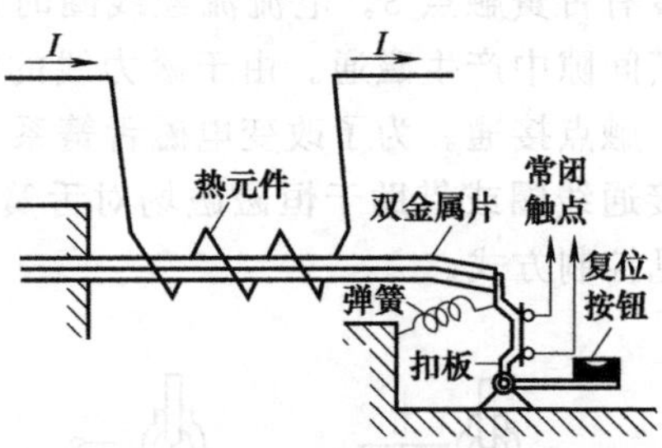

图 1-55　热继电器的原理图

由于热惯性，热继电器不能作短路保护。因为发生短路事故时，要求电路立即断开，而热继电器是不能立即动作的。但这个热惯性也是合乎要求的，在电动机启动或短路过载时，热继电器不会动作，这可避免电动机的不必要的停机。如果要热继电器复位，则按下复位按钮即可。

通常用的热继电器有 JR0、JR10 及 JR16 等系列。热继电器的主要技术数据是整定电流。所谓整定电流，就是热元件中通过的电流超过此值的 20％时，热继电器应在 20min 内动作。JR10-10 型的整定电流为 0.25～10A，热元件有 17 个规格。JR0-40 型的整定电流为 0.6～40A，有 9 种规格。根据整定电流选用热继电器，整定电流与电动机的额定电流基本一致。

（四）电磁铁

电磁铁是利用通电的铁芯线圈吸引衔铁或保持某种机械零件于固定位置的一种电器元件，衔铁的动作可使其他机械装置发生联动。当电源断开时，电磁铁的磁性随之消失，衔铁或其他零件即被释放。

电磁铁能够快速、准确地把电能转换为机械能，在工业缝纫机中，被广泛用作执行元件，根据控制指令，完成扫线、回线、切线和抬压脚等动作。

电磁铁可分为线圈、铁芯及衔铁三部分。它的结构形式通常有图 1-56 所示的几种。通电线圈产生的磁场被导磁体强化和定向，由于磁力线对衔铁影响的结果产生了使衔铁移动的电磁力。根据电流的性质，电磁铁可分为直流电磁铁和交流电磁铁。交流电磁铁又可分为动力电磁铁和用信号改变磁化力的电磁铁。脉动磁化力由整流脉动电压的电源产生。

直流电磁铁和交流电磁铁的性能有着本质上的差别。直流电磁铁与负荷的性质有关，与交流电磁铁相比，具有更好的牵引性能，在缝纫机制造中应用最为广泛。如在缝料缝好后抬起压脚，自动剪线、松线、自动接通摩擦传动机构，以及工业缝纫机上其他系列的工序都需要电磁铁才能工作。

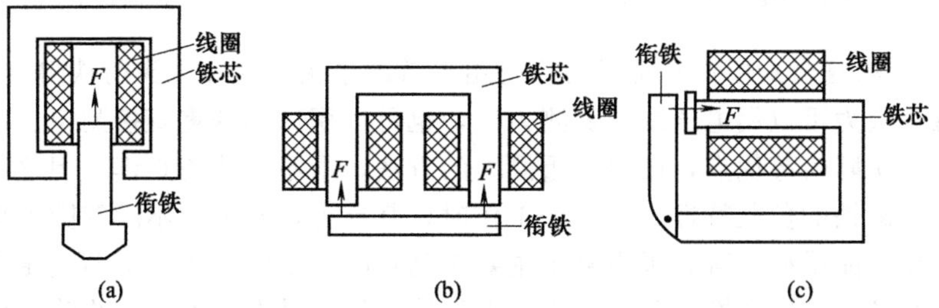

图 1-56 电磁铁的几种形式

根据工业缝纫机的使用要求，作为指令执行元件的电磁铁一般应具备吸力大、行程长、响应快、温升小和结构紧凑等特点，因此这类电磁铁通常采用锥头衔铁的直流螺管式结构，其工作模式，基本上是通电持续率较长的反复短时工作制。

电磁铁采用直流螺管式和锥头铁芯的结构形式，首先是因为在行程和截面直径相同的条件下，锥头衔铁的开路吸力大于平头，比较适合缝纫机的工作；其次，圆柱形的锥头铁芯，几乎不可能采用叠片的方式制作，只能用软磁材料做成实心整体器件，用直流供电，可以减少铁芯内部的涡流和磁滞损耗，降低温升。

吸力是电磁铁性能最重要的技术指标。这是因为：第一，在相同的行程下，吸力越大，电磁铁就有更大的做功能力；第二，如果摩擦阻力相同，吸力增大，则衔铁的运动速度加快，吸动响应时间就缩短；第三，在保证行程和满足机械接口要求的条件下，根据电磁铁的结构设计和基本技术参数，若能充分利用电磁能，使吸力达到最大，则可减少匝数或增大线圈电阻并减少动作电流，达到减慢温升的目的，缝纫机电磁铁的通电持续率 TD 高达 50% 以上，因此线圈温度降低，响应快，能保证缝制质量。

直流螺管式电磁铁的基本结构形式如图 1-57（a）为平面衔铁头，图 1-57（b）为锥面衔铁头，在不计铁芯磁阻的条件下，若平面衔磁铁端部的电磁吸力为 F_K，则在开路位置上作用在锥面衔铁端部的电磁吸力 $F_K Z$ 为：

$$F_K Z = F_K I/\sin^2\alpha$$

可见，采用了锥面衔铁头，在开路位置上，作用在衔铁头端部的电磁吸力可增大到采用

平面衔铁头时的 $I/\sin^2\alpha$ 倍，比如当 $\alpha=45°$ 时，电磁吸力将提高 1 倍左右。

可见，采用了锥面衔铁头结构形式后，在闭合位置上的电磁吸力将变为平面衔铁头的 $\sin^2\alpha$ 倍。也就是说，在闭合位置上，锥面衔铁头的吸力要比平面衔铁头小，这与开路状态的情况正好相反。在实际中往往要求电磁铁既有足够大的开路吸力，又有一定的闭合吸力（保持力）。所以螺管式电磁铁的衔铁常做成图 1-58 所示的锥面与平面，或锥面与平面结合的复合式结构。

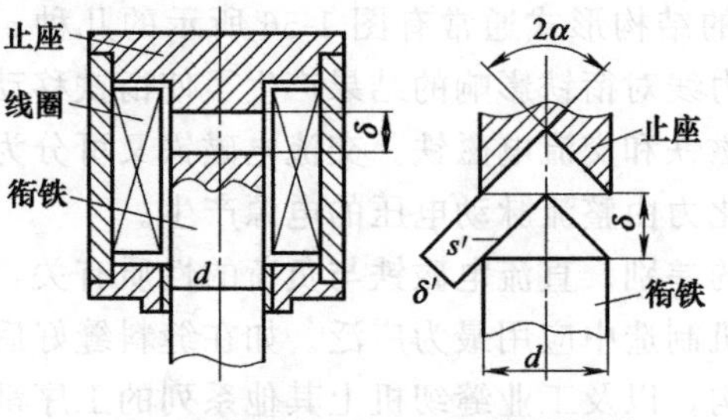

(a) 平面衔铁头　(b) 锥面衔铁头

图 1-57　直流螺管式电磁铁基本结构

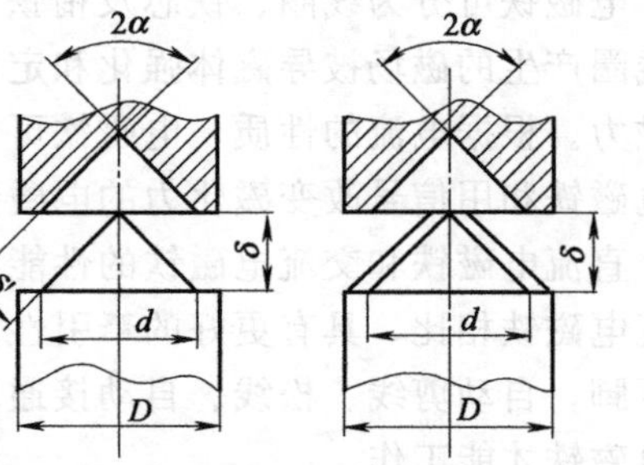

图 1-58　复合式衔铁头的基本结构

图 1-58 所示的复合式衔铁头可以看作是由等效的平头衔铁和锥头衔铁组合而成的。

上述电磁铁吸力可以用电子或弹簧测力计，也可以用砝码挂重直接测定。电子或弹簧测力具有快速显示实际值等优点，砝码挂重测力的方法，虽不能快速直读，但这种方法比较接近电控缝纫机电磁铁的负载特性。电磁铁工作时，其反力基本上为不随气隙值变化的常值负载。对于流水线产品质检而言，吸力测定主要是判别吸力下限值 F_{min}，即电磁铁的吸力 $F>F_{min}$，则产品的吸力指标合格，并不需要测出每件产品的最大吸力，因此砝码挂重的测力比其他间接测量方法的精度要高一些。

图 1-59 是砝码挂重测力装置示意图，由于线圈阻值是随着温度的改变而变化的，因此测试应在恒温环境中进行，只有在同一环境温度下测得的吸力才有可比性。测试用 VC-305D 直流稳压电源供电，有电压、电流数显。测试的电压调到 DC 24V，被测电磁铁固定在测试架上，电磁铁处于开路状态，通过调整托板位置将行程（气隙）调到额定值（如 K_1 为 10mm，K_2、K_3 为 6mm），在电磁铁衔铁端部悬挂重量为 $G=F_{min}$ 的砝码，然后瞬间通电，如能吸到位，则表示 $F>F_{min}$，吸力指标合格。

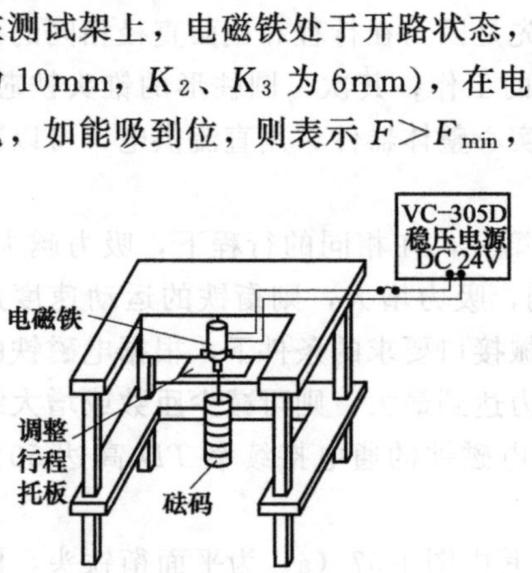

图 1-59　砝码挂重测力装置示意图

电磁铁的吸力是其主要参数之一。吸力的大小与气隙的截面积 S_0 及气隙中磁感应强度 B_0 的平方成正比。

电磁铁的主要结构元件是端盖，它对衔铁的运动起止动作用。当电压通过线圈时，衔铁做直线运动。按衔铁对可控元件的影响方法，电磁铁有牵引式和推动式，它们的构造相同。在电磁铁上加个拉杆就成了牵引式，加一个推杆就成了推动式，如图 1-60 和图 1-61所示。

在电脑控制的缝纫机中，控制对象就是电磁铁（安装在缝纫机机头内部）。可以通过控制电磁铁的吸合和释放，来控制与电磁铁相连的剪刀、抬压脚杆、倒缝凸轮、拨线杆等执行机构，完成自

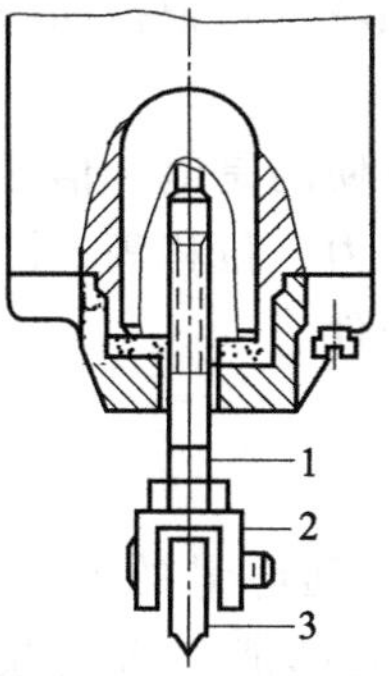

图 1-60　牵引式电磁铁

1—螺钉；2—联轴器；3—执行机构的拉杆

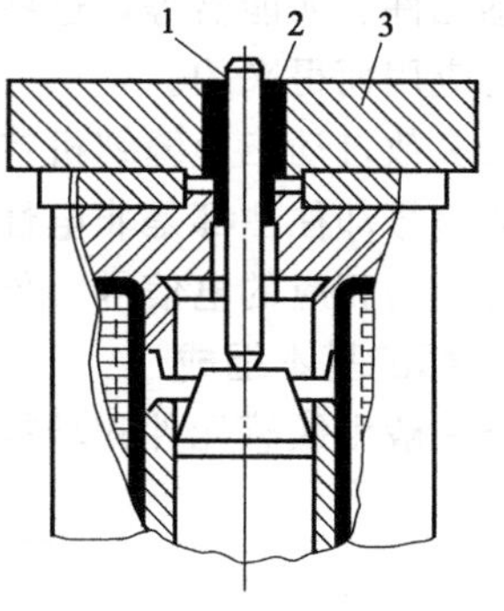

图 1-61　推动式电磁铁

1—推杆；2—导套；3—执行机械

动剪线、自动抬压脚、自动倒缝（前后加固缝）、自动拨线等动作。

电磁铁的质量和参数直接影响到缝制质量。电磁铁的技术指标主要有三大参数：吸合力、通电吸合时间和断电释放时间、电磁铁内阻。

吸合力是指电磁铁在加上额定电压吸合后能拉开的临界力。这个力可保证电磁铁在通电后能稳定而可靠地工作。如果吸合力不够，很可能造成通电吸合不到位，例如抬压脚抬不到位，缝料放不进去；倒缝电磁铁吸合不到位，会使加固缝时来回针迹不重合；剪刀电磁铁吸合不到位，会使剪刀上扣时打不进去，造成剪线失败。

通电吸合时间和断电释放时间是十分重要的指标，动作的速度直接影响缝纫机的工作。以倒缝为例，当缝纫机以 1800r/min 速度运转时，即缝纫机主轴转一圈走一针所费的时间为 33ms。在上一针正缝到下一针倒缝的转换中，留给倒缝电磁铁动作的时间仅仅只有走半针，即送料牙齿运行到针板下方的这一段时间，运动时才不至于影响送料。如果运动提早或拖后，必定会影响到转折的前一针或后一针的针距长度，造成来回缝的针迹不重合。

电磁铁内阻的指标，主要是为了控制电磁铁的功耗。例如，电磁铁的额定电压是 36V。在这个基础上，就可以规定电磁铁的内阻范围，在满足吸合力和动作时间这两大指标的基础上，内阻阻值不应小于规定值。如果采用劣质材料或减少线圈匝数，则内阻阻值会变小。内阻阻值过小意味着电流大，虽能达到吸合力和动作时间的指标，但代价是损耗大大增加，不但浪费电能，而且容易发热，造成温升过高，其危害不言而喻。

二、传感器

（一）常用传感器

1. 传感器的概念

传感器是一种能把被测信号按一定规律转换成某种“可用信号”，经过输出器件或装置，满足信息的传输、处理、记录、显示和控制等要求的装置。这里的“可用信号”是指便于处理、传输的信号，一般为电信号，如电压、电流、电阻、频率等。在日常生活中，有着各种各样的传感器，如电视机、音响、空调遥控器等所使用的红外线传感器；电冰箱、微波炉所使用的温度传感器；家用摄像机、数码照相机、上网聊天视频所使用的光电传感器等。这些传感器的共同特点是利用各种物理、化学、生物效应等，实现对被测信号的测量。可见，在传感器中包含两个不同的概念：一是检测信号；二是把检测的信号转换成一种与被测信号有对应关系的，而且便于传输和处理的物理量。所以传感器又经常被称为变换器、转换器、检测器、敏感元件、换能器等，这些不同的称谓反映在不同的领域，是根据同一类型的器件在不同领域的应用而得来的。

在绝大多数自动工业缝纫机控制系统里，作为指令最为方便的是电子信号，然而被控制系统给出的信号却往往都是非电性质的，例如温度、光照、压力、位移等。因此必须把非电量的信号转变为相应的电信号，传感器就是执行这一任务的器件。

2. 传感器的基本组成

传感器一般由敏感元件和转换元件两个基本元件组成。

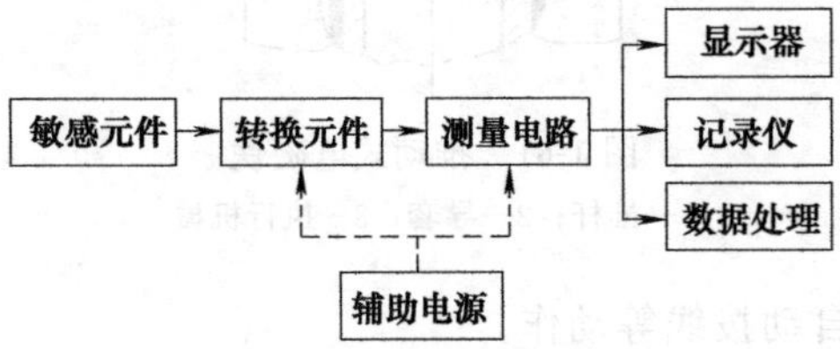

图 1-62　传感器的基本组成

在完成非电量到电量的变换过程中，并非所有的非电量参数都能一次直接变换为电量，往往是先变换成一种易于变换成电量的非电量，再通过适当的方法变换成电量。因此，把能够完成预变换的器件称为敏感元件；而转换元件是能将被测非电量参数转换为电量的器件。转换器件是传感器的核心部分，是利用各种物理、化学、生物效应等原理制成的。

并不是所有的传感器都必须包括敏感器件与转换器件，有一部分传感器不需要包含起预变换作用的敏感器件，如热敏电阻、光电器件等。传感器的基本组成如图 1-62 所示。

3. 传感器的常见分类

传感器的种类，按变换的性质分为两类：一类为参量变换器，一类为发电变换器。参量变换器的特征是，当非电量变化时，传感器元件的电阻或者电容、电感发生相应的变化；而发电变换器则是对应着一定的非电量有相应的电势产生。像热敏电阻属于参量变换器，光电池属于发电变换器。用参量变换器作传感器时，必须与电源组成回路，才能将非电信号转变为电信号。用发电变换器作传感器，不需要外电源就能够将非电信号转换为相应的电动势，然后输入到电子线路中去。

根据可控输入参数的功能，工业缝纫机的传感器可分为多种，见表 1-19。

表 1-19　传感器的分类

应用部位	传感器类型
缝料和缝纫机装置状况的传感器或行程开关	接触传感器：微动开关、限位开关、电磁控制继电器 无接触传感器：光电传感器、感应传感器等
上轴旋转和速率传感器	接触传感器：电刷式、电磁控制接触式 无接触传感器：光电传感器、感应传感器
断线传感器	缝线张力传感器，缝线位移（运动）传感器，控制线迹、线缝形成的传感器，线量传感器
线结控制传感器	线结控制传感器

根据输入信号的调制形式，工业缝纫设备的传感器可分为时间脉冲和振幅式两种。

在下面的内容中，对常用的磁敏传感器（包括霍尔传感器）、光电传感器、电容式传感器、位移传感器及其敏感元件作详细的介绍。

4. 磁敏传感器

磁敏传感器就是感知磁性物体存在或者磁性强度（在有效范围内）的传感器。这些磁性材料除永磁体外，还包括顺磁材料（铁、钴、镍以及它们的合金）。磁敏传感器由磁敏元件、转换电路、信号处理电路、读出电路组成。

磁敏传感器主要有霍尔传感器、磁敏电阻、磁敏二极管、磁敏三极管等。

5. 霍尔传感器

霍尔传感器是利用霍尔效应将被测物理量转换为电势的传感器。霍尔效应是 1879 年霍尔在金属材料中发现的，随着半导体研究和制造工艺的发展，人们又利用半导体材料制成了霍尔传感器，由于其霍尔效应显著而得到应用和发展，广泛用于电流、磁场、位移和压力等物理量的测量。

（1）霍尔传感器的工作原理　半导体薄片置于磁场中，当其电流方向与磁场方向不一致时，半导体薄片上平行于电流和磁场方向的两个面之间产生电动势，这种现象称为霍尔效应。该电动势称为霍尔电势，半导体薄片称为霍尔传感器。

图 1-63 所示为霍尔效应原理图，在垂直于外磁场 B 的方向上放置半导体薄片，当半导体薄片通过电流 I（称为控制电流）时，在半导体薄片前后两个端面之间产生霍尔电势 U_H。

由实验可知，霍尔电势的大小与激励电流 I 和磁场的感应强度 B 成正比，与半导体薄片厚度 d 成反比：

$$U_H=R_H\frac{IB}{d}$$

式中，R_H 为霍尔常数。霍尔常数 R_H 的大小取决于导体的载流子密度。

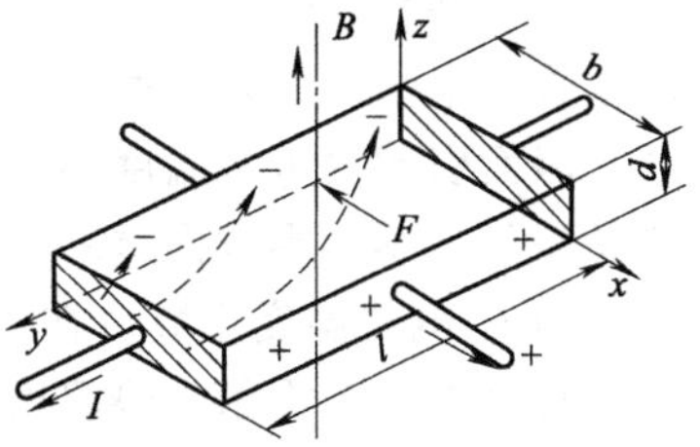

图 1-63　霍尔效应原理图

（2）霍尔传感器的种类　霍尔传感器有分立型和集成型两类。分立型又有单晶和薄膜两种；集成型有线性霍尔电路和开关霍尔电路。本书主要介绍集成型霍尔传感器。

① 线性霍尔集成传感器。线性霍尔集成传感器是将霍尔传感器、放大器、电压调整、电流放大输出极、失调调整和线性度调整等部分集成在一块芯片上的传感器，其特点是输出电压随外磁场感应强度 B 呈线性变化。霍尔集成传感器分单端输出和双端输出。

工业缝纫设备中的踏板传感器就是采用的线性霍尔集成传感器。

② 开关霍尔集成传感器。开关霍尔集成传感器是以硅为材料，利用平面工艺制造而成的。因为 N 型硅的外延层材料很薄，故可以提高霍尔电势 U_H。用硅平面工艺技术将差分放大器、施密特触发器以及霍尔传感器集成在一起，可以大大提高传感器的灵敏度。

霍尔效应产生的电势由差分放大器进行放大，随后被送到施密特触发器。当外加磁场 B 小于霍尔传感器磁场的工作点 B_{op}（0.03～0.48T）时，差分放大器的输出电压不足以开启施密特触发电路，驱动晶体管 T 截止，霍尔传感器处于关闭状态。当外加磁场 B 大于或等于 B_{op} 时，差分放大器的输出增大，启动施密特触发电路，使 T 导通，霍尔传感器处于开启状态。若此时外加磁场逐渐减弱，霍尔开关并不立即进入关闭状态，而是逐渐减弱至磁场释放点 B_{rp}，使差分放大器输出电压降到施密特电路的关闭阈值，晶体管才由导通变为截止。

（3）霍尔传感器的特性参数

① 输入电阻和输出电阻。霍尔传感器工作时需要加控制电流，这就需要知道控制电极间的电阻，称为输入电阻。霍尔电极输出霍尔电势，对外它是个电源，这就需要知道霍尔电极间的电阻，称为输出电阻。测量以上电阻时，应在没有外磁场和室温变化的条件下进行。

② 额定控制电流和最大允许控制电流。当霍尔传感器有控制电流使其本身在空气中产生 10℃温升时，对应的控制电流值称为额定控制电流。以元件允许最大温升为限制所对应的控制电流值称为最大允许控制电流。因霍尔电势随控制电流的增加呈线性增加，所以使用

中总希望选用尽可能大的控制电流，因而需要知道元件的最大允许控制电流。另外，改善它的散热条件也可以增大最大允许控制电流值。

③ 不等位电势 U_0 和不等位电阻 r_0。当霍尔传感器的控制电流为额定值 I_N 时，若元件所处位置的磁感应强度为零，则它的霍尔电势应该为零。如果实际不为零，这时测得的空载霍尔电势称为不等位电势 U_0。这是由于两个霍尔电极安装时不在同一个电位面上所致，如图 1-64 所示。由该图可以看出，不等位电势是霍尔电极 2 和 2′之间的电阻 r_0 决定的，r_0 称为不等位电阻。不等位电势就是控制电流 I 流经不等位电阻 r_0 产生的电压。

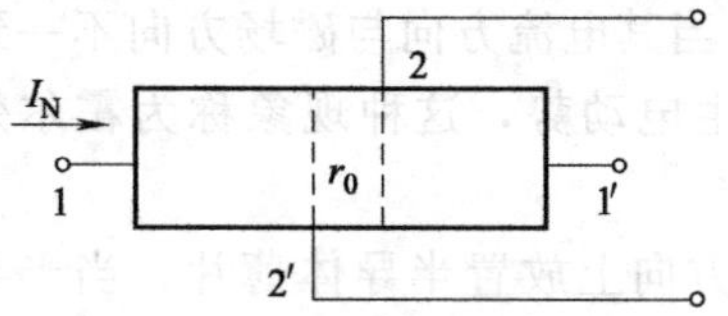

图 1-64 霍尔传感器不等位电势示意图

④ 寄生直流电势。当没有外加磁场，霍尔传感器用交流控制电流时，霍尔电极的输出除了交流不等位电势外，还有一个直流电势，称为寄生直流电势。控制电极和霍尔电极与基片的连接属于金属与半导体的连接，这种连接是非完全欧姆接触时会产生整流效应。控制电流和霍尔电势都是交流时，经整流效应，它们各自都在霍尔电极之间建立直流电势。此外，两个霍尔电极焊点的不一致，会造成两焊点热容量、散热状态的不一致，因而引起两电极温度不同，产生温差电势，这也是寄生直流电势的一部分，寄生直流电势是霍尔传感器零位误差的一部分。

⑤ 霍尔电势温度系数。在一定磁感应强度和控制电流下，温度每变化 1℃时，霍尔电势变化的百分率称为霍尔电势温度系数。它也是霍尔常数的温度系数。

6. 光电传感器

用光照射半导体材料时，其内部参与导电过程的带电粒子数目就增加，使半导体的电导率增加。光敏电阻就是利用半导体的这个特性制成的。常用的有硫化镉、硫化铅、硫化铋等光敏电阻。例如硫化镉光敏电阻，无光照时，其电阻值（暗电阻）大于 500kΩ；有光照时，其阻值大大减小，暗电阻与亮电阻的比值可达 1500 以上。

光电二极管是光敏器件，可以是 PN 结二极管，也可以是 NPN 光敏三极管。在光电传感器中普遍采用这些器件。

光电管与光电倍增管均属于光电发射元件。光电管是一种最早使用的根据入射光照而从阴极向阳极发射电子的器件，光电倍增管是较灵敏的检测器之一。

上述光敏元件在使用时必须施加一定的外电压，光照主要是改变它们的导电能力，它们基本属于电导变换性质的元件。但是人们发现，有的器件虽在 PN 结两端无外加电源，但经光照之后仍能输出电流，这就是光电池。光电池工作原理是入射光使半导体的势垒降低，而产生多数载流子电流。它比光敏电阻、光电二极管的灵敏度要高，可靠性高，成本低，寿命长。

（1）光电传感器的原理与分类　光电传感器是基于光电效应的传感器。光电传感器在受到可见光照射后即产生光电效应，将光信号转换成电信号输出。它除能测量光强之外，还能利用光线的透封、遮挡、反射、干涉等测量多种物理量，如尺寸、位移、速度、温度等，是一种应用极广泛的重要敏感器件。

光电传感器在一般情况下由发送器、接收器和检测电路三部分构成。发送器对准目标发射光束，发射的光束一般来源于半导体光源、发光二极管（LED）和激光二极管。光束不间断地发射，或者改变脉冲宽度。接收器由光电二极管或光电三极管组成。在接收器的前面，装有光学元件如透镜和光圈等。在其后面是检测电路，它能滤出有效信号并应用该信号。

光电式传感器按信号形式分为模拟式光电传感器（位移传感器）和数字式光电传感器

（转速传感器、光栅式传感器、数字式传感器）。此外，还有光纤传感器、固体图像传感器等。本书主要介绍光电开关。

（2）光电开关

① 光电开关的结构和工作原理。光电开关是利用被检测物对光束的遮挡或反射，由同步回路接通电路，从而检测有无物体的。光电开关将输入电流在发射器上转换为光信号射出，接收器再根据接收到的光线的强弱或有无对目标物体进行探测。工作原理如图 1-65 所示。多数光电开关选用的是波长接近可见光的红外线光波型。

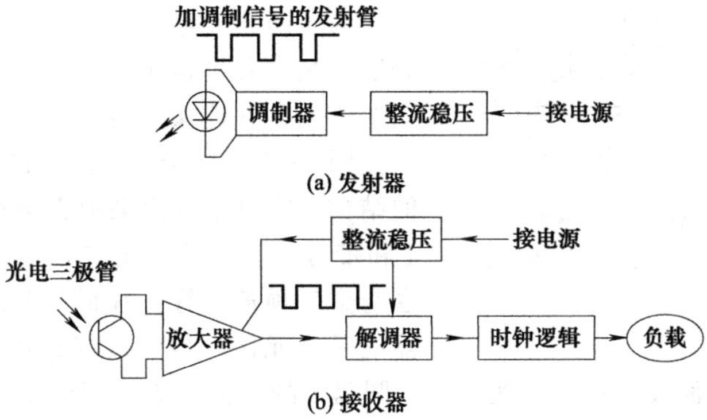

图 1-65 光电开关的工作原理

此外，光电开关的结构元件中还有发射板和光导纤维。三角反射板是结构牢固的反射装置。它由很小的三角锥体反射材料组成，能够使光束准确地从反射板中返回，具有实用意义。它可以在与光轴成 0°～25°的范围改变发射角，使光束几乎是从一根发射线经过反射后还从这根反射线返回。光电开关可分为对射型、漫反射型、镜面反射型。

② 光电开关的主要参数见表 1-20。

表 1-20 光电开关的主要参数

参数	描述
检测距离	指检测物体按一定方式移动，当开关动作时测得的基准位置（光电开关的感应表面到检测面的空间距离）
额定动作距离	指接近开关动作距离的标称值
回差距离	动作距离与复位距离之间的绝对值
响应频率	在规定的 1s 的时间间隔内，允许光电开关动作循环的次数
输出状态	分常开和常闭。当无检测物体时，常开型的光电开关所接通的负载由于光电开关内部的输出晶体管的截止而不工作；当检测到物体时，晶体管导通，负载得电工作
表面反射率	漫反射式光电开关发出的光线需要经检测物表面才能反射回漫反射开关的接收器，所以检测距离和被检测物体的表面反射率将决定接收器接收到光线的强度。粗糙的表面反射回的光线强度必将小于光滑表面反射回的强度，而且被检测物体的表面必须垂直于光电开关的发射光线

图 1-66 所示为自动化工业缝纫机上应用的缝料位置光电传感器的一种结构。它的工作原理是将来自针板的反射光束和变化固定下来。缝料位置变化时光线也变化，光电管把这种改变转换为电子信号。

图 1-66 中，光线从光源 2 射到针板 4 的光滑表面上，反射光落在光电管 1 上（这种情况下是用光电晶体管）。如果缝料放在针板上无反射光线，则光电管无光，在电路的输出端只有极少量的电流通过。缝料离开针板后光电管受到光的反射，电路输出端电压上升，导致执行元件工作。为了防止光电管过早受光，光源 2 和光电管 1 分别安装在几个盒子里，固定在支架 5 上，连接导线经过插头 6 连接光电管。

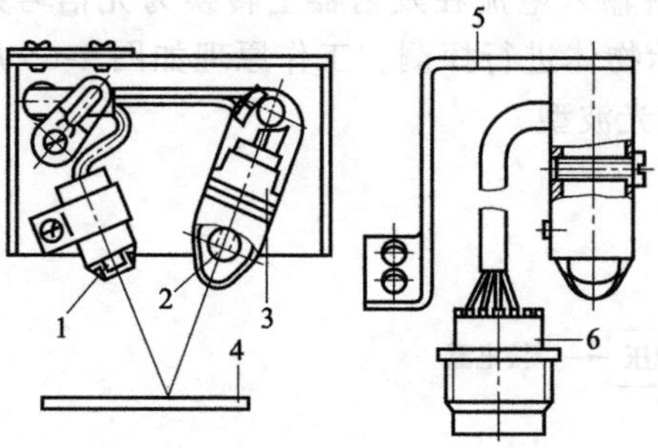

图 1-66　缝料位置光电传感器

1—光电管；2—光源；3—灯座；4—针板；5—支架；6—插头

图 1-67 是半自动缝纫机断线控制光电传感器的结构，在顶盖 3 上装有两只缝线张力附加调节器 4 和带有引线 7 的光电二极管 8，它借助于胶布衬套与金属顶盖绝缘。在面线 5 的夹线器之间有传感器的敏感元件，也就是带有径向凹槽的圆盘 1，装在过线轮 6 的轴上。面线 5 套在过线轮上，圆盘 1 的两面放着白炽灯 10 和光电二极管 8。图 1-68 是半自动缝纫机的断线控制光电传感器的电路原理图。

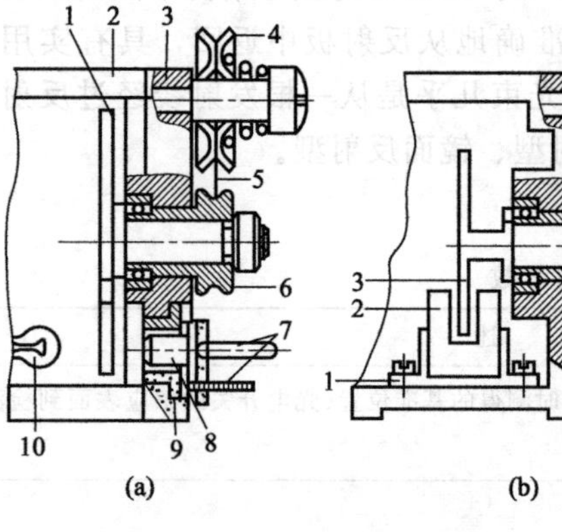

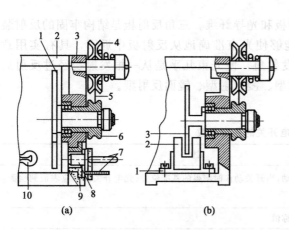

图 1-67　断线控制光电传感器的结构

1—圆盘；2—壳体；3—顶盖；4—调节器；5—面线；6—过线轮；7—引线；8—光电二极管；9—线夹；10—白炽灯

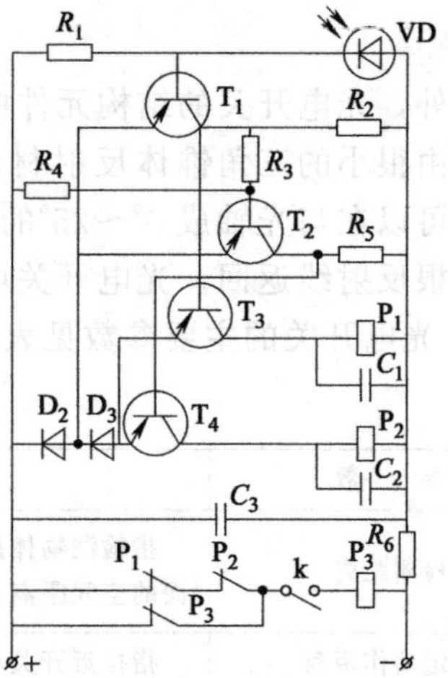

图 1-68　断线控制光电传感器的电路原理图

半自动缝纫机接通电源时，面线在形成线迹的同时，转动带圆盘 1 的过线轮。后者断续地遮断从光源射向光电二极管的光线，光电二极管同时把光脉冲变为电脉冲。电脉冲进入控制电路的基极（图 1-68），光电二极管被遮蔽时 T_1 截止。这里负偏压进入 T_3，T_3 导通。T_2 由于电阻值的适应而导通，T_4 由于来自 T_2 的正偏压而截止。

光电二极管 VD 受光时，T_1 导通，T_3 截止，T_2 截止，T_4 导通。T_3 和 T_4 集电极的电路接通磁继电器 P_1、P_2 的线圈。线圈电流由电容 C_1 和 C_2 并联。当 T_3 和 T_4 导通时，P_1

和 P_2 线圈里通过电流，它足以使 P_1 和 P_2 工作。如果半自动缝纫机运转，并发生缝线的位移（耗线），也就是圆盘的转动和发生一定频率的电子信号，那么 T_3 和 T_4 依次断路。由于 C_1 和 C_2 的并联电容量，P_1 和 P_2 来不及断电，所以一直处于被接入状态。断线时，由缝线转动的圆盘停在下面两种位置中的一种：光电二极管被遮光或被照明。因此，T_3 或 T_4 截止，P_1 或 P_2 被断路，同时使串联在接触器执行电路中的 P_1 或 P_2 没有电流。这样上述的传感器可以根据缝线的位移检测锁眼、钉扣和其他半自动缝纫机的断线。传感器的电路原理是与标准线缝相符的脉冲频率。当面线断了时，脉冲输送停止，而当底线断了或用完时，由于此时面线消耗减少，脉冲持续频率减小，控制电路发出停机指令。

7. 电容式传感器

电容式传感器是以各种类型的电容器作为敏感元件，将被测物理量的变化转换为电容量的变化，再由转换电路（测量电路）转换为电压、电流或频率，以达到检测目的的器件。在大多数情况下，作为传感元件的电容器是由两平行板组成的以空气为介质的电容器，有时也采用由两平行圆筒或其他形状平面组成的电容器。

电容式传感器工作原理可用图 1-69 所示的平行板电容器来说明。设两极板相互覆盖的有效面积为 A，两极板间的距离为 d，两极板间介质的介电常数为 ε。当不考虑边缘电场影响时，其电容量 C 为：

$$C=\varepsilon A/d$$

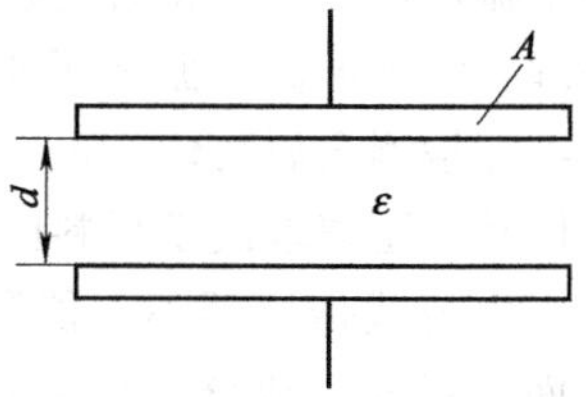

图 1-69 平行板电容器

由上式可知，当被测参数变化使得式中的 A、d 或 ε 发生变化时，电容量 C 也随之变化。如果保持其中两个参数不变，而仅改变其中一个参数，就可把该参数的变化转换为电容量的变化，通过测量电路就可转换为电量输出。因此，电容式传感器可分为变极距型、变面积型和变介电常数型三种。图 1-70 所示为常见的电容式传感器的结构形式。

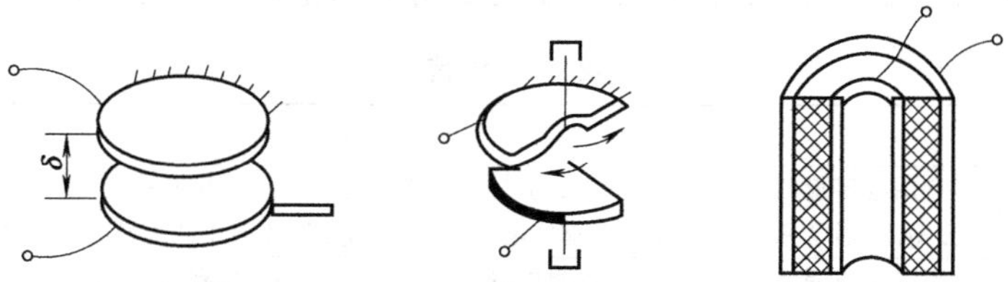

图 1-70 电容式传感器的结构形式

（1）变极距型电容式传感器 图 1-71 所示为变极距型电容式传感器的原理。图中 1 为固定极板，2 为与被测对象相连的活动极板。当活动极板因被测参数的改变而引起移动时，两极板间的距离 d 发生变化，在极板面积 A 和介质介电常数不变时，两极板之间的电容量 C 与移动距离 x 有关。

一般情况下电容量 C 与 x 不是线性关系，只有当 $x \leqslant d$ 时，才可认为是近似线性关系。同时还可以看出，要提高灵敏度，应减小起始间隙 d。但当 d 过小时，又容易引起击穿，同时加工精度要求也高了。为此，一般是在极板间放置云母、塑料膜等介电常数高的物质来改善这种情况。在实际应用中，为了提高灵敏度，减小非线性，可采用差动式结构。

（2）变面积型电容式传感器 图 1-72 是一直线位移型变面积型电容式传感器的示意图，极板长为 b，宽为 a，极距为 d。当动极板移动 Δx 后，覆盖面积发生变化，电容量也随之改变。增加 b 或减小 d 均可提高传感器的灵敏度。变面积型电容式传感器的灵敏度为常数，即输出与输入呈线性关系。

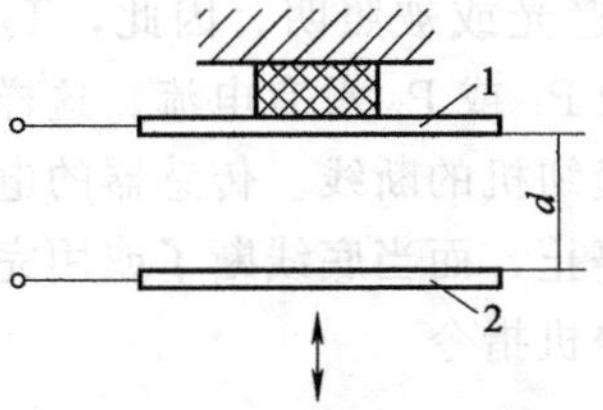

图 1-71　变极距型电容式传感器的原理
1—固定极板；2—活动极板

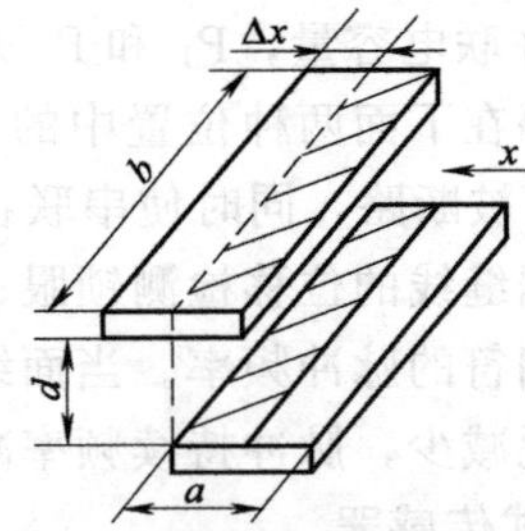

图 1-72　直线位移型变面积型电容式传感器的示意图

(3) 变介电常数型电容式传感器　当电容式传感器中的电介质改变时，其介电常数变化，从而引起了电容量发生变化。电容式传感器的感应面由两个同轴金属电极构成，很像“打开的”电容器电极，这两个电极构成一个电容，串接在 RC 振荡回路内。电源接通时，RC 振荡器不振荡，当目标朝着电容器靠近时，电容器的容量增加，振荡器开始振荡。通过后级电路的处理，将不振荡和振荡两种信号转换成开关信号，从而起到了检测有无物体存在的目的。该传感器能检测金属物体，也能检测非金属物体，对金属物体可以获得最大的动作距离，对非金属物体动作距离取决于材料的介电常数，材料的介电常数越大，可获得的动作距离越大。

电容式传感器不仅能测量荷重、位移、振动、角度、加速度等机械量，还能测量压力、液面、料面、成分含量等热工量。这种传感器具有结构简单、灵敏度高、动态特性好等优点，在机电控制系统中占有十分重要的地位。

8. 位移传感器

位移传感器的种类很多，常用的有电感式传感器、电磁感应式传感器、舌簧开关、磁敏二极管和磁敏电阻等（表 1-21）。位移传感器主要用来测量精确的位置、轴角和线位移。

表 1-21　位移传感器

类型	简要描述
电感式传感器	它用电感量的变化来反映有关物体的位移变化，为了使电感的变化转换为一定的电压（或电流）输出，通常采用变耦合式变压器电路、差动式电路、变频率式电路这三种电路形式
电磁感应式传感器	当线圈与磁体相对移动时，线圈中的磁通量发生变化，线圈的两端也就感应出一定的电动势。这种传感器常用在一种接近开关上，用于定位装置、保护装置、计数器等自动控制测量装置中
舌簧开关	这是一种受磁场控制的开关，常用来作为位移传感器
磁敏二极管	由电子和空穴双注入效应与复合效应结合而成。随着外磁场方向和大小的变化，元件中载流子密度相应地增大或减小

缝纫机的脚踏传感器就是位移传感器的典型部件，常见的有两种结构形式。图 1-73 所示为变耦合变压器式脚踏传感器，可动铁芯随踏板压下位置不同而移动，从而改变了整流电压值，即速度指令信号发生了变化。图 1-74 所示为舌簧开关式脚踏传感器，摇臂随踏板压下而摆动，通过磁铁，接通对应的导程舌簧开关，从而发出不同的速度指令信号。

（二）脚踏板传感器

1. 脚踏板传感器的结构

这里所说的脚踏板传感器是指工业用缝纫机的脚踏板位置信号传感器，其作用是感应缝纫机踏板的运动信号，控制回路响应踏板的数字或者模拟输入，经过软件处理控制电动机的

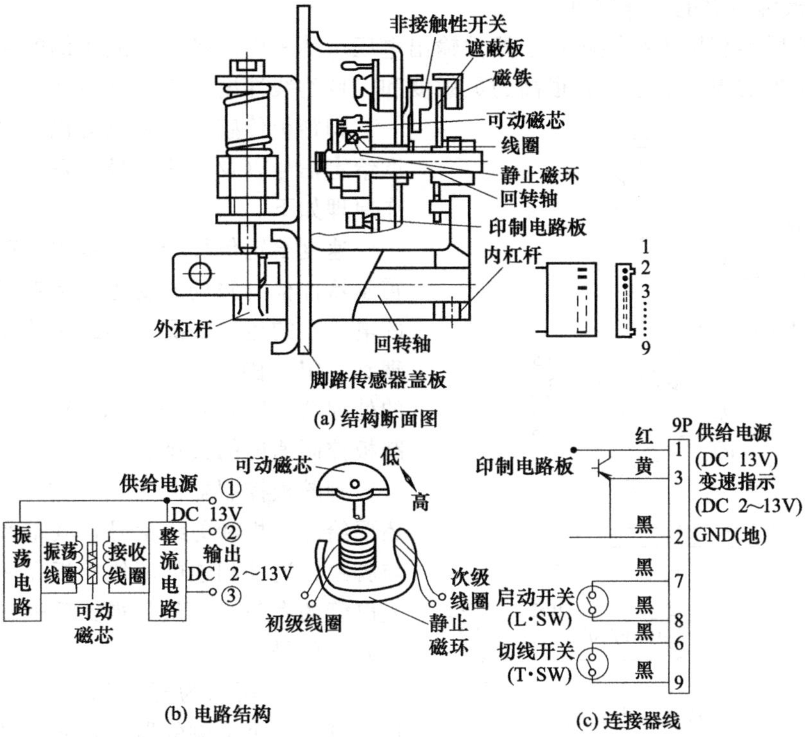

图 1-73 变耦合变压器式脚踏传感器的构造和工作原理

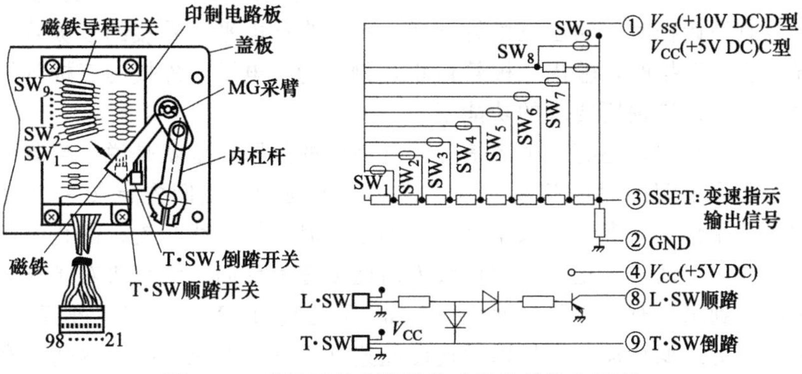

图 1-74 舌簧开关式脚踏传感器的结构和原理

运行和缝纫机电磁铁的吸合，以完成特定的缝制功能。它是控制器的关键部件之一，其外形与结构如图 1-75 所示。

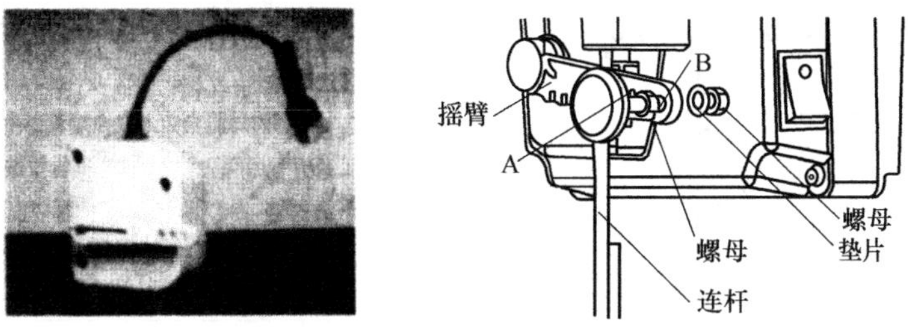

图 1-75 脚踏板的外形与结构

2. 脚踏板传感器的工作原理

脚踏板传感器利用了线性磁霍尔器件输出电压与其表面磁场强度成比例的关系，输出反映踏板连续位置的模拟信号，有很高的灵敏度和优良的线性度。其电路图如图 1-76 所示。

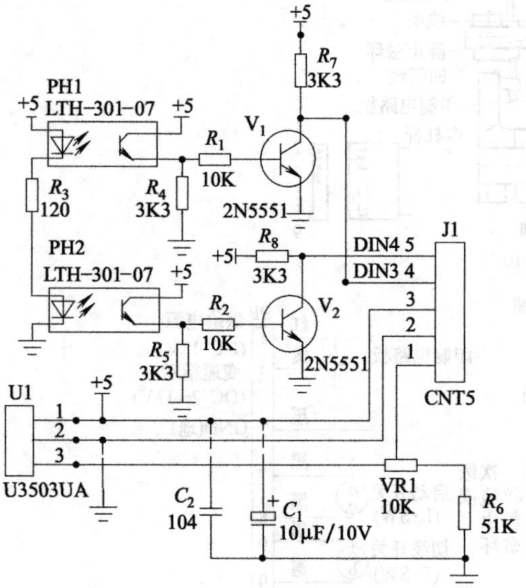

图 1-76　脚踏板电路图

脚踏板传感器作为电动机的启动信号、速度给定信号以及剪线信号的发生控制器，其工作原理如下。

速度给定信号产生的基本原理：利用线性霍尔器件检测磁场的变化，反映脚踏板连杆上的电磁铁的运动状况；再运用功放对该信号处理到一定范围内（0～5V），提供给控制板上的处理器，以进行 A/D 转换，从而实现用脚踏板控制速度的大小。

脚踏板控制器除了给出速度给定信号外，还要给出开机和剪线信号，其基本原理是利用与脚踏板连杆相连的两块挡板在适当位置遮挡光电管的发射光，从而得到反映连杆位置的两个开关信号。

图 1-77 所示为开机和剪线信号产生的原理，具有 4 个引脚的器件是光电管，其脚 2 及脚 4 为发光二极管，脚 1 及脚 3 为输出三极管。当光电管没有被遮挡时，输出三极管导通，脚 3 为低电平，外接的三极管截止，开关信号为高；当光电管被遮挡时，输出三极管截止，脚 3 为高电平，外接的三极管导通，开关信号为低。这样，就可以实现所要求的功能了。

在具体的应用过程中，还有一个各信号配合使用的问题，也就是说，当脚踏连杆位置变化时，上述 3 个信号出现的时序问题。为了说明这个问题，我们先定义一个说明问题的方法，即连杆的运动用角度来度量，该角度定义为运动时连杆轴线与连杆静止时的轴线之间的夹角，向开机的方向运动称为正向，向剪线方向运动称为反向。缝纫机对于这 3 个信号的要求是：当开机信号到来的时候，要求速度信号 u_s 不能超过 0V，否则，进行 A/D 转换以后会超过缝纫机设定的最低转速；开机以后速度随连杆角度的变化做线性变化，在接近角度最大值时，达到功放最大饱和输出；当连杆反向运动时，先有剪线信号，然后再有开机信号；经过调节以后的各信号的测试曲线如图 1-78 所示。横坐标就是连杆运动的角度，单位为度。对电路参数进行适当调节，就可以得到正常工作时的曲线。

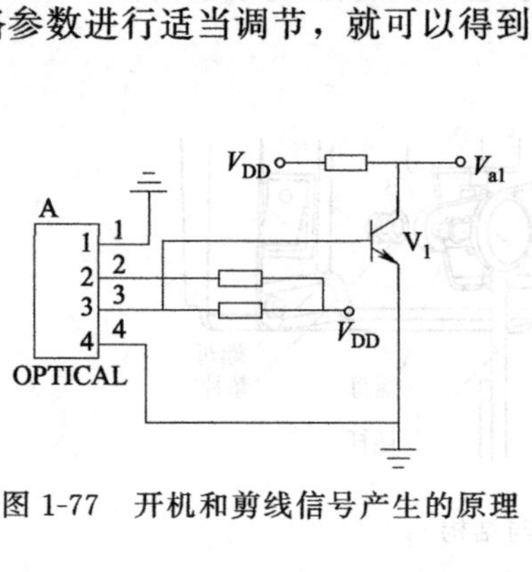

图 1-77　开机和剪线信号产生的原理

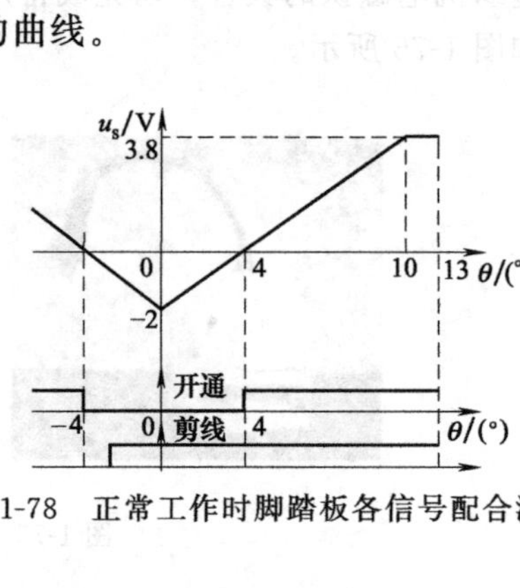

图 1-78　正常工作时脚踏板各信号配合波形图

3. 脚踏板的装配与应用

脚踏板传感器通过脚踏板连杆与缝纫机的脚踏板相连。安装踏板连杆时，连杆与控制器连接的一端一般固定在踏板传感器摇臂最外端的固定孔上。如果感觉踏板太轻，可以将连杆固定在摇臂中间或最里端的固定孔上。另外，连杆的长度可以调节，通常情况下连杆调节后的长度以使踏板与地面形成 30°角为宜。

脚踏板传感器感应缝纫机踏板的位置信号以及做出的控制反应如图 1-79 所示。

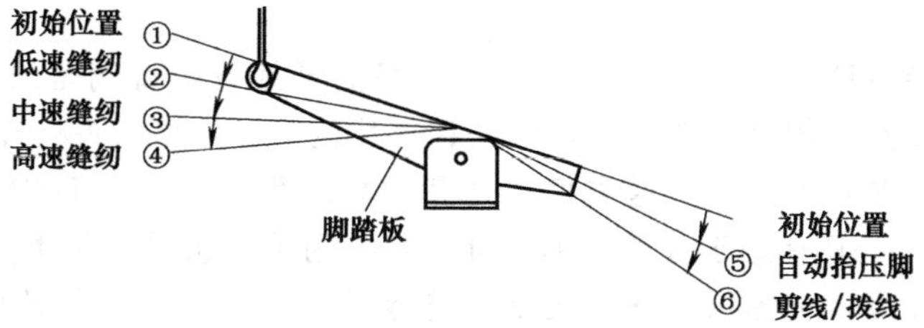

图 1-79　脚踏板控制反应图

从初始位置向前踩踏板共有三个位置信号：至位置②时电动机将进入低速运行状态，至位置③时电动机将进入中速运行状态，至位置④时电动机达到预设的最高转速。从初始位置向后踩踏板共有两个位置信号分别对应两个控制功能：至位置⑤时踏板向控制器发出抬压脚信号并使缝纫机做出抬压脚动作，至位置⑥时踏板向控制器发出剪线信号，此时缝纫机做出剪线和拨线动作（如果拨线开关被设为开启状态）。

（三）同步传感器

同步传感器利用了 3 个反射电传感器、带有槽口的光栅片组成电动机调速系统逆变器的换相位置检测装置（转子初始位置的检测），系统通过检测 3 个反射电传感器的输出信号（高、低电平的数字信号），测算出电动机转动磁场的位置，按照电动机顺时针或逆时针旋转的要求，来控制对应的逆变器换相，保证永磁同步电动机的正常工作。采用内部带比较器及透镜的光电增量编码器配合 180 线光栅片（或者 360 线光栅片），检测电动机运行过程中转子的相对位置。选用单极性的霍尔器件来感应上下停针位，可完全杜绝服装厂灰尘、水汽污染造成的机针定位装置工作的不可靠性。单极性的霍尔器件具有结构牢固，体积小，重量轻，寿命长，安装方便，功耗小，频率高（可达 1MHz），耐震动，不怕灰尘、油污、水汽及盐雾等污染或腐蚀等诸多优点。图 1-80 给出了同步传感器的电路原理图，其中霍尔器件选用 A3144E。

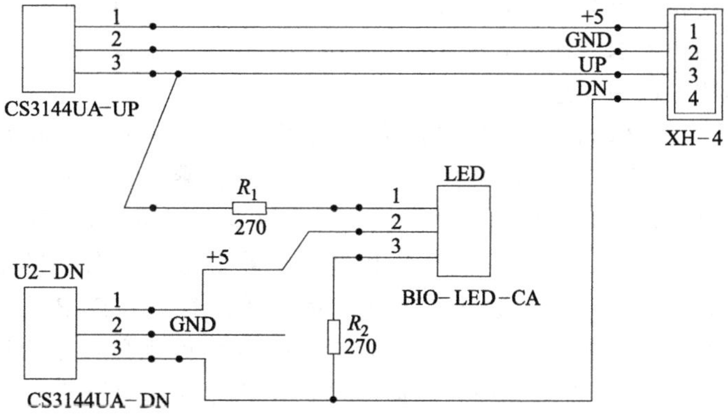

图 1-80　同步传感器电路原理图

（四）数字信号处理器（DSP 芯片）

1. 数字信号处理器概述

数字信号处理（包括对信号进行采集、变换、滤波、估值、增强、压缩、识别等）是 20 世纪 60 年代前后发展起来的，并广泛应用于许多领域。进入 20 世纪 70 年代以后，随着计算机、大规模集成电路（LSI）和超大规模集成电路（VLSI）以及微处理器技术的迅猛发展，数字信号处理无论在理论上还是在工程应用中，都是目前发展较快的学科之一，并且日趋完善和成熟。

数字信号处理器（DSP 芯片）最早是针对数字信号处理，特别是语音、图像信号的各种处理而开发的。它是一款高性能的单片机，和单片机一样是将中央处理单元、控制单元和外围设备集成到一块芯片上。由于这类信号处理的算法复杂，要求 DSP 必须具有强大快速的运算能力。因此，DSP 有别于普通的单片机，它采用了多组总线技术实现并行运行机制，极大地提高了运算速度，也提供了非常灵活的指令系统。近年来，各种集成化单片 DSP 的性能不断得以改进，相应的软件和开发工具日趋完善，价格迅速下降，使得 DSP 在控制领域的应用越来越广泛。

(1) 数字信号处理器的结构与特点　为了实现高速数字信号处理以及实时地进行系统控制，DSP 芯片一般都采用了不同于通用 CPU 和 MCU 的特殊软硬件结构。尽管不同公司的 DSP 结构不尽相同，但是在处理器结构、指令系统等方面有许多共同点。通常的 DSP 芯片都包含以下特点。

① 哈佛结构和改进的哈佛结构。早期的微处理器内部大多采用冯·纽曼结构，其芯片内程序空间和数据空间共用一个公共的存储空间和单一的地址和数据总线，将指令、数据存储在同一存储器中，统一编址，依靠指令计数器提供的地址对指令、数据信息进行区分。

为了进一步提高 DSP 的处理速度，DSP 芯片内部一般采用哈佛结构或改进的哈佛结构。哈佛结构的最大特点是计算机具有独立的数据存储空间和程序存储空间，即将数据和程序分别存储在不同的存储器中，每个存储器单独编址、独立访问。相应地，系统中有独立的数据总线和程序总线，这样就允许 CPU 同时执行取指令和取操作数，从而提高了系统运算速度。

② 流水线技术。计算机在执行一条指令时，总要经过取指令、译码、取操作数、执行操作数等几个步骤，需要若干个机器周期才能完成。DSP 芯片广泛采用流水线技术以减少指令执行时间，增强了处理器的处理能力。

流水线操作是将一条指令的执行分解成多个阶段，在多条指令同时执行的过程中，每个指令的执行阶段可以相互重叠进行，流水线技术是以哈佛结构和内部多总线结构为基础的。通常指令重叠数也称为流水线深度，从 2～6 级不等。在流水线操作中，取指令、译码、取操作数、执行操作数可以独立进行。

③ 多处理单元。DSP 内部一般都包括多个处理单元，如算术逻辑运算单元（ALU）、辅助寄存器运算单元（ARAU）、累加器（ACC）以及硬件乘法器（MUL）等。它们可以在一个指令周期内同时进行运算。例如，当执行一次乘法累加的同时，辅助寄存器单元已经完成了下一个地址的寻址工作，为下一次乘法和累加运算做好了充分的准备。因此，DSP 在进行连续的乘法运算时，每一次乘法和累加运算都是单周期的。DSP 的这种多处理单元结构，特别适用于 FIR 和 IIR 滤波器。此外，许多 DSP 的多处理单元结构还可以将一些特殊的算法，例如 FFT 的位码倒置寻址和取模运算等，在芯片内部用硬件实现以提高运行速度。

④ 特殊的 DSP 指令。在 DSP 中通常设有低开销或无开销循环及跳转的硬件支持、快速

的中断处理和硬件 I/O 支持，并且有在单周期内操作的多个硬件地址发生器。由于具有特殊的硬件支持，为了更好地满足数字信号处理应用的需要，在 DSP 的指令系统中设计了一些特殊的 DSP 指令，以充分发挥 DSP 算法及各系列芯片的特殊设计功能。这些指令大多是多功能指令，即一条指令可以完成几种不同的操作。例如，TMS320C25 中的 MACD（乘法、累加和数据移动）指令，具有执行 LT、DMOV、MPY 和 APAC 共 4 条指令的功能。

⑤ 指令周期短。早期的 DSP 指令周期约 400ns，采用 4μLmNMOS 制造工艺，其运算速度为 5MIPS（每秒执行 5 百万条指令）。随着集成电路工艺的发展，DSP 广泛采用亚微米 CMOS 制造工艺，其运行速度越来越快。

⑥ 运算精度高。早期 DSP 的字长为 8 位，后来逐步提高到 16 位、24 位、32 位。为防止运算过程中溢出，有的累加器达到 40 位。此外，一批浮点 DSP 则提供了更大的动态范围。

⑦ 硬件配置强。新一代 DSP 的接口功能越来越强，片内既有串行口、主机接口（HPI）、DMA 控制器、软件控制的等待状态产生器、锁相环时钟产生器，又有实现在片内仿真符合 IEEE1149.1 标准的测试访问口，更易于完成系统设计。许多 DSP 芯片可以工作在省电模式下，使系统耗能降低。

（2）数字信号处理器的基本原理　无论是微处理器、单片机还是数字信号处理器，它们的工作原理都是基本一致的。不外乎是从存储器、I/O 接口等处取数，按某种规律运算，再把结果放入存储器、I/O 接口等地方。因此，在其工作过程中数据流与地址流占统治地位。为了实现数据流与地址流的有序管理和控制，采用数据总线和地址总线上一种最佳的结构方式。数据总线和地址总线就像两条高速公路，数据信息和地址信息分别在其上快速流动。中央处理单元（CPU）、程序存储器、数据存储器和内部外设等功能模块分别挂接在数据总线和地址总线上。中央处理单元是控制中心，用来指挥当前时刻谁可以占用数据总线或地址总线，同时还可以进行有关的运算；程序存储器是物理芯片与人的交接面，由人编写程序指令并写入到程序存储器中，体现了人的意志，中央处理单元只能根据程序的流程进行指挥，不能随意发挥；数据存储器用于记录工作过程中的原始数据、中间结果和最后结论；内部外设是集成在芯片内部的与外部世界进行信息交换的功能模块，一般包含 I/O、A/D、串行通信等。另外，数据总线和地址总线一般情况下都延伸到芯片外部（引脚上）。

（3）数字信号处理器的性能指标　经过 30 多年的发展，目前市场上已有上百种 DSP 芯片，各个 DSP 芯片制造商生产的 DSP 芯片在结构上差别很大。即使是同一个公司的 DSP 产品，因为 DSP 类型的不同，其结构和性能指标也常常会有大的差异。

DSP 的性能不能像 PC 机那样可以用 CPU 的时钟频率和型号表征，而必须用可量化的性能指标来衡量。DSP 的综合性能指标除了与芯片的处理能力直接相关外，还与 DSP 的片内、片外数据传输能力有关。

以下是衡量 DSP 处理性能的一些常用指标。

① MIPS：兆条指令/秒。

② MOPS：兆次操作数/秒。

③ IAPS：乘一累加次数/秒。

④ MFOPS：兆次浮点操作/秒。

⑤ MBPS：兆位/秒。

随着 DSP 结构的多样化和复杂化，以上这些指标不可能完全表征处理器完成特定算法的能力，只能作为系统设计的参考数据。

2. TMS320LF2407 DSP简介

在DSP领域中，美国得州仪器公司（TI）的产品及其配套技术与开发工具最有强大的竞争力，其中TMS320 DSP是它的代表系列。本书以TMS320LF2407为例进行介绍，它是TI公司推出的16位定点DSP，是专门针对电动机、逆变器、机器人、数控机床等控制而设计的。其内部功能框图如图1-81所示。它除了具有TMS320系列DSP的基本功能外，还具有以下一些特点。

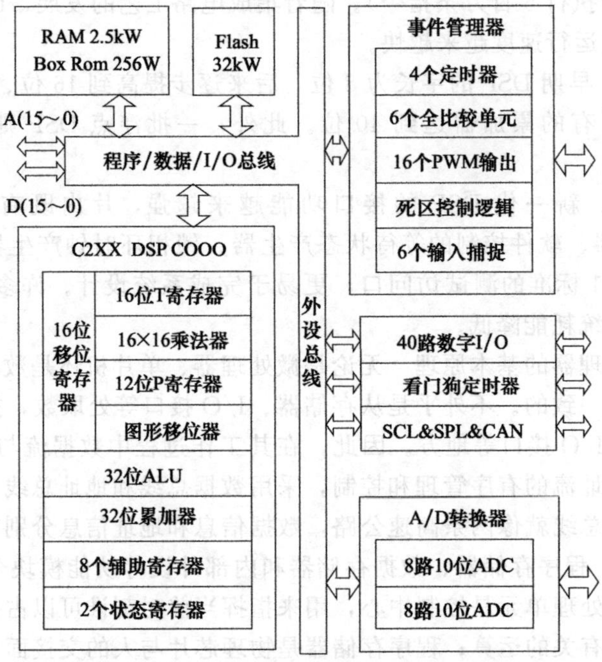

图1-81 TMS320LF2407内部功能框图

① 高性能静态CMOS技术，使得供电电压降为3.3V，减少了控制器的功耗。

② 内有高达32K×16位的Flash程序存储器，高达2.5K×16位的数据/程序RAM，544×16位双端口RAM（DARAM），2K×16位的单口RAM（SARAM）。

③ 2个事件管理模块EVA和EAB，每个包括：两个16位通用定时器；8个16位脉冲调制（PWM）通道。它们能够实现：三相反相控制；PWM的对称和非对称波形；当外部引脚PD-PINTx出现低电平时快速关闭PWM通道；可编程的PWM死区控制，以防止上下桥臂同时输出触发脉冲；3个捕获单元；片内光电编码器接口电路；16通道A/D转换器。事件管理模块适宜控制交流感应电动机、无刷直流电动机、开关磁阻电动机、步进电动机、多级电动机和逆变器。

④ 可扩展的外部存储器总共192 K×16位，其中程序存储器空间、数据存储器空间、I/O寻址空间各为64K×16位。

⑤ 内有看门狗定时器（WDT）、10位ADC转换器、控制器区域网模块CAN 2.0B、串行通信接口模块（SCI）、16位串行外部设备接口模块（SPI）、基于锁相环的时钟发生器。

⑥ 5个外部中断（两个电动机驱动保护、复位和两个可屏蔽中断）；3种低功耗电源管理模式，能独立地将外设器件转入低功耗工作模式。

此外，该芯片有多达41个可单独编程或复用的通用I/O脚（GPIO），用户可根据自己的需求进行软件设置，使之在应用中具有极大的灵活性。概括来说，TMS320LF2407具有极低的功耗、强大的处理能力、丰富的片上外围模块、方便高效的开发方式。

第四节 缝纫机润滑知识

现代缝纫机工业的迅速发展，使缝纫设备高度机械化、自动化，并在高速度、高精度和特殊工作情况下运行。因此，要求缝纫设备运转零件有较长的寿命，较少的摩擦发热，能长期保持应有的工作精度和性能，且有较好的平稳性、传动功率以及低噪声等。因此，必须对缝纫设备润滑方面的知识有所了解，以便科学地做好缝纫设备的保养工作。

一、润滑目的和方法

（一）摩擦力的产生及其害处

当两个紧密接触的物体沿着它们的接触表面做相对运动时，会产生一个阻止这种运动的力，这种现象叫作摩擦，这种阻力就叫摩擦力。那么摩擦力是怎么产生的呢？对于接触表面做相对运动时会产生摩擦力这一现象有各种各样的解释，综合起来有以下几点。

① 接触表面做相对运动时，表面上的凸起部分就会互相碰撞。机械上发生相对运动的部位一般都经过精密加工，具有光滑的表面。但实际上，无论加工程度怎样精密，机件表面都不可能“绝对”平滑。在显微镜下观察，都是有高有低、凸凹不平的，如图 1-82 所示。

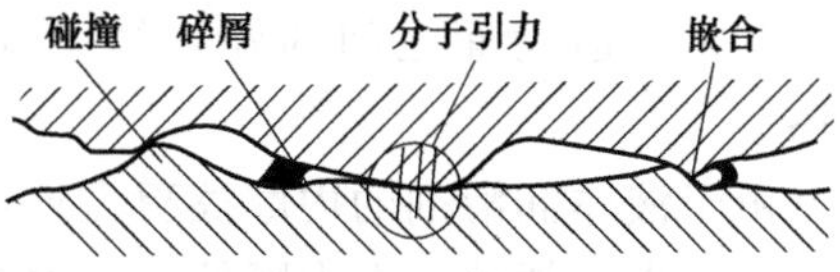

图 1-82 摩擦表面

如果摩擦表面承受负荷而又紧密接触，两个表面上的凸起和陷下部分就会犬牙交错地嵌合在一起。两个接触表面做相对运动时，表面上的凸起部分就会互相碰撞，阻碍表面间的相对运动。

② 支撑点处的分子引力。由于两个摩擦表面承受负荷并紧密接触，表面是由若干凸起部分支撑着的。支撑点处两表面之间的距离极小，处于分子引力的作用范围之内。表面做相对运动时，凸起部分也跟着移动，因此就必须克服支撑点处的分子引力。

由上述可知，摩擦是不能避免的现象。在缝纫设备中，摩擦有时候是有益的，有时是有害的。如果没有摩擦力，螺母与螺栓就不能紧合，皮带和皮带轮之间就要打滑，电动机摩擦也就不能传递功率，这些摩擦力是有益的。

同时，由于摩擦力的存在，又会遭受重大的功率损失：要使两个接触表面之间的相对运动得以维持下去，则必须消耗一定数量的能量以克服摩擦力；要把凸起部分从金属表面撕裂下来，必须克服金属内部的晶格力，也要消耗能量；要使一个表面上的凸起部分从另一个表面凸起部分的顶部越过去，就必须对抗摩擦面上所承受的负荷，使两表面的间隙增大，也要消耗能量；要把表面间支撑点处由于分子引力而形成的结合点拉开和把瞬间局部高温形成的黏结点剪断，也需要消耗能量。

由于金属表面的晶体结构不均匀，当凸起部分被撕裂时，往往不仅仅是凸起部分脱落使表面变光滑，而是在金属晶格强度和应力集中的地方断开，形成新的凸起凹陷。这样就会使金属表面不断被破坏并造成磨损。

克服摩擦力所消耗的能量，除一部分消耗在破碎金属上以外，大部分都转化成为热能，使机件温度升高而发热。

综上所述，可以看出摩擦力将造成机件的磨损，消耗传动功率，使机件发热。因此，必须设法使机件减小摩擦力，以便使机器能够安全工作和保证机器的使用寿命，减少传递功率消耗。为了达到这个目的，机件就必须润滑。

（二）缝纫设备润滑的目的

润滑的目的，是减少功率的消耗，降低工作的温度，降低机件的磨损。避免摩擦最简单的办法是设法用某种介质把摩擦表面隔开，使之不直接接触。这样，既可以避免凸起部分的相互碰撞，又可以避免支撑点上的分子引力和黏结，这种方法叫作润滑。用以起润滑作用的介质就叫作润滑剂。如果我们能够选择合适的润滑材料，加在互相运动的摩擦面上，可能在它们当中造成油膜，以致把原来凸凹不平的接触点填补起来，使它们不能够直接接触。由于润滑能够避免相对运动表面直接接触，因此可降低机件的磨损，减少功率的消耗，降低工作的温度。

（三）缝纫设备的润滑类型

一般来说，润滑就是把润滑剂放置在两个互相接触的金属摩擦面之间，以改变它们的接触状况，从而达到降低摩擦、减轻磨损、防止腐蚀等目的。

根据润滑剂在摩擦面间的分布情况，一般有三种润滑状态，即液体润滑、边界润滑和半液体润滑。常用的润滑剂有液体润滑剂、半液体润滑剂和固体润滑剂三种。

1. 液体润滑或液体动润滑

液体润滑是指两个运动面被连续不断的油膜（或层）压力所完全分开情况下的润滑。在这里，两个运动面之间的外摩擦，就转变为油膜之间的内摩擦，也就是润滑油分子间的摩擦。

由于液体润滑剂的内摩擦阻力远远小于机件表面之间的干摩擦阻力，因而用于克服摩擦阻力的动力消耗就会大大降低。动力消耗小，由动能转化而来的热能也就少了，也就是说，机件由于摩擦而发热的问题就会显著减轻。现以滑动轴承为例，说明一下润滑油层的形成过程，如图 1-83 所示。

图 1-83（a）所示为不转动时轴和轴承的相对位置。由于承受着负荷，轴停在轴承的最低处，轴与轴承接触面上的润滑油完全被挤出来；当轴开始按箭头方向转动时，如图 1-83（b）所示，由于轴表面与油之间有吸附力，而油层内部存在内摩擦力，轴就会带着轴承内右下方的整个楔形油层向前移动，好像把一个木楔打入窄缝胀开一样，迫使轴向上抬起并略向左偏；当轴转速进一步提高时，轴的位置也进一步抬高，但偏心度减小，如图 1-83（c）所示，轴转速为无限大时，轴与轴承的中心应重合在一起，如图 1-83（d）所示。

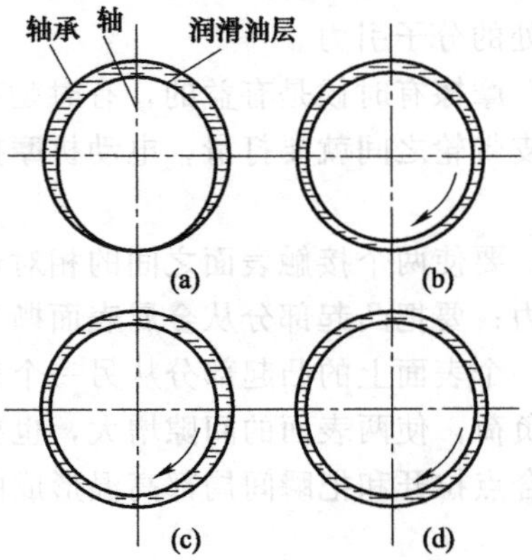

图 1-83　滑动轴承中润滑油层的形成过程

轴与轴承摩擦面间的油层厚度，是由轴上所承受的负荷和油层的内摩擦力的大小决定的。油层本身的内摩擦力大，则轴带着楔形油层挤入轴与轴承摩擦面间窄缝的力量也大，轴就抬得高，油层就厚。轴上的负荷重，轴就不容易被抬起，油层就薄。油层内摩擦力的大小取决于油品的黏度和轴与轴承的相对运动速度。

轴在运动中将部分润滑油从宽空隙处驱至狭窄空隙处，部分润滑油从狭窄空隙处开始结集，产生压力。在轴和轴承的下部便形成特殊的油楔。这种油楔的压力使得轴在轴承中升起，并且在轴的下部和轴承之间出现润滑油膜。

2. 边界润滑或薄膜的润滑

由于工作条件限制，边界润滑不可能建立全液体润滑膜，在相对运动的表面之间，只能保存一层牢固地吸附在金属表面上的极薄的油膜。

在液体润滑时，由于摩擦零件负荷过大，隔开零件的润滑油膜越来越薄，最后当它承受不住负荷时，就开始破裂。润滑油膜不仅在压力的影响下能够破坏，而且在摩擦零件改变运动速度时，也会被破坏。在高温作用下，润滑油膜也能受到破坏。在润滑油膜破裂的地方摩擦零件开始接触，在接触点上就产生了干摩擦。但是，从液体摩擦转到干摩擦不是立即发生的。在这种摩擦转变过程中，还经过了两种类型的摩擦，即半液体摩擦和边界摩擦。此时的润滑状态，相应地为半液体润滑和边界润滑。

要建立边界润滑油膜，可以在任何一个机器零件的表面，涂抹一层很厚的润滑油，然后再从零件上面抹润滑油，并仔细擦净，直到眼睛看不见，而手也不感觉有润滑的痕迹为止。事实证明，在这样几乎完全干燥的零件上，还残留着看不见的、非常薄的润滑油膜。这就是边界润滑油膜。边界油膜的破坏会引起干摩擦。在一定条件下边界润滑油膜是有益处的，并能在某种程度上预防零件卡住或较大的损害。

3. 半液体润滑

半液体润滑是指液体润滑和边界润滑的一种中间状态，即当摩擦零件间的润滑油膜部分被破坏后，在零件接触的个别地方便产生了边界摩擦或干摩擦。在摩擦零件接触的地方产生边界摩擦或干摩擦，这取决于边界油膜的强度，以及润滑油在边界油膜被破坏时，能否迅速恢复。如果形成边界膜的润滑油分子能牢固地保持在摩擦面上，并有抵抗高负荷的能力，那就可能不产生干摩擦；如果负荷超过了润滑油分子与金属表面间的附着力，边界摩擦将会被破坏，并在零件接触处产生干摩擦。

可见，对形成边界膜的润滑油分子的要求，比对润滑油膜中自由移动的分子的要求更高。润滑油分子黏附在金属表面的能力越强，它们预防摩擦零件产生干摩擦的能力也越好。

在摩擦点上最可能出现半液体润滑的条件有：机器启动和制动时；往复运动和摆动时；速度和负荷剧烈变化时；高温和高压时；润滑油黏度不够和供给不足时。

在半液体润滑时，润滑油只有具有较大的黏附性，才能保证最小的摩擦、最少的磨损，并防止摩擦零件卡住。润滑油的黏附性越好，就越能在金属表面上产生牢固的油膜。

4. 固体润滑

固体润滑材料通常是用二硫化钼、石墨、硼砂或金、银、锡、铅、镁、铟等软金属及其混合物，以超微细化（粒径小于 $10\mu m$ 的粉末）颗粒分散于经过精心选择的胶黏剂、金属或塑料等基体材料并混合起来形成薄膜、涂敷层，以水剂、油剂、脂剂或固态复合物的形式应用的。

固体润滑材料是润滑技术发展的核心，传统润滑材料是在摩擦界面上形成某种形式的流体和半流体压力油膜，靠低阻力的各层润滑膜间“层移”产生有效润滑，而固体润滑材料则是依靠自身或其转移膜的低剪切特性而具有优良的抗磨和减摩性能。以固体润滑材料二硫化钼为例，简单分析如下：二硫化钼显微组织为六方晶格、层状分布；其分子式为 MoS_2，组成其分子的钼（Mo）原子在内，硫（S）原子在外，两者组成相互结合紧密、稳定的化学键；二硫化钼各分子之间则是其各自外层的同性硫（S）原子的首先接触，其相互结合能力较弱。如果这种固体耐磨材料有 N 个分子层，其间就有 $N-1$ 个具有低剪切特性、极易滑动的良好润滑层和足够的减摩性能。这就是固体润滑材料之所以能突破通常条件下的润滑极限的关键。

表1-22列举了几种具有代表性的固体润滑产品。

表1-22 几种固体润滑产品

固体润滑产品	描述
FBO8G润滑轴承	以承载能力较高的某种双金属材料为基体，以高分子固体润滑材料为填料并呈菱形块状按一定的螺旋角度和密度均匀分布
JDB固体镶嵌自由润滑轴承	以特殊高力黄铜合金为基体，表面按一定的角度、密度嵌入特殊配方的固体润滑剂经紧密加工而成，适用于无油、高温、高负载，需耐腐蚀及无法或不宜加注一般润滑油、脂的场合
SF-1无油轴承	以优质低碳薄钢板为基体，中部用球形青铜粉末烧结，表面再轧制聚四氟乙烯(PTFE)和铅(Pb)的混合物，然后卷制成形
6S或YT塑料导轨软带	以聚四氟乙烯(PTEE)为基体，以纳米超细石墨或二硫化钼、玻璃纤维高分子为填料，表面配有专用的黏结剂
Igus(易格斯)的高分子工程塑料轴套	以某种特殊的工程塑料为基体，以经一定配方配制的固体润滑材料为填料

试验证明，即使在普通润滑油、润滑脂中添加一定量的某种固体润滑材料微粒，也会收到比原来好得多的减摩性能。

试验证明，采用新型固体润滑剂不仅可以消除缝纫机长期以来在缝制过程中产生油渍的“老大难”，而且对解决摩擦消耗具有极其重要的意义。

二、缝纫设备的润滑方式

(一)润滑油在缝纫设备中的应用

缝纫设备中所使用的润滑油主要的功能和作用是减少机械零件的摩擦、磨损和冷却。为了保证缝纫设备正常、连续、可靠地运转，必须认知缝纫设备润滑油，并正确地选择润滑油和定期加油或更换。

缝纫机是一种比较精密的机器。一般来说，其润滑油必须是无沾污、黏度适中、无腐蚀以及对机器里的橡胶填块、皮带等无害的。在选择缝纫设备的润滑油时，应根据润滑物体的运动情况、金属材料、表面粗糙度、工作条件等，以及润滑油的性质来确定。

1. 黏度

油的黏度，即油流动的阻力。原油黏度高，不能迅速流动；稀油较易流动，黏度较低。按照在机器运转中的作用条件，在高速缝纫机里，黏度太高的油要进入精密的轴承间隙时，可能太厚，造成部件中润滑不良；太厚的油还易造成较高的转矩和动力，增加的转矩会产生更多的热量，并限制机器的最高速度。使用高黏度油所产生的转矩负荷，会限制机器在较长时间不能达到最高速度。在冬季尤为明显。

太薄的油不足以支承轴承的负荷，金属与金属接触会极大地缩短零件的使用寿命。

另外，不一定每台机器都使用同样的油。有些缝纫机，特别是陈旧的缝纫机，具有较大的轴承间歇，需要使用较厚的油。

2. 油变质

在自动润滑缝纫机中，使用的润滑油至少要一年更换一次。即使在最佳的条件下，油也会在热和连续运转下变质而呈酸性，并腐蚀精密的轴承表面。极高的温度和较高的速度会加速其变质或损坏。

在一些高磨蚀条件下，如果缝纫材料含有上浆或防火物质，会由于沾染物的积聚而加速油的变质。在这些情况下，换油期限最好比制造厂所推荐的还要短些。

3. 沉积物

当油变质严重时，就会产生沉积物（以树脂状物质形式存在）。沉积物积聚在零件上，并阻塞油路和毛细管油芯，严重时会成为一种厚的油污。在这种情况下，仅仅更换油是不够的，因为新油会被污染。必须彻底清洗机器的零部件，可用薄质润滑矿物油与煤油混合清洗。这种清洗剂可有效地清洗油污，而且可在零件上形成一层保护薄膜，以防止金属对金属启动时由于摩擦而损坏。一般来说，不要采用汽油或四氯化碳来清洗缝纫机，这些溶剂除了极易燃烧和有毒之外，还能使零件完全干燥。

4. 油面高度

润滑油有助于散发缝纫机中内部所产生的热量。将油溅在零件上可以带走摩擦所产生的热量，采用风扇冷却能够有效地把热量传递到空气中去。这种散热法只有在机器有足够油量时才能实现。因此，为了提供足够的润滑，必须保持适当的油面高度。

常用的缝纫设备用油，见表 1-23。

表 1-23　常用的缝纫设备用油

常用油	描　述
普通缝纫机润滑用油	普通缝纫机主要指没有自动润滑装置的缝纫机，如 GC1-2 型工业平缝机、GN1-1 型三线包缝机、GJ1-2 型钉扣机等，以及家用缝纫机。这些缝纫机常用缝纫机油或 $5^{\#}$、$7^{\#}$ 高速机械油，也可以用 $10^{\#}$ 机械油和锭子油 缝纫机油代号为 HA-8，属于石油蒸馏品，其运动黏度在 50℃时为 1.48～1.86Pa·s；标准规定缝纫机油的闪点不低于 140℃（如果低于 120℃，即属于第三类易燃性危险品）；pH 值不大于 0.1 $7^{\#}$ 高速机械油代号为 HJ-7，近于无色的透明液体，在 50℃时运动黏度为 5.1～8.5cSt，酸值不大于 0.04mg(KOH)/g，灰分不大于 0.005％
自动润滑缝纫机用油	自动润滑缝纫机是指配有自动供油装置的缝纫机，如华南牌 GC28-1 高速工业平缝机、双工牌 GN6 系列高速包缝机，以及进口的一些缝纫机。目前国内的这类缝纫机大多数都采用 $7^{\#}$ 高速机械油或缝纫机油，锭子油、白油（纯度较净的润滑油，运动黏度≤6cSt）也可使用 日本的大部分缝纫机均用 P-50CV 缝纫机机油，其黏度在 100°F(37.78℃)时为 18.7Pa·s，210°F(98.89℃)时为 4.1Pa·s，黏度指数为 140，为白色透明液体 美国生产的缝纫机大部分采用一种白色纯净的矿物油，其黏度为 90～125Pa·s（ISO 国际标准组织规定的等级 22）
整烫设备用油	整烫设备种类较多，润滑物体的运动情况、金属材料、表面粗糙度、工作条件等差别很大，要根据说明书上要求的润滑油进行加油
其他油	硅油。硅油能对纯涤纶线（尼龙线和聚酯纤维线）在高速缝纫时起降温冷却作用，可避免这些线在高温下熔断。在无硅油的情况下，石蜡油也可用 豆油（即食用豆油）能润滑缝纫线，使缝线张力均匀、柔软、光滑，对轻度的断线和线迹不匀有一定的作用 煤油用于洗涤机件油垢。清洗机件时，可用薄质润滑矿物油对半混合作清洗剂

（二）运动部位润滑方式

润滑剂的常用润滑方式如图 1-84 所示。选择何种润滑方式，取决于摩擦面的特征、运

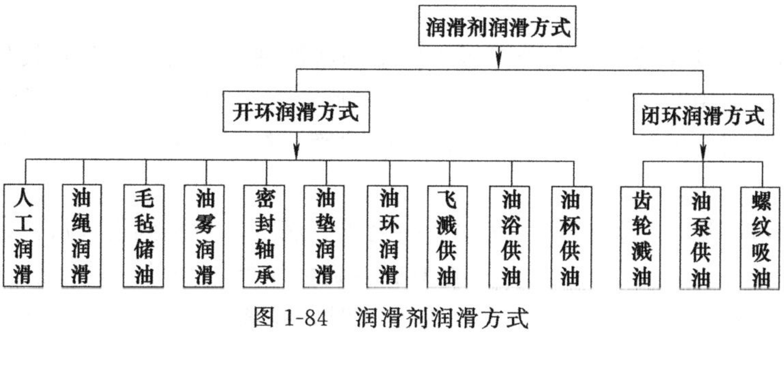

图 1-84　润滑剂润滑方式

转条件和润滑剂的作用。其中润滑剂的作用有：降低摩擦（减少动力损失）；使摩擦状态圆润（顺利稳定地运转），防止磨损；防止摩擦面的损伤；防止发热胶黏；控制温度（通常起冷却作用）；防锈和防止腐蚀；清洗摩擦面上的磨屑和异物；防止振动和噪声；其他（如防止由热变形引起的精度失常）。

润滑剂最重要的作用是防止摩擦面的磨损，如能达到上述目的，就说明润滑方法大致是合格的。

缝纫机运动部位的润滑方式可分为开环润滑方式和闭环润滑方式。

1. 开环润滑方式

所谓开环润滑，是指只供油而不向油源回油的润滑，多用在针机构、梭机构、挑线机构等无法采取或者难以采取回油措施之处。开环润滑方式一般有人工润滑法、油绳润滑法、毛毡储油法、油雾润滑法和密封轴承法等。润滑用具的构造，有些非常简单，有些又非常复杂。缝纫设备的润滑装置和润滑方式是根据机器的具体情况来定的。

（1）人工润滑　人工润滑法是最原始、最简单的润滑法，它是将油壶里的油滴入油孔内或直接滴于摩擦面上。滴入油量常常超过需要的数量，但在短时间内即会漏损，需要经常不断地加油，才能保证正常的润滑。

（2）油绳润滑　这种润滑法借助纤维的毛细管作用，利用虹吸原理，从油源吸取润滑油。在零件运动过程中，逐渐将油渗漏到油孔内或直接润滑于摩擦面上。这种润滑方式适用于运动幅度不大，需油量较少的运动部位，是一种最简单的自动加油法。

该法的缺点：当油的黏度小时，滴下太多，造成油量浪费；当油的黏度大时，则滴渗困难，造成润滑不良。图 1-85（a）是 Z 型缝纫机送料轴与牙架销轴所采用的油绳润滑方式。图 1-85（b）是中速平缝机上的一个棉绳油箱，油箱是由油箱壳和四根油管以及油绳组成的，当油箱加满油后，油绳就吸取润滑油，通过油管的导引，油绳上的油被引入挑线连杆处、针杆连杆处和挑线杆处进行润滑。

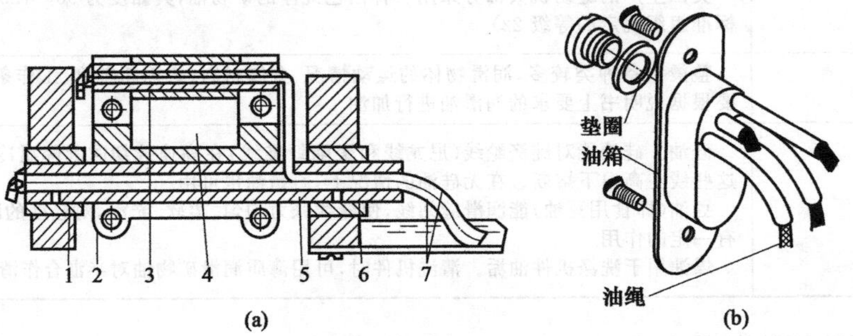

图 1-85　油绳润滑方式

1—送料轴前套；2—送料摇柄；3—牙架轴套；4—牙架销轴；5—送料轴；6—送料轴后套；7—油绳

（3）毛毡储油　利用毛毡储存外界零星供给的润滑油，并将其均匀地转供给运动部位。

这种润滑方式适用于润滑轴类零件。图 1-86 所示为 Z 型缝纫机的针杆润滑所采用的毛毡储油方式。针杆架上的毛毡储存偶尔飞溅起的油滴，在针杆上下滑动的过程中，均匀地涂抹在针杆表面。

（4）油雾润滑　通过调整或高压使油液细化成雾滴状，喷洒到需润滑部位，适用于均匀润滑大面积的运动部位。图 1-87 为改制的 107 型旋梭床所采用的油雾润滑方式。来自旋梭轴的润滑油在挡油处改变流向，当旋梭高速旋转时，在离心力的作用下使油液呈雾滴状甩出，沿圆周洒到需要润滑的表面。

(5) 密封轴承 在密封轴承两端的密封环之间填有润滑脂，密封轴承环不仅可以防止润滑脂外溢，而且还可以避免灰尘进入。密封轴承可以常年运转而不用加油。高速缝纫机的上下轴多数采用密封轴承，其结构如图 1-88 所示。

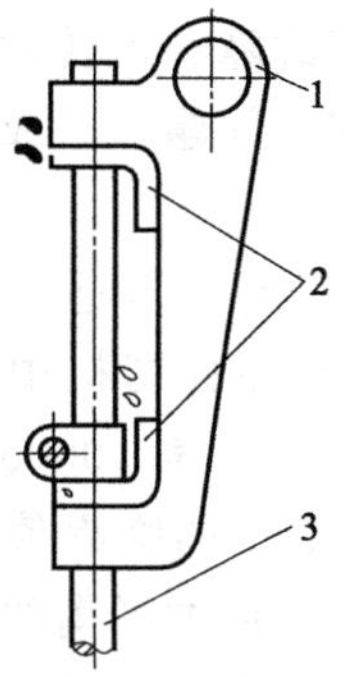

图 1-86 毛毡储油方式

1—针杆架；2—毛毡；3—针杆

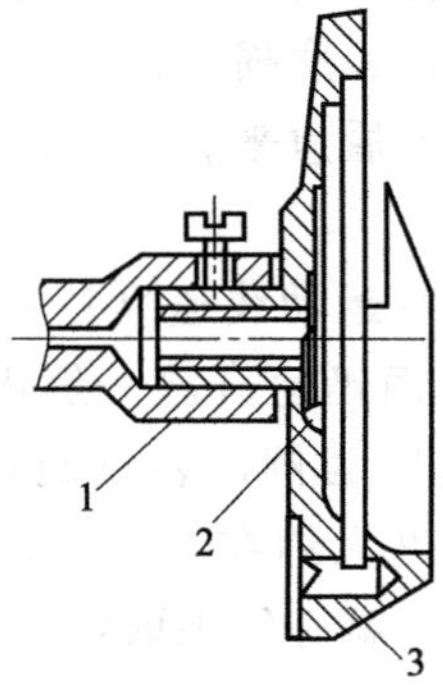

图 1-87 油雾润滑方式

1—旋梭轴；2—挡油板；3—梭床

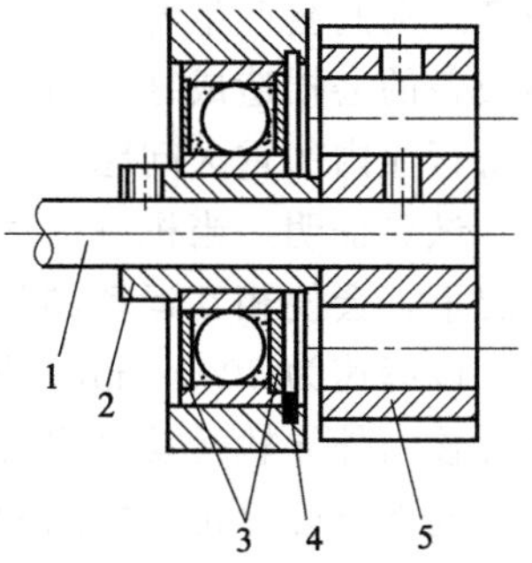

图 1-88 密封轴承

1—下轴；2—连接套；3—密封环；4—挡圈；5—时规轮

2. 闭环润滑方式

闭环润滑是指供油与回油共存的润滑方式，多用于速度高、磨损大、需油量多的运动部位。

(1) 齿轮溅油 将齿轮局部浸在油液中（以浸油深度略超过齿高为宜），当齿轮转动时油液便被溅起，从而使齿轮自身润滑，并且还能实现相邻运动件的润滑。齿轮溅油的回油一般依赖油液的自然滴淌。采用这种润滑方式局限于密闭的油室或有遮挡的油腔。

(2) 油泵供油 油泵供油是一种强制性的润滑方式。其特点是可以借助油管将油液输送到距油面较高、离油液较远的需润滑部位。图 1-89 是 Z 型缝纫机的油泵供油及回油示意图。油泵通过套在回油管中的供油管将润滑油送给蜗轮副，多余的油液从回油管流回油池。

(3) 螺纹吸油 利用轴类零件表面螺纹状油槽旋转时产生的真空作用，将油液吸到需要的润滑处。这种方式无需附加零件，效果较好。图 1-90 所示为螺纹吸油方式。当缝纫机旋梭轴转动时，油液通过空心螺钉与轴套孔被吸进螺纹槽，从而解决了旋梭轴与轴套的润滑。

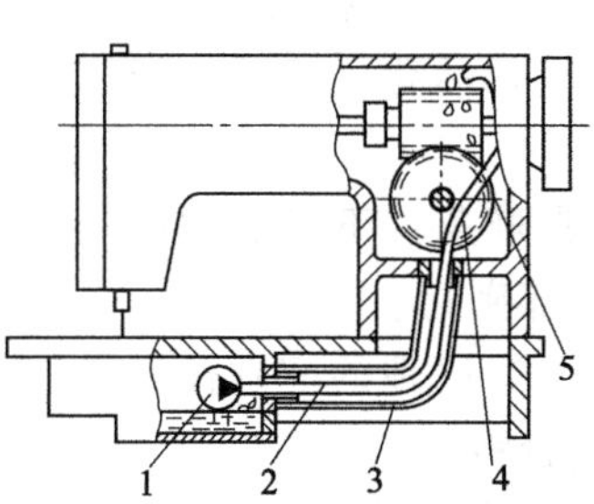

图 1-89 油泵供油及回油方式

1—油泵；2—出油管；3—回油管；4—蜗轮；5—蜗杆

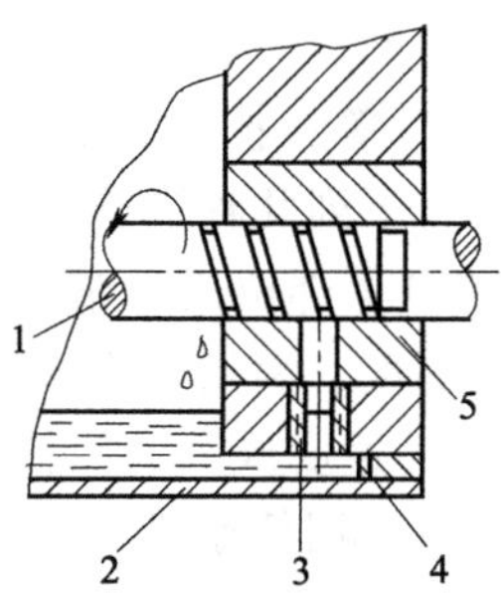

图 1-90 螺纹吸油方式

1—旋梭轴；2—油池底盖；3—空心螺钉；4—密封垫；5—轴套

（三）缝纫设备的润滑

各种工业缝纫设备在结构、形状、精度、性能方面既有普通机械的一般要求，更有符合自己特征的配置；缝纫设备工作时，刚性机械零部件组成的运动之间，以及其与柔性的缝料、缝线之间不仅有相互作用力的变化，更有运动速度和方向的改变。不同的缝速下缝制机械各运动间会产生各种各样的运动惯性、磨损、振动、噪声及其他缝纫故障和运转故障。缝纫设备的磨损造成缝速与润滑之间的矛盾愈来愈突出，如何有效解决这个问题，已成为缝纫设备行业内的重大问题。

试验证明，当机械运动之间的相对运动线速度达到 10m/s 时，在没有采取适当措施的情况下，会使相互运动的构件材料表面迅速升温—焦化—咬死，此现象在缝纫机中也不例外。以缝速为 5000r/min 的高速平缝机为例，装有旋梭的下轴角速度应该是 10000r/min，其旋梭内外导轨运动之间的相对线速度大约在 15m/s，已远远超过 10m/s 的临界值。在这种情况下要确保机构之间的正常运动，就必须采取特殊措施，或设置供、回油平衡的润滑系统，或采用滴点和黏度、锥入度都较高的膏状润滑脂，局部密封润滑，或采用固体（如石墨、二硫化钼等）润滑，或采用含油、减摩性能极高的铁、铜等多种合金元素粉末、高分子金属和工程塑料，或对构成运动的零件进行尺寸精度、形状和位置精度、表面粗糙度都很高的精细机械加工并辅以综合性能较高的热处理和铬、钛等合金元素复合镀。

1. 中、低速缝纫机（缝速不大于 3000r/min）

常定时手工加油或涂抹一般润滑脂，并依靠摩擦表面的相对运动将润滑剂带进摩擦面之间，自行产生足够厚度的压力油膜，将摩擦面分开以平衡外载负荷，此种润滑属“动压润滑”。

2. 高速缝纫机（缝速一般大于 4000r/min）

在机腔内部适当位置装有不同形式的油泵（如叶片泵、螺旋泵、齿轮泵、摆线转子和柱塞泵等）施行强制供回油，使具有一定压力的润滑油分离摩擦件，建立比较稳定的压力油膜，这种润滑属于“静压润滑”。该系统缝速越高泵油压力越大，足量的润滑液供应，不仅可以改善运动中零件的摩擦，减少磨损，而且减震、防锈、散热、除污等都会产生较好作用。但是，润滑油一旦“供大于回”就容易产生不同程度的溢、漏、渗现象，造成对缝料的污染（常见缝料污染以针杆、压脚杆下套处润滑油渗、漏和旋梭、挑线杆处润滑油飞溅为最多）。

3. 无（微）油技术

为了解决缝速和润滑这对矛盾，缝纫机的无（微）油技术相继产生，“无油干式机头”“微量供油”“高滴点、高黏度润滑脂润滑”“固体润滑剂”“局部密封润滑”“高分子材料”“多元素复合镀”等新技术的采用，使缝纫机走上了无（微）油化。目前，缝纫机微油或无油润滑的方式有下列几种措施。

① 挑线连杆等部位用高精度含油密封滚动轴承替代常规条件下开放型滚动轴承，并在相关部位采用黏度、滴点、锥入度较高的膏状润滑脂做局部密封。

② 相对运动速度最高的旋梭等部位设置符合毛细管浸润原理的间歇微量供油装置，或者对内外梭导轨采用低摩擦、良好表面粗糙度的多元素复合镀。

③ 对高速运动构件精工细作，不仅保证其几何精度、装配精度，而且采用多元共渗、低温氮化及其他高分子处理等新的表面处理工艺，使承受高速摩擦的零部件表层能成为具有良好的表面粗糙度、高硬度、抗咬合性能很高的均匀、致密化合层。

④ 对盖板与机体、机体与油盘等静置结合面不仅保证较高的平面度，而且采用柔软又不易撕裂、压溃的复合材料做衬垫或密封环，以确保压紧状态下密封环（垫）有均匀的变形。

⑤ 对外露旋转件、滑动件做局部的结构变更，增加必要的密封环、槽乃至涂覆性能稳定的密封胶。

三、缝纫设备的润滑系统

（一）润滑系统的设计

缝纫设备润滑系统一般由油泵、油池、分油阀、流量调节阀、油管等零部件组成。

1. 油泵的选型设计

油泵是缝纫设备润滑系统的动力机构，通过油泵使机械能转变成液压能，再通过液压能将润滑油输送到需要润滑处。

(1) 叶轮泵　图 1-91 为叶轮泵的结构示意图，叶轮泵由油泵叶轮、泵盖过滤网框架、柱塞、弹簧等组成。油从进油门（滤油纱）吸入，通过竖轴上油泵叶轮的作用而产生动能将油排出。其工作原理：油泵叶轮上部有个偏心槽，与油泵体上的柱塞在弹簧的作用下，始终保持柱塞与叶轮上偏心槽吻合，当叶轮偏心转向一边时，槽内就会注满润滑油；当叶轮偏心槽转向另一边时，在弹簧与柱塞的作用下，把润滑油挤出油孔；随着润滑油被挤出，同时也形成了真空；当形成后的真空转到吸油孔时，又吸出了机头部多余的润滑油；由于离心叶轮悬浮于泵体里随缝纫机立轴做高速旋转（叶轮固定在立轴下端），所以在叶轮上的各点产生很大的空气流（即鼓风作用），使泵的出口和进口处产生压差；当泵的入口处有润滑油时，润滑油必然趋于流动状态，结果顺此流动润滑油从下进油口处吸入，从上出油口处排出。

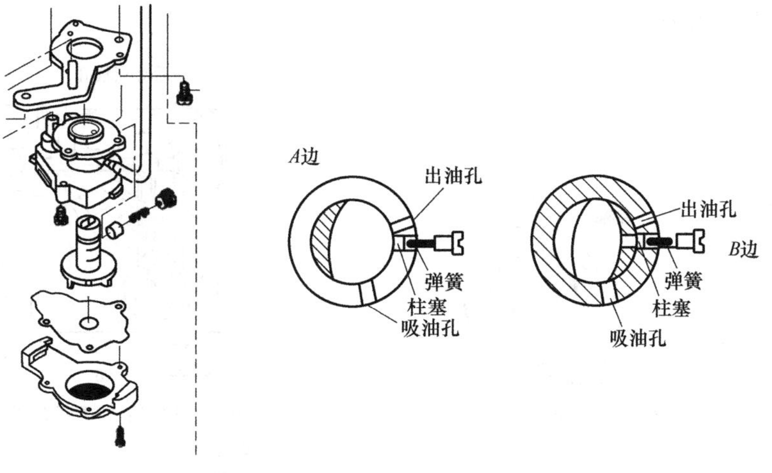

图 1-91　叶轮泵结构示意图

叶轮泵的优点：流量均匀，运转平衡，噪声小，工作压力较齿轮泵高；结构紧凑，排油量较大。

叶轮泵的缺点：要在足够的转速下才能吸油，由于叶轮上各点的线速度大小直接决定供油压力的大小，当立轴转速为 1000r/min 时，润滑油才能正常地输送到各摩擦部位；但转速太高吸油太快又会产生空穴吸不上油的情况；对油的清洁度要求较高，泵体结构较复杂，零件精度要求高。

(2) 齿轮泵　如图1-92所示，齿轮泵主要由一对齿数相同的齿轮相互啮合，当主动轮带动被动轮一起旋转时，在轮齿脱开啮合处形成部分真空，油液在大气压力的作用下便进入吸油腔并填入齿洼空间。而另一边轮齿啮合时，挤压着齿洼中所存的油液，形成高压油并被挤出去。齿轮泵输出油压的大小是由油泵出油口所加负载阻力的大小决定的，阻力愈大则油压愈高。

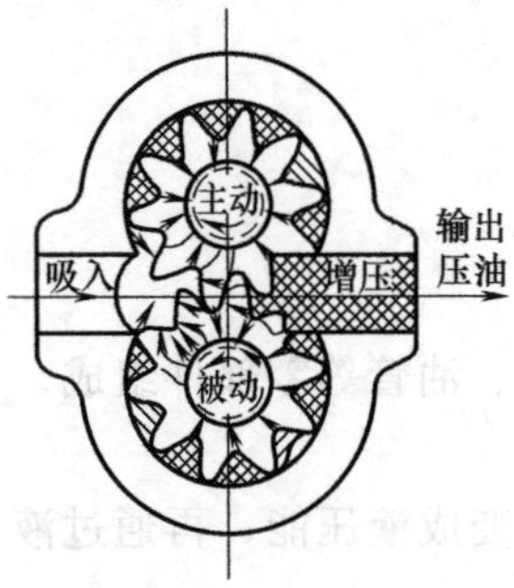

图1-92　齿轮泵的工作原理

齿轮泵的优点：结构简单，价格便宜，体积较小，自吸性好，不易卡死，修理方便，对油的清洁度要求不太高。缺点：工作压力不宜过高，噪声较大。

一般的渐开线齿轮泵，如果转速过高，则因离心力的作用将会导致齿谷充油不足，形成“空穴”，使泵的效率下降。因此，其转速很少超过3000r/min，圆周速度在5～6m/s以内。

(3) 柱塞泵　柱塞泵是依靠柱塞在油缸中往复运动产生的容积变化来实现吸、排油的。这种油泵的总密封面积小，孔和轴配合的加工精度较易保证，密封性可大大地改善，其压力高，排量大；另外，柱塞泵径向力很小，因此柱塞与油缸之间的配合表面磨损小而且均匀，泵的寿命长，噪声也小。

柱塞泵的工作原理如图1-93所示。轴上有一个几毫米宽的偏心槽，同样尺寸的柱塞正好嵌入轴的偏心槽处。当轴旋转时柱塞即做径向往复运动，使轴缸中的容积发生变化，从而不断减小进油区油压和加大出油区的油压，促使油从进口处流向出口处。

图1-94为包缝机上柱塞泵的工作原理示意图。该柱塞泵借助于轴上的偏心槽，通过后轴套筒上的泵体、弹簧、螺钉带动柱塞在泵体中做往复运动，由于泵体内容积不断发生变化，因而实现吸、排油。吸油时，油盘的油经吸油嘴，通过机壳油孔进入输油管，使被挤压的油液输送到各润滑处。

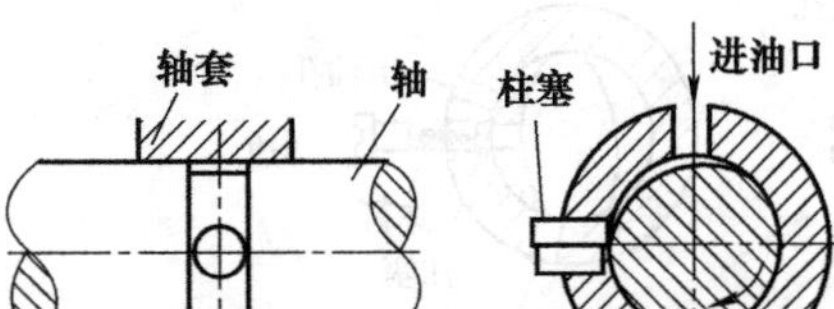

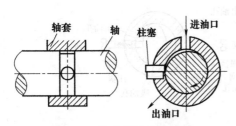

图1-93　柱塞泵的工作原理

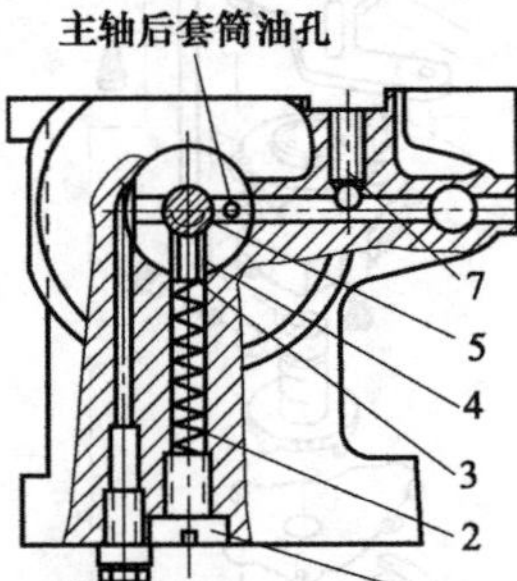

图1-94　包缝机上柱塞泵的工作原理

1—螺钉；2—弹簧；3—柱塞；4—泵体；5—偏心槽；6—油嘴；7—机壳油孔

(4) 摆线转子泵　这种泵采用内外转子啮合的结构，齿数少，结构紧凑，不借助其他隔离元件便能形成密封腔，其零件数量少，结构简单。泵内转子齿数只差一齿，它们做相对运动时，齿面滑动速度小，啮合点不断地沿着内外转子的齿廓移动，因此，两转子齿面的相互磨损小。由于吸油腔和排油腔的包络角度大（接近145°），吸油和排油时间都比较充分。油流比较平稳，运动也相对平稳，并且噪声明显低于齿轮泵。

摆线转子泵吸排油角度范围大，在高速旋转时，离心力的作用有利于油液在齿谷内的充填，不会产生有害的“空穴”现象，因此，摆线转子泵的转速范围可在每分钟几百至近万转。

图 1-95 为摆线转子泵实体模型，其主要工作部件是一对内啮合的齿轮——内外转子。它是由内转子 1、外转子 2、泵体 3、底座 4 等组成的。外转子 2 在泵体 3 中可自由旋转，泵体 3 与底座 4 通过螺钉连为一体，内外转子的啮合必须有正确的偏心距，因为摆线齿轮与渐开线齿轮不同，它没有可分性。偏心距不正确会影响内外转子的啮合，使效率下降，并产生噪声，甚至导致转子的损坏。目前使用这种油泵的缝纫机有 LH-48814 型平头锁眼机、FW777 型绷缝机。

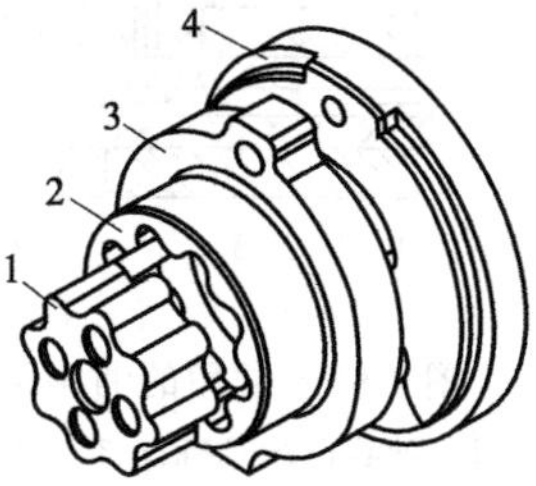

图 1-95 摆线转子泵
1—内转子；2—外转子；
3—泵体；4—底座

图 1-96 为内外转子啮合图。

摆线转子泵的工作原理如图 1-97 所示，其内转子为主动轮，外转子为从动轮，两者做同向运动。内外转子的速度比 $i=Z_1/Z_2$。由于内外转子的啮合过程存在“二次啮合作用”，因此能形成几个独立的封闭包液腔。随着内外转子的啮合旋转，各包液腔的容积将发生不同的变化。例如，在图 1-96（a）时包液腔 V_1 容积最小；在图 1-96（e）时包液腔 V_5 的容积达最大值。当包液腔容积由小变大时，包液腔内产生局部真空，在大气压力的作用下，油液通过底座进油口被吸入（吸油过程）。当包液腔容积达到最大值时，吸油过程结束［图 1-96（a）～图 1-96（e）］。随着转子的啮合旋转，包液腔的容积由大变小，包液腔内的油液从排油口中被压出［排油过程见图 1-96（e）～图 1-96（h）］。

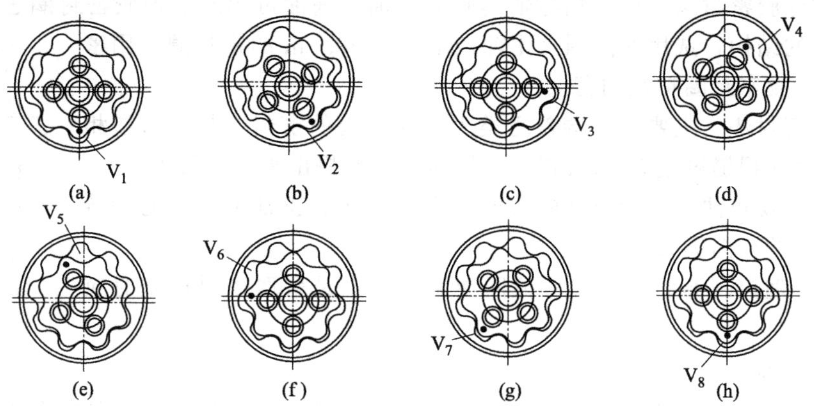

图 1-96 内外转子啮合

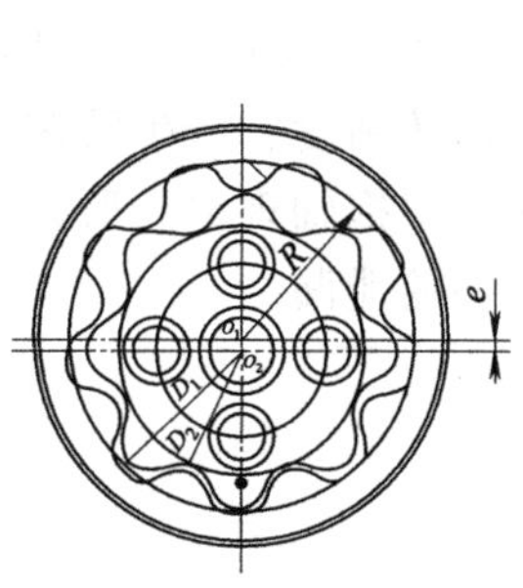

图 1-97 摆线转子泵的工作原理

由图 1-97 可知，转子泵在工作过程中，内转子的一个齿每转过一周出现一个工作循环，即完成泵的吸油至排油过程。一个转子泵的内转子有 Z_1 个齿，它每旋转一周必然出现 Z_1 个工作循环，连续不断地向外输油。故当内外转子绕互相平行的两轴线做不同转速同方向转动时，必定发生相对运动，此运动使内外转子间产生不断变化的空间，并与吸油和排油道接通，起到泵的作用。

2. 油路设计

油路设计的主要任务是合理地采用油绳、油管、空心轴、油嘴接头等沟通油源、油泵与需润滑部位。当要求油分几路或需要

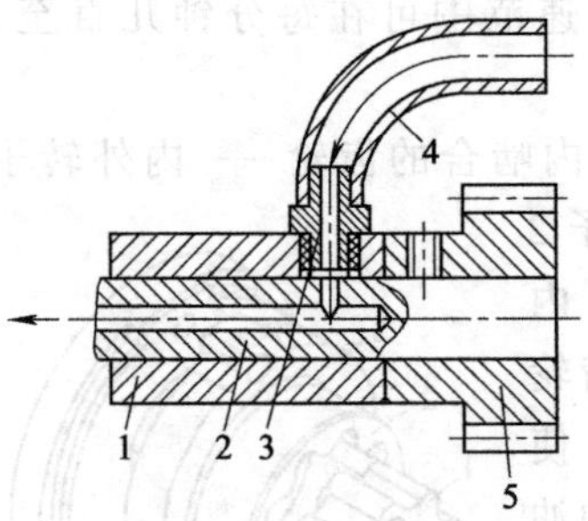

图 1-98 常用的油路结构
1—轴套；2—空轴；3—油嘴接头；4—油管；5—齿轮

控制油量时，应考虑在油路中安置分油阀或流量调节阀。

图 1-98 为一种常用的油路结构。油液经油管进入油嘴接头后，不仅解决了空心轴与轴套间的润滑问题，而且可在空心轴中心孔的引导下，流到其他需要润滑的地方。

在缝纫机油路设计时，应注意以下几点。

① 吸油管或吸油口的孔径必须适当。太小会影响测量；太大容易形成气栓，造成润滑不良。吸油管或吸油口的孔径一般以 2.5mm 为宜。

② 通往开环润滑处的油路中应采取油量控制措施。因为开环润滑通常只有合理调节，才能达到既保证运动部位不缺油，又不漏油污染的理想状态。

③ 进入油管的油液应经过丝网过滤，以防尘絮灰渣进入油路。必要时油池内可放一块磁铁，以便吸去油液中的铁屑。

3. 油池形式的选择

缝纫机常见的油池有两种形式。常用的是与缝纫机机身连成一体的密闭式油池，由缝纫机机身的空腔加端盖构成。密闭式油池的优点是润滑油不易污染，机器整体性好，搬运方便，但是密闭腔内的零部件检修比较麻烦。另一种为开放式油池。

4. 密封措施

为了防止油液滴漏造成污染，必须采用密封措施。常用的密封措施有下列几种。

① 耐油橡胶密封圈。克服轴与轴套间的渗油、漏油可用耐油橡胶密封圈进行密封。如图 1-99 所示的结构，选用的内圆是比轴径小 0.3～0.5m 的密封圈，用密封胶将耐油橡胶密封圈粘在轴套上。

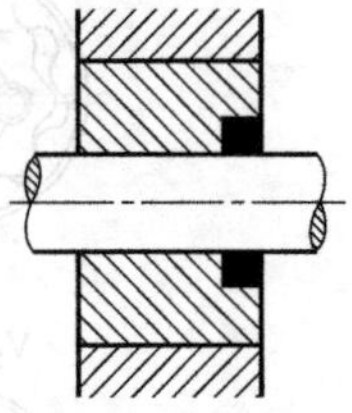
图 1-99 耐油橡胶密封圈密封

② 纸板密封垫。主要用于端盖之类固定连接处的密封。与密封垫相接触的零件表面粗糙度达 3.2μm 以上，同时应酌情提出平面度要求。

③ 反向螺纹止油。设计止油螺纹时，应特别注意正常工作中的轴转向与螺纹旋向的反向关系。

此外，合理控制油面高度、保证回油通畅，也是采取密封措施时应当注意的问题。

5. 配合间隙

目前缝纫机生产正向高速自动润滑方向发展。润滑点的配合间隙大小直接影响油量的多少。

研究表明，油液流经配合间隙的流量和配合间隙 Δ 的三次方成正比。缝纫机是一种精密仪器，配合间隙的选择是一个关键问题。选大了会出现漏洞、影响运转精度、产生噪声等一系列问题。选得太小精度要求高，摩擦阻力大，轴与轴套易发热而发生抱轴现象。所以在缝纫机要求密封的地方应尽可能缩小间隙量，用低黏度油，以便减少油的泄漏。

最小配合间隙 Δ_{min} 计算公式如下：

$$\Delta_{min} > K(Rz_1 + Rz_2)$$

式中　K——安全系数，$K=1.5\sim6$；

Rz_1，Rz_2——轴、轴套的表面不平度。

Rz 值和轴表面加工能达到的表面粗糙度有关，可以从表面粗糙度标准中查到。

6. 油量

油量多将造成外流，污染缝料和环境；油量少，则零部件易磨损。因此润滑点油量及配合间隙是值得研究的问题。

对于多润滑点的基本要求，是各个润滑点泄油量之和 Q 应当小于由吸油泵结构决定的吸油量。

对独立存在的润滑点，单独计算油量 Q。

（二）旋梭的润滑系统

1. 旋梭供油方式

（1）手工加油方式　手工加油方式如图 1-100 所示。

（2）飞溅润滑方式　飞溅润滑方式如图 1-101 所示。从下轴套筒供给的润滑油被油绳吸到旋梭床上，再通过梭床的高速运转，使飞溅的油成油雾状喷洒到被润滑的部位。这种润滑方式只适用于转速不高的缝纫机。

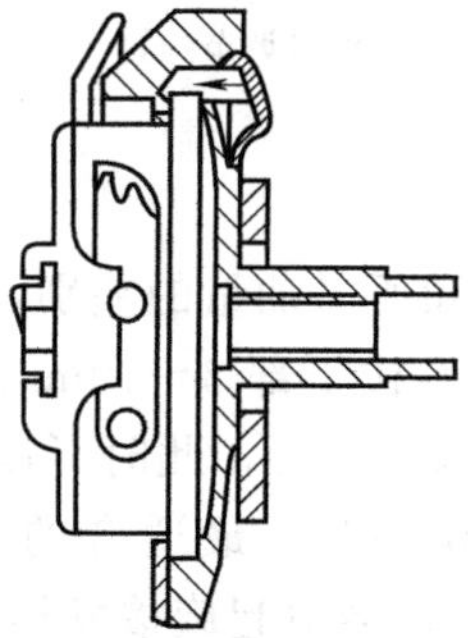

图 1-100　手工加油方式

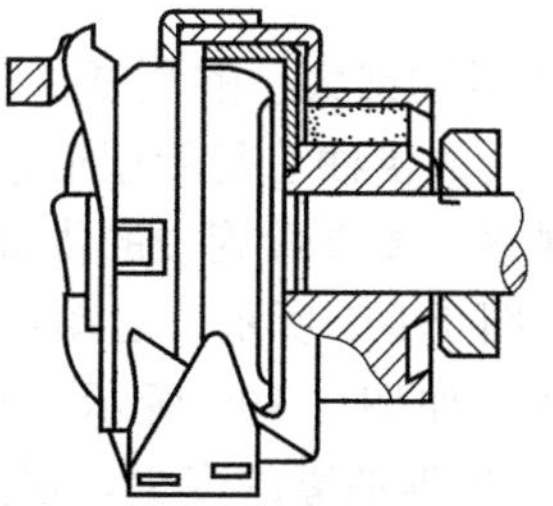

图 1-101　飞溅润滑方式

（3）油泵强制润滑方式　油泵强制润滑方式如图 1-102 所示。在下轴前端中心部开一个螺孔，拧上空心限油螺钉，内装聚氟乙烯的油芯，则油泵打入下轴的油可通过油芯和空心限油螺钉头部的小孔直接进入旋梭内部进行润滑，而进入旋梭的油量多少则可通过空心限油螺钉的小孔孔径及油芯的直径和材料密度进行控制；同时下轴的前套筒设有测量调节机构，可以方便地调节进入下轴的油量，因此这种方法给旋梭供油安全实用，简便可靠。图 1-102（a）为封闭型方式，图 1-102（b）为开放型方式。

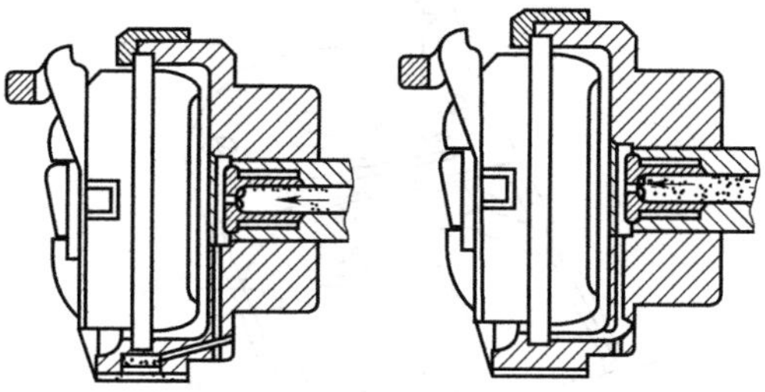

(a)　(b)

图 1-102　油泵强制润滑方式

（4）螺纹吸油方式　螺纹吸油方式如图 1-103 所示。由旋梭轴的螺纹吸油槽直接从油箱将润滑油吸入轴内部，再通过油量限制螺钉的油芯将油输送到旋梭部。

2. 旋梭油量调节

旋梭油量的调节，是通过下轴前轴套泄油孔的大小来实现的。图 1-104 为旋梭油量示意图，图中 ϕ4mm 孔是进油孔，ϕ4.5mm 孔为出油孔，进油孔分成两路，一路流向下轴供油孔，一路流向泄油孔。在泄油孔的横断面上钻一个螺纹孔，拧上旋梭油量的调节螺钉来调节下轴前轴套的泄油量，旋梭油量调节螺钉的头部是锥形的，螺钉拧得越紧，从下轴前轴套泄漏的油量越少，相应地供给旋梭的油量就多。图 1-104（b）所示为下轴前轴套上的油量调节螺钉，按 A 方向转动时油量将增大：当油量调节螺钉按 B 方向转动时油量将减小。

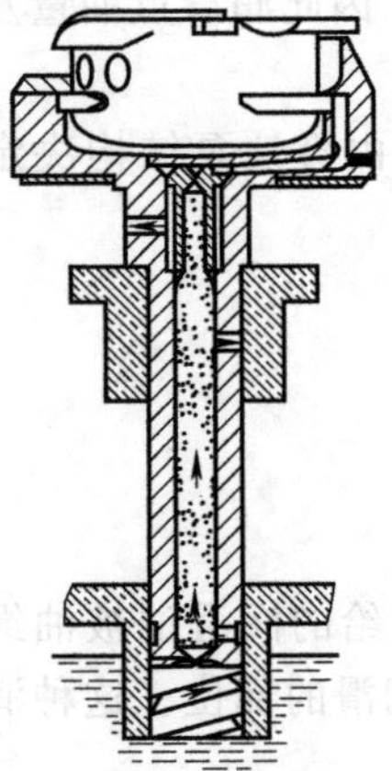

图 1-103　螺纹吸油方式

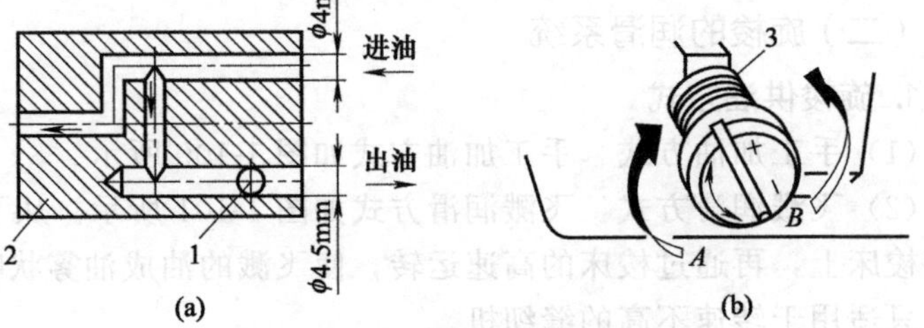

图 1-104　旋梭油量调节原理示意

1—螺纹孔；2—轴套；3—油量调节螺钉

3. 旋梭供油量大小的测试

关于旋梭的供油总是希望适量，但是由于缝制物的不同和所需油量的差别，在实际工作中要经常观察。要查看旋梭的供油状态，可将推板卸去，在旋梭下部 3～10mm 空隙处挺进一张纸，如图 1-105 所示。启动缝纫机以 4000r/min 的速度旋转 20s，此时可以在纸上看到飞溅的油雾，如图 1-106 所示。旋梭供油量最低也要 10mg/min，最适合的油量为 20～30mg/min。根据油雾的多少，可判断油量的大小。油量过小，会引起旋梭发热；油量过多，会污染缝料。

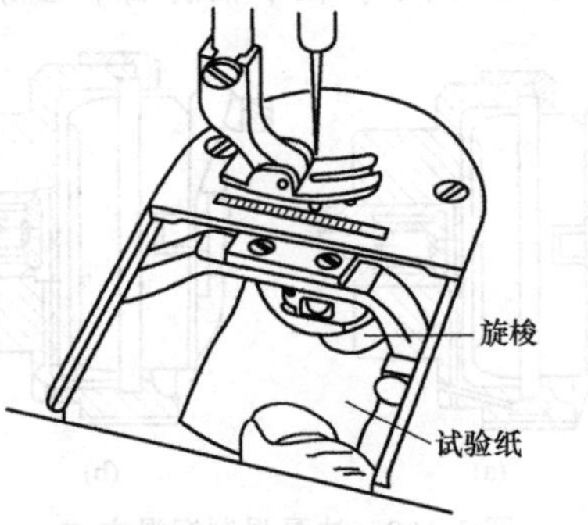

图 1-105　测试方法

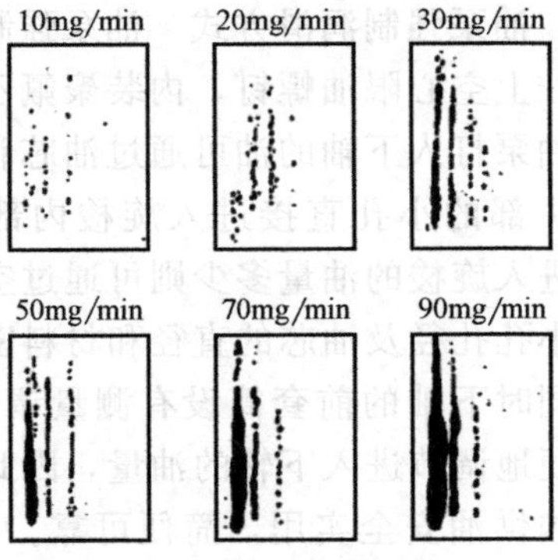

图 1-106　油量状况

（三）高速平缝机的自动润滑系统

1. 自动润滑系统工作原理

自动油润滑系统一般由油泵、油盘、测量调节阀和油路组成，图 1-107 为其示意图。油泵固定在立轴下端，调整转动的缝纫机主轴，使一对伞齿轮带动立轴运转，叶轮泵的叶轮悬浮于泵体里随立轴做高速旋转，叶轮上的各点产生很大的空气流使泵的出口和进口处产生压差，润滑油自泵的入口流进而从泵的出口流出，并把润滑油输送到各个润滑部位。润滑后的油在重力作用下或通过柱塞泵回流到油盘，再经过油泵循环使用。

2. 主要润滑管路

润滑管路如图 1-108 所示。油盘中的润滑油经过滤网由润滑油泵吸抽，分两路输送，其供油路径如下。

(1) 上供油路径　油泵经上轴油管输送到上轴中部油口，喷出油管润滑上下伞齿轮，由齿轮运转时溅起的油液打到油窗上以显示油泵的供油情况。上轴油管通过上轴中套，进入上轴油孔内。上轴油孔的润滑油一部分供至送料偏心轮和上轴后套；另一部分送入上轴前轴套、针杆曲柄和挑线部位（飞溅）。面部飞溅的油会聚积到机头的下颚部，通过柱塞泵把多余的油吸回油盘。其回油路径是：面部防尘回油毡→回油管→回油柱塞泵→油盘。

(2) 下供油路径　油泵经下轴油管输送到下轴前套，进入下轴油孔内，通过油量调节螺钉控制少量的润滑油进入下轴，润滑旋梭。

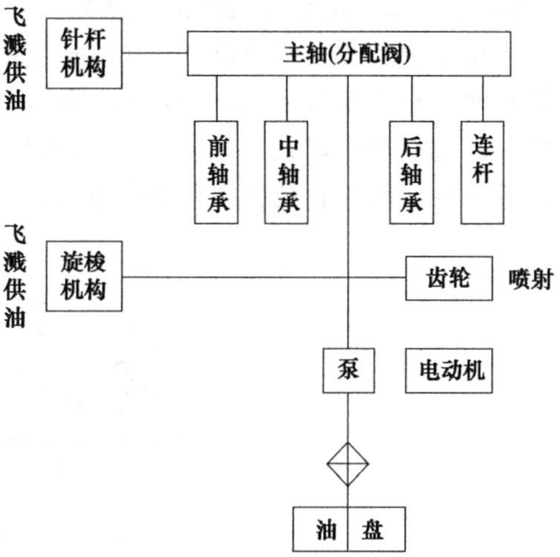

图 1-107　自动润滑系统示意图

在曲柄调节销的后部圆柱体上开有一梯形长槽，对着这个通油长槽的是一偏心圆柱，偏心圆柱对上轴油孔的遮挡决定了针杆、挑线部

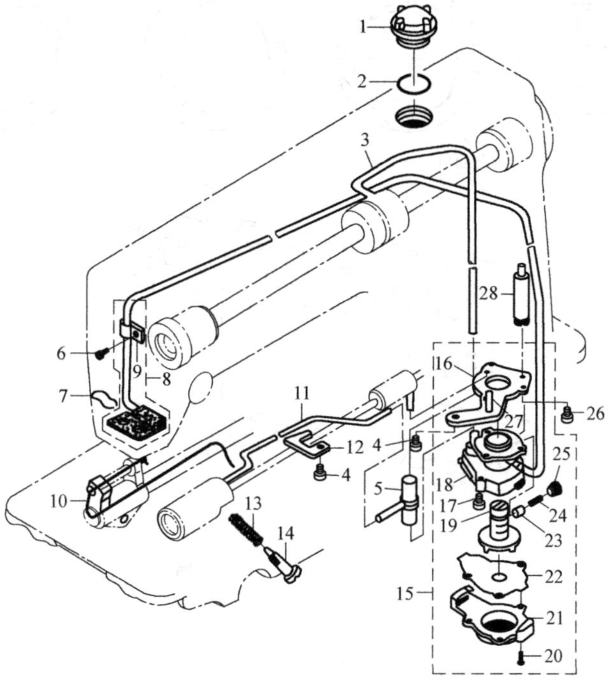

图 1-108　润滑管路

1—油窗；2—油窗 O 形圈；3—上轴供油管；4—油泵螺钉；5—供油管接头；6—回油管夹螺钉；7—回油毡夹；8—回油管部件；9—回油管夹；10—送料轴油线；11—旋梭供油管；12—旋梭供油管压板；13—旋梭油量调节簧；14—旋梭油量调节螺钉；15—油泵部件；16—油泵安装板；17—油泵安装螺钉；18—泵体；19—油泵叶轮；20—油泵盖螺钉；21—油泵盖；22—油泵叶轮托板；23—回油柱塞；24—柱塞簧；25—柱塞螺钉；26—螺柱螺钉；27—下轴供油管；28—油泵连接螺柱

位的油量大小。如图1-109所示，转动油量调节销，可以调节挑线曲柄的供油量。当油量调节销按B方向转动，刻点A靠近挑线曲柄时，油量达到最小值；当油量调节销按C方向转动，刻点背离挑线曲柄时，油量达到最大值。

GC15-1型高速平缝机回油柱塞泵安装在上轴中轴套上，如图1-110所示。其工作原理是：由于上轴套中轴承处有一个6mm宽的偏心槽，直径6mm的柱罐正好嵌入槽内，当主轴旋转时，柱塞即做径向来回窜动。从而不断减小进油区油压和加大出油区油压，促使油从进口处流进而从出口处流出。柱塞回油泵的作用：为了保证机头颚部的余油不致积聚而溢渗，颚部余油经油管被柱塞泵吸回油盘。

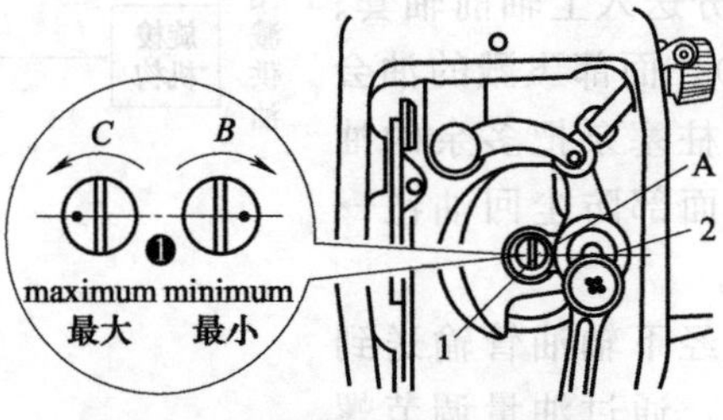

图1-109　挑线部位的油量调节

1—油量调节销；2—挑线曲柄

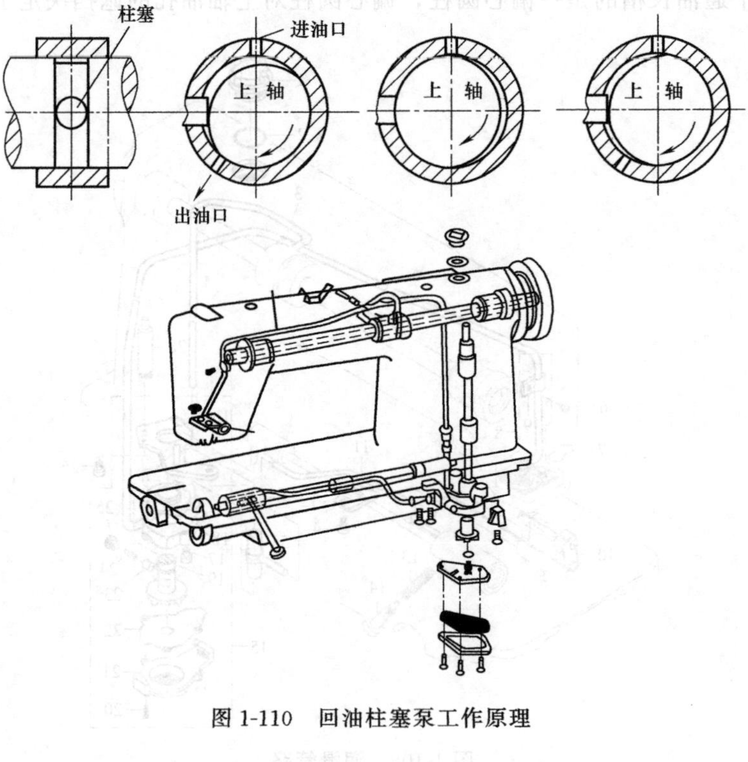

图1-110　回油柱塞泵工作原理

第二章 缝纫机维修技术基础

第一节　线迹及形成原理

缝纫机虽然构造复杂、种类繁多，但从其所形成的成缝原理和钩线形式归纳起来，只有梭机构和钩机构两大类。梭机构可分为两组：纵向梭和旋梭。旋梭又分成摆梭与旋转两种，随后又把旋梭按其特点和结构的特殊性能分成较细的分组。钩机构可分为单弯针钩线、双弯针钩线和旋转钩线三种。也就是说将缝线穿套联结成为线迹的基本原理只有这五种主要形式。弄清了这五种成缝原理就可以比较容易地了解各种缝纫机机构的作用原理，这对于缝纫机的装配和维修是非常重要的。

一、缝针与缝线

（一）机针的部位名称及功能

机针也叫作缝针，是任何缝纫机的主要成缝零件之一，它的作用是穿刺缝料形成线环或起钩线、推线作用。机针的结构和各部位名称如图 2-1 所示。

1. 针柄

针柄是机针被缝纫机针夹所夹持的部分，即由柄端到锥体开始的距离，通常印有制造厂的标记及尺寸。针柄根据不同缝纫机的安装需要，有粗针柄、细针柄和半圆针柄三种规格。针柄通常磨成相应的平面，用来定向。圆柱针柄允许少量的转动来调整得到较好的钩线。针柄顶部倒角有利于插入针夹。

2. 过渡锥

针柄过渡到针身的圆锥体部分为过渡锥，其长度与针柄和针身的直径有关。机针在过渡部位制成扁形过渡锥，用来留开机针和压脚或其他零件的间距。针身的上半部比正常的粗，为辅助过渡锥（加强节），用来增强机针的抗弯强度。

3. 针身

针身是机针针孔顶到锥体下缘的部分，针身有直、弯、锥体形、缩径和有加强节的区别。针身的直径，通常指在缺口或短槽上部针身的圆柱部位的直径，而不是加强节或缩径部

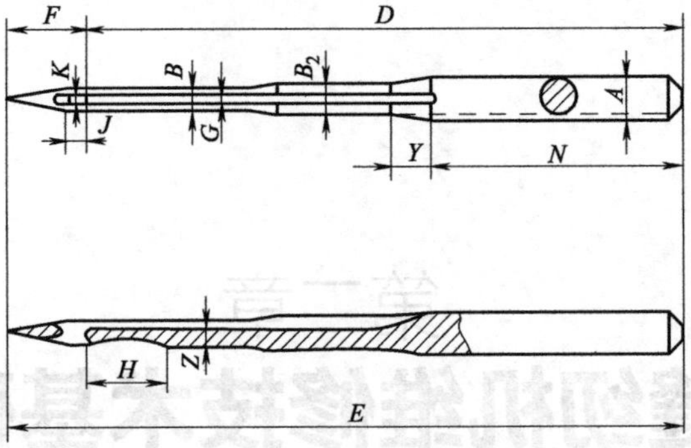

图 2-1　机针的结构和各部位名称

A—针柄直径；B—针身直径；B_2—加强节直径；D—功能长度；E—全长；F—针头长度；G—长槽宽；H—缺口长度；J—针孔长度；K—针孔宽；N—针柄长度；Z—槽背厚度；Y—过渡锥长度

位的直径。锥体形针身是针身的全长向针孔方向逐步缩细，但针孔随着缝料的厚度而增大。另外在这种情况下，缝料和针身要经受得住由锥体形针身产生的长时期激烈摩擦，结果在缝料和缝线上存在着较高的应力。缩径针身是针身的中部直径，比通常的小，其作用是能降低机针和缝料间的摩擦，因此在缩径部位的摩擦热可以降低。

4. 针槽

针身上凹入的槽为针槽，有长槽、短槽、双面槽、三根槽、螺旋形槽、针尖槽、扭转槽、冷却槽的分别。槽的成形可铣或模压加工。针身上槽加工后所剩下的材料厚度叫作“槽背厚度”。

长槽是针柄底部伸到针孔的凹槽，是在机针穿线的方向。一般和针孔一样宽（针身直径的 40%）。长槽的宽度和深度均大于缝线直径，使缝线嵌入长槽后能较自由地滑动。长槽的作用是将缝线埋于槽内，使缝线不与缝料发生摩擦。在穿入缝料后，线环被钩住扩张时，此时长槽保护针线对缝料的高度摩擦。

短槽位于机针向梭钩的一面，它的槽宽和槽深均小于缝线的直径。它的主要作用是，当机针穿刺缝料时，使缝线嵌入槽内，固定缝线在穿过缝料的位置，而在机针上升时，由于缝线没有全部嵌入槽内，所以，缝线和缝料之间有一定的摩擦力，能起到促使机针线圈形成和稳定的作用。一般锁式线迹缝纫机的机针是单槽型；双线链式线迹缝纫机使用双面槽机针。双面槽机针上有第二根长槽向梭钩一面，一般由锥体底部开始到针孔顶部。第二根槽比第一根略浅。

在某些机针系列中，针槽螺旋状环绕针身，螺旋槽有左旋或右旋之分。缝线通过螺旋槽在缝制密度高的缝料时，可得到较佳的保护，这种针槽叫作“螺旋形槽”。扭转槽是在针头部分的针槽扭转向左或右，用这种机针缝纫时，机针上升时向内针线藏于该槽中防止针线和缝料的高度摩擦。扭转槽一般在缝皮革的机上可看到。针尖槽开在针孔的下面长槽和短槽的一侧。冷却槽是延伸到柄部的长槽，宽度和长槽相等。冷却槽的底和长槽的底是同一平面。有冷却槽的机针，用于有专用设备的缝纫机上，该机的针杆是空心的。气泵把气送到针杆升降处沿着冷却槽抽气和送气。但是这种方法机针上的热量被气体带走的相对小，因为机针产生最高热量的部位是在针孔上部的接近处，在这个部位能受到的气流还是不够足的。

5. 针头

由针孔顶到针尖顶的部分为针头。机针的针头多种多样，圆针头的分为同轴尖和偏心尖，另外还有长、中、短头的区别。短头的用于钉扣机，中头的是普通常用型，长头的主要用于链式线迹的缝纫机上，针头长度的准确性对链式线迹的形成是个重要因素。棱边头的机针分六种基本形式，根据棱边头的各种形状和相对位置分类，不同织物的组织结构、支纱、原料纤维在选用机针尖形状时应有所考虑。

6. 缺口

在针孔上部形成线环的一侧，其直径如与针刃直径相同时，称为无缺口针；该部位如有一凹槽，则称为有缺口针。这两种情况都是为了梭钩尖或弯针尖能产生较好的机针线环。无缺口针的优点是能增加小直径机针的强度，并有助于促进机针形成线环以便于钩线。但这种机针结构也有一个缺点，当缝纫时，机针凸台进出缝料，对于某种织物来说，对缝线有挤压的后果。有缺口针的目的是允许弯针尖或梭钩尖在针孔上面调置得更接近于机针，既保证正确的线环形成又不损坏梭钩尖、弯针尖或机针。这种结构用来保持机针在缝纫机针板孔中上下运动时，减少阻碍，能更好地保护缝线通过缝料。然而非常细的机针，在这一点上切除金属将明显地降低机针强度，从而更容易折断。大多数使用于织物的机针是有缺口的，因为它们能提供良好的缝纫条件。缺口的位置有在针身上和在针孔顶部的区别（船底形缺口和针孔顶圆形缺口），为满足各种要求，可以获得各种缺口的机针。

7. 针孔

针孔也叫“针眼”。它是为穿线用在机针针身上的开孔。孔顶和孔底部必须圆滑无锐边，孔的两侧也必须光滑无锐边。针孔的主要作用是被用来穿入缝线，使缝线在针孔中能往复移动而完成成缝过程。针孔的两端均有针孔槽，主要是减小缝线随机针穿过缝料时的阻力和固定缝线的相对位置，从而使线圈形成比较稳定。

针孔的顶部至孔底端称为针孔的长度。针身的长度增加时，针孔的长度亦随之增加，针孔的宽度一般为针身直径的40%。低于40%，称为小针孔；高于40%，称为宽针孔。小针孔的宽度比通常小10%，小针孔的特性是同样大小的机针可以采用较细的针线（能保证梭钩钩起线环）。长针孔可使带线结的缝线畅通，并在刺绣过程中穿线方便。另外，机针孔的特殊形状是钩子形（钩针）。

（二）机针的种类、尺寸和用途

机针可能是任何缝纫机的最重要零件之一，考虑到目前使用中的缝纫机、织物、缝线、服装、线缝和线迹形式的广泛种类，这就容易意识到需要多种不同类型和尺寸的缝纫机针，以满足不同的缝纫情况组合，这也容易看到，机针能对一系列缝纫问题产生影响。因为机针的每一特征直接关系到机针的工作性能，所以在确定任何与机针相关的缝纫问题时，理解机针的种类、尺寸和用途是极为重要的。

在缝纫机所使用的机针中，品种繁多，区别很大，从其形状和名称上来分大致有下列几种类型：

1. 直机针

缝纫机中大多数使用直机针。家用缝纫机使用的直机针，针柄部分磨平，使直径剖面形成一个缺圆，便于与针杆定位和夹固。而工业缝纫机用机针针柄部多采用圆柱形。

在直机针中，除了普通针外，还有各种对策针，其特征如下。

（1）超级化纤针　超级化纤针是经过特殊表面处理的机针。经过这种特殊处理，机针带有自润滑性，可减小机针在刺穿缝料时产生的阻力，因此可以抑制机针的发热，并可以防止机针发热引起的纤维熔化、断线、跳针、缝料断织线等现象的发生。另外，由于机针的自润滑性，对于防止缝料拉织线、回织线也有相当的效果。SU型适用于针织缝料，HP型适用于轻薄合成纤维缝料、棉布料和丝绸，ASU型适用于睡衣，PSU型适用于硬质缝料、皮革、塑胶、树脂和网状缝料。

（2）HS高速针　HS高速针和普通机针相比，以针眼部位加大，针杆的中央部分减细的形状设计，来减小与缝料的摩擦。机针的表面经过特殊表面处理，可以使机针热熔解的纤维不会附着在机针上。在缝制合成纤维或多层重叠等难度较高的缝料时，由于机针的温度上升，容易发生跳针、断线等现象。在这种情况下，HS高速针能够抑制针温度的上升，使缝纫顺利进行。

（3）圆头针　普通针的针尖是尖锐的，但是圆头针的针尖是半球状的。圆头针是用于防止针织品的布料断织线的专用针。圆头针的半球状针尖在贯穿缝料时，因其圆头具有分开缝料纱线的作用，可在缝料的组织之间穿过，因此机针不会切断织线，防止断织线的发生。

（4）KN针织专用针　KN针是针对特别容易发生布料断织线的高支数针织材质而开发出来的专用针。这种机针的针杆部分比普通针细，机针的先端部分做了特别细身的加工，针尖是J形圆头。这种机针虽然细，但机针的强度与普通针相同，可使用与普通针相同号码的缝线。

（5）SF针织专用针　SF针是针对超高支数的针织专用针。这种SF针由于从针尖部分到针眼附近做了比KN针更细1号的细身处理，故对防止40支或42支等超高支数针织材质的布料断织线具有良好的效果，针身与KN针一样细，但强度与普通针相同，可使用与普通针相同号码缝线。

（6）NS新合成纤维用针　NS的针杆比普通的机针细，而且针头呈细长状，所以可明显减少在贯穿缝料时产生的阻力，对防止缝合皱褶、拉线、回线的发生有明显的效果。

2. 双针机针

是用来缝制两个平行线迹的机针，一个针柄连托，托上装两个规定距离的机针，如图2-2（a）所示。

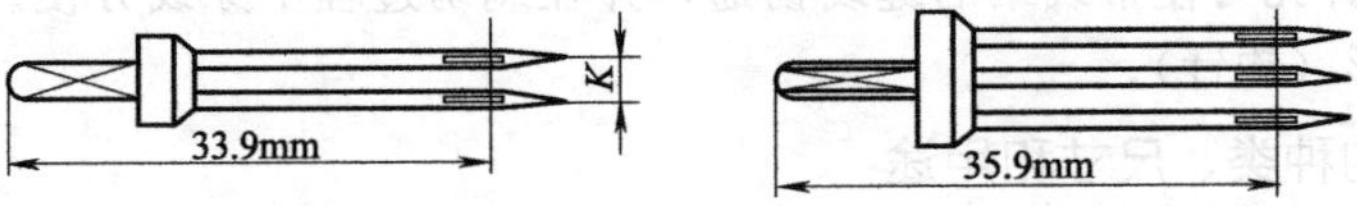

(a) 双针机针　　(b) 三针机针

图2-2　双针、三针机针

K—双针距

3. 三针机针

一根柄上接一个托，托上装三根等长的针身，如图2-2（b）所示。

4. 裘皮机针

是缝合裘皮缝纫机专用的机针。

5. 钉扣机针

这种机针一般有短而特粗的针头以避免针头和纽扣的碰伤。它有四眼钉扣机针和平面钉扣机针之分。

6. 手套机针

专用于缝手套的机针，针身特小。

7. 钩子机针

机针头部无针孔而是钩子，如图2-3所示。

8. 翼状机针

机针有翼边，压制成形，在长槽的两侧，翼边倒圆，如图2-4所示。

9. 双头机针

机针两端尖、中间有孔，两端都有缺口，用来作为与缝纫机的针杆镶合的导向，如图2-5所示。

图 2-3 钩子机针

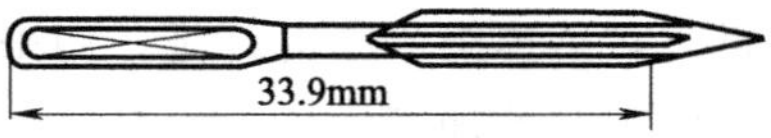

图 2-4 翼状机针

图 2-5 双头机针

10. 粗斜纹机针

粗斜纹机针是一种家用机机针，针头细长且表面镀铬，适用于缝粗斜纹劳动布之类。

11. 伸展机针

是为家用缝制弹性网孔缝料专门设计的机针（侧平针织品）。在缝制过程中机针刺入缝料时，把缝料拉入针板孔中，在上升时缝料亦随之拉出。这样使线环变得很小，因此有不易被梭子钩住的缺点。为了减少这种情况，针孔部位的形状要保证即使在线环缩小时，针线也能被钩住。该机针的柄加大扁度，使机针和梭钩间距离很短。此机针具有球形针尖。

12. 弯针

机针的针身（有时连柄在内）弯曲成按设计要求的圆弧形，用于暗缝及包缝。机针的弯曲有利于钩住针线；可把缝料缝合而在正面看不出（暗缝），见图2-6。

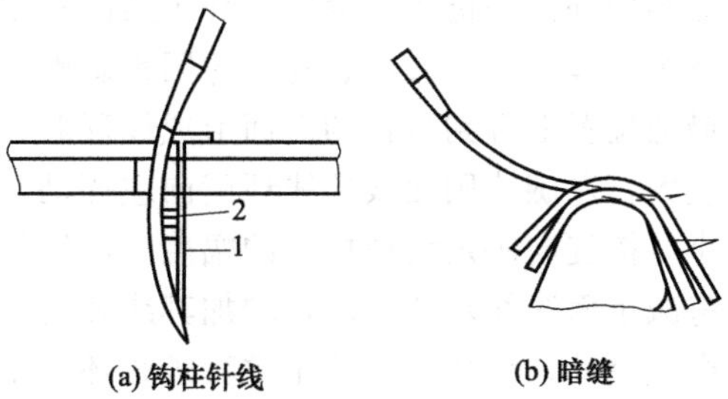

图 2-6 弯针

1—缝线；2—针

由于缝纫机的种类和型号很多，因此机针的种类和型号也非常之多，而且有机针型号和机针号之分。

机针的型号是对缝纫机的种类而言，而针号则是对缝制材料情况而言。每一种型号的机针，要根据不同的缝料特性选用相应的机针针号。目前表示针号的方法，最常用的有“号制”、“公制”和“英制”三种。号制用号码表示，机针分有7、8、9、10、11、12、13、14、15、16、17、18、19、20、21、22、23、24等号。其中7～19号机针针尖多数是尖圆形。20～24号机针中，单数的针号是三角形或菱形的针尖。双数的针号是尖圆形的针尖。号制的号码本身没有特殊含义。公制一般从55～180，针号间隔以5为单位递增，针号乘以0.01即为机针针身的实际毫米直径。英制一般从022～074，针号乘以0.001即为机针针身的实际英寸直径。

机针的粗细以针号表示，号数越小针越细，号数越大针越粗。选用针的号数，一般较厚的缝料选用较粗的机针，较薄的缝料选用较细机针（丝质面料与针织面料多用60/8号针）。如果厚重的面料选用细针，易造成弯曲或断针；如果轻薄、组织较密的面料选用粗针，易出现缩皱或扎断面料组织。特别是缝纫合成纤维面料时，纤维被机针贯穿后，拉力过强会把纤维拉断，而缩皱是合成纤维面料与免熨棉的最大难题。减轻或消除缩皱，可选用合适的细针，使用合成纤维的缝纫线，使用小针板孔的针板，使用体积细小的塑料压脚，线迹不宜过密。

另外，在缝纫制作中还常用手工针，也称手缝针。它的针眼在针尖的反方向，针体由针尖到针尾逐渐加粗。其粗细长度与手工针号大小成反比。即手工针针号越大，针体越短越细；手工针针号越小，针体越长越粗。通常手工缲边用6～7号手工针，丝绸、化纤等薄料用8～9号手工针，较厚的缝料用3～4号手工针，行棉则用1～2号手工针，一般锁眼、钉扣用3号手工针。

（三）缝线

缝线是服装缝制中不可缺少的材料。它是连绵不断的纤维，用来缝合衣料及织物，或者用来在已缝过的衣料上进行装饰性或其他工艺的加工。

缝线的种类大体上可分为天然纤维、化学纤维和混纺三大类。天然纤维缝线以棉线为主，用单股的棉纱合股捻制成线，再经炼染、上浆、打蜡等工艺处理，具有光滑、柔韧的特点。化学纤维缝线品种甚为广泛，常见的有涤纶线、锦纶线和维纶线。涤纶线大多数用100%涤纶短纤维制成，它的特点是强度高、耐磨性能好、缩水率小（0.4%）、不易霉烂；锦纶线一般用于缝制化纤织物，其特点是断裂强度高，耐磨性能好，吸湿性小，富有弹性，但耐热性差，熨烫温度应控制在120℃左右为宜；维纶线一般用于缝制厚实的帆布制品和锁眼、钉扣。混纺线使用最广泛的是涤棉混纺线，它一般由65%的涤纶和35%的优质棉制成，线的强度、耐磨性、柔韧性、弹性和缩水率的指标都比较好，可用来缝制各类衣物，其熨烫温度在150℃以上，并能适应较高的缝纫速度。

缝纫机通过缝线把缝料缝制成制品，缝纫机的线迹就是线环套线环，它有自我套环的一根缝线、相互套环的两根缝线和交织套环的两根或多根缝线。要使缝线线环能套进线环，除机器结构外，关键还有缝线线环本质的稳定性、线环大小（胖度）等影响因素，特别是在高速缝纫过程中线环大小、稳定等因素影响很多，尤其是缝线的捻度与旋向（捻向）。当机针从最低位置上升到弯针的后面形成线环时，如果缝线捻度大，则在形成线环的过程中线环摆动就大，左旋线则面线的线环就向左摆动，右旋线则面线的线环就向右摆动，其缝线捻度的大小，按旋向决定线环摆动的幅度。面线无论是左旋线还是右旋线，其捻度均不能太大，否则将减小面线线环的胖度，增加其线环对机针中心的斜度，这样缝线线环的稳定性就差，容易产生跳针，线环就不能正常套进线环。正确选用缝纫机所用面线的旋向与缝线的捻度，是保证线迹形成的重要因素之一。

二、成缝的机件

把缝针上引出的线在缝料上形成各种线迹所需要的基本机件叫作成缝机件。它包括缝针、成缝器（线钩、叉钩、菱角和梭子等）、缝料输送器和收线器。缝针已在上节做了详细介绍，现将其他成缝机件介绍如下。

1. 成缝器

成缝器的基本形式有线钩（也叫作弯针）、叉钩、菱角和梭子四种，如图2-7所示。其中线钩和梭子都带有缝线（叫作底线），而叉钩和菱角本身不带缝线，只是把面线（针线）或别的线钩上的缝线钩住并转套于其他成缝机件上而互相穿套联结各种线迹。

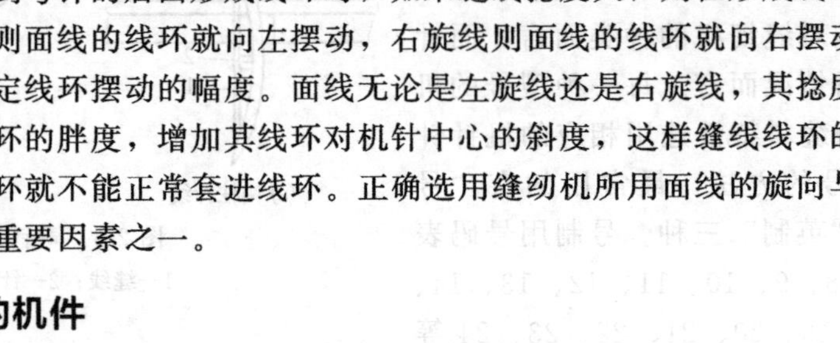

图2-7　各针钩线件

1—钩头；2—钩杆；3—钩槽；4—钩柄；5—穿线孔

线钩由钩头、钩杆、钩槽、钩柄和穿线孔组成。钩头用来穿过直针或其他成缝线钩所形成的缝圈，钩槽用来引导底线，钩柄固装于钩架上。线钩是形成包缝、双线链缝、绷缝等线迹的必要机件。

端部有叉口不穿缝线的钩线件，叫作叉针，也称叉钩。叉针的头部是一个分叉，它本身不带缝线，而是把其他机针或弯钩上的缝线叉送到直针的运动位置，这是形成二线包缝线迹和缲边盲缝线迹的专用机件。

菱角本身也不带缝线。菱角的尖嘴穿过直针线圈，使其扩大，以便直针第二次穿刺缝料后穿入而形成单线链式线迹。这种线迹是通过旋转线钩特殊反套作用，使缝线本身连续地使上一针的线环套住下一针的线环形成的。它对缝料的弹性有一定的适应性，可以承受一定程度的拉力，是锁式线迹所不能比拟的。单线链式线迹一边的抽头可以开链，但从另一边却拽不开，只能紧锁。大多数单线切边缝纫机和钉扣机采用这种钩线机构。

旋梭为各种型号缝锁式线迹缝纫机所用，装配位置一般为横向卧式，旋梭的回转轴线平行于底板工作面并垂直于送料方向。这类旋梭根据工作速度又可分为：中速旋梭，转速在3000针/min以下，其旋梭轴孔径为$\phi 7.24$mm；高速旋梭，转速在5500针/min以下，其旋梭轴孔径为$\phi 7.94$mm和$\phi 8$mm两种。

96型旋梭，又称为GC型旋梭。它的结构及主要零件名称见图2-8。旋梭组件由梭床（又称为梭子）Ⅰ、导线板（导线体）Ⅱ、梭架定位钩Ⅲ、梭板（又称回线钩和压圈）Ⅳ、梭架Ⅴ、梭芯Ⅵ和梭芯套Ⅶ组成。

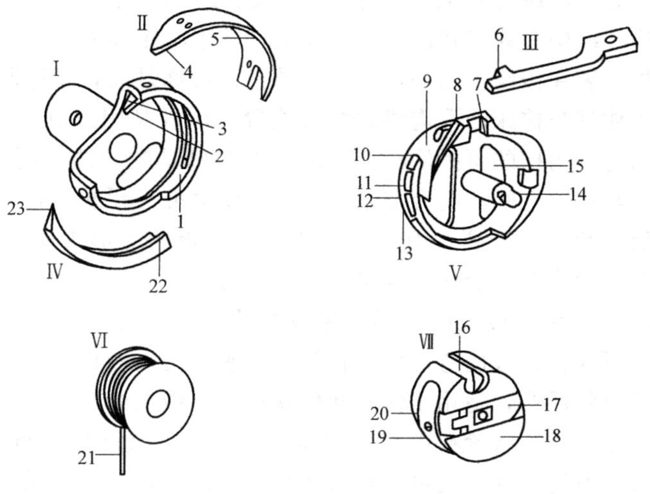

图2-8 96型旋梭的结构及主要零件名称

1—梭床的定向沟槽；2—梭尖；3—梭床前端；4—导线板前部；5—导线板侧表面；6—定位钩的凸缘；7—梭架定位槽；8—梭架上部长孔；9—凹口；10—导向齿；11—定向凸缘导轨；12—梭架垂直端面；13—梭架侧面；14—梭架轴（芯轴）；15—梭架底的开孔；16—梭芯套缺口孔；17—梭门底；18—梭芯套壳；19—梭皮；20—梭芯套侧端小口；21—底线；22—梭板（月圈）的侧缘；23—梭板的尖角

（1）梭床　梭床用螺钉紧固在下轴（梭轴）上，当机器以每分钟n转旋转时，梭床就以$2n$转的转速套着梭架环绕运转，利用梭床梭尖钩住线环，床内的沟槽与梭架上定向凸缘的导轨相配合，配合的轴向和径向间隙在0.03～0.05mm之间。因此，梭床的表面粗糙度、硬度以及形状尺寸精度要求都非常高。另外，梭床上还配有供油系统，以保证高速的稳定性。

梭床的各部位作用如下。

① 梭床的定向沟槽。梭床的定向沟槽与梭架的定向凸缘通过导轨的配合，形成特殊的滑动轴承，在梭床旋转时，保证梭架不动而稳定。

② 梭床的梭尖。梭尖的主要作用是钩套缝线线环。梭尖的角越小，线环越容易套入梭尖，一般梭尖角为42°。梭尖的厚度，在线环宽度为1.5～2.5mm时，一般为1mm；线环宽度在3～4mm时，厚度为2mm；线环宽度在4.5～6mm时，特厚料用梭尖厚度为3mm。

③ 梭床的梭根。梭根的作用是辅助线环向导向齿的后方移动。此角太小，线环就要被拉截在导向齿附近，面线易被拉断，合理的梭根角为45°。

(2) 梭架　梭架装在梭床内，其环形定向凸缘导轨与梭床沟槽保持一定的配合间隙，既要灵活转动又不能松动。为了避免梭架跟随梭床一起转动，梭架定位槽被定位钩凸缘卡住，定位钩又以螺钉固定在机器底板上。梭架静止不动，梭架芯轴固定梭芯，使其也固定在一定的位置。当梭床在梭架周围环绕回转时，线环被梭床梭钩钩住，在引导面线线环在梭架周围环绕的过程中，线环应被引向导向齿背面，导向齿具有20°角用来钩住线环的一边。环形定向凸缘导轨上还有三个缺口，供辅助钩线之用。梭架上的定向凸缘、凹口的尺寸和导向齿与机针的相对位置应保证无阻碍地引导面线线环绕过梭架。同时，在环绕梭架周围时，面线线环也围着装有梭芯的梭芯套周围环绕。为了使面线线环不与梭架垂直端面相摩擦，在梭架底部开设两个开孔。由于做了这样的考虑，面线在梭架中从侧面过渡到梭架端部是平稳的。

(3) 梭架定位钩　梭架定位钩是一根一端固定在机器底板上，另一端伸向梭架的定位槽端面，其伸出的臂上有一凸缘与梭架定位槽缺口相配合，其间隙为0.45～0.65mm。此时，机针中心线与定位钩凸缘中心线应在同一中心线上，其中心距离为0.5mm左右。

(4) 梭板　梭板是装在梭床上的一块半月形导板，俗称月圈，又称回线钩，用来压住梭架环形定向凸缘，挡住其与梭床凸形沟槽的配合位置。梭板又用三颗螺钉被拧紧在梭床上，梭板的侧缘是梭床的定向沟槽的可拆侧板，在那里这个槽是敞开的，便于将梭架装入梭床。梭板的安装，对梭床与梭架之间的配合非常重要。既要对准三颗螺钉孔，又要注意六个方向的力；既要转动灵活无死点，又要注意间隙不松动。梭板的弯形尖尾，被称为辅助的回线钩，它作控制面线线环的位置，套住围绕梭架后脱出的线环，使线环抽吊稳定，对线环在挑线杆抽线时起脱线导向作用。梭板的弯形尖尾较短的，脱线快，不会持缝线过长，过线方便，适用于厚料和曲折缝。梭板的弯形尖尾较长的，脱线慢，较长时间地持线，减少不必要的松线，能够防止毛巾状浮线，适用于薄料和中厚料缝。梭板的弯形尖尾上有一个防轧线的凸出物，脱线时可防止缝线轧入旋梭内部。这样的设计，可以自行控制缝线的松紧。此外，突出部还增长了梭架的滑道，这样就可以有效地增加耐用性，并减少噪声。适用于中厚料和薄料兼用旋梭。

(5) 导线板　导线板是一片弹簧钢皮，又称旋梭皮。它覆盖在梭床的梭尖部分上面，用来压住线环，限制缝线向外滑动，纳入梭床的梭尖的梭根部。导线板的大弧形尾部用来将梭芯套上的底线抽紧，形成面线与底线编织。导线板的侧面轮廓的作用是为了使梭尖引导面线线环在梭架周围环绕。

(6) 梭芯套　套中心具有空心套管，套管内侧套入梭架轴上，与梭架固定连接，梭芯套保持不动。其套管外侧装进梭芯，由于梭芯上绕有底线，当梭芯与梭芯上的线一起被抽动时，梭芯绕着梭芯套套管外侧旋转松线。梭芯套上的梭门盖作用是活扣在梭架轴颈部，不使梭芯套滑出。梭芯套上梭皮是一片弹簧钢皮，用来压住底线使其通过时有一定的阻力，形成底线的张力，其压力大小可通过梭皮螺钉的升降来调节。

2. 缝料输送器

在缝纫机上，由缝料输送器的送料量来确定缝迹的密度，有时还可用它来改变缝料的移动方向。缝料输送器一般由送料牙同各种压脚配合一起组成，有的机种缝针或其他机件也参与输送缝料。此外为了使缝料按一定缝型卷折成一定尺寸形状而使用的滚边器或折卷器等辅助定规（俗称“龙头”），也应视作缝料输送器的附件。

在各种用途的缝纫机里，使用最广泛的是送料牙传送机构。这是因为送料牙移动缝料，可以防止在收紧线迹时出现褶皱，没有形成褶皱的原因还由于在收紧时，缝料是在送料牙的上平面和压脚下平面之间处于被压紧状态。

送料牙送料机构的确定是操作人员必须共同参与缝料的传送工作。首先是需要把缝料推送到机针下方，以获得需要的线缝，倘若不用手工帮助送料牙推送缝料，缝料就要任意围绕机针左方旋转，这是因为大量的缝料总是在机针的左方。另外一个缺点就是“滞布”现象，在把双层或多层的缝料送到机针下方时，送料牙的牙齿实际上只抓住最下面一层缝料。其结果，缝料虽然被前面的线迹所缝合，但是最底一层缝料总比上面一层缝料移动的距离大，产生错位现象。

送料牙是一个扁平的零件，见图 2-9。送料牙上表面具有相同高度 h 的牙齿，齿形向一个方向倾斜，其角度为 $\alpha=45°\sim60°$，这样的角度最容易攫住和移动缝料。牙齿尖端锉钝 0.5mm，以防止损坏缝料。

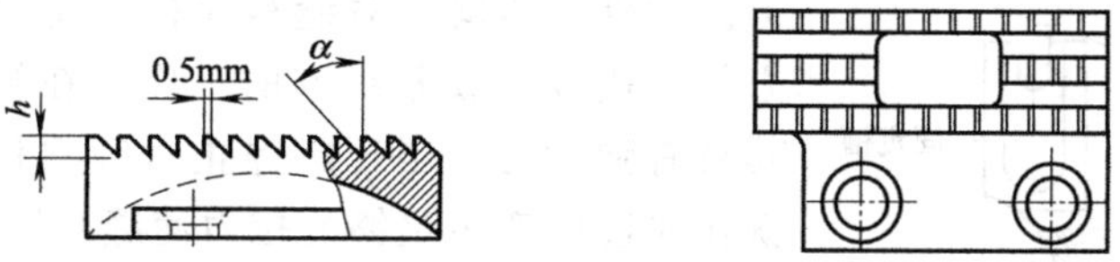

图 2-9 送料牙

根据缝料的厚度，送料牙的尺形允许有各种高度 h，它在 1～2mm 范围内变化。普通齿形呈锯齿状，有幼齿、细齿、粗齿和复合齿等多种规格。合理选择送料牙可防止损坏缝料以及缝迹歪斜或皱缩。

缝制超软缝料时，缝料易被送料牙的推进损坏或留下送料牙痕迹。当压脚压力足够大，用普通送料牙送薄料时，这种损坏或伤痕是难以避免的。为此出现了涂附橡胶层的送料牙，用以缝制薄软缝料。由于这类压脚没有起伏的齿，因而不会损伤缝料。

通常，齿距为 1.6mm 的送料牙被作为缝制薄至中厚料的标准送料牙。一旦这种送料牙损伤编织薄料，可用修圆齿顶的办法解决问题。

尽管造成缝迹褶皱的原因不少，但最常见因素要数送料牙。在缝薄料时用齿距较大的送料牙送料，缝料易在齿间塌陷，形成波纹状，在此情况下进行缝制就会出现缝迹褶皱。相反，密齿送料牙可以减小缝料在齿间的塌陷，从而防止了缝迹褶皱的出现。

防止薄料在齿间塌陷可以消除缝迹褶皱，而缝厚料或超厚料时，这种塌陷却是保证正常送进所必需的。如果齿距较小，仅下层缝料在齿间塌陷，上层缝料便不能顺利送进。因此，缝厚硬材料时，上下层缝料都应有些塌陷。用齿距为 2.5mm 的送料牙，可以缝制地毯、运动衫和工作服之类的厚料。

（1）送料牙的排列 单排送料牙适合于曲线缝纫。送料牙的宽度尺寸是决定曲线缝纫是否方便的因素。送料牙的排数亦对曲线缝纫有影响。单排送料牙只有很小的面积与压脚作用送布，因而对缝制手帕、袜跟等拐角处的曲线十分方便。双排送料牙可防止缝料偏移。单排送料牙送布时，缝料有向左或向右偏移的趋势。这种趋势产生的原因是送料牙的齿与送进方向垂直，即缝料在被送进时没有防止偏移的阻力，因而时常会偏移。在缝编织材料时，这种现象更为多见。消除缝料偏移的方法之一是沿牙齿排列方向在送料牙中部开条槽。由于其中部有较宽的槽沟，因此双排送料牙比之单排送料牙更有效地防止了缝料偏移。中间槽沟的作用使得单排送料牙与双排送料牙即便总宽度完全一致，偏移量也相差甚大。一般随送料牙排数的增加，偏移量将减小。

(2) 送料牙位置　锁式线迹缝纫机的送料牙位于针孔两侧，这一特点保证了缝料沿直线送进。由于包缝机要切、缝布边，并且要依靠吐线钩形成线迹，因而送料牙多位于针孔的左侧。这将有引导缝料向左拐的作用。三排送料牙中有一排位于针孔前面，送布时正好将缝料送向机针，这样有助于防止送偏。

在各种缝纫机上采用的送料牙是不相同的，这与缝纫机所要完成的工序性质有关。例如，在单针缝纫机上，送料牙可设有两排牙齿或三排牙齿。三排牙齿能自如地移动任意厚度的缝料，由于送料牙中间设有切口，中排牙齿在该处中断。这个切口的作用是，在送料牙移动缝料过程中，使挑线杆有可能在这时收紧线迹。两排牙齿的送料牙适于缝边线缝，在这种情况下，去掉边上一排牙齿就可以确定与机针并排的导向直线。

为了使送料牙能移送缝料，在送料牙和缝料之间应有足够的摩擦力。压脚的压力可保证这种摩擦力的产生。压脚的作用是：当机针和挑线杆朝上运动时，把缝料压在针板的水平面上。此外，压脚应对缝料保持一定的压力，这就极大地方便了挑线杆收紧线迹的工作。在被压紧的缝料中保证其具有弹性力，当压脚停止对缝料作用时，这种弹性力就在线迹中产生足够的拉力使缝层紧贴在一起。

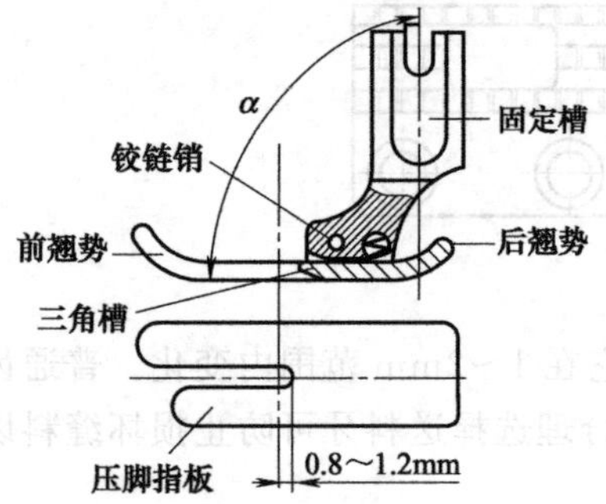

图 2-10　活压脚

最常用的压脚见图 2-10。这种压脚底板用铰链装在压脚上，故一般称为活压脚。活压脚底板前后均有起翘，并且可做前后摆动，摆角在 85°～95°之间。压脚底板与缝料接触的有效长度一般在 15～20mm 之间（S_1+S_2），但是铰链中心距后起翘一边不超过 $S_1=5$mm，否则在压脚沿铰链上、下摆动时，后面一边将扯住被送料牙传送的上层缝料，结果造成意外的滞布现象。

标准活压脚其容针槽一般为 2mm 宽，针边距（针中心线到压脚容针孔边缘距离）为 1.2mm，容针孔下有一过线槽（三角槽或称眉毛槽），主要作用是导线及减少空缝时的断线率，容针槽、针边距及过线槽根据不同的缝料应略有变化。

压脚的形状和材质应根据缝料的种类、性质及缝纫工艺不同有所选择，按照用途分类有下列几种：

① 以压住缝料为目的的压脚分别为厚、中厚、薄三类缝料使用，根据压脚材质和机能不同，有标准压脚、固定压脚、特氟龙（Teflon）压脚、弹簧铰链压脚、滚柱压脚等品种。

② 使缝料折边以一定宽度的装饰缝为目的的缝料导向压脚有单边压脚、加弹簧的左段高低压脚、右段高低压脚、领缝压脚、导规压脚等。

③ 卷边压脚即将布边以一定宽度和方式折边的压脚。

④ 缝制带、绳纽扣等辅料的专用压脚和其他决定接缝方法的定规压脚等。

上述各种压脚，不论形状如何，它的表面应该充分压紧缝料，不仅仅要把缝料压在送料牙上，还要把缝料压在针板上。所以压脚的宽度总应大于送料牙的宽度。当调换送料牙时也必须调换压脚。

除此之外，缝纫机在缝制不同缝料时还要根据缝料的性能（厚薄、软硬、拉伸性、光滑程度）以及材质、层数、缝纫工艺要求等来决定缝料输送方式，常见的几种缝料送料方式见图 2-11。

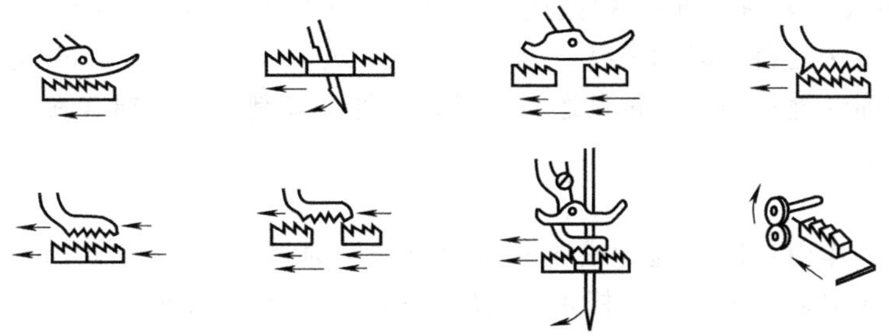

图 2-11 缝料送料的几种方式

① 下送布式。下送布式是最普通的送布方式，送料牙做上升、送布、下降、复位四个动作。送料牙同缝料的咬合是由压脚来完成的，压脚对缝料产生一定的压力，布的移动由牙条上的齿来拉动，送料牙能轻易地移动数层缝料是由于该缝料已被前面的针迹所缝合已成为整体。

② 针送布式。针送布式是机针参与送布工作使这个机构形成无滑移和无皱缩线缝的送料方式，即在所形成的线缝中，缝料层与层之间的相对位移大大降低，这是因为机针在送料牙移位时正位于缝料中，这样就减少了缝料层之间互相移动的可能性。

③ 差动送布式。差动送布式是由两个分隔开的具有不同位移值的送料牙组成的，该机构可以在大面积上推动缝料，使机针在穿刺缝料的瞬间形成所要求的配合。两个送料牙速度可以单独调节，用于缝制拉伸有方向性的缝料，如纵横向拉伸各异的针织坯布、裘皮料，所以针织用缝纫机普遍使用这种方式。

④ 上下送布式。上下送布式是上送料牙和下送料牙组合使用的送料方式。上送料牙是推布压脚，有积极从动式或弹簧复位式。压脚和送料牙一起夹住布运动，这对防止光滑的缝料产生上下层之间错位是有效的。

⑤ 上下差动送布式。上下差动送布式是上下层缝料输送量可以进行独立调节的送布方式。如图 2-12 所示，由于上下层缝料运动速度不同，可以缝合缩缝产品以及缝合任何不同的缝料。

⑥ 差动上下协调送布式。差动上下协调送布式，不仅上下送布量可以调节，而且下送料牙也是差动牙，这样，缝料的上层、下层任何一面都可形成吃皱或延伸，图 2-13 为包缝机差动上下协调送布机构工作示意图。

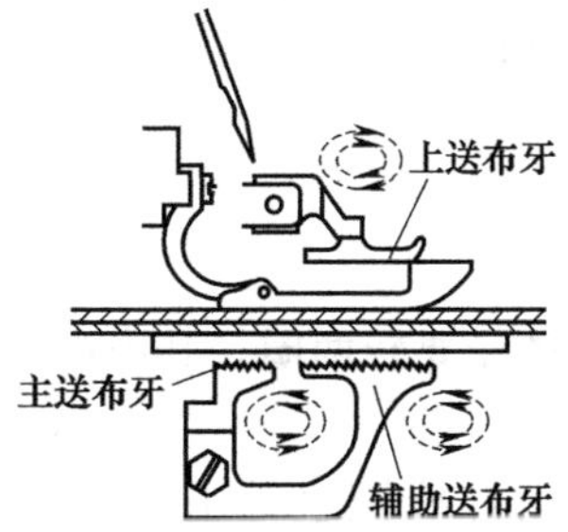

图 2-12 上下差动送布示意图

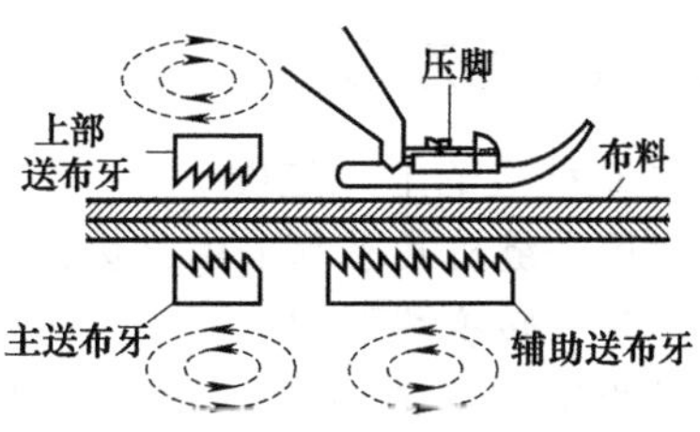

图 2-13 差动上下协调送布式示意图

⑦ 综合送布式。综合送布式是由机针、压脚和送料牙一起送料的方式，适合缝制特厚缝料或弹性特别好的针织物，可以防止走料不爽的现象。综合送布式的压脚有两只，一只是普通压脚起压布作用，另一只压脚下部有齿起推布作用，两只压脚互相配合交替地压住缝料，缝制时两只压脚先后交替地在缝料上“行走”，因此也叫作“交替压脚”或“行走式压脚”。

⑧ 拉拨送布式（滚轴送布）。拉拨送布是先将缝料拉出，利用单个或多个滚轴式齿轮作拉拨缝料或辅助推送缝料，滚轴中有一个必须是主动轮，可以是连续方式或间歇式。这是用于缝制松紧带或弹性缝料的一种常见送布方式。另外，缝制毛皮、棉絮制品等又重又厚的缝料，也用这种方式。

3. 收线器

收线器的主要作用是供给缝针或成缝器形成缝圈时所需的缝线，并借以收紧前一个线迹。收线器的形式很多，主要有杠杆式、凸轮式和针杆挑线式几种。

平缝机的针线是杠杆式收线（连杆挑线），如图 2-14 所示，缝线通过张力调节器圆盘后穿过收线器曲柄 Q 的孔眼再经导纱孔、钩穿入针孔。曲柄 Q 的上下往复运动配合缝针的升降运动，以供应形成缝圈时所需的缝线，并收紧针线和底线。

图 2-15 所示为平式双针绷缝机的收线器。针杆上有小压线板和穿线板，其针线的收线是利用针杆上下往复运动和杠杆式补偿收线器的双重作用来达到的，而底线由单独的凸轮式收线器来实现。

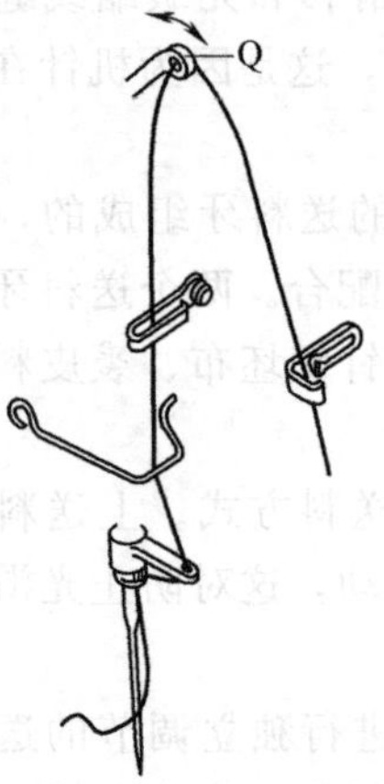

图 2-14　平缝机收线器

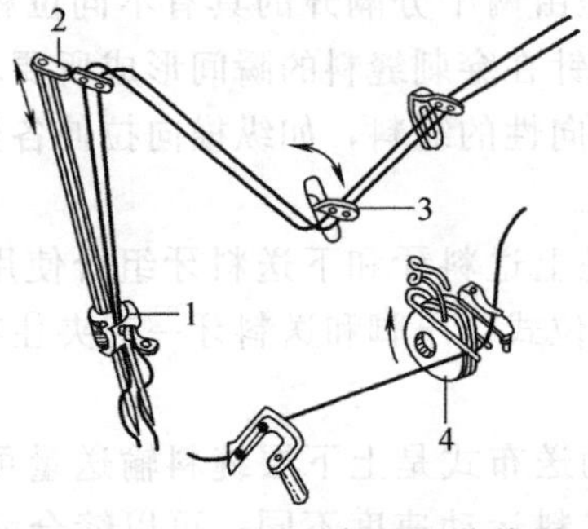

图 2-15　平式双针绷缝机收线器

1—小压线板；2—穿线板；3—杠杆式补偿收线器；4—凸轮式收线器

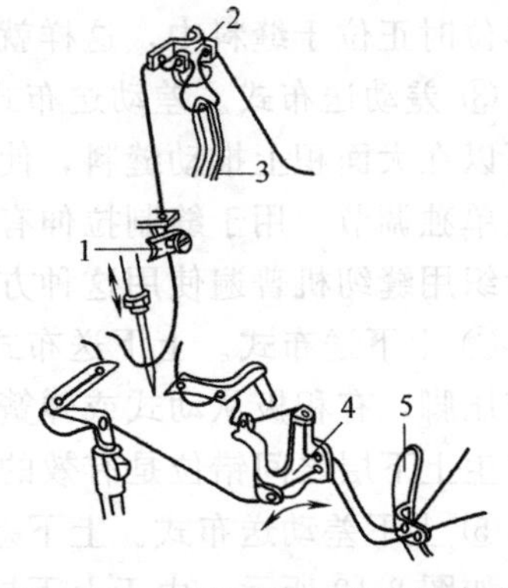

图 2-16　高速三线包缝机收线器

1—小压线板；2—穿线板；3—拉线器；4,5—杠杆式收线器

图 2-16 为高速三线包缝机的收线器机构图，其针线的收线原理与绷缝机相似，以针杆的上下往复运动带动小压线板和穿线板做上下运动，在拉线器的配合下进行收线，而两根弯钩线是依靠安装于弯钩曲柄上的杠杆式收线器的摆动来实现的。

三、线迹的形成

1. 锁式线迹的形成过程

工业用平缝机几乎都采用旋梭钩线，主轴旋转一圈，梭床要转两圈，其中第一转钩直机针线圈，第二转脱圈不钩线。

锁式线迹的形成过程如图 2-17 所示。图 2-17（a）是针线随直针下降穿刺缝料；如图 2-17（b）所示，由于无针槽侧的缝线与缝料发生摩擦，直针回升，在针孔下缘的向上推

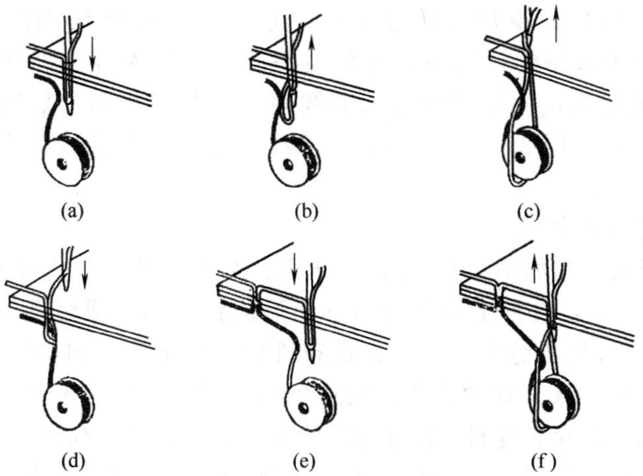

图 2-17　锁式线迹形成过程示意图

力作用下形成针线环；如图 2-17（c）所示，直针继续上升，梭嘴穿过针线圈后继续回转使针线环迅速扩大，当针线环套过梭芯中心轴位置时，针由缝料中退出而使针线环从梭芯后面滑过；如图 2-17（d）所示，缝针继续从缝料中退出上升而使线迹抽紧，然后针开始下降，缝料输送器开始工作；如图 2-17（e）所示，旋梭回转第二圈，缝料被往前移送一个针迹距离，这时在挑线杆的作用下针线环继续被抽紧，缝针第二次穿过缝料，这时前一个针迹处的针线和底线已经交叉配置于缝料中间，一个线迹的形成过程已告结束；如图 2-17（f）所示，缝针向上运动，重新形成针线环，被梭嘴再次穿过并扩大线环，开始形成新的线迹过程。

2. 单线链式线迹形成过程

单线链式线迹的形成过程如图 2-18 所示。

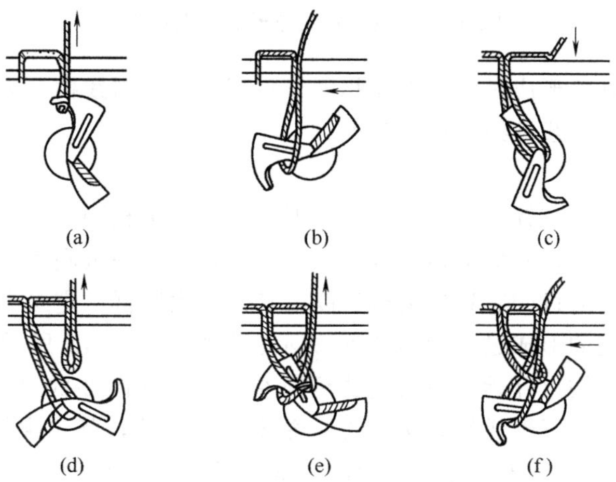

图 2-18　单线链式线迹形成过程示意图

如图 2-18（a）所示，缝针带线穿刺缝料，当缝针退回时形成针线圈，成缝器菱角的尖头穿入针线圈；如图 2-18（b）所示，菱角穿入针线圈后继续向逆时针方向旋转，针上升退出缝料，缝料开始做送布运动；如图 2-18（c）所示，缝料被移过一个针迹距，这时缝针下降至针尖接触缝料，菱角将转过 180°带过被拉长的针线圈继续回转；如图 2-18（d）所示，缝针回升形成新的针线圈，菱角尖头准备第二次穿入新线圈；如图 2-18（e）所示，菱角穿入新线圈后，同时重新穿入旧线圈，这时旧线圈开始脱离菱角的控制，缝针继续回升抽紧线迹；如图 2-18（f）所示，旧线圈完全套到新线圈上，菱角继续回转开始形成新的线迹。

3. 双线链式线迹形成过程

双线链式线迹形成过程如图 2-19 所示。如图 2-19（a）所示，直针下降，将针线带入缝料；如图 2-19（b）所示，直针上升在缝料下面形成针线圈，成缝器线钩穿过针线圈；如图 2-19（c）所示，缝针退出缝料，缝料在送布机构作用下开始向前移动，针线圈被拉长，线钩同时后移一定距离（从直针的前侧移到后侧）；如图 2-19（d）所示，缝料移送一个针迹距后直针下降，第二次穿刺缝料，并穿过线钩头上形成的三角线圈，线钩开始从针线圈中退出，使针线圈套在底线线圈上；如图 2-19（e）所示，直针下降到最低位置，线钩又往前移动一个距离（从直针的后侧移至前侧）；如图 2-19（f）所示，直针再次回升形成新的针线圈，线钩穿入新形成的针线圈，并开始抽紧线迹。如此反复进行形成双线链式线迹。

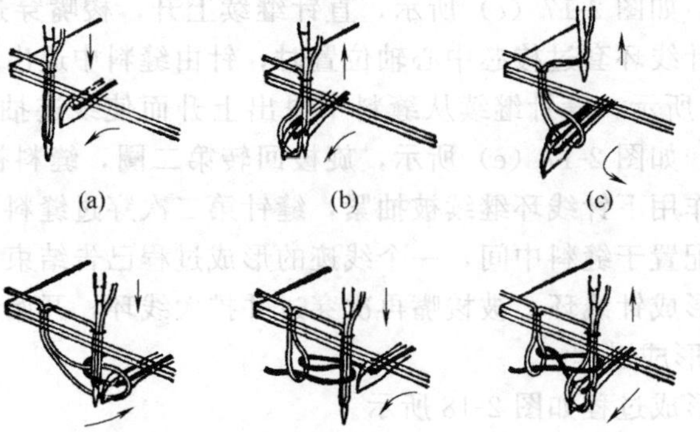

图 2-19　双线链式线迹形成过程示意图

双针四线链式线迹的形成过程与上述相同，只不过直针与线钩分为两组分别进行上述的过程，三针六线、四针八线等线迹以此类推。

4. 绷缝线迹形成过程

绷缝线迹也有双针、三针、四针之分，其形成原理基本相同。与普通链式线迹不同的是绷缝线迹不管直针数多少，其成缝器线钩却只有一个，只有一根底线，而且几枚针安装的高低位置不同，线钩最先通过的直针应装得最高，其余依次装低一定距离。

三针四线绷缝线迹的形成过程如图 2-20 所示。如图 2-20（a）所示，直针已经从最低位置开始回升，成缝器线钩也开始从最右边位置向左运动；如图 2-20（b）所示，当直针上升到一定高度，针线在缝料下形成针线圈，线钩继续向左运动，其钩尖依次穿入三个针线圈；如图 2-20（c）所示，当直针升到最高位置时，缝料开始向前移动，已被线钩完全钩住的全部针线圈被拉长，并抽紧了前一个线迹，这时线钩同时向操作者方向移动一定距离；如图 2-20（d）所示，缝料移送一个针迹距离，直针下降再次穿刺缝料并穿入线钩头部形成的底线三角线圈；如图 2-20（e）所示，直针继续下降，线钩向右运动，底线被直针挡住形成底线与针线互相穿套联结；如图 2-20（f）所示，直针运动到最低位置，线钩也运动至最右

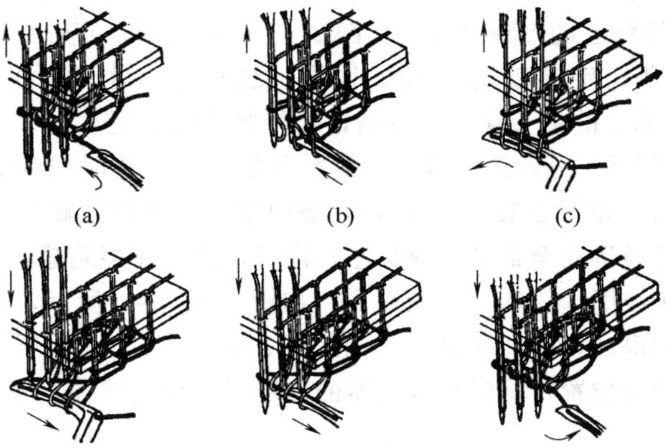

(a) (b) (c) (d) (e) (f)

图 2-20 三针四线绷缝线迹形成过程示意图

边，恢复到图 2-20（a）所示的位置，收线器拉紧线迹，成缝过程即告完成。

绷缝线迹往往在缝料正面添置 1～2 根装饰线，这是由饰线配置机构来完成的。图 2-21 所示为三针五线绷缝线迹形成过程示意图。其中所不同的是增加了一个饰线带纱器 S 和一根装饰线 Z。如图 2-21（a）所示，饰线带纱器 S 运动至最右边，使饰线 Z 处于带纱器的凹口中；如图 2-21（b）所示，带纱器向左运动，其凹口推动饰线向左曲折；如图 2-21（c）所示，带纱器运动到最左边时，直针下降，最右面的直针在饰线前面通过；如图 2-21（d）所示，两枚长针穿入饰线线圈后，带纱器开始向右运动；如图 2-21（e）所示，带纱器继续向右运动，饰线与针线开始联结；如图 2-21（f）所示，带纱器运动至最右边，直针也下降至最低位置，抽紧线迹。

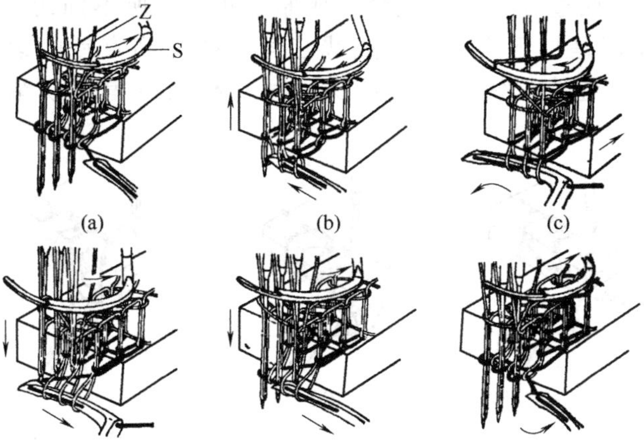

(a) (b) (c) (d) (e) (f)

图 2-21 三针五线绷缝线迹形成过程示意图

凡是有两根装饰线的绷缝线迹其带纱器有两个，呈左右配置，其形成原理相同，只是两者运动方向相反。

5. 包缝线迹形成过程

图 2-22 为三线包缝线迹的形成过程。如图 2-22（a）所示，直针穿过缝料，将针线带入缝料下方，当直针回升一定高度时形成针线圈，线钩Ⅰ（小弯针）自左至右运动；如图 2-22（b）所示，线钩Ⅰ的尖头穿入针线圈，缝针继续向上运动，线钩Ⅱ（上弯针）向左运动；如图 2-22（c）所示，缝针退出缝料，缝料开始移动，这时线钩Ⅱ的尖头穿入线钩Ⅰ头部形成底线三角线圈；如图 2-22（d）所示，缝料移动一个针迹距后缝针下降再次刺入缝料，由于线钩Ⅱ这时已经运动至最高（或最左）位置，缝针在穿刺缝料之前先穿入线钩Ⅱ的尖头所形成的面线三角线圈，线钩Ⅰ开始退回；如图 2-22（e）所示，缝针继续下降，线钩继续向各自原来的位置退回，脱掉各自穿套的线圈；如图 2-22（f）所示，缝针下降到最低位置，线钩分别处于最低位置，这时在收线器的作用下，线迹被抽紧完成了成缝的全过程。

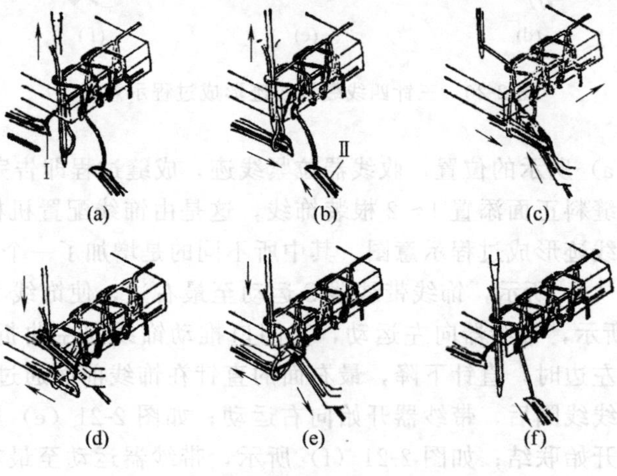

图 2-22　三线包缝线迹形成过程示意图

两线包缝线迹的形成过程与三线包缝形成原理相同，所不同的是仅仅用钩叉Ⅲ代替了上弯针，钩叉的作用是把下弯针上的底线三角线圈叉到直针的运动线上被缝针下降时穿过，钩叉本身不带缝线，使底线与针线之间互相发生串套联结。它的形成过程如图 2-23所示。

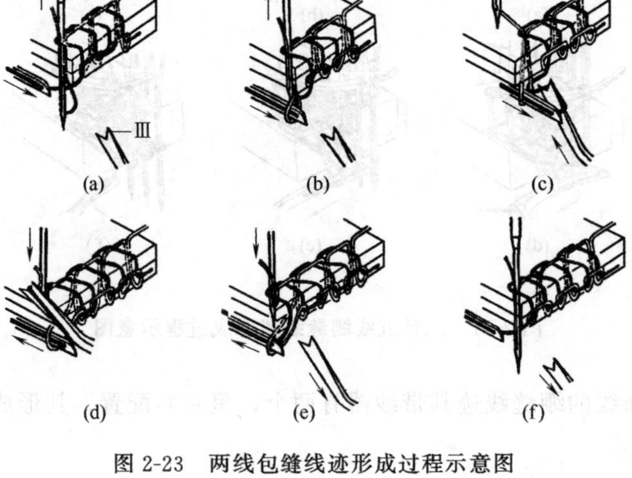

图 2-23　两线包缝线迹形成过程示意图

四、成缝的过程

从线迹形成过程可以知道，各种线迹的成缝过程归纳起来可分为如下十个阶段：进针、入线、面线成圈、过钩、退针、送料、底线线圈形成、机针穿入最后线圈、脱圈、紧圈。对锁式线迹来说，由于底线（梭子线）不形成底线线圈，故其成缝过程只有七个阶段。下面将分别加以叙述。

1. 进针阶段

缝针下降穿刺缝料叫作进针。在这个阶段中，机针为了把面线刺入缝料内，机针针尖应该把缝料的纱线很好地分开，既不能把缝料穿刺成窟窿，也不能把缝料塞入针板上的针孔内。机针在穿刺缝料时，应克服缝料的阻力 P 及机针与缝料的摩擦力 T，如图 2-24 所示。

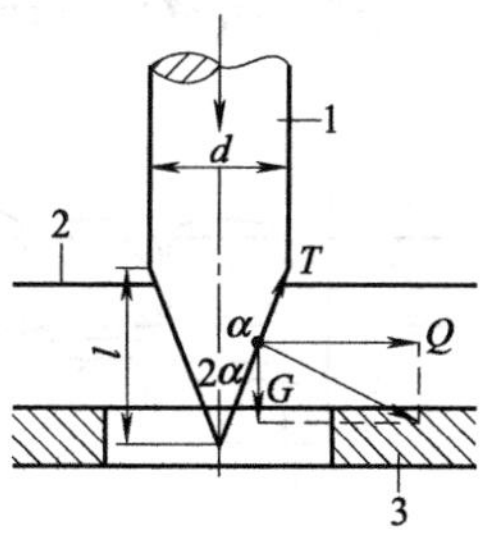

图 2-24 进针阶段

1—机针；2—缝料；3—针板

阻力 P 分解成两个分力，即 Q 和 G。分力 Q 顺着缝料的方向作用，而分力 G 则沿着机针的运动方向作用。分力 Q 有分开缝料内纱线的作用，分力 G 一方面有帮助机针刺入缝料内的良好作用，另一方面又有把缝料塞入针板孔内的有害作用。机针把缝料塞入针板孔内，会把缝料弄坏，还会产生跳针现象。

对于缝料来说，G 是一种有害的力，所以要减小它。为了减小 G，就必须减小针尖角 α。计算针尖角 α 的角度，用下列公式：

$$\tan\alpha=\frac{d}{2l}$$

式中 d——针杆直径；

l——针尖的长度。

从上式中可以看出，减小 d 值或增加 l 值，就可以减小 α 角。

但是，针杆直径不是任意选择的，它根据缝料组织类别和密度而定，其计算公式为：

$$S_U=K(S_P-S_H)$$

$$S_U=\frac{\pi d}{4}$$

式中 S_U——针杆面积；

K——针织品编圈孔隙与机针截面积（依缝料种类而定）的比例系数；

S_P——针织品拉平时编圈所占的面积；

S_H——编圈中所占面积。

根据增加针尖长度 l 来减小角 α，会增加机针的动程，缩短机针的使用寿命，因此不是一个好办法。

机针在刺入缝料内时，还应当克服摩擦力 T。摩擦力 T 的大小依据缝料阻力 P、机针与缝料之间的摩擦系数及针尖角 α 而异。为了减小摩擦力 T，必须减小机针与缝料之间的摩擦系数，要达到这个目的，必须仔细地加工针尖，7～19 号机针针尖多数是尖圆形的。20～24 号机针中，单数的针号是三角形或菱形的针尖，双数号的机针是尖圆形的针尖。或用有软化作用的乳化剂处理，或润滑机针表面。

机针在刺入针织坯料时，应当能把坯料编圈分开。在缝纫过程中机针的锋角主要起着挤开缝料的纤维作用，缝纫同样厚度的缝料，单锋角的刺料力小些，针尖的强度小些，双锋角的机针刺料力大些，针尖的强度也大些，对缝料纤维破坏小些。

机针分开针织坯布的编圈，要依靠编圈的扩大来实现。扩大编圈有两种办法，一是拉直编圈的各部分，二是抽取邻编圈的纱线和拉伸邻编圈的纱线。

压脚的压料程度，对刺针时能否抽取邻编圈纱线来增加编圈孔隙有极大的影响。压脚压缝料的压力愈大，抽拉时纱与纱的摩擦力愈大，因此便愈难把纱从编圈某一部分拉向另一部分。为了避免损坏针织品的纱线，宜用调节弹簧调节压脚的压力，在不妨碍推料的情况下，尽可能减小压脚的压力。

根据针织缝料受到拉伸容易立即伸长的特性，可采用双锋角的机针，这样就能减小针尖长度，增大针尖强度，并可避免在缝料上刺出窟窿。

2. 入线阶段

缝针将缝线带到缝料的后方称为入线。在这个阶段的任务是把穿于针眼孔内的面线带入缝料内，并使带入缝料内的线段有完成针迹形成过程的长度。

面线穿过缝料有两种方式，一是面线穿入缝料内同时收紧前一针迹，二是面线穿入缝料内时不收紧前一针迹。面线穿过缝料的方式，在单线链式缝纫机和锁式线迹缝纫机上采用收紧前一针迹方式，在面线穿过缝料时，机针下降所需用的缝线，取自正被针收紧的前一针迹，仅不足部分才用轴线团供应的线。在其他针织缝纫机上采用不收紧前一针迹的方式，在面线穿过缝料时，机针下降所需要的缝线全部直接取自轴线团的缝线。

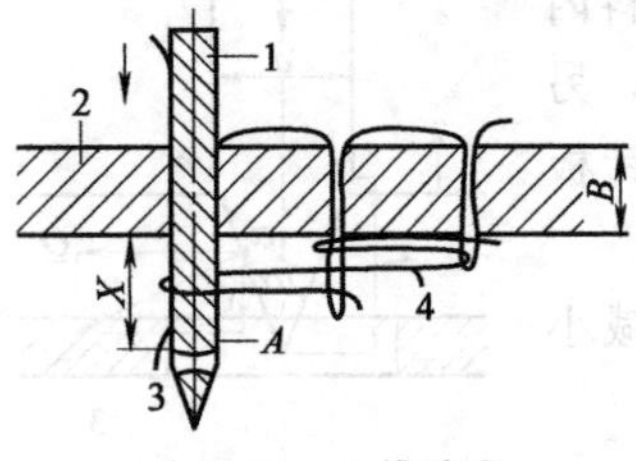

图 2-25　入线阶段

1—机针；2—缝料；3—面线；4—底线

面线穿过缝料时，被引入的线段长度称为引线长度，它超过针眼孔下降深度与缝料厚度之和的一倍多，见图 2-25。由于缝纫机的种类不同，X 值也不同，但在同一类型的缝纫机上，X 值是一个常数（X 值仅在调整机器后可有少许改变）。

X 值的大小取决于针迹形成机件（机针和线钩）的相互位置、尺寸和运动轨迹。X 值的大小应符合要求，能保证进行下一针迹形成过程所必需的用线量，不使线钩从轴线团上拉线。

如果不考虑机针针眼孔的厚度，面线与底线交合而被机针带下来的线段总长度等于 X 值与缝料厚度 B 之和的两倍。机针每次穿过缝料时，所带下来的线段总长，总是大于形成一个收紧了的线圈所需的线段长度，因此每一段面线要多次贯穿缝料。

在不同构造的缝纫机上，机针的引线长度不一样，因此同一线段的过线次数也不一样。过线次数的多少对于线的强度损失有一定影响，因为同一段线在承受张力（张力装置和许多导线孔所引起的张力）的情况下通过针眼孔次数多，此线段的缝线就会变蓬松。面线除了在张力装置受到张力外，在被机针带过缝料时，还要承受由于与缝料接触而产生的附加张力，以及缝线卡在机针针眼孔中而产生的附加张力。所有这些张力都会损伤缝线的强度，甚至造成断线。为了防止面线承受附加张力，必须使穿在针眼孔中的缝线的直径小于深针槽的深度，针槽的宽度也必须大于缝线的直径。针眼孔、针槽及针槽的过渡部分表面粗糙度为 0.2μm，孔和槽的连接处应倒角、光滑。

3. 面线成圈阶段

面线成圈阶段见图 2-26。这个阶段的实质是在机针和被针带过缝料的面线之间形成线环，图中线段（OCB 部分）可让底线钩的钩尖能穿入其中，并在机针从缝料中退出时把线圈留在缝料内。

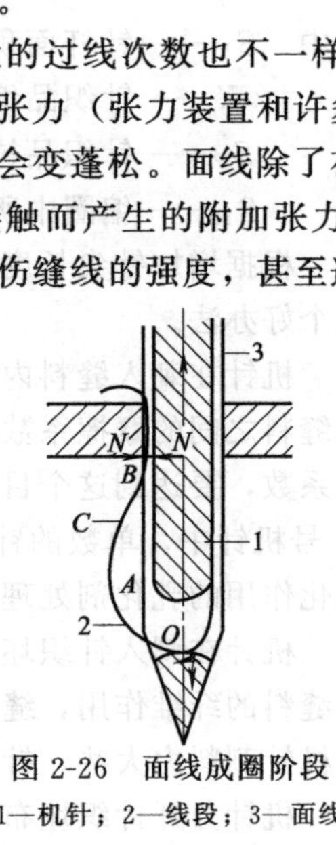

图 2-26　面线成圈阶段

1—机针；2—线段；3—面线

在使用直机针的缝纫机上，面线圈是依靠屈曲面线的线段来形成的。机针从缝料内退出时，由于机针的特殊结构，缝线与缝料的摩擦及缝纫机的构造性能，线段能保留在缝料内。刺入缝料中并向下穿过 X 距离的机针，带动长 $2X$ 的缝线（不计缝料厚度）穿过缝料。被机针带动的面线的速度等于针速的两倍，因为在机针下降 X 距离时间内，被机针引过缝料的线段长度为 $2X$。面线在穿过缝料时，在 A 处承受张力最大，因为缝线在此除了受到由于通过导线装置而产生的张力外，还承受由于线绕过机针而产生的张力。

机针在下降 X 距离后，便开始上升，从缝料中退出。此时，线在点 A 处没有张力。如果两个针槽的深度大于缝线的直径，则缝线便在机针的两侧跟随机针一起从缝料中退出，此时线速度与针速度一样。但为了完成针迹形成过程，必须使穿过缝料的线有一部分留在缝料内。由于两个针槽中，有一个针槽的深度小于缝线的直径，故面线能被阻留在缝料内。在此情况下，面线有一部分突出浅针槽之外，在机针从缝料内拨出时，缝线便压在缝料上，压力为 N。缝料又以同样大小的压力 N 压线，使缝线紧贴在机针上。由于这个缘故，线与针以及线与缝料之间便产生摩擦。因为缝线与机针之间的摩擦系数小于缝线与缝料的摩擦系数，故缝线与机针的摩擦小于缝线与缝料的摩擦。因此，在浅针槽侧的线段不会跟机针一起从缝料中拔出，而留在缝料内，并通过针眼和两针槽的平面内形成一条曲线。

面线圈应当处于通过针眼和针槽的平面内。在形成面线圈时，缝线的捻向平衡性如何，关系很大。在缝线的制作过程中，由多股的纱再捻成线。反时针捻向用“S”表示，顺时针捻向用“Z”表示。如果缝线的捻度平衡，在这个阶段所形成的线环，才能保持应有的形状和尺寸。面线的捻度不平衡，面线圈就不会处在通过针眼和针槽的平面内，面向一侧偏斜。面线圈的位置偏斜，面线和机针之间的空隙就会减小。这样，底线钩的钩尖就不能穿入上述空隙，因此容易造成跳针。如果有这种现象，就应朝着偏斜的面线圈方向把机针转动一点（沿机针的轴芯线转动）。机针针杆直径与针板容针孔直径的比值大小，对于面线圈的形成过程以及能否获得所需大小的面线圈，也有很大影响。机针针杆直径与针板上的针孔直径相差愈大，在负荷相等的情况下，机针穿过缝料时缝料的凹陷程度愈大。缝料的凹陷程度太大，就会破坏正常的针迹形成过程，可能由于空隙减少而发生跳针，此外还可能发生针板针孔边缘把缝料擦坏的情况。

4. 过钩阶段

过钩阶段是指底线钩穿过面线形成线环，以便在机针上升时把面线留下。

面线圈愈大和面线圈线环愈稳定，底线钩通过线环愈顺利。以机针为基准，安装线钩可精确地调整位置。面线圈在靠近机针针眼的地方空隙最大，故钩尖应当从此处通过面线圈。在通过面线圈时，钩尖应当尽可能调整靠近针眼，并在针眼孔上方 1.5～2mm 处（依面线圈的大小而定）向机针移近。为了使线钩容易通入面线圈内，有几种针在针眼上方有凹口，使钩尖能顺利地通过面线圈。但在细号机针上不做这样的凹口，以免降低机针的强度。

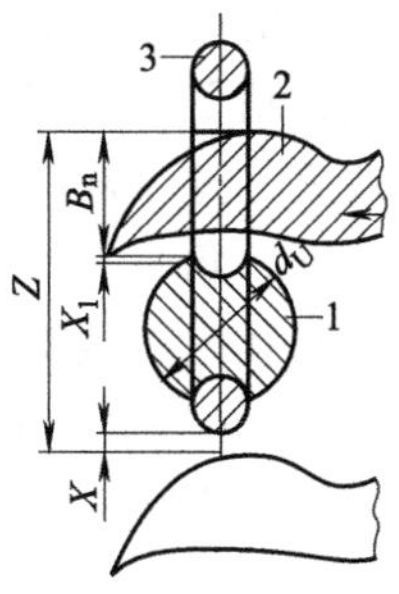

图 2-27 线钩通过上线圈的阶段

1—机针；2—底线钩；3—面线

底线钩应当从浅针槽侧通过面线环。在作出开圈针迹的链式缝纫机上，见图 2-27，线钩除了纵向移动外，还以本身轴芯线做横向移动，为的是保证线钩取得上述那样的位置。

线钩横向动程 Z 的近似值，可用下式求出：

$$Z=d_U+B_n+2X_1$$

式中 d_U——机针针杆直径；

B_n——线钩厚度；

X_1——机针和线钩之间的空隙（X_1 值依线钩对机针的安装精确度而定）。

在作出闭圈针迹的包缝机上，线钩在浅针槽侧的位置是依靠机针与线钩相交两平面内移动而得到保证的。

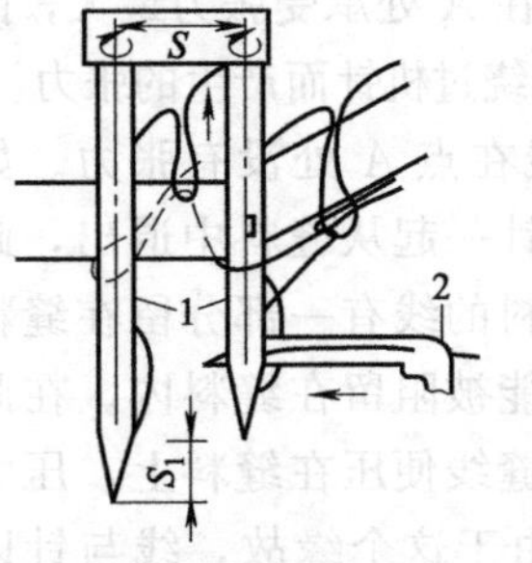

图 2-28　线钩通过两根以上机针的阶段

1—机针；2—底线钩子

在作出开圈针迹的单钩多针缝纫机上，除了按照上述要求调整好线钩的位置外，还要求线钩顺利通过同时按照出缝料方向运动全部缝针上的线圈。每根机针的针眼孔低于前一根针的针眼孔的距离，应当等于机针在线钩由一根针移向另一根针的时间内的移动距离。为了保证底线钩顺利通过各根针上的线环，底线钩要在每根针的针眼上方等距离通过线环，见图 2-28。

图中设以 S 表示相邻两根机针之间的距离，以 S_1 表示这两根针的长度差异，以 t_n 表示钩尖由一根针走到另一根针所需要的时间，以 U_n 表示底线钩的速度，以 V_n 表示机针的速度，则可得出下式：

$$t_n \times V_n = S_1 \tag{2-1}$$

把比值 $t_n = S/U_n$ 代入式(2-1)中，消去 t_n，则得出下式：

$$S_1 = V_n \times \frac{S}{U_n} \tag{2-2}$$

用式(2-2)可求出 S_1。知道了 S_1 的值，就可明白当线钩沿各机针的位置线以某一定的速度运动时，每根针应比其前一针加长多少。

为了改进底线钩与面线的工作条件，S_1 值越小越好，因为 S_1 值很小，被每根针所带走的面线长度大致相等。这样，只要定出同样大小的面线张力，就可使各根针上的线圈的收紧程度相同。目前的单钩多针缝纫机上 S_1 值很大，因此每一根针线上都安装一个张力装置。

5. 退针阶段

当针线圈被成缝器钩住后，针从缝料中退出的过程称为退针。机针从缝料中退出有三种情况：一是面线随着机针一起运动；二是面线留在缝料里；三是面线按照与机针相反的方向运动。在第一种情况下，留在缝料里的面线量减小，为了使面线在此阶段不致受到太大的张力，线钩在通过线环之后应当上升面朝针板运动。

退针阶段见图 2-29。缝线与缝料的摩擦系数、缝线与机针的摩擦系数、点 A 处的缝料阻力以及线的围针角 α，都会影响退针阶段中面线张力的大小。

为了减小点 A 处缝料妨碍出线的阻力，必须减小由于两段线（即线的两倍厚度）在点 A 处合拢而形成的粗段。有了这样的粗段，线与缝料的摩擦就会剧增，从而使线的强力受到损失，甚至造成断线。浅针槽侧在针眼孔下面有一缺口，这个缺口有防止线与缝料接触的效果。这个缺口的深度不可小于缝线的直径。在其他条件相同的情况下，角 α 愈大，退针时的面线张力愈大。缝线的围针角 α，穿在针眼孔内的线对水平面的侧角 β，两者之间存在如下式所示的关系：$\alpha = 90° - \beta$。由上式可看出，欲减小 α 角，就需增加 β 角。β 角可用下式求出：

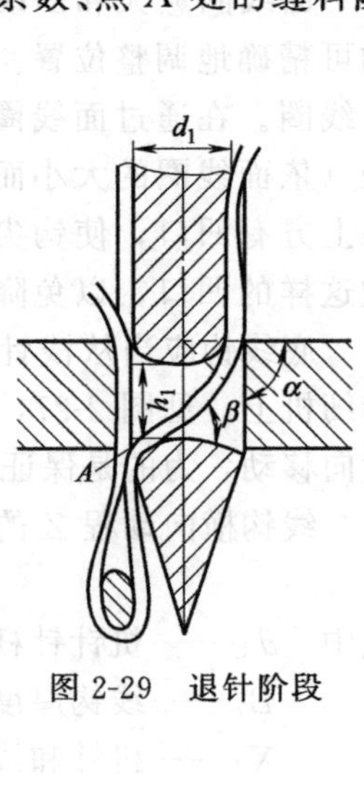

图 2-29　退针阶段

$$\tan\beta = \frac{h_1}{d_1}$$

式中　h_1——针眼长度；

d_1——机针针杆的直径(针槽深度除外)。

为了使针迹形成过程中缝线张力小，α 角宜小，但要减小 α 角就必须增加 β 角。无限制地增加 β 角，是不适宜的，因为这样会增加针眼长度，从而会延迟面线圈的形成。所以，从加速线圈的形成来看，针眼孔以圆形为佳，大小宜等于缝线的直径；从创造最优良的面线工作条件来看，针眼孔以长方形为佳。

在工作中应当把跟机针一同退出缝料的线段，从机针运动线上挑开。此动作由挑线器完成，挑线器是过线装置的一部分。

6. 送料阶段

每形成一个针迹之后，缝料应当移动一个针迹的距离。在送料时，被缝合的制品零件不应互相流滑。通常，总是当机针离开缝料时，才发生送料作用。

在链式缝纫机中，通常采用牙条式送料装置来送料。牙条式送料装置存在着压脚固定不动的缺点，但大多数缝纫机都采用它。

牙条式送料装置的工作应符合下列要求。

① 牙条齿应有足够的深度咬住缝料，要保证缝料能移动，但不能损伤缝料。在缝纫机工作正常的情况下，牙条伸入针板上方不超过 1.5mm。

② 牙条齿在针板上方运动时，缝料的移动应当与牙齿的移动同速度同方向。

③ 牙条向下移动时，牙条齿应当在针板槽内充分下降，以便在后退时不触碰缝料，不至于带动缝料后退。

④ 压脚给牙条齿的压力，应当依据缝料种类予以适当规定。调节此压力时必须考虑到，当牙条齿在针板上方继续上升时，压脚的压料力增加，就有可能损伤缝料。

牙条的送料方法见图 2-30。图中铺放在针板上的缝料夹在压脚和牙条两个表面之间。牙条是推送缝料的表面，压脚把缝料压在牙条上，有助于推料动作。牙条工作时的运动是一种复杂的运动，其轨道是一条由水平运动与垂直运动合成的封闭曲线。牙条按箭头所示的方向运动，即牙条在针板上方运动，此运动称为工作运动或送料运动。

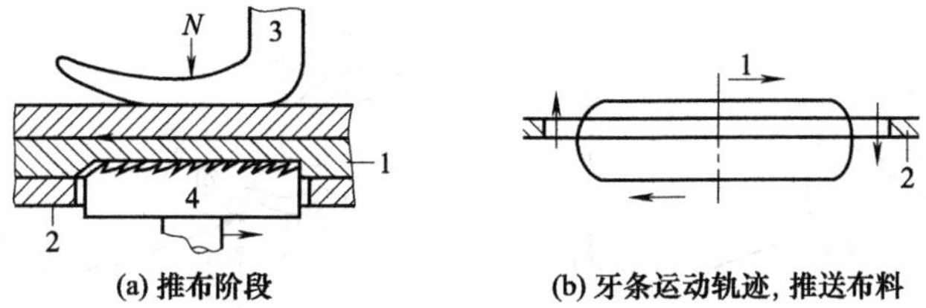

图 2-30 送料阶段

1—缝料；2—针板；3—压脚；4—牙条

压脚向下压料，使牙条咬住缝料，但通常压脚不跟随缝料一起运动，所以压脚面与缝料面之间便由于压脚对缝料的压力 N 而产生摩擦力 T，$T=\mu N$（式中 μ 是压脚面与缝料面间的摩擦系数）。摩擦力 T 会阻碍缝料的移动，这是使用固定压脚的压条送料装置在工作方面的一个主要缺点。

牙条齿的咬料深度，必须视缝料的织物类别、结构、厚度和弹性而异。缝制不同类的缝料时，所用齿条的齿高和齿距应不相同。缝料愈厚和弹性愈大，牙条齿应当愈高，因为此时牙条齿的咬料深度应当大些才能克服缝料与压脚的摩擦力，并把缝料推动向前。下层缝料被推送得比其余各层较为有力，因此稍微停滞，制品边缘就不会相互错动（上层停住，而下层已走到上层前面）。

沿线缝的线路抽拉织物，对针织品坯布的影响特别严重。为去除此弊，许多缝纫机采用了差动式牙条送料装置。

7. 底线线圈形成阶段

形成本针迹的底线线圈，并把它引到机针的运动线上，称为底线线圈形成阶段，被底线钩引到机针运动线上的最后一个线圈，可依靠线钩的第二个线圈通过线钩的第一个线圈来形成。在这一阶段中，应当把最后一个线圈（第二个线圈）引到机针运动线上，使针在扎入缝料之前穿入这个线圈，或是把最后线圈引到机针运动线上，使机针在刺入缝料内以后才通过线钩的第二个线圈内，以形成开圈线缝。最后一个线圈被引到机针运动线上时，其大小可以不变或应予增加。因此，把最后线圈引到机针运动线上的针迹形成机件，应当获得足够本身运动所需长度的线段。

双线和三线包缝机，引出最后线圈的动作依靠向底线钩给线来进行，由挑线器完成这项工作。图 2-31 是三线包缝机上杠杆挑线器的工作阶段，即挑线器的两个位置。在形成和引出最后线圈阶段时，挑线器对底线钩的给线长度应当保证线钩运动所需，而不必直接取自轴线团。图 2-31（a）中箭头 a 是当底线钩按箭头 b 方向移向下方位置时挑线杆的运动方向。挑线杆取得上升所需的线段，其来源和情况如下：

① 在面线钩向后运动，即退回原位时，从底线钩上取线。因为在此时收紧机针在出缝料时所放松的底线钩上的线圈，挑线杆将挑取被放松的这段线，直到这段线的张力大于从轴线团退下的经过张力器的线的张力为止。

② 一旦收紧针迹侧的线段张力大于因张力装置及许多过线装置的作用而产生的线张力，挑线杆便开始从轴线团上取线。

图 2-31（b）中，底线钩正在按照箭头 b 方向由原位向上运动，以便穿入面线钩线圈，然后把本身的线圈从缝料上面引到机针运动线上，此时挑线杆运动方向如图上箭头 a 所示。为了本身运动所需，底线钩取用挑线杆所放开的线段，此时挑线杆按照箭头 a 所示方向下降。

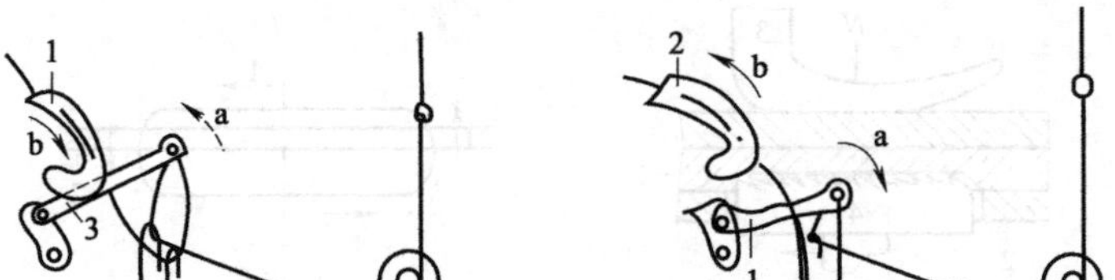

图 2-31　三线包缝机上杠杆挑线器的工作阶段

1—面线钩；2—底线钩；3—挑线器

假设底线钩按箭头 b 所示方向运动所需用的线全部直接从轴线团取得。那么，所需长度的线段在跟随底线钩运动时，会承受下列各种张力：

① 从轴线团上退出所产生的张力。

② 由于通过许多导线孔而产生的张力。

③ 因通过张力装置而产生的张力。

④ 穿过线钩上两个导线孔时产生的张力。

有了挑线器，线钩向上运动的需用线段仅承受因穿过线钩上两个导线孔而产生的张力，即承受张力较小，从而断线的可能性较小。由此得出这样的结论：底线强度可以小于面线强度。

8. 机针穿入最后线圈阶段

机针穿入前针迹的最后线圈阶段实质在于必须以被针引过缝料的面线圈固牢前针迹的最后线圈。

在作出闭圈针迹的缝纫机上，前针迹的最后线圈处在被缝缝料的表面，即开始刺针的地方，而在作出开圈针迹的缝纫机上，前针迹的最后线圈位于被缝缝料的下面。除了在安装时和使用中适当调整针迹形成机件外，在机针穿入底线圈内时，底线与线钩杆之间留有空隙，这是在针迹形成过程中完成这一阶段的基本条件。这个间隙的形成取决于三个因素；一是底线钩的形成；二是底线的弯曲（由于形成针迹的各根线相互摩擦的结果）；三是机针穿过被引到机针运动线上的底线圈的线钩运动方向的改变。

可使用弯曲的或钩头加粗的或者使用弯曲的并且钩头加粗的底线钩。由于底线钩具有这样的构造，在这一阶段中被线钩引出并拉紧的线圈不能紧贴于线钩。因此，在底线钩杆和底线圈的线段间形成了空隙，在机针穿入这个空隙之前，在底线钩改变运动方向时（线钩此时开始退回原位），这个空隙由于线更加退离底线钩而扩大。

底线钩退回时，线退离底线钩杆的原因有两个；一是由于线钩的导线孔内，线被急剧弯曲，线有残留变形；二是线与线相互制动的作用，因此，线速小于钩速，于是线发生屈曲。

底线在形成线圈时所承受的张力与机针上的缝线在形成针迹时所承受的张力情况相同。前者表现不太明显，因为底线张力小于面线，而线钩直径大于机针，因此线在线钩上的屈曲程度较小。此外，底线的制动程度较小，因此其纵向屈曲较小。在底线钩杆与底线之间形成空隙，线钩对此空隙的形成起主要作用，线钩不穿过缝料，因此对线钩形状就没有像对机针那样的要求。

9. 脱圈阶段

脱开前针迹的各线圈即脱圈阶段。这一阶段的实质在于从针迹形成机件上脱下在前一针迹中形成的线圈，为针迹形成的下一阶段即收紧针迹，做好准备。

为了脱底线圈，线钩应当退回原位，但因为机针在此时正通过底线依靠线钩凹槽所形成的空隙，所以线钩会把机针撞断。为了免除此弊，在线钩脱圈之前，应当完成下述动作：

① 在形成闭圈针迹的缝纫机上，在线钩为了脱下前针迹线圈而后退时，线钩上升。

② 在形成开圈针迹的缝纫机上，线钩做横向运动。

10. 紧圈阶段

收紧前一针迹的松线圈即紧圈阶段。被针迹形成机件放松的线圈，一般大于已收紧的针迹，因此，必须减小松线圈的尺寸。为了达到这个目的，必须使形成针迹的各根缝线具有适宜的张力，并从每一个线圈中抽出多余线段，即收紧针迹。每个线圈的收紧程度，可依针迹的结构而异。

收紧面线圈有两种主要方法；一是机针扎入缝料中引过新面线圈时，从前一针迹的松线圈中抽线，借以收紧线圈；二是机针退出缝料时，把线从机针中拉开，借以收紧前针迹松线圈。

除了单针链式缝纫机以外，差不多所有的缝纫机都采用第一种收紧针迹的方法，即在机针扎入缝料而引过新线圈收紧针迹。松针迹侧的线段张力包含形成该针迹的底面线之间的张力和由于线与缝料的摩擦而造成的张力。轴线团侧的线段张力包含在张力装置（制动装置和过线装置）中所产生的张力、线与缝料摩擦及线与针槽底摩擦所造成的张力。

为了使松针迹侧的线段不至于与针槽壁摩擦而承受附加张力，即不使其张力因此而增大，缝线的直径就必须等于或小于针槽宽度。

线的张力大小取决于针迹的收紧程度。松针迹侧的线段张力，随线圈的收紧程度而增大，并且当其张力大于制动圆盘侧的线段张力时，轴线团上的线便克服导线机件中阻碍运动的力（包括制动力在内），开始放线。

在张力装置中，线张力变化时松针迹侧的线段张力也会发生变化，因此，在张力装置所引起的张力较大或较小时，轴线团就会因此而变化。

从以上所述可知；针迹的收紧程度取决于制动装置所给张力的大小。显然，线所承受的张力不应大于线的收紧程度。

第二节 常用钳工工具及量具

一、常用钳工工具

缝纫机的维修离不开维修工具，工具是帮助我们检查和排除故障的重要助手。一般与维修工作有关的钳工工具有螺丝刀、手锤、扳手、钳子、手锯、虎钳、冲头、油石、锉刀、铰刀、研磨砂、研磨剂、丝攻机及板牙等。下面介绍一些在维修工作中常用的钳工工具和使用方法。

（一）螺丝刀

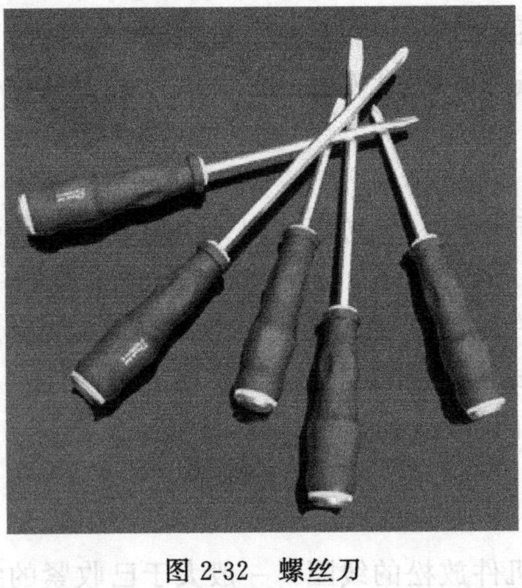

图 2-32 螺丝刀

螺丝刀（图 2-32）又叫旋凿、起子、改锥等，是缝纫机维修最常用的工具之一。螺丝刀是用来旋转头部有槽的螺钉的，按照螺钉大小和用途选用不同的旋凿，才能既保证在工作中得心应手，又能保证螺钉紧固和松开的质量。常用的螺丝刀有 65mm（2.5in）、100～150mm（4～6in）、200～250mm（8～10in）等多种规格。螺丝刀的刃口厚度与宽度应与螺钉槽有良好的配合，过窄过薄或过厚都会使螺丝刀刃口折断和螺钉槽损伤。经常使用钝口后要修磨，以保证刀口的正确宽、厚度，并应有一定的硬度，以防软口。缝纫机上还经常采用专用的英制螺钉。为保证拧紧时有足够的紧固力，多次拧紧和拧松螺钉不产生打滑和拧毛，使用的螺丝刀刀口厚度必须和螺钉槽相匹配。

使用螺丝刀时，通常用右手握柄，使螺丝刀杆和螺钉成直线，用力要适当，不可过猛。对大号螺丝刀还需用左手握螺丝刀杆，帮助稳固。手和螺钉之间应保持一定距离，以防止螺丝刀滑脱而损伤手指。当用最大力量仍然旋不松螺钉时，可用扳头扳住螺丝刀头部借力，但此法不能用于旋紧工作。螺丝刀的使用方法如图 2-33所示。

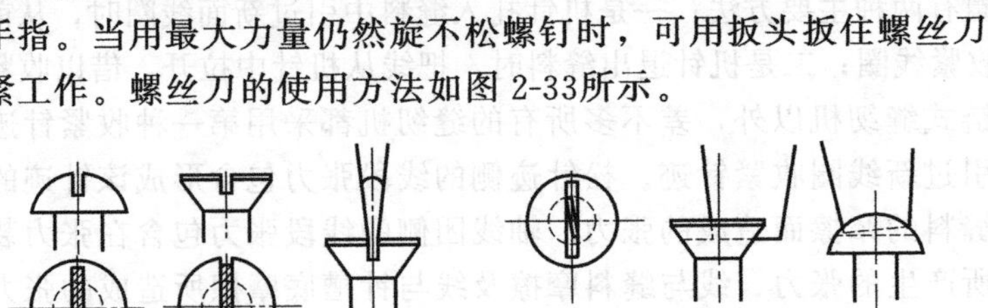

图 2-33 螺丝刀的使用方法

（二）手锤

手锤（图 2-34）是进行凿削、装拆零件的重要工具，分为软头和硬头两种。软头手锤的锤头常用铜、硬木、硬橡胶等材料制成，适用于装配、维修和调试工作使用。硬头手锤的锤头是用钢材制成并经热处理淬硬的，锤头形状常制成扁平状。硬锤分为圆头和方头（錾口榔头）两种，在缝纫机修理上一般使用方头锤，其规格有 0.25～1.5kg 几种，这种锤轻便，在维修中遇到比较狭窄的地方，可以利用扁的一头敲打。

手锤使用方法如图 2-35 所示。使用锤子应经常检查手柄与锤头是否松动，以免锤头飞出伤人。另外，可以在锤柄上加设楔子。

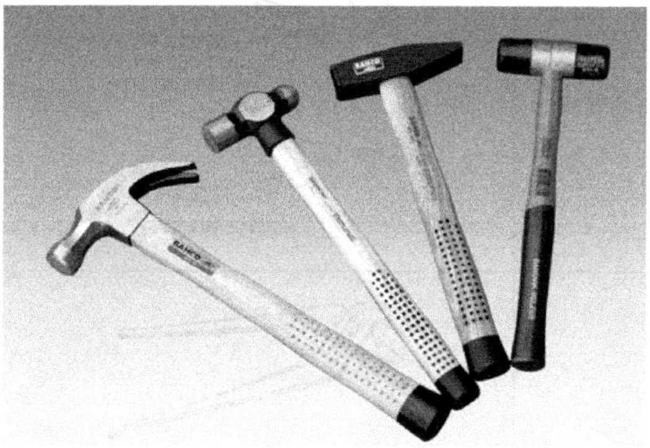

图 2-34 手锤

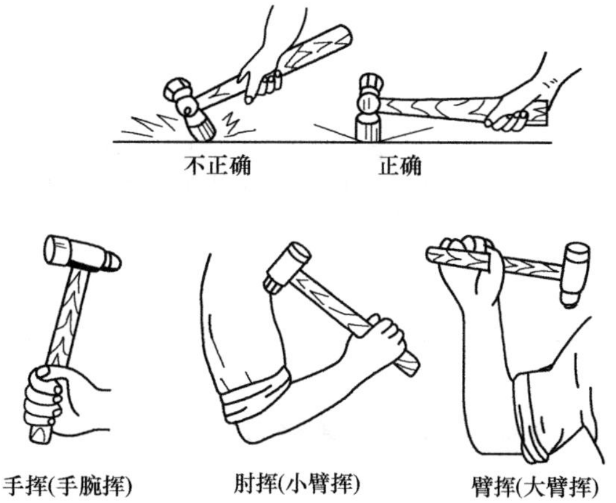

图 2-35 手锤（榔头）的使用方法

（三）扳手

扳手（图 2-36）是用来旋紧六角形及正方形螺钉和螺母的，扳手的种类和规格非常多，在缝纫机修理上常用的有活络扳手和特制专用扳手两种。活络扳手常用的有 150mm（6in）、200mm（8in）、250mm（10in），活络扳手在使用上应让固定钳口受主要力，否则会损坏扳手，钳口尺寸应调节得适合螺母尺寸，否则会扳坏螺母。不同规格的螺母应选用不同规格的扳手，不能把管子套在扳手上加力，活动钳口容易歪斜，往往会损坏螺母。所以，在缝纫机修理上选用专用扳手为多。专用扳手，开口扳头（呆扳头）分单、双头两种。梅花扳手用在狭窄的地方，套筒扳手用于普通扳手难于接近的地方。锁紧扳手有钩头锁紧扳手、U 形锁紧扳手，内六角扳手用于旋紧内六角螺钉，这种扳手有 M3～M4 一整套。为保证拧紧有足够的紧固力，使用时不产生打滑和拧坏工件，扳手口必须经热处理淬硬并和被拧紧的工件尺寸相匹配。

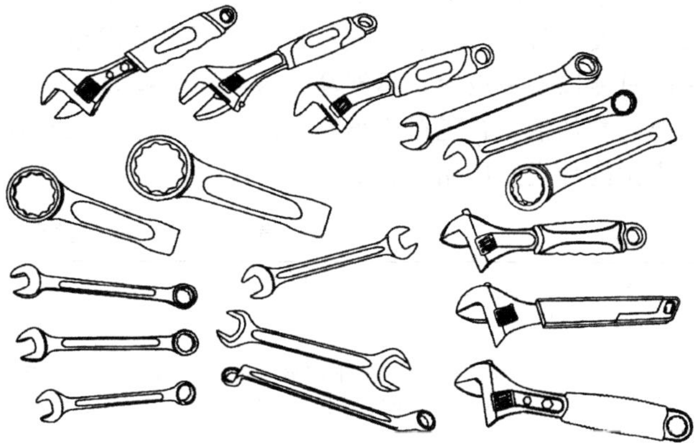

图 2-36 扳手

（四）钳子

钳子可用于夹、拧紧、拔和剪。钳子的种类及功能见表 2-1。

禁止用钳子敲打物品和拧动螺栓或螺母。

表 2-1　钳子的种类及功能

种类	功　能	示　意　图
鲤鱼钳	一般用钳子，其开口有大小两种开口宽度	
扁嘴钳 尖嘴钳	钳口细长，便于在窄小的空间使用，拆装孔中的销子。另外，还有钳头非常细、侧面有刃口的尖嘴钳	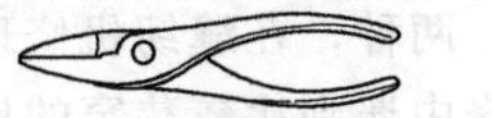 扁嘴钳 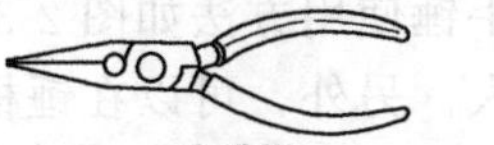 尖嘴钳
钢丝钳 斜口钳	钢丝钳，钳口直，适用于各种用途 斜口钳，刃口是斜的，很尖，适用于剪细铁丝或剥离电线外皮	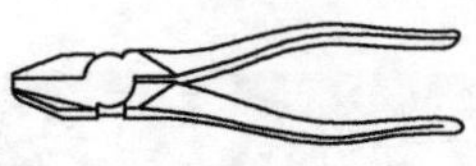 钢丝钳 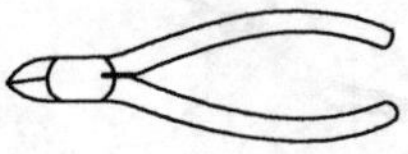 斜口钳
泵钳	用于卸下泵的密封螺母	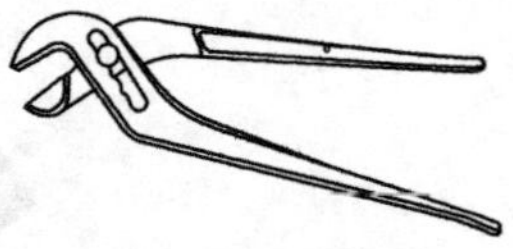
挡圈钳 （卡环钳）	用于安装或取出挡圈，分缩紧钳和扩张钳两种	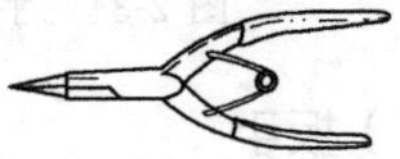
加力钳	双柄式，夹紧力很强，可代替弓形夹钳或管钳	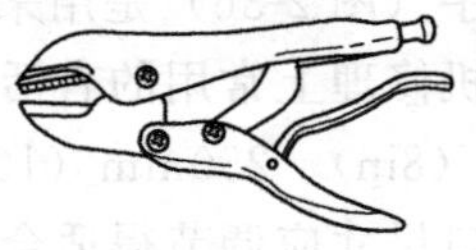

（五）虎钳

虎钳是用来夹持工具的夹具，有台钳、桌虎钳、手虎钳。台桌钳又分为回转式、固定式两种。中小工件的凿削、锉削、锯割、装拆等工作一般在台桌虎钳上进行，对于细小工件，在加工中要经常翻转而手又捏不牢的，可用手虎钳夹持。虎钳的规格以钳口的宽度来表示，使用时只能以手来扳紧，不能套长管或用手锤敲打，否则会损坏虎钳螺母。螺杆、螺母与活动面要经常加油，台虎钳应牢靠地固定，工件太长要另用支架，不可对虎钳进行猛烈敲击。

虎钳的种类及应用见表 2-2。

表 2-2　虎钳的种类及应用

种类	应　用	示　意　图
卧式虎钳	钳口平行移动能牢固夹紧工件；一般广泛地用于锉、錾、锯、分解、组装等手工加工操作	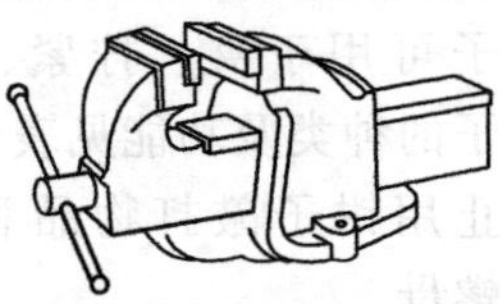

续表

种类	应　　用	示 意 图
弓形夹钳	几张薄板重叠加工、安装零件定位、临时性固定时，使用弓形夹钳	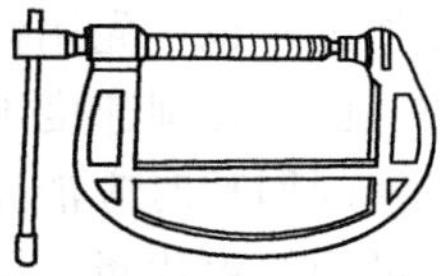
机用平口钳	机用平口钳机加工时用于固定工件	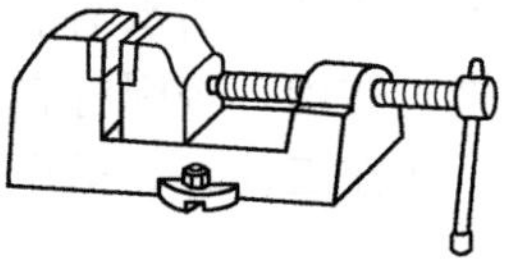

除上述几种以外，还有小型可安装在任何地方的安装夹钳和固定活塞用的活塞钳。

虎钳的钳颚上装有经淬火处理的硬钢钳口垫片，垫片内面开有浅的网格形槽，以便夹持工件。但是需用力钳紧工件时，应如图 2-37 所示。衬铜或铅板以防损伤工件。虎钳夹工件时，工件与钳颚面呈直角，夹在钳口中间。必须夹在钳口端部时，应在钳口另一端塞入厚度相同的木块。

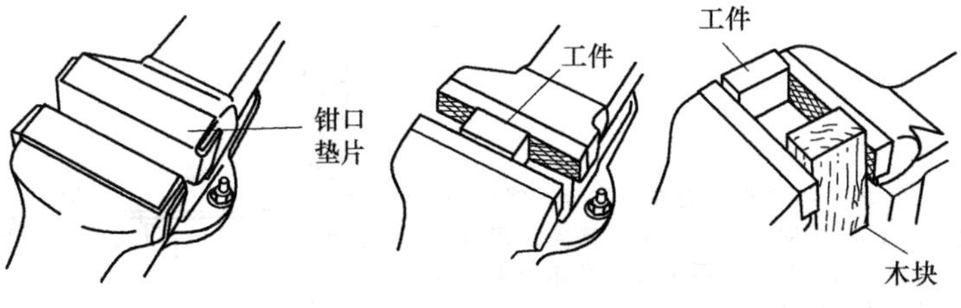

(a)　　(b)　　(c)

图 2-37　虎钳的使用方法

（六）手锯

手锯分为固定式和可调式两种。固定式安装 300mm 锯条，可调式可安装 200mm、250mm、300mm 锯条。现在一般锯条长度为 300mm。锯条有粗齿、中齿、细齿之分，按齿距划分为 0.8mm、1.2mm、1.4mm、1.8mm 几种。手锯向前推才起切削作用，故锯条齿斜方向应顺推力方向，不能反装。锯条不能装得过紧和过松，否则都容易折断，并使锯缝歪斜。一般松紧以用两个手指旋紧为好，并注意不要歪斜、扭曲。

锯割软厚材料时，选用粗齿为宜。锯割硬薄材料选用细齿。粗齿适用于锯割紫铜、青铜、铅、铸铁、低碳钢、中碳钢等，细齿适用于锯割硬钢、各种管子、薄板、薄角铁等。锯割时不能压力过大，否则会使锯条折断，从弓架上跳出伤人，当锯割将完成时，必须用手扶持被锯下的部分，以免落在脚下。

（七）锉刀

锉刀是机械加工、凿削、锯割后做修整用的。锉刀分普通锉、特种锉和整形锉（什锦锉）三类。普通锉有平锉（齐头平锉、尖头平锉）、方锉、圆锉、半圆锉、三角锉等。特种锉是加工零件上特种表面的，有直、弯两种。整形锉适用于小型工件加工后做最后整形用。锉刀有粗细之分，选择粗细决定于工件的加工余量、加工精度、材料性质。一般粗锉刀用于锉软金属、加工余量大、精度和表面粗糙度要求低的工件。细锉刀用于加工余量小、精度和表面粗糙度要求高的工件。选择形状应决定于加工工件的形状。

新锉刀应先用来锉削较软的金属。工件上的氧化层和铸造硬皮必须先用砂轮摩擦，才可用旧锉刀加工，也可先用锉刀的前端和边齿来加工，然后再用主要的工作面来加工。锉刀应先用钝的一面，锉削速度不可太快，否则会打滑，工件加工不好，锉刀容易磨钝。锉钢件应慢些，在锉削回程时应消除应力，以免磨损。

切不可用细锉代粗锉用，也不可用细锉锉削软金属（除打光）。锉屑堵塞锉刀应立即清除。切不可使锉刀沾水沾油，以防锈蚀和打滑。切不可将锉刀作杠杆、撬棒使用，以及把锉舌当拆锥套使用，否则将容易折断。使用整形锉（小锉刀）时，不可用力太大，以免折断。

用平锉锉工件时，操作要领见表 2-3 所列。

表 2-3　用平锉锉工件操作要领

项目	操作要领	示意图
持锉方法	锉柄的端部顶住右手手心，拇指朝上，其他四指向下握住锉。左手手指轻握，轻轻按住距锉头 50mm 外	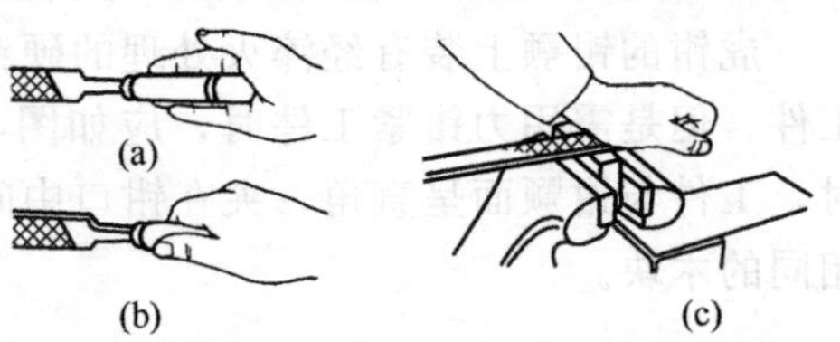
身体位置	如图所示，手臂呈 90°弯曲状态站立姿势。然后，左脚向前迈出一步，脚尖对着工作方向。锉向手按着的方向用力锉。锉刀往回拉时，不用力。身体随锉的前进用力挫，身体不得僵硬	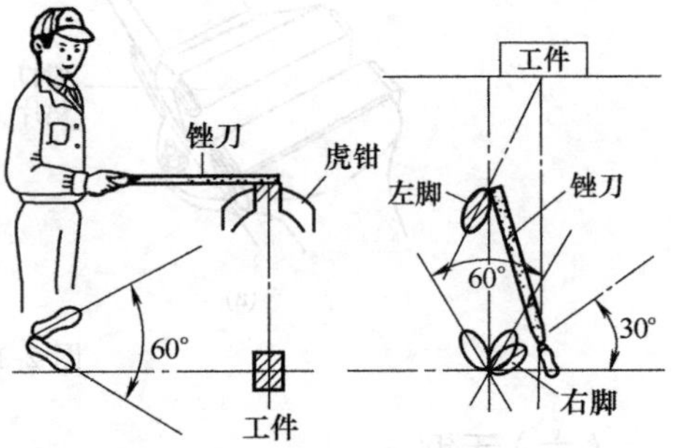
平挫方法	用平锉锉平面时，有前后直着锉的直锉法，有呈 X 形的菱锉法，有斜着锉的斜锉法。平面加工要求操作者非常熟练，加工精度的关键在于精加工面上的交叉锉纹或锉成菱形的纹路	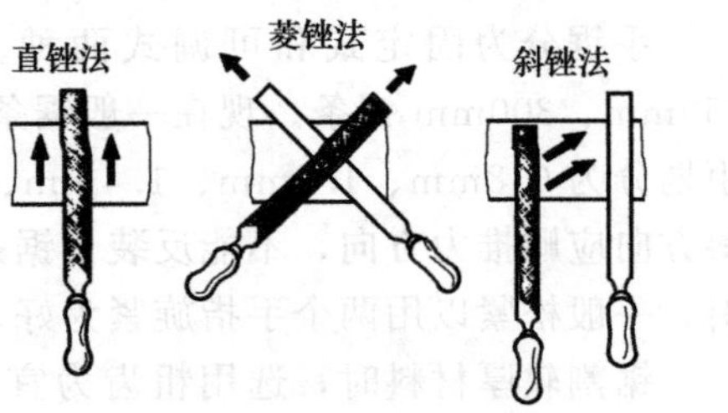

细纹锉容易被锉屑堵塞，堵塞后切削能力会下降、会打滑，要用钢丝刷刷去锉屑后继续工作。

（八）冲头

冲头分圆锥冲头和圆柱冲头两种。圆锥冲头专供拆卸圆锥销钉用；圆柱冲头供拆卸其他零件使用。

（九）油石

油石常用于被研磨的工件形状比较复杂和没有适当研具的场合，多根据工件形状、材料硬度和表面粗糙度来选择相应的油石，工件材料硬度高，油石要软（即磨粒容易脱落的油石）；表面粗糙度要求高所用油石磨粒要细，组织要密。普遍使用的油石都属于中、中硬、硬三种。油石的组织分 10 级，有 3～12 号，其中 3 号最松，12 号最密。油石可作修磨零件和磨刀具刃口用。在磨零件时，最好在油石上滴些缝纫机油，这样，不但磨后零件光滑，刀刃锋利，而且还可保护油石。

（十）研磨砂、研磨剂

研磨砂、研磨剂都是用作研磨的，研磨的目的是达到机件配合的较高精度和表面粗糙度，提高零件的耐磨性、抗腐蚀性和疲劳强度，延长零件的使用寿命。

加在工件与研具上的磨料（研磨砂等），在受到工件和研具的压力后，部分嵌入研具内。同时，由于研具与工件表面做复杂的相对运动，磨料就在工作面之间做滑动、滚动，产生切削、挤压，而每颗磨粒不会重复自己的运动轨迹。这样就在工件表面磨去很薄的一层金属。研磨一般是加工的最后一道工序，磨去的金属层一般在 0.02mm 之内，所以余量不能太大，否则，研磨的时间要很长，研具寿命也要缩短。

研具的材料，要使磨料嵌入研具而不嵌入工件内，研具的材料一定要比工件软，但不能太软，否则，会使磨料全部嵌入而失去研磨作用。常用的研具材料是灰铸铁，它具有润滑性能好、磨耗小、研磨效率较高等优点，其他材料还有软钢、铜、木材和皮革等。

研磨剂是磨料加研磨液混合而成的，在缝纫机修理中，常用氧化铬（绿油或抛光膏）和研磨膏，磨料的粗细取决于加工精度。在研磨时，一般磨料直接加润滑油，以 10# 机油为宜，在精研时，可用 1/3 机油加 2/3 煤油混合使用。在研磨后必须用煤油把机件上的磨料洗净。

二、常用维修量具

（一）测量的基本知识

1. 测量的一般概念

测量是为确定量值而进行的实验过程，它涉及测量方法和测量精度问题。因此，测量过程应包括测量对象、计量单位、测量方法及测量精度四个要素。

（1）测量对象　测量对象主要指几何量，包括长度、角度、表面粗糙度及形位误差等。

（2）计量单位　1984 年 4 月 27 日，国务院颁布了《关于在我国统一实行法定计量单位的命令》，明确了国际单位制是我国法定计量单位的基础。

国际制的基本长度单位为米（m），1 米为 1000 毫米（mm），1 毫米为 1000 微米（μm）。

实际生产中，对非常小的数值，人们习惯用丝单位来表示，1 丝＝0.01mm＝10μm。

（3）测量方法　测量方法是指测量时所采用的计量器具和测量条件的综合。测量前，应根据被测对象的特点，如精度、形状、重量、材质和数量等来确定需要的计量器具，分析研究被测参数的特点及与其他参数的关系，以确定最佳的测量方法。

（4）测量精度　测量精度是指测量结果与真值的一致程度。任何测量过程总不可避免出现测量误差，误差大，说明测量结果离真值远，精度低。因此精度与误差是两个相对的概念。

2. 计量器具的分类

通常把没有传动放大系统的计量器具称为量具，把具有传动放大系统的计量器具称为量仪。因此，按照计量器具的特点和构造可分为四类。

（1）标准量具　标准量具是按基准复制出来的代表某个固定尺寸的量具。用它可以校正或调整其他计量器具，也可用于精密测量，如量块、角度块等。

（2）通用量具和量仪　通用量具和量仪可以测量一定范围内的数值，测量数值的连续程度取决于量具和量仪的精度。按结构上的特点它又可分为以下几种。

① 固定刻线量具。如钢尺、卷尺等。

② 游标量具。如游标卡尺、游标量角器等。

③ 螺旋测微量具。如内径千分尺、外径千分尺、深度千分尺、螺纹千分尺及公法线千分尺等。

④ 机械式量仪。如百分表、千分表、杠杆百分表、杠杆千分表及杠杆千分尺等。

⑤ 光学量仪。如立式和卧式光学计、立式和万能测长仪、干涉仪及工具显微镜等。

⑥ 气动量仪。如水柱式气动量仪和浮动式气动量仪等。

⑦ 电动量仪。如电接触式量仪、电感式量仪、电容式量仪和光电式量仪等。

（3）极限量规　极限量规是无刻度的专用量具，它无法测量工件的实际尺寸，但可检验工件尺寸是否超过某一极限，以判断工件是否合格。极限量规一般成对使用；一是“通规”，按最大实体尺寸制造，一是“止规”，按最小实体尺寸制造。

（4）检验夹具　检验夹具是量具、量仪及一些定位元件的组合体，一般应用于大批量生产中，以提高测量效率和测量精度。

3. 测量方法的分类

① 根据获得测量结果的方法不同可分为直接测量和间接测量。

a. 直接测量。直接用量具和量仪测出零件尺寸的量值。如用游标卡尺测量轴的直径。

b. 间接测量。通过测量与被测尺寸有一定函数关系的其他尺寸，并经过计算获得被测尺寸量值的方法。

② 根据测量结果是直接由计量器具示数装置中获得，还是通过对某个标准值的偏差值计算得到，测量方法可分为绝对测量和相对测量。

a. 绝对测量。如用游标卡尺、外径千分尺测量轴径时，得到的示数是轴径的实际尺寸。

b. 相对测量。如用比较仪测量工件轴径，得到的示数并非轴径的实际尺寸，而是相对于标准件（量块或标准轴）的偏差值，而轴的实际尺寸等于标准值与偏差值的代数和。

③ 根据测量结果反映工件参数的多少，测量方法可分为单项测量和综合测量。

a. 单项测量。是对工件参数分别测量，一次测量结果仅表示工件的某一项参数数值。

b. 综合测量。测量结果是许多单项参数数值的综合反映。

④ 根据被测工件表面是否与计量器具的测量元件接触可分为接触测量与非接触测量。

⑤ 根据测量在制造工艺过程中的作用，测量方法可分为主动测量和被动测量。

⑥ 根据测量时工件是否运动，测量方法分为动态测量和静态测量。

4. 计量器具的性能指标

（1）分度值（刻度值）　分度值是指分度标尺上相邻两线间的距离所代表的数值。一般分度值常为 0.01mm 和 0.001mm。

（2）示值范围　示值范围即分度标尺的示值范围，是指计量器具指示的起始值到终止值的范围。

（3）测量范围　测量范围就是计量器具能够测出被测尺寸的最大与最小值。

（4）示值误差　示值误差是指计量器具的指示值与被测尺寸真值之差。

（5）灵敏度　指计量器具反映被测量尺寸变化的能力。

（6）灵敏阈　能引起计量器具示值变动的被测尺寸的最小变动量称为该器具的灵敏阈。

（二）通用量具

1. 游标卡尺

（1）游标卡尺的构造　游标卡尺的构造如图 2-38 所示。游标卡尺由尺身、上量爪、尺框、紧固螺钉、测身量杆、游标、下量爪组成。游标卡尺的主体是刻有刻度的尺身——主尺，沿主尺滑动的尺框上装有游标。

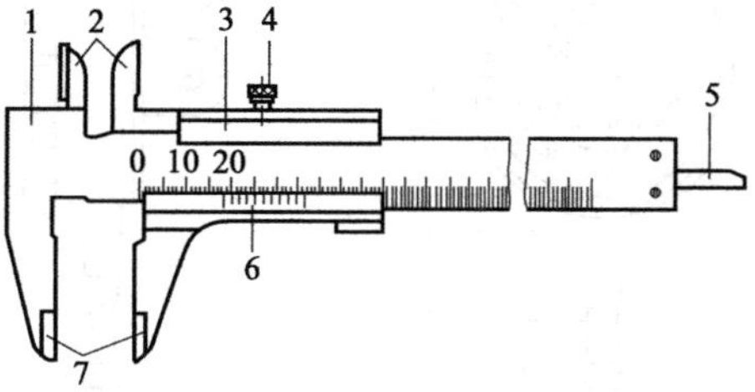

图 2-38　游标卡尺的构造

1—尺身；2—上量爪；3—尺框；4—紧固螺钉；5—测身量杆；6—游标；7—下量爪

（2）游标卡尺的原理与读数方法　游标卡尺的读数值有 0.1mm、0.05mm 和 0.02mm 三种，常用的卡尺读数值是 0.02mm。0.02mm 的卡尺，游标有 50 格刻线与主尺 49 格刻线宽度相同，则游标的每格宽度为 49/50＝0.98（mm），主尺刻线间距与游标刻线间距之差是 1－0.98＝0.02（mm），这 0.02mm 即为该游标卡尺的读数值。

测量零件前，卡尺的两个量爪合拢，游标的零线与主尺的零线对齐，主尺第 49 条刻线与游标第 50 条刻线对齐，其他刻线都对不齐。测量零件时，游标随量爪张开而向右移动，若此时游标的第一条刻线与主尺的第一条刻线对齐，其他刻线未对齐，则零件的尺寸等于主尺刻线 1 格间距与游标刻线 1 格间距之差，为 1－0.98＝1×0.02（mm）。若测量时游标的第二条刻线与主尺的第二条刻线对齐，则零件的尺寸等于主尺刻线 2 格间距与游标刻线 2 格间距之差，为 2－1.96＝2×0.02（mm）。以此类推，当游标第 n 条刻线与主尺的第 n 条刻线对齐时，零件尺寸为 n×0.02mm。根据这个原理，能读出比 1mm 小的小数部分的尺寸。

用游标卡尺测量长度，读数时可分三步；先读整数——看游标零线的左边，主尺上与游标零线最近的一条刻线的数值，即被测尺寸的整数部分；再读小数——看游标零线的右边，游标第 n 条刻线与主尺某条刻线对齐，则被测尺寸小数部分为 n×游标读数值；最后得出被测尺寸——将上面整数部分和小数部分相加，就是卡尺所测得的尺寸。

2. 外径千分尺

（1）外径千分尺的构造　外径千分尺的构造如图 2-39 所示。它由弓形尺架、固定量砧、测微螺杆、固定套管、活动套管、端盖、棘轮、螺钉、锁紧手柄、绝热板等组成。

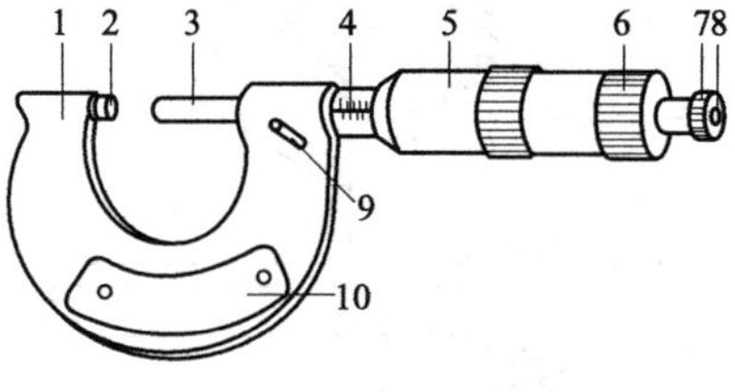

图 2-39　外径千分尺的构造

1—弓形尺架；2—固定量砧；3—测微螺杆；4—固定套管；5—活动套管；6—端盖；7—棘轮；8—螺钉；9—锁紧手柄；10—绝热板

（2）外径千分尺的原理与读数方法　外径千分尺测微螺杆的螺距是 0.5mm，活动套管圆锥面上一圈的刻度是 50 格。当活动套管旋转一周时，带动测微螺杆沿轴向移动一个螺距即 0.5mm，若活动套管转动一格，则带动测微螺杆沿轴向移动 $0.5\times\frac{1}{50}=0.01$（mm）。因此外径千分尺的读数值是 0.01mm。

读数时，从活动套管的边缘向左看固定套管上距活动套管边缘最近的刻线，从固定套管中线以上读出整数，从中线以下读出 0.5mm 的小数，再从活动套管上找到与固定套管中线对齐的圆锥面刻线，将此刻线的序号乘以 0.01mm，就是小于 0.5mm 的小数部分的读数。最后把以上整数部分和小数部分相加就是测量值。

3. 百分表

（1）百分表的结构　百分表的结构如图 2-40 所示。它由表圈、表盘、转数指示盘、转数指针、指针、套筒、测量杆、测量头、耳环、表体、挡帽等组成。

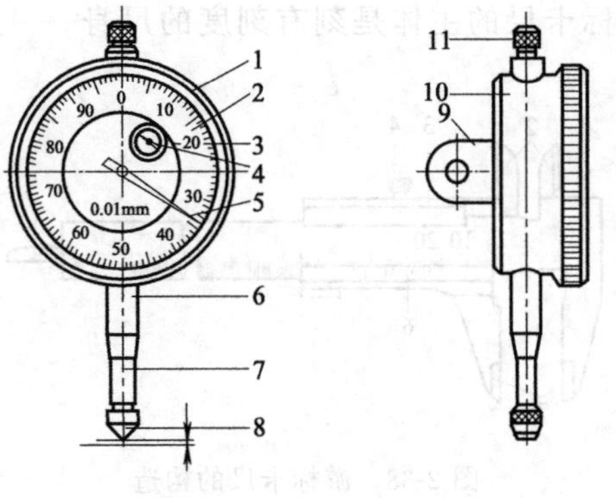

图 2-40　百分表的结构

1—表圈；2—表盘；3—转数指示盘；4—转数指针；5—指针；6—套筒；7—测量杆；8—测量头；9—耳环；10—表体；11—挡帽

（2）百分表的工作原理　测量杆移动 1mm，通过内部齿轮系传动（图中未示出），使指针沿大刻度盘转过一周。刻度盘沿圆周刻有 100 个刻度，当指针转过一个刻度时，表示所测量的尺寸变化 1mm/100＝0.01mm，所以百分表的刻度值为 0.01mm。

（3）百分表的使用方法　使用百分表测量时，应使测量杆垂直零件表面。测量圆柱时，测量杆的中心线还要通过零件的中心。测量头与被测表面接触时，测量杆应预先压缩 0.3～1mm，以保持一定的初始测力，以免负偏差测不出来。

使用百分表表座及专用夹具，可采用相对测量的方法测量长度尺寸，测量时先用标准件或量块校正百分表，转动表圈，使表盘的零刻线对准指针，然后再测量工件，从表中可读出工件尺寸相对标准件或量块的偏差，从而确定工件尺寸。

4. 量块

量块也称块规，它是用铬锰钢制成的矩形截面的长方体。

量块是一种精密量具，测量精度很高。量块主要用于检定和校准其他量具、量仪，相对测量时用来调整量具或量仪的零位，也可用于精密划线或直接测量精密零件。

在实际生产中，量块是成套使用的，以便组成各种尺寸。每套量块由一定数量的不同尺寸的量块组成。

将量块组合成一定尺寸时，应遵循一定的规则，即必须力求使量块数不超过 4～5 块，以减少累积误差。选用量块时，应根据所需组合的尺寸，从最后一位数字开始选择，每选一块应使尺寸的位数减少一位，其余以此类推。

5. 万能游标量角器

万能游标量角器是用来测量工件内外角度的量具。按量角器的测量精度分为 2′和 5′两种。其示值误差分别为±2′和±5′，测量范围均为 0°～320°。

（1）万能游标量角器的结构　如图 2-41 所示，万能游标量角器由刻有角度刻线的主尺和固定在扇形板上的游标（副尺）组成。扇形板可以在主尺上回转移动，形成和游标卡尺相似的结构。直角尺可用支架固定在扇

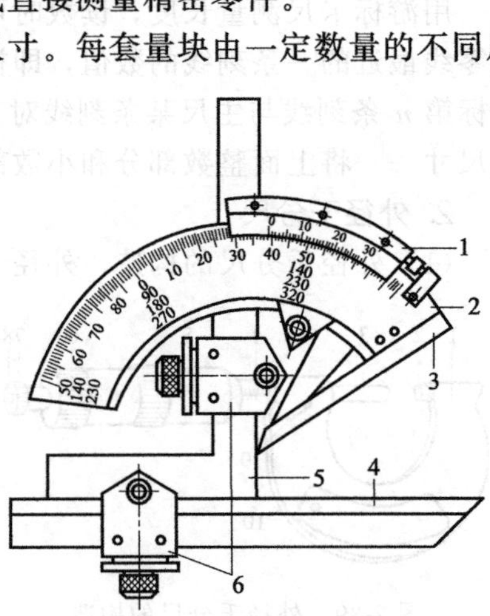

图 2-41　万能游标量角器的结构

1—主尺；2—扇形板；3—游标；4—支架；5—直角尺；6—直尺

形板上，直尺用支架固定在直角尺上。如果拆下直角尺，也可将直尺固定在扇形板上。

（2）万能游标量角器的刻线原理及读数　主尺刻线每格1°，副尺刻线将主尺上29°所占弧长等分为30格，即每格所对的角度为$\frac{29°}{30}$，因此副尺1格与主尺1格相差$1°-\frac{29°}{30}=\frac{1°}{30}=2'$，即万能游标量角器的测量精度为$2'$。

读数方法和游标卡尺相似，即先从主尺上读出副尺零线前的整度数，再从副尺上读出角度“分”的数值，然后把两者相加，就是被测角度的数值。

（三）专用量具

1. 光滑极限量规

光滑极限量规有塞规［图2-42（a）］和卡规［图2-42（b）］两类。塞规用于检验孔径；卡规用于检验轴径，并分别有按被测零件尺寸公差制作的通规和止规。检测时通规能通过以及止规不能通过被测零件的轴径或孔径，则孔、轴径合格，反之则不合格。

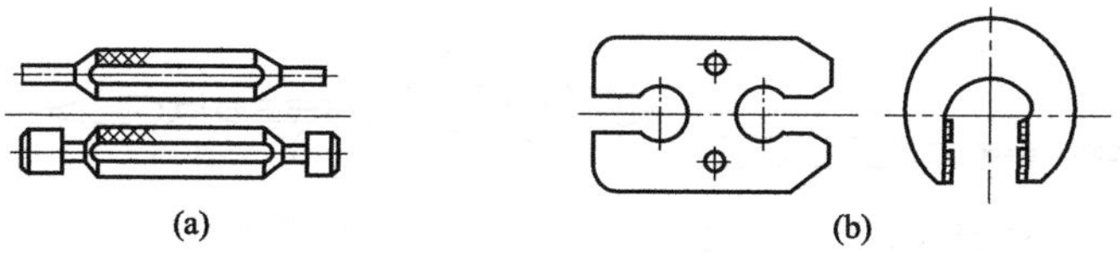

图2-42　光滑极限量规

2. 量棒（芯轴）

用于插入被测零件的孔中，作为测量基准线使用，分为直轴量棒和多轴径阶梯量棒，根据不同的被测零件有多种规格和尺寸。

3. 送料牙高度和平行度测规

测规见图2-43，测试时将测规装于压杆上，使其活动底板紧贴在针板面上，在上面左右各装有一个杠杆百分表，转动上轮，使送料牙上升，则量规的活动底板也随之上升。此时在两个百分表上得到的示值即为送料牙高度；示值差即为平行度误差。

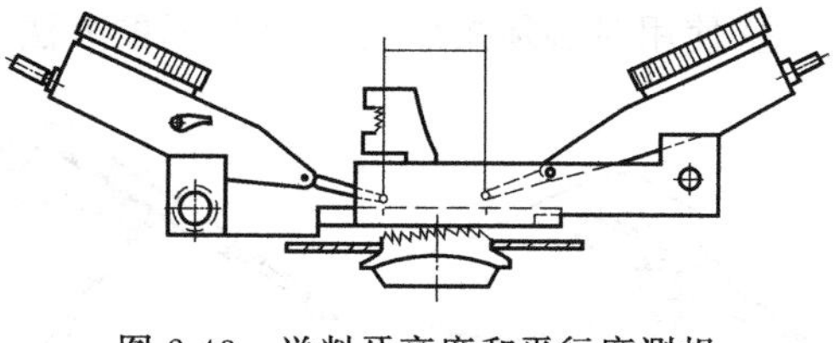

图2-43　送料牙高度和平行度测规

4. 推拉秤

见图2-44，用于测量配合间隙时对机构施加推力和拉力。作用力的范围为1～20N。

5. 缝线张力仪

用于测量缝线的张力，实际使用范围在0.5～3.5N之间。图2-45为机械式缝线张力仪。

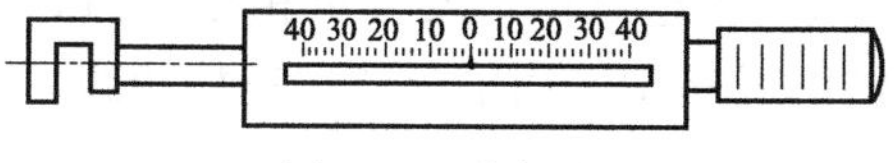

图2-44　推拉秤

图2-45　机械式缝线张力仪

第三节　常用电工工具及仪表

一、常用电工工具

（一）验电器

验电器分高压验电器和低压验电器两类如图 2-46 所示。低压验电器又称试电笔或验电笔、电笔，是检验导线、电器和电气设备是否带电的一种常用工具，检测范围为 60～500V，有螺钉旋具式和钢笔式两种，由氖管、电阻、弹簧和笔身等组成。

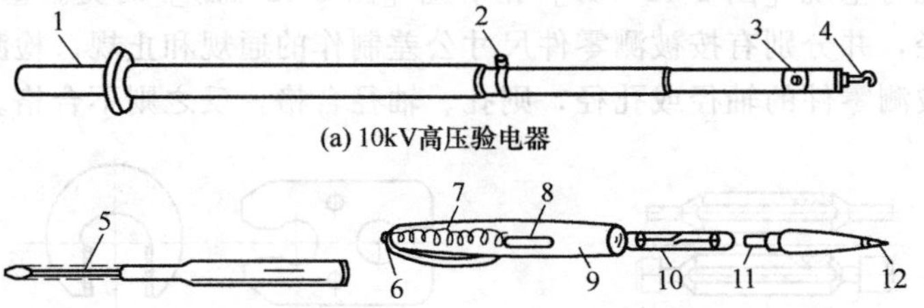

(a) 10kV高压验电器

(b) 螺钉旋具式低压验电笔　　(c) 钢笔式低压验电笔

图 2-46　验电器

1—把柄；2—紧固螺钉；3—氖管窗；4—触钩；5—绝缘套管；6—笔尾的金属体；7—弹簧；8—小窗；9—笔身；10—氖管；11—电阻；12—笔尖的金属体

1. 低压验电笔的正确使用

① 使用时必须按照图 2-47 所示的方法把笔握妥，以手指触及笔尾的金属体。

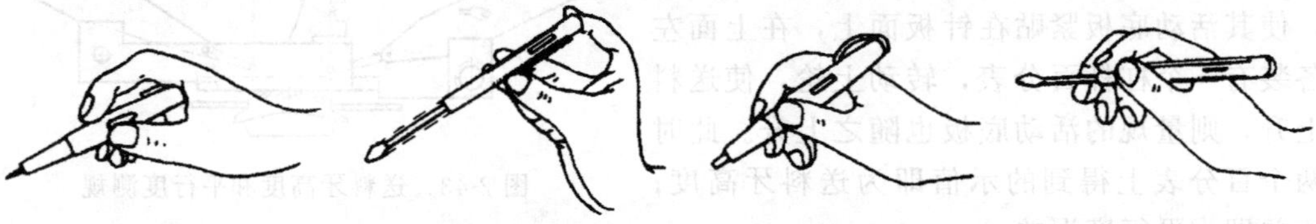

(a) 正确握法(一)　　(b) 正确握法(二)　　(c) 错误握法(一)　　(d) 错误握法(二)

图 2-47　低压验电笔的握法

② 验电笔使用前，先要在有电的电源上检查电笔能否正常发光。

③ 低压验电器使用时，在明亮光线下不易看清氖管是否发光，应注意避光。

④ 用低压验电笔区分相线和零线，氖泡发亮是相线，不亮的是零线。

⑤ 用低压验电笔区分交流电和直流电。交流电通过氖泡时，两极附近都发亮；而直流电通过时，仅一个电极附近发亮。

⑥ 用低压验电笔判断电压的高低。若氖泡发暗红，轻微亮，则电压低。若氖泡发黄红色，很亮，则电压高。

⑦ 用低压验电笔识别相线接地故障。在三相四线制电路中，发生单相接地后，用电笔测试中性线，氖泡会发亮。在三相三线制星形联结的线路中，用电笔测试三根相线，如果两相很亮，另一相不亮，则这相可能有接地故障。

⑧ 使用以前，先检查电笔内部有无柱形电阻（特别是借来的、别人借后归还的或长期

未使用的电笔更应检查)。若无电阻，严禁使用。否则，将发生触电事故。

⑨ 一般用右手握住电笔，左手背在背后或插在衣裤口袋中。人体的任何部位切勿触及笔尖相连的金属部分。

⑩ 防止笔尖同时搭在两条线上。

2. 高压验电器的正确使用

① 使用以前，应先在确有电源处试测，只有证明验电器确实良好，才可使用。

② 验电时，应逐渐靠近被测带电体，直至氖管发光。只有氖管不亮，才可直接接触带电体。

③ 室外测试，只能在气候良好的情况下进行；在雨天、雪天、雾天和湿度较高时，禁止使用。

④ 测试时，必须戴上符合耐压要求的绝缘手套，手握部位不得超过护环，如图2-48所示。不可一人单独测试，身旁应有人监护。测试时应防止发生对地短路事故。人体与带电体应保持足够距离（电压 10kV 时，应在 0.7m 以上）。对验电器每半年应做一次预防性试验。

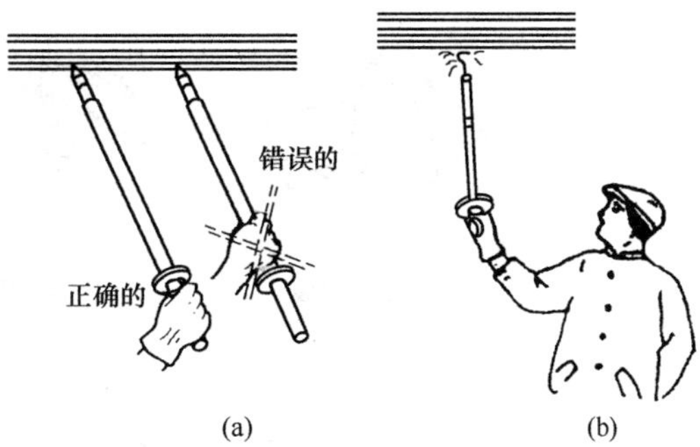

图 2-48 高压验电器握法

3. 操作禁忌

操作禁忌见表 2-4。

表 2-4 验电笔操作禁忌

种类	操 作 禁 忌
低压验电笔操作禁忌	①使用前应在有电的部位检查一下验电笔是否正常，禁止盲目不经验证就直接使用 ②低压验电笔禁止在 500V 以上电压时使用，电压超过 500V 时可能使操作者触电遭到电击 ③禁止用低压验电笔测 60V 以下电压，因为此时氖管不发光或发微弱光，会被误认为没有电，容易造成触电事故，所以低压验电笔应在 60～500V 之内使用 ④禁止用手接触笔尖金属部分，否则会因验电笔中的高阻值电阻不再起限流作用，而使操作者触电
高压验电器操作禁忌	①禁止使用未经检查和试验不合格的验电器 ②禁止使用与被检电气设备的电压不相符的验电器 ③高压验电器在使用时，手握部分禁止超过护环 ④操作人员要戴绝缘手套，严禁直接接触设备的带电部分，而要逐渐接近，直至氖管发亮为止 ⑤室外操作时，禁止在气候条件不好的情况下操作 ⑥为防止邻近带电设备的影响，要求高压验电器与带电设备距离应符合下面的规定，否则禁止操作：电压为 6kV 时，应大于 150mm；电压为 10kV 时，应大于 250mm；电压为 35kV 时，应大于 500mm；电压为 110kV 时，应大于 1000mm

（二）电工钳

1. 普通电工钳

普通电工钳又名钢丝钳，是钳夹和剪刀工具，由钳头和钳柄两部分组成，如图 2-49 (a) 所示。钳口用来弯绞或钳夹导线线头；齿口用来紧固或起松螺母；刀口用来剪切导线或剖切软导线绝缘层；铡口用来铡切电线线芯和钢丝、铅丝等较硬金属。普通电工钳的规格及用途见表 2-5。

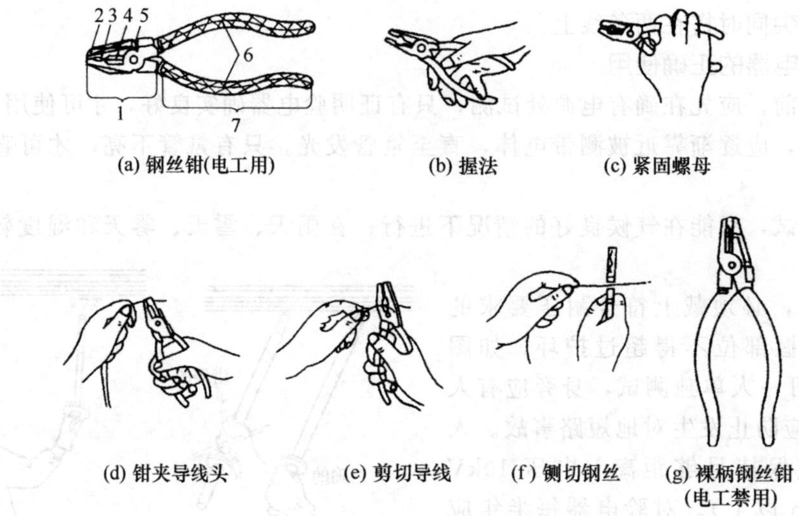

图 2-49　钢丝钳

1—钳头；2—钳口；3—齿口；4—刀口；5—铡口；6—绝缘管；7—钳柄

表 2-5　普通电工钳的规格及用途

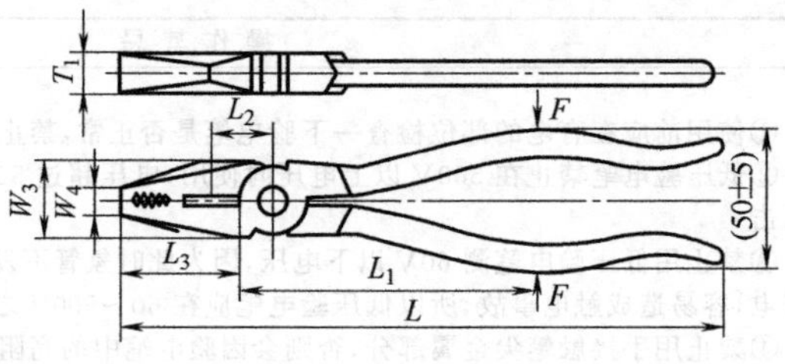

L /mm	L_3 /mm	W_{3max} /mm	W_{4max} /mm	T_{1max} /mm	L_1 /mm	载荷 F/N	L_2 /mm	用　途
160	28	25	7	12	80	1120	16	用来夹持或弯折薄片形、细圆柱形金属零件及切断金属丝
180	32	28	8	13	90	1260	18	
200	36	32	9	14	100	1400	20	

注：1. 在 F 作用下的永久变形量应不大于 1.2mm。
2. 用 1.6mm 钢丝做剪切试验最大剪切力为 580N。

使用注意事项如下。

① 使用电工钢丝钳前，必须检查绝缘柄的绝缘是否完好。在钳柄上应套有耐压为 500V 以上的绝缘管。如果绝缘损坏，不得带电操作。

② 使用时刀口朝向自己面部。头部不可代替锤子作为敲打工具使用。

③ 钢丝钳剪切带电导线时，不得用刀口同时剪切相线和零线，或同时剪切两根相线，以免发生短路故障。

2. 剥线钳

剥线钳的规格及用途见表 2-6。

表 2-6 剥线钳的规格及用途

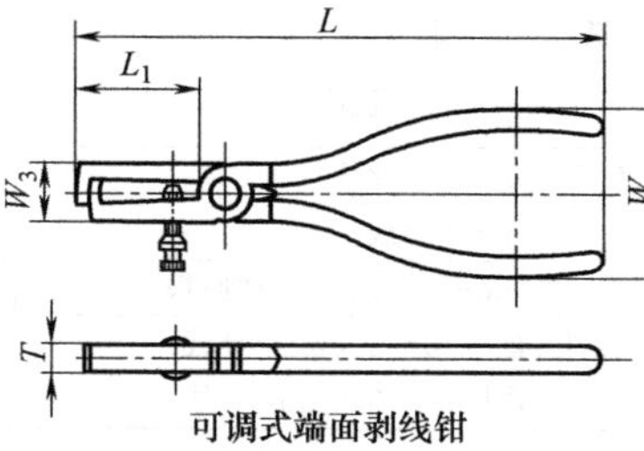

可调式端面剥线钳

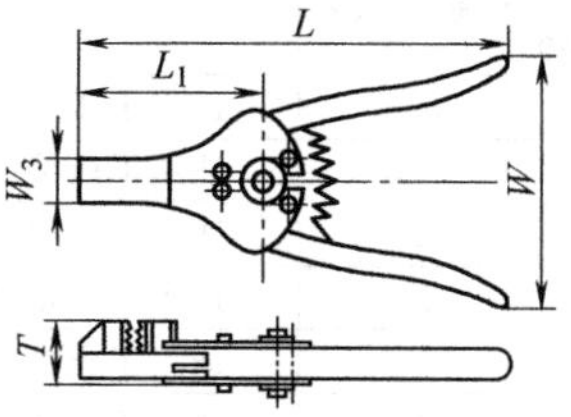

自动剥线钳

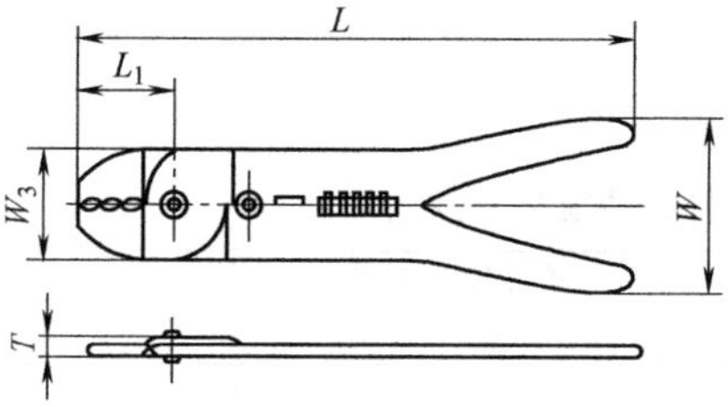

压接剥线钳

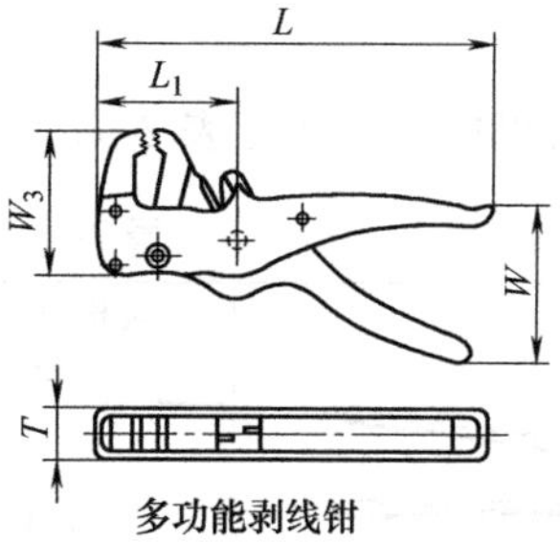

多功能剥线钳

品　种	L/mm	L_1/mm	W/mm	W_{3max}/mm	T_{max}/mm	用　途
可调式端面剥线钳	160	36	50	20	10	用于在不带电的条件下，剥离线芯直径 0.5～2.5mm 的各类电讯导线外部绝缘层。多功能剥线钳还能剥离带状电缆
自动剥线钳	170	70	120	22	30	
多功能剥线钳	170	60	80	70	20	
压接剥线钳	200	34	54	38	8	

注意：手柄绝缘的剥线钳，可以带电操作，工作电压在 500V 以下。

3. 紧线钳

紧线钳的规格及用途见表 2-7。

表 2-7 紧线钳的规格及用途

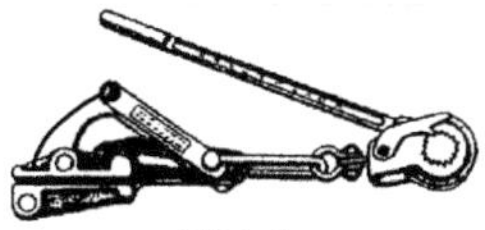
平口式

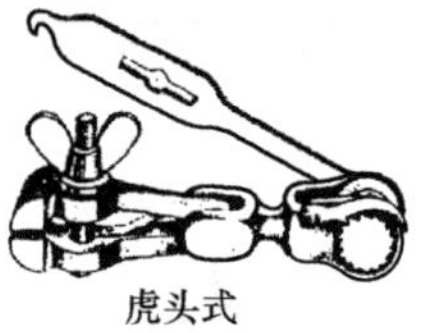
虎头式

平口式紧线钳						
规格	钳口弹开尺寸/mm	额定拉力/kN	夹线直径范围/mm			
			单股钢、铜线	钢绞线	无芯铝绞线	钢芯铝绞线
1 号	≥21.5	15	10～20	—	12.4～17.5	13.7～19
2 号	≥10.5	8	5～10	5.1～9.6	5.1～9	5.4～9.9
3 号	≥5	3	1.5～5	1.5～4.8	—	—

虎头式紧线钳								
长度/mm	150	200	250	300	350	400	450	500
额定拉力/kN	2	2.5	3.5	6	8	10	12	15
夹线直径范围/mm	1～3	1.5～3.5	2～5.5	2～7	3～8.5	3～10.5	3～12	4～13.5
用途	专供架设空中线路工程拉紧电线或钢绞线用							

4. 压线钳（表 2-8）

压线钳的规格及用途见表 2-8。

表 2-8 压线钳的规格及用途

JYJ－V型

JYJ－1A型

续表

型号	手柄长度 （缩/伸）/mm	质量/kg	适用范围	用途
JYJ-V_1	245	0.35	适用于压接（围压）0.5～6mm^2裸导线	用于冷轧压接铜、铝导线，起中间连接作用或封端
JYJ-V_2	245	0.35	适用于压接（围压）0.5～6mm^2裸导线	
JYJ-1	450/600	2.5	适用于压接（围压）6～240mm^2导线	
JYJ-1A	450/600	2.5	适用于压接（围压）6～240mm^2导线，能自动脱模	
JYJ-2	450/600	3	适用于压接（围压、点压、叠压）6～300mm^2导线	
JYJ-3	450/600	4.5	适用于压接（围压、点压、叠压）6～300mm^2导线	

5. 冷压接钳

冷压接钳的规格及用途见表2-9。

表2-9　冷压接钳的规格及用途

	规格（长度） /mm	压接导线断面面积 /mm^2	用途
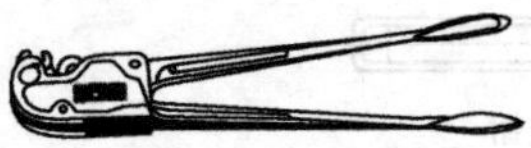	400	10 16 25 35	专供压接铝或铜导线的接头或封端

6. 冷轧线钳

冷轧线钳的规格及用途见表2-10。

表2-10　冷轧线钳的规格及用途

	规格（长度） /mm	压接导线断面面积 /mm^2	用途
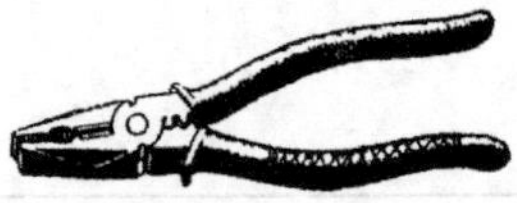	200	2.5～6	除具有一般钢丝钳的用途外，还可以利用轧线结构部分轧接电话线、小型导线的接头或封端

7. 尖嘴钳和斜口钳

尖嘴钳和斜口钳的规格和用途见表2-11。

表2-11　尖嘴钳和斜口钳的规格和用途

项目	常用规格	用途	示意图
尖嘴钳	130mm 160mm 180mm 200mm	适于在较狭小的工作空间操作，可以用来弯扭和钳断直径为1mm以内的导线。有铁柄和绝缘柄两种，绝缘柄的为电工所用，绝缘的工作电压为500V以下。目前常见的多数是带刃口的，既可夹持零件又可剪切金属丝	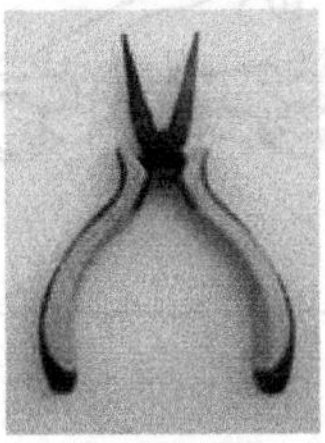
斜口钳	130mm 160mm 180mm 200mm	用于剪切金属薄片及细金属丝的一种专用剪切工具，其特点是剪切口与钳柄成一角度，适用于在比较狭窄和有斜度的工作场所使用	

（三）螺钉旋具

螺钉旋具又称改锥、起子或螺丝刀，如图 2-50 所示，分有平口（或叫平头）和十字口（或叫十字头）两种，以配合不同槽形的螺钉使用。常用的有 50mm、100mm、150mm 及 200mm 等规格。

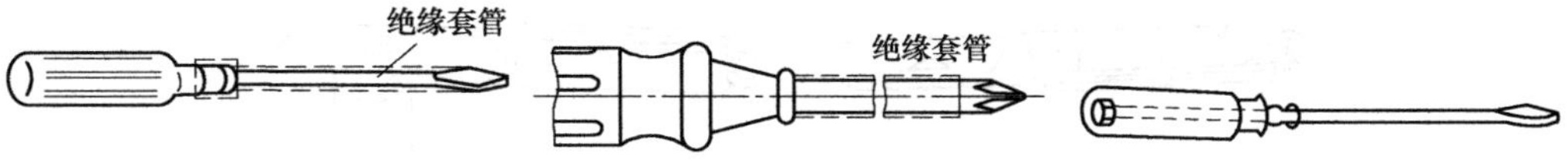

(a) 平口螺钉旋具　　(b) 十字口螺钉旋具　　(c) 穿心金属螺钉旋具(电工禁用)

图 2-50　螺钉旋具

螺钉旋具的握法如图 2-51 所示。

螺钉旋具使用注意事项如下。

① 电工不得使用金属杆直通柄顶的旋具，否则容易造成触电事故。

② 为了避免旋具的金属杆触及皮肤或邻近带电体，应在金属杆上套绝缘管。

③ 旋具头部厚度应与螺钉尾部槽形相配合，斜度不宜太大，头部不应该有倒角，否则容易打滑。

④ 旋具在使用时应使头部顶牢螺钉槽口，防止打滑而损坏槽口。同时注意，不用小旋具去拧旋大螺钉。否则，一是不容易旋紧，二是螺钉尾槽容易拧豁，三是旋具头部易受损。反之，如果用大旋具拧旋小螺钉，也容易造成因力矩过大而导致小螺钉滑扣现象。

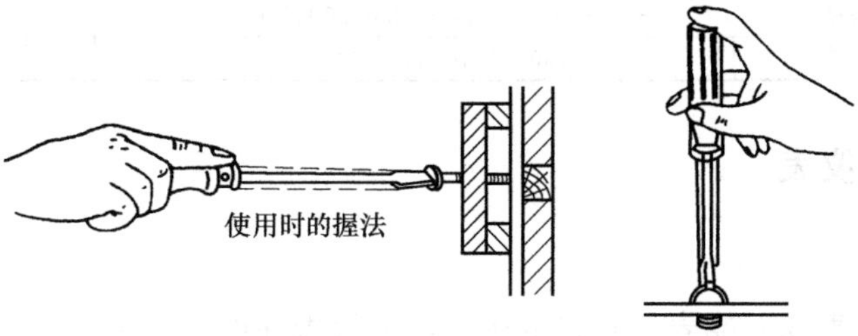

(a) 大螺钉旋具的握法　　(b) 小螺钉旋具的握法

图 2-51　螺钉旋具的握法

（四）电工刀

电工刀的规格及用途见表 2-12。

表 2-12　电工刀的规格及用途

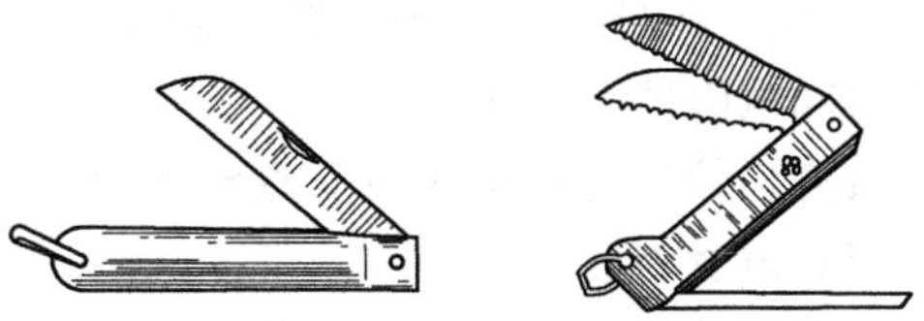

普通式电工刀　　多用电工刀

形式	普通式(单用)			二用	三用	用　途
	大号	中号	小号			
刀柄长度/mm	115	105	95	115	115	专供电工接线作业时削割电线绝缘层、木塞、绳索之用，多用电工刀的附件中锥子可钻电器圆木或方木孔，锯片可锯割电线槽板
附件	—	—	—	锥子	锥子、锯片	

电工刀如图 2-52（a）所示，禁止用电工刀切削带电的绝缘导线，在切削导线时，刀口一定朝人体外侧，不准用锤子敲击，如图 2-52（b）所示。

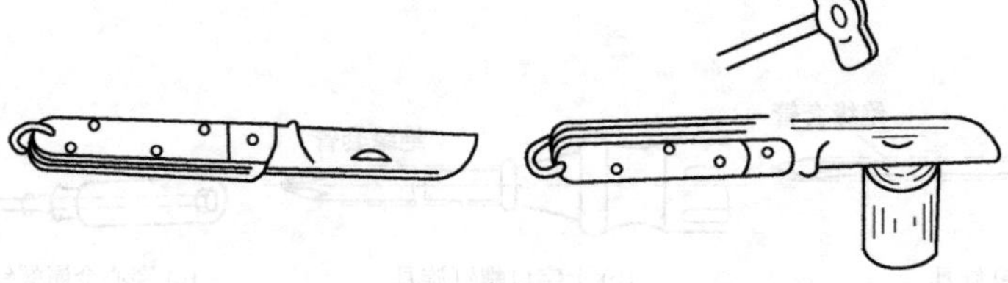

(a) 电工刀　　(b) 错误用法

图 2-52　切削工具

(五) 电烙铁

电烙铁的规格及用途见表 2-13。

表 2-13　电烙铁的规格及用途

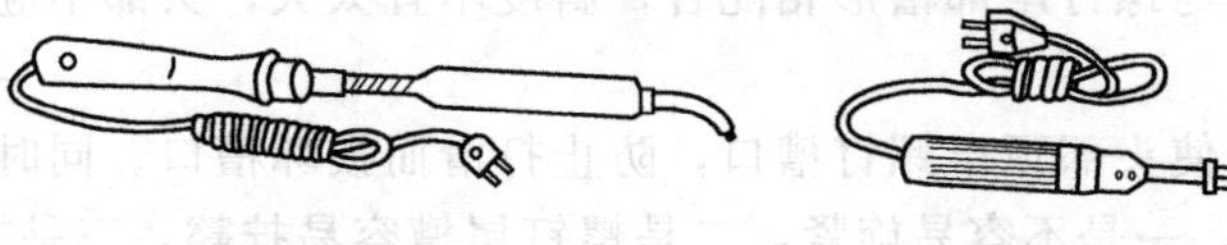

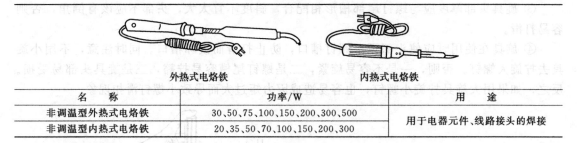

外热式电烙铁　　内热式电烙铁

名　　称	功率/W	用　　途
非调温型外热式电烙铁	30、50、75、100、150、200、300、500	用于电器元件、线路接头的焊接
非调温型内热式电烙铁	20、35、50、70、100、150、200、300	

二、常用电工仪表

(一) 万用表

万用表也称三用表或万能表，它集电压表、电流表和电阻表于一体，是测量、维修各种电器设备时最常用、最普通的测量工具。

万用表分为指针式万用表、数字式万用表、数字/指针双显示万用表和语言/数字显示万用表。下面介绍常用的指针式万用表和数字式万用表的结构特点与使用方法。

1. 指针式万用表

(1) 结构特点　指针式万用表是用指针来指示数值的万用表，属于一种模拟显示万用表。

① 指针式万用表的结构组成。指针式万用表通常由表头、表盘、外壳、表笔、转换开关、调零部件、电池、整流器和电阻器等组成。

表头一般采用内阻与灵敏度均较高的磁电式微安直流电流表，它是万用表的主要部件，由指针、磁路系统、偏转系统和表盘组成。

表盘上印有多种符号、标度和数值。使用万用表之前，应正确理解表盘上各种符号、字母的含义及各条刻度线的读法。

转换开关用来选择测量项目和量程。大部分万用表只有一只转换开关，而 500 型万用表用两只转换开关配合选择测量项目及量程。

万用表中心的一字形机械调零部件，用来调整表头指针静止时的位置（即表针静止时应处于表盘左侧的“0”处)。调零旋钮只在测量电阻时使用。

万用表有两支表笔,一支为黑表笔,接万用表的“一”端插孔(在电阻挡时内接表内电池的正极);另一支为红表笔,接在万用表的“十”端插孔(在电阻挡时内接表内电池的负极)或 2500V 电压端插孔、5A 电流端插孔。

② 常用的指针式万用表。常用的指针式万用表有 MF-10 型、MF-30 型、MF-35 型、MF-47 型、MF-50 型和 500 型等多种。图 2-53 是 500 型万用表的面板示意图,图 2-54 是 MF-47 型万用表的面板示意图。

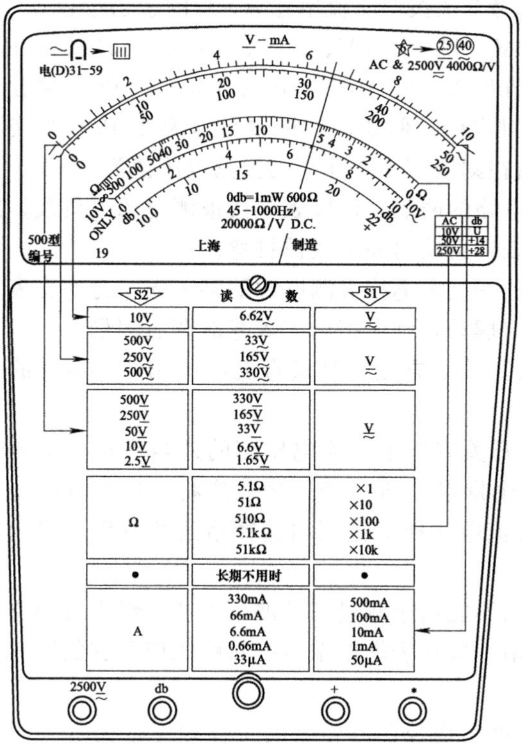

图 2-53 500 型万用表的面板示意图

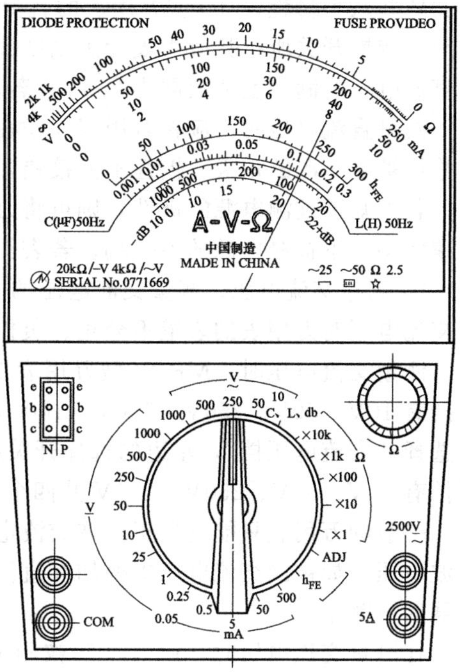

图 2-54 MF-47 型万用表的面板示意图

(2) 使用方法

① 测量电阻。在测量电阻时,应将万用表的转换开关置于电阻挡(Ω 挡)的适当量程。MF-47 型万用表和 500 型万用表均有 $R\times 1\Omega$、$R\times 10\Omega$、$R\times 100\Omega$、$R\times 1\text{k}\Omega$、$R\times 10\text{k}\Omega$ 挡。选择量程时应尽量使表针指在满刻度的 2/3 位置,读数才更准确。例如,测量 1.5kΩ 电阻器,应选择 $R\times 100\Omega$ 挡,用测出的读数 15 乘以所选电阻挡的电阻值,则被测电阻值 $R=15\times 100\Omega=1.5\text{k}\Omega$。测量大电阻时,两手不要同时接电阻器两端或两表笔的金属部位,否则人体电阻会与被测电阻值并联,使测量数值不准确。

用 500 型万用表测量电阻时,应将右边的转换开关置于 Ω 挡,将左边的转换开关置于电阻挡(Ω 挡)的适当量程。用 MF-47 型万用表测量电阻时,直接将转换开关置于电阻挡(Ω 挡)的适当量程即可。

在测量电阻之前,应进行“Ω”调零。即将两表笔短接后,看表的指针是否指在表盘右侧的 0Ω 处。若表针偏离 0Ω 处,则应调节“Ω”调零旋钮,使表针准确地指在 0Ω 处。若表针调不到 0Ω 处,则应检查表内电池是否电量不足。

在万用表置于电阻挡时，其红表笔内接电池负极，黑表笔内接电池正极。$R \times 1\Omega \sim R \times 1k\Omega$ 挡表内电池为 1.5V；$R \times 10k\Omega$ 挡表内电池为 9V 或 15V（MF-47 型万用表为 15V，500 型万用表为 9V）。在测量晶体管和电解电容器时，应注意表笔的极性。

应该注意的是：不要带电测量电路的电阻，否则不但得不到正确的测量结果，甚至还会损坏万用表。在测量从电路上拆下的电容器时，一定要将电容器短路放电后再测量。

② 测量直流电压。将转换开关置于直流电压挡（$\underline{V}$ 挡）范围内的适当量程。MF-47 型万用表可以直接将转换开关拨至直流电压挡（$\underline{V}$ 挡）的适当量程，而 500 型万用表需将右边的选择开关置于"交流电压挡"，再将左边的选择开关拨至直流电压（$\underline{V}$）的适当量程。

MF-47 型万用表的直流电压挡有 0.25V、1V、2.5V、10V、50V、250V、500V、1000V 共八个量程，500 型万用表的直流电压挡有 2.5V、10V、50V、250V、500V 共五个量程。转换开关所指数值为表针满刻度读数的对应值。例如，若选用量程为 250V，则表盘上直流电压的满刻度读数即为 250V。若表针指在刻度值 100 处，则被测电压值为 100V。

测量直流电压时，应将万用表并联在被测电路的两端，即黑表笔接被测电源的负极，红表笔接被测电源的正极。极性不能接错，否则表针会反向冲击或被打弯。

若不知道被测电源的极性，则可将万用表的一支表笔接被测电源的某一端，另一支表笔快速触碰一下被测电源的另一端。若表针反方向摆动，则应把两支表笔对调后测量。

③ 测量交流电压。测量交流电压的方法及其读数方法与测量直流电压相似，不同的是测交流电压时万用表的表笔不分正、负极。

测量交流电压时，MF-47 型万用表的选择开关应置于交流电压挡的适当量程（交流电压挡有 10V、50V、250V、500V、1000V 共五个量程）。500 型万用表应将右边的选择开关仍选择"交流电压挡"，左边的选择开关应在交流电压挡的范围内选择适当的量程（交流电压挡有 10V、50V、250V、500V 共四个量程）。

一般的万用表只能测量正弦波交流电压，而不能用于测量三角波、方波、锯齿波等非正弦波电压。如被测交流电压中叠加有直流电压值，应在表笔中串接一只耐压值足够的隔直电容器后再测量。

在测量交流电压时，还要了解被测电压的频率是否在万用表的工作频率范围（一般为 45～1500Hz）之内。若超出万用表的工作频率范围，测量读数值将急剧降低。

④ 测量直流电流。测量直流电流时，万用表的转换开关应置于直流电流挡（$\underline{A}$ 挡）。MF-47 型万用表的直流电流挡有 0.25mA、0.05mA、0.5mA、5mA、50mA、500mA 共六个量程，测量时转换开关直接拨至适当量程即可。500 型万用表的直流电流挡有 50μA、1mA、10mA、100mA、500mA 共五个量程，测量时应将右边的转换开关置于直流电流挡（$\underline{A}$ 挡），将左边的转换开关置于直流电流挡（$\underline{A}$ 挡）的适当量程。

测量时，应将万用表串入被测电路中，还应注意表笔的极性，红表笔应接高电位端。电流值的读数方法与测直流电压相同。

MF-47 型万用表和 500 型万用表均具有 2500V（交流与直流）电压与 5A 直流电流的测量功能。测量时，应将红表笔从面板上的"+"端插入孔拔出后，插入 2500V（交流与直流）电压测试插孔或 5A 直流电流的测试插孔。

⑤ 晶体管放大倍数的测量。MF-47 型万用表具有晶体管放大倍数测量功能。测量时，先将转换开关置于 ADJ 挡，两表笔短接后调零，再将转换开关拨至 h_{FE} 挡。然后将被测三极管的 e、b、c 三个电极分别插在 hFE 测试插座上的相应电极插孔中（大功率三极管可用引线将其各电极引出，再插入插座中）。NPN 管插在"N"插座上，PNP 管插在"P"插座

上，表针将显示被测管的放大倍数值。

⑥ 测量 dB（分贝）值。dB 值是功率增益电平的单位。MF-47 型、500 型万用表均有 dB 值测量功能。

测量 dB 值时，万用表应置于 10V 交流电压挡。表盘上的 dB 刻度线为－10～22dB，它是在 10V 交流电压挡的电压范围内画出来的，只适合被测点电压在 10V 交流电压以下时使用。若被测点电压较高，万用表应置于交流电压挡的 50V 或 250V、500V 量程。若用 50V 交流电压挡测量 dB 值，则指针读数应加上＋28dB（例如，若测出读数是 10dB，则实际的绝对电平应为 10dB＋28dB＝38dB）；若使用 500V 交流电压挡测量 dB 值，则指针读数应加上＋34dB。

还应注意的是，当测量的阻抗为 600Ω 时，万用表的 dB 值指示为标准值（500 型的万用表的表盘上标注有“0dB＝1mW　600Ω”字样，是指测量点的阻抗为 600Ω 时 1mW 的基准功率即为零电平）。另外，测 dB 值时，要求被测信号的频率为 45～1000Hz 的正弦波。若被测信号频率超过 1000Hz，或不是正弦波形，则测出的结果不能认为是电平值。

⑦ 指针式万用表的使用经验。使用万用表时，还应注意以下几点：

在每次拿起表笔测量时，必须看清楚转换开关是否在相应的插孔内。要养成“测量先看挡，不看不测量”的好习惯。在测量过程中不能任意拨动转换开关，尤其是在测量高电压大电流时更应注意。测量完毕，应将转换开关拨至电压最高挡。有“・”或“OFF”挡的万用表，应将转换开关旋至此位置。

万用表的放置应根据表头上的“⊥”“┌─┐”符号的要求，将万用表垂直或水平放置。若表针不能指在刻度的起点上（∞处），则应先进行机械零位的调整。

2. 数字式万用表

（1）结构特点　数字式万用表是采用液晶显示器（LCD）（或 LED 数码显示器）来指示测量数值的万用表，具有显示直观、准确度高等优点。

① 数字式万用表的结构组成。数字式万用表通常由显示器、显示器驱动电路、双积分模/数（A/D）转换器、交-直流变换电路、转换开关、表笔、插座、电源开关及各种测试电路以及保护电路等组成。

显示器一般采用 LCD，便携式数字万用表多使用三位半 LCD 液晶显示器，台式数字万用表多使用五位半 LCD 液晶显示器。显示器驱动电路与双积分 A/D 转换器通常采用专用集成电路，其作用是将各测试电路送来的模拟量转换为数字量，并直接驱动 LCD，将测量数值显示出来。

② 常用的数字式万用表。常用的数字式万用表有 DT-830、DT-860、DT-890、DT-930、DT-940、DT-960、DT-980、DT-1000 等型号。

（2）使用方法

① 测量电阻。数字式万用表与指针式万用表在电阻挡的使用上和数值识读方面均不一样。测量电阻之前，应将转换开关拨至电阻挡（Ω 挡）适当的量程。DT-830 型和 DT-890 型万用表的电阻挡有 200Ω、2kΩ、20kΩ、200kΩ、2MΩ、20MΩ 共六个量程，DT-830B 型万用表的电阻挡有 2kΩ、20kΩ、200kΩ、2MΩ 共四个量程。被测电阻值应略低于所选择的量程。例如，200Ω 电阻挡，只能测量低于 200Ω 的电阻器（测量范围为 0.1～199.9Ω），超过 200Ω 的电阻，显示器即显示为“1”（即溢出状态，为无穷大）。高于 200Ω、低于 2kΩ 的电阻器，应用 2kΩ 的电阻挡测量。

测量时，将黑表笔接 COM（接地端）插孔，红表笔接“V・Ω”插孔。接通电源开关

(将其置于“ON”位置）将两表笔短接后，显示器应显示0（200Ω挡约0.3Ω的阻值，在测量低阻值电阻时应减去该阻值）。将两表笔断开，显示器应显示无穷大（溢出）。

② 测量直流电压。测量直流电压之前，应根据被测电压的数值，将转换开关拨至直流电压挡（DCV挡）的适当量程。DT-830型和DT-890型万用表的DCV挡有200mV、2V、20V、200V、1000V共五个量程。DT-830B型万用表只有2V、20V、200V、500V共四个量程。

测量时，黑表笔接COM插孔，红表笔接“V·Ω”插孔。接通电源开关，用两表笔并接在被测电源的两端，测正电压时黑表笔接电源负极，红表笔接正极；测负电压时黑表笔接电源正极，红表笔接负极。显示器会显示所测的电压值（若转换开关为“mV”挡，则显示数值以“毫伏”为单位；若转换开关为“V”挡，则显示数值以“伏特”为单位）。

③ 测量直流电流。测量直流电流之前，应将转换开关拨至直流电流挡（DCA挡）的适当量程。DT-830型和DT-890型万用表的直流电流挡有200μA、2mA、20mA/10A、200mA共四个量程。DT-830B型万用表的直流电流挡只有200mA一个量程。

选择适当的量程后，将红表笔从“V·Ω”插孔中拔出，接入“mA”插孔，黑表笔仍接COM插孔不动。接通电源开关，将两表笔串入被测电路中（应注意被测电流的极性），显示器即会显示所测的数值。若在“mA”挡，则显示数值的单位为“毫安”；若在“μA”挡，则显示数值的单位为“微安”。

测量200mA以上、10A以下的大电流时，红表笔应接入“10A”插孔。DT-830型万用表的转换开关应拨至20mA/10A挡，测量后显示数值的单位是“A”。

④ 测量交流电压。测量交流电压之前，应将转换开关拨至交流电压挡（ACV）适当量程。DT-830型和DT-890型万用表的交流电压挡有200mV、2V、20V、200V、750V（DT-890型为700V）共五个量程。DT-830B型万用表的交流电压挡只有200V和500V两个量程。

测量时，将红表笔接“V·Ω”插孔，黑表笔仍接COM插孔不动。接通电源开关，将两表笔并接在被测电源两端，显示器即可显示所测的相应数值。若在“mA”挡，则测出数值的单位为“毫安”；若在“A”挡，则测出数值的单位是“伏特”。

⑤ 测量交流电流。测量交流电流之前，应将转换开关拨至交流电流挡（ACA）的适当量程。DT-830型万用表的交流电流挡有200μA、2mA、20mA/10A、200mA共四个量程，DT-890型万用表的交流电流挡有2mA、20mA、200mA共三个量程。

测量200mA以下的电流时，将红表笔接入“mA”插孔，黑表笔仍接COM插孔。接通电源开关后，将两表笔串接在被测电路中，显示器将显示出所测的数值。测量200mA以上、10A以下的电流时，应将红表笔接入“10A”插孔，黑表笔接COM插孔，转换开关拨至20mA/10A挡，两表笔串接在被测电路中。若使用“μA”挡，则所测数值的单位为“微安”；若使用“mA”挡，则所测数值的单位为“毫安”；若使用“20mA/10A”挡，则所测数值的单位为“安培”。

⑥ 二极管测量挡的使用。数字式万用表上的二极管测量挡（标注有二极管图形符号），可用来检测二极管、三极管、晶闸管等器件。

在测量时，将转换开关拨至二极管测量挡，红表笔接“V·Ω”插孔，黑表笔仍接COM插孔，接通电源开关后，用两表笔分别接二极管两端或三极管PN结（b、e或b、c）的两端，万用表显示二极管正向压降的近似值。

测量二极管时，将黑表笔接二极管的负极，红表笔接二极管的正极，测量锗二极管时显示器显示 0.25～0.3V，测量硅二极管时显示器显示 0.5～0.8V。若二极管击穿短路或开路损坏，则显示器将显示“000”或“1”(溢出)。将红表笔接二极管的负极，黑表笔接二极管的正极，若二极管正常，则显示器显示“1”(溢出)；若二极管已损坏，则显示器显示“000”。

三极管两个 PN 结的测量方法与二极管的测量方法相同。

⑦ 蜂鸣器挡的使用。数字式万用表的蜂鸣器挡（标注有蜂鸣器图形符号）用于检查线路的通断。检测之前，可将万用表的转换开关置于蜂鸣器挡，黑表笔接 COM 插孔，红表笔接“V・Ω”插孔。接通电源开关后，两表笔接在被测线路的两端。当被测线路的直流电阻小于 20Ω（阈值电阻）时，蜂鸣器将发出 2kHz 的音频振荡声。

蜂鸣器挡也可以用来检查 100～4700μF 的电解电容器是否正常。测量时，电容器应先短路放电，然后将红表笔接电容器正极，黑表笔接电容器负极。若电容器正常，则会听到一阵短促的蜂鸣声，随即停止发声；若电容器已击穿短路，则蜂鸣器会一直发声；若电容器已失效（开路或干涸），则蜂鸣器不发声，显示器始终显示溢出信号“1”。

⑧ h_{FE}挡的使用。数字式万用表的 h_{FE}挡用来测量晶体三极管的电流放大倍数。测量时，将转换开关置于 h_{FE}挡（测 NPN 管时用“NPN”挡，测 PNP 管时用“PNP”挡)，将被测三极管的三个引脚分别插入 h_{FE}插座上的相应引脚中，然后接通电源开关，显示器即会显示三极管的电流放大倍数值。

（二）兆欧表

兆欧表俗称摇表，是测量电气设备和电气线路绝缘电阻最常用的一种携带式电工仪表。

在电机、电气设备和电气线路中，绝缘材料的好坏对电气设备的正常运行和安全发、供、用电有着重大影响。而说明绝缘材料性能好坏的重要参数是它的绝缘电阻大小。绝缘电阻往往由于绝缘材料受热、受潮、污染、老化等原因而降低，以致造成电气短路、接地等严重事故。所以经常监测电气设备和线路的绝缘电阻是保障电气设备和线路安全运行的重要手段。

1. 兆欧表的工作原理

兆欧表的主要组成部分是一个磁电式流比计和一个作为测量电源的手摇发电机。磁电式流比计的测量机构是在同一根转轴上装的两只交叉线圈，两个线圈在磁场中所受的作用力矩相反，仪表指针的偏转度决定于两个线圈中流过电流的比值。

兆欧表上有三个分别标有接地（E)、线路（L）和保护（或“屏”）（G）的接线柱。兆欧表的原理如图 2-55 所示。

被测电阻 R_x接于兆欧表的“线”(L）和“地”(E）两端子之间，与附加电阻 R_c及可动线圈 1 串联，流过可动线圈 1 的电流 I_1的大小与被测电阻 R_x的大小有关，R_x越小，I_1就越大，可动线圈 1 在磁场中所受力矩 M_1就越大。可动线圈 2 的电流与被测电阻 R_x无关，它在磁场中所受力矩 M_2和 M_1相反，相当于游丝的反作用力矩。这两个线圈并联加在手摇发电机上。这两个线圈所受的合力矩就决定了摇表指针偏转的大小，于是指示出被测电阻的数值。

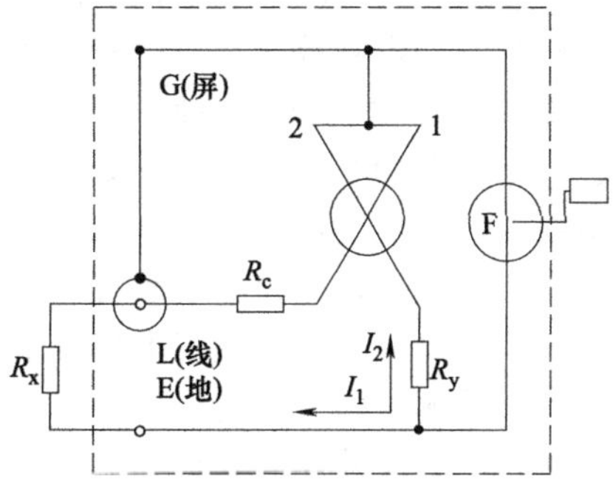

图 2-55 兆欧表原理图

2. 兆欧表的正确使用

用兆欧表测量绝缘电阻，虽然很简单，但如果对下述问题不注意，那么非但测量结果不准，甚至还会损坏仪表和危及人身安全。

下面对兆欧表的正确使用作简要介绍。

(1) 兆欧表的选用　兆欧表的选用，主要是选择合适的兆欧表的额定电压及测量范围。

通常对于检测何种电气设备应该采用何种电压等级的兆欧表都有具体规定，所以在测量电气设备绝缘电阻时，应按规定选用电压等级和测量范围合适的兆欧表。

表 2-14 是选用兆欧表的举例，供参考。

表 2-14　兆欧表选用举例

被测对象	被测设备的额定电压/V	所选兆欧表的电压/V
线圈的绝缘电阻	500 以下	500
	500 以上	1000
发电机线圈的绝缘电阻	380 以下	1000
电力变压器、发电机、电动机线圈的绝缘电阻	500 以上	1000～2500
电气设备绝缘	500 以下	500～1000
	500 以上	2500
瓷瓶、母线、刀闸		2500～5000

从表 2-14 可看出，电压高的电气设备其绝缘电阻一般较大，因此电压高的电气设备和线路需要电压高的兆欧表来测试。例如瓷瓶（绝缘子）的绝缘电阻至少要选用 2500V 以上的兆欧表才能测量。一些低电压的电气设备，它内部绝缘所能承受的电压不高，为了设备的安全，测量绝缘电阻时就不能用电压太高的兆欧表。例如测量额定电压不足 500V 的线圈的绝缘电阻时，应选用 500V 的兆欧表。

兆欧表的量程要与被测设备绝缘电阻数值吻合，不能量程太大，以免读数不准。另外在选择兆欧表时还要注意，有的兆欧表的标度尺不是从零开始，而是从 1MΩ 或 2MΩ 开始，这种兆欧表不适宜用于测量处在潮湿环境中的低压电气设备的绝缘电阻，因为在潮湿环境中的低压电气设备的绝缘电阻值可能很小，有可能小于 1MΩ，这样在仪表上就读不出来。

(2) 测量前的准备

① 用兆欧表进行测量前，必须先切断被测设备的电源，将被测设备与电路断开并接地短路放电。不允许用兆欧表测量带电设备的绝缘电阻，以防发生人身和设备事故。假如断开了电源，被测设备没有接地放电，那么设备上可能有剩余电荷，尤其是电容量大的设备。这时若测量，非但测不准而且还可能发生事故。

② 有可能感应出高电压的设备，在可能性没有消除以前，不可进行测量。

③ 被测物的表面应擦干净，否则测出的结果不能说明电气设备的绝缘性能。

④ 兆欧表要放置平稳，防止摇动兆欧表手柄时兆欧表摔地伤人和损坏仪表。另外，兆欧表放置地点要远离强磁场，以保证测量正确。

(3) 兆欧表测量前本身检查　测量前应检查兆欧表本身是否完好。检查方法是：兆欧表未接上被测物之前摇动兆欧表手柄到额定转速，这时指钳应指在“∞”的位置，然后将“线”（L）和“地”（E）两接线柱短接，缓慢转动兆欧表手柄（只能轻轻一摇），看指针是否指在“0”位。检查结果假如满足上述条件，则表明兆欧表是好的，可以接线使用。假如不符合上述要求，说明兆欧表有毛病，需检修后才能使用。

(4) 接线　一般兆欧表上有三个接线柱：“线”（或“火线”“线路”“L”）接线柱，在测量时与被测物和大地绝缘的导体部分相接；“地”（或“接地”“E”）接线柱，在测量时与被测物的金属外壳或其他导体部分相接；“屏”（或“保护”“G”）接线柱，在测量时与被测物上的遮蔽环或其他不需测量部分相接。一般测量时只用“线”和“地”两个接线柱。

只有在被测物电容量很大或表面漏电很严重的情况才使用“屏”（“保护”）接线柱。将“屏”接线柱与被测物表面遮蔽环连接后，被测物大的电容电流或漏电流就直接经“屏”端子通过，不再经过仪表，这样在测量大电容量被测物绝缘电阻时就准确。

（5）测量

① 转动兆欧表手柄，使转速达到120r/min左右。这样兆欧表才能产生额定电压值，测量才能准确（兆欧表刻度值是根据额定电压值情况下计算出的绝缘电阻值），而且转动时转速要均匀，不可忽快忽慢，使指针摆动，增大测量误差。

② 绝缘电阻值随测量时间的长短而不同，一般以1min以后的读数为准。当遇到电容量特别大的被测物时，需以指针稳定不动时为准。

③ 测量时，除记录被测物绝缘电阻外，必要时，还要记录对测量有影响的其他条件，如温度、气候、所用兆欧表的电压等级和量程范围等型号规格以及被测物的状况等，以便对测量结果进行综合分析。

（6）拆线 在兆欧表没有停止转动和被测物没有放电以前，不可用手去触摸被测物测量部分和进行拆除导线工作。

在做完大电容量设备的测试后，必须先将被测物对地短路放电，然后再拆除兆欧表的接线，以防止电容放电伤人或损坏仪表。

《电业安全工作规程》中规定：用兆欧表测量高电压设备绝缘，应由两人担任。测量用的导线，应使用绝缘导线，其端部应有绝缘套。测量绝缘时，必须将被测设备从各方面断开，验明无电压，确实证明设备上无人工作后，方可进行。在测量中禁止他人接近设备。在测量绝缘前后，必须将被测设备对地放电。测量线路绝缘时，应取得对方允许后方可进行。在有感应电压的线路上（同杆架设的双回线或单回线与另一线路有平行段）测量绝缘时，必须将另一回路线路同时停电，方可进行。雷电时，严禁测量线路绝缘。在带电设备附近测量绝缘电阻时，测量人员和兆欧表安放位置，必须选择适当，保持安全距离，以免兆欧表引线或引线支持物触碰带电部分。移动引线时，必须注意监护，防止发生触电事故。

（三）钳形表

钳形表可以在不断开电路的情况下测量通电导线中的电流，新型号的钳形表体积小、重量轻，又有与普通万用表相似的多种用途，所以在电工技术中应用甚广。

1. 钳形表的工作原理

专用于测量交流的钳形表实质上就是一个电流互感器的变形。用这种仪表前端的钳形电流互感器（以下称CT部分）钳入通有交流电流的导线，由电磁感应作用所产生的感应电动势用整流式仪表指示读数，这样不需停电就能测量电路中的电流。由于这个缘故，用它就能够方便地测量电动机的负载电流、输电线或接地线的电流等等。有的钳形表还附有测量电压及电阻的端钮，在端钮上接上导线也可以测量电压或电阻。

测量交、直流的钳形表实质上是一个电磁式仪表，放在钳口中的通电导线作为仪表的固定励磁线圈，它在铁芯中产生磁通，并使位于铁芯缺口中的电磁式测量机构发生偏转，从而使仪表指示出被测电流的数值，由于指针的偏转与电流种类无关，所以此种仪表可测交、直流电流。

一般使用图2-56所示的CT部分和电表组装在一起的携带式钳形电流表。另外，测量通电状态下高压线路的电流则使用和上述原理相同的线路用电流表，如图2-57所示。

钳形表的典型型号和规格见表2-15，各种新型的袖珍式钳形表采用整流式仪表来构成一个万用表，因而具有测量交、直流电压及直流电流、直流电阻等多种功能。测量这些电量

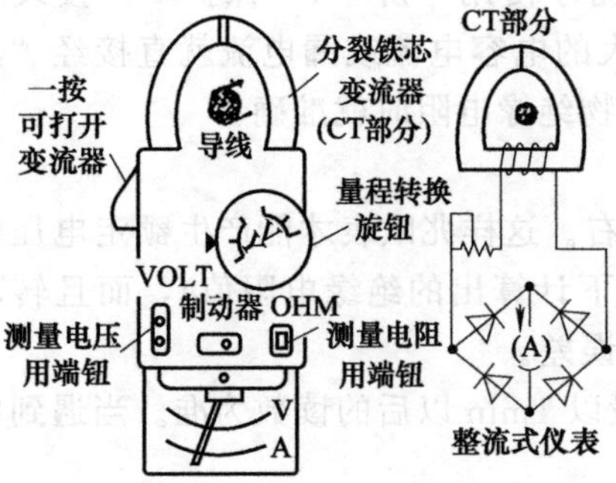

图 2-56 携带式钳形电流表

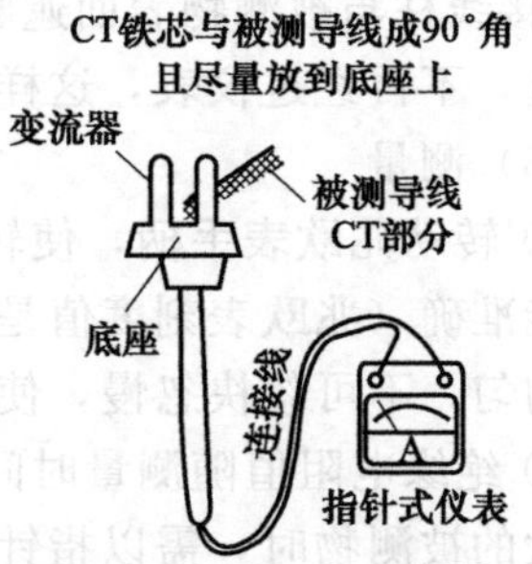

图 2-57 线路用电流表

时，应把测试棒插入专用插座，并把面板上的转换开关拨到相应的挡位上，此时仪表的读数方法和使用注意事项与一般万用表相同。

表 2-15 钳形表的型号规格

型号	名称	量程	精度	特征
MG4-1 (VAW) (MG4)	电压电流功率三用钳形表	A:10～30～100～300～1000A V:150～300～600V W:1～3～10～30～100W	A、V 2.5 级 W 5.0 级	可同时测量电流、电压、功率，MG4 不包括功率挡
MG-20	交直流钳形电流表	0～100A,0～200A,0～300A, 0～400A,0～500A,0～600A	5.0 级	是唯一可以测量直流的钳形电流表，一般仅有一挡量程
MG-21		0～750A,0～1000A,0～1500A		
MG-24	钳形交流电流电压表（袖珍式）	V:0～300～600V A:① 5～25～50A ② 5～50～250A	2.5 级	袖珍式钳形表，携带及使用均很方便
MG-26		V:0～300～600V A:① 5～50～250A ② 10～50～150A		
MG-28	多用钳形表（袖珍式）	$\underset{\sim}{\underline{V}}$:0～25～250～500V $\underset{\sim}{\underline{A}}$:0.5～10～1000mA $\underset{\sim}{A}$:5～25～50～100～250～500A Ω:1～10～100kΩ	5.0 级	由钳形互感器和袖珍式万用电表组合而成，二者分开后，万用表可单独用
MG-34	叉式多用钳形表	$\underset{\sim}{\underline{V}}$:0～50～250～500V $\underset{\sim}{\underline{A}}$:1～5～25～100mA $\underset{\sim}{A}$:1～5～25～100～250～1000A Ω:$R\times10$,$R\times1$k	2.5 级	由叉式变换器和万用表组合而成，万用表采用运算放大器线路

2. 钳形电流表的使用方法

① 从原理可知，频率不同会产生正比于频率的误差，因此应按规定的额定频率使用。

② 由于测量结果是用整流式指针仪表显示的，所以电流波形及整流二极管的温度特性对测量值都有影响，在非正弦波或高温场所使用时需加注意。

③ 被测通电导线应置于钳口中央，以免产生误差。

④ 要使 CT 部分的铁芯啮合面完全咬合。若啮合面上夹有异物测量时，由于磁阻变大，指示的电流值将比实际值小。

⑤ 测量小于5A 的电流时，倘若导线尚有一定富裕长度，可把导线多绕几圈放进钳口进行测量。此时的电流值应为仪表的读数除以放进钳口内导线根数。

⑥ 从一个接线板引出许多根导线而CT部分又不能一次钳进所有这些导线时，可以分别测量每根导线的电流，取这些读数的代数和即可。

⑦ 测量受外部磁场影响很大，如在汇流排或大容量电动机等大电流负荷附近的测量要另选测量地点。

⑧ 重复点动运转的负载，测量时如果CT部分稍张开些，就不会因过偏而损坏仪表指针。

⑨ 读取电流读数困难的场所，测量时可利用制动器锁住指针，然后到读数方便处读出指示值。

⑩ 测量前应根据电流的估计值预选适当量程，测量后应把量程选择开关置于最大量程位置。

3. 线路用电流表的使用方法

线路用电流表的使用方法和钳形电流表相同。它除了用于高压干线之外，还可用于高压电动机负载的电流的测量。与钳形电流表相比，使用上还需注意以下几点：

① 因为CT部分和指针式仪表是分开的，所以要先调整好指针的零点再连接导线。

② 连接导线的长度不应超过规定电阻值所允许的长度。

③ 在最高回路电压范围内使用。

④ 如附近有其他载流导线时，它将受到此电流所产生的感应电动势的影响，尤其要注意将CT的开口部分放在没有这种导线的方向上，并离开一定的距离。

4. 钳形功率表的使用方法

钳形功率表是像钳形电流表一样能够方便地测通电电路的功率的仪表。功率根据电压和电流的取法，电流要素是使导线穿过CT部分取得的，而电压要素则使用导线夹取得。在使用方法上，单相功率、三相功率都能测量。单相功率的测量如图2-58所示，如果功率表的指针反向偏转时，把所钳方向反过来或导线夹调换一下，指针就会正向偏转。三相功率的测量是根据二瓦计理论测量的，其原理图见图2-59。任意定（1）、（2）、（3）三相的相序，（1）相的电流和（1）、（2）相间的线电压构成功率 W_1，（3）相的电流和（3）、（2）相间的线电压构成功率 W_2，即 W_1+W_2 就是三相负载的功率。若一个表的读数为负值时，此时调换一下电压连接线，待指针正向偏转后再读数，由两个功率表的读数之差可求出三相功率。

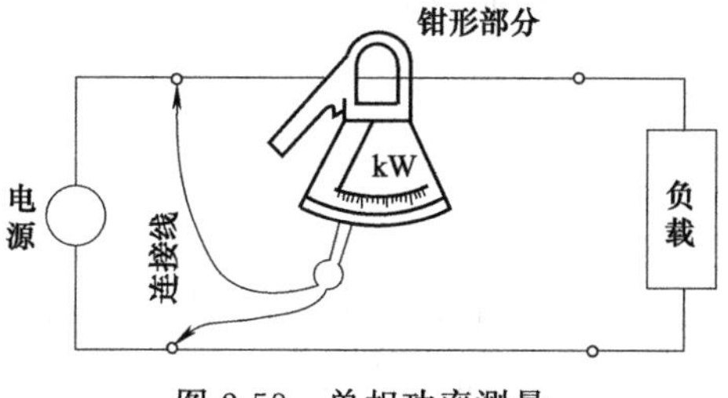

图2-58 单相功率测量

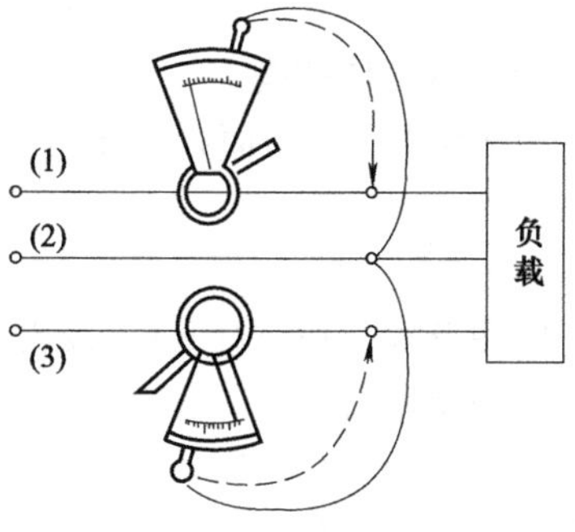

图2-59 三相功率测量

（四）示波器

示波器是电子设备生产和维修过程中不可缺少的测量仪器。利用示波器，可以对电路中信号的波形参数，如频率、周期、幅度、相位等进行正确的测量，以便快速、准确地判断被测电路的工作状态。

1. 示波器的基本构成及原理

示波器主要由一支示波管和为示波管提供各种信号的电路组成，其中包括垂直系统电路、水平系统电路、电源电路等。在示波器的控制面板上设有信号输入插座、控制按键和旋钮。测量用的探头通过电缆和插头与示波器信号输入端子相连接。

(1) 垂直系统电路　垂直系统电路的主要作用是对被测信号进行放大到适当的程度，并加至示波管的垂直偏转板，以驱动示波管电子束做垂直方向的偏转。为了保证示波器工作在同步状态，垂直系统还要为水平系统的扫描电路提供内触发信号（即同步信号）。

(2) 水平系统电路　水平系统电路的主要作用是生产、放大扫描锯齿波电压，加在示波管的水平偏转板上，以驱动电子束做水平方向的偏转。

(3) 示波管　示波管，又叫阴极射线管（CRT），它是显示信号波形的主要器件。示波管主要由电子枪和荧光屏组成，结构如图 2-60 所示。示波管的前端是一个圆形或方形的荧光屏，荧光屏的内侧涂有荧光粉。在示波管的尾部设有电子枪，电子枪被灯丝加热后发射电子，在加速极、聚焦极和高压阳极等电压作用下射向荧光屏，形成光点。另外，在示波管中设有水平和垂直两组偏转电极，形成的磁场控制电子束做水平和垂直方向上的扫描。若把扫描振荡电路产生的锯齿波信号加到水平偏转极板上，使电子束在锯齿波电压的作用下左右移动，将测量的信号作为输入信号加到垂直偏转电极上，电子束就会按照输入信号的波形上下变化，于是示波管上就显示出信号波形。

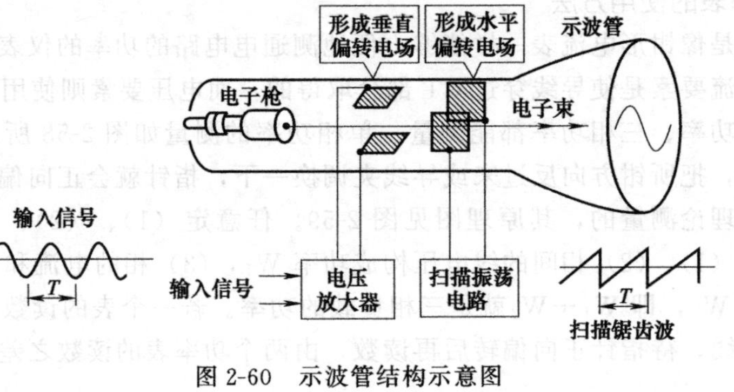

图 2-60　示波管结构示意图

2. 示波器的功能键

典型的示波器控制面板主要包括电源键钮区、Y 轴功能键钮区、X 轴功能键钮区和触发键钮区等。

(1) 电源键钮区

① 电源开关（POWER）：按出为关，按入为开。

② 电源指示灯。

③ 亮度旋钮（INTENSITY）：接通电源之前将该旋钮逆时针方向旋转到底。

④ 聚集旋钮（FOCUS）：配合亮度旋钮可调节波形的清晰度。

⑤ 光迹旋转旋钮（TRACEROTATION）：用于调节光迹与水平刻度线平行。

⑥ 刻度照明旋钮（SCALEILLUME）：用于调节屏幕刻度亮度。

(2) Y 轴功能键钮区

① 通道 1 输入端（CH1 INPUT）：用于垂直方向 Y_1 的输入，在 X-Y 方式时作为 X 轴信号输入端。

② 通道 2 输入端（CH2 INPUT）：用于垂直方向 Y_2 的输入，在 X-Y 方式时作为 Y 轴信号输入端。

③ 耦合选择开关（AC-GND-DC）：选择垂直放大器的耦合方式。

④ 交流（AC）：电容耦合，用于观测交流信号。

⑤ 接地（GND）：输入端接地。在不需要断开被测信号的情况下，可为示波器提供接地参考电平。

⑥ 直流（DC）：直接耦合，用于观测直流或观察频率变化极慢的信号。

⑦ 衰减器开关（VOLT/div）：用于选择垂直偏转因数。如果使用 10∶1 探头，计算时应将幅度×10。

⑧ 垂直微调旋钮（VARIABLE）：用于连续改变电压偏转灵敏度，正常情况下应将此旋钮顺时针旋到底。将旋钮反时针旋到底，垂直方向的灵敏度下降到 2.5 倍以上。

⑨ CH1×10 扩展、CH2×10 扩展（CH1×10MAG、CH2×10MAG）：按下此键垂直方向的信号扩大 10 倍，最高灵敏度变为 1mV/div。

⑩ 垂直移位（POSITION）：分别调节 CH1、CH2 信号光迹在垂直方向的移动。

⑪ 垂直方式工作按钮（VERTICALMODE）：选择垂直方向的工作方式。

a. 通道 1 选择（CH1）：按下 CH1 按钮，屏幕上仅显示 CH1 的信号 Y_1。

b. 通道 2 选择（CH2）：按下 CH2 按钮，屏幕上仅显示 CH2 的信号 Y_2。

c. 双踪选择（DUAL）：同时按下 CH1 和 CH2 按钮，屏幕上会出现双踪并自动以断续或交替方式同时显示 CH1 和 CH2 端输入的信号。

d. 叠加（ADD）：显示 CH1 和 CH2 端输入信号的代数和。

⑫ CH2 极性开关（INVERT）：按下此按钮时 CH2 显示反相电压值。

（3）X 轴功能键钮区

① 扫描时间因数选择开关（TIME/DIV）：共 20 挡，在 0.1μs/div～0.2s/div 范围选择扫描时间因数。

② X-Y 轴控制键：选择 X-Y 工作方式，Y 信号由 CH2 输入，X 信号由 CH1 输入。

③ 扫描微调控制键（VARIABLE）：正常工作时，此旋钮顺时针旋到底处于校准位置，扫描由 TIME/DIV 开关指示，将旋钮反时针旋到底，扫描减慢 2.5 倍以上。

④ 水平移位（POSITION）：用于调节光迹在水平方向的移动。

⑤ 扩展控制键（MAG×10）：按下此键，扫描因数×10 扩展。扫描时间是 TIME/DIV 开关指示数值的 1/10。将波形的尖端移到屏幕中心，按下此按钮，波形将部分扩展 10 倍。

⑥ 交替扩展（ALT-MAG）：按下此键，工作在交替扫描方式，屏幕上交替显示输入信号及扩展部分，扩展以后的光迹可由光迹分离控制键移位。同时使用垂直双踪（DUAL）方式和水平（ALT-MAG）可在屏幕上显示四条光迹。

（4）触发键钮区（TRIG）

① 触发源选择开关（SOURCE）：选择触发信号，触发源选择与被测信号源有关。

a. 内触发（INT）：适用于需要利用 CH1 和 CH2 上的输入信号作为触发信号的情况。

b. 通道触发（CH2）：适用于需要利用 CH2 上被测信号作为触发信号的情况，如比较两个信号的时间关系等用途时。

c. 电源触发（LINE）：电源成为触发信号，用于观测与电源频率有时间关系的信号。

d. 外触发（EXT）：以外触发输入端（EXT INPUT）输入的信号为触发信号。当被测信号不适于作触发信号等特殊情况时，可用外触发。

② 交替触发（ALT TRIG）：在双踪交替显示时，触发信号交替来自 CH1、CH2 两个通道，用于同时观测两路不相关信号。

③ 触发电子旋钮（TRIG LEVEL）：用于调节被测信号在某一电平触发同步。

④ 触发极性选择（SLOPE）：用于选择触发信号的上升沿或下降沿触发，分别为正极性或负极性触发。

⑤ 触发方式选择（TRIG MODE）：选择触发方式。

a. 自动（AUTO）：扫描电路自动进行扫描。在无信号输入或输入信号没有被触发同步时，屏幕上仍可显示扫描基线。

b. 常态（NORM）：有触发信号才有扫描，无触发信号屏幕上无扫描基线。

c. TV-H：用于观测电视信号中行信号波形。

d. TV-V：用于观测电视信号中场信号波形。

⑥ 校准信号（CAL）：提供 1kHz、0.5V_{P-P}的方波作为校准信号。当使用示波器进行电压测量时，旋钮要置于此位置。

⑦ 接地柱：接地端。

3. 示波器的使用方法

（1）示波器使用前的准备

① 示波器使用前的设置和调整。在使用示波器对电路进行检测前，要注意如下几点：水平位置（H. POSITION）调整钮和垂直位置（V. POSITION）调整钮应置于中心位置，触发信号源（TRIG. SOURCE）应置于内部位置即 IN，触发电平（TRIG. LEVEL）钮左旋至自动位置，即 AUTO 位置。

② 示波器开机及调整。将示波器的电源开关 POWER 置于 ON 位置，电源接通，指示灯立即亮。然后，调整一下亮度旋钮，示波管上就会出现一条横向亮线，再调整聚集钮使显示图像清晰，聚集良好。如果显示的扫描线不在示波管中央，可微调一下水平或垂直钮。

（2）示波器使用方法

① 示波器探头的操作。

a. 衰减比的选择。一般示波器探头的衰减比是 10∶1 和 1∶1 两挡，可通过探头的开关切换。为了降低外界噪声干扰，一般在测量时使用 10∶1 挡，此时探头为高阻抗输入。但是所测量的信号会衰减为原来幅度的 1/10，在具体读数时应该加以考虑。

b. 接地端的连接。为提高测量精度，探头的接地端与被测电路的“地”应尽量采用最短连接。

c. 探头的调整。由于示波器输入特性的差异，使用 10∶1 探头进行测试之前，需要对探头进行调整。可以将探头接到示波器校正信号输出端（CAL），显示屏上会出现 1kHz 的方波脉冲信号，如果方波的形状不好，可以用螺丝刀微调示波器探头上的微调电容，使显示的波形正常。

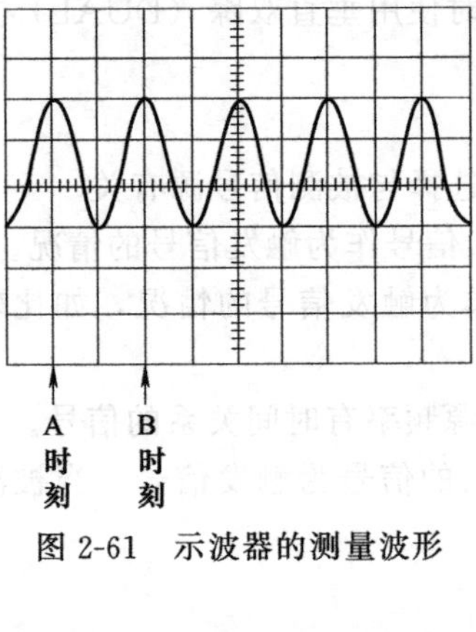

图 2-61 示波器的测量波形

② 典型的测量方法。

a. 信号电压幅度的测量。按照前面介绍的步骤在示波管上显示出稳定的信号波形，如图 2-61 所示，波形的幅度可以根据刻度计算出来。在测量电压的时候要将旋钮（VARIABLE）顺时针旋至最大值，即 CAL（校正）位置。读数过程如下：

观察波形垂直方向的大小，图示状态为 3 格（DIV）。

开关的位置为：1V/cm（电压值/格）。

使用示波器探头，衰减 10∶1。

则被测电压信号幅度为 $V=3\times1\times10=30$（V）。

b. 信号周期的测量。仍以图 2-61 所示信号波形为例，将水平轴微调钮顺时针旋至最大值，即 CAL（校正）位置，其他旋钮的位置不变。周期读数过程如下：

信号一个周期（峰和峰的水平距离）的长度，图 2-61 中为 2 格。

水平轴切换开关为 2ms/cm（2ms/格）。

则被测信号周期为 $T=2\times2=4$（ms）。

被测信号频率为 $f=1/T=1/4=250$（Hz）。

第四节 缝纫机基本整修技术

缝纫机的修整，就是对损坏的机件和部位进行修复和整理。对故障中出现的零部件损坏、咬毛、变形、断裂等可修复的要按技术标准进行修复，修复时要确定工艺步骤。如轴拉毛、有发热现象，则量出拉毛的最低处的尺寸或估计拉毛的深度，如不超过 0.02mm 可砂光并抛光，如超过 0.02mm，砂光后配合松动，这就要确定是用镀铬修复，还是另换新轴，或是磨小后另行配套筒。对这几个方案首先要考虑修复结果对机器质量的影响程度，然后考虑修复能力和有没有新轴可更换。在零部件制作和修复后，难免有误差和变形，在调试时就可通过各部件的适当调整，使之重新符合技术标准。

一、缝纫机零部件的修复方法

缝纫机由于磨损及损坏，按一般调整不能达到技术标准，不能恢复原有的缝纫性能。这时就需对磨损或损坏的零部件进行修复，并达到规定的技术精度。当然，目前缝纫机零部件的互换性较好，一般都是换新零部件。但如果一时没有新零部件可换，就应掌握一些磨损或损坏零部件的修复方法。

1. 研磨

研磨的目的是达到机件配合的较高精度和较低的表面粗糙度值，提高零部件的耐磨性、抗腐蚀性和疲劳强度，延长零件的使用寿命。

油石、研磨砂、研磨剂都是用作研磨的。研磨的原理：加在工件与研具上的磨料，在受到工件和研具的压力后，部分被嵌入研具内，同时由于研具与工件表面做复杂的相对运动，磨料就在工件面上做滑动、滚动，产生切削、挤压，而每颗磨粒都不会重复自己的运动轨迹，这样就从工件表面磨去一层很薄的金属（一般在 0.02mm 之内），使工件达到精确的尺寸、准确的几何形状和优良的表面粗糙度。

一般在研磨中都采用湿研磨，工件表面经湿研磨后呈暗灰色，不够光亮，这时可采用干研磨，使表面发亮，即把研具上的研料液擦干净，利用部分嵌入的磨料对工件进行研磨。

① 平面研磨方法：在平板上进行，加上磨料后做 8 字形推磨。

② 圆柱面的研磨方法：一般在车床上进行，研具的研磨直径是可调节的。

③ 内圆柱面的研磨方法：与外圆柱面相反，是将工件套在研磨棒上进行的，研磨棒的外径应较工件内径小 0.01～0.025mm，并可调节。

④ 圆锥面的研磨方法：研磨棒是带有锥度的，在棒上有螺旋槽，以嵌入研磨剂。

⑤ 在修理缝纫机中，有些研磨是用工件彼此直接接触表面进行研磨的，不必用研磨棒和研磨环。

2. 锉削

用锉刀从工件上锉掉一层金属的加工方法叫作锉削。缝纫机零部件修理，常用160mm（6in）什锦小锉刀，如梭床的平面倒角，锉掉针杆针槽的毛刺等。200mm（8in）油光锉用于修理牙叉叉口平面、抬牙轴叉口平面、针距座滑块平面、连杆大孔面以及零件的倒角、修光等。

3. 铰孔

当孔的精度需要4级以上，表面粗糙度 Ra 需要 $3.2\mu m$ 以上时，在钻孔、扩孔以后要用铰刀进行精加工。常用的铰刀有机铰刀、手铰刀、可调铰刀和螺旋齿铰刀。在缝纫机上一般都用有导向的专用铰刀。在缝纫机修理中，用专用铰刀的地方比较多，为的是改善孔的表面粗糙度，更重要的是达到配合精度和校正两孔，以保证同心度。

铰刀一般用高速钢制造，工具厂制造的通用标准铰刀一般留有0.005～0.02mm的研磨量，待使用者按需要研磨。

铰孔时孔的余量：精度2～3级的孔一般需要铰两次，即粗铰（铰刀小0.05～0.20mm）然后用符合尺寸的铰刀精铰。

在钢料上铰孔要使用冷却液，铸铁材料不需加润滑冷却液，精铰时可加煤油。

铰孔时孔的余量见表2-16。

表 2-16 铰孔时孔的余量

孔的直径/mm	<8	8～20	21～32
直径上的铰削余量/mm	0.12～0.20	0.15～0.25	0.2～0.30

铰孔时，应注意下列事项。

① 铰削余量不可太大，也不可太小，一般为0.10～0.30mm即可。

② 铰刀不可倒转，以免刃口磨钝，退出时也应顺转。

③ 工件要夹牢，铰刀与工件端面应垂直。

④ 铰钢件时，切屑容易粘在铰刀上，使用时要用油石修正，否则容易拉毛孔壁。

⑤ 用后要把刃中切屑刷掉，涂上机油套入护套，以防碰伤刀口。

⑥ 有键槽的孔不能用普通铰刀，刀口应勾住槽边，要用螺旋铰刀。

4. 攻螺纹及套螺纹

用丝锥加工内螺纹称为攻螺纹，用板牙铰制外螺纹称为套螺纹。公制螺纹60°，英制螺纹55°，表示方法也不同，公制螺纹的螺距（t）以相邻两个螺纹的距离来表示，英制螺纹以1in内的螺纹数来表示。攻螺纹选用钻头直径一般可采用参考公式：

$$D=d-t\text{（钢、塑性金属）}$$

$$D=d-(1.05t-1.1t)\text{（铸铁、脆性金属）}$$

式中 d——钻头直径；

D——螺纹外径；

t——螺距。

（1）攻螺纹

攻螺纹时，螺攻主要是切削金属，但也有挤压作用，所以孔径应稍大于螺纹的内径。操作时，应注意下列事项：

① 两面孔口应倒角，使丝锥容易切入，孔口螺纹不会崩裂。

② 攻螺纹前要看清螺纹规格，丝锥要与螺纹规格一致。

③ 开始攻螺纹时需用些压力，要保持用力重心垂直，当形成几圈螺纹后，只要均匀转动扳手即可，如再加压力，容易产生崩牙现象。

④ 攻螺纹每正转半圈要退 1/4～1/2 圈，使切屑碎断，攻深孔和不通孔时更要时常把切屑排出孔外。

⑤ 钢件攻螺纹要加润滑油、冷却液。铸铁不要加润滑油及冷却液。

⑥ 手对扳手负荷要感觉灵敏，如扳手有转动而丝锥没有转动，就要倒转一下，否则丝锥会折断。用二攻时先用手旋进，以防乱扣。

(2) 套螺纹

套螺纹时，圆杆直径 $D=d-0.13t$，操作时应注意下列事项。

① 丝圆杆前端要倒角（15°～20°），倒角要超过螺纹全深。

② 使用硬木制的 V 形槽衬垫或厚钢板作护口来夹持圆杆，这样既不会损坏圆杆又能夹得牢。

③ 开始需用压力，已旋入圆杆后就不要再用压力了，以免瘦牙和崩牙。

④ 板牙端面与圆杆要垂直。

⑤ 套螺纹时应加润滑油和冷却液。

⑥ 每次套螺纹后应将板牙内的切屑除净，并用油洗干净。

断裂的螺攻从螺孔中取出的方法：先把切屑清理干净，再辨清螺攻旋向，然后用凿子或冲头按退出的方向打出螺孔的断槽，先轻后重，要防止螺孔被凿坏，也可用弹簧钢丝插入断槽，然后旋出来。

5. 凿削

用手锤打凿子对金属进行切削叫凿削。它适用于不便使用机床加工的部位。图 2-62 是影响凿削质量与效率的楔角 β 和后角 α 的大小示意。β 愈小愈锋利，但强度愈低，后角 α 愈大凿子凿得愈深，反之愈浅。楔角根据材料来选择，一般为 30°～70°。后角 α 一般取 5°～8° 为宜。

锻好的凿子一定要淬过火才能使用（工具钢一般加温到 750～780℃，呈樱红色放入盐水中 4～6mm 处移动，取出后呈白色）。

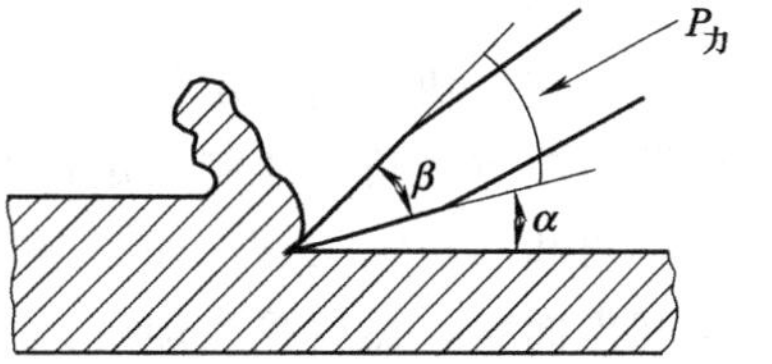

图 2-62 楔角 β 和后角 α

手锤可选择重量适宜的钳工锤，有圆头和方头两种，握凿子时应离敲击端 20mm，锤子应距木柄端 15～30mm，一般凿削时，腕与肘一起动作，每分钟 40 次左右。板料的切断可沿切断线用虎钳夹住，用扁凿沿着钳口，并斜对板料约成 45°自右向左凿削。

凿削平面时凿子的刃口与凿切的方向应保持一定的斜度，起凿向右斜 455°，从工件边角着手，尽头 10mm 处应调头凿掉余下部分。

6. 电镀法

根据很多磨损零件的分析结果，磨损量一般每面不超过 0.02～0.05mm，如磨损的梭床、梭架、连杆、轴等采用镀铬的方法来修复最为合适，并且也可以用研磨零件的方法来达到所需的修配尺寸。如轴拉毛，量出拉毛最低处的尺寸或估计拉毛的深度超过 0.02mm，砂光后配合会松动，这就可用镀铬修复。轴在电镀时，镀层厚度、电镀部位、镀后磨削的上下公差和表面粗糙度等要求都要有技术标准，然后才能加工。

另外，在零件上镀一层铬，对预防零件的磨损有很大的好处，甚至只要镀一层很薄的铬(0.01～0.05mm)，就可延长使用期0.5～1倍以上。

7. 焊接法

使两个分离的金属局部加热或加压，促使原子间相互扩散与结合而形成一个整体的过程称为焊接。焊接的方法按焊接过程的特点可分熔化焊、压力焊和钎焊。电弧焊、气焊的焊法属于熔化焊，它是将两个被焊工件局部加热到熔化状态（常加入填充金属）并形成共同熔池，在冷却结晶后，形成牢固接头的焊接方法。烙铁焊接属于钎焊，它是对被焊工件和作填充金属用的钎料进行适当加热的焊接方法，加热过程中熔点高的焊件不会熔化，而熔点低的焊件的钎料发生熔化，并填充于被焊金属连接处，使固体金属（焊件）与液态金属（钎料）之间的原子相互扩散与结合形成牢固接头。

在缝纫机零部件中，有些断裂的零件可用焊接方法使之修复。凡需硬度的零件，焊接后都得重新淬火，凡不需要硬度的零件可不淬火。浇铸零件一定要保温冷却，因为铸铁的内应力变化很大，容易产生形变。下面将几种常见的断裂零件的焊接修复方法进行介绍。

(1) 各种变形、断裂的杆件焊接　各种变形、断裂的杆件可用整形焊接工艺修复，如图2-63所示。在焊接前要恢复杆件原几何形状与尺寸，一般在烧焊前使原断裂口并拢，并用夹板两头固定。在断缝处要磨出V形焊口，使焊接时能焊透、焊牢，焊后在不妨碍装配的前提下，杆件焊口修复时要少锉，如有阻碍要锉平，使杆件恢复原样。

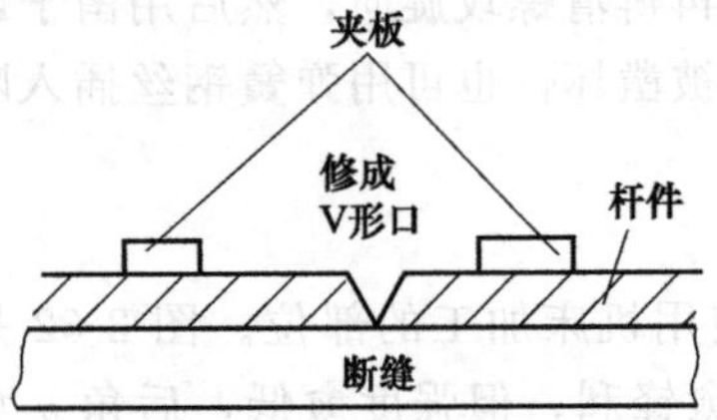

图2-63　杆件的焊接方法

(2) 弯针的焊接　弯针的焊接方法如图2-64所示。取一块小平板，在要压紧的断裂弯针两端攻两丝孔，约4mm，用两只螺钉垫上垫圈，分别压紧弯针两端，拼缝要正确，线槽平面朝下（因为此面较平），气焊后松开螺钉，反过来再焊。焊好后按圆形状修锉好。在弯针钩线不妨碍的地方可以少锉一些，以增加焊缝的牢度，开线槽可用0.8mm厚的手锯条来凿，如底线很细，槽子可不必凿得很深，以增加焊接的截面，增强牢度，完全锉凿好后，淬火、抛光即可。

(3) 定位块与制动定位凸轮的焊接　定位块倒角容易磨损，不能可靠制动定位。凸轮定位槽两边严重倒角，使制动定位块落槽后又弹出，不能正确地定停车位置。这样就得修复定位块倒角和凸轮定位槽，如图2-65所示。只要用弹簧钢丝作焊条在磨损处堆焊，焊后修成直角和楔面状，然后淬火即可。

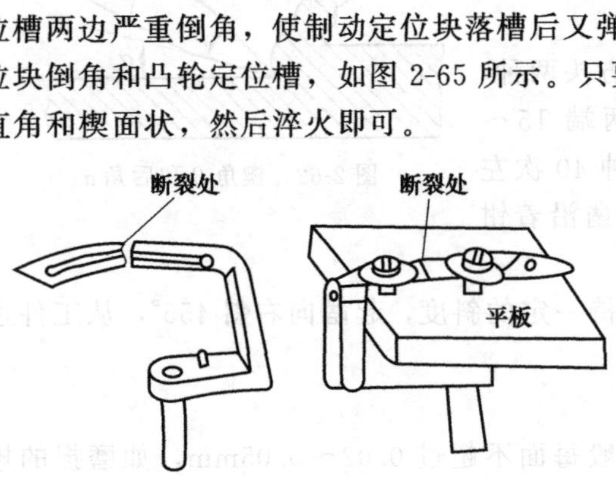

图2-64　弯针的焊接方法

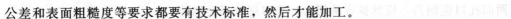

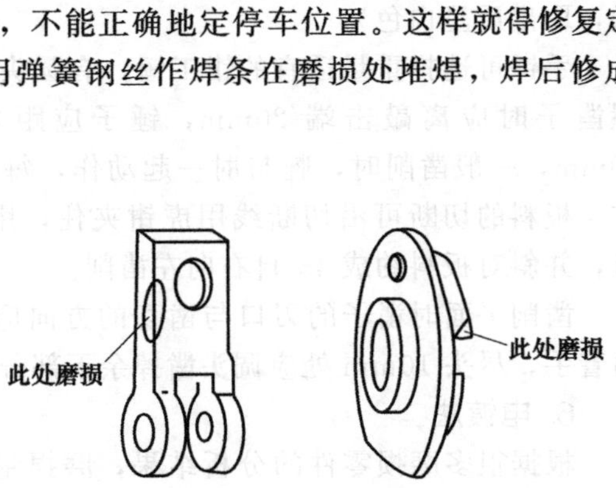

图2-65　定位块与定位凸轮焊接方法

(4) 压脚底板焊接　平头锁眼机的压脚板是用橡胶一类粘在底板平面上的，以增加压脚与缝料的摩擦力而不伤缝料，但容易磨损和脱落，因此不能正常送料。如在没有新压脚底板的情况下，可将压脚底平面橡胶铲除、砂光，镶两排牙齿上去以代替橡胶送料。紧急时可找两只平缝机细牙，利用上面的两排细牙，在砂轮上磨出四条厚 2.5mm 左右的齿条，分两排用锡焊在压脚底板上，如图 2-66 所示。焊时要砂光被焊处，用锡焊药水（HCl＋Zn 化成）或用浓度为 85％的磷酸与水勾兑（1∶3），用棉签蘸涂在待焊的部位上，齿条横向间隔距离要对称，宽度比小针板凸起 1～2mm 为宜。

8. 镶嵌法

镶嵌法就是把一个物体嵌进另一个物体内或在物体外围加边的方法。例如双针链式线迹的缝纫机针板当中牙槽严重断裂，无法使用，因针板受力大，牙槽细，用烧焊的办法很难修复（且有多片断裂），可采用镶嵌法来修复。

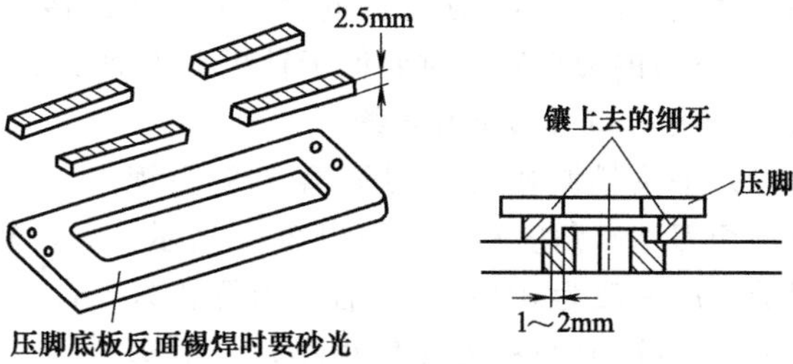

图 2-66　底板的焊接

修复的方法如图 2-67 所示。在损坏的针板基础上测出的针孔位置为 a，双针针距为 6.4mm，再测出各牙齿槽的宽度、长度，以备加工时参考。选一块 3mm 厚钢板，按所测尺寸加工，长度比原针板槽两头大 3mm。敲掉原针板槽，退火，按图锉出两头 9.8mm 宽，如此嵌上去就较紧，两头略有斜面，这样受力后就不会变形。加工时，用 1.5mm 钻头按划好的容针孔钻出两孔，按尺寸划好各线，挖去中间牙槽，锉好砂光、淬火、抛光即可。

图 2-68 为斩断的剪线刀定刀刀头的镶嵌修复方法。只要按图磨去所示部分，再用 81-6 型包缝机上刀镶上去，用温度低、不易变形和退火的铜焊焊接。焊时要把定刀上平面反过来固定在较平的铁板上，81-6 型包缝机上刀也要放在平面上，镶缝拼接要整齐，缝道小，用压铁压住不使其退火，再在砂轮上磨出轮廓和刀头刀口，特别是在磨刀口时要注意和动刀相配，能有剪切余量，然后在油石上推磨此平面，使刀头切线刃口磨出为止。

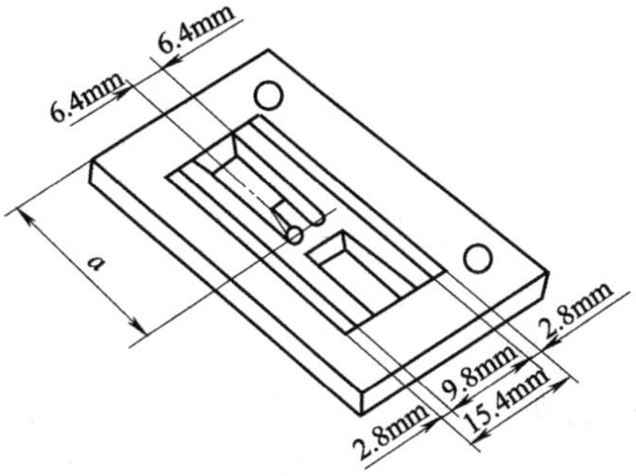

图 2-67　针板修复方法

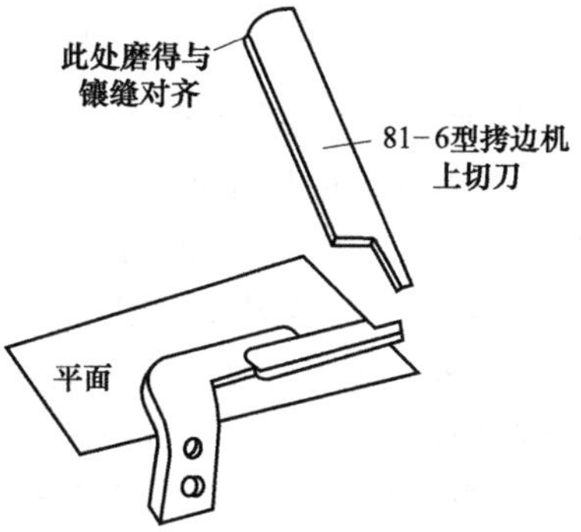

图 2-68　定刀刀头镶嵌修复

图 2-69　牙架的镶嵌方法

图 2-69 为牙架的镶嵌方法。牙架上下两部分由于长期受摩擦，很容易磨损。这时，只要预先修掉上下被磨损部位（要先退火），使之宽度能镶嵌两条薄钢片，然后进行铜焊，使焊接后的宽度小于滚珠，再通过锉削，使之与合滚珠动配合即可。

9. 切刀的刃磨

带有切刀机构的缝纫机要经常修整切刀的刃口，保持切刀刃口的锋利，才能保证机器的正常工作和产品质量的稳定，修磨切刀的刃口也是修复零部件内容之一。

(1) 包缝机的切刀刃磨　包缝机的上下切刀经过一段时间的使用，就会因磨损而失去刃口的锋利，在缝纫时出现切料不爽的现象，此时就需要修磨上下刀。上下刀的基本角度与尺寸如图 2-70 所示。在砂轮上修磨时，应保持上下刀的正确角度和尺寸。刀具与砂轮接触时不要用力太重，注意不要使刀具退火，并及时浸冷却液。上刀和下刀的接触平面，必须在油石上推磨。下刀的刃口安装时要低于针板上平面 0.1～0.5mm，上刀的刃口要低于下刀刃口1～2mm，两刀刃口必须重叠合缝。

(2) 平头锁眼机的切刀刃磨　平头锁眼机的切刀基本角度和尺寸如图 2-71 所示。切刀的厚度一般为 0.8mm 左右，刀锋正好位于针板刀缝的中央。刀锋角很小，一般刃磨时，只要将斜面 h 磨去 5mm 左右即可。刃磨刀时，只要在砂轮的侧面刃磨，两面要均匀换向，指上的压力也要两面均匀，换向的次数根据刃磨程度加快。刀锋磨出后再放在油石上修光。

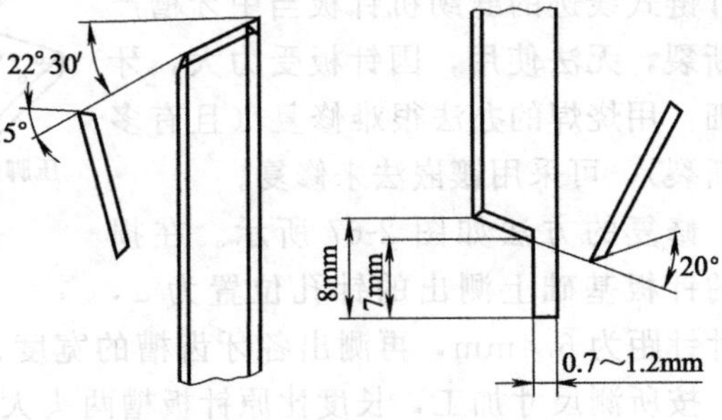

图 2-70　上下刀的基本角度与尺寸

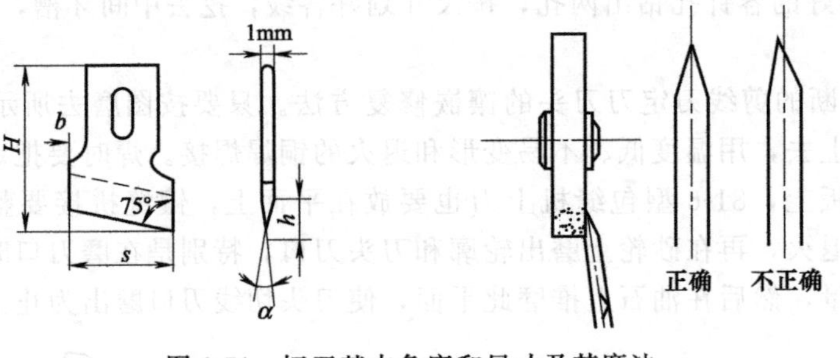

图 2-71　切刀基本角度和尺寸及其磨法

切刀长度 s 由纽孔的大小决定，如需缩小长度 s 时，只能刃磨切刀的前面，不能刃磨切刀的背面。刀背面 b 的尺寸要使得针杆下端下降到最低点时，切刀与针杆相距 0.5mm 左右。刃磨多次以后切刀会变短，此时可通过切刀的腰形孔调节高度。

切刀的装法：用紧固螺钉把切刀装在切刀架上，并用手揿下刀架，此时，切刀后角应低于针板平面 3mm 左右。如高低不符，可通过紧固螺钉再调节；左右不对称，可能是切刀的厚薄度有问题或刀不平整。有时可适当调整针板两只紧固螺钉。

(3) 圆头锁眼机的切刀、切模修磨　圆头锁眼机的切刀分上下两部分。一般切模在上面，切刀在下面（557 型机相反）。切刀的硬度比较高，并有锋角。切模是用较软的铜或其他较软的钢材制成的，并用一平面与切刀锋角接触，靠压力压开缝料。这种切刀的压力很大，调节压力尤为重要。而锉削切模的凹槽能保持在最小压力下压开缝料。所以，经常修锉切模对切刀的正常工作是非常重要的。

切模的锉削：由于切刀的压力，使软材料制成的切模容易起凹槽，这种凹槽愈深，就使得刀的两侧阻力愈大，就愈难切开缝料。因此，应拆下切模，锉掉 V 形凹槽，锉削时应稍留一条等深的切刀印迹。这样才能保证切模与切刀的定位及全面接触，而不会因切模平面高低不平使缝料不能全部切开。如锉削次数多，切模尺寸变小，可调节切刀压力，使之保持能切开缝料的压力。如调压后也切不开缝料，则应更换新的切模。

切刀的修磨：圆头锁眼机切刀是一种定型刀，刀型复杂，不能有缺口和裂痕，要求比较高。一般情况下切刀是不做修整的，但如没有新刀，且切孔时闷车，这时就要考虑切刀刀角圆钝的可能，就要磨尖刀角。一般可用金刚石锉刀进行修锉，或用油石修磨。在切刀原角度的斜坡上修锉或磨削，直到切刀锋利为止。修锉、磨削时应时常检查刀锋平面的平直度。圆头处不能有凹陷，修锉后在圆头孔处稍微修磨一下，使圆头刀锋锋利。

切模的安装要顶足限位销，旋紧夹紧螺钉。切刀在安装时要落准，左边偏心顶块要推足，使压板压紧切刀斜面，最后，扳紧固定螺钉。上下刀装好后，就要调节切刀的压力。一般修磨尚能正常工作，说明压力并不过大，装好切刀切模后，只要试车即可，如能完成切孔要求就不需调整压力；如单面切缝，要拆下切模，修锉一下底平面凸起的部位（要看切印深的地方），然后装上试机，直到完全切开为止。如完全切不开，就要适当旋紧调压螺钉，直至切开缝料。

（4）套结机的剪线剪刀修磨　首先修磨动刀、定刀的刃口，使其锋利。如动刀球面扁平，可用金刚石什锦锉锉去周围部分，以突出刀口球面，以利于剪线，如图 2-72 所示。定刀修磨应具有 0.2mm 的斜角，才能均等地切断两根线（面线和底线）。比 0.2mm 小时，C 边的线切不断；比 0.2mm 大时，B 边的线切不断。一般 B 边的线切不断则修磨 C 边；相反，C 边的线切不断时，则修磨 B 边，如图 2-73 所示。

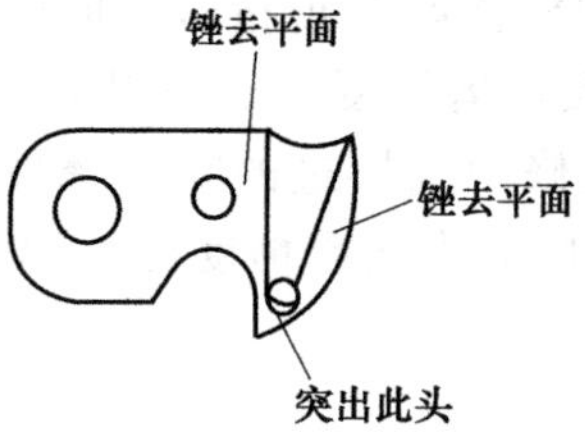

图 2-72　动刀的修磨

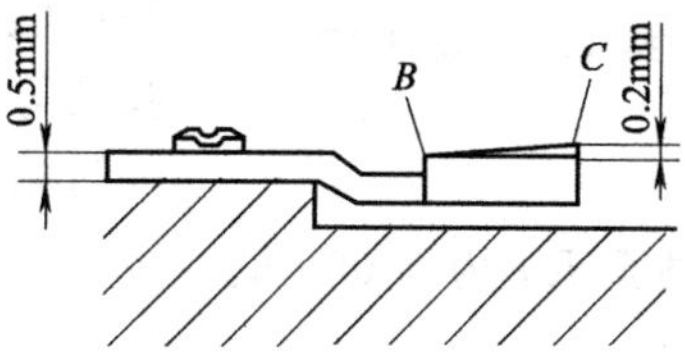

图 2-73　定刀的修磨

另外，剪线剪刀小连杆是个传动零件，由于孔径磨损，会造成动刀行程不够而不能可靠剪线，可找一块厚薄相似的小钢板照原样做出小连杆，如原小连杆松动不大，可用锤子敲击小孔，以缩小孔径，但应注意不能敲坏小连杆。

动刀常坏的部位是动刀销。动刀销因用久或动刀与定刀吻合时的力较大，动刀销被撞松，会出现切不断线或有时断针等。可用小锤将销钉铆死后，再用凿子在铆口上凿一个十字架，这样使动刀内的销在钳子下被迫向刀口内壁胀紧，铆到销不松动即可。在动刀销与动刀连杆的配合运动中，动刀销最容易磨损，使动刀销在动刀连杆孔中有很大的活动空间，常出现切不断线或碰机针等。修理方法：将切刀反过来放在台虎钳的平面上；用榔头将销用力锤击，但千万不要锤在动刀上，不然刀会折断。在刀的作用下，圆销会少许向下鼓起，再与动刀连杆孔配合，直到销在孔中既活络又不松，达到配合的要求。如销损坏无法修理或销已飞落，可用一根小圆钢或圆钉代替，大小要与动刀连杆相同。用什锦锉锉成“凸”形，圆销柱上动刀销口必须锉成 90°的直角，销柱要大于动刀销孔，这样装进铆紧的销钉不易松动，并且好用。

在更换新定刀时，常遇到定刀刀尖凸起碰动刀，无法与动刀刀口吻合的现象。解决方法是将定刀固定螺钉位置下方垫上硬纸片（剪成长方形垫在刀片固定螺钉下），紧固螺钉，看定刀尖与动刀背是否相撞，再看两刀口切线。因为定刀尾侧部垫起，定刀尖会低下，刀口后部会上翘，动刀与定刀的接合部在定刀刀尖下 2～3mm 区域，定刀要有斜形，但又不可太大。定刀的斜形是为了使线更好地被带进动刀的燕尾槽中被切断。

剪线剪刀的调整如图 2-74 所示。为使机针导套的针孔与动刀的孔 A 对准，旋松动刀的固定螺钉，把动刀按箭头方向移动调整，调好后，旋紧动刀固定螺钉。

定刀平面位置与机针导套的间隙为 0.5mm，旋松定刀固定螺钉，移动定刀便可进行调整。定刀刀刃部位与针导套的高度为 0.1～0.15mm。

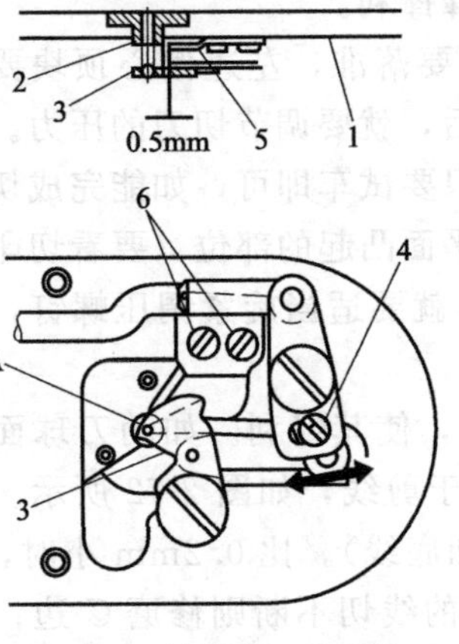

图 2-74　剪线剪刀的调整

1—针板；2—机针导套；3—动刀；4—动刀固定螺钉；5—定刀；6—定刀固定螺钉；A—动刀的孔

动刀平面位置：停车时，机针导套、针板容针孔与动刀的孔都要一致。调整时，松开动刀固定螺钉调整动刀位置。动刀太靠近定刀一边，则会在停车时剪线，或发生钩线不稳定，或剪不断线的故障；动刀离定刀太远，则会剪线不良或机针碰到动刀而断针。动刀与定刀的段差（高低差）为 0.25～0.3mm。动刀刀刃部位与机针导套咬合量为 0.15mm。

二、缝纫机的整修技术

1. 轴与孔（套筒）的整修

缝纫机是一种精密的机器，它的轴与孔配合的精度相当于国家标准 2～3 级精度，其精度的公差配合有关数据见表 2-17。缝纫机的各关键部件配合的表面粗糙度要求，均可达到 Ra 0.2～0.1μm。有的机件配合很精密，但由于表面粗糙度值太大，摩擦系数过大，运转受阻、发热，导致拉毛、咬死等现象，所以缝纫机检修中调换过的零件摩擦面，都要经过精铰和精细研磨。研磨后的表面粗糙度可达到 Ra 0.2～0.1μm 甚至 Ra 为 0.05μm。

表 2-17　精度的公差配合有关数据

名称 / 精度等级 / 公称尺寸/mm	孔/轴 2	孔/轴 3	孔或轴 4	孔或轴 5
6～10	0.016/0.0	0.022/0.015	0.03	0.058
10～16	0.019/0.012	0.027/0.018	0.035	0.07

缝纫机的磨损限度受到精度和表面粗糙度两方面限制，这两者是相辅相成的，有一定的精度就要有一定的表面粗糙度。从精度来看，一般轴与套筒的间隙超过 0.05mm 时就要调换套筒，特别是针杆与套筒这样直接影响工作的工件。轴的磨损，如超过 0.04mm 时，在这种情况下，轴套孔也往往被磨损，所以要更换轴与套筒。

轴与轴套的调换方法：把磨损的前（上）后（下）套筒用专用衬筒敲出，换上稍紧于机孔的新的或定制的轴套。即轴套的外径要略大于机壳孔，这样，敲进机壳后，螺钉紧固，前（上）后（下）两孔之间能保持轴中心线不变，运转时也不会因轴套配合不紧而松动，从而防止机孔磨损。前（上）后（下）轴套装进机孔后，必须用专用铰刀铰过，使之达到与轴外径相配合的精度，一般比轴径大 0.02～0.03mm。轴套敲入机壳时，要事先测好轴套伸出机壳孔的长度尺寸。如考虑旋梭装上后与缝针的配合刚好在规定的间隙内，下轴齿轮的配合以上下背锥角啮合为准。

2. 顶尖螺钉与轴（圆锥孔）的整修

在缝纫机上有许多零件，如抬牙轴、送料轴、牙架、抬牙曲柄和送料曲柄等，都有圆锥孔和装在机体上的顶尖螺钉（圆锥螺钉）的相互活动。由于受力的方向关系再加上摆动的幅度小，因此，机件磨损的单面性很大，如果单纯把顶尖螺钉旋紧一点，虽能暂时解决轴的左右间隙，但这样未经研磨，锥孔和锥尖的接触面一定很少，往往使用不久就磨损了。所以，锥孔和锥体必须研磨。

研磨方法：研磨剂涂在轴的两端孔内，把轴分别装上机壳，左右位置定好，把两端顶尖螺钉分别拧到稍紧程度，并把螺母紧固，用手转动轴，角度越大越好。直到松紧适度时，旋下两端的顶尖螺钉，检验研磨效果。凡是被研磨到的地方表面呈灰色无光泽，与未接触到研磨料的地方很容易分辨。如研磨后接触面仍不多，再涂上研磨剂用上述方法继续研磨，直到接触面达 80%时为止。然后用煤油洗干净。

3. 挑线杆整修

挑线杆组件由挑线杆和挑线连杆及铆钉组成。其中挑线连杆的过线孔易被缝线磨出一条很深的线槽引起断线。这时需要调换其中某一个零件，或者挑线杆组件全部更换。装上机体后，往往发生机器转动不灵活、有单面轻重的现象。这是由于挑线连杆孔与挑线杆体孔两者不平行，因为挑线连杆孔由销子连接在机壳上，而挑线连杆孔由挑线曲柄和针杆曲柄连接旋转，因此两孔的平行度要高，如稍有偏侧，针杆曲柄旋转时即产生轻重现象。轻则挑线曲柄连接处发热，重则机器运转不动，遇到这类现象，首先要把挑线杆的两孔校正。

校正方法：用两根与两孔内径相当的芯棒分别插入两孔内，测试芯棒两端的偏斜程度，并予纠正，如图 2-75 所示。如果挑线曲柄小弯头和针杆连杆连接处发热，则要考虑针杆曲柄孔已有毛病，原因也是两孔不平行，应调换针杆曲柄。

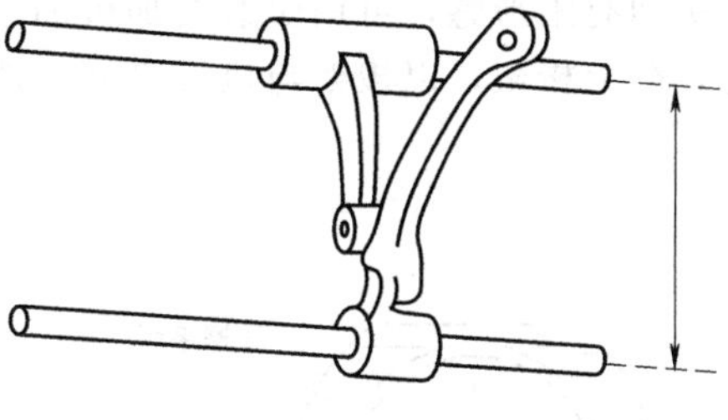
图 2-75 挑线杆体平行校正

4. 伞齿轮的研磨方法

缝纫机在长期运转之后由于受力面的不相等或轴孔的磨损原因，会造成伞齿轮的磨损面也不均匀，有的磨损间隙大，有的磨损间隙小，引起旋梭运转不稳定，旋转方向松动过大，机器噪声增大的问题。所以伞齿轮的研磨好坏是决定缝纫机整机整修质量好坏的关键。

研磨前要做好上下伞齿轮的定位记号，上下伞齿轮背锥线要对齐，上轴左右轴向不能松动，齿轮孔与轴是过渡配合，要求两者尽可能紧些，否则螺钉紧固后，伞齿轮会出现偏斜现象，增加研磨困难。

以上轴吊紧螺钉来调节上轴伞齿轮与竖轴上伞齿轮的松紧度，或通过旋松上轴伞齿轮紧固螺钉来调节，将研磨剂涂入每一齿间，用手轻轻盘动上轮。先把紧的齿面研磨，逐渐增加接触面，待磨松后，再适当收紧锥齿间隙，继续研磨，研磨到上下齿轮的前后压力角啮合到松紧适当为止，再用煤油把研磨剂洗净。在研磨时，一定要注意绝不能把研磨剂渗到轴套里去，否则会破坏轴与轴套配合的精度。下轴伞齿轮的研磨方法基本与上轴研磨方法相同，但它的啮合精度是由轴套来调节的。

如果上下伞齿轮使用年久，压力角磨损过多，虽然修磨，但噪声和间隙仍达不到质量要求，这主要是因为伞齿轮两侧磨损，虽然两齿装紧，还是出现齿顶碰齿底的现象，故而发生异常噪声，这时就要更换新的伞齿轮副。总之，上下伞齿轮的研磨要恰如其分，压力角磨掉太多，会影响机器使用寿命，这里的关键是上、竖、下三轴配合要精确，两轴孔要垂直，这样三轴在运转时，既精密而又轻快，就能达到噪声轻、间隙小的装配要求。啮合后的齿轮副以旋梭外径弧摆间隙在 0.20～0.30mm 为标准。

5. 钩线机构的修整

钩线机件（弯针、梭床）的钩线尖与缝针相距很近，约 0.1mm，长期使用后，由于种种因素，钩线尖端很容易碰毛，这就影响穿线环，仅凭调试很难修复，这时就得修复钩线尖，不同种类和型号的缝纫机的钩线尖的尖端形状也都不相同，如 780 型平头锁眼机的钩线尖端又长又尖，而 299U 型弯针的尖端呈扁尖形，像把楔子。不管其形状如何，尖头往往会被机针轧毛或长期使用钩线尖部会变钝，如有钩线尖部轧毛，可用细砂布或研磨膏进行研磨。变钝的钩线尖部可用油石修磨锋利，然后抛光后用机油洗净即可使用。在进行修磨钩线尖部时，一定要按原样进行精细的修复，而不能破坏其必要的几何形状，不要把平面修磨得过低。尖头毛刺修磨后，一定要进行抛光。钩线机件的表面粗糙度值愈小愈好。某些不能正常缝纫的机器就是由于钩线机件的表面粗糙度不好而造成的。如 558 型、299U 型的钩线弯针，则要求钩线底部线环经过的地方保证线环滑动流畅，而不能因摩擦过大而引起线环受阻，以致不能进行正常工作。

(1) 套结机梭床、梭架与梭盖（压板）的整修　梭床床身长期使用而自然磨损，会使导槽间隙过大，致使梭架摆动不稳，引起跳针或断针。可拆下梭床，修磨导槽平面，如图 2-76所示。在修磨过程中要保持平面平整，使梭架在导槽中能自动摆动而无阻滞感。如修磨过头而有阻滞感，可用研磨膏加机油适当研磨，消除阻滞，洗去研磨膏方可装机。在装梭床时，配上梭架，以梭架与机针之间的侧隙为 0.5mm 为准，从而固定梭床。

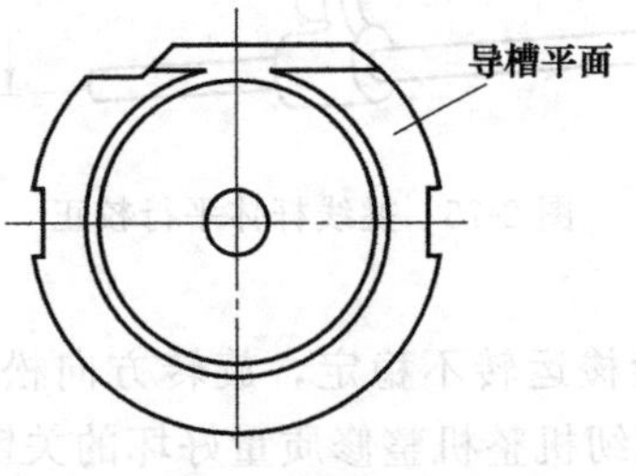

图 2-76　修磨导槽平面

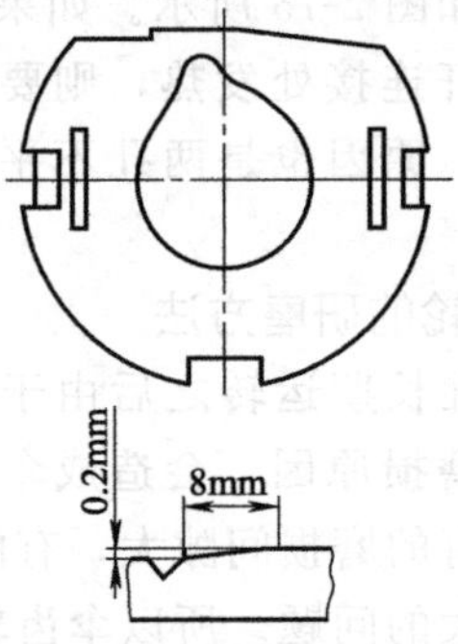

图 2-77　斜线部位的尺寸

梭架尖的磨损较大时，可卸下梭床盖，确认背面斜线部位的尺寸是否有 0.2mm×8mm，如果没有保持 0.2mm×8mm 尺寸，如图 2-77 所示，可用油石予以磨损修正。

(2) 299U 型的弯针整修

① 不穿线弯针的整修。不穿线弯针一般断在颈部较多，断下的尖头一般很小，很难焊接（先测出弯针各部尺寸，断头部分不要扔掉），可用铜丝来堆焊。堆焊的尺寸要超过原弯针的长度和厚度，再用锉刀修成原样。其方法如图 2-78 所示，先以机针为基础，锉修里面，使其与机针正好相擦（留 0.2mm 余量，以便修正），再锉出宽度、长度及颈部，然后，装在弯针架上，与另一只穿线弯针向中心靠拢对齐，确定出弯针针尖的高度（一般高低即可）。根据原样锉削上平面，锉削下曲面时要细心，首先得使线环顺利到达颈部，然后根据剖面锉出容易使线环偏侧的斜面，只要能达到线环正常工作即可，最后整形、淬火、砂光和抛光。

② 穿线弯针的整修。穿线弯针的整修方法与不穿线弯针的整修方法基本相同，如

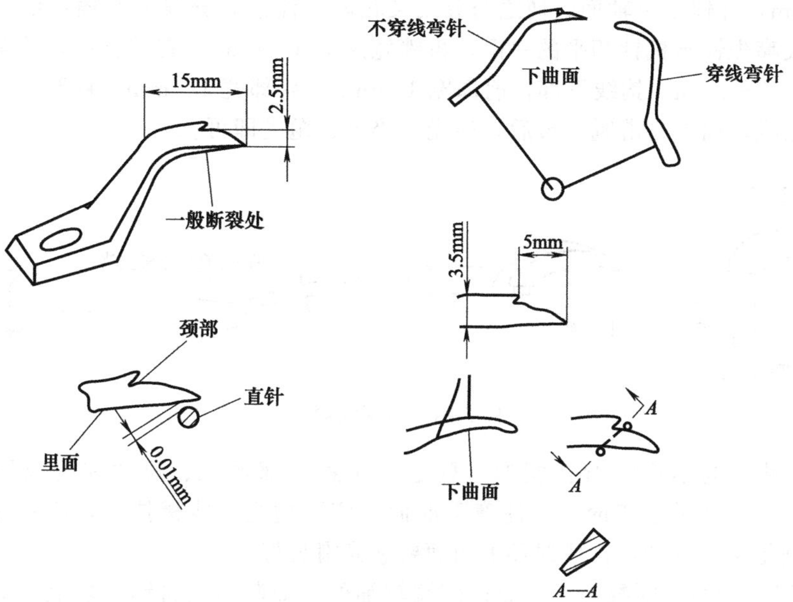

图 2-78 不穿线弯针的整修方法

图 2-79 所示。只是要注意穿线孔的位置，凿线槽在正面确定后先凿，因为其他面还没有锉，有较大的强度，凿起来不易变形，凿子可用 0.8mm 厚手锯条来轻慢地凿，全部加工好后，对线槽用棉线绳涂上研磨膏拉光、抛光。

③ 拢线叉（线圈定位器）的整修。拢线叉一般都断在截面积最小的地方，因为拢线叉上部为平面，所以锡焊比较容易，其具体方法如图 2-80 所示。先在拢线叉断裂处以及衬垫用的 0.2mm 薄铜皮上涂上锡焊药水，再烫镀上一层锡。把烫镀过锡的薄铜皮并拢上拢线叉的断裂处，并用细长物顶住，使其不移位。用铬铁加热，使锡化开后冷却，一面就焊牢了。再在下面的断裂处堆焊锡，焊时随时拿开烙铁，千万不能使上面的铜皮焊掉。在不妨碍钩线环的情况下，可堆焊得厚一点，最后剪去多余的铜皮，锉光，铲去妨碍钩线的多余的焊锡，抛光即可。

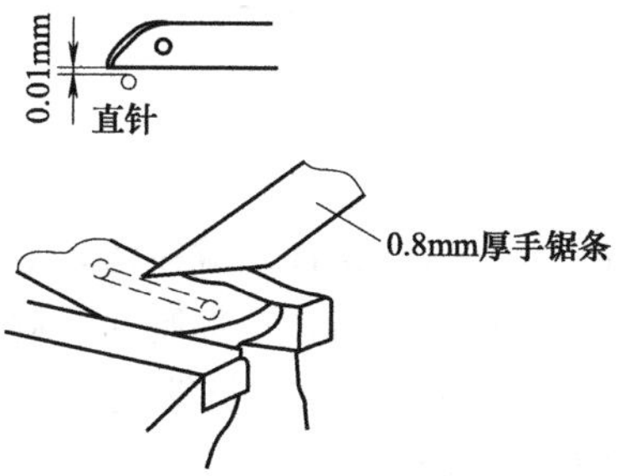

图 2-79 穿线弯针的整修

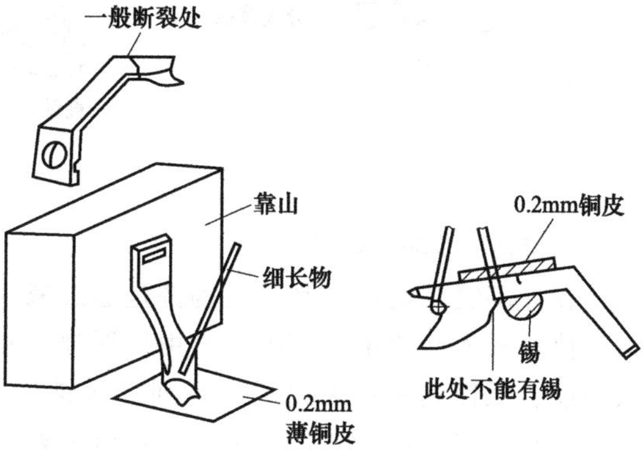

图 2-80 拢线叉的整修

(3) 558 (557) 弯针与分线叉的整修

① 弯针。不穿线弯针头比较容易折断，可以用什锦锉柄根据钩线原理来锉出弯针的各部，其方法如图 2-81 所示。找一根 3mm 粗的什锦锉柄，磨成长 8mm、粗 2.5mm 的柱形材料，弯成近 90°，插入弯针架上并在比分线叉长 2mm 处截断。再在机针下降时易碰部位锉

出凹势约1mm，并锉平上轴面，使之与分线叉相配。注意，分线叉要插到底，并能左右自由摆动。钩线嘴先锉与机针相平的一面，再锉宽度为1.2mm左右的背部，锉至颈部，颈部距分线叉尖1.5～2mm。钩线下部，前部宽1.6mm，后部宽1.4mm，锉至颈部成倒势，这样有利于钩住线环而不易滑脱，最后，砂光、淬火、抛光即可。

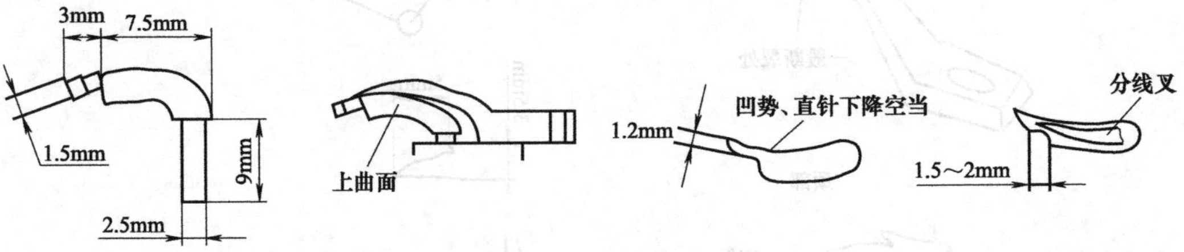

图 2-81　不穿线弯针

穿线弯针做法与不穿线弯针相似，只是要注意各部形状、尺寸和钩线原理不同，如图2-82所示。左右弯针加工时，要注意下曲面一定要抛光，线槽拉光，使钩住的线环能套至根部，特别是穿线弯针，钩住线环下曲面要愈光滑愈好。

② 分线叉。分线叉断裂处，一般在前端较细处，如断得长可镶一段上去焊牢，断得短可堆焊，形状可在弯针架上与弯针配锉。其方法如图2-83所示。首先锉下曲面，在弯针架上将分线叉插到底，锉后使下曲面不碰弯针，前部贴紧弯针并能自由摆动，再锉上曲面，厚度形状参考另一只分线叉，在锉里面时，要注意A、O、C三点的位置，当分线分足时，C点不碰其他零件，分得开一点为好，这样，当机针下降时不易碰到分线叉外面，并注意分线叉头部凹形不能太长，一般在4mm左右，不然线环滑到后部，机针就不易穿过三角区。同样方法可修复有底线分线叉，分线叉头部叉要包容穿线弯针线孔，分线叉头部下曲面要贴紧弯针上曲面又能自由摆动。分线叉锉好后要淬火与砂光、抛光。

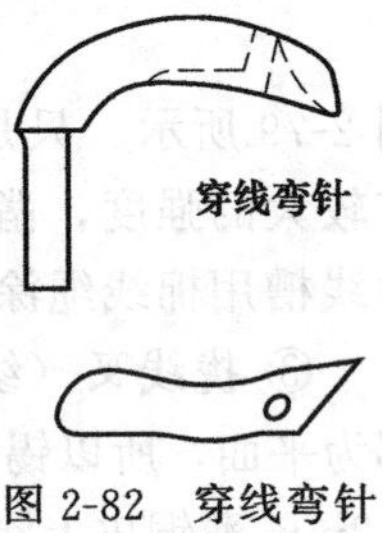

图 2-82　穿线弯针

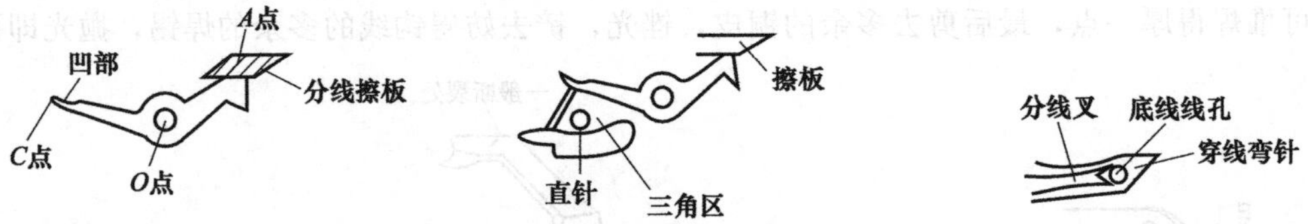

图 2-83　分线叉的修复

6. 制动机构的整修

在许多缝纫机中，制动机构都是通过减速板、平面凸轮来进行缓冲、减速的，最后使机动定位块嵌入凸轮定位槽中，再由环形弹簧和缓冲大弹簧缓冲，使机器全部制动。制动机构从高速、低速到停止采用了一系列机械结构装置，但由于惯性大，加上长期使用的磨损消耗，导致一些机件无法正常工作，这就需要对制动机构进行整修。

（1）缓冲簧的整修　缓冲簧的断裂是制动机构常见故障之一，往往会造成机器停机时相位不准的故障，常常引起机针高度下降和剪线剪刀相擦，此时应松掉制动上的拉簧，拉出制动架，然后取出制动凸轮盘和制动凸轮，取出断裂的环形簧，换上新的再组装。如果只断一两圈，可垫进一只6mm螺母，以压紧缓冲簧，如图2-84所示。

（2）制动凸轮与制动定位块的整修　由于长期冲撞，制动凸轮的定位凹口两角会磨损或缺损，当惯量大时，制动定位块就容易从中反弹跳出，而不能正确定位。制动定位块与定位凸轮相互作用的地方也容易损坏。这时就需要用乙炔焊修复凹口两角，在补焊时，焊料要补得稍高一些，再经过钳加工，修复到原形状，进行热处理，即可使用。

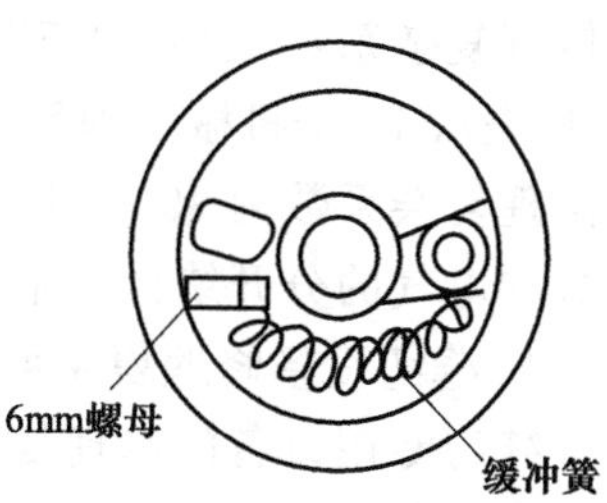

图 2-84 缓冲簧的修复

平头锁眼机的上述制动部件是最容易损坏的，维修率也比较高，若不及时整修好常常会引起其他机件人为的损坏，所以制动部件要及时整修好。平头锁眼机的制动摩擦板的作用是当机器降低转速后通过制动摩擦板再减速，在理想的低转速状态下进行最后的整机制动。这块板起着很重要的限速保护作用，一般在长期使用后调换新的摩擦板，可通过板下端的调节螺栓（该板安装在一可调的支架侧面），调节支架的前后位置，其摩擦板标准定位是：机器在变速瞬间时，该制动摩擦板离开制动凸轮端面的间距以 0.5～0.8mm 为准，此间距过小会引起减速过早，整机制动不灵，针杆不能定位的故障，反之会引起整机制动时冲击声过大，各制动零部件噪声大，长期如此会导致各零部件严重的磨损现象，从而降低机器使用寿命。这种制动机构如调整不当也会出现不少故障。应该在零部件未出现损坏时，就调妥整修各个制动缓冲部件，这样就能延长制动机件的使用寿命。

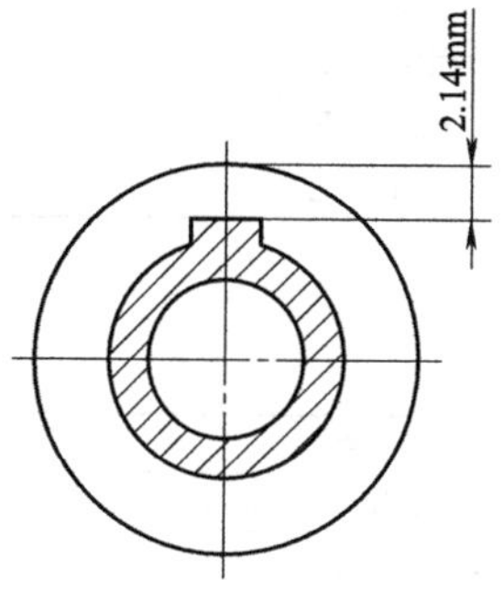

图 2-85 驱动轮与凸轮内圈的标准间距

（3）299U 型圆头锁眼机制动机构的整修 299U 型圆头锁眼机的制动机构是不定心的，属于偏心浮动式，它通过两只滚柱实行离合。制动机构中的制动盘是通过离合器来控制整机的启动和制动的，这副离合器是通过 548730 两只滚柱来工作的，离合器的滚柱号码有 0～4 共五个，每一号码的直径尺寸大约 0.01～0.02mm，在装配和修整时，可根据滚柱或离合器壳体的磨损程度，对 0～4 滚柱进行合理的选配，选配的标准是整机制动后，驱动轮与凸轮内圈标准间距为 2.14mm，如图 2-85 所示。

299U 型圆头锁眼机的快速离合装置也是一副离合器，在长期运转使用后滚柱或离合器外壳有磨损的可能，势必在整机快速过渡程序中产生因离合器抱合不足而引起整机轧牢的故障，由此必须调换滚柱 548419，该滚柱也有 0.01～0.03 三种尺寸规格，最小的为 ϕ9.55mm，最大的为 ϕ9.63mm，根据磨损程度进行选配。

第五节 缝纫设备修理复杂系数

设备的修理复杂系数是表示设备修理复杂程度的一个基本单位，它代表设备的结构特点、尺寸大小、精度等因素，是考核设备保养修理工作的基本计量单位。结构越复杂，尺寸越大，加工精度越高，设备的修理复杂系数就越大。设备修理复杂系数主要用于制订设备修理工作的各种定额，如值班维护和修理劳动量的定额、停歇时间定额、修理材料消耗定额等。企业设备维修的力量（包括维修工人的数量和为维修而使用的主要设备），也以企业生产设备的总复杂系数进行核算。

一、缝纫设备修理复杂系数计算方法

设备修理复杂系数用代号“F”表示，其中又分为机械复杂系数（用“JF”表示）、电

气修理复杂系数（用“DF”表示）。每一修理复杂系数的数值用数字写在代号前面，如10JF表示10个机械修理复杂系数；5DF表示5个电气修理复杂系数；300JF/200DF表示机械修理复杂系数为300，电气修理复杂系数为200。在统计全厂修理复杂系数总和时，应将机械和电气的分开统计，不得混合计算。

1. 缝纫设备修理复杂系数计算法

缝纫专用设备的修理复杂系数，是结合现有缝纫专用设备的结构情况、技术规格、机型等特点，研究确定了二十三项考虑因素来进行计算而得的。

缝纫设备修理复杂系数计算公式：

$$JF=A_n+B_n+C_n$$

式中 A_n——技术规格系数；

B_n——结构特性系数；

C_n——机型系数。

（1）技术规格系数 A　技术规格系数 A 如表2-18所示。

表2-18　技术规格系数 A

序号	系数	序号	系数
1	直针0.1	6	复合运动弯针0.2～0.4
2	旋梭(旋转钩)0.3	7	半自动润滑0.1
3	摆梭0.2	8	全自动润滑0.2～0.4
4	线钩弯位型0.3	9	3000r/min以下0.2
5	往复运动弯针0.3	10	3000r/min以上0.4

（2）结构特性系数 B　结构特性系数 B 如表2-19所示。

表2-19　结构特性系数 B

序号	系数	序号	系数
1	直线送料0.3	7	带切孔刀0.4～0.6
2	往复送料0.6～0.8	8	带上、下剪线器0.1～0.3
3	针架往复摆动型0.3	9	定位制动系统0.4
4	针架复合摆动型0.8	10	套结加固装置0.3
5	双速工作进给系统0.4～0.6	11	差动送料0.2
6	带裁断刀0.2	12	带附加送料0.2

（3）机型系数 C　机型附加系数0.2～0.5。

注：遇到有范围的系数，要根据机器的复杂程度选用，机器组合较简单的取下档，机器组合较复杂的取上档。同样机型系数，根据设备的结构精度，修理难度取不同值。

修理复杂系数计算举例：

GC1-2型上工牌中速平缝机修理复杂系数1JF

JF＝A(1)＋A(2)＋A(7)＋A(9)＋B(1)

＝0.1＋0.3＋0.1＋0.2＋0.3

＝1

GN2-1高速包缝机修理复杂系数2JF

JF＝A(1)＋A(5)＋A(8)＋A(10)＋B(1)＋B(6)＋B(11)

＝0.1＋0.6＋0.2＋0.4＋0.3＋0.2＋0.2

＝2

299U-130胜家圆头锁眼机修理复杂系数4.6iF

$$JF = A(1)+A(5)+A(9)+B(2)+B(4)+B(5)+B(7)+B(8)+B(9)+C$$
$$=0.1+0.3+0.2+0.8+0.8+0.6+0.6+0.3+0.4+0.5$$
$$=4.6$$

2. 液动设备系数 C_1 的计算公式

$$C_1 = K_1 L + K_2 D + K_3 N + rK_4 Q + K_5 m$$

式中　r——油泵的结构特点；

Q——油泵的流量，L/min；

D——油缸的直径，mm；

L——油缸的长度，mm；

N——油缸数量；

m——阀的数量。

K、r 如表 2-20 所示。

表 2-20　K、r 系数

修理复杂性的常数					油泵结构特点系数 r			
					油泵类别			
K_1	K_2	K_3	K_4	K_5	单个叶片	成对叶片	齿轮	活塞
0.001	0.003	0.5	0.002	0.03	1.0	1.9	1.2	1.5

注：1. 有几个油缸时可根据最大油缸计算。
2. 有两个以上油泵时，Q 按总生产率计算。

3. 设备电气部分的修理复杂系数计算公式

按一般设备来确定缝纫设备的电气修理复杂系数 DF：

$$DF = \sum (F_1 + F_2 + F_3 + F_4)$$

式中　DF——电气修理复杂系数；

F_1——电动机的修理复杂系数；

F_2——配电箱和附有电器的操纵台的修理复杂系数；

F_3——直接装在机器上的电器和电线的修理复杂系数；

F_4——电磁吸盘的修理复杂系数。

4. 设备的修理复杂系数的确定

设备的修理复杂系数是根据设备的结构及特性系数进行计算的，但也可采用分析比较法确定。

(1) 修理工时分析比较法　设备的修理复杂系数根据该设备大修理实际消耗的修理钳工工时和企业规定的、通过实践证明符合实际的每个 JF 的钳工工时数进行比较计算而得。

$$JF = \frac{\text{设备大修理实际耗用的修理钳工工时数}}{\text{企业确定的每个 JF 的大修钳工工时定额}}$$

(2) 整台设备比较法　拿已确定定好的设备和类似设备进行比较确定，这种方法有些出入，但在计算困难时，可以采用。

(3) 分部件分析比较法　按已知设备的 JF 分部件逐一比较，得出各部件的 JF，其总和即为该台设备的 JF。

二、缝纫设备修理复杂系数表

缝纫设备修理复杂系数表见表 2-21。

表 2-21 缝纫设备修理复杂系数表

项次	机器型号及名称	修理复杂系数
1	GB1-1 型平缝机	1
2	GC1-2 型平缝机	1
3	JA 型、JB 型、JC 型家用平缝机	0.8
4	GC2-1、GC2-2 型切毛机	1.2
5	GC7-1 型平缝机	1.3
6	GC8-1 型平缝机	1.3
7	GC28-1 型平缝机	1.3
8	进口切毛机	1.4
9	DDL-555 高速平缝机	1.5
10	GN1-1 包缝机	1.4
11	GN2-1 高速包缝机	2
12	GN3-1 五线包缝机	1.9
13	GN5-1 高速五线包缝机	2.5
14	MO-816 日本五线包缝机	2.8
15	飞马五线包缝机	2.8
16	GJ1-2 钉扣机	2.2
17	GJ4-2 钉扣机	2.3
18	MB-372 钉扣机	2.4
19	71-1 平头锁眼机	2.8
20	LBH-761 平头锁眼机	3.7
21	LBH-781 平头锁眼机	3.8
22	557 圆头锁眼机	5
23	299 圆头锁眼机	5.5
24	G13-1 锁眼机	3.4
25	551-2W 德国平头锁眼机	3.6
26	GK10-2 高速上袖机	1.9
27	MH-350 双针双链缝纫机	2.1
28	MH-481 单针双链缝纫机	2.1
29	MS-26 双针摆缝机	2.1
30	LK-232 套结机	2.1
31	LK-1850 套结机	2.3
32	DDL-555-4B 平缝机	2.0
33	DLN-415 针送料平缝机	1.8
34	LH-515 针送料双针机	2.2
35	LH-527 分离针杆双针机	2.3
36	260 万能机(德国)	1.7
37	DPW-2 绣花机	1.5
38	LZ-582 三角针机	1.5
39	扎卜机	2
40	德国四针机	2.5
41	DFB-444PFD 日本四针机	2.3
42	GK10-9 四针机	2.1
43	缝皮机(国产)	2
44	缝皮机(进口)	2.5

三、缝纫设备修理保养工时计算

1. 工时定额

工时定额是以小时计算的。缝纫设备修理保养工时根据 GCl-2 型上工牌中速平缝机为基准，以换易损件为基础，经过统计、研讨，确定每个机械修理复杂系数的大修钳工工时为

24h。中速平缝机的二级保养工时，一般为 6h，根据这个数据，有：

大修钳工工时：1JF＝24h；

二级保养工时：1JF＝6h。

各种缝纫设备大修钳工工时、二级保养工时，可参照下列公式计算（单位：h）：

$$大修钳工工时=该设备修理复杂系数\times 24$$

$$二级保养工时=该设备修理复杂系数\times 6$$

注：设备制造和使用情况不一，以上公式仅作参考，根据实际情况可适当增减工时定额。

2. 机修保全工的配备

各单位根据设备拥有量配备相应的机修保全工，以保证设备的正常运转。其计算公式：

$$需要机修保全工人员数=\frac{总修理复杂系数\times 班次}{维护定额}$$

维护定额：3 人/100JF。

即每 100 个机械修理复杂系数，一班制为 3 名机修保全工。

根据目前各服装厂内机修保全工配备情况来看，一般取每 100 个机械修理复杂系数（一班制）为 2 名机修保全工，但还可以根据机修保全工技术状态，适当增减。

第六节 缝纫设备维修技巧

一、电脑缝制设备的保养与电路板的维修

服装缝制设备是服装企业的重要组成部分。随着科学技术的不断发展，服装缝制设备也综合了电子、液压、气动等先进技术，实现了电子自动化、多功能化，进一步提高了服装制作行业的产品质量与生产效率。

那么如何最大限度保证这些电脑缝制设备在工作时处于正常的工作状态，就需要对机器做前期的保养与维护，尽可能减少机器在工作中出现的故障，以提高工作效率。

下面将介绍电脑缝制设备在工作前的维护与保养知识。

（一）电脑缝制设备的合理工作环境

① 不允许在有强烈电磁干扰或有高频率电焊器的地方安装设备，因强力电力声音会影响设备甚至造成设备不能正常工作。

② 安装该电脑设备的缝制车间应保持 5～35℃的室内温度，如气温过高或过低都会影响设备的正常工作。

③ 安装该电脑设备的室内不能出现潮湿现象，因为潮湿会引起机内短路，相对湿度应保持在 45％～85％为宜，不能与有水蒸气的缝制设备安装在一起。

④ 应在灰尘较小的地方安装该电脑设备，因为灰尘容易腐蚀电路板。设备要保持干净，尤其是主机，要经常清理表面污物。

⑤ 必须安装、使用稳压电源，并具有接地功能，当需要切断电源时务必先关闭主机电源。严禁在 380V 的三相四线的三相火线上任接一根火线，再接一根零线以充当 220V 的电源。如以此作为电脑缝制设备的电源线时，经常会造成设备事故或频繁死机等故障。

⑥ 设备应避免直接暴露在阳光下，过强的日光会使机头上产生高温而烧坏显示器；此外还容易烧坏主机内的芯片，造成设备瘫痪，因此，务必要避免强光的直接照射。

⑦ 机器工作时，如遇雷雨天气应关闭电源，因为闪电可能会直接影响设备的正常运作。

（二）电脑缝制设备的正确使用

① 开机顺序是：外设（电源开关）—显示器—主机。关机顺序是：主机—显示器—外设（电源开关）。

② 机器在工作时，应尽量避免频繁的开、关机，否则电流容易冲击硬件，电脑设备在工作时突然关机，将容易损坏电脑。

③ 机器需要关机时，应先关闭所有运行程序的启动开关后，再按正常顺序退出（如同计算机的操作顺序一样），否则容易破坏系统，引起故障。

④ 机器开机操作前都应观察设备情况，自查时不要触碰电脑（主机）。

⑤ 进入（点击）设备的各个系统，查看设备运行情况是否处于正常状态。

（三）硬件的基本维护与保养

1. 电路板

之所以防静电，是因为静电能烧毁芯片。人体静电为几万伏到十几万伏，如带电接触电脑，将击穿任何芯片，空气干燥或化纤纯毛衣物等都能造成静电，所以产生静电时，千万不要用手接触主机。

2. CPU 的日常保养

CPU 超过 1G 时硬件散热不良将导致电脑故障、系统瘫痪、CPU 烧毁，在超过一定湿度时会自动休眠，设备无法启动。因此，要做好以下预防措施。

① 散热。机器在工作时要保证机内散热风扇运行正常，如发现频繁死机时，需立即关机，检查风扇是否处于正常运行状态。

② 防振。机器工作时的运动会与风扇的动力产生共振，因此，散热风扇容易损坏。

③ 减压。确保空气的流通，使 CPU 内核的温度降低。

④ 电压。确保电源电压的稳定，才能减少故障的发生。

⑤ 除尘。清除机内灰尘，防止电路板等短路。

⑥ 检测。当机器在工作时出现异常声响、频繁死机、异味时，就需要注意电脑配件的运行情况，严禁在死机状态下长时间保持通电，经常检查设备声音是否正常。

（四）机器操作时的注意事项

① 电脑缝制设备的操作人员，必须要接受安全操作培训后，才可上机操作，以确保设备的安全操作与正确使用。

② 机器在进入启动前，应安装所有安全装置，否则，有可能导致意外事故的发生，平时要保护好机器的安全装置。

③ 当机器处在工作过程中，切勿触摸任何运动部分或将任何物件挤压于机器上。否则，可能对操作人员或设备本身造成损害。

（五）机器的清理及防护方法

① 机器在进行清理前应先将电源关闭，否则，如不慎按动开关，机器便会立即启动有可能造成伤害。如要拔掉电源线时，应先关掉内开关，再关总开关，以免烧坏接口元件。

② 注意保持环境卫生，安装设备时应安置在灰尘污染较小的环境。并按时清理机体外的杂物，防止灰尘进入控制箱。

③ 控制好室内温度，防止温度过高或过低，温度过高或过低容易损害设备。

④ 不能将带水的容器放在机台上，以免水流入控制箱内造成机器短路烧坏。

（六）电路板的检测与维修

当机器在工作中遭遇电路板方面的损坏时，就需要对电路板做出检测和维修了。下面将根据实践经验介绍电路板的几种检测与维修方法，供维修时参考。

1. 先检查再测量

当机器中的某个电路板确定损坏并需要维修时，如方便可将电路板小心地从机器上拆卸下来。然后进行观察，如较小看不清的元件就需要通过放大镜来检查。一般检查包括以下几个方面。

① 某线路是否断开。

② 分力元件如电阻、电解电容、电感、二极管、三极管是否存在断开现象。

③ 电路板上的印制板连接线是否存在断裂、粘连等现象。

④ 电路板在此之前是否已有过维修并处理过哪些元器件，是否存在虚焊、漏焊、插反等操作方面的失误。

如电路板没有出现上述分析的问题时，则要使用万用表来测量电路板电源和地之间的阻值，通常电路板的阻值都在 70～80Ω 以上，若测量的阻值太小，才几欧姆或十几欧姆时，说明电路板上有元器件被击穿，就必须采取措施将被击穿的元器件找出来。具体维修办法是：先给被修板供电，再用手去触摸电路板上各器件的温度，如摸到烫手器件时则视为损坏的疑点。若阻值正常，再通过万用表测量板上的电阻、二极管、三极管、场效应管、波段开关等分力元件，其目的是要对不正常的元件进行排查，尽可能地通过万用表找出故障线索。

2. 检查先外后内

如具维修条件，尽可能地找一块与被维修的电路板相同且正常的电路板作为参照，然后使用仪器（电路在线维修仪）的 ASA-VI 曲线扫描功能对两块板进行好坏对比测试，起始的对比点可以从端口开始，然后由表及里，尤其是对电容的对比测试，可以弥补万用表在线难以测出是否漏电的不足。

3. 排查先简易后复杂

在对电路板进行在线功能测试前，为提高测试效果，应对被修电路板做一些技术处理，以尽量减少各种干扰对测试进程带来的负面影响。以下为具体措施。

① 测试前的准备：将晶振短路，对大的电解电容要焊下一支脚使其开路，因为电容的充放电同样也能带来干扰。

② 通过对器件测试而进行排除：对器件进行在线测试或比较过程中，凡是测试通过（或比较正常）的器件，直接确认测试结果，以便记录；对测试未通过的器件可再测试一遍，若还是未通过，也可先确认测试结果，就这样一直测试下去，直到将板上的器件测试（或比较）结束，然后再回头来处理刚才未通过测试（或比较差）的器件。对未通过功能在线测试的器件，仪器还提供了一种不太正规却又比较实用的处理方法，由于仪器对电路板的供电可以通过测试夹，将电传到器件相应的电源与地脚，若对器件的电源脚实施切割，则这个器件将脱离电路板供电系统，如再对该器件进行在线功能测试时，由于电路板上的其他器件将不会再起干扰作用，因此会提高测试的准确率。

③ 用 ASA-VI 曲线扫描测试对测试库尚未涵盖的器件进行比较测试：由于 ASA-VI 智能曲线扫描技术能适用于对任何器件的比较测试，故只要测试夹能将器件夹住，再有一块参照板，通过对比测试，就同样对器件具备较强的故障侦测能力。该功能弥补了器件在线功能测试受制于测试库的不足，扩大了仪器对电路板故障的侦测范围。而有时在维修过程中往往

会出现无法找到正常板作为参照的情况，而且待修板本身的电路结构也无任何对称性，在这种情况下，ASA-VI曲线扫描比较测试功能起不了作用，而在线功能测试中由于器件测试库的不完全，无法完成对电路板上每一个器件都测试一遍，电路板依然无法修复，这就是电路在线维修仪的局限，因此在遇到无法检测的电路板故障原因时，只有与制造商联系或做放弃处理。

4. 先静观再处理

由于电路在线维修仪目前只能对电路板上的器件进行功能在线测试和静态特征分析，是否完全修好必须要经过整机测试检验，因此，在检验时最好先检查一下设备的电源是否按要求正确供给到电路板上。

二、机器常用易损件的优劣识别方法

各类用途的缝制设备在使用一段时间后，根据机器不同的使用程度而出现相关易损件的磨损或损坏（如压脚、针板、送布牙、旋梭等），从而降低了机器的工作效率甚至不能进行正常工作。因此，需要对这些易损件进行修复或更换，以恢复机器正常的工作状态。由于劣质易损件的标准精度、材质及使用寿命有不同程度的下降，所以，选用这些劣质的易损件时会缩短机器的使用寿命，通常也会引起故障的频繁发生。因此，合理选用优质易损件是确保机器正常运转的基础，对机器的正确维护起关键作用。

下面是从实践经验中积累的优质易损件与劣质易损件在外表形状上的区别及识别方法，供相关行业的技术员在选用易损件时参考。

1. 机针优劣的鉴别方法

机针的选用对机器的工作效率有一定的影响，在专用设备上建议选用进口机针（女口风琴、蓝狮牌等），因为这类机针不仅可以延长使用时间，而且还能降低机器故障的发生率。机针孔与侧平面有较高的制作精度，表面光滑度高（劣质机针的外表光滑度较差，且机针孔没有较高的圆滑，侧平面的凹部位不够明显等），这样更有利于线环的稳定与形成。有时机器在遇到偶然性跳针时，换上进口机针就可以解决这一问题了。当然国内也有机针生产厂家具备这种质量，如选用上海钻石制针厂生产的钻石牌高级高速双节、银白色镀镍机针。因为大部分缝制品企业用的是高速运转机型，一部分缝制品是新型的防水材料及化学合成纤维材料，因而要求机针必须耐高温，如用镀铬的机针则不适应，即便可用但效果也不是很理想。

2. 针板及送布牙的优劣识别方法

针板、送布牙是平缝机的易损件之一。因平缝机的针板和送布牙大多都是双排的，后半部受力较大，因此要求针板的材质要好，如选用劣质的针板，当操作者在使用一段时间后经常用倒缝料扳手进行倒缝工作时，会出现较大的摩擦声，这样长期下去就会使针板产生下塌现象，从而影响正常的缝制质量。如用材质好、制作精度高的针板就不会出现此种现象了。识别方法是：用螺丝刀放入针板上的送布牙槽内，然后左手固定针板，右手左右晃动（不能用力太大）螺丝刀，此时便可观察，如送布牙槽的挡块因螺丝刀的左右摇动而变形，则视为劣质针板。同时针板的优劣也可通过外表的光滑度来进行识别，而送布牙的优劣则通过材质的好坏来进行判断。

3. 压脚优劣的识别方法

压脚通常也是一般缝制设备的易损件之一。材质的好坏是识别压脚优劣的一个重要标准。劣质压脚在使用较短时间后，因底部不能承受与送布牙齿尖的摩擦力而在压脚底部出现印痕，长期下去，送布牙齿尖与压脚底部摩擦产生的印痕加深而直接影响缝制质量。识别方法是：先将压脚放入钳子口内，然后并拢咬合，再观察压脚是否被钳子咬出印痕。如淬火较硬、材质较好的压脚，钳子是咬不出印迹的。如台湾产的 12481 送布牙，这类产品坚固耐用，送布牙齿尖不易出现打滑、印痕现象等。其产品特点是在紧固螺钉的两孔中间打有“TAIWAN”字印和“12481”阿拉伯数字。

4. 旋梭优劣的识别方法

旋梭是相关缝制设备里关键的成缝构件之一，如平缝机、双针送料平缝机、曲折缝缝纫机等。由于旋梭的结构部件细小、制作精度极高，因此旋梭被称为这类机型的“心脏”。所以合理选用旋梭是确保机器缝制质量的关键。在选择旋梭时，先用左手拿住梭架中心轴，然后用右手转动并左右推动旋梭。如劣质旋梭会在梭床与梭架中产生窜动现象，观察表面时，旋梭皮上的“q”字母打印粗糙，材质选用较差，使用时易出现毛刺、旋梭尖易变钝等；如优质旋梭则不产生梭架与梭床的窜动间隙。如日本广濑旋梭的旋梭皮中间的“q”字母印记打印精细，电镀光滑柔和，手感光滑无毛刺，旋梭壳内侧孔左边打印为“N”而右边打印为“T”字样。当使用时，旋梭尖的耐磨程度高，不易变钝。日本佐文旋梭的旋梭皮右侧打有“MADEINJAPAN”字样，旋梭壳内侧孔左边打印为“N”，右边打印为“Y”，此类旋梭均为优质品。如国内上海华莘缝纫机零件厂产的工字牌 X-30 型旋梭，其制作精度较高，可适用于高速平缝机。

总而言之，只要长期接触这些易损件，经常细心观察，善于分析，对于这些易损件的优劣就会有所掌握。通常有经验的技术员凭手感也能识别易损件的优劣。无论是哪类机型的易损件，一般优质品外观较为光滑而劣质品则外表粗糙且重量大部分要比优质品轻。因优质品选用的是好的材质，所以与劣质品相比其重量要重。要知道易损件的制作精度将直接影响机器的工作效率，而易损件材质的选用则影响机器的使用寿命，所以选用优质的易损件是至关重要的。

第三章 缝纫机装配与测试

装配工作是缝纫机制造或大修过程中最后阶段的生产作业，所以装配工作质量的优劣对整个产品的质量起着决定性的作用。如果装配不符合规定的技术要求，缝纫机就不能正常工作，而零部件之间、机构之间的相互位置不正确，轻则影响缝纫设备的工作性能，重则无法工作，如过线类零件留有一点小毛刺就会造成缝纫设备工作无法进行。另外在装配过程中，不重视清洁问题，粗枝大叶，乱打乱敲，不按规范装配，是不可能装出合格的产品的。装配质量差的缝纫设备，精度低、性能差、响声大、力矩重、寿命短；反之，对某些精度不很高的零部件，经过仔细的选择装配和精确的调整，仍能装配出性能较好的产品来。所以说，装配工作是一项非常重要而细致的工作。

第一节　装配的基本概念

按照规定的方法和要求，将各类检验合格的零件组装成组件，再将这些组件加上其他零件组装成部件，以及将若干部件、零件组装成一台缝纫机，最后经调整、试缝、检验、装箱的生产过程称之为装配。

一、装配工艺

1. 机器装配的工艺过程

装配工艺过程一般由以下四个工作步骤组成。

（1）装配前的准备　熟悉产品装配图，了解产品用途、零件的结构作用及零件间的装配关系、技术要求。确定装配方法，准备所需的工具。检查零件加工质量，对装配的零件进行清洗，对有要求的零件还应进行修配或平衡与压力试验等。

（2）装配　对结构复杂的机器装配工作，通常按部件装配和总装配进行。部件装配是指机器在进入总装之前，将两个以上零件组合在一起成为一个装配单元的工作；总装则是将零件、部件结合成一台机器的装配工作。

（3）调整、检查、试车　调整零件或机构的相互位置、配合间隙、结合面松紧等，使机构或机器工作协调。

检查机构或机器的几何精度和工作精度。检查机构或机器运转的灵活性、振动情况、工作温度、噪声、转速、功率等性能参数是否达到要求。

（4）装箱 机器装成之后，为了使其美观、防锈和便于运输，还要做好涂装、涂油和装箱工作。对大型机器还要进行拆卸和分装。

2. 装配工作的组织形式

装配工作的组织形式随生产类型及产品复杂程度和技术要求的不同而不同，一般分为单件小批量装配和生产流水线装配两种形式。

（1）单件小批量装配 将产品或部件的全部装配工作安排在一个固定工作地进行，在装配过程中，产品的位置不变，装配所需的零件和部件都集中在工作地附近。

单件生产时，由一个工人或一组工人去完成。这种装配形式对工人的技术要求较高，装配周期长，生产效率低。

成批生产时，装配工作通常分为部件装配和总装配，一般用于较复杂的产品。

（2）生产流水线装配 指工作对象在装配过程中有顺序地由一个工人转移到另一个工人，这种转移可以是装配对象的移动，也可以是工人自身的移动。通常把这种装配组织形式叫流水线装配。流水线装配法由于广泛采用互换性原则，使装配工作工序化，因此，装配质量好、效率高，是一种先进的装配组织形式，适合于大批量生产。

3. 装配工艺规程

（1）装配工艺规程及作用 由于机械产品的应用极其广泛，产品结构、生产过程日趋复杂，随着生产环节的多样化，生产周期的变长，生产规模的扩大，产品要求的提高，因此对机器生产过程的装配环节的要求也越来越高。在长期生产实践中，人们认识到，没有一整套规范和指导装配生产的措施，很难保证产品设计要求和提高生产效率，这就逐步形成了装配工艺规程。所以装配工艺规程就是规定产品及部件的装配顺序、装配方法、装配技术要求和检查方法以及装配所需设备、工具、时间定额等指导装配施工的一系列技术文件。它是提高装配质量和效率的必要措施，也是组织生产的重要依据。

（2）装配工艺规程的内容及形式

① 装配工艺规程的内容。用以组织指导装配生产的装配工艺规程通常包含以下主要内容：对所有的装配单元和零件规定出既保证装配精度，又使生产率最高且最经济的装配方法；规定所有的零件和部件的装配顺序；划分工序、工步，决定内容、工艺参数、操作要求以及所用设备和工艺装备；决定工人等级和工时定额；确定检查方法和装配技术条件；选择专用工具及制作工艺装备明细和材料消耗工艺定额明细等；制订必要的工艺附图、装配流程图、工艺守则等。

② 装配工艺规程的形式。装配工艺规程主要以技术文件的形式下达到生产现场，指导装配生产。这些技术文件通常有工艺过程卡、工艺卡、工艺守则、工艺附图、装配流程图、工具及工装明细表等。

4. 装配尺寸链

（1）尺寸链

① 尺寸链的概念。在机器装配或零件加工过程中，由相互关联的尺寸形成的封闭尺寸组，称为尺寸链。图 3-1（a）中轴与孔的配合间隙 A_0 与孔径 A_1 及轴颈 A_2 有关，这三个尺寸就组成了封闭尺寸组，也就是尺寸链。图 3-1（b）中齿轮端面和箱体内壁凸台端面配合间隙 B_0 与箱体内壁距离 B_1、齿轮宽度 B_2 及垫圈厚度 B_3 有关，这四个尺寸也组成了封闭尺寸组，同样是尺寸链。

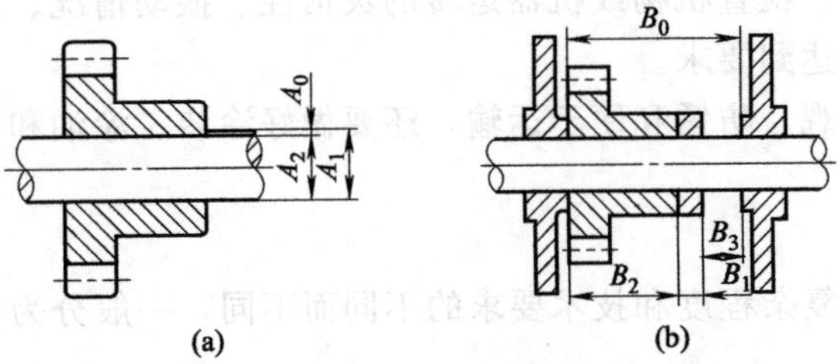

图 3-1　尺寸链

② 尺寸链简图。将尺寸链中各尺寸，按顺序连接所构成的封闭图形称为尺寸链简图。

图 3-2（a）是图 3-1（a）的尺寸链简图，图 3-2（b）是图 3-1（b）的尺寸链简图。

③ 尺寸链的组成。构成尺寸链的每一个尺寸都称为尺寸链的环，每个尺寸链至少应有三个环。封闭环：在机器装配或零件加工过程中，最后形成（间接获得）的尺寸为封闭环。一个尺寸链中只有一个封闭环，如图 3-2（a）中的 A_0，图 3-2（b）中的 B_0。在装配尺寸链中封闭环即装配的技术要求。

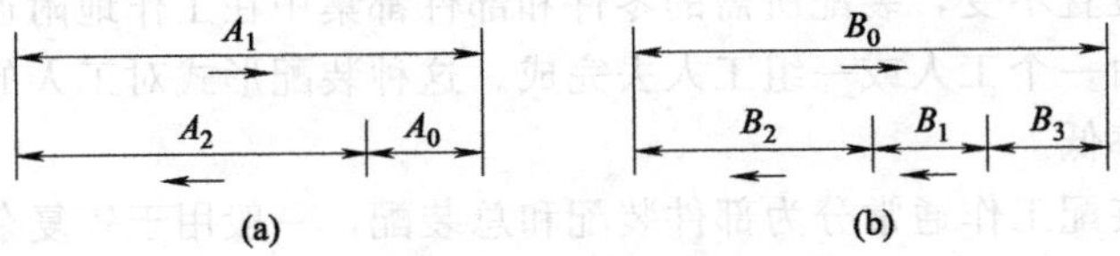

图 3-2　尺寸链简图

组成环：尺寸链中除封闭环外的其余尺寸称为组成环，如图 3-2（a）中的 A_1、A_2。

增环：在其他组成环不变的情况下，当某一组成环的尺寸增大时，封闭环也随之增大，则该组成环称为增环，如图 3-2（a）中的 A_1，增环用符号 $\overrightarrow{A}_1$ 表示。

减环：在其他组成环不变的情况下，当某一组成环的尺寸增大时，封闭环随之减小，则该组成环称为减环，如图 3-2（a）中的 A_2，减环用符号 $\overleftarrow{A}_2$ 表示。

(2) 尺寸链封闭环的极限尺寸及公差

① 封闭环的基本尺寸。由尺寸链简图可以看出，封闭环基本尺寸等于所有增环基本尺寸之和减去所有减环基本尺寸之和。即：

$$A_0=\sum_{i=1}^{m}\overrightarrow{A}_i-\sum_{i=1}^{n}\overleftarrow{A}_i$$

式中　A_0——封闭环基本尺寸；

m——增环的数目；

n——减环的数目。

在解尺寸链方程时，还可以把增环作为正值，减环作为负值，封闭环的基本尺寸就是各组成环基本尺寸的代数和。

② 封闭环的最大极限尺寸。当所有增环都为最大极限尺寸，而所有减环都为最小极限尺寸时，封闭环为最大极限尺寸，可用下式表示：

$$A_{0\max}=\sum_{i=1}^{m}\overrightarrow{A}_{i\max}-\sum_{i=1}^{n}\overleftarrow{A}_{i\min}$$

式中　$A_{0\max}$——封闭环最大极限尺寸；

$A_{i\max}$——各增环最大极限尺寸；

$A_{i\min}$——各减环最小极限尺寸。

③ 封闭环的最小极限尺寸。当所有增环都为最小极限尺寸，而所有减环都为最大极限尺寸时，封闭环为最小极限尺寸，可用下式表示：

$$A_{0\min}=\sum_{i=1}^{m}\overrightarrow{A}_{i\min}-\sum_{i=1}^{n}\overleftarrow{A}_{i\max}$$

式中 $A_{0\min}$——封闭环最小极限尺寸；

$A_{i\min}$——各增环最小极限尺寸；

$A_{i\max}$——各减环最大极限尺寸。

④ 封闭环公差。封闭环公差等于封闭环最大极限尺寸与封闭环最小极限尺寸之差，就是将以上两公式相减即得封闭环公差，为：

$$T_0=\sum_{i=1}^{m+n}T_i$$

式中 T_0——封闭环公差；

T_i——各组成环公差。

由此可知封闭环公差等于各组成环公差之和。

5. 常用装配方法

机器装配中，常用的装配方法有完全互换装配法、选择装配法、修配装配法和调整装配法等。

(1) 完全互换装配法 在同一种零件中任取一个，不需修配即可装入部件中，并能达到装配技术要求，这种装配方法称为完全互换装配法。这种装配法的特点和应用范围如下。

① 装配操作简便，对工人的技术要求不高。

② 装配质量好，生产效率高。

③ 装配时间容易确定，便于组织流水线装配。

④ 零件磨损后更换方便。

⑤ 对零件精度要求高。

(2) 选择装配法 选择装配法分为直接选配法和分组选配法两种。

① 直接选配法。由装配工人直接从一批零件中选择合适的零件进行装配的方法，称为直接造配法。这种方法比较简单，其装配质量是靠工人的感觉或经验确定的，装配效率低。

② 分组选配法。将一批零件逐一测量后按实际尺寸大小分成若干组，然后将尺寸大的包容件（如孔）与尺寸大的被包容件（如轴）配合；将尺寸小的包容件与尺寸小的被包容件配合。分组选配法的特点及适应范围是：

a. 经分组选配后零件的配合精度高，所以常用于大批量生产中装配精度要求高的场合。

b. 因零件制造公差可放大，所以加工成本降低。

c. 增加了测量分组的工作量，可能造成半成品和零件积压。

(3) 修配装配法 在装配时根据装配的实际需要，在某一零件上去除少量的预留修配量，以达到装配精度要求的装配方法。

(4) 调整装配法 在装配时根据装配的实际需要，改变部件中可调整零件的相对位置或选用合适的调整件，以达到装配技术要求的装配方法。

二、装配时应掌握的技术内容

① 了解产品的结构、性能要求，熟悉部件装配联系图、总装图以及装配工艺规程。

② 熟悉零件明细表，了解零件的作用以及相互的关系。

③ 产品质量标准和检验方法。

④ 装配工艺要点：

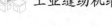

a. 装配时应做到装一道，紧一道，轻一道，润滑一道（每装一道，就应按要求紧固螺钉，转动要轻滑，并做好润滑工作）。

b. 凡是轴向间隙，都应做到手感基本无间隙。

c. 零件的方向定位，方向不要搞错。

d. 配合间隙应达到机器性能所要求的精度。

e. 齿轮间隙要小，但不能轧、重，啮合情况要好。

f. 尺寸定位要准确，要按产品性能的要求定位。

g. 凡是相互装配的零件，装前先相互配、套一下。

h. 凡是运动的轴装进相配套的轴套后，均要求轻滑，但不能松动。

i. 凡是有螺钉定位在轴上的零件，如轴上有定位平面、刻线、锥孔等，一般情况下均以轴的旋向的第一只螺钉进行定位，且螺钉必须紧固在规定的位置上，先定位后支紧。

j. 装配时，必须一道工序装好后，才能装下一道工序，否则零部件全部装上后，螺钉紧固会发生重、轧，且发生重、轧的地方也不好判断。

k. 需配件的，要先把相关零件组装且达到要求后，再装配到整机上。

1. 紧圈有的是两个端面中一面磨削过而另一端面不进行磨削，在组装时应注意磨削过的光面是与其他零件相接触的，例如与轴套端面接触。

m. 凡是弹簧均应有一定的弹力，具体多大，维修中应分析具体情况，保证机器能正常工作为原则。例如倒缝操作杆曲柄弹簧拉力太小，将影响倒缝操纵扳手正常回弹到原位，或因振动使其抖动。如拉力过大，倒缝操纵扳手使用时压力就需很大。又如压紧杆弹簧，弹力过小压不住缝料将产生跳针，压力过大将影响正常送料。

n. 油线要通到需润滑处，但又不能影响机构的运动，油线或塑料管及铝、铜油管不能靠在转动的轴上，以防磨损，更不能与运动的零件相碰，但又要安装稳妥。在使用中不会因振动而移位、脱落，固定时用力不能过大，否则会使毛细作用受阻，影响油的渗流。

o. 轴套拆下再安装时，要注意它上面的油孔位置，要与供油孔对准，或对准有油线的方向，有些零件正反都可安装，但一面有油孔，这时就要使油孔向上再安装以便油能进入。有些连杆盖和连杆柄在安装时一要注意油孔向上，二要注意原来的配合方向，一般在侧面或端面有标记，这时要认清。

p. 类似调节曲柄的零件，与之铰接的零件在不知具体定位尺寸时，先不要向长槽或弯月形槽的某一边靠足，可先固定于中间位置，以便调整时两边都留有余地。

q. 机壳上有些孔是工艺孔，是为螺钉伸进开口而加工的孔，这时要注意，需旋的螺钉要与其对准，特别是有两只螺钉的零件，是哪一只对准此工艺孔，要特别注意。例如要使平缝机抬牙轴紧圈紧固时，有一只螺钉要对准平板侧壁的工艺孔，而另一只螺钉则从机器正下方可以旋紧。如果错位，另一只就会看不见，则将漏旋。

r. 有锥销的组件装在机器上时，一定要将锥销大端装在上方，小端在下方。

s. 对有些零件要施加冲击力时，应根据情况选择合适的工具及办法。有时要用铜榔头，如无铜榔头时，也应衬一块木块之类物品再敲击，且用力要适当，不可用蛮力。

t. 凡是拆下零件时，要先记住零件的安装位置和方向，以及分析一下相关零件的相互关系，不要急于拆下，以便再装上时，不至于方向装反或位置不对或漏装零件造成不必要的返工。

u. 轴上有定位孔或者定位平面的，螺钉要对准定位孔或定位平面，如有两只螺钉，一般是旋向的第一只螺钉为定位螺钉，另一只为紧定螺钉。在拆下时需要注意，必要时做好记号，便于组装时不会搞错。

v. 密封圈压入时，不能被零件或机壳损伤（如切掉一块）。一般要注意压入处不能有锐角的缺口，如有应修整一下，修成小倒角或小圆角，压入时还应先涂上少许黄油再压入。

三、装配工艺的选定

根据产品精度要求的高低、生产批量的大小，从经济角度考虑，缝纫机的装配工艺有如下几种。

1. 一般装配

指不经过选择进行装配，这种装配方式适合大规模生产，要求零件加工精度高，互换性强，有利于产品的维修和质量保证。

2. 分组装配

将装配的相配部件，通过测量得到实际尺寸，并按尺寸大小分组，使大尺寸的轴与大尺寸的孔相互配合，小尺寸的轴与小尺寸的孔相互配合，此装配方法能提高配合精度。

分组装配就是把加工精度低的相配合零件，根据零件实际尺寸依照配合公差进行分组，分组越多，每一组零件相互配合的公差值越小，则零件加工尺寸的精度相对越高。

分组装配适用于精度要求高的缝纫机装配，使用一般精度的零件，通过测量将配合的零件分成两组或三组，使大尺寸的孔与大尺寸的轴相配合，小尺寸的孔和小尺寸的轴配合，从而使在不增加零件精度，也不增加生产成本的情况下达到提高装配精度的目的。

例如：针杆与针杆孔的配合 $\phi 7.24\dfrac{H7_{0}^{0.015}}{h6_{-0.009}^{0}}$，采用一般装配时其配合后最小的间隙是 0，最大的间隙是 0.024，配合公差是 24μm。如果将零件分成两组进行装配，其结果见表 3-1。

表 3-1　零件分成两组进行装配

组别	孔公差 H7	轴公差 h6	最大间隙	最小间隙	配合公差
1	+7.5 0	−9 −4.5	16.5	4.5	12
2	+15 +7.5	−4.5 0	19.5	7.5	12

可见配合公差较一般装配减小了 50%，最大间隙减小 18.7%～31%，最小间隙亦有相应增加，从而提高了装配精度。如果将零件分成三组，则装配精度会进一步提高。

3. 对偶装配

对偶装配是两件相配合的零件，首先将一个相配零件的尺寸加工好，另一件则根据所加工的实际尺寸配研，使之达到高精度配合要求的装配方法。这种装配形式，有的通过精加工方法来达到，如精磨轴的尺寸来配合孔的尺寸（一般外径的加工尺寸精度比孔的加工尺寸精度容易达到和测量），或通过配合研磨手段来达到。

对于精度要求特别高的缝纫机，如果采取提高零件精度的办法来提高装配精度，这在生产上和经济上来说是十分不合算的。此时可在不增加太多生产成本的条件下采用对偶装配的方法来提高装配精度。其方法是将相配合的两个零件之一按一般精度制造，另一个零件则留有一定的精加工余量。在装配现场测出一般精度加工零件的实际尺寸，再按此实际尺寸对留有精加工余量的另一配合零件进行精加工，使之达到要求的配合精度。仍以上述的针杆与针杆孔的配合为例：

针杆为 $\phi 7.24_{-0.009}^{\ 0}$，实际测得尺寸为 $\phi 7.24^{-0.009}$，由于针杆套留有精加工余量（一般为 0.01～0.02），此时可对针杆套的孔通过研磨等方法加工到 $\phi 7.24^{-0.005}$，这样即可得配合间隙为 0.004 的高配合精度。

4. 部件装配

部件装配是指机器在进入总装配之前的装配，由于缝纫机的复杂程度不同，部件装配的内容也不一样。

一般来说，凡是将两个以上零件组合在一起，将几个零件与分部件结合在一起，成为一个装配单元的装配工作，都可称为部件装配。一台复杂的机器部件里面往往包含着部件，这就是通常所说的一级部件、二级部件的层次关系。

5. 机器装配

是把零件和部件装在一台完整的机器上的过程。

6. 调试

调试包含调整和试车两部分内容。

（1）调整　调节零件或机构的相互位置、配合间隙、连接松紧等，目的是使各类零件处于各自适当的位置。

（2）试车　对缝纫机性能的试校，也是对其运转灵活性、工作温升、密封性、噪声、振动和力矩等方面的检查。

装配组织形式主要取决于生产规模，常见的几种装配组织形式及特点见表 3-2。

表 3-2　装配组织形式的选择与比较

序号	生产规模	装配方法与组织形式	自动化程度	特点
1	单件生产	手工(使用简单的工具)装配，无专用或固定的工作台、位	手工	生产效率低，装配质量很大程度依赖装配工人的技术水平和工作责任心
2	成批生产	装配工作台相对固定，配置有专用的装配工具、夹具、量具和设备，间隔一定的生产周期成批地装配相同型号的缝纫机。可组成装配对象固定而装配工人流动的流水线	人工流水线	装配作业通常分为漆后加工、配件装配和机头装配三大部分，这种生产组织形式工作效率较高，装配质量较稳定
3	大批量生产	缝纫机的生产数量很大，每个工位重复完成同一工序，每个工人只完成一部分工作 在装配过程中，装配对象按工艺流程具有严格节奏的用人工依次移动或以滚道行走、传送带输送的方式，进行由上一道工序转移到下一道工序的工作 为了保证装配工作的连续性，在装配线所有的工位上，工作量的时间应相等。所以要求装配工人都能按生产顺序和生产节拍完成工作量	人工或机械化传输流水线	装配线上要求零件的互换性强 由于广泛采用互换性强的零件组装，并且装配作业工序化，所以产品装配质量好、场地利用率高、生产效率高、周期短 对装配工人的技术水平要求相对较低
4	成批生产	机头装配中，在一个独立的工位，由一个装配工人完成所有的装配工序(试缝工序除外)，通常所有的装配工具、夹具、量具和设备等都配置在该工位周围，机器固定在工作台专用工装上，可多方位旋转 该装配方法在国内极少采用，一般为欧洲国家所采用	人工独立作业(岛式作业法)	由于一个工人完成多道工序，所以生产效率较流水线低，装备费用高 对装配工人的知识水准和技术水平要求很高 对产品质量的溯源性强 该装配方法适用于产品结构复杂的缝纫机种

四、螺钉紧固、连接和拧紧力矩

1. 螺钉、螺母装配工艺要点

① 螺钉或螺母与零件结合的表面要求平整并垂直于螺纹轴线，否则会使连接件松动或

使螺钉轴线弯曲。

② 螺钉、螺母和接触零件的表面之间应保持清洁，螺孔内的脏物应清除干净。

③ 拧紧成组螺钉时，需按照一定的顺序进行，并做到分次逐步拧紧（一般分三次拧紧)，否则会使零件或螺杆松紧不一致，甚至变形。在拧紧长方形布置的成组螺钉时，必须从中间开始，逐渐向两边对称地扩展；在拧紧圆形或方形布置的成组螺钉时，必须对称地进行。

④ 连接件在工作中会有振动，为了防松，必须采用防松装置或具有自锁性的细牙螺纹连接。

⑤ 必须按一定的拧紧力矩来拧紧螺钉，拧紧力矩过大，会将螺钉拉长甚至造成断裂等；拧紧力矩太小，则不能保证缝纫设备工作时的正确性和可靠性。

2. 螺钉的拧紧力矩

为了达到螺钉连接紧固、可靠的目的，螺纹副应具有一定的摩擦力矩，此摩擦力矩是对螺钉施加拧紧力矩后，螺纹副产生预紧力矩而获得的。预紧力矩的大小与螺钉直径、螺距以及需紧固的零件材料有关。

如已知预紧力则可用下列公式计算拧紧力矩：

$$M_t = KP_0d \times 9.8 \times 10^{-3}$$

式中 M_t——拧紧力矩，N·m；

P_0——预力，N；

K——拧紧力矩系数（可从手册查得，如为一般表面无润滑时 $K=0.13 \sim 0.15$)；

d——螺钉公称直径，mm。

控制拧紧力矩的方法可使用机动、电动、气动螺丝刀或力矩扳手。前者的拧紧力可以预先设定，后者则可以从指示盘上读出，也可应用手工螺丝刀或扳手凭经验控制拧紧力矩。

3. 缝纫机螺钉连接预紧力和拧紧力矩选用

平缝机、包缝机螺钉连接预紧力和拧紧力矩选用分别见表 3-3、表 3-4。

表 3-3 平缝机用螺钉连接预紧力和拧紧力矩选用

螺钉名称	螺钉规格	预紧力和拧紧力矩
抬牙连杆螺钉	SM9/32(7.14)×28/13	490N·cm(50kgf·cm)
针杆曲柄定位螺钉	SM9/32(7.14)×28/17.5	686N·cm(70kgf·cm)
油泵体固定螺钉	SM1/4(6.35)×40/7.3	196N·cm(20kgf·cm)
上轴紧圈螺钉	SM1/4(6.35)×40/6.6	245N·cm(25kgf·cm)
挑线杆铰链轴支头螺钉	SM1/4(6.35)×28/10	245N·cm(25kgf·cm)
送料轴紧圈螺钉	SM1/4(6.35)×40/5.5	245N·cm(25kgf·cm)
挑线曲柄螺钉	SM1/4(6.35)×28/8	294N·cm(30kgf·cm)
伞齿轮紧固螺钉	SM1/4(6.35)×40/6.6	294N·cm (30kgf·cm)
切线凸轮曲柄固定螺钉	SM1/4(6.35)×40/6	343N·cm (35kgf·cm)
松线电磁铁架固定螺钉	SM1/4 (6.35)×28/14.2	343N·cm (35kgf·cm)
松线座螺钉	SM1/4 (6.35)×28/23.9	343N·cm (35kgf·cm)
安装板螺钉	SM1/4(6.35)×28/14	343N·cm(35kgf·cm)
安装板短螺钉	SM1/4 (6.35)×28/10	343N·cm(35kgf·cm)
电磁铁抬牙组件安装螺钉	SM1/4(6.35)×28/8	343N·cm(35kgf·cm)
切线凸轮固定螺钉	SM1/4 (6.35)×40/6	400N·cm(40kgf·cm)
针杆曲柄螺钉	SM1/4(6.35)×28/10	490N·cm(50kgf·cm)
压紧杆导架螺钉	SM15/64(5.95)×28/13.5	245N·cm (25kgf·cm)

续表

螺钉名称	螺钉规格	预紧力和拧紧力矩
针距调节曲柄短轴螺钉	SM15/64 (5.95)×28/8	245N·cm(25kgf·cm)
针距座铰链轴螺钉	SM15/64 (5.95)×28/10	245N·cm (25kgf·cm)
针距调节曲柄短螺钉	SM15/64(5.95)×28/8	245N·cm (25kgf·cm)
针距座铰链轴螺钉	SM15/64 (5.95)×28/10	245N·cm (25kgf·cm)
倒缝电磁铁固定螺钉	SM3/16(4.76)×32/10	294N·cm (30kgf·cm)
送料曲柄螺钉	SM3/16(4.76)×32/14	343N·cm (35kgf·cm)
压脚提升曲柄固定螺钉	SM3/16(4.76)×32/12	343N·cm (35kgf·cm)
电磁针拨叉固定螺钉	SM3/16(4.76)×32/14	343N·cm (35kgf·cm)
切刀驱动曲柄固定螺钉	SM3/16(4.76)×32/14	343N·cm (35kgf·cm)
抬牙曲柄夹紧螺钉	SM3/16(4.76)×32/12	343N·cm(35kgf·cm)
针距调节连杆曲柄螺钉	SM11/64(4.76)×32/19	343N·cm(35kgf.cm)
曲柄连杆短销紧固螺钉	SM11/64 (4.37)×40/6	196N·cm (20kgf·cm)
连杆偏心紧固螺钉	SM11/64 (4.37)×40/6	196N·cm (20kgf·cm)
分线器固定螺钉	SM11/64(4.37)×40/7	196N·cm (20kgf·cm)
移动刀固定螺钉	SM11/64(4.37)×28/5.35	196N·cm(20kgf· cm)
牙架曲柄螺钉	SM11/64(4.37)×40/10.2	245N·cm (25kgf·cm)
旋梭定位钩螺钉	SM11/64(4.37)×40/12	245N·cm (25kgf·cm)
下轴紧圈螺钉	SM11/64(4.37)×40/6	245N· cm(25kgf·cm)
旋梭紧固螺钉	SM11/64(4.37)×40/6	245N·cm(25kgf·cm)
抬牙叉曲柄螺钉	SM11/64(4.37)×40/14	294N·cm (30kgf·cm)
松线驱动臂组件固定螺钉	SM11/64(4.37)×40/6	294N·cm(30kgf·cm)
抬牙轴架固定螺钉	SM11/64(4.37)×40/14	294N·cm(30kgf·cm)
后盖板螺钉	SM11/64(4.37)×40/10	294N·cm(30kgf·cm)
刀轴连杆固定螺钉	SM11/64(4.37)×28/11	343N·cm(35kgf·cm)
刀架压板固定螺钉	SM11/64(4. 37)×40/12	343N·cm(35kgf·cm)
固定刀固定螺钉	SM9/64(3.57)×40/6.2	196N·cm(20kgf·cm)
柱塞销	SM9/64(3.57)×40/11	196N·cm(20kgf·cm)

表 3-4　包缝机用螺钉连接预紧力和拧紧力矩选用

螺钉名称	螺钉规格	预紧力和拧紧力矩
针板座螺钉	SM15/64(5.95)×28/10.8	390N·cm(40kgf·cm)
针杆座针杆夹紧螺钉	SM15/64(5.95)×28/10.8	490N·cm(50kgf·cm)
下弯针架夹紧螺钉	SM15/64(5.95)×28/14.5	490N·cm(50kgf·cm)
前弯针架夹紧螺钉	SM15/64(5.95)×28/14.5	490N·cm(50kgf·cm)
前弯针曲柄夹紧螺钉	SM15/64(5.95)×28/12	490N·cm(50kgf·cm)
油盘连接内六角螺钉	SM15/64(5.95)×28/11.5	590N·cm(60kgf·cm)
差动曲柄夹紧螺钉	SM15/64(5.95)×28/11.5	590N·cm(60kgf·cm)
上刀曲柄夹紧螺钉	SM15/64(5.95)×28/15	780N·cm(80kgf·cm)
抬压脚后曲柄夹紧螺钉	SM15/64(5.95)×28/15	780N·cm(80kgf·cm)
横轴曲柄夹紧螺钉	SM15/64(5.95)×28/15	980N·cm(100kgf·cm)
送料曲柄夹紧螺钉	SM15/64(5.95)×28/11.5	980N·cm(100kgf·cm)
针杆摆动曲柄夹紧螺钉	SM15/64(5.95)×28/15	980N·cm(100kgf·cm)
上弯针导架座螺钉	SM15/64(5.95)×28/15	980N·cm(100kgf·cm)
上弯针轴曲柄夹紧螺钉	SM15/64(5.95)×28/11.5	980N·cm(100kgf·cm)
上弯针摆动球曲柄夹紧螺钉	SM15/64(5.95)×28/15	1180N·cm(120kgf·cm)
下弯针摆动球曲柄夹紧螺钉	SM15/64(5.95)×28/15	1180N·cm(120kgf·cm)
送料调整曲柄夹紧螺钉	SM15/64(5.95)×28/15	1180N·cm(120kgf·cm)
送料调整曲柄偏心轴螺母	SM7/32(5.56)×32	390N·cm(20kgf·cm)
横轴曲柄销螺母	SM7/32(5.56)×32/5.5	390N·cm(20kgf·cm)

续表

螺钉名称	螺钉规格	预紧力和拧紧力矩
针杆座紧固螺钉	SM3/16(4.76)×32/12.8	490N·cm(50kgf·cm)
小夹线螺钉紧固螺母	SM11/64(4.37)×40/7.2	200N·cm(20kgf·cm)
上切刀座螺钉	SM11/64(4.37)×40/7.2	390N·cm(40kgf·cm)
下切刀压板螺钉	SM11/64(4.37)×40/7.2	390N·cm(40kgf·cm)
上弯针夹紧螺钉	SM9/64(3.57)×40/6	200N·cm(20kgf·cm)
针杆摆动连杆螺钉	SM9/64(3.57)×40/6.5 轴位	290N·cm(30kgf·cm)
上下弯针连杆螺钉	SM9/64(3.57)×40/6.5 轴位	290N·cm(30kgf·cm)
上刀连杆螺钉	SM9/64(3.57)×40/6.5 轴位	290N·cm(30kgf·cm)
针杆接头螺钉	M3.5	200N·cm(20kgf·cm)
针夹	M4.5	200N·cm(20kgf·cm)

第二节 装配前的准备工作

一、了解要装配的产品

① 分析产品装配关系及技术要求，了解产品的结构、零件的标准和作用以及相互的连接关系。

② 拟出正确的装配顺序，尤其是进行机器大修时，在机器解体之前，应作好必要的记录，以图片和文字说明的形式，把机器原有的正常关系记录下来，以便装配时参考。装配还要遵循“先拆后装，先内后外，先主后辅”的原则。规模生产装配要制订装配流程和装配工艺卡。

③ 拟出若干个装配要点，并清楚各关键点的装配要求，并加以检查和控制装配质量。为了系统全面地掌握某一类型机器的结构特点，将整机划分成几个主要工作机构，如针杆机构、钩线机构、挑线机构、送料机构、启制动机构等，这样思路更清晰，相互关系更容易把握。

④ 对划分的每个机构的工作原理、运动特点、机构组成要熟悉，特别是各个部位的定位尺寸、技术要求要清楚。

二、工艺装备准备

缝纫机装配用的工艺装备共有设备、刀具、工具和量具四大类。

1. 装配线

缝纫机机头的总装配一般在装配线上进行，此外还有组件装配线。装配线的输送方式有手推式、步移式和连续输送式三种，后两种为自动输送装配线。

(1) 手推式输送装配线　手推式输送装配线是一种最最本的装配线。它结构简单，适应性强，在操作工序中临时出现问题时可加强故障工序的装配力量。装配线布置成直线状，固定工作台用金属平板制成，工序分两侧交错安排，操作工人左侧放零件料斗，右侧放拖车架，在完成本道工序后，用手把机壳向前推送给下道工序，同时拉进上道工序送来的机壳进行装配，机壳装配时有软质枕垫支撑。其特点是生产灵活性好，但工人的劳动强度较大，常用于家用缝纫机的装配。

(2) 自动输送装配线

① 平工作台步移式自动输送装配线。履板式或带式工作台成垂直环形布置。上面为操

作台，下侧在桌面下返回，按一定的节拍间隙步进输送。工人在输送带停息的时间内完成本工序的装配工作。

② 平工作台连续输送式自动输送装配线。其结构和步进输送装配线基本相同，但装配台在连续不断地向前移动，工人边装配边跟着装配线向前移动。在本工序的装配完成后，工人回到原来的位置，进行下一台缝纫机的装配。

上述两种装配线的生产节奏都非常强。在发生装配问题时，只可将发生问题的缝纫机从装配线上取下，另行处理。也可以在工序装配点另设单独的工作台，工人从装配线上取下上道工序送来的缝纫机在单独的工作台上进行装配，完成工作后再放回装配线，此时装配线仅起到输送工件的输送带作用，但其处理生产中发生的问题的能力增强了。

除上述形式的装配线外还有托盘辊道式装配线、带夹紧臂步移式装配线等，但在缝纫机装配中应用较少。

2. 主要装配用工具（包括维修用）

装配及维修过程中常用的工具有如下几种。

① 螺钉起子。也称螺丝刀或旋凿、开刀，在机头附件箱中，一般配有大、中、小三把，自己还可以再配用 8in（1in＝25.4mm）或 10in 的普通螺钉起子及刀口磨小的小号螺钉起子。

螺钉起子使用时应注意：

a. 螺钉起子刃口的厚度和宽度应与螺钉槽保持良好的配合，过宽、过窄、过薄会使螺钉起子刃口折断或损伤螺钉槽。对十字槽螺钉要选择其头部与螺钉十字槽相匹配的起子。

b. 握持螺钉起子时，通常用右手握住柄部，使螺钉起子与螺钉成一直线，并施以适当的压力。对大号螺钉起子使用时还要用左手扶住螺钉起子杆部，起稳固作用，但不要扶得太低，以防滑脱而损伤手指。

c. 对每个部位的螺钉紧固力矩都有规定，在操作中要逐渐掌握。

② 扳手。常用的有呆扳手、双头扳手，另外还有活络扳手，一般准备 6in 和 8in 的活络扳手就可以了。凡螺母或头部六角形或方形的螺钉，均可用扳手进行紧固。用扳手时应注意：

a. 扳手的开口宽度应与螺母大小或螺钉端部大小相符合，扳时应尽量使开口内槽与被紧固件贴紧，以防损伤被紧固件。

b. 扳手紧固时应逐渐掌握扳手的适当规格及紧固力矩。

③ 内六角扳手。目前在缝纫机装配上的使用也逐渐多了起来，内六角扳手一般呈 7 字形和丁字形。使用内六角扳手，一定要注意：

a. 选择与内六角坑尺寸相匹配的扳手尺寸。

b. 插入内六角部分要与螺钉成同一轴线，且要插到底，才可用力，防止插入过少，用力后从内六角头部六角坑中滑出或损坏内六角。

c. 紧固时也要凭经验掌握旋紧时的紧固力矩。

④ 尖嘴钳或钢丝钳。

⑤ 錾口锤。一般 lb（0.45kg）的较合适。

⑥ 三角油石。

⑦ 什锦小锉刀。最好是金刚石什锦锉刀，用于修整有一定硬度的零件。

⑧ 砂皮。准备一点金相砂皮（水砂皮）和零号细砂布。

⑨ 抛光绿油。

⑩ 抛光拉光用的蜡线。一般用弦线或粗棉线。

三、零部件的检验

1. 工业缝纫机旋梭（平缝机旋梭）

（1）材料 旋梭床、旋梭架和旋梭板的材料规定为机器结构用碳钢钢材的 S15C 或 20Cr 以及相当于碳素钢以上的材料。

（2）尺寸 旋梭床与旋梭架的相关尺寸如图 3-3～图 3-5 所示，旋梭床的梭孔尺寸 A 见表 3-5。

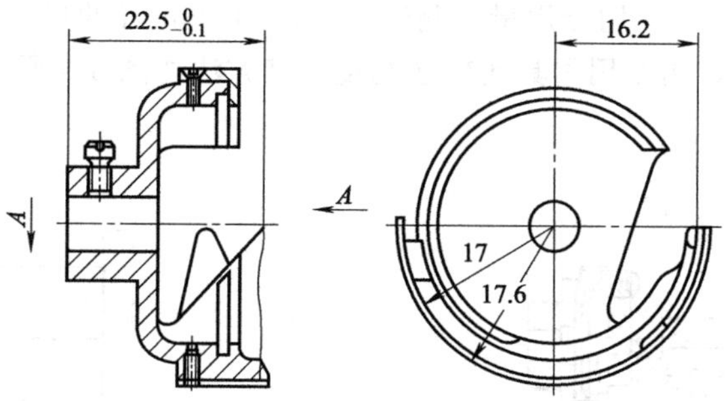

图 3-3 旋梭床的主要尺寸

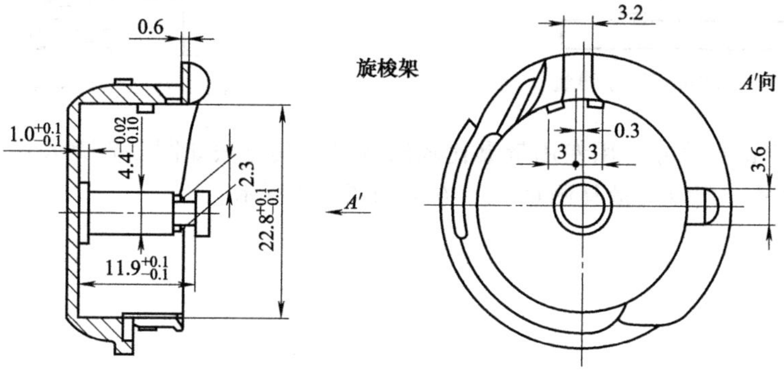

图 3-4 旋梭架的主要尺寸

（3）技术要求 滑动处和线滑行处，精度、表面粗糙度要良好；旋梭床各零件的装配要可靠，性能要稳定；旋梭床与旋梭架配合要良好；对于有加油装配的旋梭，其功能要优良。

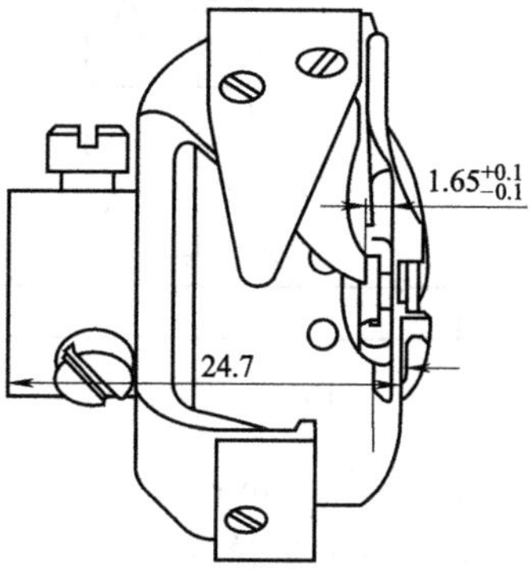

图 3-5 旋梭的主要配合尺寸

（4）硬度 旋梭床、旋梭架以及旋梭板表面经热处理碳氮共渗，渗层深度 0.2～0.3mm，经淬火滑动部位的硬度为 650HV 以上。

（5）外观 外观加工良好，不准有裂纹、伤痕以及锈蚀等缺陷；边缘、孔口、槽口无毛刺和锐棱；表面过线位要求圆滑过渡。

（6）检验 对材料、尺寸、结构、性能、硬度和外观进行检验，必须符合上述规定。

表 3-5　旋梭床的梭孔尺寸 *A*

尺寸	1 型	2 型	3 型
梭孔尺寸 *A*/mm	$5.53^{0.008}$	$7.24^{0.009}$	$7.94^{+0.09}_{-0.09}$

① 外观检测。外观质量的检测在自然光线照度［(6000±200)lx］下，距离产品 500mm 用目测和手感检验。要求与缝线接触部位无毛刺，光滑无锐角，无机械加工条纹。旋梭内外清洁，无污垢、锈斑和明显伤痕，表面光亮，表面粗糙度可用样板对比检查。

② 旋梭主要尺寸的检测。

a. ϕ44mm 尺寸，用测量范围 0～25mm 的一级公法千分尺测量，ϕ22mm、$1.75^{+0.2}$ mm、$\phi 7.94^{+0.008}$ mm 尺寸，用专用量规测试，0.1～0.25mm 的尺寸用杠杆百分表测试。

b. 11.9mm 的尺寸，用专用量具比较法测量，其方法如图 3-6 所示。

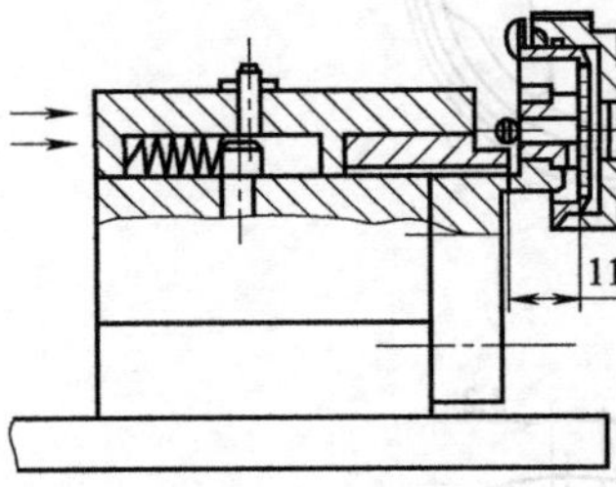

图 3-6　11.9mm 尺寸测量

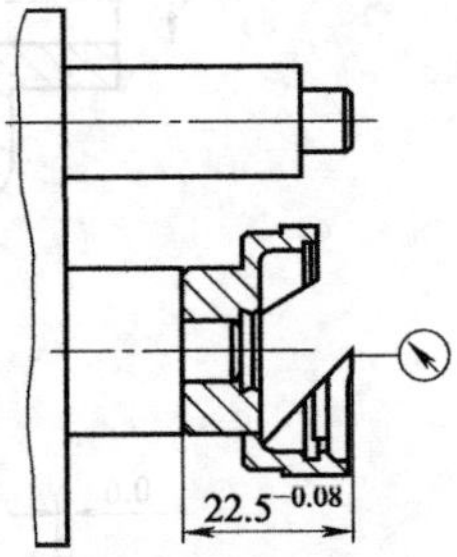

图 3-7　$22.5^{-0.08}$ mm 尺寸测量

c. $22.5^{-0.08}$ mm 尺寸，用专用量具比较法测量，其方法如图 3-7 所示。

d. 1mm 尺寸，用专用量具测量，其方法如图 3-8 所示。

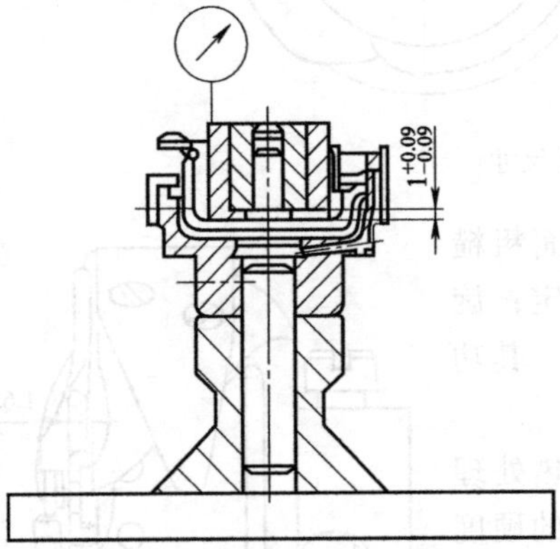

图 3-8　1mm 尺寸测量

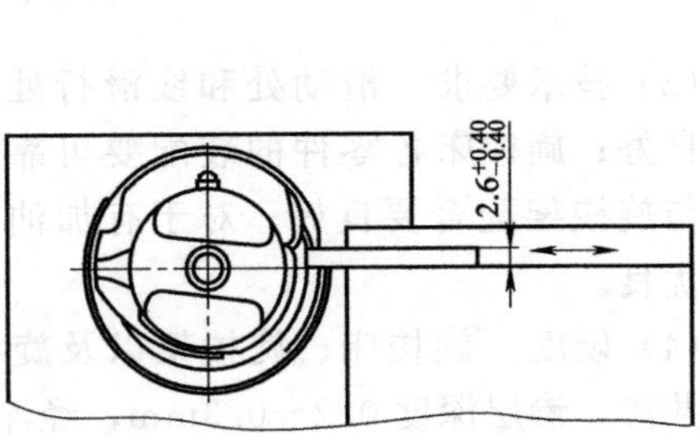

图 3-9　$2.6^{+0.40}$ mm 尺寸测量

e. $2.6^{+0.04}$ mm 尺寸，用专用量具测试，其方法如图 3-9 所示。

f. 梭床尖半径 R16.2mm 尺寸，用专用量具比较法测量，其方法如图 3-10 所示。

g. $0.03^{+0.12}$ mm、$0.05^{+0.12}$ mm 尺寸，用专用量具测量，其方法如图 3-11 所示，测 $0.03^{+0.12}$ mm 尺寸时，以梭尖为基准，百分表对零，然后测量导线板，两者示数之差为所需测量数值。

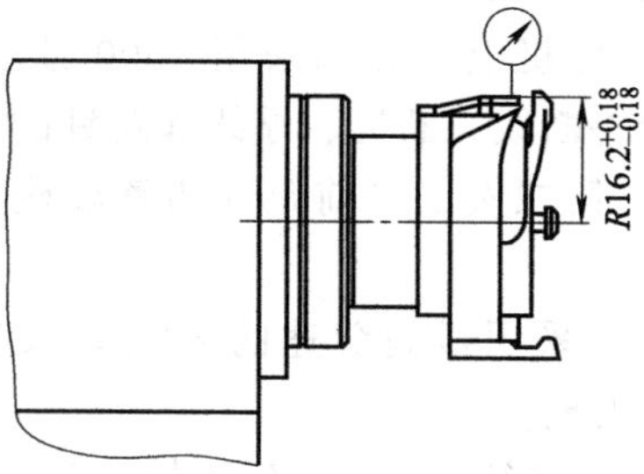

图 3-10 $R16.2$mm 尺寸测量

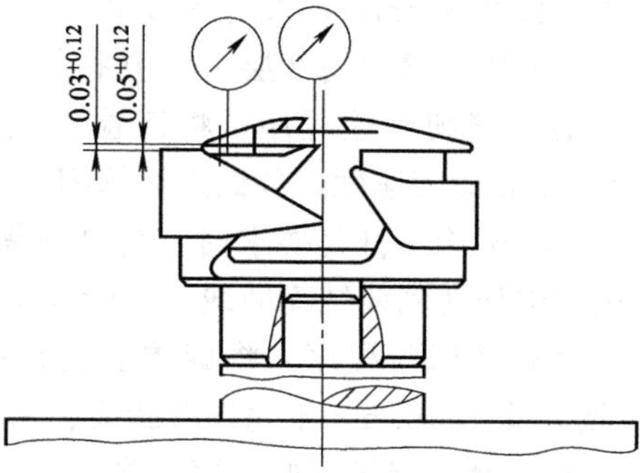

图 3-11 $0.03^{+0.12}$mm、$0.05^{+0.12}$mm 尺寸

③ 梭床与梭架导轨间隙的测量。梭床与梭架导轨径向配合间隙 0.03～0.06mm 尺寸，用专用量具测量，其方法如图 3-12 所示。在自然状态下，先以梭架导轨面为基准，千分表对零，然后在梭架上加 5N 的力，加力前后千分表示数之差即为配合间隙。

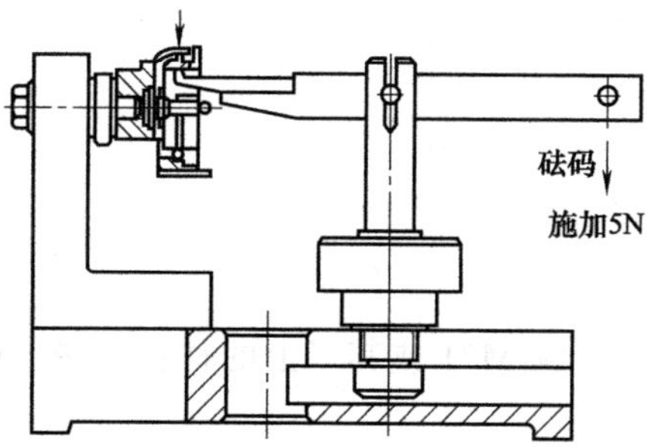

图 3-12 径向间隙的测量

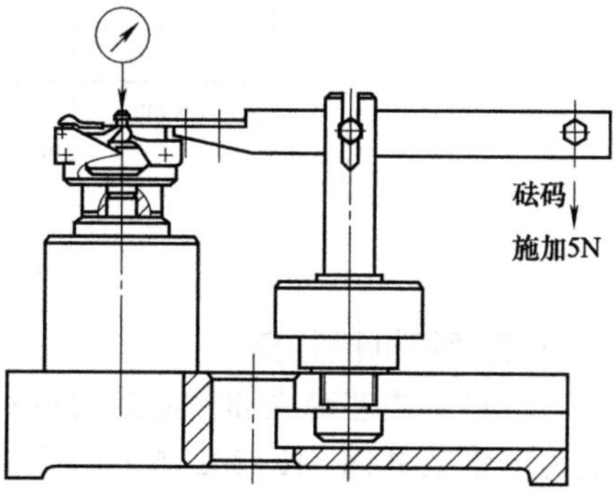

图 3-13 轴向间隙的测量

梭床与梭架导轨轴向 0.02～0.05mm 尺寸，用专用量具测量，其方法如图 3-13 所示。在自由状态下，先以梭架芯顶端为基准，千分表对零，然后在梭架上施加 5N 的力，施力前后，千分表示数之差为配合间隙。

④ 表面硬度测量。表面硬度测试应按照 GB/T 4340.1—2009 或类似的规定方法试验，试验程序为先测试梭架底部平面上任意一点，取平均值；梭床测试部位为内孔底部平面上任意三点，取平均值；旋梭板（压圈）测试部位为上平面任意三点，取其平均值；导线板测试部位为外弧表面任意三点，取其平均值。梭床、梭架、旋梭板（压圈）表面硬度应为 650～820HV，淬硬层厚度为 0.2～0.4mm；导线板表面硬度应为 500～700HV，淬硬层厚度为 0.1～0.2mm。

⑤ 噪声的测量。旋梭的噪声，在梭架转动灵活的情况下，运转声响应不大于 80dB。测量条件：试验环境应无不良干扰、噪声，测声响母机应平稳地安放在水平且坚实的地面上，测声响母机自身声响应低于 73dB（在不装配旋梭的情况下），母机各部位润滑良好，使用精度±0.7dB 的声级计。

试验程序：将待检旋梭安装在指定母机上，以 10000r/min（允差－3%）的转速，运转 10s 后用声级计测量，连续检测 5 次，取其算术平均值。另外，在做此试验时，可检查旋梭润滑油路是否畅通，即运转后应有润滑油吸附在梭架导轨表面。

⑥ 缝纫性能测试。

a. 测试条件。缝纫速度分 5000 针/min（允差－3%）和 4500 针/min（允差－3%）两挡；线迹长度为 2mm，采用 NM90（14#）镀铬机针；缝线采用 9.8tex×3 股（60S73）左捻向的涤棉线；缝料用 2 层 130 中平布，尺寸 2000mm×10mm。

b. 普通缝纫试验程序。将待检旋梭安装在指定的样机上，分别采用 4500 针/min 和 5000 针/min 缝纫速度，各做连续缝纫 10m 试验，不允许断线、断针、浮线和跳针的现象出现。第一次试验不符合要求时，允许再做第二次试验。第二次试验前允许调整旋梭安装位置。试验中如遇到线结而断线不作断线论。

c. 倒顺缝试验程序。将旋梭安装在指定的样机上，采用最高缝速的 80%，线迹长度 3mm 倒顺缝 100mm，不允许有断线、断针和浮线现象出现。

d. 最大针距缝纫试验程序。将针距调节到最大位置，缝纫 100mm 不允许有断线、断针和浮线现象出现。

e. 层缝试验程序。将缝料按 2 层—6 层—2 层—6 层—2 层折叠固定后缝纫三行，如图 3-14所示，不允许断线、断针、浮线和跑针现象出现。

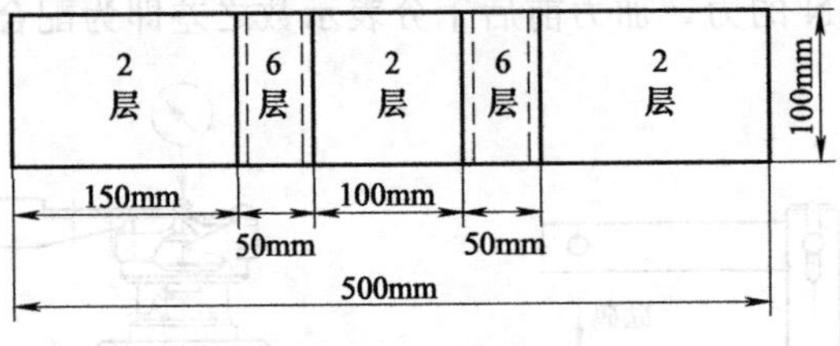

图 3-14　层缝试验

2. 工业缝纫机梭芯套

（1）材料　梭芯套壳和梭芯盖的材料规定为 S15C、SCM21 或其以上的材料。梭皮的材料规定为碳素工具钢 SK5-M2 或其以上的材料。

（2）尺寸　梭芯套的尺寸如图 3-15 所示。

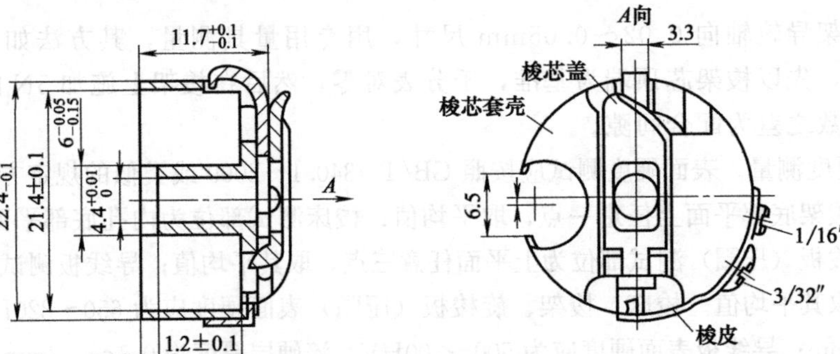

图 3-15　梭芯套的尺寸

（3）技术要求　梭芯套的基本尺寸应符合要求，如图 3-15 所示；过线部位光滑无锐角，其表面粗糙度 Ra 不大于 0.4μm，壳体、梭门盖表面光亮、无裂纹毛刺、锈斑和明显伤痕，商标标志清晰；梭芯套未装入梭芯时，梭门盖板起角大于 60°，且梭门盖不跳出；梭芯套装入梭芯后，梭门盖板起角应大于 45°，梭门底能扣住梭芯；梭门盖掀起后，梭芯套能顺利地装入梭架；梭门盖放平，梭门底应能扣住梭架的芯轴槽，扣入深度为 0.65mm；梭皮压线力应能在 0.3～0.5N 范围内调节，紧能悬起 0.5N，松能 0.3N 能落下；梭皮出线压力一边在 0.4N 时，另一边在（0.4±0.1）N 范围内，直拉出线的张力应均匀；做缝纫性能试验时缝完 15m，线缝不发生由于梭芯套的疵病而引起的断线、浮线等现象。

（4）硬度 梭芯套和梭芯盖，经适当硬化处理共渗层深度为 0.2～0.3mm，硬度为 450HV 以上，梭皮的硬度为 300HV 以上。

（5）外观 外观加工良好，不准有裂纹、伤痕、毛刺、锈蚀等缺陷，过线位要求光滑。

（6）检验 对材料、尺寸、结构、性能、硬度、外观进行检验，必须符合上述规定。

3. 工业缝纫机梭芯

（1）材料 梭芯的材料规定为 SS41、S15C 或其以上的材料。

（2）尺寸 梭芯的主要尺寸和公差如图 3-16 所示。

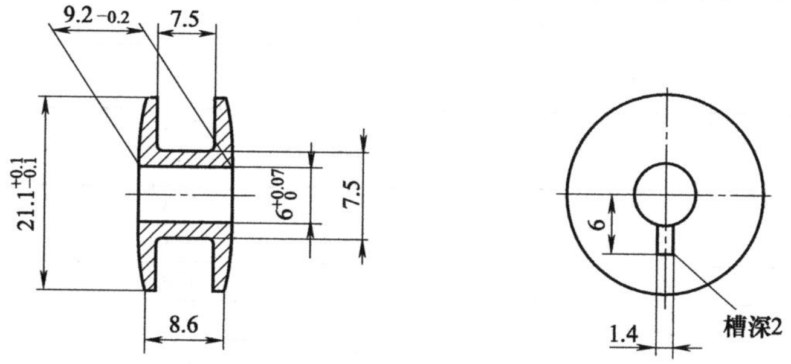

图 3-16 梭芯的主要尺寸和公差

（3）技术要求 梭芯在平台上滚动时，极少有偏心或偏行等现象；梭芯与梭芯套滑动部位应光滑；主要尺寸及公差符合要求；施以淬火的部位硬度为 450HV 以上；外观加工良好，不能有裂纹、伤痕、毛刺、锈蚀等疵病，施行电镀的梭芯不准有镀层缺陷。

（4）硬度 施以淬火的部位硬度为 450HV 以上。

（5）外观 外观加工良好，不准有裂纹、伤痕、毛刺、锈蚀等疵病，施行电镀的梭芯不准有镀层缺陷。

（6）检验 对材料、尺寸、结构、性能、硬度、外观进行检验，必须符合上述规定。

4. 工业缝纫机针杆

（1）材料 材料规定为机器结构用碳素钢 S15C 或其以上的材料。

（2）形状及尺寸 各处形状尺寸及公差如图 3-17～图 3-19 和表 3-6、表 3-7 所示。

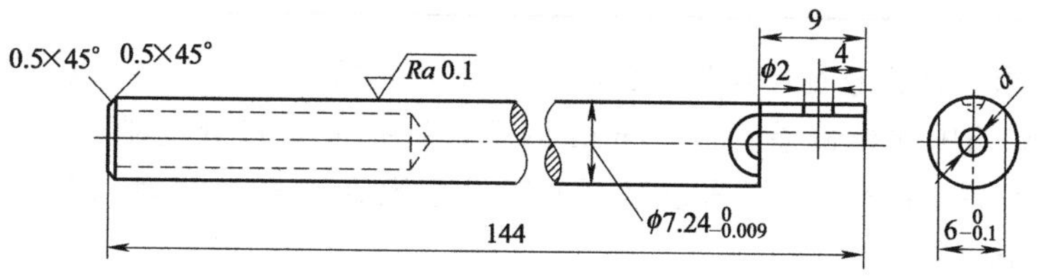

图 3-17 1 型针杆形状尺寸及公差

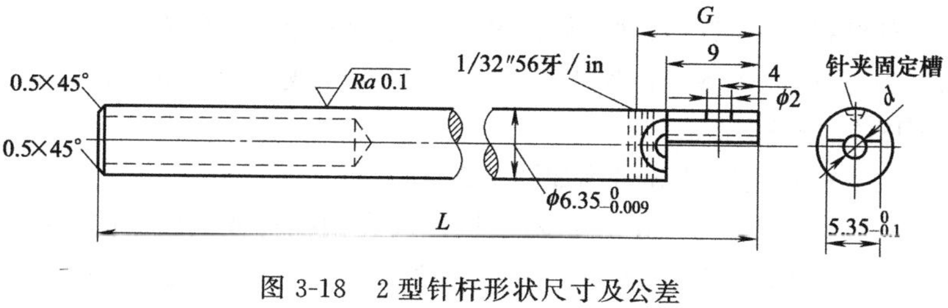

图 3-18 2 型针杆形状尺寸及公差

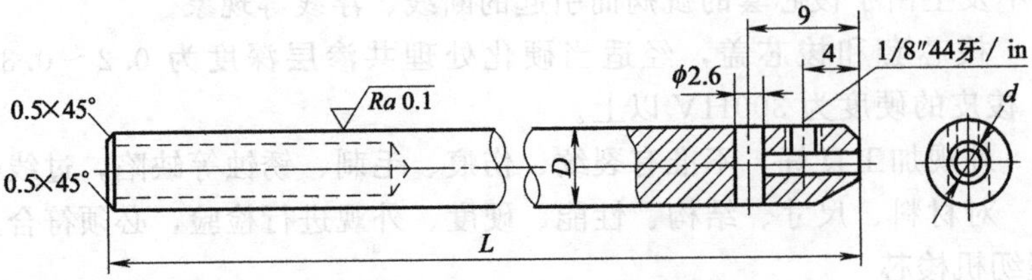

图 3-19　3 型不用针夹的针杆形状尺寸及公差

表 3-6　1 型、2 型针杆尺寸表　　单位：mm

针杆号 \ 允差	d	L	G
	+0.07 +0.02	—	—
1 型针杆 1 号	1.6	144	—
1 型针杆 2 号	2.02	144	—
2 型针杆 1 号	1.6	133	17
2 型针杆 2 号		151	11.5
2 型针杆 3 号		158	
2 型针杆 4 号	2.02	142	
2 型针杆 5 号		151	
2 型针杆 6 号		158	

表 3-7　3 型针杆尺寸表　　单位：mm

针杆号 \ 允差	D	d	L
	0 −0.009	+0.07 +0.02	—
1	6.35	1.62	142
2			151
3		2.02	151
4	7.24	1.62	138
5			142
6			144
7			151
8		2.02	142
9			151

（3）技术要求　针杆直径的圆度（3 点法 90°α）允差为 0.005mm 以下，针杆的不直度在间距达 100mm 的中间处偏差为 0.01mm 以下；针孔或针槽处的轴心偏心为 0.05mm 以下；按图 3-19 所示用百分表进行测量时百分表的示数在针杆顶端为 0.1mm 以下，距顶端 20mm 处为 0.2mm 以下。

（4）硬度　在滑动部位进行适当的硬化处理，其硬度为 600HV 以上。

（5）外观　各处加工良好，不得有裂纹、伤痕、毛刺、飞边、锈蚀等疵病。

（6）检验　对材料、形状、尺寸、硬度和外观进行检验，必须符合上述规定，检测方法如图 3-20、图 3-21 所示，样棒有长为 35mm、ϕ1.62mm 或长为 35mm、ϕ2.02mm 两种。

5. 工业缝纫机挑线杆

工业缝纫机挑线杆各主要部分名称如图 3-22 所示。

（1）材料　挑线杆的材料为 S15C 机器结构用碳素钢钢材或其以上的材料。

（2）形状及尺寸　各部分的形状、尺寸及公差如图 3-23 所示。挑线连杆体的挑线曲柄孔与其端面的垂直度允差在 100mm 长度上为 0.15mm 以下，轴与孔的圆度允差为 0.005mm 以下。

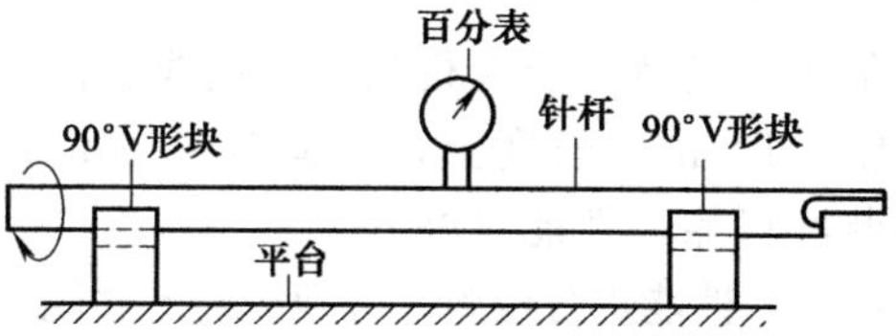

图 3-20 针杆直径圆度

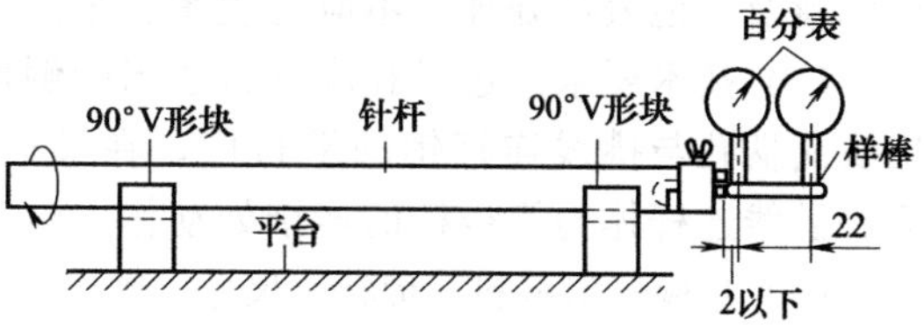

图 3-21 针杆的轴心偏心

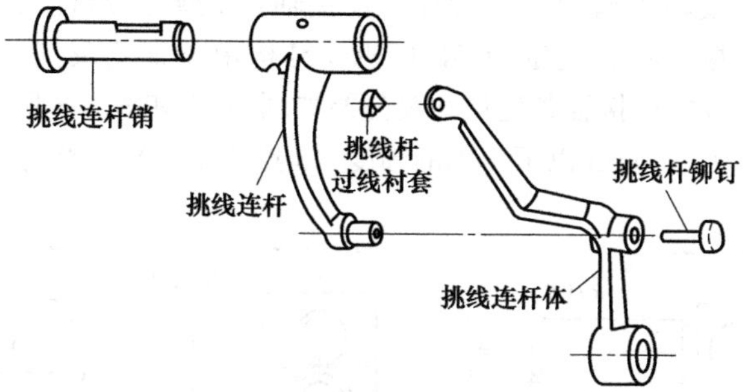

图 3-22 挑线杆各主要部分名称

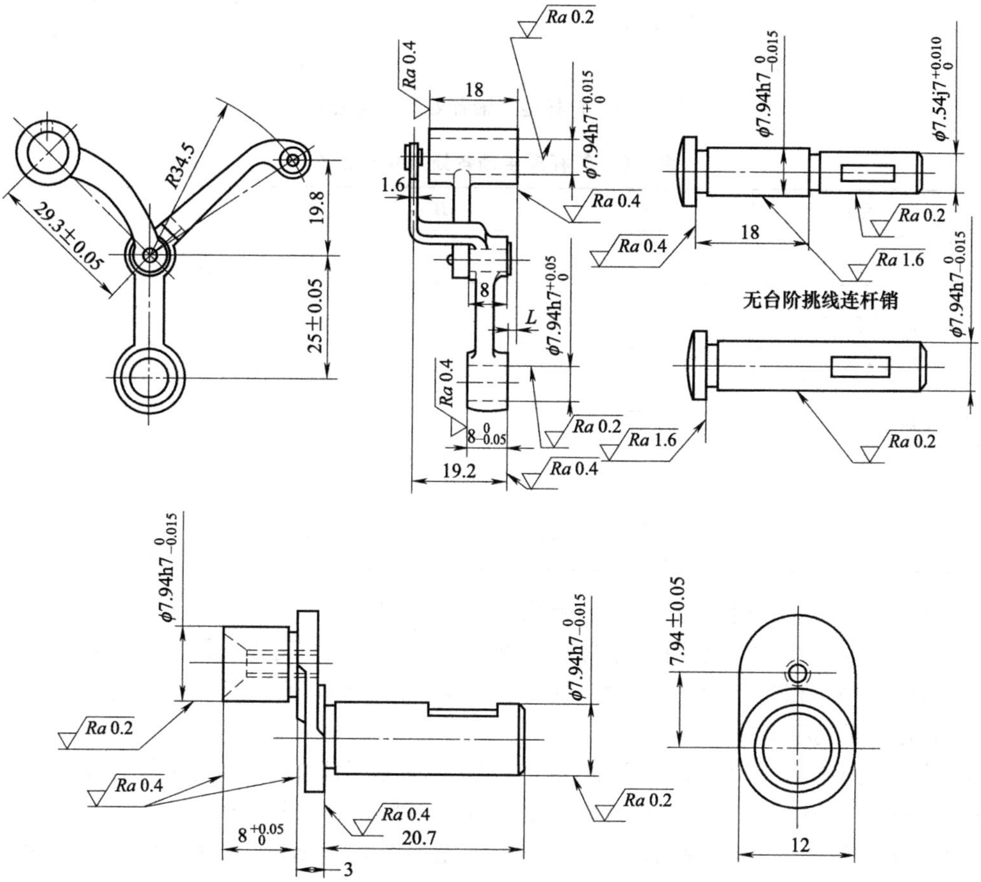

图 3-23 挑线杆各部分的形状、尺寸及公差

（3）硬度 在过线孔的周围以及各滑动部位进行适当的硬化处理，其硬度为 600HV 以上。

（4）外观　各部分加工良好，无裂纹、伤痕、飞边、毛刺、锈蚀等缺陷，挑线连杆体进行电镀及其他表面处理，不应有生锈、脱落、伤痕等疵病。

（5）技术要求　过线孔应进行适当的倒角，其加工面光滑，线滑行顺畅。挑线连杆体的挑线曲柄孔与挑线连杆销的平行度，在其运动范围内 100mm 长度上，允差为 0.15mm 以下。挑线连杆体与挑线杆的连接处动作灵活。零件装配可靠、性能良好。

（6）检验　对材料、形状、尺寸、硬度、外观、结构、性能进行检验，必须符合上述规定。

6. 工业缝纫机针杆连接轴

工业缝纫机针杆连接轴 1 型为无台阶针杆连接轴，2 型为带台阶针杆连接轴。

（1）材料　针杆连接轴材料规定为 S15C 机器结构用碳素钢及其以上的材料。

（2）形状及尺寸　针杆连接轴各处尺寸及公差如图 3-24 和表 3-8 所示。针杆孔对轴的平行度允差在 100mm 长度上为 0.1mm 以下，轴的圆度（3 点法 90°α）允差为 0.005mm 以下。

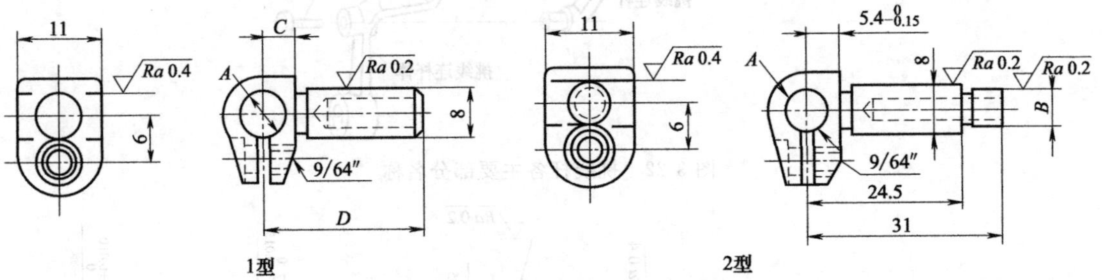

图 3-24　针杆连接轴各处尺寸及公差

表 3-8　针杆连接轴各处尺寸及公差　　单位：mm

号码 \ 允差	A	B	C	
	+0.015 0	0 −0.015	0 −0.015	—
1 型 1 号	6.35	6.35	4.8	19.2
1 型 2 号			4.6	23.7
1 型 3 号			5.1	24.6
1 型 4 号			4.9	24.0
1 型 5 号	7.24		4.6	23.7
1 型 6 号			5.1	24.6
1 型 7 号			4.6	26.6
2 型	A	B	B′	
	$6.35^{+0.015}_{0}$	$6.35^{0}_{-0.015}$	$5.5^{0}_{-0.012}$	

（3）硬度　各滑动部位给以适当的硬化处理，其硬度为 600HV 以上。

（4）外观　各部分加工良好，不应有裂纹、伤痕、毛刺、飞边、锈蚀等缺陷。

（5）检验　对材料、形状、尺寸、硬度、外观进行检验，必须符合上述规定。

7. 工业缝纫机小连杆

工业缝纫机小连杆 1 型为带紧固螺钉的，2 型为不带紧固螺钉的，装有滚针轴承的除外。

（1）材料　工业缝纫机小连杆材料规定为 S15C 机器结构用碳素钢及其以上的材料。

（2）形状及尺寸　小连杆各部分尺寸公差，1 型如图 3-25 所示，2 型如图 3-26 及表 3-9 所示。针杆曲柄孔（A）与其端面和垂直度允差在 100mm 长度上为 0.15mm 以下。孔的圆度允差为 0.005mm 以下，但是，1 型的 A 除外。两孔的平行度允差在 100mm 长度上为 0.1mm 以下。

（3）硬度　各滑动部位进行适当的硬化处理，其硬度为 600HV 以上。

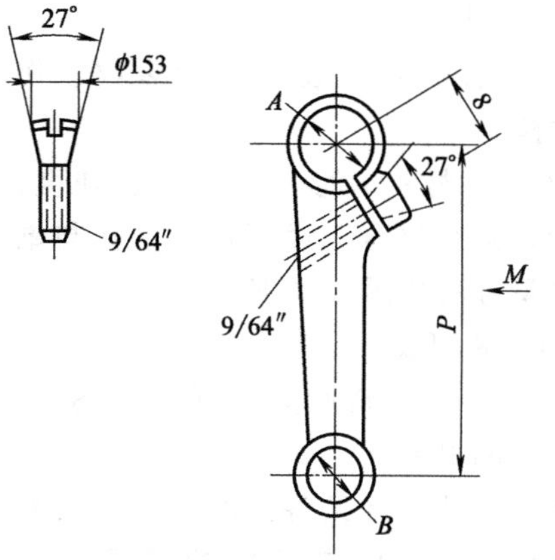

图 3-25 1 型小连杆尺寸及公差

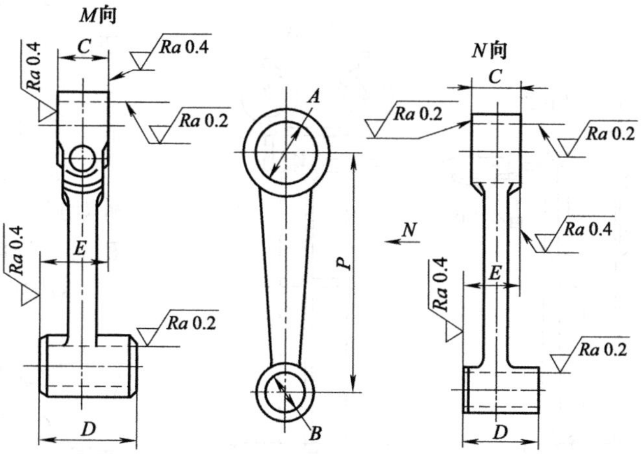

图 3-26 2 型小连杆尺寸及公差

表 3-9 小连杆尺寸及公差表 单位：mm

允差 / 号码	P	A	B	C	D	E
	±0.1	+0.015 0	+0.015 0	+0.5 0	—	0 −0.15
1 型 1 号	36.5				14.0	10.6
1 型 2 号	45.5				14.74	11.2
1 型 3 号	47.8					10.8
2 型 1 号	36.5	7.94	6.35	8.0		10.5
2 型 2 号	45.5				14.0	10.5
2 型 3 号	49.5					10.6
2 型 4 号	55.0					10.8

（4）外观 各部分加工良好，不应有裂纹、伤痕、飞边、毛刺、锈蚀等缺陷。

（5）检验 对材料、形状、尺寸、硬度、外观进行检验，必须符合上述规定。

8. 工业缝纫机大连杆

（1）材料 大连杆材料原则上使用 HT200 灰口铸铁铸件或机器结构用碳素钢。

（2）形状及尺寸 大连杆的各处尺寸及其公差如图 3-27 所示，轴与锥的平行度允差在 100mm 长度上为 0.2mm 以下。

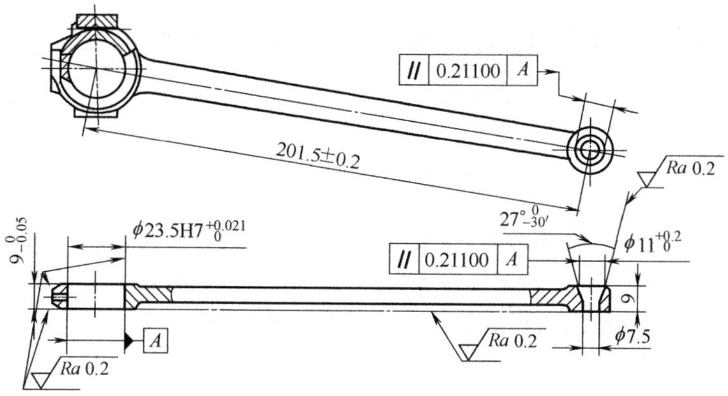

图 3-27 大连杆各处的尺寸及其公差

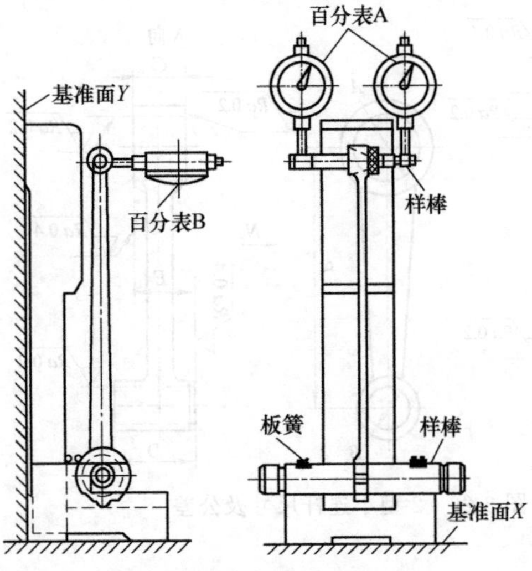

基准面X处用百分表A
基准面Y处用百分表B来测量平行度

图 3-28　大连杆的轴孔与锥孔的平行度测量图

（3）硬度　孔及其端面进行表面处理，其硬度为 600HV 以上。

（4）外观　各处加工良好，无裂纹、伤痕、毛刺等缺陷。

（5）检验　对材料、形状、尺寸、硬度、外观进行检验，必须符合上述规定。轴孔与锥孔的平行度测量方法如图 3-28 所示。

9. 工业缝纫机牙叉

（1）材料　牙叉材料原则上规定为 S15C 碳素钢或其以上的材料。

（2）形状及尺寸　牙叉各处的尺寸与公差如图 3-29 所示，叉形两滑动面的平行度在 100mm 长度上允差为 0.05mm 以下，螺纹孔与锥孔的平行度以及扭曲在 100mm 长度上允差为 0.2mm 以下，叉形的两滑动面与螺孔的平行度在 100mm 长度上允差在 0.1mm 以下。

（3）硬度　在叉形各部位、螺孔、锥孔处进行表面硬化处理，其硬度为 600HV 以上。

（4）外观　各部位加工良好，不应有裂纹、伤痕、毛刺、飞边、锈蚀等缺陷。

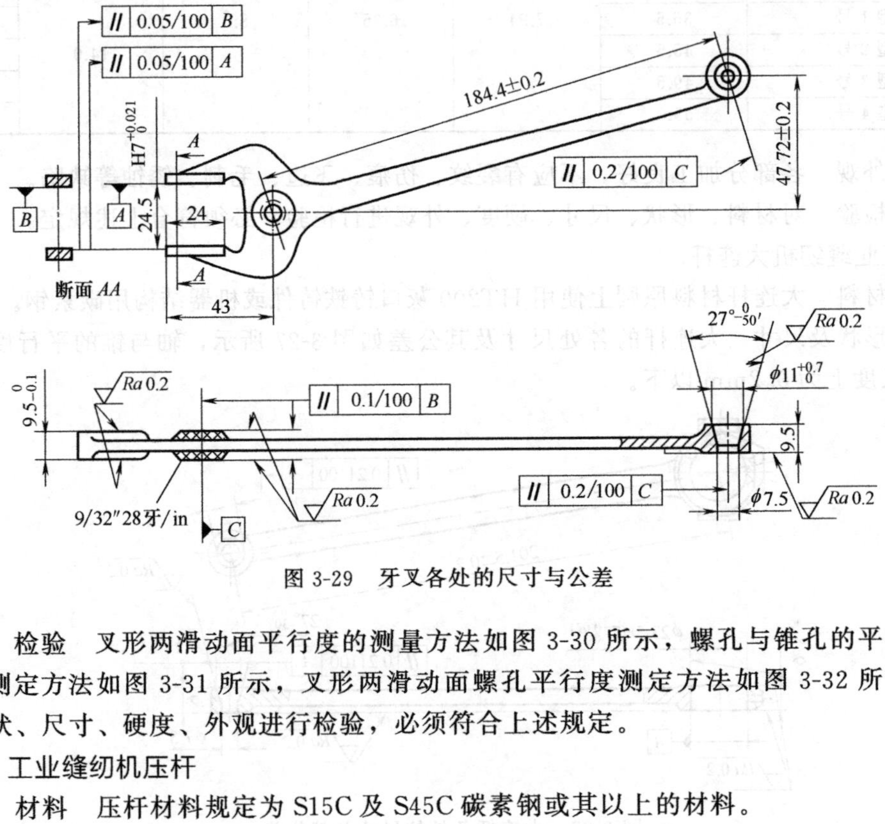

图 3-29　牙叉各处的尺寸与公差

（5）检验　叉形两滑动面平行度的测量方法如图 3-30 所示，螺孔与锥孔的平行度以及扭曲的测定方法如图 3-31 所示，叉形两滑动面螺孔平行度测定方法如图 3-32 所示。对材料、形状、尺寸、硬度、外观进行检验，必须符合上述规定。

10. 工业缝纫机压杆

（1）材料　压杆材料规定为 S15C 及 S45C 碳素钢或其以上的材料。

（2）形状及尺寸　压杆各处的形状、尺寸如图 3-33 所示。同一断面的直径差（3 点法

90°α）在 0.005mm 以下。支点间距离达 100mm 时，其中间偏差为 0.015mm 以下，其偏差的测定方法如图 3-34 所示。

（3）硬度 压杆在滑动部位进行适当的硬化处理，其硬度为 500HV 以上。

（4）外观 各处加工良好，不准有裂纹、碰伤、毛刺、飞边、锈蚀等疵病。

（5）检验 对材料、形状、尺寸、硬度、外观进行检验，必须符合上述规定。

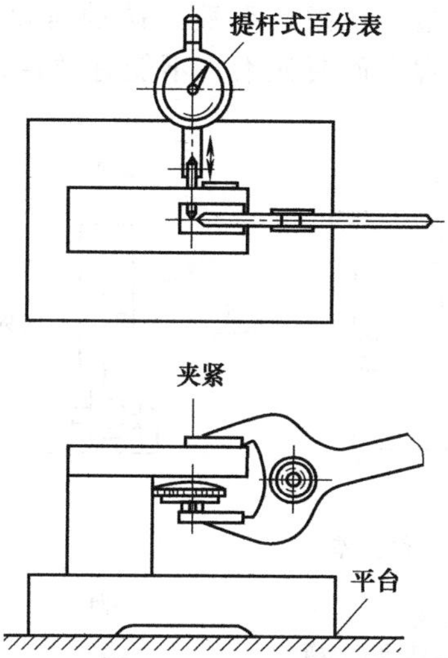

图 3-30 叉形两滑动面平行度的测量方法

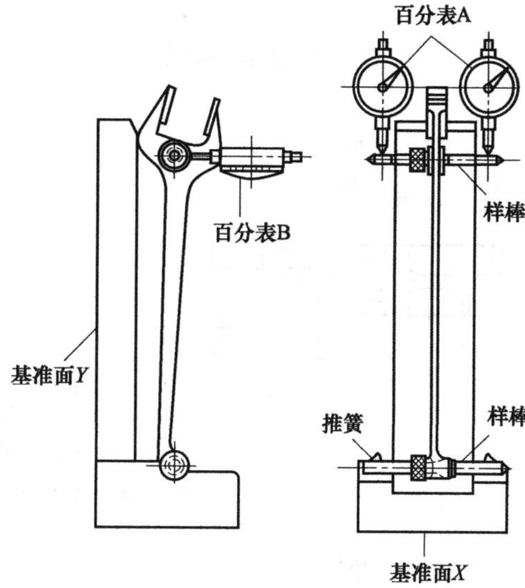

图 3-31 螺孔与锥孔的平行度以及扭曲的测定方法

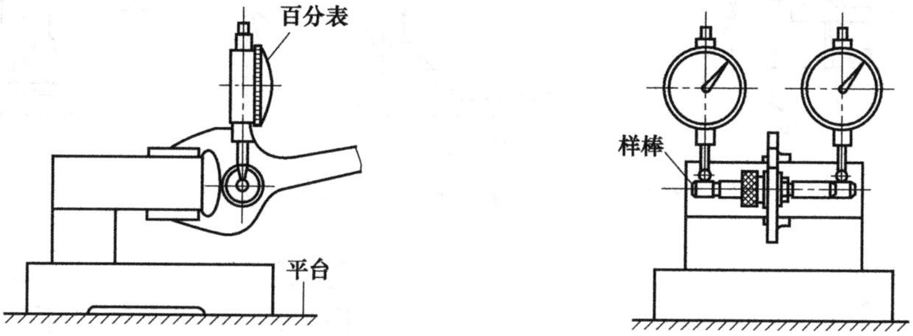

图 3-32 叉形两滑动面螺孔平行度测定方法

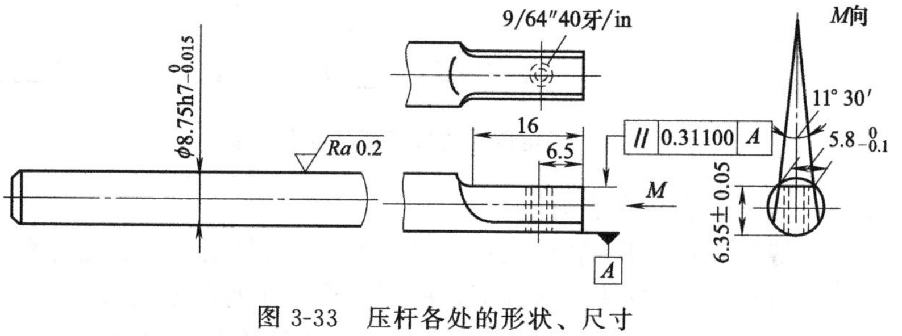

图 3-33 压杆各处的形状、尺寸

11. 工业缝纫机压脚

（1）材料 固定压脚和活动压脚材料规定为 S15C 或其以上的材料，但活动压脚的底板材料不作规定。

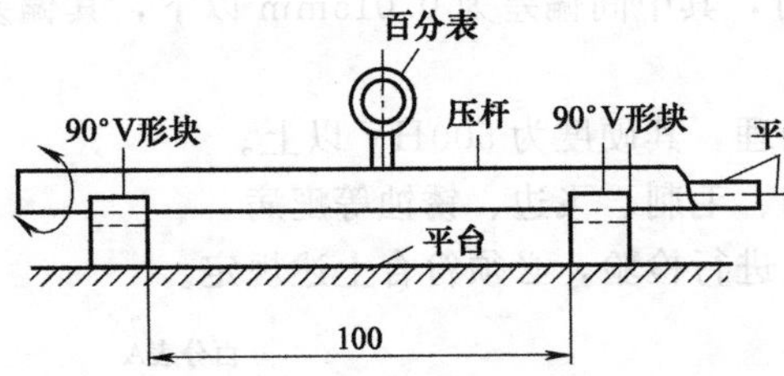

图 3-34　偏差测定方法

(2) 形状及尺寸　A 型压脚形状、尺寸和公差如图 3-35 所示，B 型如图 3-36 所示，固定压脚如图 3-37 所示。压紧杆配合面 a 与压脚侧面 b 的平行度每 100mm 长度上为 1.5mm 以下。

(3) 外观　各处加工良好，不准有裂纹、飞边、伤痕、毛刺、锈蚀等缺陷。电镀的压脚表面要光滑，不能有锈蚀、脱落、伤痕、气泡等缺陷，电镀表面色泽良好、无污点。

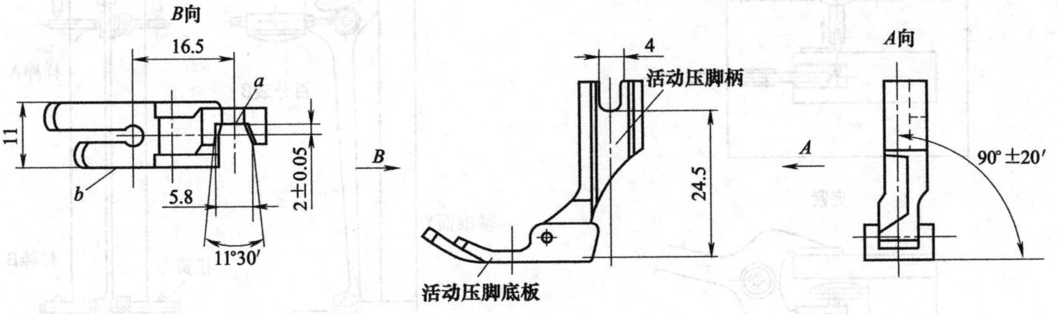

图 3-35　A 型压脚的形状、尺寸和公差

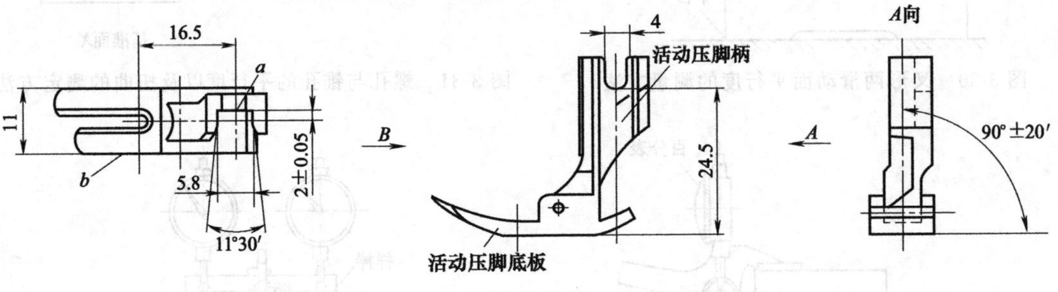

图 3-36　B 型压脚的形状、尺寸和公差

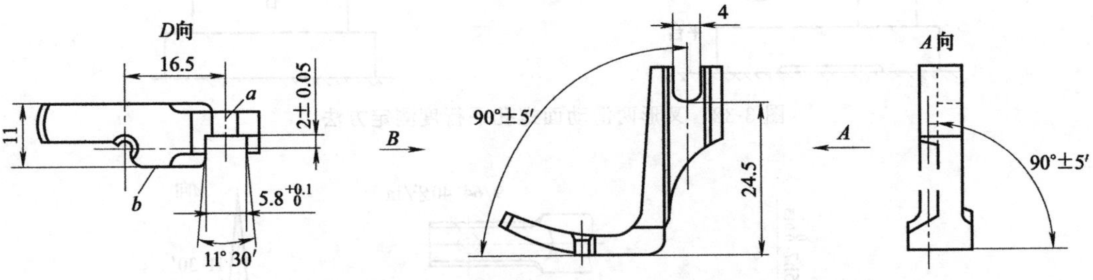

图 3-37　固定压脚的形状、尺寸和公差

(4) 结构性能　缝料在压脚底面滑行良好。活动压脚柄与压脚板装配可靠，在落针部位左右松动不超过 0.1mm，活动灵活。落针部位的周围要加工得特别光滑。

(5) 检验　对材料、形状、尺寸、外观、结构性能进行检验，必须符合上述规定。

12. 工业平缝机针板

(1) 材料　针板材料规定为 SPIVIA-SPMB（冷轧钢板和钢带）或其以上的材料。

(2) 形状及尺寸　针板各处的形状、尺寸和公差如图 3-38 所示，ϕF 孔有 1.2mm、

1.4mm、1.6mm、1.8mm、2.0mm、2.2mm、2.5mm、2.8mm 等多种。两沉头螺钉孔中心距离为（47.3±0.08）mm（或按产品图纸要求）。容针孔中心至两沉头螺钉孔中心连线的距离为 H±0.05mm。两沉头螺钉孔中心对容针孔中心的对称度误差应不大于 0.06mm。送料牙行程槽对两沉头孔中心连线的平行度为每 100mm 长度上允差在 0.3mm 以下。

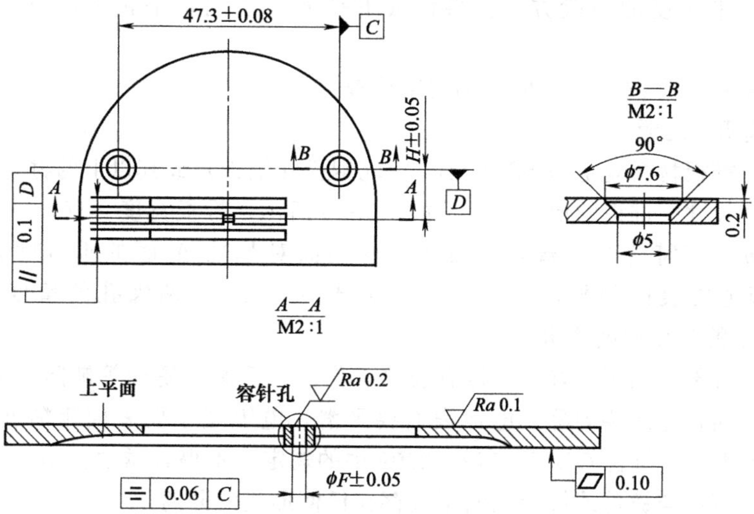

图 3-38　针板各处的形状、尺寸和公差

（3）硬度　针板经热处理，其容针孔边沿 3mm 范围内，硬度值为 500HV。误差不应大于 10%。

（4）外观　上平面表面粗糙度 Ra 应不大于 0.4μm。容针孔两端应倒圆角，过线部位应光滑无棱角，表面粗糙度 Ra 应不大于 0.2μm。电镀层表面试验应符合 QB/T 1572—1992 中的规定，电镀层结合应牢固，镀层与基体金属或镀层之间不应存在任何形式的分离。各部位加工良好，无裂纹、飞边、伤痕、毛刺、锈蚀等缺陷。

（5）检验

① 外观质量检验。电镀层主要表面粗糙度按 QB/T 3814—1999 的规定检查，电镀层表面质量按 QB/T 1572—1992 的规定检查，电镀层结合强度按 QB/T 3821—1999 的规定检查。

容针孔过线部位表面粗糙度的检查，采用标样目测对比法，在光照度为（600±200）lx 的情况下，检验距离为 300mm。

拉线试验如图 3-39 所示，采用 7.4tex/3sz 涤纶线（按 GB/T 6836—2018）通过容针孔，试验线的另一端吊上 150g 砝码；针板与砝码垂线成 15°；针板绕容针孔圆周轴心线随机确定 4 个方向拉线，分别拉 4 次，每次拉动距离应不小于 30mm，速度为 30 次/min。拉动角度与砝码垂线成 30°，往复拉动 20 次应不断线。

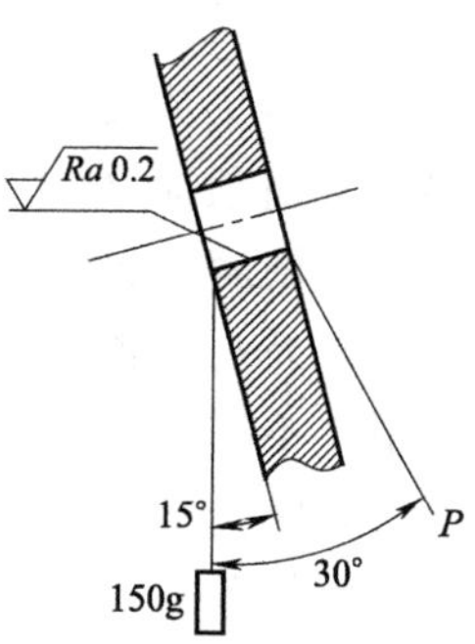

图 3-39　拉线试验

② 主要尺寸和形位公差检验。两沉头螺钉孔中心距离尺寸用专用量具测量。

容针孔中心至两沉头螺钉孔中心连线的距离尺寸用专用（综合）量具测量，其方法是：将被检针板与专用量具重叠，相应各孔对齐；将两孔塞规插入两沉头螺钉定位；将针孔塞规插入容针孔，塞规顺利通过为合格。

针板各送料牙槽尺寸及两沉头螺钉孔中心连线的平行误差用专用（综合）量具测量，其方法是：将被检针板与专用量具重叠，相应各孔、槽对齐；将两孔塞规插入两沉头螺钉定位；将牙槽塞规试插各相应牙槽，塞规顺利通过为合格。

针板容针孔孔径用专用塞规测量。

针板下平面平面度的检验方法：将针板下平面置于测量平板上，用 0.1mm 的塞片测量。

表面硬度按 GB/T 4340.1—2009 的规定检查。

13. 工业缝纫机推板

（1）材料　推板材料规定为 SPCCSB（冷轧钢板和钢带）或其以上的材料。

（2）形状及尺寸　推板的形状、尺寸如图 3-40 所示。推板宽度（H）、长度（L）及两螺孔中心距（h）应符合图纸规定的要求。两侧面对基准 A 面的垂直度允差应不大于 0.15mm，推板主要表面的平面度允差应不大于 0.15mm。两螺孔的精度应符合 QB/T 2254—2010 规定的二级精度要求。

（3）外观　各部位加工良好，不得有裂纹、伤痕、毛刺、锈蚀等缺陷。推板表面平滑，不得有弯曲、扭曲，色泽要匀称。电镀表面要平滑，电镀层主要表面粗糙度 Ra 应不大于 0.4μm。电镀层表面应符合 QB/T 1572—2009 中的规定，不得有锈蚀、剥落、气泡等疵病。电镀层应牢固，镀层与镀件或镀层之间不应存在任何形式的分离。

（4）检验　电镀层主要表面粗糙度按 QB/T 3821—1999 规定的试验方法检查。

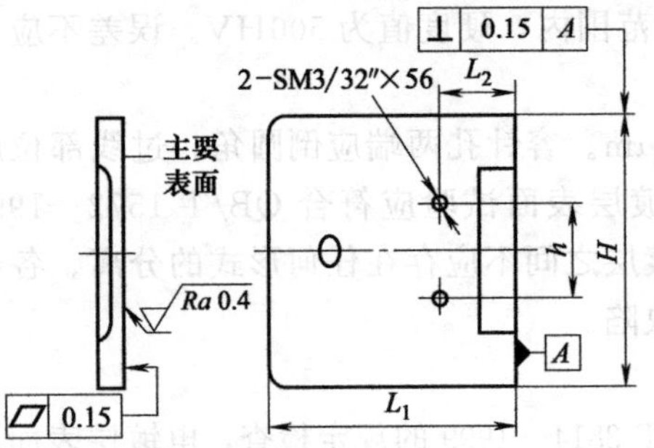

图 3-40　推板的形状、尺寸

推板宽度尺寸（H）、长度尺寸（L_1）、两螺孔中心距尺寸（h）和两螺孔中心连线对基准 A 面的距离尺寸（L_2）用精度示值不低于 0.02mm 的游标卡尺测量。两侧面对基准 A 面的垂直公差用精度示值不低于 2 级要求的角尺与 0.15mm 塞片测量。两螺孔的精度用专用螺纹量规测量。

推板主要表面平面度的检验方法：将推板上平面置于测量平板上，用 0.15mm 的塞片测量；用精度不低于 2 级的 90°刀口形角尺的刃口一面置于推板的两对角线上，分别用 0.15mm 的塞片测量。

14. 工业缝纫机送料牙

（1）材料　送料牙的材料为 S5C 碳素钢或其以上的材料。

（2）形状及尺寸　送料牙各部位的形状、尺寸和公差如图 3-41 所示。送料牙的装配面（AA）与齿顶面（BB）的平行度允差在 100mm 长度范围内小于 0.3mm。

（3）硬度　送料牙进行适当的硬化处理，齿部硬度为 550HV 以上。

（4）外观　各部位加工良好，不允许有裂纹、飞边、伤痕、毛刺、锈蚀等缺陷。电镀处要平滑，不得有锈蚀、剥落、碰伤、气泡等缺陷。

（5）结构及性能　齿部加工良好，不得损伤缝料和缝线，齿顶的平面良好。

（6）检验　对材料、形状、尺寸、硬度、外观、结构及性能进行检验，必须符合上述规定。

15. 工业缝纫机牙架

牙架的种类有 1 型、2 型和 3 型。

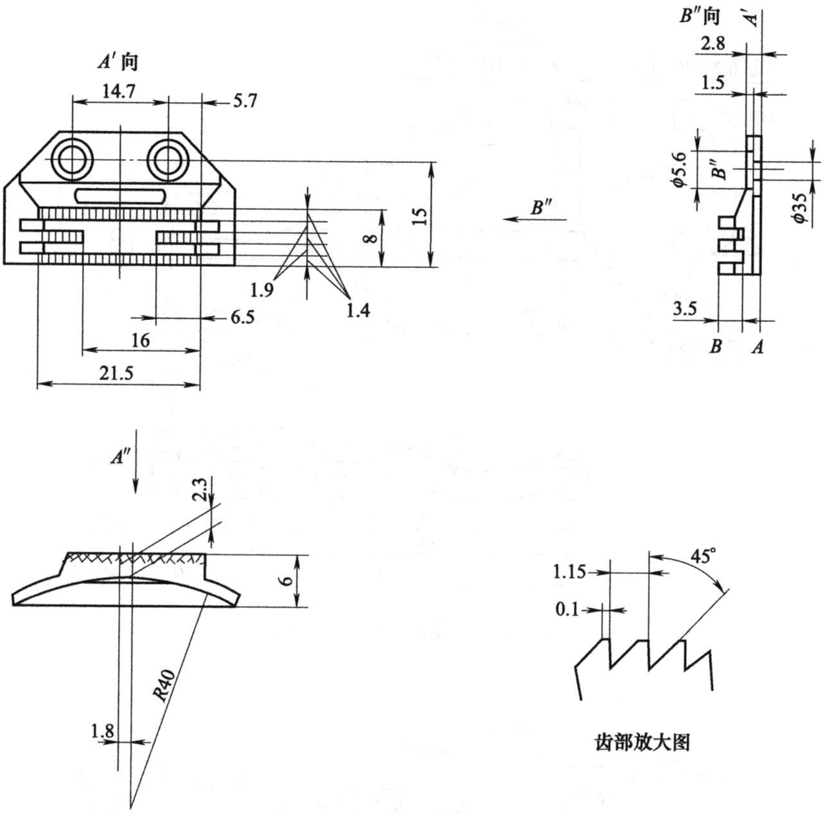

图 3-41　送料牙形状、尺寸和公差

(1) 材料　牙架的材料规定为 S15C 碳素钢或其以上的材料。

(2) 形状及尺寸　牙架的各处尺寸及公差如图 3-42～图 3-44 以及表 3-10～表 3-12 所示。

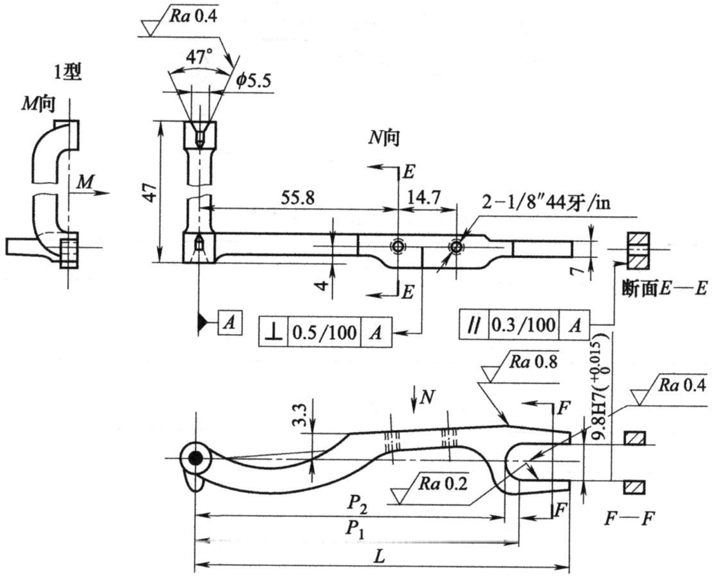

图 3-42　1 型牙架状尺寸及公差

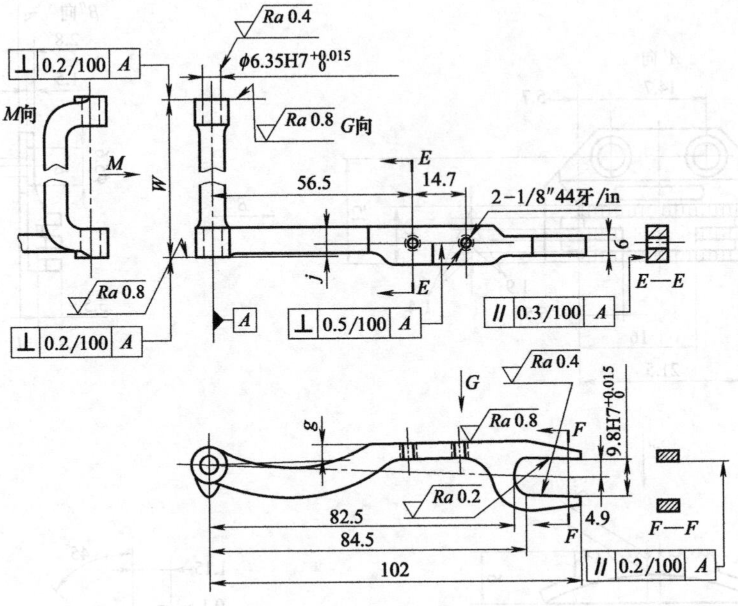

图 3-43 2 型牙架尺寸及公差

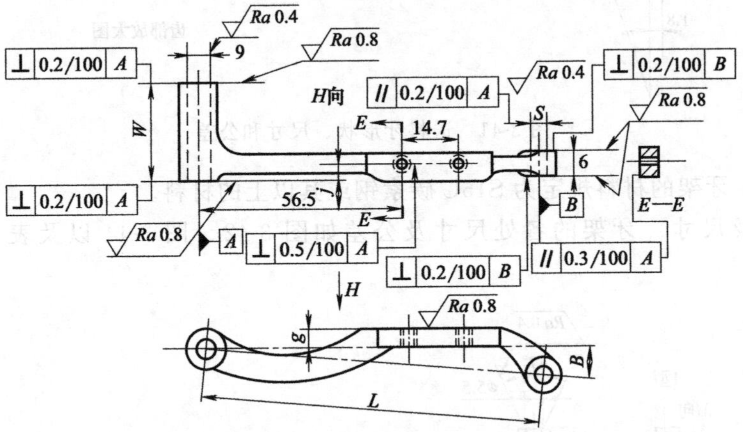

图 3-44 3 型牙架尺寸及公差

表 3-10 1 型牙架尺寸 单位：mm

项目	L	P_1	P_2
1 号	110	95	93
2 号	102	85	83

表 3-11 2 型牙架尺寸 单位：mm

项目	W	G	J
1 号	26.5	4.7	3.5
2 号	26.5	4.0	7.0
3 号	40	3.3	7.0

表 3-12　3 型牙架尺寸及公差　　单位：mm

项目	W	q	S	g	j	L	θ
1 号	26.5	$\phi 6.35^{0.015}$	$\phi 5.0^{0.012}$	5.0	3.5	92.2	5°
2 号	30.0	$\phi 5.5^{0.012}$	$\phi 5.5^{0.012}$	4.3	5.0	95.5	8°
3 号	46.8	$\phi 4.76^{0.012}$	$\phi 5.5^{0.012}$	3.3	4.0	99.0	9°

(3) 硬度　在滑动部位与安装送料牙部位进行适当的硬化处理，其硬度，对于 1 型为 500HV 以上，对于 2 型和 3 型为 600HV 以上。

(4) 外观　外观上要加工良好，不准有裂纹、伤痕、剥落、毛刺、飞边及锈蚀等缺陷。

(5) 检验　对材料、形状、尺寸、硬度、外观进行检验，必须符合上述规定。

四、零件的清理和清洗

在装配过程中，零件的清理和清洗对提高装配质量、延长缝纫机的使用寿命都有重要意义，特别是对轴套、轴承、油泵以及含有转动和摆动配合件的零件尤为重要。在装配各种轴类部件时如清洁不严格，将会造成轴套升温过高和传动力矩过重，也会因为沙粒、切屑等杂物夹入其间而加速磨损，甚至会出现咬合等严重故障，所以在装配过程中必须认真做好零件的清理和清洗。

凡经过表面烘漆、电镀等表面处理的缝纫机零件，其装配接合面（包括孔、槽、平面和螺孔）等处都有黏附层，因此在装配前，对这类零部件必须按工艺技术要求，先进行精加工，才能进入装配状态。

1. 零件的清理

在装配前，零件上残存的切屑、研磨剂、油漆、铁锈等杂物必须清理干净。对于孔、槽、沟道等容易存留异物的部位，尤其要仔细进行清理。

在清除精加工后零件上的切屑时，应注意保护好已加工表面以及电镀和烘漆层。

2. 零件的清洗

对一般几何形状不复杂的零件可浸入清洗液中用刷子清洗。精度要求不高且滚动时不会损坏的零件则可用洗涤机清洗。在大批量生产时则可用转盘喷射清洗机清洗，如图 3-45 所示。

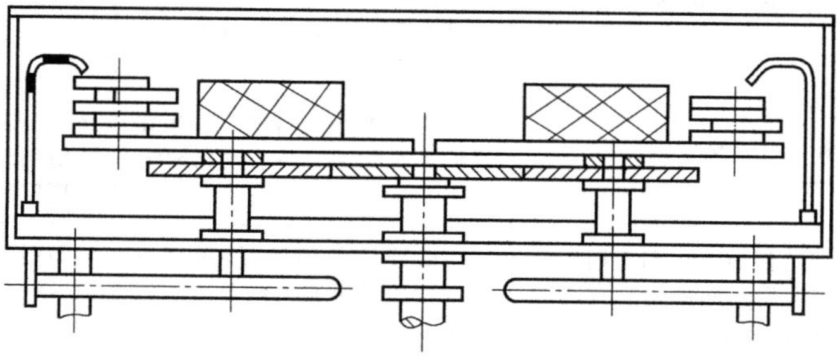

图 3-45　转盘喷射清洗机

重要的零件如梭芯套、梭床等则可采用超声波清洗机进行清洗，见图 3-46。超声波清洗机利用其产生的高频超声波使清洗液产生振动，从而生成大量空气穴泡，这些穴泡会逐渐增大和突然闭合，发出自中心向外的微激波，压力可达到几百个大气压，从而使黏附在零件上的油垢污物剥落，又因为空气穴泡强烈振荡，加强了清洗液对油垢乳化和增溶作用，提高

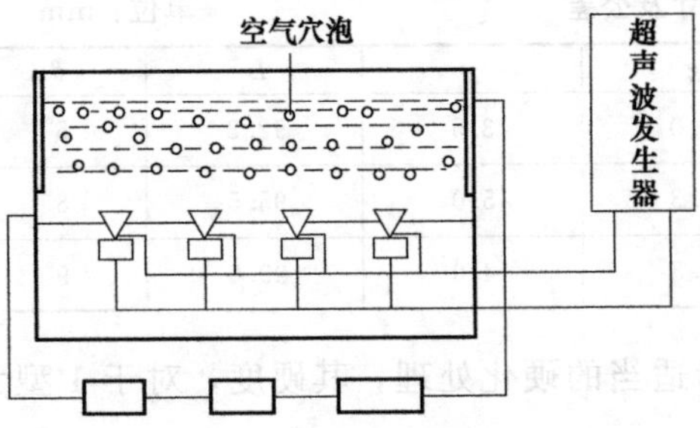

图 3-46 超声波清洗机示意图

了清洗效果。对于一些零件上的小孔、深孔、盲孔、凹槽等采用一般清洗方法不易清洗干净的部件，采用超声波清洗均能获得很好的清洗效果。

3. 常用的清洗液

常用的清洗液有煤油、轻柴油和化学清洗剂，它们的性能如下。

（1）煤油和轻柴油 主要用于清洗油脂、污垢和黏附的一般机械杂质，清洗后干燥较慢，使用比较方便。

（2）化学清洗剂 它含有表面活性剂，又称乳化剂清洗液，对油脂、水溶性污垢具有良好的清洗能力。这种清洗液配制简单，性能稳定，无毒，不易燃烧，使用安全，售价较低。0105 清洗剂和 6501 清洗剂可用于喷洗钢件上以机油为主的油垢和机械杂质。

缝纫机装配常用的清洗方法、特点及适用范围见表 3-13。

表 3-13 缝纫机装配常用的清洗方法、特点及适用范围

序号	清洗方法	清洗剂	主要特点	适用范围
1	擦洗	汽油、煤油、轻柴油、乙醇、二甲苯、丙酮、水基金属清洗液	操作简易，装备简单，生产效率低	小批量生产中的零件，机壳及严重污垢零件的初清洗
2	浸洗	各种清洗液	操作简易，装备简单，清洗时间长，常与手工擦刷相结合	大批量轻度油脂污垢的零部件及机壳的清洗
3	低压喷洗	各种常用清洗液、水基金属清洗液中无泡或低泡的清洗液	常用在带有机动装置的清洗设备中 ①间歇输送定点定位喷洗 ②连续输送连续喷洗 ③工件固定喷头旋转喷洗	成批生产的零部件（机壳清洗不宜采用），清洗黏附较严重的半固体污垢
4	高压喷洗	各种常用清洗液、水基金属清洗液中无泡或低泡的清洗液	能去除固体污垢，工作压力＞5MPa，一般为手工操作，也可机动	机壳及污垢严重的零部件，但用机动清洗机壳需多个喷嘴喷洗重要孔系
5	振动或滚动清洗	各种水基清洗液	通过机构使浸在清洗液中的工件转动或往复运动，造成清洗液对工件的冲击，进行清洗	适用于批量生产中形状复杂的零部件及机壳
6	超声波清洗	各种清洗液	清洗效果好，设备复杂，操作维护要求高，易实现自动化清洗	适用于各种零部件和机壳的清洗，常作为多步清洗中的后步清洗或最终清洗，清洗的清洁度较高
7	多步清洗	按工件的要求和不同清洗工艺选用不同的清洗方法和相应的清洗液	一般连续自动进行，常将浸洗、喷洗、超声波清洗等方法组合在一起	适用于大批量生产中形状复杂、油脂污垢较严重的零部件、机壳，清洗的清洁度很高

第三节 部件装配

部件装配是指机器在进入总装配之前的装配。凡是将两个以上的零件组合在一起，成为一个装配单元的装配工作，都可称为部件装配。

一、轴套和轴的装配

根据生产形式分为两种方法，成批生产时用手锤加导向芯轴将轴套敲入，大量生产时用专用设备将轴套压入。

压入或敲入轴套时，应注意配合面的清洁并涂上润滑油，同时注意轴套的油孔位置必须与机壳相应的注油孔对准。

采用手工敲入时，要防止轴套歪斜，敲击芯轴的声响应从空击声转到实体声，轴套的轴肩压到机壳的端面已定位即可。在压入轴套后，要用平端紧定螺钉固定轴套防止轴套松动。

二、轴类零件的装配

轴是缝纫机中的重要零件，某些传动零件只有装在轴上才能正常工作。如连杆、齿轮、带轮及旋梭等。轴的作用可以概括为两个方面：一是支承轴上零件，并使其有确定的工作位置；二是传递运动和转矩。为了保证轴组件能正常工作，不仅要使轴本身有足够的强度、刚度和抗振性能，而且要求轴和其他零件装配后运转平稳。

主轴部件的精度是指其装配调整之后的回转精度。它包括主轴的径向跳动、轴向窜动以及主轴旋转的均匀性。为此，除了要求主轴本身具有很高的精度外，还要求采用正确的装配和调整方法，以及良好的润滑条件等。

影响主轴部件旋转精度的因素有两种：一种是主轴部件径向跳动，它产生于主轴本身的精度，如主轴同轴度、圆度、圆柱度等，以及机壳或轴套前后孔的同轴度、圆度、圆柱度；另一种是主轴部件的轴向窜动，凸轮、曲柄、套筒、带轮的端面跳动。在装配时，其配合间隙过大，就会引起轴向窜动，若间隙过小又会使主轴在旋转一周的过程中，产生阻力不匀的现象。

主轴部件的装配：将机壳上的轴套压入机壳中，轴套上的油孔对准机壳上的润滑孔。将主轴组件装入轴套中，各部位加油。其技术要求是前后套与孔的配合间隙小于 0.037mm，主轴的轴向窜动间隙小于 0.041mm，转矩小于 24.5N·m。

三、滚动轴承的装配

滚动轴承由内圈、外圈、滚动体和保持架四部分组成。它具有摩擦小、效率高等优点，在高速缝纫机上广泛采用。在滚动轴承内圈与轴之间、外圈与轴承孔之间，为防止转动时产生相对转动，影响滚动轴承的工作特性，它们之间需要有一定的配合紧度。由于滚动轴承是专业厂大量生产的标准部件，其内径和外径都是标准的公差尺寸，因此轴承的内圈与轴的配合应为基孔制，外圈与轴承孔的配合应为基轴制，不同配合的松紧程度由轴和轴承孔的尺寸公差来保证。

滚动轴承配合中，过盈的松紧要求，应考虑负荷和转速的大小、负荷方向和性质、旋转精度和装拆是否方便等因素。当负荷方向不变时，转动套圈应比固定套圈的配套紧一些，过盈太小，转轴与内圈易相对转动，影响滚动轴承正常工作；过大，会引起轴承变形和减少轴承的游隙，造成轴承工作时产生热膨胀而损坏。

1. 装配前的准备工作

① 按所装的轴承准备好所需的工具和量具。

② 清洗轴承，如轴承是用防锈油封存的可用汽油或煤油清洗，如用厚油和防锈油脂封存的轴承，可用轻质矿物油加热溶解清洗（油温不超过 100℃）。溶解清洗时，把轴承浸入油内，

待防锈油脂熔化后即从油中取出，冷却后再用汽油或煤油清洗。经过清洗的轴承应整齐地排列在零件盘中待用。对于两面带防尘盖、密封圈或涂有防锈润滑两用脂的轴承不用清洗。

③ 按工艺要求检查与轴承配合的零件，如轴、垫圈、端盖、轮轴等表面是否有凹陷、毛刺、锈蚀和固体微粒。

④ 检查轴承型号与装配工艺要求是否一致。

2. 滚动轴承游隙的调整

轴承的游隙分为径向游隙和轴向游隙两类。有些轴承，由于结构上的特点，其游隙可以在装配或使用过程中通过调整轴承圈的相互位置而确定，如向心推力球轴承、圆锥滚子轴承和双向推力球轴承等。许多轴承都要在装配过程中控制和调整游隙，其方法是轴承内圈、外圈有适当的轴向位移。

3. 滚动轴承装配

滚动轴承的装配方法应根据轴承的结构、尺寸大小和轴承部件的配合性质而定。装配时的压力应直接加在待配合的套圈端面上，不能通过滚动体传递压力。

(1) 圆柱孔轴承的装配　轴承内圈与轴紧配合，压装时，可先将轴承装在轴上，在轴承端面垫上铜或软钢的装配套筒，然后把轴承压至轴肩为止。

轴承外圈与轮为紧配合，内圈与轴为较松配合，压装时，可将轴承装在轴孔中，在轴承端面垫上铜或软钢的装配套筒［图 3-47 (a)］，然后把轴承压至轴孔台肩为止。装配套筒的外径应略小于轴孔的直径。

(2) 推力球轴承的装配　推力球轴承的装配应注意区分紧环和松环，松环的内径孔比紧环的内孔大，装配时一定要使紧环靠在转动零件的平面上，松环靠在静止零件的平面上，否则会使滚动体失去作用和加速配合零件的磨损。

(3) 滚动轴承的拆卸方法　用压力拆卸圆柱孔轴承的方法见图 3-47 (b)。用拉出器拆卸圆柱孔轴承的方法见图 3-47 (c)。使用拉出器时应注意以下几点。

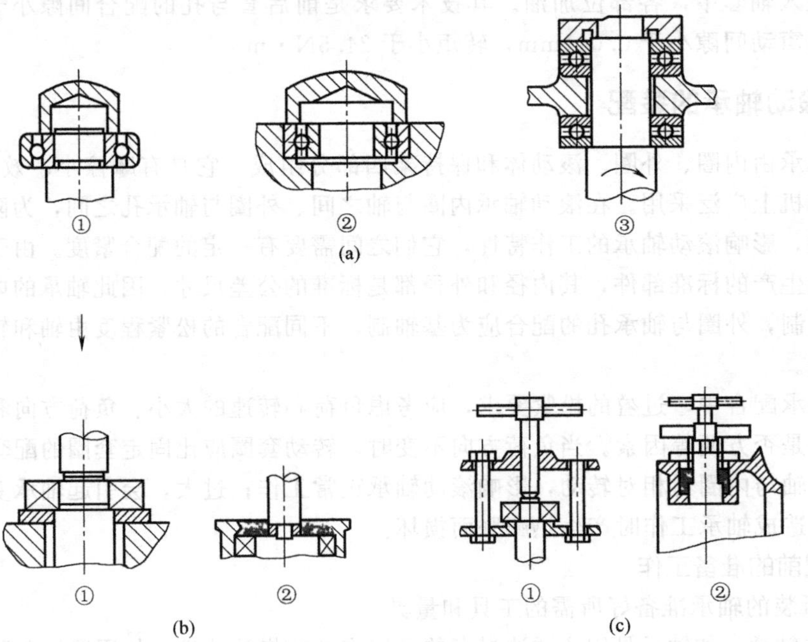

图 3-47　滚动轴承的装配

① 拉出器两脚的弯角应小于 90°，两脚尖要勾在滚动轴承的平面上。

② 拆轴承时，拉出器的两脚与螺杆应保持平行。

③ 拉出器的螺杆头部应制成 90°夹角或装有钢球。

④ 拉出器使用时两脚与螺杆的距离应相等。

(4) 轴承装配应注意的问题 滚动轴承上标有代号的端面应装在可见部位，以便更换。为了保证滚动轴承工作时有一定的热膨胀余地，在同轴的两个轴承中，必须有一个外圈（或内圈）在热膨胀时可产生轴向移动，以免轴或轴承产生附加应力损坏轴承，甚至咬死轴承。

在装配过程中，应严格保持清洁，防止杂物进入轴承的滚道内。轴承装配后应无卡住和歪斜现象，运转灵活、无噪声。

四、挑线杆组件的装配

挑线杆组件如图 3-48 所示，在装配挑线杆组件以前，首先要对挑线杆 7 和挑线连杆 1 进行校正，使挑线杆两孔平行度在 100mm 内不大于 0.07mm，挑线连杆外圆与 ϕ7.94mm 孔的两孔平行度 100mm 内不大于 0.07mm，同时要注意用绿油拉光挑线杆的过线孔，挑线杆与挑线连杆的配合要活络，一般配好后挑线连杆应能靠自重落下为宜，必要时可研磨挑线杆孔。

针杆连杆 4 的 ϕ12mm 和 ϕ6.35mm 两孔平行度也必须调校，要求为 100mm 内不大于 0.07mm。把 ϕ2mm 的羊毛线穿入挑线连杆的两油线孔内，拉紧打结后头不能留得过长，以免妨碍挑线杆组件的运动。

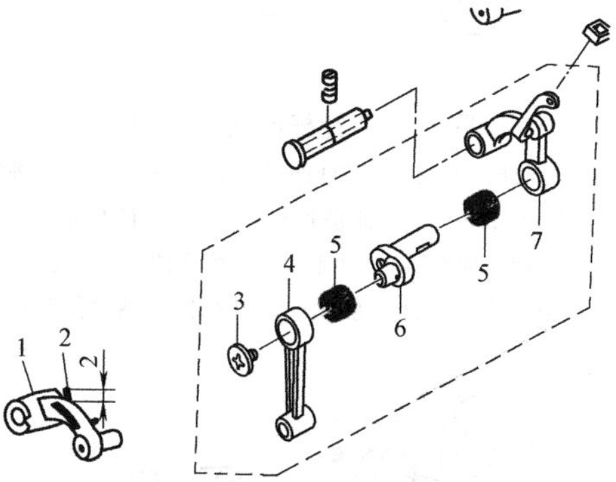

图 3-48 挑线杆组件

1—挑线连杆；2—挑线连杆油线；3—挑线曲柄左旋螺钉；4—针杆连杆；5—挑线杆滚针轴承；6—挑线曲柄；7—挑线杆

在装配挑线杆滚针轴承 5 时一定要使滚针轴承配上后挑线杆或针杆连杆的运动灵活，无阻轧感，但径向间隙不能太大。为达到此目的，必须对滚针轴承进行选配，根据图纸要求，滚针轴承的滚针直径分别为 ϕ2（上标 0，下标 −0.02）、ϕ2（上标 −0.02，下标 −0.04）、ϕ2（上标 −0.04，下标 −0.06）、ϕ2（上标 −0.06，下标 −0.08）四档，现一般常用的是后两档，用户可根据自己的需要选择适合的滚针轴承。

组件装配好后，要注意挑线杆和挑线连杆 ϕ12mm 与 ϕ7.94mm 两孔平行度允差在 100mm 内不大于 0.01mm。

五、针杆曲柄上轴组件的装配

把曲柄油量调节销套上销套和 D 形圈后轻轻推入上轴 ϕ6.35mm 孔内，注意油量调节销推入时动作不能过猛，不得损坏调节销套和 D 形圈，否则会影响上轴曲柄处的正常出油。

见图 3-49，把上轴 8 固定在夹具上，在挑线杆组件装上针杆曲柄护板 5 后将挑线曲柄插入针杆曲柄 7 孔内，再一起套在上轴上。

针杆曲柄定位螺钉 9 套上 O 形圈 10，涂上 906 密封膏后拧紧，注意定位螺钉尖顶要对准上轴定位孔，紧固力为 700N。

在针杆曲柄上依次紧固螺钉 A、B、C，注意螺钉 B 要紧固在挑线曲柄上，护板的方向如图中 A 所示，装好后挑线组件必须运动灵活，手感轴向无间隙。

六、送料调节器组件的装配

送料调节器组件的装配如图 3-50 所示。送料调节器 1 磨过的一面对准送料调节器连杆 7，用轴位螺钉 4 和螺母 3 紧固，紧固后的送料调节器运动需灵活，但手感轴位应无间隙。

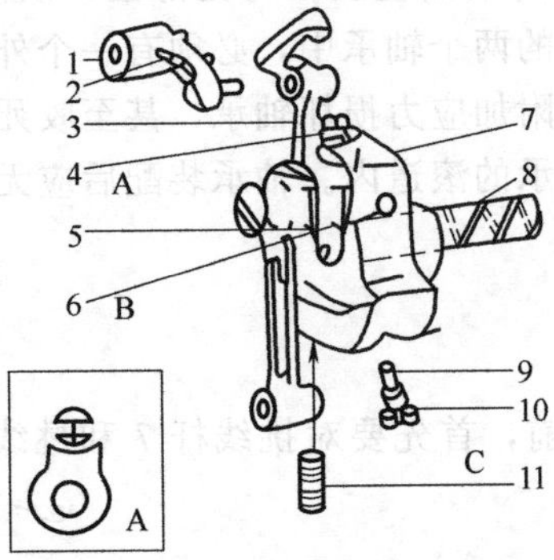

图 3-49 针杆曲柄上轴组件

1—挑线连杆；2—挑线连杆曲柄；3—挑线杆；4—挑线曲柄紧固螺钉；5—针杆曲柄护板；6—挑线曲柄定位螺钉；7—针杆曲柄；8—上轴；9—针杆曲柄定位螺钉；10—定位螺钉 O 形圈；11—针杆曲柄紧固螺钉

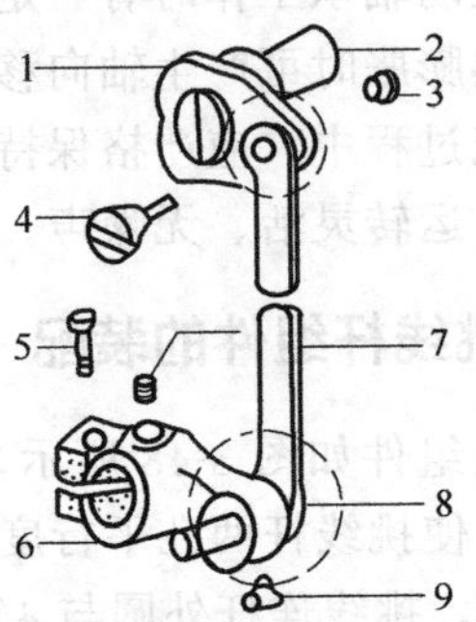

图 3-50 送料调节器组件的配装

1—送料调节器；2—送料调节器销；3—调节器连杆轴位螺母；4—调节器连杆轴位螺钉；5—拉簧调节曲柄螺钉；6—拉簧调节曲柄；7—送料调节器连杆；8—拉簧调节曲柄销；9—拉簧调节曲柄销螺钉

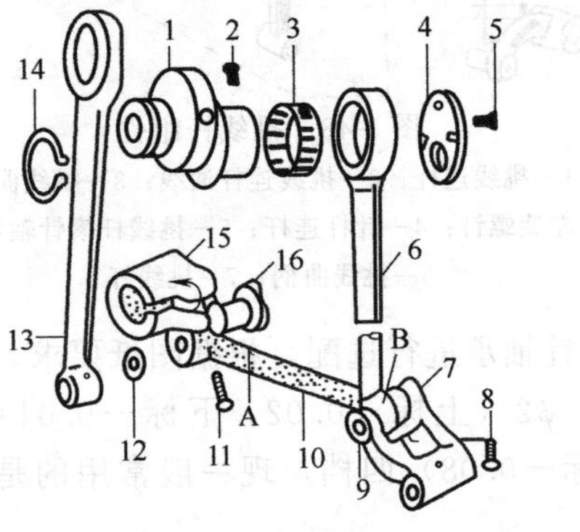

图 3-51 送料偏心轮组件的装配

1—送料偏心轮；2—偏心轮螺钉；3—滚针轴承；4—偏心轮盖板；5—盖板螺钉；6—送料大连杆；7—送料摆杆；8—摆杆销螺钉；9—送料摆杆销；10—送料小连杆；11—送料曲柄螺钉；12—送料曲柄轴位螺母；13—抬牙连杆；14—抬牙连杆轴用挡圈；15—送料曲柄；16—送料曲柄轴位螺钉

在送料调节器连杆另一孔上装上拉簧调节曲柄销 8，再在调节销上装上拉簧调节曲柄 6，然后用拉簧调节曲柄销螺钉 9 固定，轻轻拨动调节曲柄，检查有无松动现象。

送料调节器销 2 向上插入调节器孔内，销子转动应灵活。

依次拧紧拉簧调节曲柄螺钉 5 和拉簧调节曲柄定位螺钉。注意，拉簧调节曲柄螺钉轻轻旋到底，不要拧紧，而拉簧调节定位螺钉的端面不能露出曲柄的内侧，以免造成以后装配其他零件困难。

七、送料偏心轮组件的装配

在配装送料偏心轮组件前，先要对有关零件进行校正：送料大连杆 $\phi 35$mm 与 $\phi 10.2$mm 两孔平行度校正 100mm 不大于 0.15mm；抬牙连杆 $\phi 20.63$mm 与 $\phi 10.2$mm 两孔平行度校正 100mm 不大于 0.28mm；送料小连杆 $\phi 10.2$mm 两孔平行度校正 100mm 不大于 0.20mm。

送料偏心轮组件的装配如图 3-51 所示。首先在送料曲柄 15 的光面配上送料小连杆 10，用轴位螺钉 16 和螺母 12 紧固，不得有间隙，配的时候要注意小连杆的方向，从刻印标记 A 的反面装上轴位螺钉，不得搞错。

在送料偏心轮 1 上装上送料偏心轮螺钉 2，螺钉头不要顶出送料偏心轮孔内侧，把偏心轮固定在夹具上，装上滚针轴承 3，此滚针轴承的滚针有 ϕ2.5mm（上标 0，下标－0.02）、ϕ2.5mm（上标－0.02，下标－0.04）、ϕ2.5mm（上标－0.04，下标－0.06）、ϕ2.5mm（上标－0.06，下标－0.08）四档尺寸可供选配，装配时一定要选择合适的尺寸。

如图 3-51 所示，装上送料大连杆 6，然后再装上送料偏心轮盖板 4，对齐螺孔后拧上三个偏心轮盖板螺钉 5，装配时要注意送料大连杆的方向，油孔 B 的一面要朝上，配好后用手转动偏心轮，应转动灵活。

在偏心轮另一头套上抬牙连杆 13，方向与送料大连杆相同，然后装上抬牙连杆轴用挡圈 14，轴用挡圈不分正反面，但必须切实卡在偏心轮挡圈槽内，以防脱落，装好后转动抬牙连杆，不应有重轧。

在送料大连杆另一头装上送料小连杆 10，送料摆杆 7（注意送料小连杆的方向如图示）插入送料摆杆销 9，用摆杆销螺钉 8 紧固，摆杆销螺钉紧固在送料摆杆销的定位孔内，螺钉紧固后送料摆杆要达到能靠自重落下的要求。最后装上送料曲柄螺钉 11，不要拧紧，掉不下来即可。

八、 牙架组件的装配

牙架组件的装配如图 3-52 所示。在牙架 1 上装上垫片 2A，各抬牙滑块销 3 进行铆接，铆接压力大约有 0.3MPa，铆好后套上抬牙滑块 4 和垫圈 2B，对另一头进行铆接，压力同前，铆好后垫片要贴紧抬牙滑块，不能有间隙，轻轻转动滑块无阻滞感。

把牙架固定在夹具上。牙架座 6 与牙架对齐后插入牙架销 8，推到位，紧固两牙架销螺钉 7。

用 ϕ2mm 油线 9 从 C 向 D 穿过牙架销孔，C 处打结拉到底，D 处在 40mm 处打结后剪断。

在牙架座底部拧上紧固螺钉 5，注意只要轻轻拧进几牙即可。

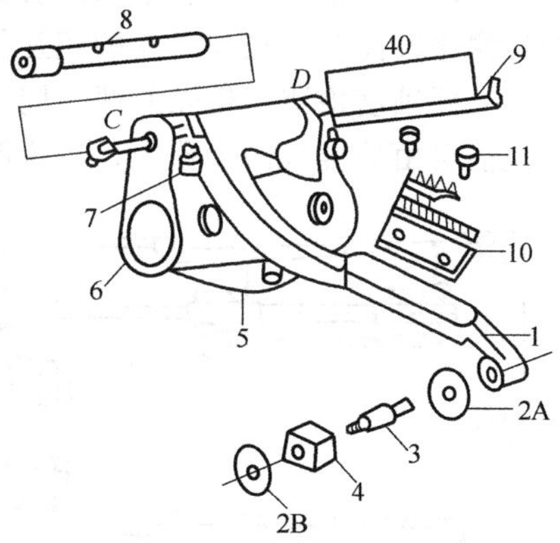

图 3-52 牙架组件的装配

1—牙架；2—抬牙滑块销垫圈；3—抬牙滑块销；4—抬牙滑块；5—牙架座紧固螺钉；6—牙架座；7—牙架销螺钉；8—牙架销；9—牙架销油线；10—送料牙；11—送料牙紧固螺钉

九、连杆传动机构的装配要求

① 连杆孔与轴配合应有适当的间隙以保证高速运转。

② 连杆孔与轴配合应转动平稳，无咬住、阻滞或松动的现象。

③ 连杆孔与轴配合应有良好的接触面，以提高耐用度。

十、齿轮传动机构的装配要求

齿轮传动是缝纫机中最常用的传动方式之一，要求传动均匀，工作平稳，换向无冲击，噪声小和使用寿命长等。为达到这些要求，除齿轮和机壳孔必须达到规定尺寸和技术要求外，还必须保证齿轮装配质量达到下述要求。

① 齿轮孔与轴配合要适当，紧固后齿轮不得有歪斜和偏心现象。

② 保证齿轮有准确的安装中心距和适当的齿侧间隙。

③ 保证齿面有一定的接触面积和正确的接触部位。

在轴上固定的齿轮，拧紧齿轮螺钉时，需按照一定的顺序进行，并做到分次逐步拧紧，否则会使齿轮孔与轴径的间隙被挤向一侧或因螺钉端头不垂直、定位槽不平行而产生偏移或歪斜误差，应先拧紧定位螺钉，顺时针转动齿轮再拧紧紧固螺钉。

齿轮传动部件的装配精度包括齿侧间隙、轴向窜动和传动噪声三个方面。齿轮副一般都经过淬硬后研磨，以达到工作平衡和低噪声的要求。有的齿轮副在研齿时要打上啮合记号，故在装配时必须对准齿轮啮合标记，以保证啮合质量。

装配锥齿轮的顺序：先把齿轮套在主轴上，把主轴部件装入机壳中；把竖轴装入机壳中，套上竖轴上齿轮；把下轴装入机壳中，套上下轴锥齿轮；套上竖轴下齿轮。

齿轮与轴的装配：齿轮是在轴上进行工作的，轴上安装齿轮的部位应光洁，定位槽等应符合图纸要求，齿轮在轴上固定连接。由于齿轮安装孔与轴之间为间隙配合，因此在拧紧齿轮上两只螺钉时，如果拧紧力不均匀，会造成齿轮孔与轴径的间隙挤向一侧产生偏移或歪斜。正确的方法是，先拧紧定位螺钉，顺时针转动齿轮再拧紧紧固螺钉。

主轴部件装入机壳：这是关键工序，装配的方式应根据机壳的具体结构而定。为了保证质量，必须了解机壳装齿轮轴孔的尺寸精度等是否达到规定的技术要求。如孔和平面的尺寸精度、几何形状精度；孔和平面的表面粗糙度及外观质量；孔和平面的相互位置精度。前两项的检测比较简单，孔和平面的相互位置精度检测方法如下。

（1）同轴度检测　机壳的两孔同轴度检测一般用综合量规来检查［图 3-53（a）］，若综合量规能自由地推入两个孔中，则说明孔的不同轴度在规定允许误差范围内。

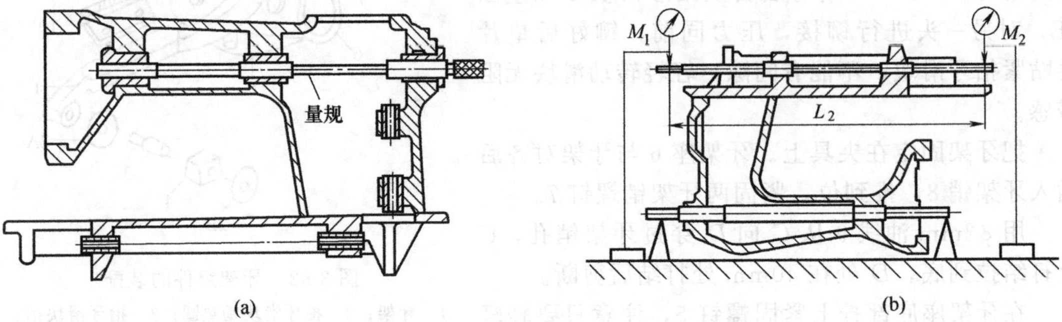

图 3-53　孔和平面的相互位置精度检测

（2）孔系相互位置精度检测

① 孔平行度检测。可用芯轴加百分表检查［图 3-53（b）］。将机壳放在等高支承上，在测量距离为 L_2 的两个位置上测得的数据分别为 M_1 和 M_2。

$$平行度误差：f=\frac{L_1}{L_2}(M_1-M_2)$$

式中，L_1 为技术要求测量长度值 100mm。

测量时应选用与孔成无间隙配合的芯轴。

② 孔系垂直度检测。用专用垂直量座加芯轴、百分表检测［图 3-54（a）］。将机壳套在专用垂直量座上，使机壳上轴线与平板垂直，在测量距离为 L_2 的两个位置上测得的数据分别为 M_1 和 M_2。

$$垂直度误差：f=\frac{L_1}{L_2}(M_1-M_2)$$

式中，L_1 为技术要求测量长度值 100mm。

测量时应选用与孔成无间隙配合的芯轴。

③ 孔系相交度检测。用芯轴插入上轴、下轴、竖轴等轴孔中，将机壳侧卧在等高的支承上，将下轴孔的芯棒调整至上轴轴线同一平面内［图 3-54（b）］。在测量距离为 L_2 的两个位置上测得的数据分别为 M_1 和 M_2。

$$各轴相交度误差:f=\frac{L_1}{L_2}(M_1-M_2)$$

式中，L_1 为技术要求测量长度值 100mm。

测量时应选用与孔成无间隙配合的芯轴。

④ 端面对孔的垂直度检测。将专用芯轴插入机壳被测的轴孔中，转动芯轴一周测量整个端面，并记录示数，取最大示数差为该端面对轴孔的垂直度误差［图 3-54（c）］。

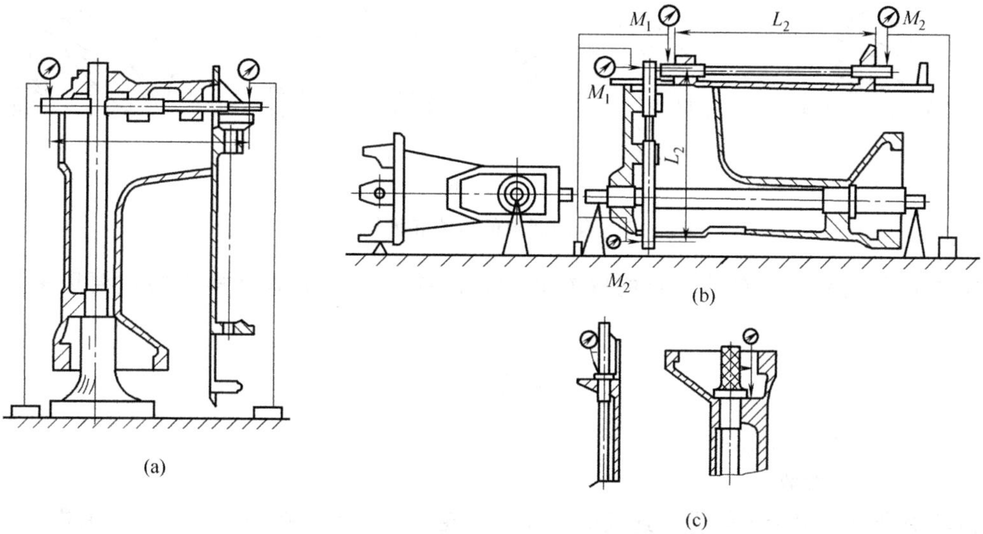

图 3-54　孔系相互位置精度检测

（3）两齿轮的轴向定位　缝纫机用锥齿轮是用背齿面作基准的。装配时将背齿面对齐，来保证两齿轮正确的装配位置。按工艺要求先装好竖轴下锥齿轮和下轴锥齿轮副，装配时可以使两个齿轮沿着各自的轴线方向移动，一直移到它们的假想锥体顶点重合在一起为止。在轴向位置调整好以后，拧紧锥齿轮的定位和紧固螺钉。再调整各自的套轴，将齿轮的位置固定好［图 3-55（a）］。

（4）齿轮　轴部件装入机壳后，齿轮必须有良好的啮合质量。齿轮传动部位的装配精度包括齿侧间隙、轴向窜动和传动噪声。

齿侧间隙的检测方法见图 3-55（b）。将一个齿轮固定，在另一个齿轮上装上夹紧杆 1，由于侧隙的存在，装有夹紧杆的齿轮便可摆动一定角度，从而推动百分表的测头，得到表针的示数，百分表测头距齿轮轴线的距离为 L。

轴向窜动的检测方法是将百分表的测头直接接触到齿轮的顶面，由于齿轮后端面与轴套端面之间有间隙存在，因此推拉齿轮就能在百分表上测得数据，此数值即为轴向窜动值。

传动噪声按缝纫机产品质量检验规范中规定的方法检测。

锥齿轮副一般都经淬硬后研磨，已达到工作平衡和低噪声的要求。有的齿轮副在研齿时打上啮合标记，故在装配时必须对准齿轮的啮合标记，以保证啮合质量。

在高速缝纫机运转中，噪声 70％以上是由齿轮副传动时所产生的。在噪声频率中，既

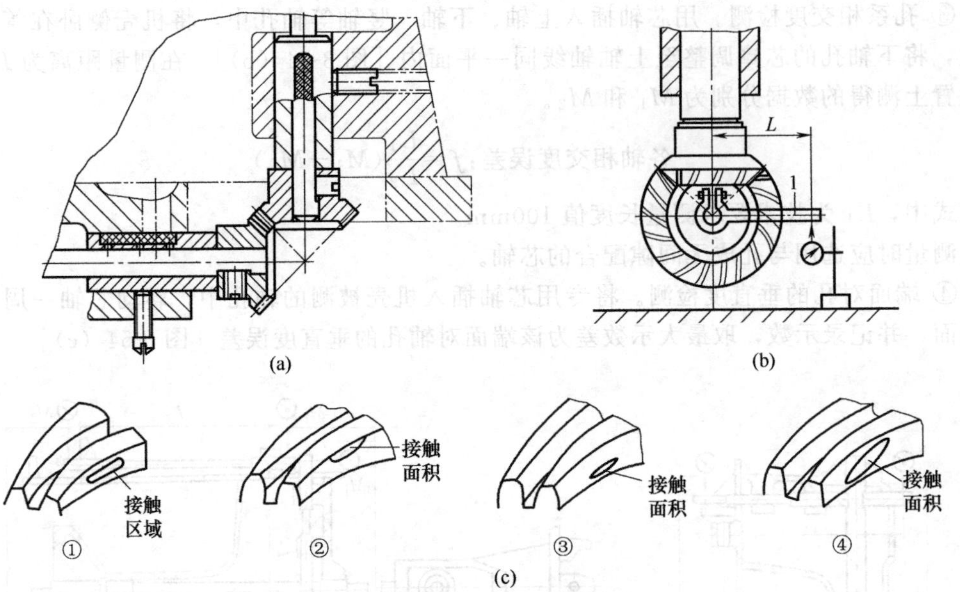

图 3-55　齿侧间隙的检测和齿轮啮合面

有齿轮的啮合频率，也有其本身的固有频率，而前者是产生啮合噪声的重要因素，其关系式：

$$f=\frac{nZ}{60}(\text{Hz})$$

式中　n——转速，r/min；

Z——齿轮齿数。

齿轮啮合时，由于齿轮受到连续敲击而使齿轮产生振动（在一般情况下，主要是轴向振动），进而辐射出恼人的噪声。

有关齿轮的精度是一个很复杂的研究课题，一般伞齿轮精度直接由工作母机及刀具来保证。为了有效地降低噪声，单靠提高齿轮的加工精度是不能完全解决问题的，精密的齿轮加工配合以精密的装配才是降低噪声的有效方法。

理想的齿轮啮合，应当是两齿轮的彼此节圆互相重合，其啮合时节圆重合精度的好坏，直接影响噪声，重合误差小，即啮合面好，往往噪声也小。反之，则噪声大。

检查接触精度是从根本上寻找齿轮噪声产生原因的最好方法。常用的检查方法是，在一个齿轮的齿面上涂以红丹粉，另一齿轮齿面上涂上普鲁士蓝，根据两齿轮啮合时涂色的均匀性衡量齿轮的接触精度。

一般正常的接触区域应在整个齿面的中部。如图 3-55（c）①所示，接触面积占整个齿面的 70%左右。当然实际齿机的接触区有可能产生如图 3-55（c）②、③、④所示的情况。这种不正常的接触齿面产生的原因有两种：一是齿轮本身的定位有问题，如与装齿轮副的轴对称性、轴角尺度、齿轮精度有关；二是安装高度定位要求未达到。

原因一常常是由缝纫机机壳本身的加工精度所决定的，一般产生齿面的斜角接触，齿长方面的单边接触等。

原因二的情况是常见的，也较易调整，效果也较好。具体调整如下：主动齿是齿板接触的，应将主动齿朝脱离被动齿方向移动，再调整被动齿与主动齿间隙即可；主动齿是齿顶接触的，应将主动齿朝被动齿方向移动，调整其间隙即可。调整直至两齿轮啮合区域在中部。

同样在调节齿轮啮合时，侧隙大小也是非常重要的，精度较高的齿轮侧隙可小一些，当然噪声也会小，侧隙过大的齿轮啮合时会产生啮合面间的撞击声，声音似汽船声，而侧隙过小时，会产生因摩擦而引起的尖叫声。

调节齿轮啮合时，可移动立轴上、下套和下轴后套筒，调节时先要旋松套筒及齿轮的紧固螺钉，调节好后，分别将它们拧紧。

在轴上固定的齿轮，在拧紧齿轮螺钉时，需按照一定的顺序进行，并做到分次逐步拧紧，否则会使齿轮孔与轴径的间隙被挤向一侧或因螺钉端头不垂直、定位槽不平行而产生偏移或歪斜误差，应先拧紧定位螺钉，顺时针转动齿轮再拧紧紧固螺钉。

齿轮传动部件的装配精度包括齿侧间隙、轴向窜动和传动噪声三个方面。齿轮副一般都经过淬硬后研磨，以达到工作平衡和低噪声的要求。有的齿轮副在研齿时要打上啮合记号，故在装配时必须对准齿轮啮合标记，以保证啮合质量。

十一、其他组件的装配

机壳组件的装配如图 3-56 所示。油盘组件装配如图 3-57 所示。皮带罩与绕线器组件的装配如图 3-58 所示。过线架组件的装配如图 3-59 所示。

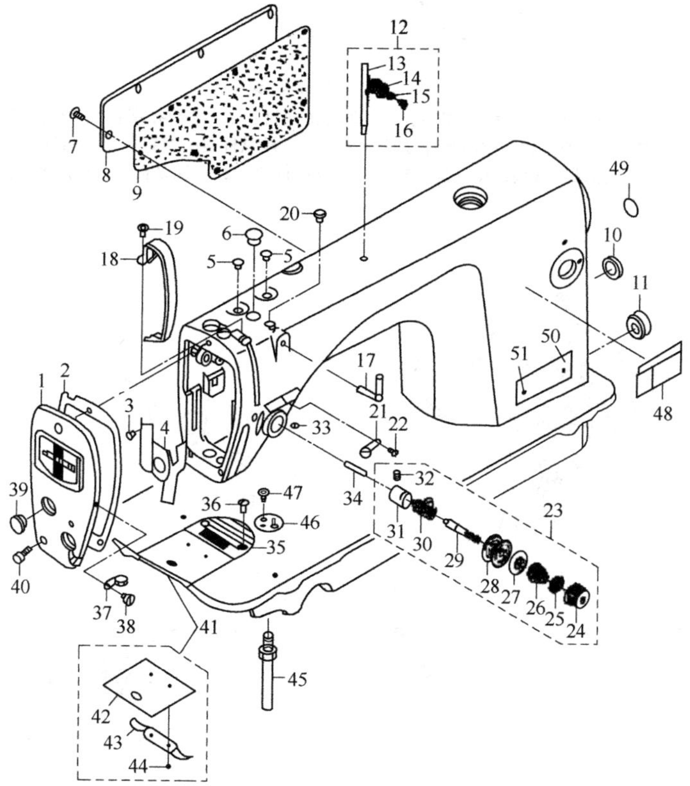

图 3-56 机壳组件的装配

1—面板；2—面板垫；3—螺钉；4—防油板部件；5—挑线连杆销螺孔塞；6—针杆曲柄螺孔塞；7—后窗板螺钉；8—后窗板；9—后窗垫板；10—送料调节器孔塞；11—孔塞；12—过线柱部件；13—过线柱；14—过线夹线盘；15—过线夹线簧；16—销螺钉；17—两眼线钩；18—挑线杆罩；19—挑线杆螺钉；20—两眼线钩螺钉；21—右线钩；22—右线钩螺钉；23—夹线器部件；24—夹线螺母；25—夹线制动板；26—夹线簧；27—松线板；28—夹线板；29—夹线螺钉；30—挑线簧；31—挑线簧调节座；32—紧固螺钉；33—夹线器螺钉；34—松线销；35—针板；36—针板螺钉；37—左线钩；38—左线钩螺钉；39—面板调节螺孔塞；40—面板螺钉；41—推板部件；42—推板；43—推板簧；44—推板簧螺钉；45—底板支柱；46—标尺限位座；47—标尺限位座螺钉；48—安全指示牌；49—接地指示牌；50—标牌；51—标牌螺钉

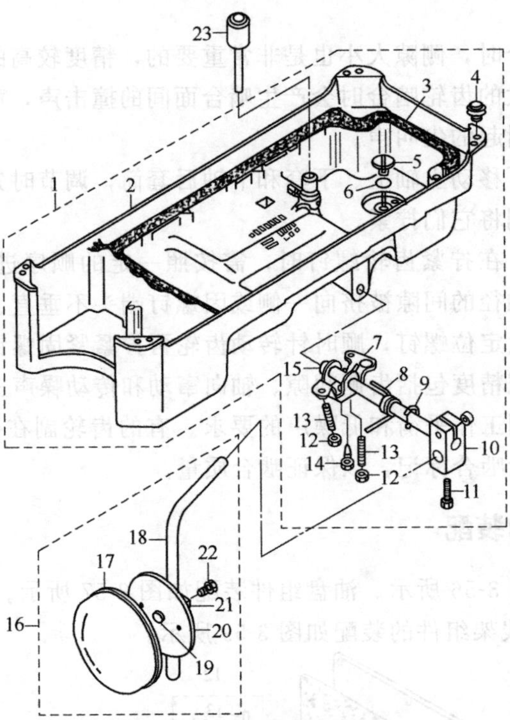

图 3-57　油盘组件的装配

1—油盘部件；2—油盘；3—油盘垫；4—机头座垫；5—排油孔螺钉；6—排油孔螺钉 O 形圈；7—抬压脚双向曲柄；8—双向曲柄扭簧；9—抬压脚开口挡圈；10—抬压脚操纵杆接头；11—操纵杆接头螺钉；12—螺母；13,14,22—螺钉；15—抬压脚轴；16—操纵杆部件；17—操纵板软垫；18—操纵杆；19—操纵杆垫；20—操纵板；21—操纵杆接头；23—抬压脚顶销

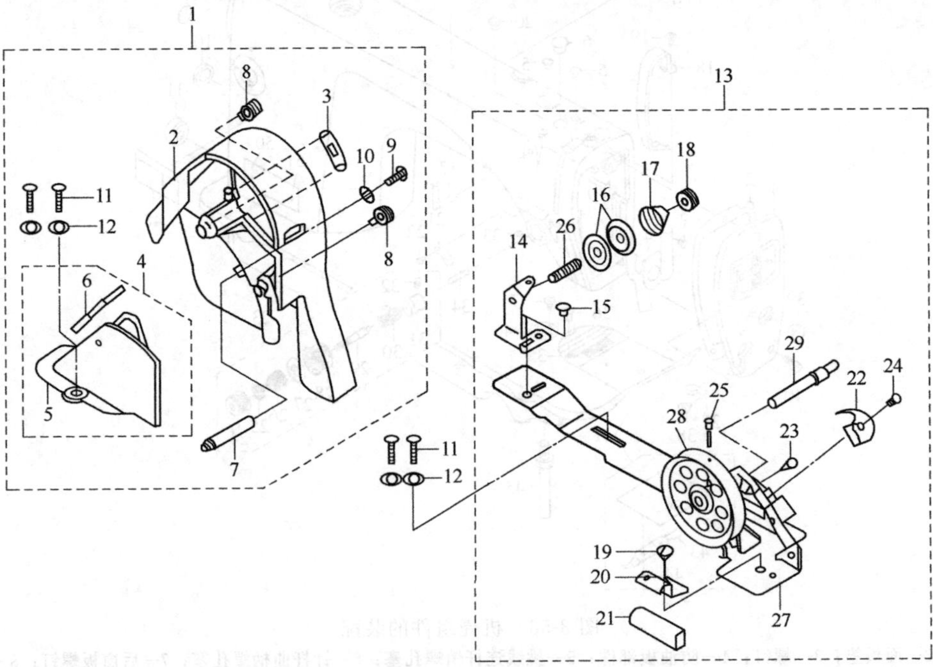

图 3-58　皮带罩与绕线器组件的装配

1—皮带罩部件；2—上轮前罩壳；3—前罩壳安装块；4—上轮后罩壳部件；5—上轮后罩壳；6—后罩壳盖部件；7—后罩机支柱；8—前罩壳安装螺钉；9,15,19,24,25—螺钉；10—螺钉热圈；11—木螺钉；12—木螺钉垫圈；13—绕线器部件；14—过线架座部件；16—过线夹线板；17—过线夹线簧；18—过线夹线螺母；20—制动垫夹；21—绕线轮制动块；22—满线跳板簧；23—销螺钉；26—过线夹线螺钉；27—绕线座部件；28—绕线轮；29—绕线轴

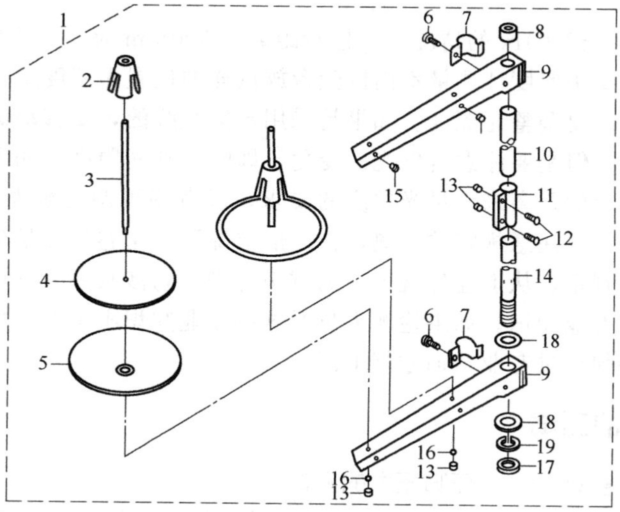

图 3-59　过线架组件的装配

1—过线架部件；2—线团防松垫；3—线盘钉；4—线盘软垫；5—线盘；6,12—螺钉；7—线架过线夹；8—线架杆顶防护橡胶；9—线架过线杆；10—线架杆上节；11—接架杆接头；13,17—螺母；14—线架杆下节；15—过线圈；16,19—弹簧热圈；18—垫圈

第四节　缝纫机的测试方法

一、　缝纫机外观质量的测试

1. 外观质量和结构的要求

① 涂装件表面应符合 QB/T 2528—2001 的规定。

② 机头表面不应有锈斑、污渍，标牌应完整，位置正确，无明显伤痕。

③ 机头外露零部件及螺钉头部应无毛刺。

④ 电镀件镀层表面应符合 QB/T 1572—1992 的规定。

⑤ 发黑件表面质量应符合 QB/T 2505—2000 的规定。

⑥ 塑料件表面应光滑平整、色泽均匀，无划伤，无尖棱毛刺。

⑦ 台板表面应符合 QB/T 2379—2012 的规定。

⑧ 控制箱表面应平整，色泽基本一致，不应有明显凹痕、擦伤、变形。

⑨ 外露的电气线路和接插件安排应整齐、牢固。电控箱内的接线端子、保险座、保护接地端子应有明确的标志。标志应牢固、清晰、耐久。

⑩ 连接和布线应符合下列要求：

a. 所有连接，尤其是保护接地电路的连接应牢固，没有意外松脱的危险。

b. 连接方法应与被连接导线的截面积及导线的性质相适应。

c. 为满足连接和拆卸电缆、电缆束的需要，应提供足够的附加长度。

d. 只要可能就应将保护导线靠近有关负载的导线安装，以便减少回路阻抗。

e. 布线通道与导线绝缘接触的锐角、焊渣、毛刺应清除，过线孔处应加护口防护。

f. 没有封闭通道保护的电线、电缆在敷设时应使用 PVC 绝缘套管或绝缘缠绕带保护。

2. 试验方法

在光照度为（600±200）lx 的情况下，检验距离为 300mm 时，目测判定。

在检查前，首先要用照度计测量室内试验台放试样的位置光照度是否符合规定要求，如果达不到规定的要求，要调整光照度。如果是采用自然光线的，要移动试验台与窗口的距离来满足光照度的要求，但是要注意自然光的变化，即时调整光照度。如果是采用灯光的，也可以移动光源与试验台的距离来满足光照度的要求，或者用可调光源来满足光照度的要求。下一步是检验，检验时要注意规定的距离，在一般情况下，用卷尺测量被测物与检验人目视的距离。再下一步是判定，从上述外观十项测试中可知，它涉及涂装（烘漆）、电镀、发黑、塑料压注件、电器等专业知识，如果检测人员对这些专业知识不了解，那么判断是不会正确的，所以检测人员必须经过专业培训才能上岗。

二、机器性能的测试

1. 线迹长度、缝线张力、压脚压力的测试

机构调节按 QB/T 2256—2006 的规定进行试验，线迹长度、缝线张力、压脚压力应均能调节。QB/T 2256—2006 规定：线迹长度、缝线张力、压脚压力的调节在缝纫性能试验中用手感、目测的方法判定。

2. 压脚提升的测试

按 QB/T 2256—2006 的规定进行试验，压脚提升锁住后，应起松线作用。

QB/T 2256—2006 规定：放下压脚扳手，转动上轮使挑线杆位于最高点，按使用说明书要求穿绕针线。针线绕过挑线杆的穿线孔后垂直悬下，线端挂质量为 50g 的砝码。提升压脚并锁住，在过线钉端拉动针线，使砝码距离底板平面约 20mm 时打结固定。用剪刀剪断过线钉和机头上过线钩之间的线段，砝码应能自行落下。

3. 最大线迹长度的测试

最大线迹长度按 QB/T 2256—2006 的规定进行试验，应符合机器的基本参数规定。QB/T 2256—2006 规定：按表 2 规定的试验条件进行缝纫，用游标卡尺在线缝上量出 10 个线迹长度，取其算术平均值（表 2 规定的试验条件是：用二层市布，尺寸为 500mm×100mm，针距调到最大，缝纫速度为最高速度的 80%）。

4. 压脚提升高度的测试

压脚提升高度按 QB/T 2256—2006 的规定进行试验，应符合机器的基本参数规定。

QB/T 2256—2006 规定：转动上轮，送料牙调节到低于针板位置，抬起压脚，用压脚高度专用量规插入压脚下应能通过。

5. 倒送扳手的测试

倒送扳手的始动压力按 QB/T 2256—2006 的规定进行试验，倒送扳手的始动作用力应不大于 13N，放下后松开，倒送扳手应完全复位。

QB/T 2256—2006 规定：

① 提升压脚至锁住，将线迹长度调到最大值，使弹簧测力计垂直向下顶在倒送扳手端部，缓慢施力，读出扳手开始移动时的弹簧测力计示值，即为始动作用力的大小。

② 用手按下扳手，慢慢放开后，扳手应能复位。

6. 倒顺缝纫的测试

倒顺缝纫线迹长度误差按 QB/T 2256—2006 的规定进行试验，倒顺缝纫线迹长度误差应不大于 13%。

QB/T 2256—2006 规定：按表 2 规定的试验条件（表 2 规定的试验条件是：用二层市布，尺寸为 500mm×100mm，薄料、中厚料机针距调到 3mm，厚料机针距调到 4mm，缝纫速度为最高速度的 80%）和图 3-60 所示缝纫后，用游标卡尺分别量出距折点 50mm 处顺向、倒向的 10 个线迹长度，按下列公式计算其相对误差。

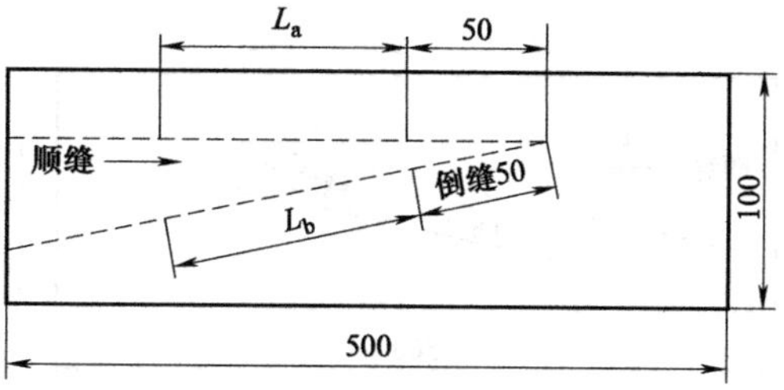

图 3-60　倒顺缝纫线迹长度误差

$$E_a=\frac{L_a-L_b}{L_a}\times 100\% \tag{3-1}$$

式中　E_a——倒、顺线迹长度相对误差；

L_a——顺向 10 个线迹长度，mm；

L_b——倒向 10 个线迹长度，mm。

7. 自动调速的测试

自动调速时，最低速度应不大于 300 针/min，最高缝纫速度应符合机器的基本参数规定。自动调速在额定电压、额定频率下，缝纫机压脚抬起，不穿线，上轮贴有感光纸，用转速表测试。

三、缝纫性能的测试

1. 普通缝纫的测试

普通缝纫不应断针、断线、跳针、浮线。试验前的准备应符合下列要求：

① 试验前将机头外表面擦净，并清除针板、送料牙、旋梭以及过线部分的污物，加润滑油后，用最高缝速的 80%运转 5min。

② 缝纫速度用非接触式测速仪进行测试，试验缝纫速度允差为−1%。

③ 每项试验前允许调节压脚压力、缝线张力、线迹长度，并可试缝，但在正式试验中不允许调节。

按 QB/T 2256—2006 中 5.3.2 的规定缝纫 1000mm，2 次，目测判定。QB/T 2256—2006 中 5.3.2 规定：薄料机选用二层 GB/T 5325—1997 规定的 T/C 158～T/C 165 涤棉细平布为试料，中厚料机头选用 GB/T 406—2008 规定的 130 细平布为试料，厚料机头选用 GB/T 406—2008 规定的 605～611 纱卡其为试料，尺寸为 1000mm×100mm，薄料、中厚料机针距调到 3mm，厚料机针距调到 4mm，缝纫速度为最高速度。

2. 层缝缝纫的测试

层缝缝纫按 QB/T 2256—2006 中 5.3.3 的规定缝纫 500mm，5 次，不应断针、断线、跳针、浮线。目测判定。

QB/T 2256—2006 中 5.3.3 规定：

① 薄料、中厚料层缝缝纫按 QB/T 2628—2004 中 5.2a 的折叠方式（见图 3-61 的规定）进行，目测判定。

② 厚料层缝缝纫按 QB/T 2628—2004 中 5.2c 的折叠方式（见图 3-61 的规定）进行，缝料按普通缝纫中的要求，目测判定。在 QB/T 2628—2004 中 5.2A 和 5.2D 的折叠方式，见图 3-62。

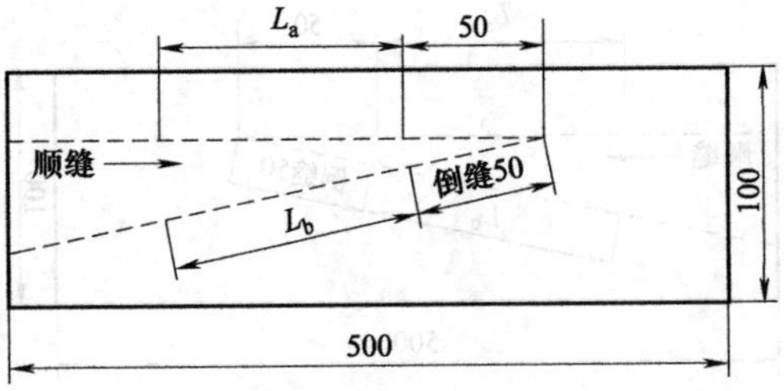

图 3-61 折叠方式（一）

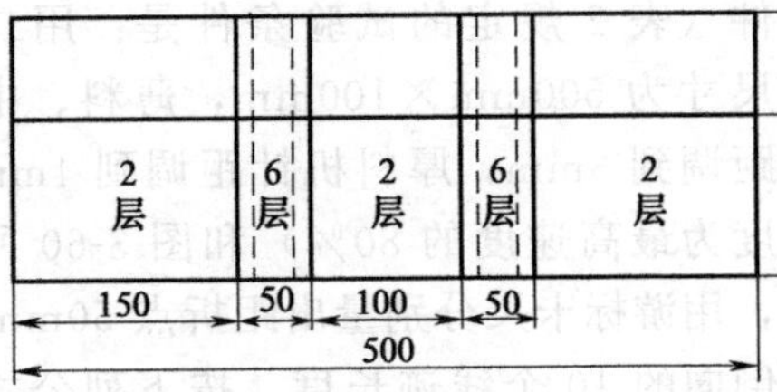

图 3-62 折叠方式（二）

3. 连续缝纫的测试

连续缝纫按 QB/T 2256—2006 中 5.3.4 的规定缝纫 5000mm，连续缝纫不应断针、断线、跳针、浮线。厚料连续缝纫采用牛仔布，目测判定。

QB/T 2256—2006 中 5.3.4 规定：

① 薄料连续缝纫按 QB/T 2627—2004 中 5.3.1 的规定进行试验，目测判定。

② 中厚料连续缝纫按 QB/T 2627—2004 中 5.4.1 的规定进行试验，目测判定。

③ 厚料连续缝纫按 QB/T 2627—2004 中 5.5.1 的规定进行试验，目测判定。

在 QB/T 2627—2004 中 5.3.1、5.4.1 和 5.5.1 中，薄料连续缝纫试验：锁式线迹工业缝纫机连续缝纫长度为 5000mm，试验缝料层数为 2 层；试验缝料为涤棉细平布或类似缝料；试验缝线为 9.8tex/3sz 涤纶线（按 GB/T 6836—2007）或单线断裂强度不大于 780cN/50cm 的棉线、涤纶线。中厚料连续缝纫试验：锁式线迹工业缝纫机连续缝纫长度为 5000mm，试验缝料层数为 2 层；试验缝料为中平布或类似缝料；试验缝线为 9.8tex/3sz 涤纶线（按 GB/T 6836—2007）或单线断裂强度不大于 780cN/50cm 的棉线、涤纶线。厚料连续缝纫试验：锁式线迹工业缝纫机连续缝纫长度为 5000mm，试验缝料层数为 2 层；试验缝料为人造革或类似缝料；试验缝线为 29.5tex/3sz 涤纶线（按 GB/T 6836—2007）或单线断裂强度不大于 2450cN/50cm 的棉线、涤纶线。

标准中厚料连续缝纫的缝料采用牛仔布，而在引用标准中缝料采用人造革，碰到这种情况我们应该执行对口标准，而不应执行引用标准，对口标准中没有的条款应该执行引用标准。

连续缝纫试验是一项人机配合的检测项目，对检测人员来说，不仅要了解缝纫机的基本知识、线迹形成的过程，还要有熟练的操作技能，才能进行这项测试。

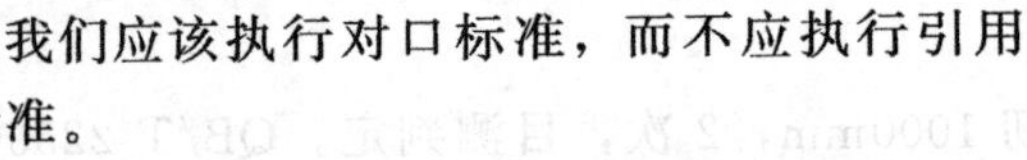

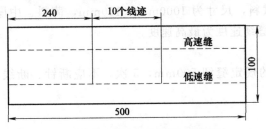

图 3-63 高低速缝纫线迹长度误差

4. 高低速缝纫线迹长度误差的测试

高低速缝纫线迹长度误差按 QB/T 2256—2006 中 5.3.5 的规定进行试验，高低速缝纫线迹长度误差应不大于 13%。

QB/T 2256—2006 中 5.3.5 规定：按表 2 规定的试验条件和图 3-63 所示缝纫后，用游标卡尺分别量出中间的 10 个线迹的长度，按下列公式计算。

$$E_b = \frac{L_h - L_1}{L_h} \times 100\% \tag{3-2}$$

式中 E_b——高低速线迹长度相对误差；

L_h——高速 10 个线迹长度，mm；

L_l——低速 10 个线迹长度，mm。

表 2 规定的试验条件是：薄料机选用二层 GB/T 5325—1997 规定的 T/C 158～T/C 165 涤棉细平布为试料，中厚料机头选用 GB/T 406—1993 规定的 130 细平布为试料，厚料机头选用 GB/T 406—1993 规定的 605～611 纱卡其为试料。尺寸为 500mm×100mm，薄料、中厚料机针距调到 2mm，厚料机针距调到 3mm，高速为缝纫速度的最高速度，低速为最高速度的 40%。

5. 线迹歪斜的测试

线迹歪斜按 QB/T 2256—2006 中 5.3.6 的规定缝纫 300mm，线迹歪斜数应不大于 3 个。

QB/T 2256—2006 中 5.3.6 规定：按图 3-64 所示的试验方法和表2规定的试验条件缝纫后，取线缝中间长度 300mm，用量角器测量其中的线迹。线迹延长线与线缝中心线的夹角大于 6 °30 ′则判定该线迹歪斜。

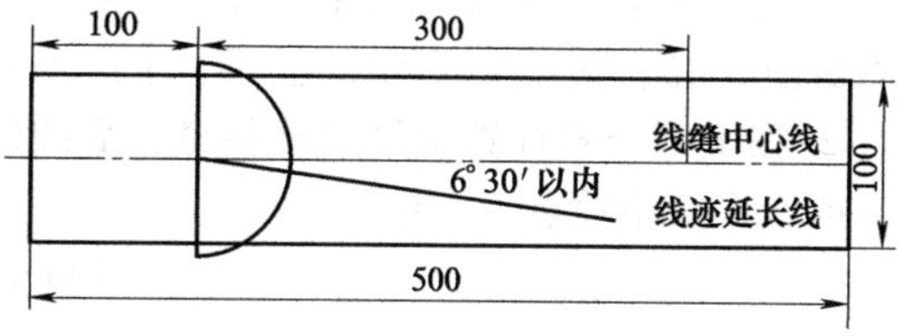

图 3-64　线迹歪斜

表 2 规定的试验条件是：薄料机选用二层 GB/T 5325—1997 规定的 T/C 158～T/C 165 涤棉细平布为试料，中厚料机头选用 GB/T 406—2008 规定的 130 细平布为试料，厚料机头选用 GB/T 406—1993 规定的 605～611 纱卡其为试料。尺寸为 500mm×100mm，薄料、中厚料机针距调到 3mm，厚料机针距调到 4mm，缝纫速度为最高速度。

6. 线缝皱缩的测试

（1）线缝皱缩率的要求

① 上层皱缩率应不大于 1.5%。

② 下层皱缩率应不大于 2.5%。

线缝皱缩按 QB/T 2045—1994 规定进行试验。QB/T 2045—1994 规定：试料的制作，缝料按普通缝纫中的要求，把二层试料上下叠合为一组，共制作 5 组。试料的尺寸及标记，平缝机如图 3-65 所示，包缝机如图 3-66 所示，上、下层的标记应向外。

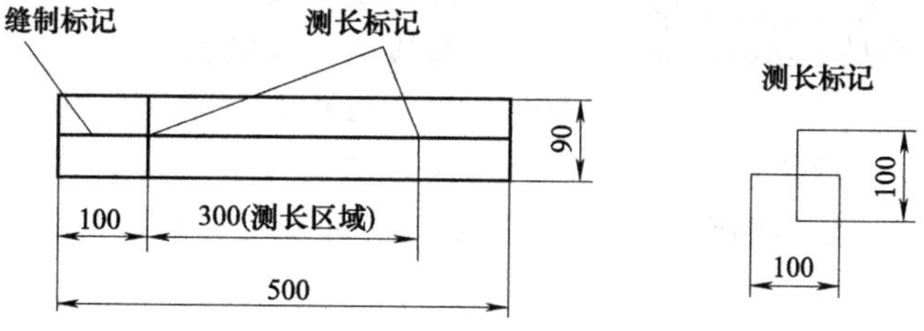

图 3-65　平缝机试料尺寸及标记

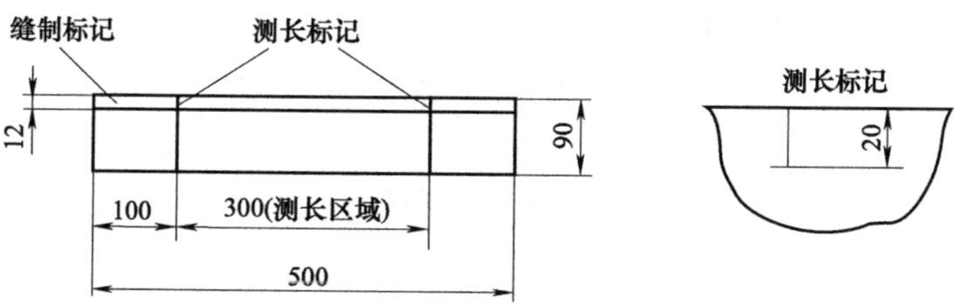

图 3-66　包缝机试料尺寸及标记

（2）测试条件　缝纫机的安装必须稳固；按制造厂说明书的规定，调整压脚压力和缝线的张力；缝纫机的线迹长度调节到中间值；从试料的前端缝至后端时，不得对试料施加送料方向的外力。

（3）测试程序

① 将试料上下层的测长标记对准后放入压脚和针板之间，用手轻转上轮，使机针刺入试料的缝制部位，然后放下压脚。

② 摊平试料，以手轻轻扶住试料，以最高缝纫速度90%（－3%）的缝纫速度，沿缝制部位前端缝纫到试料终端。

③ 每组缝料缝纫一次，共5次。

（4）测量及其计算方法

① 缝合后，将试料放置在平台上，使其处于自然状态，用0.5mm精度的500mm钢直尺测量图3-65、图3-66所示的上层与下层测长区域的长度。

② 按下列公式计算出每组试料缝合后线缝皱缩率和缝料潜移率，最后求出5组试料的平均值（保留小数点后一位）。

$$P_a=\frac{300-L_a}{300}\times100\%$$

$$P_b=\frac{300-L_b}{300}\times100\%$$

$$E=\frac{L_a-L_b}{300}\times100\%$$

式中　P_a——上层试料的线缝皱缩率；

P_b——下层试料的线缝皱缩率；

L_a——缝合后上层试料的测长区域的长度，mm；

L_b——缝合后下层试料的测长区域的长度，mm；

E——缝料层潜移率。

7. 单针直线平缝机线迹收紧率的测试方法

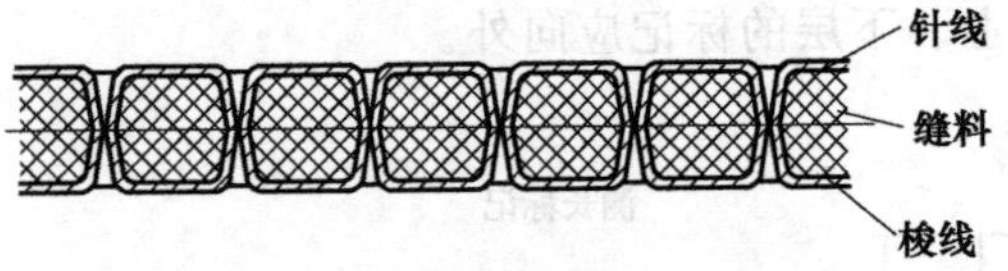

图3-67　线迹收紧率

单针直线缝纫机所缝制的线迹——301线迹的线迹收紧率（图3-67），是指线迹的针线和梭线的收紧程度。

（1）测试器具　精度为0.5mm的钢直尺；精度为0.02mm的游标卡尺。

（2）试样的制作　试样制作按图3-68和表3-14的规定。特殊缝料的缝纫机按产品标准规定。

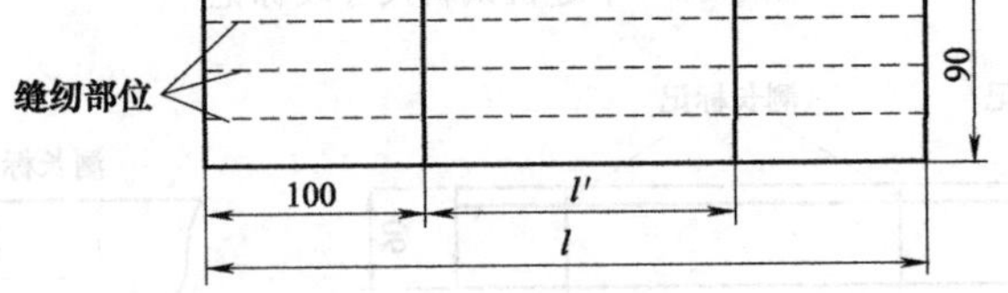

图3-68　试样的制作

（3）测试条件

① 缝纫机应安装正确、运转（包括启动和制动）正常、操作灵活。在缝纫时不应有跳

针、断针和浮针等缺陷。

② 测试的缝纫速度按表 3-14 规定。

③ 试样正式缝纫前允许调节压脚压力、针线和梭线的张力、线迹长度，不允许调节其他机构。

④ 使用产品标准规定的缝线和机针。

表 3-14 试样的制作

缝纫机种类	线迹长度/mm	缝料及层数	缝纫速度	缝纫行数	试样长度 l/mm	采样区别 l'/mm
薄料、中厚料，最大线迹 4.5mm 以下	2	中平布 2 层	最高缝速的 90%	3	300	100
	4					
	2		最高缝速的 40%			
	4					
	2	中平布 4 层	最高缝速的 90%			
	4					
	2		最高缝速的 40%			
	4					
厚料，最大线迹 5.5mm 以下	2.5	细帆布 6 层	最高缝速的 80%	3	350	150
			最高缝速的 40%			
	5		最高缝速的 80%			
			最高缝速的 40%			
厚料，最大线迹 7mm 以下	3	细帆布 6 层	最高缝速的 80%	3	350	150
			最高缝速的 40%			
	6		最高缝速的 80%			
			最高缝速的 40%			
厚料，最大线迹 9mm 以下	4	细帆布 6 层	最高缝速的 80%	3	400	200
			最高缝速的 40%			
	8		最高缝速的 80%			
			最高缝速的 40%			

(4) 测试程序 按图 3-68 的缝纫部位在试样上缝纫 3 行线缝。其操作应符合以下缝纫条件：

① 将试料放入压脚下，放下压脚，启动缝纫机，在采样区域全程缝纫速度应达到表 3-14的规定，其缝纫速度允许−3%的误差。

② 从试料的前端缝至后端时，对试样只能起导向作用，不得对试料施加送料方向的外力。

(5) 测量及计算方法 试样厚度的确定，在图 3-68 的一组试样上在采样区间内测量 5 个部位的厚度，求取它的平均值（取到小数点后两位）。

① 针线和梭线长度的测定。

a. 把缝纫后的试样放在平台上，在自然状态下于图 3-68 的采样区内选取 20 个线迹，在确定选取的部位上画两条线，第一条线画在第 1 针孔与第 2 针孔中间，第二条线画在第 21 针孔与第 22 针孔中间，然后按图 3-69 所示将试样剪成被测样本。按上述方法每种规格做三件。

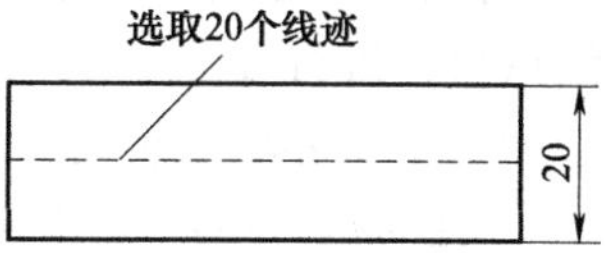

图 3-69 剪成被测样本

b. 为了容易地拆下缝线，应在缝纫部位附近剪去多余缝料，但注意不要损伤缝线，然后从试样上轻轻地取出针线和梭线。

c. 用手指轻轻地按着缝线，使缝线笔直但不要拉伸它，然后用 0.5mm 精度的钢直尺测量针线和梭线的长度。

② 计算方法。

a. 用下列公式计算线耗率，并取 3 块试料线耗率的平均值（到整数为止）。

$$\alpha=\frac{L_a}{L_b}\times 100\%$$

式中 α——线耗率，%；

L_a——针线的长度，mm；

L_b——梭线的长度，mm。

b. 用下列公式计算针线、梭线以及试料的收紧率，并求出 3 块试料的平均值（到整数为止）。

$$\beta_a=\left(1-\frac{L_a-s}{2nT}\right)\times 100$$

$$\beta_b=\left(1-\frac{L_b-s}{2nT}\right)\times 100$$

$$\beta_c=\left(1-\frac{L_a+L_b-2s}{2nT}\right)\times 100=\beta_a+\beta_b-100$$

式中 s——采样长度，mm；

n——针数；

T——一组试料的平均厚度，mm；

β_a——针线的收紧率，%；

β_b——梭线的收紧率，%；

β_c——试料的收紧率，%。

四、运转性能的测试

1. 运转噪声的测试

运转噪声应符合下列要求：最高缝纫速度时，应无异常杂声；噪声声压级应不大于 83dB。

（1）运转噪声试验方法

① 最高缝速时，应无异常杂声，耳听判定。

② 噪声声压级按 QB/T 1177—2007 的规定进行。

QB/T 1177—2007 对测试仪器的规定：测试用声级计应符合 GB 3785—2010 中规定的 I 型或 O 型要求，或准确度相当的其他声学仪器；同时应备有符合 GB/T 3241—2010 中规定的 1/1 倍频程或 1/3 倍频程滤波器；声级计的周波数补偿回路为 A 特性；测试仪器应按 JJG 188 和 JJG 176 的规定，定期进行检定；正式测试前后应用精度不低于 0.5dB 的声级校准器对测试仪器进行校准。

（2）测试环境的规定

① 缝纫机噪声声压级与背景噪声声压级之差应大于 10dB。

③ 测量点必须处于半自由声场。

③ 不得有声反射的其他物体或者对噪声测量有影响的其他情况存在。

（3）缝纫机的安放条件　被测缝纫机应平稳地安放在水平并且结实的地面上；被测缝纫机机头应平稳地安放在固定有消声装置的支承架上，应与传动装置的声源隔离，并满足 5.4.1a）的要求；传声器端面轴线应对准针板孔，与针板平面成 45°夹角，且通过针杆中心的平面，并垂直于主轴轴线，如图 3-70 所示。

（4）测试程序 选择声级计的“A”计权网络；声级计的动态时间计数原则上设为“慢”（slow）特性；背景噪声应在 70dB 以下，按图 3-70 所示位置进行测试；缝纫机在空载情况下，针迹长度调节到中间值，拆下压脚；被测缝纫机转速应调节到说明书上所规定的最高缝纫速度的 90%；没有自动润滑装置的缝纫机应加注使用说明书上所规定位置的润滑油后，运转 3min；有自动润滑装置的缝纫机运转 1min，以达到稳定状态后测量；从缝纫机启动至 30s 读记一次，缝纫机停止 30s，再从缝纫机启动至 30s 读记一次，以此类推，连续测试五次；对有自动工作周期的机种，完成一个周期测一次，连续测试五次。分别计算出算术平均值为测量值。

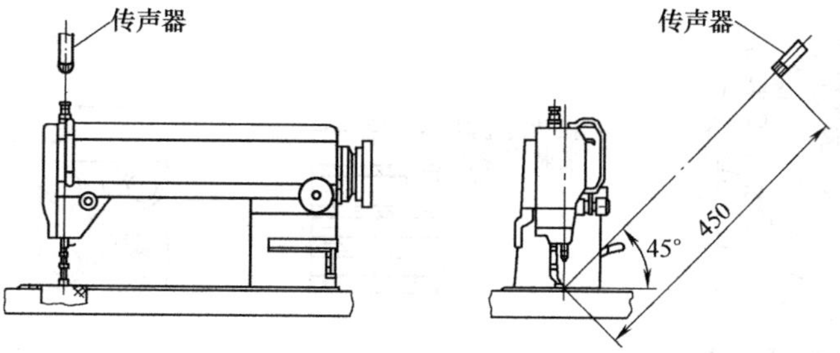

图 3-70 平缝缝纫机噪声级的测试

2. 振动位移的测试

振动位移按 QB/T 1178—2006 规定进行试验，振动位移值应不大于 280μm。

QB/T 1178—2006 规定：

（1）测试仪器 测试仪器应经国家计量部门定期检定，检定范围包括测量系统的各个单元（传感器、振动测量仪等）；仪器频率响应范围应为 10～1000Hz，在此频率范围内的相对灵敏度以 80Hz 的相对灵敏度为基准，其他频率的相对灵敏度应在 80Hz 的＋10%～－20% 范围以内，测量误差应不大于±10%；仪器振动位移范围应为 0.001～3mm，振动加速度范围应为 0.01～300m/s^2，测量误差应不大于＋10%；振动传感器的质量应小于 50g，并适合 10～1000Hz 测试范围的振动加速度及 10～500Hz 测试范围的振动位移。

（2）测试要求 缝纫机应放在水平且结实的地面上，机架应调整平稳，从地面到工作台的高度应为被测缝纫机的设定高度。通用缝纫机坐式工作台为（750±30）mm，立式工作台为（950±50）mm。自动缝纫机根据不同机种，工作台的高度差异较大，应按照被测缝纫机设定高度；测试场所应不受外界振动的干扰；振动传感器安装座应固定在缝纫机针板的安装孔上，将振动传感器安装座固定。传感器安装座的材料、形状以及尺寸应按图 3-71 和图 3-72 规定。

（3）运转条件 缝纫机的针迹长度为中间值，转速为最高转速的 90%，测试前应跑合运行 5～10min；电动机皮带的张力为振动的最稳定状态。

（4）测试点及测试方向 在针板平面上能直接测试的缝纫机，将传感器安装在针板平面上作为测试点，测试方向分别为 X、Y、Z，落针位置的箭头指向为正方向（图 3-71）。

（5）振动传感器的使用 通用缝纫机的传感器的安装座制作和固定应按图 3-71、图 3-72所示的内容进行。

（6）测量仪器示值的读取 振动测量仪器示值达到周期稳态摆动时，记下示数，连续测

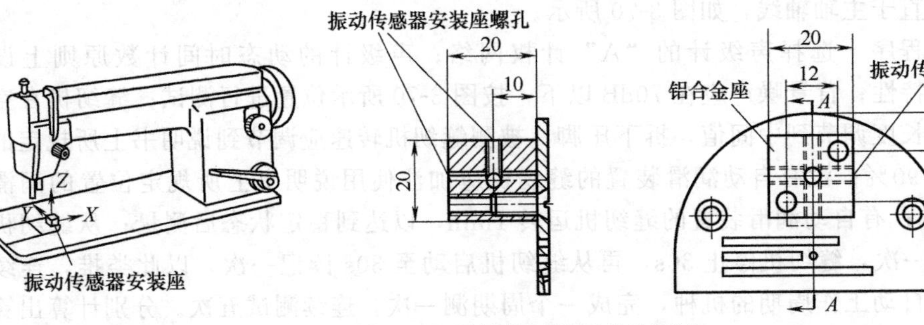

图 3-71　平缝缝纫机振动的测试

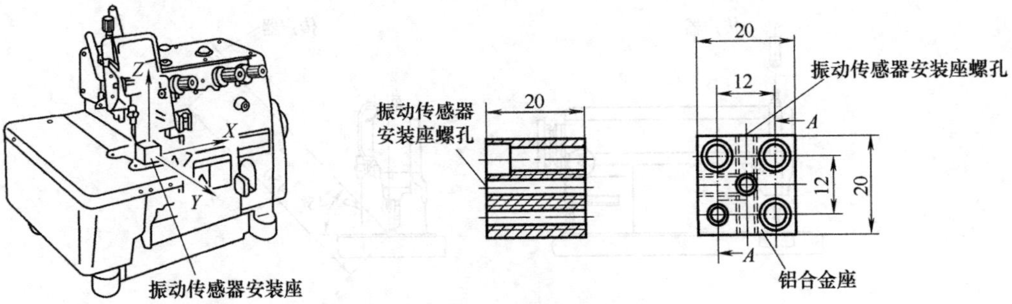

图 3-72　包缝缝纫机振动的测试

试三次，取其加速度值或位移值的平均值为振动测量值。

3. 启动转矩测试方法

启动转矩是电动机开始启动时的转矩。启动转矩按 QB/T 2252—1996 规定进行试验，任何位置启动转矩应不大于 0.40N·m。此方法适用于家用缝纫机及 GC、GN、GK 型工业缝纫机机头的启动转矩测试。其他类型的机头也可参照使用。

(1) 测试仪器　采用精度不低于+0.01N·m、输出轴转速为 2r/min±2%的缝纫机启动转矩测试仪或其他仪器、自动记录仪、测试仪校核砝码和校正（比例尺）盘。

(2) 测试条件　被测机头处于空载试验状态（按 QB/T 2034 中 7.2.1)，有绕线、送料负荷装置的应卸除。各运动配合部位加注润滑油（以随机出厂的润滑油牌号为准)，并按产品标准规定的最高转速跑合，家用缝纫机为 1min，工业缝纫机为 2min，跑合后停机 10min。拆除装于主轴上的带轮或手轮。

(3) 测试方法　用校核砝码和校正盘调节测试仪和自动记录仪，调整机头主轴与仪器输出轴在同一轴线位置上，并用联轴器连接。取针杆最高位置为测试起点，启动转矩测试仪，以 2r/min 转速转动，连续运转 4 转为一个测试周期，共测试三个周期。取其三个周期中每一周期的最大值的算术平均值为启动转矩测试结果值，每个测试周期的间隔时间约 30s。

(4) 测试结果计算　测试计量单位为 N·m。测试结果按下式计算：

$$T=\frac{T_{1\max}+T_{2\max}+T_{3\max}}{3}$$

式中　T——启动转矩测试结果；

$T_{1\max}$——第一测试周期的最大示值；

$T_{2\max}$——第二测试周期的最大示值；

$T_{3\max}$——第三测试周期的最大示值。

五、润滑及密封的测试

1. 润滑的测试

按 QB/T 2256—2006 中 5.4.4 的规定进行试验，缝纫速度 2000 针/min 运转时，润滑系统的供油及回油应良好。

QB/T 2256—2006 中 5.4.4 规定：

① 目测油窗检查供油情况。

② 试验结束后卸下面板检查回油情况。

2. 密封的测试

按 QB/T 2256—2006 中 5.4.5 的规定进行试验，密封性能应良好，各接合面不应渗油。工业缝纫机漏油的测试方法，适用于带油泵自动润滑平缝机、包缝机漏油的测试。

(1) 测试纸和装置

① 测试纸：用 $70g/cm^2$ 复印纸，尺寸按测试要求裁剪。

② 漏油测试的一般要求：

a. 漏油测试工作台应用适合测试机种的配套台板和机架。

b. 漏油测试工作台安装应稳妥。

③ 漏油测试运转控制器的技术要求：

a. 缝纫机运转可调时间为 0～99s。

b. 缝纫机停转可调时间为 0～99s。

(2) 平缝机测试部位　测试部位如表 3-15、图 3-73 所示。

表 3-15　测试部位

序号	测试部位	序号	测试部位
1	针杆与针杆下套筒接合部	9	倒送料扳手轴孔
2	压杆与压杆下套筒接合部	10	各部油塞
3	挑线杆护罩下孔	11	油窗
4	机壳过线架紧固螺钉	12	机壳上轴后孔
5	面板	13	后窗板
6	夹线器座孔	14	机头与底板接合部
7	抬压脚扳手轴孔	15	油盘
8	针距调节器轴孔	16	其他可能引起漏油的部位

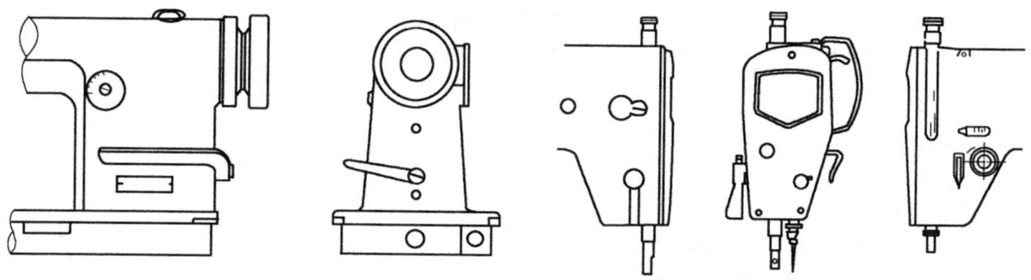

图 3-73　平缝机漏油的测试

(3) 平缝机测试条件及程序　测试用油为随机用油，环境温度 (20±5)℃。

测试程序如下：用最高缝纫速度的 90%，进行转 10s、停 10s 的间歇运转，运转时间为 5min，校正异常声响、回流，调整至正常，确认面部及旋梭油量符合标准后装上面板，用清洁剂清洁机头，清除油迹；在针杆与针杆下套筒接合部、夹线器座孔、抬压脚扳手轴孔、倒送料扳手轴孔上贴测试纸；以最高缝纫速度的40%，进行转5s、停5s的间歇运转，运转3h后目测测试纸是否出现油迹；调换测试纸，以最高缝纫速度的90%，进行转10s、停10s的间歇运转，运转时间3h，目测测试纸是否出现油迹；用测试纸对其他部位进行漏油吸附，用60mm×60mm的测试纸，平放在针板上，测试纸中心位于机针针尖下端，放置24h后，目测测试纸是否有油迹。

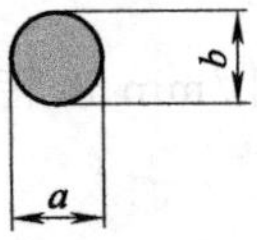

图3-74　漏油油迹状态（滴状）
油迹：$2(a+b)=15\text{mm}$

（4）平缝机漏油的判别　针杆和针杆下套筒接合部漏油的判别见图3-74，其他部位漏油的判别见表3-16。

（5）包缝机测试部位　按表3-17规定。

（6）包缝机测试条件及程序　测试用油为随机用油，环境温度（20±5）℃。

测试前的跑合运转：按产品使用说明的规定加注润滑油；以最高缝纫速度的85%，按转5s、停5s的间歇运转方式进行30min试运转；调整差动比为1∶1，送料距为2mm，开启弯针罩，拆除上下刀；用棉布或压缩空气清除机体积油；确认机器运转情况正常；跑合运转后，用棉布将机头各部位油迹擦干；将测试纸粘贴在规定的部位。

表3-16　其他部位漏油的判别

序号	测试部位	有滴状油迹或油流出	无滴状油迹，有少量油迹
1	针杆与针杆下套筒接合部	2B	B
2	挑线杆护罩下孔		A
3	机壳过线架紧固螺钉		A
4	面板		B
5	夹线器座孔		B
6	抬压脚扳手轴孔		B
7	针距调节器轴孔		A
8	倒送料扳手轴孔		A
9	各部油塞		B
10	油窗		A
11	机壳上轴后孔		A
12	后窗板		BA
13	机头与底板接合部		B
14	油盘		B
15	其他可能引起漏油的部位		A

表3-17　测试部位

序号	测试部位	序号	测试部位
1	针杆及针杆套筒部位	7	主轴及轴套部位
2	送料牙部位	8	各外露螺钉部位
3	针板上、下平面	9	各外露轴套部位
4	缝台表面	10	各外露密封件部位
5	上弯针及上弯针滑杆组件部位	11	其他设计上规定的不应漏油的部位
6	机壳与油盘接合部及其他各接合部	—	—

漏油测试的机器运转要求：以最高缝纫速度的85%进行转5s、停5s的间歇运转，运转时间2h，目测测试纸的油迹情况。

漏油吸附：用测试纸对其他部位进行漏油吸附，目测测试纸的油迹情况。

（7）包缝机漏油的判别　送料牙部位、上弯针及上弯针滑杆组件部位、缝台及针板表面的漏油判别见表3-18，其他不允许漏油部位见表3-19。

表 3-18　包缝机漏油的判别

<table>
<tr><th rowspan="2">项目</th><th colspan="2">漏油测试运转时间 2h</th></tr>
<tr><th>测试纸粘贴部位及漏油判别</th><th>测试纸形状及尺寸/mm</th></tr>
<tr><td>送料牙部位</td><td>粘贴部位：在牙架窗口前下方，机壳面上，将测试纸紧靠牙架窗口黏合
漏油判别：差动送料牙上端部 A 和测试纸上有积油，则判别为漏油
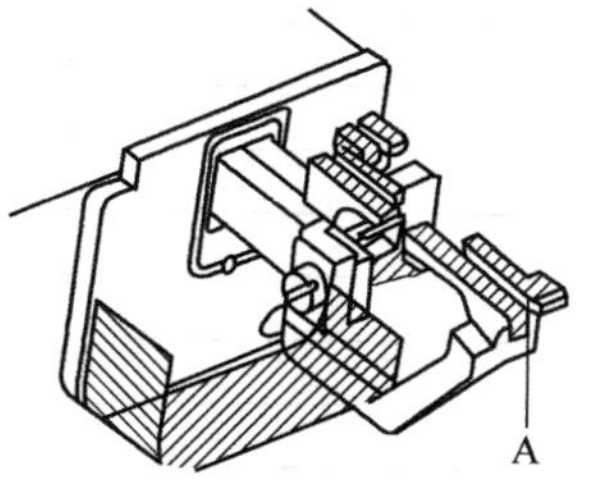</td><td>送料牙架和挡油片部位测试纸
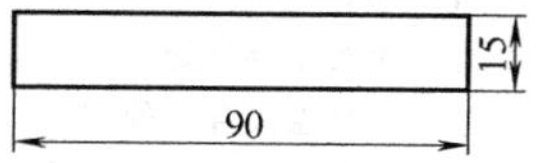</td></tr>
<tr><td>缝台及针板面部位</td><td>粘贴部位：测试纸下面应贴塑料纸，以防止送料牙漏油影响正常判断。在针夹头下部(缝台上)避开上弯针，测试纸缺口在落针部位中央粘贴
漏油判别：上弯针滑杆运动方向(左)测试纸 D 部允许有不形成片的点状油迹，片状油迹判漏油；测试纸 A 部油迹大于 30mm×30mm 则判针杆漏油
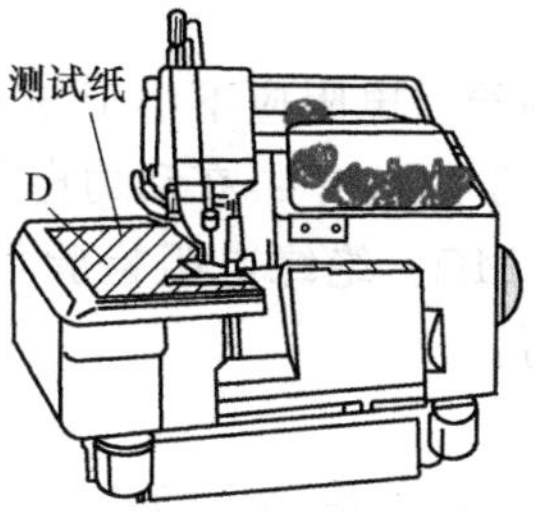</td><td>针杆及针杆套筒部位测试纸
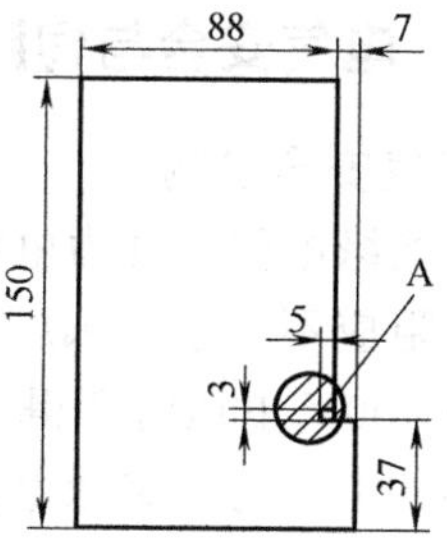</td></tr>
<tr><td>上弯针及上弯针滑杆组件部位</td><td>粘贴部位：将上弯针滑杆部试纸贴在机壳上，在运转中，不要散开
漏油判别：C 部(滑杆周围)有 ϕ20mm 直径范围的积油，测试纸 E 处油迹大于 ϕ25mm，则判为漏油
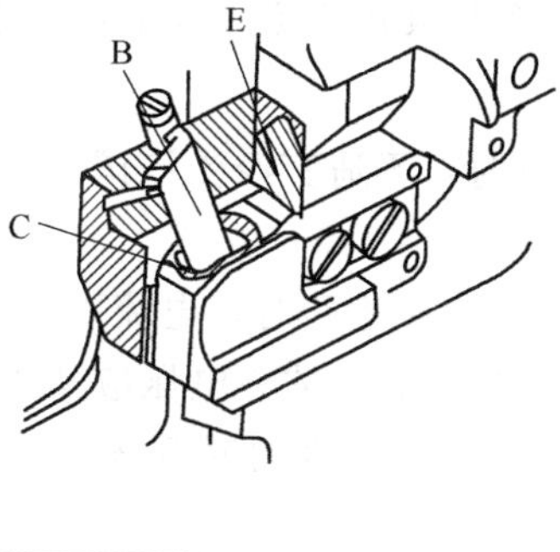</td><td>上弯针及上弯针滑杆组件部位测试纸
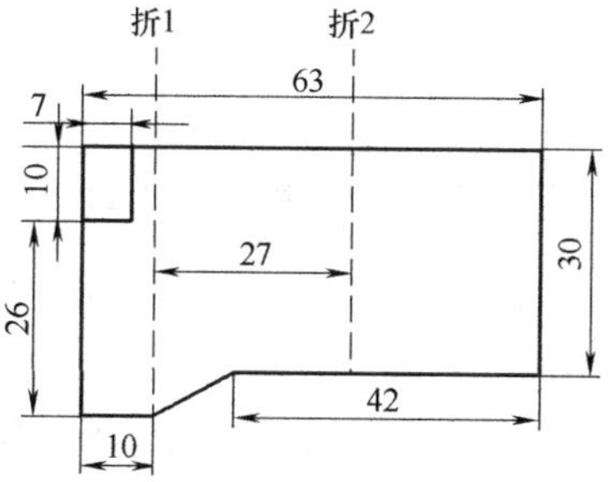</td></tr>
</table>

注：测试纸的形状及尺寸，可根据被测机器的机体形状按要求进行调整。

表 3-19　其他不允许漏油部位的判别

序号	漏油测试部位	判别
1	各弯针轴套压入处	无漏油现象
2	油盘与机壳接合面处	
3	主轴左、右轴承座接合面，轴心处及安装螺钉处	
4	上刀轴前轴套处	
5	差动调节扳手轴套处	
6	送料轴轴套处	
7	油位标处	
8	送料牙架盖接合处	
9	送料调节盖接合面处	
10	上盖接合面和示油窗安装面处	
11	送料调节按钮轴处	
12	油盘排油螺钉处	
13	上弯针导套防油板接合面处	
14	链线弯针进出轴轴套处	
15	左侧盖接合面处	
16	针板上、下平面	
17	各外露螺钉及橡胶密封垫处	

注：漏油测试部位可按各被测机器结构的特殊性作出相应的增加或删除。

六、 电气安全与伺服系统的检测

1. 电气安全检测

（1）绝缘电阻　动力电源与保护接地端之间的绝缘电阻应不小于 50MΩ。恒定湿热试验后绝缘电阻应不小于 1MΩ。在 GB 5226.1—2002 的 19.3 中：在动力电路导线和保护接地电路间施加 500V 电压时测得的绝缘电阻不应小于 1MΩ。绝缘电阻检验可以在整台电气设备的单独部件上进行。绝缘电阻试验按下列规定进行。

① 电路连接见图 3-75。

② 控制电路的输入电源端子应短接，输入端不接入电网，但产品的电源开关、接触器应接通。

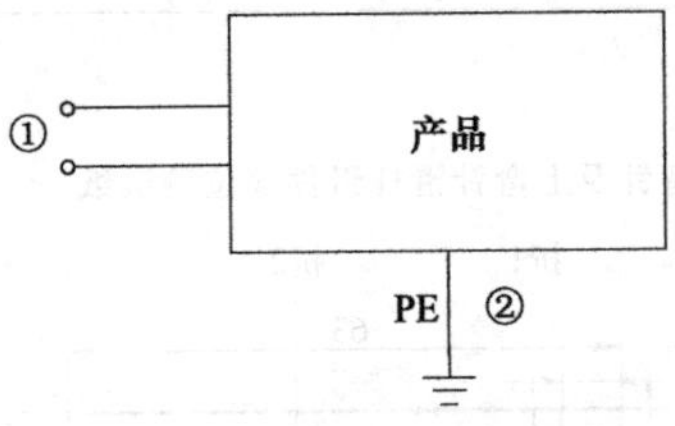

图 3-75　绝缘电阻试验的连接

③ 将 500V 准确度为 1.0 级的兆欧计连接在产品电源输入端（图 3-75 中①）和保护接地端（图 3-75 中②），施加测试电压 1min 后，读取绝缘电阻值。

（2）耐电压强度　动力电源与保护接地端能承受 AC 1000V 10mA 1min 的耐压试验，试验中产品和电动机应无闪络，不击穿。将电源开关接通（不接入电网），按下列要求进行：

① 用电压 AC 1000V 10mA 1min 做耐压试验时，不适宜经受该试验的器件应在试验期间断开。

② 耐电压强度试验仪器的容量应满足：当其输出端短路时，电流不应小于 0.5A；试验电压应为额定频率（45～65Hz 之间）的交流正弦有效值，试验电压应从零或不超过全值的一半开始，连续或最大以全值的 5% 阶跃上升，升至全值的时间不小于 10s，然后维持 1min，试验后将电压逐渐下降至零。

（3）泄漏电流　当产品接入供电电网后，在正常运行时，产品任一电源进线端对保护接地端的泄漏电流应不大于 3.5mA。交流电源进线侧应有隔离变压器（如不使用隔离变压器，产品放置在绝缘工作台面，缝纫机与地面间有绝缘材料），用泄漏电流测试仪或精度误差不大于±5%的交流电流表接入产品，以额定转速在空载状态、额定电压的 1.1 倍（242V）下运转，试验接线参见图 3-76。

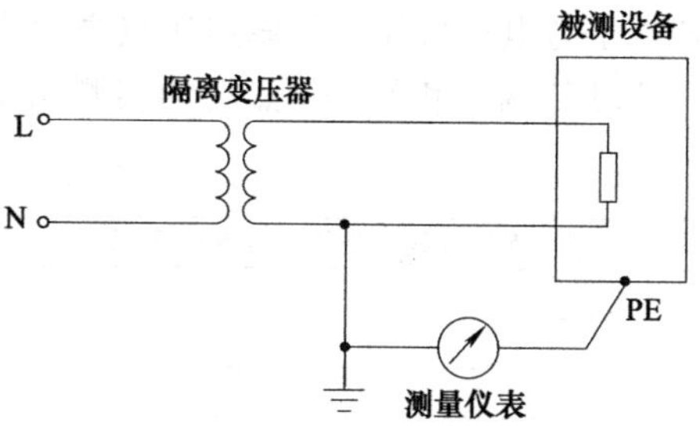

图 3-76 泄漏电流检查接线

（4）防触电保护 产品应有防止意外触及超过保护特低电压（PELV）带电部件的措施。外壳或绝缘物防护目测判定。残余电压防护，用示波器接入任何高于 60V 的外露可导电部分，电源切断后应在 5s 内放电到 60V 以下。

（5）保护接地 应符合 QB/T 2151—2006 中 5.6.1 的规定。在 QB/T 2151—2006 的 5.6.1 中有四个方面的要求：

① 保护接地电路由下列部分组成：

a. PE 端子。

b. 电气设备和机械的可导电部件。

c. 机械设备上的保护导线。

② 保护导线：

a. 保护导线全长上采用黄/绿双色组合。

b. 保护导线应采用铜导线，保护导线的截面积与有关相线截面积的对应关系应符合表 3-20 的规定。

表 3-20 外部保护铜导线的最小截面积

设备供电相线的截面积 S/mm^2	外部保护导线的最小截面积 S_p/mm^2
$S \leqslant 16$	S
$16 \leqslant S \leqslant 35$	16
$S > 35$	$S/2$

③ 保护导线连接点：

a. 保护导线的接点应有标记，采用 GB/T 5465.2—2008 中 5019 符号④。

b. 电柜内电源中线（N）不得接到保护导线连接点。

④ 保护接地电路的连续性：

a. 电气设备和机械的所有外露可导电部分都应连接到保护接地电路上。

b. 连接件和连接点的设计应确保不受机械、化学或电化学的作用而削弱其导电能力。

c. 保护接地电路中不应有开关或过流保护器件。

d. 电气设备安装在门、盖或面板上时，应采用保护导线以确保其保护接地电路的连续性。

e. 机械安装及电气连接完成时，按照 IEC 60364-6-61：1986 中 612.6.3 的规定，通过回路阻抗测试检验保护接地电路的连续性。

（6）保护接地试验方法 按 QB/T 2151—2006 中 6.6.1 的要求进行。

① 用目测法先对控制系统按要求进行检查。

② 用保护接地电路连续性测试仪检测保护接地电路的连续性。试验方法如下：

a. 在 PE 端子与控制箱内保护导线连接点之间、PE 端子与驱动器保护导线连接点之间、

PE 端子与电动机保护导线连接点之间进行试验。

b. PE 端子和各测试点间的实测电压降不应超过表 3-21 所规定的值。

表 3-21 保护接地电路连续性的测试

被测保护导线支路最小有效截面积/mm^2	最大实测电压降(对应测试电流为 10A 的值)/V
1.0	3.3
1.5	2.6
2.5	1.9
4.0	1.4
>6.0	1.0

(7) 短路保护　输出电磁铁电路或电动机电路短路时，产品应报警并停机。

产品以额定电压、额定转速空载运行，使电动机任意两根相线之间或者电磁铁两根线突然短路，目测判定。

(8) 输入过电压保护　产品输入的电源电压大于最大电压时，产品应报警并停机。

先将可调电源调至 265V，后按 5V/10s 向上调到 300V 为止，中途报警或调到 300V 还不报警应立即调回正常电压或关闭电源，待机和运行状态各测一次。

(9) 温升　电动机和控制箱外壳任何部位的温升应不大于 35K。电磁铁外表面任何部位的温升应不大于 50K。

产品和试验用缝纫机按正常使用要求安装，缝纫机不穿线，二层 130 细平布（厚料机二层涤卡），压脚压力 40N，按 GB/T 4706.74—2004 中 11 的规定。每个周期包括：从启动到全速运行 2.5s；全速 5.0s，停止 7.5s。运行前测量起始温度，以后每 10min 测量一次温度，直到重复测量温度不再上升。

(10) 堵转保护　电动机发生堵转 5s 内，产品应自动进入保护状态。

在不影响缝纫机性能的条件下，以外力固定机头的手轮，开启缝纫机踏板开关，用秒表测试产品进入保护的时间。

(11) 同步传感器信号故障保护　同步传感器信号有故障，产品应在 5s 内报警。

拔出同步传感器的插头，开启缝纫机控制器开关，用秒表计取产品进入保护的时间。

(12) 倒缝、抬压脚电磁铁保护　产品倒缝、抬压脚电磁铁吸合超过设定保护时间，应能可靠保护。

试验时，按住倒缝按钮，直至倒缝停止，用秒表计取倒缝电磁铁吸合的动作时间。设定抬压脚保护时间，同时设定停机抬压脚，用秒表计取抬压脚电磁铁吸合的动作时间。

2. 电磁兼容性

(1) 发射限值　产品的电骚扰应不大于表 3-22 的规定。

表 3-22 交流电源端口电骚扰传导限值

端口	频率范围/MHz	限值	基础标准	适用性
外壳	30～230	40dB(μV/m)准峰值,测量距离 10m	GB 4824—2004	本标准不包括现场测量
	230～1000	47dB(μV/m)准峰值,测量距离 10m		
交流电源	0.15～0.50	79dB(μV)准峰值		
		66dB(μV)平均值		
	0.5～5	73dB(μV)准峰值		
		60dB(μV)平均值		
	5～30	73dB(μV)准峰值		
		60dB(μV)平均值		

发射限值试验按照 GB 4824—2004 规定的试验设备和方法进行，应符合 5.4.1 的要求。

在 GB 4824—2013《工业、科学和医疗（ISM）射频设备 骚扰特性 限值和测量方法》中，一般企业是无法做这种测试的。因为该测试方法对环境场地和测试的设备仪器要求比较高，所以一般企业都不具备这样的条件，只有专业检测机构或研究院所才有这样的条件。

（2）外壳端口的抗扰度 要求在 4000V 接触放电电压和 8000V 空气放电电压环境中，产品应抗干扰，性能判据应为 B 类。

外壳端口的抗扰度试验：静电放电试验按照 GB/T 17626.2—2006 规定的试验设备和方法进行，结果应符合要求。

在 GB/T 17626.2—2018《电磁兼容 试验和测量技术 静电放电抗扰度试验》中，规定了所有电气与电子设备的试验方法，下面把行业中实际测试的基本方法整理、归纳为：

① 使用设备型号：NS 61000-2K；充电电压范围：0～20kV；静电极性：正/负。

② 设备在测量前的调整步骤：打开工作电源 POWER；选择放电极性（正/负）；按 HVON（高压开关）键；顺时针调节 VOLTS ADJUST 旋钮（电压调节旋钮）到需要的电压；选择放电频率，单次（20 次/s，探测用；1 次/s，测试用）按设定次数连续放电；放电方式为启动准备进行测试。

③ 检测：把伺服器安装在缝纫机台板下，连接各个接口和皮带，并对系统上电，使缝纫机在自动测试挡运转。测试点的选取通过 20 次/s 进行探测，针对系统所有可能碰到的部位进行探测。捕捉到敏感点后再进行 1 次/秒的测试，10 个单次测试。性能判据应为 B 类。

（3）快速瞬变脉冲群干扰 产品的交流电源输入/输出端口应能承受表 3-23 所列试验等级的快速瞬变脉冲群干扰，性能判据应为 B 类。

表 3-23 交流电源输入/输出端口的抗扰度

环境现象	试验等级	基础标准	试验布置	单位	备注
快速瞬变脉冲群	2	GB/T 17626.4—1998	GB/T 17626.6—1998	kV(峰值)	①试验等级被定义为接入 150Ω 的负载的等效电流 ②只在 47～68MHz ITU 无线电频段时，试验等级应为 3V
	5/50			T_r/T_h/ns	
	5			重复频率 kHz	

快速瞬变脉冲群干扰试验：按照 GB/T 17626.4—2008 规定的试验设备和方法进行，应符合 5.4.3 的要求。在 GB/T 17626.4—2018《电磁兼容 试验和测量技术 电快速瞬变脉冲群抗扰度试验》中，规定了所有电气与电子设备的试验方法，下面把伺服器的试验方法整理、归纳为：

① 使用设备：快速瞬变脉冲群发生器。

② 试验条件：试验室的电磁环境不应影响试验结果。

③ 环境：温度 15～35℃，相对湿度 25%～75%，大气压力 86～106kPa。

④ 试验程序：

a. 系统按规定要求连线，采用绝缘支座与接地参考平面隔开，高度为（100±10）mm。

b. 系统保护接地应与参考接地板相连。

c. 系统的电源线长度要求在 1000mm 以内，若超过 1000mm 且又不能拆下时，则应把电源线弯成直径为 400mm 的平坦环路，然后按 100mm 的高度与参考接地板平行放置。

d. 试验时，在系统的交流供电电源端口施加脉冲群，脉冲群持续时间为 15ms，其脉冲群间隔为300ms，单脉冲宽度为50ns（＋30%），脉冲幅度2kV，脉冲上升沿5ns（±30%），脉冲重复频率2.5kHz（±20%），正负脉冲群干扰时间为1min。

e. 系统有I/O信号数据和控制端口电缆时，用耦合夹对受试电缆施加脉冲群，脉冲群持续时间为15ms，其脉冲群间隔为300ms，单脉冲宽度为50ns（±30%），脉冲幅度1kV，脉冲上升沿5ns（±30%），脉冲重复频率2.5kHz（±20%），正负脉冲群干扰时间为1min。性能判据应为B类。

（4）射频共模调幅干扰　要求产品的信号线、数据总线、控制线端口、电源输入/输出端口及接地端口应能承受如表3-24所列试验等级的射频共模调幅干扰，性能判据为A类。

射频共模调幅干扰试验：射频共模调幅试验按照GB/T 17626.6—2017规定的试验设备和方法进行，结果应符合要求。

在GB/T 17626.6—2017《电磁兼容　试验和测量技术　射频场感应的传导骚扰抗扰度》中，一般企业是无法做这种测试的，因为该测试方法对环境场地和测试的设备仪器要求比较高，所以一般企业都不具备这样的条件，只有专业检测机构或研究院所才有这样的条件。

表3-24　射频共模调幅的抗扰度

环境现象	试验等级	单位	备注
射频共模调幅	0.15～80	MHz	①试验等级被定义为接入150Ω的负载的等效电流 ②只在47～68MHz ITU无线电频段时，试验等级应为3V
	10	V/m(未调制，均方根值)	
	80	%调幅(1kHz)	
	150	电源阻抗Ω	

（5）浪涌抗扰度　应符合GB/T 17626.5—2008中附录A1第三级的规定，性能判据应为B类。

浪涌抗扰度试验：浪涌（冲击）试验按照GB/T 17626.5—2008规定的试验设备和方法进行，应符合5.4.5的要求。

在GB/T 17626.5—2008规定中，浪涌（冲击）抗扰度试验归纳如下。

① 试验设备：浪涌发生器。

② 试验条件：试验室的电磁环境不应影响试验结果。

③ 环境：温度15～35℃，相对湿度25%～75%，大气压力86～106kPa。

④ 试验程序

a. 系统按规定要求连线，采用绝缘支座与接地参考平面隔开，高度为（100±10）mm。

b. 试验时，在系统的交流供电电源端口施加浪涌脉冲电压，该电压波形为快速上升后缓慢下降，脉冲宽度为50μs，上升时间为1.2μs，脉冲重复频率为1次/min，极性为正/负，试验次数为正负各做5次，相位偏移随交流电源相角在0°、90°、180°、270°变化。

c. 耦合模式为相线—相线、相线—中线和相线—地线，相线—相线试验电压为1kV，相线—地线和相线—中线试验电压为2kV。

（6）电压暂降、短时中断抗扰度　要求产品应在正常运行状态下，在交流输入电源任意时间电压幅值降为额定值的70%，持续时间10ms，相继降落间隔时间为10s，电压跌落进行5次，性能判据应为A类；产品应在正常运行状态下，在交流输入电源任意时间电压幅值降为额定值的40%，持续时间10ms，相继降落间隔时间为10s，电压跌落进行5次，性能判据应为B类；产品应在正常运行状态下，在交流输入电源任意时间电压短时中断5000ms，短时中断进行2次，性能判据应为C类。

电压暂降、短时中断抗扰度试验按照 GB/T 17626.11—2008 规定的试验设备和方法进行，结果应符合要求。

电压暂降和短时中断抗扰度试验归纳如下。

① 试验设备：电压暂降和短时中断发生器。

② 试验条件：试验室的电磁环境不应影响试验结果。

③ 环境：温度 15～35℃，相对湿度 25%～75%，大气压力 86～106 kPa。

④ 试验程序

a. 按系统规定，用最短的电源电缆把驱动单元与试验信号发生器连接，若电缆长度没有规定，则应为适合驱动单元的最短电缆。

b. 试验时，电源电压变化应在规定的 2%范围内，发生器的过零控制必须有 10%的准确度。

电压暂降和短时中断试验：驱动单元按表 3-25 规定的组合依次进行试验，两次试验之间最小时间间隔为 10s（对于三相电源，则一般逐相试验）。

表 3-25　电压暂降、短时中断试验等级

试验等级	持续周期	持续时间	间隔时间	跌落次数	性能判据
0	250	5000ms		2	C
40	0.5①	10ms	10s	5	B
70	0.5①	10ms	10s	5	A

① 对于小于 1 的周期，应在正极性和负极性下进行试验，即分别在 0°和 180°开始试验。

3. 可靠性

（1）连续工作无故障　产品连续工作无故障时间应不小于 500h。

连续工作无故障试验温度为（40±2）℃，按试验缝纫机最高转速的 70%，转 5s、停 5s，连续工作 500h，目测判定。

（2）冲击　冲击试验后，产品不应有机械变形、损坏和紧固部件的松动，通电后应正常工作。

冲击试验按 GB/T 16439—2009 中 5.20 的规定进行（电动机和控制箱一起按照控制箱要求做试验）。

在 GB/T 16439—2009 中 5.20 的规定是：伺服系统的电动机冲击试验按电动机专用技术条件规定的方法进行，驱动器按正常工作安装方式紧固在冲击台上，调节冲击加速度为 $300m/s^2$，冲击脉冲波形为半正弦波，持续时间为（11±1）ms，冲击次数为 3 次。

（3）振动　振动试验后，产品不应有机械变形、损坏和紧固部件的松动，通电后应正常工作。

振动试验按 GB/T 16439—2009 中 5.21 的规定进行（电动机和控制箱一起按照控制箱要求做试验）。

在 GB/T 16439—2009 中 5.21 的规定是：伺服系统的电动机振动试验按电动机专用技术条件规定的方法进行，驱动器按表 3-26 的规定进行振动试验。

表 3-26　振动试验

驱动振幅	3.5mm(10～15Hz)
	2.0mm(15～30Hz)
	0.35mm(30～60Hz)
	0.15mm(60～150Hz)
时间	10min(每个危险频率点)

4. 电器性能

(1) 运转噪声　产品高低速运转时应稳定可靠，无异常杂音；最高转速下，空载运行噪声声压级不大于 58dB。

运转噪声试验按下列要求进行。

① 产品按正常使用方式安装在缝纫机上，接通电源，脚踏板控制低速、高速运转，异常杂声以耳听判定。

② 产品置于消声室内，与墙壁最近的距离不小于 1000mm，周围应无障碍物；用精密声级计 A 计权网络，传声器面向产品并与地面平行或垂直，与试品的电动机外壳距离 1000mm，试品四周及上方各取一个与风扇不同轴的测试点（见图 3-77）。

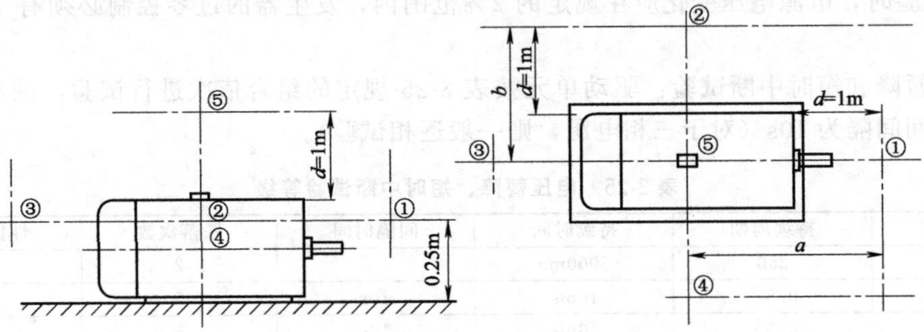

图 3-77　噪声测试

从电动机启动至 30s 读记一次数据，再换一个方位，依次共测五个方位，取五个数据中的最大值为终值。

(2) 额定功率　产品额定功率应符合说明书或铭牌标识要求；产品额定输入功率应按 GB 4706.1—2005 中 10.1 规定不大于＋15%。

① 产品额定输出功率：产品以额定转速、额定转矩值，连续稳定运行 1min。按公式计算：

$$P=2\pi nM/60$$

式中　P——功率，W；

n——转速，r/min；

M——转矩，N·m。

② 产品额定输入功率：按上述方法在电源输入端用功率计测量输入功率。

(3) 转速精度　产品转速精度高速应不大于±1%、中速应不大于±2%、低速应不大于±5%。

产品通电后，分别设置高速、中速、低速，用测速表测量，按公式计算：

$$速度控制精度(\%)=\frac{速度给定值-实测速度值}{速度给定值}\times 100\%$$

(4) 电源适应性　产品和缝纫机按正常使用要求安装，用 2000V·A 以上的调压器，在额定频率下，电源电压从额定值开始上升（或下降），以最大电压或最小电压分别运转 10 min，目测判定。

(5) 加速时间　产品从零到最高转速的 90 %以上时，加速时间应不大于 500ms。

产品和缝纫机按正常使用要求安装，示波器记录向前踩动脚踏板至电动机稳定在最高转速的 90%时的波形，读取示波器上的时间值。

（6）减速时间 产品在最高转速降为零时，减速时间应不大于500ms。

产品和缝纫机按正常使用要求安装，示波器记录电动机从最高转速至电动机转速为零的波形，读取示波器上的时间值。

（7）控制功能

① 开机停针位。要求产品应正确控制通电后的开机上停针位。产品控制缝纫机机针处于下、中位时接通电源，实验5次，目测判定应符合要求。

② 针位选择。要求产品应正确控制过程中停车的上或下针位选择。针位选择按钮设定为上针位或下针位，产品控制缝纫机缝纫时任意停车，试验5次，目测判定应符合要求。

③ 停针精度。要求剪线后上停针位置精度应为±5°，下停针位置精度应为±5°。缝纫机头靠近手轮处标记一条上停针位线，对应在手轮一侧粘贴经过细分的标尺条，标尺刻度以“上停针位置线”为零点，左右细分角度至10°（分辨率为1°），分别设置系统转速为低速、中速和高速，每个转速试验10次，取10次中最大差值。下停针位置试验与上停针位置试验相同。

④ 脚踏板控制。要求产品应正确控制向前或向后踩脚踏板，进行启停、高低速运转、抬压脚或剪线、拨线。产品控制缝纫机向前或向后踩脚踏板各5次，目测判定应符合要求。

⑤ 固缝。要求产品应按加固缝方式和针数的设定进行控制。

设定前、后加固缝针数4针，中间平缝20针，厚料固缝转速1000r/min，中厚料、薄料固缝转速1800r/min，产品控制缝纫机进入加固缝模式，各试验5次，目测判定应符合要求。

⑥ 倒缝。要求在一定状态下按下倒缝按钮，缝纫机能实现倒缝。倒缝最高速度在产品规格范围内可以设定。

在缝纫过程中，按一下手触倒缝按钮，缝纫机应能倒缝，倒缝转速为1000r/min和3000r/min，各试验2次，均应符合要求。

⑦ 抬压脚。要求产品应正确控制剪线后或中途停缝的自动抬、放压脚。

产品控制缝纫机进入停机抬压脚或剪线后抬压脚模式，各试验5次，目测判定应符合要求。

⑧ 剪线、拨线。要求产品应正确控制停缝后的自动剪线/拨线。

产品控制缝纫机进入自动剪线、拨线模式，试验10次，目测判定应符合要求。

⑨ 补针。要求产品应正确控制按0.5针、1针或连续几针进行的补针。

产品控制缝纫机进入补针模式，在100～300 r/min间设定补针速度，按规定的针数各试验10次，目测判定应符合要求。

⑩ 计针数缝纫。要求产品应正确控制按设定的针数进行缝纫。

加固缝试验中，目测判定应符合要求。

⑪ 倒、顺缝针迹误差补偿。要求产品应正确控制进行倒、顺缝针迹误差补偿。

加固缝试验中，调定针迹补偿参数，产品控制缝纫机进行补偿，目测判定应符合要求。

⑫ 慢启动功能。要求产品应正确控制按设定的针数慢启动。

产品控制缝纫机进入2针或4针慢启动模式，各试验3次，目测判定应符合要求。

⑬ 松线。要求产品应在剪线时同时起到松线作用。

在剪线试验时，目测判定应符合要求。

第四章 工业平缝机

第一节 工业平缝机性能简介

平缝机是服装生产中最基本的机械设备，其种类繁多，一般以用途分类，可分为家用缝纫机、工业平缝机和服务行业用平缝机；也可以动力来分，分为手摇式、脚踏式和电动式；还可以以平缝机的结构和线迹形式来分类。因为服装企业全部使用电动式工业平缝机，所以一般指的平缝机就是工业平缝机。

一、GB 型工业平缝机

GB 型工业平缝机属于连杆挑线、摆梭钩线、双线连锁式线迹。它的结构特点类似于 JB 型家用平缝机，但各零部件尺寸均有所放大，这样整个机器构件的刚度和强度都提高了，使用寿命也有所提高。

GB11 型工业平缝机是该类的基本型，它的主要技术性能为：最高缝纫速度每分钟 1500 针，最长针距 4mm，压脚最大提升高度 5mm，工作空间面为 263mm×132mm（长×高），线迹形式为双线锁式线迹。这种工业平缝机，可以缝制棉、毛、麻、呢绒和化纤纺织以及薄皮革制品，尤其是厚料效果最佳。

GB41 型厚料缝纫机比 GB11 型机要大，外形尺寸为 736mm×270mm×590mm。最高缝纫速度为每分钟 1000 针，最大针距为 12mm，压脚提升高度为 14mm，采用 24～27 号机针。机针至机壳结合面处工作面距离为 420mm。另外，还采用差动压脚机构。这种机器因机体较重，工作台设计得很坚固厚实。GB 系列工业平缝机的特点、用途及技术规格如表 4-1 所示。

二、GC 型工业平缝机

GC 型工业平缝机是工业用缝纫机中应用最广泛的一种。由于它的速度高，因而生产效率也很高，在缝纫行业中普遍受欢迎。GC 系列工业平缝机的特点、用途及技术规格如表4-2 所示。

表 4-1 GB 系列工业平缝机的特点、用途及技术规格

类型	型号	结构特点	技术规格			
			最高转速/(r/min)	最长针距/mm	缝纫厚度/mm	用途
GB系列	GB1-1 型	连杆挑线、摆梭钩线、双线联锁线迹、开启式梭床、圆盘式倒顺送布机构、短针杆、针杆套筒、揿压式压脚压力调节器、送布牙升降机构等，有脚踏式、电动式两种	>2000(最高缝速 1600 针/min，脚踏缝速 800 针/min)	5	5	能缝制各种服装
	GB7-1 型	同 GB1-1 型，抬牙轴通过连杆与上轴连接	>2000(最高缝 1600 针/min)	4.5	6(压脚提升高 6.5mm，工作空间 260mm×130mm)	能缝制各种服装

表 4-2 GC 系列工业平缝机的特点、用途及技术规格

类型	型号	结构特点	技术规格			
			最高转速/(r/min)	最长针距/mm	缝纫厚度/mm	用途
GC系列	GC1-2 型	同 GB1-1 型，并设有杠杆式倒顺送布机构和半自动润滑系统，上下轴采用螺旋圆锥齿轮传动，有照明设备	>2000(最高缝 3000 针/min)	4(电动机功率 0.37kW)	4(压脚提升高度 5mm，工作空间 263mm×132mm)	能缝制各种服装，并适用于薄及中厚的针、棉、毛、化纤等织物及轻质皮革制品
	GC1-3 型	同 GC1-2 型，内装式抬压脚、挺线装置，设有割线刀及带轮防护罩	>2000(最高缝 3000 针/min)	4(电动机功率为 0.37kW，膝控可达 10mm)	4(压脚提升高度 6mm，工作空间 270mm×135mm)	能缝制各种服装，并适用于薄及中厚的针、棉、毛、化纤等织物及轻质皮革制品
	GC2-2 型	同 GC1-2 型，上下轴采用螺旋齿轮传动，设有自动润滑系统，杠杆式倒顺送布机构和自动切边装置	>2000(最高缝 3000 针/min)	4(电动机功率为 0.37kW，膝控可达 10mm)	4(压脚提升高度 6mm，切边宽度 3～6mm)	能缝制各种服装，并适用于薄及中厚织物，尤适用于缝料边宽的织物
	GC4-2 型	同 GC1-2 型，装有滚针轴承，机器运动平稳轻滑	>2000(最高缝 4000 针/min)	4	4(压脚提升高度 6mm)	能缝制各种服装，并适用于薄及中厚织物
	GC15-1 型	同 GC1-3 型	>2000(最高缝 5500 针/min)	4	4(压脚提升高度 10mm)	能缝制各种服装，并适用于中厚缝料

GC 型高速单针平缝机，它的缝纫速度高达每分钟 4500 针，缝纫性能好，噪声小，工作效率高，在缝纫行业中很受欢迎。这类机型的机头有效工作空间为 270mm×135mm，挑线杆行程为 60mm，针杆行程为 30mm，最大针距为 4.2mm，能缝厚度为 6mm 的衣料，压脚升程最高为 12mm。机器的结构采用连杆挑线、旋梭钩线、杠杆式倒顺送料，上、下轴用螺旋伞齿轮传动。润滑形式为油泵循环润滑，并有自动的供油和回油装置，采用无级调速电动机，由脚踏控制缝纫速度，可作无级均匀调速。机器内轴承、轴、连杆以及主要零件均采用优质合金钢或优质有色合金材料制造，能长期承受调整运转下的动态精度。上、下轴均采用三点支承，从而保证了该机型在高速缝纫条件下理想的动态精度。此类产品有 GC281、GC8800/GC5550、GC6150/GC6195/GC6610、GC8500、GC1188、CS8700/CS8500、ZJ8700/

ZJ9000、FY8500、GEM8500/GEM8700、BJ8700、WGC8700、CDL6550N、DB2C111、DDL8700、2691SA 等。

GC 型系列工业平缝机的种类、型号很多，许多花色缝纫机都在其系列里变化和发展，常见有下列几种。

1. 高速带刀平缝机

高速带刀平缝机装有可调式切布机构，调节操作简便。它与普通平缝机相比，增加了切刀，可以切边，其切边宽度可以在 3～6mm 之间调整。可把缝纫和切边两道工序合成一道工序。此类产品有 GC5200、GC6170、SL777A、DLM5200N 等。

2. 单针针送料平缝机

单针针送料平缝机主要特点是采用机针和送料牙同步送料方式，可防止送料层之间的滑移错位。此类产品有 GC0501、GC0518A、SN7210、DLN9010/DLN5410、1181 等。

3. 单针针送带滚轮或拖布轮平缝机

单针针送带滚轮或拖布轮平缝机采用机针和拖布轮特殊综合送料方式，使缝纫薄料时不起皱，缝纫厚料时线迹美观。此类产品有 GC20616、CSR2401、11838 等。

4. 上、下复合送料厚料缝纫机

上、下复合送料厚料缝纫机，采用上、下送料牙送料，对膨体类缝料和潜移性较大的中厚料，在缝纫过程中能使上下层的送料量达到一致。采用了大旋梭、自动加油和连杆挑线机构。此类产品有 GC0388、GC03601（外压脚半边）、GC09181（上差动送料）、GC0322/0302、GC66、SA7730、DU140、DU580（长臂）、TU273（极厚料）、TNU243（极厚料、综合）。

5. 综合送料厚料平缝机

综合送料厚料平缝机，专门供厚重物使用，结构坚实，采用下送料、针送料和可调交替压脚上送料的综合送料方式，高压脚行程、高压脚提升间隙和长的线迹长度，能轻易应付难处理的大块缝料和粗线，送料安静顺畅，适用于缝制包带、行李箱、沙发坐垫、拳套、吊装带、皮革制品等。此类产品有 GC20606/GC4401、GC20618、1508NWP67、CS8113、CS243、DNU261H、LG158 等。

6. 双针平缝机

双针平缝机能形成两行锁式线迹，采用针杆与送料牙同步送料，缝料上、下层不滑移。适用于运动服、牛仔服、时装、鞋帽、皮件等中厚料的明缝和装饰缝。此类产品有 GD8/GD9、GC6842、GC205051、GC20518、CS842、T8420SA、LH3100、LU1560 等。

7. 分离针杆双针平缝机

分离针杆双针平缝机是在双针平缝机的基础上演变过来的，其最大区别是两根机针分离，即在需要时，可以是左针或右针缝制，也可同时缝制。它可以进行拐角缝、锐角缝，也可作单针机使用。适用于女内衣、牛仔衣裤、男女大衣等转角缝纫和装饰缝纫。此类产品有 GC205061、GC66872/GC6875、GC20528、CS845、T845A/875A、1122G 等。

8. 复衬机

单针双线锁式线迹复衬机用于复衬、扎后背里、复挂面等，该机能自动停针、针距任意调节。此类产品有 GC0801、ZJ902FD3、DLT1000 等。

9. 仿手工珠边机（贡针机）

仿手工珠边机是在普通的平缝机基础上改制的一种简易珠边机，它的线迹正面看上去与手工线迹一模一样，但反面是链式线迹。此类产品有 BL8350、MP2000、FY5010、GR61660 等。

三、电脑控制工业平缝机

电脑控制工业平缝机除了有一般工业平缝机所有的性能外，还具有自动切线，自动倒缝，自动针定位和自动压脚提升的功能。其主要特点是：由踏板的不同踏量，可使缝速从低速至高速转换，最高缝速可达每分钟 5500 针；缝纫机开始终结时能自动回针；能按设定的要求选择停针的位置；能显示各种缝纫工艺参数；能自动缝制图案，能在缝制完毕后自动切断面线和底线，使加工产品美观整洁。这些功能都由一套电子电气系统控制，它大大地提高了缝纫工业的自动化程度，那种提高缝纫产量、质量，依靠传统的经验和熟练操作的要求正在逐渐降低，取而代之的是靠机器本身就能实现高产优质，使之更适宜于工业化生产。

现代的电脑控制平缝机已被电脑控制技术改造成自动化、高集成化和高性能化的产品。在高自动化方面：采用了自动停针、拨线、切线控制功能，完成了原来由手工进行的剪线辅助工艺，提高了缝纫效率；采用了自动倒缝控制功能，完成了原来由手工按倒缝扳手进行的倒缝缝纫工艺，既提高了缝纫效率，又提高了缝纫质量；在控制电脑上根据缝纫工艺需要，设定不同的送料程序，可以完成不同的送料要求，大大提高了缝纫的功能；采用了电脑学习功能，只需由操作工用自由缝按设定模式缝制一遍，存入后，即可将先前的单段或多段图形自动进行缝制。

在高集成化方面：采用了电动机配置在机头内的集成技术，将小体积、高功率的电动机配置在机头的上轴或下轴的位置，由电动机直接驱动主轴，提高了传动效率和传动精度，减少了一个机头外侧的配件；又采用了控制操纵盒配置在机头筒子前面的集成技术，减少了一个机头外侧或机头顶上的配件，外观更加美观。

在高性能化方面：采用了无油或微量润滑技术，解决了缝纫机漏油问题；采用了机器的低噪声、低振动性能技术，解决了缝纫机高噪声问题，使缝纫环境更加舒适。

表 4-3 为 SJJ 系列高速平缝机的特点、用途及技术规格。

表 4-3　SJJ 系列高速平缝机特点、用途及技术规格

型　号		SJJ-111 型（标准型）	SJJ-111H 型 厚料平缝	SJJ-211 型 带刀平缝	SJJ-114 型 滚筒平缝	SJJ-115 型 自动平缝	SJJ-116 型 自动覆衬机
用途		薄料、中厚料	厚料	薄料、中厚料	薄料、中厚料	薄料、中厚料	覆衬专用
最大缝速/(针/min)		4200	4200	4200	4200	4500	4200
压脚升程	手动/mm	6	6.5	5	5	6	6
	膝动/mm	10	12	9	9	10	9
最大针距/mm		4	4.2	4	4	4	任意
缝纫厚度/mm		5	6	5	5	5	5
机针型号		GV9(15×231)　GV3(88×1)　9#～81#					
功率/kW		0.37	0.40	0.40	0.40	—	—
润滑油		7# 机械油（即白油）					
机头净重/kg		30	30	32	32	32	30
针杆行程/mm		30	34	30	30	30	30
挑线杆行程/mm		60	68	60	60	60	60
有效工作空间/mm		265×132					

第二节　工业平缝机的结构与原理

平缝机是工业缝纫机中较为简单的一种类型，但仍可称为精密的自动化机器，因为无论从其机构形式或运动方式来看，都可以说是当之无愧的。

平缝机完成一个循环（即一个线迹），各个机构零件动作程序和位置的要求是非常严格的，单是机头部分就有200多种300多个零件，而且平缝机的工作速度一般在2000～5500r/min之间，每秒钟就要构成33～91个线迹，要构成一个线迹，必须完成松线、刺料、钩线、挑线、抬牙、送料等一系列动作，而这些动作都必须在1/33～1/91s内完成，要计算单个动作的工作时间，那就是很短的一瞬间，所以说平缝机是精密的自动化机器。

工业平缝机的主要机构有挑线机构、针杆机构、钩线机构和送料机构，除此之外还有旋钮式针距调节装置、杠杆式倒顺缝控制装置及自动润滑系统等，这些机构和装置都安装在缝纫机头内，它的工作原理如图4-1所示。

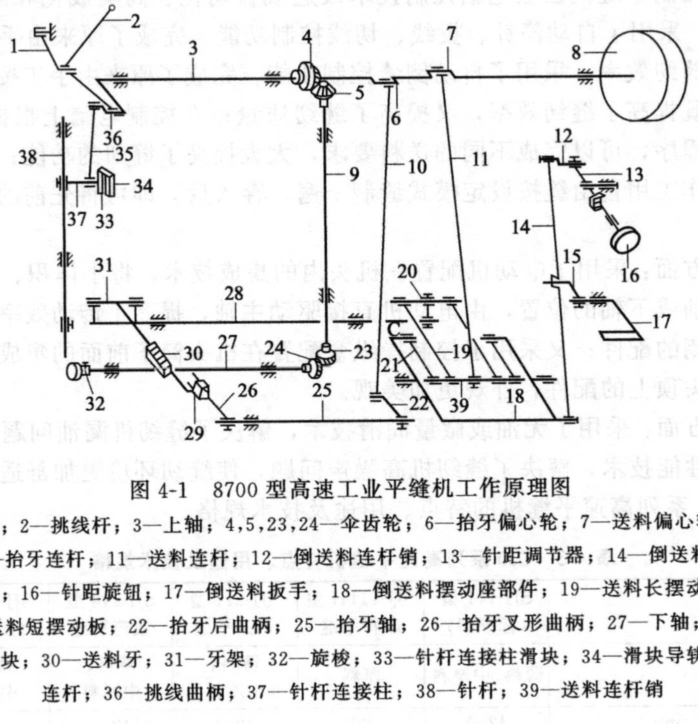

图4-1　8700型高速工业平缝机工作原理图

1—挑线连杆；2—挑线杆；3—上轴；4,5,23,24—伞齿轮；6—抬牙偏心轮；7—送料偏心轮；8—手轮；9—竖轴；10—抬牙连杆；11—送料连杆；12—倒送料连杆销；13—针距调节器；14—倒送料连杆；15—倒送料曲柄部件；16—针距旋钮；17—倒送料扳手；18—倒送料摆动座部件；19—送料长摆动板；20—送料曲柄；21—送料短摆动板；22—抬牙后曲柄；25—抬牙轴；26—抬牙叉形曲柄；27—下轴；28—送料轴；29—牙架滑块；30—送料牙；31—牙架；32—旋梭；33—针杆连接柱滑块；34—滑块导轨；35—针杆连杆；36—挑线曲柄；37—针杆连接柱；38—针杆；39—送料连杆销

一、线迹形式和形成过程

工业用平缝机大多是双线锁式线迹。这种线迹的基本特点是，面线绕过底线形成交织，然后底面线收紧，把线结藏于布层之中。

在缝纫机发展历史上，得到锁式线迹的方法有三种，即穿梭式、摆梭式和旋转梭式。这里着重介绍旋转梭式钩线机构形成锁式线迹的方法。

钩线梭定向连续不断地旋转被称为旋梭。旋梭种类很多，它按旋转的性质可分为等速和不等速旋转两种。其中旋梭与主轴的传动比2∶1（上轴回转角$\varphi=115°$）的等速的形式被最广泛的采用。从动力学观点来看，旋梭钩线机构比较理想。它没有速度变化的惯性负荷，因此在调整旋转下，它的全部运动是稳定的。

工业平缝机锁式线迹的工作原理并不复杂。在形成一个锁式线迹的过程中，每个动作都有许多基本的因素和必备的条件。要了解旋梭的钩线原理，首先应该知道在使用缝纫机缝纫时，双线连锁线迹形成的实际过程。

双线锁式的形成可以归纳为三个基本环节、九个过程。

1. 基本环节之一

将面线引过缝料，形成面线线环。

（1）刺料过程　即从机针尖刺入缝料起，直至机针针尖刺穿缝料为止。当机针引导面线穿过缝料时，针尖先是压抑缝料，接着进入到缝料经纬线中间，并挤开它们刺穿成洞孔。通常在这种情况下缝料是不会被损坏的。

磨成 θ 半角的圆锥形机针针尖在向下的 Q 力作用下刺入缝料时，以楔形深入其中（图 4-2）并受到缝料给予针尖的阻力 N 和摩擦力 F，这两个力的合力即总阻力 P 与 Q 大小相等方向相反。机针克服了缝料阻力 N 和机针与缝料之间的摩擦力 F，才能完成刺穿缝料动作。

缝料受到的阻力（机针的作用力）N，其方向为针尖斜面的法线方向，机针与缝料的摩擦力 F 方向与阻力的受力方向垂直（图 4-3）。

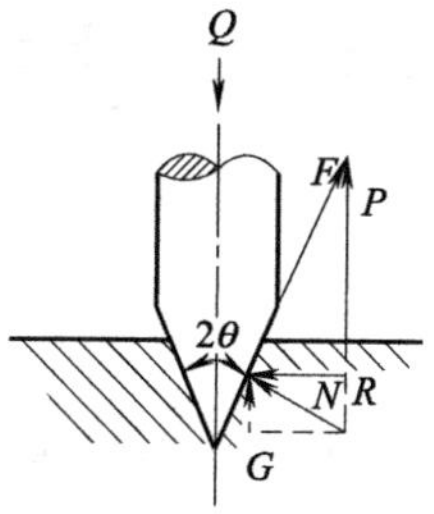

图 4-2　机针穿刺缝料受力情况

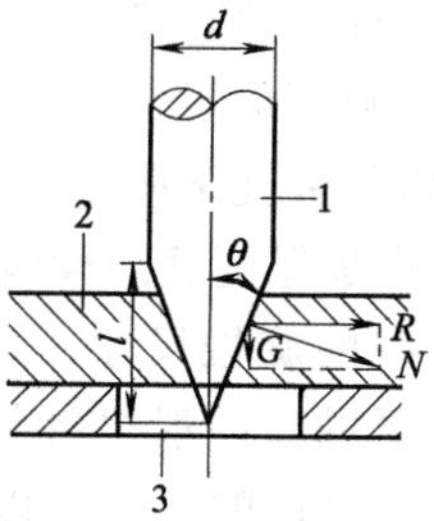

图 4-3　缝料受力情况

1—机针；2—缝料；3—针板孔

力 N 可以分解成两个分力，其中分力 R 是沿着缝料组织，而分力 G 与缝料垂直。分力 R 推开缝料便于机针穿刺；分力 G 会引起缝料被挤入针板孔内。如果针板孔尺寸太大，缝料就会下垂，将妨碍机针的线环形成和梭尖穿入线环的时间与位置，造成跳针，为此应该力求减少分力 G。

为了减少分力 G，必须减小针尖角 θ。θ 值可由下式确定：

$$\tan\theta=\frac{d}{2l}$$

式中　d——针杆的直径；

　　　l——针尖的长度。

由上式可知，减小 d 或增大 l 可使针尖角 θ 变小。

对于一定针号的机针来说，针杆直径 d 是一个定值，要减小针尖角的唯一途径是增长针尖长度 l。但是随着 l 的增大将会产生两个不利因素，一是增加了机针的动程，不利于机器高速；二是影响针尖强度。为此在缝制作业时常使用双尖角和圆头针尖的机针。这种机针针尖前段针尖角较小，接触缝料时虽然增大了 G，但很快被过渡到针尖后段的正常针尖角，然而针尖长度却被缩短了，机针强度增加，针杆动程变小，克服了上述的矛盾。

影响刺料顺利进行的还有机针与缝料之间的摩擦系数、压脚压力大小以及针板孔的直径大小等因素。

为了减少摩擦力 F，必须减小机针与缝料的摩擦系数。对摩擦系数较大的缝料，如皮革、人造革、橡胶制品，可涂抹润滑油、肥皂之类物质以及对缝料进行柔软处理，减低与机针的摩擦系数。有时在机针表面涂加硅油也是行之有效的办法。

缝纫机的压脚压力过大，会使缝料与针板底部之间的摩擦增加，织物线线间的互相转移会发生困难，甚至会弄断纱线造成针洞。

针板孔的直径太大或太小也会对刺料产生不利影响。针板孔过大，缝料被针刺时发生下垂，使缝料被针板孔和机针互相挤压而断纱线造成针洞，而且当机针回升时，下垂的缝料又会被机针带起，破坏机针线圈的正确形成而发生跳针。相反，针板孔过小也会轧断织物线纱或缝线而产生针洞或断面线。所以机针的针杆直径应与针板孔直径有一个配比关系。一般针板孔直径等于机针针杆直径的 1.5～2 倍较为合理。此外安装时机针要严格对准针板孔的中心。针板孔的边缘应圆滑无锐边，以防止机针带缝线穿过时损伤缝线。

(2) 引线过程　即从机针针孔进入缝料起，直到机针下降到最低点止，如图 4-4 所示。

机针下降所需的面线是由挑线杆引自线团上的面线，挑线杆每次引出的线长 x 由下式决定：

$$x=2(B+L)+d$$

式中　d——机针针刃直径；

B——缝料厚度；

L——机针针孔下降至缝料下部深度。

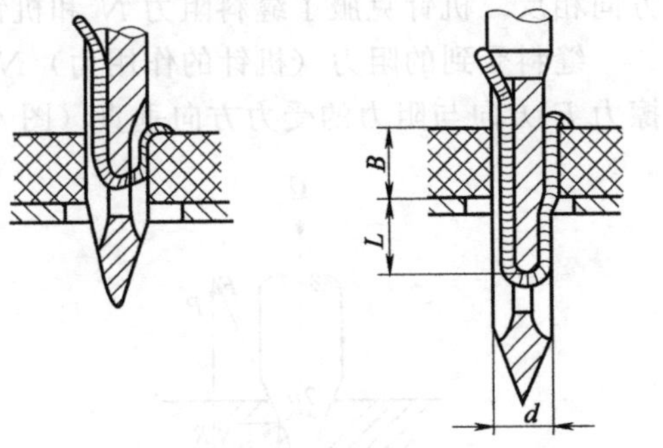

图 4-4　引线过程

L 值的大小是保证缝纫性能的一个重要尺寸，它与钩线机构中的旋梭尺寸、相互位置和运动轨迹是有密切联系的。一般机针针孔必须低于旋梭尖头与机针运动轨迹的交叉点以下 0.8～2.2mm。机针每一次穿过缝料时，由针孔引过的面线总长度，都比形成一个线迹所需的面线要多好几倍。在退出缝料时大部分多余的线段由挑线杆收回，因此每一段面线必须多次经过机针针孔和缝料。为了减少面线在缝料的穿刺次数，应尽可能将针板孔附近做得薄一些或使旋梭尖更接近于针板。

在机针引导面线穿过缝料时，面线所受的张力最大。因为一方面引出槽的上端针刃把面线楔在缝料中，另一方面针孔把面线向下拉，使面线同时受到压挤和拉伸。

(3) 形成面线环过程　机针从最低点向上回升时，由于线与针及缝料之间的阻力，出线受阻，以致面线在机针孔底部积聚，逐渐形成线环，如图 4-5 所示。

当机针穿过缝料时，面线 A 点受到张力最大，因为在 A 点的缝线受到针孔向下的拉力和引入槽处针刃与缝料的挤压力。当机针由缝料中退出时，A 点的张力就无形地消失。在这种情况下，一部分线段处于自由状态，只要有一个很小的力就会使自由状态的线段改变形状，这就是形成线环的基本条件。

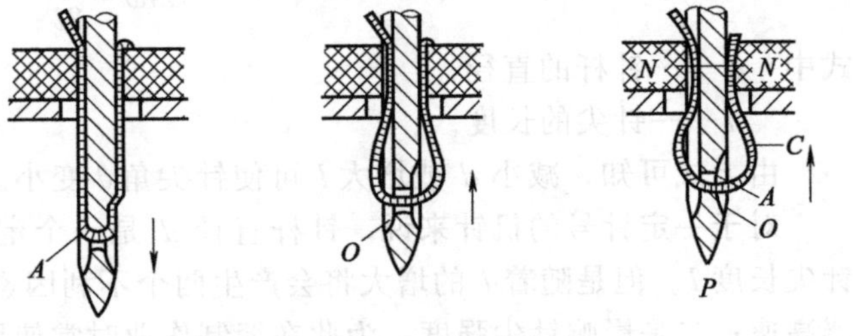

图 4-5　线环的形成

在机针针刃的侧面有两条线槽，引入槽是一条大于面线直径的长槽，而引出槽是一条小于面线直径的短槽。故机针退出缝料时，引入槽的缝线与缝料不发生摩擦，它会随着机针一起上升。而引出槽的缝线因突出在线槽外，则与缝料相互挤压发生摩擦，而不能随机针一起上升而留在缝料下，这是形成线环的又一个基本条件。

形成线环的目的，是要使旋梭尖能顺利地把底线穿引过去。线环的大小和稳定性是涉及面线与底线是否能交结起来并形成一个线迹的关键。一般来说，线环在机针回升 2～2.5mm

时线环宽度较大，形态也佳。而当机针回升 3mm 后，容易发生线环扭曲现象。而回升不足 2mm 时，在有的缝料中，线环还不够宽大。

2. 基本环节之二

面线线环绕过储存底线的梭芯套，形成与底线的交织。

（1）钩线、分线过程 当机针从最低点回升 2～2.5mm，形成最佳线环状态时，旋梭的梭尖恰好旋至机针中心，钩住线环继续转动。当线环被送到旋梭架的缺口时，线环的端部 K′，应被梭尖钩住，送向导齿 e，并使导齿 e 钩住线环。线环被钩住继续旋转，线环前半部在梭皮下面，通过 45°的梭根的斜面在移动的旋梭皮边缘，把前半部线环向外拨开。后半部线环由导齿 e 钩住而把线环前、后分开。如图 4-6 所示。

（2）过线、脱线过程 当梭壳继续转动，梭根将线环钩过梭子直径。挑线杆迅速上升把线环从梭尖上拉出来，滑过梭子表面后滑到旋梭板尖尾 W 上。旋梭继续转动，挑线杆继续上升，线由 W 处脱出，见图 4-7。

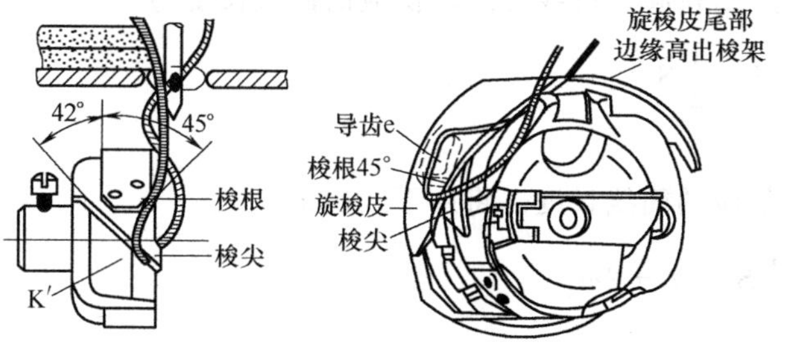

图 4-6 旋梭钩线、分线过程

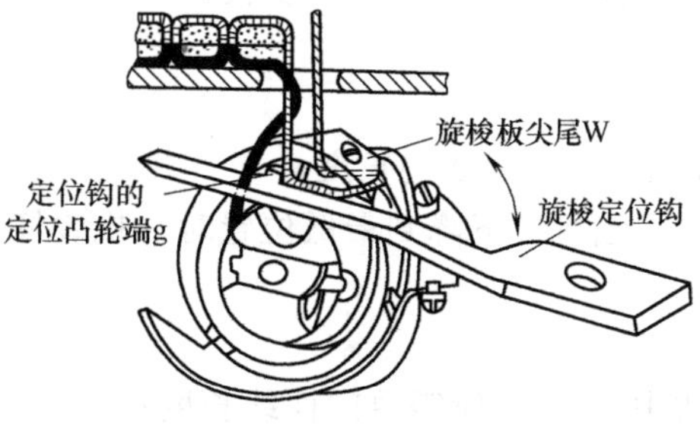

图 4-7 脱线过程

（3）面线线环与底线形成交织的过程 面线线环脱出旋梭后，挑线杆穿线孔迅速上升。把线环拉紧的过程中，产生了使梭架逆时针转动的切向力。定位钩凸轮端 g 与梭架缺口的左面形成间隙，这样线环便从此间隙中脱出。

3. 基本环节之三

收紧底、面线，将线结藏于缝料之中。

（1）将交织线结在缝料内收起过程 面线线环与底线形成交织线结后，继续收缩。线结从针板孔边缘脱出，并在缝料内收起。

（2）从夹线器抽出面线过程 当面线线环随同交织线结在缝料中逐步收起时，由于底线贴紧到针板孔的边缘产生的阻力和曲折所造成的阻力将逐渐增加。当这些影响超过夹线器对面线的压力后，挑线杆穿线孔的上升运动将克服穿线器的压力，从中抽出面线，以补充面线之消耗。直至挑线杆穿线孔到达最高为止。

（3）把线结藏于缝料中、完成线结过程 即挑线杆穿线孔到达最高位后，开始缓慢下降，面线松弛。此时由于底线张紧，面线松弛，所以随着送料动作继续进行，必然把交织线结同时往下拖。直到线结交织在缝料之中，完成线迹为止。

另外，在机针退出缝料和线环被挑线杆收紧后，送料牙应将缝料移动一个线迹的距离，以便下一个线迹可以在新的位置上形成。

二、挑线机构

在缝纫机中向机针和梭子传送面线的工作是由专门的装置——挑线杆进行的。导致挑线杆进行运动的机构称为挑线机构。挑线机构的作用是向机针和梭子传送面线，使面线线环脱离梭组件，进行已构成线迹的抽紧，依次从线卷上拉出新的线段。由于挑线杆的工作，使面线和底线在缝料中部交织，形成线迹，缝料被牢固地连接在一起。

挑线杆的作用是线迹构成过程中提供面线，迅速抽紧由面线构成的线环，从线轴上拉出每个线迹所耗用的面线，也就是在整个过程中的每个阶段拉出所必需的面线长度。

只有在所供应或抽紧的面线长度完全和构成线迹时的需要相适应时，挑线杆才算完成了它的功能。因此为了有可能正确地计算机构或估计它的动作，需要有一种方法，以确定线迹构成过程中的每个瞬间所需要的面线长度。在机针下降到针孔穿进缝料的瞬间，面线的需要量就开始激增，机针下降得越低，由挑线杆供应的面线需要量越长，因为引导面线通过缝料时所需的长度，通常相当于机针针孔所走过的路的两倍，同时，在送料机构已经把缝料约送过半个线迹的瞬间的面线消耗，当以较短线迹缝制松薄的缝料时可以不必计算，但在缝制坚厚的缝料、又需要较长的线迹时，这种附加的面线消耗就不能不计算。

这样，可以计算出从机针针孔开始穿进缝料起，挑线杆应该供应的面线长度为

$$l=\frac{1}{2}S$$

式中　S——线迹长度。

当机针下降到最低位置时，挑线杆应供应的面线长度，将由下式确定

$$l=\frac{1}{2}S+2h+2m$$

式中　l——所需要的面线长度；

m——缝料厚度；

S——线迹长度；

h——机针针孔在最低位置时和针上平面的距离。

机针从最低位置上升，到旋梭尖穿进线环，这段时间所需要的面线几乎等于零，但旋梭尖一旦穿过线环，并开始引导面线环绕梭芯时，面线的需要急剧增加。

事实上要按照线迹形成的过程细致地计算所需的线量是有一定困难的。这主要是因为旋梭的几何形状和断面比较复杂，因此通常是采用比较方便的作图法求得大概所需的线量，然后以逐渐修正的方法来凑近。同时，挑线机构的供线量一般超过实际需要量15%～20%，例如，缝纫5mm厚度的缝料所需面线长度为105mm，而实际供线是127mm。为了调节这些多余的供线量，夹线器上的挑线簧就起了调节作用，即收储多余的面线在挑线量不足时释放。

在工业平缝机的挑线机构中通常有凸轮挑线机构、连杆挑线机构和旋转挑线机构。凸轮挑线机构，结构较为紧凑，挑线杆线眼运动可设计成任何运动规律，但不适用于缝纫速度在每分钟1200针以上的缝纫机。旋转挑线机构，结构简单，面线传递和消费能协调，挑线杆能充分平衡，使惯性力减少，能适用于每分钟6000针线迹的缝纫机中。连杆挑线机构的特点是：沿封闭曲线运动的机构线眼没有极限位置，面线断线率减少，它适用于每分钟5000针线迹速度的缝纫机。目前大多数工业平缝机都采用连杆挑线机构，下面就着重介绍连杆挑线机构。

连杆挑线机构组成如图4-8所示。连杆挑线机构的主动件是安装在上轴左端的针杆曲柄，由于形状像麦粒，故有麦果之称。挑线曲柄穿过挑线杆体端部的孔而紧固在针杆曲柄上。挑线连杆的凸头，套在挑线杆体中部孔内，挑线连杆由挑线连杆销连接于机壳眼孔。挑

线曲柄的另一端套有针杆连杆，并用挑线曲柄螺钉在轴向限位。针杆连杆下端孔中套上针杆连接柱，针杆由针杆连接柱紧固，并在针杆上套筒下、针杆下套筒内上下运动。上轴旋转，针杆曲柄旋转，通过挑线曲柄、针杆连杆等，使针杆做上下直线运动。挑线杆体的上下挑线运动，使挑线杆体上的穿线孔也随之上下移动。此移动与针杆的上升、下降有节奏地配合，使面线在针杆的上下各个位移动时，有相应的抽紧和放松，以形成线迹，针杆连接柱滑块与针杆滑块导轨相配合，能防止针杆绕轴向转动。

挑线杆体的运动比较复杂，如图 4-9 所示。O'表示挑线连杆孔的中心，O 表示挑线杆体端部孔的中心，D 表示挑线杆中部孔的中心，E 则表示挑线杆体穿线孔。挑线杆体上穿线孔的运动轨迹似叶子状。从图中可以很清楚地看出，挑线杆体穿线孔每一瞬间的空间位置和运动速度是不断变化的。这是为了满足机针与旋梭在形成线迹过程中不同的线量要求，即有时需要抽线，有时需要放线。9′、10′、11′、12′、1′、2′、3′、4′、5′穿线孔逐渐下降供给缝线，5′、6′、7′、8′、9′穿线孔迅速上升收取缝线。

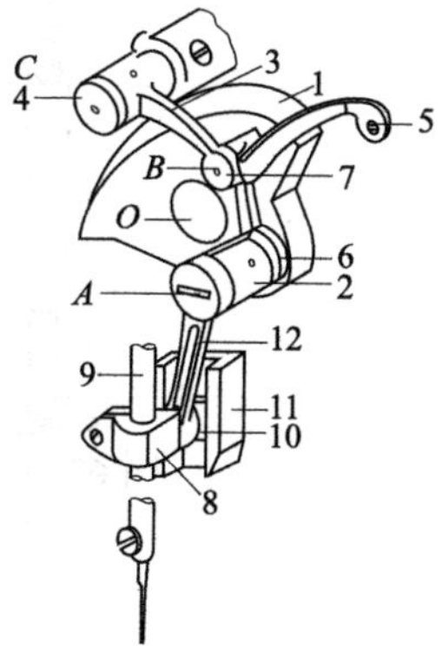

图 4-8　连杆挑线机构

1—针杆曲柄；2—挑线曲柄；3—挑线连杆；4—挑线连杆销；5—穿线孔；6—挑线杆体；7—挑线曲柄螺钉；8—针杆连接柱；9—针杆；10—针杆连接柱滑块；11—针杆滑块导轨；12—针杆连杆

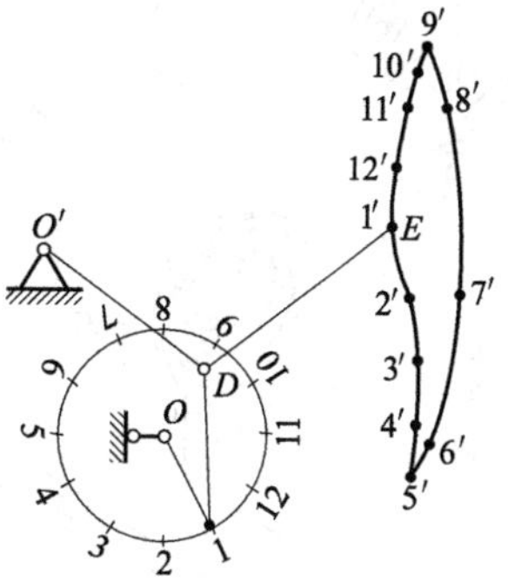

图 4-9　挑线杆体的运动

挑线杆体是挑线机构中的主要工作件。它的运动轨迹同引线和钩线机构的运动时间配合为：

① 机针在引线阶段，挑线杆体下落，输送给缝针所需要的线量。

② 当旋梭套住面线线环后，挑线杆体继续下落送线，满足旋梭扩大线环所需要的线量。

③ 当线环将绕过旋梭架时，挑线杆就要开始收线。使线环在梭子表面贴紧滑过，让线环产生弹力，以便顺利滑出。

④ 当线环已通过旋梭架时，挑线杆迅速上升把面线从旋梭里抽吊出来。

⑤ 当机针第二次下降接触缝料前，挑线杆收紧线迹。同时从线团中拉出一定长度的面线，供下一个工作循环需要。

电脑平缝机的挑线机构与上轴部分的零部件名称及构造如图 4-10 所示。

三、针杆机构

针杆机构的任务是引导面线穿过缝料和形成线环，为缝线相互交锁做好准备。

针杆机构的零部件名称及机构的组成如图 4-11 所示。机构的传动：由上轮带动上轴和固定在上轴上的针杆曲柄转动，再通过装在针杆曲柄小孔内的一个挑线曲柄的一端，牵动针杆连杆，产生平面连杆运动，从而带动针杆，在上下两个套筒中上下往复滑动，针杆下端有容针孔，机针塞入容针孔后，用支针螺钉紧固。

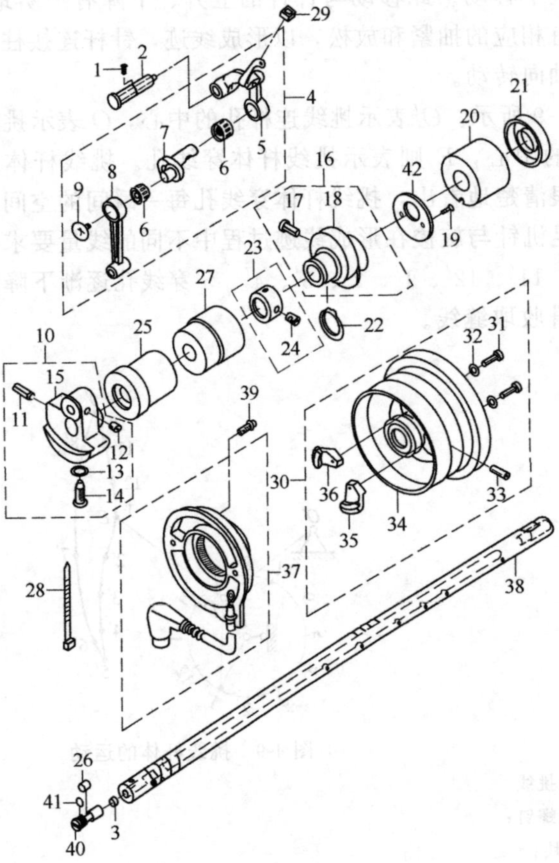

图 4-10　挑线机构与上轴部分的零部件名称及构造

1,11,12,14,17,19,24,31,33,39—螺钉；2—轴；3—滤芯；4—挑线杆组件；5—挑线杆；6—滚针轴承；7—挑线曲柄；8—连杆；9—轴端封盖；10—挑线曲柄体；13,41—油环；15—针杆曲柄；16—偏心轮体；18—偏心轮；20—上轴后轴套；21,29—油封；22—轴用C形扣环；23—定位环；25—上轴前轴套；26—油量调节环；27—轴套；28—扎带；30—手轮组件体；32—垫圈；34—上轮；35,36—磁铁；37—感应线圈；38—上轴；40—油量调节销；42—定位环

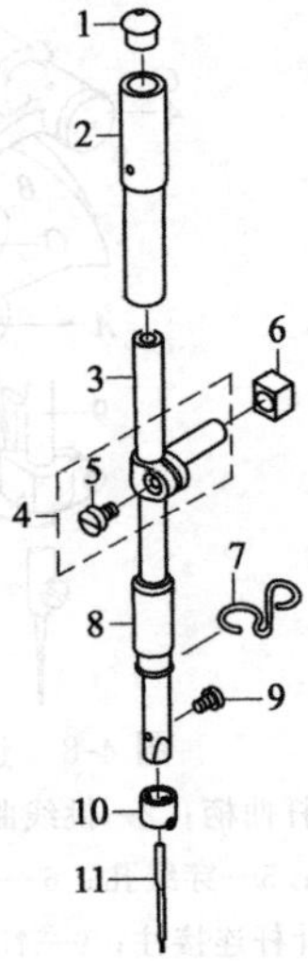

图 4-11　针杆机构

1—孔塞；2—针杆上套筒；3—针杆；4—针杆连接柱；5—螺钉；6—滑块；7—导线；8—针杆下套筒；9—支针螺钉；10—针杆线钩；11—机针

平缝机的针杆机构，一般都采用最简单的中心曲柄连杆机构，也就是说，针杆的往复运动轴线是和曲柄回转中心重合的，同时，作为驱动部件的针杆曲柄又起平衡块作用，能够抵消一部分作用在上轴上的惯性力，挑线曲柄做成双头销的形式，它与针杆连杆铰接的轴颈靠针杆很近，减小了连杆作用与针杆上的弯曲力矩，而且在挑线曲柄的两铰接处都用上了滚针轴承，保证了运转性能良好。

针杆连杆的另一端套在固定于针杆的连接柱的销轴上，针杆连接柱在针杆上的固定是抱夹式，这样，挪动针杆连接柱在针杆上的位置就可以调节机针的高度。

针杆在机壳头部的上套筒和下套筒中滑动，上套筒做得较长，保证了针杆有较好的稳定性，下套筒和针杆的配合间隙很小（$\phi 7.24^{+0.020}_{+0.005}$ mm/$\phi 7.24_{-0.009}^{0}$ mm，最大间隙0.029mm），这是为了防止机壳头部的油顺针杆泄漏。为了耐磨，套筒的材料选用铜或其他合金材料。

由机构原理可知，中心曲柄连杆机构的主要参数是曲柄半径 R 和连杆长度 L 的比值，取 $\lambda=R/L$。一般来说，曲柄半径 R 是固定的，$R=0.5S_{max}$，这里 S_{max} 是为了形成线迹所必需的针杆总位移量，那么，如果选定 λ，则 $\lambda=R/L$。

中心曲柄连杆机构中连杆长度愈长，也就是说 λ 值愈小，针杆的运动也将愈接近于简谐运动，当连杆长度大到无穷大（$L\to\infty$）时，产生简谐运动，其加速度变化最平稳，运动所产生惯性力最小，但因为缝纫机头的外形尺寸较小，不可能容纳较长连杆机构，所以一般缝纫机针杆机构的参数为 $0.2<\lambda<0.55$。

针杆机构的曲柄半径，实际上是由图 4-12 所示的三角形决定的，其中 α 角是挑线曲柄倾角的余角。这样，就可求出曲柄半径 R，针杆行程 S_{max} 和 λ 值。$\alpha=90°-4°55'=85°05'$ 根据余弦定理：$R=\sqrt{14^2+7.48^2-2\times14\times7.48\times\cos\alpha}=\sqrt{251.95-18.254}=15.29$（mm）

所以，针杆行程 $S_{max}=2R=2\times15.29=30.58$（mm），$\lambda=\dfrac{R}{L}=0.315$，中心曲柄连杆机构的针杆运动特性还同时取决于机构中连杆所处的位置，即连杆在上部还是下部，计算表明，当曲柄转过相同角度时，连杆位于下部时针杆移动量大于连杆位于上部时的针杆位移量，锁式线迹缝纫机运转时机针从下死点往上提升的动作应尽可能加快，以便留有宽裕的时间供挑线杆和送料机构工作，为此，选用连杆在机构下部的中心曲柄连杆机构是有利的，而且，连杆位于下方时针杆机构平面推动的质量总是比连杆位于上面时小些，对整个机器的动力特性有利。

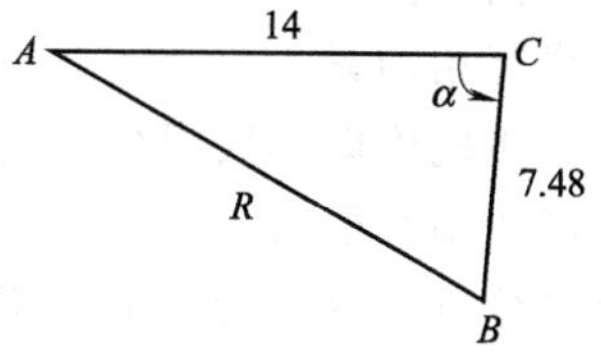

图 4-12 三角形

针杆的位移：针杆实际上是曲柄连杆机构的滑块，由于针杆做平移运动，其上的各点位移都是相同的，所以为了分析问题方便，取针杆与连杆 AB 连接的铰链点 B 来代表针杆的位移。

针杆的位移如图 4-13 所示，下面分针杆从上死点开始向下运动和针杆从下死点开始向上运动这两个阶段来说明针杆的位移。

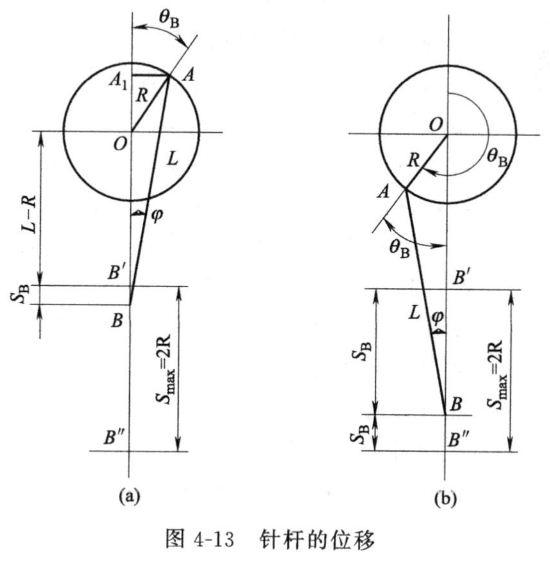

图 4-13 针杆的位移

从上死点往下：

$$OB+R\cos\theta_B=L\cos\varphi$$

又 $OB=S_B+L-R$

$$\therefore S_B+L-R+R\cos\theta_B=L\cos\varphi$$

$$S_B=R-L-R\cos\theta_B+L\cos\varphi$$

$$=R(1-\cos\theta_B)+L(\cos\varphi-1) \quad (4\text{-}1)$$

公式中有两个变量，θ_B 是上轴的转角，取针杆上死点时上轴转角为 0，φ 是连杆与曲柄机构滑块位移轴线的夹角，下面分析一下 θ_B 与 φ 的关系，见图 4-13（a）。

$$L\sin\varphi=R\sin\theta_B=AA_1$$

$$\sin\varphi=(R/L)\sin\theta_B=\lambda\sin\theta_B$$

两边平方

$$\sin^2\varphi=\lambda^2\sin^2\theta_B$$

根据三角公式

$$\sin^2\varphi+\cos^2\varphi=1 \text{ 即 } 1-\cos^2\varphi=\lambda^2\sin^2\theta_B$$

∴

$$\cos\varphi=\sqrt{1-(\lambda\sin\theta_B)^2} \tag{4-2}$$

找到了 φ 角与 θ_B 角之间的关系，下面将它代入公式（4-1），求得针杆从上死点开始往下时的位移公式

$$S_B=R(1-\cos\theta_B)+L(\sqrt{1-(\lambda\sin\theta_B)^2}-1) \tag{4-3}$$

针杆从下死点开始向上运动时，见图 4-13（b）。

$$S_H=S_{max}-S_B=2R-S_B \tag{4-4}$$

∴ 针杆从下死点开始往上时的位移公式

$$S_H=R[1+\cos(\theta_B-180°)]-L[\sqrt{1-[\lambda\sin(\theta_B-180°)]^2}-1] \tag{4-5}$$

四、钩线机构

钩线机构的任务是钩住缝针抛出来的线环，使它绕过藏有底线的旋梭架，使底、面两根缝线互相锁紧。

梭机构即钩线机构，是工业平缝机的重要机构。在很多情况下，缝纫机的工作质量和其生产效率都取决于梭机构的结构。目前，梭机构一般来说可分成两组：纵向梭和旋梭。在工业平缝机中纵向梭的缝纫机不生产了，由于这种机器生产效率太低，这种梭子仅在特殊用途的机器中被限制性采用。旋梭则被广泛地运用，旋梭又分成摆动和旋转两类。摆动梭仅允许在缝速为每分钟 2200 针迹的缝纫机中采用，旋转梭则可在高速缝纫机中采用。

现代的工业平缝机一般都采用旋转梭钩线机构。在使用旋梭的缝纫机中，上下轴之间的传动一般采用伞齿轮传动或成形橡胶齿形带传动，从动力学的观点出发，用齿轮或带子传动，没有速度变化的波动，全部运动是稳定的物体进行单纯旋转，在传动机构中消除了产生很大惯性负荷的可能性，因此即使在高速下缝纫机的运转也还是平稳的。

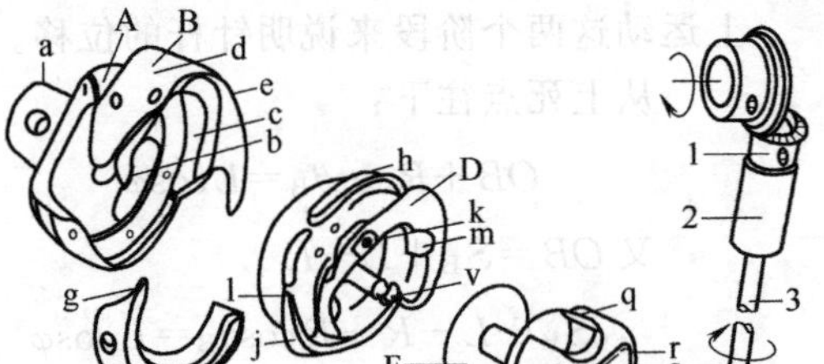

图 4-14　旋梭钩线机构

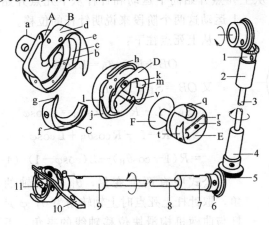

1—竖轴上伞齿轮；2—竖轴上套筒；3—竖轴；4—竖轴下套筒；5—竖轴下伞齿轮；6—下轴伞齿轮；7—下轴右套筒；8—下轴；9—下轴左套筒；10—旋梭定位钩；11—旋梭

图 4-14 所示的是伞形齿轮传动的旋梭钩线机构。旋梭机构是上轴伞齿轮以 2∶1 的齿数比，传递给竖轴上伞齿轮 1，通过竖轴下伞齿轮 5 以 1∶1 的齿数比，传递给下轴伞齿轮 6。从而使得下轴 8 旋转，并同时带动旋梭 11 一起旋转。

齿轮啮合运转时有充足的油进行润滑，保证了它的运转情况良好，当上轴按顺时针方向旋转时，通过上轴伞齿轮啮合竖轴上伞齿轮，通过竖轴下齿轮啮合下轴齿轮，下轴就按逆时针方向旋转，并同时带动旋梭一起旋转。

旋梭由螺钉紧固在下轴的端部，随下轴一起转动。梭架内装有梭子和梭芯，旋

梭定位钩一端固定在机壳上，另一端侧面有一凸块，此凸块嵌入梭架，所以在工作时，梭床围绕梭架旋转。

梭子 E 的顶部有圆形缺口，当梭子放入梭架时，此缺口被梭架内缘上两个铆钉状定位钉所阻挡，因此梭子与梭架保持不动，而绕有底线的梭芯则活套在心轴上，受梭架的旋转钩线而转动，逐渐放出底线与面线形成锁式线迹。

旋梭和梭子的结构如图 4-14 所示，它们在旋梭钩线机构中的作用如下。

（1）旋梭的作用　旋梭由梭床 A、旋梭皮 B、旋梭板 C 和旋梭架 D 组成。它安装在下轴的左端，随下轴一起旋转。旋梭上的梭钩是穿套机针线圈用的。旋梭皮起着扩大机针线圈的作用。旋梭架上导轨 j 与梭床上的导槽相配合。旋梭板使旋梭架不脱落。由于旋梭定位钩的凸头嵌进旋梭架凹口，故当梭床随下轴旋转时，旋梭架是不旋转的。

梭床 A：主要作用是使旋梭紧固在下轴左端，通过导槽与旋梭架相配合。钩套机针线环由旋梭尖 b 进行。

旋梭皮 B：主要作用是稳定钩套的机针线环，使线环稳定地套过梭子端面。挑松底线是由于旋梭皮凹面 e 的作用。

旋梭板 C：主要作用是挡住旋梭架导轨 j。旋梭板尖 g 的作用是套住围绕旋梭架后脱出的线环，使线环抽吊稳定。

旋梭架 D：主要作用是安放梭子。导轨端挡线挡住旋梭套钩的线环，使面线顺利围绕旋梭架运动。导轨 j 与梭床上的导槽配合，使旋梭架稳定地旋转。旋梭架缺口 m 用于嵌合梭门底弯钩，使梭子定位。

（2）梭子的作用　梭子 E 由梭芯套壳 q、梭皮 t、梭门底钩 r 和梭门盖 s 组成。主要作用是安放卷绕底线的梭芯 F。梭门底钩 r 与梭架缺口 m 和梭架的梭子轴 v 嵌合使梭子稳定，并使梭芯不易脱落。调节底线张力是通过梭皮 t 实现的。

梭芯 F、梭子 E 和梭床 A 的装配关系是梭芯套在梭子里，再一起嵌装进旋梭架 D 的梭子轴中。当机器运转时，因底线不断引出，梭芯 F 作旋转。因为梭子 E 的梭门底钩 r 嵌进旋梭架凹口 m 中，所以梭子 E 是不旋转的。

梭芯上绕有一定量的底线。在缝纫工作过程中，梭芯上的底线用完后，必须停车调换梭芯。这样的时间是白白浪费掉的，所以总是希望梭芯上绕有尽可能多的底线，也就是说梭芯的容量要大，但梭芯的容量是由它的尺寸决定的（外径 D、内径 d 和有效的工作部分宽度 b），扩大梭芯的尺寸会同时扩大梭子的尺寸和需要放长绕过梭芯所用的面线，也要放长挑线机构中挑线杆的尺寸，这些都将降低旋梭的旋转速度，也就是降低缝纫机的生产率，所以梭芯的底线储备必须适宜。

钩线、挑线机构的调整要点和技术要求，主要有下列几点。

（1）机针与旋梭的配合（引线机构与钩线机构的配合）

① 机针与旋梭的配合间隙。在机针安装正确不弯曲的前提下，机针自上而下运动，旋梭旋转。当机针降至最低位置，旋梭的梭尖嘴应该在 44°～48°的范围内，距离机针中心10～12mm，如图 4-15 所示。当机器需要缝纫较薄的缝料时，旋梭的梭尖嘴和机针的中心间距应调到 8～12mm。如要调节，只要旋松旋梭上的三只螺钉，将旋梭向顺时针方向拨转一个角度即可，定位间距就相应增大。反之，将旋梭向逆时针方向拨过一个角度，定位间距就减小。

② 机针与旋梭的高低配合。各种缝纫机的针杆位置，都是由机器本身钩线的实际需要决定的。由于线迹结合形式不同，针杆位置高低的调整，有的以针孔为准，有的则是以针尖为准。一般平缝机都以针孔为准。因为线环的形成与针尖的长短没有直接关系。机针从最低位

置向上回升约 2.2mm 的时候，旋梭尖必须位于缝针针眼上部距针孔 2mm 左右的地方，如图 4-16所示。一般在这个时候，梭尖也正好位于机针短槽边凹缺的中心，机针上的线环也正处在理想的状态。

在实际修理过程中，旋梭定位基本符合的条件下，主要是调节好机针自身高低位置。机针自身高低位置的确定，除了以旋梭尖为基础外，不可以找到其他的参照物。根据经验，一般定位在针尖到针板平面约 18mm。

③ 机针与旋梭的左右配合。旋梭安装在下轴的左端，旋梭平面与下轴前轴套的平面间隙一般保持在 0.03mm 左右。因此，下轴前套装进车壳的位置并不是任意的。它的安装基准是旋梭装上以后，旋梭钩尖转到钩线环位置时，机针与旋梭的左右配合间距，应保持在 0.05～0.1mm，以不碰为准，如图4-17 所示。

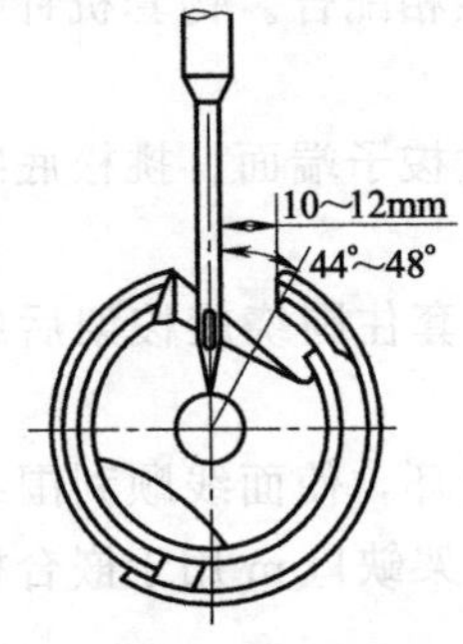

图 4-15　机针在最低位置与旋梭位置

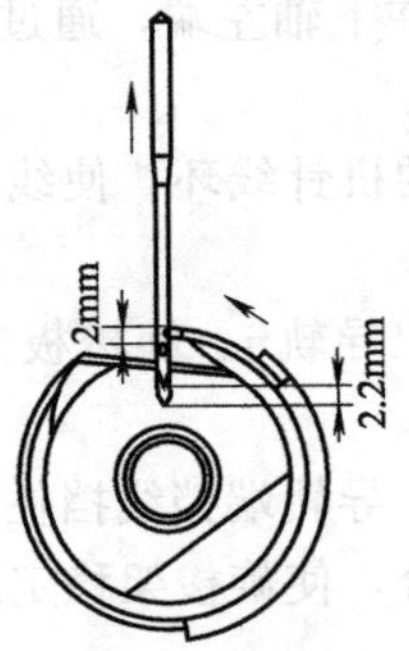

图 4-16　正确钩线时机针示意图

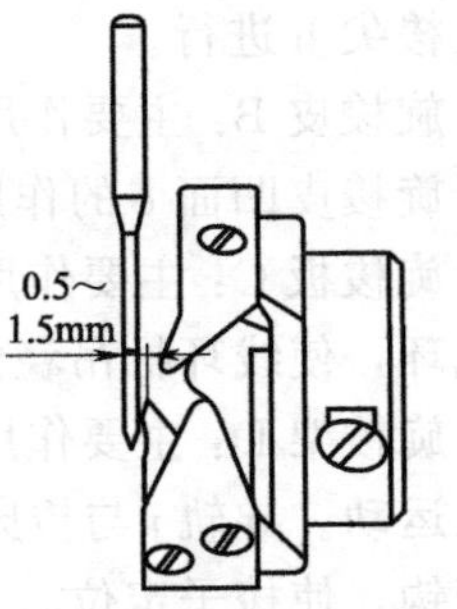

图 4-17　钩线环时钩尖与机针侧面距离

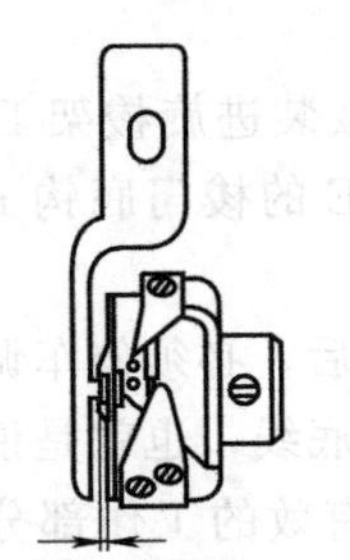

图 4-18　定位钩与旋梭架的左右配合

钩尖与机针的距离过大，线环稍有变形，会产生跳针故障；两者的距离太小，便产生互相摩擦，一则损伤机件，二则会因此而引起断线、斜线迹和断针的故障。

(2) 旋梭定位钩与旋梭架配合

① 左右配合关系。旋梭定位钩的凸头嵌在旋梭架的凹口中，旋梭定位钩由螺钉紧固在车壳上。因此旋梭在旋转时，旋梭架是不能随之旋转的。当旋梭尖穿套线圈回绕一圈后，缝线要通过旋梭定位钩、入梭架的凹凸接口处脱出。这一凹凸接口处的左右间距不宜过大或过小。过大了会使高速旋转的旋梭架晃动，并从凹口处脱开定位钩凸头的控制，造成机件损伤，或产生线圈不稳定和噪声过大。如过小，不能使缝线顺利抽吊出针板孔，会产生浮线，严重的产生断线现象。故一般旋梭定位钩凸头与旋梭架凹口左右的间距保持在 0.45～0.65mm（此间距亦可根据缝线线径粗细来适当调节），如图 4-18 所示。

② 高低配合。一般定位钩凸头上端与旋梭架凹口斜面上端基本相平。过高旋梭定位钩凸头有与旋梭皮相碰的可能性，对旋梭尖钩套线圈有一定影响；过低则会使底线有引带不上来的可能，同样会产生抛线和线迹不清等故障。

③ 旋梭定位钩前后位置的确定。凸块与缺口的前后间隙约为 0.5mm。旋梭定位钩一般向操作者前方偏一些，这样有利于脱线。但以机针下降时应从旋梭架容针孔中穿过为原则，不允许偏调到相碰的位置。

电脑平缝机的针杆及旋梭驱动部分的零部件名称及构造如图 4-19 所示。

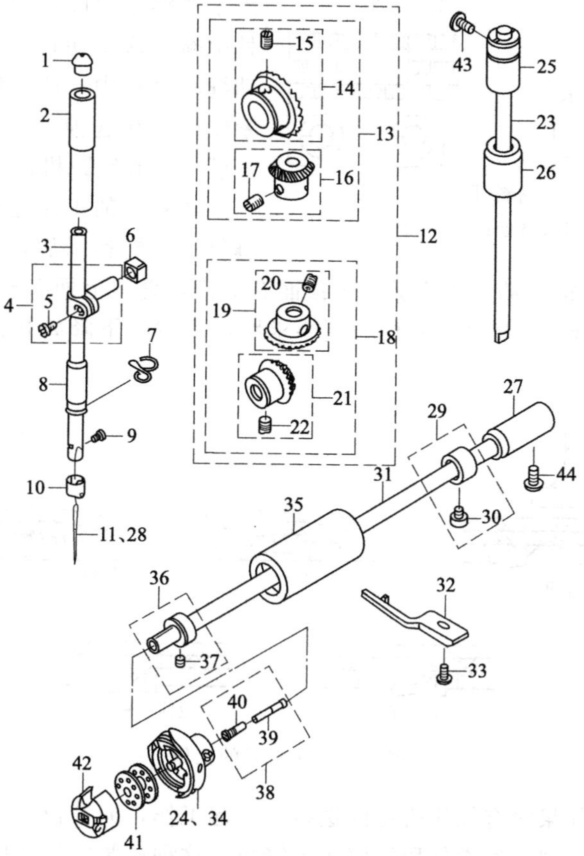

图 4-19　针杆及旋梭驱动部分的零部件名称及构造

1—孔塞；2—针杆上套；3—针杆；4—针杆连接柱销；5,15,17,20,22,30,37,43,44—螺钉；6—滑块；7—导线；8—针杆下套；9—支针螺钉；10—针杆线钩；11,28—机针；12—伞齿轮组；13—上伞齿轮组；14—上轴伞齿轮；16—竖轴上伞齿轮；18—下伞齿轮组；19—竖轴下伞齿轮；21—下轴伞齿轮；23—竖轴；24,34—旋梭；25—竖轴上套；26—竖轴下套；27—下轴后套；29—定位环；31—下轴；32—定位钩；33—定位钩螺钉；35—下轴前套；36—定位环；38—油量调节器；39—下轴油芯；40—下轴限油螺钉；41—梭芯；42—梭壳

五、送料机构

工业平缝机送料机构的作用：在完成一个线迹以后，为了保证构成新的线迹，缝料就应当移动一个完全相同的距离，即周期地移动缝料。

连续地移动（传送）缝料的概念，也就是针距的概念，所谓针距是机针两次连续刺穿缝料之间的距离，它常用毫米表示或在一定的长度内计算其个数。也就是说，针距就是缝纫机上轴每旋转一个转程以后缝料实际移动的尺寸，各种缝纫机有各种可能的针距幅度，针距应根据工作的性质及其被缝制缝料的种类及厚度而确定。

在工业平缝机上，缝料的移动，一般采用摩擦法，它由送料牙对缝料的摩擦作用完成。

送料牙是一个扁平的零件，如图 4-20 所示。送料牙表面具有相同高度的牙齿，齿形向一个方向倾斜，其角度为 45°～60°。这样的角度最容易攫住和移动缝料。牙齿尖端锉钝 0.5mm，以防止损坏缝料。

缝纫机上采用的送料牙是不相同的，这与缝纫机所要完成的工序性质有关。例如，在单针缝纫机上，送料牙可设有两排牙齿或三排牙齿。三排牙齿能自如地移动任意厚度的缝料。

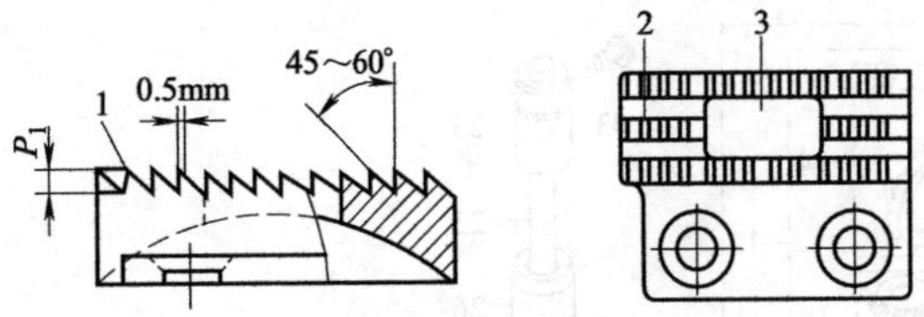

图 4-20　送料牙

1—齿尖；2—中排牙齿；3—切口

由于送料牙中间设有切口，中排牙齿在该处中断，这个切口的作用是，在送料牙移动缝料过程中，使挑线杆有可能在这时收紧线迹，在这种情况下，去掉边上一排牙齿就可以确定跟机针并排的导向直线。

送料牙的工作过程如图 4-21 所示。当缝针退出缝料以后，送料牙就上升（露出针板0.8～0.9mm）向前运动。因为送料牙顶面有锯齿，缝料上面有压脚压住缝料，压脚的底面非常光滑，因此缝料被送料牙咬住送到要求距离。然后下降离开针板表面和缝料脱离，往返到原来位置。

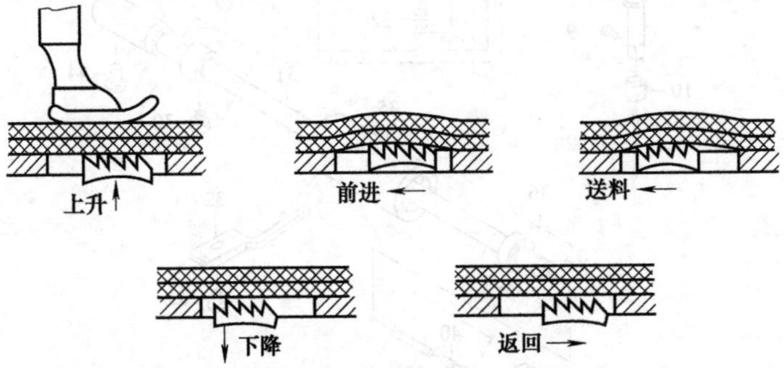

图 4-21　送料牙的工作

这里应当指出，如果没有加压机构同送料牙一起工作，向针板压板压紧缝料，那么有牙齿的送料牙本身不能送料，通常使用压脚压紧缝料，这种压脚安装在压杆下端，在压杆上一般装有压杆弹簧，弹簧的压力可以调节。

没有压脚的机器是不能完成缝纫的，在运转过程中，当开始构成线环，然后将线环抽归这个阶段，就是用压脚的压力将缝料固定在针板上的，假如没有压脚，缝料就会和机针一起提升，而在机针针孔这边就不可能获得线环。最后在送料牙上升时，只有将缝料压紧在送料牙和压脚之间，才有可能用送料牙的牙齿抓紧缝料，然后使它移动形成线迹。

送料牙的牙齿在送料时的拉力，将由送料牙齿和下层缝料之间所产生的摩擦力而定。

$$T_1=P\mu_1$$

式中　T_1——送布牙对缝料的拉力；

P——压脚对缝料的正常压力；

μ_1——送料牙与缝料之间的摩擦系数。

此时，压脚和上层缝料之间也产生一个摩擦力 T_2。

$$T_2=P\mu_2$$

式中，μ_2 为压脚底面和缝料之间的摩擦系数。

T_2 的作用方向和 T_1 相反，将妨碍送料运动。

当缝制几层缝料时，送料时就依靠这几层缝料已经缝好的前一个线迹，同时依靠缝料之间的摩擦力 T_3。

$$T_3=P\mu_3$$

式中，μ_3 为缝料之间的摩擦系数。

所以，要使用不移动的压脚，用送料牙完成送料，必须保证送料牙对缝料的拉力 T_1 要大于压脚对缝料的阻力 T_2，也就是 $\mu_1 > \mu_2$，而且在缝制几层缝料时，各层缝料之间的摩擦系数要大于上层缝料和压脚之间的摩擦系数，即 $\mu_3 > \mu_2$。

由于缝料之间的摩擦力 T_3 小于牙齿与缝料的摩擦力 T_1，所以装着不移动的压脚和送料牙的缝纫机，都会产生下层缝料的“起皱”，当缝制薄和滑的缝料时，起皱现象更加严重，起皱的主要原因是：上层缝料对压脚的摩擦力 T_2 阻止上层缝料的移动，以及送料牙的牙齿压入缝料时使下层缝料变形，在最大起皱的情况下，底层缝料就成为波浪形，当拉紧被缝合的缝料时，可能使缝线破裂，为了克服起皱现象，现代缝纫机普遍采用滚轮压脚、针送料、差动送料等新技术。

针距的调节：改变送料牙前后运动的距离，即能改变针距。而控制送料牙前后运动距离的是送料轴曲柄的摆角，但送料轴曲柄的安装角度和长度是不能随意调节的。要想较方便地改变送料轴曲柄的瞬时摆角，只要改变叉形送料杆上下摆动量的大小即可。

倒送料装置的作用就是通过调节，改变送料牙椭圆形轨迹的运动旋向，从而使缝纫机既可顺向送料，又能逆向送料。倒送料原理如图 4-22 所示，当用手向下按动倒送杆扳手 S，则针距连杆与针距调节器的接点 Q 从叉形送料杆 AB 的左侧移到右侧。这样，叉形送料杆的上下摆动瞬时位移发生了相反的变化，从而使送料轴曲柄摆动的方向也发生了相应的变化［图 4-22（b）］，在与抬牙部分相配合时，完成倒送料动作。

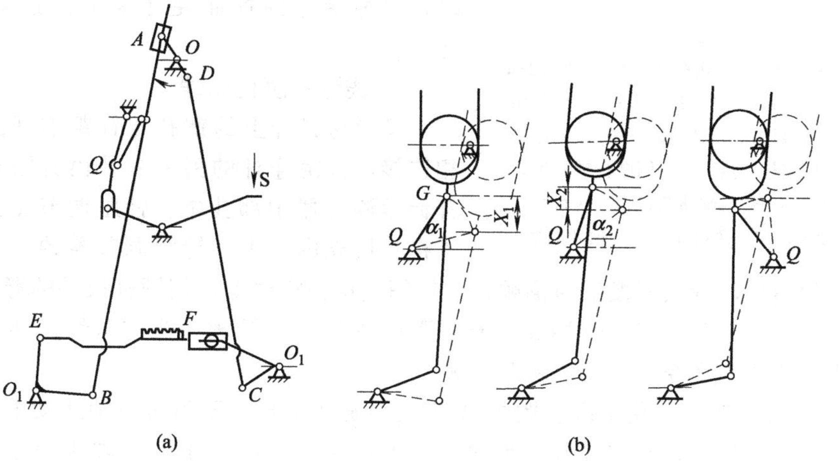

图 4-22　倒送料原理

送料牙与机针之间运动快慢的配合关系是，送料牙的移动与针杆同步或可稍慢一些。当机针针尖下降接近针板平面 0～2mm 时，送料牙齿尖应该下降到各针板平面相平的位置。此时一次送料刚结束，如图 4-23 所示。

送料牙的工作时间是指移动缝料的时间，它在有效工作时间内要符合以下原则：

① 一定要保证收缩线圈完毕后才能送料。如送料太快，就会给收线带来阻碍，产生断线。

② 机针还未退出缝料，不能送料，机针刺入缝料之前，送料必须停止。

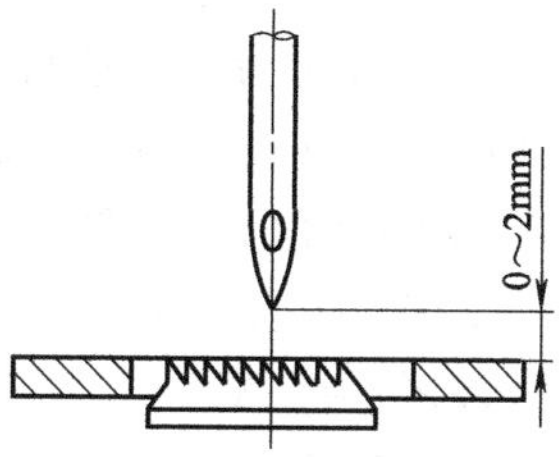

图 4-23　机针与送料牙运动快慢配合

工业平缝机的送料运动实际上是由两个机构完成的：平移机构和抬高机构。它们同时从固定在上轴的两个偏心轮获得运动，而这一对偏心轮制成一个零件。送料牙的工作是由送料牙完成的一个前后运动和一个上下运动的复合运动，在压脚和针板的配合下进行送料。

工业平缝机的送料机构如图 4-24 所示。

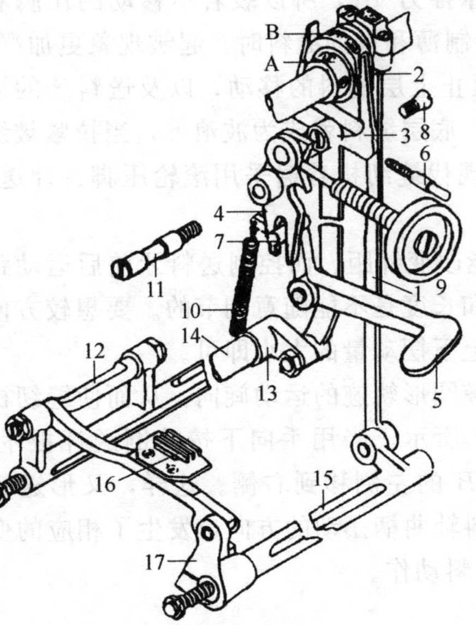

图 4-24 送料机构

1—抬牙连杆；2—叉形送料杆；3—针距连杆；4—针距调节器；5—倒顺杆扳手；6—针距调节螺钉；7—滚柱；8—针距连杆销；9—号码盘；10—倒顺杆拉簧；11—倒顺杆螺钉销；12—牙架；13—送料轴曲柄；14—送料轴；15—抬牙轴；16—送料牙；17—抬牙曲柄

1. 送料牙的前后运动

当上轴旋转，由于送料抬牙偏心轮 A 的偏心作用，通过偏心轮套圈 B 而产生叉形送料杆的摆动。但由于受到针距连杆的牵制，所以不仅环绕针距调节器的中点为活动支点摆动，而且还产生垂直方向的移位，因此再通过送料轴曲柄推动送料轴的往复转动。送料牙安装在牙架上。牙架由一套锥形螺钉及螺母安装在送料轴上，所以送料轴的往复转动必定推动送料牙做前后运动。

2. 送料牙的上下运动

当上轴旋转，由于送料抬牙偏心轮 A 的偏心作用，通过抬牙连杆使抬牙轴往复转动。抬牙曲柄的凸头嵌合在牙架凹口内，当抬牙轴往复转动时，通过抬牙曲柄而使牙架上的送料牙做上下运动。

3. 线迹密度化原理

叉形送料杆上的螺孔与针距连杆由锥体螺钉相连接，针距连杆的另一锥孔由针距连杆销连接开针距调节器中部孔中。针距调节器由轴肩螺钉连接在机壳内壁上。针距调节器的叉口内嵌合倒顺杆扳手上的滚柱，倒顺杆扳手由倒顺杆螺钉销连接在机壳上。倒顺杆扳手的臂端小孔内钩入倒顺杆拉簧。针距调节螺钉的端部顶着针距调节器的 V 形槽。当顺时针旋动号码盘时能使针距变小，线迹密度变密，反之针距变大。

图 4-25 是开针距的变化情况。图中 A 为主轴旋转中心，E 为送料轴摆动中心，C 为针距连杆摆动中心，B 为针距连杆与叉形送料杆的连接点，D 表示送料轴曲柄与叉形送料杆的连接点。图 4-25 (a) 中的 C_1 点比图 4-25 (b) 中的 C_2 点离开叉形送料杆摆动中心线要远一点，所以叉形送料杆垂直方向的位移大一些，即 $x_1 > x_2$。图 4-25 (c) 的 C_3 点正好落在叉形送料杆摆动中心线上，叉形送料杆只有摆动，垂直方向上没有位移。图 4-25 (d) 的 C_4 点已经位于叉形送料杆摆动中心右面，即位于机器面方向，则使送料牙倒向送料。

以下阐明变化原理，如图 4-26 所示为叉形送料杆垂直动程变化。

图中 AD 为叉形送料杆的摆动中心线，当针距连杆与叉形送料杆的连接点从 B_3 摆向 B_4 时，它的横向位移距离为 m。C_2P 为针距连杆摆动中心线，C_2Q 垂直于 AD。设 C_2P 与 C_2Q 的夹角为 α，图中可以看出：

$\because \angle 1 + \angle 2 = 90° \quad \angle 1 + \angle 3 = 90°$

$\therefore \angle 2 = \angle 3$

$\therefore \angle B_4B_3M = \angle PC_2Q = \alpha$

设 $MB_3 = x$，$\cot\alpha = \dfrac{MB_3}{m}$，$MB_3 = m\cot\alpha$

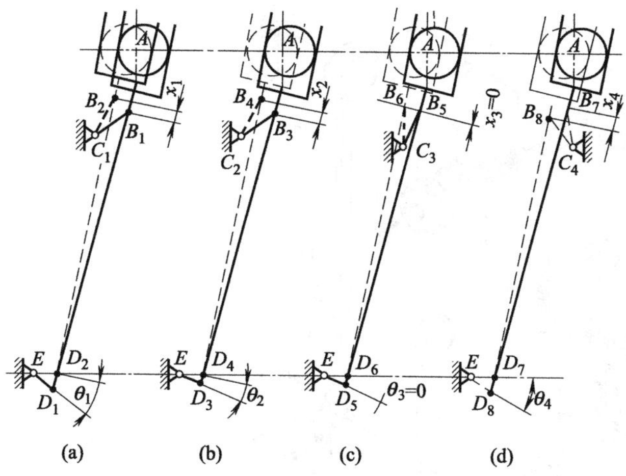

图 4-25 开针距的变化

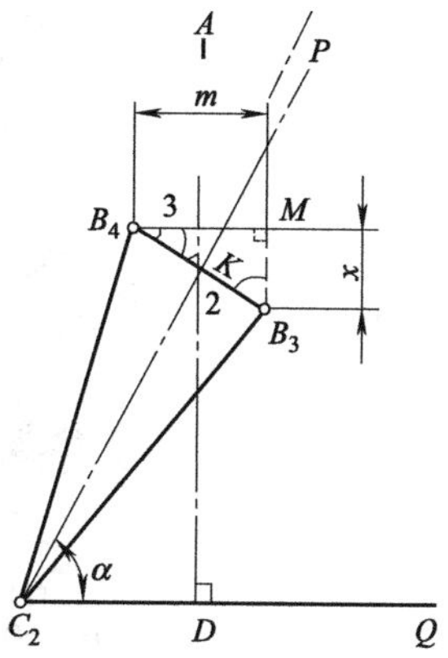

图 4-26 叉形送料杆垂直动程变化

即 $x = m\cot\alpha$

其中横向位移距离 m 基本不变。

因此，当顺时针旋动号码盘，使针距连杆摆动中心点离开叉形送料杆摆动中心线越近，α 角将逐渐增加。$\cot\alpha$ 在第一象限内为递减函数，故 $x = m\cot\alpha$ 值变小，即针距弯短，线迹密度变密；α 越小，即针距变长，密度变稀，当针距连杆摆动中心点正好处于叉形送料杆摆动中心线位置上时，即 $\alpha = 90°$，$\cot\alpha = 0$，故 $x = m\cot 90° = 0$，即针距为零，线迹密度为无穷大。当针距连杆摆动中心点越过叉形送料杆摆动中心线位置时，即相当于将倒顺杆扳手揿下，$\alpha > 90°$，$\cot\alpha$ 为负值，x 也为负值，所以倒向送料。

87007 型电脑平缝机的送料驱动部分的零部件名称及构造如图 4-27 所示。

C201 型电脑平缝机的送料机构如图 4-28 所示。其工作原理是：当上轮逆时针转动后，通过装在上轴的送料凸轮带动送料连杆上下运动；通过连接于送料连杆的曲柄连杆组件使送料曲柄做圆弧运动；送料曲柄的运动传递给送料轴；通过装在送料轴上的牙架曲柄偏心轴，使送料牙架做前后运动；通过抬牙凸轮，使抬牙连杆做上下运动；通过抬牙连杆，使抬牙曲柄做圆弧运动；抬牙曲柄的运动，传递给抬牙轴；通过装在抬牙轴上的抬牙叉，使牙架做上下运动；装在牙架上的送料牙，根据牙架的一个前后运动和一个上下运动做复合运动。

六、压脚机构

为了使送料牙能移送缝料，在送料牙和缝料之间应有足够的摩擦力。压脚机构的功能就是保证这个摩擦力的产生。压脚作用时，当机针和挑线杆朝上运动时，把缝料压在针板的水平面上。此外，压脚对缝料保持一定的压力，这就大大地方便了挑线杆体收紧线迹的工作。当压脚停止对缝料作用时，被压紧的缝料中的弹性力就在线迹中产生足够的拉力使缝层紧贴。

图 4-29 为压脚机构，压脚安装在压紧杆下端。压紧杆贯穿在机壳左部与针杆上下轴套孔平行的临近上下两个孔内，压紧杆中部安装着压杆导架和压杆升降架。压杆导架一端嵌入机壳导槽内防止压紧杆晃动。压杆导架紧固在压紧杆上，它能调节压紧杆上下与旋转方向的位置。

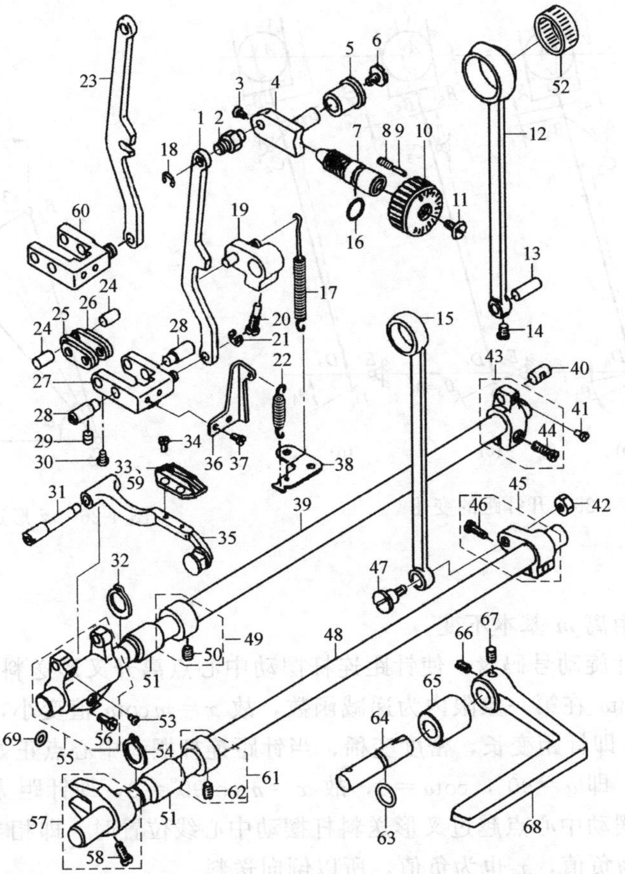

图 4-27　送料驱动部分的零部件名称及构造

1—针距调节连杆；2—针距调节连杆销；3,6,14,20,29,30,37,41,44,46,50,53,56,58,62,66,67,69—螺钉；4—变距凸轮（针距座）；5—轴套；7—针距调节螺杆；8—止动销弹簧；9—止动销；10—针距旋钮；11—针距旋钮螺钉；12—送料连杆；13—送料连杆销；15—抬牙连杆；16—O形橡胶圈；17—倒送料曲柄拉簧；18,21—E形扣环；19—倒送料曲柄；22—拉簧；23,27—针距调节曲柄；24,40—销；25,26—连杆；28—倒送料扳手；31—牙架曲柄偏心轴；32,54—轴用C形扣环；33,59—送料牙；34—送料牙螺钉；35—牙架；36—弹簧挂钩；38—拉簧架；39—送料轴；42—螺母；43—送料曲柄；45—抬牙后曲柄；47—轴位螺钉；48—抬牙轴；49—定位环；51—送料轴前轴套；52—轴承；55—牙架曲柄；57—抬牙前曲柄；60—抬牙轴前套；61—定位环；63—油环；64—倒送料短轴；65—轴套；68—抬牙前曲柄

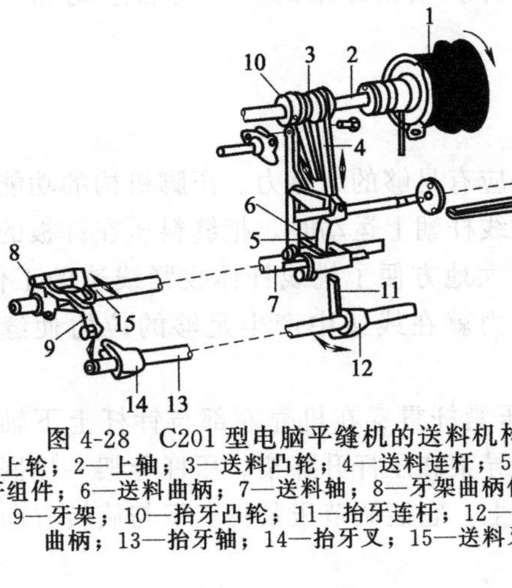

图 4-28　C201 型电脑平缝机的送料机构

1—上轮；2—上轴；3—送料凸轮；4—送料连杆；5—曲柄连杆组件；6—送料曲柄；7—送料轴；8—牙架曲柄偏心轴；9—牙架；10—抬牙凸轮；11—抬牙连杆；12—抬牙曲柄；13—抬牙轴；14—抬牙叉；15—送料牙

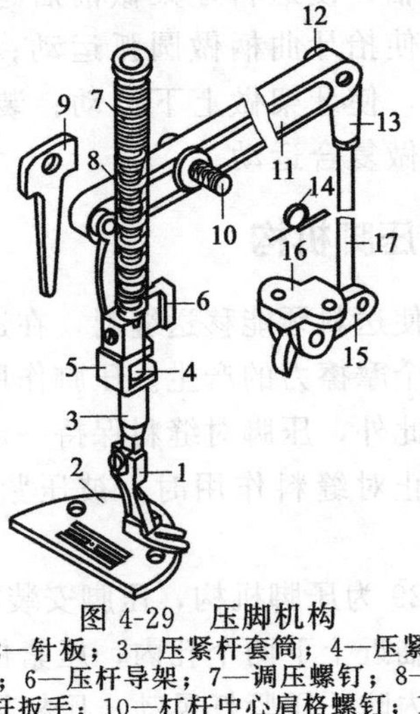

图 4-29　压脚机构

1—压脚；2—针板；3—压紧杆套筒；4—压紧杆；5—压杆升降架；6—压杆导架；7—调压螺钉；8—压杆簧；9—压紧杆扳手；10—杠杆中心肩格螺钉；11—抬压脚杠杆；12—拉杆接头螺钉；13—拉杆接头；14—拉杆簧；15—拉杆杠杆；16—拉杆杠杆座；17—拉杆体

为了适应缝纫不同厚度的缝料，经常需要调节压脚的压力大小。压杆导架上套有压杆簧，压杆簧上部有调压螺钉。调压螺钉套在压紧杆上，旋在机壳螺孔中，当调压螺钉顺时针方向旋转调节，压脚压力加大，逆时针方向旋转，压脚压力减小。

抬压脚操作有手动和膝动两种。抬压脚杠杆中端由杠杆中心肩格螺钉固接于机壳上。杠杆左端装上抬压脚杠杆销，销套入压脚升降上端孔内。右端由拉杆接头螺钉连接拉杆接头，由拉杆体上端与拉杆接头连接并由螺母定位。下端弯钩套进拉杆杠杆的孔内，拉杆杠杆座连接在机体上。手抬压脚操作，只要扳动压紧杆扳手，在压紧扳手凸轮面的作用下能使压脚抬起即可。放开扳手，压脚压下。当用膝推动操纵板时，由拉杆杠杆、拉杆体等使抬压脚杠杆右端向下运动，则抬压脚杠杆左端向上，再由压杆升降架推动压杆导架，连动压紧杆与压脚一起被抬起。当不操作抬压脚时，由拉杆簧的作用使压杆升降离开压杆导架，压脚压下。

电脑平缝机的压脚提升机构零部件名称及构造如图 4-30 所示。

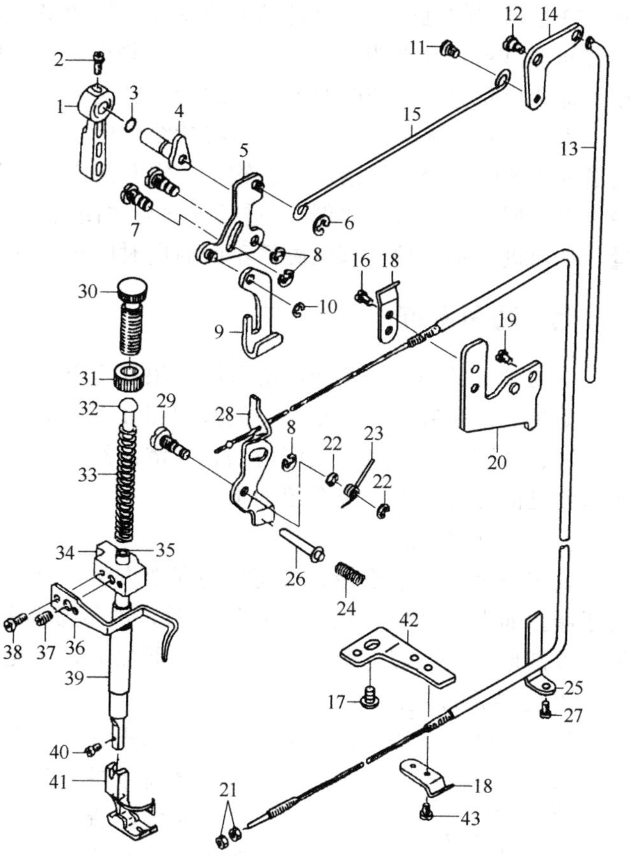

图 4-30　压脚提升机构零部件名称及构造

1—压脚扳手；2,10～13,16,37,38,40,43—螺钉；3—油封；4—手动提升凸轮；5—压紧杆；6—导线钩；7,23—枢销；8—压脚螺钉；9,17,31,33—E形扣环；14—提升杆；15—提升连杆；18,24—弹簧；19—压簧；20—压脚；21—销；22—顶出板；25—固定板；26—轴；27—压紧杆压簧；28—压紧杆导架；29—连接板组件；30—连接板；32—连杆；34—提升拉杆；35—压紧杆；36—缓线调节钩；39—压紧杆下套；41—压脚；42—压线板

自动抬压脚功能：在缝纫过程中，操作工需要经常性地将压脚抬起及放下，以此进行缝料的更换或转向。在普通平缝机上，进行压脚的抬起与放下都需要用手提扳手或膝提扳手。为了提高缝纫效率，电脑平缝机加入了自动抬压脚的功能。其通过机械的传动，将电磁铁的吸合与释放转换为压脚的抬起与旋下，并在程序中对压脚的动作时间进行了逻辑安排，以达到降低缝纫难度，提高缝纫效率的目的。

一般在缝纫过程中，需要将压脚抬起会在中途停车后（在需要改变缝纫方向时）以及停车并剪线后，抬压脚的模式通常有四种。

1. 在剪线后抬压脚

在此模式下，当控制系统接收到踏板传感器（与脚踏板连接，用于采集缝纫操作者脚部动作的部件）传来的剪线信号时，控制部分会在驱动完剪线后，自动驱动抬压脚电磁铁吸合，并在下次缝纫前释放。

2. 中途停车后抬压脚

在此模式下，当缝纫机停止转动，但没有剪线信号时，对抬压脚电磁铁进行电压输出。

3. 在剪线后及中途停车后抬压脚

在此模式下，只要发生前两种情况中的一种，都会驱动抬压脚电磁铁将压脚抬起。

4. 压脚不自动抬起

在此模式下，控制箱将不会自动将压脚抬起。

另外，由于驱动压脚的抬起与旋下需要的转矩较大，所以一般会选用比较大的电磁铁用于驱动。由此会带来电磁铁发热量较大的问题，可以通过对电磁铁的持续通电时间进行限制，并且限制的范围可以通过参数的设定进行调整。如将抬压脚保护时间设定为 20s（即保护时间为 20s），那么当控制系统在对抬压脚电磁铁持续通电 20s 后，无论有无抬压脚信号的输入都会切断对电磁铁的通电，以达到保护电磁铁不因长时间通电过热而损坏的目的。

为了更有效地保护电磁铁，可将持续供电改成脉冲供电。其工作方式是当需要将抬压脚电磁铁吸合时，控制箱给电磁铁输出一定时间内的支流电压让其完成吸合过程，之后采用脉冲供电（即按一定时间比例），进行开通与关闭的高频输出。这样能大大减少电磁铁的发热量，从而进一步保护压脚电磁铁不因通电时间过长而损坏。

七、润滑系统

缝纫设备的润滑用器和润滑系统是根据机器的具体情况来定的。润滑用器的构造，有些非常简单，但是有些非常复杂。润滑用器和系统通常可分为人工润滑法、滴给润滑法、油绳润滑法、油瓶润滑法、飞溅润滑法、油浴润滑法、总干润滑法和循环润滑法，现将缝纫设备中最常见的几种润滑系统介绍如下。

1. 人工加油润滑

人工润滑法是最原始、最简单的润滑方法，是由一个油壶里的润滑油滴入油孔内或直接滴于摩擦面上，这种方法，在初滴入时，油量常常超过需要的数量，但在短时间又由于漏损，逐渐地感觉不够，所以需要经常不断加油，才能保证正常的润滑条件。

2. 油绳渗油润滑

油绳渗油润滑法借助毛细管作用，利用虹吸原理把油滴入油孔内或直接滴于摩擦面上，它是一种最简单的自动加油法。但它也有一定的缺点，黏度小时，滴下太多，造成油量过多和浪费；而黏度大时，则滴下困难，造成润滑困难。另外需定期清洗或更换油绳。

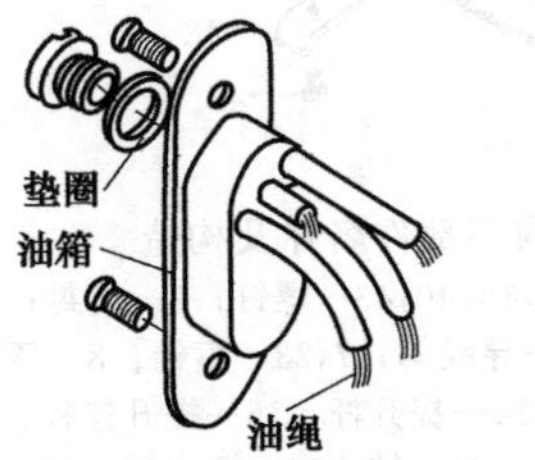

图 4-31　油绳润滑装置

图 4-31 是中速平缝机上一棉绳油箱，油箱是由油箱壳和 4 根油管以及油绳组成的，当油箱加满油后，油绳就吸取润滑油，通过油管的导引，油绳上的油被引入挑线连杆处、针杆连杆处和挑线杆处进行润滑。

3. 自动加油润滑系统

缝纫机正向着高精度、高速度、高效率等方向发展，其结果导致了缝纫机中相互摩擦部分所处的条件更加严酷，由于这种要求，润滑变得极为重要。高速平缝机的润滑系统都采用全自动润滑方式。

（1）自动加油润滑系统的组成　自动加油润滑系统一般是由油泵、油盘、油量调节阀和油路组成。油泵随缝纫工作而工作，它把润滑油输送到各个润滑部位，润滑后的油在重力作用下通过柱塞泵回流到油盘，再经过油泵循环使用。图 4-32 为 8700 型高速平缝机自动润滑系统。

叶片泵自动润滑系统是在缝纫机竖轴的下端装上叶片式回转体，竖轴旋转带动泵工作，

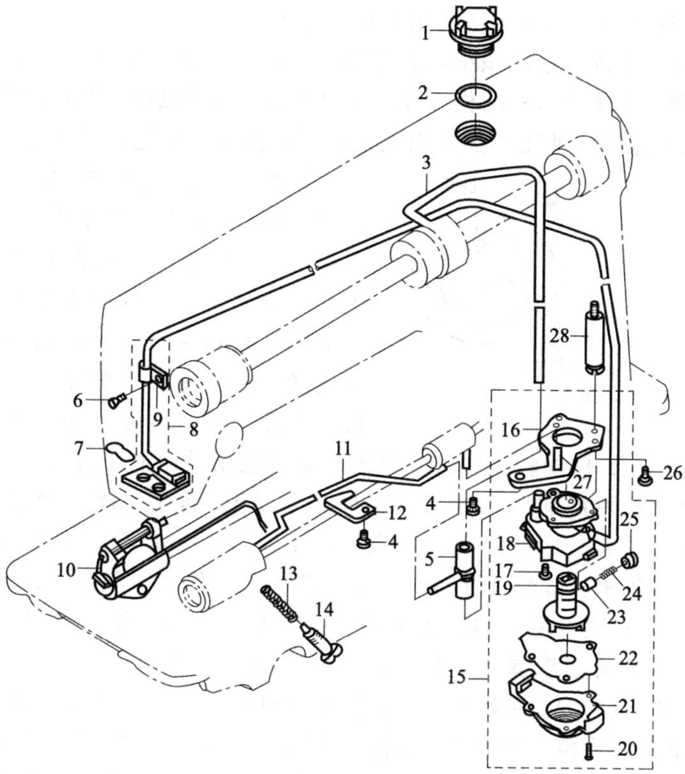

图 4-32 8700 型高速平缝机自动润滑系统

1—油窗；2—油窗 O 形圈；3—上轴供油管；4—油泵螺钉；5—供油管接头；6—回油管夹螺钉；7—回油毡夹；8—回油管部件；9—回油管夹；10—送料轴油线；11—旋梭供油管；12—旋梭供油管压板；13—旋梭油量调节簧；14—旋梭油量调节螺钉；15—油泵部件；16—油泵安装板；17—油泵安装螺钉；18—泵体；19—油泵叶轮；20—油泵盖螺钉；21—油泵盖；22—油泵叶轮托板；23—回油柱塞；24—柱塞簧；25—柱塞螺钉；26—螺柱螺钉；27—下轴供油管；28—油泵连接螺柱

油被抽出后用油管连接向上轴、下轴、旋梭方向供油，其供油路径如下。

上供油路径：泵体上轴油管上轴中轴套进入上轴内送料齿轮。

上轴后轴套、上轴中部出油口上下齿轮、上轴前轴套针杆曲柄针杆部分（面部飞溅）下供油路径：泵体→下供油管→下轴前套→下轴→旋梭。

(2) 油泵的种类　在缝纫机自动润滑系统中，常见的油泵有叶轮泵、柱塞泵、齿轮泵和离心泵等，其中以叶轮泵、柱塞泵应用最广。在 8700 型高速平缝机中，供油泵采用叶轮泵，回油泵采用柱塞泵，见图 4-32。在高速运转中，油泵叶轮上都有个偏心槽，与油泵体上的柱塞在弹簧的作用下，始终保持柱塞与叶轮上偏心槽吻合，当叶轮偏心槽转向一边时，槽内就会注满机油；当叶轮偏心槽转向另一边时，在弹簧与柱塞的作用下，把机油挤出油孔，随着机油被挤出，同时也形成了真空，当形成后的真空转到吸油孔时，又吸出了机头部多余的机油。

从以上分析可以看出，只要能形成真空，就能吸回多余的机油。如果没有形成真空，那真空的位置就会被挤出去，就会出现吸油孔不吸油，反而出现往外喷油的现象。

(3) 叶轮泵、柱塞泵工作原理

① 叶轮泵。高速转动的主轴，通过一对齿轮带动立轴高速运转，离心叶轮泵的叶轮悬浮于泵体里随立轴做高速旋转，在叶轮上的各点产生很大的空气流，使泵的出口和进口处产

生压差，将油从下进油口处吸入，从上出油口处排出。

② 柱塞泵。柱塞泵特点是体积小，制作装配方便，其工作原理如图 4-33 所示。轴上有一 6mm 宽的偏心槽，直径 6mm 的柱塞正好嵌入槽内，主轴旋转时柱塞即做轴向来回往复运动，从而不断减小进油区油压和加大出油区油压，促使油从进口处流进，从出口处流出。

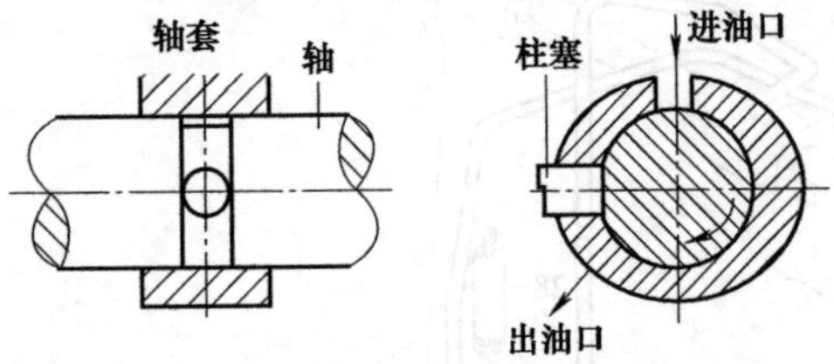

图 4-33　柱塞泵

通常，中、低速缝纫机（缝速不大于 3000r/min）常采用定时手工加油或涂抹一般润滑脂，并依靠摩擦表面的相对运动将润滑剂带进摩擦面之间，自行产生足够厚度的压力油膜来平衡外载负荷，此种润滑归属“动压润滑”。高速缝纫机（缝速一般均大于 4000r/min）则在机腔内部合适位置装有不同型式的油泵（如叶片泵、螺旋泵、齿轮泵、摆线转子和柱塞泵等）施行强制供回油，将具有一定压力的润滑油分离摩擦件，建立比较稳定的压力油膜，这种润滑属于“静压润滑”的范畴，该系统“缝速”越高，泵油压力越大。足量的润滑液供应，不仅可以改善运动中零件的摩擦，减少磨损，而且可以减振、防锈、散热、除污等，都会产生较好作用。但是，润滑油一旦“供大于回”，就容易产生不同程度的溢、漏、渗现象，造成对缝料的污染（常见造成缝料污染，以针杆、压脚杆下套处润滑油渗漏和旋梭、挑线杆处润滑油飞溅为最多）。为了解决“缝速”和“润滑”这对矛盾，缝纫机的无（微）油技术相继产生，“无油干式机头”“微量供油”“高滴点、高黏度润滑脂润滑”“固体润滑剂”“局部密封润滑”“高分子材料”“多元素复合镀”等新技术的采用，使缝纫机走上了无（微）油化。目前，缝纫机采用微油或无油润滑的方式有下列几种措施。

① 挑线连杆等部位用高精度含油密封滚动轴承替代常规条件下开放型滚动轴承，并在相关部位采用黏度、滴点、坠入度较高的膏状润滑脂做局部密封。

② 相对运动速度最高的旋梭等部位设置符合毛细管浸润原理，或者对内外梭导轨采用低摩擦、高粗糙度的多元素复合镀。

③ 对高速运动构件精工细做，不仅保证其几何精度、装配精度，而且采用多元共渗、低温氮化及其他高分子处理等新的表面处理工艺使承受高速摩擦的零部件表层能形成高粗糙度、高硬度、抗咬合性能很高的均匀、致密化合层。

④ 对盖板与机体、机体与油盘等静置结合面不仅保证较高的平面度，而且采用柔软又不易撕裂、压溃的复合材料做衬垫或密封环，以确保压紧状态下密封环、衬垫有均匀的变形。

⑤ 对外露旋转件、滑动件做局部的结构变更，增加必要的密封环、槽以及涂覆性能稳定的密封胶。

八、运动曲线

为了全面了解工业平缝机工作原理，弄清针杆、旋梭、挑线和送布机构的运动特点以及它们之间在时间上的配合情况，这里以 GC 型工业平缝机为例，介绍 GC 型工业平缝机的运动曲线图，如图 4-34 所示。

图 4-34 是以上轴 360°一转作为时间的坐标，以针尖的最高位置作周期的起点，以针尖下降后回到最高位置时为周期终点，以每转动 10°作为一个时间单位，对四个机构的运动作位移图。

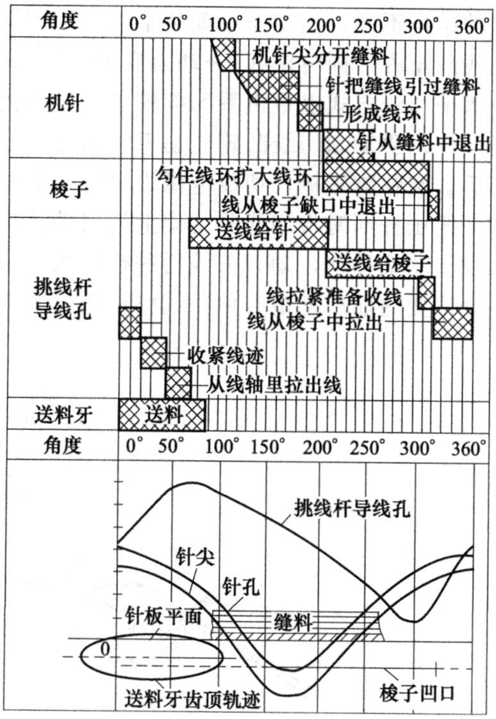

图 4-34　GC 型工业平缝机操作循环和运动曲线图

第一格是机针穿刺缝料和引线的作业循环，机针在 100°～110°间开始穿刺缝料，到 114°穿刺缝料结束，这是形成线迹的第一过程。这个过程占整个周期的时间，取决于针尖长短，针尖愈长，在循环里所占的时间就愈长。但这就减少了针尖最高位置距针板的距离，影响送布等其他机构的操作时间，因为送料牙的动作必须在机针的针尖脱离缝料及挑线杆将线圈从梭里拉出来以后开始，在挑线杆收紧线迹以后，针尖下降，还没有接触缝料之前结束。

机针在 114°～180°之间，把缝线引过缝料，从 180°起是由下极限位置上升，到 208°时，在机针的短槽一面生产线环。这个过程的长短，影响机针形成线环的大小，决定旋梭钩线的可靠性。为了保证旋梭顺利地钩入线环，需要将这个过程的时间放长一些。但是为了不使线环过大成扭曲形和减小旋梭的转动速度，这段时间也不要过长。

第二格是旋梭机构的操作周期，203°～312°间是钩住线环及扩大线环的阶段；312°～320°间是针从梭子缺口退出阶段。0°～180°是空行程。上轴转一转，旋梭转二转，在第二转时工作。

第三格是挑线机构的周期，挑线杆 70°起缓缓送线。在 70°～95°的区间里，挑线杆送线的作用有两个：第一个作用是满足送料牙将缝料向前送料时拉长的线段；第二个作用是放松缝线，使机针在穿缝料时不受力，使针刺入正确的位置上。95°～210°区域里，挑线杆下降送线，配合机针引线的需要。当梭尖进入线环，开始时是梭尖充填线环的空隙，到 210°才真正扩大线环，因此在 200°～305°的区域里，挑线杆送线需尽量满足梭子钩线的需要。在 305°后开始比较缓慢地上升，从 320°以后，挑线杆将急剧上升，同时把线环从梭子中拉出。收紧线迹发生在 20°～45°之间，45°～70°挑线杆继续上升，并在线圈里抽出恰好是消耗于形成下一个线迹长度的线。

第四格是送料牙的周期，在 0°～85°，为了比较好地收线迹，送料的进给时间尽可能迟一些，因此送布结束时是 85°。而机针开始刺料是在 95°，两者之间的间隔很小，由于加工的缝纫材料不同，在机针上形成同样大小线环的时间也不同。这就有必要在不同的情况下，调整梭架相对于机针的位置。由此，也要相应调整缝料进给的起始点。

九、自动剪线装置

在普通平缝机的缝纫结束后，缝纫操作人员一般会将线抽出一些，再用剪刀将底线和面线剪断。这种传统的操作模式必然会带来时间和材料上的浪费。因此自动剪线功能的加入成为缝纫机发展的必然趋势。如今的电脑缝纫机，自动剪线功能已经成为一种基本配置，并且其技术已经发展得较为完善，在极大地在保证剪线质量的同时提高剪线效率。

电脑平缝机采用的切线方式常见的有水平切线（平刀）和旋转切线（滚刀）两种方式，

它们的结构不同，但工作原理基本相同，即倒踩脚踏板→切线电磁铁吸合→动刀驱动部件进入切线凸轮内（同时松线）→动刀启动→动刀分线→动刀切线。

水平切线方式以重机系列电脑平缝机为代表。它的切线装置由切线电磁铁、驱动架、底线压线杆、驱动和切线凸轮、动刀、定刀与分线板组成，如图 4-35 所示。它的工作原理是：停车后，倒踩脚踏板，切线电磁铁得到一个电信号后吸合，带动切线曲柄连杆上的松线钢丝绳和底线压杆同时将切线驱动架上的启动滚珠推入切线凸轮槽，随着下轴转动，切线凸轮带着切线驱动架移动，动刀分线后进行切线。该切线装置结构稳定，动、定刀位置的前后，底线压杆位置的前后都留有单独调整滑槽，调整起来十分方便。

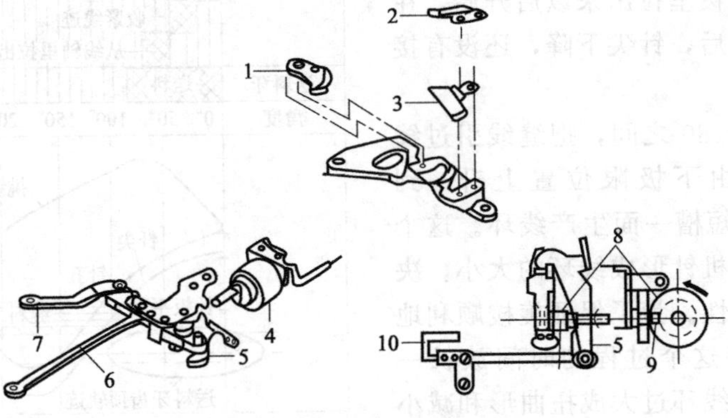

图 4-35 水平切线装置

1—动刀；2—定刀；3—分线板；4—切线电磁铁；5—驱动架；6—底线压线杆；7—切线连杆；8—切线凸轮；9—启动滚珠；10—底线压线杆

旋转切线方式以兄弟系列电脑平缝机为代表，采用圆滚刀切线，如图 4-36 所示。它的切线装置由切线电磁铁驱动机构（切线曲柄、轴、组件、凸轮）、连杆机构（切线驱动曲柄、压片、连杆）、动刀和定刀组成。其工作原理是：倒踩脚踏板，切线电磁铁得到一个电信号后，推动驱动轴上的曲柄组件上的滚珠，进入切线凸轮内，做圆周移动，动刀驱动曲柄带动刀架做旋转切线。旋转切线方式的装置结构简单、直观，没有留下调节空间。

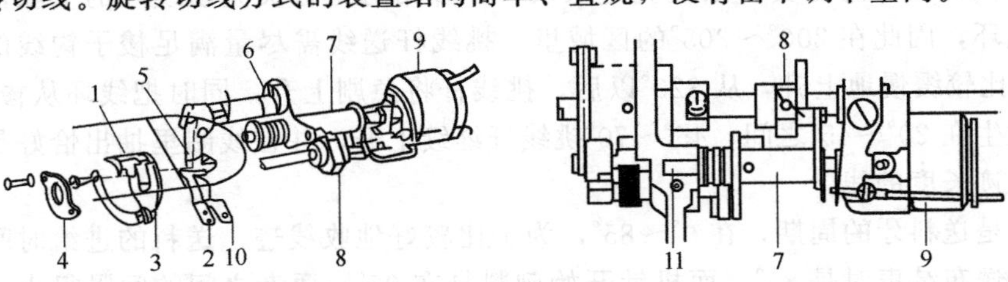

图 4-36 旋转切线装置

1—动刀；2—定刀；3—刀架；4—压板；5—动刀驱动；6—动刀曲柄；7—动刀驱动曲柄；8—切线凸轮；9—电磁铁；10—分线板；11—动刀驱动组件

上述两种剪线方式的结构虽然不同，但是控制系统对其驱动方式如出一辙，都是凸轮通过电磁铁的配合，将刀片拉开进行剪线工作。图 4-37 为剪线工作的简易示图。

如图 4-37（a）所示，在控制系统收到踏板传感器的剪线需要信号时，控制系统会在适当的时候驱动剪线电磁铁吸合（如图中所示，电磁铁向下运动），在剪线凸轮继续运动的作用下，轨道开始顶销时，连杆会拉动动刀开始运动。由于剪线凸轮和旋梭是同步运动的，所

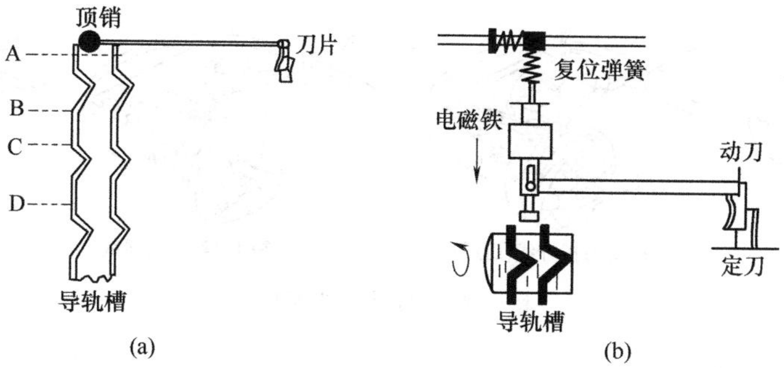

图 4-37 剪线工作的简易示图

以，在手轮旋转一圈时，剪线凸轮会旋转两圈。由于凸轮的轨道特性，一般剪线电磁铁吸合应该在剪线凸轮运动的后一圈完成（转动手轮从上停针位位置重新运行到上停针位位置的过程内）。

剪线的具体过程如图 4-37（b）所示。当凸轮运行到图中位置后继续转动，此时将剪线电磁铁吸合，即可将顶销杆打入凸轮的轨道槽中，在凸轮的继续转动的作用下，顶销将会被向右推动，连杆此时也会带动动刀片同步进行运动以完成剪线功能。

由于剪线凸轮的运动一直是循环工作的，所以将轨道展开进行示意。在图 4-37（b）中从 A 到 D 示意为手轮由上停针位转动到上停针位一圈时，剪线凸轮轨道的运动轨迹，轨道相对于顶处于向上运动状态。

在控制箱进行剪线控制的时候，需要完成三个过程。

第一是电磁铁的吸合过程，即顶销打入凸轮的过程，必须在 B 到 C 的过程中吸合，吸早吸晚了顶销都打不进槽内。

第二是电动机负载的加力过程。由于将动刀拉开时，电动机驱动缝纫机主轴转动的负载会突然增大，为了保证剪线过程平稳进行，需要电动机在转动到 C 位置时，开始加大转动力。

第三是电磁铁的释放过程。当动刀达到其剪线所需要的行程后，可以将电磁铁释放，此时动刀会在其复位弹簧的作用下拉回，完成剪线动作。

对这三个动作的控制主要是通过对三个参数的设置来进行调整的（吸合位置、加力位置以及释放位置，一般是以上停针位作为零度位置进行计算的）。此外，在某些厚料缝纫机上，其剪刀的剪线动作，依靠复位弹簧的拉力不足以剪断线，此时就需要靠凸轮轨道的作用让其进行剪线。因此，在这种情况下，一般将电磁铁的释放位置都设置在完成凸轮轨道恢复到正常位置后，如在位置 D 时释放电磁铁。

自动剪线装置是由电磁阀拉动一个从动杆，从动杆接触控制凸轮，启动剪线机构，剪切型的剪线刀就利落地将缝线切断。需要剪线时，用脚踩动踏板，剪线机构便开始工作。缝纫机自动把针杆从针下位提起到针上位，而且到达预定点时，安装在针板下的分线板就开始工作。分线板同时抓住针线和梭芯线，把两根线拉到固定的剪线刀里，像剪子一样将线剪断。

自动剪线主要由以下四个动作组成，如图 4-38 所示。当机针缝至最后一个线迹，到达最低位置时，梭尖钩住面线，如图 4-38（a）所示；安装在梭子附近的动刀装置产生后退动作，如图 4-38（b）所示；动刀头钩住底面线，当机针开始上升后拉出缝线，动刀向前运动，如图 4-38（c）所示；然后，产生剪线动作，如图 4-38（d）所示。

自动剪线装置剪线过程的动作大致按照下列顺序进行：

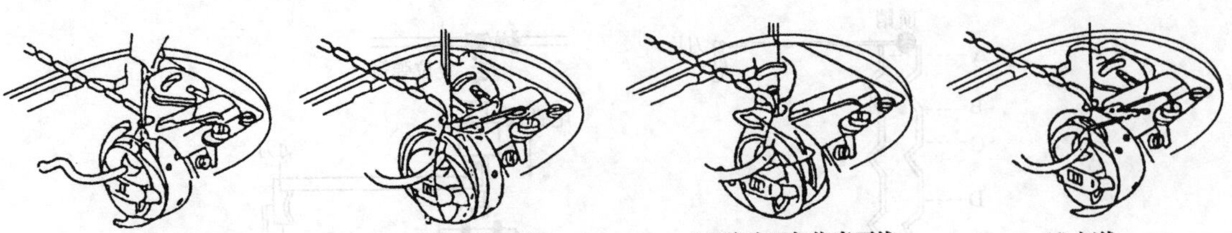

(a) 梭尖勾住面线　(b) 移动刀拨开线(后退)　(c) 移动刀勾住底面线　(d) 切线

图 4-38　自动剪线原理

① 打开电源开关 ON；

② 机针上升运动，向前踩下踏板；

③ 后缝时的回针动作，然后由低速向高速运转；

④ 松开踏板，使其处于中间位置，经缝纫机检测后，针处下停针位；

⑤ 向后倒踩踏板，进行缝纫结束时的回针动作；

⑥ 此时，切线电磁线圈进入工作状态，缝纫机机体内的凸轮啮合，梭子内的底面线松线，在缝纫机运转状态下，机针开始由最低位置向上运动；

⑦ 切刀钩住缝线，并进行剪线动作；

⑧ 剪线动作结束后，机内出现上停针位信号，切线电磁线圈进入关闭状态；

⑨ 底面线松线动作结束，凸轮与滚柱脱开，缝纫机停机，机针处在上停针位（注意：这一顺序是以自动倒缝开关在后缝回针 ON、终缝回针 ON 接通状态下为前提的）。

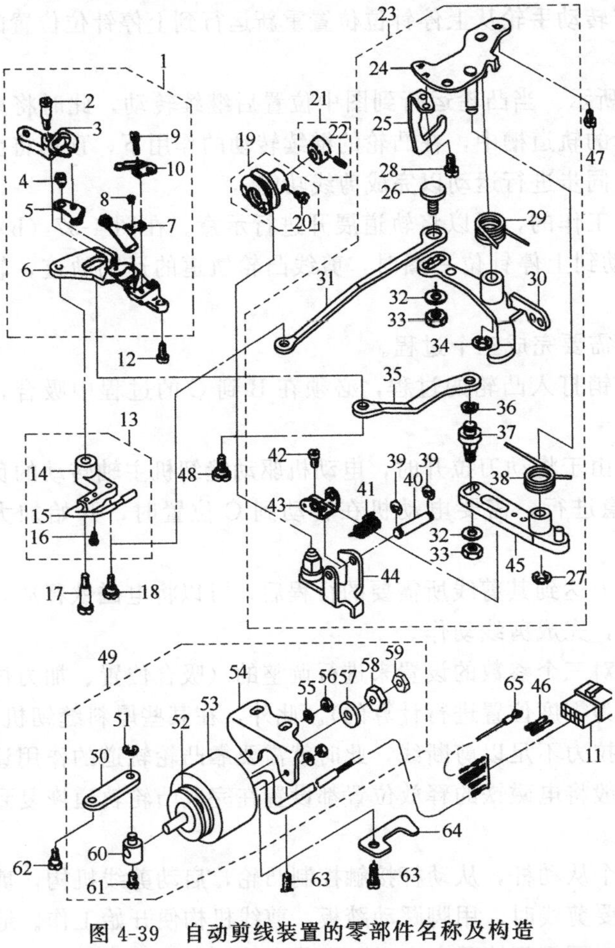

图 4-39　自动剪线装置的零部件名称及构造

1—切刀组件；2—动刀销；3—动刀摆动臂；4—动刀螺钉；5—动刀；6—切刀拦线板；7—导线；8,9,12,16,20,22,28,42,47,61～63—螺钉；10—定刀；11—端子接头；13—压线钩组件；14—压杆座；15—底线压杆；17,18,48—螺栓；19—剪线凸轮；21—凸轮定位环；23—切刀驱动组件；24—基座；25—安全护钩；26—连杆销；27,34,36,39,51—E形扣环；29,38,41—弹簧；30—摆动臂；31—连杆；32,55,57—垫圈；33,56,58,59—螺母；35—动刀连杆；37—动刀连杆销；40—轴；43—弹簧座；44—滚子座；45—切刀驱动臂；46—端子；49—电磁线圈组件；50—拉杆；52—缓冲垫；53—电磁线圈；54—电磁线圈基座；60—销；64—线夹；65—地线

87007 型电脑平缝机自动剪线装置的零部件名称及构造如图 4-39所示。

滚刀剪线装置的动作顺序如下：

① 高速时的状态。高速时状态如图 4-40 所示。由于切线凸轮曲柄组件被切线凸轮复位簧推向切线电磁铁一侧，使切线凸轮曲

柄组件与切线凸轮脱开，因此，刀架也就不动作。

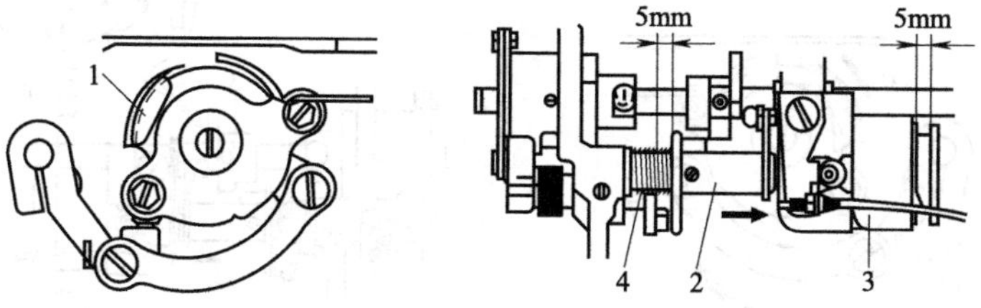

图 4-40 高速时的状态

1—刀架；2—切线凸轮曲柄组件；3—切线电磁铁；4—切线凸轮复位簧

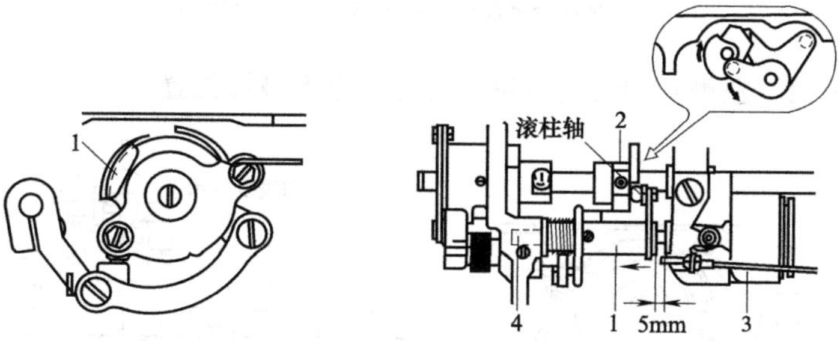

图 4-41 剪线信号输入状态

1—切线凸轮曲柄组件；2—切线凸轮；3—切线电磁铁；4—切线驱动轴

② 剪线信号输入状态。剪线信号输入状态如图 4-41 所示。当倒踩踏板，剪线信号输入后，切线电磁铁动作，推动切线驱动轴，使固定于切刀驱动轴上的切线凸轮曲柄组件的滚柱轴（右侧）在切线凸轮上做圆周移动。

③ 刀架的摇动。刀架的摇动如图 4-42 所示。随着下轴旋转，切线凸轮将滚柱轴（右侧）推上后，通过切线凸轮曲柄组件带动切刀驱动曲柄轴；通过装在切刀驱动曲柄轴上的切刀驱动曲柄带动刀轴连杆及刀架运动；装在刀架上的动刀，按箭头方向转动，并与固定刀啮合。

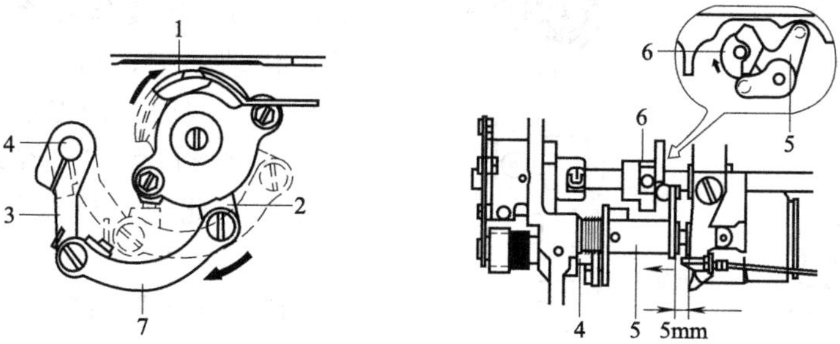

图 4-42 刀架的摇动

1—动刀；2—刀架；3—切刀驱动曲柄；4—切刀驱动曲柄轴；

5—切线凸轮曲柄组件；6—切线凸轮；7—刀轴连杆

④ 剪线完成。剪线完成状态如图 4-43 所示。剪线信号停止后，切线电磁铁退回，通过切线凸轮复位簧推动切线凸轮曲柄组件，使组件上的滚柱轴从切线凸轮上脱开，通过弹簧，使刀轴连杆及刀架按箭头方向返回原位。

⑤ 剪线安全装置。剪线安全装置如图 4-44 所示。在动刀不返回原位时，用切线凸轮曲

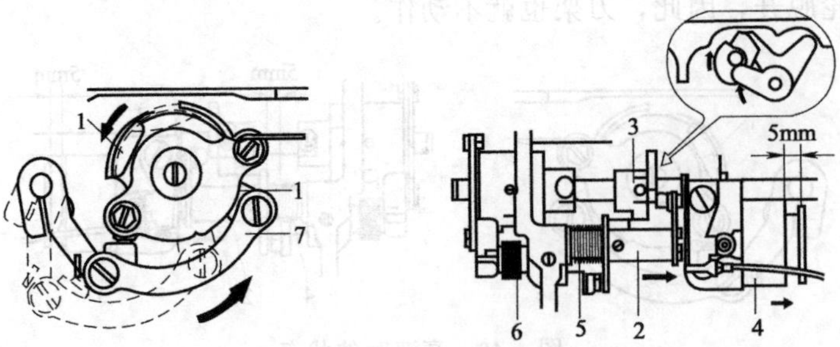

图 4-43 剪线完成状态

1—刀架；2—切线凸轮曲柄组件；3—切线凸轮；4—切线电磁铁；
5—切线凸轮复位簧；6—弹簧；7—刀轴连杆

柄组件的切线复位销（左侧）和切线凸轮将动刀退至不碰针位置。

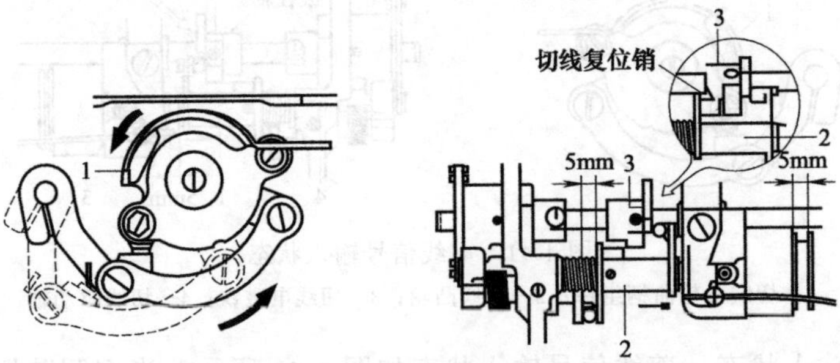

图 4-44 剪线安全装置

1—动刀；2—切线凸轮曲柄组件；3—切线凸轮

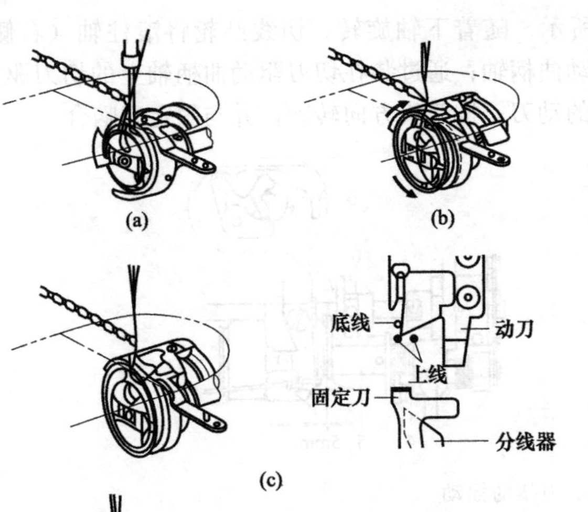

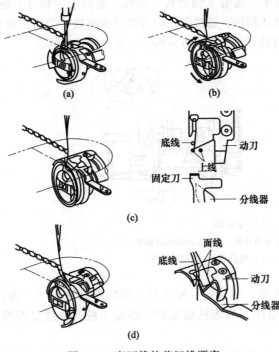

图 4-45 底面线的剪切线顺序

底面线的剪切线顺序如图 4-45 所示。机针从最下点上升 1.8mm（厚料规格为 2.2mm），旋梭尖端钩住机针线环，见图 4-45（a）；切线信号输入，通过切线凸轮，移动动刀，面线随旋梭环绕一周，见图 4-45（b）；动刀前端插入旋梭尖端针板下侧形成的三角线环内，分线器上下分线，此时，挑线杆从最下点上升（上轴旋转 330°左右），其面线由切刀按图4-45（c)分线（同步如果过快，会影响切刀分线，进而发生切线失误等）；被动刀带住的底面线，随着被分线器渐渐张开后在固定刀前端被切断，见图 4-45（d)，此时的挑线杆约达到最上点。刀将线扩开时，为避免面线拉断，在松线的作用下，面线被平衡抽出，以保证底面切线后的留量，因切线留量的长短，将直接影响下次起缝时的线迹。

十、缝针定位装置

缝针定位装置由检测磁铁、非接触开关、印制板电路等组成针位同步检测器，同步检测器转子随检测磁块一同旋转，发出信号由定子传到控制电路，产生出上位置信号或下位置信号和速度检测信号，送入电路，前者完成确定位置停车，后者作为速度控制的给定信号。

同步检测器位于机尾部分，与缝纫机上轴直接连接，用于检测轴的位置和停针位置，将输入信号传递到PSC控制器内的主基板，其结构相当紧凑，加工精度和安装精度（定转子间隙仅0.5mm）等要求相当高，是机电一体化的典型装置。

当同步检测器出现故障时，或者不能检测上下停针位的情况下，安全电路进入工作状态，或者高速旋转出现失控等现象时，应按照下列顺序调换同步检测器：

① 如图4-46所示，取下皮带罩，松开带轮定位螺钉后，取出皮带轮。

② 取下电源软线定位螺钉和定子安装架螺钉（两只），然后取出定子。

③ 用紧固螺钉，将新换上的定子固定住。

④ 由于定子安装架是塑料制成的，因此，安装时紧固螺钉的转矩应控制在规定范围内。

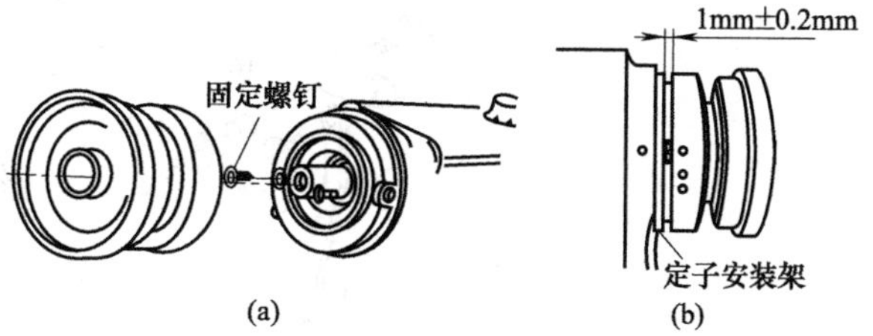

图4-46 同步检测器的调换方法

⑤ 旋紧电源软线紧固螺钉。

⑥ 安装带轮时，必须使第一螺钉碰到上轴的平面，而且还应当如图4-46（b）所示，其左右位置在定子安装架的凸边与上轮端面之间的距离调节在1mm±0.2mm的位置上。

⑦ 用手试转带轮，检查一下是否有碰擦的现象。

⑧ 配上软线，再挂上V带，检查V带不应当与软线相碰。

⑨ 使缝纫机停在下位，再接通电源开关，缝纫机运转至上停针位。此时若停位偏差太大，应检查一下带轮的定位螺钉位置是否正确。

⑩ 使缝纫机低速运转，检查有无摩擦声。在装上V带罩子后，再检查一次有无摩擦声。用带轮的磁铁安装架定位螺钉调节上下停针位位置。

十一、自动拨线装置

在缝纫过程中，为了提高线迹的美观性，在剪线工作完成后，将线头钩出，这种自动功能就是由自动拨线（扫线）装置完成的，拨线装置最主要的动作部分就是拨线电磁铁。控制系统在进行自动拨线控制时，只需要在剪线完成后，将直流电压加在拨线电磁铁上并持续一段时间，让其完成拨线动作即可。

自动拨线装置需要注意两方面问题。第一，拨线通电时间（HD中的拨线维持时间）：由于拨线电磁铁的工作时间比较短，所以控制其工作并不复杂。通电时间决定了拨线电磁铁的动作行程和持续时间，即通电时间越长、动作行程越大，持续时间也越长。对通电时间的要求只要是拨线钩能够通过机针针尖即可。第二，上停针位调整：在上停针位时，必须保证拨线钩不能与针尖相碰撞，而又尽量缩小拨线钩在运动到针尖下方时与针尖的距离，以保证拨线的稳定性。

自动拨线装置的功能是：根据来自PSC控制器输出的拨线信号，在剪线动作结束后将面线从缝料上拨向外侧。

拨线机构由拨线杆、控制臂、连杆、电磁线圈等组成，其零部件名称及构造如图 4-47 所示。

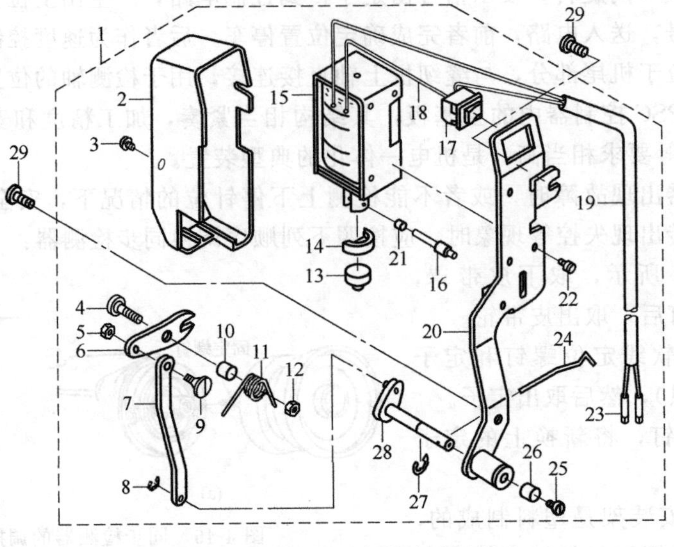

图 4-47 拨线机构零部件名称及构造

1—拨线组件；2—护盖；3,22,25,29—螺钉；4,9—螺栓；5,12—螺母；6—连杆 A；7—连杆 B；8,27—E 形扣环；10,21,26—定位环；11—弹簧；13—缓冲垫 A；14—缓冲垫 B；15—电磁线圈；16—销；17—开关；18—开关线；19—二芯电缆；20—电磁线圈座；23—端子；24—拨线杆；28—拨线杆座

拨线器的位置调整应根据缝料的不同厚度进行相应的调节。在一般情况下，应当按照下列顺序调整，如图 4-48 所示。

① 先正向转动上轴，将上轮的白色刻点对准机壳上的红色刻点，如图 4-48（a）所示。

② 将拨线杆插入拨线轴内，并将拨线杆前端调到针尖下端 2mm 处。此时，拨线杆的平面与机针的针中心线之间的距离应为 1mm，如图 4-48（b）所示。

③ 旋紧调节螺钉，将拨线套环顶靠在拨线杆上。

调整时，切勿将拨线电磁线圈定位螺钉松开。在不使用拨线装置时，应将拨线器杠杆式开关关闭，如图 4-49 所示。

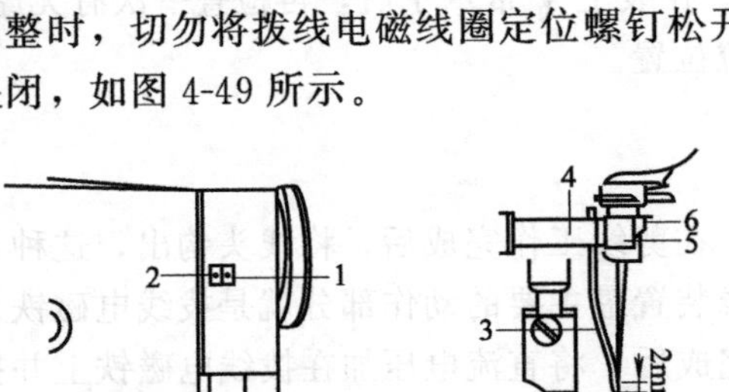

图 4-48 拨线器的调整

1—白色刻点；2—红色刻点；3—拨线杆；4—拨线轴；5—拨线套环；6—螺钉

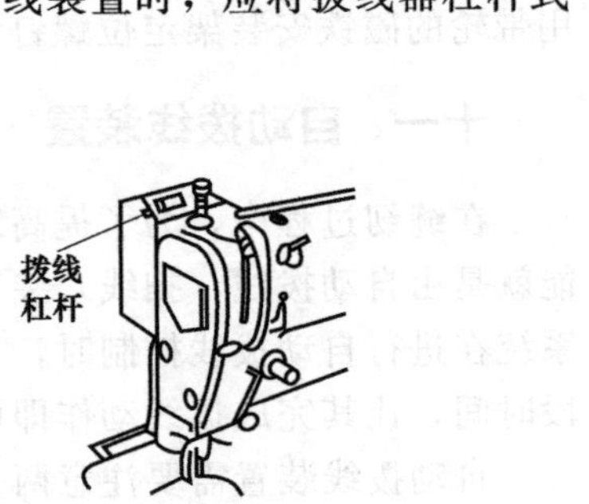

图 4-49 拨线器杠杆式开关

C201 型电脑平缝机拨线装置如图 4-50 所示。其工作原理是：切线后，拨线信号输入，拨线电磁铁动作，拨线连杆提升，使装在拨线连杆前端的拨线摆动轴组件动作，使装在拨线摆动轴组件上的拨线钩动作；拨线信号停止后，在拨线弹簧的作用下，拨线电磁铁复位。

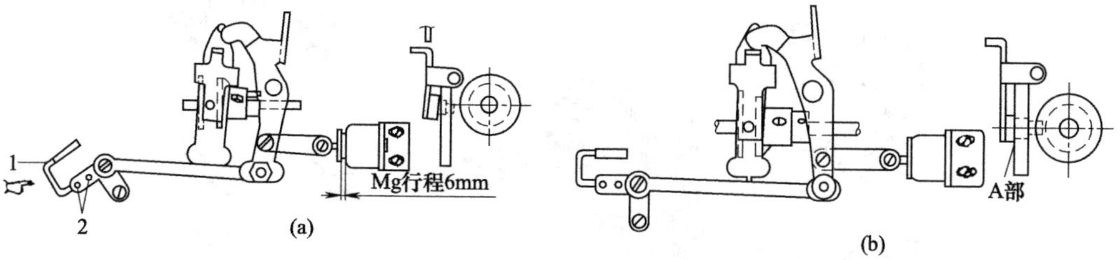

图 4-50 C201 型电脑平缝机的拨线装置

1—拨线摆动轴组件；2—拨线钩

十二、自动倒缝及自动加固缝装置

在普通平缝机上，倒缝是通过倒缝扳手来实现的。自动倒缝功能只是通过在倒缝机构上加装电磁铁，形式上可以认为只是在倒缝扳手上装了电磁铁去拉动它，然后控制系统对电磁铁输出工作电压来实现倒缝的。

自动倒缝以及自动加固缝装置由开关组件、自动倒送料电磁铁、送料连杆顶簧、送料连杆、倒送料曲柄、倒送料拉杆等组成，87007 型自动倒缝装置的零部件名称及构造如图 4-51 所示。

C201 型电脑平缝机的倒缝装置如图 4-52 所示。其工作原理是：当按下按钮后，倒缝电磁铁开始动作，通过电磁铁拨叉使倒缝扳手轴运动；通过装在倒缝扳手轴上的针距调节连杆曲柄及相连的针距连杆配件，来改变针距调节曲柄的倾斜；随着针距调节曲柄的倾斜改变，其曲柄长连杆、送布曲柄的运动，由顺缝变为倒缝；当压下倒缝扳手时，与上述动作相同。

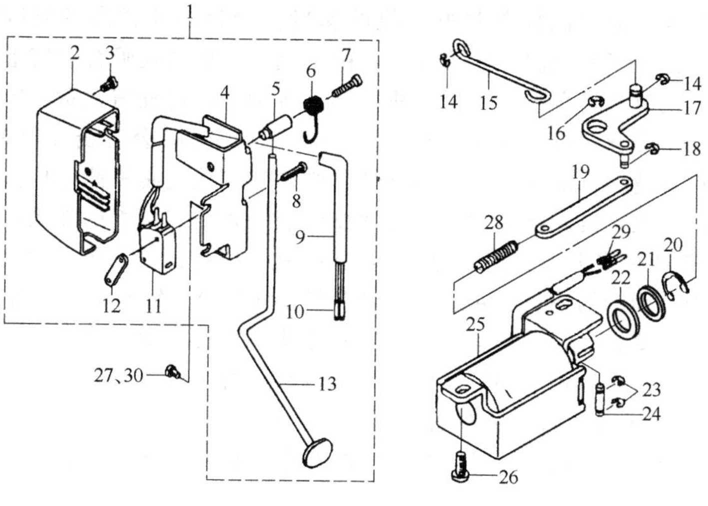

图 4-51 自动倒缝装置零部件名称及构造

1—开关组件；2—开关罩壳；3,7—M4 螺钉；4—开关支承架；5—开关主动杆销；6—复位弹簧；8—M3 螺钉；9—电线；10—电线插针；11—开关；12—开关压板；13—开关主动杆；14,16,18,20,23—开口挡圈；15—自动倒送料拉杆；17—自动倒送料曲柄；19—自动倒送料连杆；21—垫片；22—橡皮垫片；24—连杆销；25—自动倒送料电磁铁；26,27,30—螺钉；28—自动倒送料连杆顶簧；29—电线插针

在以上基础的前提下，可以通过对倒缝电磁铁的自动控制来实现人为无法完成的高速加固缝。图 4-53 为前加固缝的针迹示意图。

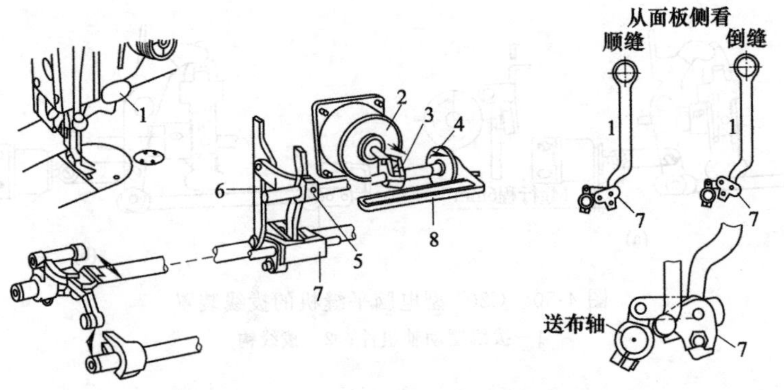

图 4-52　C201 型电脑平缝机的倒缝装置

1—按钮；2—倒缝电磁铁；3—电磁铁拨叉；4—倒缝扳手轴；5—针距调节连杆曲柄；6—针距连杆配件；7—针距调节曲柄；8—倒缝扳手

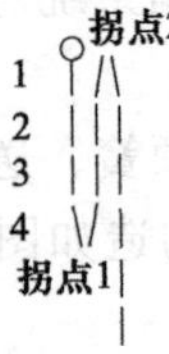

图 4-53　前加固缝的针迹示意图

现实中针迹应该重叠成一条线，在这里为了便于介绍，将针迹分开来说。图中圆圈表示起缝点，数字“1”“2”表示第一针、第二针，依次类推。图中表示的是前加固缝时，将固缝针数设定为 4 针时的情况。

在上述前加固缝的模式中，缝纫机的工作应该是先起缝，顺缝 4 针，然后倒缝 4 针，再继续往下顺缝。因此，控制系统对缝纫机的逻辑控制应该是先驱动缝纫机转动 4 圈后，开启倒缝电磁铁，再转 4 圈，然后松开倒缝电磁铁，再继续往下缝纫（由于倒缝电磁铁在机械上有复位能力，所以控制系统只需切断对倒缝电磁铁的供电即可）。

在短暂的加固缝过程中，控制系统要保持线迹的吻合来实现缝制的美观性，就要求控制系统对倒缝电磁铁吸合时间的控制和电动机的速度控制达到非常高的精度。在图 4-53 中，拐点 1 和拐点 2 部分无疑是控制上的关键点，由于倒缝电磁铁在吸合速度上较用手动扳手有很大的速度优势，同时又具有吸合行程，所以其从吸到合的过程需耗费一定的时间。虽然这个时间相当短暂，但当缝纫机在高速旋转过程中时，这点时间会对线迹带来非常大的影响，所以控制系统要保证缝纫机能缝出吻合的针迹就必须让倒缝电磁铁能够根据不同的缝纫速度提前吸合以及提前释放，再配合在拐点处对速度的控制来完成精美的加固缝。

在图 4-53 的缝纫模式中，要完成拐点 1，就必须让缝纫机缝完第 4 针前完成倒缝电磁铁的吸合过程（更为准确的描述是：倒缝电磁铁需要在缝纫第 4 针时，送料牙运动到针板下方后开始吸合，并且需要在送料牙重新运动到回针板上方即第 6 针开始前完成吸合过程）。在自动倒缝控制系统中，将这种时间控制即吸合提前时间称为针迹补偿。如说明书的参数“前固缝针迹补偿 1”，其代表的意义是在前加固缝中，拐点 1 的缝纫过程中，电磁铁开通的提前时间；而“前固缝针迹补偿 2”，其代表的意义是在前加固缝中，拐点 2 的缝纫过程中，电磁铁释放的提前时间。

第三节　工业平缝机的使用与维护

一、工业平缝机的使用

1. 空机操作与走合

工业平缝机由电动机提供动力，通过脚踏板控制离合器而达到控制平缝机的启动、制动及转速的大小。由于离合器的传动很灵敏，平缝机启、停及转速的大小完全与踏动踏板力的大小有关，踏动踏板的力越大，机器的转速越大，反之转速越小。因此，空机练习时主要体会脚下用力的大小与机器转速大小间的关系，直到控制自如，然后练习控制缝纫走向。由于工业平缝机的转速较高，相对来说，缝纫走向较难控制，练习时可从慢到快，从直线到转角逐步练习。由于电动机转向已调好，因此不必担心出现反转问题。新的工业平缝机使用时还有一个走合问题。所谓走合，就是经过一定时间的运转，使具有相对运动的零件配合更加吻合。因此，新机器开始使用时转速不宜太高，一般不超过机器最大速度的 4/5，如机器的最高速度为 3000 针/min，则走合阶段的速度应不超过 2400 针/min。经过一定时间走合后，才可根据不同的条件逐步提高缝纫速度。

2. 穿引面线、绕底及机针安装

（1）平缝机穿引面线和绕底线及机针安装　如表 4-4 所示。

（2）针、线和缝料的配合关系　针、线和缝料能否合理配合，将直接影响缝纫的质量。通常是根据缝料的厚薄、颜色、质地等因素来选用合适的针和线（表 4-5）。

表 4-4　平缝机穿引面线和绕底线及机针安装

项　　目	图　　示	操作内容
取梭芯和绕梭芯线	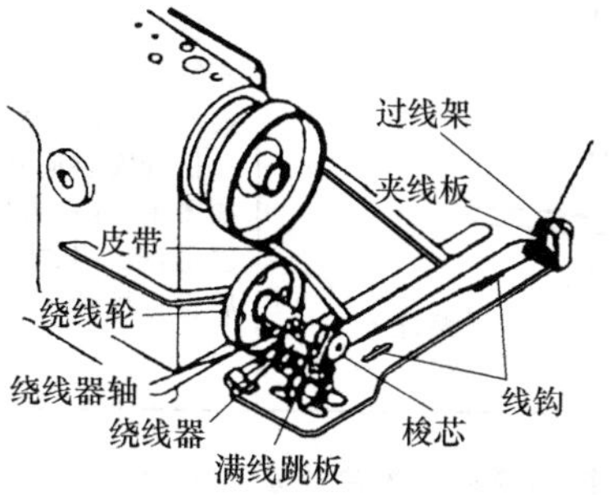	在取梭芯时，先转动上轮，使针杆升到最高位，然后拉开推板，并拔起梭芯套上的梭门盖，向外拉出。取出梭芯套后，即可将梭芯从梭芯套中倒出 绕梭芯线是在绕线器上进行，把梭芯插在绕线器轴上，自线团来的线先穿入过线架的线孔，再穿入夹线板，然后把线头在梭芯上绕几圈，把满线跳板向下按下，绕线轮即压向皮带，在缝纫过程中，就能带动绕线，梭芯绕满线后自动跳开而停止绕线。梭芯线不能过满，一般小于梭芯外径 0.5～1mm，由满线跳板螺钉调节 梭芯线应排列整齐而紧密，如松浮不紧，可加大夹线板压力；如排列不齐，则移动过线架调整
将梭芯及梭芯套装入梭床	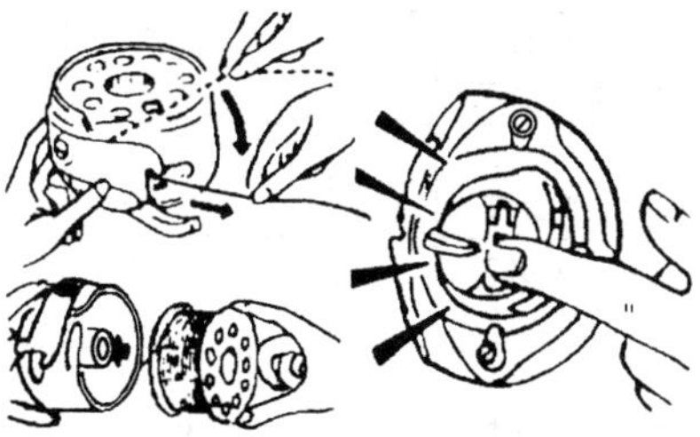	梭芯装入梭芯套时应拉出线头，并注意方向。将线头嵌入梭芯套的缺口内，滑过梭皮底，从梭皮叉口处拉出。再转动上轮，机针升至最高位，拉开推板，扳开梭门盖，将梭芯套套在摆梭的中心轴上，推到底，使梭柄向上并嵌入梭床的定位槽内，梭门应卡在摆梭中心轴的槽口内把梭芯套锁住
穿面线和引底线	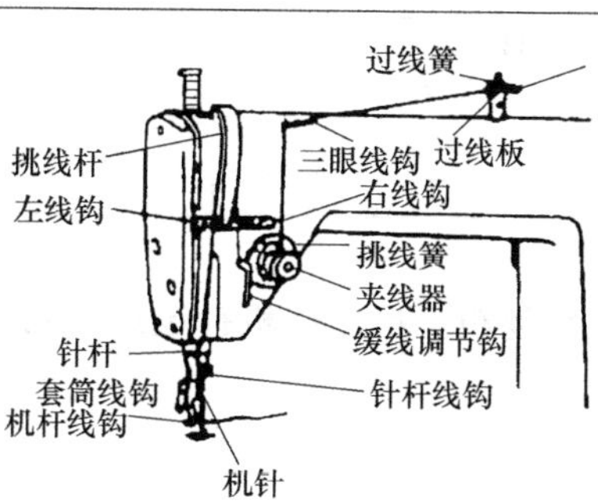	面线先穿入顶部过线板的右孔，经过线簧，再从过线板左孔引出，经三眼线钩的 3 个线眼，向下套入夹线器，钩入挑线簧，绕过缓线调节钩，向上钩进右线钩，穿过挑线杆的线孔，向下钩进左线钩、针杆套筒线钩、针杆线钩，最后将缝线从左向右穿过机针的针孔，并引出 100mm 左右的线备用 引底线时，左手捏住线头，转动上轮使针杆向下运动，并回升到最高位，然后拉起面线线头，底线即被引出，最后将底面线头一起压在压脚下面

续表

<table>
<tr><th>项　目</th><th>图　示</th><th>操 作 内 容</th></tr>
<tr><td>旋梭的拆卸和安装</td><td>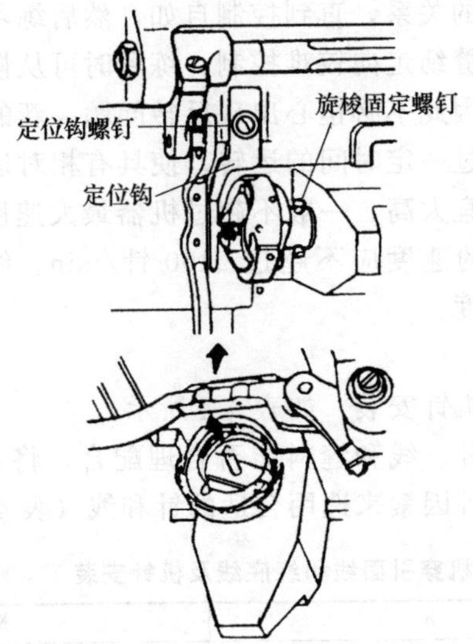
</td><td>拆卸旋梭时先转动上轮，将针杆升到最高位，拆下针板，取下机针和梭子
如上图所示，旋开旋梭定位钩螺钉，将定位钩取下，再旋松旋梭的 3 个固定螺钉，按下图所示转动上轮并使牙架上升到最高位，然后扭转旋梭，如下图所示位置，即能将旋梭取下
安装旋梭时，只要按上述操作的相反过程即可</td></tr>
<tr><td>机针检查和安装</td><td>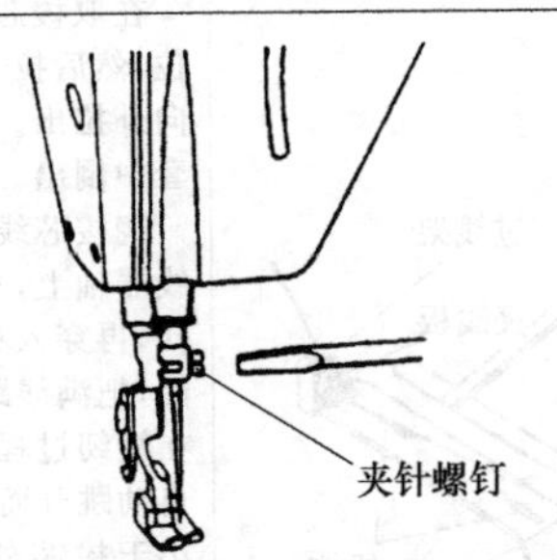
</td><td>机针检查主要查机针弯曲，针尖磨秃、弯尖和针孔毛刺等，机针应校直、磨锋利后使用，磨损严重的则更换新机针
机针安装应转动上轮，针杆上升到最高位，如图示，旋松夹针螺钉，将针柄插入针孔内并顶足，机针长槽应朝左边，再旋紧夹针螺钉，然后检查机针是否在针板孔中间</td></tr>
</table>

表 4-5　针、线和缝料的配合关系（工业用）

机针号码		缝线(tex)				针孔宽度/mm	针槽深度/mm	缝　料
公制	英制	棉线	丝棉	尼龙线	直径/mm			
55 60	7 8	10～7.692 (100～130 公支)	7.143～6.25 (140～160 公支)	12.5～10 (80～100 公支)	0.15	0.22 0.23	0.24 0.25	电力纺绸、尼龙和极薄料
65 70	9 10	14.286～12.5 (70～80 公支)	10～8.333 (100～120 公支)	16.667～12.5 (60～80 公支)	0.20	0.24 0.25	0.27 0.30	薄绸、绉纱、乔其纱缎、翼蝉纱
75 80	11 12	20～16.667 (50～60 公支)	12.5～10 (80～100 公支)	20～16.667 (50～60 公支)	0.24	0.26 0.28	0.34 0.34	普通绸、薄布、府绸、普通毛织物
85 90	13 14	27.778～25 (36～40 公支)	16.667～14.286 (60～70 公支)	25～20 (40～50 公支)	0.30	0.30 0.32	0.40 0.42	平布、一般棉布毛线物
100	16	33.333～27.778 (30～36 公支)	20～16.667 (50～60 公支)	33.333～25 (30～40 公支)	0.32	0.36	0.45	厚毛布、厚毛织物防雨布
110	18	41.667～33.333 (24～30 公支)	22.222～20 (45～50 公支)	50～33.333 (20～30 公支)	0.35	0.41	0.50	纳缝过的料、薄帆布

注：1tex＝1g/km。

表 4-5 中机针号码数字越大表示机针越粗，反之则机针越细。线的线密度数字越大表示线越粗，反之则线越细。

3. 平缝机的使用

（1）工业平缝机的倒、顺缝　工业平缝机工作时绝大多数的线缝是顺缝。工业平缝机一般都有倒向送料控制机构，需要倒向送料时，如图 4-54 所示，只要将倒送扳手向下按压至虚线位置，即能进行倒送。放松后，倒缝扳手自动复位，这时又恢复顺向送料。

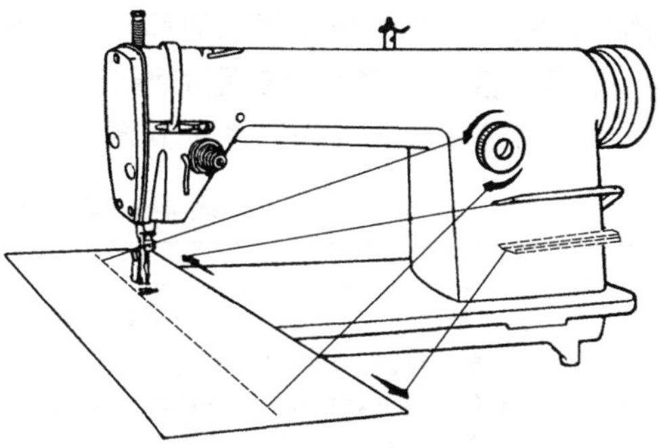
图 4-54　工业缝纫机倒向送料

（2）换缝料　当一条线缝缝完后，将缝料稍向前推一下，续上另一块缝料继续缝纫，缝一定的针迹后，再把缝完的缝料剪下。这样既可节约缝线，又可提高缝纫速度。

在缝纫光滑缝料时，虽将两层缝料剪得一样长，但缝完后可能会出现上层比下层长出一段的情况。这主要是上下两层缝料比较光滑，摩擦力小，在缝纫中受力不均造成的。为了避免这种现象，缝纫时通常右手轻按下层缝料，左手顺势向前推送上层缝料。

（3）平缝机附件的使用方法

① 卷边压脚的使用方法。先转动上轮，使针杆升至最高位置，抬起压脚并卸下平缝压脚换上卷边压脚，如图 4-55（a）所示，调整卷边压脚，使机针在其缺口的中间并且与压脚卷舌的舌尖相对应，避免出现缝边太宽或缝不住卷边的现象。如图 4-55（b）所示，将缝料毛边的始端叠成约 4mm 宽的卷边，把卷边向前套入卷边压脚的舌尖，开动机器，然后如图 4-55（c)所示左手轻拉，右手将缝料卷成圆弧状送入。卷布边的右手在缝料向前移动时，注意不要左右移动，要对准机针，以防止卷边、打褶的宽窄不一。如要缝连续花边时，只要把花边放在卷边压脚的缺口内，如图 4-55（b）所示，紧靠左面，让压脚同时压住缝料和花边，这样就能一面卷一面连续缝花边了。

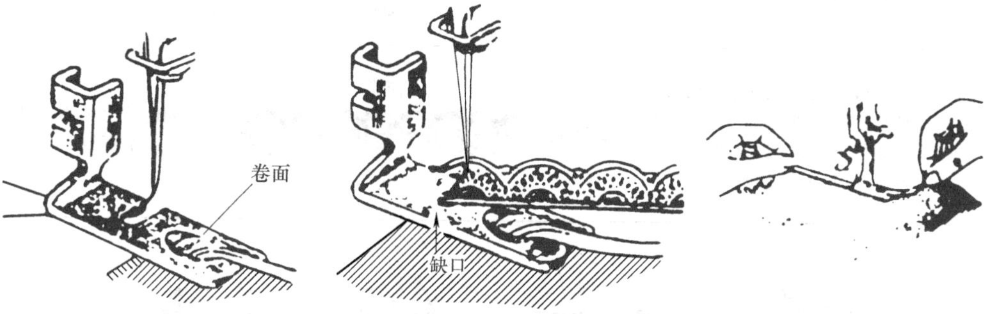

(a)　(b)　(c)

图 4-55　卷边及卷边连缝花边

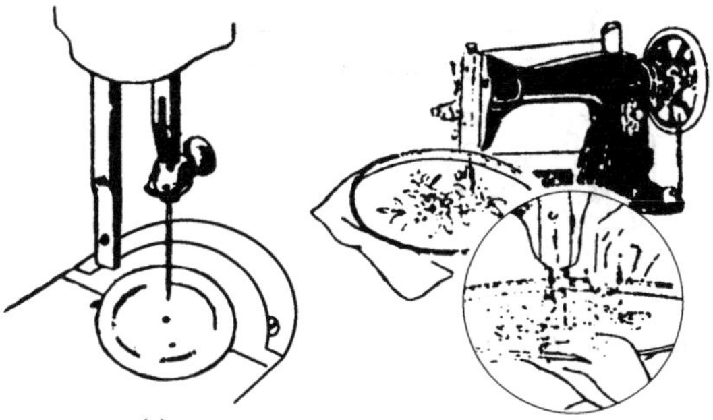
(a)　(b)

图 4-56　安装绣花板并刺绣

② 刺绣。刺绣时，应卸下压脚，装上 9～11 号机针，换上需要的彩色绣花线及棉纱等底面线，将针距调到最大位置，使送布牙停止送布。拉开推板把绣花板嵌入针板上，如图 4-56（a）所示，使机针对准绣花板针孔中心，合上推板。按图 4-56（b）所示，把绷好缝料的绷架放在绣花板上，踏动机器引底线，即可开始按图案进行刺绣。刺绣时机针在缝料上移动，其针距和

针迹方向完全由双手控制绷架的移动速度和角度来完成。

4. 面线底线松紧度及针距的调节

（1）面线和底线的松紧度及其调节　如表 4-6 所示。

表 4-6　面线和底线的松紧度及其调节

线迹	产生原因	图示	调整方法
正常	面、底线松紧度合适，两线的绞锁点在缝料的中间，并且两线都与缝料密贴	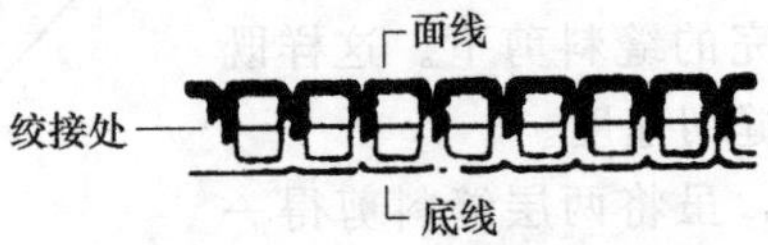	参见图 4-57
翻底线（浮面线）	面线张力过大或底线张力过小，底线被面线拉在缝料的上面		若面线张力过大，旋松夹线器螺母；若底线张力过小，旋紧梭皮调节螺钉
翻面线（浮底线）	底线张力过大或面线张力过小，面线被底线拉在缝料的下面		若面线张力过大，旋松梭皮调节螺母；若面线张力过小，旋紧梭皮调节螺钉
浮线	面线和底线张力都过小，虽两线纹锁点在缝料中间，但不与缝料密贴而浮在两表面		同时旋紧夹线器螺母和梭皮调节螺钉
紧线	面线和底线张力都过大，虽两线绞锁点在缝料中间，但线迹很紧并嵌入缝料，产生皱缩和不平直，甚至线崩裂		同时旋紧夹线器螺母和梭皮调节螺钉

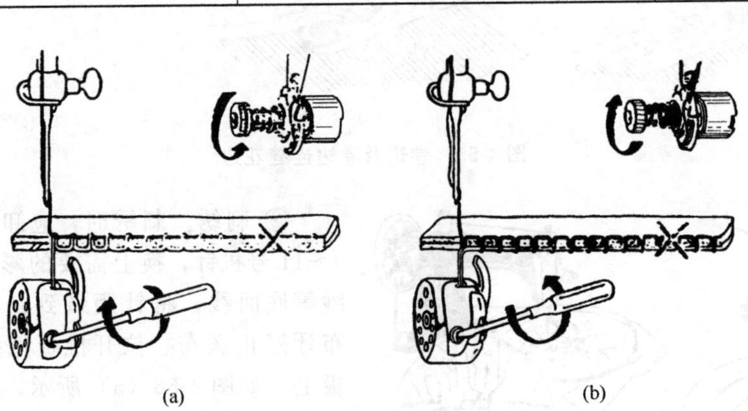

图 4-57　面、底线松紧程度的调节

（2）夹线器、挑线簧、机针机构及针距的调整　如表 4-7 所示。

表 4-7　夹线器、挑线簧、机针机构及针距的调整

<table>
<tr><th colspan="2">名　称</th><th>图　示</th><th>调 整 方 法</th></tr>
<tr><td colspan="2">夹线器及挑线簧的调整</td><td>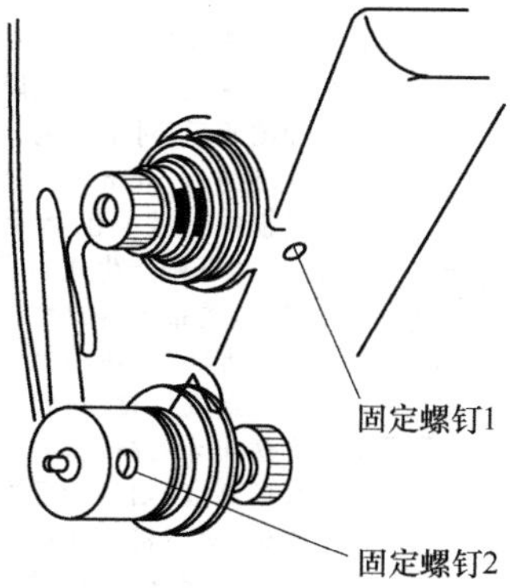</td><td>夹线器装有挑线簧，作用是辅助挑线杆收放面线。挑线簧弹力的大小对线迹有影响，调整得当能减少断线、跳线现象，对连杆式挑线机构作用更明显
挑线簧的张力一般在 196N·m 左右，其摆动范围为 7～10mm，若挑线簧摆动范围过大，会出现断线、跳线现象，过小则起不到作用
当缝薄料时，则应减小张力和放宽其摆动范围；当缝厚料时，则应增大张力和缩小其摆动范围
如图所示，调节挑线簧摆动范围时，先松开固定螺钉 1，然后顺时针转动夹线器，则摆动范围增大，反之则减小，调好后紧固螺钉
调节挑线簧张力时，先松开固定螺钉 1，将夹线器取出，再松开固定螺钉 2，夹线螺钉就能转动，顺时针转动时张力增加。反之则减小。调节好后将夹线器装好</td></tr>
<tr><td colspan="2">机针机构的调试</td><td>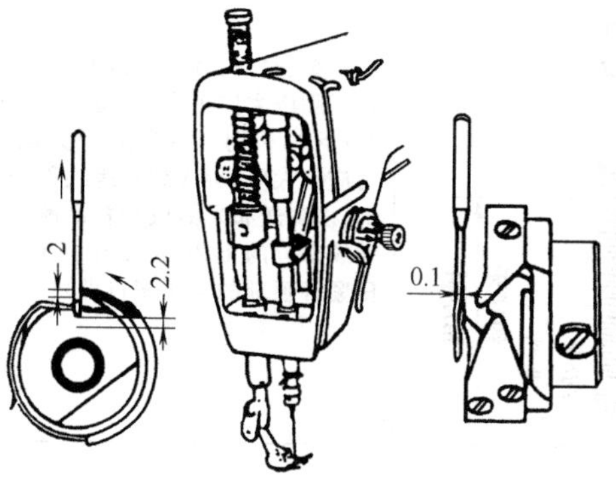
(a)　(b)　(c)</td><td>如图(a)所示，旋松旋梭上的 3 个螺钉，转动上轮，使机针下降到最低位后再上升 2.2mm，再转动旋梭。使钩线尖到达机针的中心线处并高于机针孔上边 2mm
使钩线尖到达机针中心线处，如图(b)所示，松开针杆连接轴紧固螺钉（▼示出螺钉位置），调整针杆的高度即可达到
如图(c)所示，调整旋梭钩线尖平面与机针缺口底部之间的距离为 0.1mm 左右，最后将全部紧固螺钉旋紧</td></tr>
<tr><td rowspan="5">针距的调整</td><td>针距调节的要求</td><td colspan="2">针距调节器在机头右侧，针距盘上有 0～4 的数字，当顺时针转动旋钮时针距调短，当逆时针转动时针距调长，缝软薄料时，一般 6～8 个/cm 线迹；缝厚料时一般 3～4 个/cm 线迹；缝一般缝料时则 4～6 个/cm 线迹</td></tr>
<tr><td>旋钮式针距调节器及调节</td><td colspan="2">旋钮式针距调节器位于机头右侧中部，针距盘上有 0～4 的数字，即针距在 0～4mm 间调节，调节时只要旋动旋钮，使所需针距数字对准针距板上的箭头，即得相应针距。针距调节器也可以控制倒缝，只要按下调节器中间的倒顺缝按钮，送布牙就会向后送布，缝料后退</td></tr>
<tr><td>指针式针距调节器及调节</td><td colspan="2">指针式针距调节器位于机头右侧中部，是由调节旋钮和指示窗组成，除调节针距和倒顺缝外，还可调节送布牙的高度
指示窗上部数字表示针距，下部数字显示送布牙的高度。当旋动针距调节旋钮，指针在 0～4 范围内移动，即可得到相应的针距。当旋动送布牙高度旋钮，即可选择适当的送布牙高度，倒顺缝的控制与旋钮式针距调节器相同，按下调节器中间的按钮，便可倒缝</td></tr>
<tr><td>长槽式针距调节器及调节</td><td colspan="2">长槽式针距调节器位于机夹右侧，长槽两侧刻有针距标度，其数字越大则针距越小，反之针距越大，如数字 30 表示 30 针/in(1in=25.4mm)，调节时先旋松针距调节螺钉，然后移动调节螺钉到所需的针距位置，调好后固定针距调节螺钉位置</td></tr>
<tr><td>圆盘式针距调节器及调节</td><td colspan="2">此调节器位于机头右侧，圆盘中间带竖槽。在竖槽纵向有长刻线，刻线以下有 6～30 的数字(表示每英寸内的针数)，在调节时，先将定位底板小螺钉拧松，沿轨道降到底，然后调节竖槽中的针距扳手至所需刻度即可，调好后再把小螺钉向上提到顶并拧紧，顺倒缝调节：把扳手处于刻线下，送布牙向前送料(顺缝)；扳手处于刻线，送布牙不送布；扳手处于刻线以上，送布牙向后送料(倒缝)</td></tr>
</table>

5. 送布机构的调整

送布机构的调整如表 4-8 所示。

表 4-8 送布机构的调整

名 称	图 示	调 整 方 法
送布牙高度的调整	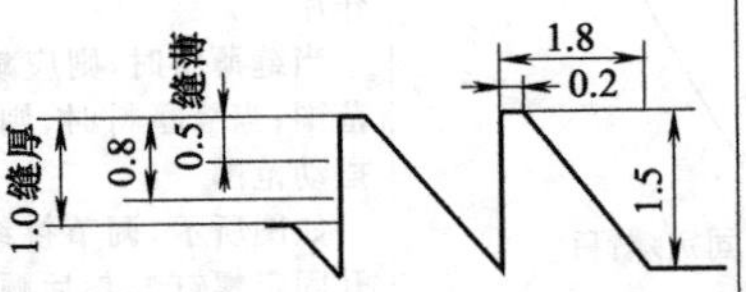	送布牙露出针板的高度直接影响推送缝料动作和缝纫的质量,它与缝料的厚薄、粗软有关 如图所示,对于丝绸、细布等薄缝料,送布牙露出针板的高度约 0.5mm,过高会使缝料皱缩或咬上痕迹使缝料受损伤。对于粗厚缝料,送布牙露出针板的高度约 1mm,过低则产生送布呆滞和缝料溜滑等现象。对于一般缝料,送布牙露出针板的高度约 0.8mm 调节方法:先转动上轮使机针升至最高位,此时,送布牙处于最高位置,将机头倾倒。松开抬牙曲柄螺钉,若抬高送布牙的高度,就将抬牙曲柄稍向里推;若降低送布牙的高度,则将抬牙曲柄稍向外拉,然后拧紧抬牙曲柄螺钉,放下机头即可 对配有起落送布牙机构的平缝机,调整送布牙露出针板的高度,只要旋转起落牙旋钮即可得到所需的高度
压脚压力的调整	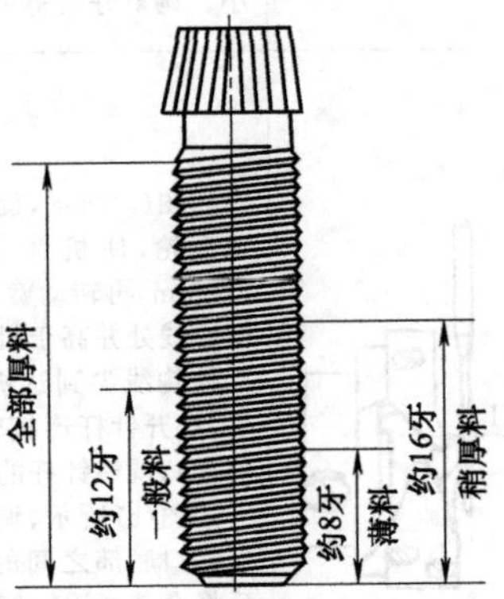	压脚压力的调节与缝料厚薄有关,如图所示,对于薄料压脚压力应稍小些,调压螺钉旋入螺纹部分的 1/3(约 8 个牙),否则可能使缝料皱缩或损坏;对于厚料压脚压力应稍大些,旋入螺钉螺纹部分的 2/3(约 16 个牙)或全部,以防送布呆滞或缝料溜滑;对于一般缝料,旋入螺钉螺纹部分的 1/2(约 12 个牙)。压脚压力调节只要旋动压紧杆顶部的调压螺钉即可

二、工业平缝机的保养及维护

1. 日常保养法

首先切断电源,然后检查机器各部件,看是否正常。若一切正常,就用擦机布擦拭机头表面、台板并清除机头内积尘。

用油壶对机器各加油孔、运动部位的相互摩擦处注入缝纫机油数滴。如有自动润滑系统。应检查油面是否保持在上下刻线之间。低于下刻线,应适当加油。还要检查油窗流油情况是否正常。

2. 一级保养法

除完成日常保养内容外,要求做到表 4-9 所列内容。一级保养要求首先切断电源,然后进行工作。

表 4-9 一级保养

序号	保养部位	保养内容及要求
1	外保养	①清扫机体各部,使机体各部无积尘、布灰、油垢、黄袍。其中包括台板、线架、电灯、倒线架、夹线器、下挡板等做到外观清洁 ②检查各紧固部位,补齐缺损螺钉 ③高速平缝机油标是否达到标准

续表

序号	保养部位	保养内容及要求
2	内保养	①检查油盒，加满机油。各部油孔、油路要求畅通无阻 ②机器内部各润滑件加油，高速平缝机要检查油质、油量，有无漏油现象。清除油泵吸油处积尘，做到油窗明亮，油路畅通。油泵工作正常 ③拆卸针板，清扫送布牙(针板螺钉保持两只)。在旋梭部位加油
3	电器	切断电源，清扫电动机、宝塔盘灰尘，对电动机油孔加油。要求电器装置固定整齐牢靠，开关灵敏。高速机要注意电器部分，防尘保护。如发现问题及时请电工修理

3. 二级保养法

除完成一级保养内容外，还要求做表 4-10 所列内容。

表 4-10 二级保养

序号	保养部位	保养内容及要求
1	上下轴曲齿锥齿传动机构	①清洗检查伞齿组件、加油 ②清洗检查三轴，调整间隙
2	连杆挑线机构	①检修挑线曲柄。挑线杆及挑线连杆，并调整间隙，配合均匀 ②检修针杆与套筒，确保机针与针板孔无偏斜
3	旋梭钩线机构	检查、调整旋梭各部配件间隙，必要时更换零件
4	送布机构	①检查、修复、调整长短牙档轴间隙 ②修复或调换送布牙
5	其他机构	①清洗检查各润滑件、油路、油孔畅通无阻并保持一定油量自动、半自动机无漏油(高速平缝机半年换油一次) ②各部螺钉齐全无缺，无异响，异振
6	电器	检查电动机声响、温升、离合器(宝塔盘)，必要时调换零件(进口电动机按规定标准加油)

二级保养，实际上就是对机器主要机件进行检查、清洗，发现问题予以修理或更换零件，使机器工艺配合达到或基本达到规定的精度。现以具有代表性的 GC1-2 型平缝机为例，系统地介绍其拆卸、安装和二级保养方法。

(1) 按程序拆卸机器

① 拆卸表面零件。面板→推板→顶盖→挑线杆护罩→压脚→针板→针杆曲柄螺孔盖→机针→夹线器。

② 拆卸压脚杆，针杆机构组件。旋松压杆导架螺钉→旋出调压螺钉→依次拆出压杆簧、压紧杆、压杆导架→压杆升降器，旋松针杆连接柱螺钉→拆下针杆、针杆连接柱、针杆连接柱滑块→旋下挑线曲柄螺钉，拆下针杆连杆→旋松挑线连杆销螺钉及挑线曲柄定位螺钉→拆下挑线曲柄和挑线杆销，取下挑线连杆体→拆下针杆上下套筒→旋下针杆滑块导轨螺钉，取下导轨→旋松线钩螺钉，拆下松线架和挑线簧。

③ 拆卸送料机构组件。旋下送布牙螺钉，取下送布牙→旋出抬牙轴与抬牙曲柄连杆连接的圆锥螺钉，取下抬牙轴抬牙柄→旋松送布轴两端的顶点螺钉，拆出针距连杆销，取下叉形送布杆→旋出抬牙曲柄连杆螺钉，旋出倒送杆螺丝销，拆下倒送杆体及拉簧→旋下针距座螺钉及垫圈，拆下针距调节器→旋下号码盘螺钉，拆下号码盘、针距调节螺钉，锁合销及锁合簧。

④ 拆卸上轴及旋梭机构组件。旋下旋梭定位钩螺钉及垫圈，拆下定位钩→旋松旋梭螺钉，拆下旋梭→分别拆开上、下轴锥齿轮罩壳→旋松下轴锥齿轮螺钉，拆出下轴→旋松竖轴

上锥齿轮螺钉，拆下竖轴及其上锥齿轮，旋出针杆曲柄紧固螺钉，把上轴同上轮从机器右方抽出→拆下上轴吊紧螺钉，旋松上轮螺钉，使上轴和上轮分开。

上轴前后轴套，针杆前后套筒，竖轴上下套筒及压紧杆套筒，如不需调换，一般不拆。

全部拆下后，用煤油或清洗剂进行清洗、检查。

(2) 检查上、下轴曲齿锥齿轮传动部分

① 检查下轴各轴套孔的磨损程度。用手感或目测，检查轴颈磨损，如果磨损较多，超过 0.05mm 以上时，轴套孔也往往被磨损，应同时更换下轴前、后轴套。

前、后轴套装进机壳孔之后，轴套内径应用专用铰刀铰过，以达到与轴颈相配合的精度，一般比轴大 0.02～0.03mm。轴套装入机壳时，要先测好轴套伸出机壳孔的长度，使旋梭装上后与机针的配合刚好在规定的间隙内。下轴齿轮的配合以上、下背锥角啮合为准。

② 检查竖轴上、下轴套孔的磨损程度，方法同下轴。

③ 检查上、下锥齿轮的磨损程度。轮齿间磨损不均和间隙过大，都会导致旋梭运转不稳定和产生噪声。因此磨损大时要进行研磨。研磨时，要保持齿轮孔与轴为过渡配合；研磨前还要做好上、下齿轮上的定位记号；上、下齿轮背锥线对齐；上轴左、右轴向不能松动。研磨后，必须清除磨屑，保持齿轮干净。

当齿轮使用年久、压力角磨损过多，虽经修复、噪声和间隙仍达不到质量要求时，就要更换新的齿轮副。

下轴锥齿轮研磨方法同上，但其啮合精度可由轴套来调节。

④ 检查三轴磨损情况。用手感测定是否有轴向松动，如有松动要加以调整。

(3) 检查连杆挑线部分

① 检查挑线杆。如其过线孔被面线磨出一条深槽，便会引起断线。这时就要全部更换。

② 检查针杆与上、下套筒的配合，如其间隙大于 0.04mm，就要调换套筒。

③ 目测机针与针板孔是否偏斜，如有偏斜应予以调整。

(4) 检查旋梭钩线部分

① 检查旋梭尖，磨损过大，更换之。

② 检查、调整旋梭各部分零件间隙，必要时应更换零件。

③ 用千分表测旋梭尖，旋梭顺逆摆不大于 0.8mm。如超过需进行调节。

(5) 检查送布系统

① 检查送布牙磨损，过大，换之。

② 检查抬牙滚柱与牙架的配合，间隙大时更换滚柱，必要时可更换牙架。

③ 检查抬牙轴、送布轴左右两端锥孔和装在机体上的顶尖螺钉配合，单面磨损大时，锥孔和锥体要研磨，研磨达到接触面为 80%较佳。然后用煤油清洗干净。

(6) 检查其他部分

① 检查各部螺钉是否齐全无损，并补齐。

② 检查自动、半自动机器油路是否畅通，用汽油或煤油清洗过滤网、液压泵。

③ 检查机器有无漏油，并予以调整。

④ 更换润滑油。

⑤ 检查电动机声响、温升、电动机离合器工作情况、电器开关灵敏性，必要时更换零件。

(7) 组装机器，进行试缝

机件检修后，分别按组件逐一安装。

① 主轴部件。先装好针距调节器：旋上针距连杆销紧固螺钉，并把针距调节器垫圈放好（凹面向着调节器），再用针距螺钉把调节器紧固在机身上。

在锁合销细端套上锁合弹簧，再将它们插入机身前面小孔。继而把针距调节器螺栓旋入小孔下方的螺孔内，使其一端嵌入调节器凹口内，另一端装号码盘并用螺钉紧固。

在倒送杆体上吊好弹簧，旋上紧固螺钉，然后将倒送杆体扳手从机壳槽中伸出，并使杆体滚柱嵌入针距调节器叉口，用螺钉把杆体与机身连接，将倒送杆体紧固螺钉旋紧，把拉簧吊在机身上。

将上轴自右向左装入机身，并在中途依次装上上轴锥齿轮、送布牙偏心轮及其套圈。安装时应使有螺钉一边在右。套圈油槽内应放入油毡和油毡簧。上轴锥齿轮与偏心轮暂时紧固于上轴。再把针杆曲柄装在上轴左端，使曲柄台肩向右，螺孔与上轴定位孔对准，用针杆曲柄紧固螺钉紧固；同时把上轮装在上轴右端，使其二只螺钉与上轴上的两条定位槽对准。使上轮与针杆曲柄密切配合，把吊紧螺钉旋上。调节时，要不停地转动上轮，看上轴有无左、右窜动或运转不灵活现象。如正常，吊紧螺钉便可定位，并把上轮的两只螺钉拧紧。

② 旋梭机构。自下而上装竖轴及其上的锥齿轮，使竖轴与齿轮孔端面平齐。然后对准轴的平面，旋紧两只紧固螺钉。然后调节锥齿轮副，使记号对齐，边缘线平，不松不紧，即可旋紧上轴锥齿轮紧固螺钉（对准定位平面）。

在竖轴下方安装下锥齿轮，要求同上。

将下轴自左向右装入其前、后轴套，并装上下轴锥齿轮，调节下锥齿轮副正确啮合，即调节下轴后套筒位置，使啮合间隙最佳。

在旋梭壳内装入旋梭架，并以三只小螺钉将旋梭板紧固在旋梭壳上。再用四只旋梭皮小螺钉把旋梭皮紧固在旋梭壳上。同时，将旋梭装在下轴左端，用一螺钉稍微旋紧。再把旋梭定位钩、螺钉和垫圈紧固于机身下面左前方的螺孔内，定位钩上的凸头应嵌入旋梭架的凹口，两者间隙约0.6～0.8mm。

③ 针杆机构。首先把松线钩通过其螺钉装在机头内侧的下方，并把松线簧套在其凸头上，使松线钩摆动灵活；通过两只导轨螺钉把针杆滑块导轨暂时旋在机头内侧。

在挑线杆体上套上挑线连杆，并用铆钉连接好，且使摆动灵活，又无松动。再通过连杆销将挑线连杆等机件安装于机头内侧，在挑线连杆无左、右松动和摆动灵活的情况下，旋紧支头螺钉。

使挑线曲柄上的定位平面对准针杆曲柄第一只螺钉、将挑线杆体与针杆曲柄连接起来。然后旋紧定位螺钉和紧固螺钉。继而将针杆连杆插入挑线曲柄左端，油眼向左，并以挑线曲柄螺钉紧固。在针杆滑块导轨里放入滑块；同时将针杆连接柱插入针杆连杆和滑块之中，要能灵活运转，使连接柱开口向后。将针杆自上而下插入上套筒、针杆连接柱和下套筒三孔之中，使针杆在三孔中运动灵活，又无横向松动间隙，机针螺孔向右，可把连接柱暂时旋紧。在针杆下端装机针，调节机针、旋梭及其定位钩之间的配合关系。

④ 送料机构。通过两只连杆螺钉，把抬牙曲柄连杆梗和盖，安装于送布抬牙偏心轮上，梗与盖的划线要对齐，两只螺钉应均匀旋紧。

在抬牙轴上套上抬牙曲柄，通过两只顶尖螺钉与机壳连接，左、右居中，不松动又灵活。顶尖螺母把抬牙连杆下端和抬牙曲柄的右端连接起来。在旋动圆锥螺钉时，不停地转动上轮，调节送布抬牙偏心轮的左、右位置，使抬牙连杆垂直。圆锥螺钉和锥孔配合保证运转灵活又无松动间隙；旋紧螺母，使圆锥螺钉定位。再转动上轮，机器运转灵活，便可旋紧送布抬牙偏心轮上的两只紧固螺钉，对偏心轮予以定位。

针距连杆和叉形送布杆，用送布杆的圆锥螺钉和螺母连接。当针距连杆用圆锥螺钉旋得无松动又灵活运转时，用螺母扳紧定位。再把叉形送布杆从机器后下方伸入机身右内侧，圆锥孔向右，叉口叉入偏心轮套圈，使套圈油毡向上。通过针距连杆销，把针距连杆与针距调节器连接起来。销子定位平面对准螺钉，销子推进使针距连杆无左、右松动并运转灵活，便可旋紧紧固螺钉。

经两只小顶尖螺钉和螺母，将牙架和送布轴相连。方向、左右位置和松紧度要合适。在送布轴另一端套上送布轴曲柄。将安装好的送布轴由二只顶尖螺钉和螺母连接在机身的后下方。牙架的叉口叉入抬牙曲柄的滚柱。安装送布牙，确定送布轴左、右位置。再经圆锥螺钉把叉形送布杆下端和送布轴曲柄连接，调整送布轴曲柄的左右位置。把针距调到最大，转动上轮，使送布牙前后不碰针板，旋紧送布轴曲柄上的紧固螺钉。对送布牙前、后定位，高、低定位。

⑤ 压脚机构。把抬牙脚杠杆销插入压脚杆端孔内，从杠杆凹槽面插入头端与平面相平。旋紧紧固螺钉。再经中心螺钉把杠杆与机身连起来，凹槽应面向机身。

拉杆杠杆是通过其轴与座连接的。杆座用两只紧固螺钉紧固在机身下方，在杠杆与座间插入拉杆簧，右方机身孔内由下而上穿入拉杆体，并在穿出时先旋上螺母、再旋上拉杆接头和扳紧螺母。把拉杆体下端钩入拉杆杠杆的孔内，上端经接头螺钉把拉杆接头与抬压脚连接，再把扳手与机壳连接起来。

将压脚杆由下而上穿入机孔，途中依次装上压杆导架、升降架，应使导架嵌入机身凹槽内（注意方向）、升降架套入压脚杠杆销中，托住松线钩。当压脚伸至距针板 20mm 时，暂时紧固压杆导架螺钉，再装上压脚，在机身孔内放入压杆簧，旋上调压螺钉。

压脚左、右位置以机针为基准，机针应在容针孔中间。其高低位置应使压脚最高位置对应针杆最低位置，针杆下端面不碰压脚为宜。调节时，只需旋松导架，螺钉调好后拧紧。

用螺钉调节压力大小，顺时针旋压力增大，反之则减小。

⑥ 附件安装。在油罩壳内装入黄油，用螺钉把油罩壳装在上、下轴锥齿轮处。

用螺钉把顶盖、侧盖板装好。

在油箱内加入适量机油，把油塞螺钉旋好。

装好缓线调节钩、过线环、三眼线钩。盖上针杆曲柄螺孔盖、挑线杆护罩。

把挑线簧套在夹线螺钉上，再装入挑线调节器内，簧一端嵌入螺钉凹槽内，要有适量弹性，然后以紧固螺钉紧固。在夹线螺钉上依次套上两块夹线板（凸面相对）、松线板、夹线簧及夹线螺母。同时把松线销钉插入夹线螺钉小孔内。最后将已装好的一套机器，装于缓线调节钩的右方。当调到挑线簧位置高低适度且能灵活跳动时，用支头螺钉将挑线簧调节器紧固。

装面板和推板。

三、工业平缝机的大修理交接技术条件和完好技术条件

前者是指设备在进行大修理之后，由检验部门进行验收时所执行的技术标准；后者是指设备在使用过程中，专业技术人员判断其是否完好所使用的技术标准，比如在一、二级保养时作为检验的参考技术标准。故后者的尺寸允差是用前者的允差加上相应的允许磨损量而得到的。作为参考，表 4-11 和表 4-12 分别列举了 GC 型平缝机的大修理交接技术条件和完好技术条件。

表 4-11　GC 型平缝机大修理交接技术条件

项次	检查项目	允许限度/mm	检查方法及说明
1	针杆与套筒间隙	0.06	缝针在最低位置时，用百分表测靠近套筒处
2	压脚杆与机壳孔间隙	0.12	用百分表测压脚杆机壳孔处
3	缝针与针板孔偏斜、针与针杆不同心	不允许	目视、手感
4	压脚与针板送料牙配合不良	不允许	目视、手感
5	针杆上下间隙	0.12	缝针在最低位置时，用百分表测针杆顶端
6	送料牙往复间隙	0.35	用百分数测牙齿前端
7	送料牙上下间隙	0.24	用百分表测紧固牙齿螺钉
8	梭床架往复间隙	0.85	梭床架尖与缝针成一直线时，用百分表测梭床架尖处
9	挑线杆上下间隙	0.28	缝针在最低位置时，用百分表测甩线钩顶端
10	各部件振动、异响、发热	不允许	目视、耳听、手感
11	各部件转动不灵活	不允许	手感
12	紧固螺钉松动或机件缺损	不允许	目视、手感
13	安全及防油装置作用不良	不允许	目视
14	机械疵点	符合企业规定	
15	缝迹密度	符合部颁标准	
16	缝迹平整清晰	符合企业规定	

注：凡“允许限度”栏内已规定数据者，其检查方法均用 2kg 拉力器配合测量（拉力点靠近百分表）。

表 4-12　GC 型平缝机完好技术条件

项次	检查项目	允许限度/mm	检查方法及说明	扣分标准	
				单位	扣分
1	针杆与套筒间隙	0.15	用百分表测量	台	6
2	缝针与针板孔偏斜	不允许	目视、手感	台	4
3	压脚杆与机壳孔间隙	0.30	用百分表测量	台	4
4	针杆上下间隙	0.80	用百分表测量	台	6
5	送布牙往复间隙	0.80	用百分表测量	台	4
6	送布牙上下间隙	0.60	用百分表测量	台	4
7	梭床架往复间隙	1.50	用百分表测量	台	6
8	挑线杆上下间隙	0.80	用百分表测量	台	6
9	各部件振动、异响、发热	不允许	目视、耳听、手感	处	4
10	紧固螺钉松动或机件缺损	不允许	目视、手感	件	2
11	安全及防油装置作用不良	不允许	目视	台	6
12	跳针、针迹不直、切边不光	符合企业规定	目视	台	6

注：“检查方法及说明”栏内，具体测量部位参照大修理交接技术条件，完好设备考核方法：扣分在 0～10 分者为完好设备。

第四节　工业平缝机的装配与检测

一、工业平缝机机头的装配

装配工作是缝纫机制造或大修过程中最后阶段的生产作业，所以装配工作质量的优劣对整个产品的质量起着决定性的作用，如果装配不符合规定的技术要求，缝纫机就不能正常工作，而零部件之间、机构之间的相互位置不正确，轻则影响缝纫机的工作性能，重则无法工作，如过线类零件留有一点小毛刺就会造成缝纫机工作无法进行。另外在装配过程中，不重视清洁问题，粗枝大叶，乱打乱敲，不按规范装配，是不可能装出合格产品的。装配质量差的缝纫机，精度低、性能差、声响大、力矩重、寿命短；反之，对某些精度不很高的零部件，经过仔细的选择装配和精确的调整，仍能装配出性能较好的产品来，所以说装配工作是一项非常重要而细致的工作。

(一)螺钉紧固和连接的装配工艺要点

1. 紧固用螺钉

其用途是将两个零件（组件）紧固在一起。有无头的开槽平端和凹端紧固螺钉，见图 4-58 (a)、图 4-58 (b)，如前轴套螺钉、压杆导架螺钉、送布凸轮螺钉、扳手销螺钉等。有开槽圆柱头、盘头螺钉，见图 4-58 (c)、图 4-58 (d)，如梭床螺钉、绕线器螺钉、大连杆螺钉、送料牙螺钉等。有开槽沉头和半沉头螺钉，见图 4-58 (e)、图 4-58 (f)，如针板螺钉、梭托簧螺钉等。

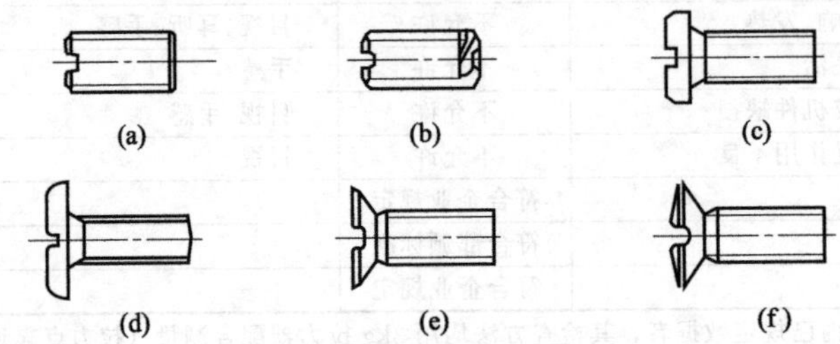

图 4-58　紧固螺钉

2. 具有其他功能的螺钉

有些螺钉除将螺钉固定在零件上外，同时还具有其他功能。

(1) 轴位螺钉　见图 4-59 (a)、(b)。如挑线杆螺钉，挑线杆在其轴位上运动；绕线轴架螺钉，绕线轴架在其轴位上运动等。

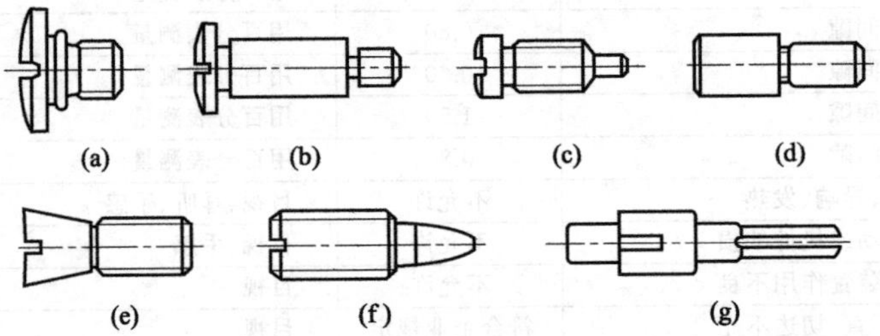

图 4-59　功能螺钉

(2) 圆柱端、圆锥端螺钉　见图 4-59 (c)，其端部起定位作用，如挑线凸轮螺钉、离合螺钉，或起传动作用的牙叉滑块螺钉。

(3) 圆柱螺钉　见图 4-59 (d)，圆柱段起带动配合零件运动的作用，如小连杆圆柱螺钉。

(4) 圆锥螺钉　见图 4-59 (e)，其圆锥部分起传动零件运动的作用，调节圆锥端装配深度，可以改变配合间隙的大小，如大连杆圆锥螺钉。其圆锥一般制成弧面，使锥体与锥孔配合后在中间接触使转动轻滑耐磨。

(5) 顶尖螺钉　见图 4-59 (f)，其顶尖端装在零件的锥坑中，对零件起支承作用，如大顶尖螺钉支承送布、抬牙轴，小顶尖螺钉支承送料牙架等。

(6) 开槽自锁螺钉　见图 4-59 (g)，在螺纹段的中间轴向开有长槽，如扩大槽的宽度即相当于扩大螺纹直径，旋上螺母后可以增加螺纹间的摩擦力，增加了自锁能力，如夹线螺钉。

(7) 调节螺钉　其头部制成半沉头，如小连杆螺钉用于调节轴孔配合间隙，梭皮螺钉用于调节底线张力等。

3. 螺钉、螺母装配工艺要点

主要应用的工具是螺丝刀和扳手，应根据要装配的不同螺钉选用合适的螺丝刀，主要是螺丝刀体长度和螺丝刀口的宽度。有些装配部位因结构紧凑，还要用特殊加长刀体的螺丝刀。刀口尖端处应有 2mm 左右的平行段，以防止从螺钉槽中滑出，刀口厚度应与所选的螺钉槽的宽度相当，防止旋毛。常用一字槽螺钉，其槽宽度有 0.4mm、0.6mm、0.8mm、1.0mm、1.2mm、1.5mm 及 2mm 等规格，刀口宽度应略窄于螺钉头部的直径，如旋无头螺钉则应窄于螺纹的内径，以免旋坏螺孔的螺纹。关于螺母扳手，一般均使用专用扳手，其开口要与所旋螺母配合合适，并坚硬耐磨，同时不可任意接长扳手长度，以免拧紧力度过大而损坏扳手或螺钉。

（二）润滑系统的装配工艺要点

1. 管路的装配要点

① 保证回油管吸油口处于液面下方。

② 油管不得堵塞、压扁。

③ 软管与泵吸入口接嘴和三通连接要紧密、可靠，不得有漏气和凹瘪现象。

④ 曲柄油量调节销 O 形圈、定位螺钉 O 形圈等密封件在装配中要保持完整，不得损伤。

⑤ 硬油管插入各供油口时要插到位，不得脱出。

2. 油泵的装配要点

① 装配中油泵盖上的过滤网不得损坏。

② 装配后油泵叶轮转动自如，轴向不得有窜动。

③ 柱塞泵柱塞平面端朝里，与叶轮轴上的偏心槽圆柱面接触。

④ 油泵部件装入机器时，叶轮轴端凹槽要对准竖轴端榫，同时油泵出油管要对准下轴后套上的供油口后再分别拧紧 3 个安装螺钉，小心弄断出油管。

二、工业平缝机的装配调整

（一）线迹的调整与线紧率计算

1. 线迹的调整

锁式线迹缝纫机，标准的线迹收紧应使底面线交织在缝料中部，如图 4-60 (a) 所示，它是由一定的张力保证的。如果面线张力太大，而底线张力太小则缝线不会被拉进缝料中部，面线仍浮在缝料表面，如图 4-60 (b) 所示；相反，如果底线张力太大，而面线张力太小，则会浮在缝料的底部表面上，如图 4-60 (c) 所示；当底面线收不紧时，线就松弛，此时，双锁线迹强度几乎降低 1/2，如图 4-60 (d) 所示；当底面线收得过紧时，缝线将会嵌入缝料中，并且出现被缝物不应有的褶皱及皱纹缺陷，线迹的外形不美观，如图 4-60 (e) 所示。为了确保底面线的正常交织，以及得到高质量的线迹，就要对线迹进行调整。

(1) 底线张力的调节　底线的张力应根据缝料的厚薄、缝线的粗细以及空气湿度等因素进行调整。在正常情况下，底线的张力应按图 4-61 所示方法进行调整和确定。图 4-61 (a) 中用手捏住梭上预留的线头，梭子靠自身重力刚好维持平衡（不下滑）。当手轻微抖动时，

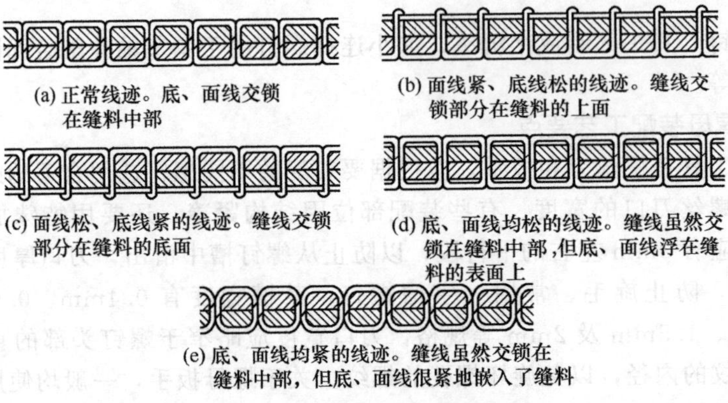

(a) 正常线迹。底、面线交锁在缝料中部

(b) 面线紧、底线松的线迹。缝线交锁部分在缝料的上面

(c) 面线松、底线紧的线迹。缝线交锁部分在缝料的底面

(d) 底、面线均松的线迹。缝线虽然交锁在缝料中部，但底、面线浮在缝料的表面上

(e) 底、面线均紧的线迹。缝线虽然交锁在缝料中部，但底、面线很紧地嵌入了缝料

图 4-60　各种形状的锁式线迹

梭子能慢慢下滑，使底线伸长稍许。手停止抖动时，梭子仍然不动，这说明底线张力合适，如果不符合上述要求，可按图 4-61（b）的做法，用小号改锥旋转梭皮调节螺钉，改变梭皮对底线的压力。

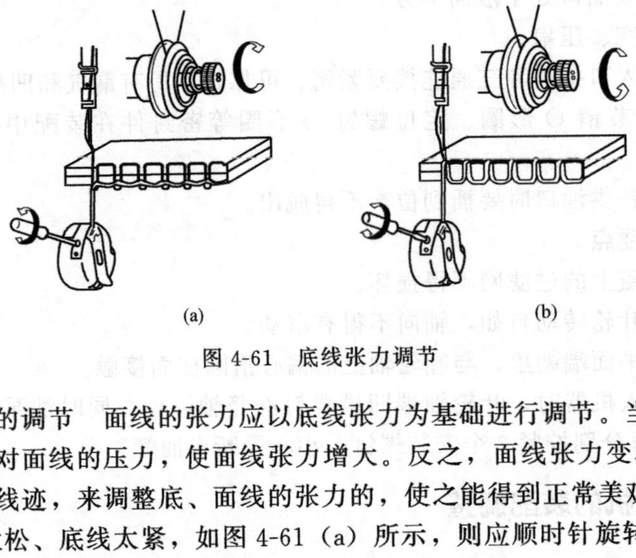

(a)　(b)

图 4-61　底线张力调节

（2）面线张力的调节　面线的张力应以底线张力为基础进行调节。当顺时针旋转夹线螺母时，夹线板增大对面线的压力，使面线张力增大。反之，面线张力变小。在实际缝纫中，是依据缝纫出来的线迹，来调整底、面线的张力的，使之能得到正常美观的线迹。

① 如果面线太松、底线太紧，如图 4-61（a）所示，则应顺时针旋转夹线螺母，以加大面线的压力，并用小号改锥旋松梭皮螺钉，减小底线的压力。

② 如果面线太紧、底线太松，如图 4-61（b）所示，则应逆时针旋转夹线螺母，以旋松面线的压力，并用小号改锥旋紧梭皮调节螺钉，加大底线的压力。

若出现底面线均紧或均松的现象，也可以参照上述方法加以调整。

（3）挑线弹簧的调节　挑线弹簧的张力，一般在 0.2N 左右，其摆动范围为 7～10mm。挑线弹簧的张力大小，可以通过观察线环脱线情况进行判断。如果线环脱离梭架时，先从旋梭和尖尾上脱离，则说明挑线弹簧张力小。

缝制很薄的缝料时，因工艺规定针距小，故应减小挑线弹簧的张力；缝制厚料时则相反。

调节挑线弹簧的张力如图 4-62 所示，拧松线张力台的固定螺钉，将整个夹线器取出，再旋松夹线柱固定螺钉，然后旋转夹线柱即可。顺时针转动夹线柱，挑线弹簧张力增大；反之减小。调好后，将夹线器重新装好。

挑线弹簧的行程量调整如图 4-62 所示，先松开线张力台的固定螺钉，然后用手转动夹线器。顺时针转动夹线器，挑线弹簧的活动范围增大；反之减小。调好后，将夹线器重新固定。

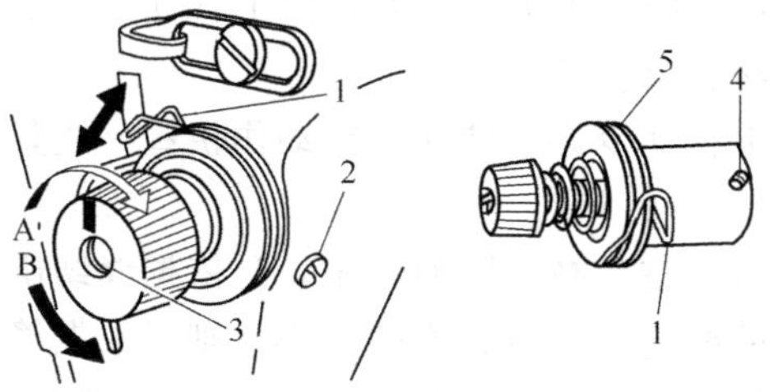

图 4-62　挑线弹簧的调节

1—挑线弹簧；2—固定螺钉；3—调节螺钉；
4—螺钉；5—夹线板

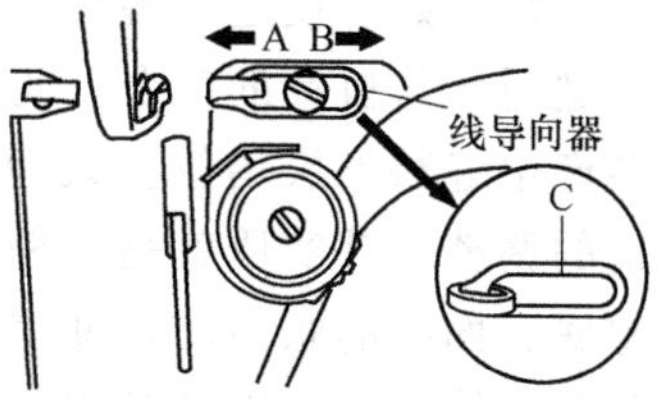

图 4-63　挑线杆挑线量的调整

(4) 挑线杆挑线量的调整　挑线杆挑线量的调整如图 4-63 所示，图中线导向器在刻线 C 对准固定螺钉的中心时是标准位置。缝制厚料时，向左（A）方向移动线导向器，则挑线量变多。缝制薄料时，向右（B）方向移动线导向器，则挑线量变小。

2. 线紧率的计算

线紧率 ξ 是测定缝纫机缝纫性能优劣的方法之一。线紧率指的是，在底线张力调节到 0.25～0.29N，面线张力调节到 0.69～0.98N 时，用张力测定器测定所得的数值。旋梭与机针、送料牙与机针配合正常，针距为 2mm，缝料（平布）宽 100mm、长 300mm；二层缝料，缝纫时无断线、跳针、浮线的情况下，同时以高速、中速、低速各缝一块缝料。然后剪取每块缝料的中段，长 100mm，再沿线缝剪开缝料，细心取出并分开底面线，测量每一块缝料的底面线长度，得出百分比。将三种速度缝制的底面线长度百分比再加以平均，得出的数值就为线紧率。

$$\xi=\frac{\text{定长料面线长度}}{\text{定长料底线长度}}$$

实质上就是底、面线张力的测定。

面线每个线迹的长：$L_{面}=p+2t_1$

底线每个线迹的长：$L_{底}=p+2t_2$

所以：线紧率 $\xi=\frac{L_{面}}{L_{底}}=\frac{p+2t_1}{p+2t_2}\times 100\%$

线紧率为 100%是理想的线迹，面线和底线都平坦地交锁在缝料中间，面底线张力相等，如图 4-64 所示。但是在实际缝制时，由于各种原因，特别是旋梭对旋梭定位钩在高速运转时产生的侧面压力，造成线紧率大于 100%。

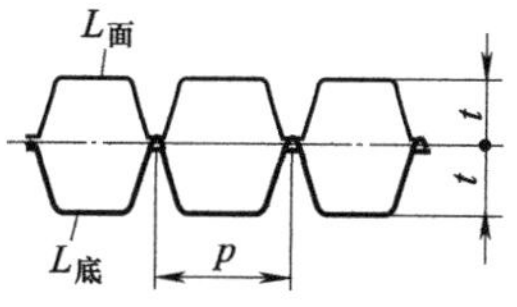

图 4-64　理想的线紧率

p——一个线迹直径；t——一个线迹高度；L——一个线迹长度

一般工业平缝机旋梭高速运转时对旋梭定位钩的压力为 7.85～9.81N。如此大的侧面压力，也是机器产生浮线的一个原因。

对于线紧率的要求，其数值越接近 100%越好。较好的工业平缝机的线紧率 ξ 标准为 100%～120%。

调整线紧率的方法：

(1) 机针与旋梭的配合

① 使旋梭正确定位。

② 旋梭配合改快一点，线紧率会变好，但太快又将会跳针。如果过慢，浮线、跳针情况变好，线紧率又将变坏。

(2) 导线板的位置　导线板准确位置固定在长腰槽上方。导线板向上移动，挑线杆供线量减少，线紧率好。反之，挑线杆供线量大，线紧率变坏。

(3) 送料牙与机针的配合　将送布凸轮向下移动少许，使送料牙动作快些，线紧率会变好，但会产生缝料下层错位。太慢，将产生断针。

线迹的调整，其实质就是对缝线的张力进行调整，在实际使用中，是依据缝纫出来的线迹来调整底、面线的张力的，使之能得到正常的线迹。缝线张力的大小，则要根据缝料的质地、厚薄和缝线的粗细以及其他一些因素来调整。一般底线的张力为 0.59～0.78N，面线张力为 1.18～1.96N。

(二) 机针与旋梭同步的调整

机针与旋梭的同步：机针从最低点上升，旋梭梭尖挑出两线的线环，所需要的正确时机。

1. 机针高低位置的调整

转动上轮，使针杆上升到最高位置。旋松机针紧固螺钉，使机针引入线槽在外（左），针柄要装到底，不得留间隙，然后拧紧机针紧固螺钉。

机针的高低位置是通过调整针杆来确定的。在机针安装正确并不弯曲的前提下，旋松针杆紧固螺钉，上下移动针杆，当机针在最低位置时，从梭架内圈看去，能看到针孔的一半，位置定好后，旋紧针杆紧固螺钉。

在针杆有刻线的情况下，调整如图 4-65 所示。在使用 DB 型机针时，将针杆上的刻线 A 对准针杆下套筒的底部；在使用 DA 型机针时，将针杆上的刻线 C 对准针杆下套筒的底部，然后旋紧针杆的紧固螺钉。

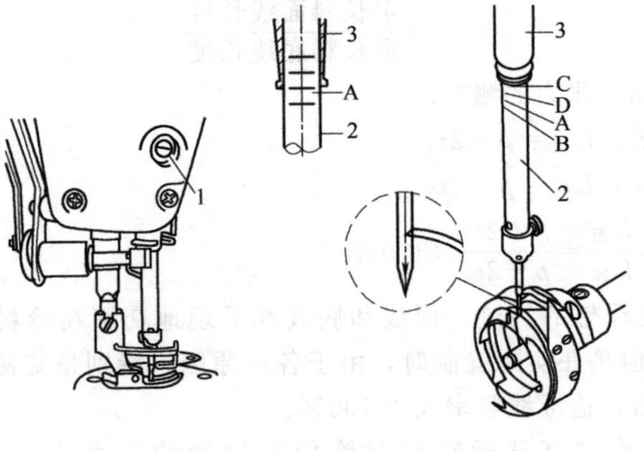

图 4-65　机针高低位置的调整

1—针杆紧固螺钉；2—针杆；3—针杆下套筒

在缝制弹性较好的缝料（如针织品和弹性纤维制品）时，由于缝料松散，形成线环困难，容易跳针，可将针杆的位置略调低些，但回升量不要大于 2.5mm。如果缝制较硬的缝料，可将针杆向上调高一些，略提高机针的下限位置。

2. 旋梭与机针相对位置的确定

用右手转动皮带轮，当机针向下运动到最低点向上回升 2.2mm（薄料为 1.8mm）时，旋梭的梭尖正好处在机针的中心线上。同时，梭尖上端应高于机针针孔上缘 1.5～2mm，梭尖侧平面与机针相对位置之间的间隙为 0.04～0.1mm，如图 4-66 所示。调整时，可旋松旋梭定位螺钉，转动旋梭来实现旋梭尖与机针的中心线一致；左或右移动旋梭，调整机针与旋梭尖的间隙达到 0.04～0.1mm，达到要求后，将固定旋梭的三个螺钉分别拧紧。旋梭尖与针孔上缘的间隙，可上下移动针杆进行调整。

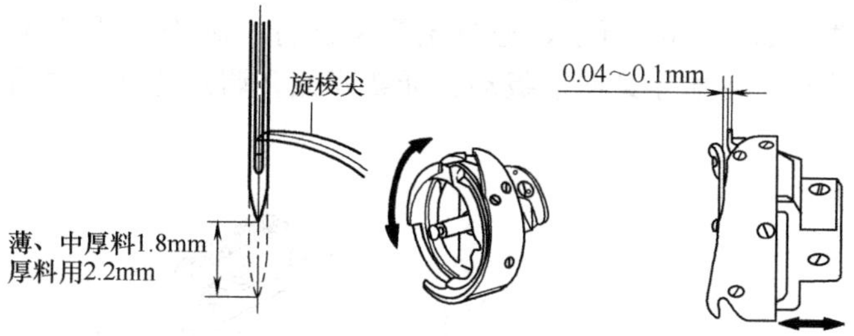

图 4-66 旋梭与机针相对位置的确定

3. 旋梭定位钩的调整

在旋梭与机针的位置调整好后，不能忽视旋梭定位钩的安装位置。调整时确认所用线能够顺利通过旋梭与旋梭定位钩的间隙，通常定位钩凸块端面与梭架定位槽底面的间隙为 0.5～0.7mm（薄、中厚料间隙为 0.4～0.7mm，厚料间隙为 0.6～0.9mm）。此时，机针中心与定位钩凸缘中心应在同一中心线上，如图 4-67 所示。一般情况下，尽量使定位钩偏外（左）些，这样，为线环脱离梭架创造有利条件。在缝厚料时，定位钩自由端向外略倾一些为好。另外，若定位钩位置过于偏前（靠近操作者）或偏后，容易产生“捋线”或齐头断线等故障。在通常情况下，偏后些有利于脱线。确定定位钩前后位置时，慢慢转动皮带轮，观察面线线环外面一股线超过梭架一半以后，是否接着进入梭架定位槽内。如果不能进入，说明定位钩偏前（如果梭尖钩线时机准确的话），应向后微调一点。

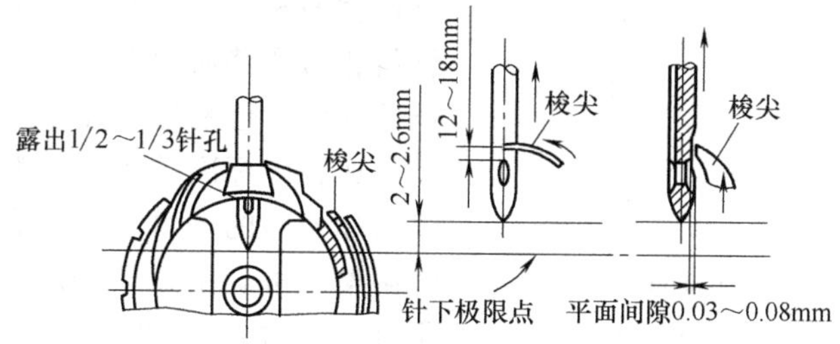

图 4-67 旋梭定位钩的调整

（三）送料机构的调整

1. 压脚压力的调节

压脚压力的大小是根据缝料而定的，当缝料坚厚时，压力应大一些。缝料松软或稀薄时，压力应小一些。工业平缝机的压脚压力一般在 5～35N 内自由调节。压力太小时，会出现缝料走得慢或针距不均现象；压力过大时，则产生“啃活”和上下缝料相对滑移现象。

要获得压脚对缝料合适的压力，首先要确定好压脚与压紧杆导架之间的相对位置。其方法是：旋松调压螺钉，扳起压脚，旋松压紧杆导架螺钉，上下移动压紧杆，使压脚底面与针板相距5mm，用手捏住压脚，旋紧压紧杆导架螺钉（注意不要使压脚产生歪斜，应使压脚两侧与送料牙齿条平行，使压脚落针槽与针板孔对正）。在送料牙能正常推送缝料的前提下，应尽量减小压脚压力。

2. 送料牙高度的调节

送料牙露出针板上平面的高度 H（图 4-68）也是根据缝料的性质而定的。在缝纫一般缝料时，H 值取 0.8mm 左右，在缝纫薄料时为 0.5mm 左右，缝纫厚料时为 1mm 左右，最大不能超过 1.2mm，否则会引起缝料来回走动的故障。

送料牙高低的调整如图 4-68 所示，通过抬牙叉进行。旋松抬牙叉固定螺钉，将抬牙叉向上扳动，牙架便升高；将抬牙叉向下扳动，牙架降低。调到适当位置后，锁紧抬牙叉固定螺钉。

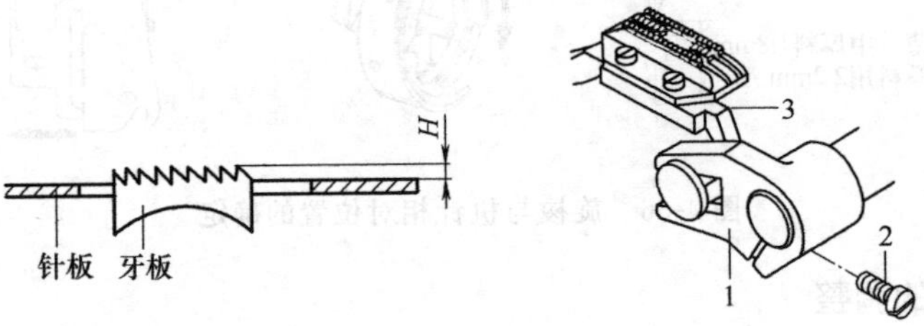

图 4-68　送料牙高度的调节

1—抬牙叉；2—固定螺钉；3—牙架

3. 送料牙的倾斜调整

送料牙的安装标准是齿面应与针板平行。但应根据缝制不同的缝料做适当的调节。在缝制弹性较好的化纤缝料时，为了避免缝料伸展所造成的波纹，可将送料牙调成前高后低状，目的是使压脚底面与送料牙的接触面向后移，且接触面减少，可防止缝料起皱。为了减少因缝料相对滑移所引起的褶皱，送料牙可调成前低后高状，但易出现浮底线现象。

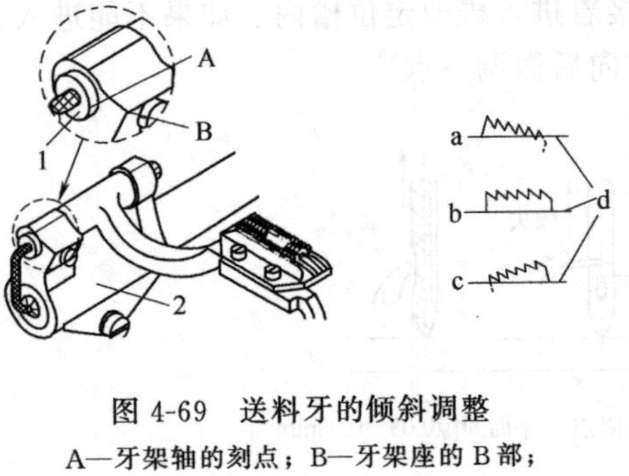

图 4-69　送料牙的倾斜调整

A—牙架轴的刻点；B—牙架座的 B 部；

a—前高后低；b—标准；c—前低后高；d—针板；

1—牙架轴；2—送料轴

送料牙标准的水平安装位置是牙架轴上刻线与牙架座的 B 部一致时的位置。送料牙倾斜的调整，可旋松牙架轴的紧固螺钉，如图 4-69 所示。顺时针旋牙架轴，可使送料牙前高后低；反方向旋，可使送料牙前低后高。转 90°即可使牙架轴的偏心达到最高点。

4. 送料相位的调节

送料相位就是送料牙与针的运动配合。标准调节位置是送料牙从针板下落时，送料牙齿面与针板平齐，同时机针向下运动到针孔的上缘与针板面平齐。

送料相位的调节方法如图 4-70 所示，拧松送布偏心凸轮的固定螺钉，朝箭头方向或反箭头方向移动送布偏心凸轮，即改变送布相位，然后拧紧固定螺钉。缝制时发生皱褶时，可把相位提前，即向图中箭头方向移动送布偏心凸轮，使送料牙齿面向下运动到与针板面平齐时，机针的针孔在针板的上方。

缝制时发生上下两块缝料长短不齐的现象时，可把相位推迟，即向图中箭头反方向移动送布偏心凸轮，使送料牙齿面向下运动到与针板面平齐时，机针的针孔已穿过针板面的下方。

送料牙除有高低调节及与机针的配合调节外，其在针板槽中的左右、前后，以及送料时顺缝、倒缝的针距也要对称。

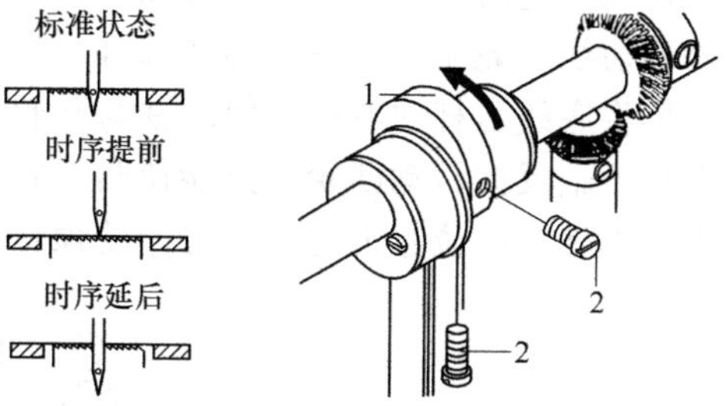

图 4-70 送料相位的调节

1—送布偏心凸轮；2—固定螺钉

① 标准的送料牙的调节，应使送料牙在针板槽中左右对称，且边线互相平等。调节方法是把牙架座的紧固螺钉旋松，左右调节牙架，使送料牙在针板槽中左右对称为止，拧紧固定螺钉。

② 标准的送料牙的调节，应使送料牙在针板槽中前后对称，调节方法是只需将送料曲柄紧固螺钉拧松，然后调节牙架使送料牙在摆动中的前后极限位置对称即可。

③ 标准的送料牙的调节，应使送料牙顺缝倒缝时针距长短一致。调节方法是将倒送料曲柄紧固螺钉拧松，然后调节该曲柄的角度，头部起翘时，顺缝针距大；头部跌落时，倒缝针距大。调节至顺缝、倒缝针距对称为止。

5. 自动抬压脚装置的行程调节

抬压脚行程的调节方法见图 4-71，其顺序如下：

① 松开连接件的紧固螺母。

② 松开抬压脚挡块 A 的紧固螺钉，再将挡块 A 向下推足。

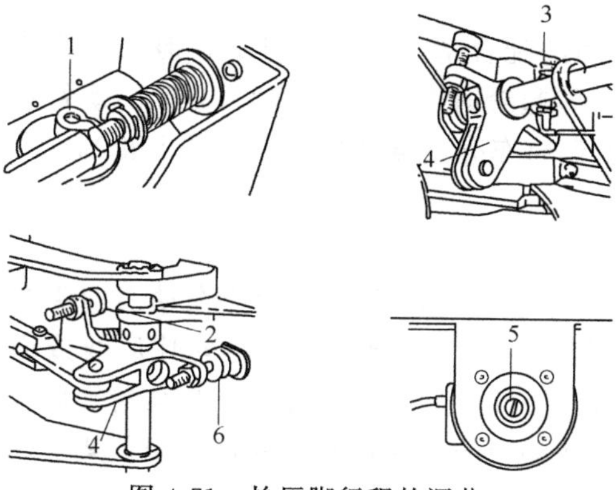

图 4-71 抬压脚行程的调节

1—紧固螺母；2—挡块 A；3—膝提压杆；4—压脚提升杆；5—螺钉；6—挡块 B

③ 在上述状态下，使电磁线圈吸收，观察压脚上升量是否达到 10mm。如上升量超过 10mm，应将柱塞逆时针方向转动进行调整。如上升量不足 10mm，则应顺时针方向转动，调至 10mm。

④ 使电磁线圈吸收，向上提挡块 A，一直靠到油盘为止。

⑤ 关闭膝提开关之后，再将挡块 A 向上只转一圈。

⑥ 再将挡块 A 的紧固螺母以及连接件紧固螺母旋紧。

⑦ 将抬压脚挡块 B 向上提起，直到与油盘接触，然后进行调整，使油盘内露出的膝提压杆与压脚提升杆的凹部之间的间隙约为 1mm。

⑧ 将挡块 B 的紧固螺钉旋紧。

（四）自动剪线装置的调整

下面以水平切线方式为主，介绍自动剪线装置的调整。

1. 切线凸轮位置的配合

切线凸轮时间位置的定位按图 4-72 所示的方法进行，先按照第 1 螺钉、第 2 螺钉的顺序松开切线凸轮上的两只定位螺钉，然后转动上轮，使图 4-72（b）中的两个红色标记对准。再将底线压杆向右推，使滚柱与凸轮吻合。此时，应注意不要让下轴转动，用手指按住缝纫机下轴反向转动凸轮（只能使凸轮转动，使其按图 4-72 中的箭头方向转动）。当凸轮处在不能再转动的位置上时，再将凸轮顶住滚柱。最后，按照顺序旋紧第 1 螺钉和第 2 螺钉。

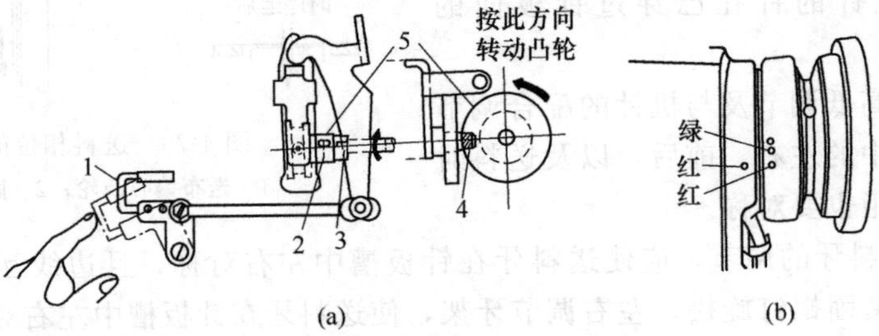

图 4-72　切线凸轮时间位置定位

1—底线压杆；2—第 2 固定螺钉；3—凸轮环；4—滚柱；5—切线凸轮

此外，在凸轮环不动的情况下，应将切线凸轮压住凸轮环，再按照第 2 螺钉、第 1 螺钉的顺序旋紧。

在此种状态下，应注意以下两个问题。

① 上轮刻点是表示凸轮定位配合用的标准值。在使用棉线或化纤线时，位置配合可以提前 2°左右，也可以推后 5°左右。但此时应检查一下切刀在针板下面是否确实可以将面线切断为两截。凸轮位置配合太前或太后，有时会引起留在针尖处的面线线端太短，以致在剪线动作后会立即使面线从针孔中脱出。此外，还会出现滚柱不能进入切线凸轮槽内的现象，因此应予以注意。

② 在使用棉线或化纤线作为缝线时，剪线时间的配合基本上是相符的，但在使用化纤线中的细号规格线时，则较易产生下列两种弊病，即起缝时有时会出现 1～2 针的跳针；起缝时面线容易从针孔内脱出。遇到这种情况，需要调整车壳后端处的刻点对准上轮刻点；起缝时的第 1 针从慢速启动（800r/min）开始。

2. 动刀的运动位置

图 4-73（a）为动刀的正确动作。动刀处在最大运动量时的动刀位置应在动刀前尖端离机针中心线后退 3～3.5mm 的位置上。若后退量太少时，往往会出现刀具勾住底线或面线的现象；若后退量太多，则会使动刀与送料牙相碰。因此，动刀的位置配合必须精确调至最佳状态。装在规定部位上的动刀精度定位位置应在使动刀的外周正好嵌入切到安装架上标有 V 形槽沟内的位置上，见图 4-73（b）。

动刀位置的调节方法是在缝纫机处在停转状态下，左右改变动刀连杆销的位置即可，如图 4-74 所示，其具体调节方法是：

① 先松开动刀连杆销上的固定螺母；

② 或左或右移动动刀连杆销，使切刀安装架上的切刀位置配合用的 V 形槽沟恰好与动刀的外周嵌合；

③ 调至最佳位置后，旋紧动刀连杆销上的固定螺母。

在左右移动动刀连杆销位置时，若向右调节，后退量加大；若向左调节，则后退量减少。

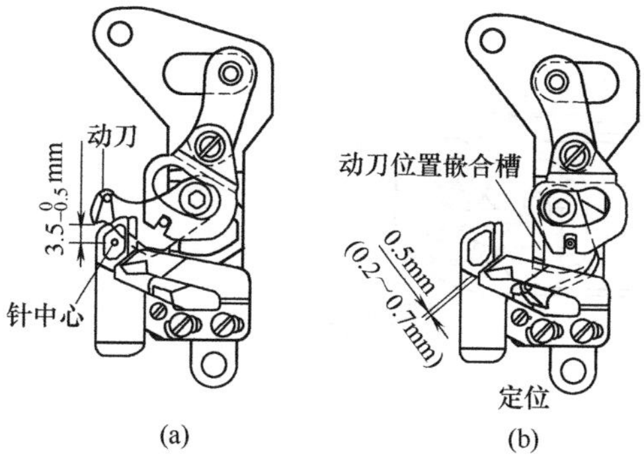

图 4-73 动刀的正确动作

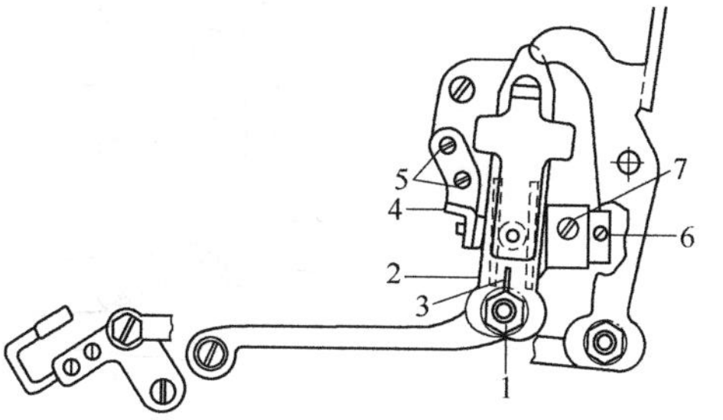

图 4-74 动刀位置的调节

1—动刀连杆销；2—切刀驱动臂；3—V 形槽沟；4—驱动臂挡板；5—紧固螺钉；6—凸轮定位环；7—剪线凸轮

如果只用动刀连杆销调节效果不理想时可按下列顺序做调整：

① 松开动刀连杆销上的固定螺钉。

② 重新调整动刀连杆销的中心位置，使其与切刀驱动臂长孔中央处的 V 形槽沟相吻合，然后旋紧紧固螺母。

③ 松开驱动臂挡板上的两只紧固螺钉。

④ 移动切刀驱动臂，使切刀安装架上的 V 形槽与动刀外周恰好嵌合。在该位置上，再将驱动臂挡板推上去，然后旋紧紧固螺钉。

⑤ 分别松开剪线凸轮和凸轮环上的两只紧固螺钉。

⑥ 将上轮上的红刻点与车壳后端上的红刻点对准。

⑦ 用手指将剪线凸轮上的第 2 紧固螺钉朝操作者一侧方向转动，然后将底线压杆向右推。

⑧ 左右移动凸轮，使凸轮与滚柱吻合。

⑨ 在此状态下，一边将凸轮轻轻向右侧方向拉，一边朝箭头方向（操作者一侧）转动凸轮，使其转到底，不能再转动为止。

⑩ 暂时固定住凸轮上的第 2 紧固螺钉。

⑪ 检查一下皮带轮的刻点是否已对准，滚柱是否顺利进入凸轮槽内，切刀后退量是否在 3～3.5mm 范围内。

⑫ 确认后，旋紧两只凸轮紧固螺钉。再将凸轮环推至凸轮上，并旋紧紧固螺钉。

动刀的调换，可按照下列顺序进行：

① 如图 4-75 所示，先松开动刀连杆螺钉。

② 使用 3mm 的内六角扳手，如图 4-75（b）所示，将动刀螺钉松开后取出。

③ 将动刀摆动臂螺钉松开后取出，再拿起动刀摆动臂，将动刀的销从动刀摆动臂的叉槽内拔出。

④ 在取出动刀的销之后，将动刀滑向左侧，并从动刀摆动臂下面取出。

安装时，可以按照相反顺序进行。

3. 定刀的调整

定刀的正确安装方法如图 4-76 所示。在以机针下落点正好处在针板孔中心位置为标准的前提下安装好的切刀拦线板与定刀刀尖之间的正确距离应为 0.5mm。此时，从机针中心

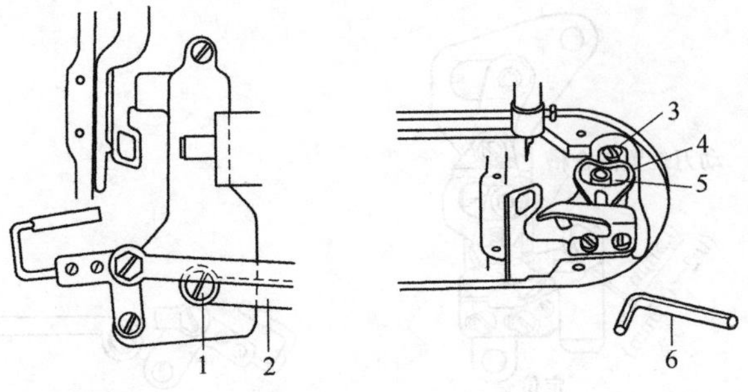

(a) (b)

图 4-75 动刀的调换

1—动刀连杆螺钉；2—动刀连杆；3—动刀摆动臂螺钉；

4—动刀摆动臂；5—动刀螺钉；6—内六角扳手

至定刀刀尖之间的距离约为 4mm。定刀的刀尖应处在安装面 0.6mm 的位置上，如图 4-76（b）所示。若改变定刀尖的安装角度，剪切缝线的效果就会不一样。但在一般情况下，当定刀与切刀的刀刃部分完全吻合时，则剪切的效果为最佳。

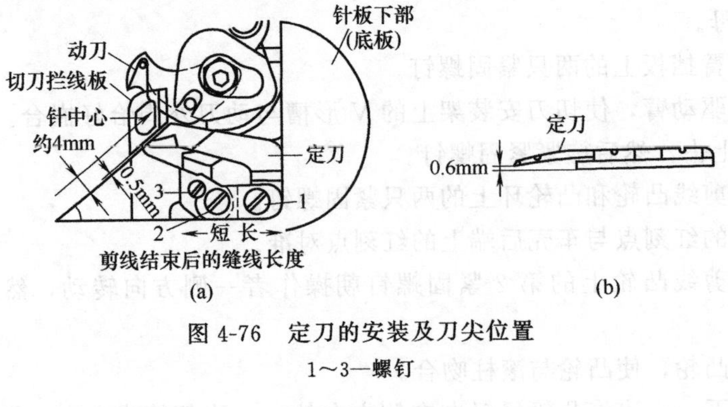

(a) (b)

图 4-76 定刀的安装及刀尖位置

1～3—螺钉

在调整定刀位置或调换定刀时，应调整定刀的安装角度。正确的安装角度如图 4-77 所示。定刀除了标准的位置之外，还可以向右移动进行安装。在这种情况下，面线和底线露出刀具的长度不仅必须比标准安装位置时的切刀移动距离要长，而且由于剪线的时间也被推迟，因此留在针尖处面线长度也应留足加长。

图 4-78 为定刀向右移动时的安装位置。在使用化纤线时，将定刀向右移动，也可以使剪线时间推迟。此外，为了调整得更加完美，还应当进行剪线凸轮部件的位置配合调整。另

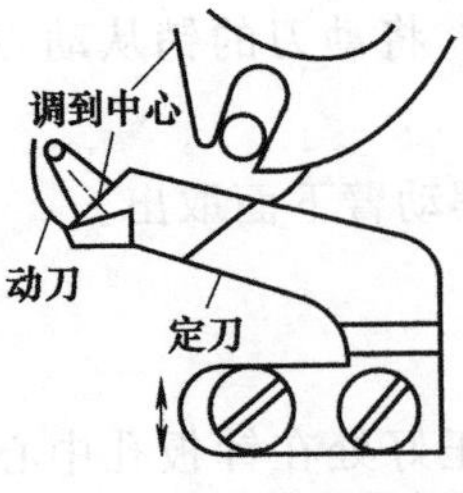

图 4-77 定刀的安装角度

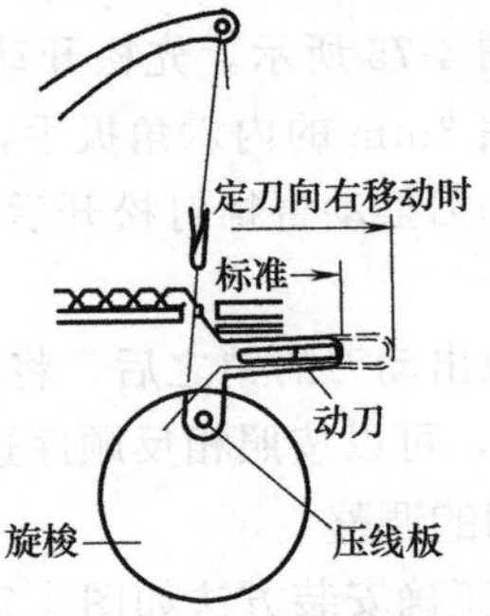

图 4-78 定刀向右移动的位置

外，安装切刀拦线板时，必须使机针下落点正好对准针板孔的中心点。

调换切刀拦线板时，可先松开图 4-76 中的螺钉 2 和螺钉 3，在螺钉 1 紧固状态下进行调换。如果定刀的安装角度已有变动时，应重新调整。

4. 刀刃的修磨

对切刀效果起最大影响的因素是定刀的刃尖形状。在通常的情况下，只要定刀的刀刃磨锋利，就可以使剪切动作顺利。定刀的刃面与动刀的切刃部位相互接触，这是最重要的条件。

在研磨刀刃时，只要按图 4-79 所示，研磨刀刃的 *A* 面，即可使刀保持锋利度（应注意图中所示的角度）。*B* 面的刃尖部分呈圆形时就会弯钝，影响剪切效果。因此，在研磨时，注意不要变动刃尖 *B* 面的角度。

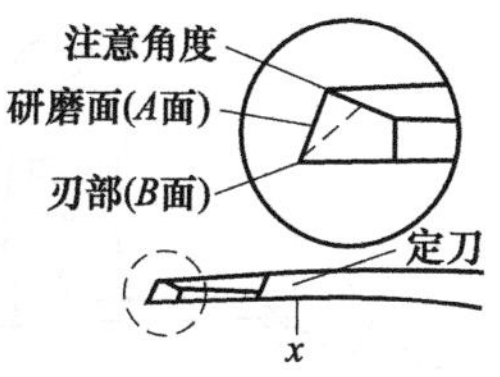

图 4-79　定刀刀刃

若刀刃面十分锋利但剪切效果仍不太理想，则这是因为动刀与定刀刃面左右两侧同时都未相接触。此时，应修正定刀的倾斜角度。在修正定刀的斜度时，必须要使动刀（图 4-80 中的 C 和 D 部分）与定刀同时可以相接触。

为了使动刀和定刀的刀刃尖周围部分都发挥作用，一种有效的调整方法是改变图 4-81 中箭头所示的角度。若出现图 4-80 中的 D 部分一侧剪切效果不理想的现象时，调节方法是缩小图 4-78 中的刀刃角度。而出现图 4-80 中的 C 部分一侧剪切效果不好的现象时，则应加大这一角度。

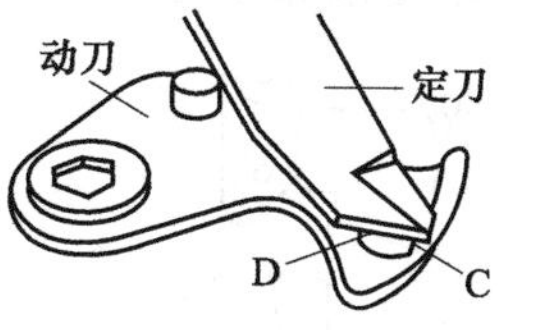

图 4-80　动刀的 C、D 部分

图 4-81　定刀的角度

5. 底线压杆的调整

在进行剪线动作时，如果底线压杆出现图 4-82 中的底线压杆朝梭芯套方向伸入过多的现象时，就会使梭芯停止转动。剪线后底线线头过短时，会产生起缝时脱缝现象；当底线压杆伸入不足时，面线从底线压杆前端脱出，剪线后留在针尖处的面线太短，也会造成缝线脱线现象。

底线压杆的正确位置是：在将摆动臂朝箭头标记（右侧）方向推入的状态下，轻轻拉出底线。此时，如图 4-83 所示，将底线压杆前端（梭子压板）与梭芯上部的切口部位之间的距离调到 1.0～1.5mm。此外，再将梭子压板的后端与底线压杆的刻线标志对准。

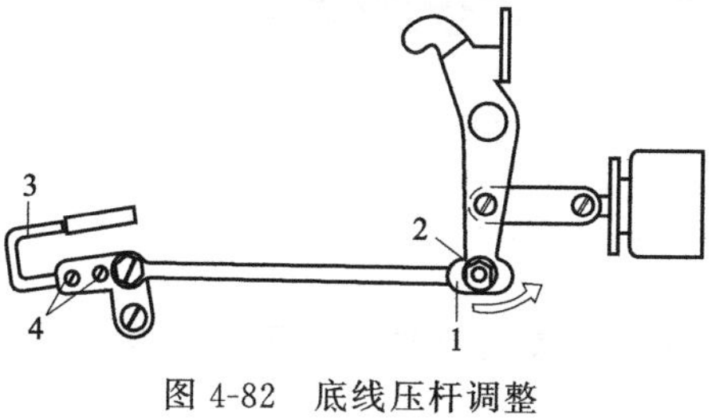

图 4-82　底线压杆调整

1—摆动臂；2—连杆销；3—底线压杆；4—螺钉

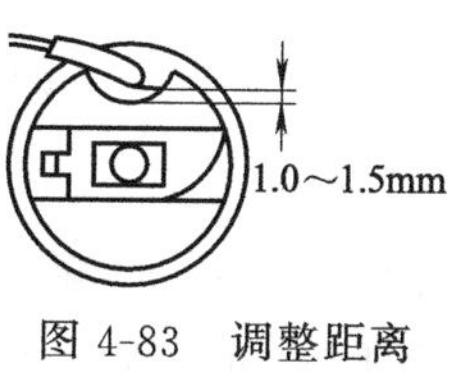

图 4-83　调整距离

底线压杆的调整：可先松开图4-82中的螺钉，按照4-83所示方法，调整底线压杆的前端（梭子压板）。调整底线压杆的深度时，可移动连杆销进行调节。调整后，应旋紧连杆销的紧固螺母。连杆销的定位标准是在摆动臂推向右侧的状态下，下轴应与压杆座的前端保持平行。

6. 摆动臂和切线磁铁的调整

摆动臂和切线磁铁的调整如图4-84所示。切线磁铁的行程应为6mm，如图4-84（a）所示。摆动臂和磁铁的安装位置：在切线磁铁被吸引时，其安装位置应使图4-84（b）中的A部分间隙为0.1～0.5mm。在这一位置时，应将切线磁铁螺钉牢牢旋紧。

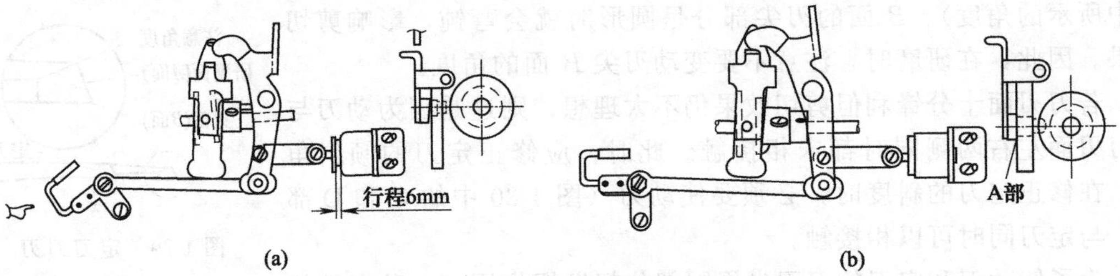

图4-84 摆动臂和切线磁铁的调整

旋转切线自动剪线装置的固定刀、动刀和分线器调整如图4-85所示。切线凸轮使动刀动作时，在行程末端，其动刀的刃部对固定刀的前端必须达到图中B的形式。如没有啮合，旋松螺钉调节切刀驱动曲柄，使其啮合，调整分线器，不要碰旋梭和动刀。

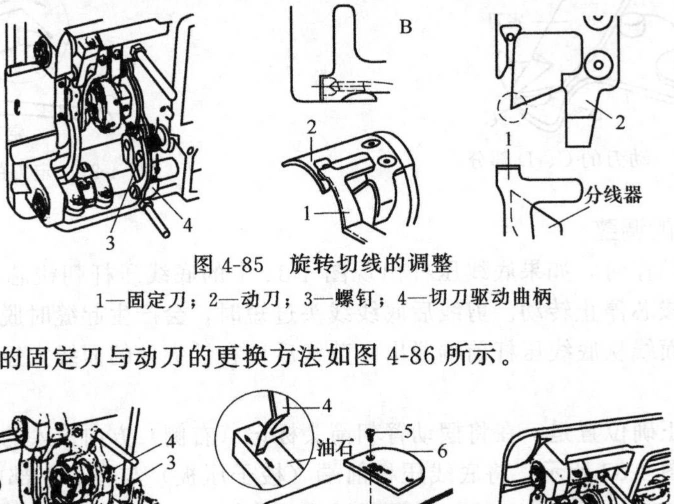

图4-85 旋转切线的调整

1—固定刀；2—动刀；3—螺钉；4—切刀驱动曲柄

旋转切线装置的固定刀与动刀的更换方法如图4-86所示。

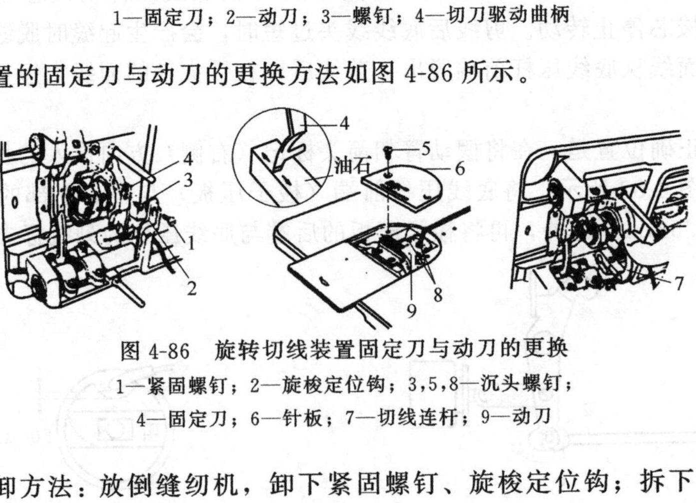

图4-86 旋转切线装置固定刀与动刀的更换

1—紧固螺钉；2—旋梭定位钩；3,5,8—沉头螺钉；

4—固定刀；6—针板；7—切线连杆；9—动刀

固定刀的拆卸方法：放倒缝纫机，卸下紧固螺钉、旋梭定位钩；拆下沉头螺钉、固定刀。如剪线变钝后，研磨固定刀。

动刀的拆卸方法：用压脚扳手将压脚抬起，拆下沉头螺钉，取下针板；转动缝纫机皮带轮，将针杆停止在最高点位置，用手推动切线连杆，在沉头螺钉显露的位置停下，并拆下沉头螺钉，取下动刀。组装按相反的顺序进行。

（五）机针定位的调整

机针停止位置分为上停针位停止（切线后停止）和下停针位停止（缝制中停止）。

机针的定位调整：标准的机针定位是在剪线后机针停位时，机壳上的红色刻点应与上轮的白色刻点在相同的位置上。

机针上停针位的调整，通过松开上停针位调节螺钉A，在长孔的范围内进行调节，如图4-87（a）所示。提前停位时，可将螺钉向逆时针方向调整；推迟停位时，则将螺钉向顺时针方向调整。

机针下停针位的调整，可通过图4-87（b）所示的下停针位调节螺钉B，在长孔的范围内进行调节。提前停位时，可将螺钉向逆时针方向调整；推迟停位时，则将螺钉向顺时针方向调整。

在调整过程中，切勿在螺钉A和B旋松的状态下使缝纫机运转。此外，只需要旋松螺钉A或B就可以了，无须将螺钉取出。

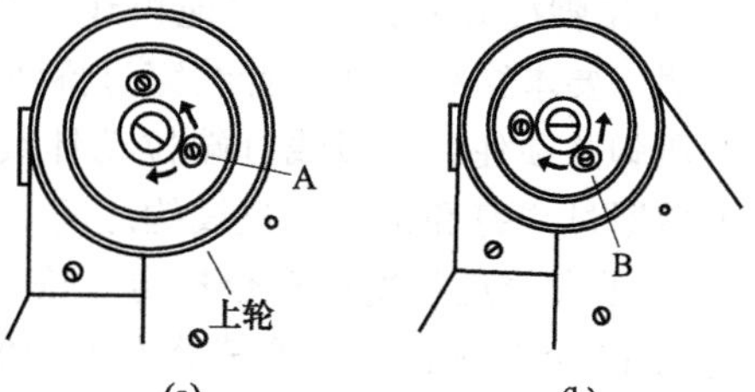

图4-87 机针的定位调整

三、工业平缝机的性能检测

试验前将机头外表擦净，清除针板、送料牙、旋梭以及过线部分的污物，加润滑油后，以最高缝速的80%运转5min；缝纫速度用非接触式测速仪测试，试验缝纫速度允差为−1%；每项试验前允许调节压脚压力、缝线张力、线迹长度和送料牙高度并进行试缝，正式试验时不应再调节。

（一）缝纫性能检测

① 普通缝纫1000mm，缝纫2次，不应断针、断线、跳针和浮线。

按表4-13规定的试验条件，目测判定。

② 层缝缝纫500mm，缝纫3次，不应断针、断线、跳针和浮线。

a. 薄料、中厚料层缝缝纫按QB/T 2628—2004规定进行，目测判定。

b. 厚料层缝缝纫按QB/T 2628—2004规定进行，目测判定。

③ 连续缝纫5000mm，不应断针、断线、跳针和浮线。

a. 薄料连续缝纫按QB/T 2627—2004规定进行试验，目测判定。

b. 中厚料连续缝纫按QB/T 2627—2004规定进行试验，目测判定。

c. 厚料连续缝纫按QB/T 2627—2004规定进行试验，目测判定。

④ 高、低速缝纫长度相对误差应不大于13%。

按表4-13规定的试验条件和图4-88缝纫后，用游标卡尺分别量出中间的10个线迹的长度，按式（3-2）计算。

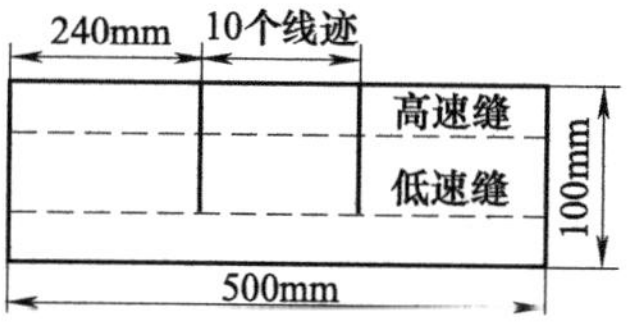

图4-88 缝样（一）

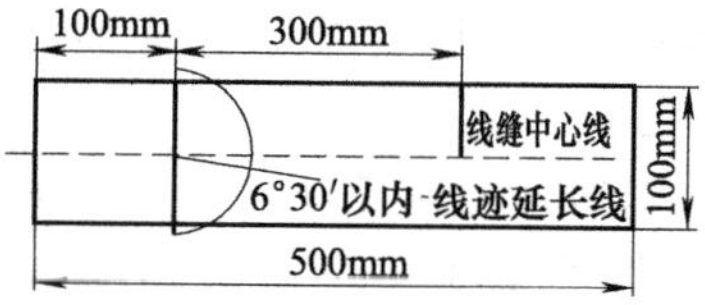

图4-89 缝样（二）

⑤ 缝纫长度 300mm 内，线迹歪斜数应不大于 3 个。

试验方法如图 4-89 所示。按表 4-13 规定的试验条件缝纫后，取线缝中间长度 300mm，用量角器测量其中的线迹。线迹延长线与线缝中心线的夹角大于 6°30′，则判定该线迹歪斜。

⑥ 薄料机线缝皱缩。上层线缝皱缩率应不大于 1.5%；下层线缝皱缩率应不大于 2.5%。按 QB/T 2045—1994 的规定进行试验。

⑦ 缝料层潜移率。薄料、中厚料机应不大于 1%，按 QB/T 2045—1994 的规定进行试验。

（二）机器性能检测

① 线迹长度、缝线张力和压脚压力均能进行调节，用手感、目测的方法判定。

② 压脚提升锁住后，应能松线。放下压脚扳手，转动上轮使挑线杆位于最高点，按使用说明书要求穿引针线。针线穿过挑线杆的穿线孔后垂直悬下，线端挂质量为 50g 的砝码。提升压脚并锁住，在过线钉端拉动针线，使砝码距离底板平面约 20mm 时打结固定之。用剪刀剪断过线钉和机头上过线钩之间的线段，砝码应能自行落下。

③ 最大线迹长度应符合规定。按表 4-13 规定的试验条件进行缝纫，用游标卡尺在线缝上量出 10 个线迹长度，取其算术平均值。

④ 压脚提升高度应符合规定。转动上轮，送料牙调节到低于针板位置，抬起压脚，用压脚高度专用量规插入压脚下应能通过。

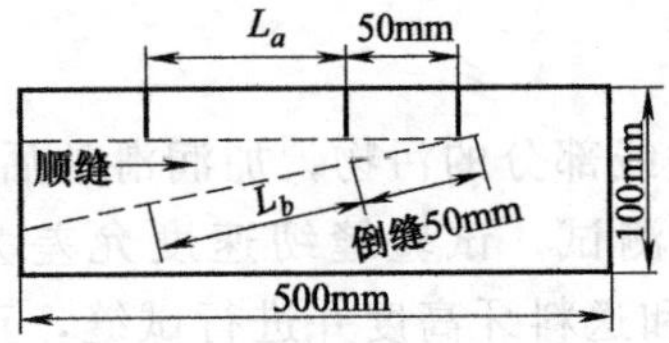

图 4-90 缝样（三）

⑤ 最大线迹长度时，倒送扳手的始动作用力应不大于 13N，放下后松开，倒送扳手应能复位。

a. 提升压脚至锁住，将线迹长度调到最大值，使弹簧秤垂直向下顶在倒送扳手端部，缓慢施力，读出扳手开始移动时的弹簧秤示值，即为始动作用力的大小。

b. 用手按下扳手，放开后，扳手应能复位。

⑥ 倒、顺缝纫线迹长度相对误差应不大于 13%。

按表 4-13 规定的试验条件和图 4-90 缝纫后，用游标卡尺分别量出距折点 50mm 外顺向、倒向的 10 个线迹长度，按式（3-1）计算其相对误差。

（三）运转性能检测

1. 运转噪声

① 最高转速空载运转时，应无异常杂声。采用耳听法判定。

② 声压级应不大于 83dB。按 QB/T 1177—2007 的规定进行检测，最高缝纫速度大于等于 5000 针/min 时，则按缝纫速度 5000 针/min 的试验条件进行测试。

2. 振动位移

振动位移值应不大于 280μm。按 QB/T 1178—2006 的规定进行试验。

3. 启动转矩

启动转矩应不大于 0.4N·m。按 QB/T 2252—2012 的规定进行试验。

4. 润滑

缝纫速度 2000 针/min 运转时，润滑系统的供油及回油应良好。目测油窗检查供油情况，试验结束后卸下面板检查回油情况。

5. 密封

机头密封性能应良好，各结合面不应渗漏油。按 QB/T 2609—2003 的规定进行试验。

6. 附件与备件

每台机头的附件和备件应符合产品使用说明书或装箱单的规定。

（四）配合间隙检测

1. 上下轴径向间隙检测

将百分表表头分别打在上下轴圆柱表面上，在轴上反复加10N力，表头数值的变化量即为上下轴径向间隙值。标准值不大于0.05mm。

2. 上下轴轴向间隙检测

将百分表表头分别打在上下轴的后端面上，在手轮上反复加10N力，表头数值的变化量即为上下轴轴向间隙值。目测和手感不允许有间隙。

3. 针杆运动方向间隙检测

旋转手轮，使针杆运动到最低位置后，将百分表表头打在针杆上端面，在针杆下端反复加10N力，表头数值的变化量即为针杆运动方向间隙值。标准值不大于0.3mm。

4. 针杆径向间隙检测

转动上轮，使针杆运动到最低位置后，将百分表表头打在针杆附近，在针杆上加5N力，表头数值的变化量即为径向间隙值。标准值不大于0.1mm。

5. 送料机构运动方向间隙检测

卸下针板，转动手轮，使送料牙运动到最高位置，将百分表表头打在送料牙端面上，在送料牙运动方向反复加2N力，表头数值的变化量即为送料机构运动方向间隙值。标准值不大于0.5mm。

6. 送料机构抬牙方向间隙检测

卸下针板，转动手轮，使送料牙运动到最高位置，将百分表表头打在送料牙齿上，在送布抬牙方向反复加2N力，表头数值的变化量即为送料机构抬牙方向间隙值。标准值不大于0.8mm。

7. 挑线杆运动方向间隙检测

转动手轮，使挑线运动到最高位置，将百分表表头打在挑线杆最高点，表头与挑线杆要求有一定的接触压力，竖直向上对挑线杆反复加10N力，表头数值的变化量即为挑线杆运动方向的间隙值。

8. 挑线杆平面方向间隙检测

转动手轮，使挑线运动到最高位置，将百分表表头打在挑线杆侧面，反复加5N力，表头数值的变化量即为垂直方向的间隙值。

表4-13　试验条件

序号	试验项目	采用机针	采用缝线	试料						缝纫速度/(针/min)
				尺寸/mm×mm	层数			线迹长度/mm		
					薄料	中厚料	厚料	薄、中厚料	厚料	
1	倒、顺线迹长度一致性	随机机针	按基本参数表选用	500×100	2			3	4	最高缝速的80%
2	最大线迹长度			500×100	2			最大		最高缝速的80%
3	普通缝纫			1000×100	2			3	4	最高缝速
4	层缝缝纫			按QB/T 2628—2004的规定						
5	连续缝纫			按QB/T 2627—2004的规定						
6	高低缝速线迹长度一致性			500×100	2			2	3	高速为最高缝速，低速为最高缝速的40%
7	线迹歪斜			500×100	2			3	4	最高缝速
8	线缝皱缩			按QB/T 2045—1994的规定						
9	缝料层潜移率									

注：薄料机选用GB/T 5325—2009规定的T/C 158～T/C 165涤棉细平布为试料；中厚料机选用GB/T 406—2008规定的130细平布为试料；厚料机选用GB/T 406—2008规定的605～611纱卡其为试料。

第五节　工业平缝机的常见故障及排除

工业平缝机可以说是一种比较复杂而精密的机器，其精度和配合要求都非常高，它可在不到 1s 时间内连续做十几个动作而准确无误。因此，只要机器中某一零部件配合不好或质量达不到要求以及其他某种原因，都可能出现各种各样的故障。下面将常见的故障分十个方面分别介绍。

一、断线故障分析及维修

1. 断面线

断面线故障分析及维修如表 4-14 所示。

表 4-14　断面线故障

故　障	产生原因	维修方法
切割状断线	机针装反或机针未装到顶；缝厚料时机针选用太细；面线经过面板左上角的缺口、夹线器夹线板和螺针圆柱、拦线板、挑线杆穿线孔、面板线钩、针夹线钩、机针针孔、针板容针孔等有锐刺或破损处对面线割断	将机针正确安装，将各零件中的锐刺磨光，破损修复或更换零件
马尾状断面	过线部位比较粗糙或磨出线槽，线与机针配合不当，线的粗细不匀	磨光及修过线部位，正确选择线和机针，线要均匀
卷曲状断线	操作不熟练和使用方法错误，如踏倒车，面线穿错，线夹压力过大，穿面线时挑线杆位置太低，梭芯卷线不齐，面线绕住插线钉 零件安装不正确，如机针装反，梭门未扣住摆梭轴，梭门簧失去弹力，梭床压圈簧装反或夹角外露 零件质量不好或已损坏，如梭门盖斜角太长，摆梭尖三角颈不光，摆梭托与摆梭出线空隙太小	熟练操作及掌握使用方法，避免踏倒车，正确穿线，调整面线压力。卷线整齐；正确安装零件，修整或调换损坏的零件，修复梭门盖斜角，磨光摆梭尖三角颈，把摆梭托与摆梭出线空隙调整为 0.35～0.55mm，加强维护与检修
轧断状断线	操作不熟练，上轮倒转、底线未引出或没有把底面线压在压脚后方面起缝；面线已穿引好而梭芯套没安装；零件损伤或错误安装，摆梭托与摆梭出线间隙太小，摆梭嘴损伤或变钝，摆梭弧线翼生锈或粗糙，挑线凸轮或挑线滚柱严重磨损	熟练操作，防止踏倒车，起缝时检查梭芯套是否安装，正确安装各零件，摆梭托与摆梭出线间隙调整为 0.35～0.55mm，修整或更换损坏的零件
断面线并伴有机声不正常	挑线机构严重磨损，大连杆上孔松旷，圆锥螺钉松动，下轴滑块严重磨损，针杆与针杆孔磨损过大，小连杆严重磨损，针板孔过大，梭床未装好	修整或更换磨损严重的零件，拧紧松动螺钉。重新安装梭床
缝薄断线	针板孔过大，压脚太高，针鼻不正	更换针板，重新调整压脚位置，校正针鼻
一般性断线	挑线簧弹力过大、摆梭尖短秃、钩线距离不当、机针尖磨光、摆梭托簧折断或有裂痕、梭芯套掉出	调整挑线簧弹力，修复或更换摆梭尖，调整钩线距离，更换机针、摆梭托簧，重新安装梭芯套

2. 断底线

断底线故障分析及维修方法如表 4-15 所示。

表 4-15　断底线故障

故　障	产生原因	维修方法
断底线并伴有面线下翻	底线张力过大，摆梭轴根部绕有缝线，梭芯套内线毛太多或梭芯绕线太薄	调整底线张力，清除摆梭轴根绕线，清除梭芯套内的线毛等杂物，调整绕线器
手拉底线感觉松紧不均	梭芯套不圆，梭芯偏歪，底线绕得松乱不匀	更换梭芯套，重绕底线使其整齐不乱

续表

故　障	产生原因	维修方法
底线时断时续	送布牙尖太锐或露出针板太高，压脚压力过大，压脚与送布牙不平行，针板孔有毛刺	降低送布牙高度，调节压脚压力，调整压脚并保证与送布牙平行，消除针板孔毛刺
一般性断底线	薄线跳板或过线架有毛刺。在绕梭芯时底线被挫伤，摆梭有毛刺或裂痕，梭芯与梭皮严重磨损	修整薄线跳板或过线架，修磨或更换摆梭和梭芯套

3. 高速断底面线

高速断底面线故障分析及维修方法如表 4-16 所示。

表 4-16　高速断底面线故障

故　障	产生原因	维修方法
高速断底面线	缝线质量差，机针与缝线配合不当，过线部位表面粗糙，压线力过大，机针安装不正确，底线张力太小，机针过热熔断化纤线	换用优质缝线，正确选择缝线与机针，修整或更换过线部位零件，调整压线力，校正机针和旋梭配合相对位置，调整底线张力，使用化纤线时采用机针冷却

二、跳针和断针故障分析及维修

跳针是指经过缝纫后，缝料两面的底面线没有发生绞合的现象。产生跳针的主要原因是摆梭尖不能钩住线环，其原因主要有三个方面：

① 线环成形不良，如线环小、扭曲或歪斜；

② 机针或摆梭定位不准确，动作不协调；

③ 引线或钩线机构零件磨损或松脱，使得机针与摆梭的运动无规律。

跳针根据不同情况一般可分为偶然性跳针、断续性跳针和连续性跳针等。

1. 跳针故障分析和维修

跳针故障分析和维修如表 4-17 所示。

表 4-17　跳针故障

故障	含义	产生原因	维修方法
偶然性跳针	指在缝纫中不规则地间隔跳针	缝料厚薄不匀，选用机针较细，遇到厚部位产生跳针；机针线槽歪斜；缝线质量不好，捻度不匀，形成线环不稳；细线缝薄料而用粗针；压脚压力小；机针位置不对；摆梭尖磨损或断裂钩不住线环；针板孔磨损过大；挑线簧弹力太大	根据缝料厚薄，缝线粗细，选用适当的机针；采用质量好的缝线；正确安装机针，调整压脚压力；修整摆梭尖、针板孔，调整挑线簧的弹力
断续性跳针	指阶段性的连续跳针，但距离不长	针杆过高不能将面线送至摆梭下端；针杆过低，将面线送到摆梭尖以下使摆梭不能钩线；针杆磨损与套筒配合松动；针杆位置偏移；钩线机构中的零件磨损和松动，梭床盖安装位置不好	正确调整针杆、机针的位置；修整或更换已损坏的零件；调整钩线机构中零件的位置；正确调整梭床盖的安装位置，使梭床盖分线和线环增大，利于摆梭夹钩入，机针与梭床盖的间隙为 1mm 左右
连续性跳针	指缝纫后线迹都是虚线，缝料没有缝合	机器长期使用或受到严重损伤后造成的，往往是断续性跳针的进一步发展	参考断续性跳针维修、修整或更换损坏的零件
刺绣跳针	刺绣时出现跳针现象	绣料绷架没有绷紧，机针选用太粗，挑线簧弹力过大	绷紧绣料；选用合适的机针（一般用 9 号、11 号机针），调整挑线簧的弹力

续表

故障	含义	产生原因	维修方法
缝纫人造革、塑料跳针	缝纫人造革、塑料、橡胶等制品产生的跳针现象	压脚压力过小；机针穿刺缝料和缝线穿过缝料时摩擦力太大，不利于形成线环	加大压脚压力；在面线经过处缚一块油絮团。使面线比较光滑，减小针、线、缝料间的摩擦
一般性跳针	正常缝纫时产生的跳针	机针弯曲，针尖折断，针槽太浅，针眼歪斜，挑线簧弹力过大，压脚未装好	选用合适的机针，调整挑线簧弹力，正确安装压脚
高速产生的跳针	一般是在工业平缝机中产生	机针与旋梭的侧隙和高低位置不对，机针安装方向错误，机针弯曲，针板容针孔太大，机针和缝料的厚薄不相称，底线张力和压脚压力太小	正确安装机针，根据缝料选用合适的机针，缝纫薄料时适当降低针杆，以增加旋梭返回量，增加底线张力和压脚压力

2. 断针故障分析和维修

断针是指在缝纫过程中机针突然受到意外的阻力而折断。主要是由于机针与所经过的零件发生碰撞，如与压脚、针板、摆梭或摆梭托碰撞。产生的原因是缺乏平缝机的使用经验、操作错误、零件位置不正或严重磨损等。由于机针被撞断后会在所撞零件上留下痕迹，故可通过观察痕迹查出断针原因。引起断针的原因不同，所产生的断针故障也不同，如表 4-18 所示。

表 4-18　断针故障

故　障	产生原因	维修方法
偶然性断针	缝厚缝料时机针选用太细，缝厚薄不均匀或突遇厚层缝料；机针装反或未顶足或未夹紧，针尖弯曲、秃钝、折断；缝纫时用力推拉缝料，刺绣时手脚动作不协调	加强缝纫操作的练习，积累缝纫经验；根据缝料的厚薄选用合适的机针，并正确安装；刺绣时手脚动作要协调
连续性断针	压脚歪斜使机针碰压脚；针板容针孔和机针不同心使机针碰针板；送布机构运动与针杆运动不协调；机针与摆梭尖平面配合间隙过小或摆梭托平面间隙过大；梭床未放平；针杆位置太低；针杆针槽弯曲；针杆与针杆孔配合松动；压脚板与压脚柄松动；摆梭平面与梭床导轨槽的配合松动；摆梭托平面变形等	调整压脚、针板；调整送布及针杆机构使之协调；调整机针与摆梭尖平面配合间隙或摆梭托平面间隙；重装梭床；调高针杆位置，校正针杆槽；按正确安装调整好针杆与针杆孔的配合、压脚板与压脚柄配合、摆梭平面与梭床导轨槽的配合；修正或更换摆梭托
一般性断针	压脚螺钉松动引起压脚左右摆动；压脚销弯曲造成压脚太活	拧紧松动螺钉；更换压脚
高速断针	机针太细而缝料坚厚；机针弯曲；机针高低位置不正确；机针安装方向错误；缝纫时用力推拉缝料等	选用适当的机针；采用合格机针并正确安装；缝纫时对缝料稍加扶持切勿用力推

实际上，平缝机的断针故障几乎大都是由于摆梭托与机针间隙过大所引起的。因摆梭托除起传动作用外，还具有“护针”作用。在缝纫过程中，常会遇到单边厚的缝料，这时由于厚料的横向压力较大，迫使细而长的机针产生偏斜，如果处在下方的摆梭托间隙较大［图 4-91 (a)］，就使机针歪斜而越位，被摆梭撞断。如果摆梭托把机针稳定在适当位置，就能保证机针垂直而不发生断针。如图 4-91 (b) 所示，机针与摆梭托的间隙在 0.04～0.15mm 之间，不能紧贴摆梭托，否则会产生跳针故障。如摆梭托平面较低时，可用图 4-91 (c) 所示的方法调整，如摆梭托平面较高，则可轻敲摆梭托平面至适当位置。

三、针迹浮线和绕线故障分析及维修

1. 针迹浮线故障分析和维修

针迹浮线故障分析和维修如表 4-19 所示。

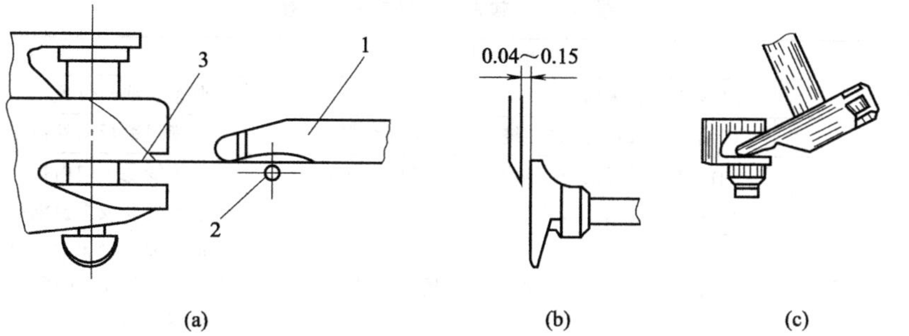

图 4-91 摆梭托的“护针”作用及纠正摆梭托平面高度

1—摆梭托；2—机针；3—摆梭嘴

表 4-19 针迹浮线故障

故障	产生原因	维修方法
浮面线	面线张力大，底线张力小；梭皮弹力不足造成底线张力小；梭皮内有线头，污物使底线压力减小造成张力小；梭芯套与梭皮间磨损形成沟槽，底线进入沟槽使张力减小；夹线器压力过大造成张力过大	调整梭皮弹力；清除梭皮内的污物；修整或更换磨损的零件；正确调整底、面线的张力；选择合适的机针和缝线
浮底线	底线张力大，面线张力小；挑线簧弹力小；夹线螺母松动对面线的压力不足，使面线张力减小；经长时间使用后夹线板磨出沟槽或夹线板存有污物使压力减小；面线未夹入夹线板；机针与缝线配合不合理，梭皮对底线压力过大	正确调整底、面线的张力；调整挑线簧的弹力；正确安装夹线螺母；清除夹线板间的污物；修整或更换磨损严重的零件；合理选择机针和缝线；正确穿引面、底线
毛巾状浮线	摆梭梭尖或弧翼有毛刺；梭芯套圆顶生锈或有毛刺；摆梭的弧线翼面过低；梭芯套上的梭门与摆梭中心轴配合过紧而影响摆梭回转；摆梭托与摆梭间的缝隙过小而影响线环的滑出；摆梭托的簧片折断或翘起而影响面线的进出；摆梭托的头部不位于摆梭三角颈的中间而影响线环的进入；送布凸轮定位不准而使送料太快	修整生锈或毛刺的零件；更换损坏的零件；按要求调整某些零件的位置，如摆梭的弧线翼面应略高出梭芯套的圆顶，摆梭托与摆梭间的缝隙应保持在 0.35～0.55mm
偶然浮底线	底、面线张力不足或梭皮弹力不足；挑线簧太松；挑线凸轮磨损或滚柱松动；梭芯套变形或梭皮变形；底、面线粗细不同	正确调整梭皮弹力和夹线器螺母及挑线簧弹力；修整或更换损坏的零件；选择相同的底、面线
高速缝纫针迹浮线	旋梭质量不好；旋梭安装位置不好；选用机针太细；送布牙太低；面线张力小或底线张力小；压脚有问题或压脚位置不对；挑线簧弹性不够	更换旋梭；正确选用机针；抬高送布牙位置；增加面线或底线张力；调整压脚位置或更换压脚；调整挑线簧以增加弹力

2. 绕线方面的故障分析和维修

（1）绕线器的故障分析和维修 绕线器的故障分析和维修如表 4-20 所示。

表 4-20 绕线器的故障分析和维修

故障	产生原因	维修方法
绕线器不转	绕线胶圈与上轮或传动带接触不良，不能产生足够的摩擦力来带动绕线胶圈转动；绕线胶圈松滑或脱落使绕线器不转	旋紧绕线调节螺钉以增加绕线胶圈与上轮间的摩擦力，更换绕线胶圈
绕线器按下后自动弹起	绕线螺钉旋入过多	将绕线螺钉旋出一些

（2）梭芯绕线方面的故障分析和维修 梭芯绕线方面的故障分析和维修如表 4-21 所示。

表 4-21 梭芯绕线故障和维修

故障	产生原因	维修方法
梭芯绕线呈锥状	过线架位置未对正	调整过线架位置
梭芯绕不满线	因满线跳板过低，梭芯绕线未到量就跳起	将满线跳板向外扳出一个角度
梭芯绕线太高	因满线跳板过高，梭芯绕线已到量仍未跳起	将满线跳板向内扳入一个角度
满线跳板失灵	满线跳板簧从小孔中脱出或折断	重新安装或更换满线跳板簧
绕线轴转但梭芯不转	梭芯孔缺口未卡住绕线轴上的销子或销子脱落	重新安装梭芯使梭芯孔缺口卡住绕线轴上的销子，销子脱落则应重新安装或更换绕线轴

四、送布故障分析及维修

送布故障分析及维修如表 4-22 所示。

表 4-22 送布故障

故障	产生原因	维修方法
缝料不走，线迹重叠	压脚机构的压力太小，送布牙移动时从缝料底面滑过而不能带动；压脚位置太低而使压力太小；落牙机构不合适及送布牙太高，送布牙后退时没有降到针板下面而带动缝料一起后退，造成线迹重叠；压脚板底平面粗糙，使压脚板与缝料间的摩擦力加大，送布牙带不动缝料前进；送布牙松动或送布牙的牙齿露出针板面太少，使送布牙带不动缝料；送布凸轮与牙叉配合严重磨损，送布凸轮固定螺钉松动或送布曲轴螺钉松动等	正确调整压脚位置及压脚压力；正确调整送布牙的高、低位置，保证前进时露出针板平面一定高度。后退时低于针板平面；修整或更换已损坏的零件；拧紧各松动的螺钉
缝料运行忽快忽慢，针距忽大忽小	压脚压力不足，压脚过高或送布牙位置过低都不能有效地控制每个针迹的长短；操作者缺少经验，在推送缝料时用力不均或过猛，针距调节器上的固定螺钉未拧紧，使用中针距座产生移位，使针迹长短发生变化；压脚螺钉未拧紧；压杆簧失去弹力或折断；送布牙齿尖磨秃；牙叉滑块与针距座滑块配合松动	正确调整压脚高低位置，送布牙高低位置及压脚压力；提高操作者的技能，修整或更换损坏的零件；拧紧各松动的螺钉
针缝歪斜严重、不成直线	送布牙螺钉松动，在缝纫时左右倾斜而使缝斜前进时左右移动；送布牙齿尖长期磨损而倾斜。造成送料力量不均匀，高齿端送布大；送布牙与针板齿槽不平行；压脚螺钉未拧紧使压脚倾斜，操作者技能掌握不佳	拧紧各松动的螺钉；修整或更换损坏的零件；提高操作者的技能
缝料行走慢并且机器有噪声	牙叉连接螺钉、送布轴及抬牙轴的顶紧螺钉、针距座螺钉等松动，使送布不正常并且产生噪声；送布凸轮与牙叉磨损，针距座与牙叉磨损	拧紧各有关螺钉；修整或更换磨损严重的零件
线迹不齐并产生倾斜	缝薄料时采用了过粗的机针和缝线；底、面线松紧程度不合适；针距太小	合理选择针、线；正确调整底、面线的松紧程度；适当加大针距
调整缝纫时的送料故障	面线张力太大、机针选用不合适、机针安装不正等产生线迹歪斜；操作技能不高、压脚底面粗糙、压脚压力过小产生下层布收缩（滞布）现象；面线张力、挑线簧弹力过强、针板、压脚不光滑、压力配合不当、送布牙运动快于针杆、送布牙倾斜或太高、选用机针太粗、针板容针孔过大等产生缝料起皱现象	合理选择并安装机针；正确调整面线张力；提高操作者技能；修整不合格零件；调整压脚压力；调整挑线簧弹力；调整各机构的相互运动关系

五、缝料损伤、噪声和运动系统故障分析及维修

1. 缝料损伤故障分析及维修

缝料损伤故障分析及维修如表 4-23 所示。

表 4-23　缝料损伤故障分析及维修

故　障	产生原因	维修方法
缝料表面咬伤	送布牙的牙齿太尖锐，压脚压力太大	适当降低送布牙高度，减小压脚压力
缝料皱褶	面线或底线过紧，使缝料伸展不开；缝线过粗或缝线弹力过大，在缝纫时受到较大力的作用而伸长，缝纫后缝线受力减小而缩短，使缝料产生皱缩；压脚压力太大，送布牙太高也会产生	适当调整缝线张力；选用合适的缝线；适当减小压脚压力和降低送布牙
缝料表面起毛并呈抽丝状	机针针尖已钝秃，穿刺缝料时把缝料纤维切断而使表面起毛并呈抽丝状；因缝料质地密而软时也可能出现	更换机针，适当加大针距
线迹弯曲	缝线与缝料的色泽不调和；针、线的规格与缝料不配合；面、底线张力较弱	选用色泽与缝料协调的优质细线；合理选择适当的机针和缝线，面线与底线的张力比一般缝纫稍大，使面线与底线的绞合接头抽得小一些，线迹比较挺直，适当加大针距，也可改善线迹的倾斜程度

2. 噪声分析与维修

噪声分析与维修如表 4-24 所示。

表 4-24　噪声分析与维修

故　障	产生原因	维修方法
梭床噪声	摆梭与摆梭托间隙过大，运动时产生松动声；摆梭与梭床圈磨损后间隙增大；梭床未安装好，使机针与摆梭相碰撞；梭床与导轨槽平面不平，当摆梭在梭床盖缺口处摆动时产生互相撞击；摆梭托平面变形或过高，使之与梭床导轨槽平面和机针互相摩擦	调整各零件间的间隙；减少松动；正确安装梭床及其他零部件，避免零件间的碰撞；修整或更换已损坏及不合格的零件
挑线机构噪声	挑线凸轮磨损而间隙增大；挑线滚柱或挑线杆螺钉松动而撞击面板；挑线杆倾斜也会撞击面板	拧紧各个松动的螺钉；扳正挑线杆；修整或更换磨损的零件
上轴噪声	上轮平面松动，运动时轴向窜动而产生撞击声；大连杆中心距太短，使摆轴摆动不平衡而产生冲击；大连杆螺钉松动，牙叉与送布凸轮磨损；前轴套磨损	调整零件的相对位置，减少上轴的轴向窜动；拧紧松动的螺钉；修整或更换已损坏的零件
针板噪声	送布牙位置偏斜而碰撞针板或与针板槽摩擦，送布牙螺钉松动；送布牙露出针板平面太小，以致在送布牙下降时碰撞梭床盖	校正送布牙位置；拧紧送布牙螺钉；适当增加送布牙露出针板平面的高度
机架噪声	机架的各顶尖螺钉、锥形螺钉和锥孔因磨损而使配合间隙过大；摇杆轴承松动，机头未放平，机架未放稳等	按要求重新安装机架，减小各配合间隙，间隙不能调整则更换零件；机头放平，机架放平稳
其他噪声	机器润滑不良，机头各螺钉松动，锥形螺钉与锥孔磨损等使某些配合间隙增大；下轴轴向固定不良而左右窜动；某些零件松动或磨损	定期加润滑油，正确安装各零件；修整或更换已损坏及不合格的零件
高速缝纫时噪声	机头装配不好；经长时间使用后磨损而间隙增大；某些螺钉松动，机架安装不良等	按要求安装各零件；拧紧松动螺钉；修整或更换已损坏的零件

3. 运动系统的故障分析及维修

运动系统的故障分析及维修如表 4-25 所示。

表 4-25　运动系统的故障分析及维修

故　障	产生原因	维修方法
机件内因有杂质而转动沉重	梭床内存在棉絮、油污、线头等；摆梭轧线，送布牙槽有污物；机头内零件安装不好	按要求正确安装机头；清除梭床内、送布牙槽和摆梭里的污物

续表

故　障	产生原因	维修方法
每转一周都发生部分沉滞	滚柱、滑块与原配件配合不好；因上轮受损而弯曲，影响配合而引起上轮偏摆；送布牙太高，压脚压力过大	修整配合不好的零件；校正上轮的偏斜；适当降低送布牙高度和减小压脚压力
零件配合过紧不能转动	曲柄、踏板两端顶尖螺钉太紧；摇杆接头螺钉与摇杆球配合过紧，下带轮顶尖螺钉过紧；皮带太松	适当放松各顶尖螺钉；调整摇杆接头螺钉与摇杆球的配合松紧程度；调整皮带长度
零件配合过松不能缝纫	上轮离合螺钉太松；上轮离合垫圈移位；皮带太长，带与带轮间摩擦力太小	拧紧上轮离合螺钉，校正离合垫圈位置；调整皮带长度
其他运转故障	长期不加注润滑油	定期加注润滑油

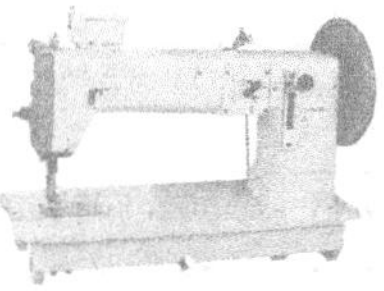

第五章 包缝机

第一节 包缝机性能简介

包缝机（俗称拷壳机、拷毛机和拷边机）也是缝纫行业中所使用的主要缝纫设备之一。它是由针线和弯针线通过机器的运动形成包缝链式线迹，将缝料包边并缝合的工业缝纫机。在缝纫行业中用于弹性缝料缝合缝纫和各种缝料缝纫。其分类按缝线多少分为单线、双线、三线、四线、五线和六线包缝机；按功能分为包边、接头、安全缝、盲缝和双锁链缝包缝机；按缝速分为低速、中速、高速和超高速包缝机。包缝机的出现，给现代的缝纫行业生产带来了较大的方便。具体表现为以下两方面。

第一，适应高速运转，提高生产效率。由于这类机器主要是曲轴、偏心轮和杠杆传动，加之体积较小，零部件装配紧凑，有效地避免了一些可能影响机器性能的惯性。另外由于线迹结合的特点，在生产过程中可节约不少平缝机换梭芯的时间。这样，缝纫速度高，节省工时，再加上五线包缝机能将包边和缝合两道工序合为一道，提高生产效益的优点就更显著了。

第二，适应弹性衣料，能加强缝合牢度。因为包缝机的线迹基本上都是链式结构，所以，在弹性衣料拉伸时，能显示出一定的适应性。大大减少了线缝受力过大而断线的问题，保证了产品的缝制质量。

一、包缝机的分类和一般用途

1. 包缝机的分类

常按线迹形式（表 5-1）、缝纫速度（表 5-2）分类。

表 5-1 包缝机按线迹形式分类

类型		单线包缝机	双线包缝机	三线包缝机	四线包缝机	五线包缝机
针数	机针	1	1	1	2	2
	弯针	—	1	2	2	3
	叉针	2	1	—	—	—

续表

类型	单线包缝机	双线包缝机	三线包缝机	四线包缝机	五线包缝机
缝线根数	1	2	3	4	5
线迹形式	501号单线包缝线迹	503号双线包缝线迹	504、505、509号三线包缝线迹	507、512、514号四线包缝线迹	516、517号复合线迹
特点与应用	缝合毛皮、布匹的接头	缝合布匹接头、针织弹力罗纹衫底边。适用于印染、毛纺等行业	线迹美观、牢固耐用、拉伸性好。适用于针织、服装、巾被、羊毛衫、毛毯等行业包边包缝、卷边包缝	线迹牢固美观。适用于针织、内衣、服装等行业联缝、包缝用	线迹美观牢固。适用于针织、内衣、服装等行业平包联缝用

表 5-2 包缝机按缝纫速度分类

类型	低速包缝机	中速包缝机	高速包缝机	超高速包缝机
主轴转速/(r/min)	<3000	3000～4500	5000～7000	≥7500
结构特点	—	运转时惯性较大,润滑条件较差,不能高速	有些零件采用轻型合金,工作性能稳定,惯性减小,采有全封闭润滑系统	采用风扇、空冷的多级压力油泵,机针、缝线采用冷却装置,零件为轻质合金材料

2. 包缝机一般用途

① 包边。将单层缝料的毛边包缝起来，以防止毛边脱纱。

② 包缝。将双层缝料的毛边包起来。以防毛边脱纱，又将两层缝料缝合。

③ 四线联缝。在三线包缝线迹的基础上，再交织一根线加固。

④ 五线平包联缝。在包缝线迹的左边，又增加一条双线链式线迹。这种线迹兼有包缝及缝合的双重作用，更增加了缝纫的牢固性。

二、国产包缝机及其技术规格

目前国产包缝机型号很多，已有GN1、GN2、GN3、GN5、GN6、GN7系列，表5-3～表5-6分别列出了一些典型包缝机主要性能参数。

表 5-3 GN1～GN5 系列部分包缝机技术规格

型号	GN1-1	GN2-1	GN2-1M	GN3-1	GN5-1
最高转速/(r/min)	3000	6000	5000	3000	5000
最大针距/mm	3.2	4	3.2	3.2	4
压脚升距/mm	4	4	4	4	4
缝边宽度/mm	2.5～3.8	2.5～4	2.5～4	2.5～4	2.5～4
机针型号	81×(7*～14*)	81×(7*～14*)	81×(7*～14*)	—	81×(7*～14*) DM×13
送料差动比	(1:0.8)～(1:1)	—			—
电动机功率/W	250	370	370	370	370
线数	3	3	3	5	5
针数	1	1	1	2	2
针间距	—	—	—	2	2.5
针迹类型	504	504	504	—	401/505
性能用途	中速三线包缝	高速三线包缝	高速三线包缝;旋转活络压脚;自动加油;差动送布	中速五线包缝	高速五线包缝,适用于平包联缝

表 5-4　GN26、GN32 系列部分包缝机技术规格

型　号	GN26-3	GB26-4	GN26-5	GN32-3	GN32-4	GN11004	GN20-3	GN16-4
最高转速/(r/min)	6000	6000	5500	7500	7500	7500	7000	6000
最大针距/mm	4	4	3	3.8	3.8	3.8	3.8	3.2
压脚升距/mm	≥4	≥4	≥3	5	5	5	5	6
缝边宽度/mm	2.5～4	6～6.5	6.4～7	4	3.5	4	4	3～6
切刀行程/mm	≥8.5			—			—	
差动送料比	(1.5∶1)～(0.8∶1)			(1∶0.7)～(1∶2)			(1∶0.5)～(1∶2)	
机针型号	GN×1ANm75～90			DC×27(11*)			81×(11*～14*)	
线数				4	4	5	4	
电动机功率/W	370			400			370	
性能用途				缝制薄及中厚料的棉、毛、麻、毛纤等各种织物	同左	同左	用于薄及中厚料的棉、毛、化纤、针织服装的包缝、包边	用于针织、内衣、服装等行业联缝、包缝用

表 5-5　GN6 系列包缝机的主要技术参数及应用范围

序号	项目＼技术参数＼机型	GN6-2（双线：机针，弯针各一线）	GN6-3（三线：一线机针，二线弯针）	GN6-4（四线：两线机针，二线弯针）	GN6-5（五线：两线机针，三线弯针）
1	最高转速/(r/min)	5000	5500	5500	5000
2	常用转速/(r/min)	4500	4500	4500	4500
3	最大针距/mm	4	4	4	3.5
4	包缝宽度/mm	7	3～4	5.5～6.5	6～7
5	针杆行程/mm	25			
6	压脚的要求	转动灵活的压脚			
7	压脚提升高度/mm	3	4	4	4
8	切刀行程/mm	7	7	7	8
9	最大送料顺差比	接头缝的可变针距为1～3mm	1.65∶1		
10	最大送料逆差比		0.75∶1		
11	机针规格	81×(18*～20*)	81×(9*～18*)	81×(9*～16*)	81×(11*～16*) 13×(11*～16*)
12	润滑形式	油泵压力循环润滑			
13	电动机规格	2800r/min　370W　5GF　三相离合器式电动机			
14	机头净重/kg	22	22	22	23
15	机头外形尺寸/mm（长×宽×高）	370×240×300			
16	整机净重/kg	60	60	60	61
17	整机外形尺寸/mm（长×宽×高）	650×500×14600	1000×550×1400		
18	适用范围	印染、毛纺等接头用	针织、服装、巾被、羊毛衫、毛毯、包边包缝用	针织、服装内衣等联缝、包缝用	服装、内衣、针织等平缝包缝用

表 5-6　GN7 系列超高速包缝机技术规格

项目 / 型号	缝线根数	针幅/mm	锁边宽度/mm	最大针距/mm	差动比	压脚提升量/mm	送料牙齿距/mm	所用机针	最高转速/(针/min)	用途	附件
GN7-2 GN7-3 GN7-4 GN7-5 GN7-6	2	—	2 3 4 5 6	3.6	0.65～1.9	4	2.6	14#	6500	包缝、西裤、裙子	包缝压板
GN7-2B-8 GN7-2B-10	2	—	8 10	4.0	自动改变送料	5	1.6	14#	6500	缝合	—
GN7-3A-3 GN7-3A-4 GN7-3A-5 GN7-3A-6	3	—	3 4 5 6	3.6	0.65～1.9	6	1.6	11#	7000	薄料、中厚料、针织内衣、衬衣、运动服	—
GN7-3B-5 GN7-3B-6 GN7-3B-7	3	—	5 6 7	2.5	1.3～4	7	2.0	14#	6500	膨松针织物、针织外衣、短上衣、弹性针织外衣	—
GN7-3C-5	3	—	5	3.3	1～3	4	1.6	11#	6500	带花纹的镶边、女式短大衣、女式睡衣	打裥装置
GN7-3D-3 GN7-3D-4 GN7-3D-5	3	—	3 4 5	3.6	0.65～1.9	6	1.2	9#	7000	反面锁边、汗衫、针织内衣、衬衣针织圆领单衣	反面(里面)包缝用的压板
GN7-4A-4 GN7-4A-5 GN7-4A-6	4	1.8	4 5 6	3.6	0.65～1.9	6	1.6	11#	7000	薄料、针织料	—
GN7-4B-5 GN7-4B-6 GN7-4B-7	4	2.2	5 6 7	3.6	0.65～1.9	6	1.6	11#	6500	薄料、中厚料、针织汗衫、内衣、衬衣、针织圆领单衣	—
GN7-4C-5 GN7-4C-6 GN7-4C-7	4	2.2	5 6 7	2.5	1.3～4	7	2.0	14#	6500	膨松针织物(毛织品)、针织外衣、短上衣、毛织品外衣	—
GN7-4D-7	4	3.0	7	3.6	0.65～1.9	7	2.5	16#	6500	厚料、特厚料、细斜纹布、窗帘、靠背垫、坐垫	—
GN7-4E-5	4	2.2	5	3.3	1～3	5	1.6	11#	6500	带花纹的镶边、儿童短大衣、女式短大衣、女式睡衣	打裥装置
GN7-4F-5 GN7-4F-6 GN7-4F-7	4	2.2	5 6 7	3.6	0.65～1.9	6	1.6	11#	6500	中厚料、特厚料、针织汗衫、内衣、衬衣、针织圆领单衣	缝料导向装置
GN7-5A-2 GN7-5A-3 GN7-5A-4 GN7-5A-5	5	2	2 3 4 5	3.6	0.65～1.9	4	1.6	11#	7000	薄料(丝绸)、女式汗衫、衬衣	—
GN7-5B-3 GN7-5B-4 GN7-5B-5	5	2	3 4 5	3.6	0.65～1.9	6	1.6	14#	6500	薄料、中厚料、短上衣、睡衣、外穿睡衣	—

续表

项目 型号	缝线根数	针幅/mm	锁边宽度/mm	最大针距/mm	差动比	压脚提升量/mm	送料牙齿距/mm	所用机针	最高转速/(针/min)	用途	附件
GN7-5C-4 GN7-5C-5 GN7-5C-6 GN7-5C-7	5	5	4 5 6 7	3.6	0.65～1.9	6 6.5	1.6	16#	6500	中厚料、特厚料、工作服、工作裤、女式与童式大衣	—
GN7-5D-5 GN7-5D-6	5	5	5 6	3.6	0.65～1.9	6.5	2.5	21#	6500	特厚料、细斜纹布、窗帘	—
GN7-5E-5	5	3	5	3.3	1～3	4	1.6	14#	6500	薄料、中厚料、女式服装、童装	打裥装置
GN7-5F-4 GN7-5F-5 GN7-5F-6 GN7-5F-7	5	5	4 5 6 7	3.6	0.65～1.9	6 6.5	1.6	16#	6500	薄料、中厚料、针织女式服装、衬衣、针织圆领单衣、睡衣	缝料导向装置

GN1-1 型中速三线包缝机，在国际上属于第二代包缝机。采用针杆挑线，双弯针钩线。其主轴传动的各个运动部件（弯针、送料、抬牙、切刀等）均用偏心凸轮空套在主轴上，结构简单紧凑，调整方便。其弯针机构通过曲柄摇杆机构和摇杆滑块机构驱动，杠杆比较大，惯性矩也较大，不宜高速。优点是压脚短而提升高，在低速场合仍有广泛应用。

GN2-1 型高速三线包缝机，是前者的改良机。具有全封闭式半自动润滑系统，运转轻滑平稳，噪声轻微。它属于第三代缝纫机。其缺点是包缝线迹三线张力分配不匀；下弯针穿线不便；针板离刀口太窄，使夹持的衣料切边较难；缝厚料较差。

GN3-1 型五线包缝机实际上是针杆挑线、双弯针钩线、三线切边包缝线迹，与针杆挑线、单弯针钩线、双线链式线迹缝纫机并合一体的一种机器，具有包边线迹和一行双线链式线迹，增加了缝纫牢度，适用于平、包联缝。

GN4-1 型和 GN5-1 型高速五线包缝机，是在 GN3-1 型机基础上的改良机。

GN6 型系列化高速包缝机，也属于第三代产品。实现了滑杆式针杆机构全封闭，能自动送油并提高了耐磨性。采用空心曲柄自动强压注油润滑。有差动送料装置、可调式上弯针机构、线量调节装置，以及链线挑线机构。

第三代包缝机的主要结构特征为，主轴采用五曲拐传动针杆、弯针、送料、抬牙和切刀等机构。针杆机构采用固定式针杆。针距机构采用旋钮揿压式结构。各运动部件润滑采用全封闭飞溅法自动润滑，适于高速。

GN7 系列超高速包缝机属于第四代包缝机。效率高，适用范围广，从薄料到极厚料均能缝制，其主要特点为：

① 装有针尖针线冷却装置，即使对耐热性较差的缝料，也可高速长时间连续运转。

② 采用全自动供油方式。润滑系统穿过曲轴内部，向连杆内侧输油，是一种强制性的供油系统。

③ 采用移动式护针，可防止超高速运转时的跳针，减少机针的磨损。

④ 采用适合多品种生产的自动复位按钮，能方便地调节线迹距离。

⑤ 可以很方便地从外部对差动送料进行调节。

⑥ 通过对机针与弯针之间的间隙调节，就能够根据用途需要来调整链线弯针的前后运动量。

⑦ 链线弯针的穿线钩利用简单的上摆动式夹线器座来完成。

⑧ 只需一个动作，便可打开缝台，进行清除垃圾和穿线等操作。

⑨ 采用焊有耐久性高的硬质合金刀头的上刀。

三、外国产缝纫机及其技术规格

日本东京重机公司的 MO-800 型、MO-1000 型、MO-2000 型、MO-2500 型和日本飞马公司的 E32 型、E52 型等都属于第四代包缝机。

表 5-7 列举了 MO-2500 型系列包缝机的技术规格。这种系列包缝机具有一系列特点：由于采用了新式挑线杆，缝出来的线迹不但美观柔和而且可以随意调整；改进了压脚后部的空间宽度，使送布极为容易，操作性大为提高；具有送布牙差动的微量调节装置；压脚上升踏板的操作十分轻快，使工人的劳动强度大为降低；可在外部简单地调节送布牙的倾斜度；具有针线的冷却标准装置；缝距变动方式为按钮式，十分容易；护针板可移动使线迹极为稳定；可以同时装配上多种附件，扩大包缝机的使用范围和产品的系列化。这种系列包缝机可用来进行一般包缝、针织内衣衬衣扣边、接缝、打褶、滚边（镶边）、打褶滚边等。

表 5-7 MO-2500 型系列包缝机技术规格

型号	针数	线数	针距/mm	缝边宽度/mm	总缝边宽度/mm	缝距/mm	差动比	压脚升距/mm	针	最高缝速/(针/min)	用途
一般包缝											
MO-2503-0D4-200	1	2	—	3.2	—	2.2	1∶0.7～1∶2	6	DC×27#9	8500	薄料针织品
MO-2503-0F4-300	1	2	—	4.8	—	2.2	1∶0.7～1∶2	7	DC×27#11	8000	中厚料子（标准）
MO-2504-0C4-300	1	3	—	2.4	—	2.2	1∶0.7～1∶2	7	DC×27#11	8500	中厚料子（标准）
MO-2504-0D4-200	1	3	—	3.2	—	2.2	1∶0.7～1∶2	5.5	DC×27#9	8500	薄料针织器
MO-2504-0D4-300	1	3	—	3.2	—	2.2	1∶0.7～1∶2	7	DC×27#11	8500	衬衫、毛料等、薄料、中厚料子（标准）
MO-2504-0E4-300	1	3	—	4.0	—	2.2	1∶0.7～1∶2	7	DC×27#11	8500	
MO-2504-0F4-300	1	3	—	4.8	—	2.5	1∶0.7～1∶2	7	DC×27#11	7500	
MO-2504-0H4-300	1	3	—	6.4	—	2.5	1∶0.7～1∶2	7	DC×27#11	7500	
MO-2504-0D4-300	1	3	—	3.2	—	2.8	1∶0.7～1∶2	7	DC×27#11	7500	
MO-2504-0F6-300	1	3	—	4.8	—	2.8	1∶0.7～1∶2	7	DC×27#14	7500	牛仔裤等厚料子
MO-2504-0H6-300	1	3	—	6.4	—	2.8	1∶0.7～1∶2	7	DC×27#14	7500	
针织内衣、针织衬衣扣边（L012—防止端部脱缝自动装置）（L001—扣边卷布夹）											
MO-25-5-0D4-212/L001	1	3	—	3.2	—	2.2	1∶0.7～1∶2	6	DC×27#9	8500	针织品底边的扣边
MO-25-5-0D4-212/L002	1	3	—	3.2	—	2.2	1∶0.7～1∶2	6	DC×27#9	8500	

续表

型号	针数	线数	针距/mm	缝边宽度/mm	总缝边宽度/mm	缝距/mm	差动比	压脚升距/mm	针	最高缝速/(针/min)	用途
接缝											
MO-2514-AB4-100	2	4	1.6	2.0	3.6	2.2	1∶0.7～1∶2	6.5	DC×27#9	8000	乔其纱等极薄料子
MO-2514-AD4-300	2	4	1.6	3.2	4.8	2.2	1∶0.7～1∶2	6.5	DC×27#11	8000	薄料、中厚料子（标准）
MO-2514-BB4-300	2	4	2.0	2.0	4.0	2.2	1∶0.7～1∶2	6.5	DC×27#11	8000	
MO-2514-BD4-200	2	4	2.0	3.2	5.2	2.2	1∶0.7～1∶2	5.5	DC×27#9	8000	薄料针织品
MO-2514-BD4-300	2	4	2.0	3.2	5.2	2.2	1∶0.7～1∶2	6.5	DC×27#11	8000	衬衫、薄毛料等、薄料、中厚料子
MO-2514-BE4-300	2	4	2.0	4.0	6.0	2.2	1∶0.7～1∶2	6.5	DC×27#11	8000	
MO-2514-CD4-300	2	4	2.4	3.2	5.6	2.2	1∶0.7～1∶2	6.5	DC×27#11	7500	
MO-2514-BD6-300	2	4	2.0	3.2	5.2	2.5	1∶0.7～1∶2	6.5	DC×27#14	8000	毛料工作服等、中厚料子
MO-2514-BE6-300	2	4	2.0	4.0	6.0	2.5	1∶0.7～1∶2	6.5	DC×27#14	8000	
MO-2514-CD6-300	2	4	2.4	3.2	5.6	2.5	1∶0.7～1∶2	6.5	DC×27#14	7500	
MO-2516-AF4-300	2	5	1.6	4.8	6.4	2.2	1∶0.7～1∶2	7	DC×27#11	7000	衬衫、薄毛料等、薄料、中厚料子
MO-2516-BD4-300	2	5	2.0	3.2	5.2	2.2	1∶0.7～1∶2	7	DC×27#11	7500	
MO-2516-BF4-300	2	5	2.0	4.8	6.8	2.2	1∶0.7～1∶2	7	DC×27#11	7000	
MO-2516-CD4-300	2	5	2.4	3.2	5.6	2.2	1∶0.7～1∶2	7	DC×27#11	7500	
MO-2516-DF4-300	2	5	2.4	4.8	7.2	2.2	1∶0.7～1∶2	7	DC×27#11	7000	
MO-2516-DD4-100	2	5	3.2	3.2	6.4	2.2	1∶0.7～1∶2	5	DC×27#9	7500	极薄料子
MO-2516-DD4-300	2	5	3.2	3.2	6.4	2.2	1∶0.7～1∶2	7	DC×27#11	7500	衬衫、薄毛料等、薄料、中厚料子
MO-2516-DE4-300	2	5	3.2	4.0	7.2	2.2	1∶0.7～1∶2	7	DC×27#11	7500	
MO-2516-DF4-300	2	5	3.2	4.8	8.0	2.2	1∶0.7～1∶2	7	DC×27#11	7000	
MO-2516-DG4-300	2	5	3.2	5.6	8.8	2.2	1∶0.7～1∶2	7	DC×27#11	7000	
MO-2516-DH4-300	2	5	3.2	6.4	9.6	2.2	1∶0.7～1∶2	7	DC×27#11	7000	
MO-2516-BD6-500	2	5	2.0	3.2	5.2	2.5	1∶0.7～1∶2	7	DC×27#16	7500	牛仔裤等、厚料子
MO-2516-CD6-500	2	5	2.4	3.2	5.6	2.5	1∶0.7～1∶2	7	DC×27#16	7500	

续表

型号	针数	线数	针距/mm	缝边宽度/mm	总缝边宽度/mm	缝距/mm	差动比	压脚升距/mm	针	最高缝速/(针/min)	用途
MO-2516-DD6-500	2	5	3.2	3.2	6.4	2.5	1∶0.7～1∶2	7	DC×27#16	7500	
MO-2516-DF6-500	2	5	3.2	4.8	8.0	2.5	1∶0.7～1∶2	7	DC×27#16	7000	牛仔裤等厚料子
MO-2516-DH6-500	2	5	3.2	6.4	9.6	2.5	1∶0.7～1∶2	7	DC×27#16	7000	
MO-2516-FF6-500	2	5	4.8	4.8	9.6	2.2	1∶0.7～1∶2	5	DC×27#9	7000	极薄料子
MO-2516-FF6-500	2	5	4.8	4.8	9.6	2.5	1∶0.7～1∶2	7	DC×27#16	7000	牛仔裤等厚料子
MO-2516-FG6-500	2	5	4.8	5.6	10.4	2.5	1∶0.7～1∶2	7	DC×27#16	7000	
MO-2516-FH6-500	2	5	4.8	6.4	11.2	2.5	1∶0.7～1∶2	7	DC×27#16	7000	牛仔裤等厚料子
MO-2516-RH6-500	2	5	6.8	6.4	13.2	2.2	1∶0.7～1∶2	5	DC×27#9	6000	极薄料子
MO-2516-OD6-322/(S058)	1	3	—	3.2		2.2	1∶1～1∶3	7	DC×27#11	5500	薄料、中厚料子的打褶工序
MO-2516-OD6-322/S098	1	3	—	3.2		2.2	1∶1～1∶3	7	DC×27#11	5500	
MO-2516-BD6-322/(S058)	2	4	2.0	3.2	5.2	2.2	1∶1～1∶3	6.5	DC×27#11	5500	
MO-2516-BD6-322/S098	2	4	2.0	3.2	5.2	2.2	1∶1～1∶3	6.5	DC×27#11	5500	
MO-2516-BD4-322/(S057)	2	5	2.0	3.2	5.2	2.2	1∶0.7～1∶2	7	DC×27#11	5500	衬衫、薄毛料等薄料、中厚料子
MO-2516-BD4-322/S097	2	5	2.0	3.2	5.2	2.2	1∶0.7～1∶2	7	DC×27#11	5500	
MO-2516-DD4-322/(S057)	2	5	3.2	3.2	6.4	2.2	1∶0.7～1∶2	7	DC×27#11	5500	
MO-2516-BD4-322/S097	2	5	3.2	3.2	6.4	2.2	1∶0.7～1∶2	7	DC×27#11	5500	
MO-2516-DD6-322/(S057)	2	5	3.2	3.2	6.4	2.2	1∶0.7～1∶2	7	DC×27#11	5500	
MO-2516-DD6-322/S097	2	5	3.2	3.2	6.4	2.2	1∶0.7～1∶2	7	DC×27#11	5500	
MO-2516-FF6-322/(S057)	2	5	4.8	4.8	9.6	2.2	1∶0.7～1∶2	7	DC×27#11	5500	
MO-2516-FF6-322/S097	2	5	4.8	4.8	9.6	2.2	1∶0.7～1∶2	7	DC×27#11	5500	
MO-2516-RH6-322/(S057)	2	5	6.8	6.4	13.2	2.2	1∶0.7～1∶2	5	DC×27#11	5500	
MO-2516-RH6-322/S097	2	5	6.8	6.4	13.2	2.2	1∶0.7～1∶2	5	DC×27#11	5500	
滚边(镶边)											
MO-2514-BD4-322/(M075)	2	4	2.0	3.2	5.2	2.2	1∶0.7～1∶2	6.5	DC×27#11	6500	薄料、中厚料子
MO-2516-DD4-322/(M075)	2	5	2.0	3.2	6.4	2.2	1∶0.7～1∶2	7	DC×27#11	6500	

第二节　包缝机的结构与原理

一、线迹形成和形成过程

1. 双线包缝机的线迹形成

双线链式线迹是包缝线迹中最简单的形式之一，它的形成主要依靠机针、弯钩针和分线叉也叫编织器）完成。图 5-1 所示即是双线链式线迹形成过程。在图 5-1（a）中，机针已下降到最低极限位置，并开始返回，抛出一个线环，弯钩针自左向右运动对准线环，并刺入机针抛出的线环，同时扩大这个线环，机针继续向上运动。另外，在图 5-1（a）中，也可以看到分线叉也向机针处运动，而且它们是同步的，因为弯钩针和分线叉由连杆和一球形曲柄连接。在图 5-1（b）、图 5-1（c）中，弯钩针已达到右极限位置，分线叉接过了它抛出的线环，并继续自右向左运动，使这个线环编结成横向的线迹。线迹编成后，分线叉到达左极限位置，由弯钩针引出的线绷直了，机针下降并刺入其中。与此同时，分线叉和弯钩针从极限位置反向退回。在图 5-1（d）、图 5-1（e）中，机针继续下降，分线叉和弯钩针做复位运动，左线钩脱开两线圈。当机针到达极限位置再度返回时，即开始行重复图 5-1（a）的运动形态。由此可以看出，这种包缝线迹，在送料方向上的线缝由送料器完成，而与送料方向垂直的包缝线则由分线叉（编结器）和弯钩针来完成，每一针完成一个循环，每一个循环完成一个线迹，诸多的线迹连续而形成了包缝线迹。

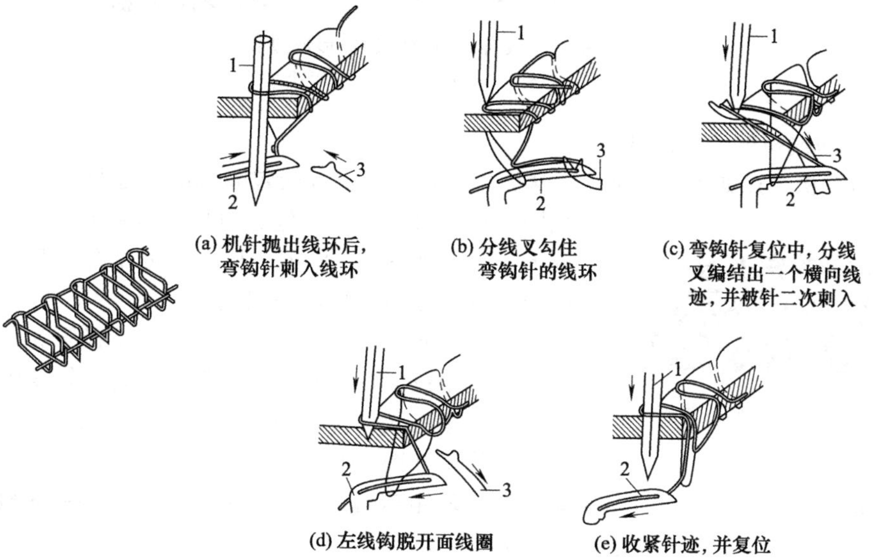

(a) 机针抛出线环后，弯钩针刺入线环

(b) 分线叉勾住弯钩针的线环

(c) 弯钩针复位中，分线叉编结出一个横向线迹，并被针二次刺入

(d) 左线钩脱开面线圈

(e) 收紧针迹，并复位

图 5-1　双线链式包缝线迹的形成过程

1—机针；2—弯钩针；3—分线叉

2. 三线包缝机的线迹形成

图 5-2 所示的是三线链式包缝线迹的形成过程。三线链式线迹比双线链式包缝线迹多一根线，其线迹结构较为复杂。从图中可以看出，主要的运动机件为机针、下弯针、上弯针。在图 5-2（a）中，机针刺入缝料，把面线 L_1 引入缝料中，开始按照出缝料方向移动，即机针从下极限位置开始返回。此时，在机针的浅槽侧形成线环，下弯针通过线环，并把自身的线 L_2 引

入线环内，使线 L_1 就不能跟着机针从缝料中拔出。在图 5-2（b）中，下弯针已越过线环，并将线环扩大。下弯针向右运动时，与迎面移动过来的上弯针相遇，上弯针从下弯针抛出的线环中穿入，把自己的线 L_3 也引入下弯针的线环内，机针继续向上运动。在图 5-2（c）中，机针从上极限位置返回，上弯针继续带着缝线 L_3 跨过缝料边缘最终到达针板上面在机针左方的极限位置，对应的下弯针到达右端极限位置。当机针重新下降时，机针缝线 L_1 将从上弯针背面和被它拉紧的缝线 L_3 中间穿过。在图 5-2（d）中，上弯针按照箭头方向运动，把自己的线 L_3 留在机针上，并脱开下弯针的线 L_2。而下弯针继续退回原位，把自己的线收紧。而机针继续下降，把自己的前一线圈收紧。一个三线链式包缝线迹即完成了它的一个单元循环。

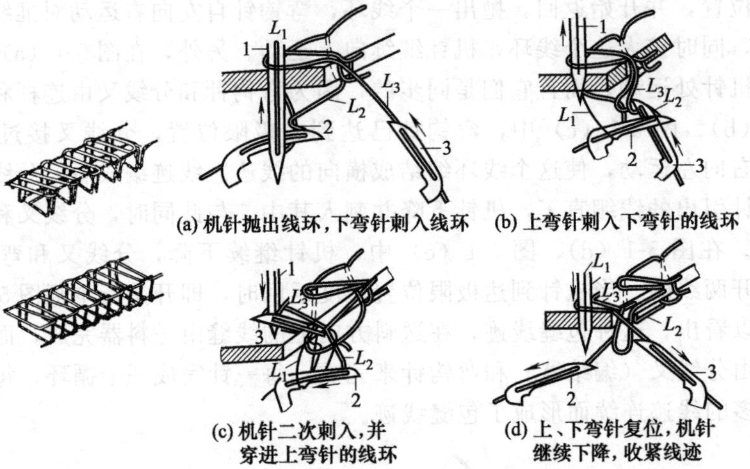

(a) 机针抛出线环，下弯针刺入线环　(b) 上弯针刺入下弯针的线环

(c) 机针二次刺入，并穿进上弯针的线环　(d) 上、下弯针复位，机针继续下降，收紧线迹

图 5-2　三线链式包缝线迹的形成过程

1—机针；2—下弯针；3—上弯针

3. 五线包缝机的线迹形成

五线包缝机线迹如图 5-3 所示。从图中可以看出，五线包缝机的线迹与三线包缝机完全相同，这里仅介绍五线包缝机中的双线链式线迹的形成，其形成过程如图 5-4 所示。从图中可以看出双线链式线迹的形成可分为四个阶段来完成。

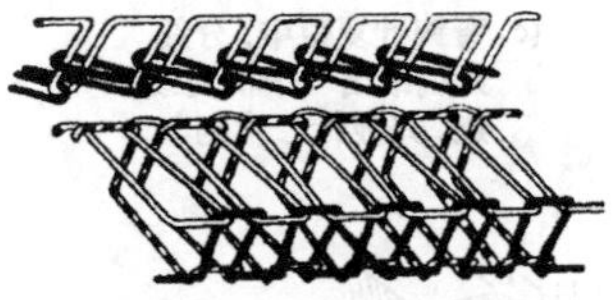

图 5-3　五线包缝机线迹

第一是起步阶段，当机针运动到下极限和链线弯针运动到左极限位置，此时链线弯针早已将机针线脱出。要求机针线张紧链线保持微松（不能张紧）状态，同时形成前一针的线迹［图 5-4（a）］。

第二是钩线阶段，当机针从下限上升一段距离后，弯针尖应该进入线环钩住机针上的线［图 5-4（b）］。此时机针线和链线均应放松。

第三是收线阶段，当机针上升到上极限时（送料牙送料），弯针相应也要移动到右极限［图 5-4（c）］。同时也在收线，将前一针的线迹收紧。

第四是线迹形成阶段，当机针针眼下降到与弯针眼接触时（即套三角针）形成一个线迹［图 5-4（d）］。然后继续运动，回复到第一阶段。这样，往复循环就完成链式线迹。以上四个阶段是形成链式线迹的基本过程。总的来说，五线包缝机的线迹形成过程是比较复杂的，这是因为该种机器有两个机针，三个弯针，五根线。在线迹形成过程中，要求机针和弯针之间的动作配合严密，能准确地把五个链子线套按一定的规律连环起来，形成完全的线迹。而且，要求每根线都有适当的张力和挑线量，才能使线迹结合成美观平坦的线缝。

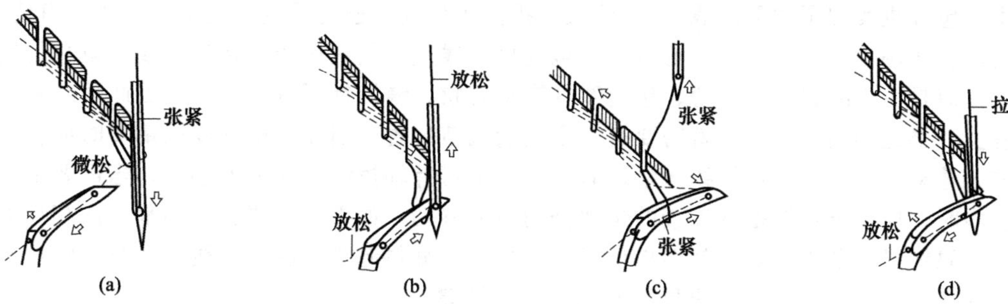

图 5-4 双线链式线迹形成过程

4. 四线联缝包缝机线迹

四线联缝包缝机线迹是由四根线交合形成的，其中左针线起到了防止其他缝线被拉断脱散的作用，使整个缝迹的牢度提高，因此也称为安全缝线迹，如图 5-5 所示。这种线迹弹性好、强度高，一般多用于外衣合缝和针织内衣受摩擦较强的肩缝和袖摆缝等。形成原理是左右机针线通过左右机针，首先由右机针进行上套线，将上弯针线套进后，机针进行刺料，并将左右机针线送到缝料下进行抛线环给下弯针。下弯针线通过下弯针进行钩线，将左右机针线钩进后送给上弯针。上弯针线通过上弯针，将下弯针线交叉套线后上升，并将上弯线送给机针，完成一个循环，形成四线联缝包缝的一个线迹。

5. 包缝机的输线理论

当机针刺进缝料穿过针板孔后，形成包缝线迹的三根线（即机针线、下弯针线、上弯针线）分别在压线板内开始输线，直到机针和上弯针到下极限，下弯针到左极限时，压线板应输线结束，这种输线过程统称为“下出线”。

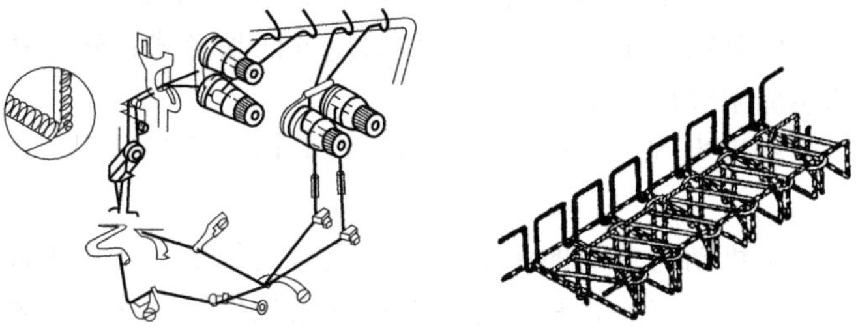

图 5-5 四线联缝包缝线迹

“下出线”是包缝机固有的出线时间，它和其他的缝纫机完全不同。包缝机的线迹缝在缝料的边缘上，而且缝料又薄又软，包边宽度又狭，因此，线迹是经受不起缝线的拖力的。所以要求在送料时缝线不能有张紧力，在送料时缝线没有张力的情况下自然地形成一个包缝线迹。由于这样的要求，包缝机的输线时间只能在不送料的时间内输线，就形成了机针在下降时出线的概念。

如果包缝机在送料时输线，即为“上出线”（机针在上升时出线，平缝机就是这样的），那么会使包缝线迹抽紧，使缝料拱起，以致缝料和线迹不平整，线迹不能达到均匀和清晰的要求。如果包缝机的三根线在同一台机器上出线输线时间不同步，有的在送料时输线，有的在不送料时输线，这样就更糟糕，这种机器的线迹是无法调整的。所以要特别重视包缝机三根线的输送时间，不但要保证“下出线”，而且要尽量做到延长三根线的输送时间和保持输线时间的一致性。

由于包缝机实现了“下出线”，因此大大提高了包缝线迹的质量，使包缝线迹具有清晰、收线均匀、线迹自然、平整优美的特点。包缝机输线量，是从输线开始到输线结束总的输出线长度。但是由于缝料有厚有薄、包边宽度有阔有狭，缝纫针距有长有短，因此输线量就要有多有少，要达到这个要求，就需要有一个线量调节装置，当需要机针线线量多时应将挑线杆向前方移动，当需要上弯针线线量多时，应将上弯针轴拨线杆向下方移动，当需要下弯针线线量多时，应将下弯针摆杆连接的钩线杆向下方移动。如果线量要少，则都应向相反方向移动。如果线量调节得不好，就会出现线迹不均匀、缝料起皱、翻底面线以及影响输线时间等不良现象，所以，包缝机的线量调节也是一个关键。

在五线、六线包缝机中的链线线迹是大底线量的链式线迹，底线的输线量大于面线的输线量，通常底线是面线的二倍。底线输线量多少依靠输线凸轮来调节（GN65 型包缝机不是用凸轮，而是采用独特的输线杆来完成），输线量增加将输线凸轮过线架往下移，线量减少将过线架往上移。而输线凸轮的位置变化与输线时间有关，如果向前移，输线时间就提前，向后移，输线时间就延迟。通常是链线机针尖套进三角针后针尖与链线弯针下圆势相平时，输线凸轮上的线应放松（即脱出）为最适宜。如果脱线早，将会引起跳针。脱线过迟，将会造成链线弯针绷线，因而收不上三角针线，会出现钩双股线或断线和弯针头绕线，并对出线不利。GN65 包缝机的链线输线调节是：过线架往右移，输线量多，往左移则少；过线架往上移，脱线时间提前，往下移脱线时间延迟。

二、传动机构

在包缝机中各主要机构的传动动力都是由动力源经皮带，通过主轴（曲轴）和串装在上面的偏心轮、曲柄在规定方向旋转时供给的。

中速型包缝机主轴驱动各个机构（抬牙、送料、钩线、切刀），一般采用主轴空套偏心凸轮；高速型包缝机主轴驱动各个机构，则多数采用五曲拐形式；转速在 7500r/min 以上的超高速型包缝机主轴还加用静压主轴轴承。

下面以 GN11 型包缝机为例，介绍中速型包缝机的传动情况，图 5-6 所示的是 GN11 型包缝机的结构图。

由图可见，主轴是全机动力分配的中心。主轴上有定位槽和定位平面，分别对轮盘、送料偏心轮、上刀偏心轮、抬牙偏心轮和弯针球曲柄起定位作用，保证各机件运动获得正确的时间配合。

主轴上的球曲柄是传递针杆上下运动的偏心轮。它通过大连杆使针杆机构的机针做上下直线运动。

弯针球曲柄又称活生头，是使上下弯针摆动的主动件。它经小连杆带动弯针机构的上下弯针做左右方向的交叉摆动。

送料偏心轮是使送料牙前后运动的主动件，它的偏心距为 2mm。送料牙的上、下运动是由抬牙偏心轮完成的，这样送料牙就可以进行前、后及上、下运动。

上刀偏心轮是使上刀架上下运动的主动件。上刀与下刀形成剪口做剪切运动。

另外，有些包缝机如 GN13A 型三线中速包缝机，还借助主轴的偏心槽，通过后套筒上泵体做润滑工作。

高速包缝机的传动形式，一般来说多数是一轴多曲柄形式。这是对一些偏心轮的替代，其作用原理与偏心轮传动是相同的，这时它可以把几种传动动作在机器上固定化。图 5-7 所示的是 GN65 型高速五线包缝机主轴传动示意图。

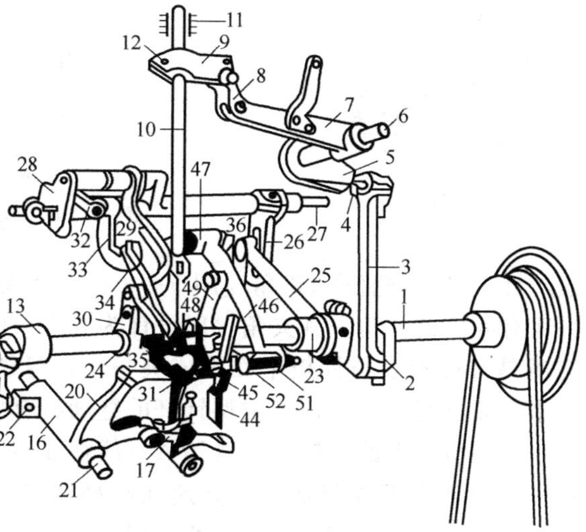

图 5-6　包缝机的结构示意图

1—主轴；2—曲柄；3—大连杆；4—球形钢弹子；5—摆轴曲柄；6—摆轴；7—针杆曲柄；8—链条节；9—针杆夹头；10—针杆；11—针杆套筒；12—夹紧螺钉；13—弯针球曲柄；14—小连杆；15—球面销钉；16—上弯针架；17—双连杆（双眼圈）；20—摆动臂；21—上弯针架销子；22—紧固螺钉；23—送料偏心轮；24—抬牙偏心轮；25—开针连杆；26—开针架；27—长销子；28—摆架；29—犬牙架；30—抬牙连杆；31—送料牙；32—小牙架调节曲柄架；33—弯连杆；34—小牙架；35—送线牙；36—调节螺钉；44—下刀；45—上刀；46—上刀架；47—刀架销子；48—上刀偏心轮；49—刀架连杆；51—压簧；52—紧圈

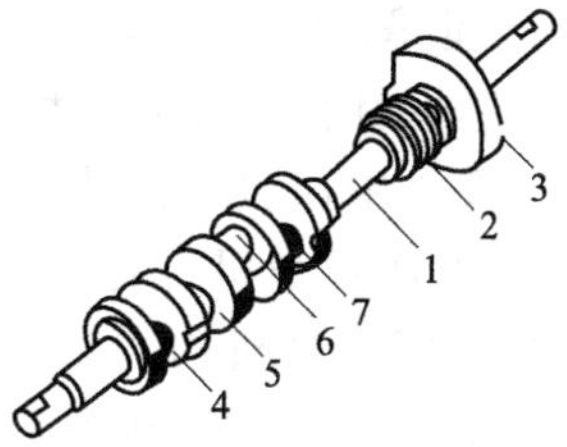

图 5-7　GN65 型包缝机主轴

1—主轴；2—油泵蜗杆；3—进油套；4—1 号曲柄；5—2 号曲柄；6—3 号曲柄；7—4 号曲柄

GN65 型高速五线包缝机主轴传递动力是采用五曲拐驱动各机构。主轴上曲柄自左向右分别被称为 1 号曲柄、2 号曲柄、3 号曲柄和 4 号曲柄。

3 号曲柄带动针杆连杆，使上轴摆动，从而使针杆上下往复运动。上弯针的动作是依靠 4 号曲柄带动上弯针连杆改变运动方向，使上弯针摆杆往复摆动，从而使上弯针做曲线运动；下弯针通过 2 号曲柄，使下弯针连杆带动弯针球曲柄做上下运动，再由下弯针轴带动下弯针摇杆做摆动；链线钩针运动，是通过弯针球曲柄带动链线钩连杆以及链线钩从动曲柄，使链线钩针做左右方向的运动，链线钩针前后方向运动则通过链线钩进出偏心进行；切刀的运动，也是通过主轴的 1 号曲柄带动上刀摇杆、上刀轴、五线刀架曲柄以及上刀架，使上刀做上下运动；供油系统的动力，是通过串装在主轴上的油泵蜗杆和进油套，带动油泵蜗轮，使油泵旋转而进行润滑工作的。

三、针杆机构

缝纫机在缝纫时，由针杆带动（或导向）机针，带引缝线刺穿缝料进行缝纫的机构称针杆（刺布）机构。缝纫机的针杆形式可分为两大类：做直线往复运动的直杆类针杆［图 5-8（a）、图 5-8（b）］和做往复圆弧运动的曲杆类针杆（图 5-9）。直杆类针杆上所装的机针是直型机针，曲杆类针杆上所装的机针是曲线型机针。直杆类针杆又可分为四种。

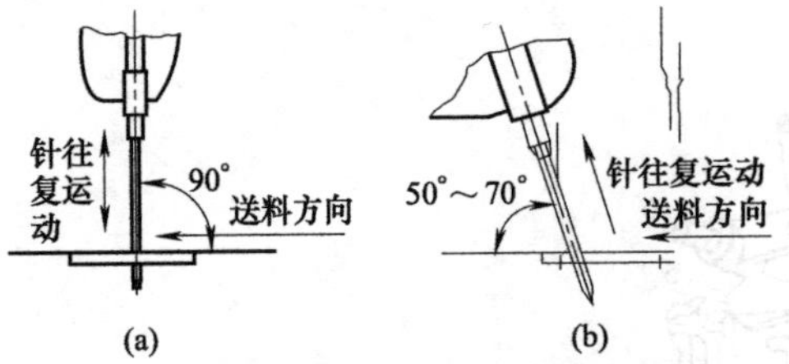

图 5-8 做直线往复运动的直杆类针杆

图 5-9 做往复圆弧运动的曲杆类针杆

第一种是针杆轴线与针板平面垂直成 90°角［图 5-8 (a)］，平缝机多属此类针杆。第二种是针杆轴线与针板平面有固定的夹角，其夹角一般设计为 50°～70°，包缝机的针杆即属此类［图 5-8 (b)］。第三种是针杆轴线与针板平面形成夹角，在缝纫过程中该夹角按所设定的缝纫要求在缝纫过程中不断进行变化，这种类型针杆的缝纫机有机针送布缝纫机、曲折缝纫机等。第四种针杆是固定在机壳上的，针杆本身不做直线往复运动，而是由套在针杆上的滑套带动机针沿固定针杆方向做上下往复运动。高速和超高速包缝机常采用该种结构的针杆，它是由一组曲柄摇杆机构与另一组双摇杆机构所组成的。

1. 包缝机针杆的特殊性

包缝机针杆倾斜一个角度是为了形成包缝线迹的需要，由上、下弯针沿着自己的运动轨迹做自身的平面运动。下弯针尖端从左极限位置向右摆动穿入机针线环时一定要擦过机针的后侧，然后再继续向右摆动。在此过程中，上弯针从下弯针的后侧通过，并继续向左上方移动通过机针的前侧，此时机针针尖在下降过程中已穿入上弯针线所形成的线环中。如果包缝机的针杆不倾斜，而是与针板垂直做直线往复运动，那么上弯针要从下弯针的后侧通过就无法通过机针的前侧，不能形成线迹。这就是包缝机针杆要倾斜一个角度的设计理由。针杆倾斜角度的大小与上弯针的设计尺寸有关。

2. 包缝机针杆机构的组成

包缝机针杆机构有两种形式：一种是针杆为活动件；另一种是针杆为固定式结构，针夹为活动件。中速包缝机基本上都采用第一种形式，高速型包缝机则两种都采用，后者多数。

① 中速包缝机针杆机构的组成为活动式针杆结构，从图 5-7 中可以看出，针杆机构是两组曲柄连杆机构。第一组由主轴曲柄到球形钢弹子。第二组由摆轴通过针杆曲柄驱动针杆上下运动。两组曲柄连杆机构保证了机针有较大距离的上下运动。图中主轴上的曲柄传动大连杆与摆轴曲柄（杠杆）上的球形钢弹子铰连。摆轴曲柄以摆轴为支点带动针杆曲柄做上下往复摆动。针杆曲柄（杠杆）通过链条节与针杆夹头相接。针杆用夹紧螺钉固牢在针杆夹头中，这样针杆就随着机器主轴回转而做上下往复运动。其工作原理是，在主轴上的曲柄带动下，摆轴曲柄通过杠杆的作用，把针杆曲柄的活动量放大，以满足针杆的规定活动量。

机针上下位置的调节，可以松开针杆夹头的夹紧螺钉，使针杆在针杆夹头孔中能做上下移动。调节针杆动程大小，可以拧动球形钢弹子与摆轴曲柄连接处的螺钉，把球形钢弹子的轴向摆轴曲柄向内推进，动程就大；反之则小。针杆上下运动直线与针板平面夹角为 67°，主要为了保证弯针穿套机针线环。

② 高速包缝机针杆机构的组成多为固定式针杆结构，不是针杆活动，而是针夹在针杆导杆上活动。这是为了减少在高速运转时，针杆产生的惯性而设计改进的。固定式针杆机构的运动规律，如图 5-10 所示。主轴上针杆上下运动球曲轴的半径为 r，针杆连杆的长度为 L，针杆摆轴曲柄为摇杆。

当主轴上针杆上下运动球曲柄半径在 B 点时，摇杆顶点在 E 点，这时曲轴和连杆在一条直线上，摇杆的顶点离开曲柄转动中心点最远，距离为 $L+r$。曲轴转过 90°，摇杆端点到了 D 点，曲柄转到 180°，摇杆端点为 C 点。曲轴从 180°到 360°，摇杆端点又从 C 沿 CDE 弧线到 E 点。

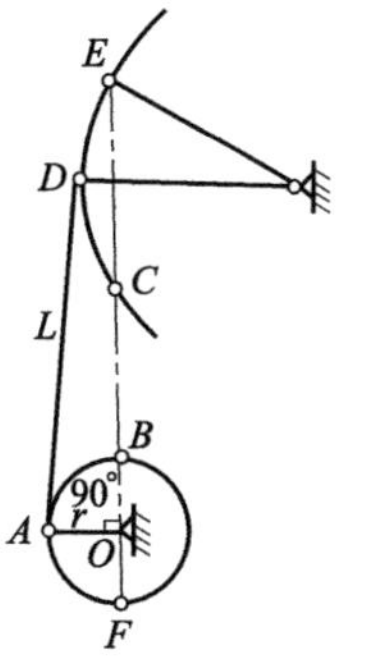

图 5-10 针杆机构的运动规律

摇杆的速度变化为：曲柄从 0°～90°，摇杆顶点 E 从静止开始加速运动，曲柄为 90°时速度最高。曲柄从 90°～180°，摇杆运动从最高速度变为减速运动，在曲柄为 180°时，摇杆速度趋向零。曲柄从 180°～270°，摇杆从静止点 C 开始变为加速运动，曲柄从最高速度变为减速运动，直到 360°时摇杆速度为零。

因此，机针运动至最高与最低两个极点位置时，有速度为零的趋向。

针杆机构是包缝机的主要机构，也是包缝机的基准机构，其他机构都是根据它来确定和设计的。它的任务是带动针杆进行上下滑动，起套线、刺料和送机针线给下弯针钩线的作用。

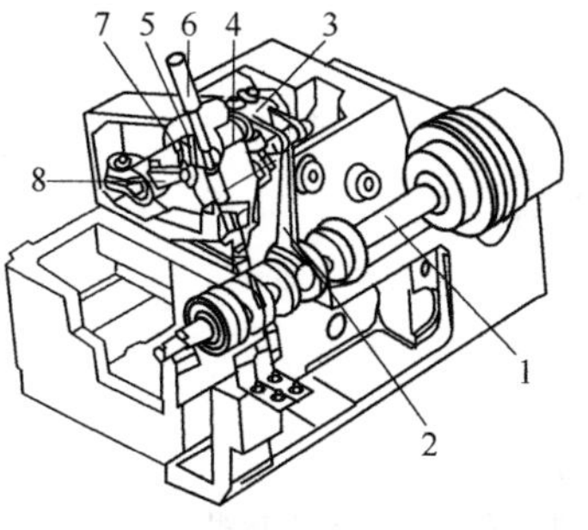

图 5-11 GN6 型包缝机的针杆机构
1—主轴；2—针杆连杆；3—针插摇插；4—上轴；5—针杆连轴节；6—针杆；7—针杆连接片；8—针杆曲柄

图 5-11 是 GN6 型包缝机针杆机构的示意图。主轴实际上是一个曲轴，当主轴高速运转时，带动针杆连杆偏心运动，针杆连杆的上端与针插摇插铰接，针插摇插与上轴固接，所以针杆连杆的运动带动针插摇插绕上轴轴线摆动，使上轴做摆动运动。针杆曲柄的大端与下轴固接，针杆连轴节一端与针杆固接，另一端与针杆曲柄的小端分别由两片针杆连接片铰接。在上轴做摆动运动时就会由针杆曲柄、连接片、连轴节带动针杆上下运动。针杆的上下运动过程也是一个变速运动过程，即存在着快慢交替循环的变化，对缝制中的刺料、钩线及套线各环节的速度要求是一个重要的条件。

M700 型高速包缝机针杆机构，主要由上轴球连杆、上轴曲柄、上轴、针杆曲柄、针杆连杆、针杆接头、针杆、针夹及机针等零部件组成，如图 5-12 所示。

M700 型高速包缝机针杆的传动：下端内球面连接在主轴曲拐上的上轴球连杆上，上端通过一端紧固在上轴、上轴曲柄上，把主轴的圆周回转运动传递给上轴，使上轴转变为往复圆周摆动。针杆连杆的一端铰接紧固在上轴上的针杆曲柄上，另一端铰接在针杆接头上，驱动被紧固在针杆接头中的针杆，在上轴的往复摆动下，针杆带动连接着的针夹使机针沿着针杆上下套做上下往复运动。

由于针杆的行程是由主轴及上述曲柄、连杆的偏心距和有效长度来决定的，而主轴和这些曲柄、连杆的偏心距及有效长度不可调整，所以针杆的行程（上下移动的幅度）是一定的。但移动幅度的位置是可调节的。

四、钩线（弯针）机构

缝纫机在缝纫时，由机针带引缝线穿过缝料后形成线环，使之钩住这个线环，上弯针的线环被机针钩住形成线迹的机构称钩线（弯针）机构，包缝机亦称“弯针机构”。

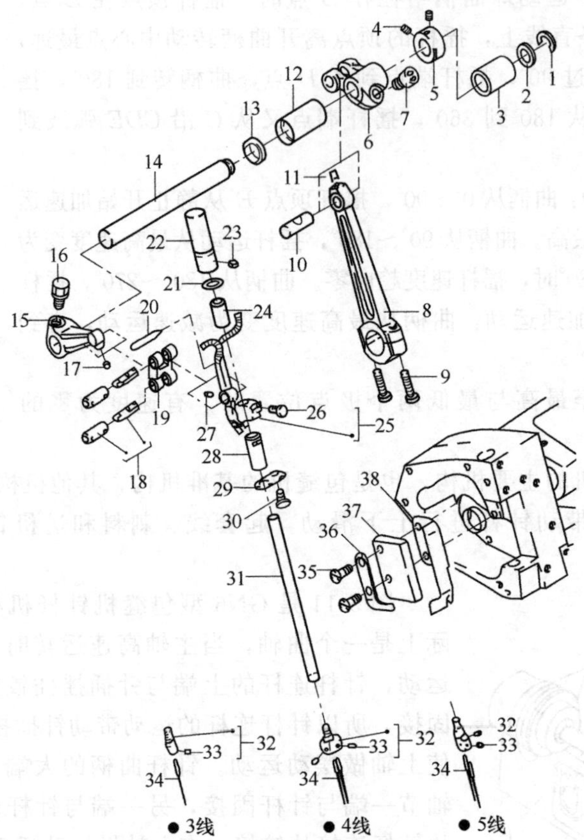

图 5-12 M700 型高速包缝机针杆机构

1—开口挡圈；2—上轴垫片；3—上轴右轴套；4—紧圈螺钉；5—上轴紧圈；6—上轴曲柄组件；7—曲柄螺钉；8—上轴球连杆组件；9—球连杆螺钉；10—连杆销；11—连杆销螺钉；12—上轴左轴套；13—上轴左轴套油封；14—上轴；15—针杆曲柄；16—针杆曲柄螺钉；17—连杆销螺钉；18—针杆连杆销组件；19—针杆连杆；20—油线固定销；21—密封圈；22—针杆上套筒；23—上套筒螺钉；24—针杆上轴套；25—针杆接头；26—针杆夹紧螺钉；27—连杆销螺钉；28—针杆下轴套；29—针杆回油板；30—回油板螺钉；31—针杆；32—针夹；33—支针螺钉；34—机针；35—油毡螺钉；36—油毡压板；37—针杆油毡；38—防油板

弯针钩线：在链式线迹缝纫机中，穿有缝线的弯针做往复摆动，钩住机针上的线环与另一钩针上的线相互交织形成链式线迹。包缝机采用这种钩线机构。

叉针钩线：端部有叉口不穿线的叉针由摆动机构带动，叉住缝线与机针缝线和弯针缝线互连，形成链式线迹。包缝机采用这种钩线机构。

为了形成各式包缝线迹和链式线迹，各种包缝机上装置的弯针种类和数量会不同，弯针分成上弯针、下弯针、链弯针、上叉针、下叉针五种。

上叉针和下叉针与机针共同形成单线包缝线迹；上叉针和下弯针与机针共同形成双线包缝线迹；上弯针和下弯针与机针也同样共同形成三线包缝线迹；链弯针和机针共同形成二线链式线迹。上弯针、下弯针和链弯针是穿着线的弯针，而上叉针和下叉针本身是不穿线的，利用其他针的线来编织成包缝线迹，见图 5-13。

中速三线包缝机的成缝器为双弯针，即上弯针（大弯针）和下弯针（小弯针）。图 5-14

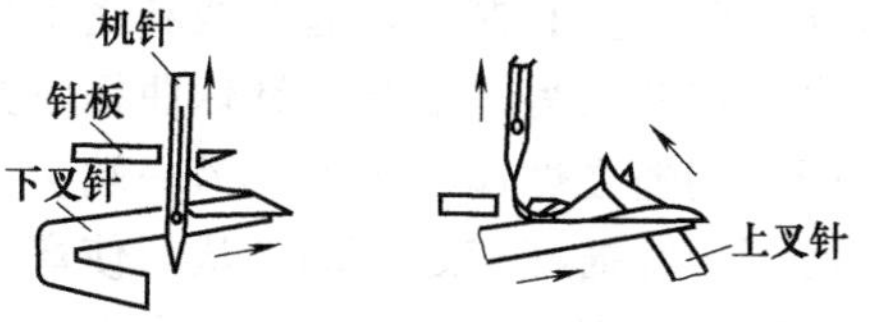

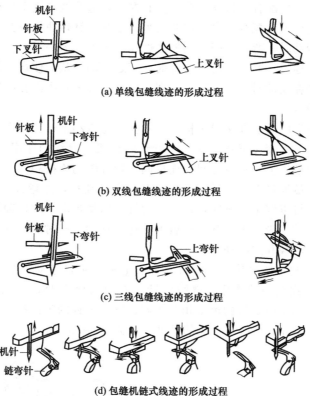

(a) 单线包缝线迹的形成过程

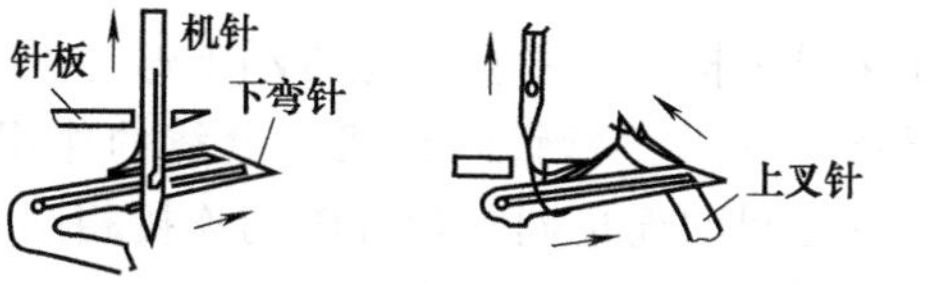

(b) 双线包缝线迹的形成过程

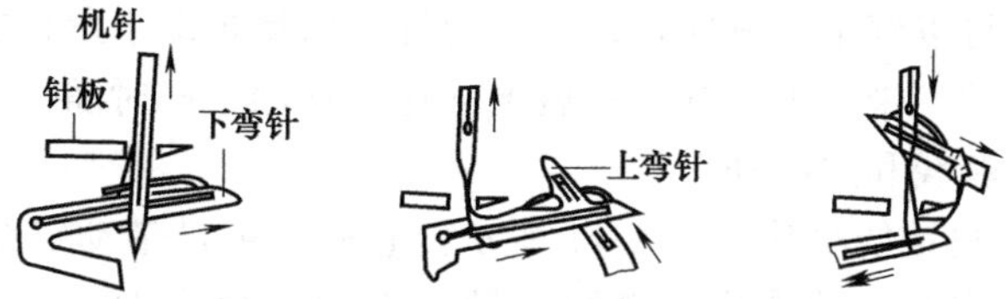

(c) 三线包缝线迹的形成过程

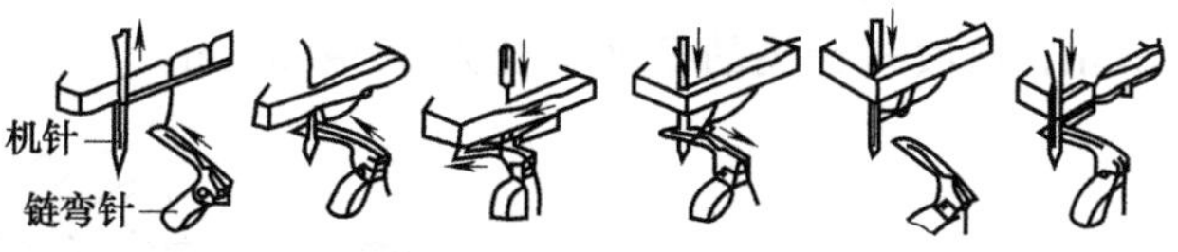

(d) 包缝机链式线迹的形成过程

图 5-13 形成包缝线迹

是 GN11 型中速三线包缝机的弯针机构。

在主轴的左端有弯针球曲柄以球面铰链带动小连杆做上下往复运动。小连杆与球面钉销钉铰链。销钉以紧固螺钉固接于上弯针架销子为支点做左右摆动，上弯针架的摆动臂上固定装有上弯针，因而也随之做往复摆动。摆动臂下方通过链条节使固定装在下弯针架上的下弯针也做往复摆动。当上弯针摆向最左边时，下弯针摆向最右边；返回时，两个弯针又各自摆向反方向的极端。两个弯针交叉时，上弯针从下弯针的前面靠近尖端的针孔处摆向左方。

下弯针的运动轨迹通常是一段弧。上弯针的运动轨迹也是一段圆弧或者是其他某种曲线。它跨过并尽量靠近缝料边缘。

GN6 型包缝机弯针机构如图 5-15 和图 5-16 所示。它的下弯针机构是机器的钩线机构，

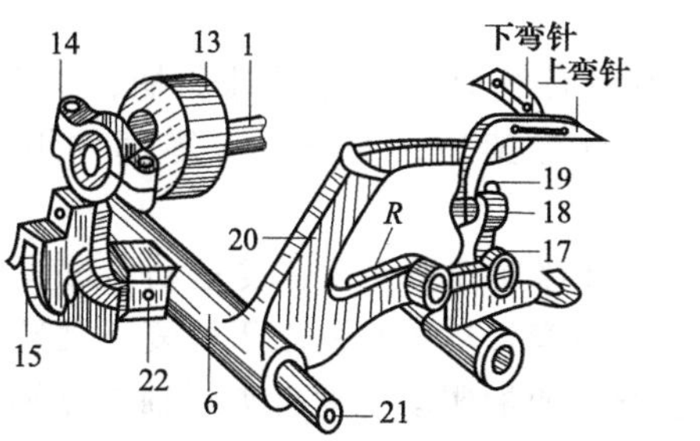

图 5-14 GN11 型中速三线包缝机弯针机构

1—主轴；6—摆轴；13—弯针球曲柄；14—小连杆；15—球面销钉；17—双连杆（双眼圈）；18—杠杆；19—螺钉；20—摆动臂；21—上弯针架销子；22—紧固螺钉

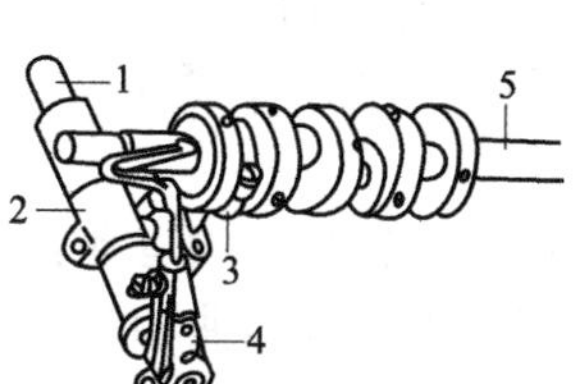

图 5-15 GN6 型包缝机下弯针机构

1—下弯针轴；2—弯针球曲柄；3—弯针连杆；4—下弯针摇杆；5—主轴

与针杆机构、上弯针机构配合，带动下弯针左右摆动，起钩线和送下弯针线给上弯针套线的作用。主轴与弯针连杆滑动配合，弯针连杆的另一端与弯针球曲柄铰接，弯针球曲柄与下弯针轴固接，当主轴转动时，弯针连杆一端随之做偏心运动，另一端上下运动，带动弯针球曲柄绕轴线来回摆动，通过下弯针轴使下弯针摇杆随之摆动，从而使弯针往复摆动，形成钩线和送线。弯针球曲柄在摆动时，由于其球端部在弯针连杆的孔中沿孔的轴向可以窜动，所以机构在运动中不易被卡住。

上弯针机构是机器的送线和叉线机构，它的任务是带动上弯针上下移动和左右摆动这样一个复合运动，起着交叉套住下弯针和送上弯针线给机针套线的作用。图 5-16 中，主轴与弯针连杆、弯针球曲柄、上弯针轴之间的连接同下弯针轴的连接相同，上弯针摆杆的一端与上弯针轴固接，另一端通过上弯针滑杆销与上弯针滑杆铰接，上弯针滑杆与导套滑动连接，导套安装在机体上，可以绕轴线方向转动。当弯针球曲柄带动上弯针轴绕轴线摆动时，上弯针摆杆也随着一起摆动，带动上弯针滑杆做上下往复移动，同时随导套轴线回转，上弯针在两个复合运动下完成套线和送线动作。

GN6 型五线包缝机链线机构如图 5-17 所示，它的任务是带动链线弯针做左右摆动和进出移动，起着编结链式线迹的作用。链线弯针左右的动程为 18mm，前后动程为 2.8mm，链线机构的运动必须与链线机针的运动相互协调。链线弯针的定位技术要求是：弯针针尖到机针的距离为 2.5～3mm，链线弯针尖的摆动半径为 58～59mm。

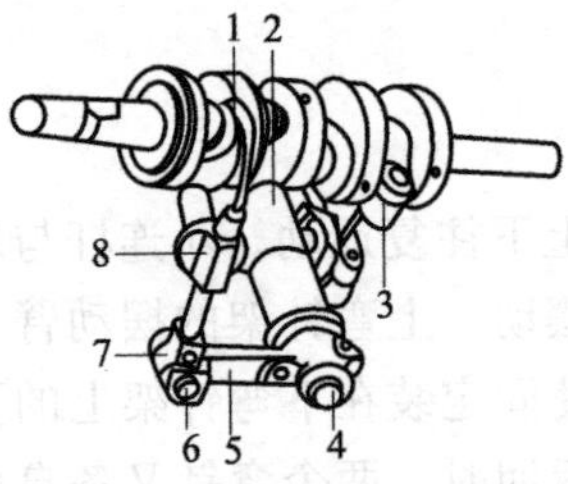

图 5-16　GN6 型包缝机上弯针机构

1—上弯针；2—弯针球曲柄；3—弯针连杆；4—上弯针轴；5—上弯针摆杆；6—上弯针滑杆销；7—上弯针滑杆；8—导套

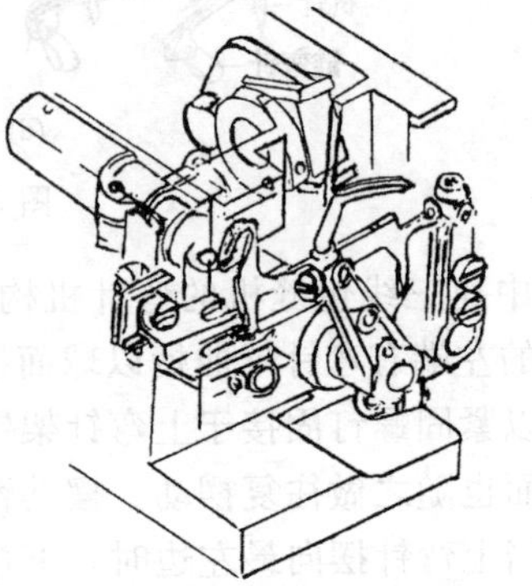

图 5-17　GN6 型五线包缝机链线机构

M700 型高速包缝机弯针机构的组成如下。

① 上下弯针机构。上弯针驱动机构主要由弯针球连杆、上弯针球曲柄、上下弯针轴、上弯针曲柄、上弯针夹紧轴、上弯针导架、上弯针导架座、上弯针等零部件组成，见图 5-18。

回油毡上弯针机构的运动：主轴旋转，带动弯针球连杆做上下往复运动，球头套在弯针球连杆下端的上弯针球曲柄紧固在上下弯针轴上。由弯针球连杆的上下往复运动转变为上下弯针轴的圆周摆动，使紧固在上下弯针轴上的上弯针曲柄驱动上弯针夹紧轴在导架和导架座中做上下、左右的平面往复运动。

下弯针驱动机构主要由弯针球连杆、下弯针球曲柄、上下弯针轴、下弯针架、下弯针等零部件组成，见图 5-19。

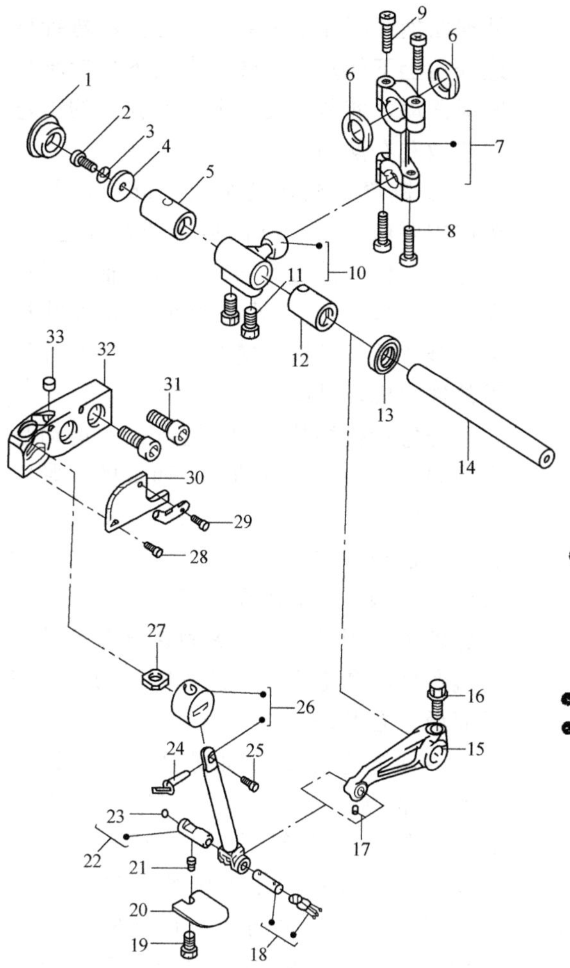

图 5-18 M700 型高速包缝机上弯针驱动机构

1—上弯针轴后橡皮塞；2—吊紧螺钉；3—弹簧垫圈；4—上下弯针轴垫圈；5—上下弯针轴后轴套；6—球连杆止摆垫圈；7—弯针球连杆组件；8—连杆下螺钉；9—连杆上螺钉；10—上弯针球曲柄组件；11—弯针球曲柄螺钉；12—弯针轴前轴承；13—弯针轴油封；14—上下弯针轴；15—上弯针曲柄；16—上弯针曲柄夹紧螺钉；17—紧固螺钉；18—上弯针夹紧轴销组件；19—挡油板螺钉；20—上弯针夹紧轴挡油板；21—供油销紧固螺钉；22—上弯针杆供油销组件；23—钢球；24—上弯针；25—上弯针夹紧螺钉；26—上弯针杆/导架；27—导架油毡；28—导架座挡板螺钉；29—小过线螺钉；30—导架座挡板；31—导架座螺钉；32—上弯针杆导架座；33—导架座

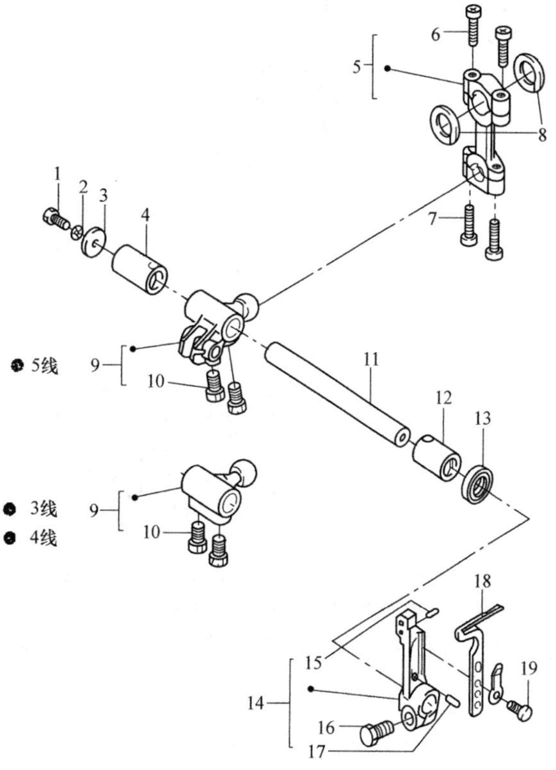

图 5-19 M700 型高速包缝机下弯针驱动机构

1—吊紧螺钉；2—弹簧垫圈；3—上下弯针轴垫圈；4—上弯针轴后轴套；5—弯针球连杆组件；6—连杆上螺钉；7—连杆下螺钉；8—球连杆止摆垫圈；9—下弯针球曲柄；10—弯针球曲柄螺钉；11—上下弯针轴；12—弯针轴前轴套；13—弯针轴油封；14—下弯针架小组件；15—后保针板定位销；16—下弯针夹紧螺钉；17—下弯针定位销；18—下弯针；19—下弯针螺钉

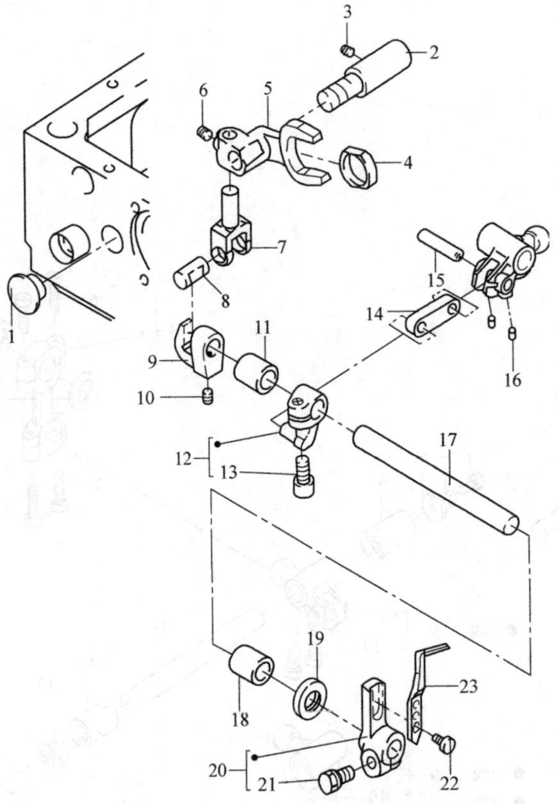

图 5-20　M700 型高速包缝机链弯针机构

1—销轴孔橡皮塞；2—链弯针拨叉销轴；3—拨叉销轴螺钉；4—链弯针拨叉滑套；5—链弯针拨叉；6—接头紧固螺钉；7—链弯针轴向运动接头；8—链弯针轴向运动销；9—链弯针轴向运动支架；10—支架螺钉；11—链弯针轴轴套；12—链弯针曲柄；13—链弯针曲柄夹紧螺钉；14—链弯针连杆；15—链弯针连杆销；16—连杆销螺钉；17—链弯针轴；18—链弯针轴套；19—链弯针轴油封；20—链弯针架组件；21—链弯针架夹紧螺钉；22—链弯针螺钉；23—链弯针

下弯针机构的运动：和上弯针机构一样，主轴旋转，带动弯针球连杆做上下往复运动，球头套在弯针球连杆下端的下弯针球曲柄紧固在上下弯针轴上。由弯针球连杆的上下往复运动转变为上下弯针轴的圆周摆动，使紧固在上下弯针轴上的下弯针架做左右摆动。

② 链弯针机构的组成。链弯针驱动机构主要由下弯针球曲柄及链弯针连杆、链弯针曲柄、链弯针轴、链弯针轴向运动支架、链弯针轴向运动接头、链弯针拨叉、链弯针拨叉销、链弯针架、链弯针等零部件组成，见图 5-20。

链弯针机构的运动：链弯针的运动是由圆周运动和轴向运动复合而成的。紧固在下弯针轴上的下弯针球曲柄，随着下弯针轴的摆动，与它铰接的链弯针连杆驱动链弯针曲柄，使紧固在链弯针曲柄上的链弯针轴做圆周摆动，使紧固在链弯针轴上的链弯针架和链弯针随链弯针轴的圆周摆动而做左右摆动。

主轴链弯针偏心曲拐通过链弯针拨叉套，带动链弯针拨叉沿固定在机壳上的链弯针拨叉销轴做圆周摆动，然后，紧固在链弯针拨叉上的链弯针轴向运动接头通过链弯针轴向运动销和紧固在链弯针轴上的链弯针轴向运动支架，把链弯针拨叉的圆周摆动转换为链弯针轴的轴向运动，从而实现了链弯针的圆周和轴向运动的合成。

五、送料机构

包缝机送料机构的运动实际上是两组运动的复合运动。一组是送料牙前后运动，另一组是送料牙的上下运动。复合运动的轨迹呈椭圆形，如图 5-21 所示。

送料牙的送料过程分为四个阶段：送料牙向上抬出针板面；送料牙向前送料；送料牙下降；送料牙在针板下退回到起始点。

送料机构的基本组成（GN11 型包缝机），如图 5-22 所示。主轴上装有送料偏心轮和抬牙偏心轮。送料偏心轮作用于开针连杆，密度调节螺钉使开针连杆与开针架连接。开针架用螺钉固装于摆架的套管上，摆架以长销子为支点进行摆动，并通过大牙架与送料牙连接。因此当送料偏心轮随主轴回转时，送料牙产生前后运动。

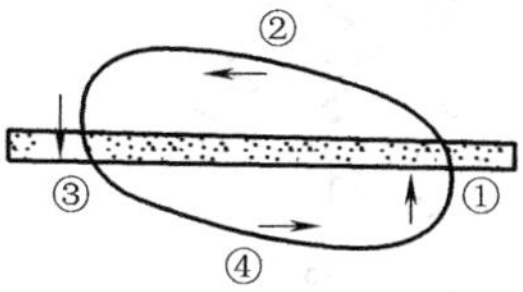

图 5-21 送料牙复合运动轨迹及送料过程

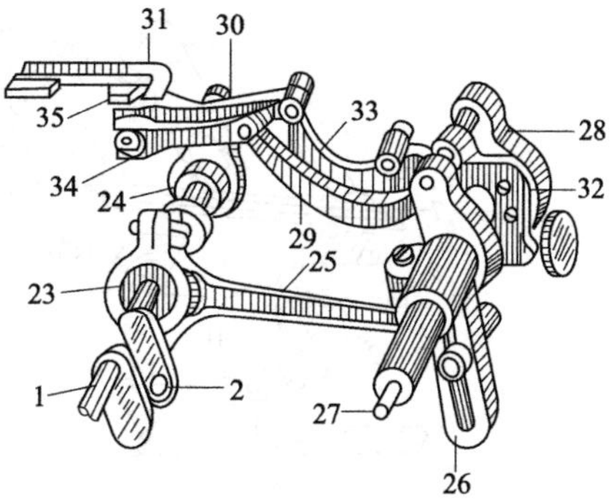

图 5-22 GN11 型包缝机送料机构

1—主轴；2—曲柄；23—送料偏心轮；24—抬牙偏心轮；25—开针连杆；26—开针架；27—长销子；28—摆架；29—大牙架；30—抬牙连杆；31—送布牙；32—小牙架调节曲柄架；33—弯连杆；34—小牙架；35—送线牙

在摆架摆动时，又通过小牙架调节曲柄架、弯连杆和小牙架传动送线牙做前后往复运动。送线牙较送料牙运动稍微超前，当缝料较厚或弹性较好时，送线牙先运动可以获得更好的送料效果和美观的线迹。

抬牙偏心轮上套有抬牙连杆，它的上端销钉活动配合于大牙架的孔内。这样当抬牙偏心轮随主轴回转时，抬牙连杆带动大牙架做上下摆动。送料牙就可以进行前后及上下运动来完成缝料的输送。

调节缝迹密度可松开调节螺钉，使开针连杆与开针架的连接点在导槽中做上下移动，从而改变了力矩而使摆架摆动动程改变。调节螺钉位置愈往下，摆架摆动愈小，缝迹密度也愈密，反之则相反。

送线牙的四连杆机构如图 5-23 所示。它主要由抬牙连杆、大牙架、摆架、小牙架、弯连杆和小牙挡组成。图中 D、D'点为送料牙运动轨迹点，K、K'点为送线牙运动轨迹点。虽然摆架从 A'点移到 A 点，但送线牙和送料牙的运动轨迹却不同，而且在四连杆机构的作用下还有“差动”，主要表现为：送线牙上下运动的幅度增大；送线牙前后运动的幅度减小；送线牙上升和下降运动时间均比送料牙早。

送线牙的三个差动表现，主要是为了在无缝料时能顺利地推送线辫；而在有缝料时，又能略起辅助送料作用而不使缝料的边缘被拉伸。

高速包缝机的送料机构，一般有两组牙架。左面是差动牙架，右面是送料牙架。送料前端装有送料牙，而送料牙凹槽内又嵌装送线牙，两只牙齿由同一只送料牙螺钉一起固定于送料牙架上。差动牙架前端安装差动牙，差动牙与送料牙前后对直，左右位置由针板牙槽配合要求确定，并由左右导板而定位。

图 5-24 为 GN6 型包缝机的送料机构，图中主轴与抬牙偏心固接，抬牙偏心与抬牙滑块转动配合，抬牙滑块安装在送料牙架和差动牙架的槽中，当主轴转动时，由于抬牙偏心的作用，使送料牙架和差动牙架绕固定轴上下摆动，这样固定在牙架上的送料牙即做上下方向的运动。

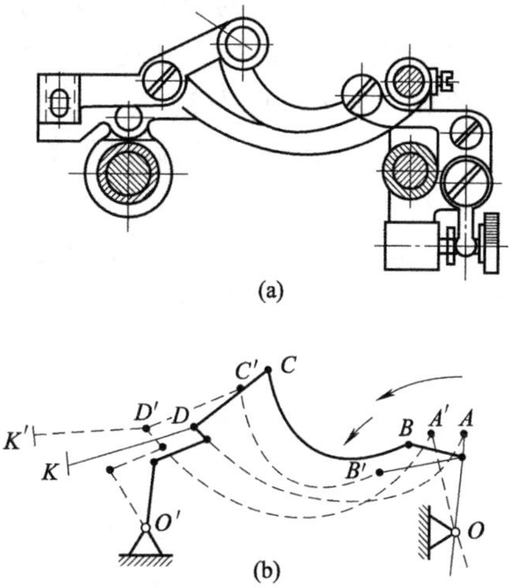

图 5-23 送线牙的四连杆机构

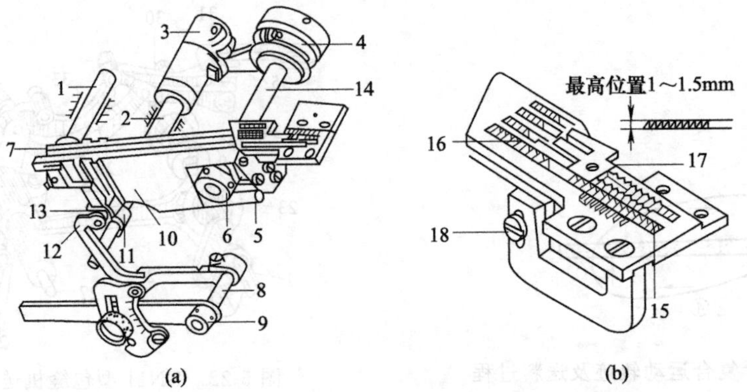

图 5-24　GN6 型包缝机送料机构

1—固定轴；2—送料轴；3—送料摇杆；4—送料大连杆；5—抬牙滑块；6—抬牙偏心；7—送料牙架；8,9—抬牙差动扳手；10—差动牙架；11—差动牙架的曲柄；12—牙架曲柄滑块；13—差动曲柄滑槽；14—主轴；15—差动送料牙；16—送料牙；17,18—送料牙位置调节螺钉

送料大连杆的大端与主轴转动连接，小端与固定在送料轴上的送料摇杆铰接，由于主轴的曲轴偏心作用，当主轴转动时，经送料大连杆使送料轴绕自身的轴线回转，带动固定在该轴上的送料牙架曲柄和差动牙架曲柄摆动，差动牙架曲柄通过与其滑动配合的差动曲柄滑槽和与滑槽铰接的牙架曲柄滑块，使差动牙架前后移动，这便形成了送料牙的前后运动。

送料牙架一端的牙架曲柄滑块相对送料轴的偏心距是一定的，所以送料牙的送料速度也是一定的，而差动牙架上的曲柄滑块相对送料轴的偏心距则可通过抬牙差动扳手来调整，故它的送料速度是可调节的。

送料牙分前后两只，如图 5-24（b）所示，长的为差动送料牙，短的为送料牙。这两只送料牙应在同一平面上，其上下高度位置靠螺钉来调节。当送料牙在最高位置时，牙齿应高出针板平面 1～1.5mm，在运转时前后两牙不应相互碰撞。

1. 弹性缝料的拉伸现象

用无差动送料的缝纫机缝制有弹性或膨松度较大的缝料（如针织品、绒布）时，缝料不可避免地出现被缝制的 B 边比没有缝制的 A 边长，形成月牙状，如图 5-25 所示。这是由于缝料被缝制边在压脚压力和送料牙送料的拉力作用下缝料伸长，经缝制定型后不能恢复原有的弹性状态而使缝制品变形。

2. 较薄的硬质缝料的起皱现象

用无差动送料的缝纫机缝制较薄、较硬的缝料（如有树脂衬里的衬衣领等），又需要送料牙齿距较大时，当送料牙将缝料托起，在压脚压力的作用下，缝料会陷入送料牙的两齿之间，所缝制出的缝料在被缝制部呈波浪形，或者由于在缝线的张力作用下缝料会起皱（图 5-26）。

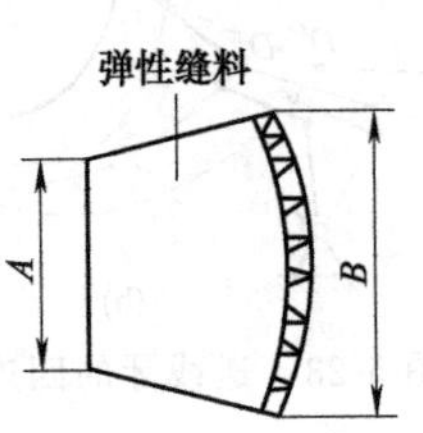

图 5-25　形成月牙状

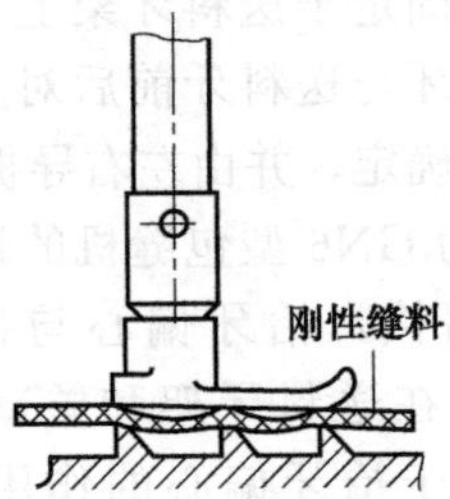

图 5-26　缝料起皱

3. 差动送料的原理

有差动送料机构的缝纫机能解决以上两种现象。

缝纫机每缝纫一针（一个周期的动作），送料牙的运动过程是抬牙→送料→刺布→收线，形成类似椭圆形轨迹（图 5-27），周而复始地编织连续的线迹。在有差动送料机构的缝纫机中，送料牙分为两组，一组是送料牙，另一组是差动送料牙。它们在送布过程中由于各自的运动速度不同而形成了差动送布，如图 5-28 所示。

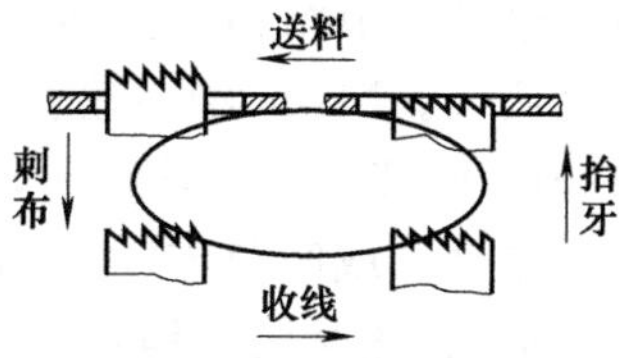

图 5-27 椭圆形轨迹

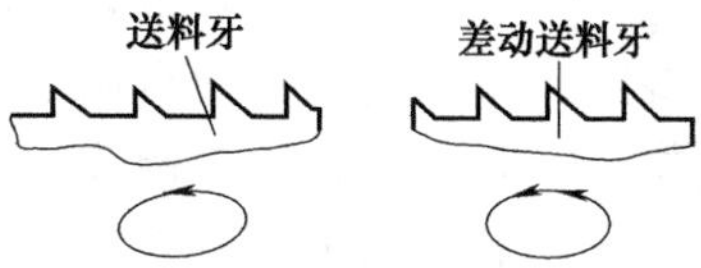

图 5-28 差动送布

M700 型高速包缝机差动机构如图 5-29 所示。主轴旋转，通过送布连杆驱动送布轴做往复摆转，送布轴上紧固的送布调整曲柄和送布连杆偏心轴，通过送布轴的摆转传递给送料牙架连杆，从而带动送料牙架在牙架导轨内做前后移动，连接在送料牙架上的送料牙也随着送料牙架移动实现送布运动。在送布轴做往复摆转带动送料牙架在牙架导轨内做前后移动的同时，通过紧固在送布轴上的差动调节曲柄、曲柄滑块带动差动牙架连杆，使差动牙架在牙架导轨内做前后移动，连接在差动牙架上的差动送料牙也随着差动牙架移动实现送布运动。

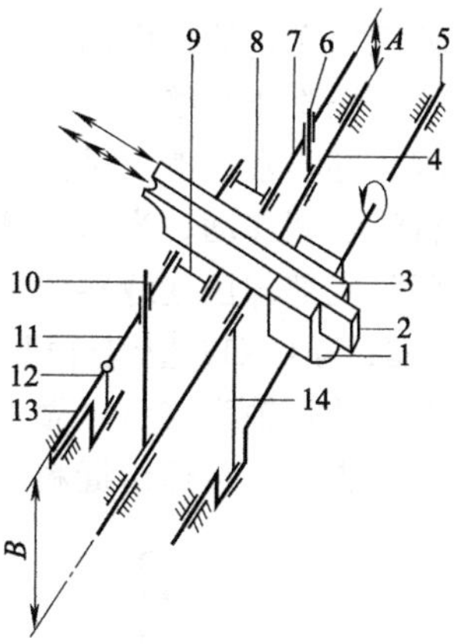

图 5-29 M700 型高速包缝机差动机构

1—牙架导轨；2—差动牙架；3—送料牙架；4—送布轴；5—主轴；6—送布调整曲柄；7—送料牙连杆偏心轴；8—送料牙架连杆；9—差动牙架连杆；10—差动牙架调节曲柄；11—曲柄滑块；12—差动连杆；13—差动调节杆；14—送布连杆

送料牙架（送料牙）的行程大小是由送布调整曲柄上送布轴孔中心距送料牙连杆偏心轴上转动轴的中心距离 A 决定的，各机种由于差动比的需要，中心距 A 不同。在同步调节型的机器中，中心距 A 是不可调的。

差动牙架（差动送料牙）的行程大小是由差动调节曲柄的送布轴孔中心距曲柄滑块上转动轴的中心距 B 决定的，中心距 B 可在一定范围内调节，与中心距 A 匹配成因缝料的变化或因缝制品需要的“差动比”。

4. 差动比调节类型

① 同步调节型（联动式）。当调节送料牙行程时，差动送料牙的行程也随之成比例地变大或变小。例如：当差动比为 1∶2 时，若把送料牙的行程调节到 4mm，差动送料牙的行程随之变动到 8mm。若把送料牙的行程调节到 2mm，差动送料牙的行程随之变动到 4mm。这两种状态下的差动比都为 1∶2。这种差动比调节的方式为同步调节型，在这种形式的包缝机中，当操作者利用送料调节机构改变针迹长度（改变送料量）时，仍能保持原有的差动比不变。差动比同步调节型是包缝机的标准形式，为大多数包缝机所采用。

② 单独调节型（分别传动式）。在这种差动比调节类型的包缝机中，送料牙的行程与差动送料牙的行程变动时要分别进行调节。当操作者对送料牙的行程做了调节后，差动送料牙的行程是不会跟着改变的，这样一来，原来的差动比就变动了。

例如：当送料牙行程为4mm，差动送料牙的行程为8mm时，其差动比为1∶2。若把送料牙的行程调节为2mm，而差动送料牙的行程不作调节，仍保持在8mm，则此时差动比就变为1∶4。

因此，在这种形式的包缝机中，因针迹长度的需要而对送料牙的行程进行调节后，若仍要保持原来的差动比不变，则必须再调节一次差动比。

图 5-30　同步调节型

单独调节型的调节机构因构造简单，所以缝纫机价格比较便宜。当需要调节的差动比较大时，使用这种调节结构的机器较适宜。

③ M700型高速包缝机差动比调节。M700型高速包缝机差动比调节采用的是同步调节型，见图5-30。调节方法：拧松差动扳手调节螺母上下移动来调节。向上调节为逆差动（或叫负差动），此时为拉伸送料；向下调节为顺差动（或叫正差动），此时为压缩送料。调整后锁紧差动扳手调节螺母。

六、压脚机构

压脚机构在包缝机中的主要作用是给缝料一定的正压力。当送料牙齿尖露出针板平面向右运动时，压脚压紧缝料，加大缝料与送布齿尖的摩擦力，使缝料随送料牙一起向后运动。由于压脚底部非常光滑，虽然压脚与缝料也有摩擦力，但大大小于送料牙与缝料的摩擦力，因此缝料能顺利移动。当送料牙下降到针板平面的下面时，送料牙向前移动，但对缝料不接触，而压脚底部却压住缝料使其不移动，便于机针穿刺和弯针的穿套成圈。

图5-31为GN11型包缝机的压脚机构。压脚用螺钉固装在压脚架上。整个压脚架以固装于机架上的短轴为支点可做上下摆动。在压脚中部有一销柱，通过其上方弹簧和压力调节螺钉，将压脚压力传递给缝料。压脚的左右位置可通过松开螺钉进行调节。

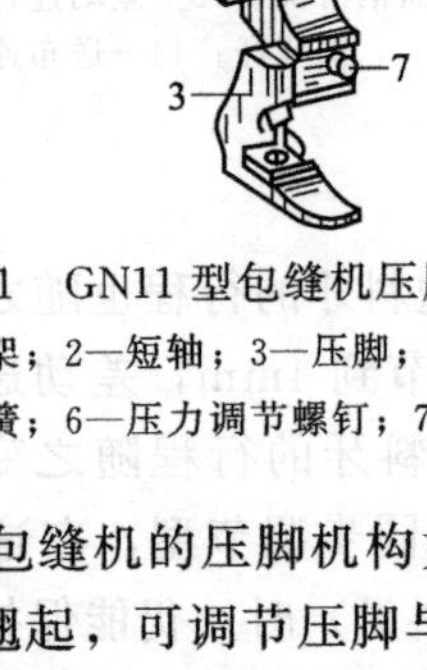

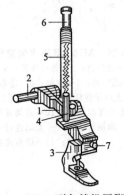

图 5-31　GN11型包缝机压脚机构

1—压脚架；2—短轴；3—压脚；4—销柱；5—弹簧；6—压力调节螺钉；7—螺钉

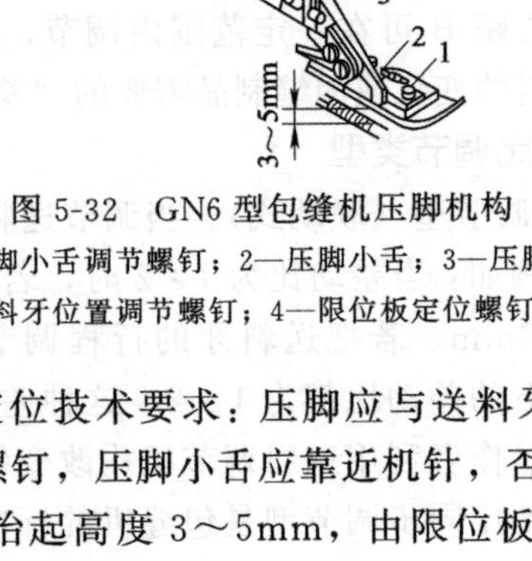

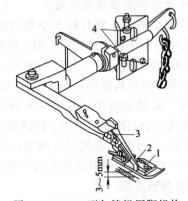

图 5-32　GN6型包缝机压脚机构

1—压脚小舌调节螺钉；2—压脚小舌；3—压脚与送料牙位置调节螺钉；4—限位板定位螺钉

GN6型包缝机的压脚机构如图5-32所示。定位技术要求：压脚应与送料牙齿面平齐，如出现前后翘起，可调节压脚与送料牙位置调节螺钉，压脚小舌应靠近机针，否则容易引起跳针，出现跳针可调节压脚小舌调节螺钉。压脚抬起高度3～5mm，由限位板定位螺钉来调节。

包缝机的压脚种类繁多，如：卷边用压脚、夹边缝用压脚、防缝料卷曲用压脚、打褶用压脚、小转弯用压脚、缝U形衬带用压脚、牵引式压脚等。

1. 压脚结构

压脚舌片：包缝机的压脚与其他机种压脚不同，由于形成包缝线迹的需要，同针板舌片一样，压脚上也设有压脚舌片，它根据包缝宽度 B 的不同而区别使用（图 5-33）。

2. 压脚线槽

压脚底面的线槽可以使挑线杆在收线时减少阻力，顺利地进行收线。按照压脚的种类，线槽的长短、大小也各不相同（图 5-34）。

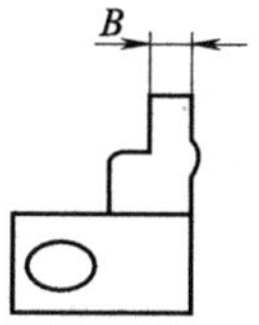

图 5-33 压脚舌片

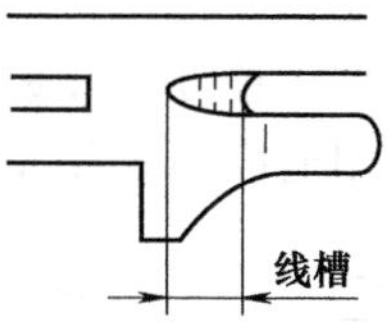

图 5-34 压脚线槽

大线槽——因为没有压到线结（底、面线的结点），所以收线良好。但是在缝纫小针距或薄料的时候，容易起皱。

小线槽——缝纫薄料时使用。但在针距超过 3mm 时容易产生收线不良，这种情况下需更换线槽较大的压脚，使线槽与针距匹配。

无线槽——在缝纫极薄缝料的情况下使用，能避免极薄料在缝纫时收线过度造成缝料起皱的弊端。但是，有时会产生收线不良。

3. 包缝机针板

包缝机针板根据机针的数量、是否装有链弯针来决定其种类和形状。一般分为三线针板、四线针板和五线针板等。

针板舌片——使缝料的边缘获得均匀的包边宽度，针板舌片的宽度与形状决定包边线迹的宽窄与包边线迹形成的优劣。由于线迹形成的需要，一根机针（三线包缝机）的针板只有一片舌片［图 5-35（a）］，二根机针（四线包缝机）的针板有二片舌片［图 5-35（b）］，二根机针（五线包缝机）由于用五根缝线则形成 516、517 号复合线迹。这种线迹实际上是由双链式线迹和三线包缝线迹复合而成的，所以，形成包边线迹的针板舌片同三线包缝机一样，只有一片［图 5-35（c）］。

包缝机与其他机种不一样，由于线缝处于缝料的边缘，线缝的右边没有压脚、针板对缝料进行约束，为了不使缝线在收紧时破坏线缝的形成，线缝先缠绕在针板舌片和缝料上，在缝料前进的过程中，线缝与被缝上的缝料一起退出针板舌片，形成有固定宽度和弹性的线缝。

机针容针孔——包缝机的容针孔与其他机种不同，它是与针板舌片贯通的长形槽，便于线缝与被缝上的缝料一起退出针板舌片，但链机针容针孔不与其他结构贯通，见图 5-35（a）、图 5-35（b）、图 5-35（c）。

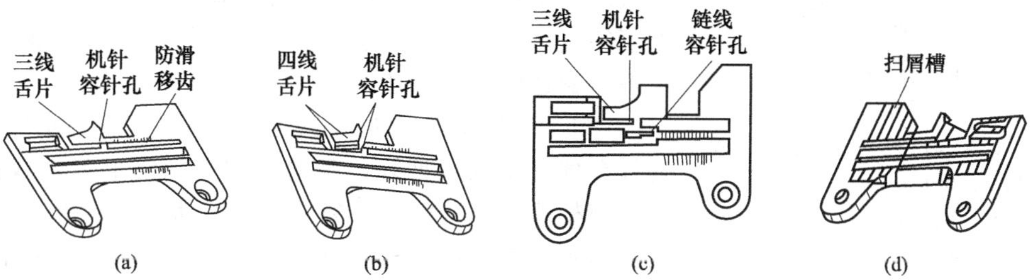

图 5-35 针板

防滑移齿——包缝机针板的右侧装有用以裁切缝料边缘的切料刀，无法在针板孔左、右两侧都装有送料牙齿，送料牙齿只能分布在针板孔前、后和左方，这种布局常常会将缝纫中的缝料偏向左侧输送。为尽量减少这种现象，除增加送料牙齿列排数外，针板上平面开有防滑移齿，以辅助稳定缝料［图 5-35（a）］。

扫屑槽——由于包缝机送料牙齿列较多，齿列槽底容易聚积缝料屑，不及时排除聚积缝料屑将会造成送料牙送布不良，更为严重的会造成针板断裂和送布机构的损坏。扫屑槽利用槽可有效地清除聚积的缝料屑［图 5-35（d）］。

根据服装缝制的要求，包缝机针板配置了各种规格的舌片、容针孔距（针间距），各种宽度的包缝线缝和与其相适应的舌片如图 5-36、图 5-37 所示。

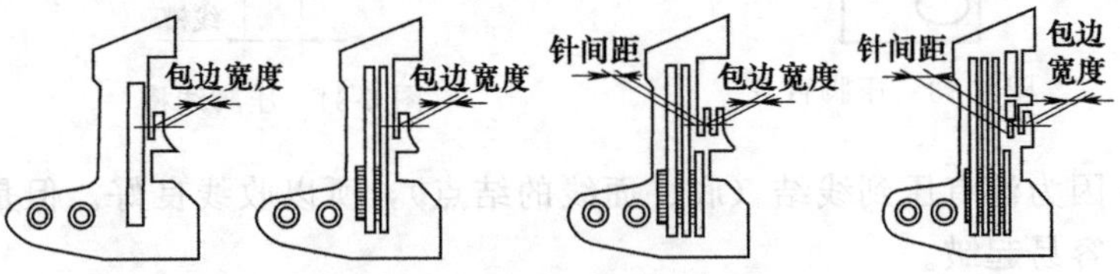

图 5-36 容针孔距（针间距）

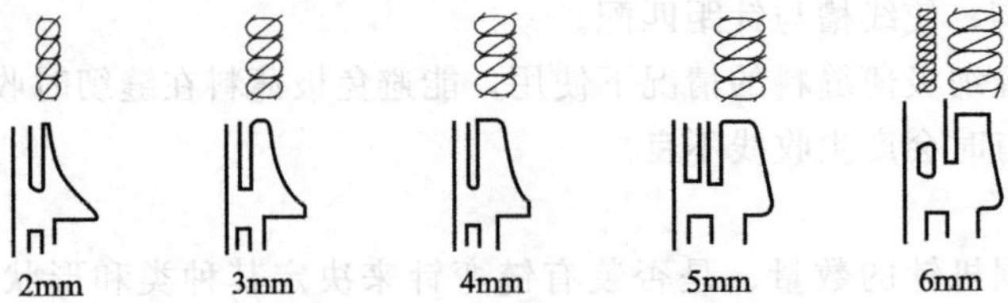

图 5-37 各种宽度的包缝线缝

七、切刀机构

切刀机构是包缝机的专用切边装置，它配合机针机构协调工作，其任务是带动上刀做上下摆动，在包缝包边前，将缝料边缘切整齐。切刀机构由下刀架机构和上刀架机构所组成。下刀架机构不做机械运动。上刀架机构推动上刀上下运动。上下刀配合以完成剪切缝料边缘的工作。为了获得相同宽度的线缝，缝料的边缘必须剪裁整齐。包缝机切刀机构的工作对缝纫质量有直接的影响，如果切刀工作不良或切刀的切边宽度定位不恰当，就会产生送料不均匀、缝料边缘不平齐、线缝松紧不一的故障。

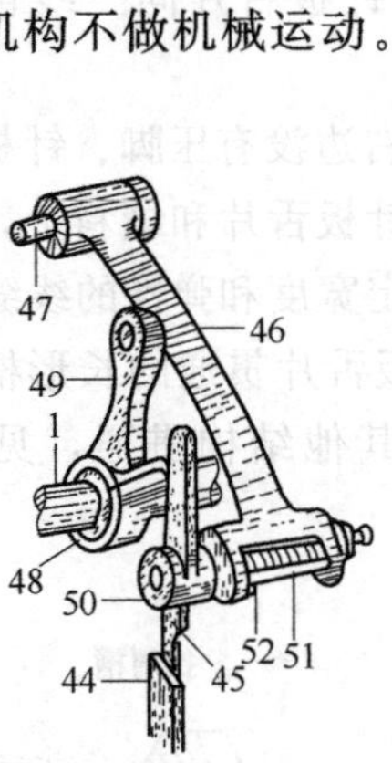

图 5-38 GN11 型包缝机切刀机构

1—主轴；44—下刀；45—上刀；46—上刀架；47—刀架销子；48—上刀偏心轮；49—刀架连杆；50—上刀夹头；51—压簧；52—紧圈

图 5-38 为 GN11 型包缝机的切刀机构，主轴的中部有上刀偏心轮。当偏心轮随主轴回转时，通过刀架连杆使上刀架以刀架销子为支点做上下往复运动。从而带动上刀做上下往复运动，并与固定在下刀架上的下刀形成剪口，能在缝料输送的同时剪切下布边。

图 5-39 为 GN6 型包缝机的切刀机构，上刀轴经曲轴、连杆和摇杆绕轴线回转，带动刀架曲柄绕上刀轴线摆动，使与刀架曲柄固接的上刀架做上下运动，从而带动切刀做切料运动。下刀口就与针板上平面相平齐，当上刀下降到最低位置时，上刀架轴中心相距针板平面为 16mm，上刀

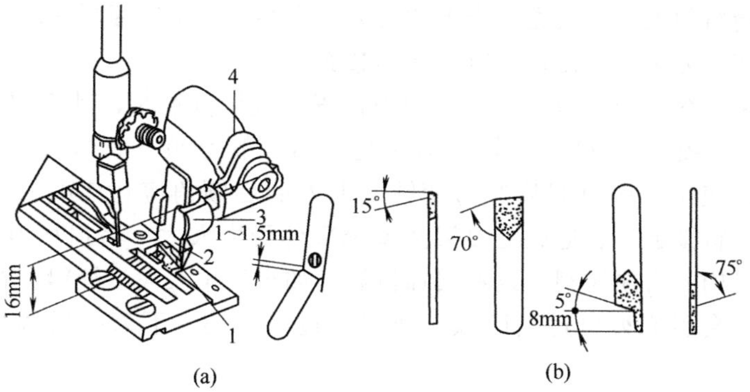

图 5-39 GN6 型包缝机切刀机构

1—下切刀；2—上切刀；3—上刀架；4—刀架曲柄

刀口应低于下刀刀口 1～1.5mm。上下切刀的修磨角度如图 5-39（b）所示。

M700 型高速包缝机切刀机构的组成和运动如图 5-40 所示。下切刀装在下切刀架槽中，用下切刀夹和下切刀紧固螺钉紧固。下切刀架装入下切刀架座孔中，以下切刀架紧固螺钉紧固，下切刀本身不做任何机械运动。上切刀紧固于上切刀架，用上切刀架螺钉和上切刀销压紧在上切刀杆上。上切刀杆的尾部紧固着上切刀传动曲柄，由套在主轴切刀偏心曲拐上的上切刀传动连杆的另一端铰接在上切刀传动曲柄上。主轴转动驱动上切刀传动连杆、上切刀传动曲柄、上切刀杆运动，使上切刀以上切刀杆中心为圆点做上下往复弧形运动。

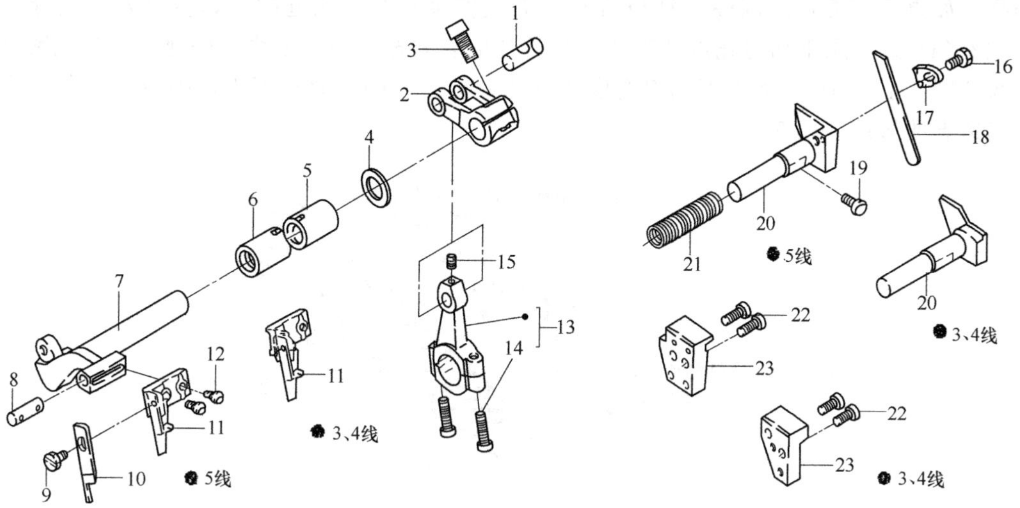

图 5-40 M700 型高速包缝机切刀机构

1—上切刀传动曲柄销；2—上切刀传动曲柄；3—曲柄夹紧螺钉；4—曲柄垫圈；5—上切刀杆右轴套；6—上切刀杆左轴套；7—上切刀杆；8—上切刀销；9—上切刀紧固螺钉；10—上切刀；11—上切刀片架；12—上切刀架螺钉；13—上切刀传动连杆组件；14—连杆螺钉；15—曲柄销螺钉；16—下切刀紧固螺钉；17—下切刀夹；18—下切刀；19—下切刀架紧固螺钉；20—下切刀架；21—下切刀架弹簧；22—护针板架螺钉；23—护针板架

切刀机构的安装和调节：切刀机构在工作中下切刀是固定不动的，它紧固在下切刀夹紧柱（架）上，下切刀夹紧柱（架）可以按照切边宽度的需要移动切边距离，下切刀在安装时其刃口与针板上平面平齐。针板上平面是缝纫工作平面，如果下切刀的刀刃安装得高于针板平面，则将阻碍缝料的推送。反之，当下切刀刀刃安装得低于针板平面时，上切刀在切料时将会拉弯缝料，使切刀工作不良，缝料剪切不整齐。

上切刀的安装（图 5-41）应该是当上切刀行程至最低位置时，其刀刃与下切刀刃咬合，并重叠 0.5～1mm [图 5-41（b）]。切刀的切削后角一般为20°～30°，过大的后角虽然开始切料比较锋利，但使用一段时间后容易变钝。上刀的后倾角应在 15°左右，如果后倾角太小，刀刃同时与缝料接触，会造成上刀架及系统部件受力太大，易损坏刀口，且切边较毛，并且对整个切刀机构的磨损加剧，以致损坏机器。如果后角太大，缝料会在刀口上移动。切料时刃口不锋利，会引起刃口过度摩擦，使切刀过早变钝。下刀的后倾角一般在 23°左右 [图 5-41（c）]。

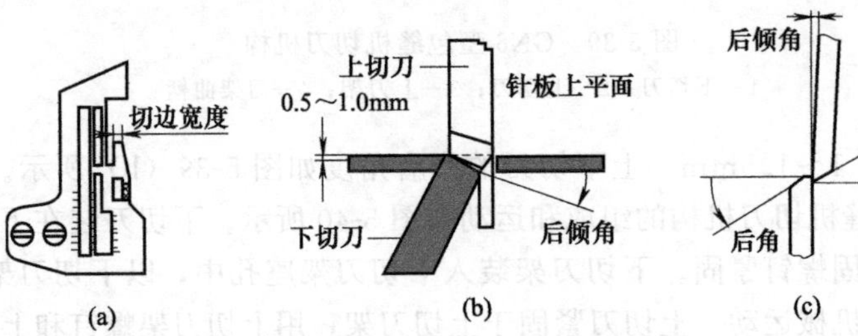

图 5-41　上切刀的安装

下切刀的安装位置决定切边宽度，下切刀的安装应该根据针板舌片的有效宽度 [图 5-42（a）] 来调整，而针板（舌片的有效宽度）根据缝料所要求的包边宽度（图 5-42）来选择。如果下切刀宽度调整与针板舌片的有效宽度得当，线迹的松紧度良好，线缝美观 [图 5-42（a）]。如果下切刀宽度调整比针板舌片的有效宽度小，则线迹松弛，没有包紧缝料的边缘 [图 5-42（b）]。如果下切刀宽度调整比针板舌片的有效宽度大，则线迹太紧，导致缝料缝边卷曲皱缩 [图 5-42（c）]。

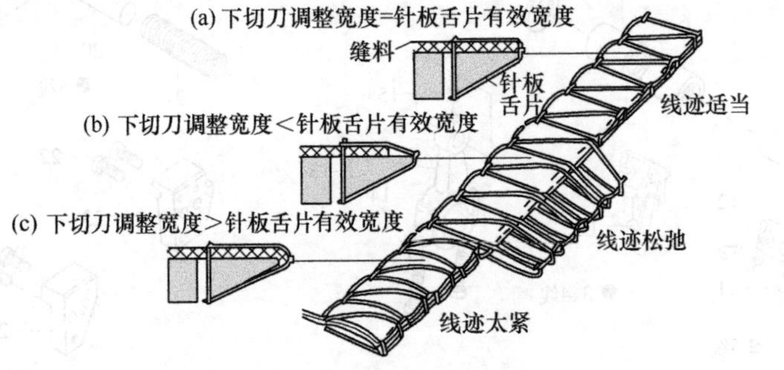

图 5-42　下切刀的安装位置

第三节　包缝机的使用与维护

一、包缝机的使用

1. 机针的选择和安装

（1）机针的选择　包缝机使用的机针可分为两类：直针和弯针。直针又分为链线机针和包边机针；弯针分为上弯针（小弯针）、下弯针（大弯针）和链线钩针（剪弯针）。另外，直针根据针尖形状还可分为多种。

在包缝机中，直针是通用的，而弯针一般是专用的。常用直针列于表 5-8 中。

表 5-8 包缝机常用机针

机器名称	机针规格	备 注	机器名称	机针规格	备 注
二线包缝机	81×(18#～20#)		日产包缝机	DC×1DM×13	DM 型为链线机针
三线包缝机	81×(9#～18#)	81 型也称 GV4	德产包缝机	UY154GAS、B27	
四线包缝机	81×(9#～16#)		意大利包缝机	RJM27	
五线包缝机	81×(11#～16#) 81×(11#～16#)	GV13 型为链线机针			

关于国外产包缝机的机针代用，应先确定针柄的粗细、针的长度和式样，只要能符合这三个条件就可代用。

另外，选用机针时，应会区分 88 型和 81 型以及链线机针。包边机针比链线机针针柄长。针柄直径：88 型为 1.7mm；81 型和链线机针 2mm。

（2）机针的安装　机针的安装有两种方式，即支针螺钉紧固和夹针螺母紧固。

安装机针时，先用右手按包缝机转动方向转动轮盘，使针杆（或针夹）上升到最高位置。如用夹针螺母紧固机针，则用右手拿小扳手向左旋松装针螺母，左手镊住机针，使机针的长槽面对操作者，把针柄向上顶足，然后右手用小扳手向右旋紧，如图 5-43 所示。如用支针螺钉紧固，则用螺丝刀旋松支针螺钉，将机针长槽正对操作者，针柄插入针杆下部孔内，并向上推足至针杆孔底，然后旋紧支针螺钉。

在安装五线包缝机直针时需注意：链线机针在左，包边机针在右。

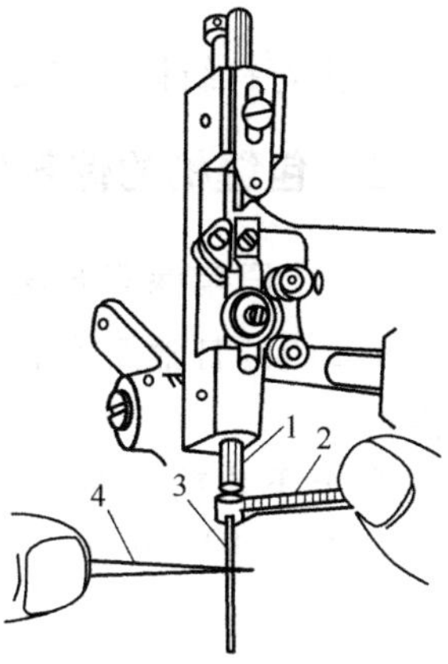

图 5-43　机针安装
1—针柄；2—小扳手；3—机针；4—镊子

2. 穿线

包缝机类型不同，其穿线方法也不同。各类机器的说明书上，大都注有穿线示意图，应严格按示意图进行穿线。一般都是先穿弯针线，后穿机针线。下面仅就国内常用的穿线方法作简要介绍，以 GN1 型三线包缝机穿线法为例，见图 5-44。

① 机针线 1 引穿方法。经三线线板的后线孔→面线大压线板→桃形过线板孔→小压线板 4→由前穿入机针针孔拉出线头约 50mm。

② 上弯针线 2 引穿方法。经三线过线板的右过线孔→拦刀架孔 5→上线过线板 6→板 6 穿线孔→双过线 7 后面一只钩子→上线挑线钩 8→双过线 7 前面一只钩子→上弯针 9 右穿线孔→由前向后穿入上弯针 9 左穿线孔，并拉出约 90mm 的线头。

③ 下弯针线引穿方法。经挑线过线板过线孔→大夹线板→过线管→底线钩 11→下弯针 10 左穿线孔→其右穿线孔，并拉出约 90mm 的线头。

穿线注意事项：

① 穿过线架时要求放线位置适当而稳固，线架各过线钩要对准各自的线盘上线柱。

② 通过各夹线器缝线夹角，最好调整为小于 90°的范围内。面线夹角可通过拧松夹线螺钉，转动桃形过线板来调整。

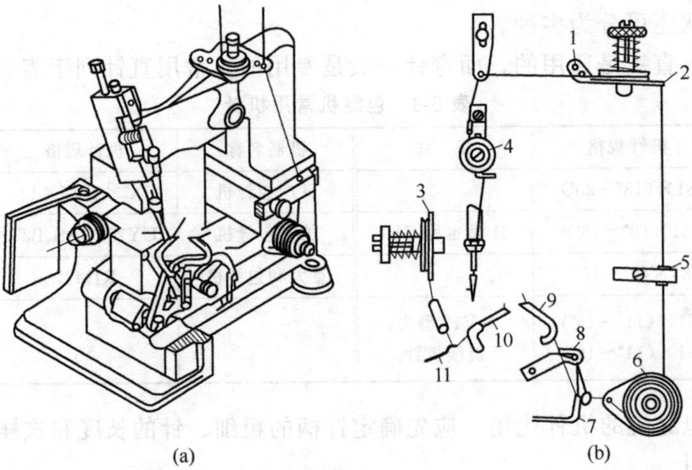

图 5-44　穿线

1,2—线；3—夹线器；4—压线板；5—拦刀架；6—过线板；7—双过线；8—挑线钩；9,10—弯针；11—底线钩

③ 上弯针线钩一定要挂线，如果漏挂这一环，将影响线迹的正常结合。

二、包缝机的保养与维护

（一）日常保养方法

包缝机的日常保养指的是，操作工每天上下班前对机器的保养。其具体方法参见以下几点：

① 上下班前应对机器各部分揩拭一次。因为包缝机在切割缝料时会造成大量的绒絮、布屑，所以必须打开前门板和缝台，用毛刷进行彻底清除，而且要清除塞住油孔的绒絮。

② 对于无自动加油装置的包缝机，每班加油 3～4 次。加油应注入油孔和各机件的摩擦表面。对弯针连杆、双眼连杆以及前、后轴套的油孔要多加几次油。每次加油量不宜太多，加油后应轻轻地转动轮盘，使油渗到摩擦表面。

③ 对于自动加油的包缝机，不需每天加油，只要不低于油量刻度线即可。

（二）一级保养方法

包缝机的一级保养是指机器运转一个月后，操作工对机器进行的保养。保养前首先切断电源，然后进行工作。具体方法如下：

1. 外保养

用毛刷清扫包缝机外体各部，使机体外部无积尘、油污、布灰。旋松各夹线螺母，清理各夹线板内线絮、线头。然后，用细软布揩机器外体各部，其中包括台板、机架、线架、电灯等。

检查机器外部各紧固件是否牢靠，各部螺钉是否缺损。如有松件和缺件现象，给予紧固或补缺。

对于高速包缝机则要对油标进行检查，如油量低于刻度线，进行加油。

2. 内保养

拆卸压脚、针板、小挡板、缝台、盖板等，用毛刷清扫机器内部积尘、布灰。并检查牙挡等部位是否裹线，如有裹线现象用镊子将裹线清除干净。

检查各油路、油孔是否畅通，各油管接头是否牢固，各油绳滴油位置是否正确。有无漏油现象，如发现问题及时修整。对于无自动加油装置的包缝机，应对各加油孔和各机件摩擦表面进行加油。

检查油泵工作是否正常，并清扫油泵过滤网和油盘内杂物。

3. 电器部分保养

用干毛刷清扫电机各部尘灰杂物，检查电机紧固是否牢固，并对电机油孔进行加油。然后检查开关是否灵敏，电线有无脱落现象，如有问题，应请电工及时修理。

（三）二级保养方法

包缝机的二级保养是指机器运转 2 年后，由机修保全工对机器进行的保养。

二级保养包括下列几个项目：拆机；清洗检查机器的磨损件；消除各磨损件之间的间隙；装配、调整机器。

1. 拆卸机器

包缝机拆卸的几点要求叙述如下：

① 应由外到内，由易到难，应明确各机件相互连接关系和它们的位置。还应注意，对不需拆下的零件，如弯针摆轴，前、后轴套等，就不要去拆它。因为多拆会使机件精度受到影响。

② 拆卸时，注意先松紧固螺钉，特别是套筒与销子的紧固螺钉，以免在敲击时损坏零件。

③ 在敲击机件时，最好用衬垫和冲销，绝不能用铁榔头或钳子直接去敲击各种机件、轴套以及销等。

④ 对拆下的机件要记牢它们的配合关系，按结构组件分类放好。如上线弯针球曲柄和底线弯针球曲柄稍一疏忽，就会在安装时搞错，造成返工。

下面将拆卸包缝机的程序介绍如下：

① 拆卸表面零件：缝针、针板、缝台、罩板、盖板、挡刀架等。

② 拆卸抬压脚组件。

③ 拆卸送料抬牙组件。

④ 拆卸弯针部分组件及下切刀架组件。

⑤ 拆卸针杆过线组件。

⑥ 拆卸传动组件和上刀架组件。

⑦ 拆卸油泵组件（各种机器不一，有时可先拆）。

⑧ 拆卸主轴组件和针距调节组件。

2. 清洗检查机器各机构

将机器拆下来的零件，用煤油洗净后，分别归类。然后检查各机件的磨损情况，进行整修和更换。

(1) 主轴机构　检查主轴与套筒或与轴承配合的间隙，如间隙过大可更换套筒和轴承。

(2) 针杆机构

① 检查针杆与针杆套筒的间隙不能大于 0.1mm。其方法是将针杆降至最低位置用千分表测量下套筒处。如间隙过大可更换针杆或针杆套筒。

② 检查针杆上、下松动情况，高速包缝机不大于0.3mm；中速包缝机不大于0.8mm。其方法是用千分表测针杆端面处。如果间隙过大，可更换链条节和链条节销。

③ 检查针杆连杆与钢弹子和主轴曲柄的磨损情况。对于磨损程度大的，可更换针杆连杆或钢弹子，对于磨损程度不大的，可以进行修复。修复方法是将针杆连杆盖拆掉，将它与针杆连杆体相结合的平面放在细锉刀或砂布上（砂布要放在一平面上）稍许磨去一些，使原来的内径从上、下椭圆的孔，变成配合较好的孔。

④ 按标准调整针杆行程。

（3）弯针机构

① 检查弯针连杆与弯针曲柄的磨损情况。如磨损严重，可更换弯针连杆；磨损较小可进行复修。

② 检查止摆夹头的磨损情况，磨损严重者可更新。

③ 用千分表测上、下弯针的针尖，上弯针往复摆动距，对中速包缝机不得大于0.8mm，对高速包缝机不得大于0.5mm。下弯针往复摆动距，对中、高速包缝机都不得大于0.5mm。如摆动距大，可更换弯针架轴、小弯针架连杆和小弯针架连杆圆锥螺钉。

④ 用手测链线钩针前、后及左、右松动情况。可根据磨损程度，更换链线钩从动曲柄，链线钩连杆，链线钩进出偏心、滑块等。

（4）送料机构

① 检查连杆与凸轮或曲柄的磨损情况。磨损严重者更换，轻者修复。

② 检查抬牙滑块、抬牙偏心的磨损情况。磨损严重者更换。

③ 检查送布牙的牙齿磨损情况。若齿尖磨成秃圆形，应更换新送布牙。

④ 检查压脚小舌头和底板磨损情况，磨损严重者更新。

（5）切边刀机构

① 检查刀架、上刀摇杆磨损情况。磨损严重者换新。

② 修磨上、下刀片。无法修磨者换新。

（6）其他

① 检查各油路、油孔是否保持畅通无阻。对老化的油管进行更换。

② 更换柱塞式油泵的柱塞和弹簧。

③ 配齐各部损缺零件（包括螺钉）。

④ 检查电机声响、温升。检查离合器配合运转是否良好。有问题请电工修复。

⑤ 对电机轴承加注黄油。

三、包缝机完好标准

包缝机完好标准（三线、四线、五线）见表5-9。

表5-9 包缝机完好标准

项次	检查项目	允许极限值/mm	检查方法
1	针杆与套筒间隙	0.10	在针杆最低位置用千分表测下套筒处
2	针杆上下松动	高速0.30 中速0.80	用千分表测针杆端面处
3	牙齿上下松动	0.50	用千分表测牙齿
4	牙齿前后松动	0.80	手感或用千分表测试

续表

项次	检查项目	允许极限值/mm	检查方法
5	压脚、针板与牙齿配合不良	不允许	目测
6	大弯针往复摆动(上线弯针)	高速 0.50 中速 0.80	用千分表测针尖部位
7	小弯针往复摆动(下线弯针)	高速 0.50 中速 0.80	用千分表测针尖部位
8	上刀架上下松动	高速 0.30 中速 0.60	用千分表测上刀
9	大钩针前后左右松动	0.50	用千分表试或手感
10	各紧固螺钉松动和机件缺损	不允许	手感、目测
11	各部件异响、异震、发热	不允许	手感、目测、耳听
12	安全和防油装置不完整	不允许	目测

第四节　包缝机的装配调整与检测

一、包缝机机头装配

以 M700 型高速包缝机机头为例介绍装配的主要工序及主要装配技术要求。

（一）装主轴机构（工序 1）

① 检查各轴套应无漏装，轴套粘接同轴度好，机壳表面漆应完好。

② 主轴装入前检查主轴组件，各连杆与主轴轴颈的配合手感无间隙，两端装上轴承，装入主轴后应转动灵活，无阻滞现象。

③ 装抬牙滑块时，抬牙滑块油孔对齐主轴油孔。

④ 装送布凸轮组件时，应使送布偏心导轮对准针距调节偏心轮片上的 90 °槽。

⑤ 装主轴定位轴套时定位轴套紧固螺钉需对准主轴定位轴套 ϕ5mm 孔。

⑥ 装蜗杆组件，紧固螺钉位背向手轮侧，且紧靠主轴端面。

⑦ 装皮带轮组件，将皮带轮定位螺钉（运动方向第一枚螺钉）对准主轴 90 °长槽拧入。

⑧ 装上切刀传动连杆组件，所有连杆带标志侧均朝手轮侧，连杆与主轴之间配合灵活，手感无间隙。

⑨ 装上弯针轴组件，上弯针球曲柄螺钉对准上弯针轴平面，球曲柄紧靠上弯针后轴套，上弯针轴轴向手感无间隙，且主轴转动应灵活，无阻滞现象。

⑩ 装下弯针轴组件，球曲柄紧靠下弯针后轴套，下弯针轴轴向手感无间隙，且主轴转动应灵活，无阻滞现象。

装上切刀杆，上切刀曲柄紧贴垫圈。

装拨叉销轴，装链弯针拨叉滑套时，链弯针拨叉滑套与链弯针拨叉需进行选配。

（二）装送料机构（工序 2）

① 装链弯针轴、链弯针轴向运动接头、链弯针轴向运动支架、链弯针曲柄，链弯针轴向运动接头预定位，露出链弯拨叉上端面 1mm 左右，转动手轮，当链弯针处于左极限位

置，且链弯针连杆与下弯针球曲柄运动间隙为0.8～1mm时，旋紧摆动曲柄紧固螺钉。主轴转动灵活，链弯拨叉手感左右无间隙。

② 装送料轴、送布曲柄、差动牙调整曲柄组件、送布调整曲柄等，该机构手感无间隙，主轴转动应灵活，无阻滞现象。

③ 装送料牙架组件、差动牙架组件、差动送布滑块组件，牙架与抬牙滑块、差动送布滑块配合良好手感无间隙，主轴转动应灵活，无阻滞现象。

（三）拼装（工序3）

① 机壳上节与机壳下节拼装，用丙酮清洗机壳及上节的拼装面，装上圆柱弹性定位销然后在上节拼装面均匀涂上207胶，用拼装夹具定位拧紧机壳螺钉，要求定位棒旋转、移动灵活。

② 装差动送布导板，用丙酮清洗差动送布导板安装面及机壳安装部位，然后均匀涂上207胶，用牙架装配工具定位，将定位棒穿过针杆孔，拧紧差动送布导板螺钉，在拧紧过程中要保证主轴转动灵活、无卡点且牙架前后运动灵活。

③ 装差动送布密封导板组件，用丙酮清洗安装面，然后再均匀地涂上207胶，拧紧螺钉，在拧紧过程中要保证主轴转动灵活、无卡点且牙架前后运动灵活。

④ 装上弯针夹紧轴销组件，用丙酮清洗上弯针夹紧轴导架座及机壳安装面，在其周边均匀地涂上207胶，并在机壳安装螺纹孔以及安装下侧平面均涂上207胶，将上弯针摇杆套入上弯针轴，然后使滑杆座右端紧靠定位开口销，下侧紧贴机壳，旋紧紧固螺钉，预紧摇杆紧固螺钉，转动主轴应灵活、无卡点。

（四）装直针机构（工序4）

① 装针杆传动轴、针杆组件，针杆传动轴转动应灵活、无阻碍，先将针杆组件装入，然后再装油线，保证油线伸出机壳上节另一侧15mm左右。装防油板时，应从针杆下套处的油线嵌入防油板2.5mm宽的槽。

② 装主送料牙组件。

③ 装机针，调整针板位置，使机针位于针板容针槽中间，同时使送料牙与针板送料牙槽间隙均匀，旋紧各螺钉。

④ 装链机针，旋转针杆使链直针处于针板容针槽中心，机针线槽朝向操作者一方，调整机针高度，转动手轮，当机针上升到上极限位置时，右直针针尖距针板的高度应符合安装高度要求，用定位块校准高度后旋紧螺钉。

⑤ 调整送布调整曲柄，使主送料牙与针板送料牙槽的前后两端运动间隙保持均匀，为0.9mm左右，调整主送料牙与送布调整曲柄，使最大针距和最小针距符合各机种的针距标准（用游标卡尺测量）。

调整偏心轴，当送料牙处于最高位置时使主送料牙齿面与针板平面相平行，调整主送料牙高度，当主送料牙处于最高位置时，各机种按相关要求调整送料牙高度，再调整主送料牙、差动送料牙的安装高度及安装倾斜度。

（五）清洗跑合（工序5）

① 装油泵组件，蜗轮与蜗杆配合应稍有间隙，且间隙≤0.07mm。

② 清洗跑合时间为1h，其中共分三个时间段：

第一时间段——以1000r/min转速，连续运转20min；

第二时间段——以3000r/min转速，连续运转20min；

第三时间段——以5000r/min转速，运转10s停5s，连续20min。

在运转前，必须先供油冲洗、润滑，在机器运转时，查看油窗喷油嘴是否喷油，没有喷油须立即停止检查原因。

清洗跑合时，应将针距、差动调节到最大极限位置，跑合清洗后主轴应转动灵活，力矩≤0.2N·m。

（六）装整机（工序6）

主轴轴向间隙：手感无间隙。

主轴径向间隙：手感无间隙。

上弯针轴轴向间隙：≤0.02mm（5N）。

上弯针轴径向间隙：≤0.02mm（5N）。

下弯针轴轴向间隙：≤0.02mm（5N）。

下弯针轴径向间隙：≤0.02mm（5N）。

链弯针轴向间隙：≤0.06mm（3N）。

上刀轴轴向间隙：≤0.02mm（5N）。

上刀轴运动方向间隙：≤0.15mm（3N）。

针杆传动轴轴向间隙：≤0.06mm（3N）。

针杆运动方向间隙：≤0.12mm（5N）。

送料轴轴向间隙：≤0.02mm（5N）。

（七）装三弯针机构（工序7）

① 装下弯针，见本节“包缝机主要机构的定位和调整”中下弯针安装定位和调整。

② 装上弯针，见本节“包缝机主要机构的定位和调整”中上弯针安装定位和调整。

③ 装链弯针，见本节“包缝机主要机构的定位和调整”中链弯针安装定位和调整。

（八）试缝（工序8）

① 普通缝纫：1m长度内缝纫两次，线迹应清晰，无断针、断线、跳针、浮线。

② 薄料缝纫：1m长度内缝纫两次，不应浮线和起皱，无断针、断线、跳针。

③ 中厚料缝纫：1m长度内缝纫两次，切边应整齐，无断针、断线、跳针、浮线。

④ 层缝：0.5m长度内缝纫五次，无断针、断线、跳针、浮线。

⑤ 连续缝纫：缝纫长度5m，无断针、断线、跳针、浮线。

⑥ 线辫缝纫：缝纫时应出线顺利，长度不短于50mm。

⑦ 线迹长度误差：高速与低速缝纫时，线迹长度误差不大于10%。

⑧ 试缝条件：机针用随机；针距、包缝宽度按本节各机型基本参数要求，线、布按本节检测条件要求。

二、包缝机主要机构的定位和调整

由于包缝机的种类和结构不同，因此它们的调整标准也有所不同，但是它们的配合关系是基本相同的。它们相互配合的基本要求是，当上弯针摆向最左边后，开始向右摆动时，包边机针应扎入上弯针线与下弯针线在上弯针上形成三角线套中；当包边机针穿过缝料到最低位置后，开始向上升起约2.5mm（包边机针线形成线环），下弯针的尖端正好钩住包边机针的线环；当上、下弯针在针板下一点交叉时，上弯针尖端正好穿入下弯针的线套，继续向左摆动，把这一线套推向针板上面。

其链线配合要求是：链线钩针向左摆动到一定位置时，链线机针穿过缝料扎在链线钩针的前面，应正好扎入链线钩针线与链线机针所形成的三角线套中；当链线钩针继续向左摆动，在链线钩针越过机针时开始向前摆动；到链线钩针摆至最左边时，向前摆动动作结束；链线机针的相对位置在链线钩针的后面，等到链线机针到最低位置后，向上升起 2.5～3mm 时，链线机针形成线环，正好被向右摆动的链线钩针尖钩住。

（一）GN1 型中速包缝机主要机构的配合和调整

1. 机针高度定位

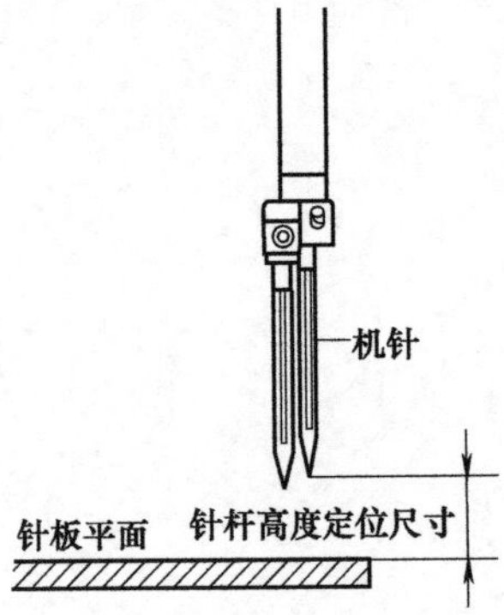

图 5-45　机针高度定位

当机针上升到最高点时，机针针尖与针板面距离见图 5-45，GN 型包缝机机针高度为9～10.5mm。

2. 上弯针的位置与机针运动配合的调整

上弯针的运动要求是：当上弯针升至最高位置时，上弯针针尖应高出针板上平面 12.5～13mm，当机针升至最高位置时，上弯针针尖在机针左侧，距机针中心的距离为 9～10.5mm，如图 5-46（a）所示。

调整的方法：拧松上弯针螺钉，移动上弯针的左、右位置来达到上述要求。如放大或缩小上述定位尺寸，可通过拧松上弯针杠杆上的球形曲柄螺钉，移动球形柱伸入上弯针杠杆的深度来达到要求。上弯针针尖和机针相交时应有间隙，但应⩽0.1mm，调整的方法是校正弯针。

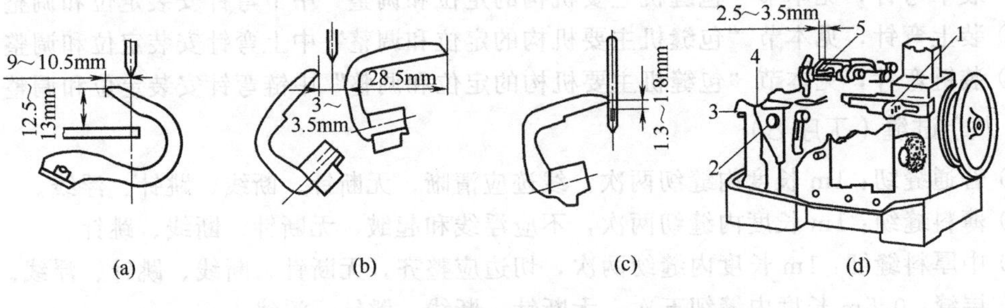

图 5-46　弯针的位置与机针运动配合的调整

1—接长板螺钉；2—下刀架螺钉；3—切刀调节螺钉；4—下刀架；5—刀架导块

3. 下弯针的位置与机针运动配合的调整

下弯针的运动要求是：当下弯针摆动到左侧时，下弯针尖距机针中心线距离为 3～3.5mm，摆动到右侧时，下弯针尖距机针中心线最大距离为 28.5mm［图 5-46（b）］。

调整的方法：拧松下弯针夹紧螺钉，移动下弯针来达到上述要求。如放大或缩小上述定位尺寸，其调整方法与上弯针的调整方法相同，调整时考虑上弯针的定位尺寸。

下弯针尖和机针相交时应有间隙，但应不超过 0.1mm。

调整的方法：拧松下弯针夹紧螺钉，转动下弯针至适当位置。

下弯针摆动时应与针板底面有间隙，并在 0.2～0.5mm 范围内。

4. 机针与弯针运动位置的调整

机针的正确位置要求是：当下弯针针尖位于机针中心线时，针尖应在针孔上边 1.3～1.8mm 之间，见图 5-46（c）。

调整的方法：拧松针杆夹紧螺钉，移动针杆来达到上述要求。

5. 切边宽度的调整

切边宽度的要求是：根据针板舌片的宽度，调整切边宽度。

调整的方法：拧松上盖接长板螺钉和下刀架螺钉，再拧松下切刀调节螺钉，左右移动下刀架达到所要求的宽度尺寸后，拧紧下刀架螺钉，再将上盖接长板架左端轻轻顶着上刀，随即拧紧上盖接长板螺钉。上刀的压力不宜过大，过大会加速刀口磨损甚至造成上刀折断。其压力大小可通过刀架导块调节，一般把它紧固在距离上刀杠杆左侧2.5～3.5mm处。

调整的方法：拧松上刀架的导块螺钉，移动上刀架导块来达到上述要求，见图5-46（d）。

6. 线迹长度和宽度调节

线迹长度即针距。线迹长度和宽度如图5-47所示。

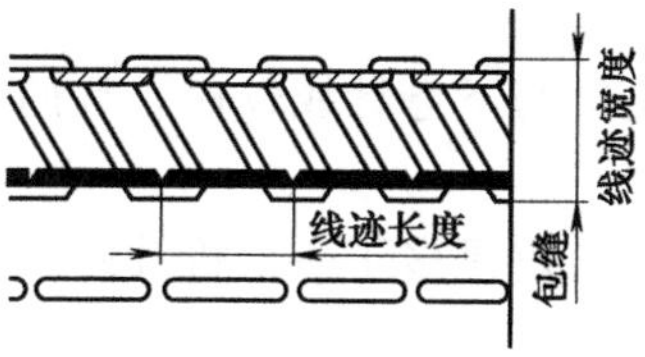

图5-47 线迹长度和宽度

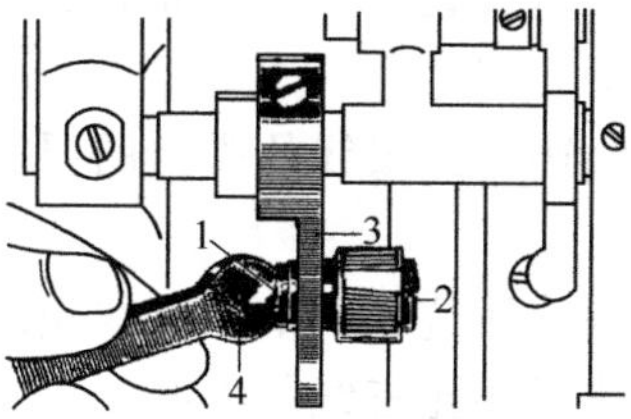

图5-48 GN11型包缝机线迹调整

1—螺钉；2—螺栓；3—针距调节器；4—小扳手

线迹长度的调整，实际上就是送料速度的调整。图5-48是一般三线包缝机（GN11型）线迹调整示意图。在需要调整线迹长度时，从机器的后面（有的要打开后盖），用小扳手松开螺钉即可上下移动送布连杆。送布连杆移动时，针距调节器（开针挡）也随之移动。针距调节器与牙架同轴组装一个臂，它的长短的变化，就决定着送料牙前后活动量的大小。如果调整时送料牙露在针板上面，那么当针距调节器移动时，送料牙向机器的后方移动，是在放大针距。送料牙向机器前方移动时，就是针距在缩小。也有的包缝机调整方向恰好相反，要注意观察调整时送料牙的动向，根据实际情况来决定向上还是向下移动送布连杆。有些包缝机上装有辅助送料牙，它的针距大小随送料牙变化而变化。一般应使辅助送料牙略高于送料牙，过高和过低都不利于送布。

（二）GN6型包缝机主要机构的配合和调整

1. 线迹调整方法

要想得到正确美观的线迹，就必须掌握线迹调整的方法。对线迹的调整，实际上就是调整各缝线张力。

就三线包缝机而言，三线线迹可根据实际需要，调成包缝和包边两种线迹。

包缝线迹，是一种标准型常用的线迹。它不但用于双片以上的缝合，也用于单片包边缘的一种线迹。该线迹的特征是，面线交织在缝料内部，缝料表面上成直线形。上下弯针线交织在缝料表面，并连接在缝料边缘（图5-49）。这种线迹对三根线的张力要求是，机针线紧，上弯针和下弯针线较松，且两者实际张力相等。

包缝线迹，一般说三线交叉线结应该交织在缝料中间（图5-50）。如果线结交织在缝料边缘上部，说明下弯针上的缝线（白色即工作物上面的缝线）太紧，或上弯针上的缝线（花色即工作物反面的缝线）太松。如果线交织在缝料边缘下部，说明下弯针的缝线太紧。上

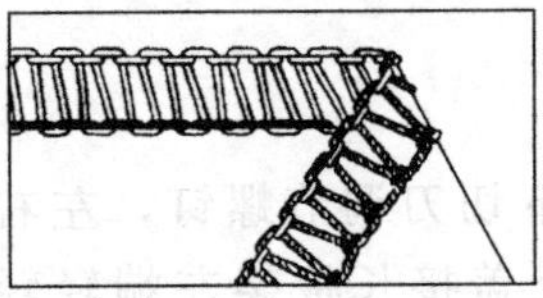

图 5-49　包缝线迹

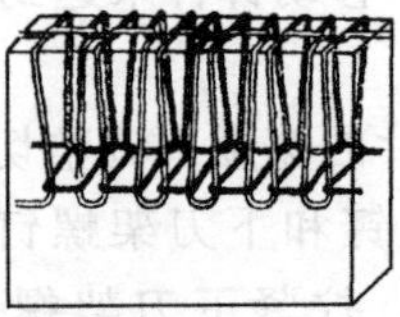

图 5-50　线迹标准位置

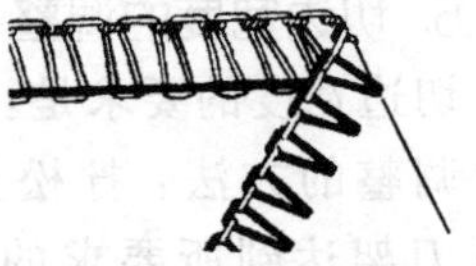

图 5-51　包边线迹

下弯针的缝线经过调整后，仍得不到满意的线迹，就必须进一步调节机针上的缝线（黑色）的松紧。一般机针上的缝线应该有足够的紧密程度。调节机针及上下弯针上的缝线张力时，可使用夹线螺母进行调整。

包边线迹，是一种纯属包边用线迹。该线迹的特征为，面线交织在缝料表面，从缝料表面上看，一面成直线形，一面成三角形。上弯针线交织在表面上，下弯针线完全连接在缝料端面上（图 5-51）。

这种线迹对三根线的张力的要求是，上弯针线紧，机针与下弯针线较松，且两者实际张力相等。

四线联缝线迹的调节和三线包缝线迹的调节完全相同，就是多了一根机针线，其中下弯针线的输线量要比三线的大些。

五线包缝机线迹的调整，基本上与三线包缝机相同，仅多出一个链式平缝线迹（图 5-52）。

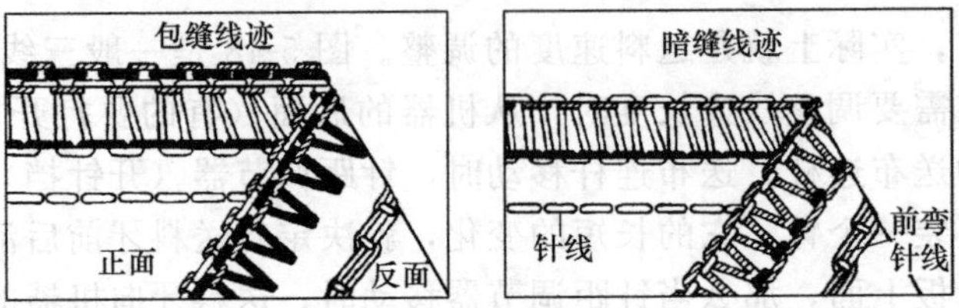

图 5-52　五线包缝机线迹

双线链式线迹，从缝料表面看去，与双线锁线迹相同。缝料底面的线迹是由四股线连环成的，其中钩针线占三股，机针线占一股。链线直针线和链线钩针线，标准张力应得当，链线钩针线长度等于链线直针线的二倍。

二线接头缝线迹是大线量输送，它每缝一针，上下两根线每根都要输出 20mm，所以机针线的线量是靠上挑线输线的，将上挑线量调到最大位置，下弯针线的线量是靠上弯针摆杆拨线进行调节的，当上弯针移到最高位置时，摆杆拨线孔与下弯针轴拨线孔对齐，然后将上下两个压线螺母压力适当降低。

GN6 型包缝机的出线量和缝线张力的调整如图 5-53 所示，其调节方法如下：

① 上弯针线的调节。将上弯针轴捻线杆向下移，则出线量大，向上移，则出线量小；若将过线板向上移，其张力减小，向下移则张力加大。

② 下弯针线的调节。将下弯针摆杆连接的钩线杆向下移，其出线量大，向上移，则出线量小；若将过线板向上移，其张力减小，向下移则张力增大。要保持线迹美观必须出线要均匀，当上下弯针在机针杆最低位时，夹线板出线应一次完成，应严防针杆上升到最高点时，上下弯针还有出线现象。

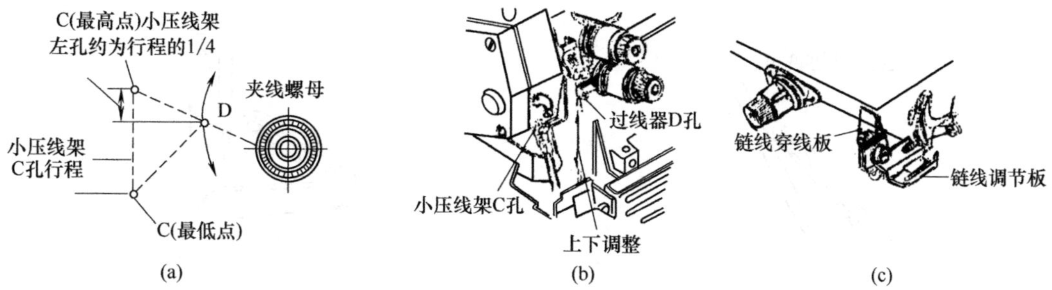

图 5-53 GN6 型包缝机出线量和缝线张力调整

③ 机针线的调节。先将机针夹线螺母及挑线杆螺钉旋松，向操作者方向移动挑线杆，使机针出线量增多，直到满意为止，一般出线量的最大值为每针 20mm；若将挑线杆向操作者反方推，则机针线张力紧，夹线螺母的松紧对上下弯针线张力只起微量调节作用。

④ 链线机针和链线弯针的调节。要求机针在最高点和最低点时，两点都要出线，但最高点线量要大于最低点。机针小压线架 C 孔与过线器 D 孔之间的关系如图 5-53（a）、（b）所示，过线器 D 孔的位置应在小压线架 C 孔的上限向下 6～7mm 处，缝线的张力可以通过夹线螺母来进行调节。链线弯针线的调节，要求缝料下面线迹有明显的三条线（即比较自然的线迹），调节方法如图 5-53（c）所示，链线穿线板向上移即开始出线，出线时间提早；向下移为开始出线，出线时间延迟。链线调节板向左移即出线量大，向右移即出线量小，每次出线量在 7～8mm 为宜。链线调节板定位高度为离底面 35mm，链线挑线杆在最低位置时，为 4mm。

一般来说，包缝机的线张力是通过调节夹线器螺母来达到的。但有时可通过在不大范围内调整一下挑线钩、挑子和过线架的位置，可以得到实际需要的挑线量和对缝线适当控制的作用力。

2. 机针高度

GN6 型二线和三线包缝机机针高度为 9～10mm；四线包缝机机针高度，左机针为 9～10mm，右机针为 8～9mm；五线包缝机机针高度，链线机针为 7.5～8.5mm，包边机针为 9～10mm。护线和护针的间隙均不大于 0.10mm。

3. 机针与下弯针的定位

当下弯针摆动到左边位置时与机针的定位（图 5-54）分别为：GN6 型二线包缝机的下弯针尖到机针距离为 3～3.5mm，下弯针的标准半径 $R=64\sim64.5$mm；三线包缝机的下弯针尖到机针的距离为 3.5～4mm，下弯针的标准半径 $R=64.7\sim65$mm；四线包缝机的下弯针尖到机针的距离为 2.8～3.1mm，下弯针的标准半径 $R=64.7\sim65$mm；五线包缝机下弯针尖到机针的距离为 3.5～4mm，下弯针标准半径 $R=64.7\sim65.2$mm。

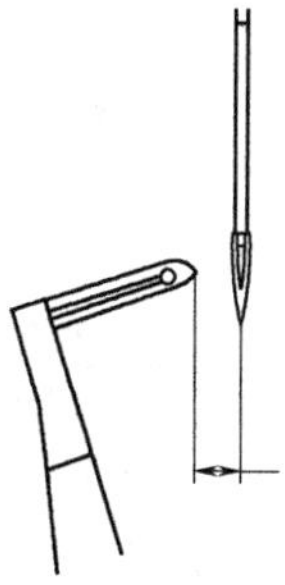

图 5-54 机针与下弯针的定位

一般来说，包缝机的下弯针尖与机针的间隙应是 0.05～0.1mm，下弯针尖运动到机针中心时，下弯针尖到机针针鼻上端距离为 2～2.5mm（图 5-55、图 5-56）。

4. 机针与上弯针、上叉针的定位

当上弯针、上叉针运动至左极限时与机针的定位见图 5-57。

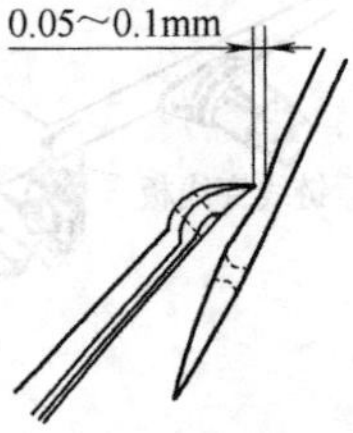

图 5-55　下弯针尖与机针的间隙

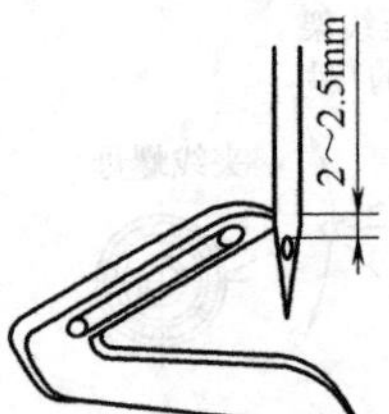

图 5-56　下弯针尖运动到机针中心线

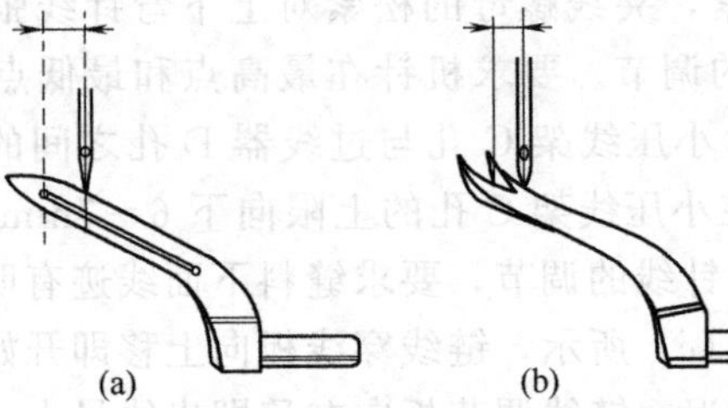

图 5-57　上弯针、上叉针的定位

GN6 型二线包缝机的上叉针尖到机针距离为 4～4.5mm；上叉针尖至针板平面的距离为 8～8.5mm；上叉针的标准半径 $R=77.5\sim78$mm。三线包缝机的上弯针尖到机针距离为 4～4.5mm；上弯针尖至针板平面的距离为 8.5～9.57mm；上弯针的标准半径 $R=78\sim78.5$mm。四线包缝机的上弯针的标准半径 $R=78\sim78.5$mm；上弯针尖到针板平面的距离为 8.5～9.5mm；上弯针针孔应在两机针正中为佳。五线包缝机与三线包缝机的上弯针定位完全相同。

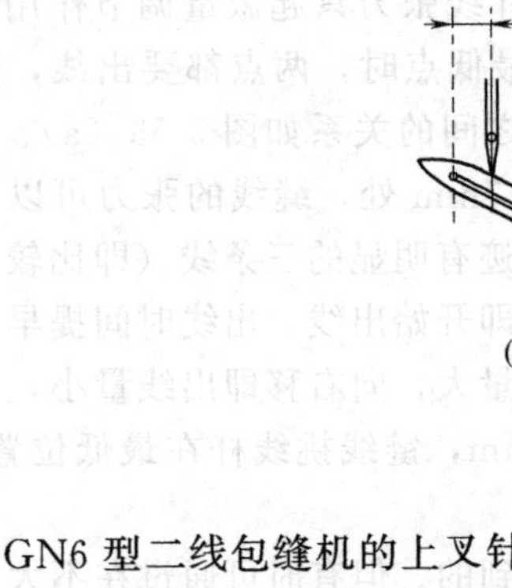

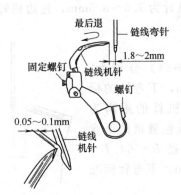

图 5-58　链线弯针与机针距离

5. 链线机针与链线弯针的定位

当链线弯针后退至最左边位置时与链线机针的定位见图 5-58。GN65 型包缝机链线弯针尖到链线机针的距离为 2.5～3mm，链线弯针的标准半径 $R=58\sim59$mm，安装角度为 5°～7°。

6. 线迹长度和宽度调节

GN6 型包缝机的线迹长度的调节见图 5-59。将前罩壳向右移动并打开，用左手大拇指向里推动开针按钮轴，同时转动带轮，使开针按钮轴嵌入开针偏心槽内，然后将带轮上的刻度数对准右上盖红线，根据所需针距选择刻度数，若数字“2”对准红线，其针距为 2mm。

GN6 型包缝机的包边宽度的调节见图 5-60。将缝台扳手往下按，打开缝台，旋松螺钉 A，使上刀架向右移开，然后旋松下刀架螺钉 B，移动下刀刀刃至所需的包边宽度，再将螺钉 B 旋紧，然后将上刀靠拢下刀稍紧一些，旋紧螺钉 A。

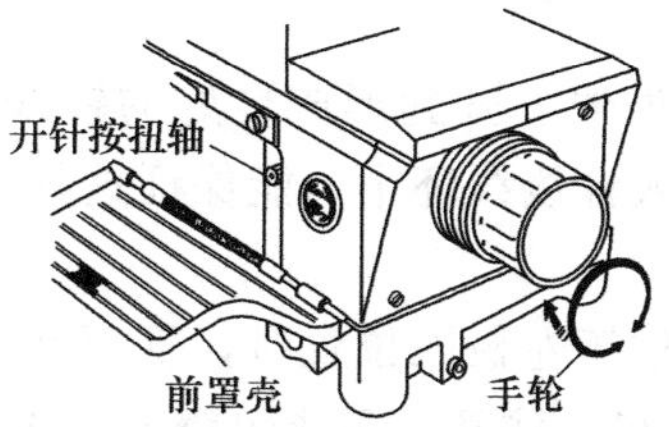

图 5-59 GN6 型线迹长度调节

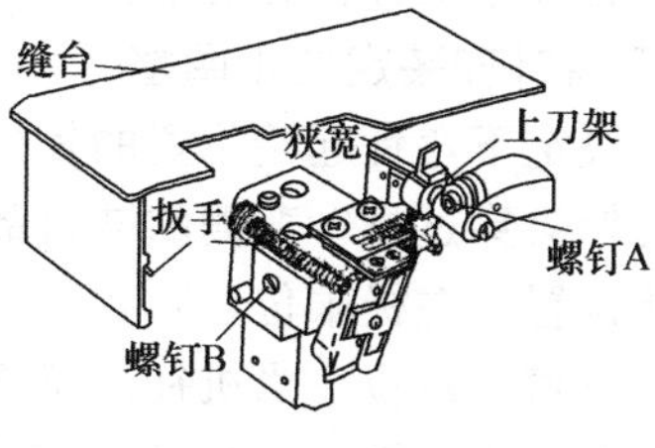

图 5-60 GN6 型包边宽度调节

（三）M700 高速包缝机主要机构的配合和调整

1. 机针安装高度的定位和调整

（1）机针安装高度的基本要求 当下弯针与机针交会（在机针后侧）时，下弯针针尖必须位于机针针孔的上方 1～2mm，见图 5-61。因此，不管机针的上下移动量是多少，机针下降时，从针板上平面开始的下降量基本是恒定的。

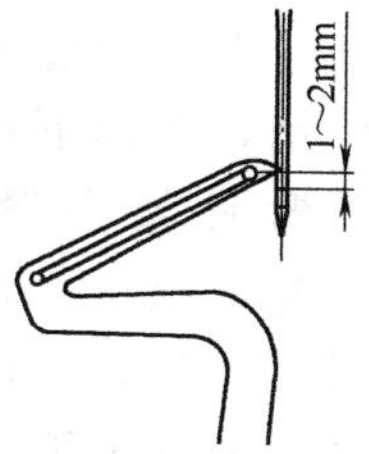

图 5-61 机针安装高度的基本要求

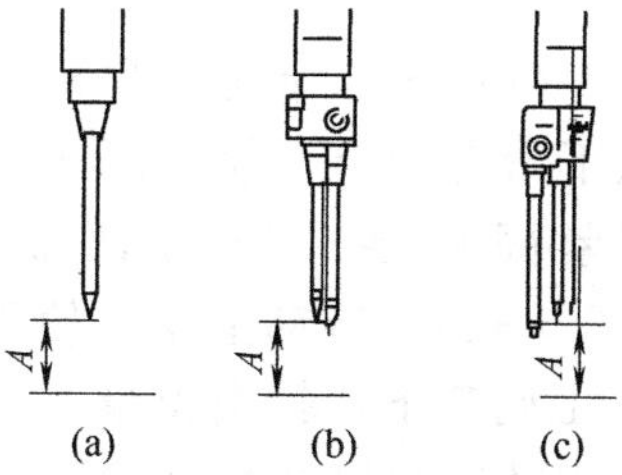

图 5-62 机针安装高度

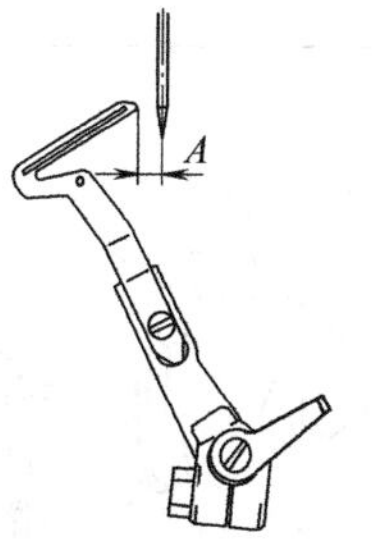

图 5-63 下弯针定位

（2）机针安装高度 当机针处于上极限位置时，机针针尖到针板上平面的距离见表 5-10。注意：三线包缝机（一根机针）见图 5-62（a），四线包缝机（两根机针）以左侧机针定位，见图 5-62（b），五线包缝机（两机针，其中一根机针为链线机针）以右侧机针定位，见图 5-62（c）。

表 5-10 机针针尖到针板上平面的距离

序号	机型	机针安装高度 A/mm	备注
1	M732-36	10.6	三线包缝机
2	M752-13	10.4	四线包缝机
3	M752-17	10.1	五线包缝机

由于机针的安装高度是以针板上平面为基准测量的，而机针从针板平面开始向下的下降量是恒定的，因此，机针的安装高度必定是根据机针的上下移动量（行程）来决定的。上下移动量不同时，机针的安装高度也不同。当机针的上下移动量不变时，上下弯针移动的尺寸是以机针的安装高度为基准的，所以若机针的安装高度不正确，就会影响到上下弯针位置的调节。此外，若机针的安装高度不够时，机针线将不易拉紧，影响线迹质量。

（3）机针高度调整 移开压脚，旋转上轮使机针上升到上极限位置，松开曲柄螺钉。在针板上平面放置高度定位块（定位块高度等于机针安装高度，见表 5-10），移动针杆，使机针尖触及高度定位块后紧定曲柄螺钉。转动上轮使机针下降到与下弯针交会位置，检查下弯针针尖是否位于机针针孔的上方 1～2mm。

2. 下弯针安装定位和调整

（1）决定下弯针起始位置的依据　当机针由下极限位置上升到形成良好的针线线环时，下弯针的针尖穿过机针背侧的缺口部位，并能顺利地穿入针线线环中。能保证这种作用的下弯针起始位置（左极限位置）才是正确的定位位置。

（2）下弯针定位　当机针处于下极限位置，下弯针位于左极限位置时，下弯针尖端到机针中心线的距离（图 5-63）即下弯针引出量 A，见表 5-11。注意：四线包缝机（两根机针）以左侧机针中心距为准，五线包缝机（两机针，其中一根机针为链线机针）以右侧机针中心距为准。

表 5-11　下弯针引出量

序号	机型	下弯针引出量 A/mm	备注
1	M732-36	3.9	三线包缝机
2	M752-13	4.2	四线包缝机
3	M752-17	4.2	五线包缝机

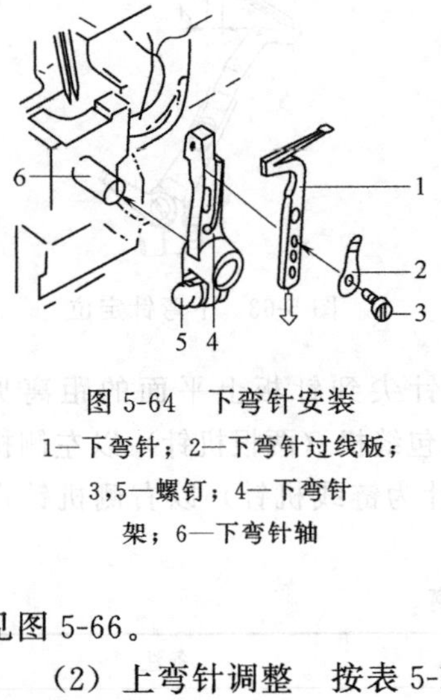

图 5-64　下弯针安装

1—下弯针；2—下弯针过线板；3,5—螺钉；4—下弯针架；6—下弯针轴

（3）下弯针安装和调整　将下弯针、下弯针过线板插入下弯针架上，使底部碰到下弯针定位销，并用下弯针螺钉紧固后装入下弯针轴，微锁紧下弯针架夹紧螺钉（图 5-64）。转动上轮，使下弯针摆动至左极限位置，按表 5-11 调整下弯针引出量 A 的距离，再转动上轮，下弯针向右摆动至与机针交会时，调整并使下弯针尖位于机针后方缺口处，且与机针之间的间隙在 0～0.05mm（图 5-65）。按上述要求检查下弯针与机针的位置是否正确，然后锁紧下弯针架夹紧螺钉。

3. 上弯针安装定位和调整

（1）上弯针安装定位　将上弯针装入上弯针杆，微锁紧上弯针夹紧螺钉，拧松并微锁紧上弯针曲柄夹紧螺钉，见图 5-66。

（2）上弯针调整　按表 5-12 粗调上弯针定位尺寸 A。转动上轮使上弯针杆移动到下极限位置，按表 5-12 粗调下弯针定位尺寸 B，在确认机器旋转轻快、灵活后拧紧上弯针曲柄夹紧螺钉（图 5-67）。

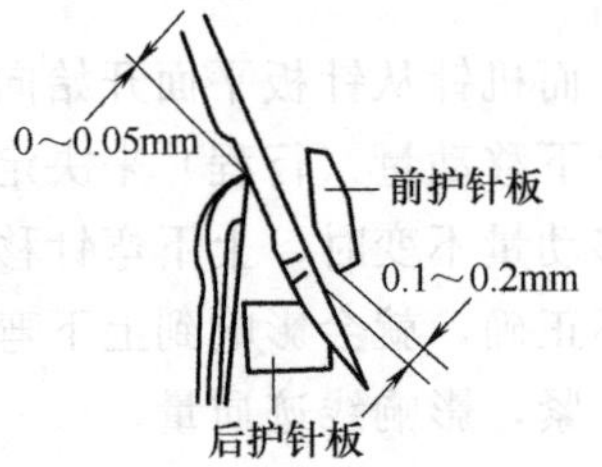

图 5-65　下弯针调整

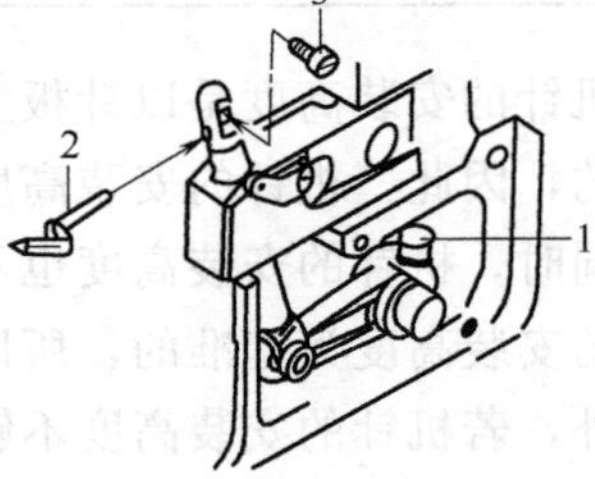

图 5-66　上弯针安装定位

1—上弯针曲柄夹紧螺钉；2—上弯针；3—上弯针夹紧螺钉

表 5-12　粗调上下弯针定位尺寸

序号	机型	粗调上下弯针定位尺寸	
		A/mm	B/mm
1	M732-36	1.3	3.94
2	M752-13	1.4	4.58
3	M752-17	1.2	3.78

(3) 上弯针引出量的调节　转动上轮，使上弯针移至左极限位置，参照表 5-13 选择对应于机型的上弯针引出量，调节上弯针引出量 A，见图 5-68。

注意：所测量的机针，四线包缝机（两根机针）以左侧机针为准，五线包缝机（两机针，其中一根机针为链线机针）以右侧机针为准。

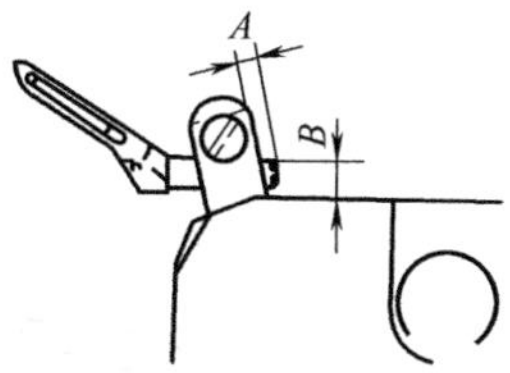

图 5-67　上弯针调整

表 5-13　上弯针引出量

序号	机型	上弯针引出量 A/mm	备注
1	M732-36	5.1	三线包缝机
2	M752-13	5.8	四线包缝机
3	M752-17	5.1	五线包缝机

(4) 上弯针与下弯针间隙的调节　转动上轮，使上弯针与下弯针处于交会位置，其上弯针尖位于下弯针后方凹部，转动上弯针（此时上弯针夹紧螺钉在微锁紧状态），调节上弯针尖与下弯针凹部的间隙，见图 5-69。拧紧上弯针夹紧螺钉。

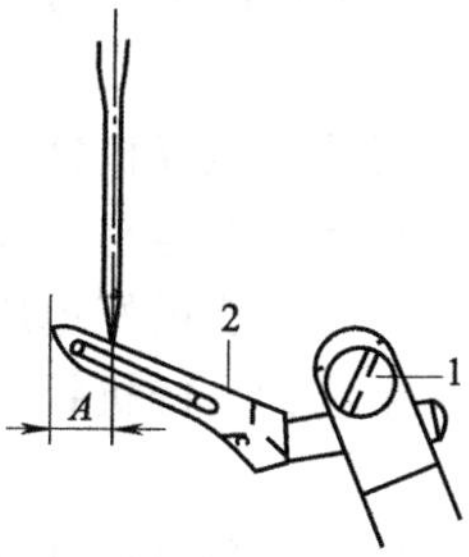

图 5-68　调节上弯针尖到机针中心线的距离
1—螺钉；2—上弯针

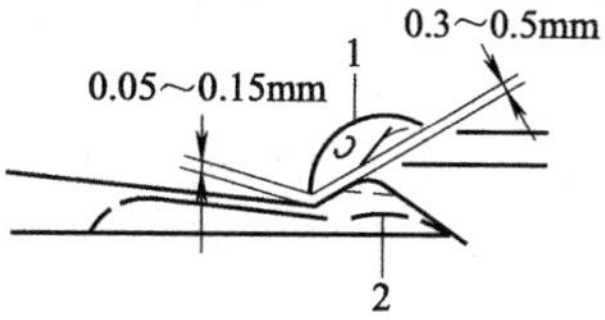

图 5-69　调节上弯针尖与下弯针凹部的间隙
1—上弯针；2—下弯针

4. 链弯针安装定位和调整

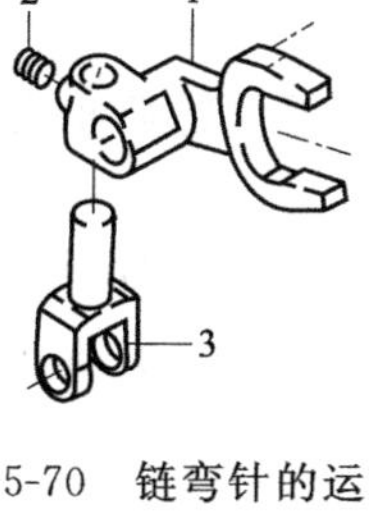

图 5-70　链弯针的运动与前后进出量的调整
1—前弯针拨叉；2—接头紧固螺钉；3—前弯针轴向运动接头

(1) 链弯针的运动与前后进出量的调整　链弯针的运动是一个复合运动，从缝纫机的正面来看，链弯针是在做左右往复的圆弧运动，如果从缝纫机的上方来看，链弯针的运动轨迹则呈椭圆形。链弯针的前进运动（从左往右）通过机针的后面，而后退运动（从右往左）则通过机针的前面。

链弯针的运动与机针的粗细有密切的关系，不管机针粗细如何变化，链弯针通过机针后面凹部位置是不变的。但链弯针做后退运动时是通过机针前面的，此时，若机针太粗，则链弯针会与机针相碰；若机针太细，则链弯针会与机针产生过大间隙。要求链弯针能按机针粗细来调整它的前后进出量，其调整方法见图5-70。

拧松接头紧固螺钉，将前弯针轴向运动接头在前弯针拨叉孔内往上升，则前后进出量就变小。若将前弯针轴向运动接头在前弯针拨叉孔内往下降，则前后进出量就变大。调整适当后，拧紧接头紧固螺钉。

(2) 链弯针与机针间隙的调整　拧松并微锁紧链弯针架夹紧螺钉，旋转上轮，使机针下降至下极限位置，调整链弯针尖到机针（左机针）中心线距离 a 为1.5mm，见图5-71。

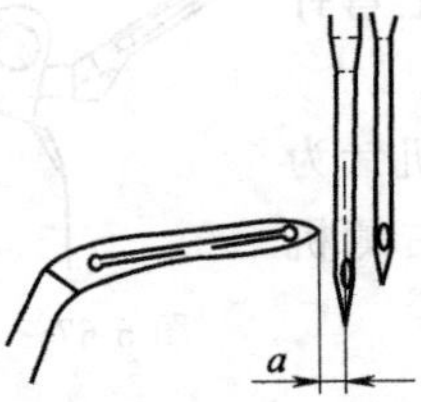

图5-71　链弯针针尖到机针（左机针）中心线距离

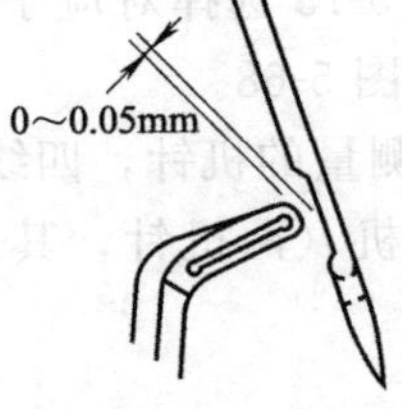

图5-72　链弯针尖与机针间隙

旋转上轮，使链弯针尖转至机针中心线（机针后面凹部）位置，此时链弯针尖与机针间隙应为0～0.05mm，见图5-72，拧紧链弯针架夹紧螺钉。

5. 护针板的作用及安装定位和调整

护针板有前护针板和后护针板两种，前护针板位于机针、链机针前面，后护针板位于机针、链机针后面。当弯针尖穿过机针、链机针的后面时，要求后护针板挡住机针、链机针的后面，因此，后护针板可起到三个作用：由于后护针板护住了机针、链机针，使机针不能往后偏移，因而能使机针、链机针的位置稳定（并能修正机针、链机针的轻微弯曲）；能稳定机针、链机针线张开的线环；能保证机针与弯针的尖部不撞击，因而减少了弯针尖的磨损和损伤。

前护针板与机针、链机针之间应有微小的间隙，它起的作用是：包缝机针杆向前倾斜一个角度，机针刺布时由于缝料对机针的分作用力，使机针、链机针头部容易向前漂移，前护针板护住了机针、链机针，使机针、链机针不能往前漂移。前护针板能很好地压住机针、链机针前面的线，使机针线跑不出机针、链机针前面，迫使针线在机针、链机针的后面产生线环。这样，可以使弯针尖顺利地穿入线环形成良好的线迹。

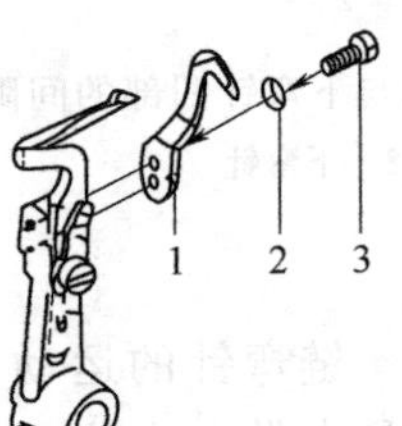

图5-73　机针后护针板安装定位

1—机针后护针板；2—机针后护针板垫圈；3—机针后护针板螺钉

(1) 机针后护针板安装定位和调整　包缝机机针后护针板有固定与移动两种形式，固定式后护针板是固定不动的，移动式后护针板是安装在下弯针架上，随下弯针架的左右摆动而运动的。M700高速包缝机机针后护针板采用的是移动式后护针板，它的安装定位和调整如下：

① 将机针后护针板和机针后护针板垫圈，用机针后护针板螺钉微锁紧在下弯针架上，见图5-73。

② 转动上轮，当机针下降到最低极限位置时，调节后护针板的前后位置，使机针与后护针板刚好接触，间隙为0，并保证机针与下弯针尖的间隙在0～0.05mm。

③ 拧紧下弯针后护针板螺钉。

(2) 机针前护针板安装定位和调整

① 将机针前护针板用机针前护针板螺钉微锁紧在前护针板架上，再将前护针板架用前

护针板架螺钉紧固在针板垫块上，见图 5-74。

② 转动上轮，当机针下降到最低极限位置时，调节机针前护针板的前后位置，使机针与机针前护针板的间隙为 0.1～0.2mm，见图 5-75（a）。

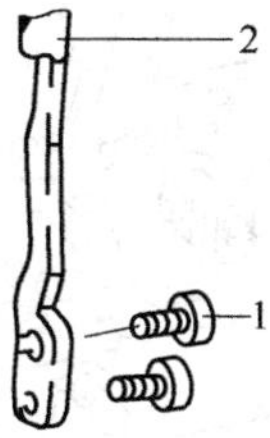

图 5-74 机针前护针板安装定位

1—机针前护针板螺钉；2—机针前护针板

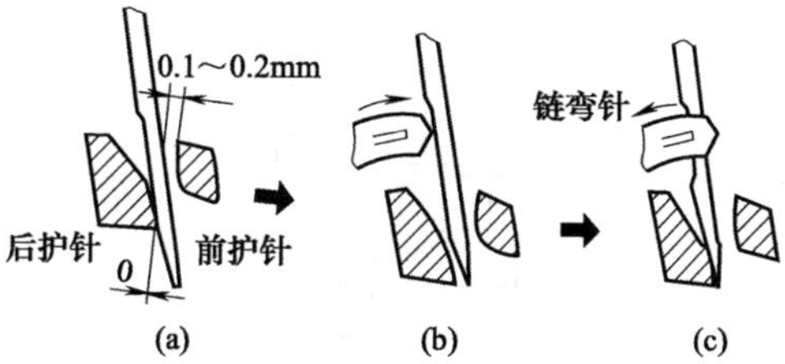

图 5-75 链机针后护针板定位

③ 拧紧后直针前护针板螺钉。

（3）链机针后护针板定位和调整 在调节链机针后护针板的位置时，若以链弯针由左往右运动到链机针后侧的中心时为基准来调节链机针后护针板与链机针的间隙（由于该间隙很小），那么，当链弯针从右向左运动到链机针的前侧时，往往会与链机针后护针板一起夹住链机针使链机针折断，或使链机针剧烈发热。图 5-75（a）所示的位置时链机针下降到最低极限位置，链机针后护针板刚好护住链机针。图 5-75（b）所示的位置时链机针已上升。

链弯针运动到链机针后侧中心线，此时链机针后护针板与链机针之间略有间隙。如图 5-75（c）所示，链弯针从链机针前侧通过时碰撞不到链机针，证明安装恰当。所以链机针后护针板的调节应该与机针后护针板的调节基准一样。

① 将链机针后护针板用链机针后护针板螺钉微锁紧在护针板架上，见图 5-76。

② 转动上轮，当链机针下降到最低极限位置时，调节前链机针护针板的前后位置，使链机针与链机针前护针板的间隙为 0.1～0.2mm，见图 5-75（a）。

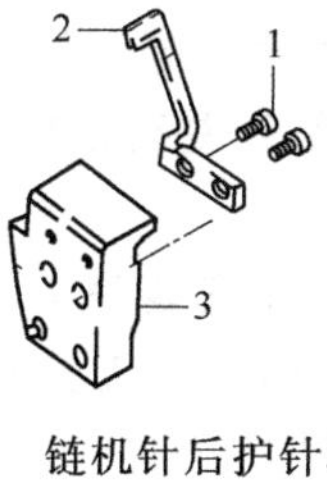

图 5-76 链机针后护针板安装

1—链机针后护针板螺钉；2—链机针后护针板；3—护针板架

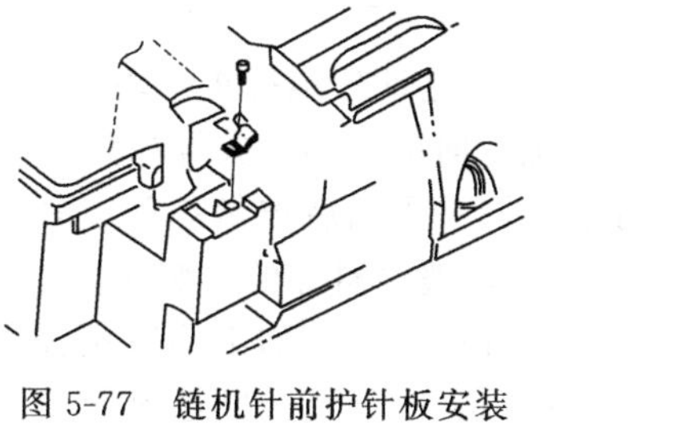

图 5-77 链机针前护针板安装

③ 拧紧链机针后护针板螺钉。

（4）链机针前护针板安装定位和调整

① 将链机针前护针板用链机针前护针板螺钉微锁紧在机壳上，见图 5-77。

② 转动上轮，当链机针下降到最低极限位置时，调节链机针前护针板的前后位置，使链机针与链机针前护针板的间隙为 0.1～0.2mm，见图 5-75（a）。

③ 拧紧链机针前护针板螺钉。

6. 送料牙的安装定位和调整

① 将副送料牙用副送料牙螺钉微拧紧在主送料牙上，调节主、副送料牙的高度差 A 为 0.5mm，然后拧紧副送料牙螺钉，见图 5-78。

② 将装配好的主、副送料牙用送料牙螺钉微拧紧在送料牙架上（图 5-79），转动上轮，当送料牙上升至最高时，按表 5-14 用送料牙高度量块定位，调节主送料牙的高度 A，见图 5-80，调节后拧紧送料牙螺钉。

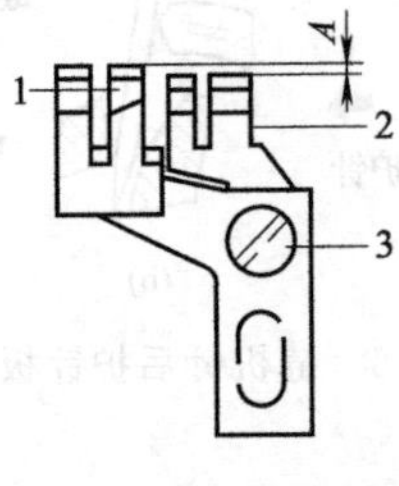

图 5-78　送料牙的安装

1—主送料牙；2—副送料牙；
3—副送料牙螺钉

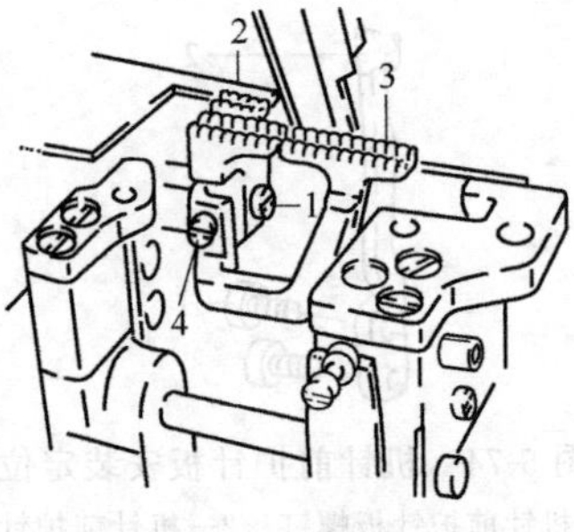

图 5-79　差动送料牙安装

1—主送料牙螺钉；2—副送料牙；3—主送料牙；
4—副送料牙螺钉

表 5-14　送料牙高度

序号	机型	送料牙高度 A/mm	备注
1	M732-36	0.9～1.1	三线包缝机
2	M752-13	0.9～1.1	四线包缝机
3	M752-17	0.9～1.1	五线包缝机

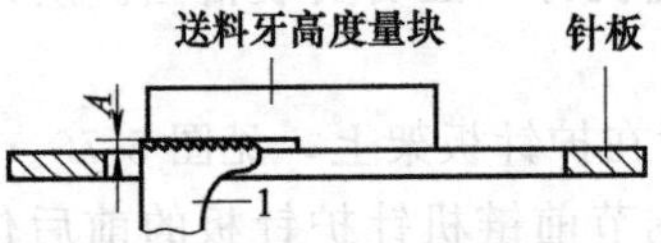

图 5-80　送料牙高度量块定位

1—主送料牙；A—送料牙高度

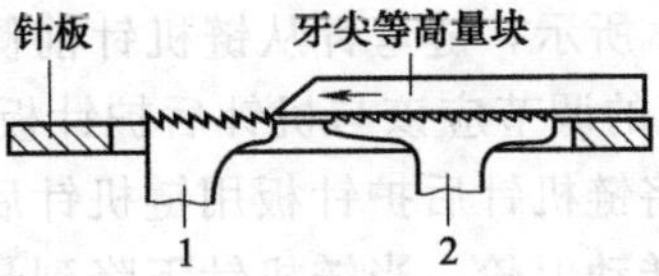

图 5-81　调整差动送料牙的高度

1—主送料牙；2—差动送料牙

③ 用差动牙螺钉将差动送料牙微锁紧在差动牙架上，把牙尖等高量块用手压在针板上平面上，向前推动牙尖等高量块，将差动送料牙的高度，调整到差动送料牙尖与主送料牙的牙尖在同一平面后拧紧差动牙螺钉，见图 5-81。

④ 调整送料牙的安装倾斜度。主、副送料牙及差动送料牙安装完毕后，检查齿尖平面是否与针板平行，如不平行则需进行调平。拧松紧固螺钉，用螺丝刀拨动差动送布滑块缺口，缺口逆时针旋转则送料牙齿尖平面向操作者一端上升，缺口顺时针旋转则送料牙齿尖平面向操作者一端下降。要求齿尖平面与针板平行或根据需要进行调整。

送料牙经安装倾斜度调整后，一般其高度都会有所变化，需要再按上述②、③ 要求重复调整才能使送料牙准确定位。

三、包缝机性能检测

M700 高速包缝机机头检测以 M752-17、M752-13、M732-38 为例，各机型基本参数见表 5-15。

（一）缝纫性能检测

1. 检测条件

① 检测前将机头外表擦净，并清除针板、送料牙、弯针以及过线部位的污物，加润滑油，用最高缝纫速度的 90% 运转 5min 后，按表 5-16 规定逐项试验。

表 5-15 各机型基本参数

机型	针数	线数	针间距/mm	针迹距/mm	包边宽度/mm	差动比	压脚高度/mm	最高转速/(r/min)
M752-13	2	4	2	4	0.5～3.8	0.7～1.7	5.5	6500
M752-17	1	3		4	0.5～3.8	0.7～1.7	5.5	7000
M732-38	2	5	3	3	0.5～3.8	0.7～1.7	5.5	6500

表 5-16 检测条件

序号	试验项目	采用机针	采用缝线	试料			线迹长度/mm	缝纫速度
				规格	尺寸/(mm×mm)	层数		
1	普通缝纫	随机机针	7.5tex/4 股 (80s/4) 棉或涤纶线	汗布	1000×100	2	2.5	最高缝速
2	薄料缝纫		7.5tex/4 股 (80s/4) 棉或涤纶线	涤棉布	1000×100	1		最高缝速
3	中厚料缝纫		9.5tex/3 股 (80s/3) 棉或涤纶线	卫生绒	1000×100	2		最高缝速的 80%
4	层缝		27.5tex/4 股 (80s/4) 棉或涤纶线	130 中平布	700×100	2-4-2-4-2-4-2		最高缝速的 90%
5	连续缝纫		7.5tex/4 股 (80s/4) 棉或涤纶线	涤棉布	2000×100 环形	2		最高缝速
6	线辫缝纫		7.5tex/4 股 (80s/4) 棉或涤纶线		不短于 50			最高缝速

注：1. 连续缝纫：用 2m 长 0.1m 宽的缝料制成一个布环。

2. 层缝试料叠层。

3. 长度如下：

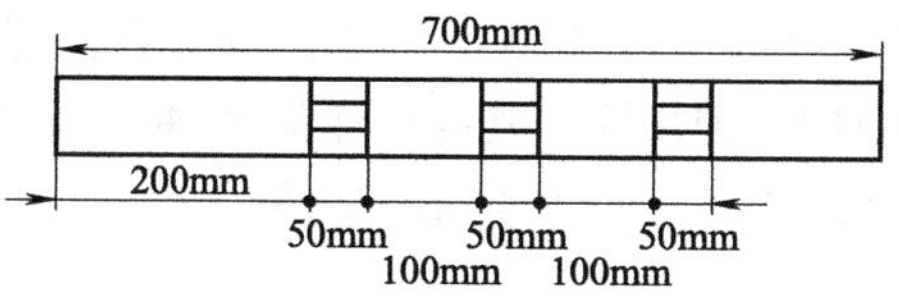

② 缝纫速度用非接触式测速仪测试，试验速度允差为−3%。

③ 每项试验前允许试缝及调节线迹长度、切边宽度、差动比、线的张力、线的输线量和压脚压力。但是，在正式试验中间不允许调节。

2. 技术要求

按检测要求和表 5-16 规定的试验条件进行缝纫性能试验，不得有断针、断线和跳针等缺陷。

① 普通缝纫：缝纫 1m 长度内，线迹应清晰。

② 薄料缝纫：缝纫 1m 长度内，不应浮线和起皱。

③ 中厚料缝纫：缝纫 1m 长度内，切边应整齐。

④ 层缝：缝纫 0.5m 长度，共 5 次。

⑤ 连续缝纫：缝纫长度 5m。

⑥ 线辫缝纫：缝纫时应出线顺利，长度不短于 50mm。

（二）机器性能检测

1. 检测条件

① 线迹长度、切边宽度、差动比、线的张力、线的输线量和压脚压力的调节在缝纫性能试验项目中，按使用说明书规定进行调节。

② 切刀锋利，切边整齐，在普通缝纫项目中试验。

2. 技术要求

① 线迹长度、切边宽度、差动比、线的张力、线的输线量和压脚压力均能调节。

② 切刀应锋利，切边应整齐。

（三）运转性能检测

1. 运转噪声

(1) 检测条件

① 在最高缝纫速度空载运转时，应无异常杂声，用耳听方法判定。

② 噪声级试验条件：试验应在半消声室内进行；背景干扰噪声级需比机头噪声级低 10dB 以上；应在除地面外不产生反射噪声之壁面的试验室或半消声室进行；被测机头连同机架应平稳地安放在水平且坚实的地面上；传声器轴线对准针板中心与机头平面成 45°夹角，距离为 450mm，见图 5-82。

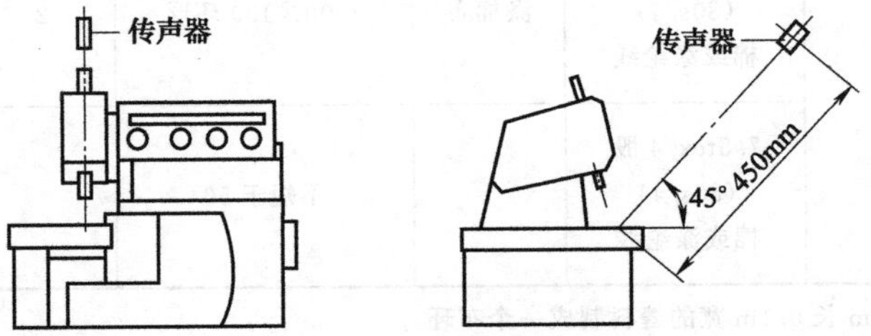

图 5-82　噪声的测试方法

③ 噪声级试验仪器使用精度为±0.7dB 的声级计或综合性能相当于该精度的频谱仪。

④ 噪声级试验程序：按使用说明书的规定加注润滑油，取最高缝纫速度的 90%空载运转 1min 后，测量噪声值；测试 5 次，取其算术平均值。

(2) 技术要求

① 在最高缝纫速度空载运转时，应无异常杂声。

② 以最高缝纫速度的 90%空载运转时，噪声声压级值应不大于表 5-17 的规定。

2. 振动位移

(1) 检测条件

① 试验环境应不受外界振动、温度、气流、噪声、电磁场等的影响。

表 5-17 噪声声压级值

序 号	最高缝纫速度/(针/min)	噪声声压级指标/dB
1	5000	83
2	≥5500	84
3	≥6000	85
4	≥6500	86

② 被测机头连同机架应平稳地安放在水平且坚实的地面上，从地面到台面上平面的高度为（750±30）mm。

③ 振动传感器频率范围为 10～1000Hz。

④ 振动传感器的质量应不大于 50g。

（2）试验程序

① 以最高缝纫速度的 90％空载运转。

② 电动机传动带的张力应保证机头的振动处于最稳定状态。

③ 传感器利用磁性吸在针板上平面（图 5-83）。

④ 测量方向：按图 5-83 取 Z 方向。

⑤ 测定 3 次，取最大值为振动位移值。

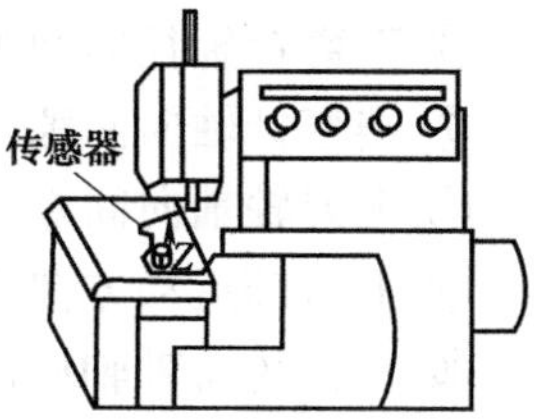

图 5-83 测量方向

（3）技术要求 在最高缝纫速度的 90％空载运转时，振动位移值应不大于 350μm。

3. 启动转矩

① 检测条件按 QB/Y 17023。

② 技术要求应不大于表 5-18 的规定。

4. 润滑系统

运转时，润滑系统的供油及回油应良好，各结合面不应漏油。

表 5-18 启动转矩技术要求

序 号	密封圈	最大启动转矩
1	有	0.5N·m
2	无	0.4N·m

（四）润滑与密封检测

1. 检测条件

① 调整差动比为 1∶1，针迹距为 2mm，开启前罩壳体，脱离上、下切刀，用棉布、压缩空气清除机头各部油污。

② 按产品说明书的规定加注润滑油。

2. 试验程序

① 以最高缝纫速度的 90％，空载运转 5s 停 5s，间歇式试运转 30min。

② 试运转后，用棉布、压缩空气清除机头各部油污。

③ 在规定部位（针板平面、送料牙部位、上弯针及上弯针夹紧杆导架处）粘贴试纸。

④ 以最高缝纫速度的 85％，运转 5s 停 5s，间歇式运转 2h。

3. 技术要求

① 运转时，目测油窗供油情况，润滑系统的供油及回油应良好。

② 目测各结合面及油盘不应漏油，试验结束后，检查试纸上应无油污。

（五）配合间隙检测

1. 检测条件

① 在润滑与密封试验后进行该项试验。

② 检测量具：磁力百分表，拉、压弹簧秤。

2. 技术要求

① 主轴轴向间隙：手感无间隙。

② 主轴径向间隙：手感无间隙。

③ 上弯针轴轴向间隙：≤0.02mm（5N）。

④ 上弯针轴径向间隙：≤0.02mm（5N）。

⑤ 下弯针轴轴向间隙：≤0.02mm（5N）。

⑥ 下弯针轴径向间隙：≤0.02mm（5N）。

⑦ 链弯针轴向间隙：≤0.06mm（3N）。

⑧ 上刀轴轴向间隙：≤0.02mm（5N）。

⑨ 上刀轴运动方向间隙：≤0.15mm（3N）。

⑩ 针杆传动轴轴向间隙：≤0.06mm（3N）。

⑪ 针杆运动方向间隙：≤0.12mm（5N）。

⑫ 送料轴轴向间隙：≤0.02mm（5N）。

⑬ 机针应位于针板容针槽中间。

第五节　包缝机的常见故障及排除

常见故障有跳针和断线、断针、线迹不齐、缝料起皱、切边不齐、辫子线编织不良、润滑系统不良、漏油等。这些故障产生原因及维修法见表 5-19～表 5-26。

表 5-19　跳针和断线故障原因及维修

故障		产生原因	维修方法
跳针	上弯针线跳针（上套线跳）	上弯针与机针定位不准	调整上弯针定位，保证 4～4.5mm
		上弯针与机针间隙太大	调整上弯针向机针靠拢，其间隙不小于 0.05mm
	下弯针线跳针（交叉跳）	上弯针与下弯针相交处的间隙太大	将上弯针尖与下弯针靠拢或将下弯针斜度加大些，使下弯针向里推进，使其间隙不大于 0.10mm
	机针线跳针（钩线跳）	机针弯或针尖毛	调换机针
		机针长槽方向不正	调整机针，使针槽方向对准操作者方向
		下弯针定位不准，钩线距离太小	调整下弯针与机针定位，使钩线距离不小于 4mm，缝薄料时要更大些，5mm 为宜
		下弯针与机针间隙太大	将下弯针装斜些，其斜度不大于 6°
	五线的链线跳针	链线弯针与机针间隙太大	将链线弯针尖与机针靠拢，其间隙不大于 0.05mm
		机针长槽方向位置不准	将机针转动一下，使长槽对准使用者方向
		链线跳针杆位置不准	按定位图进行调整，当机针在上限下降时开始保持弯针线竖直，不得突然松动

续表

故　障		产生原因	维修方法
断线	断机针线	机针线夹线压力过紧	放松机针线夹线板压力
		机针孔毛刺	调换机针
		下弯针边缘有毛刺	将下弯针棱边磨光滑但不能磨得太多
		机针线路线有毛刺	将机针线经过的各个穿线孔磨光滑
		小针板边缘有毛刺	将小针板锐棱毛刺修磨光滑
	断上弯针线	线路穿错或上弯针线夹线板压力过大	按穿线图进行穿线或放松夹线板压力
		上弯针孔有毛刺	在弦线上涂绿油，穿进上弯针孔内将毛刺磨光
		压脚小舌有毛刺	用0#砂布将压脚小舌的锐棱或毛刺磨光滑
	断下弯针线	缝线穿错或下弯针线夹线板压力过大	按穿线图进行穿线或放松夹线板压力
		下弯针将小针碰毛，引起断线	修磨小针板，使其光滑无毛，并将下弯针高度适当放低些
		下弯针针孔毛刺	在弦线上涂绿油，穿进下弯针针眼内，将孔位磨光滑
	断链线钩针线	缝线穿错或过线器的穿线孔不光滑	按穿线图进行穿线或将各个穿线孔的毛刺磨光滑
		送料牙齿面有峰口	修磨拖链线式线迹的一排牙齿或抛光峰口

表 5-20　断针故障原因及维修

故障	产生原因	维修方法
断机针	下弯针定位不准，将机针钩断	按下弯针定位要求，调整下弯针位置间隙不大于 0.05mm
	缝厚料时断针，机针与针杆不平行	纠正针夹头，使机针与针杆平行，绝不能翘头，纠正不好调换针夹
	护线架位置不准，碰机针严重，造成下弯针打机针	将护线架往外移，使其不碰机针
	压脚或针板定位不准，槽口碰机针，将机针往里推进，造成下弯针钩断机针	将压脚或针板装出一些，不使机针擦碰压脚槽或针板槽

表 5-21　线迹不齐故障原因及维修

故　障	产生原因	维修方法
缝包边线迹时机针线放不松	上挑线位置不准，出线量不够	将上挑线往外装出一些，加大机针线输线量
	机针线夹线板压力过紧	将夹线板压力放松一些
	下弯针线出线量过多或下弯针线夹线板压力过大	改变穿线方法，按包边缝线迹穿下弯针或将上弯针轴线向上移一些，减少出线量并放松夹线板压力
缝包缝线迹时，机针线收不紧	机针线夹线板压力过小	增加夹线板压力
	机针线输出量过多	将上挑线调在中间，使其不拉出线量
	下弯针线夹线板压力过大	放松下弯针线夹线板压力，使其达到微量压力
上弯针线过紧或过松	上弯针线夹线板压力过大或过小	放松或适当增加一点夹线板压力
	上弯针轴线位置未调好，位置过高要紧，位置过低要松	将上弯针轴线往下调，使上弯针线松(主要是增加输线量)，反之则紧
下弯针线过紧或过松	下弯针线夹线板压力过大或过小	放松或适当增加一点夹线板压力
	上弯针摆杆忽线位置未调好，位置过高要紧，位置过低要松	将上弯针摆杆忽线往下调(输线量大)，使下弯针线松，反之则紧
链线钩针线紧(长度比例达不到)	链线钩针线出线量不够，造成机针线被拉下去	重新安装链线调节板，使其每一针出线量达到 7～8mm

表 5-22 缝料起皱故障原因及维修

故障	产生原因	维修方法
缝制滑性较大的缝料时，产生起皱	差动牙没有逆差动	将差动扳手扳在“0”位上，向下移到缝料平整为止
	压脚底面与牙齿平面不平	调整压脚位置使其底面与针板、牙齿均压平
缝制弹性较大的缝料时，缝料伸长或缩短	差动牙顺差比太小造成缝料伸长，而成为皱形	将差动扳手从“0”位往上移，增大顺差比，不使缝料伸长，直至缝平整为止
	差动牙顺差比太大造成缝料缩短，成为凹圆形	将差动扳手从最高点位向“0”位方向移动，不使顺差比过大，直至调到平整为止
上、下层缝料不齐，下层短	压脚压力过小	增加压脚压力
	压脚阻力太大或不平	将压脚底磨平，倒角抛光，并要装平
	牙齿口面不平，齿形太粗	将牙齿齿面油平、抛光或换成细牙

表 5-23 切边不齐故障原因及维修

故障	产生原因	维修方法
切边不整齐，有毛边，歪斜	上下切刀磨钝	用金刚钻锉上刀或用黑色碳化硅砂轮磨去上刀刃，将钝边锉磨掉，然后用W15研磨膏研平研光，直至锋利，下刀修磨，用普通氧化铝砂轮磨去钝边，然后用油石油平油光，直至锋利
	上下切刀未装正	装平装正上下刀，上刀保持直线垂直，下刀应有前角5°左右倾斜，上刀固定后下刀随弹簧弹力与上刀贴平，然后固定刀架螺钉

表 5-24 辫子线编织不良故障原因及维修

故障	产生原因	维修方法
辫子线出不来	针板平面不平，辫子线压不平	将针板上平面磨平
	牙齿齿面不平，辫子线拖不着	修磨牙齿齿面，使齿面保持平直光滑
	压脚不平或未装平	压脚底面要平，且很光滑，安装时一定要和针板牙齿装平、压紧
只出来上下两根线，不出辫子线	链线挑线杆没装好造成三角针跳针，而不出辫子	调整链线挑线针杆，使机针在下降时，链线弯针线保持拉直拉紧不松，直至三角针套进后，然后松线
链线弯针翘头，不出辫子线	链线弯针钩线、脱线不自然，不协调，脱线时太快	按定位要求将链线弯针与机针定位定好 如果链线弯针脱线快则要修正链线弯针或链线挑线杆曲线，使其配合协调

表 5-25 润滑系统不良故障原因及维修

故障	产生原因	维修方法
示油罩内不见喷油	喷油孔阻塞	卸下上盖，用尖针通一通孔
	液压泵滤油网被垃圾阻塞	卸下油盘，将油泵滤油网的垃圾清除干净换上新机油
	机油太少，油位太低	调换油盘里的机油，使机油加到油位红线中间
主轴内不进油	主轴进油孔阻塞	卸下带轮和主轴后套筒，拿出进油泵，用针将油孔穿通
	主轴油孔内有垃圾阻塞	卸下主轴，用针或油壶将主轴油孔穿通

表 5-26 漏油故障原因及维修

故障	产生原因	维修方法
牙架处漏油	主轴出油量太大	打开左侧盖，减小油量
	防油尼龙隔板松	调换尼龙隔板，减少间隙
	主轴前节泄漏严重	将主轴前节泄漏处阻死
左上侧盖漏油	左上侧盖平面和机壳平面不平	将机壳和左上侧盖平面互相铲平
	针杆处冲油太多	减少冲油量，旋紧盖板
针杆套筒漏油	针杆下套筒间隙太大	调换下套筒，使其间隙不大于0.005mm
送料轴工艺孔链线弯针轴孔漏油	送料轴工艺孔密封塞漏塞	将密封塞铆塞住
	链线弯针轴孔密封塞漏塞	塞住密封塞
顶盖、右上侧盖漏油	机壳和顶盖、右上侧盖平面不平	将机壳和顶盖、右上侧盖平面互相铲平，垫上橡皮，旋紧螺钉

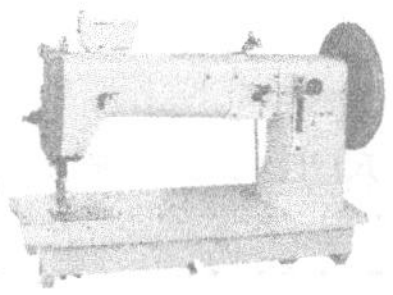

第六章
钉 扣 机

第一节 钉扣机性能简介

钉扣机是用于各类服装钉纽扣的专用缝纫机械。主要用于缝钉两眼和四眼扁平纽扣，需要配备适当的纽扣夹持器，还能钉带柄纽扣、揿钮、风纪扣等。

目前，钉扣机大致有两种形式：即按线迹形式区分为链式线迹钉扣机和锁式线迹钉扣机。

一、国产钉扣机

国产 GJ1-2 型钉扣机和 GJ4-2 型钉扣机，同属于针杆挑线、旋转钩钩线的单线链式线迹钉扣机，线迹为 107 号。

GJ1-2 型钉扣机可钉缝两孔和四孔圆形纽扣。如果加上附具，还可钉缝军服立扣和风纪扣等。钩针有可调性变速机构，凸轮盘以圆锥齿轮传动，下轴（主轴）与上轴（扭轴）用连杆传动。这种钉扣机结构比较复杂。

GJ4-2 型钉扣机的结构、性能均比 GJ1-2 型钉扣机有明显改善和提高。该机采取针杆和钩针同步摆动，可使钩针容易钩住线环和穿套前一针的线环。其上下轴采用曲线齿锥齿轮传动；针杆和旋转钩摆动凸轮、扣夹移动凸轮和蜗轮三者一体，结构较紧凑，封闭严密；还附有自动剪线装置。另外，在 GJ4 型钉扣机系列中，还有 GJ4-1 型钉扣机和 GJ4-3 型钉扣机，分别用于钉带柄纽扣和钉衬衫纽扣。

国产钉扣机主要技术规格，见表 6-1。

表 6-1 国产钉扣机主要技术规格

机型	最高转速 /(r/min)	机针摆距 /mm	纽夹移距 /mm	缝钉针数	机针型号	纽扣直径 /mm	针数	电动机功率 /W
GJ1-2	1000	2.5～4.5	0～4.5	20	566	10～30	1	250
GJ4-2	1400	2～4.5	0～4.5	20 (16)	GJ4×100～130 (16*～20*)	9～26	1	250

二、国外引进的钉扣机

目前，国内服装企业引进的钉扣机种类较多，基本上可分为高速、半自动和自动送扣钉扣机。日产 LK 型和 MB 系列钉扣机为锁式线迹。

1. LK 型高速钉扣机

采用平缝钉扣方式。线迹结实美观，并具有打结机构，可防止纽扣脱落。它还具有自动切线、单踏板装置等，并有三种纽扣尺寸，这样可视缝料质地及纽扣尺寸的不同进行选择。如表 6-2 所列，其钉扣方式有四种，针数有 9 针、18 针两种。

LK-981-555 型高速平缝钉扣机及其主要技术参数见表 6-3。它主要适用于男女衬衫、运动服及针织衫等领口、袖口的钉扣。该机所选用的大、中、小纽扣的尺寸和扣孔间隔见表 6-4。

表 6-2　各高速平缝钉扣机的钉扣方式和针数

LK-981-555	LK-981-556	LK982-557	LK-981-558

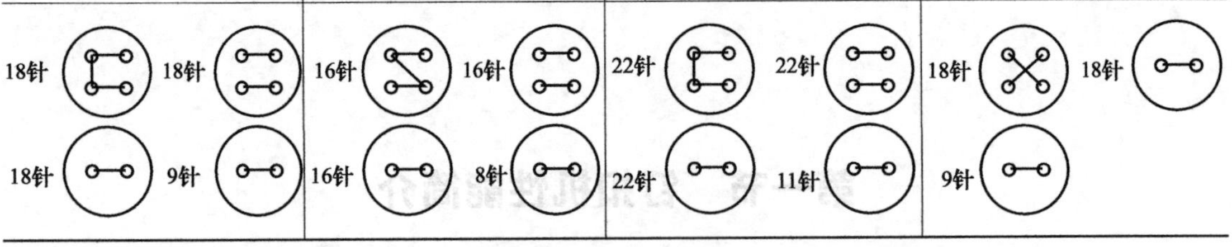

表 6-3　LK-981-555 型高速平缝钉扣机的主要技术规格

最高缝速	针	针数	送布量		压脚升距	针杆冲程	切线装置	踏板	压脚上升
			横送布	纵送布					
2000 针/min(棉线)	DP×11#14(标准)	9 针 18 针	2.5～6.5mm	0～6.5mm	13mm(最大)	47.5mm	自动切线	单踏板	自动上升方式
纽扣大小	标准 10～20mm(小纽扣)另可用于中纽扣和大纽扣								
加油方式	双重油槽式油芯集中加油				打结机构	装有线打结机构			

表 6-4　高速平缝钉扣机对纽扣尺寸、扣孔间隔及适用范围要求

类型	扣子尺寸/mm	扣子间隔/mm	用途
小扣用 Z100	ϕ10～20	3.5～3.5	适用薄质衬衫类
中扣用 Z102	ϕ10～20	4.5～4.5	适于中厚质料的男西装、中山装
大扣用 Z101	ϕ20～32	6.5～6.5	适于中厚质、厚质服装

2. MB 系列高速钉扣机

主要有 MB-372 型高速钉扣机和带有自动切线器的 MB-373 型高速钉扣机。该系列钉扣机可缝钉大部分的纽扣，且钉扣稳定迅速、切线正确。

(1) MB-372 系列高速钉扣机　在完成钉扣工序后，作业钳脚上升产生冲击力，使针线自动切断。适宜于男女衬衫、针织品、内衣、童装等服装的钉扣。

(2) MB-373 系列高速钉扣机　带有自动切线器。该机在缝钉纽扣时，可动切刀分线器能使针线随弯针和挑线杆运动。当钉好纽扣后，由固定切刀和可动切刀所构成的自动切线器切线。由于切线器能迅速切断较粗的棉线或化纤线，所以适合中厚缝料的钉扣，如雨衣、西服、女套装、中山装等。

该机附有自动送扣装置，纽扣的安放完全由送扣装置完成。

MB 系列机的缝钉形式与一般钉扣机不同，它采用摆料形式。并采用独特的预备停止装置，可减缓停止时的冲击力，使得钉扣安全而稳妥。

该类钉扣机的针数有6针、12针、24针及8针、16针、32针六种，可根据服装的款式不同来变更。对于纽扣尺寸或纽孔数有变化的情况下，调节杠杆的杆比即可完成。

MB系列高速钉扣机装有无过线装置（Z025/AO-14），因此，当缝钉器孔对准纽孔时只需压踏一次，就能自动地启动两次，当第一次两孔缝钉完毕，进行切线，由于纽扣夹爪上升力推动电磁阀的作用，就引动Z025拨线器进行第二次两孔缝钉，然后再切线，这样就完成了无过渡线的纽扣缝钉。如果需要缝钉两孔的纽扣，只要将转换器打到两孔的位置即可。

MB系列高速钉扣机的主要技术规格见表6-5。

表6-5　MB系列高速钉扣机的主要技术规格

项目	MB-372系列	MB-373系列
线	棉线50～60#	厚质棉线、化纤线等20#
针	TQ×7　16#(标准)	TQ×7　20#(标准)
线　速	最高1500针/mm	
缝针数	8、16、32针只要交换齿轮和凸轮就能变换成6、12、24针	
送布料	纵向送布2.5～6.5mm,0～2.5mm,横向送布,2.5～6.5mm依纽扣大小需适当地调整	
纽扣尺寸	外径7～28mm	
作业钳脚提升	自动或踏板式	
断路装置	自动式(有预备停止装置)	
电动机	普通感应电动机	

MB系列高速钉扣机利用各种不同的附件，可对不同的纽扣进行缝钉，并能对服装的商标进行缝贴，表6-6列举了各种附件的作用及纽扣的标准尺寸。

表6-6　各附件的作用及纽扣尺寸

项目	纽扣尺寸/mm	MB-372型附件	MB-373型附件
单纽扣(大)	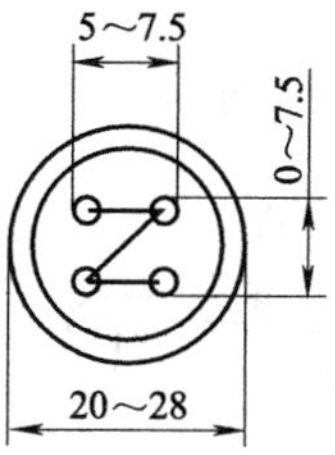	Z001缝钉平纽扣(大) 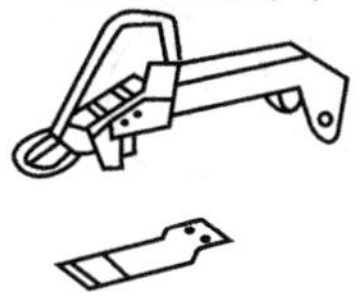	Z031缝钉平纽扣(大) 
平纽扣(中)	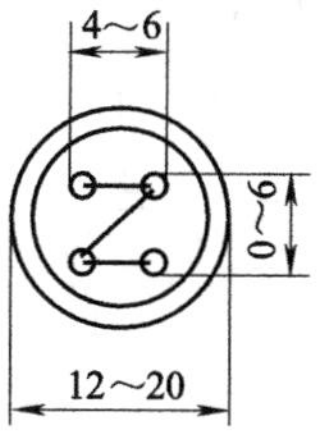	Z002缝钉平纽扣(中) 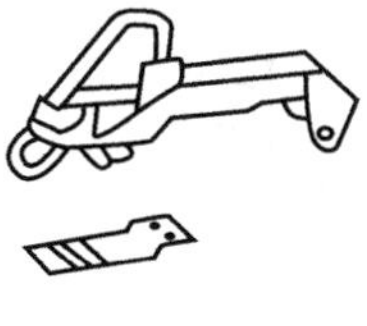	Z032缝钉平纽扣(中) 
单纽扣标准(小)	缝钉下述尺寸时，不需附件 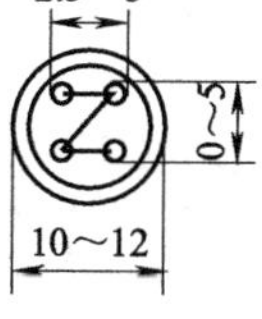	—	—

续表

项目	纽扣尺寸/mm	MB-372 型附件	MB-373 型附件
单纽扣(极小)	下述尺寸纽扣，仅适用于MB-372-16型 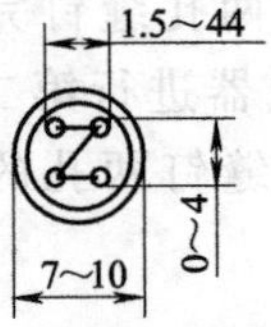	—	—
周围缠卷纽扣(布料)和纽孔的距离无法调整	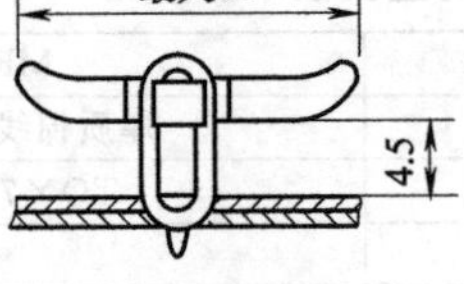	Z004缝钉周围缠卷纽扣 	Z004缝钉周围缠卷纽扣，与MB-372共用 
周围缠卷纽扣(能调整布料和纽扣的距离)	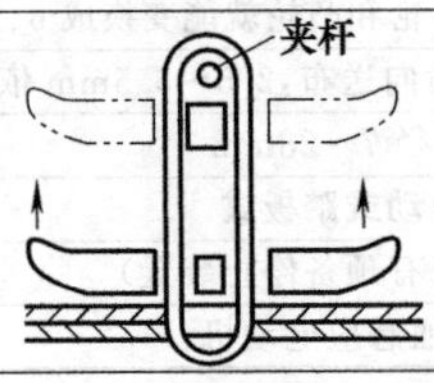	Z041缝钉周围缠卷纽扣 	Z041缝钉周围缠卷纽扣 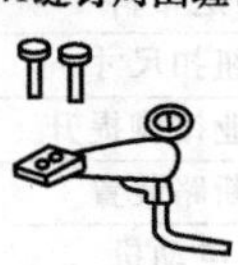
加固纽扣(第一工序)	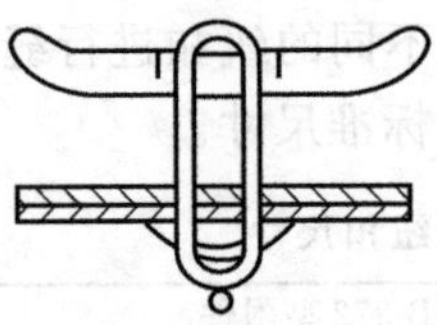	Z009与Z004、Z041共用 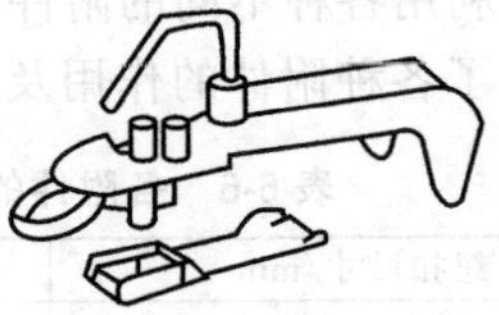	Z039与Z004、Z041共用 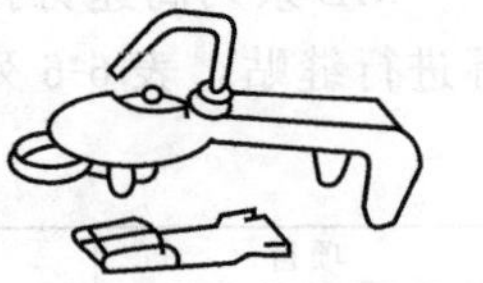
带柄纽扣(柄为方形)	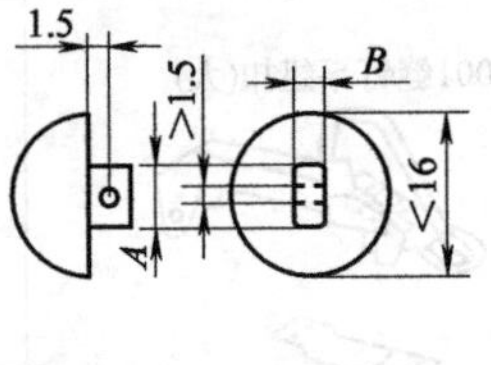 *A*和*B*的能缝钉尺寸 *A*=6、*B*=3 *A*=5、*B*=25	Z003带柄纽扣用 	Z033带柄纽扣用 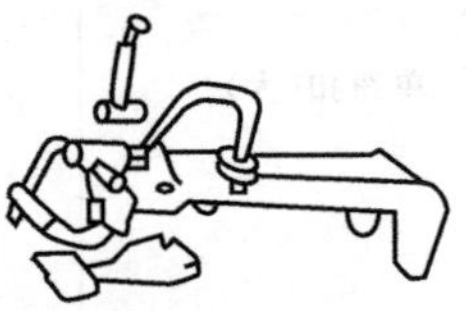
带柄纽扣(作为圆弧形)	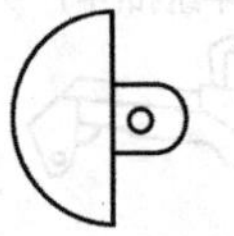	Z010带柄纽扣用 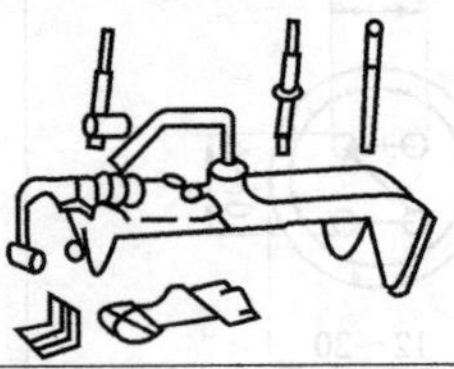	Z040带柄纽扣用 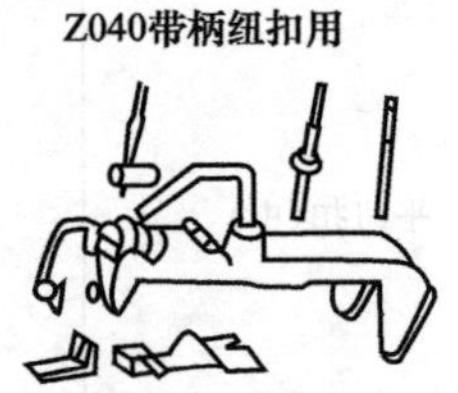
其他带柄纽扣		Z006 缝钉带柄纽扣用(此附件可依用户指定尺寸制造)	Z036 缝钉带柄纽扣用(此附件可依用户指定尺寸制造)
按扣	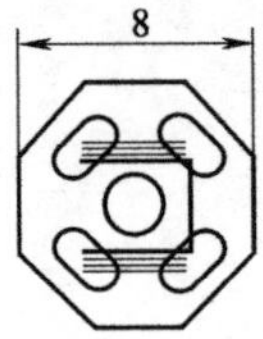	Z007缝制按扣 	Z037缝制按扣 

续表

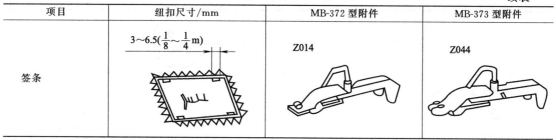

项目	纽扣尺寸/mm	MB-372 型附件	MB-373 型附件
签条	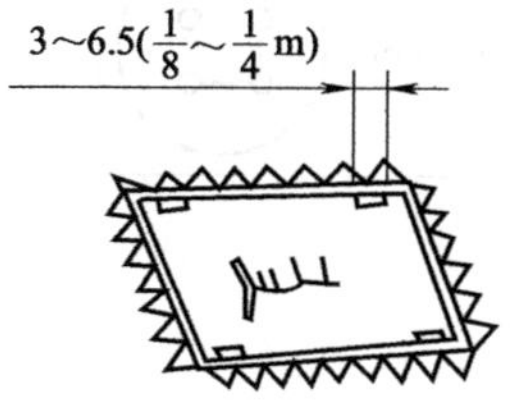	Z014 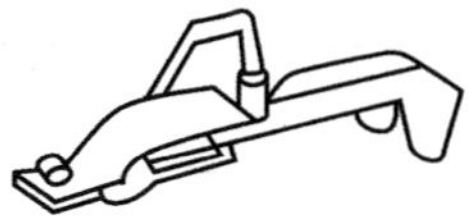	Z044 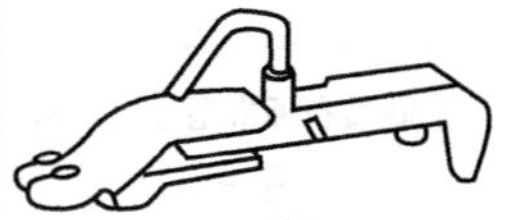

3. 自动送扣装置

一般与高速钉扣机配套使用，有 BR-1 型和 BR-2 型两种，装有这种装置的钉扣机就能自动准确输送纽扣到要求位置。

（1）纽扣固定夹（图 6-1） 服装款式不同，对纽扣的要求也不同。当纽扣尺寸或纽孔数变更时，只要更换纽扣固定夹即可。图示纽扣固定夹为标准件。如果纽扣尺寸不标准，批量又大，可制造专用纽扣固定夹。

（2）纽扣形状 应与自动送扣装置相适应。图 6-2 示出不能在 BR-1 型使用的纽扣形状有两种，而能使用的纽扣形状有三种。

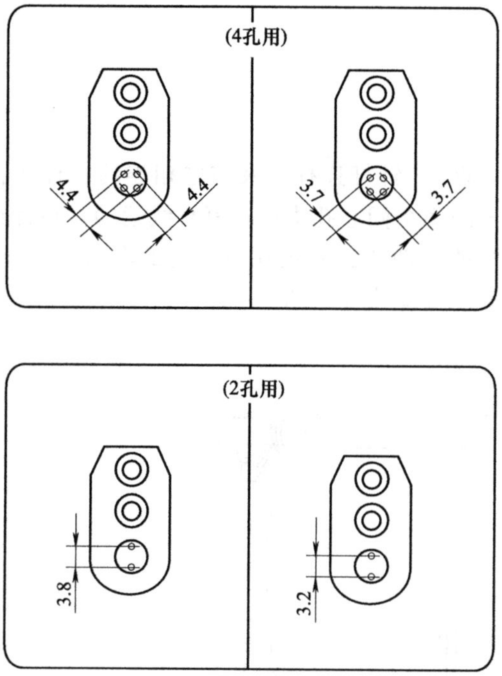

图 6-1 标准固定夹

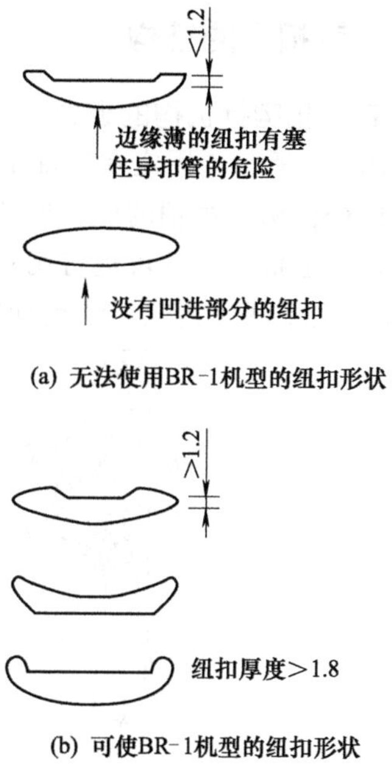

图 6-2 纽扣形状

（3）针板选择 根据纽孔尺寸、间距及缝料质地选择不同的针板，见表 6-7。

德国杜克普公司生产的 564 型钉扣机，是单线链式线迹，利用纽扣夹紧装置的自动升降产生的冲击来切断针线，它能钉装饰扣、平扣、竖扣等，且能通过调换附件作套结机用。其运动控制多利用电磁阀，机构结构简单，线迹美观牢固，机针横向摆动，采用中央集中润滑，保养工作少，对二孔或四孔纽孔可迅速重调，整机刚性好、精度高。该机最高转速为 1500r/min，缝纫针数 21、28，纽扣直径为 10～25mm。

表 6-7　针板的选择

针板/mm	纽扣尺寸(直径)/mm	纽孔间距/mm 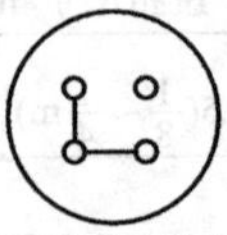	适合工序
Z100(装在标准型号上)5×5 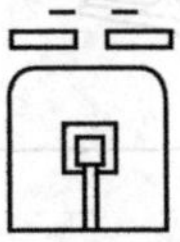	10～20	3.5×3.5	适于缝钉男衬衫等薄质料的纽扣
Z102针孔尺寸8.5×8.5 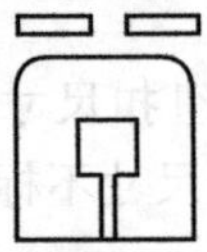	10～20	4.5×4.5	适于缝钉中厚料的大纽扣

第二节　钉扣机的结构与原理

一、钉扣机的结构

1. 针杆和钩针机构的组成

如图 6-3 所示，固定在主轴 1 前端的针杆曲柄 2、针杆连杆 3 及与之相连的针杆 4 构成了曲柄连杆机构。主轴的旋转使针杆在针杆座 6 的两个同心孔中做往复直线运动，在针杆装针孔中，装上机针 7 即可进行刺布动作。钩针 9 的运动通过固定在主轴上的伞齿轮 10 带动立轴 11 及上下两伞齿轮，使钩针轴 12 转动，从而带动钩针运动。

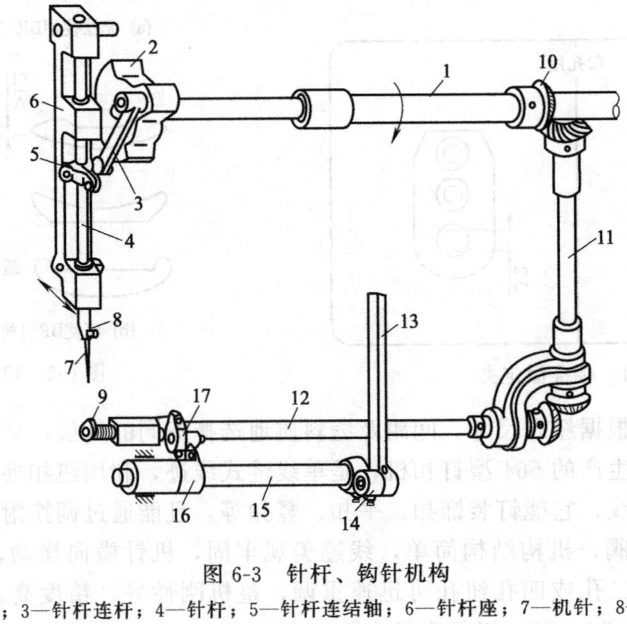

图 6-3　针杆、钩针机构

1—主轴；2—针杆曲柄；3—针杆连杆；4—针杆；5—针杆连结轴；6—针杆座；7—机针；8—螺钉；9—钩针；10—主轴伞齿轮；11—立轴；12—钩针轴；13—弯连杆；14—摆针下曲柄；15—摆针下轴；16—钩针拨杆；17—钩针连杆

2. 机针和钩针的相对位置

如图 6-4（a）所示，机针和钩针的装配位置是根据钩线的最佳位置决定的，机针以最下点回升 3～3.5mm 时，钩针的针尖刚好到达机针中心，钩针尖与针孔上边缘距离为 1～1.3mm。图 6-4（b）示出钩针头部和机针的间隙极小（小于 0.5mm），而机针对挡板的间隙更小（小于 0.1mm），但不能擦着，特别要注意针杆左右摆动时，机针对机针挡板的间隙要一样，并且机针槽要对正，以免发生跳针、断针和跳线。

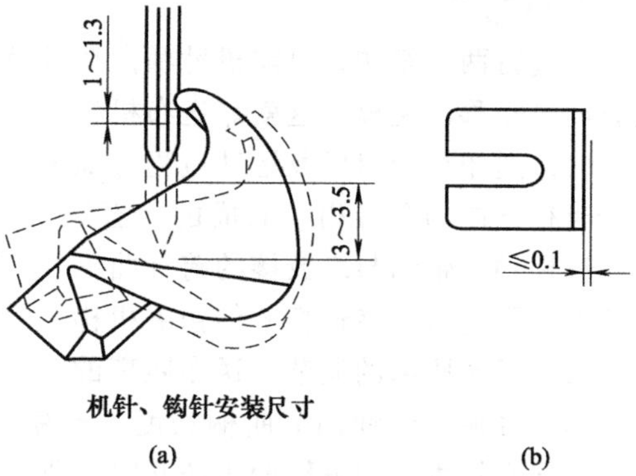

图 6-4 钩针、挡板分别与机针间的距离

3. 针摆机构

（1）机构组成及运动过程 如图 6-5 所示，机针必须严格对准钮孔刺布，而横向的孔距由摆针机构来控制。其运动过程为：主轴上蜗杆 1 带动蜗轮 2，蜗轮的端面有内凸轮槽，摆针主曲柄 3 的滚柱在凸轮槽内滚动，主轴柄的另一端与摆针主轴 5 固接，在蜗轮转动时，因凸轮槽的作用使摆针主曲柄摆动。与摆针主轴固接的摆针调节曲柄 6 也随之摆动，通过摆针大连杆 7 和摆针中曲柄 8 使摆针上轴 9 转动，摆针上轴前端的摆针前曲柄 10 带动针杆座摆动。

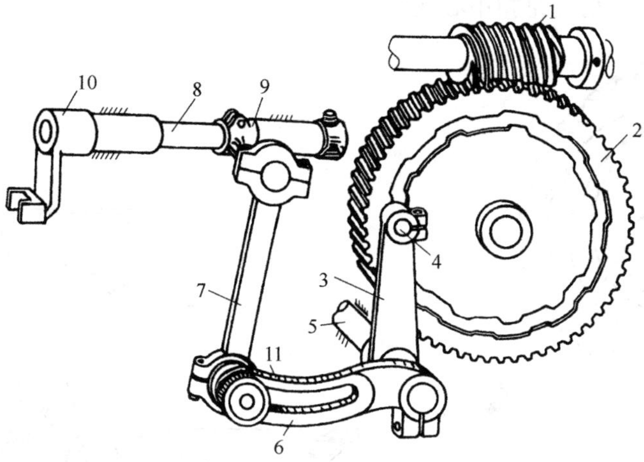

图 6-5 针摆机构

1—蜗杆；2—蜗轮；3—摆针主曲柄；4—滚柱；5—摆针主轴；6—摆针调节曲柄；7—摆针大连杆；8—摆针中曲柄；9—摆针上轴；10—摆针前曲柄；11—摆针标尺

（2）摆针和钩针的配合 机针和钩针的相对位置必须准确无误，因针杆的摆动，使它们的位置发生变化，这就要求钩针与摆针同步摆动。摆针上轴转动使摆针后曲柄摆动，如图 6-5 所示，通过弯连杆和摆针下曲柄使摆针下轴转动，再由钩针拨杆和钩针连杆传动钩针轴，使钩针和针杆同步摆动，这样两者的钩线位置相对不变。

（3）针摆的调整 针摆距离的调整是靠调节曲柄的长度来完成的，当摆针大连杆远离摆针主轴（调节曲柄短，摆动角度小），针杆摆幅就小。调整摆针调节曲柄的摆针标尺 11（图 6-5）能调整针杆摆幅。

4. 送布机构

若缝钉两孔纽扣，只需机针横向摆针就能完成，若缝钉四孔纽扣不但需要横向摆针，而且纵向也需移动距离，这就靠送布机构。

（1）送布机构组成及运动过程　如图6-6所示，蜗轮1的一侧端面有内凸轮槽，它是由两个半径不同的圆弧相接而成的。当蜗轮转动时，槽内的滚柱也在槽内滚动而改变圆弧半径，滚柱轴2带动与之铰接的跨针曲柄3，跨针调节曲柄4以跨针曲柄销5为芯轴转动一定的角度，再通过纽夹连杆6使钮夹机构7沿导轨移动，从而完成送布动作。

（2）送布距离的调节　送布距离的大小是由跨针调节曲柄的长短来决定的。旋松跨针调节螺母8并调节跨针调节曲柄长度，若缩短曲柄，即减小转动角，从而纽夹移动距离也减小，反之则增大。当缝钉两眼纽扣时，则不要求纽夹移动，跨针调节曲柄长度必须为零。若缝钉四眼纽扣时，由孔数和孔距来调节跨针调节曲柄上的刻度。必须注意，纽夹拖动距离常由于传动它的机件松动或磨损而受影响。手动调节时，由于纽夹移动距离大，因此帮助推拉纽夹机构，促使其走足行程，这样调整好的送布距离才能避免断针。

（3）纽夹机构　这里主要介绍钉纽扣直径9～26mm的两眼和四眼扁平纽扣的纽夹。纽夹钳口由三个夹脚组成，它们的张开和收拢是同步的，夹持的大、中、小纽扣都处在同一个中心位置上。夹脚钳口张开尺寸要根据所夹持纽扣的直径而定，钳口中无纽扣时，钳口的张开尺寸比纽扣在钳口中时略有收拢。如需调节钳口大小，如图6-7所示，先松开滚花螺钉1，推动纽夹调节扳手2至合适的钳口宽度，然后旋紧滚花螺钉。为了塞纽扣方便，左右夹脚不宜装得太长，夹持触点稍过纽扣中心线即可。

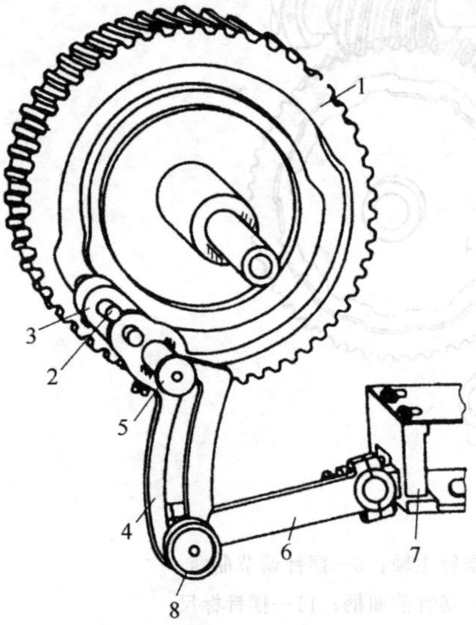

图6-6　送布机构

1—蜗轮；2—滚柱轴；3—跨针曲柄；4—跨针调节曲柄；5—跨针曲柄销；6—纽夹连杆；7—纽夹机构；8—跨针调节螺母

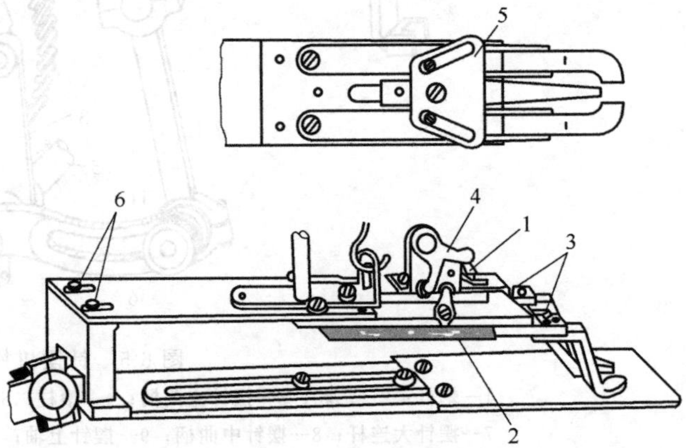

图6-7　纽夹机构

1—滚花螺钉；2—纽夹调节扳手；3—螺钉；4—纽夹开启扳手；5—纽夹导轨片；6—螺钉

左右夹脚的调整，旋松螺钉3把夹角调至所需长度，如果在一件衣服上同时钉直径不同的两种纽扣时，应使钳口适应小纽扣，并把纽夹上方机身上的挡块降低，使压脚升至最高点，纽夹开启扳手4碰到挡块上，钳口就会扩大，以便塞大纽扣。塞小纽扣时，压脚也要开足，然后回落少许，脱开挡块，再塞纽扣。如果钉同一直径的纽扣，不必使纽夹开启扳手碰挡块。

对于同时钉两种规格的纽扣时，要求两种纽扣的孔距较接近。调节时，一般按照钮孔小的对中，纽孔大的则稍偏。

如果纽夹位置不正确，机针不能对准纽孔时，则要调整纽夹，如图 6-7 所示，旋松纽夹尾部的两个螺钉 6 即可移动纽夹。注意在调整纽夹时应检查一下机针是否对准方孔的中间位置。

机针能否对准纽孔，对缝纫性能关系极大。因此必须反复试调，使机针刺入各纽孔中心，不能有孔偏现象，以免跳针和断针，纽夹三爪必须同时压布，以免发生跳针。

5. 抬压脚和自动割线机构

如图 6-8 所示，当蜗轮转动一周后，主轴自动停转，在针杆上升到最高点时，踩下左踏板，通过链条使抬压脚杠杆 1 运动，提起压脚同时割线刀轴 2 的割线轴杠杆 3 亦被抬压脚杠杆推动，割线刀 4 随轴摆动过针板下面，割断钩针内侧一根线，刀架退回，钩针不能旋转。压脚提升由抬压脚杠杆转动，通过抬压脚拉杆 5 带动抬压脚轴 6 转动，使纽夹吊钩 7 向上提升压脚。压脚提升前割刀必须先把线割断。压脚滞后于割刀的时间长短与吊钩空隙大小有关，可以转动吊钩上方的吊钩曲柄 8 进行调节。

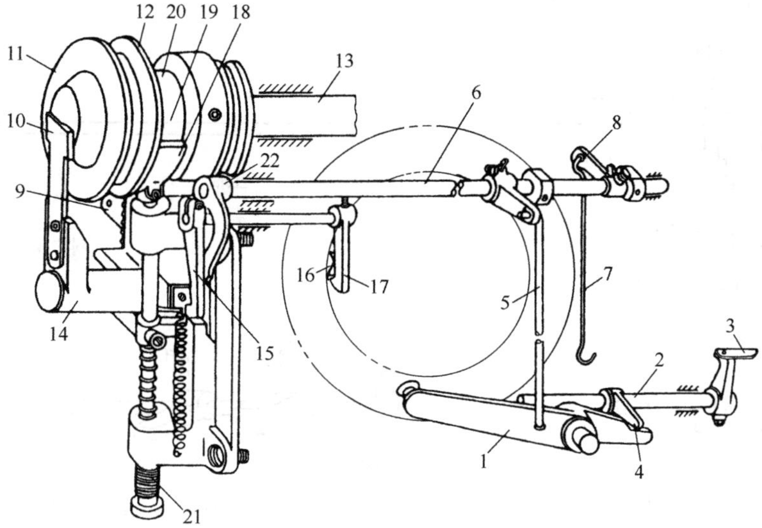

图 6-8 抬压脚和自动割线机构

1—抬压脚杠杆；2—割线刀轴；3—割线轴杠杆；4—割线刀；5—抬压脚拉杆；6—抬压脚轴；7—吊钩；8—吊钩曲柄；9—启动扳手；10—启动板；11—带轮；12—摩擦轮；13—主轴；14—启动架；15—启动吊钩；16—停车顶块；17—停车顶杆；18—制动皮托架；19—制动皮块；20—制动轮；21—调压螺钉；22—启动安全爪

6. 启动、停车和安全爪机构

如图 6-8 所示，主轴采用摩擦离合方式传动。踩踏板，链条把启动扳手 9 拉下，由启动板 10 的斜面驱动带轮 11，啮合摩擦轮 12，使主轴 13 旋转。即使不踩踏板，由于启动架 14 已被启动吊钩 15 钩住而继续工作。直至蜗轮侧面的停车顶块 16 推开停车顶杆 17，使启动吊钩脱开，摩擦轮分离，带轮回复空转。同时制动皮托架 18 向上，使制动皮块 19 顶住制动轮 20，使主轴速度降低，当惯性力走完第 20 针时速度已很低，制动闩进入制动轮的缺口而定位。制动皮块的摩擦压力调节，可旋动调压螺钉 21 即可。

为了避免操作上失误而引起割刀与机针、钩针等互相碰撞而损坏，或抓碎纽扣和破损衣料，如图 6-8 所示，在抬压脚轴 6 尾部装一个启动安全爪 22，随抬压脚动作而动作。当抬起压脚时，安全爪往里伸入，阻碍了启动架 14 的启动，只有压脚落下后，安全爪退出，才能踩动用于启动的右踏板。当然在机器运转未结束前，安全爪被启动架挡着，使抬脚轴 6 不能转动，压脚因此也抬不起来。这样启动安全爪起到了启动和抬压脚运转的互锁作用。

二、钉扣机的原理

1. 针杆机构

针杆机构属于典型的曲柄滑块机构，所不同的是针杆安装在针架上，除了由上轴曲柄带动作上下运行外，还随着针架的摆动而左右摆动，如图 6-9 所示。

2. 线钩机构

上轴的旋转通过两组斜齿轮的传递，使线钩轴旋转，两组齿轮的齿比都是 1∶1，上轴旋转一周，直针上下一次，线钩轴旋转一周。线钩轴的前端套在滑块和拉杆内，线钩在旋转的同时随着拉杆的拉动而左右移动，如图 6-10 所示。

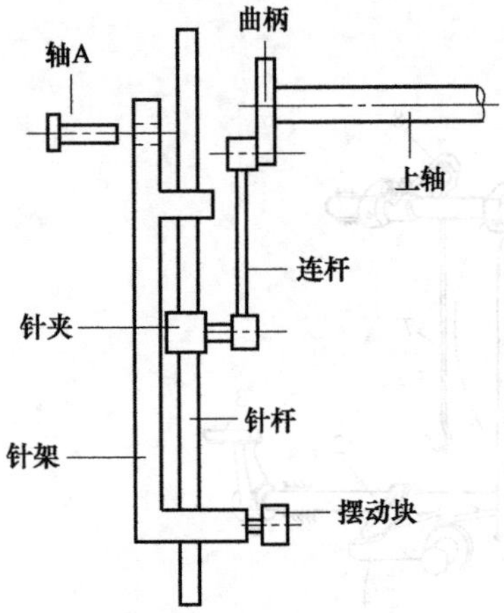

图 6-9　针杆机构

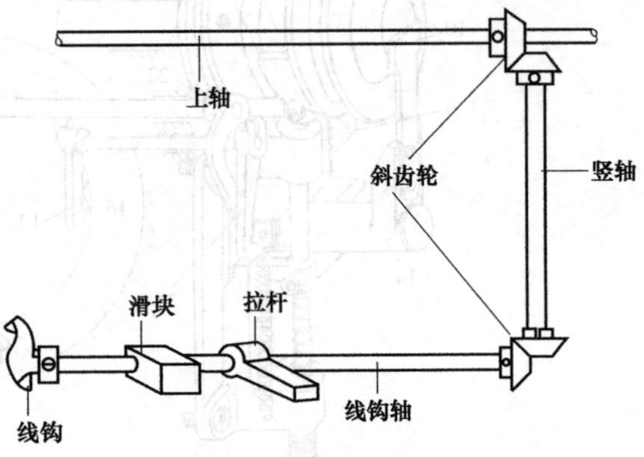

图 6-10　线钩机构

3. 同步摆动机构

机器上安装着一组蜗杆蜗轮机构，在主轴的带动下蜗轮旋转，蜗轮的一面有一圈凸轮槽，摆动调节架（三角杠杆）一端的滚子嵌在槽内，蜗轮在旋转时槽的曲线变化使得三角杠杆的另一端产生上下摆动，这个摆动量通过连杆和曲柄的传递，使针杆摆动轴和线钩摆动轴产生同步摆动。针杆应在机针离开纽扣后摆动，在直针刺入另一个孔前结束摆动，如图 6-11所示。

4. 扣架、 拖板纵向移动机构

蜗轮的另一面也有一圈凸轮槽，每当纵向调节架一端的滚子处于凸轮槽等半径圆弧槽内时，调节架不摆动，扣架没有动作，当滚子处于大小圆弧过渡的斜槽时，滚子被拉动，调节架产生动作，扣架被拉动。蜗轮旋转一周，扣架被拉动两次，第一次是机器完成前两孔的缝钉后拉动，第二次是机器完成整个纽扣的缝钉后拉动、复位，如图 6-12 所示。

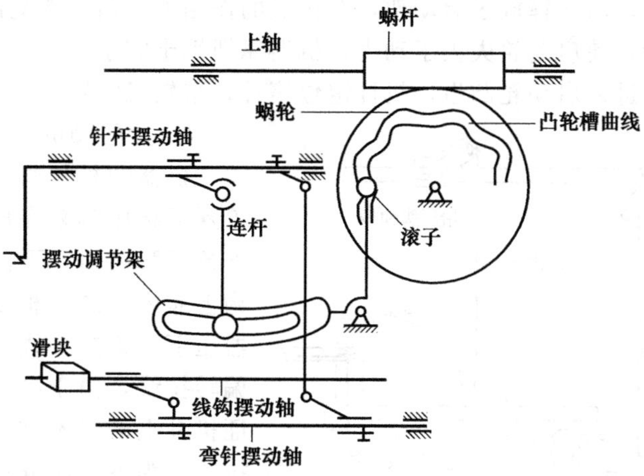

图 6-11 同步摆动机构

5. 启、制动机构

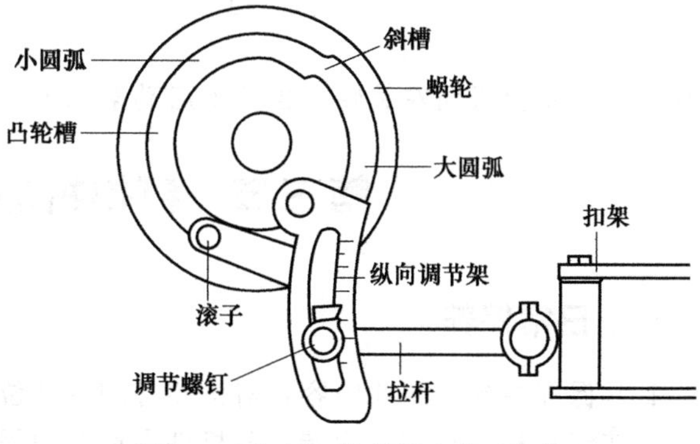

图 6-12 扣架、拖板纵向移动机构

钉扣机的启动和停止是靠机器后面的启动架来控制的，而不是靠频繁启动电动机来完成。带轮套在上轴上，它的一边受上轴内顶簧的作用，另一边受离合板的控制，当电动机启动后，皮带轮空转。

如图 6-13 所示，当踩下启动踏板，启动架向左偏转，安装在启动架上的离合板也随之向左偏转，它的斜面通过钢珠推压带轮，使带轮的摩擦面和启动轮接触，与此同时，如图 6-14 所示，启动架上的制动栓也偏转，卡头离开启动轮凸齿，制动皮块下行，启动轮转动，机器启动，此时，吊钩钩住启动架，使脚离开启动踏板时，整机仍保持启动状态。（图上的 A 点为启动架轴位，启动架以这点为支点左右摆动。）

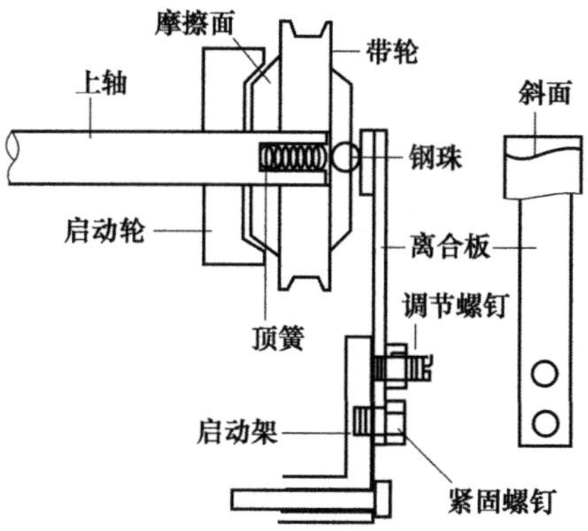

图 6-13 启动轮离合

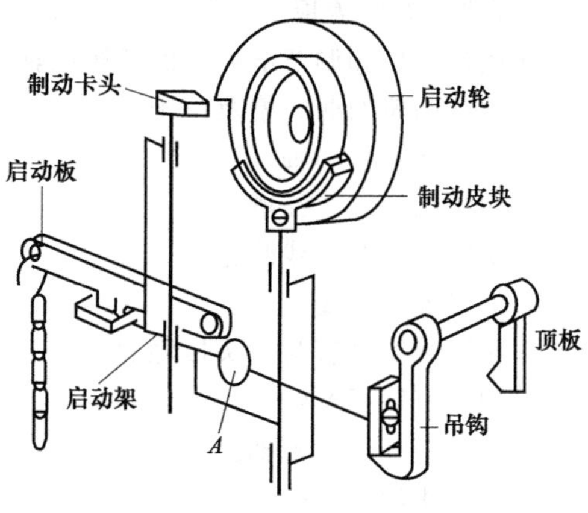

图 6-14 启动轮启动与制动

当上轴旋转 19 转，也就是机器缝钉了 19 针，蜗轮旋转了一周，装在蜗轮上的顶块顶开了与吊钩同轴的顶板，吊钩释放了启动架，在拉簧的作用下，启动架复位，其上的离合板右移，带轮脱离启动轮，使启动轮失去了动力，机器靠惯性走完了 20 针，此时制动皮块上升，摩擦制动，制动卡头进入启动轮凸齿，机针定位停针，带轮又空转。

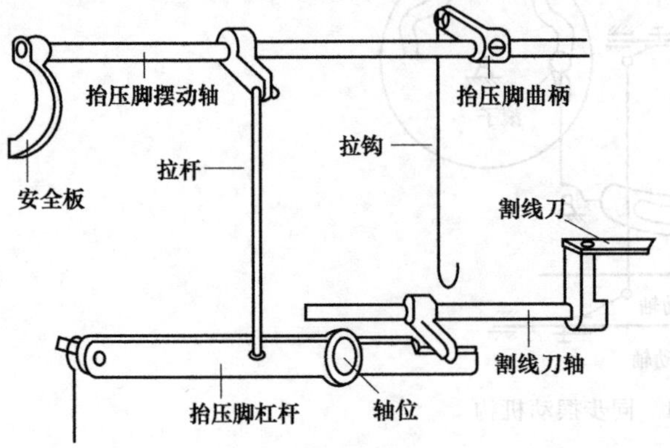

图 6-15　抬压脚机构

6. 抬压脚机钩

机器的抬压脚、割线、拉线是靠人工踩下抬压脚来完成的。当钉扣结束踩下抬压脚踏时，下割线刀动作，割断线钩上靠内侧的一根线，同时，第三压线器压下，第二夹线器松起，拉线杆向左偏转拉线，由于第三夹线器已压下，保证机针上的线不被拉动，而从线团方向拉线，为下一次缝钉做准备，接着拉钩拉起压脚。抬压脚和割线有一个时间差，实际上是先割断缝线后抬动压脚。

抬压脚摆动轴后端还装着安全板，摆动轴偏转时，安全板向左偏转，挡住了启动架踩下，保证此时机器不会启动，如图 6-15 所示。

第三节　钉扣机的保养与维护

一、日常保养

日常保养主要有两项内容：对机器各润滑部位加油和擦拭机器表面灰尘和油污。

为使钉扣机保持正常运转，各机件在运转中得到充分的润滑，每天应在使用前向各润滑部位加注一滴或两滴普通缝纫机油（L-AN7 高速机械油）。

1. 针杆部分

松开机头前面盖板上的两个固定螺钉，取下盖板，对针杆套筒、针杆连杆连接处加油。

2. 机头右侧

松开机头右侧盖板上的两个螺母，取下盖板，依次在下列各处加油。

① 摆针杠杆和调节滑板上的套筒和轴的接触处。

② 摆针凸轮的曲线槽及滚子。

③ 松线挂架及芯轴。

④ 摆针凸轮轴芯油槽。

⑤ 支线芯头及支线凸轮。

⑥ 拖步连杆滑槽。

⑦ 压脚弹簧套管与机头接触面。

⑧ 扣夹座联板及轴。

⑨ 摆针杠杆套筒及轴。

⑩ 机壳中的各油孔。

加完油，装好盖板，拧紧螺母。

3. 机头底部

松开机头底部右侧面上的锁紧螺母，将机头向左翻转，在下列各处加油。

① 推线钩轴摆针及推线叉凸轮。
② 机壳中前端铰链轴及机底盘凹槽。
③ 线钩轴曲柄连杆。
④ 拖步连杆及拖步凸轮曲线槽。
⑤ 开车杠杆轴套。
⑥ 机壳后端铰链圆柱及底盘凹槽接触面。
⑦ 制动架。
⑧ 线钩传动齿轮副。
⑨ 蜗杆蜗轮副。

加完油，将机身向右翻，回复原位，拧紧螺母。再擦拭机器表面灰尘及油污，一般用细软棉布和碎布。

二、一级保养

钉扣机每运转一个月需进行一次一级保养。一级保养（首先切断电源，然后进行工作）除完成日常保养外，要做好表 6-8 所列内容。

清扫采用毛刷进行。

表 6-8　一级保养

序号	保养部位	保养内容及要求
1	外保养	清扫机体各部，做到外观清洁，无积尘、布灰油污。检查夹线、过线装置、清理线絮头
2	内保养	清扫机体内部积尘。检查各油路、油孔，按规定标准加油。检查刹车装置灵敏度，消扫油盘积油
3	电　器	清扫电动机积尘，检查开关灵敏度，要求电器装置固定整齐，如发现问题请电工及时修理

三、二级保养

钉扣机二级保养由机修保全工负责，主要内容是拆卸、清洗机器，检查机件磨损程度，更换过度磨损机件，调整各部位间隙。

钉扣机二级保养除执行一级保养，还要完成表 6-9 所列保养内容及要求。保养方法如下。

表 6-9　二级保养

序号	保养部位	保养内容及要求
1	运转部分	清洗检查轴和轴套磨损情况，对针杆、针杆拉手、拉杆螺钉、凸轮滚柱、压脚大滚珠、大小接头检查修复或换零件
2	齿轮部分	清洗检查圆柱齿轮、圆锥齿轮、蜗轮、蜗杆的磨损情况。进行修理或更换
3	针杆与扣夹	拆卸检查针杆和针杆壳，检查扣夹架和三角导板的磨损程度，进行修复或换件
4	制动与线钩	检查线钩，推线叉，挡板磨损情况，拆卸分解制动轮、制动杆、制动盘、离合皮碗、皮块，进行修复或换件
5	电　器	检查电动机声响、温升、轴承加油离合器（宝塔盘）（进口电动机按规定标准加油）

1. 拆卸机器

钉扣机拆卸顺序依次是，先拆面板，针杆装置、扣夹装置，然后再拆送料、摆针、线钩、制动和夹线过线各部件。下面以 GJ1-2 型钉扣机为例予以说明。

（1）针杆装置　松开机头前面盖板上的紧固螺钉→取下盖板→松脱针杆连接轴的螺钉→卸下针杆、针杆上套。

松脱机身盖板上的螺母→取下盖板→松脱挑针轴后杠杆螺钉→卸下挑针轴，并将其上的针杆连杆及轴、挑针轴前杠杆拆除。

松开挑针连杆上螺钉→拆下挑针连杆。

(2) 扣夹压料装置　松开压脚调节螺钉→拆下压脚上弹簧库→取出压脚弹簧→松开压脚调节紧圈上的螺钉→取出压脚弹簧套管和调节紧圈。

松开压脚联板上的螺钉→分离压脚联板和抬压脚连杆。

拆卸扣夹座定位板上的螺钉→取下该定位板→松脱压脚联板上的六角螺钉→取下压脚。

抽出拖步架销轴→取下压脚联板。

松脱中壳座盖的螺钉→取下该座盖。

(3) 送料机构　松脱拖步架手柄→旋下其调节螺母。

松脱拖步架左、右压板上的螺钉→卸下左、右压板，拖布架，齿纹板，拖步连杆滑块及其轴。

松脱拖步下连杆的螺钉→冲下销钉→卸下拖步下连杆、拖步连杆。

松脱拖布凸轮上的螺钉→卸下该凸轮。

(4) 摆针机构　松脱摆针调节螺母、摆针杠杆方套轴→卸下摆针杠杆、摆针调节连杆、摆针杠杆调节滑板。

冲下摆针凸轮上的销子→卸下凸轮轴、蜗杆、摆针凸轮。

(5) 线钩机构　松脱推线钩轴摆杆上螺钉→卸下推线叉架、推线叉、推线叉轴、推线叉架扭簧。

松脱线钩轴上的螺钉→卸下线钩→松脱推线叉凸轮和线钩轴曲柄上的螺钉→卸下线钩轴、推线叉凸轮、线钩轴曲柄、线钩轴曲柄连杆、曲柄连杆轴。

松脱齿轮轴曲柄上的螺钉→取出该曲柄。

松脱蜗杆、大连杆偏心轮、支线凸轮上的螺钉→再冲下大连杆偏心轮、齿轮上的销钉→卸下主轴、齿轮、蜗杆、大连杆偏心轮、支线凸轮和带轮。

(6) 制动装置　松脱停车拨动板上的螺钉→取下该板→松脱停车拨动板架上的固定螺母、螺钉→卸下该板架。

松脱开停车扭簧调节盘上的螺钉→松脱开车拨头上的螺钉，冲下销钉→卸下开关轴、开停车扭簧、开车拨头、停车拨头、开关拨板。

(7) 夹线过线装置　松脱挡线杆座上的螺钉→取下挡线杆。

松脱抬压脚轴前扎头上的螺钉→取下该轧头。

松脱抬压脚连杆上的螺钉→卸下抬压脚轴及其紧圈。

松脱压线椭板上的螺钉→取下该板。

松脱支线杆松线紧圈上的螺钉→卸下支线杆、松线紧圈、支线杆弹簧和压线椭板顶块。

松脱松线挂架螺钉→取下该挂架。

松脱夹线器→放松支线杆上的螺母→卸下支线杆及其压弹簧。

2. 清洗各零件，检查磨损情况

用煤油清洗各部零件，然后用于软布擦净。按拆卸的相反顺序进行组装。检查各部磨损情况，更换磨损过度的零件，调整各部位间隙。

(1) 运转部位　检查各轴与轴套的磨损情况，如磨损较严重，更换轴套。检查针杆、针杆拉手、拉杆螺钉、凸轮滚柱、压脚大滚珠、大小接头。如有问题，应修复或更换零件。

(2) 齿轮副　检查蜗轮、蜗杆磨损，两者松动量不得大于 0.8mm；检查圆柱、圆锥齿轮情况，磨损严重时应修复或更新。

(3) 针杆和扣夹　检查针杆与扣夹部分零件的磨损。测量套筒处，针杆与套筒间隙不得大于0.1mm；用千分表测针杆端面处，针杆上、下松动不得大于0.3mm；针杆架松动不大于0.4mm；扣夹左、右和前、后松动不大于0.6mm。如超出以上指标，应修复或更换零件。

(4) 制动与线钩　检查制动轮、制动杆、制动盘、停车顶块、离合皮碗，如磨损严重，应修复或换件；检查线钩、推线叉、挡板的磨损。线钩顺、逆摆动间隙不得大于0.8mm，如超过，应修复或换件。

(5) 电器　检查电动机声响、温升，对电动机轴承加油。

最后再检查一下各部安装是否正确，各紧固螺钉有无松动，各定位定时是否符合标准，有无缺件，对机器各加油部位加油。用细软布擦净机器工作面，进行试车。

四、钉扣机完好标准

钉扣机在使用过程中，应符合其完好标准。该标准可供日常保养、一级保养时作为检验的参考，各项指标见表6-10。

表 6-10　钉扣机完好标准

项次	检查项目	允许限度不大于/mm	检查方法
1	针杆与针杆套筒间隙	0.10	机针最低位置测下套筒处
2	针杆上下松动	0.30	千分表测针杆端面处
3	针杆架松动	0.40	千分表或手感
4	扣夹左右松动	0.60	千分表测扣夹
5	扣夹前后松动	0.60	千分表则扣夹
6	线钩顺逆摆动	0.80	千分表测钩夹
7	蜗轮与蜗杆松动	0.80	手感或千分表
8	制动后移位	不允许	目测
9	各紧固螺钉松动和机件缺损	不允许	手感、目测
10	各部件异响、异振、发热	不允许	手感、目测、耳听
11	安全和防油装置不完整	不允许	目测
12	附件缺损	不允许	目测

注：其中一项不合格，则为不完好机台。

第四节　钉扣机的常见故障及排除

钉扣机的故障比其他缝纫机械要少一些，而且出现故障较易查找原因。对于某些传动装置方面的故障，可以根据熟知的机构原理和定位标准予以排除。常见故障类型、原因和排除方法如下。

1. 断线

断线是钉扣机中最常见的故障之一，其产生原因及维修方法见表6-11。

表 6-11 断线原因及维修方法

产生原因	排除、维修方法
线过紧	将夹线器压力调小
挑线量不足	加大挑线量，可调节线量调节钩（输线杆、挡线杆）
线钩表面不光滑	用细砂皮磨光或更换新线钩
机动松线夹线器松线时机不对	按标准调整机动松线夹线器松线时机
缝线质量不好，无拉力	更换缝线
机针孔或针槽不光滑	更换新机针
纽扣眼小而机针太粗	更换细针
机针在针板眼中位置不当	按标准调整针杆摆动中心，应与针板孔左右两侧空隙相等
机针没有落在纽扣孔中心	调整扣夹安装架
扣夹移位尺寸不当	按标准调整移位尺寸
针杆摆动宽度不当	按标准调整针杆摆动宽度
扣夹夹扣不牢	重新调整扣夹开距
钩子加速时机过晚	按标准调节线钩主轴与被动轴的曲柄运转时间
推线叉弯曲变形，线钩与推线叉碰磨，使缝线被轧断	修复推线叉，或更换
推线叉终点位置过左	按标准重新调整
拨线板位置不良（日本重机 MB-372 型钉扣机）	按标准重新调整

2. 断针

断针多数是由于位置不当造成的。其产生原因及维修方法见表 6-12。

表 6-12 断针原因及维修方法

产生原因	排除、维修方法
扣子眼的距离宽窄不一、大小不等，四眼扣子眼位置不对称	更换标准纽扣
机针与扣子眼不对位	按标准重新调整
扣夹移动位置不对	按标准重新调整
针杆摆动宽度不符实际需要	按标准重新调整
线钩位置不正确	重新调整线钩位置
机针挡块碰针	重新调整间隙
针杆弯曲或插针孔斜	修复针杆或更换新针杆
方孔板错位，机针擦着方孔	按标准调整方孔板位置
蜗杆定位走动。当机针未刺入纽孔前，必须停止横向及纵向运动	将蜗杆重新定位，可更换销钉
扣夹夹扣不牢	重新调整扣夹开距
推线叉轴摆时机和前后位置不对	将转动曲柄调到适当位置（针杆由最低位置上升移动 20～21mm 时，推线装置向后转动）
拨线三角凸轮开始工作过快	按标准重新调整

3. 跳针

跳针可以从钩线原理方面查找原因。其一般原因和维修方法见表 6-13。

表 6-13 跳针原因及维修方法

产生原因	排除、维修方法
针杆高度不正确	按标准重新调整
钩针时机过早，针在右边跳针	调整钩线时机，使线钩在机针抛出线环后钩线
钩线时机过晚或线钩加速时间过晚，机针在左边跳针	按标准重新调整
机针对线钩或对挡块间隙大	调整线钩尖尽量靠近机针，但不要相碰为宜

续表

产 生 原 因	排除、维修方法
夹扣位置不正确，机针对纽孔偏	重新调整扣夹位置
机针弯曲、偏转或针柄未插到底	更换新机针，重新安装机针
线钩轴前后松动	调整线钩轴间隙
扣夹压力小，布随针上下浮动	加大扣夹压力
线钩损坏	更换新线钩
推线动作时机不正确	按标准重新调整
针碰方孔板	整修
零件严重磨损，钩线部分零件松动	更新零件，按标准重新调整

4. 线迹太松和空针

线迹太松和空针的产生原因及维修方法见表 6-14。

表 6-14 线迹太松和空针的产生原因及维修方法

故障	产 生 原 因	排除、维修方法
线迹太松	夹线器压力太小	调整夹线器压力，使缝线有足够的张力
	机动夹线器开放时间早	按标准重新调整
	压脚底板厚	修换
空针	针杆位置不对	按标准重新调整
	机针装偏	重新安装机针
	线钩离机针距离太远	调整线钩与机针距离，使线钩尖尽量靠近机针
	线钩钩线时机不对	按标准重新调整
	线钩损坏	更换新线钩
	线头短	增大输线量

5. 制动不良

制动不良故障的产生原因及维修方法见表 6-15。

表 6-15 制动不良故障的产生原因及维修方法

产 生 原 因	排除、维修方法
制动时间提前或延迟	按标准重新调整停车顶杆或停车拨板
停车拨板固定螺钉松动（GJ1-2 型钉扣机）	扭紧固定螺钉，并按标准定位
制动轴扭力弹簧压力较小（CJ1-2 型钉扣机）	扭松六角紧定螺栓，向下转动紧圈，使扭簧增加压力
开关拨板位置不对（GJ1-2 型钉扣机）	将拨板柄上的螺钉扭松，移动拨板到接近小轮的 V 形槽，但不要与 V 形槽接触，再将紧固螺钉扭紧
制动杆动作迟缓（GJ4-2 型钉扣机）	对制动杆与制动架和制动架配合处加油
制动块沾油过多，制动阻力减低（GJ4-2 型钉扣机）	把油揩干（严重时要用汽油洗净揩干）
制动片磨损	修复或更换
制动轮的定位凹口两角磨损或缺损	用乙炔焊在制动轮凹口上补上缺角，且稍高些，再经锉加工，修复到原状，或更换制动轮

6. 其他故障

钉扣机其他故障类型产生原因及维修方法见表 6-16。

表 6-16 其他故障的产生原因及维修方法

故障	产生原因	排除、维修方法
机器不转	带太松,无摩擦力	收紧带
	开车拨头松动	紧固开车拨头上的螺钉
	启动板定位螺钉松	扭紧定位螺钉
缝一二针后机器就停	踏脚板没有踩到底	将踏脚板踩到底
	弹簧钩装得太高与启动吊钩距离过大	按标准调整间隙
制动后断线	扣夹装置提升高度不够	提高扣夹装置的高度
	压线板压力不够	调整压线板压力
	带割刀机器割线时间不符合	按标准重新调整
线缚线钩	推线叉推不到线,使缝线缚线钩(GJ1-2型钉扣机)	调整推线叉位置,使推线叉在针杆由最低位置向上移动20~21mm时向右转动
	针尖有毛刺,重针时刺破而缚住线钩	更换新机针

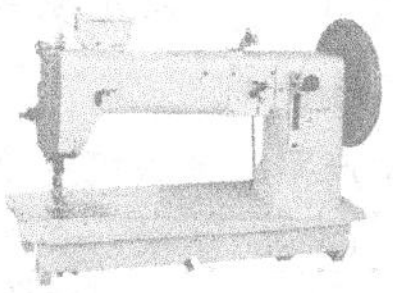

第七章
平头锁眼机

第一节　平头锁眼机性能简介

锁眼机也称为纽孔缝纫机，是服装生产的一种专用设备。现代锁眼机具有高速、自动、多机联动以及电子程序控制等特点。

目前国内外生产的锁眼机，按其形成的扣眼线迹形状分为两种基本类型：平头锁眼机和圆头锁眼机。本章介绍平头锁眼机。

根据缝锁和开刀的先后顺序，锁眼机又可分为先开刀后锁眼和先锁眼后开刀两类，分别又称为“冷眼”锁眼机和“毛眼”锁眼机。平头锁眼机一般为先锁眼后开刀型，圆头锁眼机则两种都有。

一般说来，平头锁眼机适用于薄料、中厚料、针织品及化纤织物的纽孔的缝制，尤其适用于衬衫、男女上衣、童装、工作服等服装纽孔的缝制，是服装生产中不可缺少的主机。

一、 国产锁眼机

目前国产锁眼机主要有 GI2-1 型平头锁眼机、GI3-1 型平头锁眼机和 GI5 型系列高速平头锁眼机。

GI2-1 型锁眼机为连杆挑线、针杆摆动变位及反旋梭钩线、双线锁式线迹（304 号线迹）的锁眼机。该机以上轴为主动，经锥齿轮传动带动分配轴和下轴；送料采用间歇齿轮传动，经组合凸轮机构支配纵向传动、压脚移动进给和横列套结等动作；缝锁针数依纽孔大小变换主动交换齿轮来实现；采用双速运转，在切刀和停车时会自动调节到低速运转，以利于挖眼的准确性和停车的稳定性；此外，它还有紧急停车机构，便于必要时中途停车。该机主要技术规格见表 7-1。

GI3-1 型平头锁眼机，是一种双线锁式线迹高速平头锁眼机。该机以上轴为主动轴，经曲线齿锥齿轮传递到旋梭轴，采用连杆挑线、反旋梭钩线、针杆摆动变位、双线锁式线迹（304 号线迹）。送料采用齿轮传动、经凸轮机构实现压脚移动进给，针杆摆动横列套结等动作。缝锁针数可根据纽孔大小，更换齿轮来实现；也采用双速运转，以实现切刀切开纽孔和自动停车。还设有断面线自动停车刀和手动急停车装置，以防止由于断面线等原因而切刀落下和紧急停车。其主要技术规格见表 7-1。

表 7-1 国产平头锁眼机主要技术规格

机 型	GI2-1	GI3-1	GI5-1	机 型	GI2-1	GI3-1	GI5-1
最高缝速/(针/min)	2000	3000	3000	挑线杆行程/mm	69	69	66
套结宽度/mm	6	2.5～4	4 或 5	切刀行程/mm	18.3	18	
最大纽孔长度/mm	40	6.5～19	9.6～22.2	机针规格	GV9[96×(10*～18*)]		GV13
压脚提升高度/mm	5	7.5	8	缝线规格/tex	左旋 16.667～10		
针杆行程/mm	35.5	34	34.6	电动机功率/W	370		

GI5 型系列平头锁眼机是单直针、连杆挑线、针杆摆动、旋梭钩线，构成锯齿形双线锁式线迹的平头锁眼机。根据针数多少，可变换凸轮轴上的齿轮，使之与纽孔长度相适应。机上装有断线传感器，如中途发生断线时，切刀装置能自动停止动作，还装有特殊的自动割线装置，面线、底线都能自动切断并被钳住。

二、 进口锁眼机

目前进口的锁眼机，多是高速、多功能及自动的锁眼机。如日本的 LBH-761 系列、LBH-771 系列及 LBH-781 系列高速平头锁眼机、MBH-180 高速链缝锁眼机以及 LBH-761-A1-1N 自动连续锁眼机等。

1. LBH-761 系列高速锁眼机

它是一种单针、连杆挑线、针杆摆动、旋梭钩线的平头锁眼机。它具有宽阔的缝制空间，同时纽孔的调节即纽孔长度和针数等调节都比较容易。其纽孔调节范围见表 7-2。

LBH-761-A0-7 型高速平头锁眼机，装有 A0-7 压脚升降自动装置，只需轻踏一下踏板就可降下作业压脚，开始缝制，以代替以往的双踏板。当缝制完成后，作业压脚将自动上升。这样，一人可以操纵两台机器，提高缝制效率和增加服装产量。

这类锁眼机装有双缓冲弹簧和制动装置，可防止当线切断时，开孔刀自动停车或缝制完成后的振动。为了适应缝制品的多样化，这类锁眼机还有完备的缝型，表 7-3 给出各机种的缝型和用途。

表 7-2 各机型纽孔调节范围

规格 机型	刀的尺寸 a/mm	纽孔长度 b/mm	纽孔宽度 c/mm	图 示
LBH-761	6.35～19.05	最大 22	2.5～4	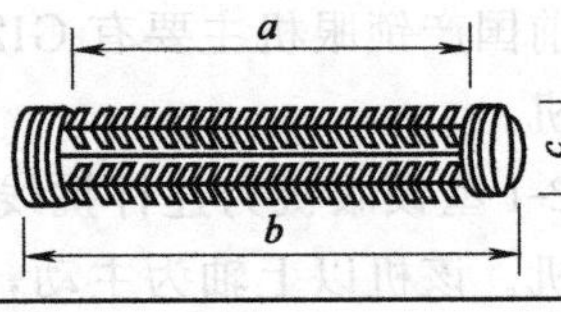
LBH-762	6.35～25.4	最大 33	2.5～5	
LBH-763	6.35～31.75	最大 40	2.5～5	

表 7-3 各机种高速锁眼机的缝型和用途

型 号	缝 型	用 途
LBH-761 LBH-762 LBH-763	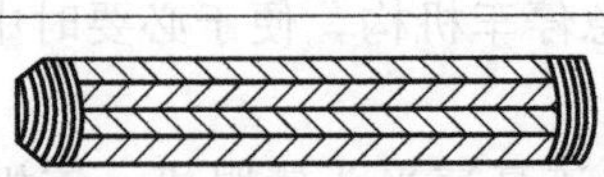	标准型(缝法……倒织和鞭刺)：一般衣服的锁眼，如男衬衫、工作服、女装等
LBH-761-P LBH-762-P LBH-763-P	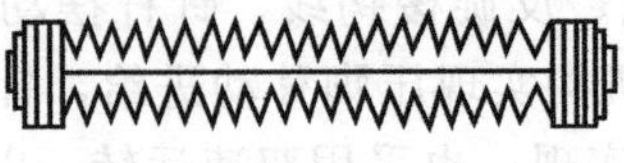	倒结型：打结鞭刺缝法，如有此装置可用倒织

续表

型　号	缝　型	用　途
LBH-761-W	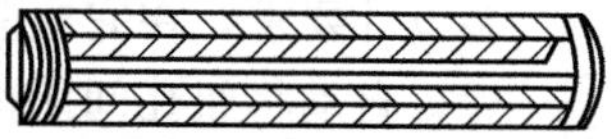	永久烫熨(缝法……鞭刺):用于所有衣服的锁眼,并适于衬衫或轻质女衫的打褶
LBH-761-K LBH-762-K LBH-763-K	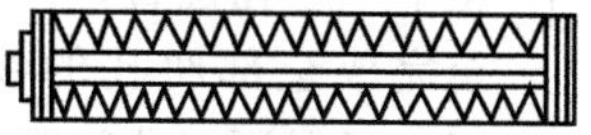	针织品(缝法……鞭刺):中厚质料的锁眼和无需用金属线芯的线进行锁眼的衣服,如针织品、内衣、毛线衣、羊毛衣、紧身衣等
LBH-761-D LBH-762-D LBH-763-D	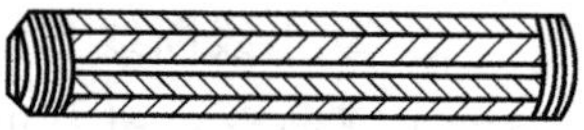	双缝(缝法……倒织和鞭刺):用于坚固耐用的衣物,如运动衣、卫生衣等
LBH-762-V LBH-763-V	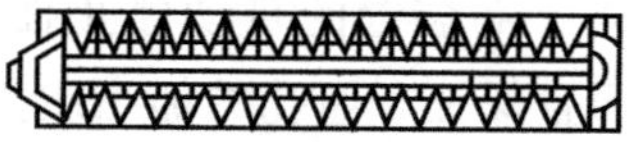	用金属线芯的线进行双缝(缝法……倒织和鞭刺):用于需坚固耐用的高级毛线衣,球衣、针织卫生衣、针织外套等

表 7-4 列举了 LBH-761 系列、LBH-771 系列和 LBH-781 系列高速平头锁眼机的主要技术性能。

表 7-4　LBH 系列高速锁眼机的主要技术规格

机　型	缝速/(针/min)	每一纽孔的缝数	缝针要求(标准)	梭床	电动机
LBH-761	3000	54～345 针	DP×5#14	自动加油的旋转梭	245W 感应电动机
LBH-771	3600		DP×5 DP×5J		变速电动机 300W/75W
LBH-781	3600		DP×5#14		245W 感应电动机

LBH-771 系列高速平头锁眼机是 LBH-761 系列的改良机。其特点是具有 DP 型自动加油梭床，电气控制的变速自动机可增减缝速。其纽孔尺寸见表 7-5。

表 7-5　LBH-771 系列高速锁眼机纽孔尺寸　　mm

机　型	LBH-771	LBH-772	LBH-773
孔的长度 b	22	33	40
套结宽度 c	4	5	5
切刀宽 a	19.05	25.4	31.75

LBH-781 系列高速平头锁眼机也是 LBH-761 系列的改良机。具有更高的缝速。纽孔尺寸与 LBH-761 系列基本相同。

2. MBH-180 高速链缝锁眼机

这是一种单线链缝锁眼机。该机一般是在高速下开纽孔操作，并具有灵活、安全等性能。适用于缝制薄料、中厚料以及针织布料的运动衣、男女衬衫、睡衣、童装等。其主要性能见表 7-6。

表 7-6　MBH-180 高速链缝锁眼机的主要技术规格

缝　速	压脚最高升距	针杆冲程	纽孔长度	纽孔宽度	针	电动机
3500 针/min	7mm	27mm	6.5～35mm	2.4mm(标准)	DB×1#14	185W 感应 电动机

3. 自动连续锁眼机

只需按要求调节好锁眼程序，将衣料安放好，然后按下启动按钮，就会自动连续锁眼，完成锁眼以后会自动停下，等待下一片的锁眼。因此，一人能同时操作 3 或 4 台自动连续锁眼机，多机操作设置如图 7-1 所示。与普通锁眼机相比，生产率大约增加了 260%，显著提高了生产能力。该机主要技术性能见表 7-7，并具有下列特点：

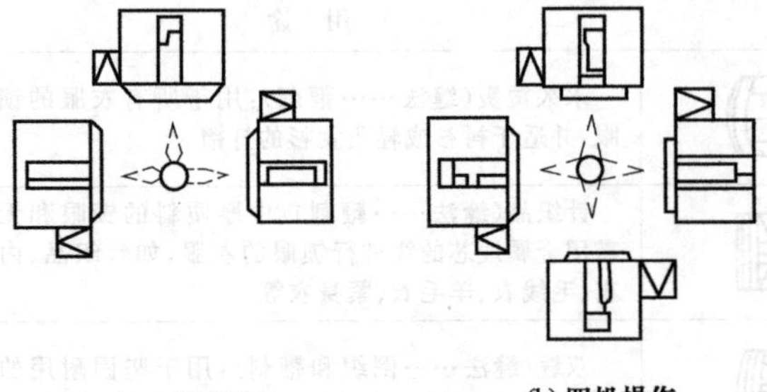

(a) 三机操作　　(b) 四机操作

图 7-1　多机操作

① 装有自动程序控制装置，可根据服装设计要求，在完成前一纽孔自动锁眼工序后，自动将纽孔间距的送布量移送过去，移至下一纽孔位置，并完成该纽孔的锁眼，直至完成全部纽孔的锁眼。可保证纽孔的锁眼，可保证纽孔间距的送布量准确无误。

② 上线断线自动停车装置，可保证万一上线断线，切刀也不会落下；压脚因送布装置的自动停止而无法上升，并发出故障警报，不但杜绝了加工上的错误和失败，而且保证了纽孔的加工质量。

③ 具有纽孔锁眼计数器，能将底线的消耗量以蜂鸣器及电闪灯来报告操作者。

表 7-7　LBH-761-A1-1N 自动连续锁眼机主要技术规格

缝　速	纽孔长度(切刀幅度)	使用针	启动及压脚上升机构	电动机
2500 针/min	6～16mm	DB×5# 14(标准)	磁铁式	245W 感应电动机

④ 缝纫机的机头和连续自动送布装置可以分别独立操作，易于调整和维修，两者可共用一架电动机来驱动。

⑤ 能进行成品衣物的锁眼。

本机适用于男女衬衫、运动衣、睡衣的前身纽孔锁眼。

第二节　平头锁眼机的结构与原理

一、 平头锁眼机的工作原理

(1) 动作过程

① 先切后缝的动作。先切后缝即先切开缝料纽孔而后锁缝。动作程序如下：

启动电动机→扳下压脚扳手→按下开车按钮→切开缝料→滑板高速后退 3～5mm→滑板高速向前→绷紧缝料→高速转换成缝纽（始）→再转换成高速抬起压脚→高速转换为空转。

② 先缝后切的动作，即先缝纽再切开缝料。动作程序如下：

启动电动机→扳下压脚扳手→按下开车按钮→滑板高速向前→绷紧缝料→高速转换成缝纽（始）→缝纽（结束）转换成高速→切开缝料→滑板后退 3～5mm→抬起压脚→高速转换成空转（停车）。

根据上述动作过程，可分为四大过程，空转→高速→缝纫→高速→空转（停车）。由此可见，锁眼机工作过程是高速运动和间隙运动协调进行而完成的。

(2) 开车运动的转换过程

① 空转转换成高速，过程如下（图 7-2）：

按下开车按钮 13→开车摇杆 1 做逆空转→释放开车杠杆 11 —因开车摇杆拉簧 10 拉力→ —开车杠杆复位顶簧 9 顶力→时针方向摆动→带动拨块 5 和拨叉座 6→高速轮 8 和高速轮凸块 7 转动→蜗杆轴 2 转动→主动蜗杆 3 转动→主动蜗轮 14 转动→滑块后退→产生高速。

② 高速运动转换成缝纫，过程如下（图7-3）：

高速→滑板上撞块 8 后退（滑板退到最后）→推动开定架连杆滚轮（销）11 被开定架拉钩 9 扣住→滑板向前→纽孔长度调节块 10 向前→释放凸轮轴离合器爪 1（在复位拉簧 13 作用下）→凸轮轴离合器爪 1 扣住传动凸轮→缝纫开始（当开定架连杆滚轮 11 被纽孔长度调整块 10 的凸面顶起）→停针杆 2 的钩口扣住开定架方头螺钉 3（保证走针时间，当停针杆与方头螺钉脱开）→开停架顺时针方向摆动→拨块、拨叉座、高速轮、高速轮凸块向左移动→高速轮凸块与曲柄凸块相撞→高速。

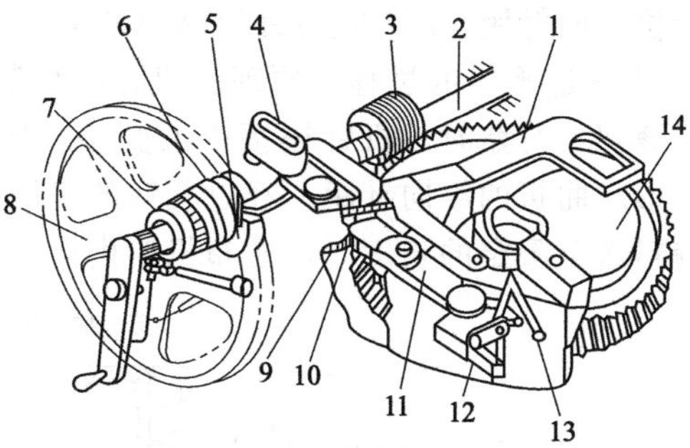

图 7-2　空转转换为高速

1—开车摇杆；2—蜗杆轴；3—主动蜗杆；4—开车杠杆换向调整销；5—拨块；6—拨叉座；7—高速轮凸块；8—高速轮；9—开车杠杆复位弹簧；10—开车摇杆拉簧；11—开车杠杆；12—滑板；13—开车按钮；14—主动蜗轮

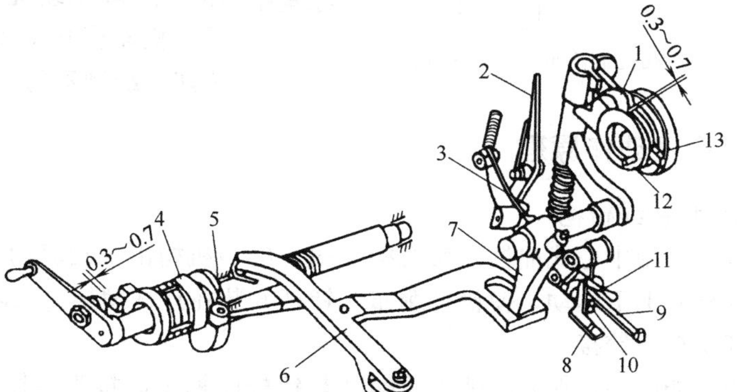

图 7-3　高速转换为缝纫

1—凸轮轴离合器爪；2—停针杆；3—开定架方头螺钉；4—拨叉座；5—开车摇杆拨块；6—开车摇杆；7—开定架定杆；8—撞块；9—开定架拉钩；10—纽孔长度调节块；11—开定架连杆滚轮（销）；12—凸轮轴传动凸块；13—凸轮轴离合器爪拉簧（复位拉簧）

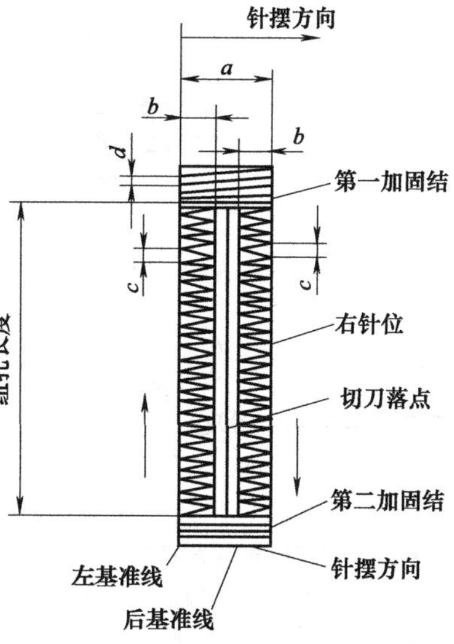

图 7-4　平头锁眼机线迹

③ 高速转换成空转，过程如下：

换向销离开开车摇杆斜面（杠杆复拉顶簧力＞按钮复位顶簧力）→开车杠杆复位由按钮控制（开车杠杆作顺时针摆动）→滑板后退（包括开杠杆和换向销）→开车摇杆作顺时针摆动→拨块、拨叉座高速轮及高速凸轮一起左移（高速停止）→空转。

（3）平头锁眼机线迹的形成原理

① 平头锁眼机的线迹。它是单针锯齿形双线锁式线迹，和一般平缝机锁式线迹一样，也是由双线即针线（面线）和梭线（底线）所形成。但是，除了底面线应交织于缝料中间之外，还要在缝料的正、反两面形成锯齿形的线迹，这是由摆针机构和送布机构的复合运动而形成的。同时，在纽孔的两端需要缝出加固结，以增加纽孔的牢度，防止纽孔受力而被拉长破损。图 7-4 所示为平头锁眼机线迹，a 为套结宽度，b 为左

右针位横向针距，c 为左右针位纵向针距，d 为第一、第二加固结纵向针距。

② 线迹形成的过程和原理。纽孔的缝制从左位略偏右的部位开始，机针自左向右摆动进行缝纫，开始时，机针摆幅由大变小，所缝出的横向针距亦由大变小，送布机构向前送布，形成曲折的纵向针距。经过几针的缝制后，机针逐渐地移向右针位上缝制，当送布机构将缝料送至限定的长度时，送布机构由向前送布改变为向后送布；与此同时，机针的摆幅增大而开始缝第一加固结。缝制完成后，机针又移到左针位上缝制，当送布机构送到限定的纽孔长度后，机针开始缝第二加固结，机针摆幅与第一加固结相同，当接近完成该加固结的缝纫时，机针摆幅又由大变小而结束纽孔的缝制。上述各动作是自动连续完成的，纽孔缝完后，机器会自动停止。图 7-5 所示为纽孔缝制不同阶段的线迹。

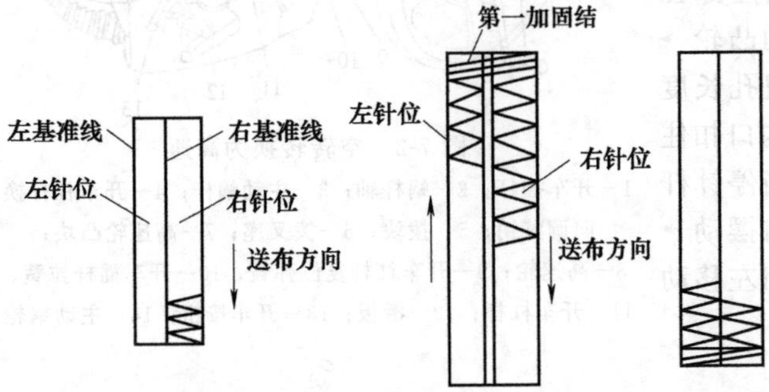

图 7-5　纽孔缝制不同阶段的线迹

二、 主要机构及动作原理

1. 针杆、 挑线和钩线机构

（1）针杆机构　采用中心式曲柄滑块机构（图 7-6）。机构由主轴驱动，针杆曲柄 1，经针杆连杆 3 驱动针杆 6 上下运动，使机针刺布。针杆 6 装在针杆摆架 5 的两个同心孔中，针杆摆架上端与针杆摆针 7 铰接。

（2）挑线机构　如图 7-6 所示，挑线曲柄 2 与针杆曲柄 1 固接为一体，在主轴带动下，经挑线连杆 8 带动挑线杆 9 做复合运动，与机针升降有机地配合，使面线在针杆的各个位移有相应的抽紧和放松，同时与旋梭配合，形成线环和锁式线迹。

（3）钩线机构　GI3-1 型锁眼机钩线机构如图 7-7 所示，上轴经两对锥齿轮 1、2 和 6、8 带动下轴 9，转动旋梭 12，实现钩线运动。上轴和旋梭传动比为 1∶2，即上轴转一周，旋梭转两周。

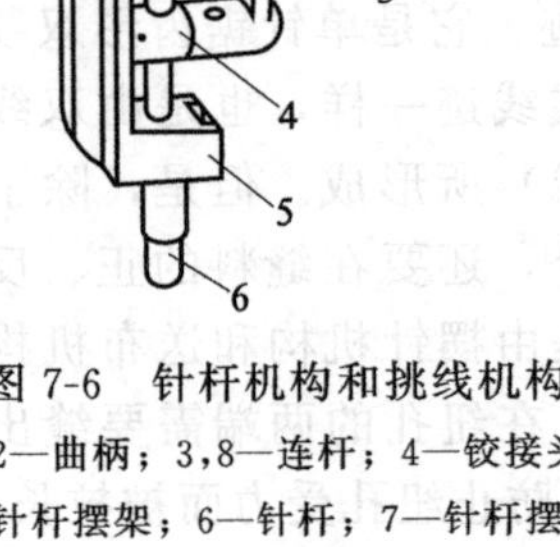

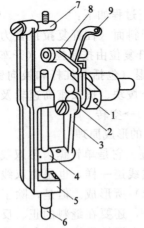

图 7-6　针杆机构和挑线机构

1,2—曲柄；3,8—连杆；4—铰接头；5—针杆摆架；6—针杆；7—针杆摆针；9—挑线杆

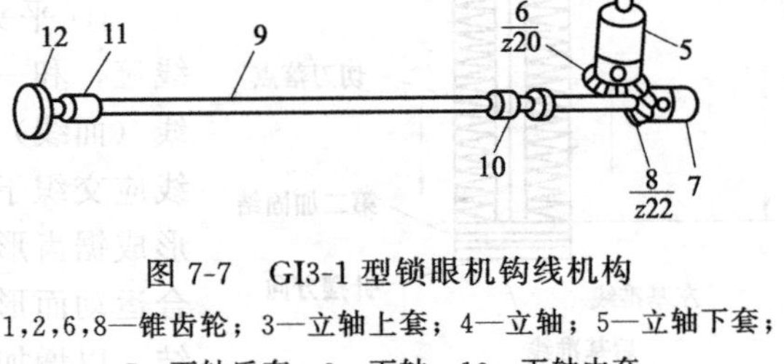

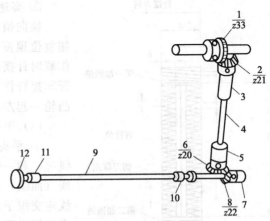

图 7-7　GI3-1 型锁眼机钩线机构

1,2,6,8—锥齿轮；3—立轴上套；4—立轴；5—立轴下套；7—下轴后套；9—下轴；10—下轴中套；11—下轴前套；12—旋梭

2. 针摆、套结、复位机构

纽孔的形状和线迹形成，除送料动作之外，主要是依靠针杆的复位和摆动宽度的变化来实现的。

针杆摆动类型一般有两种，即直摆型和斜摆型。GI2-1 型、GI3-1 型以及大多数进口平头锁眼机均属于斜摆型。斜摆型磨损和惯性较小，对高速运转有利。

针杆摆动轨迹，因机器结构不同而不同。送料结构有前后动作又有左右摆动的机件，针杆只有摆动宽度的改变，没有位置的变换；送料结构只有前后动作的机件，针杆既有摆动宽度的改变，又有位置的变换。纽孔的形成，多数是左至右；有的则相反，如 LBH-761 型锁眼机，可使停机后针线偏向左边，对上线剪刀剪线有利。

针杆的摆动时机，一般应在机针拔出缝料之后和扎入缝料之前这段时间，以机针刚离开缝料就开始摆动更为适宜。这对旋梭钩线更为有利，并可以减少缝线与机针的摩擦。

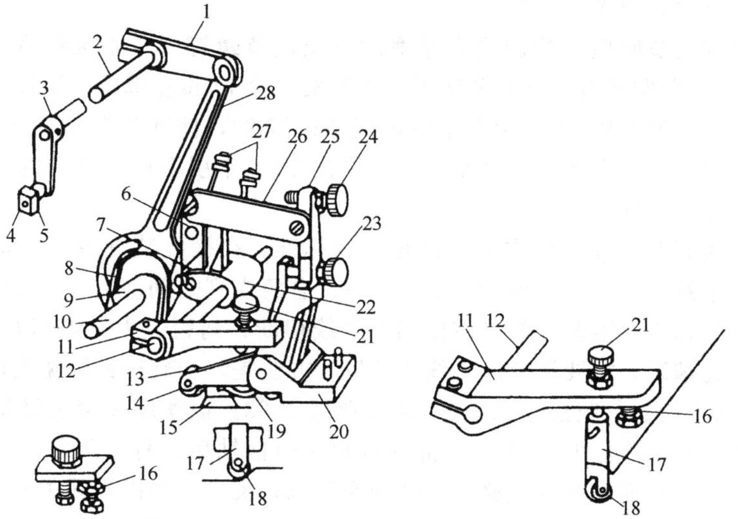

图 7-8 GI3-1 型平头锁眼机针摆、套结、变位机构

1—摆轴后摇杆；2—针杆摆轴；3,13—摆轴前摇杆；4—针杆摆架滑块轴；5—针杆摆架滑块；6—叉形大摆架；7—叉形小摆架；8—挡圈；9—针摆凸轮；10—针摆凸轮轴；11—针杆变位架；12—摆座轴；14—套结宽度调节架；15—套结顶块；16—右基准线调节螺钉；17—变位顶杆；18—滚轮；19—套结宽度调节架扳簧；20—调节架托架；21—左基准线调节螺钉；22—叉形摆座；23—套结宽度调节螺钉；24—针脚宽度调节螺钉；25—针脚套结宽度调节架；26—针脚套结宽度调节拉杆；27—拉簧；28—叉形连杆

GI3-1 型平头锁眼机针摆、套结、变位机构如图 7-8 所示。摆座轴 12 安装在机头的两个同心轴孔中，其中部和前端分别固定着叉形摆座 22 和针杆变位架 11，在叉形摆座 22 的孔中，铰接着叉形大摆架 6，在这个摆架的中间孔中，又铰接着叉形小摆架 7，而叉形小摆架 7 的孔与叉形连杆 28 上的孔相铰接，该连杆上端的孔与摆轴后摇杆 1 铰接，摆轴后摇杆 1 被固定在针杆摆轴 2 上。调节架托架 20 固定在机底板的下平面上。调节架托架 20 与针脚套结宽度调节架 25 和套结宽度调节架 14 铰接。后者由螺钉轴连接，可以转动滚轮 18，并由板簧托住调节架。叉形大摆架 6 由挂在机头上的两根拉簧 27 紧紧拉着，并由针脚套结宽度调节拉杆 26 与针脚套结宽度调节架 25 分别铰接。由于拉簧 27 的作用，使针杆变位架压向装在底板平面上的右基准线调节螺钉 16 上。在针杆变位架上，装有可调节的左基准线调节螺钉 21，在螺钉下面和底板孔中装有可滑动的变位顶杆 17，变位顶杆 17 下部装有滚轮 18，可自由转动。针摆凸轮 9 绕针摆凸轮轴 10 转动，凸轮的一端固定着针摆齿轮。挡圈 8 紧靠

在凸轮的两个端面上，防止凸轮轴向移动。叉形连杆 28 的叉口叉在针摆凸轮 9 的外圆上，保持着很小的间隙，而针杆摆轴 2 前端固定着摆轴前摇杆 3，其上有针杆摆架滑块轴 4，上套有针杆摆架滑块 5。

这种锁眼机把横列宽度，套结宽度和左、右横列线迹间距的调节螺钉都设计在机器外部，便于调节。LBH-761 系列锁眼机的针杆摆动、套结、变位机构系统与 GI3-1 型机完全相同。它们的三个针杆调节螺钉的作用是：与针板垂直安装的螺钉调节横列线迹间距；在前边的两个调节螺钉中，上面的调节横列线宽度，下面的调节套结宽度。

(1) 横列宽度调节原理　当旋进横列宽度变位调节螺钉（右基准线调节螺钉）16 时，在机壳的阻挡下，针脚套结宽度调节架 25 向右倾斜，此时。针脚套结宽度调节拉杆 26 牵着叉形大摆架 6 及叉形小摆架 7 一起向右倾斜，两摆架的连接点的位置变位。所以当针摆凸轮 9 的凸面转到最左边时，摆轴叉形连杆 28 的位置变高，行程增大，针的摆动幅度也相应增大，横列变宽；反之，则横列变窄。

(2) 套结宽度调节原理　当旋进套结宽度变位调节螺钉（左基准线调节螺钉）21 时，套结宽度调节架 14 向左倾斜。该调节架下的调节架滚轮 18 位置降低。这样，当滚子爬上套结凸块时，套结宽度调节架 14 利用套结宽度调节螺钉 23，使针脚套结宽度调节架 25 的倾斜度增大。叉形大摆架 6 在针脚套结宽度调节拉杆 26 的牵引下向右移动的行程也增大，套结变宽；反之，则套结变窄。

(3) 横列线迹间距原理　以右基线的位置为标准。在摆针装置各部位定位的正常情况下，将右基线调节螺钉的高度调到 12.6mm。左、右两横列之间应有 0.5mm 左右的横列间距。该间距过小，切刀下落时可能将左横列上的线切断；间距过大，则切开的纽孔有毛茬，不美观。出现上述情况，需要调节左基线的位置。方法是，当旋进针脚宽度调节螺钉 24 时，针杆变位架 11 向上抬起，经摆座轴 12 牵动叉形摆座 22。该摆座又牵引叉形大摆架 6 和叉形小摆架 7，使摆轴叉形连杆 28 下降，此连杆再牵引摆轴后摇杆 1 下降，使针杆摆轴 2 驱使针杆连杆向左摆。从而左横列左移，横列间距变宽；反之，则横列间距变窄。

GI3-1 型和 LBH-761 型锁眼机在机针刺布以后，由于送布量很小，送布动作照常进行；但机针左右摆幅大，机针接近缝料时必须停止摆动。这是调节机针升、降和左、右摆动配合的原则，其配合原理：针摆凸轮 9 上有一段较长的等半径凸面，当凸面把摆轴叉形连杆 28 推至最左边时，机针停止摆动。此时，机针已接近缝料。当机针从刺进缝料到退出缝料的过程中，叉形连杆 28 一直处在针摆凸轮 9 的等半径凸面的控制下不动，故机针不摆动。机针离开缝料后，针摆凸轮 9 的凸面又转向左边，同时也把叉形连杆 28 推至最右边。在这一过程中，机针摆至最左边。此时，机针又接近缝料，叉形连杆 28 又会受到针摆凸轮 9 等半径的控制，使机针不再摆动。就这样，在针摆凸轮控制下达到机针升、降和左、右摆动的配合。

3. 送料、压脚、抬压脚及松线机构

(1) 送料机构　是指平头锁眼机在形成线环的同时，为了得到线迹，在机针的下方所进行的周期性或连续移动缝料的机构。移动缝料有两种方法，一是采用送布牙送料，另一是在特殊的托架上或者是可换的夹板上来完成送料。托板和夹板的移动方法有凸轮式、无凸轮式、跟踪式和数字式等。GI3-1 型锁眼机的送料方式是由下托上压的夹板送布台，经齿轮传动的凸轮机构连续送料，与机针的往复直线运动和横向摆动来形成曲缝的线迹。

图 7-9 所示为送布及针数变换机构，由上轴的蜗杆传动蜗轮 25，带动针数交换齿轮 24 转动，并使送布凸轮转动。该凸轮装在固定于底板上的凸轮轴上。凸轮从动杆轴 18 的上端，

用锥销固定纽孔长度调节曲柄，下端用螺钉固定凸轮从动杆 19，其上装有凸轮转子 20，嵌入凸轮槽中。送布连杆 23 一端与纽孔长度调节曲柄 17 用可动螺钉轴铰接，移动螺钉轴在曲柄弧形槽中的位置，可调节纽孔的长度。送布连杆的另一端与送料推架 12 铰接，该推架固定于滑杆轴 16 上，并固定着送布托架 11。滑杆轴 16 前端装在底板孔中，后端固定在底板的送布滑杆托架 21 的孔中，使推架滑杆在孔中自由滑动。滑杆轴 16 的后端固定着压脚架的连动夹头 15，在此夹头上铰接压脚架 14，其上装有压脚固定架 6，压脚 7 装在该固定架上，用来压紧缝料，其压力来自机头上的弹簧 2。在压脚杆下端固定有滚轮架 3 和滚轮 5，滚轮外圆锥面与压脚架的 V 形槽相配合。压脚压力可由压脚调压套 1 的转动来调节。

当踏动抬压脚机构时，压脚杆就抬起，滚轮架和滚轮轴上升，牵动滚轮护架 4，抬起压脚架 14；当送布凸轮转动时，就驱使其从动杆 19 摆动，带动纽孔长度调节曲柄 17 前后移动，这样可由送布连杆 23 推动送布推架 12，使滑杆轴 16 带动压脚架 14 前后移动，实现送料。

(2) 压脚机构　其作用是压牢缝料，且与缝料有足够的摩擦力，配合送料机构联合送料，实现纽孔的缝纫。

如图 7-9 所示，压脚杆 10 上套有弹簧 2，弹簧下端面托在压脚杆调节架 9 上，调节架紧固在压脚杆上，可根据压脚的高度来调节。压簧上端由压脚调压套 1 的端面压住。压脚杆 10 装有滚轮架及滚轮 5，与压脚架的 V 形槽轨道接触。在压脚架 14 的前端右侧装置压脚固定架 6，并以压脚固定架轴为圆心摆动，在压脚固定架的两个弯脚上，各连着弹簧板，弹簧板另一端连接在压脚上。

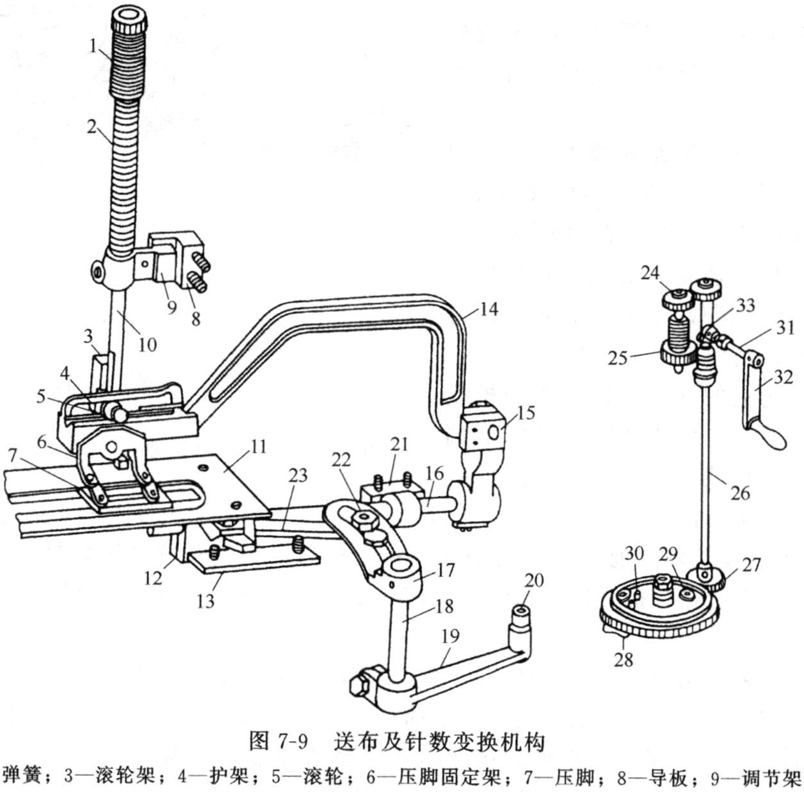

图 7-9　送布及针数变换机构

1—调压套；2—弹簧；3—滚轮架；4—护架；5—滚轮；6—压脚固定架；7—压脚；8—导板；9—调节架；10—压脚杆；11—送布托架；12—推架；13—推架导板；14—压脚架；15—夹头；16—滑杆轴；17—调节曲柄；18,31—轴；19—从动杆；20—凸轮转子；21—托架；22—螺钉；23—连杆；24,33—齿轮；25—蜗轮；26—传动轴；27—齿轮副；28—第二松线挡块；29—第一松线挡块；30—小轴；32—手动送布曲柄如图 7-10 所示，当压下抬压脚架 5 时，钩在压脚架调节杆上的拉簧双联钩 9 抬起压脚、滚轮轴护架；当放松抬压脚杆时，压脚便落下。压脚压力的大小，由压脚调压套的旋动来调节，顺时针转动，压脚压力增大，反之则减小。

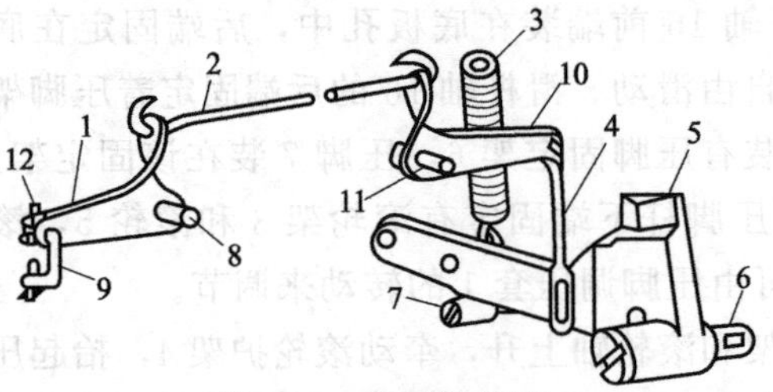

图 7-10　抬压脚机构

1—前拉杆；2—横拉杆；3—拉簧；4—竖拉杆；5—抬压脚架；6—轴；7—止动螺钉；8—前拉板轴；9—双联钩；10—后拉板；11—后拉板轴；12—开口销

(3) 抬压脚机构　缝完纽孔后，抬起压脚机构，取出或移动或重新放进缝料，并压紧继续缝纫，都离不开抬压脚机构的作用。

抬压脚机构如图 7-10 所示，抬压脚架前拉板轴 8 固定在机头的左侧面上，轴上活套着抬压脚前拉杆 1 与横拉杆 2。后拉板 10 长臂端的孔中挂着竖拉杆 4，其长环套在抬压脚架与底剪摆架连杆铰接轴上。拉板双联钩 9 装在前拉板长臂孔中，其另一端装在压脚调节架的孔中。

当压下抬压脚架 5 时，竖拉杆后拉板右摆，前拉杆在横拉杆的牵动下也右摆，使长臂抬起，将送料机构上的压脚架及压架抬起，由于锁紧钩的阻挡，使机器不能开车，保证了操作的安全。

(4) 松线机构　其作用是缝制加固结部位和停车时，周期地顶起前后压线器，以放松面线的张力，使机针在缝制加固结时，防止因摆幅突然增大而出现断面线故障，以及因面线张力过大使线迹横向拉紧而影响线迹的美观。

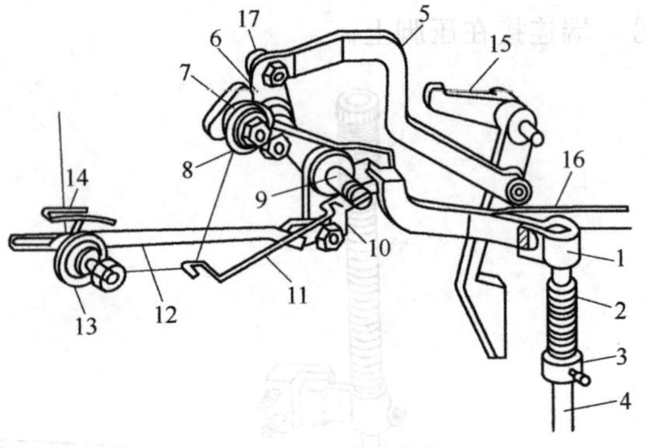

图 7-11　松线机构

1—松线挺板；2—弹簧；3—挡圈；4—松线挺杆；5,6—连杆；7—曲柄；8—后压线圈；9—套结松线轴；10—套结松线板；11—松线钩；12—套结松线拉杆；13—前压线器；14—挑线簧；15—锁紧钩；16—拉杆；17—连接轴

如图 7-11 所示，套结松线轴 9 一端固定松线钩 11，其中间套有套结松线板 10，并固定着松线曲柄 7，另一端与松线连杆 6 铰接，连杆 6 与锁紧钩 15 铰接。松线挺杆 4 上端固定着松线挺板 1，松线挺板顶部弯曲部分插入套结松线板的缺口中。

当送布凸轮上的两个不同位置的松线挡块 28、29（图 7-9）转倒松线挺杆下端的斜面处时，将松线挺杆 4 顶起，则松线挺板 1 拨动套结松线板 10，使套结松线拉杆 12 向后拉动，由于拉杆上的斜面作用，顶起前压线器 13 中的松线挡块，前压线器放松面线；当送布凸轮上的松线顶块转过松线挺杆时，在弹簧 2 的作用下，松线挺杆恢复原位，致使松线挺板、套结松线板、套结松线拉杆及前压线器都回至原位。

当停机时，装在制动架上的拉杆 16，推动与其铰接的锁紧钩前摆，使松线挺杆 4 推动套结松线连杆摆动。由于斜面的作用，松线曲柄 7 使松线钉把后压线器放松；同时，松线钩 11 由于松线轴的转动，将面线放松。在缝第一加固结和第二加固结时，前压线器松线，后压线器压线；停车时，后压线器松线，前压线器压线；除此以外，前后压线器均处于压线的状态。

LBH-761 型锁眼机送料形式与 GI3-1 型锁眼机的相同。

4. 变速机构和制动定位机构

（1）变速机构　平头锁眼机有高、低两种速度。高速为正常缝纫，低速为切刀切开纽孔或减小停车惯性力。

电动机安装在机器台板背画，其轴上装有双联带轮。通过高、低速两根带带动上轴，实现上轴高、低速运转。

变速机构由启动装置、带拨动装置和变速定位装置三部分组成。

① 启动装置安装在机器底座的后立面上，如图7-12所示。在启动架座1上，以启动架轴4与启动架3铰接。启动架上装有调节螺钉5，启动架由压簧2顶起，其孔中挂着与启动脚踏板相连的链条。

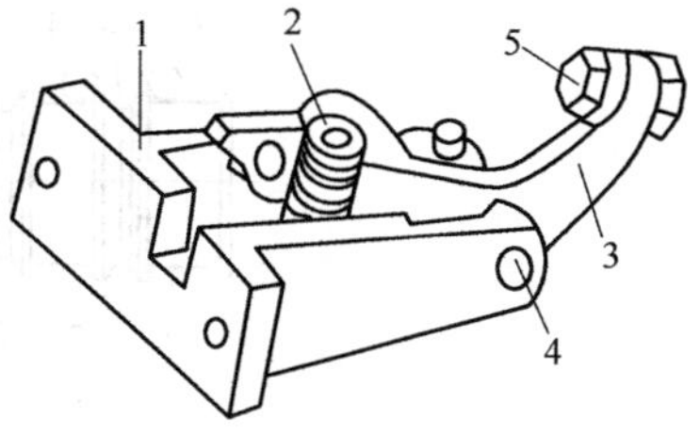

图 7-12　启动装置

1—启动架座；2—压簧；3—启动架；4—启动架轴；5—调节螺钉

② 带拨动装置位于制动定位机构中，如图 7-13 所示。带拨叉固装在制动架1上。制动架由两根拉簧 8 和 11 拉紧，另一端挂在机头上。在弹簧的作用下拨动带拨叉，使制动架变速顶块 6 和启动顶销 16 移位而拨动带。

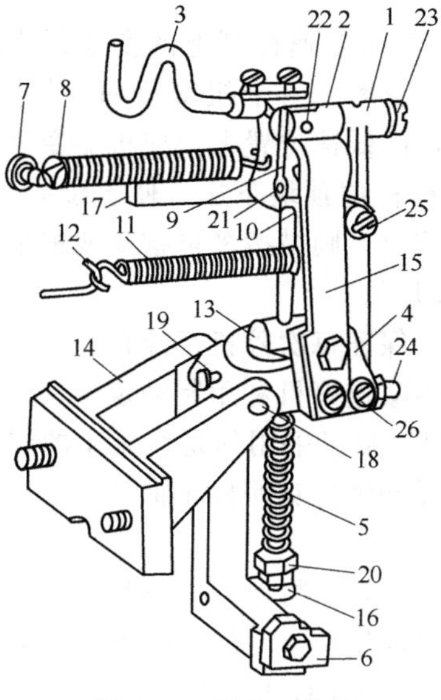

图 7-13　带拨动装置

1—制动架；2—定位块销；3—拨叉；4—弹簧架；5—弹簧；6—变速顶块；7—拉簧螺钉；8，11—拉簧；9—定位块；10—缓冲杆；12—挂钩；13—定位螺钉；14—制动架座；15—弹簧板；16—启动顶销；17—拉杆；18，21，22—轴；19，23—螺钉；20—螺母；24—调节螺钉；25—螺钉轴；26—固定螺钉轴

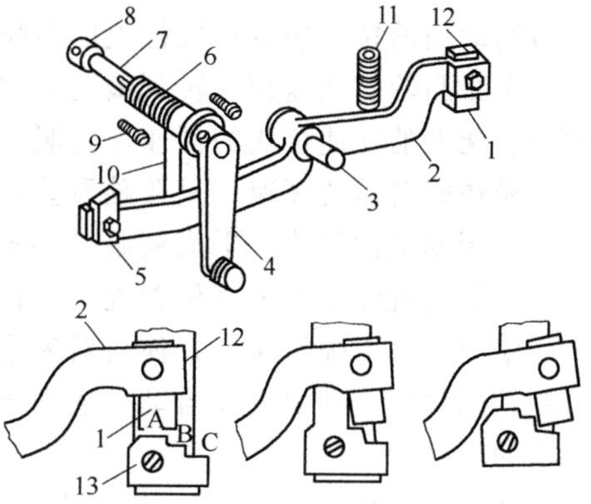

(a) 停车位置　(b) 低速位置　(c) 高速位置

图 7-14　变速定位装置

1—定位块；2—变速杠杆；3—杠杆轴；4—制动手柄；5—顶块；6—扭簧；7—轴；8—挡圈；9—螺钉；10—顶杆；11—弹簧；12—制动架；13—变速顶块

③ 变速定位装置在机头底板的下右侧面内，如图 7-14 所示。变速杠杆轴 3 固定在机头底板上，变速杠杆 2 活套其上。变速杠杆两端分别装置定位块 1 和顶块 5。弹簧 11 下端与变速杠杆 2 相连，上端装在底板的沉头孔中，使变速杠杆有一定的顶加压力。

当启动电动机时，上轴两个带轮滑转［图 7-15（a）］，机器不转。轻踏启动踏板，经链条拉动启动装置上的启动架，则调节螺钉 5（图 7-12），压向制动定位机构中的启动顶销 16（图 7-13），使制动架 12（图 7-14）向后倾斜，定位块气被弹簧 11 压向变速顶块 13 的低速位置B上，同时带拨叉拨动带后移，低速带滑至低速带轮上，高速带从高速带轮的左端滑向右端［图7-15（b）］，机器低速运转。

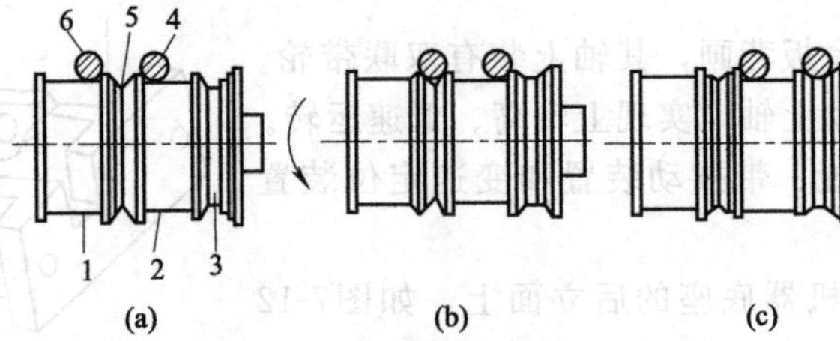

图7-15　高、低速运转带位置

1—第二滑动带轮；2—第一滑动带轮；3—高速带轮；
4—高速带；5—低速带轮；6—低速带

继续踏动踏板，启动架又压向启动顶销，使制动架再次向后倾斜。变速定位装置上的定位块由低速位置滑向并卡入高速位置C上；带拨叉将低速带拉向低速带轮左端，高速带滑至高速带轮工作面，使机器变为高速运转。

当缝制到还差7～8针时，由送布凸轮上的变速顶块下压变速杠杆上的变速顶块，使变速杠杆定位块抬起，与制动架的变速顶块13（图7-14）脱离，由于扭簧6和弹簧11的作用，将制动架前拉，使变速杠杆上的定位块卡入变速顶块的低速位置上，使机器变为低速运转。当送布凸轮的变速顶块转到最高位置时，又将变速杠杆的顶块下压，使定位块又抬起，并与制动架上的变速顶块的低速位置脱离。制动架又被前拉，则带拨叉再推动两根带前移而停车。操作时若需要高速，只要踏重些，而低速时轻踏即可。

（2）制动定位机构　平头锁眼机要求自动定位停机，保证每次停机都停在一个固定的位置上，一般为挑线杆的最高位置处。现代锁眼机普遍采用减速停机和用制动定位块嵌入凸轮的定位槽中，并由弹簧缓冲，使机器完全制动，GI3-1型锁眼机采用的是在刹车的同时实行强迫制动的机构，即由机器自动减速后刹车制动，并用缓冲装置克服停车惯性，把机针控制在一定的高度上。

制动定位机构参见图7-13制动架座14装在机头的后背面，制动架1与其铰接。制动架顶部装有定位块销2，在其前端的通槽中，铰接一制动轮定位块9，在定位块的叉形槽中铰接一缓冲杆10，它装在缓冲定位套筒中。缓冲弹簧5套在缓冲杆上，其上端面顶在缓冲定位套筒的端面，下端面由缓冲杆的垫圈支撑，并由调节螺母来调节压力。在制动架及其右侧面上，装有减速弹簧板15和制动减速弹簧架，制动架的左侧和中间挂着两根拉簧8和11，以保持对制动架有一定的拉力。

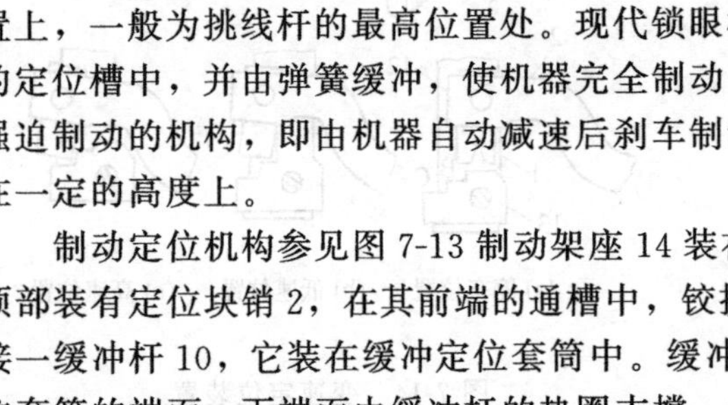

图7-16　上轴缓冲装置

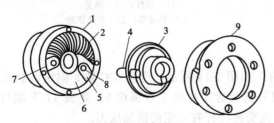

1—高速带轮；2—缓冲弹簧；3—定位凸轮；4，8—定位销；
5，7—球形块；6—压簧块；9—制动盘

如图7-16所示，在上轴高速带轮1的端面上装螺旋形的制动定位凸轮3，在螺旋面的最高点处开有径向凹形槽，其一侧是螺旋面的最高点，另一侧是最低点。在凸轮上装有球形块5和7，两块的平面上装着弧形的橡胶压簧块6，球形块的球面上支撑着有预压力的弧形缓冲弹簧2，球形块5套在高速带轮上，使缓冲弹簧压向球形块7上。由于橡胶压簧块一端被球形块5挡住，另一端被球形块7压住，使制动定位凸轮处于一定的位置上。在高速带轮端面上装有制动盘 9，使该轮环形槽中的零件不致脱出。制动盘缘上有一段低于外圆的曲线，供刹车时用。

当停机时，制动架上的刹车弹簧板卡进制动盘的曲面上，曲面由低点向高点转动，使弹簧板的压力逐渐增大，机器惯性力逐渐减小。然后，制动定位块卡在凸轮定位凹槽中，使机器制动定位，并将针杆升到所要求的位置。

5. 平头锁眼机的切刀机构和剪切机构

（1）切刀机构　切刀机构的作用是将缝好的纽孔或待缝的纽孔切开。锁眼机分先锁后切和先切后锁式。先将纽孔缝好，然后将纽孔切开属于先锁后切式。先将纽孔切开再缝制，属于先切后锁式。GI3-1 型锁眼机属于先锁后切式，并且在切刀机构中设有断面线自动停刀装置，给纽孔提供了补缝的条件。

切刀机构是在纽孔还差 2～3 针缝完时开始动作，切刀把纽孔切开后，机器便自动停车。当机器在停车时，与制动定位机构连在一起的制动架拉杆推动锁紧钩，锁紧钩将落刀曲柄上的落刀曲柄拉簧销顶起，使落刀在其位置上，落刀顶架也由扭簧的作用回到原来的位置上而停车。

切刀瞬时动作的具体过程如表 7-8 所示。

表 7-8　切刀瞬时动作的具体过程

图　示	动作过程	图　示	动作过程
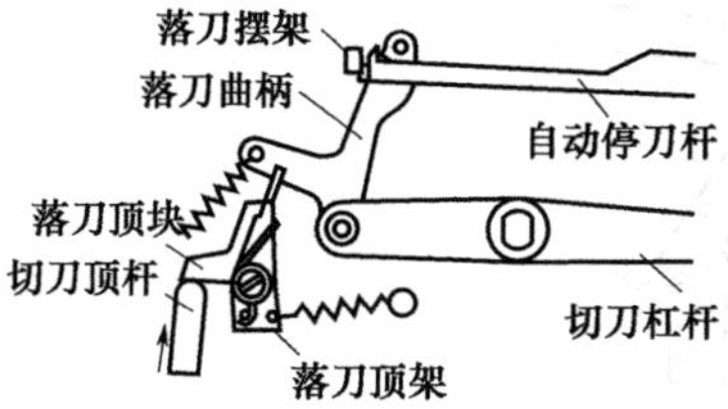	落刀顶杆推动落刀顶架，顺时针转动落刀，落刀曲柄的凸部位于落刀顶块的顶部，如图所示	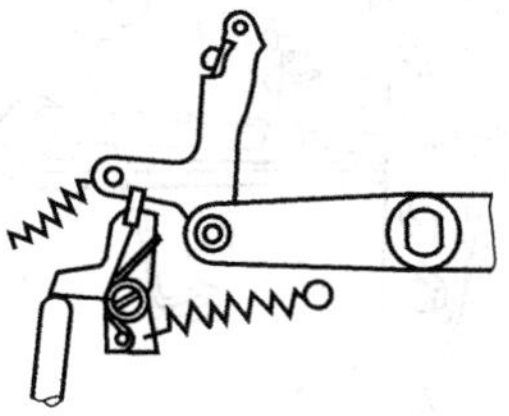	落刀顶杆继续下降，落刀曲柄的凸部完全进入顶架和顶块形成的空间，凹槽嵌住落刀摆架，如图所示
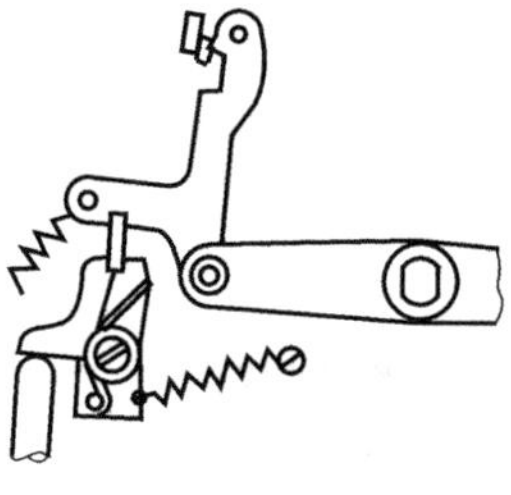	落刀顶杆下降，落刀下降，落刀顶块逆时针转动，落刀曲柄的凸部开始进入顶架和顶块的空间，同时落刀曲柄的凹槽接近落刀摆架，如图所示	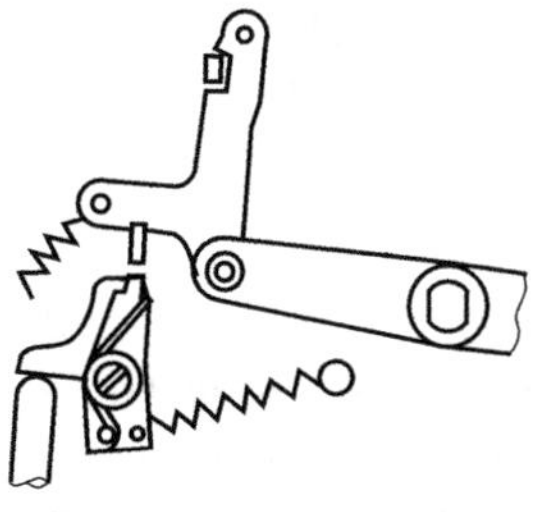	落刀摆架上摆，带动切刀杠杆使切刀下落将纽孔切开，如图所示

当发生断面线时，如图 7-17 所示，穿在过线杆 17 长环中的面线张力突然消失，使停刀钩 3 失去了平衡，则停刀钩的钩部上摆，将落刀曲柄上的扳手 4 钩住。因此尽管落刀顶杆、落刀顶块和落刀顶架照常动作，但失去切纽孔的作用。自动停刀装置对断面线是有效的，而对断底线不起作用，当出现断底线和梭子中底线用完时，必须采用紧急停车机构停车或落刀曲柄扳手来停止切刀动作，否则切刀会照常进行切布，致使纽孔无法补缝而造成损失。

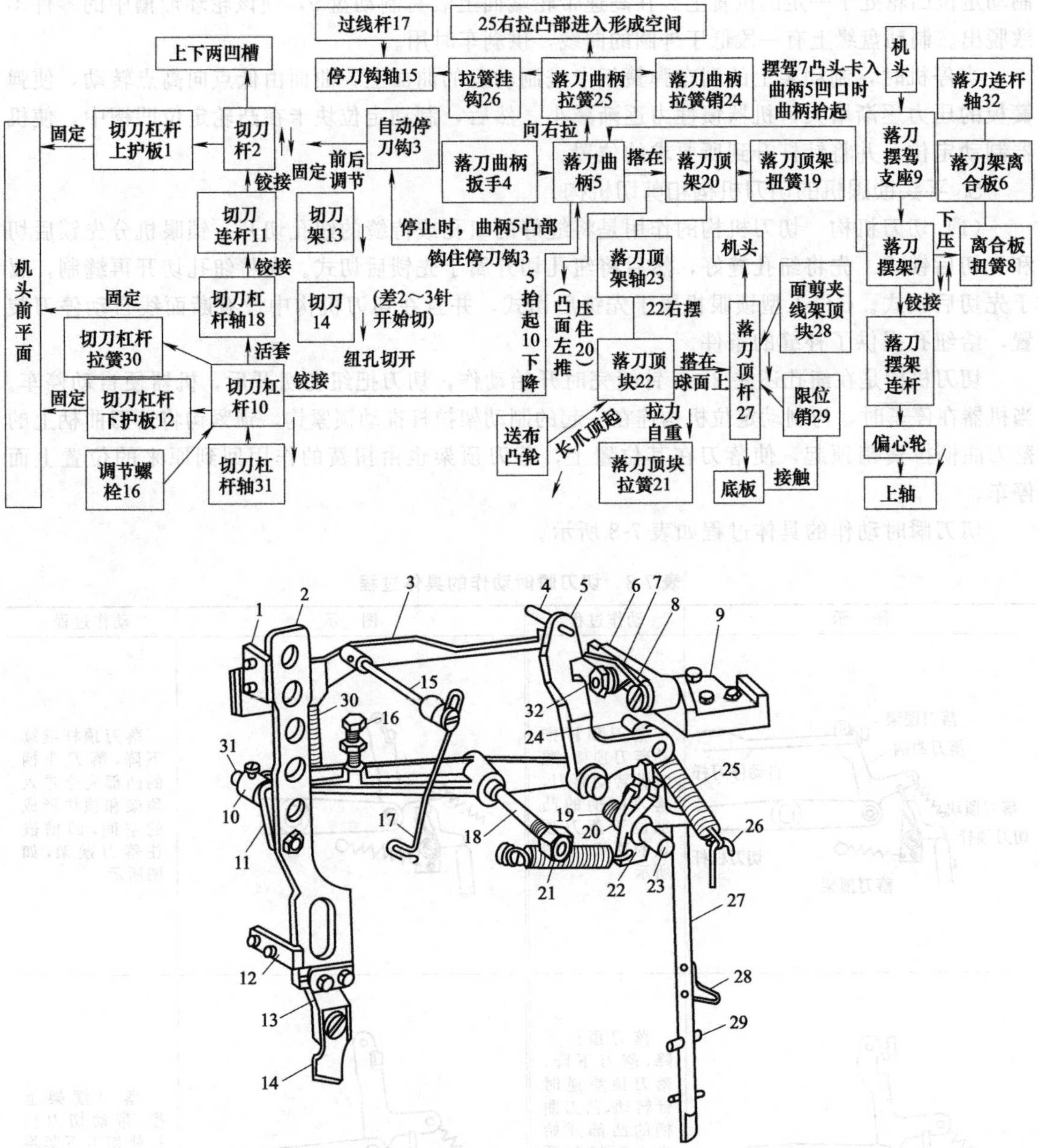

图 7-17　切刀机构及其原理方框图

1—切刀杠杆上护板；2—切刀杆；3—自动停刀钩；4—落刀曲柄扳手；5—落刀曲柄；6—落刀架离合板；7—落刀摆架；8—离合板扭簧；9—落刀摆架支座；10—切刀杠杆；11—切刀连杆；12—切刀杠杆下护板；13—切刀架；14—切刀；15—停刀钩轴；16—调节螺栓；17—过线杆；18—切刀杠杆轴；19—落刀顶架扭簧；20—落刀顶架；21—落刀顶块拉簧；22—落刀顶块；23—落刀顶架轴；24—落刀曲柄拉簧销；25—落刀曲柄拉簧；26—拉簧挂钩；27—落刀顶杆；28—面剪夹线架顶块；29—限拉销；30—切刀杠杆拉簧；31—切刀杠杆轴；32—落刀连杆轴

（2）剪切机构　纽孔缝制完后，必须把面线和底线剪断才能缝制下一个纽孔，为此在机器上装有剪线机构。面线剪刀（简称面剪刀）和底线剪刀（简称底剪刀）与抬压脚机构是联动的，其工作是在停车后进行的。在剪面线时，面剪刀必须把机针上的面线线头夹住以防线从针孔中抽出。在剪底线前，应先把梭子中的线拉出一定长度后再剪断，便于在缝下一个纽孔时线头与面线绞织到缝料中。

① 机构的组成

a. 面剪刀装置（图 7-18）：固定在机头腹部的两个托架 6 的孔中装有面剪刀轴滑套 11。而在滑套的中间垂直孔中套着面剪刀轴 5。面剪刀开闭曲柄 9 的外圆上套着压簧 10，压簧的另一端顶在轴滑套垂直孔的端面上，而开闭曲柄由拉簧 7 拉紧。面剪刀轴的后端是球面形的，在弹簧的推力作用下，面剪刀轴的前端支承在机头的凹形长槽中，由护板 3 挡住，并由压簧 4 始终将面剪刀轴下压。面剪刀 1 固定在面剪刀架 2 上，并在压脚架联动夹头的右侧上装有面剪刀张开时间调节器 8。面剪刀轴在其他机构的作用下，可进行轴向移动，并以面剪刀轴滑套为圆心进行有限地上下闭合。

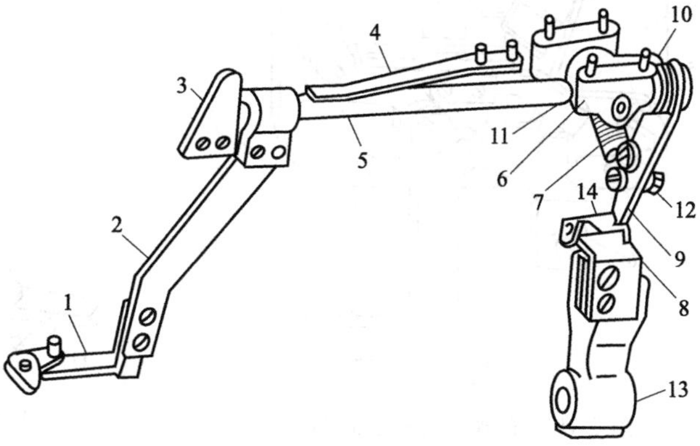

图 7-18　面剪刀机构示意图

1—面剪刀；2—面剪刀架；3—面剪刀轴护板；4—面剪刀轴压簧；5—面剪刀轴；6—面剪刀轴滑套托架；7—面剪刀开闭曲柄拉簧；8—面剪刀张开时间调节器；9—面剪刀开闭曲柄；10—面剪刀轴压簧；11—面剪刀轴滑套；12—曲柄滑轮；13—压脚架联动夹头；14—制动板

b. 底剪刀装置（图 7-19）：针板底座 1 固定在机头底板平面的凹面上，在针板底座上装有底剪下刀 2，并铰接着底剪上刀 5 及底剪推刀架 7，在推刀架的斜长孔中，套有底套上刀拨销，而底剪上刀由托板 6 托住。在底剪推刀架上，固定着底线拨线板。底剪上刀连杆 8 的一端与推刀架铰接，另一端与底剪启动杆 9 铰接，底剪启动杆的支点孔铰接在机头底板上。

c. 剪线机构联动装置（图 7-20）：底剪摆动架 2 和抬压脚架 1 分别套装在底剪摆架轴 8 和抬压脚架轴 9 上，轴 8 和轴 9 固定在机头的后面。底剪摆架和抬压脚架与底剪连杆互相铰接着。抬压脚架则由抬压脚拉簧 7 拉紧。底剪摆架的下端固定着可调节的球头螺钉 6，并插进底剪启动杆 3 的长槽口中。底剪启动杆被启动杆支点轴 4 铰接在机头底板上。

② 剪线过程

a. 面剪刀剪线过程：在压下抬压脚架时，抬压脚架上的斜面 A（图 7-20）推动面剪刀轴前移，固定在面剪刀轴上的面剪刀架与面剪刀一起轴向前移，同时抬压脚架上的斜面 B 也推动面剪刀开闭曲柄上的滑轮，使开闭曲柄同面剪刀轴、面剪刀架一起右摆，这样面剪刀将面线叉进张开的两个刃口中。面剪刀轴继续右摆，面剪刀上的圆柱销碰到面剪刀闭合爪，使面剪刀闭合，把面线剪断，并把留在机针上的线头夹住。与此同时，开闭曲柄的尖部右摆，并越过面剪刀开闭时间调节器控制板的右边缘，控制板被压下。但由于弹簧的作用，把控制板又挑起而挡住开闭曲柄返回，因此开闭曲柄卡在控制板上而被止动。此时抬压脚机构把压脚机构和剪面线装置一同抬起。当放下压脚时，面剪刀轴在弹簧的作用下后移复位，但不能摆动复位，原因是开闭曲柄被制动板挡住。

当机器重新开动时，送布机构向前送布，固定在送布机构中联动夹头上的面剪刀开闭时调节器前移，当越过开闭曲柄时，则拉力弹簧把开闭曲柄拉回原位，使面剪刀随面剪刀轴左摆，当面剪刀上刀的圆柱销碰到面剪刀导板上的“面剪刀张开导面”时，使面剪刀张开。

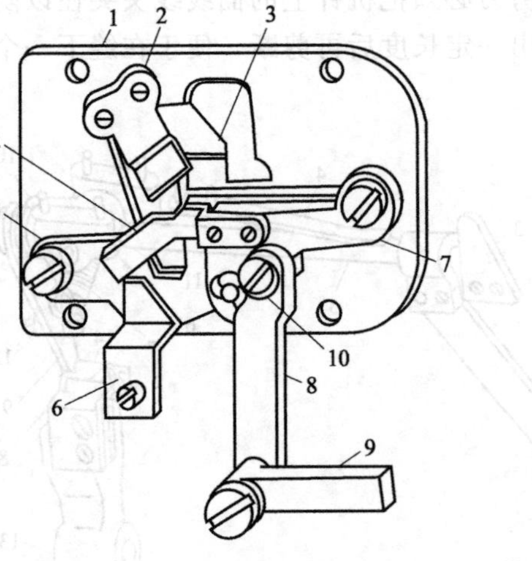

图 7-19　底剪刀机构示意图

1—针板底座；2—底剪下刀；3—针板；4—底线拨线板；5—底剪上刀；6—上刀托板；7—底剪推刀架；8—底剪上刀连杆；9—底剪启动杆；10—底剪推刀架块

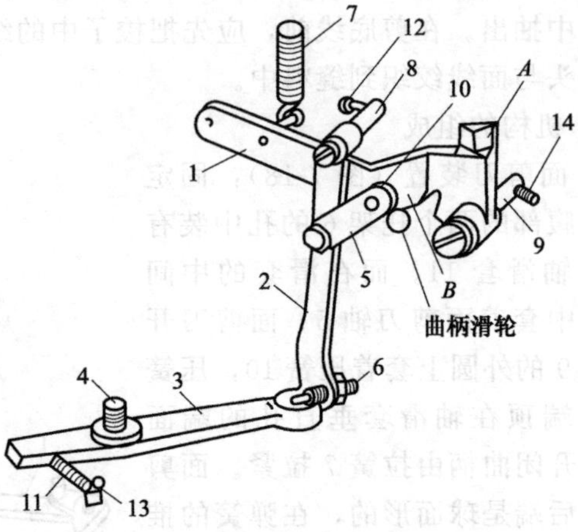

图 7-20　剪线机构联动装置示意图

1—抬压脚架；2—底剪摆架；3—底剪启动杆；4—启动杆支点轴；5—底剪摆架连杆；6—球头螺钉；7—抬压脚拉簧；8—底剪摆架轴；9—抬压脚架轴；10—摆架连杆轴；11—底剪启动杆拉簧；12—底剪摆架轴；13—启动拉杆簧挂销；14—压脚架轴紧固螺钉

b. 底剪刀剪线过程：压下抬压脚架时，铰接在抬压脚架上的摆架连杆推动了底剪摆架向左摆动，摆架上的球头螺钉拨动了底剪启动杆，铰接在启动杆上的底剪上刀连杆推动了底剪推刀架摆动，使底线拨线板拨动底线，由于推刀架上斜槽的作用，使底线拨板把底线拨完才推动底剪上刀上的圆柱销，使上刀（活动刀）移向底剪下刀（固定刀），把底线剪断。

6. 平头锁眼机的纽孔针数变换、自锁、手动送布及紧急停车装置

（1）纽孔针数变换装置　GI3-1 型锁眼机所能缝制纽孔的长度为 6.5～19mm，GI3-2 型锁眼机所能缝制纽孔的长度为 6.5～32mm。当纽孔的规格不同时，针数也相应变化，一般纽孔长度越长，所缝的针数就越多，反之越少。因此在缝制前首先要选择合适的针数。纽孔针数的变换是由一对可更换的齿轮来改变传动比的。

装置的组成：图 7-9 中的蜗轮 25 上装着针数变换主动齿轮 24，送布传动轴 26 上装着针数变换被动齿轮，这对齿轮既起到传动作用，又起到针数变换作用，由于两轴的距离是不变的，所以更换这对齿轮时的齿数和是不变的。如 GI3 型的齿数和是 74，表 7-9 是 GI3-1 型锁眼机的变换齿轮选择表，供使用时参考。

表 7-9　纽孔针数变换齿轮表

组　别	主动轮齿数 z_1	被动轮齿数 z_2	每孔针数 n	组　别	主动轮齿数 z_1	被动轮齿数 z_2	每孔针数 n
A	29	45	212	A	45	29	88
B	31	43	190	B	43	31	99
C	33	41	170	C	41	33	110
D	35	39	152	D	39	35	123
E	36	38	144	E	38	36	130

（2）自锁装置　平头锁眼机上装有安全自锁装置。其作用是当机器开动后，将抬压脚机构中的抬压脚架锁住，只允许参加工作的机构工作，而其他机构都不能工作，从而保证了机器安全工作。

装置的组成如图 7-11 所示，图示中的拉杆 16 一端铰接锁紧钩 15，另一端铰接着制动架。当机器开动时，制动架向后倾斜拉动锁紧钩向右摆动，使锁紧钩的凹槽卡在抬压脚架的长臂上，这样抬压脚架被锁住，由此铰接在抬压脚架的联动机构不能推动面剪、底剪装置剪线，压脚机构也不能抬起，只有机器停车时，制动架回到原来的位置上，拉杆推动锁紧钩左摆，使锁紧钩上的凹槽离开抬压脚架的长臂，压脚机构才能抬起并联动剪线。

（3）手动送布装置　平头锁眼机在缝纫过程中，往往会出现断线故障或底线用完而使缝纫中断，在这种情况下，锁眼机会自动停车，待停车处理故障或装好底线后，再摇动手动送布装置至断线处进行补缝。

机构的组成如图 7-9 所示，传动轴 26 上装有弹簧离合器，并与蜗轮轴上的弹簧离合器互相配合，当顺时针转动手动送布曲柄 32 时，手柄轴上的伞齿轮带动了送布传动轴上的伞齿轮，由于离合器上的弯钩将传动轴上伞齿轮的轮壳钩住，因此也带动了离合器一起转动，这样使送布凸轮转动而进行送布。由于送布传动轴转动，固定在轴上的针数变换被动齿轮带动针数变换主动轮而转动，由于是反时针转动，蜗轮轴上的弹簧离合器被放松，蜗轮轴只能空转，因此对手动送布无任何影响。

（4）紧急停车装置　当机器在缝纫中意外地出现故障时，必须立即停车，为了使用安全，在机器上装有紧急停车装置。图 7-21 为变速定位装置，但也是紧急停车装置。在机板的右侧面上装有制动手柄轴和制动手柄，并在轴上套着制动手柄扭簧，制动手柄轴的右端制成圆柱缺口状，由于变速杠杆弹簧的压力作用，将急停车顶杆顶在手柄轴的圆柱缺口面上，使机器停车。图 7-21（a）为手柄的正常位置，图 7-21（b）为手柄逆时针转动 90°时的位置，此位置为机器由高速运转成为低速运转。图 7-21（c）为制动手柄逆时针转动 180°时，机器由低速运转变成停车，当手柄从 0°直接转动 180°时，机器由高速运动变为停车。

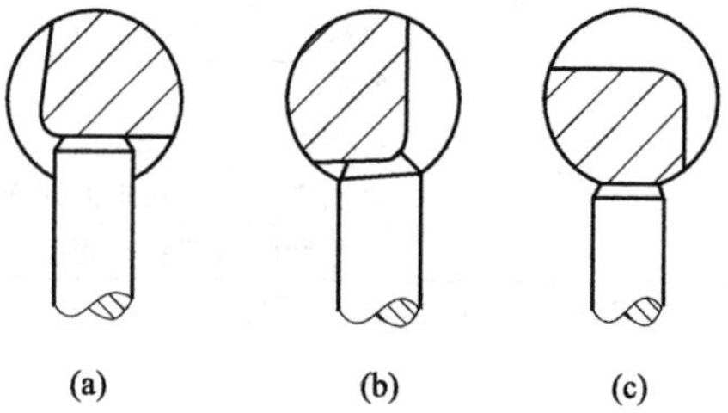

图 7-21　紧急停车装置

第三节　平头锁眼机的保养与维护

一、 日常保养法

平头锁眼机的日常保养包括保洁保养和润滑保养。

保洁保养的具体方法是，先将机头倾倒，取出旋梭，用镊子钳去从梭架空隙中进入的碎屑。再用毛刷清扫梭架、压脚、而底剪刀等机件的灰尘碎屑。最后用细软带擦净机器工作表面。

润滑保养，就是对没有自动加油的各运动部件，用油壶加油。一般用 L-AN7 机械油，油量不宜过多，几滴即可。

二、 一级保养法

平头锁眼机的一级保养，除完成日常保养工作外，还应做好表 7-10 所列工作。

表 7-10　一级保养（首先切断电源，然后进行工作）

序号	保养部位	保养内容及要求
1	外保养	清扫机体各部，使机体各部无积尘、油污、布灰，做到外观清洁。检查过线装置，打开后罩板，清扫刹车装置并试车，对旋梭（摆梭）、梭床部位清扫加油
2	内保养	检查机体各部油孔、油路是否畅通，按规定标准注入润滑油，对凸轮、齿轮传动部位清扫加油，检查割线刀、开眼刀
3	电　器	清扫电动机灰尘、油污。要求电器装置固定整齐，开关灵敏，如发现问题，请电工及时修理

日常和一级保养，应保证达到锁眼机的完好标准（表 7-11）。

表 7-11　锁眼机的完好标准

项　次	检 查 项 目	允许限度不大于/mm	检 查 方 法
1	针杆与针杆架孔松动	0.10	千分表测针杆架下方
2	针杆上下松动	0.30	千分表测针杆端面
3	机针与针板孔偏斜	不允许	目测
4	旋梭、梭架托顺逆摆动	0.80	千分表测梭尖、托尖
5	落刀横向摆动	0.20	千分表测刀
6	托板左右松动	0.50	千分表或手感
7	托板前后松动	1.00	千分表或手感
8	挑线杆上下松动	1.00	千分表测挑线杆
9	制动后移位	不允许	目测
10	各部件异响、异振、发热	不允许	手感、目测、耳听
11	紧固螺钉松动和机件缺损	不允许	手感、目测
12	安全和防油装置不完整	不允许	目测

注：其中一项不合格，为不完好。

三、二级保养法

平头锁眼机的二级保养是一项较复杂的工作，一般由机修保全工完成。其主要内容是拆卸机器各主要部件，进行检查、清洗，发现问题予以修复或更换磨损件，然后组装调整，使机器工艺配合达到以下要求。

1. 按程序拆卸机器各主要部件

拆卸机器的程序如下。

GI2-1 型机：机器盖板→手动进给组件→面线剪刀→制动架→针杆、挑线组件→纽孔切刀组件→送料组件→针杆摆动齿轮→针杆摆动组件→凸轮分配轴组件→针杆变位调整组件→抬压脚组件→下轴旋梭组件→底线剪刀组件→夹线松线组件→上轴组件。

GI3-1 型机和 LBH-761 型机：机器盖板→针杆、挑线组件→面线剪刀→切刀组件→压脚组件→纽孔长度调节组件→下轴旋梭组件→底线剪刀组件→摆针调节组件→面线剪刀组件→送料凸轮传动组件→传动组件→夹线松线组件→上轴组件。

下面以 LBH-761 型平头锁眼机为例，说明机器主要组件的拆卸。

① 针杆、挑线杆组件的拆卸。先拆下盖类零件：下面板、上油罩盖、左侧面板。从机头面部上面的孔中抽出针杆、挑线杆的油芯。

取出针杆摆件：取出针杆摆动架的导块→松开针杆摆动轴的紧固螺钉→拆下针杆摆动架→取出摆动架滑块。

取出切刀杆：取下切刀杆的上、下挡块→拆下切刀动作钩的拉簧→取下切刀驱动杠杆弹簧→松开切刀驱动杠杆轴上的螺母→旋出切刀驱动杠杆轴→将切刀动作钩向面部方向倒下，从切刀动作钩簧片中滑出→向外移动切刀驱动杠杆→拆下切刀连杆销→取下切刀杆。

拆压脚杆：松开压脚杆的夹头螺钉→旋出调压空壳螺钉→拆下压脚滚轮架→从上部取出压脚杆和压脚簧。

拆挑线连杆：卸下切刀驱动杠杆的挡块螺钉→松开挑线连杆销紧固螺钉→拔出挑线连杆销→取出挑线连杆。

拆挑线曲柄部件：松开挑线曲柄的两个紧固螺钉→取出挑线杆、针杆曲柄、挑线曲柄。

② 主凸轮的拆卸。松开送料下曲柄的紧固螺钉，取出送料下曲柄。

拆制动杠杆：松开制动杠杆销的紧固螺钉→取出制动杠杆销→拆下制动杠杆。

拆下主凸轮：松下主凸轮紧固螺钉→拆下主凸轮。

③ 蜗杆、主凸轮传动轴的拆卸。先拆蜗轮轴：拆下上罩盖→将蜗轮轴逆时针旋转向上拔，取出→拆下蜗轮→拉出离合簧。

拆卸主凸轮轴：松开手动送布轴上装锥齿轮和挡圈的紧固螺钉→向外拔、拆下手动送布曲柄→翻倒机头，拆下与主凸轮相关的齿轮→取出主凸轮轴。

④ 上轴、竖轴、下轴的拆卸。上轴的取出：拆下上轴锥齿轮油箱→松开上轴上的绕线摩擦轮、蜗杆、切刀偏心轮、锥齿轮、上轴挡圈等零件的紧定螺钉→拆下停车装置→抽出上轴。

竖轴、下轴的拆卸基本上和平缝机的相同。

⑤ 底线装置的拆卸。拆压脚托板：旋出压脚托板固定螺钉→抬起压脚→取下压脚托板。

拆针板座：拆下把底线剪刀传动杆和底线剪刀连接的轴位螺钉→旋出针板座螺钉→拆下针板座。

拆切刀顶杆：拆下主凸轮→拔出切刀顶杆销→拆下线头控制顶板→拔出切刀顶杆。

拆底线剪刀拨杆：拆下拨杆上的连杆连接轴的螺钉，旋松底线剪刀拨杆轴的固定螺钉→拔出拨杆轴→拆下底线剪刀拨杆。

⑥ 面线剪线装置的拆卸。拆开眼推板→面剪刀轴拉簧→面剪刀轴导板→拆下十字销座的固定螺钉→拆面剪刀轴的连接部件。

⑦ 拆针杆摆动机构。拆摆幅调节架零件：拆下摆幅调节螺钉、数目板→拆下摆幅调节连杆的轴位螺钉→旋下调节架轴座的固定螺钉→从床下取出摆幅调节架的连接件。

拆基线变换架轴：拆下松线顶杆→右侧后盖板→取下摆幅变换架上的拉簧→松开基线变换架轴的固定螺钉→抽出基线调节柄→基线变换架轴。

拆摆动叉连接部件：拆下、右侧后盖→摆动叉导块→松开摆轴后曲柄的紧固螺钉→把摆动叉连接件移到后边，从摆轴上脱下摆轴后曲柄→拆下摆动叉连接件。

拆针摆凸轮连接部件：松开针摆凸轮轴上的两个挡圈的固定螺钉→旋松针摆凸轮轴固定螺钉→抽出针摆凸轮轴→取出凸轮连接部件。

拆基线变换顶杆：先拔出顶杆上的销子→拆下基线变换顶杆。

⑧ 制动、启动装置的拆卸。拆制动架：旋松制动架销的紧定螺钉、拔出制动销、拆下制动架。

拆启动安会钩，一起拆下启动安全连杆和松线连杆。

拆制动手柄：拆下制动杠杆→拔出制动压杆→拆下主凸轮→松开制动手柄挡圈螺钉→拆下床右侧面的挡块螺钉，拔出制动手柄轴→制动手柄。

2. 清洗、 检查各部机件

拆卸后，用煤油或汽油清洗各机件，然后检查、修整磨损件。

① 检查传动轴与轴套。包括上轴、竖轴、下轴和轴套的磨损程度，一般磨损量不得超

过0.05mm，如果超出该值，则需要更换轴套或轴。

② 检查齿轮、蜗杆蜗轮的磨损情况，磨损较大时，要研磨修复或更新。四个齿轮传动间隙不超过0.8mm，噪声不超过72dB。

③ 检查送料落刀与摆针机构。检查凸轮滚子磨损情况，略有磨损就需更新；检查各镶块，牙叉、滑块、针杆壳及轴销的磨损，对磨损较大的要修复或更换。

④ 检查钩线和挑线。检查旋梭、梭床的磨损，磨损较大的要修复或更换。

检查针杆曲柄、挑线连杆、挑线杆的磨损，要求针杆与针杆架孔松动不大于0.1mm；针杆上下松动不大于0.3mm；挑线杆上下松动不大于1mm；针杆连杆和针杆曲柄配合面轴向窜动量不大于0.03mm；挑线杆与挑线曲柄工作轴向窜动量不大于0.05mm。磨损超限者，要修复或更新。

⑤ 检查制动凸轮、制动定位块磨损。较大时应修复或更新。

⑥ 检查面底线剪刀、切刀的刃。必要时应修复或更换。

⑦ 检查各油箱、油绳是否完好。不良时应修复或更换。

⑧ 检查电气装置。包括电动机声响、温升、离合器情况，并对电动机清扫、加油。检查其他电气装置是否安全可靠。

3. 组装和调整机器

按“先拆后装，后拆先装”的原则，依序组装。相互配合的机件可先预装，有些零件可先装成小单元组件，然后往机器上安装。以下叙述各主要机件的组装方法和调整的要领。

(1) 上轴、竖轴、下轴的组装

① 安装上轴。从上轴上依次套入轴上各零件，按它们的所在位置以紧固螺钉等固定。在固定时，上轴前轴套与挑线曲柄之间夹入0.2mm的间隙专用尺。将上轴推向后方，把低速带轮贴紧上轴后轴套后，旋紧低速齿轮固定螺钉。然后把上轴挡圈推向后轴套，加以紧固。任何螺钉都要把第一螺钉作为对准轴的定位螺钉。再把切刀偏心轮与切刀驱动连杆的位置对好。将蜗杆端面碰在中轴套上，然后紧固螺钉，绕线摩擦轮与上轴挡圈的距离为30mm。

② 竖轴、下轴组装。组装方法同平缝机。要注意各轴套的定位面与轴套紧固螺钉对准。下轴靠其锥齿轮端面及针摆小齿轮端面承受推力。下轴从固定下轴前轴套的车身端面露出17.5mm。锥齿轮的声音较大时，应先将其啮合紧一点，用研磨膏研磨。将下锥齿轮、各轴套及旋梭的给油油芯装上。

(2) 松线装置的组装

① 松线顶杆的组装高度。松线顶杆下端床面凸部（半月形）的高度以12mm为标准，这时，第二压线器的最大浮起量为2mm。

② 松线顶杆的安装高度。在该顶杆下降时，要使机头下面至挡圈上端面的距离为12mm。

③ 松线曲柄的组装。将松线轴从头部右侧插入，把松线曲柄和松线插板装在所定的位置，再把松线曲柄向轴向压满，将紧固螺钉对准轴的定位面，加以固定。

(3) 主凸轮的组装　组装顺序与拆卸顺序相反。在安装制动杠杆时，先装制动压杆。压簧在停车装置处于高速运转位置时，将制动杠杆推动，就易装上。

(4) 面线剪线装置组装　在面线剪刀轴的连接部件上装有剪刀复位簧和面剪刀轴十字销。在该销上装十字销座，用手扶住，把十字销座推向后方，固定在机头上，然后再装上面剪刀轴导板，为使面剪刀轴能上下移动，对十字销座再进行微量调整。最后再紧固十字销紧固螺钉。

(5) 针杆摆动机构组装

① 装基线变换顶杆。从下面把它插入其引导孔内，用销子加以固定。要把滚子的侧面对准主凸轮轴的中心。注意使滚动方向与滚子轴的旋出方向相反。

② 右基线调节螺钉的高度。从床面到该螺钉头部的基本尺寸为 12.6mm。

③ 针杆摆动凸轮的安装。ϕ4mm 油芯通过针摆动凸轮轴，在断部侧打个结。以轴端 ϕ3.8mm 的定位孔为先端，从靠人部位插入。然后顺序装上挡圈、凸轮连接部件。将针摆凸轮轴紧定螺钉的突出端部对准轴的定位孔，加以固定。离竖轴近的一个挡圈的突出端，也要对准轴的孔部。把前侧的挡圈压向针摆凸轮的端面，旋紧紧固螺钉，其角度都要固定成一只向上、一只向右。

④ 摆动叉连接件的安装。把摆动叉连接件放入机头内，将摆轴后曲柄装在摆轴上，再把基线变换架轴连着基线调节柄插入基线变换架，将紧固螺钉旋入轴的定位面并紧固，在摆动叉导块上装上油芯，再将摆动叉导块装上头部，使摆动叉在前后无间隙的状态下，夹在机头的垂直平面与导块之间，将导块位置加以紧固。再把导块上的油芯支撑板装上，支撑三根油芯。再把机器头部右侧盖拆下，将摆轴后轴套打出一点，使轴套端面和摆轴后曲柄端面无间隙，固定好后轴套。把摆轴连接件的前曲柄放到垂直的位置，向后压，并在它与摆轴前轴套之间夹入 0.2mm 的间隙专用尺。旋紧摆轴后曲柄的紧固螺钉，拿下专用尺。

⑤ 调整基线调节柄的安装角度。松开柄上的紧固螺钉后转动上轴，转动针摆凸轮使摆动叉转到最右边。在摆动叉的左下端与床面之间夹入 2.8mm 厚的铁板。将摆动叉向下压住，把基线调节柄压在右基线调节螺钉上，旋紧调节柄上的螺钉后，应无轴向窜动。然后将摆幅变换架上的 2 根拉簧挂上。

⑥ 组装摆幅调节架。装配顺序与拆装顺序相反，要使该架能灵活地转动，并将油芯拉到上面。

⑦ 装油芯。环流油毡，要插入针摆凸轮轴前部上方的车头部的 ϕ5mm 孔内，与针摆凸轮轴的油芯接通。别的油芯要和竖轴上的轴套、摆轴后轴套、下轴后轴套的给油油芯一起穿入 ϕ10mm 的尼龙管中。用支架固定，插入车头后部的储油装置的油毯之中。

(6) 底线剪线装置的组装

① 针板座的组装。先将针板座轻轻地固定在床面上，落下切刀，对好针板座的位置，再将针降下，对好针板座的前后位置，最后固定针板座。

② 装底线剪刀拨杆。安装顺序与拆卸顺序相反。切刀斜面要向后，挂上抬压脚纵拉杆。线头控制板在切刀顶杆上升时要顶起控制板的突出部，所以安装高度要调节到面剪刀轴的后曲柄，确实与控制板脱开。

(7) 制动装置的组装　其安装顺序与拆卸顺序相反。制动架处于低速运转位置时，制动缓冲板簧的前端与制动凸轮压圈的间隙为 0.5mm；制动缓冲杆下端的螺纹部应从螺母露出 6mm；在低速运转时制动分挡块与制动杠杆钩块的间隙为 0.2～0.5mm。

组装制动手柄，向制动手柄轴孔插入复位簧，并将其前端的曲折部插进 ϕ14.72mm 孔深处的 ϕ1.9mm 的小孔里。向制动手柄连接部件的 ϕ4mm 孔中放入钢珠压缩簧，将手柄向上把轴插入床面，向手柄的 ϕ4mm 孔内放入钢珠。将手柄左右移动着插进，复位簧的前曲折端会进入轴的 ϕ1.9mm 的孔内。再将手柄连接部件推向床面，在轴的前端套上挡圈加以固定。将手柄转 90°以上，检查复位簧两端是否进入孔内。把手柄逆时针转动，在手柄向下时，把挡块螺钉装上。

(8) 压脚组件安装　顺序与拆卸顺序相反。装上抬压脚杠杆后，将主凸轮的给油油芯插入杠杆体轴的孔内。把抬压脚横拉杆从机头前面的孔插入，将拉杆钩部向上，挂上抬压脚后杠杆，装上抬压脚前杠杆。

安装压脚杆，压脚杆从机头插入，穿过压脚杆夹头，装上压脚滚轮架。然后，使压脚上升量达到7.5mm时，旋紧压脚杆紧固螺钉。

(9) 针杆、挑线部分组装

① 挑线曲柄部件组装。挑线杆与针杆曲柄铰接处既要无间隙、又要转动灵活。针杆曲柄定位面要对准定位螺钉。滚针轴承的内、外径要与针杆曲柄，针杆连杆内、外径配合良好。

② 针杆润滑油毡及油芯安装。穿好油芯，ϕ3mm油芯要露出挑线连杆销端部150mm。油芯下端要折起，用油芯固定装置固定，并让针杆摆动轴的一端露出150mm。轻轻固定针杆固定螺钉。

③ 挑线曲柄的安装。按拆卸的相反顺序，把这些部件装上，旋紧螺钉。挑线连杆在其销装进后，应无轴向窜动间隙。

④ 切刀杆的安装。按拆卸的相反顺序装上。切刀杆挡块要与切刀杆无间隙地配合，又能灵活地上下移动。

⑤ 针杆摆动架的安装。使该架油眼向上，套入摆轴前曲柄上的滑块轴位螺钉。针杆连杆轴上套上圆形油毡，用针杆摆动轴将针杆摆动架连接在头部。针杆连接轴对准针杆连杆孔，滑块对准针杆摆动架滑槽。然后平行地将摆动架推入，圆形油毡应与针杆连杆相结合。

⑥ 油芯的安装。针杆、挑线杆等三根油芯一定要穿入外径ϕ8mm的塑料管内，从停刀杆轴的上部穿过。引出机头，夹在两块油毡中间。

(10) 调整机器标准，加油，试缝　按本章前述各主要机件定位标准进行检查调整，对各油箱及加油部位按标准加油，装上全部机盖，进行试缝。

第四节　平头锁眼机的常见故障及排除

一、平头锁眼机断线和浮线的缝纫故障及维修

断线是机器在缝纫过程中最常见的故障之一，产生断线的原因很多，有操作上的熟练程度，有使用时操作方法上的错误，有的因维修不当而产生。另外，机器长期使用，零部件失去原有的精度等，都可能造成缝纫过程中出现断线故障。

锁式线迹是由面线和底线相绞织而成的。根据这一点，锁式线迹缝纫机的断线故障一般可分为断面线故障和断底线故障。同时，因为穿引面线的路程较长，所以缝线与线道中的各种零部件相互摩擦而受损机会增多，加上现代工业缝纫机的缝速较高，因此，断面线比断底线的情况多，其产生的原因也比较复杂。

1. 断线

(1) 机器启动时出现断面线　机器启动时断面线故障如表7-12所示。

表7-12　启动时断面线故障

产生原因	维修方法
针杆下端面和针板面距离不对	转动上轴使针降至最低位，用量规调整其间距为11.3mm，继续转上轴，用量规调整间距为13.6mm
梭尖与机针位置不正确	调整梭尖与机针引线槽间隙为0.05～0.1mm，同时梭尖对准机针中心
机针柄未装到孔底	把机针柄装到针杆装针孔的孔底

续表

产生原因	维修方法
上轴、立轴、下轴的轴向窜动	调整上轴、立轴、下轴的轴向窜动量在 0.05mm 内
啮合累积间隙过大或过小	调整上轴、立轴、下轴的伞齿轮的啮合间隙均在 0.05～0.1mm 之间
压线器的压力和压线、松线时间不协调	按标准要求调整压线器的压力，使压线张力均匀，调整压线、松线时间
穿线的位置不合要求	按使用说明书调整到合理的穿线顺序和位置
针杆行程未在尺寸范围内	调整挑线曲柄定位螺钉，使针杆行程为(36.5±0.5)mm
摆针时间不正确	按本章所讲的针摆位置调整

(2) 正常缝纫过程中断面线　正常缝纫过程中断面线故障如表 7-13 所示。

表 7-13　正常缝纫中断面线故障

产生原因	维修方法
底、面线的张力不适合	根据缝料缝线差别调节底线张力在 6～8N，面线张力在 12～20N
机针和缝线配合不当	选择合适的机针与缝线，面线选右旋线，底线左、右旋均可
机针弯曲或针尖毛、钝、针孔有毛刺	更换机针
旋梭尖毛，旋梭过线部位有毛刺或不光，线断裂	用细砂布或研磨膏研磨，用油石修磨锋利，用机油清洗
过线的其他零部件有刺或不光	用细砂布和研磨膏研磨，用油石修磨锋利，用机油清洗
因为齿轮啮合不良，造成旋梭和机针位置变化，缝纫时好时坏	分别旋下上轴、立轴、下轴的伞齿轮螺钉，对准轴上定位平面后扭紧，再根据旋梭与机针位置要求调整

(3) 正常缝纫过程中断底线　正常缝纫过程中断底线故障如表 7-14 所示。

表 7-14　正常缝纫中断底线故障

故障问题	产生原因	维修方法
绕线器	绕线器接触不良，出现时转时停，梭芯上的线松、乱、散，出线量时多时少、时紧时松	维修绕线器，使梭芯上的线均匀、紧凑、整齐
梭子与梭芯配合精度	因梭子与梭芯配合精度低，其内表面产生摩擦，造成出线不均匀	修复或配上合适的梭芯，使梭芯和梭子之间有一定间隙，运转自如
梭子外壳不严密	因梭皮配合不严密，间隙不匀，使底线张力时大时小	调整梭皮底面与梭子外壳的配合间隙，使配合严密，间隙均匀
底剪刀	底线的动剪刀背面有毛刺、底线因毛刺撕断	拆下底线的动剪刀，用油石将毛刺磨光
底剪拨线	底剪拨线簧的拨线部位有毛刺，使底线撕断	拆下拨线簧用油石磨去毛刺，并将其抛光

(4) 缝制面料与机型选择不当时产生的断线　GI3-1 型锁眼机，适用于缝制薄料及中厚料，主要缝制针织、棉布、化纤面料服装的纽孔。但若超出此范围而出现断线故障时，以上所述的调整维修方法就不能完全解决断线故障。因为这将涉及机器的结构问题，这里不再讲述。只有按机器的性能和使用范围要求使用，才能保证机器的正常运转，消除断线现象。

2. 浮线

浮线故障见表 7-15，其表现有如下几点。

表 7-15　浮线故障

故障问题		产生原因	维修方法
浮底面线	送布与针刺动作不协调	由于送布与针刺动作的时间不协调，造成底面线在绞织过程中受阻而形成浮线	拧下针摆齿轮的螺钉，微转齿轮来调节针摆凸轮的位置，直到机针在左、右摆动离针板高度相等为止
	底面线张力过大	因底线张力过大或面线的张力大而造成	调节夹线器螺母，浮底线调大面线张力，浮面线调大底线张力，一般先调底线，再调面线张力

续表

故障问题		产生原因	维修方法
毛巾状浮线	旋梭	因旋梭被损伤，钩线各部有毛刺或裂痕，线通过受阻而造成	把旋梭钩线的各部位用油石或细砂皮将毛刺修去，然后加以抛光
	面线受阻	因余线在旋梭定位钩上，使定位钩与旋梭架凹口间隙减小，则面线通过受阻	清除绕在旋梭定位钩上的余线
	面线张力小	面线前夹线器动作失灵，造成面线在减小张力下进行缝纫，则面线无法收紧，大量余线留在缝料下面而造成	将前压线器螺钉松开，调节顶销位置，使顶销移动灵活，压线器松线可靠
	梭子圆弧面不光滑	由于梭子圆弧面有严重的锈迹或毛刺，使面线通过受阻而造成	用油石修磨梭子圆弧面的锈迹或毛刺，然后抛光
时浮线时不浮线	梭子和梭皮配合不当，出线压力不匀	由于梭子外圈与梭皮配合不当，使不同出线位置的压力不均匀，使底线出线时重时轻而造成	合理调整梭皮与外圆的吻合性，使不同出线位置的压力基本一致
	梭子和梭芯配合不当	因梭子和梭芯配合不好(如梭芯径向跳动较大等)，梭芯和梭子内表面摩擦造成底线出线不匀	选择与梭子配合较好的梭芯
	机针下落位置不当	因机针落下位置靠近针板孔的边缘，易使机针产生前后偏斜，则面线擦边缘时阻时顺所造成	若机针位置正确，应调整针板底座位置；若机针位置不正确，则调整机针位置，使机针下落于针板孔的中心

① 浮底面线。浮底面线的特征是底面线绞织于缝料的非中间位置，浮底线的线迹是底面线绞织于缝料的底面，从缝料底面看，形成似粒状或小圆圈状的线迹；浮面线的线迹，则是底面线绞织于缝料的上面，也是形成粒状或小圆圈状的线迹。

② 毛巾状浮线。

③ 有时浮，有时不浮线。

二、平头锁眼机跳针、断线的缝纫故障及维修

1. 跳针故障的分析和维修

跳针也是缝纫过程中经常出现的故障。跳针是指经过缝纫后，在缝料的线迹上，出现面线与底线不绞织的现象。跳针故障的原因，多数是机针和旋梭尖的间距、间隙高低不符合规定而引起的，另外，零件的松动、磨损或位置定位精度不正确也可造成跳针。

跳针基本上可分为偶然性跳针、断续跳针、连续跳针三种情况，现分叙述如下。

(1) 偶然性跳针　偶然性跳针（表 7-16）是指在缝纫过程中，或一批缝件中，偶然出现一针或数针底面线不相互交织的线迹，或在某一局部厚薄不均匀的部位上出现。

表 7-16　偶然性跳针故障

故障问题	产生原因	维修方法
缝料厚薄不匀	由于使用较细的机针，遇到较厚缝料时，机针受力弯曲，使旋梭钩线失灵而产生	若属于零件磨损，应更换零件，属于机针选择不当应更换机针
机针歪斜	由于机针歪斜，使机针与旋梭尖之间的间隙增大，造成钩线不良而跳针	更换机针，调整机针与旋梭的位置
缝料、缝线及机针搭配不当	在缝薄料时，用细缝线、粗机针，再加上压脚与针板接触不良及压脚压力不足而造成	调换机针，增加压脚压力
机件磨损	因机针针尖不锋利、弯曲、面光滑，旋梭尖变钝、磨秃或其他影响钩线效果，压脚压不牢缝料等	更换机针，修复或更换旋梭，调整压脚的压力

（2）断续性跳针和连续性跳针　断续性跳针多数属于机器经过长期使用后，由于部分零件磨损或偶然性故障，使机器轧线、断针等，若机器受撞击使零部件发生位置变化也会引起断续性跳针故障。表 7-17 为断续性跳针和连续性跳针故障。

表 7-17　断续性跳针和连续性跳针故障

故障问题		产生原因	维修方法
断续性跳针	针杆位置移动而引起	因机针长期使用，使针杆上下位置发生变动，加上针杆连接轴、针杆连杆挑线曲柄等零件的磨损，产生过大间隙而造成	更换已磨损的零件，按要求重新调整机针与旋梭的位置
	更换缝料而引起	面料厚薄不同，机针、缝线选择不当，没有正确调整旋梭与机针的位置	一般缝制薄料，机针回升量取 2～2.2mm 为宜，旋梭尖与机针引出线槽间隙取 0.05～0.08mm 为宜
	针板与压脚接触不良	因针板与压脚接触不良，没有把缝料压实，机针由最低位回升，将缝料带起，使线环形成不佳，并且旋梭没有钩住线环而出现跳针	若压脚变形，应先使压脚平直，然后把压脚调平，使它与针板接触良好
连续性跳针	机械设备引起	因长期使用，维修保养不当，使各零部件的位置移动而产生	对磨损件进行更换，对位置发生变化的零部件调整到规定要求
	缝纫故障	缝制尼龙纱、薄丝绸等特殊缝料，由于旋梭和机针的位置、机针的回升量、机针和缝线不合适而引起	调整机针的回升量，将标准值减小，进行试验而定，缝线和机针也进行试验而定，调整旋梭与机针的位置

2. 断针故障分析和维修

断针故障的分析与维修见表 7-18。

表 7-18　断针故障

故障问题	产生原因	维修方法
机针与缝料选择不当	若机针选择太细，强度低易弯曲或左右偏针而产生	按缝料厚度选择相适应的机针
针摆与旋梭钩线不协调	针摆与旋梭钩线时间不协调，使机针未离开旋梭就摆动而折断	按针摆与落针位置调整针摆凸轮的位置
针板孔与机针的偏移	针板孔与机针有较大的偏移，当机针下落时，机针刺在板孔的边缘上而造成断针	拆下送布托板，扭松板座上螺钉，转动上轴，使机针落在最低位，将机针对准针板孔中心
机针歪斜	由于机针弯曲，固定机针的螺钉没有拧紧，机针歪斜而造成断针	更换机针并拧紧固定螺钉
针刺在旋梭上	因旋梭做轴向移动，使机针刺在旋梭上而断针	按规定调整有关零件间的轴向间隙
旋梭与机针位置不当	旋梭与机针的间隙位置不正确而断针	按规定进行调整

三、平头锁眼机传递系统机械故障分析与维修

① 踏板踏到最低位置时，机器达不到高速运转（表 7-19）。

表 7-19　高速运转受阻故障

故障可能部位	产生原因	维修方法
定位块与制动架变速顶块的位置	因变速杠杆上的定位块与制动架上的变速顶块咬合位置不正确，定位块和变速顶块的螺钉有松动	调节变速杠杆的定位块与制动架变速顶块的咬合位置，并拧紧定位块和变速顶块的螺钉
启动架的调节螺栓	由于启动架的调节螺栓有松动，使螺栓位置改变	按制动架变速顶块与变速杠杆的定位块咬合位置，调节启动架螺栓

续表

故障可能部位	产生原因	维修方法
皮带拨叉和皮带	由于皮带拨叉的安装位置不正确，高速皮带太松而打滑	按皮带拨叉位置进行调整，若皮带太松，应切去一段再装上
紧急停车装置	因紧急停车装置中制动手柄的扭簧扭力不足或制动手柄脱节，使其不能高速	将制动手柄拨向操作者一方，若扭簧扭力不足。应拆下制动手柄，重新对正扭簧
变速杠杆压簧	因变速杠杆压簧离开原位置，使变速杠杆失去压力而达不到高速	按拆装方法把变速杠杆压簧装到原有位置

② 踏动抬压脚踏板，压脚杆不能完全复位（表 7-20）。

表 7-20　压脚杆不复位故障

故障可能部位	产生原因	维修方法
针板机构	针板及底座、底线剪刀部分有线头或飞毛堵塞，使踏板踏不动或踏动费力	拆下送布拖板，把底线剪刀、针板及其底座进行清洗，然后加油使其灵活
底剪启动杆的拉簧	底剪启动杆的拉簧脱落	翻倒机器，拆下凸轮从动杆、变速杠杆和送布凸轮，再把底剪启动杆的拉簧挂好
抬压脚机构	抬压脚机构及有关活动部位配合不良	对有关部位进行调整，对活动部位清洗加油润滑
抬压脚与锁紧钩位置	抬压脚架与锁紧钩位置不正确或被锁紧钩挂住	将机器转到停车位置，若锁紧钩仍挂在抬压脚架上，按前述方法调整
面剪刀轴	面剪刀轴的前后移动或受阻	调整剪刀轴或清除阻挡物

③ 缝制接近完成时，减速装置不起作用（表 7-21）。

表 7-21　减速装置不起作用故障

故障可能部位	产生原因	维修方法
皮带拨叉	由于皮带拨叉位置不正确，使皮带没有滑到低速轮	把皮带拨叉调到正确的位置上
低速皮带	由于低速皮带太松打滑，而带动不佳	将低速皮带切去一段，重新接好并装在带轮上

④ 机器停车不灵敏（表 7-22）。

表 7-22　机器停车不灵敏故障

故障可能部位	产生原因	维修方法
制动机构中的各铰接处	制动架、启动架及连杆铰接处不灵活，或螺钉轴歪斜而使零件卡死	调整各铰接处，使其转动灵活，并加油润滑
各连接杆	连接制动架、锁紧钩、松线机构的连杆发生弯曲或卡住	矫正各连杆的扭曲
启动架上的调节螺栓	启动架的螺栓伸出过长，使制架卡不进制动定位凸轮的定位槽中	调节启动架上调节螺栓的伸长量，一般在停车时，距离启动顶锁 0.5～1mm
制动减速弹簧板与制动盘的位置	制动减速弹簧板与制动盘的位置不正确，减速弹簧板卡不进制动盘的曲面上而不能停车	对弹簧板进行调节，使减速弹簧板的前端面与制动盘的后端面在低速时间隙为 0.5mm
制动架上的拉簧	制动架拉簧因长期使用而变形，使拉力减小，制动定位块卡不进制动定位凸轮的定位槽中而产生	更换拉力弹簧（弹簧的拉力要适中）
制动定位凸轮和定位块	由于制动定位凸轮和制动定位块在长期使用及互相撞击而磨秃，使定位块不能卡住而不停车	更换制动定位凸轮和制动定位块

⑤ 机器停车时，机针不在规定的位置上（表 7-23）。

表 7-23　机针不停在规定位置故障

故障可能部位	产生原因	维修方法
制动定位块	停车时，由于减速弹簧板的位置偏斜，使制动定位块卡不进制动定位凸轮的定位槽中，针杆比规定要求低	按规定要求调节减速弹簧板的位置
扇形缓冲弹簧	因高速带轮中的扇形缓冲弹簧断裂或变形而压力不足引起	更换缓冲弹簧
缓冲杆上的缓冲弹簧	因缓冲杆上的缓冲弹簧压力不足或调节螺母松动，使弹簧压力降低而引起	若压力不足，可调节可调螺母来增大弹簧压力，若调节螺母松动，按标准重新调整

⑥ 踏动踏板，压脚提不起来（表 7-24）。

表 7-24　压脚提不起故障

故障可能部位	产生原因	维修方法
停车位置	因停车位置不正确，锁紧钩与抬压脚架没有脱开，仍处在互锁状态而引起	按标准调整停车位置
锁紧钩和抬压脚架的距离	因锁紧钩与抬压脚架在停车时，两者的间距不正确而产生	先对锁紧钩进行调节，使锁紧钩与抬压脚架的距离为 0.5～0.8mm 之间
抬压脚竖拉杆和横拉杆	在特殊情况下，抬压脚竖拉杆和横拉杆脱开而造成	按要求重新使抬压脚竖拉杆和横拉杆挂上

四、 平头锁眼机功能系统机械故障分析与维修

① 开始缝纫时，切刀就落下切布（表 7-25）。

表 7-25　切刀切布失误故障

故障可能部位	产生原因	维修方法
制动定位块	因制动定位块没有卡进翻动定位凸轮的定位槽中而产生	调整制动定位块的位置
锁紧钩上的凸起爪	因停车后，锁紧钩上的凸起爪没有把落刀曲柄上的拉簧锁顶起，使落刀曲柄与落刀摆架咬合分离而产生	锁紧钩的凸起爪如有磨损应更换。落刀顶架的顶部与落刀曲柄凸起部的间隙应为 0.5～1mm

② 切刀有时落不下来（表 7-26）。

表 7-26　切刀不下落故障

故障可能部位	产生原因	维修方法
自动停刀钩	自动停刀钩调整不当，把落刀曲柄上的扳手钩住，使落刀曲柄不能工作，切刀杠杆就不能落下	排除切刀杆在机头滑槽中的别劲现象，加油润滑，并调节停刀钩上的平衡块
切刀杠杆的调节螺栓	因切刀杠杆调节螺栓的位置不正确，切刀降不下来	将落刀摆杆与落刀曲柄凹槽下平面的间隙调整到 0.5～0.2mm 内
有否减速	因机器没有减速，落刀曲柄就动作，使落刀曲柄的凹槽卡不进高速摆动的落刀摆杆的凸部而产生	调整落刀顶块的位置，使停车前 2～3 针时落刀
落刀机构的弹簧	因落刀曲柄、落刀顶架和落刀顶块的弹簧拉力不足引起	增加弹簧拉力或更换弹簧
落刀曲柄压簧	落刀曲柄压簧把落刀曲柄压得过紧	把落刀曲柄压簧调到能使落刀曲柄自由滑动为宜

③ 切刀有时连续切布（表 7-27）。

表 7-27 切刀连续切布故障

故障可能部位	产生原因	维修方法
落刀顶架	因落刀顶架绕轴转动不灵活，扭簧的扭力不足而产生	向落刀顶架轴注油，使转动灵活，应更换扭簧
切刀杠杆的拉力弹簧	因切刀杠杆拉力弹簧拉力不足使切刀杠杆复位时不规律，造成连续落刀	更换拉力较大的拉力弹簧

④ 面线断后，切刀仍落下切布（表 7-28）。

表 7-28 断面线后，切刀切布故障

故障可能部位	产生原因	维修方法
自动停刀钩和过线杆的位置	因自动停刀钩和过线杆的位置不正确而产生	调整它们的安装角度，调节停刀钩上的平衡块，使面线无张力时能钩住落刀曲柄摆手
穿线方法	因穿线方法不正确，面线没有穿过线杆的长孔而产生	接正确穿线，使面线穿进过线杆的长孔，由面线张力使停刀钩抬起，防止切刀落下

⑤ 压脚不能回到开始的位置上（表 7-29）。

表 7-29 压脚故障

故障可能部位	产生原因	维修方法
纽孔长度调节曲柄	因纽孔长度调节曲柄的安装位置不正确而产生	拧松纽孔长度调节螺钉，沿其曲柄的长槽移动，把凸轮从动杆的螺钉扭松，到其曲柄不动为止
联动夹头的螺钉	因与压脚架配合的联动夹头的螺钉松动	拧紧紧固螺钉

⑥ 转动机器，送布凸轮不转动（表 7-30）。

表 7-30 送布凸轮故障

故障可能部位	产生原因	维修方法
松线挺杆	因松线挺杆装得过低，碰到松线顶块的垂直面而产生	调整松线挺杆的高度，以不碰松线顶块垂直面为宜
松线挺杆和切刀顶杆的斜面	因松线挺杆和切刀顶杆上的斜面装反而产生	重新安装，使顶杆的斜面朝向顶块的斜面
送布凸轮机构	因送布凸轮轴的螺钉松动而使凸轮下沉，装在上面的套结顶块与送布传动齿轮发生干涉而产生	拧紧凸轮轴上的螺钉

⑦ 缝制加固结时，送布停止（表 7-31）。

表 7-31 送布故障

故障可能部位	产生原因	维修方法
送布齿轮的螺钉	送布传动齿轮上的螺钉松动	将松动的螺钉拧紧
蜗轮弹簧离合器	蜗轮上的弹簧离合器脱钩或松动，或折断	重新把弹簧离合器的钩部钩在蜗轮上，若折断应更换
弹簧离合器	转动手动送布曲柄，送布凸轮不动，因弹簧离合器脱钩或折断而产生	重新把离合器的钩部钩上或更换

⑧ 压脚提升量达不到要求，提升后前高或前低（表 7-32）。

表 7-32 压脚提升故障

故障可能部位	产生原因	维修方法
提升量	压脚杆调节架紧固螺钉松动	调整并拧紧螺钉
面剪刀	面线剪刀与压脚碰在一起	按要求调节面剪刀的高度
压脚固定的弹簧	压脚固定架上的弹簧弯曲	矫直弹簧或更换弹簧

⑨ 机头及运转中高速带轮噪声大（表 7-33）。

表 7-33 高速带轮故障

故障可能部位	产生原因	维修方法
针杆摆架轴及其滑块轴的螺钉	针杆摆架轴及其滑块轴的紧固螺钉松动	重新安装，使之不松动
挑线杆和挑线曲柄	挑线杆、挑线曲柄磨损产生间隙而发出噪声	更换已磨损的零件
针杆摆架滑块	针杆摆架滑块磨损	更换针杆摆架滑块
高速带轮	高速带轮松动	应将高速带轮上的锥销拧紧或更换锥销

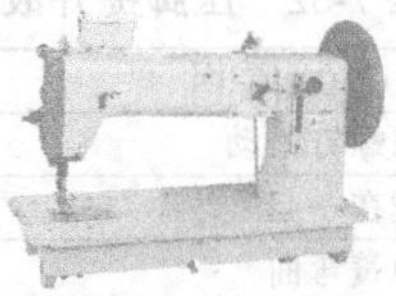

第八章

圆头锁眼机

第一节　圆头锁眼机性能简介

圆头锁眼机适用于缝制较厚布料，如卡其类和呢料等服装的纽孔，主要用线以中粗线为主。它的主要结构特点是采用凸轮挑线摆动针杆、双弯针、双叉线，形成的线迹是双线包缝复合链锁线迹。其纽孔形状美观，线迹均匀结实，既可根据需要进行先切后缝，又可调整为先缝后切。在进行缝制纽孔时，通过调换圆头凸轮，便可缝制出合尾和开尾的纽孔。每缝制一个纽孔需 6s 左右，因此这是一种生产效率较高的缝制纽孔专用机器。本节只对圆头锁眼机的主要机构及与平头锁眼机机构的不同之处作讨论。

GM1 型圆头锁眼机的主要技术参数如表 8-1 所示。

表 8-1　GM1 型圆头锁眼机的主要技术参数

缝纫速度	针杆行程	压脚提升高度	切块提升高度	纽孔长度	纽孔规格	机针型号	电动机功　率	缝线规格	嵌线规格	机头外形/mm
1600 针/min	34mm	8mm	25mm	10～38mm	24mm × 47mm	GU3 型 (16×231 型)	0.37W A27124～TH	中、粗丝线 (左旋)	管状或线状嵌线	510×400×400

图 8-1 为一个纽孔的各部分名称及各部分完成机构的示意图。

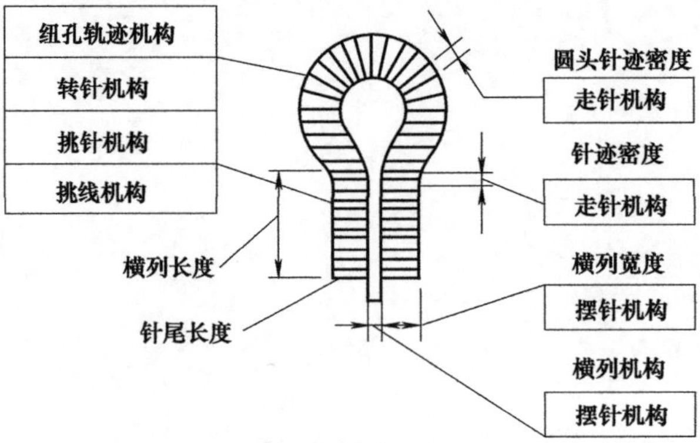

图 8-1　圆头纽孔的组成及完成机构

第二节 圆头锁眼机的结构与原理

一、 圆头锁眼机原理

1. 锁眼线迹原理及纽孔形成过程

(1) 线迹形成过程和原理　圆头锁眼机缝制的纽孔是一种特有的双线包缝复合链锁线迹，它由一根针线和一根底线缝组成。该线迹主要是通过钩针 1、2 和分线叉 3、4 的作用，以及挑线杆、底线挑线簧的配合下形成的。形成过程（图 8-2）如下。

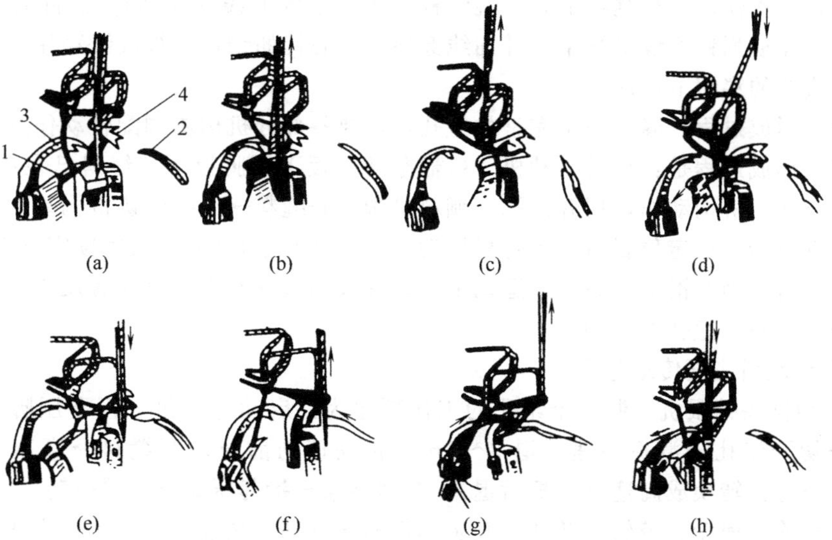

图 8-2 线迹形成过程

1,2—钩针；3,4—分线叉

① 机针从中心针下降到最低点，再回升到 2.5mm 时，形成线环，左钩针带着左分线叉连底线一起穿入中心针线环，机针继续上升，如图 8-2（a）所示。

② 机针上升到横列最高点，弯针架向右摆，中心针线环滑入左钩针一边，机针又从横列最高点开始下降，左分线叉也开始分开底线，等待机针穿入底线［图 8-2（b)］。

③ 机针由横列针穿入底线，底线扣住中心线环。左分线叉复位，弯针架向左摆动，左钩针释放中心针线环，机针继续下降［图 8-2（c)］。

④ 机针从横列针最低点回升，产生的线环被布钩针、右分线叉一起穿入横列针面线环中，同时底线套住横列针线环，机针继续回升，见图 8-2（d)、图 8-2（e)。

⑤ 机针由横列针回升到中心针最高点，开始下降弯针架并向左摆，右分线叉开始分开横列针面线环。在右钩针头部台阶作用下，穿入并扣住横列针面线环，同时右分线叉复位，弯针架向右摆动，在右钩针释放横列针面线环，机针继续下降［图 8-2（f)］。

当机针下降到中心针最低点，回升产生的线环被左钩针和拨线叉一起穿入并扣住中心针线环［图 8-2（g)］，机针又继续回升到最高点再下降，左拨线叉分开底线等待机针，使底线扣住中心针线环。这样，在滑板送料和左、右钩针及拨线叉往复作用下，编织了纽孔线迹，如图 8-2（h）所示。

(2) 线迹形成过程分析　机器在缝制纽孔过程中，分中心针和横列针两部分。机针上、下运动来自一对斜齿轮，传动比为 2∶1，手轮转动 360°，针杆应上下跳动两次（中心针、横列针）。针迹凸轮和手轮的固定装配位置，使纽孔轨迹从中心针走向横列针（滑板移动）。而横列针到中心针，则是原位包缝（滑板停顿）。机针从中心针下降到最低点（手轮转动 90°）后开始回升时，挑线杆同时送线，使其产生的线环被左钩针钩住。此时机针继续升至最高点（手轮转至 180°）。接着，机针在从横列针下降的过程中，挑线杆收去多余面线（线环）。左分线叉分开底线，待机针穿入并下降到最低点（手轮转至 270°），底线扣住中心针线环，套住面线（横列针）。当机针从横列针最低点回升时，挑线杆同时送线，使其产生的线环被左钩针钩住。在机针继续上升到最高点的过程中，右分线叉分开面线，待机针穿入并下降至最低点（手轮转至 450°）。机针从中心针最低点回升时，挑线杆同时送线，使其产生的线环被左钩针钩住。机针继续上升，挑线杆收去多余的面线（横列针）。此时底线被横列针面线扣住，而横列针面线又被中心针面线穿住。中心针的线环又被底线穿住，这样一个完整的线迹在底线的穿织下形成。

（3）纽孔形成过程　缝制一个完整的纽孔，需要各部分机构协调配合动作方能完成。

整个纽孔形成过程是：启动电动机→机器空转→扳下压脚扳手（缝料已在压脚下）→按下开车按钮→切刀机构动作，切开纽孔→绷料机构绷开缝料→纽孔轨迹机构动作，滑板向操作者方向移动→走到一定位置后→各针机构动作（缝锁开始）→横列长度锁完（半边），转针机构动作，并有机地与滑板左右前后运动配合，形成圆头→滑板向操作者反方向运动，锁另一侧纽孔→完成整个纽孔的缝制。

2. 圆头锁眼机主要传动原理

GM1-1 型圆头锁眼机缝制一个纽孔的工作顺序为：启动电动机→扳下压脚扳手→按下开车按钮→切开纽孔→滑板高速后退 3～5mm 再高速向前→绷开缝料→高速转换成走针（缝纫开始）→走针转换成高速（滑板后退），缝纫结束→抬起压脚→机器空转。

空转，即除高速轮、带轮空转外，其余部件静止不动；高速，即滑板在高速轮的带动下连续运动；走针，即滑板在高速轮带动下做间歇运动。

从上述可知，这种圆头锁眼机的传动可分为四大过程。

（1）空转——高速过程　如图 8-3 所示，按下开车按钮 1，释放开车杠杆 2。由于抬压脚拉簧拉力 F_1 大于开车杠杆复位弹簧的弹力 F_2，则开车摇杆 3 在 F_1 的作用下带动拨块 4、拨块座 5、高速轮 6 及其凸块 7 一起左移。当凸块 7 与手动曲柄凸块 8 相碰后，高速轮 6 将动力传给手动曲柄 9 以及蜗杆轴 10，蜗杆 11 再将动力传给蜗轮 12，在其曲槽作用下滑板 13 高速运动。

（2）高速——走针过程　如图 8-4 所示。当滑板高速向右后退时，也带动撞块 2 向右后退，直到推动滚轮 3 上的销子被拉钩 4 扣住为止。接着，滑板 1 又带动纽孔长度调整块 5 向前（左）移动，顶起滚轮 3，使滚轮经连杆 6 铰接的开停架 7 同时顺时针方向摆动。与此同时，产生下列三个动作：

① 与开停架 7 相对固定的制动杆 8 做顺时针摆动而释放离合器爪 9，使其扣住装在带轮上的传动凸轮 10。凸轮 10 旋转，使其轴上的斜齿轮经挑针齿轮、挑针偏心轮、挑针杠杆等带动针杆上下运动而走针。

② 为使走针保持下去，必须在开停架 7 摆至极限时，用停针杆 11 的缺口顶住方头螺钉 12，从而保证必要的走针时间。

③ 走针时绝对不允许滑板 1 有高速运动，所以当开停架 7 摆动时，其下面的一个脚就拨动图 8-3 中的开车摇杆 3 向顺时针方向（向右）摆动。这样，图 8-3 中的拨块 4 使拨块座 5、高

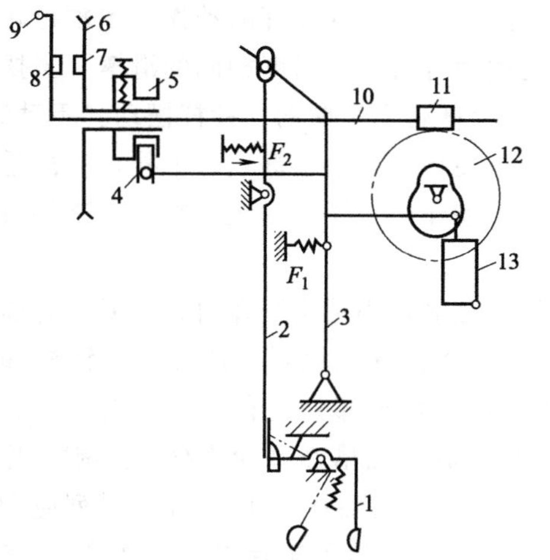

图 8-3 空转——高速过程

1—按钮；2—杠杆；3—摇杆；4—拨块；5—拨块座；6—高速轮；7,8—凸块；9—曲柄；10—蜗杆轴；11—蜗杆；12—蜗轮；13—滑板

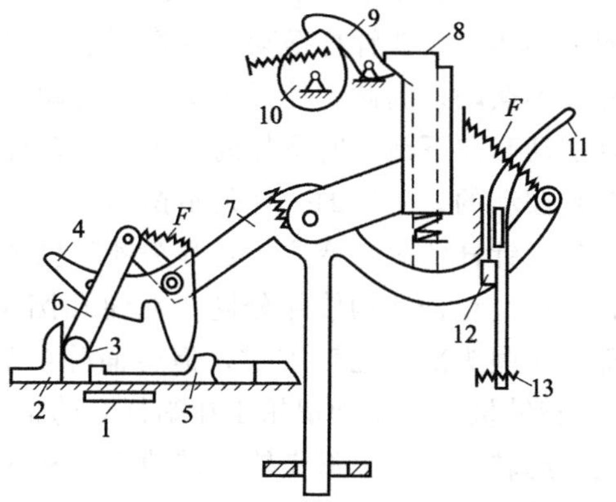

图 8-4 高速——走针过程

1—滑板；2—撞块；3—滚轮；4—拉钩；5—调整块；6—连杆；7—开停架；8—制动杆；9—离合器爪；10—凸块；11—停针杆；12—方头螺钉；13—调整螺钉

速轮 6 及其凸块 7 也向右移，凸块 7 与手动曲柄凸块 8 分离，滑板 13 高速运动就停止。

(3) 走针——高速过程　滑板 1 在确保走针速度向前运动的过程中（图 8-4）。左右长度调整块 5 的前端推动拉钩 4 的尾端，以释放拉钩连杆 6。待圆头部分走完，滑板 1 向后运动直至调整块 5 的后端推开停针调整螺钉 13。这时开停架 7 在拉簧 F 的作用下，做逆时针摆动，走针转换成高速运动。

(4) 高速——空转过程　图 8-3 中的滑板 13 带动开车杠杆 2 高速后退时（开车按钮 1 在顶簧力 F_2 作用下复位，杠杆 2 的前端只能向右摆动），装在杠杆 2 前端的开车换向销克服抬压脚拉簧力 F_1 而推动开车摇杆 3 向右移动，从而使高速轮凸块 7 与手动曲柄凸块 8 分开，机器由高速运转变换成空转。

二、 主要机构及工作原理

1. 针杆机构

圆头锁眼机针杆机构需要完成针杆刺布动作的上下运动、缝锁纽孔的横向摆动和缝锁纽孔圆头时针杆的旋转变位，共三个动作。

(1) 针杆上下动作　应满足圆头锁眼纽孔缝锁线迹的要求：左右横列平行对称。因此，主轴转一周，针杆上下运动两次。

如图 8-5 所示，在主动齿轮 1 的驱动下，经齿轮 2，使偏心轮 3 驱动连杆 4。挑针杠杆 5 绕挑针横轴 6 摆动，经球面铰链机构 7、8、9 带动针杆 10 上下运动。因齿轮 1 和 2 的齿数比为2：1，所以主动轴转一周，针杆上下动作两次。

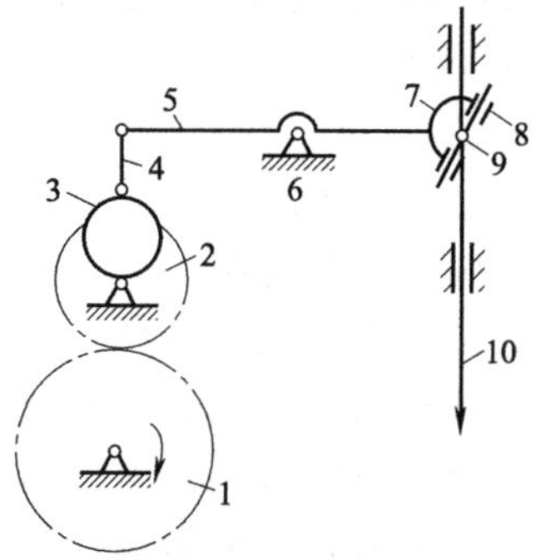

图 8-5 针杆机构

1,2—齿轮；3—偏心轮；4—连杆；5—杠杆；6—轴；7～9—铰链机构；10—针杆

(2) 针杆的横向摆动　要求针杆上下动作两次，只左右摆动一次。图 8-6 所示为摆针机构，当纽孔横列凸轮 1 转动时，即推动横列凸轮连杆 2，再经横列上下拉杆 3 和 4 带动横列调整架 5 一起摆动，使针杆摆动叉上下动作。该摆动叉与

针杆摆动耳环相连接，这个耳环与针杆摆动套装在一起。随着横列连杆的动作，主轴每转一周，针杆摆动套就上下活动一次。摆动套下端相对的两面各有一个斜度相同的滑槽。当摆动套向下动作时，在针杆摆动销的作用下（斜面原理），针杆就产生摆动。针杆摆动套不动时，针杆就不摆动。因此，针杆上下两次活动中，有一次是在针杆摆动套静止时下扎，一次是在针杆摆动套向下活动时下扎的。这样，针杆的两次上下动作中只摆动一次，纽孔线迹外边的一针是摆动的，里边的一针是不摆动的。

（3）针杆的旋转变位　是圆头锁眼机独特的动作。在缝锁小圆头纽孔时，台面只有前后送料动作。针杆和钩梭部分同步在纽孔圆头部位旋转180°；缝锁大圆头纽孔时，针杆和钩梭部分在圆头部位也转180°，但台面除前后动作外，在大圆头部分还有一个倾斜动作。图8-7为转针机构。主动蜗轮1在蜗杆8的带动下旋转后，其下面槽2牵动连杆3、调整座5、直轴一起转动。经扇形齿轮6带动弯针座和针杆同步旋转。在缝制纽孔时，左右横列应和纽孔直线轨迹垂直。这就确定了针杆和弯针座7转角为180°。为了确保针杆和弯针座转动180°，只要移动调整座销轴在角度调整座长槽内的位置，即可改变旋转半径的大小。

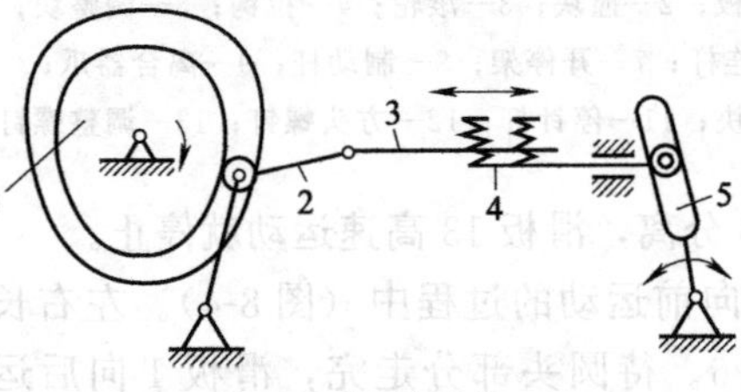

图8-6　摆针机构

1—凸轮；2—连杆；3,4—拉杆；5—调整架

2. 钩线机构

钩线机构应完成钩针钩线的动作和挑线弯针的分线动作。圆头锁眼机钩线机构如图8-8所示。

（1）钩针钩线的动作　凸轮轴1通过斜键带动弯针摆动凸轮2旋转。钩针臂3绕其支轴摆动，带动直连杆4、弯针座拉管杠杆5、拉管连接套6、拉管7、拉管导板座8和弯针大连杆9，牵动弯针架10，使固定在该架上的左弯针11和右弯针12随弯针架一起左右摆动，从而达到钩针钩线的目的，如图8-8（a）所示。

（2）挑线弯针的分线动作　如图8-8（b）所示，当弯针摆动凸轮2上的左侧外凸轮13转动时，分线叉臂14的滚轮在外凸轮13廓线作用下，经分线叉臂、分线叉臂拉杆球面套15、分线叉臂钢丝拉杆16和分线叉臂拉杆下球面螺母17，牵动底板拉管杠杆18。拉管杠杆18上的底板托管叉19拨动底板拉管20，使与其连接的底板拉管导板座22，经底板小连杆23，牵动分线底板24左右摆动（向右摆动是靠两个底板复位弹簧21实现的）。分线底板24摆动，使挑线弯针完成分线动作。

3. 送料机构

圆头锁眼机在一个纽孔的形成过程中，送料共有三个主要动作，即：台面（滑板或拖板）在机器开动后，缝锁动作开始之前，做高速直线运动；缝锁开始后，台面做间歇直线送料运动；当缝锁圆头时，台面做斜动动作。这些动作是由送料机构的滑板、主动蜗轮、压脚装置、走针装置和纽孔轨迹机构等配合完成的。GM1-1型圆头锁眼机送料机构如图8-9所示。

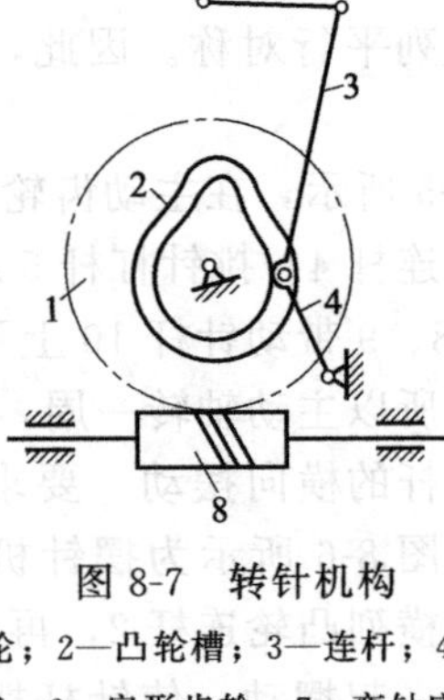

图8-7　转针机构

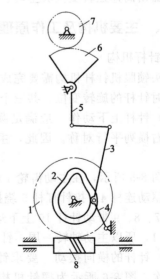

1—蜗轮；2—凸轮槽；3—连杆；4—摇杆；5—调整座；6—扇形齿轮；7—弯针座；8—蜗杆

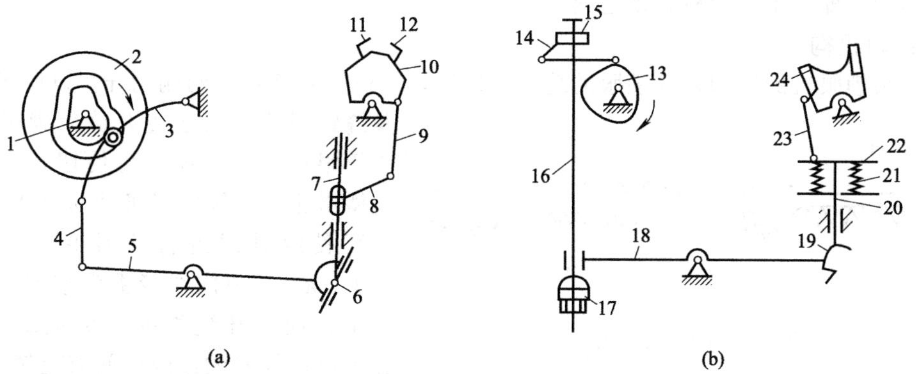

图 8-8 圆头锁眼机钩线机构

1—凸轮轴；2—凸轮；3—钩针臂；4—直连杆；5—杠杆；6—连接套；7,20—拉管；8—导板座；9—大连杆；10—弯针架；11—左弯针；12—右弯针；13—外凸轮；14—分线叉臂；15—球面套；16—拉杆；17—球面螺母；18—拉管杠杆；19—拉管叉；21—弹簧；22—导板座；23—小连杆；24—分线底板

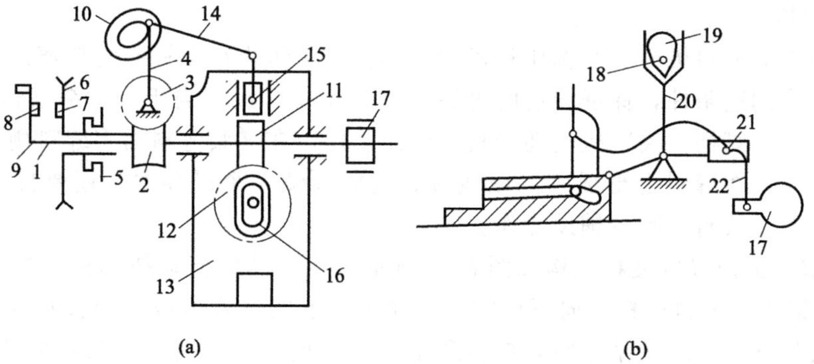

图 8-9 GM1-1 型圆头锁眼机送料机构

1—蜗杆轴；2—双头蜗杆；3,12—蜗轮；4—摇杆；5—拨块座；6—高速轮；7,8—凸块；9—曲柄；10,19—凸轮；11—蜗杆；13—滑板；14—支架；15—滑块；16—滚轮；17—离合器；18—凸轮轴；20—牙叉；21—滚子；22—连杆

(1) 滑板的高速直线送料 机器启动后，高速轮 6 高速运动。当按下开车按钮时，拨块座 5 带动高速轮上凸块 7 向左移位，使凸块 7 与手柄曲线凸块 8 相碰。此时高速轮 6 将运动传给手动曲柄 9 及蜗杆轴 1，经蜗杆 11 使蜗轮 12 旋转。滑板 13 上的中心销滚轮 16 嵌在蜗轮 12 的曲槽内，在此曲槽的作用下，滑板 13 做直线高速送料。

(2) 滑板间歇直线送料 当滑板 13 上的撞块推动滚轮销被拉钩扣住后，滑板 13 又带动长度调整块向前移动，顶起滚轮。此时高速轮凸块 7 向右移动使之与凸块 8 分离，高速直线送料停止。但凸轮轴 18 照常运转，其上的线迹密度凸轮 19 带动牙叉 20 摆动。通过牙叉线迹密度连杆 22 把动力传给离合器 17。离合器的前盖与蜗杆 11 紧固，当牙叉 20 带动离合器 17 顺时针方向转动时，离合器前盖带动蜗杆轴 1 转动。而逆时针方向，由于离合器的作用，蜗杆轴 1 则不动。蜗杆轴的间歇运动，使蜗杆蜗轮间歇传动，从而滑板 13 产生间歇直线送料动作。

(3) 滑板斜动送料 当滑板 13 在蜗轮 12 的凸轮曲槽作用下，跑到最前且要开始后跑的一段时间内，双头蜗杆 2 带动圆头蜗轮转动。圆头摇杆 4 与蜗轮 3 相连接，圆头支架 14 上的滑块 15 也相应地推动滑板 13，使滑板 13 以滑板中心销（在滚轮 16 上）为轴心，相应地左、右摆动，即产生了滑板斜动送料。

4. 绷料机构

当圆头锁眼机的压脚将要锁眼的缝料压住后，该机构将缝料向两侧绷开，以便于冲切以及缝锁操作。对于先开缝后锁眼类的圆头锁眼机而言，绷料可使切开的纽眼直缝微微张开，锁眼时机针易进入切缝中，从而使缝锁线迹将缝料毛边包住［图 8-10（a)］，纽眼线缝更为整齐美观；而对于先锁后开缝类的圆头锁眼机来说，绷料可使锁好的纽眼中间有足够的缝隙，防止冲切时损伤纽眼线迹边缘［图 8-10（b)］。

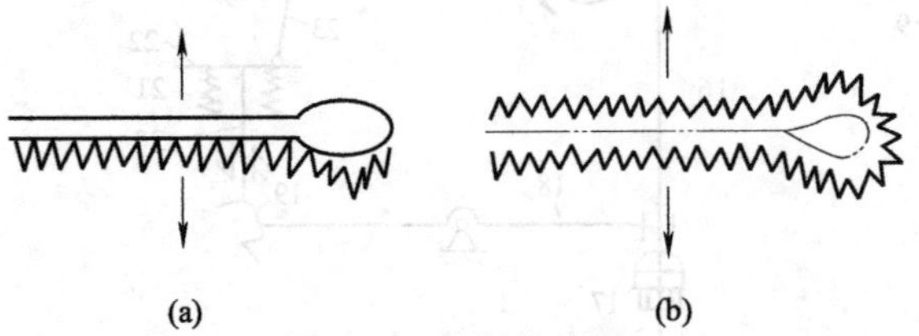

图 8-10　绷料的作用

CM1-1 型圆头锁眼机绷料机构如图 8-11 所示。当绷料块 1 相对压脚板向前运动时，其拓宽面将左、右压脚板 4、5 前侧分别向两方挤开；由于绷料前、后杠杆 2、3 和 6、7 的传动作用，压脚板后侧克服了弹簧的拉力，也向两侧张开，从而使左、右压脚板向两侧平移绷料。

5. 夹料机构

圆头锁眼机的夹料机构，又称压料机构。其功能是防止在提针时缝料随针升浮，为机针线环的稳定形成创造条件，保证线迹的可靠形成。其夹料板相当于一般缝纫机的压脚底板，夹料支臂相当于压脚柄。夹料机构随绷料机构而动作，在夹紧缝料后将缝料绷平，同时又随送料机构而运动，在缝料上形成锁圆眼线迹。完成缝锁一个循环时，还要自动提起夹料构件，从而方便取、放料，减少辅助操作。

GM1-1 型圆头锁眼机夹料机构如图 8-12 所示。当手动或自动拨动夹料扳手 2 时，弯杆 8 通过弯杆支架 7 使夹料摇杆 5 向下偏转。而固定其上的升降传杆 6 经夹料支臂 3，使夹料板 4 下压，夹住缝料。缝锁结束时，夹料凸轮 1 端面轴向尺寸变化，凸轮传杆 10 在弹簧力作用下上抬，释放弯杆。此时，夹料摇杆 5 向上偏转，使夹料板 4 自动提起。

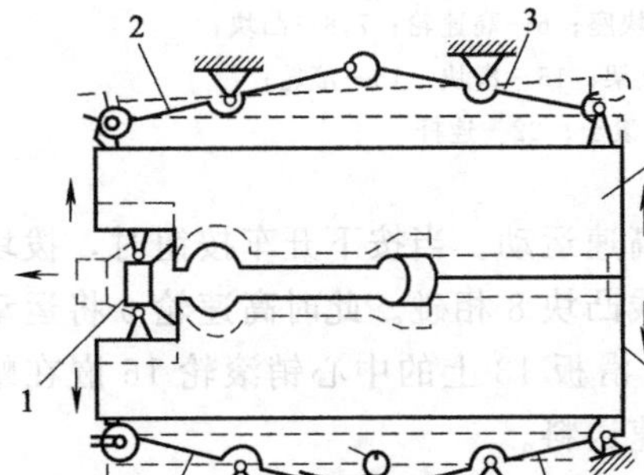

图 8-11　GM1-1 型圆头锁眼机绷料机构

1—绷料块；2—左绷料前杠杆；3—左绷料后杠杆；4—左压脚板；5—右压脚板；6—右绷料后杠杆；7—右绷料前杠杆

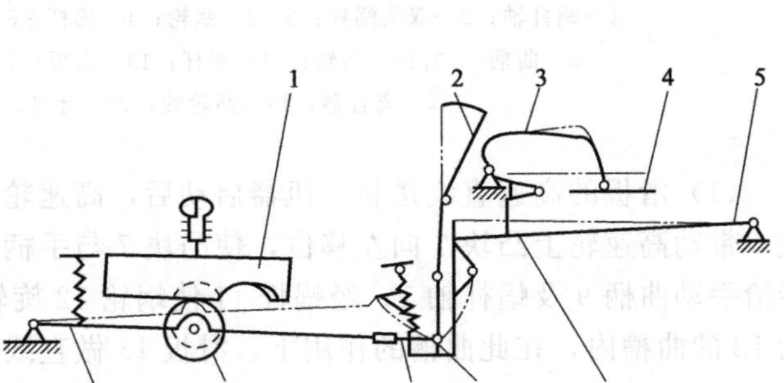

图 8-12　GM1-1 型圆头锁眼机夹料机构

1—夹料凸轮；2—夹料扳手；3—夹料支臂；4—夹料板；5—夹料摇杆；6—升降传杆；7—弯杆支架；8—弯杆；9—凸轮滚子；10—凸轮传杆

6. 切刀机构

该机构的功能，是在待锁眼部位切开一条直缝，并在直缝一端开出一个状如风眼的小孔，以缝锁出圆头纽眼。切刀大都以冲切方式工作，成形切刀和刀块相对运动，缝料刀切出所需纽孔。

GM1-1型圆头锁眼机切刀机构如图8-13所示。当下刀凸轮1转动后，其推程廓线驱动下刀凸轮推杆2和下刀杠杆3，使冲切刀块5向下运动，当运动到与固定的切刀6贴合时，便在缝料上切出纽扣孔眼。而后，复位簧4使刀块5复位。

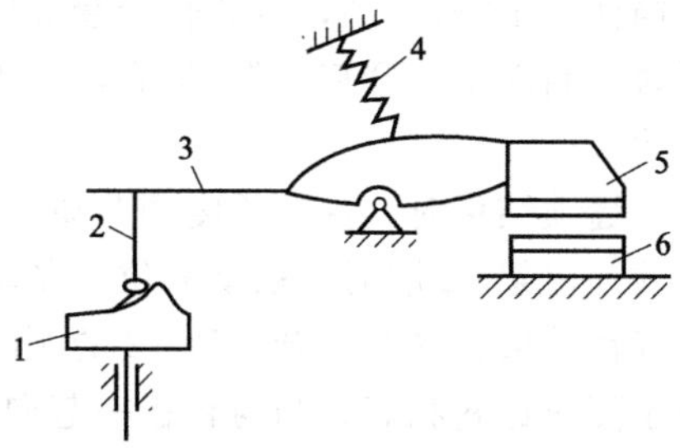

图8-13 GM1-1型圆头锁眼机切刀机构

1—下刀凸轮；2—下刀凸轮推杆；3—下刀杠杆；4—复位簧；5—刀块；6—切刀（下刀）

7. 启停机构

圆头锁眼机的缝纫动作开始和结束，依靠机构控制来实现，即由碰块驱动杠杆，再由杠杆操纵离合器完成。

GM1-1型圆头锁眼机启停机构如图8-14所示。通电后，电动机带动带轮6驱动凸轮5空转。当开定架拉钩8被碰块向右推动时，开定架9摆转一个小角度，并被停针杆10卡住定位，于是，制动杆13释放离合爪2，在离合爪弹簧4作用下，离合爪钩住驱动凸轮5，使从动轮3运动，缝锁动作开始，在此过程中，驱动簧减缓了对带轮的冲击。当停针杆10被顺时针扳动时，开定架9被释放，并在弹簧作用下复位。此时，制动杆13卡住离合爪2，使其与驱动凸轮5脱开，从动轮3被刹住，缝锁动作停止。

8. 闭锁机构

该机构是将各机构相互联系起来，形成协调运动，并控制各种操作动作的程序。因此，了解此机构的工作过程，对于掌握圆头锁眼机的调整和维修相当重要。

GM1-1型圆头锁眼机闭锁机构如图8-15所示。当按下开车杠杆16时，限位杠杆19被释放，拨挡杠杆18受弹簧作用。前拨离合滑套3，使高速带轮2与手柄1接合。并通过手柄轴使台板凸轮蜗杆4带动台板驱动凸轮5高速运转。此凸轮上的两段工作曲面分别先后驱动切眼与快送。

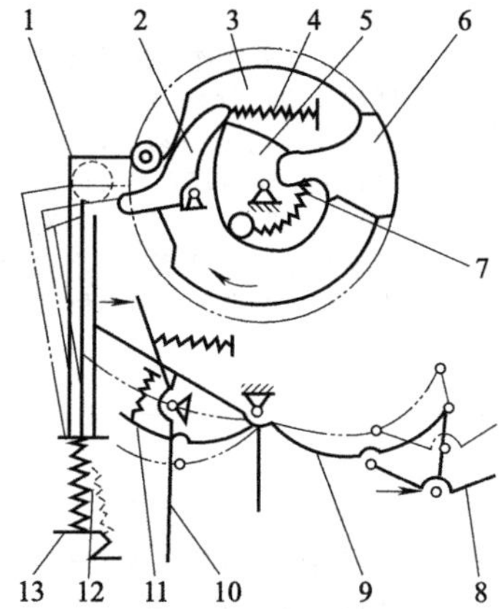

图8-14 MG1-1型圆头锁眼机启停机构

1—制动架；2—离合爪；3—从动轮；4—离合爪弹簧；5—驱动凸轮；6—带轮；7—驱动簧；8—开定架拉钩；9—开定架；10—停针杆；11—开定架弹簧；12—缓冲簧；13—制动杆

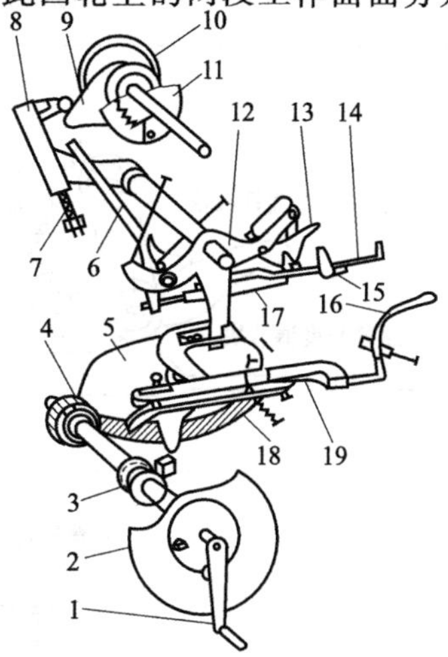

图8-15 GM1-1型圆头锁眼机闭锁机构

1—手柄；2—高速带轮；3—离合滑套；4—台板凸轮蜗杆；5—台板驱动凸轮；6—停针杆；7—制动杆；8—制动架；9—离合爪；10—带轮；11—从动轮；12,15—开定架；13—开定架拉钩；14—缝长调节块；16—开车杠杆；17—左右长度调节块；18—拨挡杠杆；19—限位杠杆当台板运动到锁眼位置时，缝长调节块 14 右推开定架拉钩 13，开定架 12 逆时针摆转，拨挡杠杆 18 被牵动，将离合滑套 3 后拉，使手柄 1 与高速带轮 2 脱开，限位杠杆 19 复位；同时，制动架 8 开启，制动杆 7 释放离合爪 9，从动轮 11 与带轮接合，慢速送料和缝锁开始。

缝锁结束时，左右长度调节块 17 的尾端螺钉向右拉停针杆 6，缝锁时一直被停针杆卡住的开定架 12 顺时针摆动复位，制动杆 7 钩住离合爪 9，从动轮 11 与带轮脱开，慢速送料与缝锁结束；同时，开定架 12 的顺时摆转反向牵动拨挡杠杆 18，离合滑套 3 前移，机器又处于高速送料状态；当与台板一起向左运动时，限位杠杆 19 端头螺钉推抵拨挡杠杆 18 的弧面时，离合滑套 3 后移，高速带轮 2 与带轮 10 均空转，机器的其他动作全部停止，一个缝纫循环结束。在上述动作过程中，为了防止切孔与送料、快送与慢送等两种不相干动作同时发生，闭锁机构中采取了互锁措施，以保证机器的安全运转。

三、 圆头锁眼机的调整

圆头锁眼机的调整见表 8-2。

表 8-2 GM1 型圆头锁眼机开停车调整

项目	示意图	调整方法
撞块调整	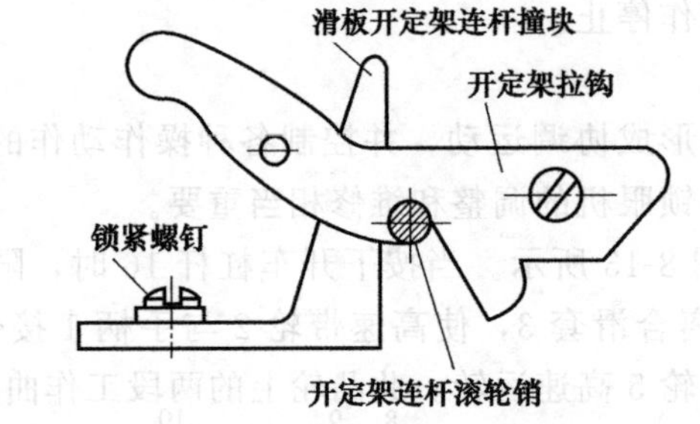	滑板后退至最后时，开定架拉钩应自由扣住开定架连杆滚轮销调整时旋松螺钉，移动滑板开定架连杆撞块即可，如开定架拉钩缺口或连杆撞块没有顶住连杆滚轮销时，机器就会产生高速与空转，而无走针运动。如开定架拉钩缺口顶住连杆滚轮销，则机器就会产生走针运动而无高速运动，结束时制动不稳
制动架调整	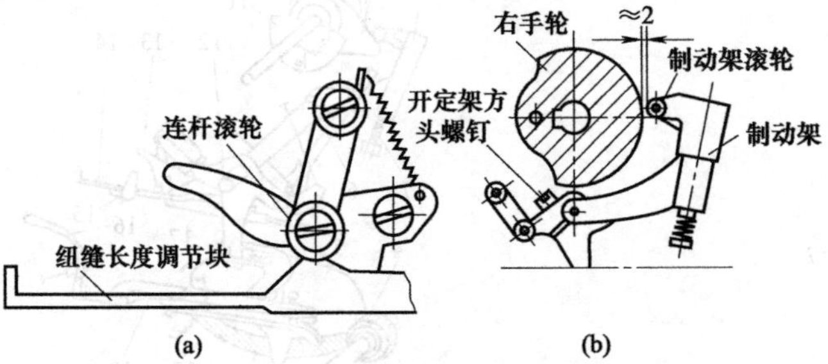	移动滑板使连杆滚轮和钮缝长度调节块凸面的最高处接触时，见图(a)，调整制动架，使制动架滚轮离手轮最高凸缘 2mm，见图(b)。如果 2mm 不足，则对运动可能产生脱节现象；反之则会在走针结束时产生制动不稳
停针杆调整	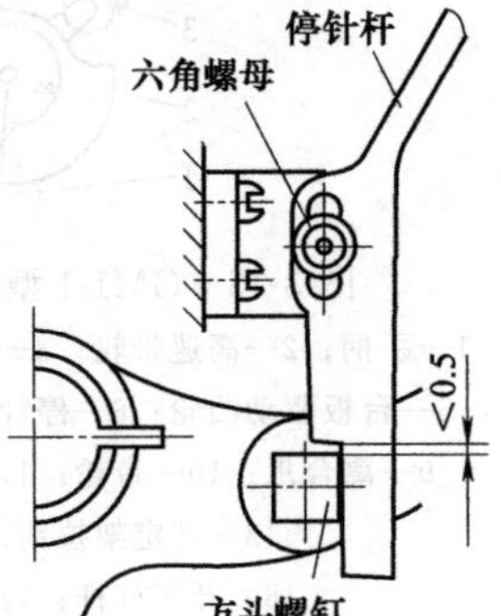	当连杆滚轮处在纽孔长度调整块最高凸面时，调整停针杆，使停针杆的钩口与开停架方头螺钉的间歇为 0～0.5mm 之间，若不在 0～0.5mm 之间，则机器就会产生走几针之后马上回到高速的现象

续表

项目	示　意　图	调 整 方 法
互锁调整	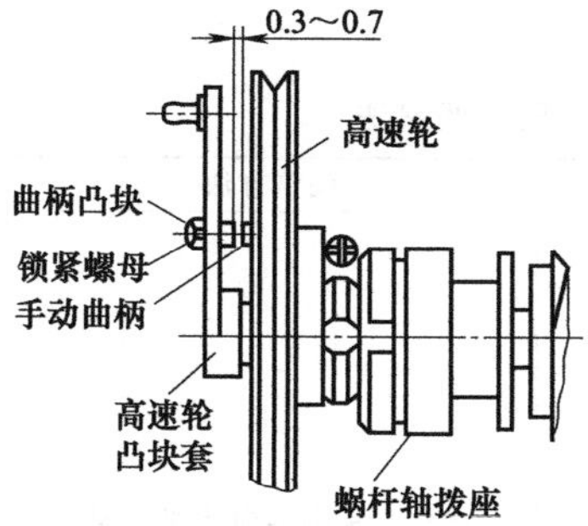	为确保走针与高速运动互锁，应移动滑板至开定架拉钩释放连杆滚轮销位置。推开停车杆。使制动架滚轮靠在手轮的最高凸缘上，此时高速凸块套与曲柄凸块套应保持 0.3～0.7mm 的间歇。如果发生脱节，则产生断针现象
停车调整	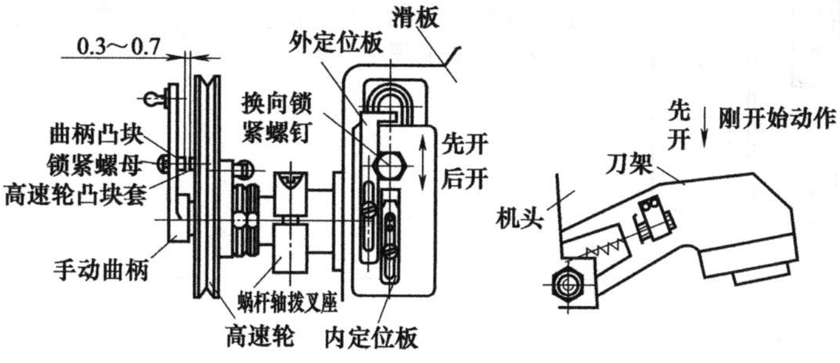(a)　(b)	当滑板移至刀架刚动作的位置时，转动右手轮使离合器不释放带轮。按图(a)所示移动换向锁紧螺钉，使曲柄凸轮与高速凸块分离并且间隙为 0.3～0.7mm，此时机器为先切后缝。滑板后退至最末端位置时，转动右手轮使离合器爪释放带轮。移动换向锁紧螺钉使曲柄凸块与高速轮凸块分离并且间隙为 0.3～0.7mm，此时机器为先缝后切，见图(b)
定位杆调整	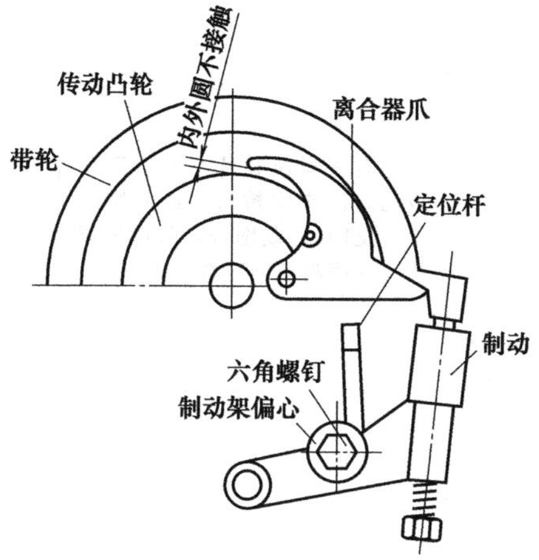	当机器自动停车后，离合器爪应释放转动凸轮，其调整为旋松六角螺钉并旋动偏心套，使离合器爪与槽内外脱离接触。如果离合器爪碰带轮则机器发热产生闷车，如果离合爪碰传动凸轮则机器会产生噪声
开定架限位调整	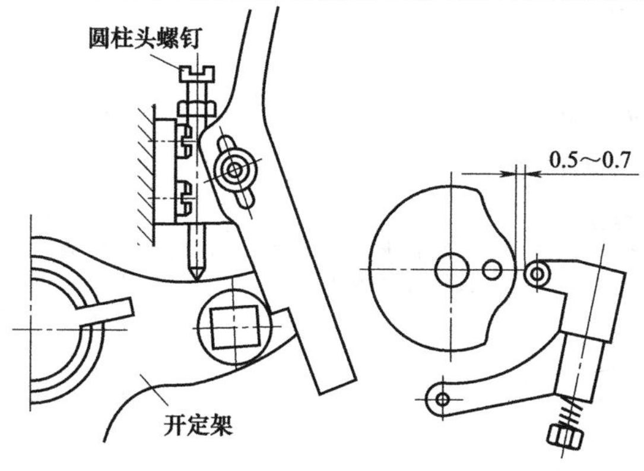(a)　(b)	在停车位置上，调整圆柱头螺钉，见图(a)，使制动架滚轮脱离右手轮曲面，其间隙约 0.5～0.7mm。如间隙太大会影响制动，间隙太小会损坏制动架及滚轮

四、 圆头锁眼机各机构的调整

圆头锁眼机各机构的调整见表 8-3～表 8-6。

表 8-3　压脚调整法

项目	图　示	调整方法	备　注
间距螺钉调整	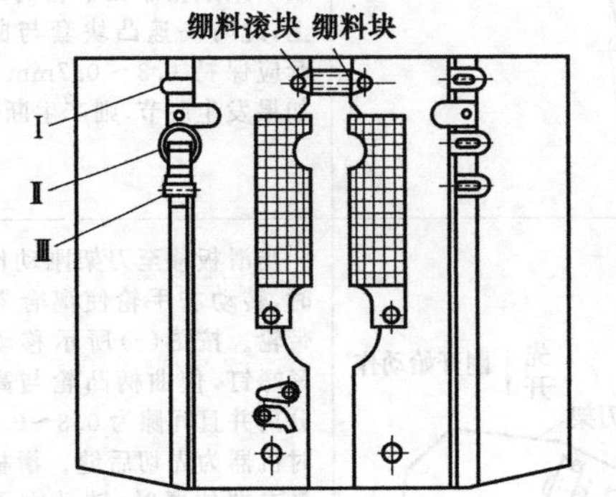	将左右压脚各向边缘推足，再旋松间距调整螺钉，使之顶住左右压脚边缘，见图中Ⅰ处	为保证左、右压脚板平行绷料
绷料片与限位片的调整	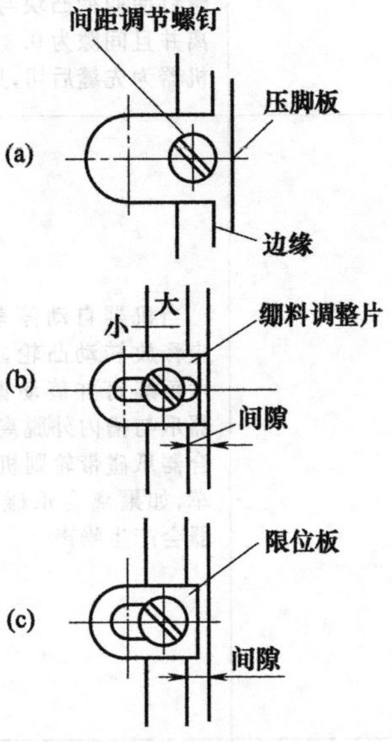	左右绷料调整片与左右限位板的定位应保持与边缘间隙相等。见图(b)及图(c)，限位板调整应在绷料块向顶端上进行	若压脚压力大小不一，可视具体纽孔情况酌情调整
压脚板调整	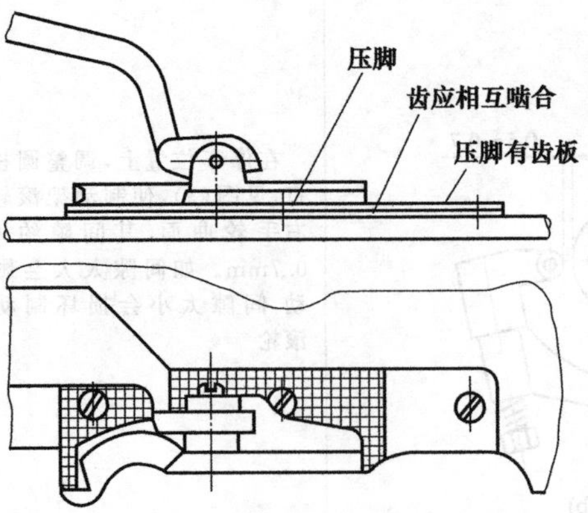	左右压脚与压脚齿板应完全接触，齿口吻合	若达不到要求，则会影响纽孔美观，如纽孔不能形成包缝线迹、圆头变形、跳针等现象

续表

项目	图示	调整方法	备注
抬压脚调整	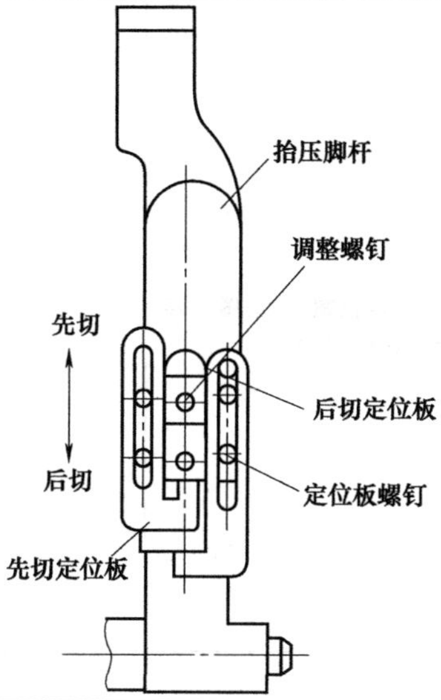	机器自动停车后，压脚要能自动打开，手动也能合上，若不能，则调整抬压脚杆的调节螺钉	调整完毕应将先、后切的定位板固定
压脚压力调整	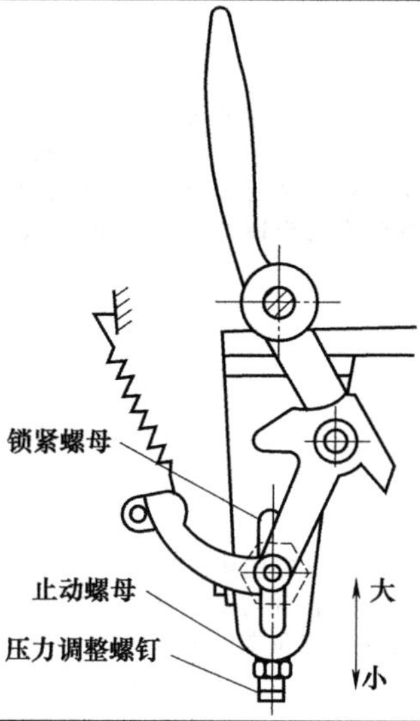	压力调节应旋松锁紧螺母。按图示的方向调整压力的大小	压脚压力视布料厚薄而定，一般应控制在缝料能压紧即可，若压力太大会损坏零件

表 8-4　轨迹调整法

项目	图示	调整方法	备注
圆头凸轮调整	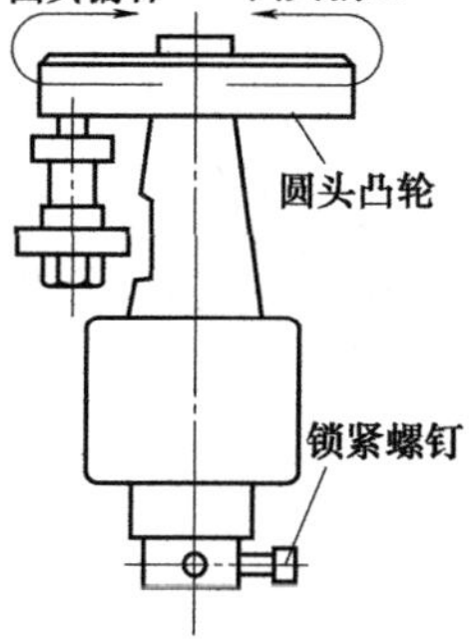	压脚压住低片，开车走针一次，如圆头不对称，可松开锁紧螺钉，按图调整即可	调整后牢固锁紧

续表

项目	图示	调整方法	备注
弯针座转角调整	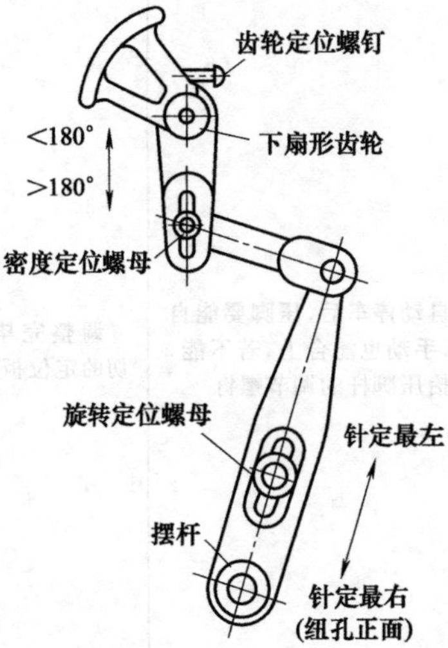	旋松角度定位螺母，按图示移动，使弯针座旋转180°	
上扇形齿轮调整	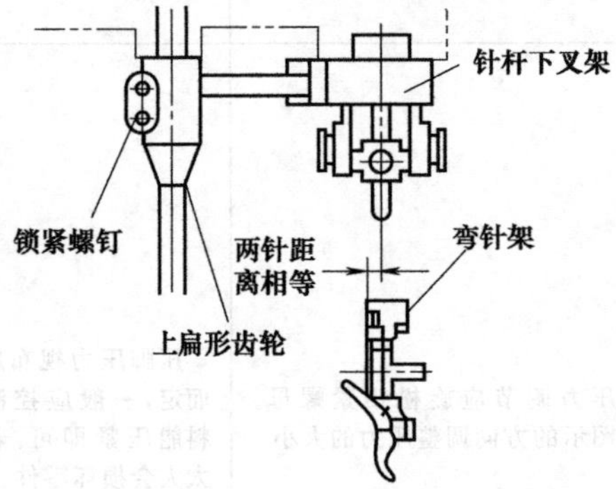	除上扇形齿轮定位保证与下叉架恰好啮合外，还应使中心针与横列针至弯针架平面的距离相等。其调整为旋松锁紧螺钉即可	若两针距不相等，则有碰针现象，使针碰毛及跳针、断针
下扇形齿轮调整	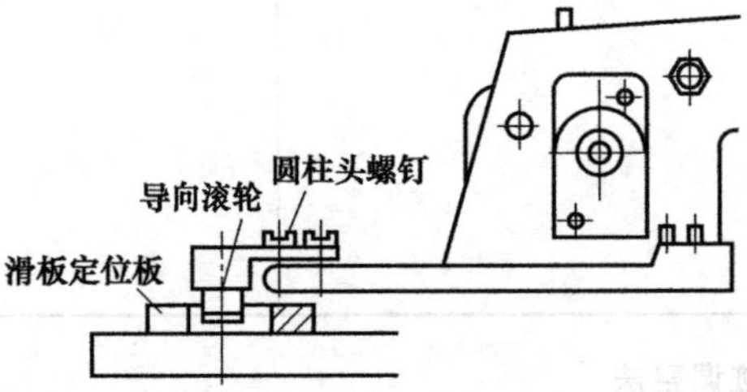	下扇形齿轮定位应使弯针座平面与滑板成垂直，并与下面齿轮啮合，旋松齿轮定位螺钉按需调整	—
针杆始转调整	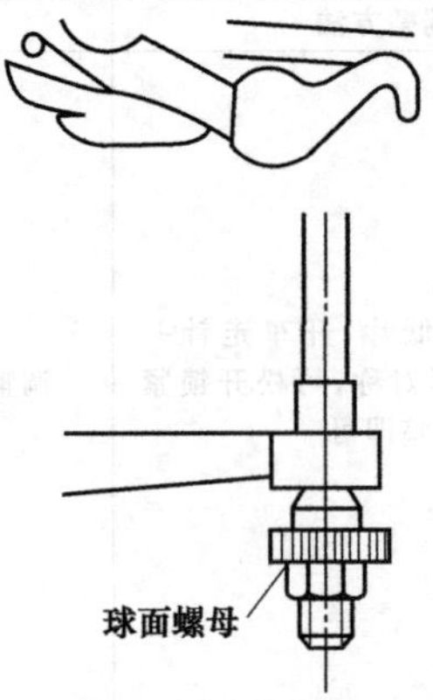	将滑板移动至最后(用百分表测量)，看弯针座平面是否与滑板运动方向平行，如不平行则需要移动旋转定位螺钉来调整	调整以后，还需视纽孔针迹偏移情况反复调整

续表

<table>
<tr><th>项目</th><th>图 示</th><th>调整方法</th><th>备 注</th></tr>
<tr><td>滑板横向调整</td><td>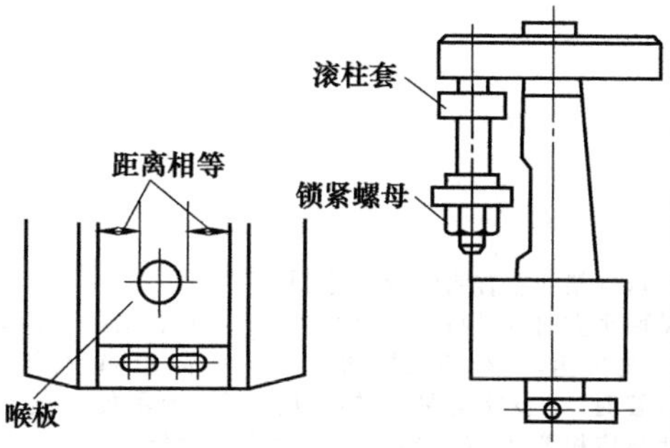
</td><td>滑板左右到喉板的距离应相等，滑板横向调整应旋松滚柱套上的锁紧螺母即可，待开车复查后将机头尾部的导向滚轮与滑板定位板固定</td><td>若没有调整，则会产生缝料不能形成包缝线迹或左右横列底线对应松紧，也会产生纽孔与布料不垂直</td></tr>
<tr><td>上下拉杆调整</td><td rowspan="2">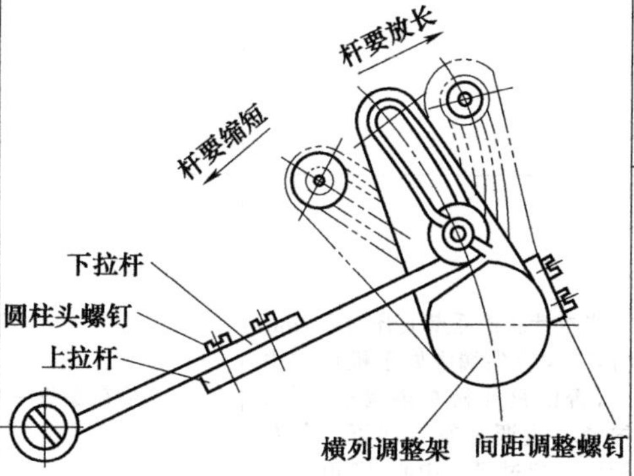
</td><td>当机针处于中心时旋松圆头螺钉，并使上、下拉杆不能互相运动，然后上下移动拉杆，如果横列调整架向前摆动应将上下拉杆互相拉开一些距离。若向后摆动则与前相反，直至针杆不动</td><td>若移动上、下拉杆，针杆左右摆动，加大或缩小横列时，横列间距将增大或缩小，甚至会引起跳针</td></tr>
<tr><td>横列间距调整</td><td>横列间加大间距时，松上面间距调整螺钉，若缩小间距则相反</td><td></td></tr>
<tr><td>切刀调整</td><td>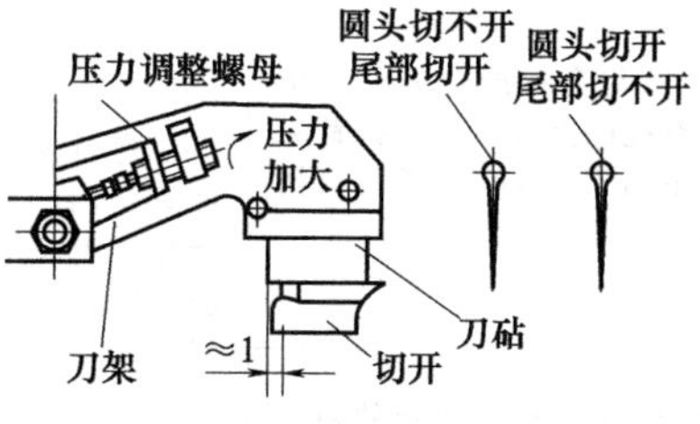
</td><td>切刀的安装必须使切刀的压痕在纸样上针迹孔的当中，如左右偏，松开切刀座上的螺钉，移动切刀座。前后偏，松开压板螺钉移动切刀，然后固定先后切定位板</td><td>切刀压痕如不在针孔的当中，纽孔线结将有影响，甚至包不牢布</td></tr>
<tr><td>刀砧切布调整</td><td>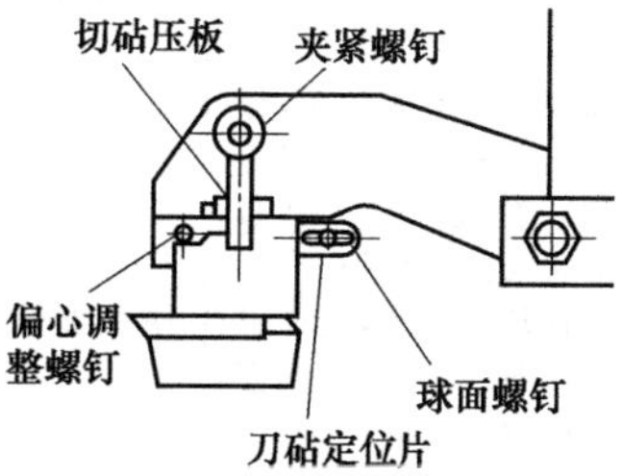
</td><td>刀砧应长出切刀 1mm 左右，若缝料不能切开，按需要调整压力调节螺母，若缝料不是前后全部切开，按需旋动偏心调整螺钉</td><td></td></tr>
</table>

表 8-5　走势调整

项目	图　示	调整方法	备　注
套针架调整	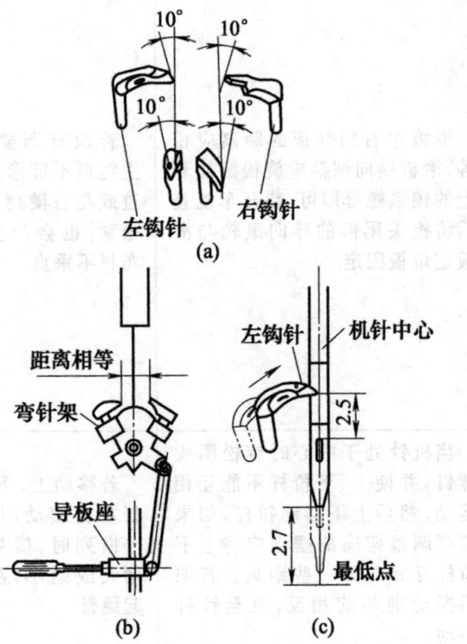	弯针架的左右钩针应无毛刺，从两个方向看，钩针与针均应有10°的夹角，当针杆在横列最大位置时，中心针至左、右钩针的距离应相等，应松开导板座上螺钉即可以调整	左右钩针下尖端应相平或左钩针略低于右钩针，绝不能右钩针比左钩针低
机针与弯针配合的调整	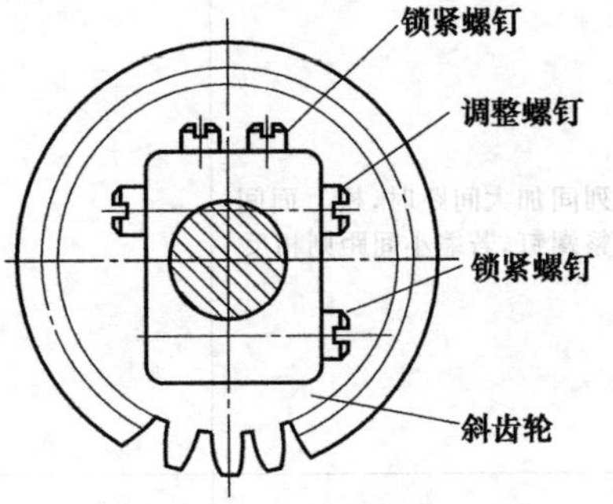	当机针从最低点上升到 2.7mm 时，左钩针尖端应处于机针的中心，否则只要松左边调整螺钉，拧紧右边调整螺钉即可。若左钩针已超过机针中心，则相反	调整后旋紧锁紧螺钉
针杆高度调整	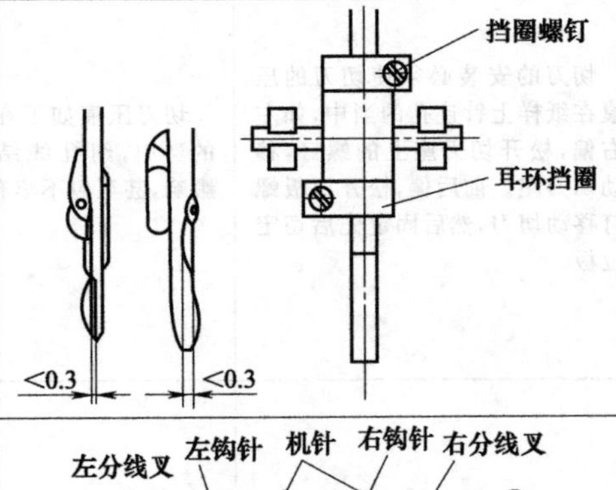	当机针与弯针配合调整完毕后，将针孔的上方移至左钩针尖端 2.5mm 处，然后旋紧两只挡圈螺钉	在弯针架、机针与变针配合，针杆高度及弯针与机针间隙调整中，若有任何一项没有调整好，都会出现跳针现象
变针、机针间隙调整		调整左、右钩针到机针的距离应小于 0.3mm	
拨线叉调整	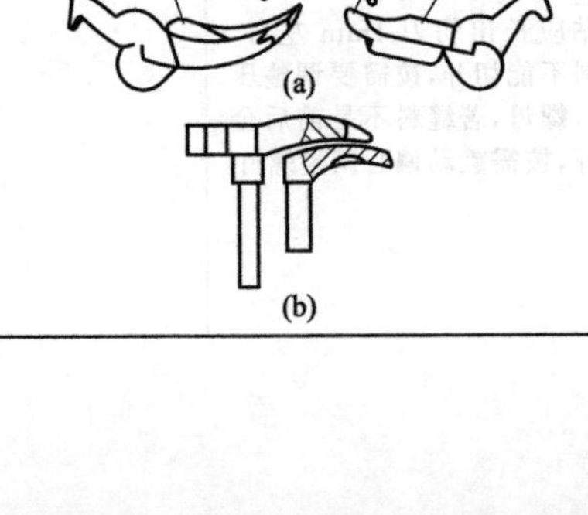	左右分线叉应光滑无毛刺，分线叉应尽量靠近机针方向，但不能露出钩针。分线叉与钩针必须有轻微接触或稍离开些 右分线叉打开的大小，可通过调整球面螺母即可，一般控制靠近机针，但不碰针即可	若分线叉调整不好，将会造成线迹被钩毛或跳针或断针等

表 8-6　线结调整

项目	图　　示	调整方法	备　　注
喉板的调整	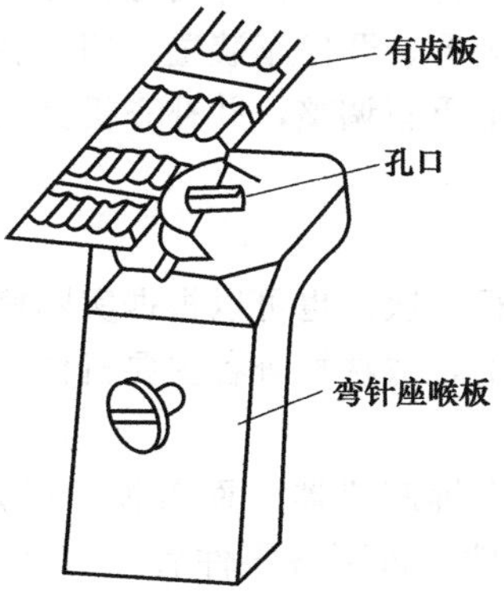	喉板的孔口四周应光滑圆弧。机针通过时严禁碰针，喉板固定时应尽可能高些（参见图）。机针应尽量靠近喉板腰形孔的平行边缘	若针碰针板会引起纽孔线结不好与断针
挑线簧的调整	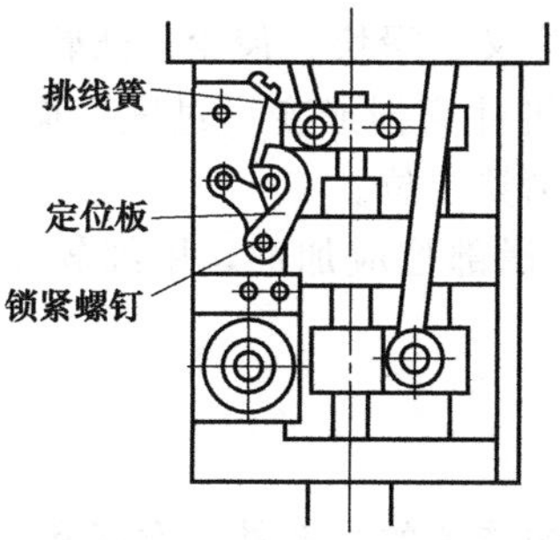	当弯针架向左摆动到最终位置时，挑线簧使底线保持挺直即可	若挑底线太紧，则面线收不紧，若挑底线太松，则底线收不紧

第三节　圆头锁眼机的保养与维护

圆头锁眼机是一种精密而复杂的缝纫机械。加强对该机的保养，是保证生产顺利、延长机器的使用寿命的重要一环。

一、 日常保养

圆头锁眼机的日常保养包括两项主要内容，即机器的润滑和清洁，这都是由操作者进行的。

圆头锁眼机的清洁保养，应在班前、班后进行。要将机器台面擦干净，将钩梭部分的绒毛杂物用小毛刷清扫干净。在清理时，应先切断电源。

圆头锁眼机的润滑，大都是通过人工加油进行的。凡是动作频率快而磨损大的部位加油次数应多一些；动作频率慢，磨损小的部位加油次数则可以少一些。所用的润滑油，应根据机器特点有所选择。负荷较大磨损较重的部位，采用号数较大的机械油 L-A N15～68 或电机油，其他部位一般用 L-AN7 机械油或锭子油。

每个油孔的加油量，应依据那个部位的需要而定，凡是转动快的零件就可多加一点，嵌有毛毡的零件也可加多一些，使毛毡含有较多的含油量。总之，加油要针对不同情况，根据实际需要决定加什么油、加多少和多长时间加一次油。

二、一级保养

圆头锁眼机的一级保养，是在机器运转一个月后进行一次。保养内容：除完成日常保养的全部内容外，要对机器实行全面的检查。检查过线装置、开停车装置、切孔装置等的工作情况，达到锁眼机的完好标准。如发现问题，应按标准重新调整，并补齐机器上缺损零件。

三、二级保养

圆头锁眼机的二级保养，一般是机器运转两年进行一次。也可以根据实际使用情况确定二级保养时间。二级保养内容，是在一级保养的基础上，清洗检查各主要机件，修复更换磨损零件，使机器达到优良状态。保养方法如下。

① 按顺序拆卸机器可拆机件，进行清洗。一般先拆卸机器表面盖板、罩壳、压脚板、下刀、上刀、机针等，然后再由外向里拆卸各机构部件。拆下各零件后，用煤油清洗干净，分别归类。

② 检查各主要机件的磨损与配合情况，修复或更新，装配机器。检查容易磨损和经常运动的零件，如轴、轴套、轴销、凸轮滚柱、镶块、牙叉、滑块、齿轮、凸轮、钩针等。可用千分表、卡尺测量，有的也可用目测观察。如发现机件磨损或变形过度，应修复或更换。装配的顺序一般应按拆卸的相反程序进行，并按标准调整定位。

③ 加油、试机。机器按标准调整定位后，对各润滑部位应加油，用细软布擦净机器工作面，然后试机。

四、修整和更换

在圆头锁眼机的二级保养过程中，要对各主要机构装置的零部件的磨损和配合情况进行检查。发现磨损严重和配合不良时，就需进行修整和更换。下面仅就 GM1 型圆头锁眼机的修整和更换问题作概要介绍。

1. 挑针机构

挑针机构及其修整见图 8-16 和表 8-7。

表 8-7 挑针机构的修整

装配技术要求	维修注意事项
①挑针杠杆机构装配后，应保证组合公差 ②偏心轴 5 被锁紧后，应保持偏心轮 8 自由运动 ③挑针杠杆横轴 9 的尾部螺母 6 应保证其自由运动而锁紧 ④所有油路保证畅通 ⑤挑针连杆 2 和挑针小轴 3 应有 60% 以上的接触面 ⑥针杆转动应灵活并无紧、松现象 ⑦针杆松动间隙为 $0.6^{+0.05}_{+0}$ mm ⑧球面套的轴向窜动量小于 0.05mm ⑨针杆摆动套 19 的轴向窜动量越小越好，但传动要灵活 ⑩耳环 17、20 的定位应在针杆下降到最低点时，针杆 12 顶端略低于针杆套筒 14 ⑪针杆 12 装入针杆套筒 14，应使针孔的偏心方向与斜槽的偏移方向相反	①当挑针连杆套与挑针连杆小轴的径向间隙过小时，将套拆下，把套相互接触的面修去少许，然后，重新配研小轴，减小其径向间隙，保证接触面在 60% 以上 ②挑针杠杆径向间隙过大，可将其衬套压出，更换一个新的即可，轴向窜动过大，可将衬套和杠杆进行位移来调整 ③挑针杠杆前衬套磨损，可压出衬套更换新的 ④更换挑针齿轮时，应将盘端毛刺修尽 ⑤在更换新的下叉架后，应修尽齿轮端的毛刺 ⑥在压板定位时，能使顶簧有效地顶住导销即可 ⑦拆装垫块时，应认准方向 ⑧针杆转动间隙过大，应修正摆动套，但保证平面与孔的垂直精度

2. 凸轮轴部件

凸轮轴部件及其修整见图 8-17 和表 8-8。

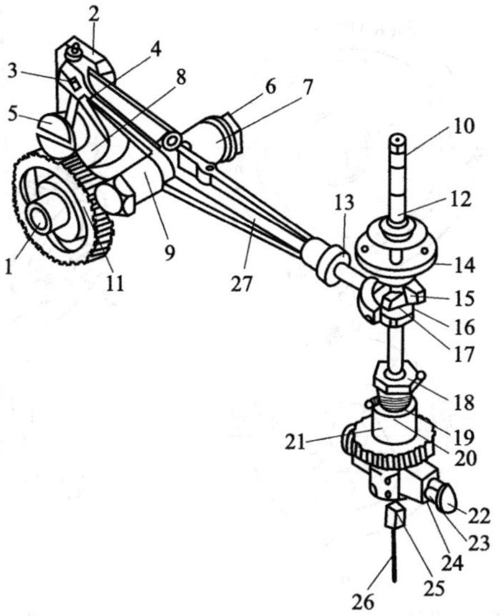

图 8-16 挑针机构

1—凸轮轴；2—挑针连杆；3—挑针小轴；4,8—偏心轮；5—偏心轴；6—横轴螺母；7—挑针横轴磁；9—挑针杠杆横轴；10—针杆上螺钉；11—斜齿轮；12—针杆；13—衬套；14—针杆套筒；15—针杆叉；16—耳环挡圈；17—针杆耳环；18—挡圈；19—针杆摆动套；20—摆动耳环；21—下叉架；22—导向压板轴；23—压板销；24—导向销；25—垫块；26—机针；27—挑针杠杆

表 8-8 凸轮轴部件的修整

装配技术要求	维修注意事项
①传动凸轮与带轮应能相对转动 ②斜齿轮的定位,应使机针在中心位置的最低点再上升2.7mm后,左钩针尖端处于机针中心 ③凸轮与销的铆接应牢固无松动现象 ④带轮的轴向窜动量不得过大 ⑤斜齿轮与挑针齿轮啮合时应将标记对准	①拆装凸轮和齿轮时,应将拆下来的凸轮单独平稳地放好,以免重物压迫变形或摔坏 ②若带轮径向间隙过大,应更换铜套 ③在更换斜齿轮时,应在齿轮的两端面上将毛刺修尽 ④斜齿轮的两个切向锁紧套应锁紧,其接触线应靠近斜面的1/2处上方,并且这两锁紧套在孔内不宜过紧 ⑤缓冲簧装在带轮内应加润滑脂 ⑥应修刮凸轮槽,保证精度

3. 挑线杆机构

挑线杆机构及其修整见图 8-18 和表 8-9。

表 8-9 挑线杆机构的修整

装配技术要求	维修注意事项
①挑线杆滚轮应与斜齿轮凸轮槽内滚动接触 ②挑线杆内轴向窜动应愈小愈好 ③松线杆在开定架作用下,使得走针时,面线夹线板在调整簧压力下能够压紧,当高速时调整簧应不再对夹线板加压	①挑线杆滚轮与斜齿轮应滚动接触。若更换挑线杆或其他有关零件后,滚轮不能正常滚动,则应将挑线杆的位置进行纠正 ②挑线杆在其轴位螺钉的固定下,应摆动灵活,轴向窜动量不能过大 ③拆装挑线杆滚轮轴时,应保证和孔轴线平行 ④挑线杆挑线衬套长期使用会被线拉出很深的痕迹而影响使用,为此可将衬套敲出,转一角度压进可继续使用 ⑤松线臂在松线杆等零件作用下,若在高速运动时,不能把面线放松或在走针时不能使面线压紧,则应校正松线臂 ⑥两夹线板的夹线面应平直、光滑、无毛刺,否则会影响线结

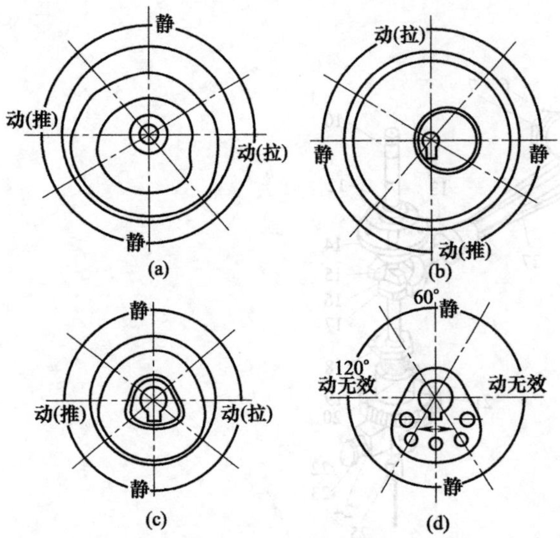

图 8-17　凸轮轴部件

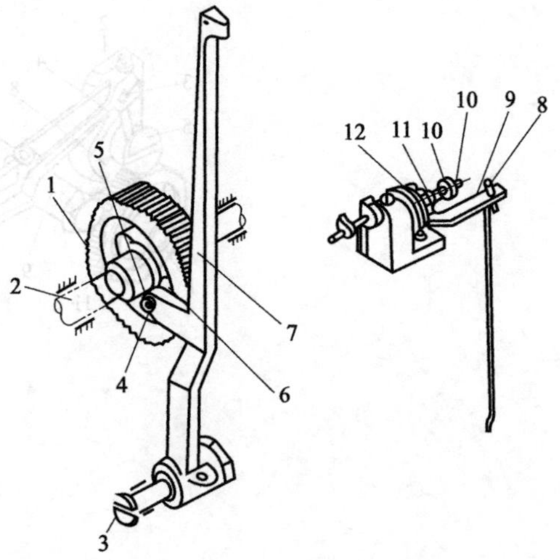

图 8-18　挑线杆机构

1—主动斜齿轮；2—凸轮轴；3,5—轴位螺钉；4—挑线衬套；6—挑线杆滚轮；7—挑线杆；8—松线杆；9—松线臂；10—面线调整螺钉；11—调整簧；12—夹线板

4. 切刀机构

切刀机构及其修整见图 8-19 和表 8-10。

表 8-10　切刀机构的修整

装配技术要求	维修注意事项
①刀架应灵活转动，轴向窜动量不应过大 ②上切刀对下切刀刃口的左右位移量应居中 ③盖板安装时横、直两拉块应无压紧力，而盖板舌应压在直拉块缺口上 ④横拉块在弹簧作用下应复位自如	①装刀架时，应把横、直两拉块放在压力最小位置上进行 ②如图 8-19 所示，应保证刀架装配位置的尺寸 ③若盖板舌簧不能压在直拉块缺口上，产生直拉块在垂直方向下落，则要纠正舌簧 ④切刀压力过大，应检查切刀凸轮

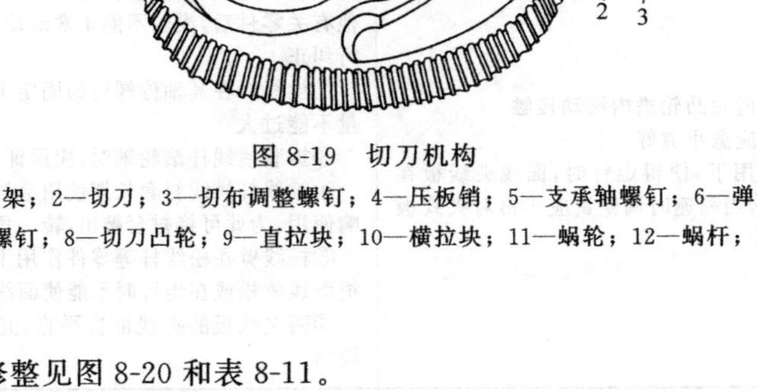

图 8-19　切刀机构

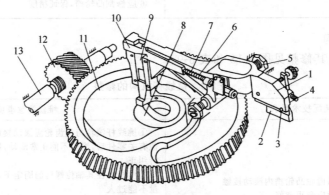

1—刀架；2—切刀；3—切布调整螺钉；4—压板销；5—支承轴螺钉；6—弹簧；7—刀架调整螺钉；8—切刀凸轮；9—直拉块；10—横拉块；11—蜗轮；12—蜗杆；13—蜗杆轴

5. 弯针机构

弯针机构及其修整见图 8-20 和表 8-11。

表 8-11　弯针机构的修整

装配技术要求	维修注意事项
①分线叉臂和钩针臂都应转动灵活，轴向窜动量不宜过大 ②连杆锁紧后轴向窜动量越小越好 ③球面螺栓的定位应使右分线叉与机针最小距离为0.1～0.3mm ④滚轮轴小端铆接必须牢固，分线叉臂滚轮和滚轮均应滚动接触 ⑤弯针架和弯针底板都应能灵活摆动，轴向间隙越小越好。弯针架、弯针架底板与弯针座应贴合 ⑥保针板应有效地保护机针 ⑦连接套的轴向窜动量不宜过大 ⑧在保证弯针座的灵活转动下，应保证两杠杆不产生碰撞	①滚轮若不在凸轮槽内滚动，可根据涂色法来进行纠正 ②更换新的钩针臂后，若铆接滚轮轴的端面和斜齿轮相碰，可位移钩针臂和衬套 ③滚轮和弯针摆动凸轮以只要滚动为原则 ④滚轮轴可进行黏合锁紧 ⑤连杆和衬套装配时，应保证装配精度 ⑥机针应靠近喉板平行边 ⑦弯针用油石修磨后，一定要进行抛光处理 ⑧如图 8-20 所示，在更换新的喉板时，喉板孔下端要倒圆角 ⑨弯针座装配后，应旋转灵活，轴向窜动量不宜太大

6. 摆针机构

摆针机构及其修整见图 8-21 和表 8-12。

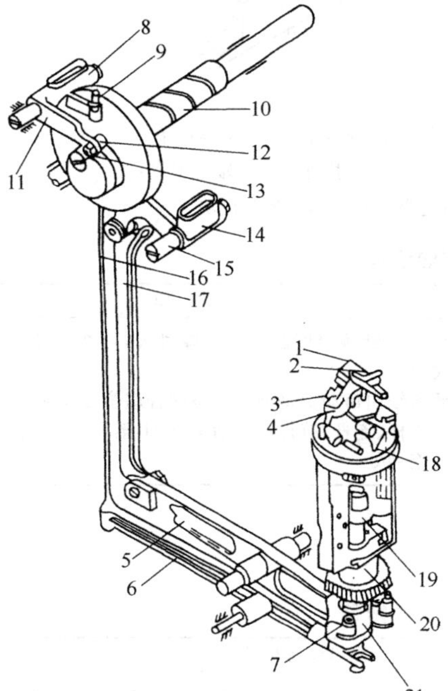

图 8-20　弯针机构

1—喉板；2—弯针；3—弯针架底板；4—保针板；5—直拉管杠杆；6—底板拉管杠杆；7—连接销；8—分线叉臂；9—螺栓；10—凸轮轴；11—分线叉；12—分线叉臂滚轮；13—滚轮轴；14—钩针臂；15—钩针臂螺栓；16—钢丝拉杆；17—直连杆；18—弯针架；19—弯针座；20—弯针座齿轮；21—连接套

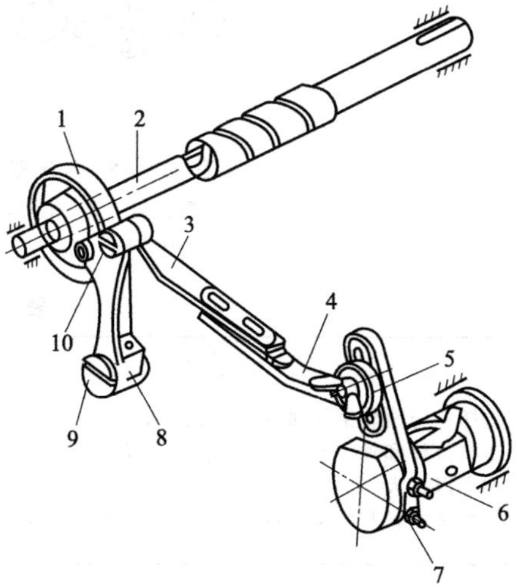

图 8-21　摆针机构

1—横列凸轮；2—凸轮轴；3—密度拉杆；4—上拉杆；5—上拉杆轴位螺钉；6—横轴；7—调整架；8—横列连杆；9—连杆轴位螺钉；10—下拉杆轴位螺钉

表 8-12　摆针机构的修整

装配技术要求	维修注意事项
①横轴的轴向窜功量小于 0.1mm ②机针处于中心针最低点时，上下移动拉杆和调整架不应摆动 ③横列连杆在轴位螺钉的固定下摆动灵活，轴向窜动量不宜过大 ④滚轮应在横列凸轮槽内滚动接触 ⑤横列连杆和下拉连杆在轴位螺钉连接下转动灵活，轴向窜动不宜过大 ⑥滚轮轴小端铆接应牢固，无松动现象	①滚轮不能在凸轮槽内滚动接触，可固定于横列连杆下端，用涂色法进行纠正 ②横列连杆若轴窜动过大，可位移衬套和连杆来调节间隙 ③压入横列连杆上的衬套

7. 走针机构

走针机构及其修整见图 8-22 和表 8-13。

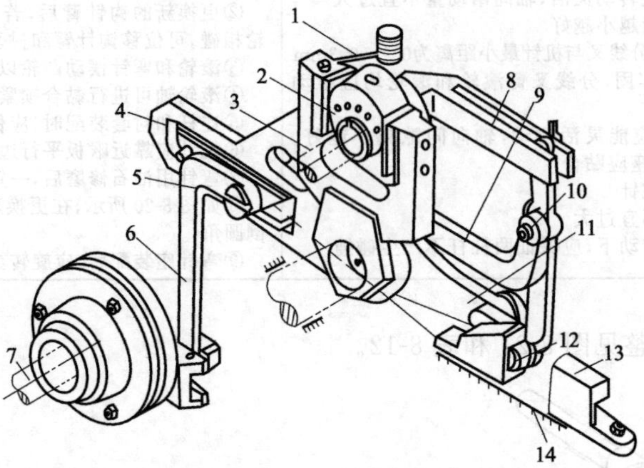

图 8-22　走针机构

1—牙叉毛毡座；2—针迹密度凸轮；3—凸轮轴；4—牙叉；5—牙叉连接销；6—针迹密度拉杆；7—蜗轮轴；8—针迹摆杆架；9—横拉杆；10—轴位螺钉；11—摆针座；12—滚轮销；13—圆头针迹调节板；14—牙叉滑块

表 8-13　走针机构的修整

装配技术要求	维修注意事项
①摆杆与滚轮销铆接应牢固无松动 ②横拉杆和轴位螺钉定位锁紧时,应能灵活转动,轴向间隙不得过大 ③针迹凸轮和牙叉的配合,应修刮牙叉侧面以求得保证	①牙叉和针迹密度凸轮若间隙过大,可在牙叉和垫块中间垫放垫片 ②牙叉轴向窜动量是通过调整摆杆座位置完成的 ③各摆杆、连杆、拉杆均应活动自如,若不能达到要求,可纠正各连接处

8. 纽孔轨迹机构

纽孔轨迹机构及其修整见图 8-23 和表 8-14。

表 8-14　纽孔轨迹机构的修整

装配技术要求	维修注意事项
①蜗杆与蜗轮的啮合应灵活无松动。蜗杆的空行程不大于 5° ②蜗轮的轴向窜动量不应太大 ③钢带与钢带脚及调节头铆接应牢固 ④拨块应能灵活转动,轴向间隙不可太大 ⑤手动曲柄与曲柄捏手的铆接应牢固无松动 ⑥蜗杆轴的轴向窜动应尽量小 ⑦顺时针方向转动超越离合器前盖应带动蜗杆轴,逆时针方向转动应不带动蜗杆轴旋转 ⑧主动蜗杆装配时应将连接销卡入槽内,然后再将锁紧螺母锁紧 ⑨滚柱装配完毕后,应能灵活转动 ⑩蜗杆与蜗轮的啮合应均匀 ⑪装配完毕后圆头凸轮的空行程杆在凸轮外圆上间隙应尽量小	①主动蜗轮蜗杆磨损后,如啮合间隙过大则可移动 T 形套筒来调整 ②装配蜗杆时,螺钉应对准蜗杆轴凹坑锁紧 ③修刮主动蜗轮的凸轮槽时,应保证相配精度 ④拨块应灵活地拨动高速轮,如不灵活是因摆杆变形所引起 ⑤装配前应将两对蜗轮副的毛刺修净 ⑥更换的块刀凸轮应上模具定位或原理定位 ⑦两凸块装在蜗轮槽内,头部与蜗轮下端面平齐决不能高出。若仍有接触面倾角磨损,可修磨端面消除,并重新调整安装位置,否则难以保证高速运动和产生凸块微撞 ⑧主动蜗轮压板和蜗轮应有 60% 的接触面,并在压板的两端,若中间接触,则可修挫与机座接触的两凸台 ⑨调节"F"形拉钩,只调节主动蜗轮压板的装配位置即可,但防止产生夹紧力 ⑩在蜗轮、蜗杆间隙过大或过小时,可以调整蜗轮座四个螺钉来消除。若消除不了,则应修锉蜗轮座与机座接触平面 ⑪装配圆头蜗轮时,螺钉应对准圆头蜗头轮轴套的凹坑并且锁紧 ⑫滚柱应在圆头凸轮槽内滚动接触。若它们不平行,则根据涂色法来修正圆头支架与滚轮套接触的面 ⑬更换圆头凸轮时,应注意凸轮上的孔与凸轮轴上的圆销对准,若凸轮槽和滚柱相配过紧,可适量修正槽

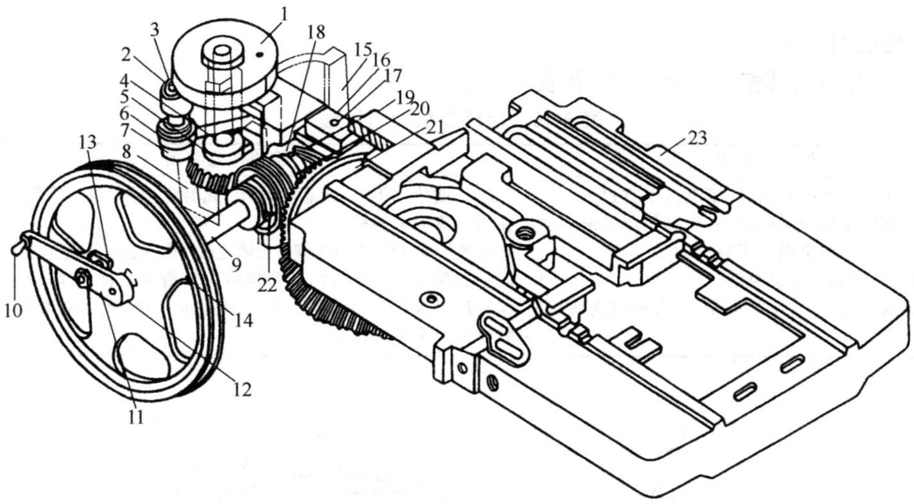

图 8-23　纽孔轨迹机构

1—圆头凸轮；2—滚柱；3—滚柱套；4—圆头凸轮轴；5—圆头蜗轮座垫圈；6—圆头支架；7—滚柱锁紧螺钉；8—圆头蜗轮轴套；9—蜗杆轴；10—曲柄把手；11—手动曲柄；12—曲柄凸轮；13—高速轮凸块套；14—蜗杆轴高速轮；15—圆头蜗轮座；16—圆头支架方滑块；17—圆头支架滑块销；18—主动蜗杆；19—蜗杆锁紧螺母；20—双头蜗杆；21—主动蜗轮；22—紧锁螺钉；23—滑板

9. 转针机构

转针机构及其修整见图 8-24 和表 8-15。

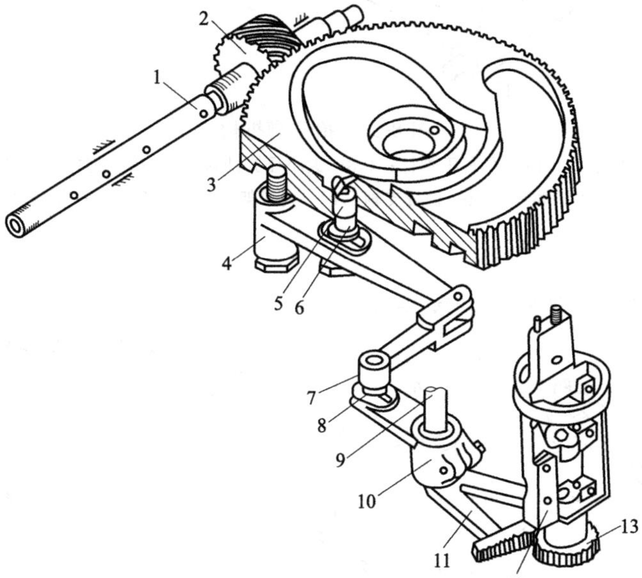

图 8-24　转针机构

1—蜗杆轴；2—主动蜗杆；3—主动蜗轮；4—摆杆；5—摆杆滚轮；6—滚轮轴；7—连杆；8—调整座销轴；9—直轴；10—调整座；11—下扇形齿轮；12—弯针座；13—齿轮

表 8-15　转针机构的修整

装配技术要求	维修注意事项
直轴的轴向窜动量不得过大	①摆杆滚轮在凸轮槽内不能滚动接触，可根据涂色法修锉摆杆与滚轮销的接触平面 ②连杆传递动力应灵活，否则应校正连杆，但不能使连杆孔槽变形 ③下扇形齿轮损坏，可拔出连接销进行更换

10. 抬压脚机构

抬压脚机构及其修整见图 8-25 和表 8-16。

表 8-16 抬压脚机构的修整

装配技术要求	维修注意事项
①抬压脚座应灵活摆动，轴向窜动量不宜过大 ②调整螺钉的定位应保证左、右压脚抬起 8mm ③压脚夹紧架轴向窜动量不宜过大 ④各连接件、摆动件传动灵活 ⑤当压脚压下时，左右压脚与左、右齿板应全部接触	①若长期使用不当，齿板会变形，此时应校正，纠正后用透光法或薄纸在齿间移动来检验 ②更换压脚杆后，左右压脚前后错位或高低位置不等，应校正压脚杆 ③在装配左、右拉手时，锁紧螺钉应加清漆黏合，以防回松 ④紧压脚扳手，应使扳手、触杆三孔成一线，允许向前偏差，若不能只需修锉扳手下端即可

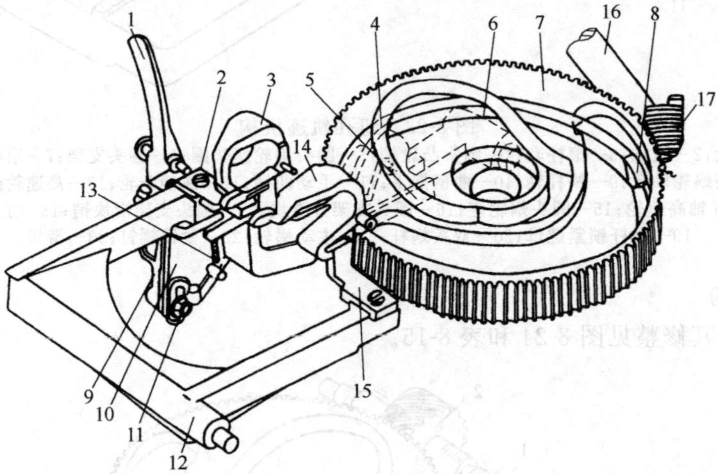

图 8-25 抬压脚机构

1—扳手；2,15—左右拉手；3,14—左右压脚杆；4,8—大小压脚凸块；5—抬压脚杆；6—抬压脚座；7—蜗轮；9—触杆；10—压力调整座；11—触杆支轴；12—夹紧架；13—压簧；16—蜗杆轴；17—蜗杆

11. 绷料机构

绷料机构及其修整见图 8-26 和表 8-17。

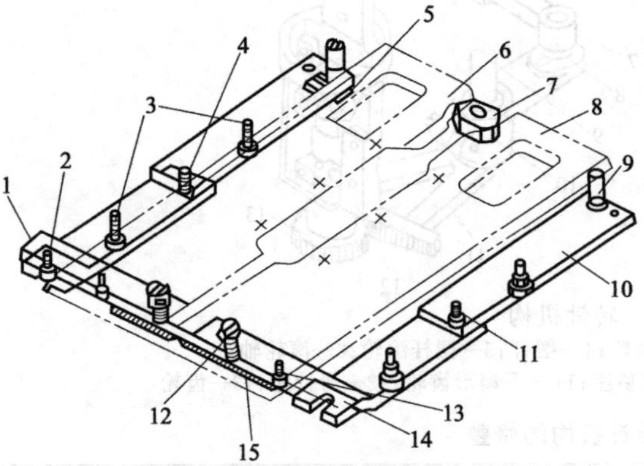

图 8-26 绷料机构

1—前拉杆；2—前拉杆销；3—轴位螺钉；4,11—拨销；5—压片；6,8—左右压脚板；7—滑块；9—调整螺钉；10,14—前后拉板；12—压脚板销；13—前杠杆簧销；15—拉簧

表 8-17 绷料机构的修整

装配技术要求	维修注意事项
后拉板与前拉杆的各销铆接应牢固无松动	①前拉板和传动板在轴位螺钉固定下，均应灵活摆动并轴向间隙不宜过大，装配时注意位置 ②前拉杆在前拉杆销定位下，应在滑板槽内移动灵活，上下窜动量不宜过大 ③各拉扳槽与销的配合间隙不宜过大

12. 机器组装

机器组装见表 8-18。

表 8-18　机器组装

装配技术要求	维修注意事项
①前后定位销定位后，应保证机头上装针杆孔对机座上装弯针座孔的同心度 ②两调整块轻微地贴在滑板上 ③滚轮销与导向座铆接应牢固无轴向窜动，滚轮与滚轮销铆接应保证滚轮能灵活转动，并且铆口不露出滚轮端面，滚轮下端应尽可能接近滑板平面 ④摩擦片与圆头凸轮应有轻微的摩擦 ⑤机器处在先切后缝停车位置时，滚轮与定位板的定位槽嵌合，滚轮直径过槽口	①装配完毕，在目测机头装针杆孔与机座弯针座孔同心时，可先将机针处于中心针位置，并降到最低，再把针杆回升，使左钩针尖端到达机针中心。在机针和钩针间有间隙，然后摆动手动曲柄，使针杆和弯针同步旋转 90°，若相同，那么两孔横向、纵向轴线重合即同心；若不同，则两孔纵向轴线不重合。这时可拔出定位销，将机头螺钉略放松并校正，使其纵向轴线重合，若横向轴线不重合，用同样方法调整 ②机器在正常运转时，在无外部干扰下突然发生卡死，应把连接销拆下，使机座和机头两传动机构脱开，从而判断故障出在哪一部分而进行排除 ③组合后，下切刀一般低于齿板齿面 0.5mm 左右。由于长期使用并刃口修磨，就改变了切刀位置，此时可在下切刀底面垫上相应厚度和形状的金属片来保证精度 ④滑动跳动过大，可抬高左右托架位置和垫高圆头支架位置

第四节　圆头锁眼机的常见故障及排除

一、圆头锁眼机挑线凸轮轴机构的传动及维修

1. 圆头锁眼机挑针机构

圆头锁眼机挑针机构的故障及维修见表 8-19。

表 8-19　挑针机构的故障

传　　动	装配技术要求	维修注意事项
如图所示，挑针齿轮在主动斜齿轮的带动下，使偏心轮驱动连杆，从而把转动变为直线运动，挑针杠杆是以挑针横轴为支点，在挑针小轴的作用下带动针杆叉上下摆动，而使针杆产生上下运动	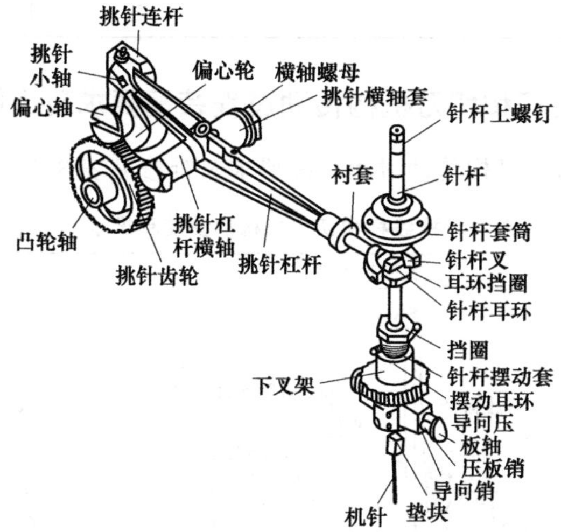 ①挑针杠杆机构装配后，应保证组合公差 ②偏心轴被锁紧后，应保持另一偏心轮能自由运动 ③挑针杠杆横轴的尾部螺母应保证其自由运动而锁紧 ④所有油路保证畅通 ⑤挑针连杆和挑针小轴应有 60%以上的接触面 ⑥针杆转动应灵活并无紧、松现象 ⑦针杆松动间隙为 $0.6^{+0.05}_{0}$mm ⑧球面套的轴向窜动量小于 0.05mm ⑨针杆摆动套的轴向窜动量越小越好，但传动要灵活 ⑩耳环的定位应在针杆下降到最低点时，针杆顶端略低于针杆套筒 ⑪针杆装入针杆套筒，应使针孔的偏心方向与斜槽的偏移方向相反	①当挑针连杆套与挑针连杆小轴的径向间隙过小时，将套拆下，把套相互接触的面修去少许，然后，重新配研小轴，减小其径向间隙，保证接触面在 60%以上 ②挑针杠杆径向间隙过大，可将其衬套压出，更换一个新的即可，轴向窜动过大，可将衬套和杠杆进行位移来调整 ③挑针杠杆前衬套磨损，可压出衬套更换新的 ④更换挑针齿轮时，应将盘端毛刺修尽 ⑤在更换新的下叉架后，应修尽齿轮端的毛刺 ⑥在压板定位时，能使顶簧有效地顶住导销即可 ⑦拆装垫块时，应认准方向 ⑧针杆转动间隙过大，应修正摆动套，但保证平面与孔的垂直精度

2. 凸轮轴机构——圆头锁眼机的心脏部分

凸轮轴机构的安装和维修见表 8-20。

表 8-20 凸轮轴机构的安装和维修

各零件的作用	装配技术要求	维修注意事项
①斜齿轮凸轮轴带动挑针齿轮(小齿轮)使针杆上下运动,并经凸轮的作用使捻线杆进行送线或收线(面线)。通过调节螺钉使机针和钩针能有效配合 ②弯针摆动凸轮:如图(a)所示,外凸轮的侧槽通过其他零件使钩针钩线;如图(b)所示,外凸轮的圆盘通过其他零件使分线叉进行分线 ③横列凸轮:如图(c)所示,横列凸轮经其他零件配合使针杆左右摆动,从而产生横列针迹 ④斜键把弯针摆动凸轮和横列凸轮固定在凸轮轴上,利用斜面夹紧键 ⑤针迹密度凸轮,通过与其他零件配合使滑板产生间歇运动	①传动凸轮与带轮应能相对转动 ②斜齿轮的定位,应使机针在中心位置的最低点再上升2.7mm 后,左钩针尖端处于机针中心 ③凸轮与销的铆接应牢固无松动现象 ④带轮的轴向窜动量不得过大 ⑤斜齿轮与挑针齿轮啮合时应将标记对准 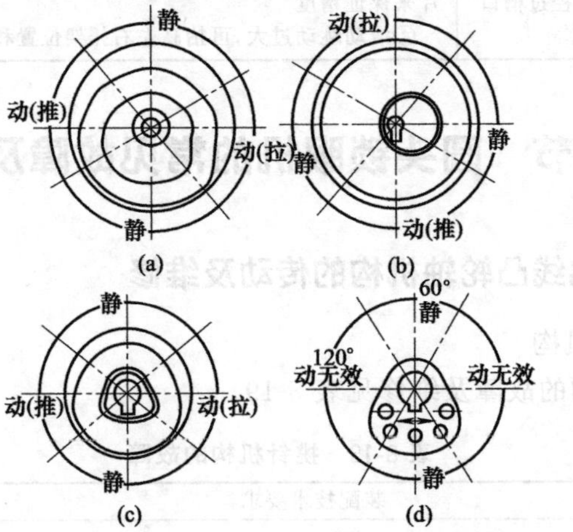	①拆下的凸轮和齿轮应单独放好,以免变形或摔坏 ②若带轮径向间隙过大,应更换铜套 ③在更换斜齿轮时,应在齿轮的两端面上将毛刺修尽 ④斜齿轮的两个切向锁紧套应锁紧且在孔内不宜过紧,其接触位置应靠近斜面的 1/2 处上方 ⑤缓冲簧装在带轮内应加润滑脂 ⑥应修刮凸轮槽,保证精度

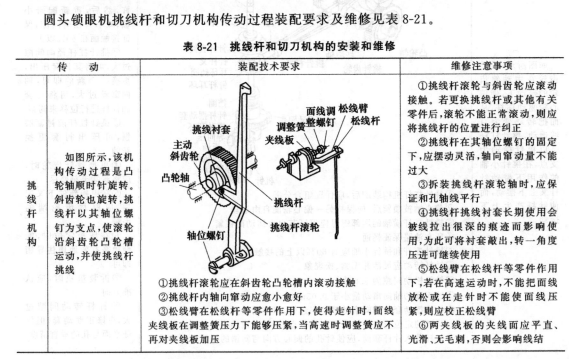

二、圆头锁眼机挑线杆和切刀机构传动过程装配要求及维修

圆头锁眼机挑线杆和切刀机构传动过程装配要求及维修见表 8-21。

表 8-21 挑线杆和切刀机构的安装和维修

传　动		装配技术要求	维修注意事项
挑线杆机构	如图所示,该机构传动过程是凸轮轴顺时针旋转。斜齿轮也旋转,挑线杆以其轴位螺钉为支点,使滚轮沿斜齿轮凸轮槽运动,并使挑线杆挑线	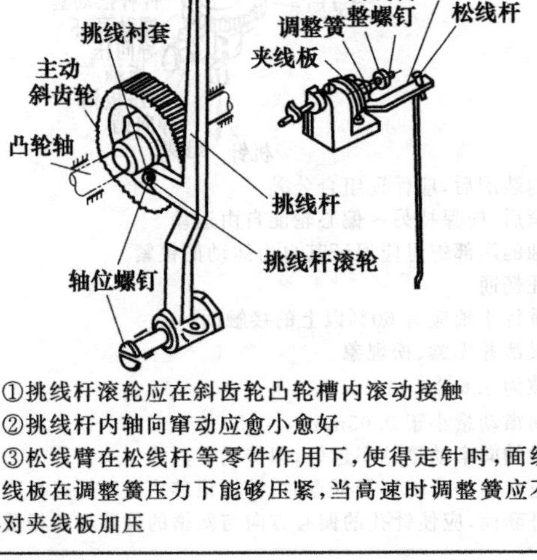①挑线杆滚轮应在斜齿轮凸轮槽内滚动接触 ②挑线杆内轴向窜动应愈小愈好 ③松线臂在松线杆等零件作用下,使得走针时,面线夹线板在调整簧压力下能够压紧,当高速时调整簧应不再对夹线板加压	①挑线杆滚轮与斜齿轮应滚动接触。若更换挑线杆或其他有关零件后,滚轮不能正常滚动,则应将挑线杆的位置进行纠正 ②挑线杆在其轴位螺钉的固定下,应摆动灵活,轴向窜动量不能过大 ③拆装挑线杆滚轮轴时,应保证和孔轴线平行 ④挑线杆挑线衬套长期使用会被线拉出很深的痕迹而影响使用,为此可将衬套敲出,转一角度压进可继续使用 ⑤松线臂在松线杆等零件作用下,若在高速运动时,不能把面线放松或在走针时不能使面线压紧,则应校正松线臂 ⑥两夹线板的夹线面应平直、光滑、无毛刺,否则会影响线结

续表

传　　动		装配技术要求	维修注意事项
切刀机构	如图所示，主动蜗轮旋转带动切刀凸轮旋转，刀架以支承轴螺钉为支点，通过直拉块、横拉块和切刀凸轮产生切刀压下动作，而刀架抬起复位是靠拉簧来实现的，刀架切刀压力大小是靠改变横拉块和直拉块两斜面的相互作用来实现的	①刀架应灵活转动，轴向窜动量不应过大 ②上切刀对下切刀刃口的左右位移量应居中 ③盖板安装时横、直两拉块应无压紧力，而盖板舌应压在直拉块缺口上 ④横拉块在弹簧作用下应复位自如 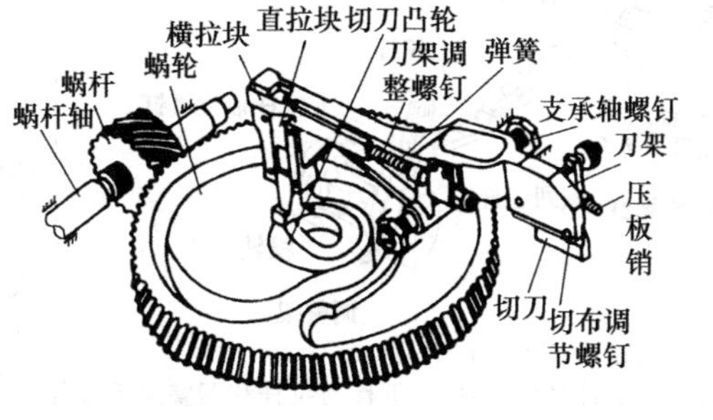	①装刀架时，应把横、直两拉块放在压力最小位置上 ②如图所示，应保证刀架装配位置的尺寸 ③若盖板舌簧不能压在直拉块缺口上，直拉块在垂直方向下落，则要纠正舌簧 ④切刀压力过大，应检查切刀凸轮 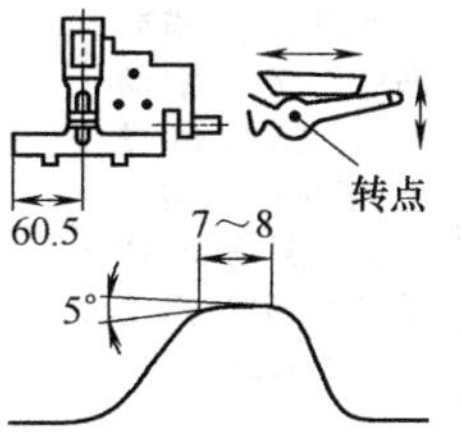

三、圆头锁眼机弯针、摆针和走针机构传动过程装配要求及维修

圆头锁眼机弯针、摆针和走针机构传动过程装配要求及维修见表 8-22。

表 8-22　弯针、摆针和走针机构的安装和维修

传　　动		装配技术要求	维修注意事项
弯针机构	如图所示，凸轮轴经斜键带动弯针凸轮旋转，钩针臂在支轴的支承下，随内凸轮曲线上下摆动带动直连杆、杠杆、连接销、连接套等零件上下运动，同时牵动弯针架，使弯针做左右摆动，而达到钩针钩线目的；分线叉臂滚轮靠外凸轮曲线做上下摆动，从而带动钢丝拉杆、连杆来牵动分线底板做左右摆动，实现分线动作	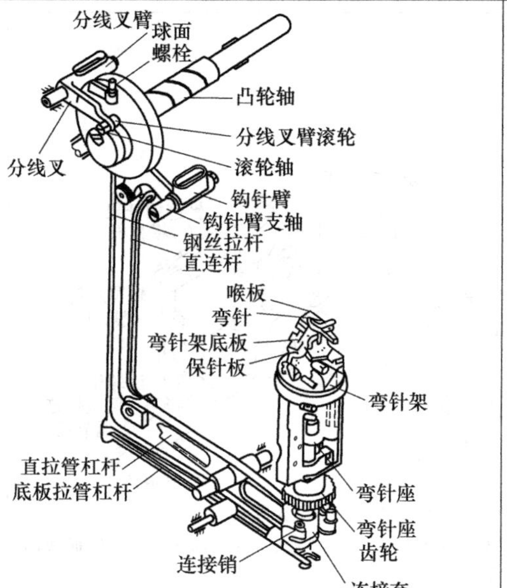 ①分线叉臂和钩针臂都应转动灵活，轴向窜动量不宜过大 ②连杆锁紧后轴向窜动量愈小愈好 ③球面螺栓的定位应使右分线叉与机针量小距离为0.1～0.3mm ④滚轮轴小端铆接必须牢固，分线叉臂滚轮和滚轮应滚动接触 ⑤弯针架和弯针架底板都应能灵活摆动，轴向间隙要小，弯针架、弯针架底板与弯针座应贴合 ⑥保针板应有效地保护机针 ⑦连接套的轴向窜动量不宜过大 ⑧在保证弯针座的灵活转动下，应保证两杠杆不产生碰撞	①滚轮若不在凸轮槽内滚动，可根据涂色法来进行纠正 ②更换钩针臂后，若铆接滚轮轴的端面和斜齿轮相碰，可位移钩针臂和衬套 ③滚轮和弯针摆动凸轮以能滚动为原则 ④滚轮轴可进行黏合锁紧 ⑤连杆和衬套装配时，应保证装配精度 ⑥如图(a)、图(b)所示，机针应靠近喉板平行边 ⑦弯针用油石修磨后，一定要进行抛光处理 ⑧如图(c)所示，在更换喉板时，喉板孔下端要倒圆角 ⑨弯针座装配后，应旋转灵活，轴向窜动量不宜太大 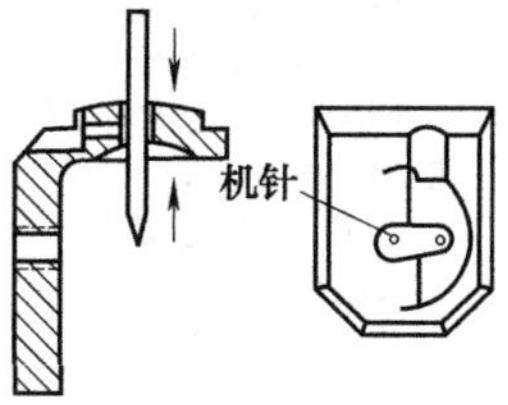 (a)　(b) 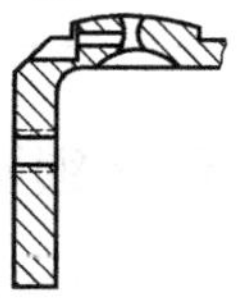 (c)

续表

传动		装配技术要求	维修注意事项
摆针机构	如图所示，横列凸轮的旋转推动连杆摆动，通过上、下拉杆带动调整架一起摆动，这是产生针杆摆动的动力来源	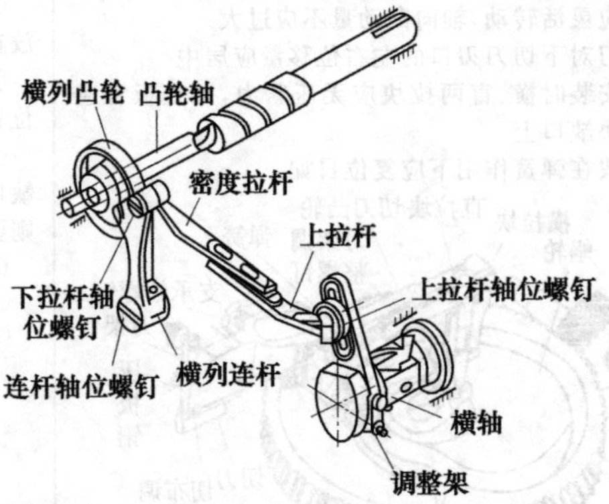 ①横轴的轴向窜动量小于 0.1mm ②机针处于中心针最低点时，上下移动拉杆和调整架不应摆动 ③横列连杆在轴位螺钉的固定下摆动灵活，轴向窜动量不宜过大 ④滚轮应在横列凸轮槽内滚动接触 ⑤横列连杆在连杆轴位螺钉连接下转动灵活，轴向窜动不宜过大 ⑥滚轮轴小端铆接应牢固，无松动现象	①滚轮不能在凸轮槽内滚动接触时，可固定横列连杆的下端，并用涂色法进行纠正 ②横列连杆若轴向窜动过大，可位移衬套和连杆来调节间隙 ③压入横列连杆上的衬套
走针机构	如图所示，针迹密度凸轮旋转带动牙叉摆动，又通过针迹密度拉杆传递动力，在超越离合器的作用下，使蜗杆轴产生间隙运动，由于牙叉和超越离合器绕本身的轴摆动，便产生针迹长度，改变被牵动点与轴心的位置，这就使横列针迹稀密有了可调性，由于牙叉牵动的是个在其槽内前后移动的动点，放牙叉圆头针迹摆杆在和横拉杆连接处，可依靠圆头针迹调节板的斜面作用，调节圆头针迹的稀密	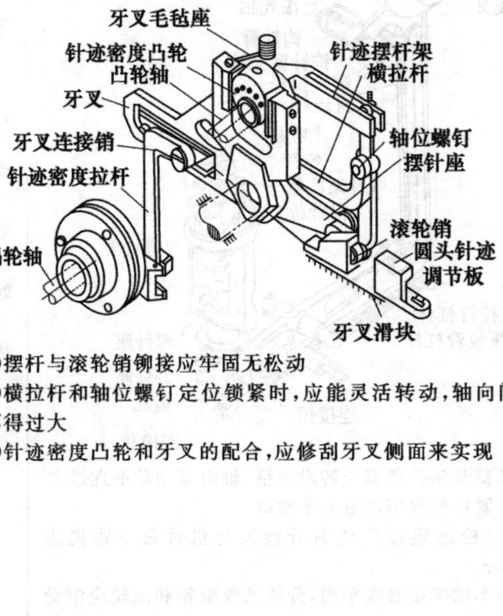 ①摆杆与滚轮销铆接应牢固无松动 ②横拉杆和轴位螺钉定位锁紧时，应能灵活转动，轴向间隙不得过大 ③针迹密度凸轮和牙叉的配合，应修刮牙叉侧面来实现	①牙叉和针迹密度凸轮若间隙过大，可在牙叉和垫块中放垫片 ②牙叉的轴向窜动量可调整摆杆座的位置来实现 ③各摆杆、连杆、拉杆均应活动自如，若不能达到，可纠正各连接处

四、圆头锁眼机钮孔轨迹和转针机构的传动、装配要求及维修

圆头锁眼机钮孔轨迹和转针机构的传动、装配要求及维修见表 8-23。

表 8-23　钮孔轨迹和转针机构的安装和维修

	传动及主动蜗轮作用	装配技术要求	维修注意事项
钮孔轨迹机构	如图所示，蜗杆轴旋转则蜗杆便带动蜗轮旋转，滑板以中心销为支点在蜗轮的曲线槽内做前后运动，而双头蜗杆又带动圆头蜗轮、圆头凸轮旋转，当滑板开始后退时，圆头凸轮相应地推动圆头支架使滑板以中心销为圆心做左右摆动，这样就形成了圆头轨迹。同样钮孔的套结也是这个原理，但它的摆动是在走针与落针时同步进行 主动蜗轮作用：①侧槽凸轮上端面可使滑板产生前、后停顿运动；②侧槽凸轮下端面是转动针杆、弯针座的动力来源；③下内端面型凸轮是自动抬压压脚的动力来源 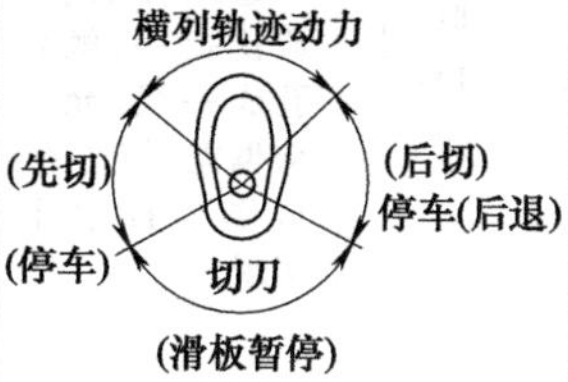 	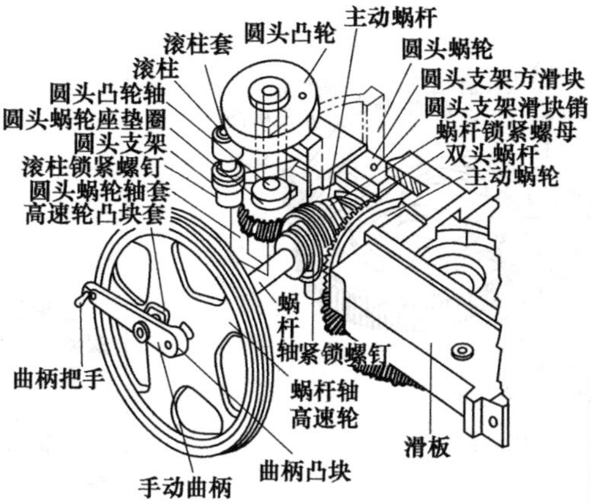 ①蜗杆与蜗轮的啮合应灵活无松动。蜗杆的空行程不大于5° ②蜗轮的轴向窜动量不应太大 ③钢带与钢带脚及调节头铆接应牢固 ④拨块应能灵活转动，轴向间隙不可太大 ⑤手动曲柄与曲柄把手的铆接应牢固无松动 ⑥蜗杆轴的轴向窜动应尽量小 ⑦顺时针方向转动超越离合器前盖应带动蜗杆轴，逆时针方向转动应不带动蜗杆轴旋转 ⑧主动蜗杆装配时应将连接销卡入槽内，然后再将锁紧螺母锁紧 ⑨滚柱装配完毕后，应能灵活转动 ⑩蜗杆与蜗轮的啮合应均匀 ⑪装配完毕后圆头凸轮的空行程杆在凸轮外圆上间隙应尽量小	①主动蜗轮蜗杆磨损后，如啮合间隙过大则可移动T形套筒来调整 ②装配蜗杆时，螺钉应对准蜗杆轴凹坑锁紧 ③修刮主动蜗轮的凸轮槽时，应保证相配精度 ④拨块应灵活地拨动高速轮，如不灵活则是因摆杆变形所引起 ⑤装配前应将两对蜗轮副毛刺修净 ⑥更换的块刀凸轮应上模具定位或原理定位 ⑦两凸块装在蜗轮槽内，头部与蜗轮下端面平齐决不能高出。若它仍接触面倾角磨损，可修磨端面消除，并重新调整安装位置，否则难保证高速运动和产生凸块微撞 ⑧主动蜗轮压板和蜗轮应有60%的接触面，并在压板的两端，若中间接触，则可修挫与机座接触的两凸台 ⑨调节F形拉钩，只调节主动蜗轮压板的装配位置即可，但应防止产生夹紧力 ⑩在蜗轮、蜗杆间隙过大或过小时，以调整蜗轮座四个螺钉来消除。若消除不了，则应修锉蜗轮座与机座接触平面 ⑪装配圆头蜗轮时，螺钉应对准圆头蜗头轮轴套的凹坑并且锁紧 ⑫滚柱应在圆头凸轮槽内滚动接触。若它们不平行，则根据涂色法来修正圆头支架与滚轮套接触的面 ⑬更换圆头凸轮时，应注意凸轮上的孔与凸轮轴上的圆销对准，若凸轮槽和滚柱相配过紧，可适量修正槽
转针机构	如图(b)所示，主动蜗轮在蜗杆带动下旋转，主动蜗轮下面的凸轮曲线槽带动摆杆、连杆、调整座和直轴一起旋转，由于上下扇形齿轮和直轴连接为一体，故上下扇形齿轮带动弯针度、针杆做同步旋转；传动摆杆的时间应和滑板圆头摆动协调，才能在缝锁圆头时形成美观的线迹。否则就会在钮孔上产生如图(a)所示的两种情况，针对这两种情况，将可调整摆杆滚轮在长槽内的移动位置；在缝制时，左右横列应和钮孔直线轨迹垂直，即针杆和弯针座转动角度为180°，为确保这角度，可移动调整座销轴在调整座长槽内的位置实现	直轴的轴向窜动量不得过大 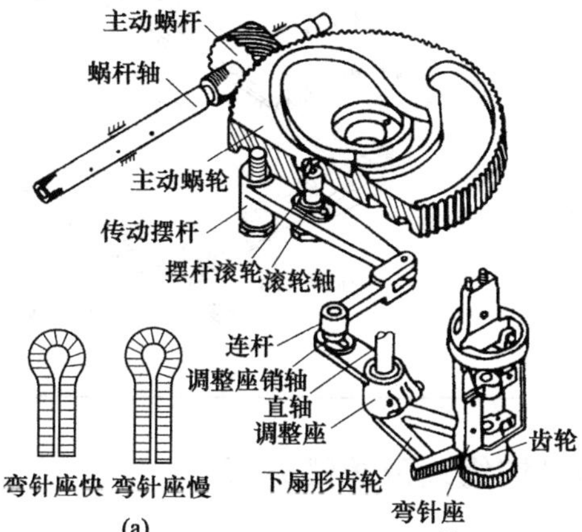 (a)　(b)	①摆杆滚轮在凸轮槽内不能滚动接触，可根据涂色法进行修锉摆杆与滚轮销的接触平面 ②连杆传递动力应灵活，否则应校正连杆，但不能使连杆孔槽变形 ③下扇形齿轮损坏，可更换

五、圆头锁眼机抬压脚和绷料机构的传动、装配要求及维修

圆头锁眼机抬压脚和绷料机构的传动、装配要求及维修见表 8-24。

表 8-24 抬压脚和绷料机构的安装和维修

	传动	装配技术要求	维修注意事项
抬压脚机构	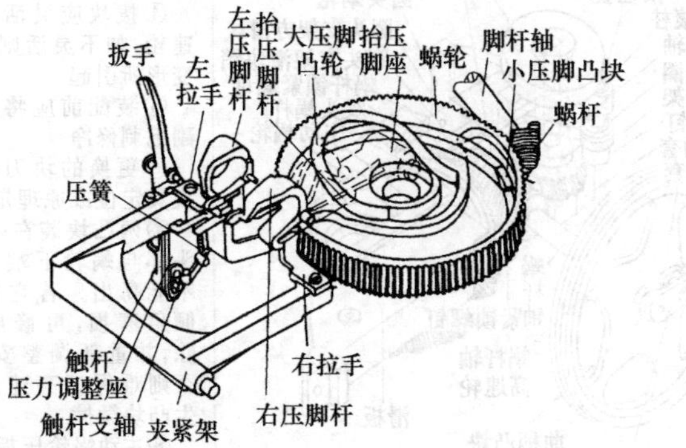 如图所示，蜗杆带动蜗轮旋转，使抬压脚杆被蜗轮内端面凸块推动而向下摆动，带动触杆等零件使压脚夹紧架绕轴心向下摆动，通过拉手牵动压脚杆从而压紧缝料 当抬压脚滚轮离开凸块最高点后，即在其拉簧作用下复位。走针运动结束，滑板在高速后退过程中抬压脚杆头部下斜面和触杆头部上斜面相撞，产生了向上和向下两个力，因抬压脚杆滚轮受凸轮端面限制，克服了向上的力，于是只有向下的力作用在扳手和触杆连接点上，推开扳手放开压脚 切刀时间调整(因有先切后缝或先缝后切的区别)对抬压脚的时间也相应调整，在主蜗轮端面凸轮上有两个凸块，分别是先切后缝和先缝后切时产生压紧缝料的动作部位，调整时只要旋松抬压脚杆和抬压脚座的锁紧螺钉，便能调整抬压脚杆长短，这样调整了与触杆相撞时间，当先缝后切时，待切后它们相撞而放开压脚；在先切后缝时，待锁眼后放开压脚	①抬压脚座应灵活摆动，轴向窜动量不宜过大 ②调整螺钉的定位应保证左、右压脚抬起 8mm ③压脚夹紧架轴向窜动量不宜过大 ④各连接件、摆动件传动灵活 ⑤当压脚压下时，左右压脚与左、右齿板应全部接触	①若长期使用不当，齿板会变形，此时应校正，纠正后用透光法或薄纸在齿间移动来检验 ②更换压脚杆后，左右压脚前后错位或高低位置不等，应校正压脚杆 ③在装配左、右拉手时，螺钉应加清漆黏合 ④紧压脚扳手，应使扳手、触杆三孔成一线，允许向前偏差，如达不到，可修锉扳手下端实现
绷料机构	如图所示，当滑板从最终位置高速向前时，左右压脚板两滚轮也随滑板向前，则绷料滑块推开左右压脚板，同时左右杠杆变向使左右压脚板向两侧移动，当滚轮离开绷料滑块后，仍靠压脚的夹紧力保持绷料，当压脚夹紧力失效时，左右压脚靠拉簧复位，由于绷料滑块长度是一定值，当两滚轮被滑块两端推开时，便产生绷料，此时，可以改变滚轮原始起点，其原始位置越大绷料越紧。反之越小 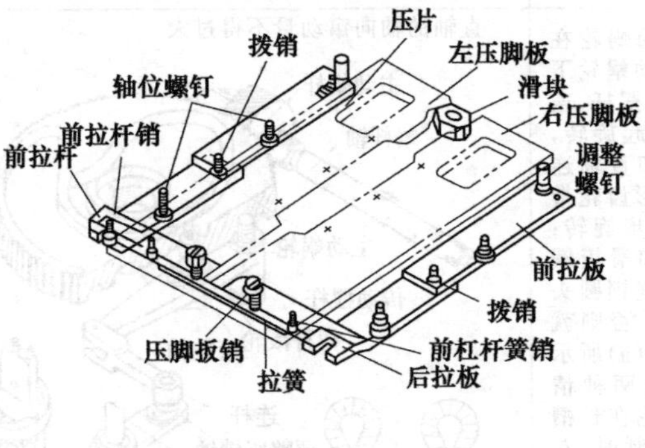	后拉板与前拉杆各销的铆接应牢固无松动	①前拉板和传动板在轴位螺钉固定下，均应灵活摆动并轴向间隙不宜过大，装配时注意位置 ②前拉杆在前拉杆销定位下，应在滑板槽内移动灵活，上下窜动量不宜过大 ③各拉板槽与销的配合间隙不宜过大

六、圆头锁眼机的机构组装及故障分析

圆头锁眼机的机构组装及故障分析见表 8-18 和表 8-25。

表 8-25 圆头锁眼机的故障分析

故障		故 障 分 析
轨迹调整故障	压脚调整故障	压脚压力不均匀或调整后压力仍不足，压脚杆座螺钉太松，压脚杆臂的臂销轴断裂或松脱，抬压脚拉手断裂，抬压脚架螺钉松脱或断裂，压脚压力不均匀，切刀位置太低
	纽孔圆头不均匀	嵌线、过线不畅通，喉板嵌线孔太小，缝纽孔圆头时机针碰喉板，缝圆头时喉板碰齿板，弯针座转动角不等于 180°，圆头凸轮移动位置失效
	切割不完整	切刀块因修磨太多而变短，切刀的刃口有缺口或刀架断裂，切割压力太小，切刀不平整，刀架轴向窜动量过大，切刀不居中
	切断线迹	夹线板太松，压线力不足，压脚没有压牢缝料，下切刀装配位置太低，压脚绷料幅度不足
	纽孔横列线迹均被割断	纽孔横列间距太小
	跳针	机针弯曲或装反，底面线穿得不对，钩针对机针的位置太近或太远，左、右钩针不对称度过大或左钩针装配位置高于右钩针，钩针和机针配合时间不对，钩针变形或磨损，针杆高低位置不对，分线叉失效或损坏；分线叉装配位置不对或窜动量过大；分线叉扭簧脱落或断针太远，喉板装配位置过走或过低，弯针架轴向窜动量过大。缝线弹性过大或缝料为胶质织物和薄料时，则需将走势适当放大，纽孔末端反面线结太松。面线夹线板释放面线过松，右分线叉分线量不足
	断面线	机针弯曲或装反，面线穿得不对，面线夹线板夹紧力太大，面线各过线道有锐边或毛刺
	断机针或机针经常弯曲戳毛	互锁不好，机针安装不正确，针板离机针太远，钩针离机针距离太小，机针碰压脚或有齿板，分线叉配合动作不对，机针碰喉板，机针粗细选择不当

第九章
其他缝纫设备

第一节　绷　缝　机

一、绷缝机的性能与技术特征

绷缝机主要供针织内衣、外衣等厂缝制棉毛、汗布及类似的化纤等织物作绷缝缝纫使用，它有两根以上直针和一个弯钩成缝器。形成的绷缝线迹呈扁平状，缝迹的强力和弹性都比较好，适用于缝制睡衣、内衣、裤子以及各种卫生衣、汗衫等，有拼接、滚领、滚边、挽边、绷缝加固、两面装饰缝、片面装饰缝等多种功能，并可在曲率半径较小的部位进行缝制。

绷缝机按外形可分为筒式和平式两种，筒式一般用于缝制细长筒形的产品部位（如袖口绷缝）。按针数可形成双针、三针、四针等绷缝线迹，分别叫作双针机、三针机、四针机。在绷缝机中，不带装饰线的绷缝线迹（如 402 号、406 号、407 号 ISO 标准线迹）叫作“多线链式线迹”，常用装饰线的绷缝机线迹（如 602 号、603 号、604 号、605 号、606 号、607 号、608 号、609 号 ISO 标准线迹）称为“覆盖线迹”。其机器的名称常以针数、线数、外形、用途和线迹命名，如筒式双针绷缝机、平式三针绷缝机、双针滚领机、三针六线绷缝机、双链双面装饰缝用三针五线绷缝机等。

绷缝机常用的线迹形式如图 9-1 所示，图 9-1(a)为双针三线单面装饰缝（406 号线迹）绷缝机线迹形式；图 9-1(b)为三针四线单面装饰缝（407 号线迹）绷缝机线迹形式；图 9-1(c)

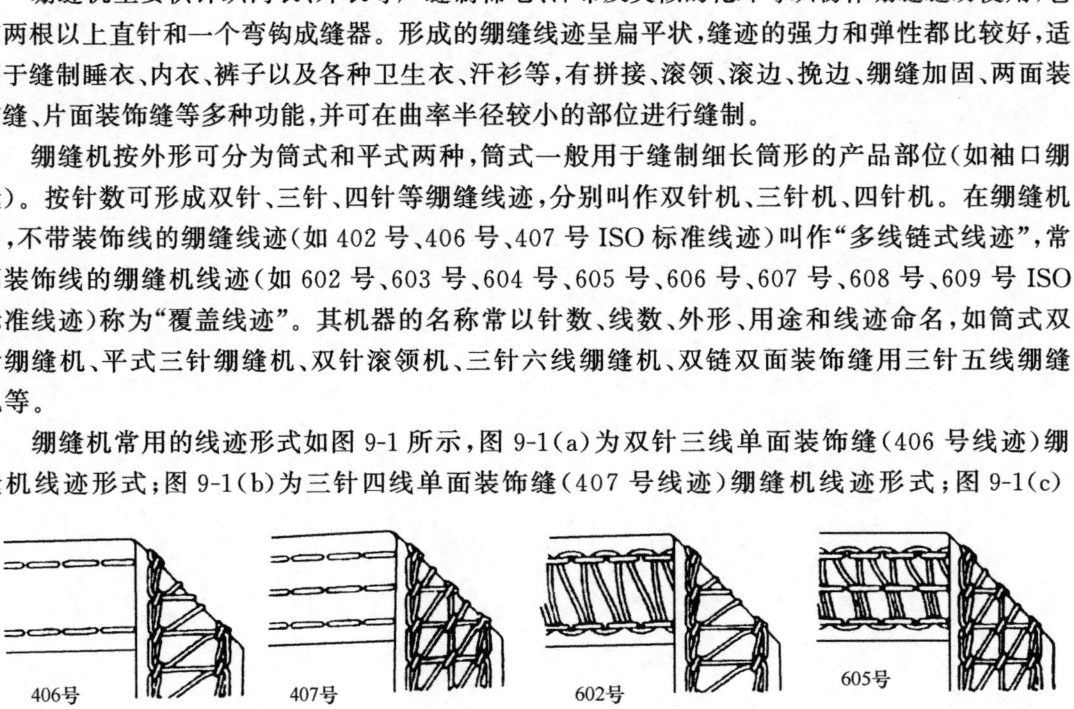

(a)　(b)　(c)　(d)

图 9-1　绷缝机常用的线迹形式

为双针四线双面装饰缝(602号线迹)绷缝机线迹形式;图9-1(d)为三针五线双面装饰缝(605号线迹)绷缝机线迹形式。绷缝机在服装上应用示例如图9-2所示。

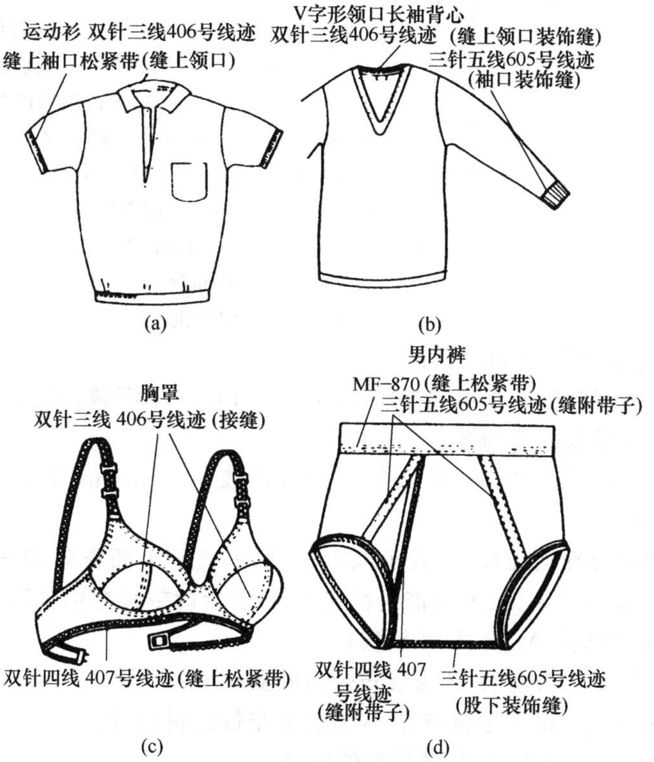

图9-2　绷缝机在服装上应用示例

在选用绷缝机时,一定要根据产品所需的针间距、线迹种类(针数及线数)、缝料厚度及其技术特征进行选型,有时还因用途不同(缝型要求)而配置相应的附件(如夹具、导边具、拉轮等),现将常见的绷缝机型号说明如下。

华南牌高速系列绷缝机型号编码含义如下:

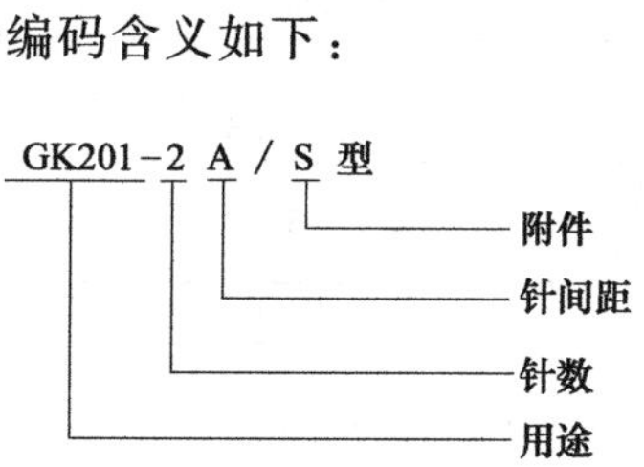

针数表示:2表示双针,3表示三针。

针间距表示:A表示双针3.2mm,B表示双针4.0mm,C表示三针4.8mm,D表示三针5.6mm,E表示双针或三针6.4mm,YE表示三针2.5mm或6.4mm(只用于GK203-3YE),Y表示双针2.4mm(只用于GK203-2Y)。

附件表示:S表示缝松紧带系统(固定的),S1表示可拆卸的缝松紧带系统,EC表示电磁带切布系统,EU表示缝合前后(光电刺穿,计数形式)电磁带切布系统,FC表示脚踏贴边切割系统,UT表示电磁剪底线系统,ST表示电磁剪饰线系统,KI表示剪线系统,CD表示电子计算控制差动送布系统,SR表示侧面滚轮系统,AU表示缝纫前后气动贴边切割系统(光电刺穿形式)。

日本重机产 MF 系列绷缝机型号说明:

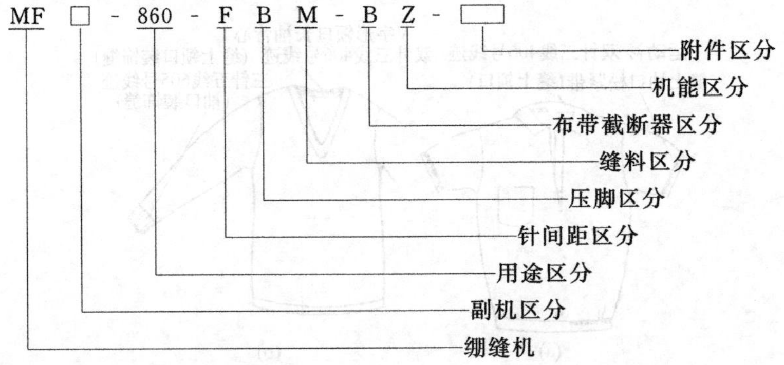

副机区分:M 为装切刀,B 为裤带袢。

用途区分:860 为双针三线单面装饰缝,870 为三针四线单面装饰缝,880 为双针四线双面装饰缝,890 为三针五线双面装饰缝。

针间距区分:D 表示 3.2mm,E 表示 4mm,F 表示 4.8mm,G 表示 5.6mm,H 表示 6.4mm,K 表示 8mm。

压脚区分:B 表示标准活压脚,D 表示双面压脚,E 表示单面压脚,F 表示装刀压脚,G 表示上布带送料装置,K 表示装刀、上布带送料装置,P 表示裤带袢专用压脚。

缝料区分:K 表示厚料,M 表示中等缝料。

布带截断器区分:Z 为没有装,B 为装布带截断器 AT-11。

机能区分:Z 为不装上布带送料装置,B 为装上布带送料装置。

附件区分:各种夹具、导边具、各种缝型的区分。

现将目前常用的绷缝机性能与技术特征列于表 9-1 中,供参考。

表 9-1 常用绷缝机性能与技术特征

项目 \ 型号(国名) 生产厂	GK201-2 型 (中国)华南缝纫机三厂	GK201-3 型 (中国)华南缝纫机三厂	GK203-3 型 (中国)华南缝纫机三厂	GK205-3 型 (中国)华南缝纫机三厂
机器速度/(r/min)	5000	5000	4000	4500
最大针迹距/mm	1.3～3.6	1.3～3.6	1.3～3.6	1.3～3.6
压脚升距/mm	5(不配饰线可达 7.5mm)	5	5	5
用针型号	GK16	GK16	GK16	GK16
针数	2	3	3	3
针间距/mm	3.2,4,6.4	4.8,5.6,6.4	4.8,5.6,6.4	4.8,5.6,6.4
线数	3	5	5	5
电动机功率/W	400	400	400	400
线迹类型(ISO)	406	605	605	605
性能用途说明	平面式双针绷缝机,适用于针织缝料的绷缝及接缝 GK202-2 型适用于在针织 T 恤或针织内衣以及类似的衣服领口或袖口缝上饰带。GK202-3 型用途与 GK202-2 相同	平面式三针绷缝机,用途与 GK201-2 相同	平面式三针绷缝机,适用于在连裤袜、腰带、短裤、衬裙等收细部位上使用送带装置及修边装置,缝上松紧带或细长条带 GK203-2 型平面式两针绷缝机,用途与 GK203-3 相同	平面式三针双线链式绷缝机,带有饰边缝,适用于缝制口袋衬里的贴条

续表

型号(国名) 生产厂 项目	GK204-2 型 (中国)华南缝纫机三厂	GK206-3 型 (中国)华南缝纫机三厂	GK16-2 型 (中国)上海缝纫机四厂	GK10-3 型 (中国)标准缝纫机公司
机器速度/(r/min)	5000	4000	3500	4000
最大针迹距/mm	1.3～3.6	1.3～3.6	3.2	3.3
压脚升距/mm	5	5	6	3
用针型号	GK16	GK16	GK16	GK16
针数	2	3	2	3
针间距/mm	3.2,4,6.4	4.8,5.6,6.4	4.8 或 5.4	3
线数	3	5	3	5
电动机功率/W	370	370	370	370
线迹类型(ISO)	406	605	406	605
性能用途说明	适用于针织内衣(如男内裤、短裤、泳裤)以及其他针织缝料上使用固定卷边导架进行卷边缝	适用于针织套衫,羊毛衫等中厚缝料的绷缝或饰边缝纫	筒式双针绷缝机,适用于针织内衣绷缝	平式三针绷缝机,广泛用于针织内衣滚边、滚领、接缝、拼缝、绷缝卷底边等各种工序
型号(国名) 生产厂 项目	GK10-5A 型 (中国)标准缝纫机公司	GK10-6 型 (中国)标准缝纫机公司	GK11-2 型 (中国)标准缝纫机公司	GK11-3 型 (中国)标准缝纫机公司
机器速度/(r/min)	4000	4000	3000	2800
最大针迹距/mm	1.5～3.3	1.8～3.3	1.5～4.5	4
压脚升距/mm	4	4	6	4
用针型号	GK16	GK16	GK16	GK16
针数	2	3	2	4
针间距/mm	4.5	3.5+3.5=7	5.4 或 4.8	2+2+2=6
线数	3	5	3	6
电动机功率/W	370	370	370	370
线迹类型(ISO)	406	406/401	406	606
性能用途说明	双针滚领缝纫机,用于滚领或滚边的专用缝纫设备	曲牙缝纫机,左边为双针三线链式绷缝线迹;右边为双线链式线迹,并附有曲牙机构	筒式双针绷缝机,三线链式绷缝线迹特别适宜缝制薄的和中等厚度的弹性织物;并在曲率较小的管状部位进行加固缝合和表面装饰	筒式四针绷缝机
型号(国名) 生产厂 项目	MF-860 型 (日本)JUK1 (重机)	MF-870 型 (日本)JUK1 (重机)	MF-880 型 (日本)JUK1 (重机)	MF-890 型 (日本)JUK1 (重机)
机器速度/(r/min)	6000	6000	6000	6000
最大针迹距/mm	1.2～3.2	1.2～3.2	1.2～3.2	1.2～3.2
压脚升距/mm	8	8	5	5
用针型号	UY128GAS	UY128GAS	UY128GAS	UY128GAS、DV×1
针数	2	3	2	3
针间距/mm	4.8			6.4
线数	3	5	3	5
电动机功率/W	550	550	550	550
线迹类型(ISO)	406	602	407	605
性能用途说明	双针三线单面装饰缝绷缝机	三针四线单面装饰缝绷缝机	双针四线双面装饰缝绷缝机	三针五线双面装饰缝绷缝机

续表

型号(国名)生产厂 项目	MFB-2600型 (日本)JUK1 (重机)	V702F型 (日本) Kansai Special	V704型 (日本)森本 Kansai Special	W803F型 (日本)森本 Kansai Special
机器速度/(r/min)	5000	6000	4800	5500
最大针迹距/mm	1.2～3.2	3.2	3.2	3.2
压脚升距/mm	8			
用针型号	DV×1	UY128GAS	UY128GAS	DV×43
针数	2	2	4	3
针间距/mm	$F=4.8$ $G=5.6$ $H=6.4$	4,4.8,5.6,6.4	4.8	5.6,6.4
线数	3	3	6	5
电动机功率/W	550	550	550	550
线迹类型(ISO)	406	406	406+406	605
性能用途说明	高速缝裤带环缝纫机,适用于缝制各种裤子的裤带环	双针三线单面装饰缝绷缝机,适用于针织品、运动衫、圆领衫、三角裤的包边缝纫用	四针六线单面装饰缝绷缝机,适用于内裤、运动长裤安装松紧带用	三针五线双面装饰缝绷缝机,适用于内衣领圈、下摆的装饰缝

型号(国名)生产厂 项目	DVK-1702BWK型 (日本) Kansai Special	DVK-1702PMD型 (日本) Kansai Special	DV-1259型 (日本) Yamato	DW-1371型 (日本) Yamato
机器速度/(r/min)	3800	4500	5000	6000
最大针迹距/mm	3.2	3.2	3.6	4.6
压脚升距/mm			5	5
用针型号	UY128GAS	DV×43,B-63	UY128GAS	UY128GAS
针数	2	2	2	3
针间距/mm	4.8,5.6,6.4	3.2,4,4.8,5.6	3.2或4	5.6
线数	3	3	3	5
电动机功率/W	550	550	400	400
线迹类型(ISO)	406	406	406	605
性能用途说明	双链式缝穿带绊用绷缝机,适用于缝制裤带绊	平式双针上松紧带机,齿轮辅助送布用于针织内衣上松紧带	①差动送布,差动比1∶2.8 ②具有切刀和松紧带计量装置 ③有SP针线润滑装置 ④有HP针冷却装置,适用于缝制化纤针织物松紧带裤口	三针五线绷缝机,适用于缝制松紧带裤边或滚边用(两面装饰)。可按预定针数缝制,缝针自动定位,提高生产效率

型号(国名)生产厂 项目	13-35301-01型 (德国) PFAFF	41-46411-01型 (德国) PFAFF	57800型 (美国) 於仁	36200H型 (美国) 於仁
机器速度/(r/min)	6000	4200	5500	4200
最大针迹距/mm	2.5	2.5	1.3～4.6	2.5
压脚升距/mm	6	6	5	5
用针型号	1280KSP	MY1014C	121GBS	121GBS
针数	3	4	3	4
针间距/mm	3.5或4.5	5.6	4.8,5.6,3.17+3.17=6.34	5
线数	6	6	5	6
电动机功率/W	550	550	550	550
线迹类型(ISO)	605	607	605	607
性能用途说明	三针六线绷缝机,适用于针织品滚边,饰边用	四针六线双面装饰绷缝机,适用于拼接紧身内衣、缝制贴袋、背心、接肩带、拼裆,连裤袜裆缝	针织内衣用三针五线绷缝机,其中: M形——滚袖口用 U形——滚领用(双针) W形——三针滚领用 X形——平三针拼缝用	弯臂式四针六线绷缝机,适用于袖口及其他形状较复杂的部位滚边用

二、绷缝原理及其机构

1. 线迹形成原理

绷缝机在线迹上有双针、三针、四针之分，机型上则有平形和筒形两种，其成缝原理基本相同。绷缝线迹与普通链式线迹不同的是不管直针数多少，其成缝器线钩却只有一个，也就是只有一根底线，而且几枚直针安装的高低位置不同，线钩最先通过的直针应装得最高，其余依次装低一定距离。

图 9-3 所示的是三针四线绷缝线迹的成缝原理。①当直针从最低位置开始回升，线钩也开始从最右边位置向左运动；②当直针上升到一定的高度时，面线（直针线）在缝料下形成线圈，线钩继续向左运动，其线钩尖依次穿入三个针线圈；③当直针升到最高位置时，缝料开始向前移动，已被线钩完全钩住的全部针线圈被拉长，并抽紧了前一个线迹，这时线钩同时向操作者方向移动一定距离；④缝料移送一个针迹距离，直针下降再次穿刺缝料并穿入线钩头部形成的底线三角线圈；⑤直针继续下降，线钩向右运动，底线被直针挡住形成底线与针线的互相穿套连接；⑥直针运动到最低位置，线钩也运动至最右边，恢复到开始时位置，收线器拉紧线迹，成缝过程完成。

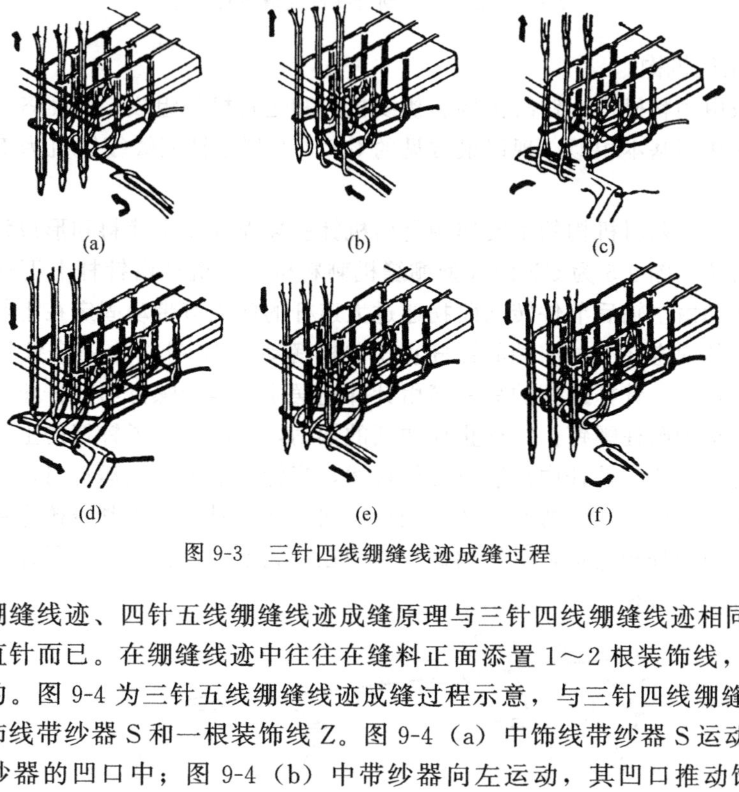

图 9-3 三针四线绷缝线迹成缝过程

双针三线绷缝线迹、四针五线绷缝线迹成缝原理与三针四线绷缝线迹相同，只是少一个直针或多一个直针而已。在绷缝线迹中往往在缝料正面添置 1～2 根装饰线，这是由饰线配置机构来完成的。图 9-4 为三针五线绷缝线迹成缝过程示意，与三针四线绷缝线迹所不同的是增加了一个饰线带纱器 S 和一根装饰线 Z。图 9-4（a）中饰线带纱器 S 运动至最右边，使饰线 Z 处于带纱器的凹口中；图 9-4（b）中带纱器向左运动，其凹口推动饰线向左曲折；图 9-4（c）中带纱器运动到最左边时，直针下降，最右面的直针在饰线前面通过，其余两枚针从饰线后面通过；图 9-4（d）中两枚长针穿入饰线线圈后，带纱器开始向右运动；图 9-4（e）中带纱器继续向右运动，饰线与针线开始连接；图 9-4（f）中带纱器运动至最右边，直针也下降至最低位置，抽紧线迹。

在绷缝线迹中，凡是有两根装饰线的，其带纱器也有两个，并呈左右配置，其成缝原理相同，只是两个带纱器运动方向相反。

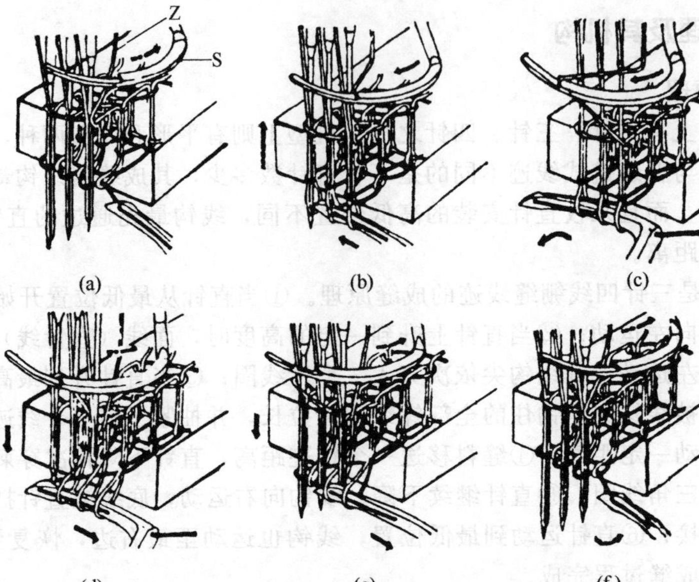

图 9-4　三针五线绷缝线迹成缝过程示意

2. 绷缝机常见机构

绷缝机一般由刺料机构、钩线机构、挑线机构和送料机构组成，虽然各种绷缝机的机构形式不同，但其作用基本相似。现以最常见的 GK10-3 型三针五线绷缝机为例，将各机构的作用原理分述于下。

（1）刺料机构　刺料机构的主要作用是由机针引导面线刺穿缝料和形成线环，并与底线相互交织构成线迹。图 9-5 为 GK10-3 型绷缝机刺料机构，机针由针杆上下往复运动，而针杆的上下往复运动由主轴后节件转动曲拐通过大连杆的球关节带动固定在上轴上的上轴曲柄进行上下摆动，使固定在上轴前端的针杆止摆曲柄摆动 59°，针杆由一个针杆连接螺钉（滚柱）与针杆连杆连接，针杆连杆的另一端由针杆止摆曲柄连接螺钉与针杆止摆曲柄连接，与针杆两端连接的均为圆柱螺钉。针杆止摆曲柄的摆动，从而带动了针杆的上下往复运动，针杆上部装有针杆上挑线，针杆中部装有针杆挑线，当针杆上下往复运动时，机针刺穿缝料时向下提供所需面线形成线环供弯针套环。当针杆向上运动时，起收紧线迹作用，绷线钩夹起固定针轧使针轧与针杆相连接，机针用螺钉紧固在针轧上，上轴曲柄夹紧螺线旋松即可调节针杆上下，针杆上下行程为 30.8mm。

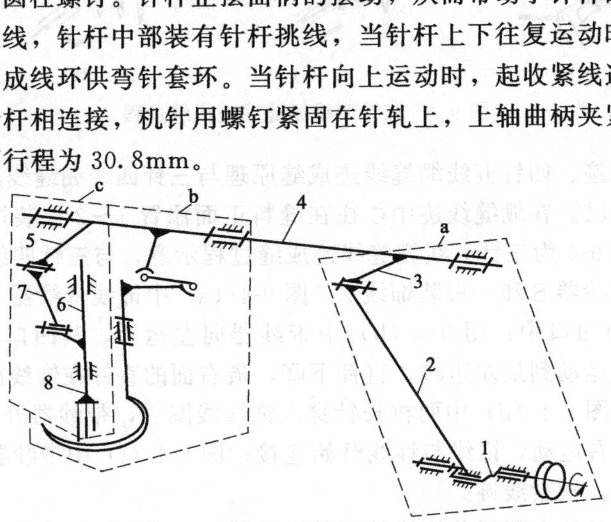

图 9-5　刺料机构

1—主轴后节；2—大连杆；3—上轴曲柄；4—上轴；5—针杆止摆曲柄；6—针杆；7—针杆连杆；8—针轧

图 9-5a 部分是 GK10-3 绷缝机机针和绷针机构传动部分，它实际上是一平面四杆曲柄摇杆机构。与主轴固联的曲柄偏心为 12.8mm，当主轴中心转动其曲柄时，通过大连杆（中心距为 170mm）驱使上轴曲柄（中心距 26mm）沿上轴中心 O 摆动 59°，如图 9-6 所示。广州华南牌 GK201 绷缝机和日本重机 MF 系列绷缝机的直机针、绷针机构的传动部分，则采用一组同步齿轮带传动，其性能要比四杆曲柄摇杆机构优良。

图 9-5c 部分为绷缝机的直机针机构，它是一平面四杆摇杆滑块机构。由于针杆止摆曲柄（输入摆杆）紧固在上轴（输出摇杆）上，当上轴摆动 59°时，针杆止摆曲柄也摆动 59°，针杆（输出滑块）通过针杆连杆带动其上下移动。

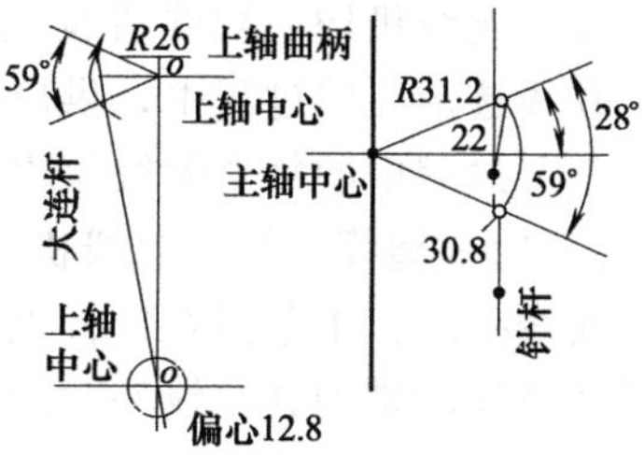

图 9-6 传动部分和直针机构运动情况

（2）钩线机构　钩线机构的主要作用是由弯针引导底线，穿入由面线形成的线环，与面线相互交织构成线迹。弯针是绷缝机的成缝器，在成缝过程中它要做三度运动，即除了要作穿过机针线圈的横向摆动外，同时还要做纵向移动，以使弯针上的底线三角线圈被下降的机针穿入，所以它是绷缝机的“关键”部分。

GK10-3 型绷缝机钩线机构如图 9-7 所示，由于主轴的转动使紧固在主轴后节上的横轴摆动凸轮转动，使空套在其凸轮上的横轴摆动连杆上下运动，通过下面的球关节（横轴）曲柄大弹子带动横轴曲柄，沿横轴轴心左右摆动，带动紧固在横轴曲柄上的弯针架弹子连杆左右摆动，弯针架弹子连杆（左）其球关节紧固在弯针架上，而弯针架弹子连杆（左）则通过弯针架弹子连杆调节杆与弯针弹子架连杆内杆、弯针架弹子连杆（右）相连接，由于主轴的转动，实现弯针架沿其支点弯针架轴进行左右摆动，从而实现弯针垂直于线缝做左右（纵向）方向的摆动，如图 9-8 所示。

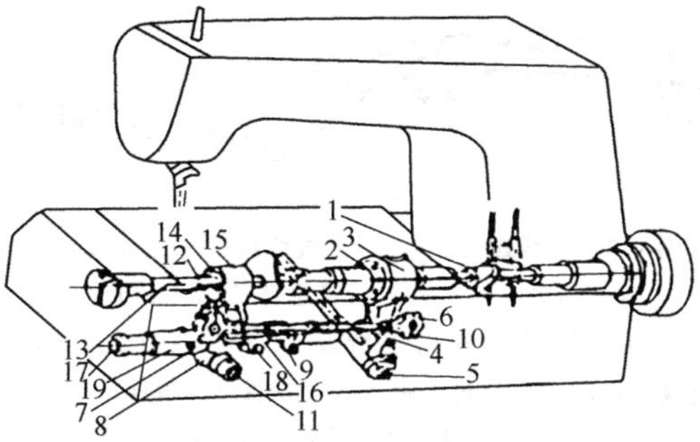

图 9-7 钩线机构

1—主轴后节；2—横轴摆动凸轮；3—横轴摆动连杆；4—横轴曲柄；5—横轴；6—弯针架弹子连杆（右）；7—弯针架弹子连杆（左）；8—弯针架；9—弯针架弹子连杆调节杆；10—弯针架弹子连杆内杆；11—弯针架轴；12—弯针；13—主轴前节；14—曲柄轴曲柄连杆凸轮；15—曲柄轴曲柄连杆；16—曲柄轴曲柄；17—弯针架曲柄轴；18—曲柄轴曲柄夹紧螺钉；19—弯针架曲柄

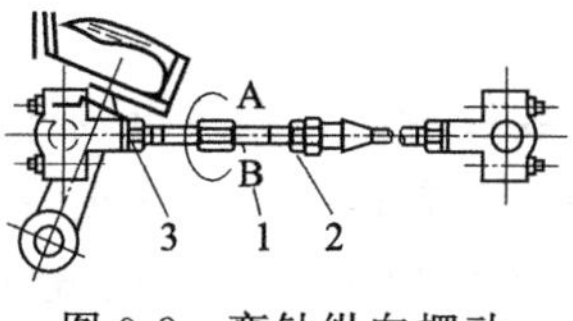

图 9-8 弯针纵向摆动

1—弯针弹子连杆调节杆；2—调节杆倒牙螺母；3—调节杆螺母

弯针沿线缝（送料方向）前后（横向）摆动，是通过装在主轴前节上的曲柄轴曲柄连杆凸轮实现的。由于主轴的传动，使紧固在主轴前节上曲柄轴曲柄连杆凸轮转动，使空套在曲柄轴曲柄连杆凸轮上的曲柄轴曲柄连杆上下运动，通过它下面的曲柄轴曲柄连杆销的连接，使曲柄轴曲柄沿弯针架曲柄轴轴心进行摆动，因为曲柄轴曲柄通过曲柄轴曲柄夹紧螺钉固定在弯针架曲柄轴上，而弯针架通过弯针架曲柄也固定在弯针架曲柄轴上，由于主轴的转动从而实现弯针架沿弯针架曲柄轴的轴心前后（横向）摆动 3°17′，通过弯针的纵向横向复合摆动与机针运动相协调，来实现线迹的形成。

当机针从最低位置上升形成面线线环时，弯针引导底线，弯针尖在直机针的后面切口处向左运动；当机针从最低位置运动到最高位置时，弯针也从最右运动到最左；机针下降时穿过缝料，弯针回转后也向右退，此时弯针的背部在机针前面通过，机针插进弯针背部的线三角。直机针到最低位置时弯针到最右边，所以弯针运动的轨迹是一条封闭的空间椭圆曲线，既左右摆动又前后摆动，为两种运动的复合运动。

（3）挑线机构　挑线机构的主要作用是各部位的挑线机件（如挺线、弯针、挑线凸轮等）在线迹形成的过程中，供应缝线抽紧线环及从线轴上拉出每个线迹所耗用的缝线，也就是在整个过程中的每个阶段拉出所必需的缝线长度。

GK10-3 型绷缝机的挑线机构如图 9-9 所示，该机分为面线挑线、底线挑线和绷线挑线。

面线挑线：由紧固在针杆上部的针杆上挑线及紧固在针杆中部的针杆挑线组成，针杆的上下往复运动带动其挑线一起运动。即当机针向下运动时，把面线供应给机针；当面线线环从弯针上脱出后，收紧面线并抽紧线迹；从线轴上拉出每个线迹所耗用的面线。

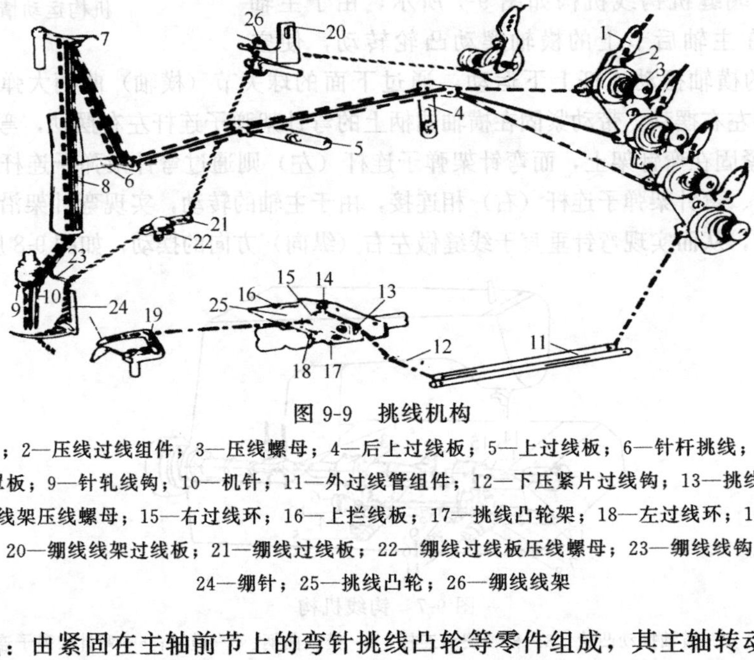

图 9-9　挑线机构

1—压线上线板；2—压线过线组件；3—压线螺母；4—后上过线板；5—上过线板；6—针杆挑线；7—针杆上挑线；8—针杆挑线罩板；9—针轧线钩；10—机针；11—外过线管组件；12—下压紧片过线钩；13—挑线凸轮架过线簧；14—挑线架压线螺母；15—右过线环；16—上拦线板；17—挑线凸轮架；18—左过线环；19—弯针；20—绷线线架过线板；21—绷线过线板；22—绷线过线板压线螺母；23—绷线线钩；24—绷针；25—挑线凸轮；26—绷线线架

底线挑线：由紧固在主轴前节上的弯针挑线凸轮等零件组成，其主轴转动弯针挑线凸轮一起转动。当机针上升弯针向左时，弯针挑线凸轮上的缝线从最高滑下，使弯针向左运动时有足够的线量；当弯针从最左向右运动时，弯针挑线凸轮把弯针上的余线收紧，使弯针针背的三角线拉直，便于直针下降时插入其线三角中；弯针挑线凸轮既把弯针从左到右的余线收回，同时也向线轴上拉出每个线迹所耗用的底线。

绷线挑线：由绷线挺线架进行挑线动作。即当绷针向左运动需要线量时，绷线挺线杆退回，提供绷针所需线量；当直针从最高位置向下运动时，绷针从最左向右运动，绷线挺线杆向外挺出，使绷线挺线架把绷缝线收紧拉直，供绷针钩尖钩住下一个所要形成线迹的缝线；从线轴上拉出每一个线迹所耗用的绷线线量。

（4）送料机构　送料机构的主要作用是在形成线迹以后，为了保证构成新的线迹，将缝料向前（或向后）移动一个针迹距。机构的组成，一般为送布牙、压脚等一系列零件，如

图 9-10所示。

绷缝机的缝制，一般以弹性织物为主，所以不但有送布牙还要有差动牙，送布牙与差动牙都装在一个牙架上，其牙架要进行水平方向的运动和垂直方向的运动，使送布牙、差动牙形成上下和前后的复合运动，其运动轨迹为一条封闭式的平面椭圆曲线。

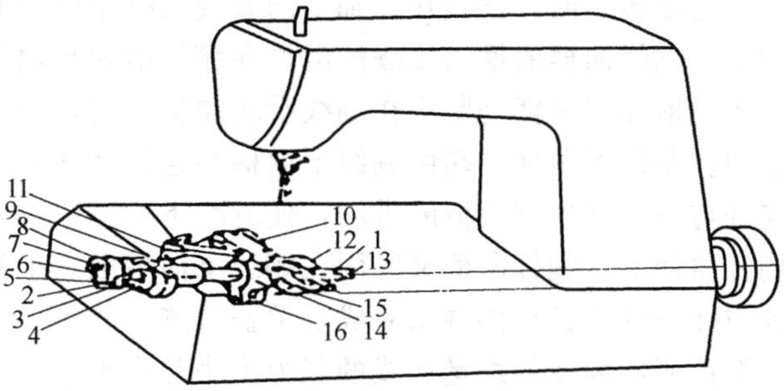

图 9-10　送料机构

1—主轴前节；2—送布调节滑块；3—送布调节滑块螺母（左牙）；4—送布连杆；5—送布曲柄销；6—送布曲柄；7—送布轴；8—送布曲柄螺钉；9—牙架曲柄；10—牙架；11—牙架轴；12—送布牙；13—整动牙；14—抬牙凸轮；15—抬牙连杆；16—抬牙连杆销

牙架水平方向运动距离的大小，由主轴前节前端的送布调节滑块对主轴中心偏心值的大小决定。当送布调节滑块调节到与主轴中心偏距为定值时，紧固送布调节滑块螺母，送布连杆一端空套在送布调节滑块轴心上，另一端则由送布曲柄销与送布曲柄相连接，由于主轴的转动，送布连杆按送布调节滑块中心与主轴中心的偏心距，带动送布曲柄沿送布轴的轴心进行摆动。送布曲柄由送布曲柄螺钉紧固住送布轴，当主辅转动通过送布连杆、送布曲柄使送布轴按规定的值进行摆动一定角度，送布轴的摆动，带动固定在送布轴上的牙架曲柄摆动，牙架通过牙架轴与牙架曲柄相连接，带动牙架做水平方向的运动，送布牙、差动牙通过螺钉紧固在牙架上，完成送布牙、差动牙水平方向的运动。

牙架垂直方向的运动，通过主轴的转动使紧固在主轴前节上的抬牙凸轮转动。由于抬牙凸轮有 0.75mm 的偏心值，使空套在抬牙凸轮上的抬牙连杆上下运动。抬牙连杆的下支点，通过抬牙连杆销与牙架的下支点相连接，所以当主轴转动时，通过抬牙凸轮、抬牙连杆使牙架做垂直方向运动。送布牙、差动牙进行水平方向和垂直方向的复合运动，便完成了抬牙送布的功能。

在送料机构中还有抬压脚装置，没有压脚是完全不可能送料的。如果没有压脚，则缝料就和机针一起提升。而在机针孔旁就不能获得线环。只有在送布牙上升时，压脚将缝料压紧在送布牙和针板之间，才有可能用送布牙的牙齿抓住缝料，使它移动。压脚对缝料的作用不仅应能保证用送布牙的牙齿送料，而且当机针从最低位置提升时还能把缝料压紧在针板上，使机针针孔旁形成线环，让底线钩尖套环而交织形成线迹。

（5）绷针机构　绷针机构的主要作用是由绷针钩尖引导装饰线与直针面线相互交织在缝料上面构成上覆盖线迹，它的机构组成如图 9-11 所示。

图 9-11　绷针机构

1—上轴；2—绷线曲柄；3—绷线滑块导轨；4—绷线滑块；5—绷线滑块曲柄；6—下曲柄连杆曲柄；7—绷线下曲柄；8—绷线下曲柄轴；9—绷线座套；10—绷线下曲柄连杆；11—绷针；12—绷针曲柄；13—绷线线钩曲柄；14—绷线钩曲柄连杆；15—绷线挺线杆；16—绷线挺线架；17—绷线小夹线器；18—绷线线钩曲柄连杆销

当主轴转动时，紧固在上轴上的绷线曲柄也随上轴摆动59°，绷线滑块导轨连接在绷线曲柄上，绷线曲柄的摆动使绷线滑块在绷线滑块导轨里摆动，使连接绷线的绷线滑块曲柄摆动。下曲柄连杆曲柄是紧固在绷线滑块曲柄上的，下曲柄连杆曲柄以绷线滑块曲柄的轴心进行摆动。绷线下曲柄一端由绷线下曲柄轴连接在绷线座套上，绷线下曲柄另一端由绷针下曲柄连杆与下曲柄连杆曲柄的带动，使绷线下曲柄以绷线下曲柄轴的轴心进行摆动。绷针紧固在绷针曲柄上，绷针曲柄又紧固在绷线下曲柄上，上轴的摆动，带动绷针的摆动，把绷针调整到与针杆的机针相协调来完成上覆盖线迹。

绷针所需缝线的线量和线的张力大小是由夹线器与绷线挺线来完成的。绷线线钩曲柄紧固在上轴上，上轴的摆动使绷线线钩曲柄摆动，通过绷线线钩曲柄连杆销带动绷线钩曲柄连杆与绷线挺线杆往复运动。绷线挺线架被紧固在绷线挺线杆上，把绷线挺线架调整到与绷针相协调。当绷针向左运动需要线量时，绷线挺线杆退回，提供绷针所需要的线量，当直针从最高位置向下运动，绷针从最左向右运动时，绷线挺线架向外挺出，把绷缝线收紧拉直供绷针钩尖钩住下一个所需形成线迹的缝线，使构成线迹时与所需线量相适应。

绷缝机的成缝机件的运动配合，无论是平式或筒式，还是双针与三针，它们都有以下共同之处：

① 直针的行程在30～33mm之间。直针的高低位置确定，一般以其最长针与针板距离为基准，来确定针的高低位置，当直针运动到最低位置时，长针的针柄与针杆相接的锥形部分下端应与针板上平面相距3.2～4mm；直针应对准针板的针孔中心（实际经验证明，在直针向下运动时应略靠针板孔前方较为有利，可以避免某些跳针故障）。

② 线钩与直针的运动配合关系一般以最短针为依据，当直针运动至最低位置时，线钩尖头与短针中心距离视机种和针间距不同而在2.8～5mm范围内调节；线钩尖头穿过短针线圈时与短针侧向间隙约0.1mm，与长针的间隙约为0.2mm；当直针穿刺线钩上的三角线圈时，应使长针从线钩穿线孔处的弧面擦过，但不要碰得太紧即可。线钩的摆动动程要根据直针的上下动程来配合调节，线钩的纵向运动动程约在1～2mm左右。

③ 当线钩运动到与针板底平面最靠近时，线钩背面与针板底面的间距约为1～2mm。这个距离太近容易产生断线或线迹变形，太远则针线圈会被拉的过长，容易产生裹线现象，使直针下降时穿不进线钩的三角线圈而产生底线跳针。

④ 送布牙、压脚及针板之间的间距配合，要求送布牙条（包括差动牙）位于针板齿槽中央，齿条上升到最高位置，齿尖约高出针板上平面1.2～1.5mm（缝料愈厚，高出愈多）。当压脚抬到最高位置或直针运动至最高位置时缝针尖不应低于压脚底平面，否则在移动缝料时会把直针拉弯或拉断。

三、绷缝机的使用与调整

1. 机针的使用

国产绷缝机一般使用GK16型机针，进口绷缝机则多数使用UY128GAS型机针。因为机针有多种针号，故应按照缝纫作业内容进行适当选择。通常65～70（9～10）号机针适用于缝纫薄料，75～80（11～12）号机针适用于缝纫中厚料，而85～90（13～14）号机针则适用于缝纫厚料。

机针的安装如图9-12所示，机针针槽应正向操作者。换针时，将针杆上升到最高位置，旋松机针紧固螺钉A，把新机针插入针座底部，并摆正机针位置，然后拧紧紧固螺钉A。

2. 穿线方法及缝线张力

绷缝机的一般穿线方法如图9-13所示，图中表示的是三针双面装饰缝的穿线形式，在双针单面装饰缝绷缝机的情况下，则机针线为二根，并没有上装饰线。

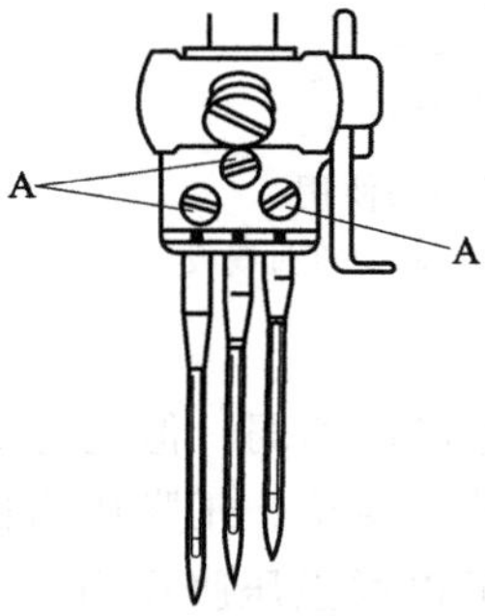

图 9-12 机针的安装

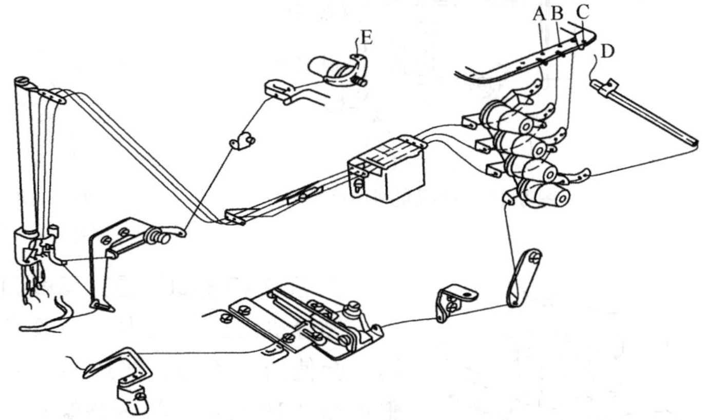

图 9-13 绷缝机的穿线示意

缝线的张力应根据缝料的种类、线的材料和线径支数、每一针迹长度以及针间距的不同而有变化，因此必须按使用状态对缝线张力调节器进行调整。缝线张力调节器，若向顺时针方向旋转，则张力变大；反之则张力变小。一般缝薄料或用羊毛线缝纫往往张力要小，而缝厚料或用纱线缝纫，则需要把张力调大。当然，缝线的张力在缝迹平整稳定的范围内应尽可能小。张力超过规定强度时，将会引起断线和跳针等现象。

针线的挑线量标准如图 9-14 所示，图中针线挑线杆 A 与螺钉 B 中心的距离为 57mm，而当挑线杆运动到最高位置时，挑线杆上边 C 处于水平状态。如果把挑线杆 A 朝 D 方向移动，可把针线收紧；把挑线杆 A 朝 E 方向移动，则可以放松针线。如果通过上述调整针线张力，还未调好，则可以在旋松螺钉 F 以后，试一下把过线孔沿 H 或 I 方向移动。往 H 方向移动，针线被收紧；往 J 方向移动，针线被放松。从螺钉 F 中线到过线孔 G 顶边的标准距离为 18mm，如图 9-15 所示。

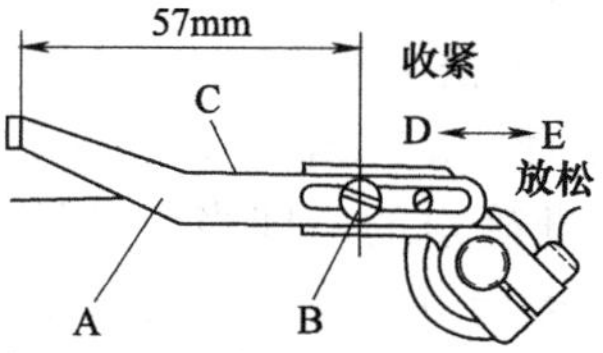

图 9-14 针线的张力调整（一）

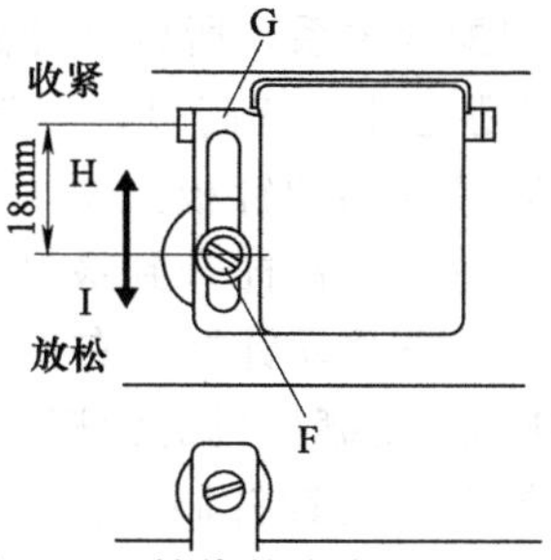

图 9-15 针线的张力调整（二）

因为缝线的种类和特性不同，有时左侧机针的线环可能形成过度，会使缝线发生扭曲或下垂，线环失去稳定，弯针不能钩住左侧针线，导致出现跳线。在这种情况下，则要使左针线在线夹的上面通过，如图 9-16 所示。

饰线的张力调整如图 9-17 所示，如果要增大饰线的挑线量，则旋松螺钉 K，把过线孔 L 朝 M 方向移动，挑线量大饰线放松；把过线孔 L 朝 N 方向移动，则减少饰线的挑线量。

在使用弹性较大的缝线时，因为针线线环不稳定，则要使用针线线导，如图 9-18 所示。要用针线线导，首先要旋松螺钉 A，并使针线线导对正操作者，当针杆处于最低位置时，使针线线导的上面与针杆过线板的过线孔在同一水平面上，然后旋紧螺钉 A。

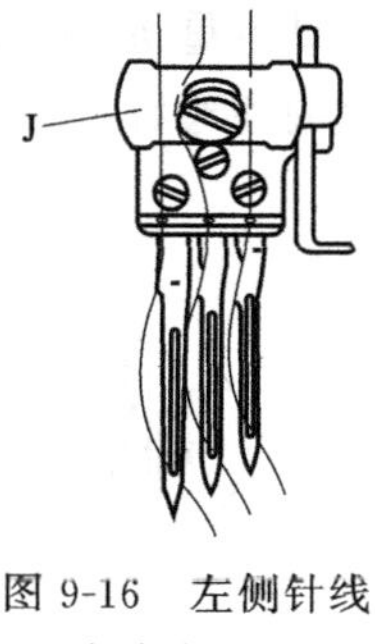

图 9-16 左侧针线在线夹上面

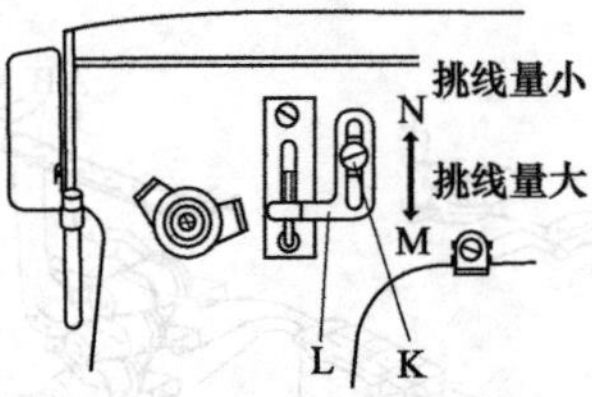

图 9-17　饰线的张力调整

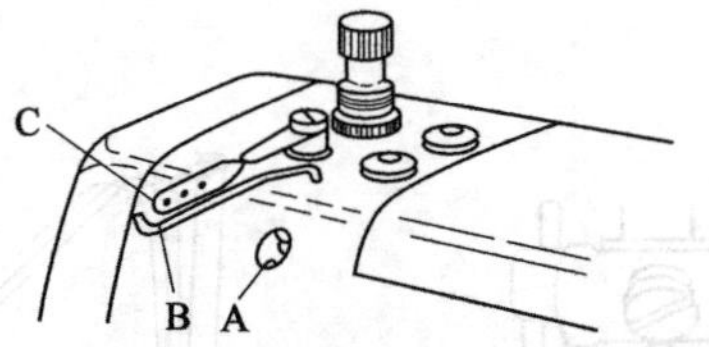

图 9-18　针线线导的使用

A—螺钉；B—针线线导；C—针杆过线板

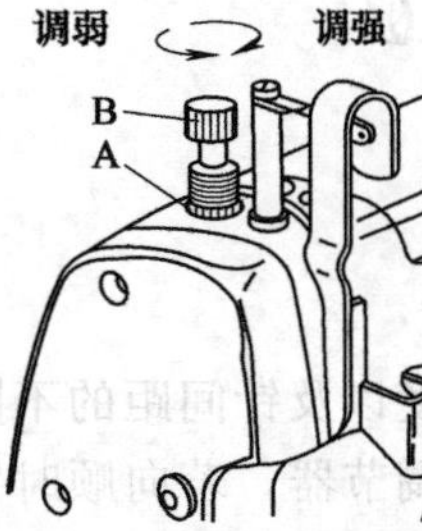

图 9-19　压脚压力的调整

3. 压脚和压脚的提升高度调整

绷缝机的压脚压力，一般来讲应尽可能调弱。但是过分地弱，会使送料不匀、线迹不良和产生跳针现象。压脚压力的调整如图 9-19 所示，将调整螺钉向右旋可以增强压脚压力，向左旋则使压脚压力减弱。

压脚的位置调整如图 9-20 所示，首先旋松压脚紧固螺钉，然后把压脚的前部分向左或向右移动，用以调整落针针位的位置，机针必须落在图示位置，调整正确后旋紧紧固螺钉。

GK10-3 型绷缝机的压脚提升高度由压紧杆上的压紧杆紧圈定位，当压脚底板与针板上平面接触时，压紧杆紧圈上平面与压脚轴套下平面为 3mm。调整时可旋松压紧杆紧圈螺钉，上下移动压紧圈至所规定的尺寸，再旋紧压紧杆紧圈螺钉即可。

华南牌 GK201 型绷缝机的压脚提升量，是通过降下压脚提升杆以及把压脚上提进行调整的。使用饰线的绷缝机，压脚提升量为 5mm；不使用饰线的绷缝机，压脚提升量为 7mm。

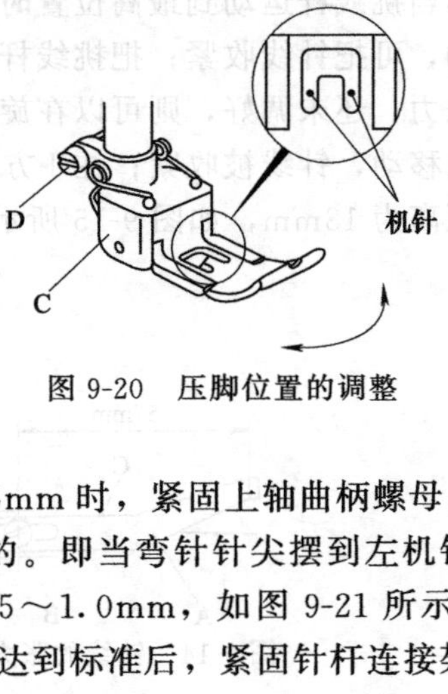

图 9-20　压脚位置的调整

4. 针杆的调整

针杆高度与针距、送布时间、送线收线时间、弯针的钩线量等有着密切配合关系，所以针杆高度位置必须正确。

GK10-3 型绷缝机针杆高度，以针杆上升到最高位置时为基准，其右直机针尖到针板上平面的距离为 12.5mm。调整时，转动主动轮，使针杆升到最高位置，打开上盖，旋松上轴曲轮螺母，上下移动针杆使右直机针尖距针板上平面 12.5mm 时，紧固上轴曲柄螺母。

华南牌 GK201 型绷缝机的针杆高度是以弯针为基准确定的。即当弯针针尖摆到左机针中心时，弯针针尖在机针针眼之上，与针眼上边的距离为 0.5～1.0mm，如图 9-21 所示。调整时，可旋松针杆连接架螺钉，上下移动针杆，使针杆高度达到标准后，紧固针杆连接架螺钉。

日本重机 MF 系列绷缝机的针杆高度标准：弯针针尖与右面机针的左端相合时，机针针眼上端和弯针针尖的距离为 1.5mm，如图 9-22 所示。

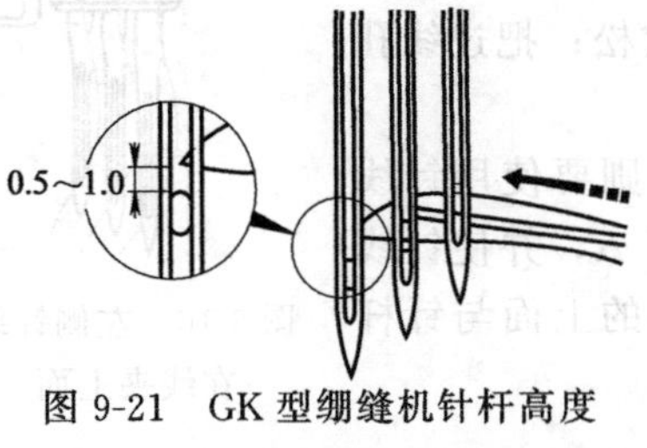

图 9-21　GK 型绷缝机针杆高度

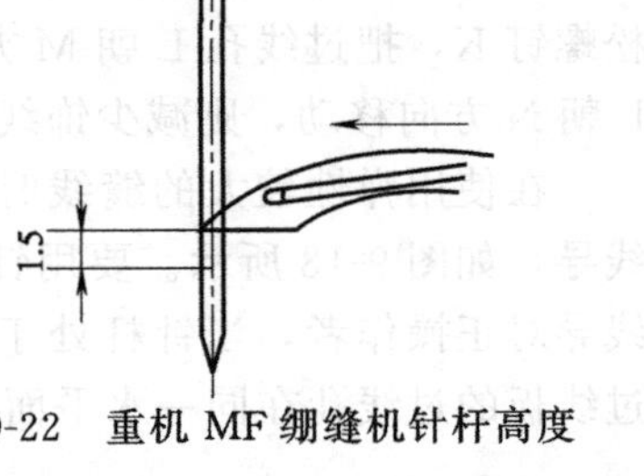

图 9-22　重机 MF 绷缝机针杆高度

5. 弯针与机针的钩线距

① 当针杆处于最低位置、弯针处于最右方位置时，弯针针尖与中间机针中心的距离为 9.2mm。在实际工作中，为了便于调整，一般采用弯针针尖与最右面的机针（短针）中线之间的距离为钩线距，如图 9-23 所示。由于机针间距不同，所以弯针针尖与右机针中心的距离不同，其标准钩线距如表 9-2 所示。

表 9-2　标准钩线距

机针数目	2	2	2	2 或 3	3	2 或 3
机针间距/mm	2.4	3.2	4.0	4.8	5.6	6.4
弯针与右机针钩线距/mm	4.8	4.4	4.0	3.6	3.2	2.8

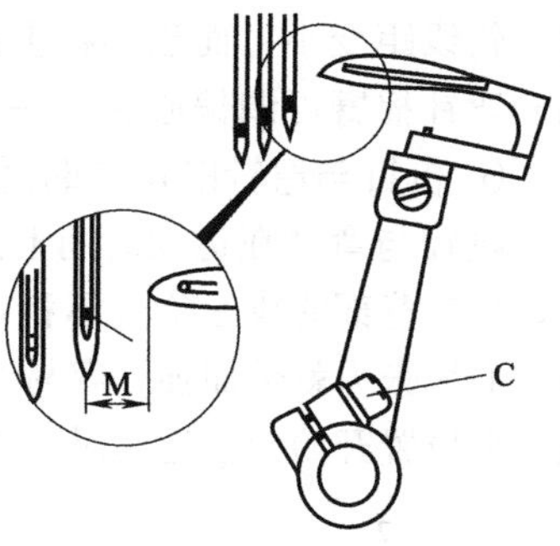

图 9-23　弯针针尖与右机针中间的钩线距

② 当针杆上升、弯针向左运动、弯针尖与右机针中心相交时，其弯针尖与机针后面的间隙为 0～0.05mm，如图 9-24 所示，在实际调整中，先拆去右机针 B，当弯针 A 向左摆其针尖 E 摆至中间的机针 C 的后面时，使 E 与 C 两者尽量靠近，间隙在 0～0.05mm，然后再装上右机针 B，这时，机针 B 会与弯针相碰，于是要通过护针杆把机针 B 向前推 0.2～0.3mm，使弯针针尖与机针 B 的间隙为 0～0.05mm。

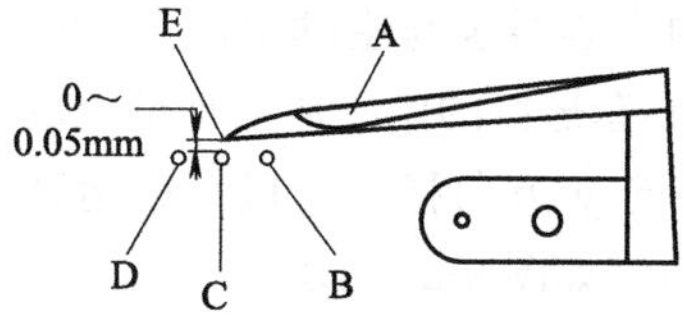

图 9-24　弯针与机针的间隙

③ 当弯针尖到左机针中心时，弯针尖高出左机针针眼上口 0.5～1.0mm，如图 9-21 位置。弯针与左机针之间间隙为 0.2mm 左右。

④ 当机针向下移动时，弯针向右移动，机针必须碰到弯针的背部，并稍稍弯曲，但不能过于弯曲，否则会使针尖与弯针擦伤。

GK10-3 型绷缝机机针与弯针纵向钩线距的调整见图 9-8，要用两只双头扳手同时进行，一只固定住弯针弹子连杆调节杆，另一只先旋松右面的一只调节杆倒牙螺母，再旋松调节杆螺母。把弯针弹子连杆调节杆向 A 方向旋，弯针的钩线距就大；向 B 方向旋，弯针的钩线距就小。调至标准的钩线距后，一只扳手固定住弯针弹子连杆调节杆，另一只扳手分别先后旋紧左右两只螺母即可。

GK10-3 型绷缝机机针与弯针横向钩线距的调整如图 9-25 所示，当弯针从右向左移动时，机针也从最低位置上升，弯针尖与右机针中心相交时，弯针尖与机针后的切口的间隙应为 0.05mm。调整时，可旋松曲柄轴曲柄螺钉，然后扳动弯针架，转动弯针架曲柄轴，使弯针尖与机针的间隙为 0.05mm，然后旋紧曲柄轴曲柄螺钉。

华南牌 GK201 系列绷缝机机针与弯针纵向钩线距离，是通过旋松弯针夹持座锁紧螺钉进行调整的。如图 9-26 所示，先松开连接螺钉，把机座拆开然后把机头翻转，用套筒扳手松开弯针摇杆 F 的螺钉 G。当弯针摇杆 F 上的标记对正弯针摇臂可调偏心套 H 的标记“S”

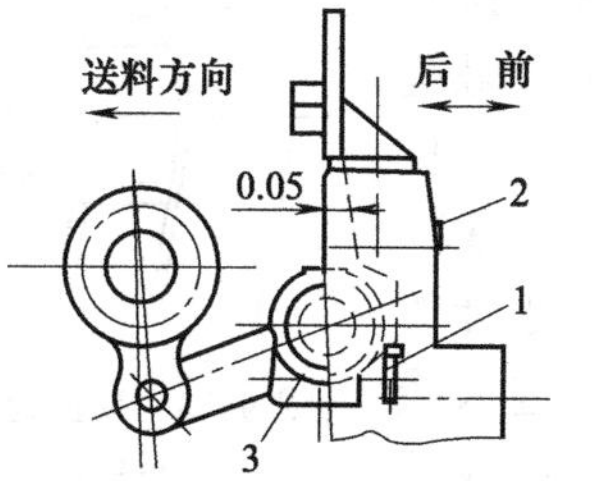

图 9-25　横向钩线距的调整

1—曲柄轴曲柄螺钉；2—弯针架；3—弯针架曲柄轴

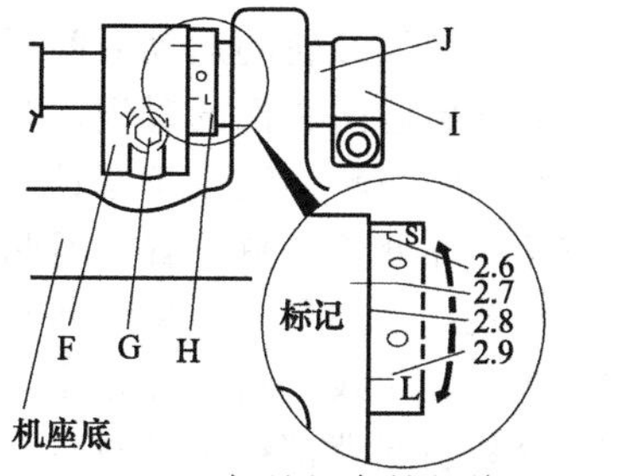

图 9-26　GK201 绷缝机弯针的前后调整

F—弯针摇杆；G—弯针摇杆紧固螺钉；H—可调偏心套；J—套筒；I—转轴

时，钩线距变小；而当摇杆上的标记对正“L”标记时，钩线距变大。调好后，把套筒与转轴和弯针摇臂可调偏心套H一起装上，消除左右方向的间隙，拧紧螺钉G即可。

6. 机针与弯针的运动时间同步

机针与弯针在运动时间上同步极为重要，是形成线缝的关键因素之一。如果弯针比机针快，弯针背部的线三角就不稳定，机针尖插线三角时容易产生跳针和花针；如果弯针比机针慢，面线张力就会加强，容易产生面线收不紧等现象。机针与弯针在运动时间同步配合，针杆从最低位置开始向上运动时，弯针也从最右位置向左运动，两者在瞬时同时进行。

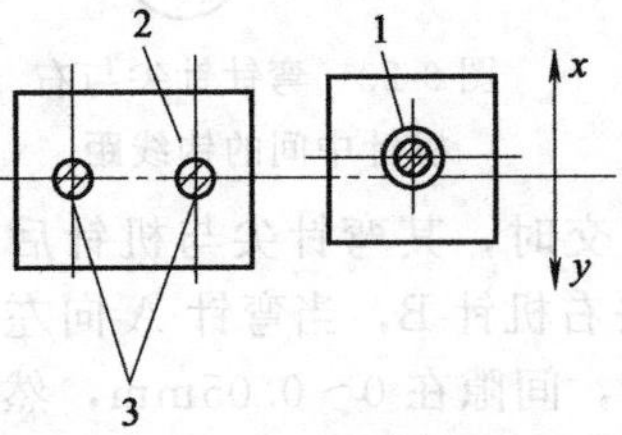

图 9-27　GK10-3 型机针与弯针同步调整

1—横轴摆动凸轮螺钉；2—联轴器；3—不定位螺钉

GK10-3型绷缝机机针与弯针的运动时间同步调整，是调整横轴摆动凸轮旋向的第一只螺钉1，如图9-27所示。其同步标准位置是横轴摆动凸轮的第一只螺钉与联轴器2上的不定位螺钉3（旋向的第二组螺钉）约差半只螺孔位置。如果把横轴摆动螺钉1向x方向移动则机针加快（相对弯针而言），向y方向移动则机针的运动时间放慢。

华南牌GK201系列绷缝机机针与弯针的运动时间同步调整如图9-28所示，其同步标准为弯针连杆偏心套的螺钉M与摇臂上的孔对准时，螺钉M的中心线也与主轴上的槽坑的K边成一直线。如将弯针连杆偏心套螺钉的中心从主轴槽坑的K边向x方向移动则机针加快，向y方向移动则机针的运动时间放慢。机针与弯针的运动时间同步、加快、减慢时的弯针运动轨迹如图9-29所示。

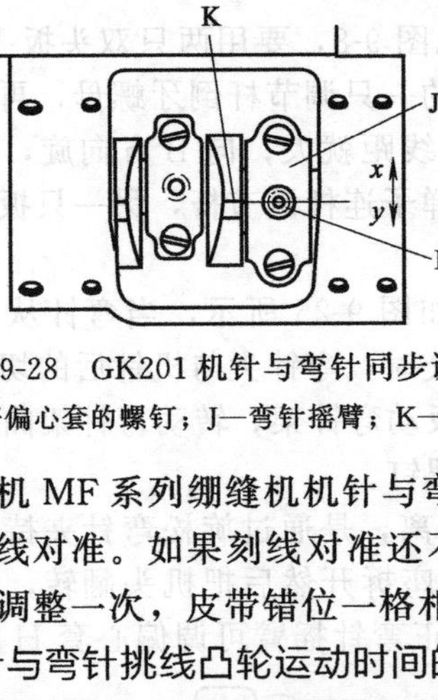

图 9-28　GK201机针与弯针同步调整

M—弯针连杆偏心套的螺钉；J—弯针摇臂；K—主轴槽坑的边

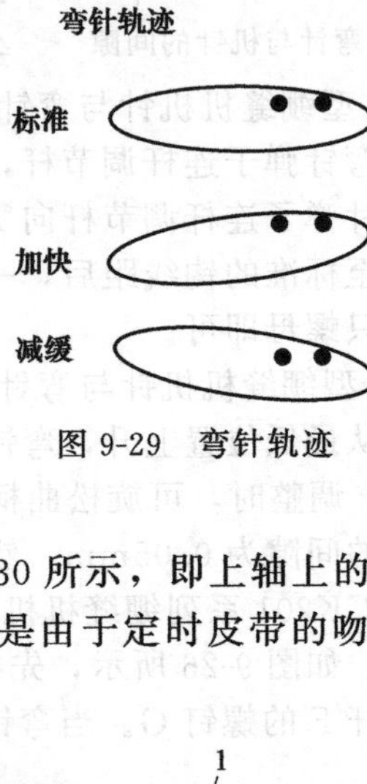

图 9-29　弯针轨迹

日本重机MF系列绷缝机机针与弯针同步标准如图9-30所示，即上轴上的刻线和上轴链轮上的刻线对准。如果刻线对准还不能同步，这种情况是由于定时皮带的吻合不准引起的，请重新调整一次，皮带错位一格相差15。

7. 弯针与弯针挑线凸轮运动时间的同步

弯针与弯针挑线凸轮的运动时间同步标准，是在弯针摆到最左端，然后开始返向右摆的时候，弯针挑线凸轮开始接触缝线。如果弯针挑线凸轮挑线慢于弯针，弯针的线三角线没有拉紧，使线三角线环处于任意位置，因此机针将穿不进它的线环而引起线三角跳针。如果弯针挑线凸轮过快于弯针，则弯针的线三角拉得太紧，使线三角形环减小，针尖还没有完全进入线三角内，也容易引起背部线三角跳针，一般来讲，弯针挑线凸轮稍快一点会使底线张力减小，而得到良好的线迹。另外，弯针挑线凸轮稍快一点，底线打得松一点，底线花纹就宽；稍慢

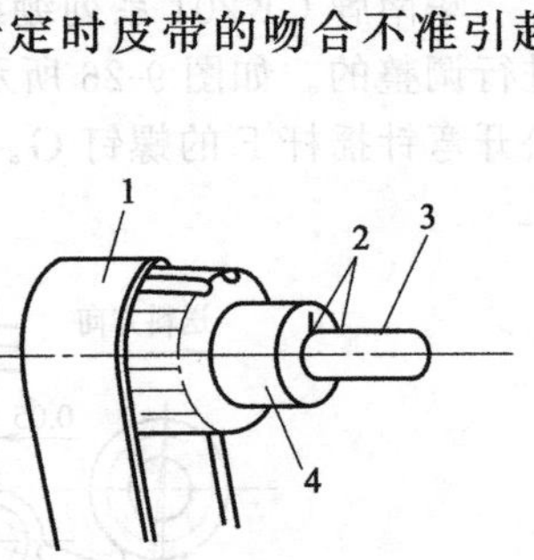

图 9-30　MF 绷缝机机针与弯针同步标准

1—定时皮带；2—刻线；3—上轴；4—上轴链轮

一点，底线就紧，缝料下的花纹就窄。

GK10-3 型绷缝机的弯针挑线凸轮调整如图 9-31 所示。调整时，旋松弯针挑线凸轮 1 上的两只定位螺钉 2，向 A 方向调，弯针挑线凸轮快于弯针（底线松）；向 B 方向调，弯针挑线凸轮慢于弯针（底线紧）。

GK201 系列绷缝机的弯针挑线凸轮定位标准如图 9-32 所示，即从挑线凸轮最高点 L 到脱圈支架 K 上面的距离为 5～7mm。调整时，旋松定位螺钉 M，移动弯针挑线轮位置即可。

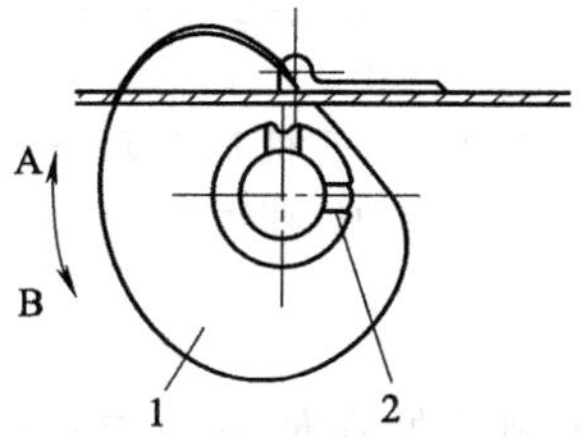

图 9-31 GK10-3 弯针挑线凸轮调整

1—弯针挑线凸轮；2—定位螺钉

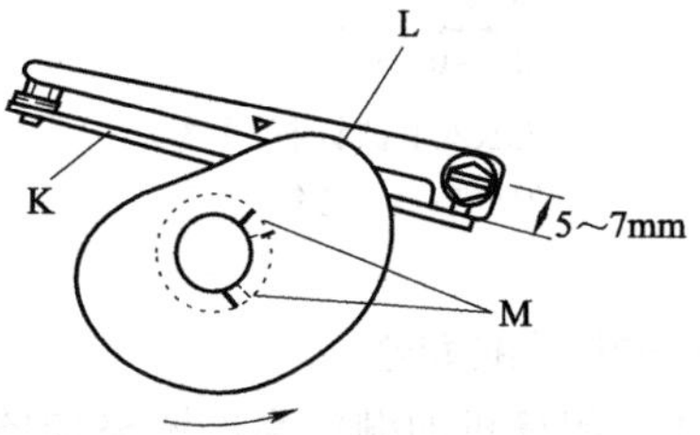

图 9-32 GK201 弯针挑线凸轮定位调整

J—弯针挑线凸轮；L—挑线凸轮最高点；K—脱圈支架

日本重机 MF 系列绷缝机弯针挑线凸轮的定位标准如图 9-33 所示，即左机针针尖与弯针的下腹部相合时，缝线从挑线凸轮最高点脱出的状态下固定挑线凸轮。

8. 护针杆的调整

GK10-3 型绷缝机的护针杆调整如图 9-34 所示，两只护针杆螺钉把护针杆安装在机座上，当直机针最低位置时，以护针杆前抛光的扁平部位与左直机针针尖处的间隙为 0.1～0.2mm 为标准定位。调整时，旋松护针杆螺针，把护针杆调至标准位置后旋紧护针杆。

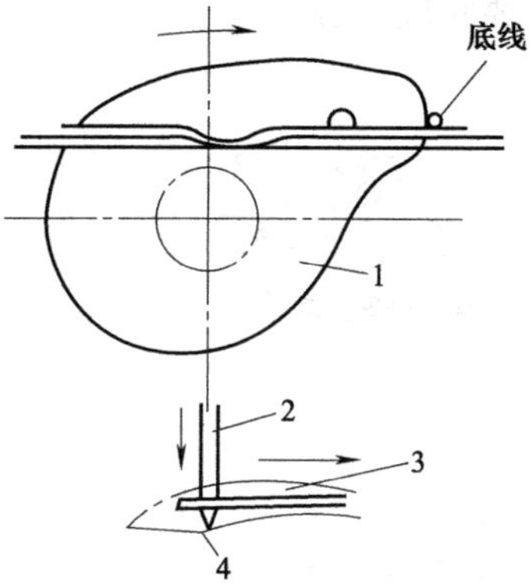

图 9-33 MF 系列机弯针挑线凸轮定位

1—弯针挑线凸轮；2—左机针；3—弯针；4—弯针下腹部

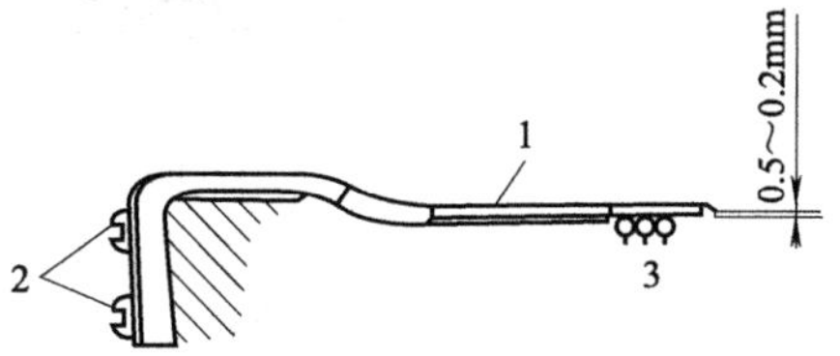

图 9-34 GK10-3 护针杆调整

1—护针杆；2—护针杆定位螺针；3—直机针

GK201 系列绷缝机的护针杆调整如图 9-35 所示，当弯针开始与最右边的机针相遇时，把护针杆固紧在机针针尖上面约 2mm 处，然后调节护针杆，把最右边的机针向前推 0.2～0.3mm；另外，当中间机针和左边机针的针尖从最低点上升 2mm 时，要使机针与护针杆之间的向隙为零。

日本重机 MF 系列绷缝机护针杆调整如图 9-36 所示，当最右边机针针眼中心与护针杆的中心相一致时固定护针杆的高度，机针与护针杆之间的间隙为 0～0.05mm。调整时，旋松图中螺钉 1 调整护针杆的高度，旋松图中螺钉 2 调整机针与护针杆之间的间隙。

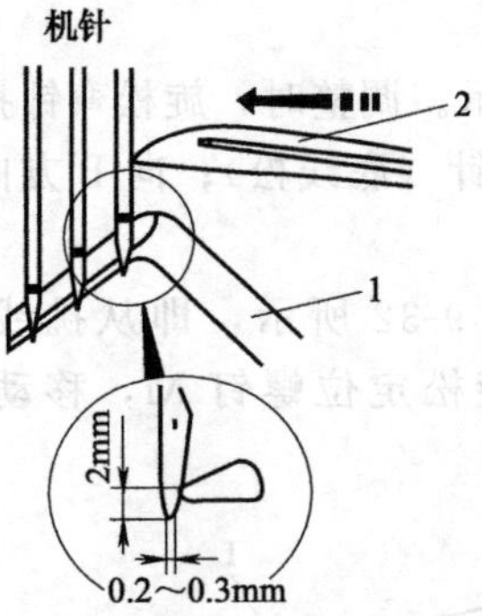

图 9-35　GK201 护针杆调整

1—护针杆；2—弯针

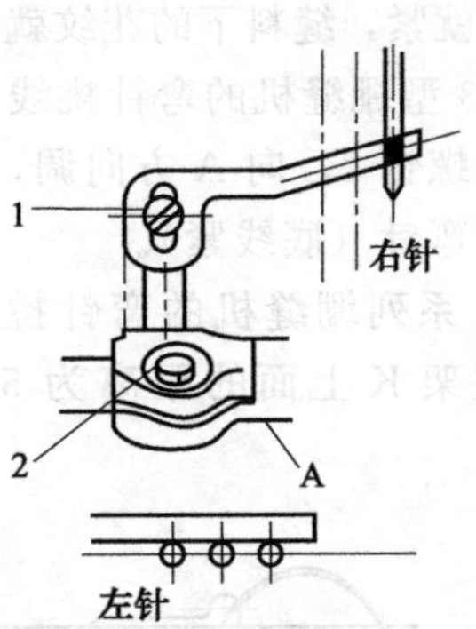

图 9-36　重机 MF 绷缝机护针杆调整

9. 机针与绷针的配合

GK10-3 型绷缝机的绷针高度调整如图 9-37 所示，即绷针处在最左边位置时，右直机针能插入绷针的上线，并在此基础上把绷针尽量装高，既要保证右直机针插入绷针上线，又要相应地提高压脚的提升距离。调整时，旋松绷针夹紧螺针，上下移动绷针至所需位置即可。

GK10-3 型绷缝机的绷针钩线距调整如图 9-38 所示。其标准为：当机针处于最低位置时，绷针处于最右位置；当机针移动到最高位置时，此时机针向下，右直机针要插入绷针上线内，左、中直机针要插入绷针下线；绷针最左时，其绷针钩尖到左直机针中心距离为6～8mm，如图 9-37（b）所示，此距离通过转动绷针曲柄来调整；绷针钩尖从最右位置向左移动与左直机针中心相交时，其间隙为0.3～0.5mm，如图 9-38（b）所示，此距离通过转动绷针来调节，调整时绷针夹紧螺钉与绷针曲柄夹紧螺钉要相应配合。

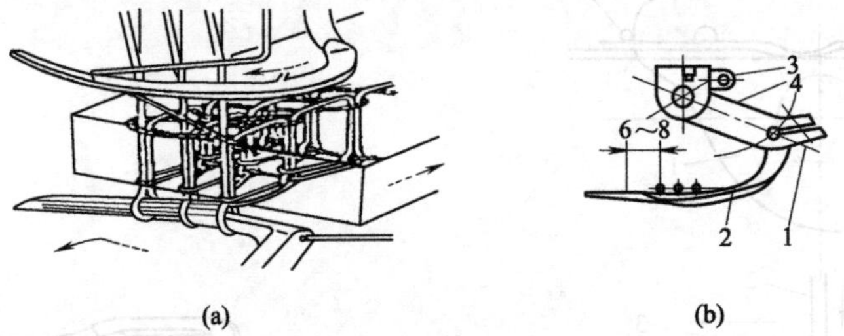

(a)　(b)

图 9-37　GK10-3 绷针高度调整

1—绷针夹紧螺钉；2—绷针；3—绷针曲柄夹紧螺钉；4—绷针曲柄

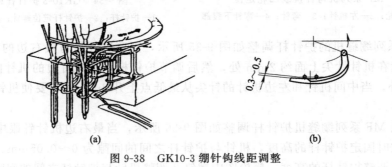

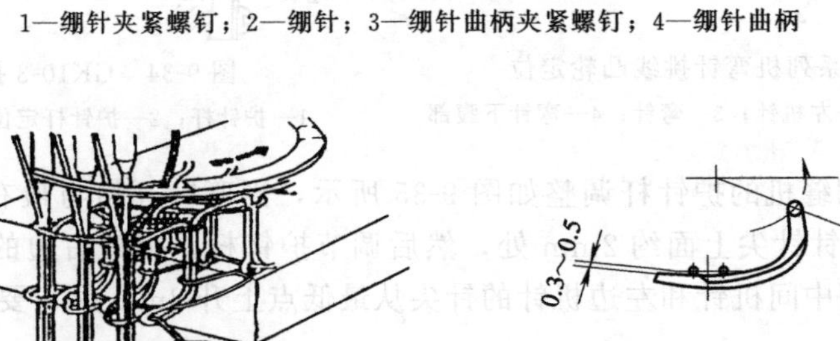

(a)　(b)

图 9-38　GK10-3 绷针钩线距调整

GK10-3 绷缝机的绷针与绷线挺线杆的配合如图 9-39 所示。当绷针在最右位置时，绷线挺线杆向外挺足，并通过绷线挺线架把绷针上面的余线绷紧拉直；当绷针向左运动的同时，绷线挺线杆向内移动，放松绷线使绷针钩尖向左移动时有足够的线量；当针杆最高时，绷针在最左位置，绷线挺线杆的轴端面高出轴套外平面距离为 18mm。调整时，旋松绷线线钩曲柄夹紧螺钉，转动主动轮，使针杆在最高位置时，调整绷线挺线杆轴端高出轴套外平面 18mm 后，紧固绷线线钩曲柄夹紧螺钉。绷线量调整，先旋松绷线挺线架夹紧螺钉 4，把绷线挺线架向外移动时挺线量大，向内移动挺线量小，待调至适当的挺线量时，紧固绷线挺线架紧固螺钉。

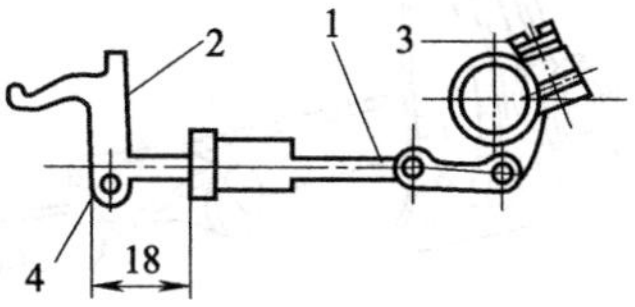

图 9-39 GK10-3 绷针与绷线挺线杆的配合

1—绷线挺线杆；2—绷线挺线架；3—曲柄夹紧螺钉；4—挺线架夹紧螺钉

GK201 系列绷缝机的绷针与机针的配合如图 9-40 所示，当绷针 A 向左运行时，其线钩尖口与最右边的机针之间的间隙为 0.5～0.8mm；当绷针 A 摆到最左端时，从最左边的机针中线到绷针拨线钩钩尖的距离为 6～7mm；绷针标准高度为针板面距绷针底面 8.5～9.5mm。

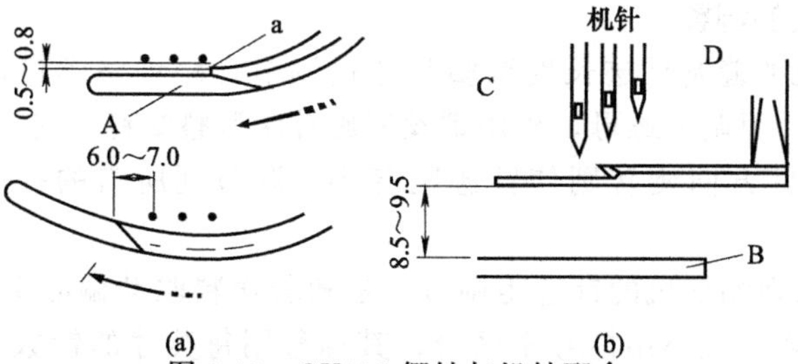

图 9-40 GK201 绷针与机针配合

A—绷针；a—绷针拨线钩钩尖；B—针板；C—左边机针；D—右边机针

10. 送布牙的调整

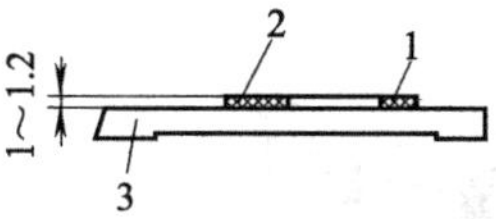

图 9-41 送布牙的调整

1—主送布牙；2—差动送布牙；3—针板

绷缝机的送布牙一般有前后两只，前者叫“主送布牙”，后者叫“差动送布牙”。两只送布牙的高度是相同的，其高度标准为：送布牙上升到最高位置时，送布牙齿最高面高出针板上平面 0.8～1.5mm，此时送布牙的齿面应与针板上平面相平行，如图 9-41 所示。送布牙的高度由送布牙底板螺钉来调节，送布牙的高度过高容易引起拖针，导致机针弯曲或断针及损坏缝料；送布牙过低，会使送料力不够而使针距不均匀。

差动送布主要用来缝制呢绒或较厚的织物以及带有弹性能自由伸长的缝料，以免缝纫时变形拉长，同时，还能进行正向的差动送料（收缩缝纫）和反向的差动送料（伸展缝纫）。

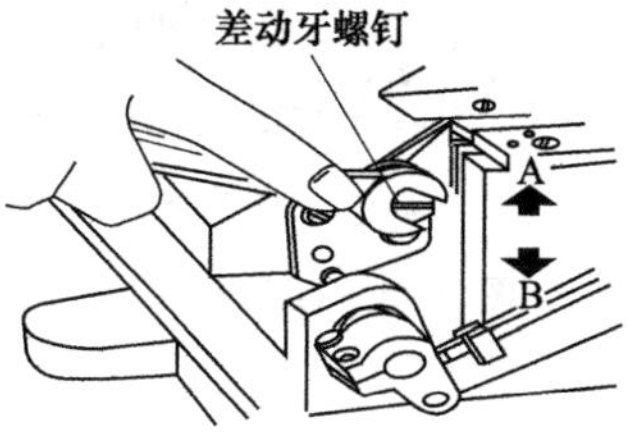

图 9-42 GK10-3 差动送料调整

GK10-3 型绷缝机差动送料调整如图 9-42 所示，把差动调整螺钉向上（A 向）移动，差动送布量大；把差动调整螺钉向下（B 向）移动，差动送布量小；调至所需差动送布距离时，旋紧差动调整螺钉。

GK201 系列绷缝机差动送料调整可以通过更换送料驱动偏心套进行，当差动送料驱动偏心套的标号比主送料驱动偏心套的标号小时，产生收缩缝纫，标号相差越大，差动比也越

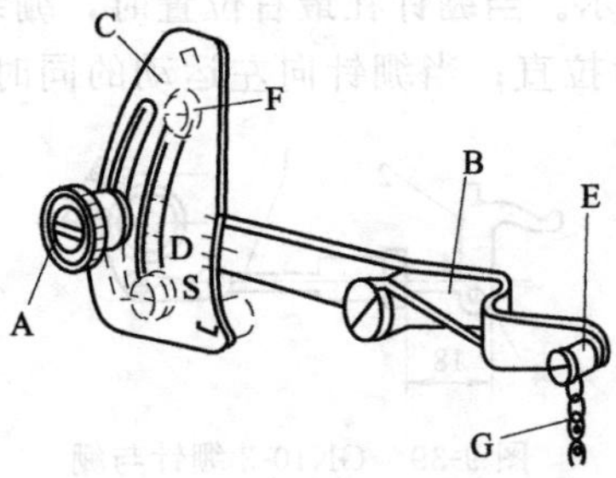

图 9-43　GK201 差动送料调整

A—螺钉；B—调节杆；C—刻度板；
D—刻度板上长线；E—附件；
F—调节杆挡块；G—拉链；
S—刻度板上定位线

大。相反，若差动送料驱动偏心套的标号大于主送料驱动偏心套的标号，则产生伸展缝纫。另外，不用更换偏心套只通过上下摆动调节杆也可调整差动送料，调整方法如图 9-43 所示。调整时先旋松图中螺钉 A，上下摆动调节杆 B。当调节杆 B 的中心标线对正刻度板 C 上的长刻线 D 时，差动和主动之间的送料比率由所装偏心套的大小确定，若两只偏心套标号相同，则不能实现差动送料。当调节杆的中心标线调至刻度线 D 以上时，正向（收缩缝纫）的差动送料随着调节杆 B 的上升而增大。当调节杆的中心线调至刻度线 S 以下时，反向（伸展缝纫）的差动送料随着调节杆 B 的下降而增大。如需在开机时调节送料的差动量，可用附件 E 把调节杆 B 与拉链 G 连接起来，脚动控制调节杆的上下动作。调节杆挡块 F 是确定差动送布调节杆的最高和最低位置的，目的是使差动送布牙不得与主送布牙以及针板相碰。

11. 缝制针迹长度的调整

GK10-3 型绷缝机的缝制针迹长度调整是通过调节针距调整螺钉进行的，如图 9-44 所示。调整时，先旋松针距调节螺母，再用螺丝刀旋针距调整螺钉，向逆时针方向旋转可得到大的针迹距，向顺时针方向旋转则使针迹距变小，调节到所需的针迹距后旋紧针距调节螺母。

华南牌 GK201 系列绷缝机的针迹距调节，是随着送料驱动偏心套的改变调整针迹距大小的。送布驱动偏心套的大小用标号来区分，其标号用每英寸的针数表示，如表 9-3 所示。调整方法如图 9-45 所示，先用套筒扳手 D 松开螺母 E，并拆去止推垫圈 J；把送料驱动偏心套取出器 F 旋入偏心套螺孔中，取出偏心套；再把所需偏心套装上，然后装上止推垫圈 J，旋紧螺母 E 即可。

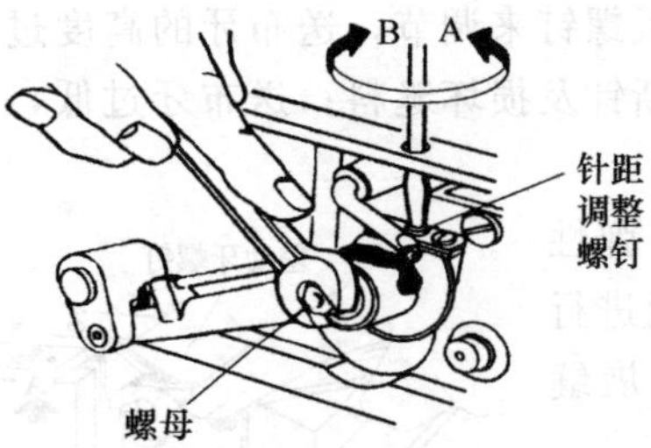

图 9-44　GK10-3 针迹长度调整

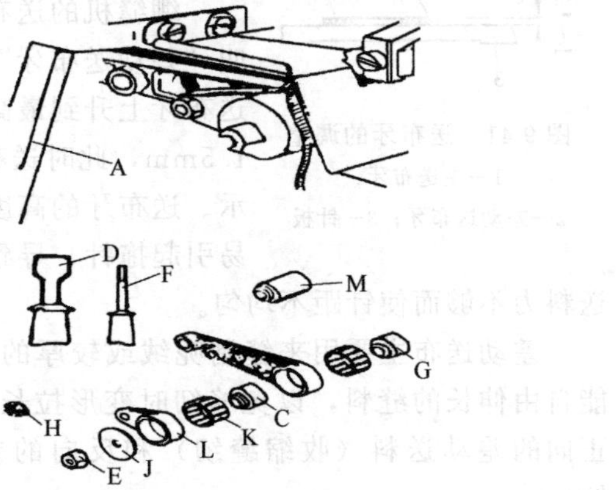

图 9-45　GK201 针迹距长度调整

D—套筒扳手；F—偏心套取出器；E—螺母；J—止推垫圈；
L—主送料驱动连接块；K—滚针轴承；C—偏心套

表 9-3　GK201 系列绷缝机送料驱动偏心套标号

偏心套上标号 No	W7	W8	W9	W10	W11	W12	W13	W14	W15	W16	W17	W18	W19	W20
每英寸针数	7	8	9	10	11	12	13	14	15	16	17	18	19	20
30mm 的针数	8	9	10.5	12	13	14	15	16.5	18	19	20	21	22	23.5

四、绷缝机的装配及检测

（一）机头装配工艺流程

机头装配工艺流程见表 9-4。

表 9-4 机头装配工艺流程

序号	工序目录	序号	工序目录
1	回螺孔 1	34	装牙架组件 1,2
2	回螺孔 2	35	装牙架堵油板组件 1,2,3
3	铰孔 1	36	送料凸轮定位 1,2,3,4
4	铰孔 2	37	装牙架左导板 1,2
5	机壳清理	38	装针距调节按钮板组件 1,2
6	轴套定位 1,2,3,4,5	39	装冷却针硅油箱组件 1,2
7	装机壳支承杆等	40	装针板组件
8	装机壳连接管销等	41	装差动扳手组件 1,2,3,4
9	装机头铜油管	42	装差动刻度板组件 1,2
10	装针杆滑块导轨组件	43	调整送料牙,差动牙 1,2,3
11	装抬压脚拉杆组件	44	装油过滤器组件 1,2
12	装抬压脚连杆组件	45	装油泵组件 1,2
13	装喷油嘴组件 1,2	46	冲油运转
14	装上轴组件 1,2,3	47	对弯针 1,2,3
15	装挑线轴组件 1,2	48	调整护针连杆组件 1,2,3
16	装绷针传动轴组件	49	调整机针与弯针的前后位置
17	装挺线曲柄轴组件	50	装前护针板
18	装后盖板组件	51	敲针板架销
19	装油封	52	装油罩
20	装针杆曲柄 1,2	53	装挑线凸轮架组件 1,2
21	装绷针左曲柄组件 1,2,3	54	装过线部件 1,2,3,4,5
22	装滑块导轨油线夹	55	装压脚组件 1,2,3
23	装接油盘	56	装冷却风扇罩
24	装压紧杆组件 1,2,3	57	装左罩板组件 1,2,3
25	装抬压脚轴组件 1,2	58	装缝台组件 1,2
26	装主轴前节组件 1,2,3	59	装绷针曲柄 1,2
27	装主轴后节组件 1,2,3	60	装绷针过线板组件
28	装护针连杆组件 1,2	61	装面板组件
29	装弯针滑块轴摆动连杆组件	62	试缝 1,2
30	装弯针轴球连杆组件 1,2	63	装护指器
31	装弯针滑块座组件 1,2	64	装装饰板 1,2
32	装时规轮齿形同步带 1,2	65	装油盘组件
33	装送料轴组件	66	打包 1,2

表 9-4 是组装成一台完整机器的全部工序，在装配的每道工序中均制定有具体的装配工序卡和技术要求，但由于篇幅关系，此处不予叙述。

（二）装轴套和零部件

1. 装入轴套

在装配时要按轴套装配图把轴套敲到位，根据机种不同，轴套的装入方法有压套机压套、敲套与粘套等，在轴套定位时必须按方向、尺寸、平面、油孔、油槽位置等定位。

所有轴装入轴套必须要求同心，轴要轻滑。如果有重、轧等现象，必须装轻后才能进入下一工序。

装一台机器必须要严格按装配工艺的每一项技术要求进行，把一台整机所要装的零部件（经配件）全部按装配工序的要求，先后按工序、按规定要求装到所在的位置，并达到其各项要求。

装配基本原则：必须装一道，紧一道，轻一道，润滑一道，干净一道，轴向间隙手感应为0，所有螺钉槽不允许装毛，所有螺钉力矩要符合装配工艺中力矩的要求，过线道必须光滑，无毛刺。

2. 弯针的安装

把弯针的柄插入弯针架的孔内，并且要插到底，弯针的底平面与弯针架的上平面装平，把弯针柄上的平面对准弯针紧固螺钉的中心，紧固其螺钉，这样弯针尖到弯针架孔中心高度与弯针与弯针架孔中心的倾斜约3°，达到要求。弯针紧固螺钉的头部与螺钉中心的垂直度要保证，否则3°就难以保证，将护针板初定在弯针上，待校正弯针与直针的间隙时再调整到规定的位置。

3. 保针板的安装

(1) 后保针板的安装　后保针板的标准位置应该是，当机针处于最低位置时（针杆最低时），后保针板的形状（斜度）与三根机针的高低差近似一致，后保针板的斜线最高点（一条筋线）*A* 正好对准各直机针的针孔中心，如图 9-46 所示，而且当弯针从最右向左运动分别在各机针背部穿过时，后保针板要使弯针尖与三直针的间隙均为 0～0.05mm。

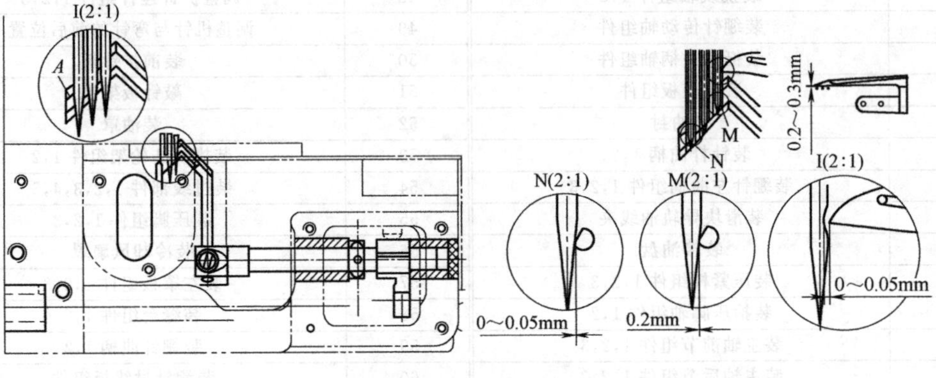

图 9-46　后保针板的安装

① 当弯针钩尖运动到左直针中心位置时，应使其间隙为 0.2～0.3mm。

② 当弯针钩尖运动到中直针中心位置时，应使其间隙为 0.05～0.1mm。

③ 当弯针钩尖运动到右直针中心位置时，应使其间隙为 0～0.05mm。

但必须通过护针杆把右直针稍稍向前推动（使保针板的一条筋线均碰上直针边孔）0.1～0.2mm，使右直针与弯针钩尖的间隙为 0～0.05mm，这样可保证弯针分别与三直针相交时的间隙均为 0～0.05mm，能保证进针时不跳针，缝纫到层叠层时还能使直针保持弯针钩尖与直针间的间隙。

④ 如果弯针钩尖与直针的间隙没有达到上述的要求可旋松图 9-47（a）的 B 和 C 螺钉进行调节使之达到要求。

(2) 前保针板的安装　当弯针钩尖从最右向左分别运动到与各直针相交（机针中心）时，前保针板的最高点与各直针之间应有 0～0.3mm 的间隙，如果没有达到或大于 0～0.3mm 的间隙时，则可旋松弯针上的螺钉 2 微量转动前保针板 1，使之符合间隙要求，如

图 9-47（b）所示。

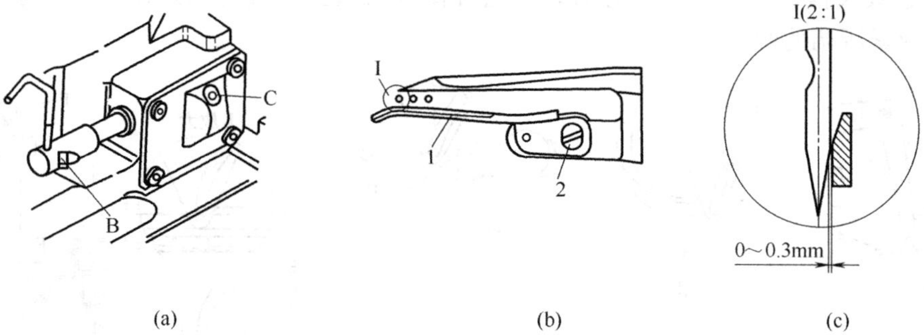

图 9-47 前保针板的安装
1—保针板；2—螺钉

4. 绷针的安装

（1）绷针的高低位置　绷针的底平面到针板上平面的高度应为 9～11mm，如图 9-48（a）所示。其高低位置直接影响到压脚的提升高度。

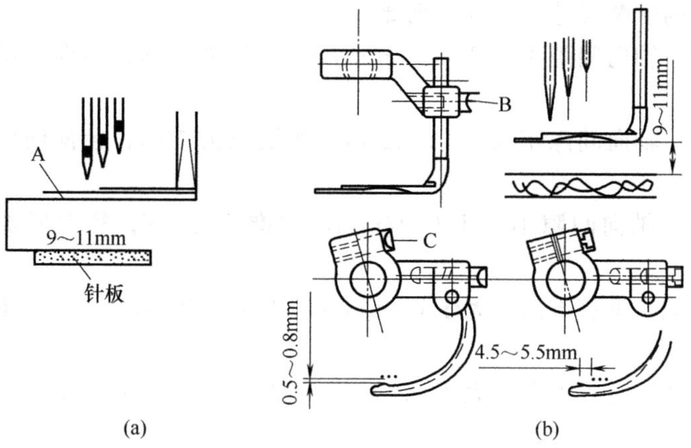

图 9-48 绷针的安装调整

（2）绷针的左右位置　当绷针运动到最左位置时，绷针上的钩尖与左直针的间隙应为 0.5～0.8mm，绷针钩尖到左直针中心应为 4.5～5.5mm，如图 9-48（b）所示。

5. 绷针过线板的安装

① 绷针过线板 D 与针夹绷线过线钩 F 的标准安装位置是：绷针过线板 D 的下面与绷针 A 上平面之间间隙为 0.5mm，如图 9-49（a）所示。

② 当绷针 A 运动到最右位置时，绷针钩尖正好处在绷针过线板 D 过线长槽下端的中心位置，如图 9-49（b）所示。

③ 当针杆（三直针）处于最低位置时，针夹绷线过线钩 F 与绷针过线板 D 之间的间隙为 1mm，此时针夹绷线过线钩 F 的过线孔中心应处于绷针过线板 D 的过线长槽右端圆弧的中心线上，如图 9-49（c）所示。

④ 如果绷针过线板 D 的下面与绷针 A 上平面的间隙 0.5mm 不符合标准尺寸时，可将两螺钉 E 进行调节，如图 9-49（d）所示。

⑤ 如果针杆（三直针）处于最低位置，针夹绷线过线钩 F 的过线孔中心未处于绷针过线板 D 的过线长槽右端的圆弧中心时，则松开图 9-49（c）中螺钉 G 调节上下与左右位置，调节完后旋紧所调的螺钉 G。

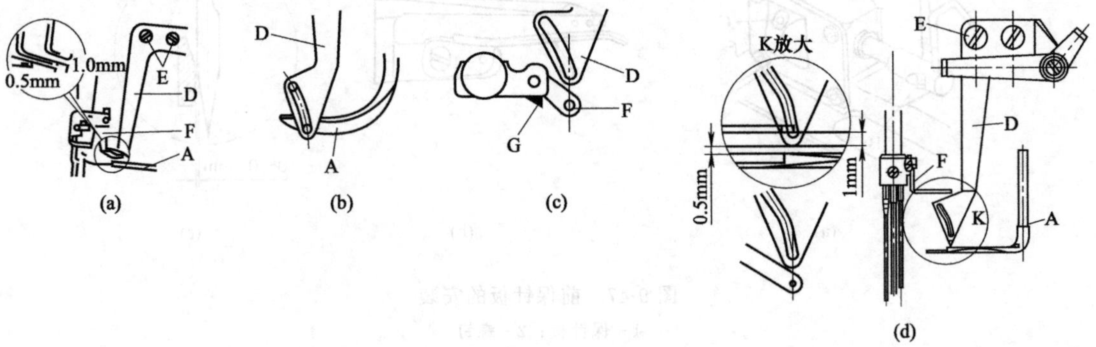

图 9-49 绷针过线板的安装调整

（三）机构配合间隙及测试方法

1. 机构配合间隙要求

机头主要机构的间隙尺寸应符合下列要求：

（1）主轴间隙　轴向间隙不大于 0.01mm，加推拉力 10N；径向间隙不大于 0.01mm，加推拉力 10N。

（2）上轴间隙　轴向间隙不大于 0.01mm，加推拉力 10N；径向间隙不大于 0.01mm，加推拉力 10N。

（3）针杆间隙　轴向间隙不大于 0.02mm，加推拉力 5N；径向间隙不大于 0.03mm，加推拉力 10N。

（4）差动牙间隙　垂直方向不大于 0.05mm，加推拉力 2N；运动方向不大于 0.05mm，加推拉力 2N。

（5）送料牙间隙　垂直方向不大于 0.05mm，加推拉力 2N；运动方向不大于 0.05mm，加推拉力 2N。

（6）弯针架间隙　弯针架运动方向间隙不大于 0.10mm，加推拉力 7.5N；弯针架轴向间隙不大于 0.04mm，加推拉力 5N。

（7）绷针曲柄间隙　绷针运动方向间隙不大于 0.30mm，加推拉力 5N；绷针垂直方向间隙不大于 0.02mm，加推拉力 5N。

（8）护针杆间隙　护针杆运动方向间隙不大于 0.05mm，加推拉力 5N。

（9）挑线杆间隙　运动方向不大于 0.10mm，加推拉力 5N；垂直方向不大于 0.02mm，加推拉力 5N。

2. 配合间隙测试方法

（1）主轴间隙　如图 9-50 所示，将百分表表头分别打在主轴的运动端面和轴径端面上，在轴上反复加 10N 力，表头数值的变化量即为间隙值。

（2）上轴间隙　如图 9-51 所示，将百分表表头分别打在主轴的运动端面上，在轴上反复加 10N 力，表头数值的变化量即为间隙值。

（3）针杆间隙　如图 9-52 所示。

① 运动方向间隙：旋转上轴，找出针杆运动的最低位置后，将百分表表头打在针杆上

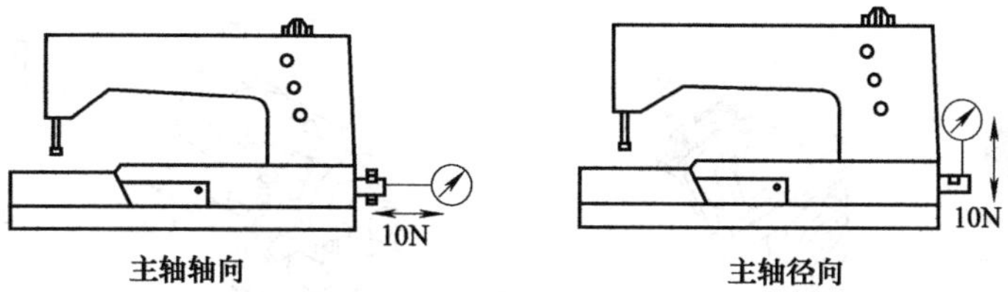

图 9-50　主轴间隙

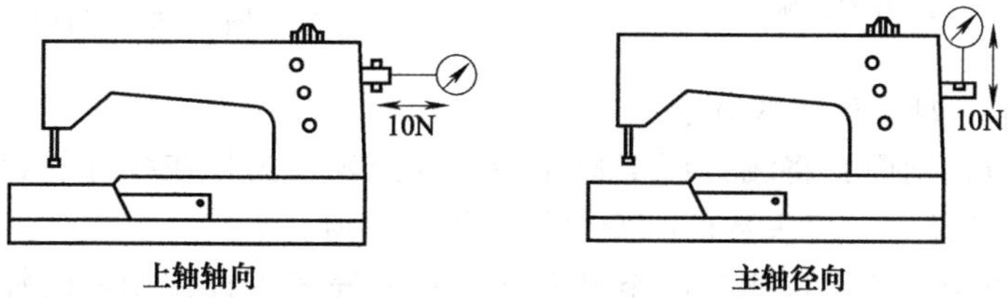

图 9-51　上轴间隙

端面，在针杆下端反复加 10N 力，表头数值的变化量即为间隙值。

② 径向间隙：转动上轮，使针杆处于最低位置后，将上轴固定，百分表表头打在针轧附近，在针杆上加 5N 力，表头数值的变化量即为间隙值。

(4) 差动牙间隙　如图 9-53 所示。

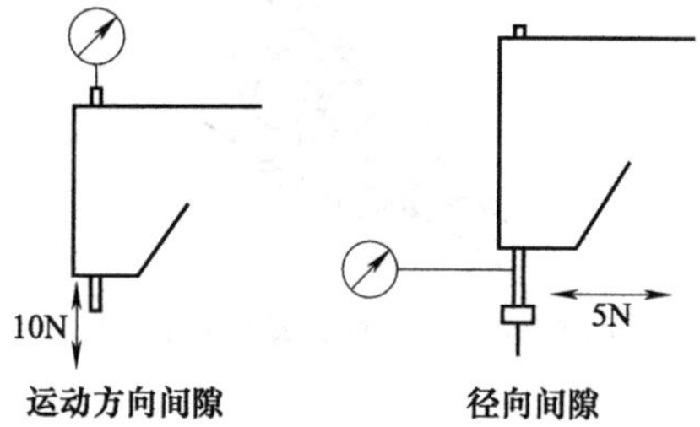

图 9-52　针杆间隙

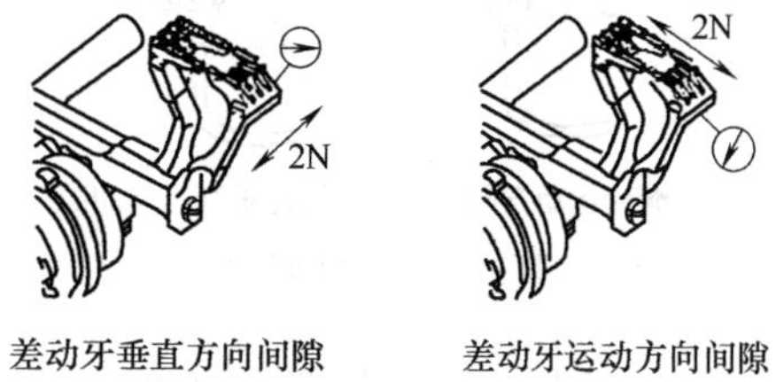

图 9-53　差动牙间隙

① 差动牙运动方向间隙：打开缝台，卸下针板，将差动牙调至最高位置，百分表表头打在差动牙端面上，在差动牙运动方向反复加 2N 力，表头数值的变化量即为间隙值。

②差动牙垂直方向间隙：打开缝台，卸下针板，将差动牙调至最高位置，百分表表头打在差动牙的端面上，在差动牙垂直方向反复加 2N 力，表头数值的变化量即为间隙值。

(5) 送料牙间隙　如图 9-54 所示。

① 送料牙运动方向间隙：打开缝台，卸下针板，将送料牙调至最高位置，百分表表头打在送料牙端面上，在送料牙运动方向反复加 2N 力，表头数值的变化量即为间隙值。

② 送料牙垂直方向间隙：打开缝台，卸下针板，将送料牙调至最高位置，百分表表头打在送料牙的端面上，在送料牙垂直方向反复加 2N 力，表头数值的变化量即为间隙值。

(6) 弯针架间隙　如图 9-55 所示。

①弯针架运动方向间隙：打开缝台，卸下针板，将弯针调至最右位置，百分表表头打在弯针如图 9-55 所示部位，在弯针运动方向反复加 7.5N 力，表头数值的变化量即为间隙值。

② 弯针架轴向间隙：打开缝台左罩板及前罩板，让弯针处于最右侧，百分表表头打在弯针轴轴向的端面上，在弯针轴上反复加 5N 力，表头数值的变化量即为间隙值。

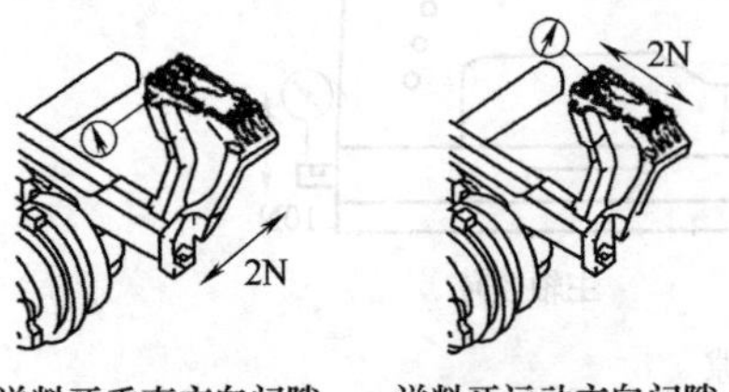

送料牙垂直方向间隙　送料牙运动方向间隙

图 9-54　送料牙间隙

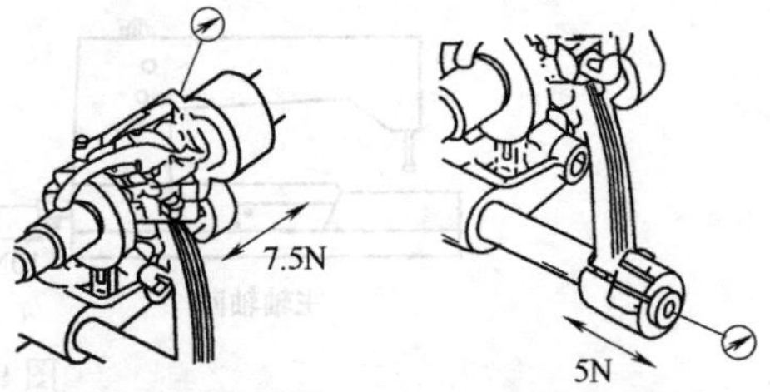

弯针架运动方向间隙　弯针架轴向间隙

图 9-55　弯针架间隙

（7）绷针间隙　如图 9-56 所示。

① 绷针运动方向间隙：将绷针调至最左端，百分表表头打在绷针的针尖上，再在绷针的运动方向反复加 5N 力，表头数值的变化量即为间隙值。

② 绷针垂直方向间隙：将绷针调至最左端，百分表表头打在绷针的针杆上，再在绷针的垂直方向反复加 5N 力，表头数值的变化量即为间隙值。

（8）护针杆运动方向间隙　打开缝台，卸下针板，将百分表表头打在如图 9-57 所示的端面上，然后给护针杆运动方向反复加 5N 力，表头数值的变化量即为间隙值。

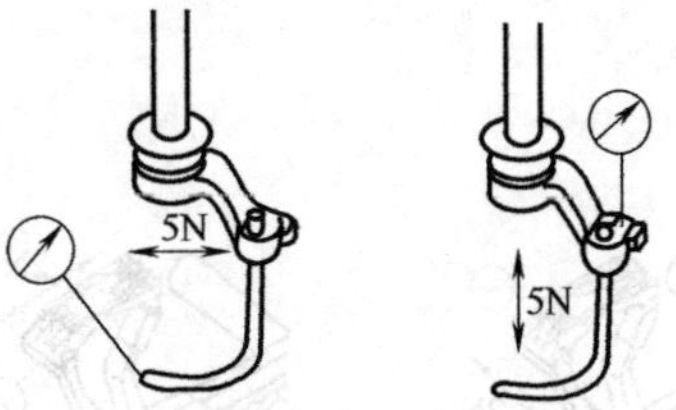

绷针运动方向间隙　绷针垂直方向间隙

图 9-56　绷针间隙

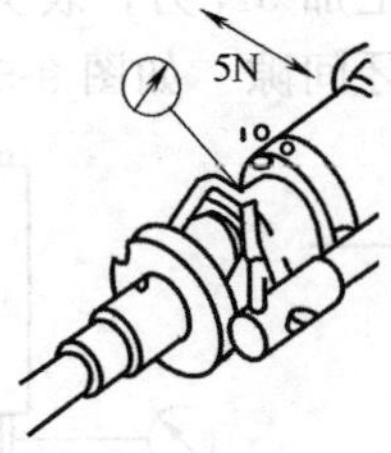

图 9-57　护针杆运动方向间隙

（9）挑线杆间隙　如图 9-58 所示。

① 挑线杆运动方向间隙：将挑线杆调至最高位置，百分表表头打在如图 9-58 所示的端面上，反复加 10N 力，表头数值的变化量即为运动方向的间隙值。

② 挑线杆垂直方向间隙：将挑线杆调至最高位置，百分表表头打在如图 9-58 所示的端面上，反复加 5N 力，表头数值的变化量即为垂直方向的间隙值。

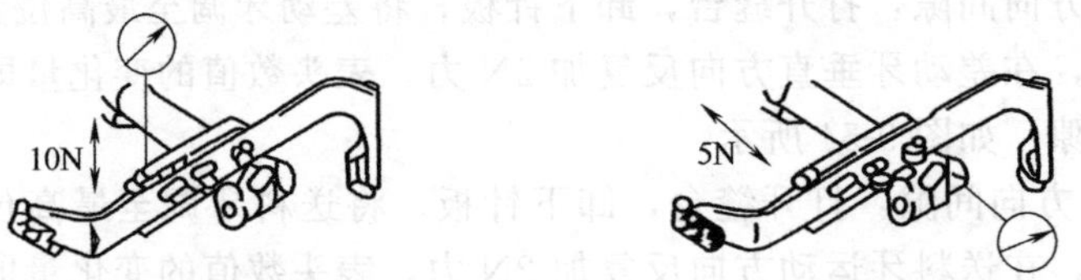

挑线杆运动方向间隙　挑线杆垂直方向间隙

图 9-58　挑线杆间隙

（四）整机的安装调整

① 在缝纫机试缝前，首先要按缝纫机装配要求检查机头装配质量。如各部位的间隙、轻重、声响、螺钉紧固力矩、过线道的光滑程度、各螺钉头有无毛刺等。

② 把机头放在台板上连接的支承板防振垫上，把三角皮带装在机头皮带轮与电动机皮

带轮上，然后确认皮带的紧松程度，调节电动机的中心位置。用手按皮带中间，使皮带当中下陷约 20mm，紧固电动机调节杆的螺母，见图 9-59（c）。

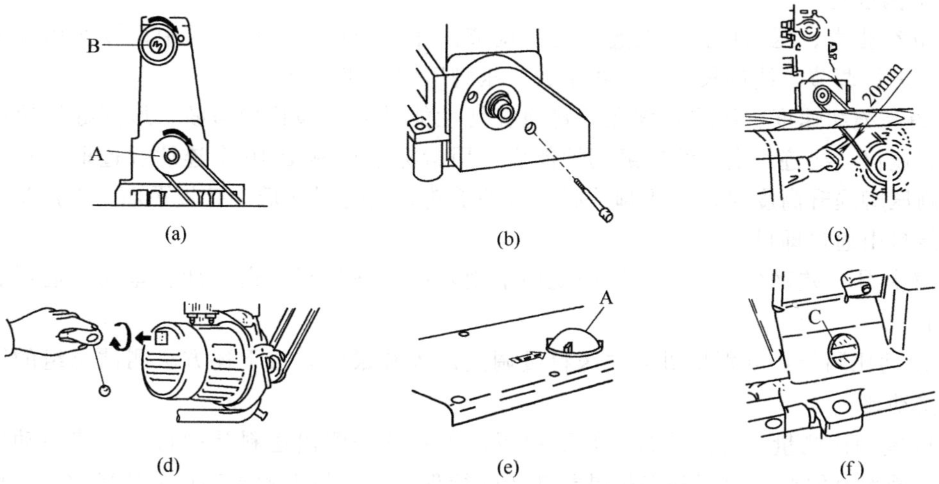

图 9-59　整机的安装调整

③ 机头皮带轮 A 与上面的手轮 B 均为顺时针方向旋转［图 9-59（a）］。如果电动机皮带转动方向与机头皮带轮 A 方向不一致，可按图 9-59（d）所示，把电动机上的换向插头拔出转 180°再插入，电动机皮带轮转动方向与机头皮带轮 A 方向就一致了。

④ 调节电动机的左右位置，使电动机皮带轮中心与机头皮带轮 A 中心为同一直线，并且正好在台板槽的中央位置。

⑤ 皮带防护罩安装如图 9-59（b）所示。

⑥ 机器加油：旋下上盖上的油窗如图 9-59（e）所示，加入特 18 号工业缝纫机专用润滑油，到油量显示窗的两根刻线当中，如图 9-59（f）所示。

⑦ 缝纫速度与皮带轮直径的配比见表 9-5。

表 9-5　缝纫速度与皮带轮直径的配比

电动机皮带轮外径 ϕ/mm	缝纫速度/(r/min)	
	50Hz	60Hz
80	3600	4320
90	4100	5000
118	5300	

（五）检测

1. 外观质量

在光照度为（600±200）lx，检验距离为 500mm 时，用目测判定。

① 烘漆表面应平整，色泽均匀，花纹一致，主要可见部位应无明显的流漆、漏喷、起泡以及碰漆等缺陷。

② 机头表面不应有锈斑、污垢，标牌应完整，位置正确，无明显伤痕。

③ 机头外露零部件应无划伤，外露螺钉头部不应有毛刺。

④ 电镀件镀层表面应平整、光滑，色泽一致，无锈蚀、剥离、斑点、划伤等。主要表

面应无明显气泡、泛点、针孔和毛刺。

⑤ 发黑件表面应色泽一致，不应有空白、沉淀物、光斑点、擦伤及锈蚀等缺陷。

2. 机器性能

① 缝线张力、压脚压力、线迹长度的调节：在缝纫性能试验项目中，按使用说明书规定的方法进行调节。线迹长度、缝线张力、压脚压力应能调节。

② 最高缝纫速度、线迹长度在“普通缝纫性能试验”项目中考核。最高缝纫速度用非接触式测速仪，线迹长度在线辫缝纫性能后，用游标卡尺测量10个连续线迹取其算术平均值。检测压脚提升高度时，将压脚抬起，转动手轮，使送料牙低于针板平面，专用量块放在压脚下能自由通过即可。

③ 送料牙、差动牙的调节按使用说明书规定的方法进行。送料牙、差动牙前后、高低应能调节。

④ 差动比测量：分别将机器的送料量调到最大和最小，按下述方法测试每组的顺差动比和逆差动比。

a. 顺差动比测量：打开缝台，卸下针板，用百分表测出送料牙的行程，将差动扳手调至顺差动最大值位置，用百分表测得差动牙的行程，得出最大顺差动比的比率（最大顺差动比＝差动牙行程/送料牙行程）。

b. 逆差动比测量：打开缝台，卸下针板，用百分表测出送料牙的行程，将差动扳手调至逆差动最大值位置，用百分表测得差动牙的行程，得出最大逆差动比的比率（最大逆差动比＝差动牙行程/送料牙行程）。

⑤ 用手检测针板与推板的可靠性。针板、推板应安装可靠，缝料在其面上滑动顺利，缝台启闭灵活，不应松动。

⑥ 整机温升的温差值不得超过30℃。按相关标准执行。

3. 运转性能

（1）噪声

① 运转噪声（空载应抬起压脚）：空载时，用最高缝纫速度运行，用耳听应无异常声响。其噪声级应不大于81dB。

② 噪声声级的测量：在缝纫性能试验后进行，按QB/T 1177—2007《工业缝纫机　噪声级的测试方法》的规定进行。

（2）启动转矩的测量　空载时，最大启动转矩不大于0.5N·m。按QB/T 2252—2012《缝纫机机头启动转矩测试方法》执行。

（3）振动位移的测量　空载时，用最高缝纫速度运行，机头振动位移不大于350μm。按QB/T 1178—2006《工业缝纫机　振动的测试方法》执行。

（4）润滑性能试验

① 正常运转时，润滑系统供油与回油应良好。目测油窗供油、回油应畅通。

② 密封性能：机头上主要接合面、密封面应无漏油、渗油现象。在“缝纫性能试验”项目后进行，以最高缝纫速度的90％运转5s，间隔5s，连续运转60min后，检查针杆套、面板、油盘的密封和机壳与底座的接合面，不得漏油与渗油，在连续缝纫项目试验后，检查缝料应无油渍。

4. 耐久试验

① 运转条件见表9-6。

表 9-6 运转条件

<table>
<tr><th colspan="2">运转方式</th><th colspan="2">运转时间</th><th rowspan="2">总运转时间</th></tr>
<tr><th>运转时间</th><th>停止时间</th><th>运转时间</th><th>停止时间</th></tr>
<tr><td>5s</td><td>5s</td><td>60min</td><td>60min</td><td>200h</td></tr>
</table>

② 耐久试验时不得有各转动部位的咬死、力矩增大及异常声响现象。

③ 运转完后，各部位螺钉无松动。

④ 运转完后，各部位不允许漏油与渗油。

⑤ 运转完后，机器不允许有断线、跳线现象。

⑥ 运转完后，各部位的间隙量增加见表 9-7。

表 9-7 各部位的间隙量

增量方向	间隙增加量	增量方向	间隙增加量
针杆运动方向	0.05mm 以下	弯针架运动方向	0.04mm 以下
针杆径向方向	0.03mm 以下	弯针架轴向方向	0.04mm 以下
差动牙垂直方向	0.04mm 以下	绷针运动方向	0.05mm 以下
差动牙运动方向	0.05mm 以下	护针杆运动方向	0.04mm 以下
送料牙垂直方向	0.04mm 以下	挑线杆运动方向	0.03mm 以下
送料牙运动方向	0.05mm 以下		

5. 缝纫性能

按表 9-8 规定的试验条件进行缝纫试验时，不得有断针、断线、跳针、跳线、花针、浮线等缺陷，缝料表面线迹应整齐、均匀。

表 9-8 缝纫性能试验条件

<table>
<tr><th rowspan="2">项目</th><th rowspan="2">采用机针</th><th rowspan="2">采用缝线</th><th colspan="3">缝料</th><th rowspan="2">线迹长度</th><th rowspan="2">缝纫速度/(r/min)</th><th rowspan="2">备注</th></tr>
<tr><th>规格</th><th>尺寸/mm</th><th>层数</th></tr>
<tr><td>普通缝纫</td><td rowspan="6">随机机针</td><td rowspan="6">9.5tex×3(60s/3)涤纶线</td><td rowspan="4">18tex 汗布及棉毛布</td><td>1000×150</td><td>2</td><td>最大</td><td>5300</td><td rowspan="6">过筋缝时，锁边筋之间间隔100mm，锁边在下方，顺折</td></tr>
<tr><td>连续缝纫</td><td>3000×150</td><td>2</td><td>最大长度的 70%</td><td>5300</td></tr>
<tr><td>层缝</td><td>500×150</td><td>2-6-2-6-2</td><td></td><td>4240</td></tr>
<tr><td>线辫缝纫</td><td></td><td></td><td></td><td>3710</td></tr>
<tr><td>厚料缝纫</td><td>棉毛布</td><td>1000×150</td><td></td><td>最大</td><td>4240</td></tr>
<tr><td>过筋缝纫</td><td>18tex 汗布及棉毛布</td><td>1000×150</td><td>2-6-2-6-2</td><td>最大</td><td>4240</td></tr>
</table>

普通缝纫：缝纫长度为 1m。

中厚料缝纫：缝纫长度为 1m。

层缝缝纫：缝纫长度 0.5m，缝纫三行。

线辫缝纫：应出线顺畅，长度不短于 100mm。

连续缝纫：缝纫长度 3m。

缝纫性能试验方法：

① 试验前将机头处擦拭干净，并清除针板、送料牙、弯针以及过线部位的污物，加注润滑油。

② 缝纫速度用非接触式测速仪测试，试验时缝纫速度允许误差−3%。

③ 线迹长度测试，用游标卡尺在缝样上测量 10 个连续线迹的总长度，取其算术平均值应不小于于技术参数中规定的 90%。

④ 每项试验前，允许试缝及调节说明书中规定可调节的部位，但正式试验中不允许调节。

6. 机构配合间隙

机头主要机构的间隙尺寸应符合下列要求。

（1）主轴间隙　轴向间隙不大于 0.01mm，加推拉力 10N；径向间隙不大于 0.01mm，加推拉力 10N。

（2）上轴间隙　轴向间隙不大于 0.01mm，加推拉力 10N；径向间隙不大于 0.01mm，加推拉力 10N。

（3）针杆间隙　轴向间隙不大于 0.02mm，加推拉力 5N；径向间隙不大于 0.03mm，加推拉力 10N。

（4）差动牙间隙　垂直方向不大于 0.05mm，加推拉力 2N；运动方向不大于 0.05mm，加推拉力 2N。

（5）送料牙间隙　垂直方向不大于 0.05mm，加推拉力 2N；运动方向不大于 0.05mm，加推拉力 2N。

（6）弯针架间　弯针架运动方向间隙不大于 0.10mm，加推拉力 7.5N；弯针架轴向间隙不大于 0.04mm，加推拉力 5N。

（7）绷针曲柄间隙　绷针运动方向间隙不大于 0.30mm，加推拉力 5N；绷针垂直方向间隙不大于 0.02mm，加推拉力 5N。

（8）护针杆间隙　护针杆运动方向间隙不大于 0.05mm，加推拉力 5N。

（9）挑线杆间隙　运动方向不大于 0.10mm，加推拉力 5N；垂直方向不大于 0.02mm，加推拉力 5N。

7. 配合间隙测试方法

（1）主轴间隙（轴向间隙和径向间隙）　如图 9-60 所示，将百分表表头分别靠在主轴的轴向端面和径向圆柱表面上，在轴上反复加 10N 力，表头数值的变化量即为主轴间隙值。

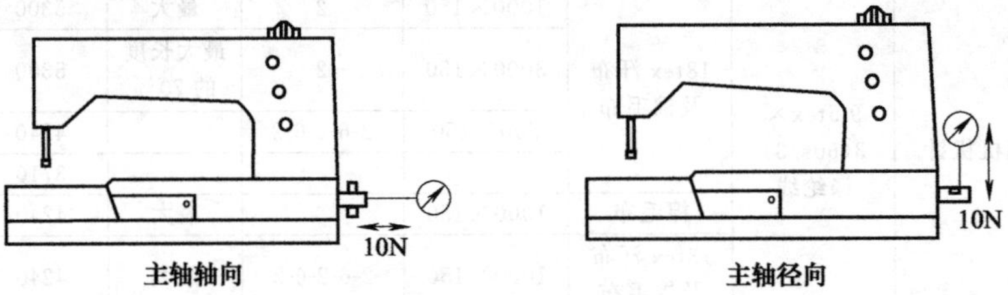

图 9-60　主轴间隙

（2）上轴间隙（轴向间隙和径向间隙）　如图 9-61 所示，将百分表表头分别靠在主轴的轴向端面和径向圆柱表面上，在轴上反复加 10N 力，表头数值的变化量即为上轴间隙值。

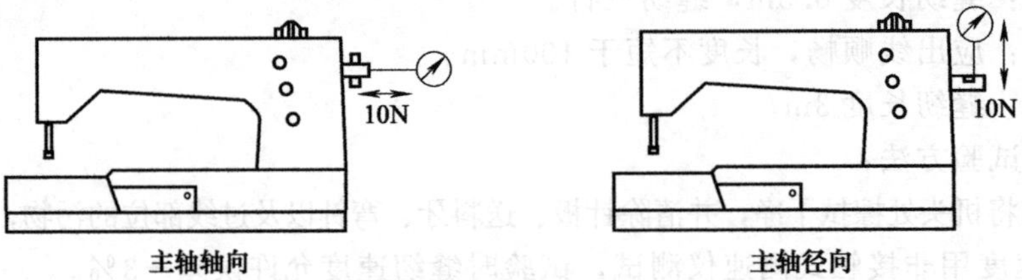

图 9-61　上轴间隙

（3）针杆间隙　如图 9-62 所示。

① 运动方向间隙：旋转手轮，使针杆处于最低位置后，将百分表表头靠在针杆上端面，在针杆下端反复加 10N 力，表头数值的变化量即为针杆轴向间隙值。

② 径向间隙：转动手轮，使针杆处于最低位置后，将百分表表头靠在针轧附近，在针杆上加 5N 力，表头数值的变化量即为针杆径向间隙值。

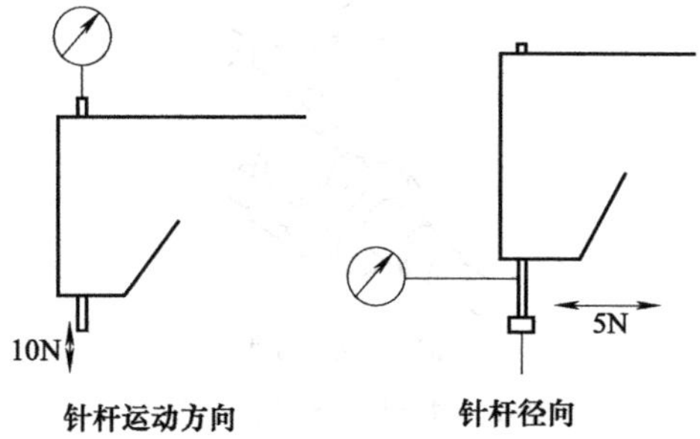

图 9-62　针杆间隙

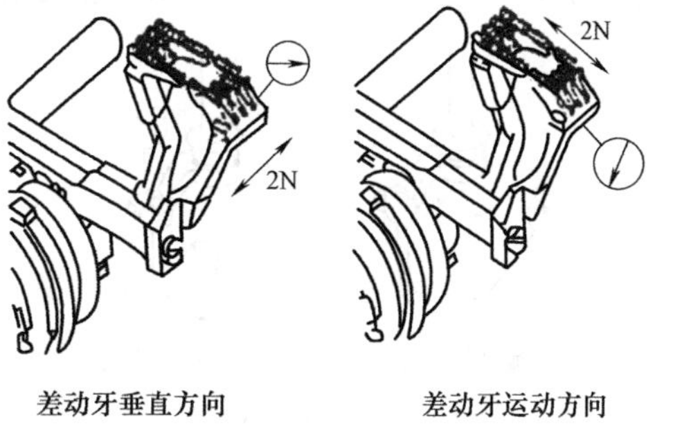

图 9-63　差动牙间隙

（4）差动牙间隙　如图 9-63 所示。

① 差动牙运动方向间隙：打开缝台，卸下针板，将差动牙调至最高位置，百分表表头靠在差动牙端面上，在差动牙运动方向反复加 2N 力，表头数值的变化量即为差动牙运动方向间隙值。

② 差动牙垂直方向间隙：打开缝台，卸下针板，将差动牙调至最高位置，百分表表头靠在差动牙的端面上，在差动牙垂直方向反复加 2N 力，表头数值的变化量即为间隙值。

（5）送料牙间隙　如图 9-64 所示。

① 送料牙运动方向间隙：打开缝台，卸下针板，将送料牙调至最高位置，百分表表头靠在送料牙端面上，在送料牙运动方向反复加 2N 力，表头数值的变化量即为间隙值。

② 送料牙垂直方向间隙：打开缝台，卸下针板，将送料牙调至最高位置，百分表表头靠在送料牙的端面上，在送料牙垂直方向反复加 2N 力，表头数值的变化量即为间隙值。

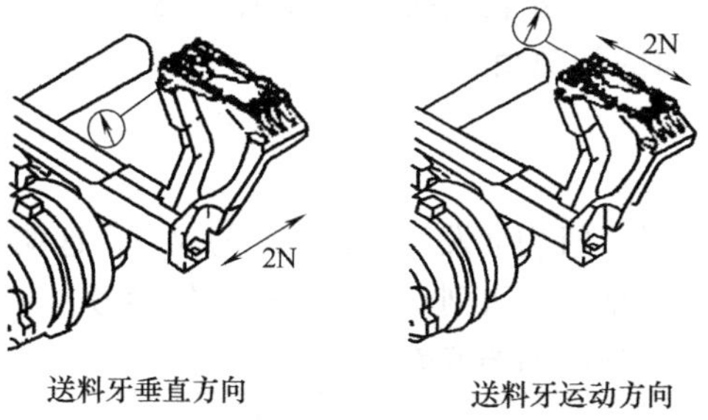

图 9-64　送料牙间隙

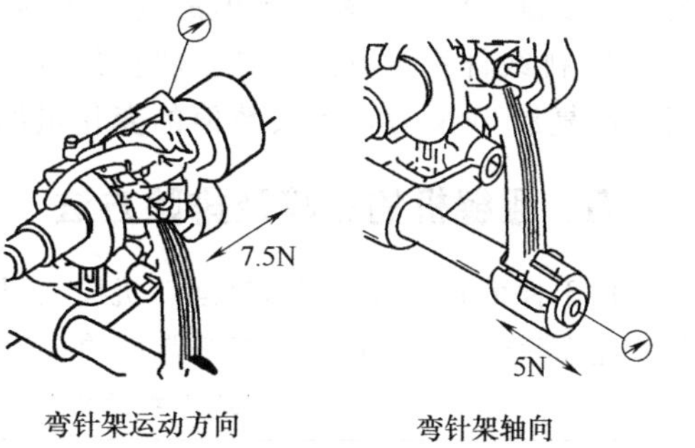

图 9-65　弯针架间隙

（6）弯针架间隙　如图 9-65 所示。

① 弯针架运动方向间隙：打开缝台，卸下针板，将弯针调至最右位置，百分表表头靠在弯针图示部位，在弯针运动方向反复加 7.5N 力，表头数值的变化量即为间隙值。

② 弯针架轴向间隙：打开缝台左罩板和前罩板，让弯针处于最右侧，百分表表头靠在弯针轴端面上，按图示方向在弯针轴上加 5N 力，表头数值的变化量即为间隙值。

（7）绷针间隙　如图 9-66 所示。

① 绷针运动方向间隙：将绷针调至最左端，百分表表头靠在绷针的针尖上，再在绷针

的运动方向反复加 5N 力，表头数值的变化量即为间隙值。

② 绷针垂直方向间隙：将绷针调至最左端，百分表表头靠在绷针的针杆上，再在绷针的垂直方向反复加 5N 力，表头数值的变化量即为间隙值。

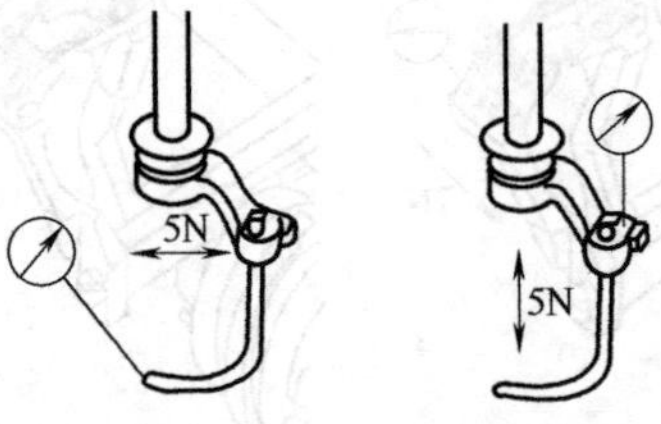

图 9-66　绷针间隙

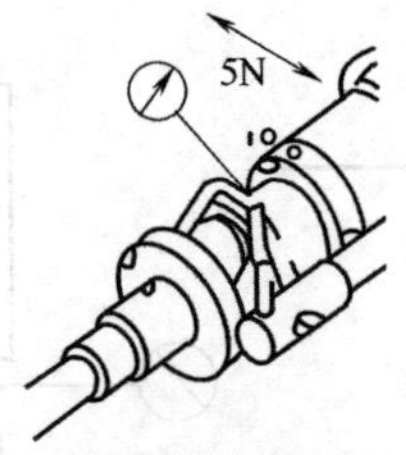

图 9-67　护针杆运动方向间隙

（8）护针杆运动方向间隙　打开缝台，卸下针板，将百分表表头打在如图 9-67 所示的端面，然后给护针杆运动方向反复加 5N 力，表头数值的变化量即为间隙值。

（9）挑线杆间隙　如图 9-68 所示。

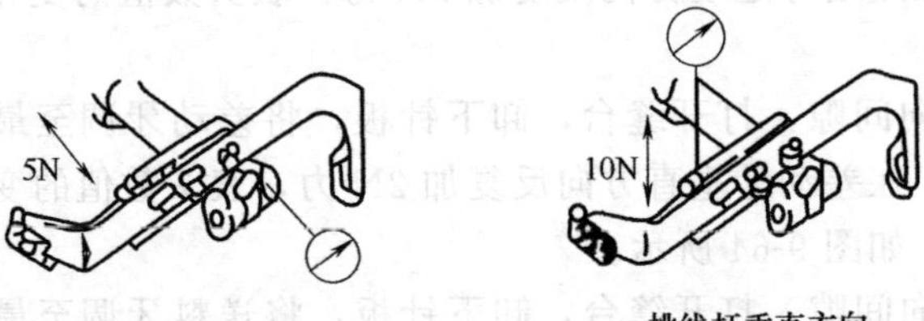

图 9-68　挑线杆间隙

① 挑线杆运动方向间隙：将挑线杆调至最高位置，百分表表头靠在如图 9-68 所示的端面，反复加 5N 力，表头数值的变化量即为运动方向的间隙值。

② 挑线杆垂直方向间隙：将挑线杆调至最高位置，百分表表头靠在如图 9-68 所示的端面，反复加 10N 力，表头数值的变化量即为垂直方向的间隙值。

五、绷缝机的故障及排除方法

由于种种原因破坏了机器运转机构之间必要的协调性，机构会发生各种各样的故障，这就需要修理或调整机器，现将绷缝机常见的故障、产生原因及排除方法列于表 9-9 中，供参考。

表 9-9　绷缝机的常见故障、产生原因及排除方法

故障	产 生 原 因	排 除 方 法
跳针	穿线方法不正确	按照“穿线图”重新穿线
	直机针的安装不正确	检查机针高度及面向位置，使机针向下运动时略靠针板孔前方
	直机针针尖断或弯曲	更换新机针
	弯针针尖变钝	用油石或细砂纸修磨，也可换新弯针
	缝线张力太大或太小	适当调节缝线张力
	弯针不能套住右边直机针的线环，下装饰线的右边线迹跳针	这种情况是直机针的线环太小，适当增大挑线量
	弯针不能套住左边直机针的线环，下装饰线的左边线迹跳针	这种情况是直机针的线环过大，适当减小挑线量

续表

故障	产生原因	排除方法
跳针	弯针同时钩不住中间和左边直机针线环，下装饰线的中间线和左边线迹都跳针	排除方法与上相同
	弯针背面中间、左边针线不能穿进编织针线和弯针线的三角形，左面线迹的背面中间跳针	检查缝线是否穿过夹线器，检查底线凸轮的同步工作，如有问题按标准调整
	机针与弯针配合不当	检查针杆高度、机针与弯针之间的同步、机针与弯针的钩线距、机针与弯针之间的前后同步，如有问题按标准调整
	机针与护针杆配合不当	检查机针与护针杆位置
	机针与绷针配合不当或绷针的位置不对，造成上装饰线跳针	检查机针与绷针的配合尺寸，检查绷针线的出线量
断线	穿线方法不正确	按"穿线图"重新穿线
	机针安装不正确	重新安装机针，使针槽正向操作者
	机针针眼及针槽不光滑	更换新机针
	缝线张力太大	适当调整缝线张力
	缝线质量太差	改用较好的缝线
	缝线比针眼粗	换用适中的缝线或机针
	机针、弯针、针板、压脚舌、过线孔等过线处有毛刺或刮伤现象	用油石或细砂纸重新打磨，也可更换刮伤机件
	机针与弯针、绷针配合不当	按机针与弯针、绷针的配合标准重新调整
断针	压脚压力太小，送布不良而断针	适当增加压脚压力，使送布正常
	弯针与直机针相碰	按标准调整弯针与直机针的配合位置
	绷针与直机针相撞	按标准调整绷针与直机针的配合位置
	直机针与护针杆配合不当	按标准调整机针与护针杆的配合
	弯针尖圆秃	更换新弯针
	针杆和针杆套筒磨损太大，使针杆与针杆套筒配合松动	更换针杆和针杆套筒
	针板上的针眼太小	更换大针眼针板或换小号机针
	机件松动较大	检查钩线机构各机件之间的配合和磨损情况，按标准调整配合尺寸，磨损严重机件更换
花针	直机针太低使直机针线圈形成太大，使线圈之间相互交织在一起	按直机针高度定位标准重新定位
	针板舌头太狭窄，使直针线圈容易产生拼拢而成花针	更换新针板
	弯针下面太狭窄，且呈圆形，也容易使直针线圈在弯针上不能各自分开，使线圈相互交织在一起而产生花针	更换新弯针
	直机针与弯针配合不良	按标准调整机针与弯针配合位置
缝料起皱	差动送料比率不当	适当调整差动送料比率
	送布牙高低、前后位置不当	按标准重新调整送布牙高低、前后位置
	缝线张力过大	适当调整缝线张力
	压脚压力太大或太小	适当调整压脚压力
	小压脚失去上下灵活运动，大小压脚之间嵌入缝线或生锈	清除大小压脚之间异物，生锈处除锈或更换锈压脚
线迹不良	线的粗细不一	改用较好的缝线
	夹线器工作不正常	清除夹线器内杂尘，使过线平顺
	过线器定位不正确	调整针线、弯针线、绷针线的张力
	过线孔不光滑	用金刚砂纸或同类工具抛光过线孔
针洞	直机针针尖钝或发毛	更换机针
	与缝料比较，机针太粗	改用较细的机针
	针板眼（针孔）太小或起边角	把针板眼修圆

第二节 粘 合 机

一、粘合机的基础知识

（一）粘合工艺

在服装制作过程中，粘合工序是介于裁剪和缝制之间的工艺过程，即当服装裁剪完毕后，对裁片中需要贴粘合衬的衣片运用粘合设备进行粘衬加工。粘合衬是表面涂有热熔胶（如聚乙烯、聚酰胺、聚氯乙烯等）的有纺衬布或无纺衬布。粘合就是将粘合衬的胶面与衣片的反面贴放在一起，在一定的温度和压力作用下，并经过一定的时间，使两者牢固的贴合在一起的工艺过程；它是利用热熔胶在温度升高到熔点温度时，会从固态变成黏液态，冷却后又会变成固态这一特性实现的。粘合工艺可以使服装挺阔美观、轻薄柔软，具有良好的保型性能的同时，还具有耐干洗、水洗和耐磨损的性能。因此，粘合工艺对于提高服装成品品质有十分重要的意义。目前，粘合工艺早已在服装工业生产中被广泛运用。完成粘合工艺可通过熨斗熨烫和粘合机粘合两种方式来实现。

1. 粘合工艺的基本过程

就熨斗熨烫的粘合工艺而言，其过程可分为四个组成阶段：第一是准备阶段，即根据衣片所需粘衬部位的形状将粘合衬裁剪好，并将粘合衬胶面和面料反面平整地贴放在一起；一般将粘合衬位于面料之上放置，注意粘合衬的边缘不能超出衣片的边缘，否则会污染熨斗底板或烫台布。第二是粘合阶段，即将有一定温度的熨斗在放置好的待粘物上均匀地压过一遍，使粘合衬的热熔胶初步受热融化，使粘合物上下两层定位，不发生相对位移，该过程要注意保持粘合物的上下两层自然平整。第三是扩散熔合阶段，这时要用相当温度（高于前一阶段的温度）的熨斗，并使用一定的压力在每一个部位进行一定时间的压烫，直到所有部位都烫到为止。这一阶段在整个粘合工艺中起着最关键的作用，主要是在温度和压力的作用下，经过一定的时间，使热熔胶和衣片纤维分子运动加快并相互扩散渗透，最后导致粘合物上下两层互相熔合为一体。第四是冷却定型阶段，使粘合好的衣片冷却至室温后起到定型的作用。

而粘合机粘合的准备阶段是将衣片和粘衬预先整理好，辊式粘合机常常先用熨斗点烫后再送入机器；粘合阶段（包含了扩散熔合阶段）由加热系统和加压系统的共同作用，并在一定温度、压力条件下持续特定的时间，使热熔胶扩散到衣片纤维组织内实现熔合；冷却定型阶段则由自然空气冷、风冷和水冷的不同形式来决定冷却速度的快慢。

2. 粘合工艺的基本要素

从粘合工艺的过程中可以看到，温度、压力和时间是粘合工艺的三个基本要素。

（1）粘合温度　通常把从粘合机温度表上读出的加热器温度叫做粘合温度；把实际粘合时面料与粘合衬之间的温度叫做熔压面温度；把能使热熔胶获得最佳粘合效果的熔压面温度范围叫做胶粘温度。三者之间的关系一般为：粘合温度＞熔压面温度≥热熔胶胶粘温度；由于热量在传递过程中会有所损失，因此通常考虑热损耗温度为20～30℃，具体跟不同的设备以及气温有关，也可以通过开机试验来测定。根据热熔胶胶粘温度和热损耗温度可以计算出粘合温度，即：粘合温度＝胶粘温度＋热损耗温度。

不同粘合衬使用不同的热熔胶，由于熔点温度范围的不同，其胶粘温度范围也是不同的。常用热熔胶的胶粘温度范围如表9-10所示。粘合温度太低会使粘合衬粘不上或粘合后的剥离强度降低；粘合温度太高则会使粘合衬产生渗胶现象，部分热熔胶渗出布面而污染衣片；有的粘合衬会因温度过高而导致热熔胶老化失效，丧失粘合性能；粘合温度过高还容易引起衣片变质发黄、热缩性增大等不良后果，应尽量避免此类现象的发生。

表 9-10 常用热熔胶的胶粘温度范围

热熔胶种类	熔点温度范围/℃	胶粘温度范围/℃
高压聚乙烯	100～120	130～160
低压聚乙烯	125～132	150～170
聚醋酸乙烯	80～95	120～150
乙烯-醋酸乙烯共聚物	75～90	80～100
皂化乙烯-醋酸乙烯共聚物	100～120	100～120
外衣衬用聚酰胺	90～135	130～160
裘皮、皮革用聚酰胺	75～90	80～95
聚酯	115～125	140～160

（2）粘合压力　粘合时采用压力要适当，具体视粘合情况而定，以获得最佳剥离强度而又不产生负面影响为宜。压力太小，不利于粘合物上下层之间的传热，影响热熔胶的融化和扩散渗透性能，导致剥离强度降低；压力过大，则易造成渗胶现象以及衣片表面产生极光等。

（3）粘合时间　同样也要根据不同的粘合情况来选择适当的粘合时间，以获得最佳剥离强度而又不产生负面影响为宜。时间太短不利于粘合进程的进行，容易导致剥离强度降低；时间太长则容易出现渗胶、面料泛黄等情况。

在使用粘合机进行粘合时，以上三要素是事先设定好的，这三要素的相关参数选择得恰当与否直接关系到产品的粘合质量。

（二）粘合机的种类

目前粘合机的种类和机型有很多，国外各公司生产的粘合机都有自己的型号，而国内各公司生产的粘合机其型号和规格也很不统一。

1. 粘合机的型号表示

粘合机的型号表示中通常包含了以下几方面含义。

① 作用类别：粘合（通常以字母表示，国产型号中分别以汉语拼音的第一个大写字母表示为“NH”）。

② 加压方式：板式加压或辊式加压（国产型号中分别以“板”和“辊”的汉语拼音的第一个大写字母表示为“B”和“G”）。

③ 工作面的大小：板式粘合机以面积（长×宽）表示；辊式粘合机以传送带的宽度（以毫米为单位）表示。

④ 冷却方式：风冷（国产型号中以“风”的第一个大写拼音字母“F”表示）、水冷（国产型号中以“水”的第一个大写拼音字母“S”表示）和自然冷却（一般不予表示）。

⑤ 热源方式：目前以电热式为多（进口粘合机中的电热用“E”表示，是 electrical 的第一个字母）。

如 NHG 1000F 为一款国产型号的粘合机，其表示含义分别为：

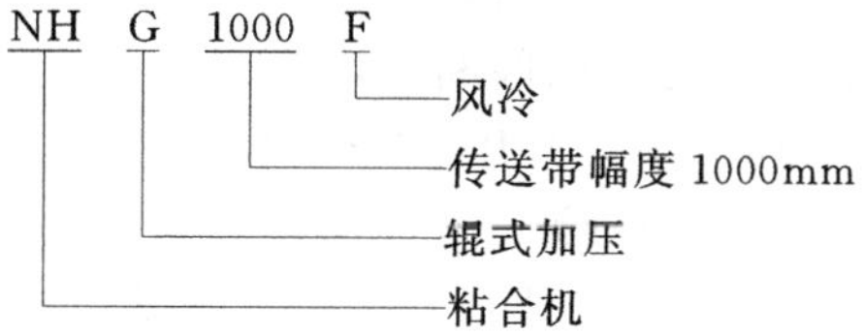

又如 SR-900ES 为一款进口型号的粘合机，其表示含义分别为：

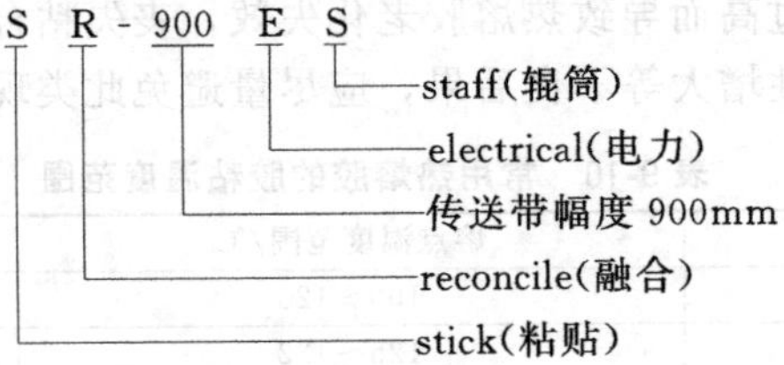

2. 粘合机的分类

① 按加压方式分：有板式加压、辊式加压；

② 按工作流程方式分：有连续工作式（直线通过式和直线返回式）、间断工作式；

③ 按压力源分：有机械式、液压式、气动式；

④ 按热源分：有电热式、汽热式、微波热源式、红外线式；

⑤ 按冷却方式分：有自然冷却式、风冷式、水冷式。

其中按加压方式分类最为常见，即分为板式粘合机和辊式粘合机。

二、粘合机的结构及原理

1. 板式粘合机

（1）一般结构　如图 9-69（a）所示，板式粘合机的结构主要有上下两块平板，其中上平板 1 是有热源的平板固定不动，称为加热板，下平板 2 靠动力和传动机构进行运动，称为移动顶板。工作时两平板吻合，粘合物夹在中间，由加热板加热，通过一定时间，使粘合剂熔融，在压力作用下渗入面料粘合，然后两平板分离并冷却定型，完成粘合过程。板式粘合机的特点是面接触，压力大，粘合物静止不动，加压时间长，压力、温度、时间三要素均连续可调，由于调节范围大，所以适应性广。

（2）NH-B1000×600 型板式粘合机［图 9-69（b）］　这是一种液动板式粘合机，它的加热板面积为 1000mm×600mm。除了衬衫专用外，还用于西服、中山装衣片的衬里粘合，该机结构简单，维修方便，压力大，总压力可达 1.32×10^5N（13.5t）。采用电加热、液压驱动顶板加压来完成压烫，温度、时间和压力三要素是连续可调并自动控制的。

① 电气原理：如图 9-70（a）所示，本机使用三相四线电源。使用时首先接通电源，则变压器接通，停止按钮指示灯 ZD_1 亮，表明整机通电源，扳动电热开关 K_1，温度调节 WDJ 通电，则其常开触点的接触器 2C 通电，使 DR 也通电，电热板开始加热，当达到预定温度时，由温度传感器 RT 把信号传给温度调节仪，使 WDJ 断电，加热停止。当低于预定温度时，传感器又把信号传给温度调节仪，使 WDJ 通电加热，以此保证恒温。

② 液压原理：当达到预定温度时，按下启动按钮 QA，接触器 1C 通电，1C 一组常开主触点闭合接电动机回路，电动机运转带动油泵开始输油，如图 9-70（b）所示，此时因二位二通电磁阀带电，液压系统与油箱导通，所以液压系统尚处在卸荷状态。此时指示灯 ZD_1 灭，而启动按钮指示灯 ZD_2 亮。然后把衣片按布局排于送料车，把料车送入加压位置，启动脚踏开关 JK 或按钮 SK，这时中间继电器 ZJ 通电，闭合常开触点开启常闭触点，导致二位四通电磁阀 DT_2 通电，二位二通电磁阀断电，卸荷停止，压力油通过二位四通电磁阀，由油缸下部进油，活塞上行，带动顶板上升与加热板吻合加压。这时顶板上的顶杆脱离限位开关 XK 断开，加压时间由时间继电器调整，当时间达到，二位四通电磁阀断电，而二位二通电磁阀通电，但由于限位开关 XK 仍处开启位置，所以二位二通电磁阀实际仍未改变方

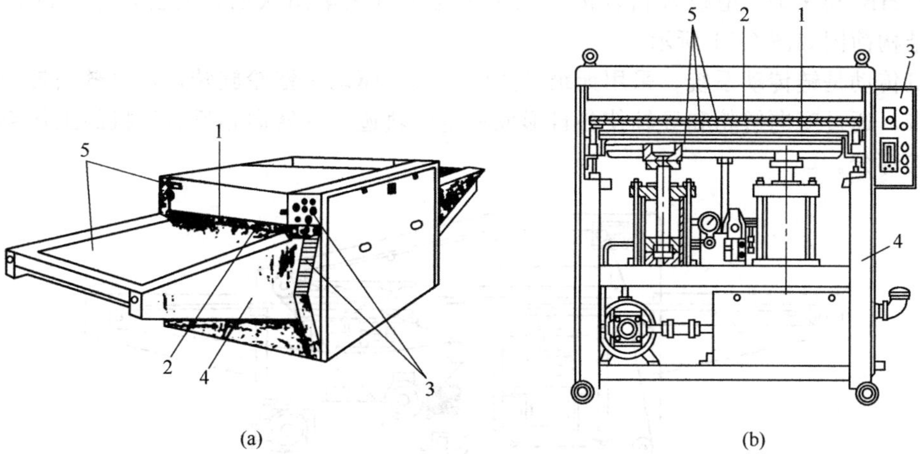

图 9-69　板式粘合机

1—上平板（加热板）；2—下平板（移动顶板）；3—电气部分；4—机架；5—工作部分

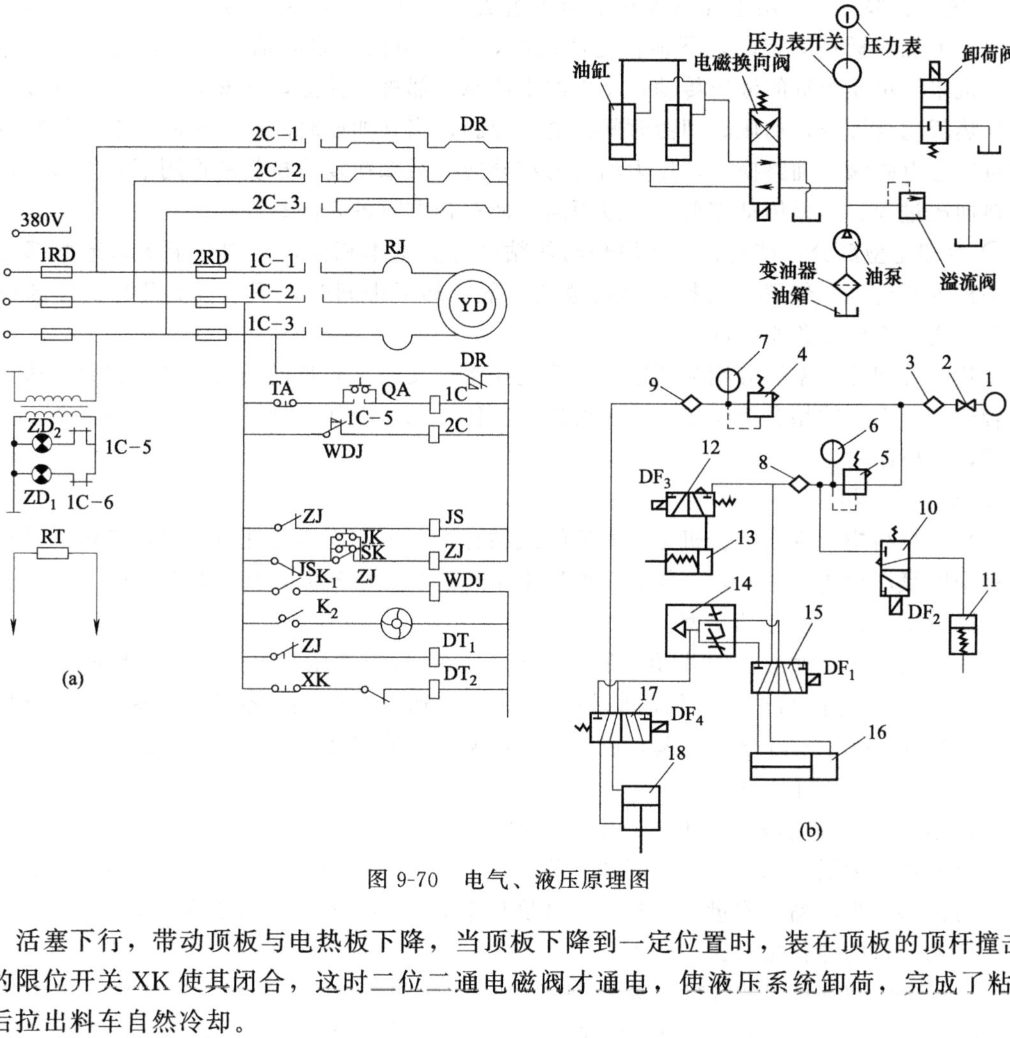

图 9-70　电气、液压原理图

向，活塞下行，带动顶板与电热板下降，当顶板下降到一定位置时，装在顶板的顶杆撞击下部的限位开关 XK 使其闭合，这时二位二通电磁阀才通电，使液压系统卸荷，完成了粘合，然后拉出料车自然冷却。

(3) HKH5·6/7 型板式粘合机　该机是德国百福集团坎尼吉塞公司生产的板式粘合机，其结构简图如图 9-71 所示。

该机传动是链传动系统，采用无级变速电动机，驱动主链轮旋转，再由链条带动上下两组传送带，通过变向链轮和导轴使各自形成一定的轨迹，并转向相反。该机的工作部分为两个独立的部分。

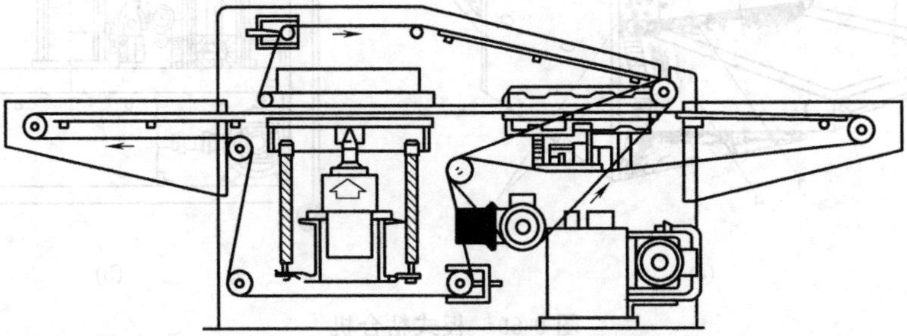

图 9-71　HKH5·6/7 型板式粘合机

① 热粘合部分：它由上加热板和下顶板组成。上加热板用铝合金制造，内装电热管作为热源。上加热板是固定的，下顶板是活动的，它由顶板、导向轴、油缸和复位拉簧等组成。该机采用单作用缸的液压传动，压力油由活塞下部进入油缸，活塞上行，带动顶板上升与上加热板吻合加压，加压时间由时间继电器控制，当到加压时间时，时间继电器的触点断开二位三通电磁阀，油路换向，压力油与油箱导通。活塞在复位拉簧的作用下，下行复位完成加热加压过程。然后传动带前进一段距离，使粘合衣料进入冷却部位。

② 冷却定型部分：结构、工作原理与热粘合部分基本相同，区别在于冷却定型部分的上下平板为两组冷却装置，当粘合物被送到上下冷却板中间时，下平板上升与上冷却板吻合，粘合物便立即被急剧冷却。

发热系统和冷却系统分别为两组油压系统控制，其动作同步而且动作时间相同。这种板式粘合机与上面讲的粘合机相比，一是可连续工作，二是冷却定型好，但是结构复杂，制造精度高，价格昂贵。

2. 辊式粘合机

(1) 一般结构　辊式粘合机是一种连续式粘合机。采用无级变速电动机，链传动带动上下两副聚四氟乙烯传动带。粘合物夹在两层带中经过加热后升温，使粘合剂熔融，再经过一对胶辊加压粘合，最后冷却定型。

该机加压方式是通过一对作用在胶辊两端下部的两个液压缸或气动缸实现的，压力在 $0\sim5.88\times10^5$Pa 之间可调，加压时间是通过无级变速电动机调速改变传送带速度实现的，带速一般在 0～12m/min 之间可调，温度是通过温度调节仪和温度传感器控制的，其调节范围在常温到 200℃之间可调。

这种粘合机的特点是连续工作，生产效率高，粘合物长度不受限制，适合大面积的粘合。缺点是加压为线接触，加压时间调节范围小，并且因传送带不断运动，易造成粘合衬与面料相对位移，影响粘合质量。此外，粘合物从常温加热到粘合温度必须有较长的预热区，因此辊式粘合机的体积相对比较庞大。

(2) NH-G1000-F 型粘合机　如图 9-72 所示，NH-G1000-F 型粘合机的传送带宽度为 1000mm，是辊式加压、抽风冷却的辊式粘合机。其机体分上传送带架、下传送带架和底架三个独立部分，传送带是整体结构，为了拆装把上下带传动部分制成两独立部分，通过墙板底架形成整体。

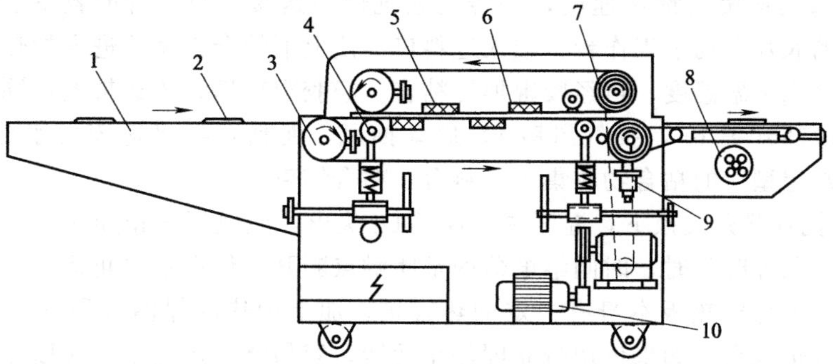

图 9-72 NH-G1000-F 型粘合机

1—送料台；2—粘合料；3—吸筒；4—张紧轮；5—电热板；
6—传送带；7—加压辊；8—冷却风扇；9—加压缸；10—调速电动机

传动部分由 37kW 无级调速电动机经蜗杆蜗轮变速，由链条链轮带动上传送带系统的主轴运转，再通过一对大模数齿轮带动下传送带系统反向运转，上下传送带系统的主动轴都为硅橡胶压辊，在下压辊两端下部分别有两个油缸加压。

液压系统由电动机、油泵、工作油缸和蓄能器等组成。如图 9-73 所示，当油缸需工作时，打开系统阀门，启动电动机，带动油泵工作，当达到预定压力即可停止电动机运转，关闭系统阀门。压力油由单作用油缸活塞下部进入推动胶辊吻合加压，因液压系统为封闭循环系统，从而使两胶辊在调定的恒压力下工作。系统的泄漏和压力损失由蓄能器补偿。停止工作时，将系统阀门打开，释放系统压力，避免胶辊轴长期受力而变形。

该机使用三相四线电源，其工作过程如下：

① 预热。当接通电源指示灯 ZSD_1 亮时，扳动电热开关 K_{1b}，如图 9-73（a）所示，则温度调节仪 WDJ 和常开触点控制的接触器 C_1 都通电工作，从而接通电热管 DR，电热板开始加热。

② 升压。当点动开关 K 闭合，ZJ 通电使电动机 YD_2 开始运转，则油泵输油，当达到预选压力后立即关闭 K，使油泵停止输油。压力油推动活塞使压辊加负荷，这时为减少泄

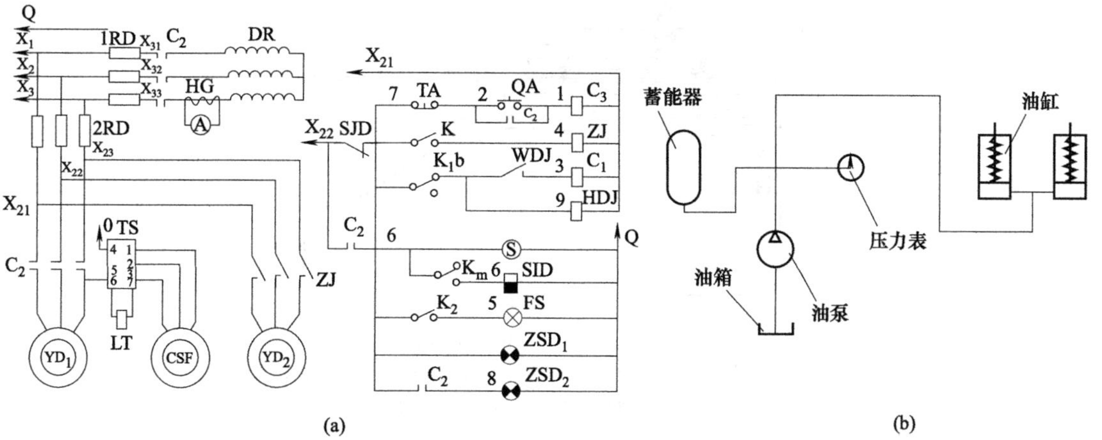

图 9-73 NH-G1000-F 型粘合机液压电气原理图

漏，应关闭油泵蓄能器，以保证工作期间系统内始终保持预选压力。

③ 工作。按下启动按钮 QA，接触器 C_2 接通并自锁，指示灯 ZSD_2 亮，调速电动机 YD_1 转动，通过调速旋钮预选速度，经传动系统使传送带运行，计时器 S 记录运转时间。这时把要粘合的衣片布局于工作台，推入送料口，使上下粘合带夹住进入加热区。温度不断升高，达到粘合剂熔融温度，再经胶辊加压粘合。经胶辊输送到传送带上，同时粘合物通过冷却区。打开冷却开关 K_2，抽气风扇 FS 启动抽风，使粘合物迅速挥发水分，冷却定型，由传送带把冷却定型后的粘合物收集于接料台，粘合结束。

④ 停机。把双联开关扳下，温度调节仪 WDJ 失电，电热板停止加热，但传送带仍在继续运转，当达到预计时间时，时间继电器的常闭触点断开，传送带停止运行。这种断热延时停机的目的，是因为电热板本身有一定的热容量，加上加热区保温效果好，所以加热虽断电，电热板温度仍很高，如果传送带立即停止运转，容易烧坏传送带，所以万一工作期间突然停电，要用人工转动一段时间，待电热板温度冷却到一定温度时方可停止。

（3）NH-G200 型粘合机　这是一种微型多功能粘合机，其带宽 200mm，该机适合袖口、门襟等小部件粘合。该机的加压辊为悬臂式，可进行局部粘合，不需粘合的部位由辊外通过。该机的胶辊加压方式是丝杆螺母的机械式。装上专用配件可进行各种式样的口袋折烫和裙带折烫。

该机的结构示意图如图 9-74 所示，粘合物在送料台上按布局排好，送入两传送带中，经过装有电热板的中间加热区使粘合剂熔融，在末端经一对胶辊加压粘合，输出后落入回程带上自然冷却，并在接料台上集中。

该机的电气控制与 NH-G1000-F 型粘合机大同小异，不再叙述。

（4）NH-G600-S 型粘合机　该机与前两种机器相比较，有下列主要区别与改进。

① 加压方式采用无污染、低噪声的气动方式，同时控制带偏移也采用气电配合的自动控制。

② 整体浇铸的电热板改为分离钻孔安排，从而使升温均匀，并且方便了电热管更换。

③ 该机的冷却定型采用水冷式。传送带输出端装了一个制冷室，使粘合物由一百多摄氏度急剧下降到几摄氏度或十几摄氏度。

④ 该机的控制线路改为集成电路控制，带速和温度的刻度表示法改为直观醒目的数字显示，同时通过温度补偿把反映电热板温度转换成加压时粘合物本身的实际温度。

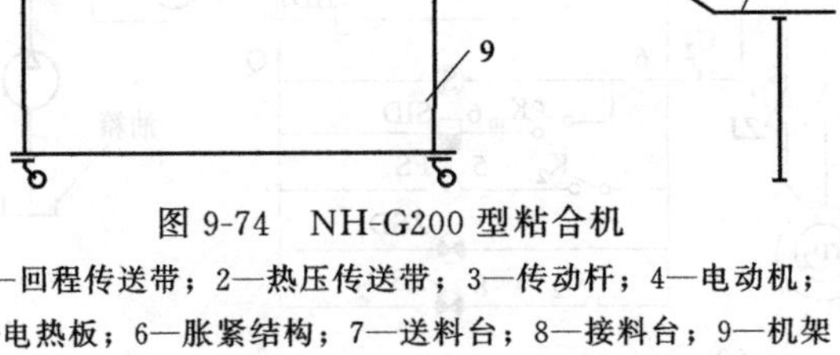

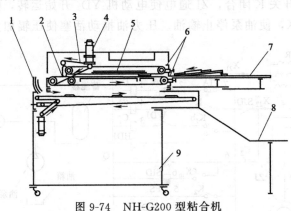

图 9-74　NH-G200 型粘合机

1—回程传送带；2—热压传送带；3—传动杆；4—电动机；5—电热板；6—胀紧结构；7—送料台；8—接料台；9—机架

⑤ 该机设计了断丝报警、传感器失灵报警、温度上下限超差报警等多种故障显示。

⑥ 由于采用集成电路，把易损的触点或接触改为晶闸管控制，提高了控制部分的稳定性和工作寿命。

⑦ 该机的温度、带速调控方便，温度分布均匀，保温效果好，能源消耗少等。另外还可配备电脑，对粘合三要素自动优选，并且进行自动控制和记录统计。

该机的结构示意图如图 9-75 所示，其电气原理图比较复杂，在这里就不再赘述。

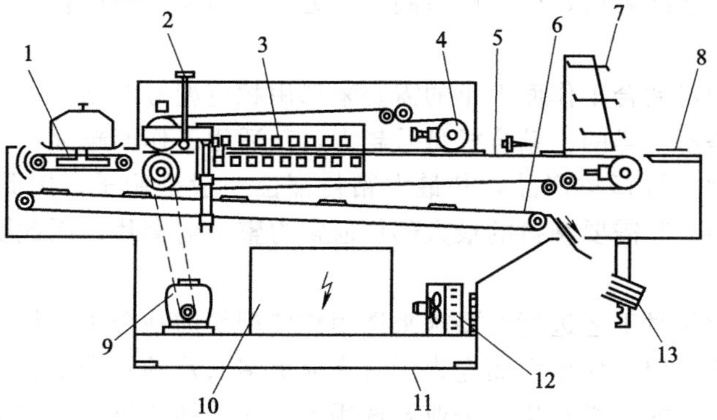

图 9-75　NH-G600-S 型粘合机

1—制冷；2—调压轮；3—电热丝；4—加压辊；5—传送带；6—输送带；7—料架；8—粘合料；9—电动机；10—电器箱；11—机架；12—制冷器；13—料台

三、 粘合机的使用及维护

1. 粘合机的基本操作

使用粘合机完成粘合工艺一般包含了准备、试片、粘合以及结束四个阶段。下面以 SR-900 ES 型粘合机为例，介绍在使用过程中的四个阶段的操作。

(1) 准备阶段　准备阶段包括两个方面：一是粘合机的准备，依次为接通总电源，启动驱动开关，输送带开始工作；启动电加热开关，设定上加热板温度和下加热板温度；由于在传送粘合物时一般将粘合衬在上面、衣片在下面放置，因此通常上加热板温度依据所用粘合衬热熔胶的胶粘温度而定，下加热板温度比上面降低 20～30℃；加热指示灯亮加热板开始升温。二是对粘合物的准备，整理好相应的衣片和粘合衬，将粘合衬胶面和衣片反面平整地贴放好（一般要用熨斗做点烫粘合固定）。

(2) 试片阶段　试片阶段依次为，当显示的上下加热板温度分别达到设定温度时，表示升温过程结束。调整压力阀至适当的压力；调整输送带速率旋钮选择速度；将粘合物从送料口一侧送入输送带，经过粘合后从接料口一侧取出，待衣片冷却定型后采用撕裂目测法或用剥离强度仪器检验粘合质量。在撕裂过程中，可以感觉到粘合的牢度，观察粘合面，如果粘痕密而均匀，胶未渗出衣片和衬布表面，说明粘合质量较好；否则，要调整加热板温度、压力阀压力和输送带速度，并不断经过试片检验以获得最佳粘合效果。试片的目的就是为了确定最佳工作参数，即最合适的温度、时间（速度）和压力。

(3) 粘合阶段　粘合生产阶段即不断地从送料台把准备好的粘合物送进输送带，从接料台接粘合好的衣片送出输送带。操作中要严格遵守相关规定，不许将粘合物重叠送入，不许将其他杂物送入等。万一出现输送带被卡住或停电等意外情况，应立即按下紧急断电开关，启用手动摇柄来转动输送带，以防止加热板温度过高而烧坏粘合物或传送带。

(4) 结束阶段　结束阶段依次为：按下自动关闭开关，此时加热板温度逐渐降低而输送带继续工作，也可以将输送带速度调快以加快散热；当加热板温度降低为一定数值时，输送带自动停止工作，此时整机停止工作；关闭总电源。

在粘合机的使用过程中。一定要注意使粘合衬的边缘比衣片的边缘缩进 3～5mm，以保证输送带或台面不会被粘合衬沾染；同时也要注意保持送料台面的卫生，防止线头布屑等污染输送带。每一次作业结束后，要将压力阀的压力调整为零，使得相关机构处于放松状态。

2. 粘合机的选择

根据服装制作中对粘合工作面大小的需要来选用相应型号的粘合机，不同型号的粘合机适用的工作面大小是不一样的。粘合机型号越大，其适用工作面越大；粘合机型号越小，其适用工作面越小。例如衬衫类产品，其最大粘衬部位一般是领子，因此选用小型粘合机即可；又如西服类产品，其需要粘衬的最大部位通常为整个前套片，因此要选用较大型的粘合机才行。

根据服装生产批量对工艺进度的要求来选用相应型号的粘合机。粘合机型号越大，在功率增大的同时，由于适用工作面大而允许同时完成更多衣片的粘合工艺，从而大大提高了生产效率。因此，日产高的大批量生产企业要选用型号大的粘合机；日产较低的小批量生产企业则也可以选用型号小的粘合机。

部分板式粘合机的主要技术规格见表 9-11。

部分国产辊式粘合机的主要技术规格见表 9-12。

表 9-11　部分板式粘合机的主要技术规格

项　目	NHJ-H800 型 (WEISHI) 上海威士机械	NHJ-H640 型 (WEISHI) 上海威士机械	NHBY1200×600(双领) 安徽轻工机械	NHB-A100×600(双领) 安徽轻工机械	JAK-711/712 (JUKI) 日本重机
工作压力/MPa	0～2.2(kg/cm²)	0～3.4(kg/cm²)	0～0.4	0～0.4	0～0.39
工作面积/mm²	320×800	350×640	1200×600	1000×600	1180×430
加热温度/℃	常温～200	常温～200	常温～300	常温～300	—
工作时间/min	可调节	可调节	0～2	0～2	—
电功率/kW	4.8	5.5	18	12	4
冷却方式	—	水冷	水冷		—
外形尺寸/mm	1200×1200×2100	2100×1850×1550	3240×1930×1600	1080×1290×1400	—
机器净重/kg	750	100	2800	830	—
备注	转台板式	转台板式	步进板式	小车板式	—

表 9-12　部分国产辊式粘合机的主要技术规格

项　目	OP-450GS 型 (OSHIMA) 台湾宝宇机械	NHJ-A500D 型 (WEISHI) 上海威士机械	NHG-600A-J 型 (WEISHI) 上海威士机械	NHG-900A-J 型 (WEISHI) 上海威士机械	NHJ-Q1000B 型 (WEISHI) 上海威士机械
工作压力/MPa	0～0.1	0～0.15	0～0.4	0～0.4	0～0.5
粘合宽度/mm	450	500	600	900	1000
加热温度/℃	常温到 230	常温到 200	常温到 200	常温到 200	常温到 200
传送带速度/(m/min)	热时间 5～20s	5.8	0～8	0～8	0～10
电功率/kW	3.6	4.8	7.2	10.8	24
冷却方式	风冷	风冷	风冷	风冷	风冷
外形尺寸/mm	1630×900×330	1800×990×1100 (连支架)	2486×1150×1185	2800×1500×1235	4180×1730×1270
机器净重/kg	180	180	650	750	1000
备注	直线通过式	直线通过式	直线返回式	直线返回式	直线返回式

部分进口辊式粘合机的主要技术规格见表9-13。

表9-13 部分进口辊式粘合机的主要技术规格

项目	SR-200 (SUMMIT) 日本顶峰	SR-300 (SUMMIT) 日本顶峰	SR-400 (SUMMIT) 日本顶峰	SR-600 (SUMMIT) 日本顶峰	SR-900ES (SUMMIT) 日本顶峰
工作压力/(kg/cm^2)	0～1	0～1	0～1	0～4	0～4
粘合宽度/mm	180	280	380	590	890
加热温度/℃	常温到200	常温到200	常温到200	常温到200	常温到200
传送带速率	0～10(m/min)	0～10(m/min)	0～10(m/min)	热时间 4～24(s)	热时间 4～24(s)
电功率/kW	2	2.4	3.6	8	10.8
外形尺寸/mm	600×1910×255	720×1930×265	820×1930×380	1055×3055×1100	1380×3155×1100
机器净重/kg	73	87	100	380	450
备注	直线通过式	直线通过式	直线通过式	直线返回式	直线返回式

3. 粘合机的保养及维护

① 传送带的保养。要随时注意带的净化清洗及清除热态粘合残渣。用专门清涤剂清洗，不能用煤油、硅油等有腐蚀性的清洗剂。

② 传动系统的保养。链轮等必须定期检查，发现严重磨损时应拆换；对加油部位要定期加油，以保证良好润滑。

③ 揩抹器、净化器应定期清洗或更换，及时清洗刮刀上粘合残渣。

④ 及时清除驱动电动机、制冷电动机、通风管道中等的灰尘和布毛。

⑤ 经常检查空气过滤器，及时放水，并注意油雾器油位。

四、粘合机的常见故障及排除

1. 液压元件的故障分析及排除方法

液压元件的故障分析及排除方法见表9-14。

表9-14 液压元件的故障分析及排除方法

故障现象	产生原因	排除方法
没有压力	电动机转向不对	调换电动机脚，纠正转向
油液吸不上	油面过低，油液吸不上	定期检查，保证油量
	叶片在转子槽内配合过紧	修理或更换叶片
	油液黏度过大，使叶片移动不灵	更换黏度较小的机械油
	泵体有砂眼	更换泵体
	配油盘变形牙与泵体接触不好	修整配油盘接触面
输油量不足，压力提不高	各连接处有漏气	逐个检查紧固件，修复喇叭口
	个别叶片移动不灵活	单槽修研
	轴向间隙或径向间隙过大	修复或更换有关零件
	叶片和转子装反	纠正转子和叶片方向
	吸油不通畅	清洗滤油器，定期更换过滤油
噪声严重	气轴密封太紧，轴和端盖有烫手现象	适当调整密封
	吸油密封不严，空气侵入	调整吸油管密封
	联轴器安装不同心或松动	调整或修理联轴器
	电动机转速高于油泵额定转速	更换电动机，降低转速

2. 溢流阀的故障分析及排除

溢流阀的故障分析及排除方法见表9-15。

表 9-15 溢流阀的故障分析及排除方法

故障现象	产生原因	排除方法
压力波动不稳定	强力弹簧弯曲或太软	更换弹簧
	锥阀与阀座接触不良或磨损	修理研磨，使其接触严密
	阀芯变形或拉毛	更换或修研阀芯
	油不清洁，阻尼孔堵塞	更换新油，疏通阻尼孔
调整无效	弹簧断裂和漏装	更换或补装弹簧
	阻尼孔堵塞	疏通阻尼孔
	阀芯卡死	拆出、检查、修复
	进出油口装反	检查油源方向并纠正
	锥阀漏装	补装锥阀
	调整螺母松动	紧固螺母
	滑阀与阀体配合间隙过大	更换阀芯
噪声及振动	管接头松动	拧紧管接头
	阀芯动作不良	检查滑阀与泵体是否同心
	锥阀磨损	更换
	出油路中有空气	放出空气
	流量超过允许值	更换流量阀
	和其他阀或液压件产生共振	改变额定值，采取防振措施

3. 换向阀的故障分析及排除方法

换向阀的故障分析及排除方法见表 9-16。

表 9-16 换向阀的故障分析及排除方法

故障现象	产生原因	排除方法
不能换向	阀芯被卡死	拆洗或研磨
	阀体变形	重新调整阀体紧固力
	具有中间位置的对中弹簧折断	更换弹簧
	操纵压力不够	操纵压力要大于 3.43×10^5Pa
工作程序错乱	阀芯拉毛，油中有杂质或热膨胀使阀芯移动不灵活或卡死	拆卸清洗研磨滑阀
	电磁铁烧坏或漏磁	更换或修复电磁铁
	弹簧过软或太硬使阀通油不畅	更换弹簧
	滑阀与阀孔配合太紧或间隙过大	检查配合间隙，使滑阀移动灵活
	因压力油的作用使滑阀局部变形	在主滑阀外圈上开 1mm 宽、0.5mm 深的环形平衡槽
线圈发热或烧坏	线圈绝缘不良	更换电磁铁
	电磁铁芯与滑阀轴线不同心	重新装配使其同心
	电压不对	按规定纠正
	电极焊接不好	重新焊接
方向阀工作时有响声	滑阀卡住或摩擦力过大	修研或调配滑阀
	电磁铁不能压到底	校正电磁铁高度
	电磁铁芯接触面不平或接触不良	清除污物，修正电磁铁铁芯

第三节 撬边机

撬边缝纫机是专门用于缝制西服、大衣的领子、领角内部袢花、上衣下摆、袖口撬边以及裤脚撬边的一种暗缝缝纫机。这种单线链式撬边线迹的缝纫，一般在衣物的表面上，看不到缝纫痕迹，从而保持了衣物的整齐美观。目前国内使用较多的有广州产华南牌 GL6101-1

型、日本重产 GB 系列撬边机和鄂州产 GK1-1 型以及胜家 6SS 撬边机。

一、 撬边机的性能

撬边机的机体一般采用悬筒、平板可变式，装有跳缝装置，可以缝普通撬边线迹，也可以缝跳缝撬边线迹，如图 9-76 所示。缝纫速度为 2500 针/min 左右，针距长度为 3～8mm，缝合最大厚度为 9mm，使用机针为弯针（LW×6T、LW×2T），适用于化纤、针织品、棉布、毛呢等缝料制作的各类服装的暗缝作业，也可作窗帘、屏幕的暗缝翻边作业。

二、 主要机构及其工作原理

撬边机一般由刺布机构、送布机构、钩线机构、压脚机构、抬布轮机构从及机壳、夹线部件等组成，其传动示意图见图 9-77。其传动通常采用单弯针刺布、针杆挑线、线钩传递线环及上送布形式，其线迹是在针板上面的缝料表面形成的，弯针、钩线机构和送布牙等均需在针板的上面运行，所以各个机构与其他缝纫机有着较大的差异。

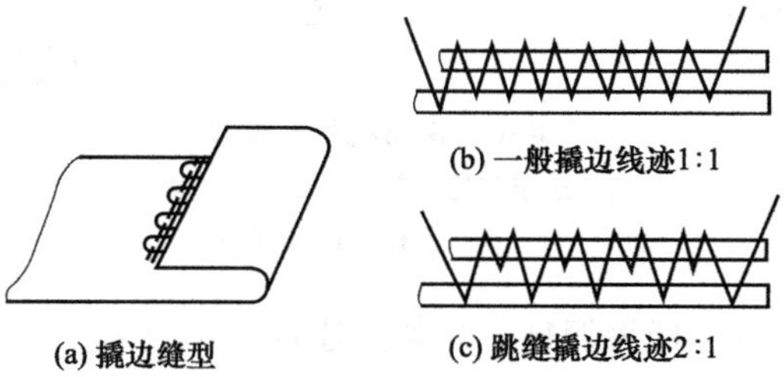

图 9-76　撬边线迹形式和结构

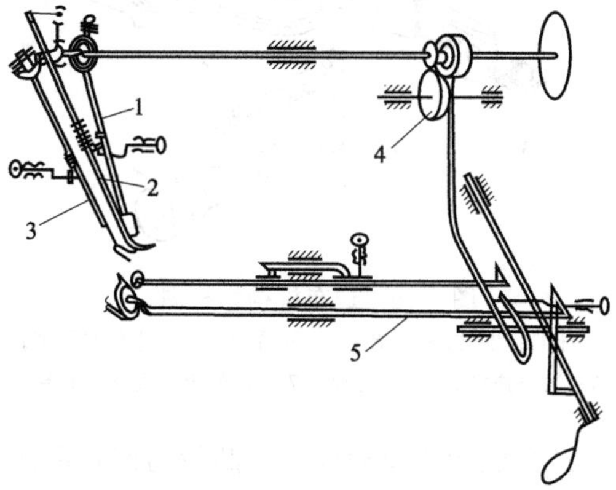

图 9-77　撬边机的传动示意图

1—送布机构；2—刺布机构；3—钩线机构；4—抬布轮机构；5—压脚机构

1. 刺布机构

刺布机构的主要作用是运动弯针来参与缝纫。弯针的运动轨迹呈弧形，全机构在弯针的左、右摆动中完成任务。弯针向右摆动的主要作用是插入线钩上的线环，并带着缝线穿透缝料，将缝线送到线钩的运动线上；弯针向左摆动的主要作用是形成线环，以便线钩钩线，并从缝料内退出来，好让送布；弯针在左右摆动过程中，收紧前一个线迹，并从线轴圈抽取形成线迹时所耗用的缝线。

刺布机构的传动过程见图 9-78，当主轴旋转时，驱针凸轮即利用驱针连杆 1 和摆轴曲柄 2，使弯针座 3 以摆轴 4 为枢左右摆动。弯针 5 固定在弯针座上，所以弯针也随着弯针座左右摆动。

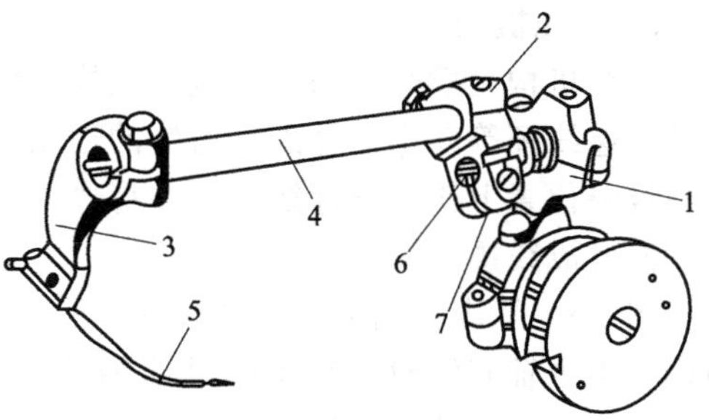

图 9-78　刺布机构的传动

1—驱针连杆；2—摆轴曲柄；3—弯针座；4—摆轴；5—弯针；6—偏心球；7—紧固螺钉

刺布机构是以主轴为原动件，与摆轴是互不相交但相互垂直的两根轴。驱针偏心轮紧固在主轴左轴承外的悬臂上，构成了一个回转曲柄，并通过球面副与球面连杆相连接；而摆轴上的摆轴曲柄则通过球销副与球面驱针连杆相连接，从而构成一个 RSS' R 空间四杆机构。弯针绕轴线左、右摆动幅度的大小，可以通过调节紧固在摆轴曲柄上的偏心球的偏心量来改变。偏心球的偏心量一般为 1.7mm，旋松紧固螺钉，转动偏心球，即可改变偏心球的球心线与摆轴的距离。偏心量增大，摆轴的摆动半径亦增大，而弯针的摆动角度则变小，即弯针的运动量变小。反之，可使弯针的运动量增大。

2. 送布机构

撬边机的送布机构与一般缝纫机不同，它的送布牙在针板上面而压脚却在针板的下面。送布牙的送布动作是下降、前进（送布）、上升、后退。送布机构负责周期性地往前移动缝料，即当弯针退出缝料后，送布牙就向前移动缝料至一个线迹的长度。送布机构的结构图如图9-79所示，机构运动简图如图 9-80 所示。

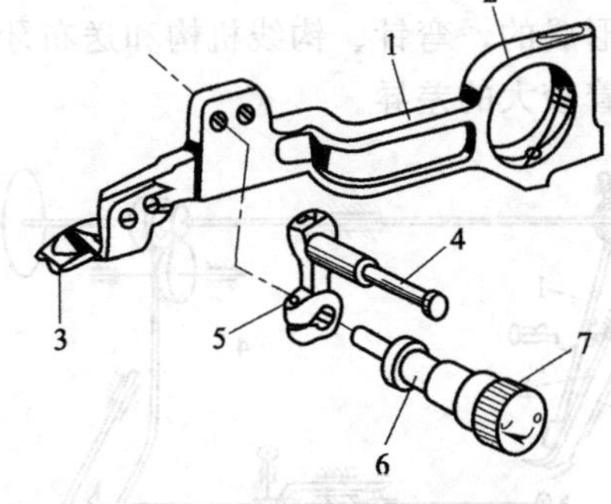

图 9-79　送布机构结构图

1—牙架；2—牙架大孔；3—送布牙；4—送布连杆销；5—送布连杆；6—偏心轴；7—送布牙高低调节旋钮

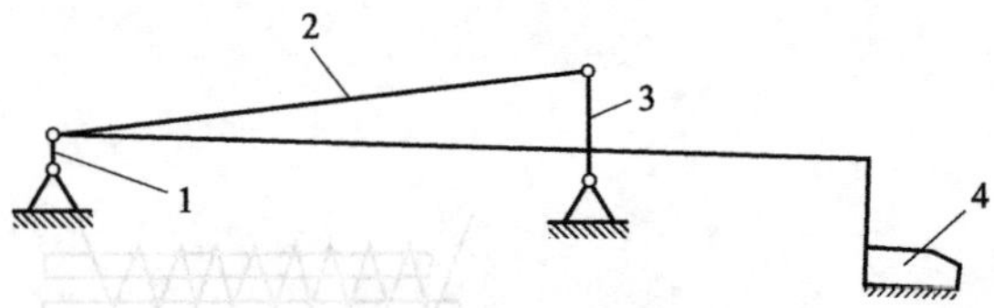

图 9-80　送布机构运动简图

1—送布凸轮（偏心轮）；2—牙架；3—送布连杆；4—送布牙

送布机构的原动件送布凸轮为回转曲柄，送布连杆为摆杆，牙架为连杆，送布牙与牙架连为一体，从而构成一个曲柄、摆杆式的平面四连杆机构。由于送布凸轮嵌在牙架上的大孔内，当主轴旋转时，送布凸轮即利用其凸面前后推拉牙架。当送布凸轮的凸面转动到前极限位置时，牙架带着送布牙前进到前极限位置。送布凸轮的凸面转到最低点时，牙架以送布连杆销为枢，前低后高，所以送布牙上升。送布凸轮的凸面转到后极限位置时，牙架带着送布牙退到后极限位置上。送布凸轮的凸面转到最高点时，牙架又以送布连杆销为枢，前高后低，所以送布牙下降。送布牙的前进（送布）、上升、后退、下降四个循环连续动作，就是这样形成的。送布凸轮的回转半径可调整为不同的长度，以适应不同送布量的需要。牙架的摆动支点通过调节，亦可带动送布牙上、下运动，以满足不同缝料厚度的送布需要。

3. 钩线机构

钩线机构是撬边机的一个重要机构。机构运动时，主要通过线钩叉的空间运动来完成钩线及传递线环等动作，并配合弯针的运动来形成单线链式（103）线迹。线钩的主要作用是从右极限位置上钩住弯针线环，并将弯针线环扭转 90°，挑到左极限位置上，让弯针插入此线环而形成线迹。

图 9-81 是钩线机构的运动简图。图 9-82 为钩线机构结构图。线构的原动件是线钩驱动曲柄。当主轴旋转时，线钩驱动曲柄带动曲柄轴绕主轴转动，并通过万向节与载钩体（连杆）相连接，球节（摆杆）一端用球面副与载钩体相接，球节另一端则用铰链形式与偏心销相连，从而形成一个 RRRSR 的空间五杆机构，使线钩既有前后、左右、上下的运动，又有旋转运动。

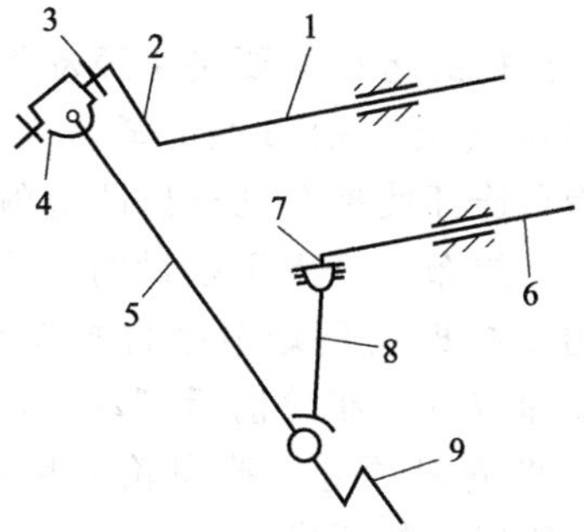

图 9-81　钩线机构运动简图

1—主轴；2—线钩驱动曲柄；3—曲柄轴；4—万向节；5—载钩体（连杆）；6—偏心销；7—偏心套；8—球节（摆杆）；9—线钩

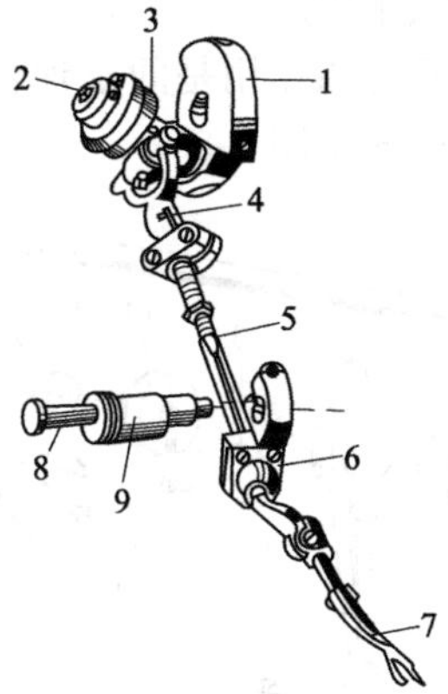

图 9-82　钩线机构结构图

1—线钩驱动曲柄；2—曲柄轴；3—轴套；4—万向节；5—载钩体；6—球节；7—线钩；8—偏心销；9—偏心套

从图 9-82 中可以看出，线钩驱动曲柄利用曲柄轴和轴套使万向节和载钩体在球节的制约下，前后左右摆动。线钩就装在载钩体上，所以线钩随着载钩体前后左右摆动。线钩与弯针的适时运动配合，主要通过调节线钩的驱动曲柄在主轴的相对角度位置来确定；线钩与弯针的间隙配合，则通过改变偏心套的角度来保证。

4. 压脚机构

压脚机构的主要作用是压住缝料，协助送布机构送布，并且辅助刺布机构形成针线环。压脚机构的运动简图如图 9-83 所示，机构的结构图见图 9-84。

压脚的压力来源于压脚拉簧，在拉簧的作用下，压脚始终向上，压在针板上夹持着缝料。当用膝部向右推移抬压脚杆时，压力器轴即通过压力器轴曲柄和连接杆（曲柄连杆）向下牵引抬压脚轴曲柄，使抬压脚轴扭着抬压脚板，逆时针方向（从机器左边看）摆动一定的角度。抬压脚板即顶起抬压脚块，使压脚下降，以便放置缝料。释放抬压脚杆后，在压力器轴拉簧的作用下，抬压脚杆、压力器轴和抬压脚轴复位。同时压脚在拉簧的作用下升起，压住缝料。

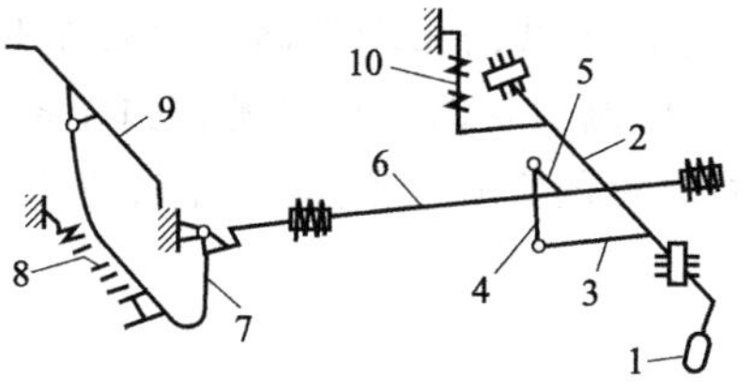

图 9-83　压脚机构运动简图

1—抬压脚杆；2—压力器轴；3—压力器曲柄；4—连接杆；5—抬压脚轴曲柄；6—抬压脚轴；7—抬压脚板；8—压脚拉簧；9—压脚；10—压力器轴拉簧

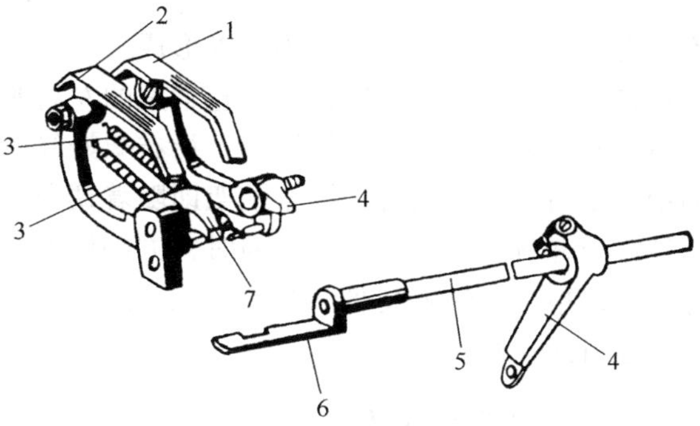

图 9-84　压脚机构结构图

1—右压脚；2—左压脚；3—压脚拉簧；4—抬压脚轴曲柄；5—抬压脚轴；6—抬压脚板；7—抬压脚块

5. 抬布轮机构

抬布轮机构的作用是间歇地传动抬布轮将缝料顶起，配合弯针刺入缝料以形成线迹。抬布轮机构结构图见图 9-85。

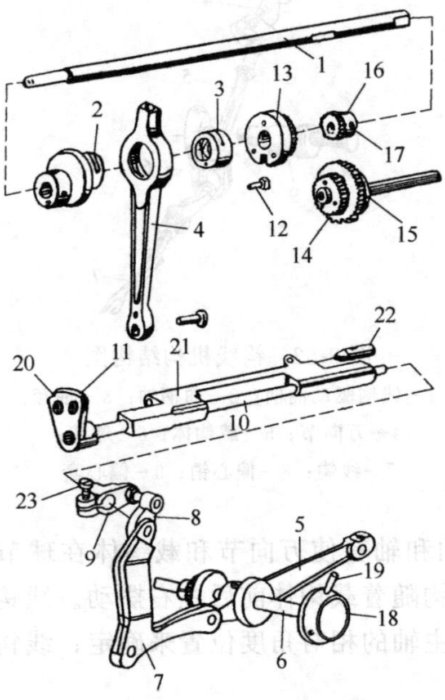

图 9-85 抬布轮机构

1—主轴；2—抬布偏心轮；3—抬布偏心套；4—抬布连杆；5—抬布杠杆；6—跳缝偏心轴；7—曲拐；8—球节；9—抬布轴曲柄；10—抬布轴；11—抬布轮；12—套销；13—被动大齿轮；14—空转小齿轮；15—空转大齿轮；16—主动小齿轮；17—紧固螺钉；18—选择旋钮；19—选择旋钮柄；20—抬布轮缺口；21—抬布轮轴架；22—顶尖螺钉；23—紧固螺钉

抬布轮机构的运动主要是由原动件主轴输入。当主轴旋转时，抬布偏心轮和抬布偏心套，利用抬布连杆使抬布杠杆以跳缝偏心轴为枢上下摆动。抬布杠杆上下摆动时，固定在抬布杠杆上的曲拐即利用球节推拉抬布轴曲柄，所以抬布轴即带着抬布轮前后摆动。抬布轮向前摆动时，将缝料顶起；抬布轮向后摆动时，离开缝料，所以缝料下降。

抬布轮摆动角度是一次大、一次小的交替摆动。摆动角度不同的原因是：抬布连杆的上孔内嵌有抬布偏心轮，抬布偏心轮上装有抬布偏心套，抬布偏心轮由螺钉紧固在主轴上，所以主轴转一圈，抬布偏心轮也转一圈。抬布偏心套由套销与被动大齿轮相连接，被动大齿轮与空转小齿轮啮合，空转大齿轮又与主动小齿轮相啮合，主动小齿轮由螺钉紧固在主轴上。主动小齿轮与被动大齿轮的齿数比是 2∶1，所以主动小齿轮转两圈，被动大齿轮即拨着抬布偏心套转一圈。这样，抬布偏心轮和抬布偏心套的转速比为 2∶1。当抬布偏心轮的凸面和抬布偏心套的凸面转到一起时（双方的偏心量处于叠加的位置），使抬布连杆的运动幅度增大，所以抬布轮的摆动角度也增大。反之，当抬布偏心轮的凸面与抬布偏心套的凸面相反时，抬布连杆的运动幅度也变小，所以抬布轮的摆动角度也变小。从而可使跳缝线迹得以形成。

抬布轮高度的调节原理：抬布轮轴架的左右两端，由顶尖螺钉连接在机壳上。抬布轴装在抬布轴架孔内，在拉簧的作用下，抬布架始终向上，并紧靠在调节螺钉上。当逆时针方向旋动抬布轮高度调节板时，抬布轴架即随着调节螺钉上升，所以抬布轮升高。抬布轮升高，则弯针穿透缝料的深度增大。当顺时针方向旋动抬布轮高度调节板时，调节螺钉迫使抬布轴下降，所以抬布轮位置变低。抬布轮变低，则弯针穿透缝料的深度变浅。这样就可以适应厚、薄缝料的穿刺需要。

三、 撬边机的使用

1. 缝线与机针的使用

撬边机的使用取决于所用缝线，机针和操作人员掌握撬边技术的熟练程度。撬边机所用缝线，通常根据缝料而定（棉线 50#～100#，化纤线 50#～100#）。给机器穿线如图 9-86 所示，一般缝线顺序通过各过线环和夹线器，最后穿过针眼至针的下边，在针的末端保留大约

100mm 的线。调整夹线器的张力，以适应于不同缝料的撬边。张力的松紧程度以撬边时不浮线、不断线、不脱环为宜。

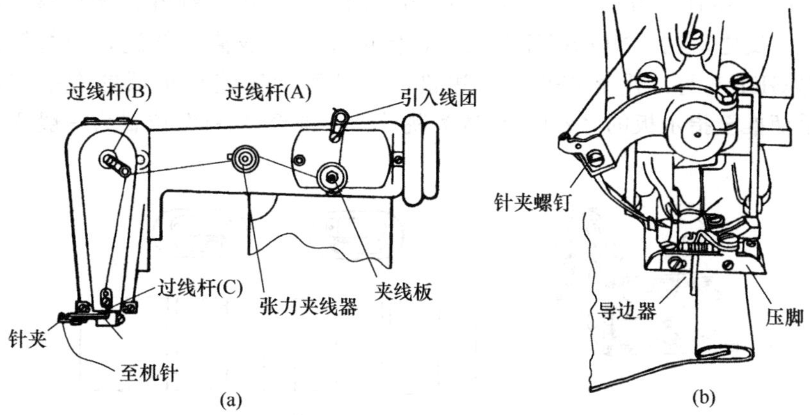

图 9-86 穿线示意图

撬边机机针是弯针，国产华南牌 GL6101-1 型撬边机、飞流牌 GK1-1 型撬边机采用 LW×2T 针，进口的撬边机（GB-641、BS-101、6SS）则采用 LW×6T 针，针号根据缝料而定（8$^{\#}$～22$^{\#}$）。

2. 缝线张力的调整

缝线张力的大小会影响到缝纫的质量。缝线张力过大，会产生断线；缝线张力过小，会使线迹松浮。理想的线迹，缝线与缝料结合紧密，排列均匀整齐。要想得到理想的缝纫质量，缝线张力应调整得当。缝线的张力调整是通过夹线器来完成的，顺时针方向旋动夹线螺母，缝线张力大，反之，缝线张力小。使用小针距时，缝线张力应稍大；使用大针距时，缝线张力应适当调小。

3. 撬边深度的调整

撬边的深度应根据缝料的厚薄来调节。缝厚料时，撬边深一些较好；缝薄料时，撬边浅一些较好。调整方法如图 9-87 所示，掀起调节板（有的机器为手柄），顺时针旋动，即按调节刻度盘“LESS”，所示箭头方向旋动，抬布轮降低，机针穿刺减少，撬边浅；逆时针方向旋动，即按调节刻度盘“MORE”所示箭头方向旋动，抬布轮升高，机针穿刺增加，撬边深。

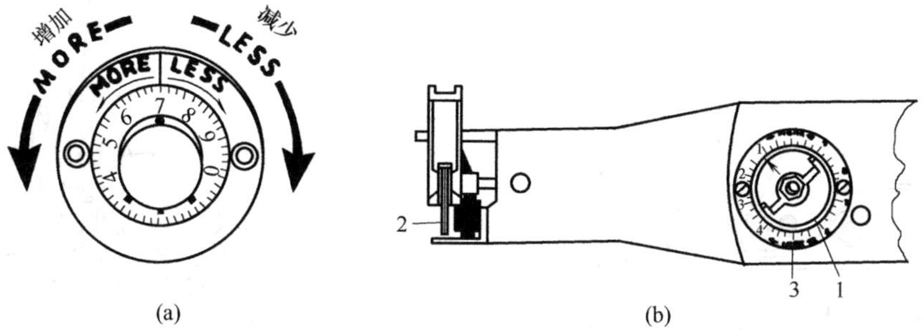

图 9-87 撬边深度的调整

1—调节板；2—抬布轮；3—调节刻度盘

4. 跳针缝的调节

缝纫人造丝、尼龙、绒线、手织品等软薄织物，用跳针缝线迹（2：1 跳针距）比较好。

缝硬厚缝料，用一般撬边线迹（1∶1 跳针距）为好。华南牌 GL6101 型、BS101 型、641 型撬边机的跳针手柄安装在机器的右侧，如图 9-88（a）所示。需要跳针缝时，可将手柄往跳针指示牌所示的“SKIP”方向旋尽，这样缝出来的线迹，第一针缝住两层缝料，第二针只缝住上层缝料。反之，往“NO SKIP”旋尽，便能恢复一般撬边线迹，即每针都缝往两层缝料。飞流牌 GK1-1 型、胜家 6SS 型撬边机的跳针手柄安装在机器的右手前，如图 9-88（b）所示。手柄推至指示板的“2-1”位置为跳针缝，推至“1-1”位置为一般撬边线迹。

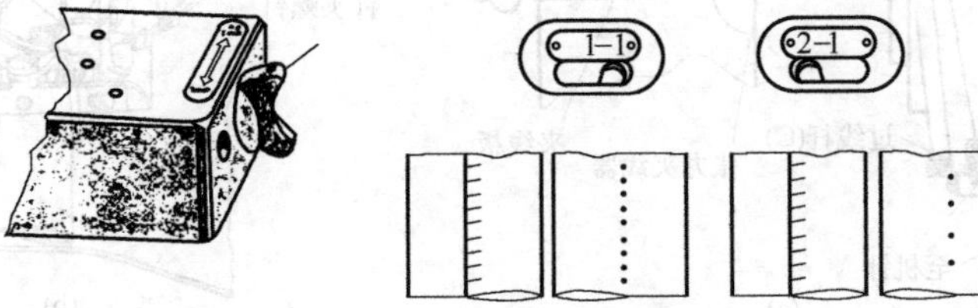

(a) (b)

图 9-88 跳针缝的调节

5. 针迹长度的调节

针迹的长度应按缝料的性质来调节，缝松软缝料时，针迹长一点好，必要时可使用跳针缝装置；缝质地密的缝料，线迹短一点为好。针迹长度的调整是通过调整机头内的针迹调节器而获得的，华南牌 GL6101 型、BS101 型、重机 641 型撬边机针迹长度调整如图 9-89 所示。调整时，扳开顶盖板，用左手按下机头柱塞，用右手转动带轮，当机内的针迹调节器的缺口转到柱塞位置时，柱塞就落下把缺口卡住（卡着缺口时可听到柱塞落下的“嘀嗒”卡着声响），此时继续转动上轮，其方向可以是正转或反转，眼睛注视看机头内的针迹距块上的数字 3、4、5、6、7、8，此数字表示 1in 内缝 3 针、4 针、5 针、…、8 针，那么“3”表示针迹距最大，“8”表示针迹距最小。如果选择 1in 4 针，那么当“4”转到被针迹距指示片所指时，左手便可离开机头柱塞，这样便可得到所需的针迹长度。重机 641 型撬边机针迹长度用数字 1、2、3、4、5、6 表示，数字越大，针迹越长；数字越小，针迹越短。

飞流牌 GK1-1 型、胜家 6SS 型撬边机针迹长度调整如图 9-90 所示，即取下针杆体边

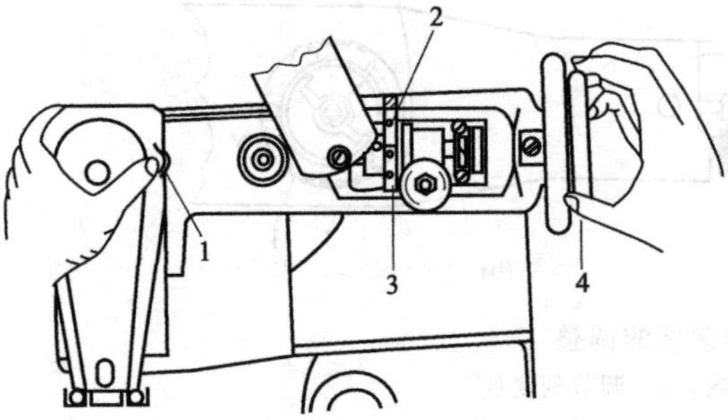

图 9-89 针迹长度调整

1—柱塞；2—针迹距指示片；3—针迹距块；4—带轮

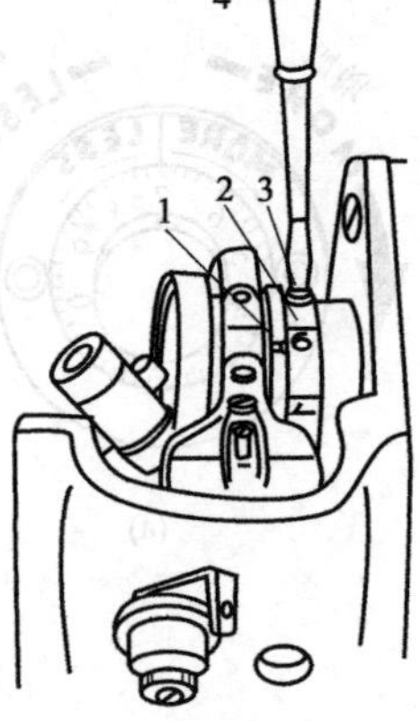

图 9-90 GK1-1 型、6SS 型机针迹长度调整

1—进针偏心接头标记；2—针迹距调节环；3—紧固螺钉；4—螺丝刀

盖，旋松针迹距调节环压紧螺钉，调整针迹距调节环，握住进针偏心接头，转动带轮到所需针迹长度。刻度标记在针迹距调节环上，刻线数目越大，则针迹长度就越长；反之，针迹长度越短。调整的针迹距调节环刻线应与进针偏心接头的背部的刻线排成一行，到所需要针迹长度之后，紧固压紧螺钉。

6. 机针的更换

机针用钝或扭曲就应更换新机针，换针的方法如图 9-91 所示。按顺时针方向转动上轮，使机针到达左边最高位置；旋松针夹螺钉，卸出机针，把新机针的针柄平面面向针夹，圆位面向针座，顺着针座槽坑插入至尽处，使机针针头顶着针座销；拧紧针夹螺钉，使针夹紧压机针，缓慢地转动上轮，检查机针的穿刺度是否需作调整以及机针与导向槽、挑线叉的间隙是否正常。

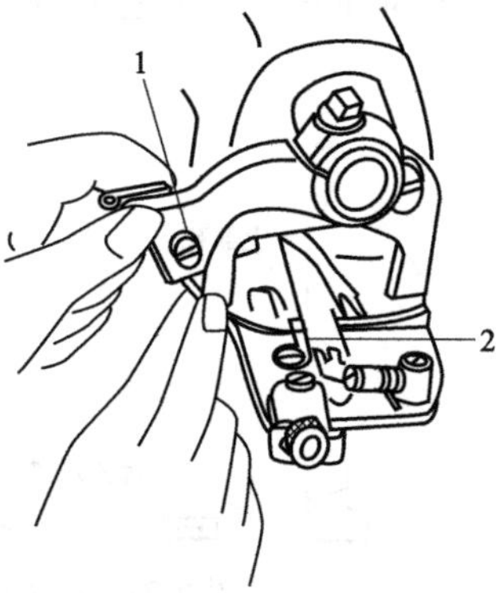

图 9-91 机针的更换

1—针夹螺钉；2—导向装置

四、 机件的定位标准及调节方法

1. 机针的定位

华南牌 GL-6101 型、日本重机 GB641 型撬边机的机针的定位如图 9-92 所示。机针的前后位置，以机针正确的安装在载针体上为基准，机针应从针板 A 部的针槽正中通过。调节时，可转动带轮，使机针运动到左极限位置上，旋松载针体上的抱合螺钉，前后移动载针体至机针处在针板 A 部的针槽正中时，旋紧抱合螺钉。

机针与针板的配合见图 9-92，机针针尖以半径为 41.25mm 的弧线做往复运动，针板上的针槽也以此弧度为标准进行调节。当机针的前后位置确定以后，先转动带轮，使机针运动到左极限位置上，此时，机针在图左侧针板 A 部针槽中央通过，并与针槽底部有 0.3mm 的间隙。再转动带轮，使机针运动到针板 B 部，此时，机针应轻微的触及 B 部的表面。再转动带轮，使机针运动到针板 C 部的 *D* 点上，此时，机针应不触及针槽的前侧，并与针槽底部有 0.3mm 的间隙。至机针达到针槽的 E 点（距 D 点 7mm 处）时，机针应触及针槽的底部与前侧。上述配合位置，可调节针板的高低位置达到。调节方法如图 9-93 所示，先旋松紧固螺钉 1，再旋动调节螺钉 2。顺时针方向旋动调节螺钉 2，针板下降；逆时针方向旋动调节螺钉 2，则针板上升，确定了正确位置之后，旋紧螺钉 1。

机针运动量的调整如图 9-94 所示。载针体以摆针旋转轴为中心左右摆动，机针运动到

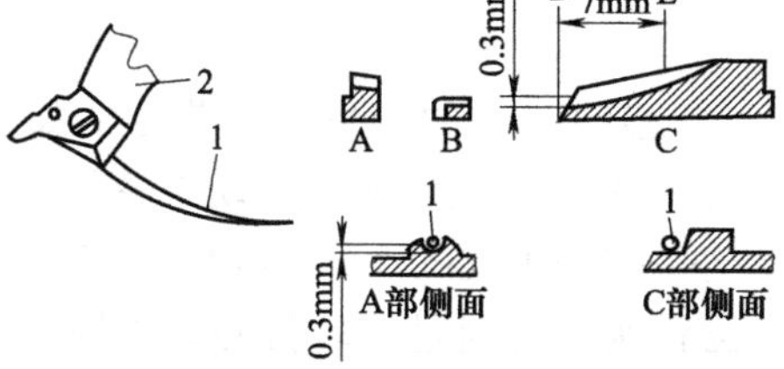

图 9-92 机针的定位

1—机针；2—载针体；A—针板左部；B—针板中部；C—针板右部；D—针板右部的左端；E—右针槽中部

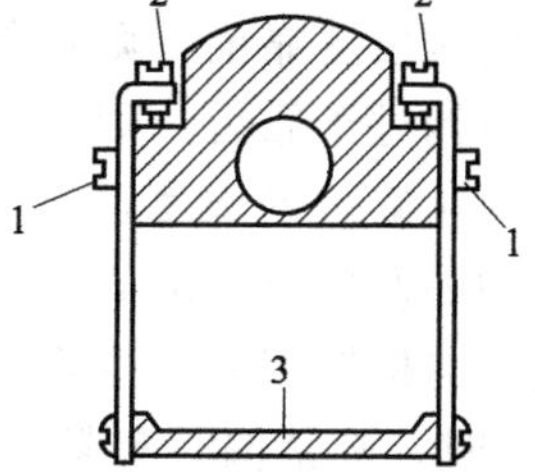

图 9-93 针板高度的调整

1—紧固螺钉；2—调节螺钉；3—针板

左极限位置为上部死点，此时，针尖与针板A部的右端面平齐，为机针的运动起点；机针运动到右极限位置为下部死点，此时，针尖突出于针道右侧平面部分1mm。其调整方法如图9-95所示，先将机针运动到左极限位置上，再从机头上面的小孔1内伸进螺钉刀，旋松偏心球安装螺钉，然后卸下机头左侧的罩板，从机器前面左右旋动偏心球螺钉2。向右旋则机针运动量增大；向左旋则机针运动量变小；偏心球的变心量为2mm。

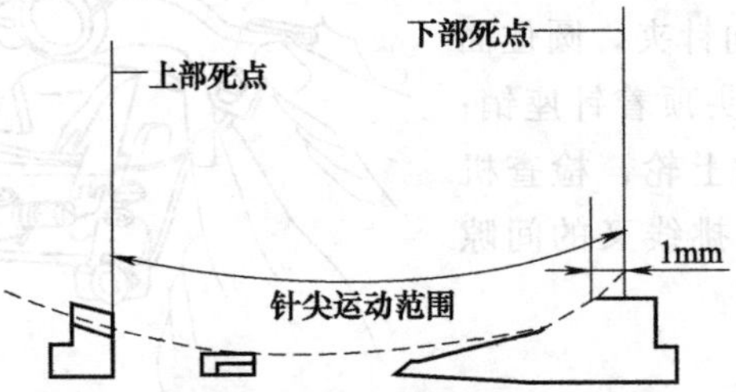

图9-94　针尖运动范围

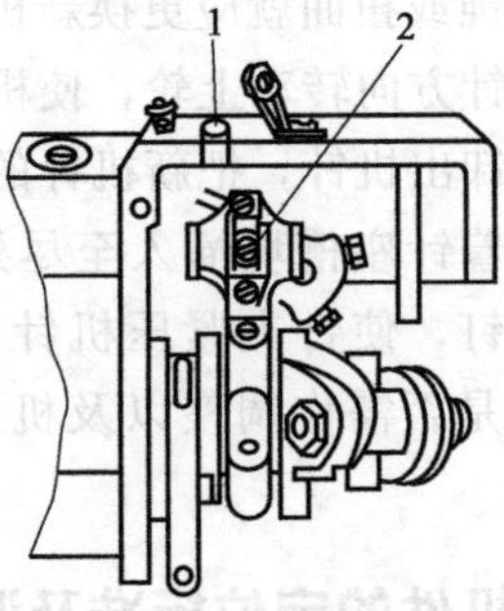

图9-95　机针运动量的调节

胜家6SS撬边机的机针定位如图9-96所示。机针左极限位置是针尖与针板槽内侧面平齐，机针右极限位置是针尖距针板右侧边缘的2mm，机针的运动量调整也是通过调节偏心球进行的。

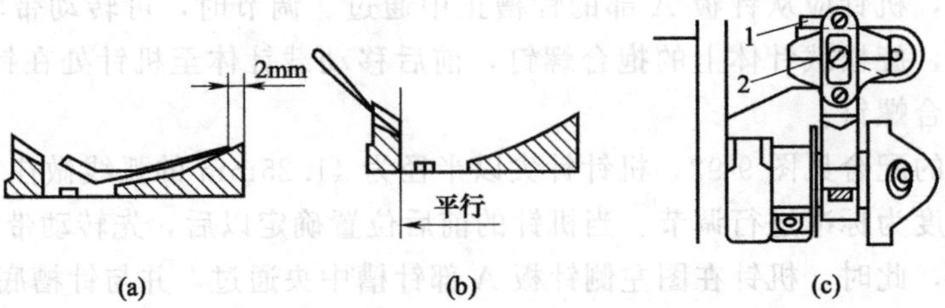

图9-96　胜家6SS撬边机的机针定位

2. 线钩的定位和调节

确定了机针的运动位置后，把线钩放入线钩的载针体的组装眼的最底部，使线钩的根部平面与载针体组装眼的平面紧密触齐，并紧固螺钉。当线钩在右极限位置上与机针相遇时，如图9-97（a）所示，线钩上的长叉爪与机针上的针孔相距2mm时与机针交叉并轻微地触及于机针的上面（线钩的短叉与机针之间要有间隙），为线钩左右位置的标准。此距离过大或过小，都会引起跳针。当机针在左极限位置上与机针相遇时，如图9-97（b）所示。机针应从线钩叉口的中间通过。线钩的前后位置是机针从左向右运动时，应插进线钩上的线环内。如果线钩位置靠前，则机针插不进线钩线环内，而是从线环后边滑过去，因而出现跳针；如果线钩过于靠后，则机针碰线钩而引起断针。

线钩的正确位置调整，有必要前后、上下、左右移动线钩的位置，调节方法如图9-98所示。线钩的左右位置调节是通过偏心套左右移动来调节的。调整时，转动带轮使线钩在右极限位置上与机针相遇，再旋松偏心套紧固螺钉，左右拉动偏心套，至线钩长叉爪与机针孔相距2mm时，旋紧偏心套紧固螺钉。线钩的高低位置调节是通过旋转偏心套来调整的，线钩在钩针线环的位置上，碰针或距针较远时，松动机头外壳左侧的偏心套的固定螺钉，旋转偏心套使线钩的长叉爪尽可能接近机针但不要碰擦机针。线钩摆动到左极限位置上，线钩的长叉爪和短叉爪应上下对正。如果倾斜，应旋松万向节紧固螺钉和固定螺母，转动载针体，以矫正线钩的倾斜。线钩的前后位置的调节是由载针体和万向节的接合部来调整的，此调节旋松万向节紧固螺钉和固定螺母，顺时针方向转动载针体则线钩向前移位；逆时针方向转动载针体则线钩向后移位，至机针从线钩线环内 1mm 处穿进线环时，旋紧万向节紧固螺钉。

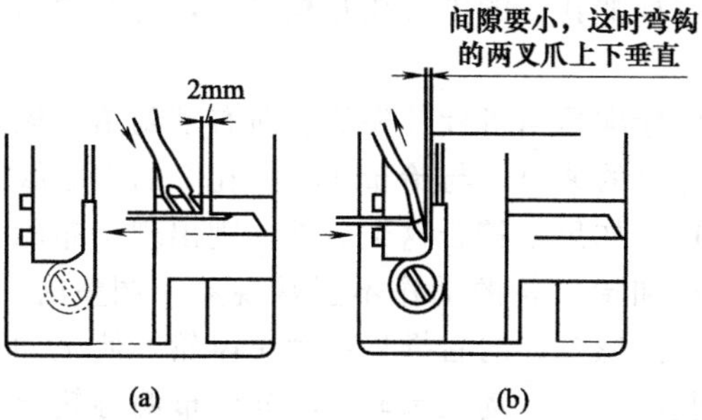

图 9-97　机针与线钩的配合

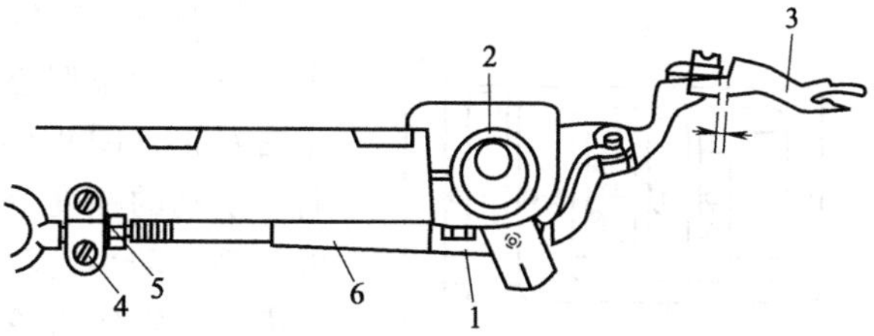

图 9-98　线钩的调节

1—偏心套紧固螺钉；2—偏心套；3—线钩；
4—紧固螺钉；5—锁紧螺母；6—载针体

3. 抬布轮的定位和调节

抬布轮也可叫作“顶料凸轮”，它的定位位置是影响缝纫质量的重要因素之一。抬布轮的前后位置如图 9-99 所示，因为抬布轮的摆动角度不同，所以抬布轮的前后位置也不同，当抬布轮向前摆动、机针向右摆动，机针和抬布轮交叉相遇时，若是图 9-99（a）情况（机针从抬布轮缺口上边穿进缝料），则是跳缝线迹；若是图 9-99（b）情况（机针从抬布轮脊部穿进缝料），则是不跳缝线迹（即撬边线迹）。缝不跳缝线迹时，抬布轮的前后标准位置为机针与抬布轮前侧的距离 5mm。如果抬布轮过于靠前，则不能产生跳缝线迹。如果抬布轮过于靠后，则缝不跳线迹时，也会出现跳缝线迹。其调节方法：先拨动跳缝旋钮，使“SKIP”向上，并对准机壳上的红点。再转动带轮，使机针向右摆动并和抬布轮交叉相遇，如果交替出现图 9-99（a）和图 9-99（b）的情况，表明抬布轮的前后位置符合标准。如果不符合标准，可旋松抬布轮曲柄抱合螺钉，前后扭动抬布轮，至抬布轮位置符合标准。

抬布轮的左右位置如图 9-100 所示，抬布轮必须在针板中央沟槽的中心处。如果抬布轮偏左或偏右，则扣环不能正确的压紧缝料，容易出现缝料被机针顶到右边去或机针穿透度深浅不均匀等故障。抬布轮的位置偏右，可先旋松抬布轮曲柄上的抱合螺钉，向左移动抬布轴，至抬布轮处在针板中央沟槽的中心时，旋紧曲柄抱合螺钉，再旋松抬布轴挡圈螺钉，将挡圈向右移，靠到抬布轴架上，至抬布轴既不左右窜动又摆动灵活时，旋紧挡圈紧固螺钉。如果抬布轮的位置偏左，调节方法与上相同，方向相反即可。

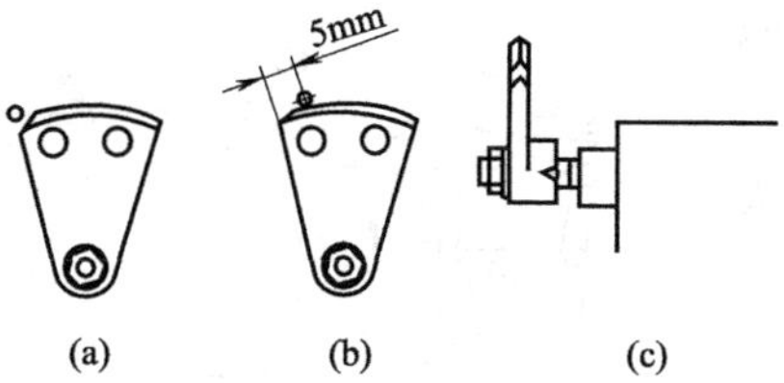

图 9-99　抬布轮前后位置

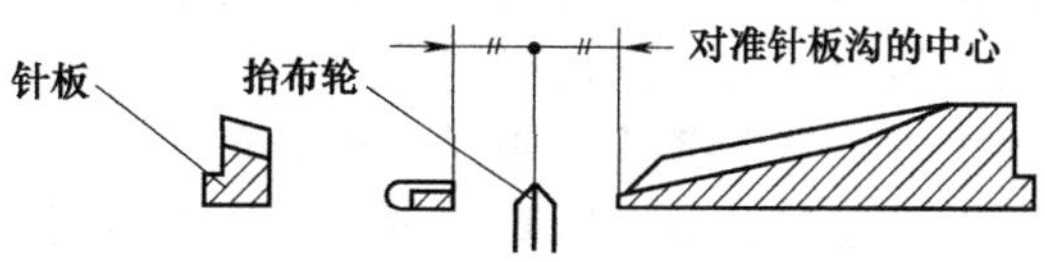

图 9-100　抬布轮左右位置

4. 抬布轮与抬布偏心轮动作的配合

抬布偏心轮的定位如图 9-101 所示，当机针尖从左向右摆动到抬布轮中心时，抬布偏心轮上的第一个螺钉 1 与抬布连杆油孔 2 的中心线左右对正（抬布轮应处于静止状态），为抬布偏心轮定位的标准。如果不符合这个标准，则抬布轮与机针的动作不协调。调整时可转动带轮，使机针从左向右摆动，至针尖到达抬布轮中心时，旋松抬布偏心轮紧固螺钉，转动抬布偏心轮，使抬布偏心轮上的第一个螺钉 1 与抬布连杆油孔 2 的中心线互相对正，再旋紧抬布轮偏心螺钉。

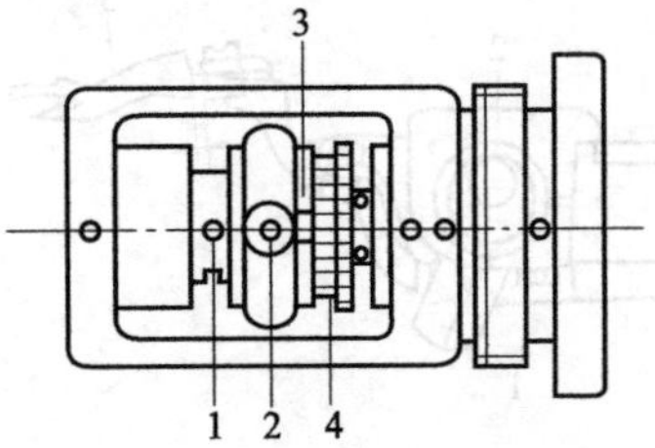

图 9-101　抬布轮与抬布偏心轮动作的配合

1—抬布偏心轮第一个螺钉；
2—抬布连杆油孔；
3—抬布偏心套缺口；4—被动大齿轮

抬布偏心套定位标准是当机针针尖从左向右摆到抬布轮中心时，抬布偏心套上的缺口 3 与抬布连杆油孔 2 的中心线左右对正（图 9-101）。如果不符合这个标准，则出现抬布轮向前摆动的幅度变小和抬布轮的动作不正常现象。调整时，可旋松主动小齿轮紧固螺钉，向右推移主动小齿轮，使主动小齿轮与空转齿轮脱离，再转动大齿轮 4，至抬布偏心轮上的缺口 3 与抬布连杆油孔 2 的中心线左右对正时，使主动小齿轮复位，与空转大齿轮啮合，并旋紧主动小齿轮紧固螺钉。

5. 扣环的定位和调整

扣环的左右位置是扣环上的 Λ 形槽必须与抬布轮上的 Λ 形面贴合，这样才能夹住缝料，否则会出现撬边深度不均匀，扣环的左右位置调整，可旋松扣环紧固螺钉，左右移动扣环，至扣环与抬布轮完全贴合，再旋紧扣环紧固螺钉。

扣环的前后标准位置是扣环的前端应距机针 2mm 左右。扣环过于靠前，则机针碰扣环，过于靠后则会出现撬边深度不均匀、断针等故障。扣环的前后位置调整；可旋松扣环座紧固螺钉，前后移动扣环座，至扣环前端距机针 2mm 时，旋紧扣环座紧固螺钉。

扣环压力的大小是根据缝料的性质来调节的。通常缝质地紧密的硬厚缝料，扣环压力大一点较好；缝松软的缝料，扣环压力小一点好。扣环压力调节：顺时针方向旋动扣环压力调节螺钉，扣环压力增大；逆时针方向旋动扣环压力调节螺钉，则扣环压力变小。

扣环上的限位板与针板上的限位板起同样的作用，都是使缝料边在扣环中间的缝隙内前进，以防止缝料向左移动。如果限位板过于靠左，则导致缝料边过于靠左，因而撬边线迹在缝料边的右侧。如果限位板过于靠后，则导致缝料边过于靠右，容易出现缝不住缝料边。如需调节时，可松开扣环限位板和针板限位板上的螺钉，左右移动扣环限位板和针板限位板，至限位板右侧接近扣环缝隙的中心线时，旋紧限位板螺钉。

6. 送布牙的定位

送布牙相对于针板面的高度是通过送布牙调节钮进行的，如图 9-102 所示。通常需要升高送布牙时，可将送布牙调节钮朝“U”的箭头方向扭转；需要降低送布牙时，则将送布牙调节钮朝“D”的箭头方向扭转。送布牙的高低是根据缝料的厚度、缝制针距大小情况而定的。一般缝长线迹时，将送布牙调高一些，以免送布牙上升迟缓，造成压脚压不住缝料而引起机针将缝料顶到右边去。缝短线迹时，则需将送布牙适当调低些，以免送布牙咬不住缝料而产生线迹短或缝料不前进。

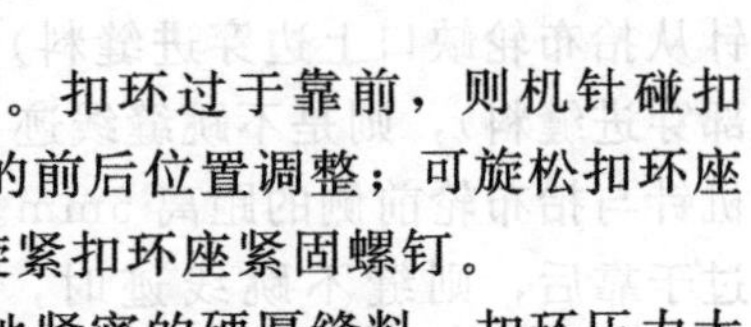

图 9-102　送布牙高度的调节

送布牙的前后位置以送布牙紧固螺钉在送布牙的长孔中间为标准。调整时，可转动带轮，至送布与压脚开始接触时，旋松送布牙紧固螺钉，前后移动送布牙，至送布牙紧固螺钉处在送布牙长孔中间，送布牙齿与压脚板平行时，旋紧送布牙紧固螺钉。

7. 压脚的定位

压脚机构是由人体膝部操作使压脚上下活动的。当用膝部向右推动抬压脚杆时，压脚板与针板相距 6mm 为压脚的标准高度，如图 9-103 所示。此距离过大，抬压脚时操作者费力；此距离过小，则放缝料不方便。调整时，可卸下机头固定螺钉，向前掀倒机头。旋松压力器轴止动杆紧固螺钉，向右推动抬压脚曲柄，至压脚板与针板相距 6mm 时，将压力器轴止动杆靠在机壳上，并旋紧止动杆紧固螺钉。

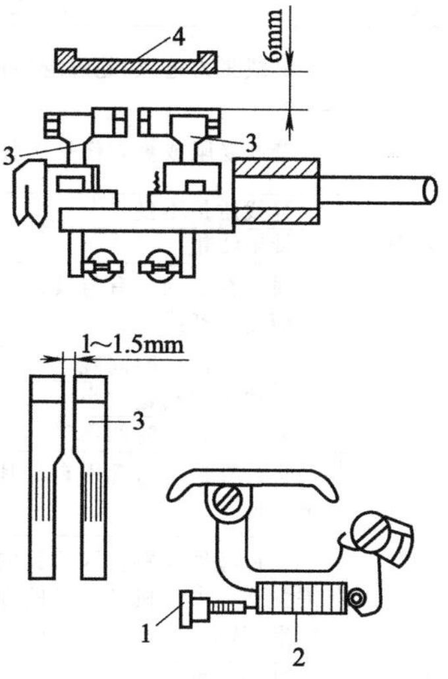

图 9-103 压脚的定位

1—调节螺母；2—拉簧；3—压脚；4—针板

压脚的压力一般根据缝料的性质来调节。缝硬、厚缝料，可将压脚的压力调大些，以免机针将缝料顶到右边去；缝软、薄缝料，可将压脚的压力调小，以免送布牙咬伤缝料，顺时针方向转动调节螺母，则拉簧的拉力增大，压脚的压力变大；反之，则压脚的压力变小。左右两个压脚板的压力应调到相等的压力。

压脚台与压脚的组装不能有松动，但需要自由、灵活地活动。压脚板下降时，其前端以固定螺钉为中心而降下。左右压脚间的间隙通常为 1～1.5mm，左右压脚板的高度应一致，否则压不牢缝料，会出现跳针或缝料被机针顶到右边去等故障。压脚板必须平行地接触于针板，压脚板平面部中央的三条刻纹是防止缝料横向晃动的。

8. 夹线器的调节

夹线器的标准浮动时间是当针尖从右向左摆到抬布轮中心时，夹线板开始浮动；针尖自右向左摆到针板左侧的右端面时，夹线板浮动结束。浮动时间过早，则线迹收不紧，线浮在缝料上，或线被链状板挂断。如果夹线板浮动时间过晚，用棉线时容易断线。用涤纶线时，缝料容易起皱。

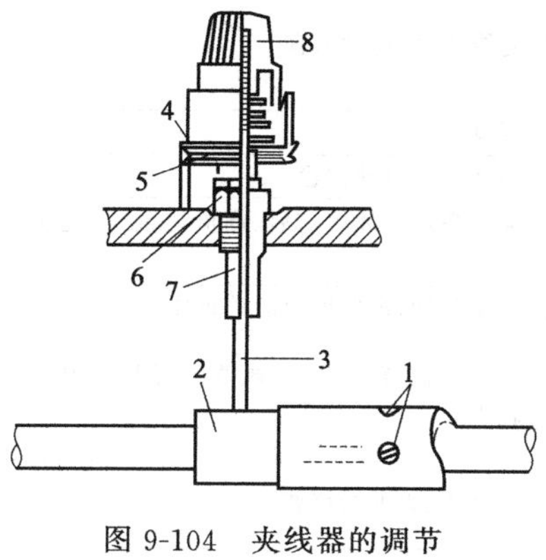

图 9-104 夹线器的调节

1—紧固螺钉；2—松线凸轮；3—松线钉；4—上夹线板；5—下夹线板；6—锁紧螺母；7—夹线杆；8—调压螺母

夹线器的浮动时间与浮动量的调节如图 9-104 所示。浮动时间的调节，先转动带轮，使机针从右向左摆动，至机针尖到达抬布轮中心时，再卸下机器前罩板，旋松松线凸轮紧固螺钉，用手转动松线凸轮，至松线钉刚开始向上顶夹线板的时候，旋紧松线凸轮紧固螺钉。

夹线器浮动量的标准是当下夹线板浮动到最高点时，上夹线板与下夹线板之间应有 1mm 左右的间隙。调整时，可旋松夹线杆锁紧螺母，逆时针方向转动夹线杆，则夹线板浮动量变小；顺时针方向转动夹线杆，则夹线板浮动量大。

五、 常见故障及排除方法

撬边缝纫机的常见故障及排除方法如表 9-17 所示。

表 9-17 撬边缝纫机的常见故障及排除方法

故障	产生原因	排除方法
断线	缝线张力过大，超过缝线的强度而被拉断	根据需要调节缝线张力，在不浮线的原则上，使缝线张力适度
	缝线受阻或被划伤失去强度发生断线	检查各个过线部位，将毛刺利刃清除使之过线顺畅
	缝线质量不良	选用优质缝线
	针细线粗	根据缝料选用针和线
	线钩在运动中有与其他零件相碰的情况，使缝线被磨伤而发生断线	转动手轮，检查线钩的运动情况，并调整使其运动通畅。同时应注意线钩与机针的配合
	夹线器浮动时间晚	调节松线凸轮
	夹线板浮动量太小	调到 1mm 左右
	夹线板闭合时间不对	缝纫时，右夹线板要浮起松线
断针	机针在运动过程中有与其他零件相互干涉的情况，产生断针	更换新机针，调整机针位置，使之运动正常
	细针缝硬厚料。因机针的强度和刚度是有限的，当所需穿透力大于机针本身的强度和刚度时，机针发生弯曲变形，从而改变其原正常运动轨迹，与其他零件相碰	根据缝料，正确地选择所用机针。在缝纫过厚的地方时，可降低缝速，必要时用手扳带轮，缓慢缝纫，以免断针
	针板高度不对	按标准调节针板高度
	抬布轮太高	适当调低
	扣环位置太靠前	适当向后调整
	机针与线钩的动作配合不当	按标准配合时间调整
	线钩过低	按线钩的高度标准定位
	线钩变形，在运动过程中与其他零件相碰，发生断裂	修正线钩几何形状，必要时更换新线钩
跳针	线钩钩线时与机针的间隙过大，线钩不能将机针上的线环钩住	调节线钩的高低使线钩接近于机针
	线钩钩线时，长叉距针孔太远或太近	调节线钩的左右位置，使线钩的长叉距机针针孔 2mm
	线钩前后位置不对，机针未插入线钩线环	调节线钩的前后位置
	缝线张力太强或太弱，张力强时，线钩不能顺利地钩住线环和扩大线环而跳针；张力弱时，线迹松弛与线钩发生干涉而跳针	调整缝线张力，适度为宜
	压脚压不住缝料，缝料随针右移	调整压脚的压力
	扣环压不住缝料，缝料随针右移	调整扣环的压力和位置
送料不良	送布牙未调好，送布不顺，出现起皱现象	按标准调整送布牙的前后、高低位置，以能正常缝纫为准
	送布牙磨损严重，使缝料发生滑移现象	修整送布牙齿，最好更换新送布牙
	压脚未调好或开口处变形。压脚过低，使送料受阻，缝料发生歪斜；压脚过高或开口处变形，则缝料失控出现缝纫不良	使压脚高低位置适度，并调整压脚开口中心处于抬布轮中心
	送料板磨损，表面出现凹凸不平，缝纫中会出现滞料现象	修正送料板，必要时更新
撬边深度不均匀	机针变形	更换新机针
	针板高度不正确	按针板标准定位调节
	机针针尖磨钝	更换新机针
	抬布轮前后位置不对	按抬布轮前后位置标准调整
	抬布轮磨损	修磨或更换抬布轮
	压脚板左右位置不对	按压脚板左右位置标准调整
浮线	缝线的张力太小	适当旋紧夹线器
	送布牙太靠后	按送布牙位置标准调整
	压脚板压力太小	适当增大压脚板压力
	压脚板位置不正确	按压脚板标准位置调整
	夹线器浮动时间不对	调节松线凸轮的位置

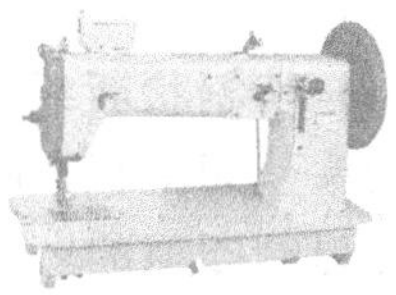

第十章
缝纫机常见故障检修

缝纫设备发生故障而不能正常工作，是由多种因素造成的。由于缝纫设备的零部件的互换性比较好，所以缝纫设备的维修重点还是在诊断故障上。

缝纫设备故障的分析与诊断，通常可通过“问、看、听、摸”的检修方法进行诊断。问，就是未动手修理前，先详细询问该机器产生了哪些毛病，在故障发生前机器运转的情况，有何征兆，发生故障时有什么感觉和现象，以此作为分析故障的参考。看，就是对故障的现场进行分析，从缝料的线迹效果来检查零部件的配合情况及零部件是否变形、损伤和磨损，从直观上进一步对故障进行准确的分析，以便确定故障的部位。听，就是对异振、异响之类的故障，用耳听判断故障的发生部位。摸，就是对缝线的张力测试，挑线簧弹力的大小，机器的发热和轧车部位，轴向、径向的窜动以及零部件损坏的毛口等都可用手摸出故障的发生部位。当然真正的经验需要在实践中不断地思考、探索，从而达到对症下药的目的。

第一节　常见缝纫故障诊断与维修

与缝纫性能有关的故障称为缝纫故障。缝纫机在缝纫过程中，经常会产生诸如断线、跳针、浮线、起皱等现象，人们称之为缝纫缺陷。缝纫缺陷的产生，直接影响缝纫的质量，现就常见缝纫缺陷产生的原因加以分析，并提出故障的判断方法及维修办法。

一、 断线故障的判断与维修

断线是缝纫机在缝纫过程中最常见的故障之一，一般可分为断面线故障和断底线故障。在断面线的故障中，又分为机器刚启动就断面线和正常缝纫过程中的断面线故障。

造成断线故障的原因很多，其出现的症状也不相同。无论是何种缝纫机，即使是使用最为普遍、结构相对简单的缝纫机，都有十多处过线部位，若不辨别其原因就盲目地一切从头查起，人的精力与时间都会造成不必要的浪费。

1. 断线形状

缝纫机在缝制过程中断线，按线头形状的受力分析分别为剪切力、拉力和摩擦力所造成的，按照缝线的断裂情况分别为切割状断线、马尾状断线、卷曲状断线和轧断状断线，如图

10-1 所示。

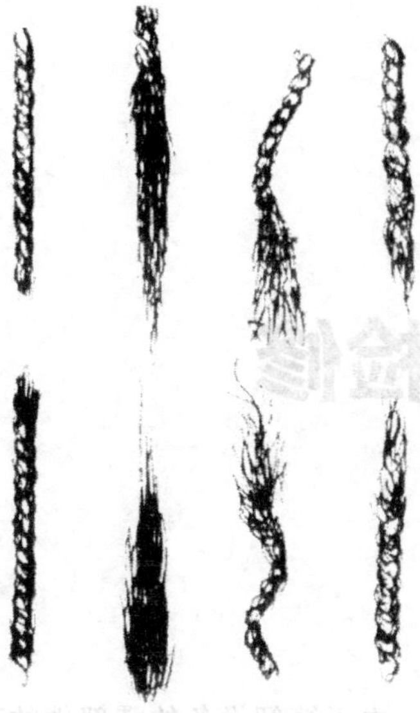

(a)　(b)　(c)　(d)

图 10-1　缝线断裂情况

（1）切割状断线　切割状断线是缝线在缝纫中突然断裂，线头呈切割状，断线两端无发毛的现象，该缺陷好像被锋利刀口割断似的，如图 10-1（a）所示。

机针带着缝线下落刺穿时，首先通过压脚，然后是针板到最低点再回升一定距离形成线环，与引线部件（旋梭或摆梭）构成交织。这期间无论是由于机针弯曲还是压脚、针板、旋梭等安放位置不正确，或零部件形状尺寸不规范等都会引发切割状断线的故障。通常缝线总是由机针长槽方向穿入过线孔而在弧线槽方向穿出的，机针的长槽又名容线槽，它使缝线在缝制过程中减少了大部分的摩擦力，使其顺滑有序地穿梭于缝料之中，而弧线槽则使缝线借助其曲势构成线环，为底面线顺利交织创造条件。假如机针通过了压脚、针板等过线部位，都是由弧线槽方向紧靠这些过线部位整齐切线的，这时机针引线槽一侧就是动刀、压脚、针板等，与之配合的一面无疑就是定刀。在这时，首先应检查所用机针是否已弯曲（若弯曲应立即更换），然后手动使针杆带动机针缓慢下落，逐一检查机针与压脚、针板等零部件的相对间隙，或是调整或是修磨，如发现有损伤与毛刺，可用细油石或砂布打磨光滑。有严重磨损时，则应更换新的零部件。

当引线部件（旋梭、摆梭、弯针、钩针等）过于贴近机针，而钩线时又从机针孔出线切入也会整齐断线，尽管这种概率很小，但也应引起重视。对于包缝机、绷缝机、锁眼机来讲，机针下落时还将增加断线，护针、护线等部位需认真检查。

（2）马尾状断线　是缝线在缝纫中突然断裂的缺陷。断线的两端有较长的部分发毛，并带有须尾，缝线像经过多次摩擦后而断裂的，如图 10-1（b）所示。

马尾状断线，实质上是缝线的捻度在缝制过程中被破坏，原先捻在一起的缝线先断其中几股，再断最后一股的不良现象。造成这类故障的原因除少数是由于缝线旋向选错外，主要是多方面原因造成的摩擦阻力偏大所致。

多数缝纫机的面线采用左旋线，只有少数几种缝纫机，如锁式双针机的左直针和仿手工线迹缝纫机等必须要用右旋线做面线才能使用，这是因为这些缝纫机在运转中破坏了左旋线的捻度。倘若无右旋线换用，排除的方法是将左侧旋梭调节到梭尖钩线时不碰直针的条件下尽可能贴近机针，而钩线相位在保证不致引起跳线故障的条件下尽可能延迟，这样做的目的是机针形成的线环偏小时保证捻度不易被破坏，旋梭尖此时能较准确地尽快钩住几股线而不至于造成断线。

假若不是因为旋向选错而造成断线，就是过线部位局部摩擦力过大所致。则需逐一检查每个过线部位，过线时是否在得到必要的摩擦力时仍感觉较轻滑。如果不够轻滑，要分析由何种原因造成。

① 毛刺式沟槽是产生断线的主要原因之一，当过线部件表面由于不经意划伤的毛刺长期使用而形成沟槽时，将破坏缝线纤维的完整性，由此造成断线，比较典型的就是挑线杆的挑线孔，它的过线圆孔在长期使用过程中会被缝线拉出一道沟槽，细线尚能勉强通过，略粗点的缝线则被连拖带磨地硬拉过去，断线也就在所难免。

排除方法：用金刚锉、细砂布、砂条或者表面涂抹绿油的抛光线修磨拉滑受伤表面，或更换新的零部件。

② 零部件表面锈蚀也是产生断线的原因之一，长时间未使用或保养不良的缝纫机极易锈蚀。当缝线从被锈蚀的过线部件上拖过而不是滑动时，纤维面光洁度就被破坏而断线。

排除方法：用缝纫机油认真除锈或者更换新零件。

③ 局部过线间隙小也是产生断线的原因之一，出现局部过线间隙小多数是由超出缝纫机使用范围所致。例如普通的缝纫机，盲目地换用特粗针、粗线，势必造成机针与压脚、送料牙、针板孔等过线部位间隙变小，造成输送缝线不畅而断线。

遇此情况不提倡修磨，而建议更换相应的针位（送料牙、针板、针杆、压脚等）。

(3) 卷曲状断线 卷曲状断线是缝线在缝纫中突然断裂的缺陷。断线的两端比较光滑且略带有短须，缝线像突然遭到过大的拉力而崩断的，如图 10-1（c）所示。

在缝制过程中出现卷曲状断线呈短毛头现象要解决的就是一个强度问题。首先要检查缝线的质量是否达到标准，再认真检查底面线是否穿线正确，有无漏穿、重复缠绕和因错误过线而造成的输送缝线外力加大或输线死角。假如上述检查都有问题，再适度减小底面线的张力，底面线张力的最下限应以缝料正反面均不出现浮线为标准。回线不爽，致使缝线的张力突然增大，可适当调整线环脱出的部位和脱出时相互摩擦部件的可靠性，如梭子、梭门簧太松，容易钩住线环的弯针，钩线头下部不容易脱线等，要稍加修磨。

(4) 轧断状断线 轧断状断线是缝线在缝纫中突然断裂的缺陷，线头呈扁平状，有时沾有油污，缝线像被零件轧住后拉断似的，如图 10-1（d）所示。

在缝制过程中出现轧断状断线，大多数是锁式线迹缝纫机。因为这类缝纫机线环要绕梭架旋转一周，摩擦部位多，其中梭尖损伤变钝，梭架断裂，梭架分线头分线过早，这时线环还没有到达根部，很可能轧进导轨，造成断线。

2. 断底线

在正常缝纫中，锁式线迹缝纫机造成断底线的原因，主要有以下几种。

① 由于绕线器故障，造成梭芯上绕的底线松、乱、散，使底线在缝纫过程中出线不爽，出线量时多时少、时紧时松，造成断底线。

维修方法：合理修整绕线器，使梭芯上的底线达到均匀、紧凑、整齐。

② 由于梭子和梭芯配合精度差，容易造成底线出线不均匀，并有重轧现象，使缝纫过程中断底线。

维修方法：先在机外查看出线的情况，梭芯在旋转时外径是否碰梭子内径，然后装入旋梭抽出底线，看看底线有无重轧、受阻现象，如有出线不均匀和重轧现象，应合理选配梭芯，梭芯和梭子配合时应运转自如，无明显重轧。

③ 由于梭皮和梭子外壳配合不密封，造成配合间隙有大有小，使底线通过梭皮底面出线的张力轻重不均，容易造成缝纫时断底线。

维修方法：合理调整梭皮底面与梭子外壳的配合间隙，使底线在任何一个位置上出现的张力无明显变化，注意调整时要小心、细致，不宜用力过度，否则容易折断梭皮。

④ 位于梭架左上方有一条出线凹槽，如图 10-2 所示。此凹槽的作用是使底线出线时在一个固定的方向，特别是高速缝纫时，保证底线出线方向不会无规则地飘移和出轨。因此要仔细检查此槽深

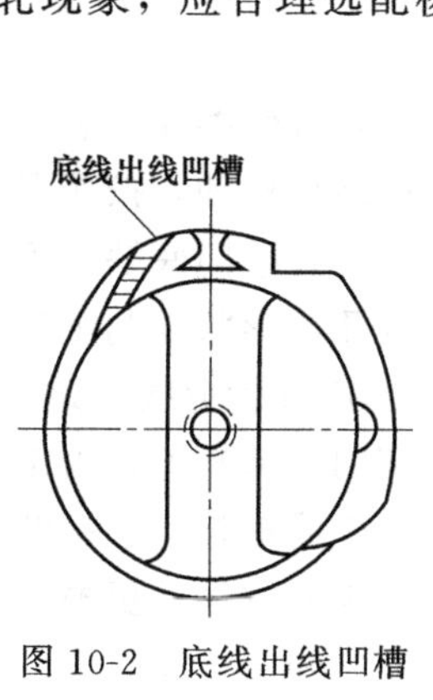

图 10-2 底线出线凹槽

浅和槽内是否光滑，有无毛刺，深浅是否符合要求，一般应比底线的外径尺寸稍深些，如发现不合格的，应按出线方向用尼龙线加上绿油拉深拉光。

⑤ 由于送料牙位置过低，造成送料牙底部快口处和底线出线的距离过小，使底线和牙齿底部的快口发生接触磨损，产生断底线的故障。

维修方法：合理调整送料牙的高低位置，或拆下送料牙用砂皮拉光牙底部的快口即可。

3. 断线原因

(1) 由于梭质量问题引起断线 锁式线迹缝纫机钩线的执行元件是旋梭或摆梭，它们是机器的心脏，梭的质量是机器缝纫性能好坏的关键，出现断线故障与梭的质量有直接的关系，所以认真检查旋梭是否符合要求是非常重要的。

运转性能的检查方法：取下旋梭，用左手捏住梭架轴心，右手捏住梭床颈部，相对轻轻用力进行反方向旋转，一般转动轻滑，无明显响声和碰轧现象，轴向、径向配合间隙均小于0.05mm以下，说明梭床梭架配合是好的。

旋梭梭尖的检查：看旋梭梭尖是否有毛糙、断裂或尖头太钝的毛病，如有问题，可用三角油石、细砂皮进行修磨、拉光。

旋梭各过线部位的检查：在拆开旋梭零部件的基础上（压圈不能拆），认真检查整个旋梭过线各部位是否有毛刺、快口，过线不爽和光洁度不够等现象。如图10-3所示，梭床梭根处梯形凹凸处不应有毛刺和不光滑现象，如有上述现象，面线通过梭尖后停留在梭根处，在高速运转情况下，面线容易被拉毛和轧断。因此，梭根的精度一定要符合能钩着线环转动的要求。如图10-4所示，导齿钩线处应光滑，不应有毛刺，否则面线同样容易被拉毛和轧断，造成断线。梭架的背部和肩部的交接处应吻合，无间隔，交界处的滑线圆弧应有利于滑线，否则，面线滑线不顺利，也会造成断面线。通过对上述三个方面的检查，如有不符合要求的，可分别用三角油石、尼龙线加绿油和研磨膏进行修磨、拉光和抛光，达到要求即可。

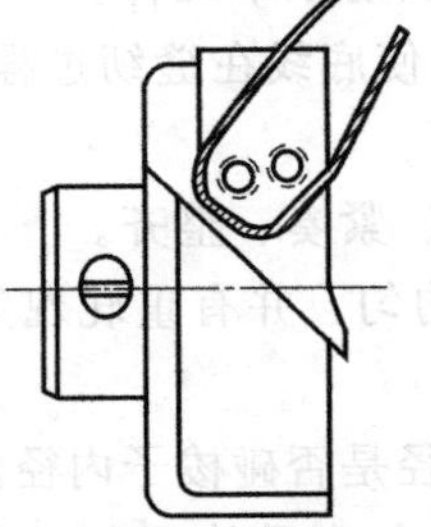

图10-3 梭根梯形凹凸处

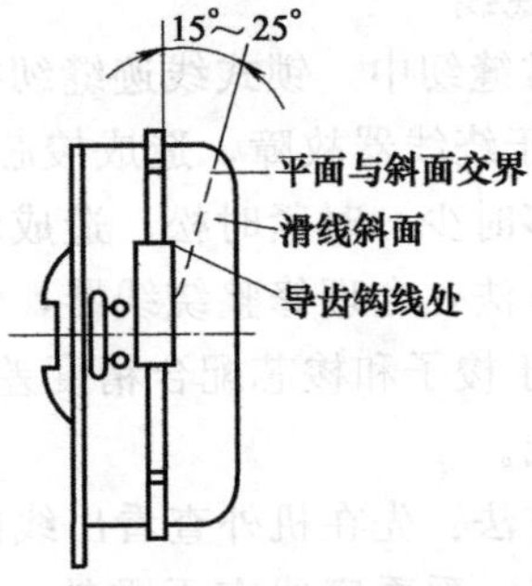

图10-4 导齿钩线处

经过修磨加工后，应清洗梭床和梭架有关零部件，认真仔细地进行装配。装配好后，略加些缝纫机油，按照要求装上机器，进行校试，先用手转动上轮，试缝一下，主要看面线经过梭子和梭门底缺口下方时有无受阻现象，若有受阻现象，应合理修磨梭子和梭门底缺口下方的几何形状以利于过线轻滑、顺利。

① 导齿分线尖过低挤断面线。当梭尖带着线环转至梭架导齿分线尖时，开始进入旋转梭床的凹形轨道，由于梭架导轨分线尖过低，因此将线环挤入梭架导轨与梭床轨道的间隙中，缝线被挤扁、挤断，缝线折断位置有油污，如图10-5所示。

维修方法：更换梭架，在更换前应仔细检查，并选择误差较少的梭架。若无修理价值可更换旋梭。

② 旋梭严重磨损挤断缝线。梭床与梭架的相对运动位置过于松动，造成断线无一定规律，时而还产生连续的断线，其缝线折断位置的形状为挤断线。梭床与梭架相对运动的严重磨损，必然导致它们的轴向、径向运动间隙的增加，在动态下的梭床与梭架，能造成梭床内径与梭架外径的接触，当线环从此通过时容易被挤断，如图 10-6 所示，其图 10-6（a）为显著磨损的旋梭，图 10-6（b）为正常旋梭。

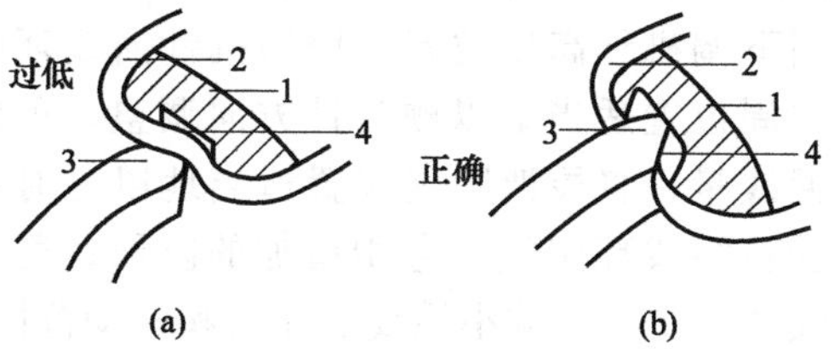

图 10-5　分线尖过低

1—梭床；2—缝线；3—分线尖；4—梭床凹形轨道

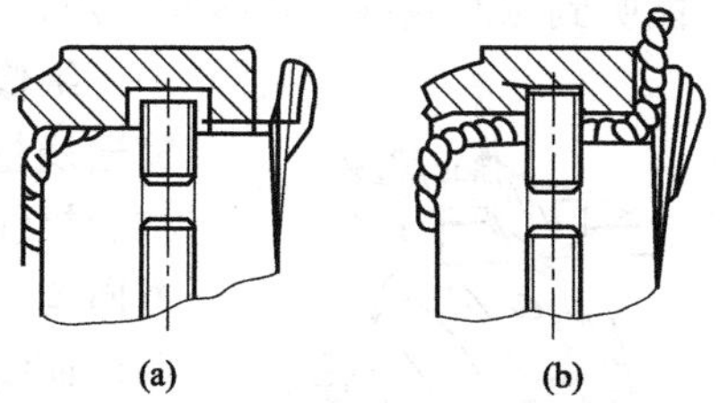

图 10-6　旋梭严重磨损

(2) 倒缝时引起的断线　倒缝、顺缝的面线在针板孔上相处的位置不同，如图 10-7 所示。由于倒缝处针板过线孔不圆滑导致断线，只要将倒缝时面线经过部位抛光即可。另外，顺缝时为了底、面线的线紧率好些，故意将送料牙与针的运动配合调慢，倒缝时则正好相反，故引起断线，只要调至标准即可。

(3) 线环过松压断缝线　线环过于充裕往往可在开机时明显地看到机针穿线孔的充裕线量，如图 10-8 所示。线环的线量由于过于充裕而不能沿着正常的梭内输线路线运行，一旦进入梭床与梭架相对运动的各部位时，很容易被压断。由于充裕的线量本身承受拉力的能力很小，因此会在缝线捻劲的影响下产生扭曲。线环扭曲的部分最容易进入梭床轨道与梭架导轨的运动间隙中而被压断，其压断过程往往像剪刀的剪切过程一样。

维修方法：排除线环量的充裕现象，可适当调紧夹线器、挑线簧；适当上调机针位置；梭架的圆周位置适当以顺时针方向调整。

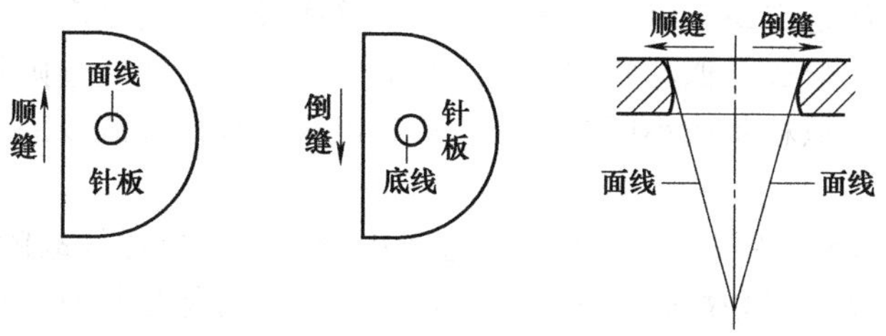

图 10-7　倒缝缝线位置

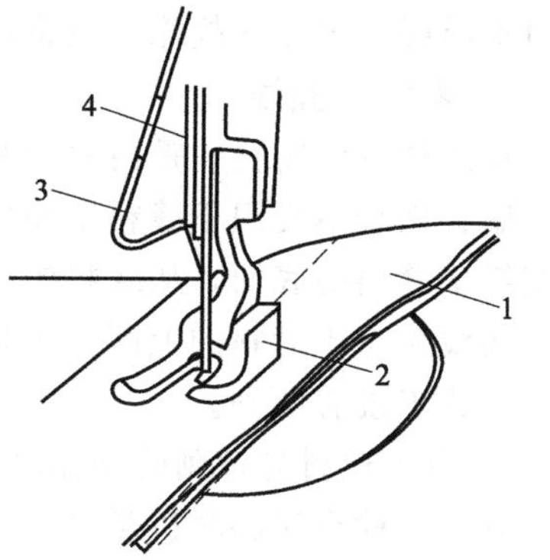

图 10-8　充裕的线量

1—缝料；2—压脚；3—充裕的线量；4—机针

(4) 线环较紧的摩擦断线　线环线量比较紧张，且兼有面线收紧的线迹产生，其折断位置的形状为摩擦断线。线环线量的紧张可使缝线与输线路中的金属零件间产生较大的摩擦。缝线在与金属零件的多次摩擦下，使其部分线纱被磨断。

维修方法：适当调松面线夹线器张力，减小夹线板相对面线夹持力，使面线承受的拉力减小，达到面线紧度符合缝料自然紧度的线迹标准，因而排除了面线收紧线迹的故障。适当减小挑线簧的弹力及弹动范围的蓄线量，由于挑线杆的供应线量没有减小，因此挑线簧蓄线量的节余部分将充实了线环的线量，使线环线量得到了增加，排除了线环紧张和摩擦断线的故障。

(5) 线量过紧拉断线　面线的线量过于紧张，在输线线路中凸出的和用线量较大的位置上被拉断，缝线折断位置为拉断线形状。由于缝线被拉断前承受了很大的拉力，因而发生断线时常能听到拉断线纱的“咔嚓”声，因此应着手排除线环线量紧张的现象。

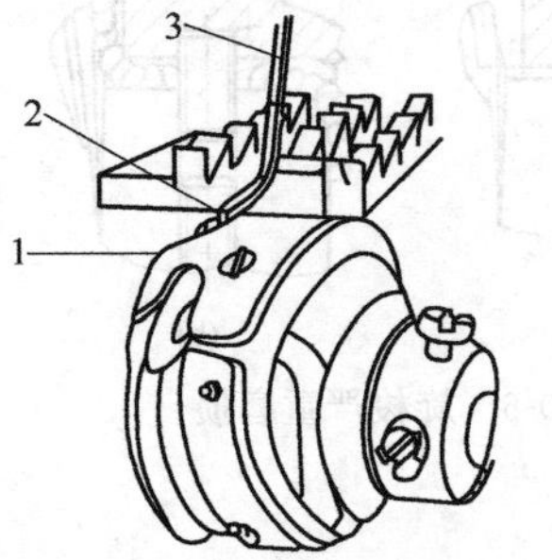

图 10-9　拉断面线产生的位置
1—旋梭；2—拉断面线产生的位置；3—面线

维修方法：适当下调机针高度位置，增加机针向线环的输送线量；将旋梭圆周位置适当地以顺时针方向调整，可以减少挑线机构的收回线量；将梭架圆周位置适当地以逆时针方向调整，可以改善包络线环用线量急剧增加的阶段；适当调松面线、底线夹线器的张力，减小挑线簧弹力和弹动范围，可以增加线环的线量。由于上述的调整均可扩大线量，因此能排除线量过紧的拉断故障。拉断面线产生的位置，常见于旋梭内的梭尖根部、分线尖处、旋梭皮边缘处、送料牙底面等，如图 10-9 所示。

二、浮线故障分析和维修

浮线是在缝纫过程中常见的故障。浮线是紧线不良的标志，即缝线的交织点不在缝料中间，而在缝料上面或下面并呈朵状，其原因主要是构成线迹的底、面线张力不均。引起浮线最直接、最常见的原因是缝线的张力太弱，所以遇到浮线的时候，首先应该加强夹线器的夹紧力，同时注意挑线供线量，必要时减少挑线供线量。旋梭与机针、送料时间配合得过早或过迟，旋梭缺口与定位钩凸头间隙太小也会造成浮线。梭子与梭芯配合不良，梭芯上线卷得不好，梭子上的压线簧调节不良，梭子内梭芯打滑、空转都会引起浮线故障。只要照上述逐项检查、修正，一般可以解决浮线故障。

根据生产实践中产生的浮线故障，概括起来可分为浮底、面线，毛巾状浮线和有时浮线有时不浮线三种浮线故障。现将这三种浮线故障分别叙述如下。

1. 浮底、面线

锁式线迹缝纫机，是由底线和面线相互交织于缝料中间而形成线迹的。浮底、面线的特征是底、面线不交织于缝料中间位置，而是交织于缝料上面或下面。浮底线的线迹是底、面线交织于缝料的底面，从缝料的底面看，形成类似粒状或小圆圈状的线迹；浮面线线迹则是底、面线交织于缝料的上面，也是形成类似粒状或小圆圈状的线迹；出现这种浮线故障的原因，总的来说有两种。

① 由于送料与针刺的动作时间不协调，造成底面线在交织过程中受阻而形成浮线故障。维修方法：检查送料时机是否与机针运动时间相配合，按标准定位。必要时可将送料时间稍慢于标准位置，这样有利于收线。

② 由于面线的张力过大，或底线张力过大，造成底、面线浮线的故障。要检查是底线的张力，还是面线的张力不符合要求，然后可以根据要求分别调节到相应的张力。底线张力调节后，再调节面线的张力。

当夹线板处堆积线毛、污垢的厚度超过了缝线直径时，将会严重地减小对面线的夹持力。当梭皮的局部折断后，使底线输出头端改变了输出位置，因而减小了梭皮相对底线的夹持力。当这两种情况同时出现时，就会造成底、面线的线迹线量均有所增加，而形成了双浮线迹。

维修方法：清除夹线板处线毛及污垢，更换梭皮。

梭皮折断后使底线线头端改变了正常的输出位置，而异常于梭皮的根部输出，由于梭皮根部对底线的夹持力很小，若对梭皮形状修整得不佳，常造成梭皮根部的间隙增大，而进一步地减小夹持力，如图 10-10 所示。图 10-10（a）梭皮为正常的梭皮，图 10-10（b）梭皮为产生折断的梭皮，图 10-10（c）为梭皮折断后底线的输出位置。

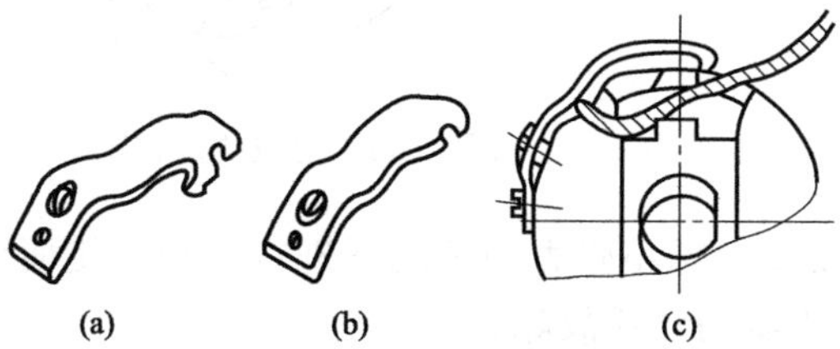

图 10-10　底线的输出位置

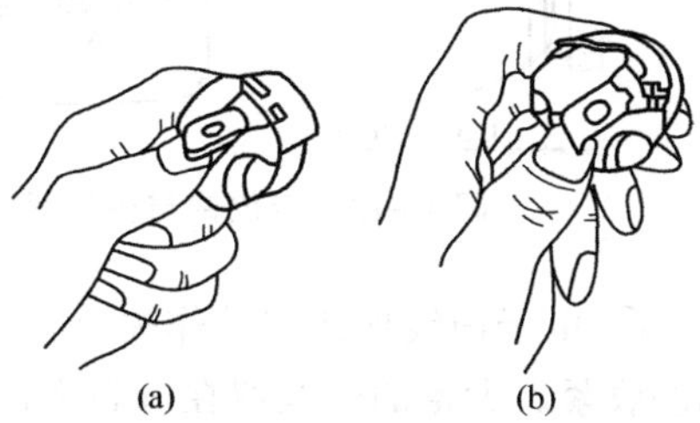

图 10-11　梭皮与梭芯盖的位置

梭皮折断原因：一般由于对梭皮修整的形状不佳而造成梭皮折断位置（即挡线的小钩）向着梭子的径向偏斜，使之位于梭门底的顶端，或由于开启梭芯盖时的向上移动经常碰撞梭皮的该处，如图 10-11 所示。其中图 10-11（a）为产生径向偏斜的梭皮与梭芯盖碰撞的情景，图 10-11（b）为正常的梭皮与梭芯盖的相对位置。

梭子的梭皮螺钉在调整时过于旋松，机器在运动中的振动，使螺钉产生了松扣而丢失。调节螺钉丢失后，使底线夹线器处于松弛状态，造成底浮线迹故障。调节螺钉是利用自身的螺旋线移动来压紧梭皮的，由于调节螺钉没有止动构造，因此它不能调得过松而需在很小的范围内产生有效的调节作用，因此就需要梭皮具有较强的调整灵敏度，提高调节灵敏度的办法是：将梭皮的几何形状修整至梭子表面的曲线形状，梭皮与梭子表面保留一定的间隙（0.05～0.1mm），如图 10-12所示。

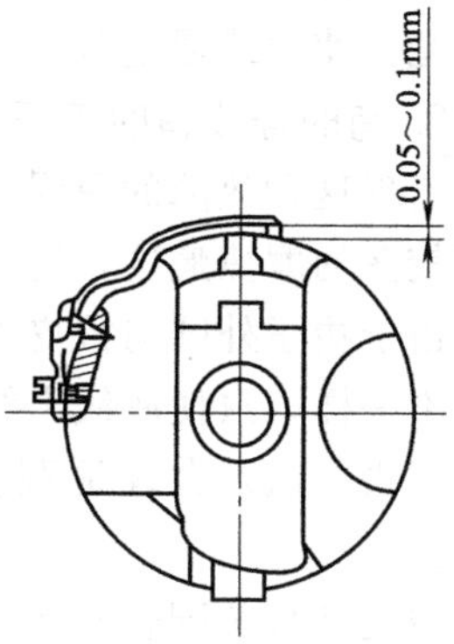

图 10-12　梭皮与梭子表面间隙

2. 毛巾状浮线

毛巾状浮线，主要出现在缝料的底面。这种故障似乎是面线受到较大的阻力，挑线杆不能把面线收上去而造成的。毛巾状浮线的故障原因有以下几个方面。

① 由于旋梭受到外力的作用而被损伤，钩线的各部分有毛刺或裂痕，使面线通过旋梭受到一定的阻力，造成毛巾状浮线的故障。维修方法：将旋梭钩线的各部位用油石或细砂皮将毛刺修去然后加以抛光即可。

② 由于出现了断线故障，使面线的余线在旋梭定位钩上，使定位钩与旋梭架凹口的间隙减小，使面线通过时受到很大的阻力，造成毛巾状浮线故障。维修方法：清除绕在旋梭定位钩上的余线即可。

旋梭定位钩凸端与梭架的缺口处，是线环收回时的必经之路，此处的间隙过小阻碍了线环的收回而产生毛巾状浮线。毛巾状线迹是面线迹的线量过多造成的。当线环被收回时，受到了输线路中有害障碍的限制，使之停止了线环的收回，使挑线杆的上升挑线作用变为线环的增大作用，最终造成了面线迹线增加得过多，不能全部收回，而遗留在缝料的下面。

旋梭定位钩凸缘与旋梭架的凹口的间隙应在 0.5～0.7mm 范围之内，如图 10-13 所示。旋梭定位钩的校正方法，如图 10-14 所示。

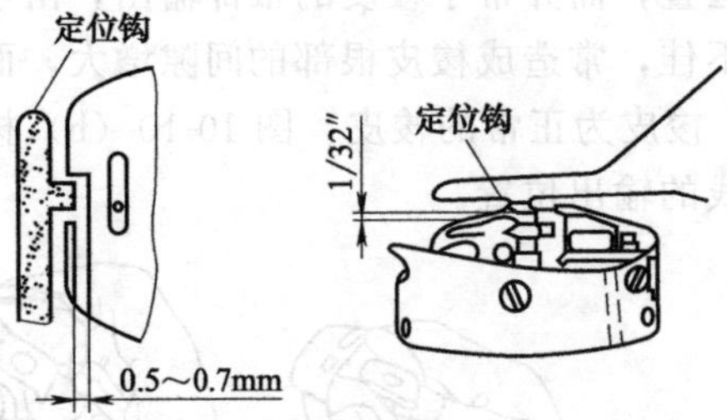

图 10-13 定位钩与梭架间隙

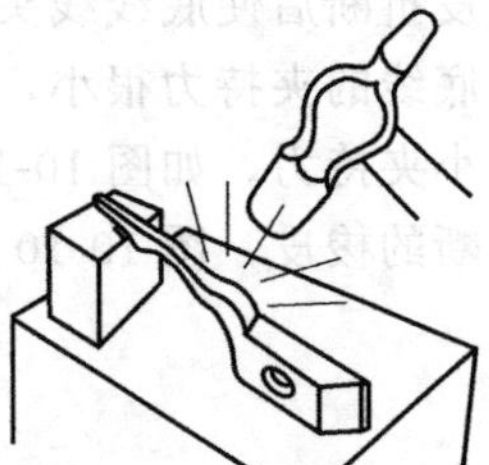
图 10-14 定位钩的校正

③ 由于面线夹线器动作失灵，造成缝纫时面线在减小张力的情况下进行缝纫，使面线无法收紧。大量的余线留在缝料下面，造成了毛巾状的浮线故障。

维修方法：将面线夹线器的固定螺钉松开，伸进去或拉出来，调节与顶销的位置，并使松线顶销移动灵活，使夹线器既松线灵活又能可靠地压线。

④ 梭子的圆顶是过线部位，由于圆弧面有严重的锈迹或者毛刺，致使面线通过梭子圆弧时受到阻力而造成毛巾状浮线。维修方法：可用油石修磨梭子圆弧面上的锈迹和毛刺，然后抛光，使面线通过时无受阻现象。

3. 有时浮线有时不浮线

出现这种故障的原因，主要是过线部位的零件表面不光滑；也有由于长期使用，另外产生了较深的摩擦痕迹，使面线过线不均匀，或者是底线出线不顺利而造成的。

由于梭子外圆与梭皮配合不吻合，使不同的出线位置的压力不均匀，造成梭皮对底线的压力不一样，致使底线出线时重时轻的现象，而出现了有时浮线有时不浮线的故障。

解决方法：合理地调整梭皮与外圆的吻合性，使不同的出线位置对面线的压力基本一致。

梭皮和梭芯配合不佳，如梭芯外圆略大，或者是梭芯的径向跳动较大，梭芯转动起来与梭子内表面摩擦造成底线出线不匀，使缝纫过程中出现有时浮线有时不浮线现象。

解决方法：选择与梭子配合较好的梭芯。

机针落下的位置不在针板孔的中心上，而是靠近针板孔的边缘，由于机器连续送料，易使机针前后偏斜，使面线擦在针板的边缘而受阻，产生浮线故障。

调节方法：如果机针位置正确，应调节针板的位置；如果机针位置不正确，应调整机针的位置。

三、 跳针故障的分析及维修

1. 跳针的类型

跳针也是缝纫过程中经常出现的故障，跳针是指经过缝纫后，在缝料的线迹上，出现面线与底线不交织的现象。跳针故障的原因，多数是机针和梭尖或钩针的间距、间隙、高低不符合规定标准要求而引起的，另外，零部件的松动、磨损或位置定位精度不正确也会造成。跳针基本上可分为偶然性跳针、断续性跳针和连续性跳针，现将跳针故障的分析及维修方法叙述如下。

（1）偶然性跳针　偶然性跳针是指在缝纫过程中，或一批缝件中，偶然出现一针或数针底面线不相互交织的线迹，或者在某一局部厚薄不均匀的部位上出现，造成这种故障的原因有以下几个方面。

① 在缝制厚薄不匀的缝件时，由于使用较细的机针，遇到缝料较厚部位时，机针受力弯曲，使梭尖或弯针钩线失灵而产生跳针故障。

维修方法：若是机针选择不当应更换合适的机针，零部件磨损应更换零部件。

② 由于机针歪斜，使机针与梭尖或弯针尖之间的间隙增大造成钩线不良而跳针。

维修方法：更换机针，调整机针与钩线器的位置。

③ 在缝制薄的缝料时，用细的缝线、粗的机针进行缝纫，再加上压脚与针板的接触不良和压脚压力不足，造成跳针故障。

维修方法：调换合适的机针，增加压脚的压力。

④ 有时零部件的磨损也容易产生跳针故障。如机针针尖不锋利或弯曲，不光滑；梭尖或弯针尖变钝磨秃，或者有其他缺陷而影响钩线效果，压脚压不牢缝料等都会引起跳针。

维修方法：更换机针，修复或更换梭式弯针及调整压脚的压力。

(2) 断续性跳针　多数是因为机器经过长期使用后，由于部分零部件磨损，或是偶然性故障致使机器轧线、断针等，使机器受到了撞击后，零部件发生不大的位置变化而引起断续性跳针故障，造成这种故障的原因有以下几个方面。

① 针杆位置产生了位移。机器长期使用，针杆在重力作用下，使针杆的上下位置发生变动，加上针杆连接轴、针杆连杆、挑线曲柄等零部件的磨损，产生了过大的间隙，往往容易出现断续性的跳针故障。

维修方法：更换已磨损的零部件，按标准重新调整机针与钩线部件的位置。

② 针板与压脚接触不良。由于针板与压脚接触不良，没有把缝料压实，当机针由最低位置回升时，将缝料带起，使线环形成不佳，使钩线部件没有钩住线环而出现跳针。

维修方法：先把压脚的有齿平面放在平板上，检查压脚是否平直，然后对翘起的部位用锤轻轻地敲击，使其达到平直，但必须注意，压脚经过热处理，脆性较大，切勿用力敲击，防止敲断。通过上述的维修措施后，或更换符合要求的压脚，一般可以排除断续性跳针故障。

③ 由于更换缝料而引起跳针。机器不可能总是缝纫一种缝料，而是经常地更换各种不同软硬、厚薄，不同性质的缝料。在这种条件下，除了要选择合适的机针、缝线外，还必须正确地调整机器的钩线部件与机针的位置，否则就会引起断续性跳针故障。在一般情况下，缝制薄料时，机针的回升量应小些，取 2～2.2mm 为宜。钩线部件的钩尖与机针的引出线槽的间隙应尽量小些，取 0.05～0.08mm 较好。上述的数值只限于参考，因机器种类和缝料的不同，很难确定出准确的数值，还必须视缝料、机型的情况经过试验而定。

(3) 连续性跳针　连续性跳针往往是断续性跳针的发展，致使机器无法缝纫。出现连续性跳针故障，概括有以下几个方面。

① 机器经过长期使用，或维修保养不当，由于震动或其他原因，使机器的各零部件的位置发生变化而出现了连续性跳针的故障。

维修方法：认真地按标准调试要求检查各零部件之间的位置是否正确，特别是机针与钩线部件之间的位置及间隙。除对磨损的零部件更换外，对位置发生变化的零部件也要调整到规定要求。

② 缝制特殊缝料而引起的跳针，特别是缝制尼龙纱、薄丝绸之类的薄、软、滑缝料，由于线环形成不理想，容易造成偶然性跳针、断续性跳针和连续性跳针的故障，其原因主要

是旋梭与机针的位置和机针的回升量不合适，另外针的粗细不适宜及选择的缝线不合适也会引起跳针故障。

跳针故障分析：当机针带着缝线向下刺料时，缝料的柔软性使缝料向下塌形成凹面，机针提升时，容易带动缝料向上运动，使机针上的线环变小，不能使旋梭尖钩入线环，形成跳针。

维修方法：调整机针下极限位置，使针杆运动至下极限点时，针孔应在旋梭架内弧面露出2/3～1针孔位置，如图10-15所示。调整旋梭与机针位置，如图10-16所示。机针从下极限回升，旋梭尖与机针中心重合时，旋梭尖距针孔0.6～0.8mm，并紧扣针眼。机针缺口与旋梭尖小平面间隙为0.01～0.08mm。注意要使用容针孔较小的针板，缝线、机针的规格也应进行试验后再定。

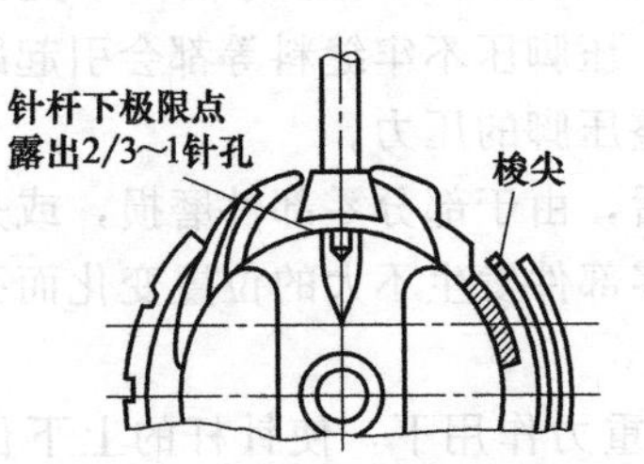

图10-15 机针下极限位置

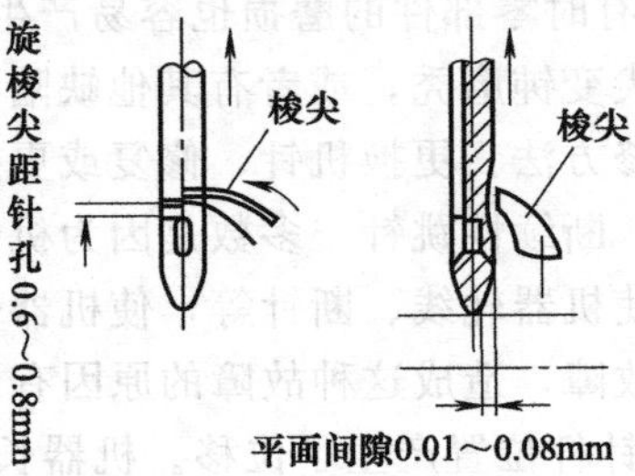

图10-16 旋梭与机针位置

2. 跳针的原因

（1）机针位置过高　机针在下极限位置时，机针穿线孔尚未露出梭架内弧面。在高速缝纫时跳针，跳针次数无一定规律，每次一般跳过一个针距，且有时伴有断线的并发故障。用手旋转机器上轮检查时，可见其初步线环较小，但梭尖尚能穿入。

故障分析：从检查机针高度位置可知其位置稍高，因此初步形成的线环也较小，虽然用手旋转上轮时可见梭尖能够穿入线环，但在高速运动下，其线环因受运动惯性、离心力的作用必将线环拉长，由于线环本来就小，加之又被拉长，梭尖就不易穿入线环了，因此对于这种故障的排除应从扩大初步线环入手。

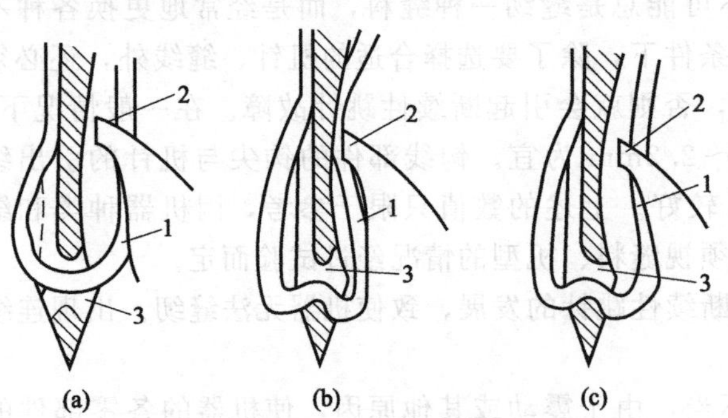

图10-17 机针挤线环情况

1—线环；2—梭尖；3—针孔

维修方法：调整机针下极限位置。将针杆运动至下极限点时，针孔应在旋梭架内弧面处露出2/3针眼。经下调后的机针高度位置可以扩大初步线环，扩大后的初步线环即使在高速下被拉长，但仍能有一定的余量可保证梭尖的穿入。同时伴随产生的断线故障也得到了解决，因为产生断线的原因也是由于线环过小，因此当梭尖穿入线环时常将线环挤于机针前后或挤断，如图10-17所示。

（2）机针弯曲或秃尖　机针弯曲能使线环远离梭尖，而不利于梭尖的穿入，再加上缝料的厚薄变化突然，更能使机针产生较大的弹性弯曲。这时由于缝速和助拉缝料的影响，使机针产生的弹性弯曲来不及恢复，因而可导致机针刺在针板面上，或压脚上、旋梭边缘、梭芯边缘使机针产生折断、秃尖或塑性弯曲而发生跳线。

机针塑性弯曲的常用检查方法如图 10-18 所示。先将机针放于平面上目测机针轴线是否与平面平行，再用手指压住机针向前推进，这时就可明显地看出机针的塑性弯曲。

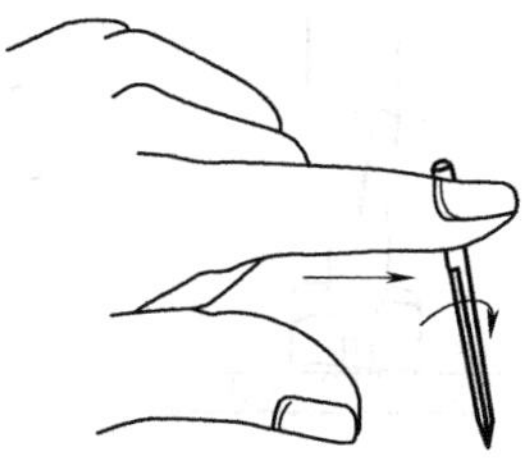

图 10-18 机针塑性弯曲的检查

机针针尖秃的故障，多数是由于碰撞而损坏针尖。机针弯曲可造成碰撞机件，机件的位置不对也同样会与机针碰撞。机针与旋梭配合不良，由于旋梭的同步调整不当或机器运行中旋梭移位造成机针从上向下运动时正好与旋梭梭皮燕尾槽缺口边缘碰撞而损坏针尖；旋梭磨损严重，梭架松动太大，当机针到达下极限针尖与容针孔边缘摩擦而损坏针尖；另外，梭芯变形或有毛刺使得机针在下极限与梭芯边缘摩擦而损坏机针尖；压脚、动刀的位置不当，都会损坏针尖。维修方法：机针弯曲更换机针，机件磨损更换机件并重新调整机针与旋梭的配合。

(3) 针杆与套筒的间隙过大　当缝制薄厚位置突然变化的缝料时，机针与针杆承受很大的压力，因此使针杆在针杆套筒内壁的一侧摆向另一侧来回摆动，其间隙越大摆动也越大。由于针杆的摆动使针杆下端的机针随之摆动而偏离了钩线部件的钩线范围，使钩线部件无法穿入线环。

维修方法：针杆与套筒的间隙过大的产生原因为正常磨损，因此应立即更换针杆及其套筒。先将针夹、机针卸下，再将针杆连接柱螺钉旋松，将针杆退出，再将上下套筒退下，并将准备好的针杆及其套筒依次安装，调整好针杆位置。

(4) 梭尖磨钝　正常的梭尖转至机针缺口处时，梭尖能很轻易地穿入线环；而用钝了的梭尖转至机针缺口处时，线环很容易从梭尖的左面滑脱，如图 10-19 所示。梭尖的磨钝，大多数与机针直接撞击有关，梭尖撞击机针说明旋梭的轴向位置调整不当，被磨损的梭尖不利于穿入线环，因此应从改善梭尖入手解决。

维修方法：若相对运动位置尚未显著磨损，梭尖部分尚可修复。先将旋梭皮与旋梭板卸下，然后将梭架取出，再把梭尖的用钝部分磨掉，用布轮抛光，最后将梭架、旋梭皮、旋梭板等部件安装好，注润滑油即可使用。若梭尖磨损严重无修理价值，如图 10-20 所示，应更换新旋梭。

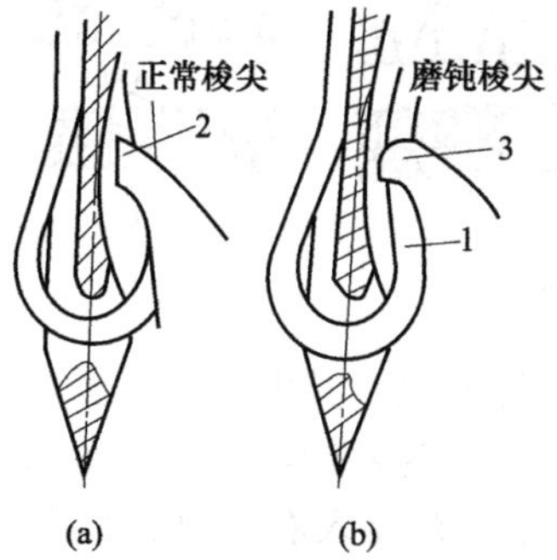

图 10-19 梭尖钩线情况

1—缝线；2—正常梭尖；3—磨钝梭尖

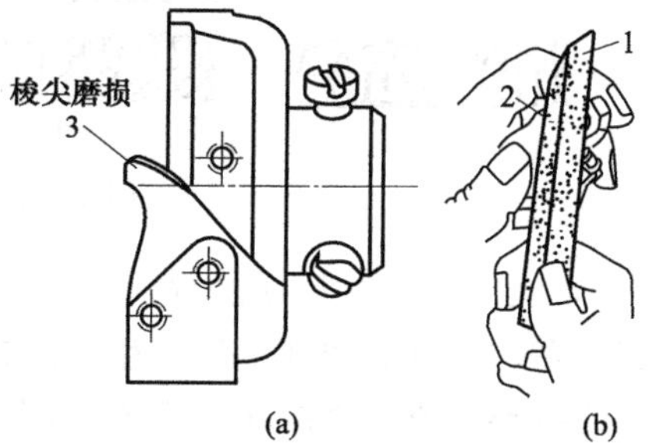

图 10-20 磨损严重的梭尖

1—油石；2—梭床；3—磨损梭尖

(5) 缝料阻力小　这类跳针现象常见于缝制薄的缝料，并兼有压脚歪斜和针板孔大等原因。机针孔处形成的初步线环在正常情况下不随机针一起上升，这个正常现象的形成，只依靠线环本身的重量和线量的充裕是不够的。其主要的原因还是来自缝料相对线环的阻力。但若产生了针板孔过大和压脚歪斜，可使压脚与针板面之间造成一个空间，这个空间给薄料造成一个随机针运动的极好条件，因而使薄缝料能随机针一起上升，缝料的上升自然失去了缝

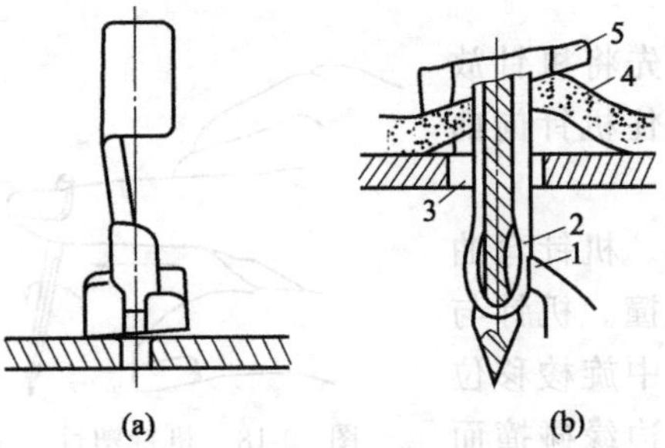

图 10-21 缝料阻力小
1—梭尖；2—线环；3—针板孔；
4—缝料；5—压脚

料相对线环的阻力，最终使初步线环在缝料的牵动下也随机针一起上升，当梭尖转至钩线位置时，线环已经上升，梭尖钩不到线环，产生跳针，如图 10-21 所示。维修方法：将歪斜的压脚校正，使压脚底板与针板面平行。若针板孔大无法修整，则更换针板孔小的针板。

(6) 绷缝线迹 绷缝线迹缝纫机在缝制过程中，由于形成跳针的缝针、弯针不同，跳针的现象也就不尽相同，其跳针现象如图 10-22 所示。要排除跳针故障，必须先分析跳针现象，从缝针、弯针、护针的配合关系，或缝针、弯针等成缝机件的损伤，或缝线、缝料及工作环境情况来查找故障产生的原因，才能更好、更快地进行维修。

图 10-22 (a) ～图 10-22 (d) 为针线与覆盖线之间的跳针现象。其中图 10-22 (a) 为左侧的机针没有钩住覆盖线的线环时，所产生的跳针现象；图 10-22 (b) 为左侧的机针和中间的机针没有钩住覆盖线的线环时，所产生的跳针现象；图 10-22 (c) 为左侧机针穿入覆盖线的线环，其他 2 根针都没有钩住覆盖线的线环而产生的跳针现象；图 10-22 (d) 为 3 根机针全部没有钩住覆盖线的线环而产生的跳针现象。造成针线与覆盖线之间的跳针现象的主要原因是穿线顺序搞错、机针与覆盖线的绷针配合关系不良、覆盖线拨线位置或覆盖线座的位置不对等。在排除上述跳针原因后，若以上跳针故障还没有解决，那就要检测覆盖线的捻度，覆盖线捻度过大或捻度不均匀都会造成覆盖线的跳针现象。

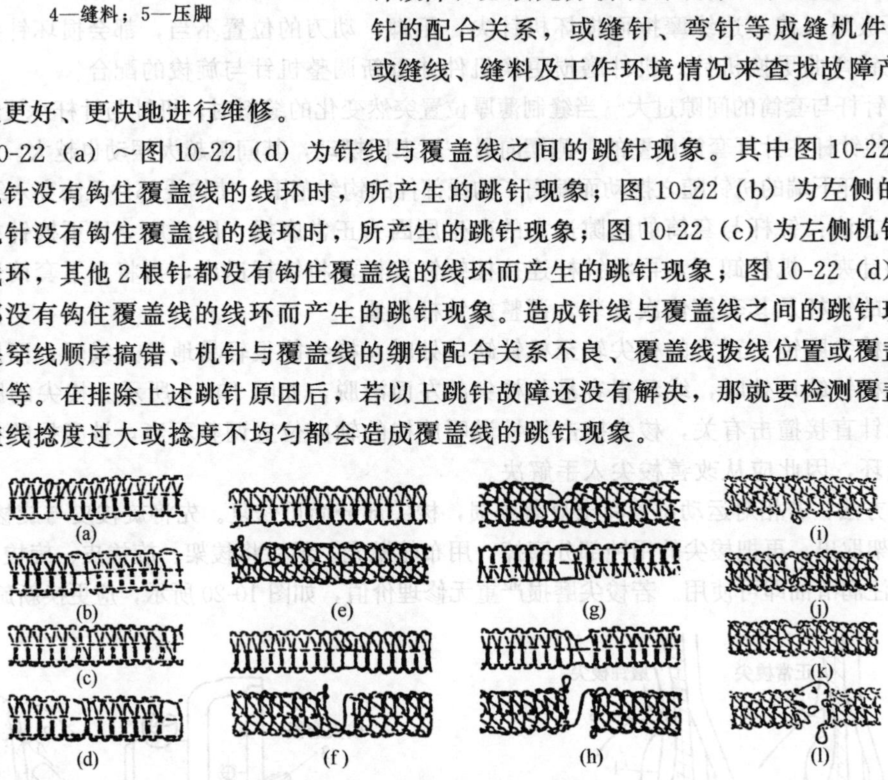

图 10-22 绷缝线迹的跳针现象

图 10-22 (e) ～图 10-22 (l) 为针线与弯针之间的跳针现象。其中图 10-22 (e) 为弯针没有穿入左侧机针的线环，所产生的跳针现象；图 10-22 (f) 为弯针没有穿入左侧机针和中间机针的线环，所产生的跳针现象；图 10-22 (g) 为弯针没有穿入右侧机针的线环，所产生的跳针现象；图 10-22 (h) 为左、中、右 3 根机针所抛出的线环全部没有被弯针穿入，所产生的跳针现象；图 10-22 (i) 为左侧机针没有穿入弯针的三角形线环，所产生的跳针现象；图 10-22 (j) 为中间的机针没有穿入弯针的三角形线环，所产生的跳针现象；图 10-22 (k) 为右侧机针没有穿入弯针的三角形线环，所产生的跳针现象；图 10-22 (l) 为左、中、右 3 根机针全部没有穿入弯针的三角形线环，所产生的跳针现象。

在了解跳针现象后，应从以下几个方面分析上述跳针故障，并加以排除。

① 检查机针及穿线路线。先查看各缝线的穿线路线是否正确，然后再检查机针是否弯

曲、磨损。根据维修经验，如果正在使用中的绷缝机突然发生跳针故障，通常解决的方法是："先换机针，再换缝线，然后再将弯针与机针的配合关系看。"记住这一点，不但能够及时解决问题，还能少走弯路。当然，发生跳针的原因很多，还得具体情况具体分析。

机针的安装高度都有一定的参数作为参考，但在长期使用中，由于机器各部件的磨损、所缝制面料的不同等原因，因此不能只依照参数进行调整。对机针的安装高度应由弯针来决定，其标准是：当弯针从右向左钩线，其尖端摆动到左侧机针中心线时，弯针尖端应该位于机针后背距针穿线孔上端 0.5～1mm 处，如图 10-23 所示。当然，前提是机针必须插到针夹孔的底部，弯针要塞到弯针架孔底，并用紧固螺钉紧固。针夹孔内被棉毛飞絮堵塞，常容易造成机针插不到底，这是维修人员应注意的地方，所以在安装机针的时候，应当首先检查针夹孔内是不是有异物，然后再安装机针，这点一定要养成习惯，这对维修工作大有帮助。

在调节机针高度时，应注意各根机针应如图 10-24 中间一列的实线所示，机针正确地从针板的针孔中心落下（标有"○"符号的一列）。

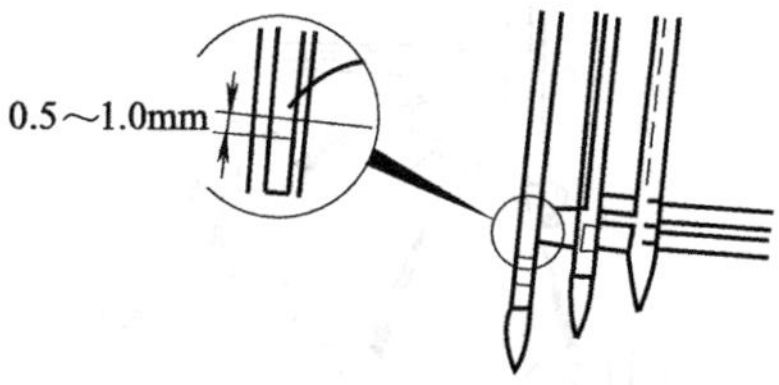

图 10-23　弯针与机针的配合

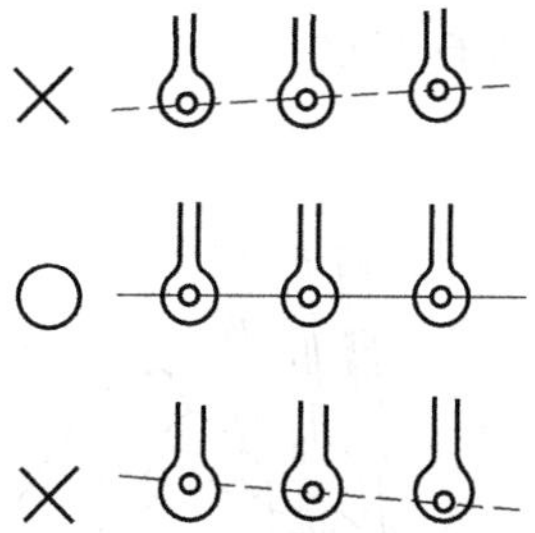

图 10-24　机针与针板孔的位置

进行上述调整时，弯针尖端从右向左摆动到机针的后侧时，其最佳位置应当按使用的缝线的种类而有所不同。在使用羊毛线和弹性化纤线时，弯针尖端应距机针穿线孔上端 1mm；在使用细丝线和棉线时，弯针尖端应距机针穿线孔上端 0.8mm，机针安装高度过高过低都会产生跳针现象。当机针下降到下止点时，如果距针板上表面的距离过大，那么机针上升时抛出的线环变大，线环会失去骨架而呈倒塌状，使弯针尖端穿不进线环；如果机针下降到下止点时，距针板表面的距离太小，那么机针上升时抛出的线环小，也会使弯针尖端穿不进线环而产生跳针现象。在解决好弯针与机针的配合关系后，要注意各夹线器的压力，要根据各线迹情况来调节夹线器的压力大小。

② 注意弯针对机针的前后位置。不管装 2 根机针还是装 3 根机针，弯针对机针的前后位置标准均要求：在各枚机针都能正确地从针板的针孔中心落下的前提下，当弯针尖端从右向左摆动与左侧机针相遇时，两者应保持 0.2～0.3mm 的间隙，而右侧机针则与弯针尖端略有擦碰。

a. 装 3 根机针的情况。当弯针尖端向左摆动到与左侧机针相遇时，如图 10-25 所示。弯针尖端 A 与左侧机针 B 之间保持 0.2～0.3mm 间隙；弯针尖端 A 与中间的机针 C 相遇时，两者之间形成 0.05～0.15mm 间隙；弯针尖端 A 与右侧机针 D 相遇时，两者则略有擦碰（约接触 0.2mm）。可通过后护针的作用，将右侧机针 D 向操作者方向稍微推出，使两者保持 0～0.05mm 的间隙。在调节时，只需旋松弯针架夹紧螺钉，前后移动弯针架（切勿使之摆动）即可，调节完毕后拧紧夹紧螺钉。

b. 装 2 根机针的情况。当弯针尖端 A 与左侧机针 E 相遇时，两者之间的间隙为 0.2～0.3mm，如图 10-26 所示；弯针尖端 A 与右侧机针 F 相遇时，两者略有擦碰（约接触

0.2mm)，可通过后护针的作用，将机针 F 向操作者方向推出 0.2～0.3mm，使弯针尖端 A 与右侧机针 F 之间间隙为 0～0.5mm。调节上述间隙时，只需旋松弯针架夹紧螺钉，前后移动弯针架（切勿使之摆动）即可，调节完毕后拧紧夹紧螺钉。

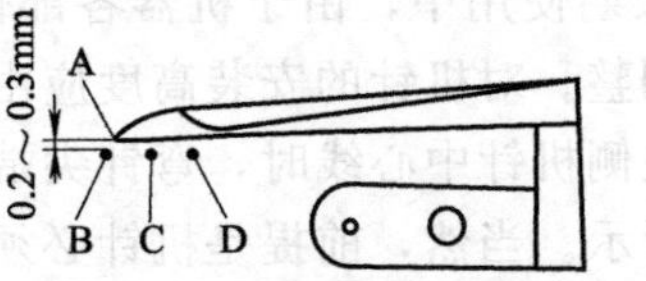

图 10-25　3 根机针的位置

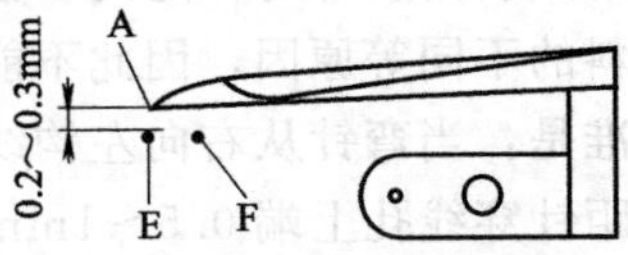

图 10-26　2 根机针的位置

③ 正确认识前后护针相对于机针的位置。后护针的标准安装位置：当机针处于下极限时，后护针 A 上的轮廓线 a 正好对准各枚机针的穿线孔的中心，如图 10-27 所示，而且弯针从右向左分别在各枚机针与弯针尖端之间保持 0～0.05mm 的间隙，同时，后护针与左侧机针之间应保留 0～0.05mm 的间隙，如图 10-28 所示。如果发现后护针偏离上述标准，调节紧固螺钉进行调整。

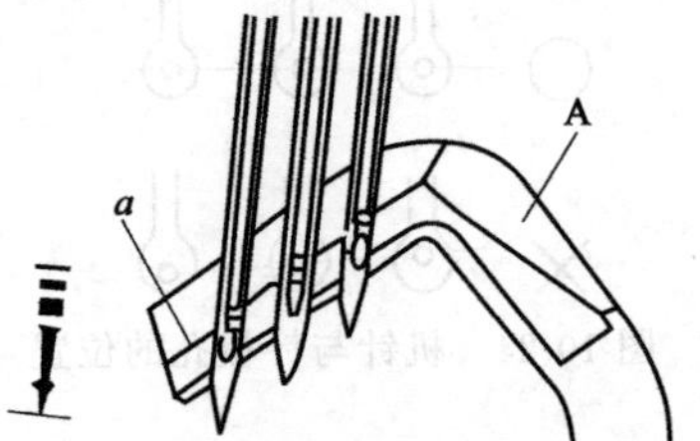

图 10-27　后护针轮廓线 a 对准各机针穿线孔中心

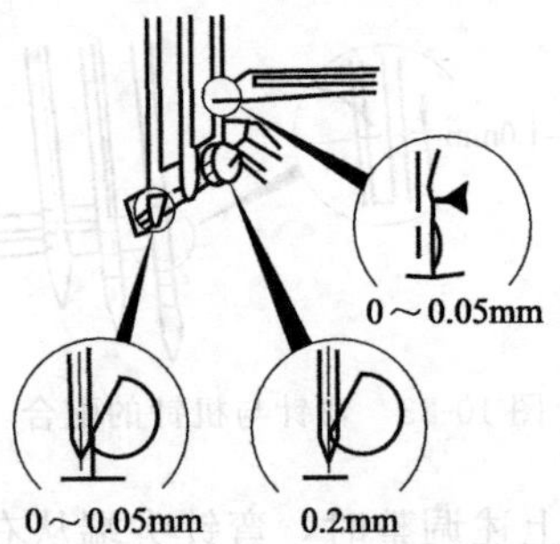

图 10-28　后护针与左侧机针的间隙

前护针的安装位置：当弯针尖端从右向左分别摆动到各枚机针的中心线时，前护针 D 与各枚机针之间应保持 0～0.3mm 的间隙，如图 10-29 所示。若发现超越此间隙范围时，可旋松前护针紧固螺钉 E 进行调整。

④ 掌握好弯针的起始位置。当弯针位于右极限位置时，弯针尖端至针杆的中心线的距离为 6mm，如图 10-30 所示。当机针处于下极限，弯针摆动至右极限点时，弯针尖端至右侧机针中心线的距离 M 应根据针距（针距指的是左侧机针与右侧机针之间的中心距）的大小而进行调整，弯针起始距离与针距的关系见表 10-1。

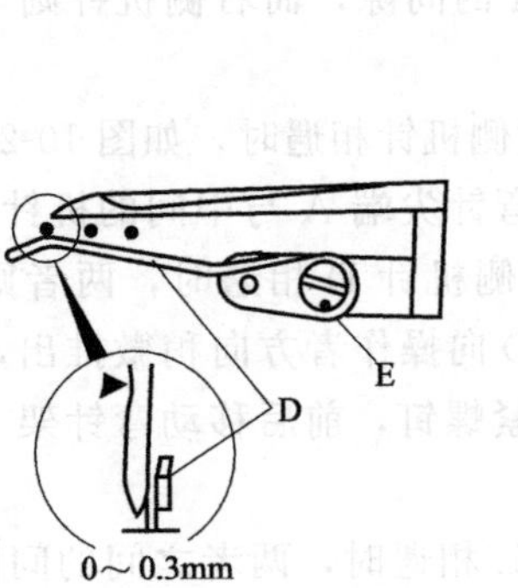

图 10-29　前护针与机针之间的间隙

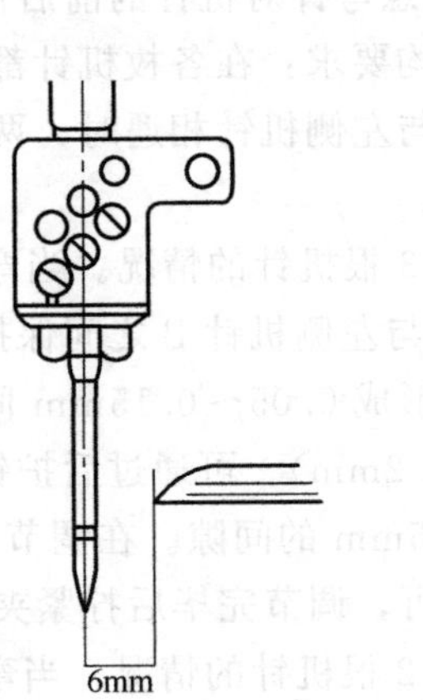

图 10-30　弯针的基本起始距离

表 10-1　弯针起始距离与针距的关系

针距与代号	3.2mm A(32)	4.0mm B(40)	4.8mm C(48)	5.6mm D(56)	6.4mm E(64)
弯针的起始距离	4.4mm	4.0mm	3.6mm	3.2mm	2.8mm

弯针的起始距离的调节方法如图 10-31 所示。旋松图中的弯针架紧固螺钉 F，然后扳动弯针架来调节弯针尖端到右侧机针中心线的距离 M。如果使用弯针定位卡板，那么弯针起始距离的调节过程就变得既方便又正确。

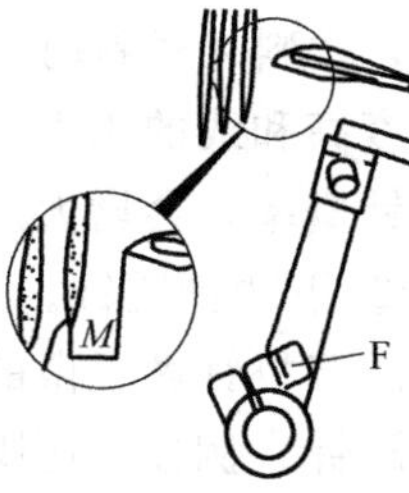

图 10-31　起始距离的调节方法

在调整弯针架时，只能使弯针架做左右摆动，不能使其做前后方向的轴向移动，以免变动弯针对机针的前后位置。如果弯针的起始距离 M 调得太小，即小于表 10-1 中所列的标准数值，那么当弯针尖端从右向左摆动到机针中心线时，机针缝线尚未完全张开形成正常的线环，弯针尖端就无法穿入线环而产生跳针。如果弯针的起始距离 M 调得太大，即大于表中所列的标准数值，那么当机针已形成良好的线环时，弯针尖端尚未到达机针中心线，而当它到达机针中心线时，线环已收小，使弯针尖端穿不进线环而产生跳针。要注意弯针的起始位置，只是对新的设备装配和弯针间隙正常的缝纫机而言。在实际的维修中，要根据缝纫机的实际情况来调整弯针的起始位置。如果是弯针最左端的机针，也就是维修工常说的长针跳针时，就应把弯针的起始距离相对调小，让弯针尖端快一点，及时穿过已经形成好的线环；如果是弯针的最右端的机针，也就是维修工常说的短针跳针时，就应把弯针的起始距离相对调大，让弯针尖端慢一点，以此来增大线环的成圈时间。

另外，缝线的捻度适中均匀，是确保缝线在缝纫过程中不出现跳针的前提。捻度过大，成缝过程中面线所形成的线圈容易扭曲变形，使成缝器不能顺利穿入线环而发生跳针，甚至使缝线发生扭曲变形，影响外观。测定缝线捻度的简易方法：可取一根 1m 长的缝线，握其两端变成线圈，此时缝线会扭成绞圈，此绞圈的数目若为 3～4 个，则捻度比较适中。

(7) 包缝线迹　包缝机跳针有上弯针线、下弯针线、二弯针交叉线和链线四种跳针情况。

上弯针跳针故障在缝料上的表现形式如图 10-32 所示，这是机针没有插入弯针线的跳针；下弯针跳针故障在缝料上的表现形式如图 10-33 所示，这是下弯针没有挂上切刀边机针的跳针；二弯针交叉跳针故障在缝料上的表现形式如图 10-34 所示，这是上弯针没有挂上下弯针的跳针；链线跳针是链线钩针没挂上链线机或链线机针未插入链线钩针而造成的跳针。

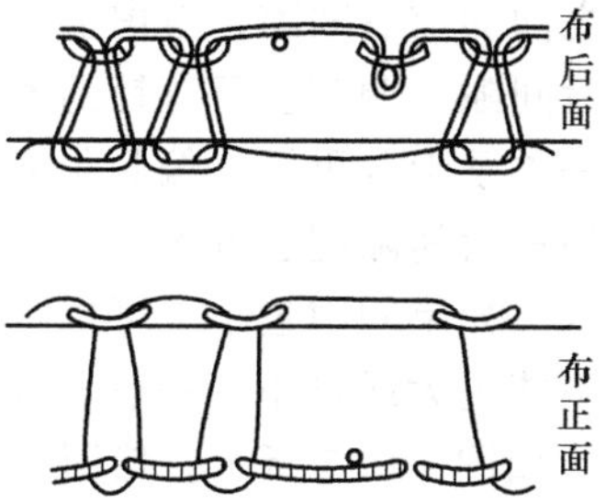

图 10-32　上弯针跳针

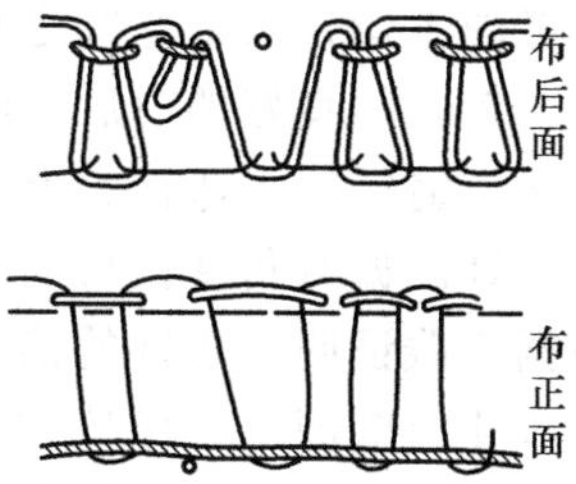

图 10-33　下弯针跳针

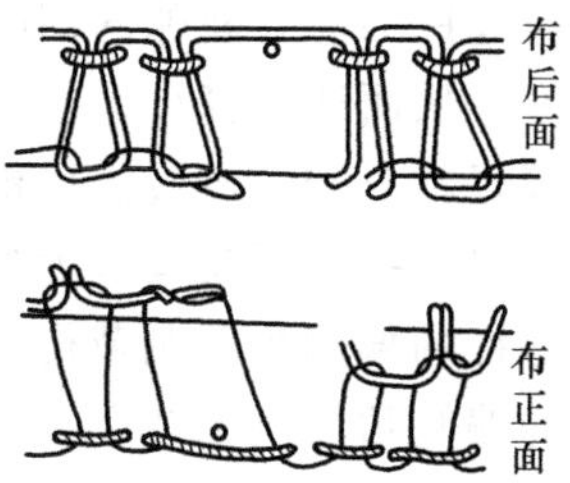

图 10-34　二弯针交叉跳针

在了解了包缝线迹产生的跳针现象后，应从以下几方面分析上述跳针故障，并加以排除。

① 上弯针跳针。上弯针跳针是由于机针没有插入上弯针线环而形成的跳针。其主要原因是机针或弯针的定位不准确，包缝时两者运动不协调；机针机构或弯针机构的零件磨损、螺钉松动，导致机针和弯针的运动不规律。线迹长一点，便于机针插入上弯针线环；若线迹过短，送料牙送料时，不能把上弯针线环拉大，也能引起上弯针跳针；编结材料的锥度好、光洁度高和线的张力大一点，上弯针线环就形成得好，不容易产生跳针现象。反之，上弯针的跳针概率将会增大。

② 下弯针跳针。下弯针跳针是下弯针没有钩入机针线环而形成的跳针。其主要原因是缝料随着机针做轻微的升降，使缝料牵动线环，机针线环变小，下弯针难以钩入机针线环而引起跳针。例如，压脚与针板有间隙和针板上的落针槽磨损引起的跳针。此类跳针，在缝薄料时更明显。机针线环歪，下弯针不能从机针线环的垂直方向钩入机针线环，因而容易出现下弯针跳针。例如，用捻度大的线形成的机针线环容易歪；针孔的方向不正，形成的机针线环也不正；线细针粗，形成的机针线也容易歪。机针或下弯针的定位失常，包缝时两者运动不协调，也容易引起下弯针跳针。机针机构和弯针机构的零件磨损和螺钉松动，使机针和下弯针的运动不规律，也容易引起跳针。

③ 二弯针交叉跳针。是上弯针与下弯针相遇时，上弯针尖没有穿进下弯针线环而引起的跳针。其主要原因是上弯针和下弯针的前后间隙大和上弯针尖短秃。

④ 链线跳针。链线跳针是链线钩针没有穿入链线机针线环或链线机针未插入链线钩针的线环而造成的跳针。其主要原因是链线钩针钩线时机不准或者是链线钩针与链线机针的间隙太大。链线挑线杆的位置不准，使链线钩针的收线不良，不能产生线环而引起跳针。另外，链缝底线的夹线器调整不良也容易引起跳针。

排除方法：首先检查机针是否安装正确，是否有弯曲或秃尖现象。再检查缝线的质量及其捻度是否合格。然后，只要仔细观察，确认是上弯针跳针（也称上跳针）还是下弯针跳针（也称下跳针）或者是交叉跳针（也称中跳针）后，问题就好解决，只要重新调整缝针、上弯针、下弯针的配合时机和间隙，一般跳针故障即可排除。

一般性的维修能力，指通过调试各运动部件的定位和配合达到修复的目的，这就要掌握各机件的准确定位。在编结穿套成缝过程中，缝针、上弯针、下弯针三者间在左右、高低、前后三个方向的配合关系，简称三向关系。这一关系是直接影响能否正常穿套成缝的重要关系。如果内部机件连接安装得很好，但缝针、上弯针、下弯针三者之间的三向关系配合得不好，也是无法正常穿套成缝的。

在处理缝针、上弯针、下弯针三向配合时，为了使它们能保持良好的前后间隙关系，要考虑下弯针与下缝针的前后间隙；同时又要考虑下弯针与上弯针之间的前后间隙；考虑上弯针与缝针的前后间隙的同时，也要考虑上弯针与下弯针之间的前后间隙，调节上下弯针的偏侧度，从而达到缝针、上弯针、下弯针之间良好的前后间隙，这一关系十分重要，偏侧角度处理好，对于线辫脱出也能保持顺畅。缝针、下弯针、上弯针之间前后间隙配合过大，要求调整得小些，只要调节上弯针、下弯针的偏侧角度，目的就能达到。如果间隙过小，可把两只弯针的偏侧角度调节得大些。根据实践证明，弯针的偏侧角度不能过大或过小，一般上弯针的偏侧角度应保持在5°～7°，下弯针的偏侧角度保持在3°～4°。如图10-35所示。然而影响弯针偏角大小的原因，还有上、下弯针针尖是否磨损和上、下弯针弧形凸面的大小（即弯针头凸度），所以对于那些弯针针尖磨损过多，弯针弧形凸面过小的必须加以调换，否则勉强调节偏侧角来完成三针前后间隙，会不利于成缝而产生跳针。

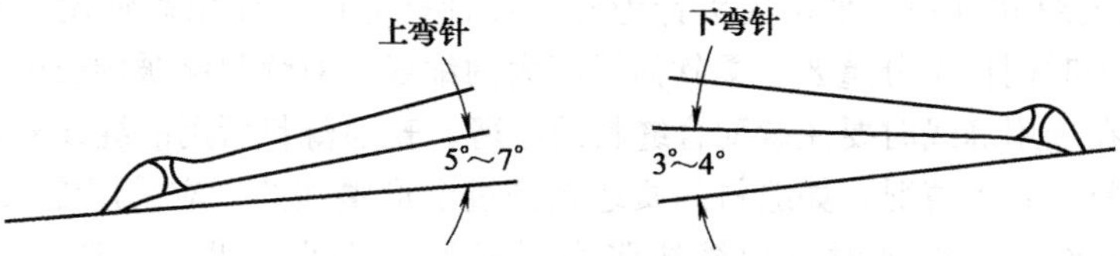

图 10-35 偏侧角度

四、 起皱故障的分析及维修

所谓起皱，是指缝纫中缝料缩起，针线缝脚附近发生有明显皱纹、错位的现象。引起起皱的原因，因机种不同而不同。择其要点，主要有以下几点。

1. 机件缺陷造成起皱

缝纫机的送料机件本身有缺陷，例如送料牙齿尖磨秃或有毛刺，送料牙齿形不当，压脚底平面或针板表面不光滑，切布刀不快等阻碍了缝料的走动。相应的解决方法是抛光送料牙齿面、压脚底平面、针板表面或更换有缺陷的机件。另外对压脚板底面进行抛光的同时，检查一下压脚线槽的尺寸，必要时换用出线槽较小的压脚。

2. 送料机件安装配合不当造成起皱

缝纫机送料机件安装配合不当，也是产生起皱的原因之一。由于缝纫轻薄面料最易产生缩皱现象，调节送料牙时不可突出针板过高，压脚的压力也不能太大，否则面料容易损坏，缩皱情况更严重。但压脚压力太轻或送料牙太低，也会影响缝料的均衡输送，或形成线迹长短不匀、线迹弯曲等。因此缝纫轻薄缝料时送料牙齿面高度应突出针板表面 0.8～1.5mm，压脚的压力为 0.3～0.5MPa，送料牙的齿距为 9～12 齿/cm，针板上的直径为 1～2.2mm。在安装送料牙时，送料牙前端最好稍高一些，这样有利于牵引缝料。如果压脚压力过大，解决方法是在能输送缝料的前提下将压脚压力调整到压紧力下限。以上数据可根据机针、线及缝料而定，在调节送料牙、压脚之前要检查压脚底与针板孔的四周是否平滑，送料牙与压脚的位置是否正确，如不正确易出现缝料起皱及损坏情况。

3. 缝料输送方式不当造成起皱

一般缝纫机的输送方式是压点式输送动力，压脚压着面层缝料会出现滑移，这样就会形成缩皱现象。因此缝纫过软、薄滑的缝料，最好使用有“底、面同时输送动力系统”的缝纫机，或根据实际情况，采用差动送料、针送料、综合送料及滚轮送料等送料方式的缝纫机。

4. 机针与缝料、 缝线方面造成起皱

梭织料的组织通常经纱比纬纱密，顺着经纱（直纹）方向缝纫时，缩皱的现象比纬纱（横纹）方向多，但向斜纹方向缝制时，效果会比经纱方向好，因为斜纹方向有弹性不易引起缩皱。由于经纱的排列比较密，当两层缝片重叠向横纹缝纫时，两块缝片的纬纱套互相贴扣而减少滑移的概率。相反，如向直纹缝纫，紧密的经纱会互相接触排挤，滑移的概率较大。由于缝片滑移，线迹和纱线便把缝料拉皱。

机针对缝纫缩皱的影响也是很大的，当机针刺入缝料内时，即使没有穿上线也会把缝料挤破或刺破缝料的组织结构而形成缩皱现象。机针直径越大，面料缩皱越严重，但机针太细也不行，如在缝纫三层及以上厚度的缝料缝口，或加上衬料的缝口时，细的机针很容易折断。所以缝纫的不同工序应采用不同的针号。如装袋工序可用 8～9 号针（60～70N・m），缝衣领可用 12～14 号针（80～90N・m）。在采用小号针缝纫时，圆头针与尖头针对缝料缩皱影响差别不大，但针号超过 12 号之后尖头针比圆头针效果好些。圆头针尖较适合针织缝料，而缝纫普通梭织缝料一般采用尖头针为好。在针杆方面，使用短针比长针效果更佳。

缝纫线在缝纫时同样十分重要。柔软而强度大的细线，对缝料缩皱的影响小，但太细的线容易折断。因此在选用缝线时要注意配合缝料的厚薄，普通薄料所用的缝线号为 602～803。此外，还要注意缝料的缩水情况，如缝料的质地是经过定形整理的，应采用缩水率不超过 1% 的缝线，如人造纤维线。在缝纫时要把缝线张力尽量调节得小一些。一般来说，缝线张力为 0.5N，底线张力为 0.15N 左右为宜。缝线本身弹力不能过大，以免因缝线收缩而拉皱缝料。

线迹对缝纫缩皱的影响也很大。锁式线迹的底面线互锁结构是在缝料纤维之内的，链式线迹的底面互锁结构位于缝料外面，而且链式线迹的拉力较大又富弹性，所以缩皱现象比锁式线迹要少，但必须用锁式线缝纫时，则要将底下面线尽可能放松些，使缩皱减至最小。线迹越密缩皱现象越严重，在缝纫时以 4～5 针/cm 效果较好。如线迹太疏则容易暴开，在尖角位更为严重。当线迹的密度超出 5 针/cm，缝料缩皱一定会产生，易产生缩皱的缝料和易发生缩皱的地方可多采用有弹性的链式线迹。

5. 缝制操作方法不当造成起皱

发生缝迹起皱时，总是线缝长度短于被缝缝料的长度，这是由缝线收挤缝料造成的。正确的手势可使缩皱降为最低，还可弥补其他产生缝纫起皱的因素。如在缝纫两层缝料时，由于压脚压着面层缝料，送料牙顶着底层缝料向前推送，它们的作用力不是同一方向，底、面两层缝料就会出现滑移，缝纫后出现面层缝料被拉长，底下层缝料易出现缩皱，出现这种情况是缝纫机送料方式形成的。为了避免上述情况，操作时可用双手一前一后绷住缝料，辅助送料协助抽线。当然，此时要注意避免用力不均，切忌强行拉拽，以防出现线迹长度不一现象。

此外，缝线张力过大、缝速过高也可造成缝料起皱现象。造成面线张力大的原因有过线处不够光洁、成缝器同步太迟、送料同步太早、挑线簧行程小等，相应的解决办法是修润过线处，调整同步或加大挑线簧行程。当缝纫的缝速提高时，常常要求压脚压力相应加大。此时，应考虑用塑胶压脚，这是一种化学剂制成的压脚，可以散热、减少缝料静电与摩擦，从而减少缩皱。

第二节　常见的机械故障判断与维修

一、断针故障的判断与维修

断针是指在缝纫过程中，机针或弯针受到意外的阻力和障碍而被折断的现象，主要原因是机针或弯针在工作过程中，与某些零件碰撞或摩擦，在与机针或钩针相碰的机件上能发现被轧、被摩擦的明显痕迹，具体情况如下。

1. 偶然性断针

① 在缝制厚缝料时，选用的机针太细，使机针在刺料时，由于阻力过大，机针的强度较低而产生弯曲或左右偏针，造成偶然性断针的故障。

解决方法：按缝料厚度和缝料折叠情况更换与缝料相适应的机针。

② 由于缝制厚薄不均的缝料时，缝纫机缝速太快，机针发生位移和成缝机件碰撞而被折断。

解决方法：在缝制阶梯缝料时应放慢缝纫速度。

③ 在缝纫过程中，用力推拉缝料，引起机针弯曲或发生左右偏移而断针，以及手脚动作配合不协调而造成断针，要求操作者懂得操作规程和操作方法，正确使用缝纫机。

④ 由于机针弯曲，针尖毛、支针螺钉没有旋紧，也会造成断针，应合理调换、修磨机针，旋紧支针螺钉。

2. 连续性断针

造成连续性断针的故障原因一般是缝纫机的零部件装配不当，使机件位置错位和零部件磨损，其特征是在与机针或钩针相碰的机件上能发现被轧和摩擦的明显痕迹，这类故障只要仔细观察缝纫机的钩线机件的配合情况，就能发现故障的产生原因。

① 针板容针孔与机针有较大的偏移或针板螺钉没有旋紧，机针刺在针板容针孔的边缘上而造成断针故障。

解决方法：调节针板或针杆，使机针恰好对准针板容针孔中心。

② 由于机针和旋梭或钩针的间距、间隙、高低位置不对都会引起断针。

解决方法：根据要求合理地调整间距、间隙、高低位置。

③ 压脚底板槽严重歪斜，压脚紧固螺钉没有旋紧，机针刺在压脚上而造成断针故障。

解决方法：应合理地调整好压脚的位置。

④ 送料牙与针杆运动时间不对，刺料时，送料牙还在送料，而造成断针。

解决方法：应根据要求，合理调整送料时机，当机针离缝料还有 2～3mm 时，送料牙应送料结束。

⑤ 针杆摆动时机针与钩线时机不协调，使机针还没有离开钩线器件就开始摆动，造成机针碰在钩线器件上而出现断针故障。

解决方法：应根据要求合理调整针杆摆动时机与钩线时机，使之协调。

⑥ 由于旋梭尖嘴平面低于梭架容针槽的平面，当调整好旋梭尖和机针的间隙时，由于尖嘴平面低于梭架容针槽的平面，使针尖碰到梭架容针槽，高速缝纫时容易造成断针。

解决方法：调整容针槽的平面，使之低于旋梭尖平面 0.15mm 或相平，使梭架容针槽既不碰针又能起护针作用，检查后若有问题，应拆下梭架，用细砂皮拉磨梭架容针槽，达到要求即可。

二、 机器力矩过大或轧住故障的判断与维修

缝纫机在运转后，机器的力矩超过 30N·m，就可认为有机器力矩过大的故障，造成机器运转力矩大或咬死的原因，主要是有关零部件配合不当或受较大的冲击力使零部件变形以及供油系统有故障，所以解决问题的关键是如何迅速判断故障发生的位置。在维修时，应非常有秩序地按顺序检查，应一步步松开机器的零件，每做一步，都必须转动皮带轮试一下力矩，判断问题是否发生在这里，以期找到故障原因。现以平缝机为例，具体检修顺序如下。

① 旋松送料曲柄和抬牙柄的紧固螺钉，检查抬牙滑块及抬牙叉形曲柄中的运动是否活络轻滑，抬牙叉形曲柄的运动是否碰机壳，同时检查送料轴、抬牙是否有重轧感觉。若无重轧，则按原位拧紧紧固螺钉。

② 旋松送料偏心轮螺钉，用手转动偏心轮，检查偏心轮的运动是否重轧。因为偏心轮、抬牙连杆或送料大连杆的故障修理耗时最多，所以一般不要轻易调换送料偏心轮组件。

③ 拿掉橡皮油塞，旋松针杆连接柱螺钉，检查针杆的上下运动是否轻快，因为在装配过程中，针杆上套筒是由装配工手工敲入的，如果没有调整好，会造成针杆上下套不同轴，以致针杆上下运动不畅，造成机器重轧。

④ 检查伞齿轮配合间隙是否适当，如果间隙太小，应适当调整，同时依次旋松下轴伞齿轮和上轴紧固螺钉，检查下轴和竖轴的转动是否有重轧现象。

⑤ 旋松油泵螺钉，检查油泵叶轮是否重轧，并卸下油泵，观察竖轴下部有无磨痕，因

为油泵的三只安装脚如果不在一个平面上，会造成歪斜、卡住竖轴的现象，使机器重轧。松开上轴紧固螺钉，检查上轴是否有重轧现象。

⑥ 拆下旋梭，检查旋梭是否运转灵活。

⑦ 旋松倒送控制曲柄螺钉，检查倒送装置是否重轧。

⑧ 旋松送料摇杆螺钉，检查牙架组件是否有重轧现象。

经过以上检查，我们一般都能找出问题的症结，并着手加以解决。应该指出：在检修中必须遵循“由表及里，先易后难”的原则，因此在应用以上方法前，一般首先检查缝线是否绕在手轮里，或缝线在旋梭及其他可能的部位。检查送料牙在针板中是否轻滑，检查外露的传动件是否碰撞损坏过及位置是否移动等。调换新的零部件及检修的零部件应严格清洗，并按标准定位。

在缝纫机中，由于机器结构复杂、配合精密、运转速度快等特点，因此某些紧固螺钉松动或润滑不良，操作失妥，都会引起机器轧住的故障。发生机器轧牢有两种现象：一种是正在运转的机器，突然停止转动；另一种是机器转动突然缓慢停止，但顺逆时针略能转动。这些情况的发生往往牵连到整台机器。

发生上述情况，要凭手感或经验来分析确定轧住的部位，而不要贸然把机器全部拆卸或分解来检查修理。

轴与孔之间，连杆与偏心轮之间因缺油而产生的热轧，可用手转动手轮，如感觉一点都不动，可能是主轴传动部分轧住，可用手摸各配合部件，从发热最严重的部件入手，逐个检查，往往需要拆卸机件，进行砂光研磨处理。如主轴有微动感觉，这说明主轴没有轧刹，用同样方法去转动其他配合机件，一点不动的就是咬死的部位。

机件上的紧固螺钉松动而卡住，这种情况可用手转动手轮，顺向和逆向尚转动一些，这比轧住的转动余量要大。螺钉松动位置确定后，就可顺藤摸瓜排除机器轧的故障。

由于两对齿轮配合间隙过小，齿轮的孔和齿面同心度较差，容易出现机器单边轧住的现象，另外齿槽内有异物，也会出现机器轧的故障。出现这些问题，合理调整齿轮啮合间隙，或清除齿内异物即可。

倒送料扳手重也是缝纫机的机械故障之一。标准缝纫机的送料距最大时，在倒送料扳手端部施加大于 12N 的力，倒送料扳手应能开始移动；用手按到底卸力后倒送料扳手应能自动复位，否则就可认为倒送料扳手重。造成倒送料扳手重的原因主要有以下几点：

① 机壳上倒送料扳手孔两孔不同轴，使倒送料轴在机壳两面孔中运动不灵活，碰到这种情况，可用手铰刀将孔铰一下后使用。

② 送料摆杆座两孔不同轴，特别是送料摆杆外形尺寸不对，容易卡住，使扳手运动困难，这时，应拆下送料摆杆销，仔细检查两孔是否同轴，如遇到送料摆杆外形尺寸太大的情况，可用砂轮机磨去一点后使用。

③ 由于倒送料连杆弯曲而造成倒送料扳手重的情况也大量存在，碰到这种情况，可拆下倒送料连杆，放置在平面上，用手分别按住两头测量另外一头的弯曲量，弯曲量不大于 ±2mm为合格，如果弯曲量太大，应重新校直后使用。

④ 如果放松送料曲柄的螺钉，倒送料扳手就变得轻时，则故障多半出在送料小连杆或送料曲柄上，如果发现送料小连杆两孔平行度＞0.014mm，应重新校直或更换。送料曲柄的制造也有较高的要求，其 14.72mm 孔与螺孔的平行度为 0.012mm，与平面的垂直度为 0.02mm，如其不然，则连杆与其上的送料小连杆同样会侧歪，从而造成送料扳手重。所以遇到这种情况，应修磨送料曲柄或予调换。

三、噪声故障的判断与维修

噪声是缝纫机在规定的转速范围内，空载运转时所发出的不正常而强烈的声响。机器在运转中发生异响，一般有两种情况：一是机器发生异响，但线迹正常，常为不影响正常成缝的机件松动变位或零部件的配合间隙不正确，而发生机件互相碰撞摩擦；二是机器发生异响后，线迹也随之发生变化，其原因是螺钉松动而直接引起的工作机件的配合不良，如针杆、钩线等碰撞。控制噪声的主要途径是从声源上想办法，即消除或减弱声源的振动；从噪声的传播途径中采取吸声、隔声措施，以减弱或屏蔽噪声的传播。

1. 齿轮噪声及控制

在正常运转的缝纫机中，70%以上的噪声来自齿轮副的传动。为了有效地降低噪声，单靠提高齿轮的加工精度是不能完全解决问题的，精密的齿轮加工和配合精准的装配才是降低噪声的有效办法。

齿轮啮合时，由于齿轮受到连续敲击而使齿轮产生振动（在一般情况下，主要是轴向振动），辐射出恼人的噪声。在齿轮的噪声频率中，既有齿轮的啮合频率，也有其本身的固有频率，而前者是产生啮合噪声的主要因素，其关系式：

$$F=nZ/60$$

式中　n——转速，r/min；

　　Z——齿轮齿数。

理想的齿轮啮合，应当是两齿轮的彼此节圆互相重合，其啮合时节圆重合精度的好坏，直接影响噪声，重合误差小，即啮合面好，往往噪声也小。反之，则噪声大。

一般正常的接触区域在整个齿面的中部，接触区域约占整个齿面的50%以上，如图10-36所示。检查接触精度是从根本上寻找齿轮噪声产生原因的最好方法。常用的检查方法是，在一个齿轮的齿面上涂以红丹粉，另一齿轮齿面上涂上普鲁士蓝，根据两齿啮合时涂色的均匀性衡量齿轮的接触精度。

图10-36　正常的接触区域

齿轮的啮合结构如图10-37所示。以下是通过直接观察结合齿轮齿面的啮合来进行调整的方法：如果主动齿轮是齿根接触的，应将主动齿轮朝脱离被动齿轮方向移动，再调整被动齿轮与主动齿轮间隙为0.10～0.35mm范围内即可。如果主动齿轮是齿顶接触的，应将主动齿轮朝被动齿轮方向移动，然后调整其间隙即可。调整至两齿轮啮合区域在中部。同样在调节齿轮啮合时，侧隙大小也非常重要，精度较高的齿轮侧隙可调小些，当然噪声也会小。侧隙过大的齿轮啮合时，会产生啮合面间的撞击声，声音类似汽船声，而侧隙过小时，则会产生摩擦的尖叫声。调节齿轮啮合时，可移动立轴上下套筒和下轴后套筒，调节时先要旋松套筒及齿轮的紧固螺钉，调节好后分别将紧固螺钉拧紧。

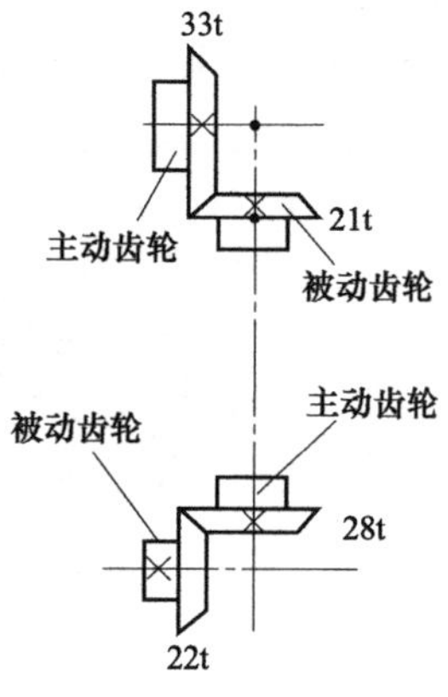

图10-37　啮合结构

2. 旋梭噪声及其原因

在机器运转的噪声异常增大时，卸下旋梭，噪声减小，说明是旋梭的磨损或运动间隙大而产生了噪声。其故障产生的原因为：旋梭梭床内径的轨道与梭架的导轨位置产生相对的严重磨损后，可增加旋梭梭床轨道的宽度、深度，减小梭架导轨的宽度和外径，因而形成了较大的运动间隙。梭床与梭架在较大的间隙内运动，能产生金属件互相碰撞的噪声。另外，旋梭与定位钩的间隙太大，也会引起噪声故障。解决方法：更换旋梭；调节旋梭与定位钩间隙在 0.45～0.65mm 范围内。

第三节　常见的电气控制故障判断与维修

电控系统维修技术是一门综合性很强的技术，它涉及设备的机械原理、电学原理、维修理论、操作技术等诸多方面，并且应能灵活运用各方面的知识来指导维修工作。首先要了解设备的使用和维修方法并知道故障现象，然后以科学的手段判断和识别引起故障的部件及元器件，用正确的方法将其更换或采用替代元件，恢复设备功能。

一、 电控系统维修基础常识

1. 维修过程中注意事项

维修技术人员具备良好的维修操作习惯和安全意识在维修作业中是至关重要的。

① 切忌盲目拆卸。尤其是在维修电路板时，首先要仔细考虑拆卸检查的操作方法和步骤，并记下各部件的相对位置和装配的方法，有条件的话可以拍照片或录像记录，以便检查后复原。

② 不能随意替换部件或元器件。在维修控制器的时候会碰到可调元器件，这些器件在出厂前都已调准，一旦调整，如不能复原将影响使用性能。

③ 不能随意调整可调元器件。当查出故障后，需要更换元器件时，尽量采用同型号的部件代替，不能随意更换，否则可能会影响机器使用性能或者引发其他新的故障。

④ 务必注意安全。尽量不要带电开机检修，如需带电测量时，应采用单手操作。

2. 常用电子元器件基础知识及检测

(1) 电阻器的认识和检测方法。电阻器简称电阻，是电器产品中最常见的器件，其实物外形如图 10-38 所示。电阻在底板上用字母 R 表示，图形如图 10-39 所示。

电阻阻值大小的标示：一种为直接用数字表示出来，一种是用颜色作代码间接表示出四道色环电阻、五道色环电阻、六道色环电阻，见表 10-2。

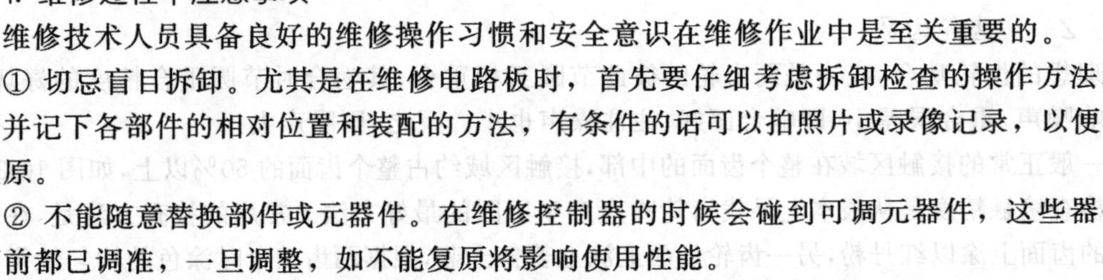

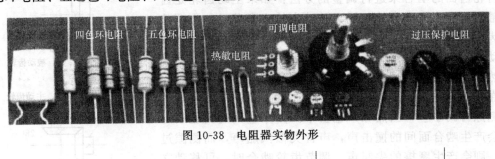

图 10-38　电阻器实物外形

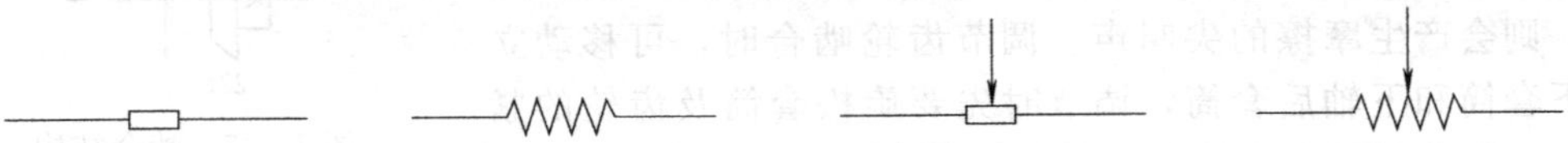

图 10-39　电阻图形

表 10-2　电阻颜色环代码表

颜色	黑	棕	红	橙	黄	绿	蓝	紫	灰	白	金	银	无
数值	0	1	2	3	4	5	6	7	8	9	0.1	0.01	
误差值		±1%	±2%								±5%	±10%	±20%

四道色环电阻的色环顺序识别：四道色环电阻的色环顺序的识别方法如图 10-40 所示。常用四道色环电阻的误差值色环颜色是金色或银色，即误差值色环为第四道色环，其反向的第一道色环为第一道色环。

四道色环电阻阻值的计算方法：阻值＝第一、二道色环颜色代表的数值×10 的次方（第三道色环颜色所代表的数值），即图 10-40 电阻阻值为：$33\times10^{0}=33\Omega$。

五道色环电阻的色环顺序识别：五道色环电阻的色环顺序识别如图 10-41 所示。常用五道色环电阻的误差值色环颜色是棕色或红色，即第五道色环就是误差色环。第五道色环的颜色环与其他颜色环相隔较疏，第五道色环的反向第一道色环即为第一道色环。

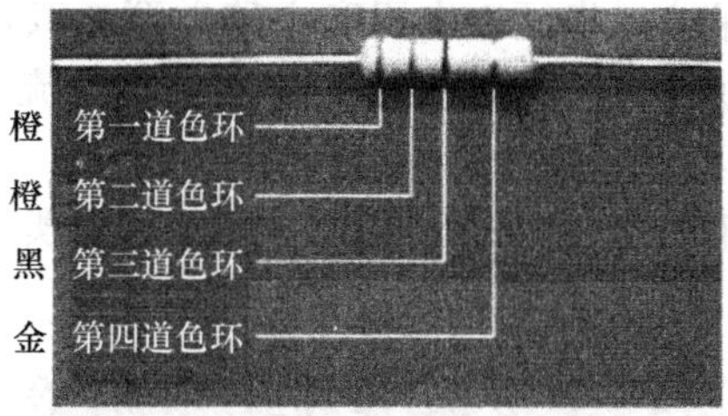

图 10-40　四道色环电阻的色环

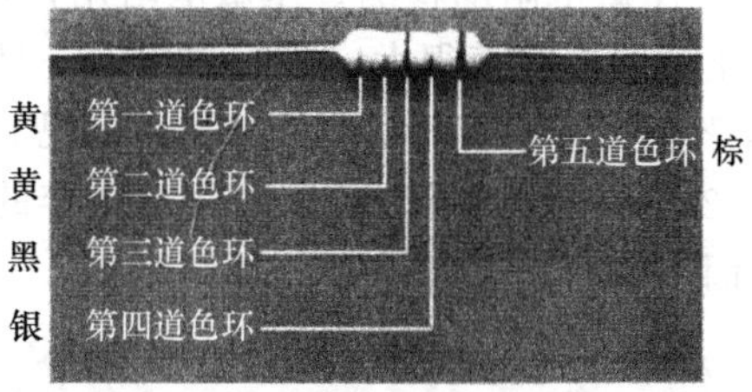

图 10-41　五道色环电阻的色环

五道色环电阻阻值的计算方法：阻值＝第一、二、三道色环颜色所代表的数值×10 的次方（第四道色环颜色所代表的数值），即图 10-41 电阻阻值为：$440\times10^{-2}=4.4\Omega$。

下面主要对电控系统中最常用的几种电阻器件介绍其检测方法。

① 固定电阻器的检测。将两表笔（不分正负）分别与电阻的两端引脚相接即可测出实际电阻值。为了提高测量精度，应根据被测电阻标称值的大小来选择量程。

② 水泥电阻的检测。检测水泥电阻的方法及注意事项与检测普通固定电阻完全相同。一般测量值会有±5%的偏差，电阻器件规格在偏差范围内就可以使用。

③ 熔断电阻器的检测。在电路中，当熔断电阻器熔断开路后，可根据经验作出判断：若发现熔断电阻器表面发黑或烧焦，可断定是其负荷过重，通过它的电流超过额定值很多倍所致；如果其表面无任何痕迹而开路，则表明流过的电流刚好等于或稍大于其额定熔断值。对于表面无任何痕迹的熔断电阻器好坏的判断，可借助万用表 100Ω 挡来测量。为保证测量准确，应将熔断电阻器一端从电路上焊下。若测得的阻值为无穷大，则说明此熔断电阻器已失效开路，若测得的阻值与标称值相差甚远，表明电阻失效，也不宜再使用。在维修实践中发现，也有少数熔断电阻器在电路中被击穿短路的现象，检测时也应予以注意。

④ 负温度系数热敏电阻（PTC）的检测。检测时，用万用表 $R\times1$ 挡，具体可分两步操作。第一步：常温检测（室内温度接近 25℃）；将两表笔接触 PTC 热敏电阻的两引脚测出其实际阻值，并与标称阻值相对比，两者相差在±2Ω 内即为正常。实际阻值若与标称阻值相差过大，则说明其性能不良或已损坏。第二步：加温检测；在常温测试正常的基础上，即可进行加温检测，将一热源（例如电烙铁）靠近 PTC 热敏电阻对其加热，同时用万用表监

测其电阻值是否随温度的升高而增大。如增大，说明热敏电阻正常，若阻值无变化，说明其性能变劣，不能继续使用。注意不要使热源与PTC热敏电阻靠得过近或直接接触热敏电阻，以防止将其烫坏。

⑤ 光敏电阻的检测。

a. 用一黑纸片将光敏电阻的透光窗口遮住，此时万用表的指针基本保持不动，阻值接近无穷大。此值越大说明光敏电阻性能越好。若此值很小或接近为零，说明光敏电阻已烧穿损坏，不能再继续使用。

b. 将一光源对准光敏电阻的透光窗口，此时万用表的指针应有较大幅度的摆动，阻值明显减小。此值越小说明光敏电阻性能越好。若此值很大甚至无穷大，表明光敏电阻内部开路损坏，也不能再继续使用。

c. 将光敏电阻透光窗口对准入射光线，用小黑纸片在光敏电阻的遮光窗上部晃动，使其间断受光，此时万用表指针应随黑纸片的晃动而左右摆动。如果万用表指针始终停在某一位置不随纸片晃动而摆动，说明光敏电阻的光敏材料已经损坏。

⑥ 压敏电阻的检测。压敏电阻用作电路的过压保护。将压敏电阻和电路并联，其两端电压正常时电阻值很大，不起作用。一旦超过保护电压，它的电阻值迅速变小，使电流尽量从其身上流过，从而保护了电路。正规的电话机中少不了压敏电阻。

(2) 电容的认识和检测方法　电容的实物外形如图10-42所示，电容常见的有三类，即普通固定电容、电解电容和可调电容。

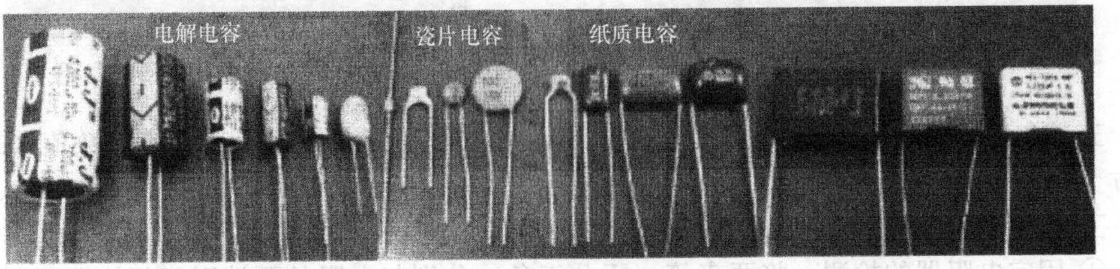

图10-42　电容的实物外形

电容在电路板上用C表示，图形一般如图10-43所示。

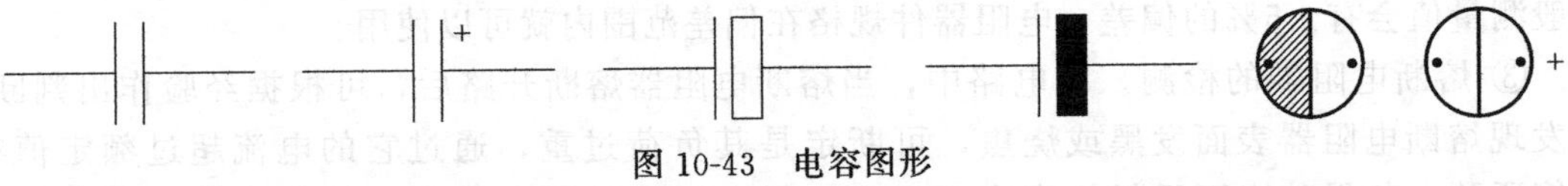

图10-43　电容图形

电容的标称有容量和耐压之分。电容容量的单位及换算：1F（法拉）$=10^6\mu$F（微法）$=10^{12}$ pF（皮法）。电容的耐压表示此电容只能在其标称的电压范围内使用，如超过使用电压范围则会损坏炸裂或失效。电容的标示一般用数字直接表示，方法如图10-44所示。

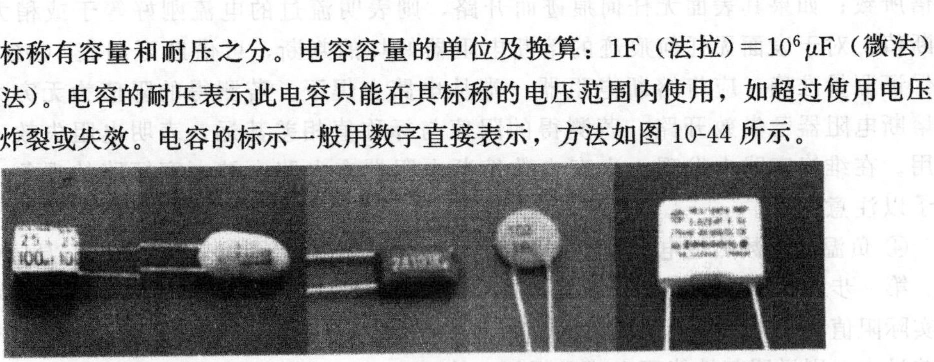

图10-44　电容的标示

电容的一般检测方法：

① 用万用表电容测量功能检测，如果测得的电容量等于电容器的标称容量，说明电容器是好的，如果测得的容量远小于标称容量，说明电容器已损坏。

② 对于电解电容可以通过观察电容的端面是否鼓包来判断电容是否损坏。

(3) 二极管及三极管的认识　晶体二极管的实物外形如图 10-45 所示。

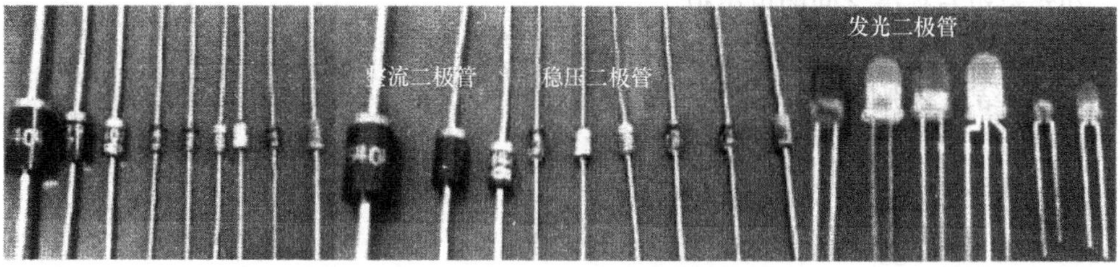

图 10-45　晶体二极管的实物外形

二极管在电路板上用 D、ZD、LED 表示，图形如图 10-46 所示。

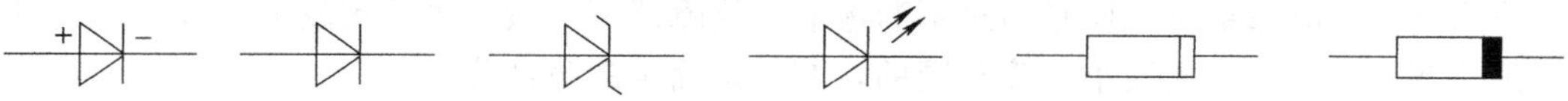

图 10-46　二极管图形

二极管具有方向性，在电路板上插机或更换时要分清二极管的正负极，一般可以根据标示判断，如图 10-47 所示。

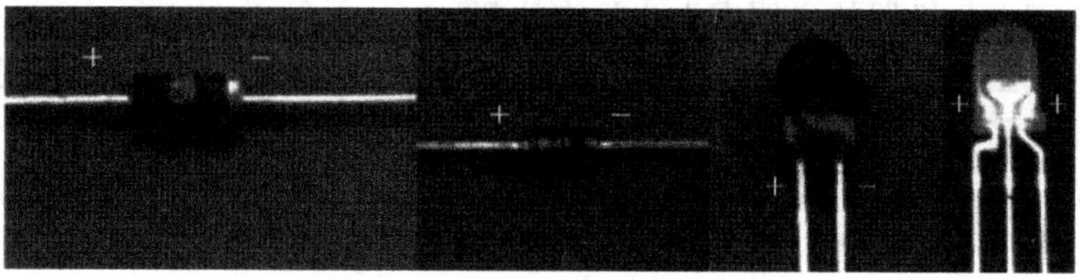

图 10-47　二极管的正负极

三极管的实物外形如图 10-48 所示。

晶体三极管在底板上用字母 BG 表示，图形如图 10-49 所示。

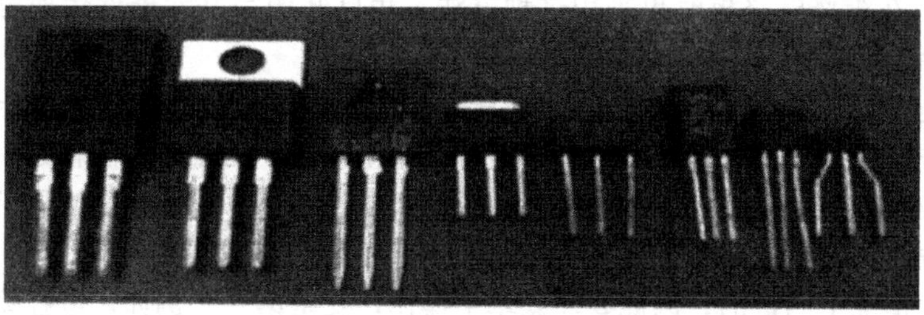

图 10-48　三极管的实物外形

图 10-49　三极管的图形

(4) 变压器的检测

① 将万用表拨至100Ω挡，按照变压器的各绕组引脚排列规律，逐一检查各绕组的通断情况，进而判断其是否正常。

② 检测绝缘性能：将万用表置于$R\times 10k$挡，做如下几种状态测试。

a. 初级绕组与次级绕组之间的电阻值。

b. 初级绕组与外壳之间的电阻值。

c. 次级绕组与外壳之间的电阻值。

上述测试结果分别出现如下三种情况。

a. 阻值为无穷大：正常。

b. 阻值为零：有短路性故障。

c. 阻值小于无穷大但大于零：有漏电性故障。

3. 故障检测方法

电控系统的维修关键是找到系统中故障的部位，即判断哪些元器件发生了故障。在查找故障的过程中，要用到各种方法，这些方法就叫故障检测方法。在维修过程中，并不是一步就能找到具体的故障部位，而是通过不断地缩小故障范围，最后来确定故障位置的。所以下面介绍检测方法中有的是缩小故障范围的，有的是确定故障部位的。

电控系统维修中常用的维修方法如下。

(1) 系统自动检测法　缝纫机电控系统一般都有智能自动检测故障的功能，根据系统的不同报警编码，可以确定系统出现的是什么故障，进一步确定是哪一部位出现问题。确定故障代码后可以用相应的处理方法来维修，不同品牌的电控系统可能采用不同的故障代码，但其故障类别相差不大，机器的说明书上也标有注释。

(2) 直接观察法　是最基本的维修检查方法，主要是维修技术人员凭借视觉、嗅觉和触觉，通过对机器的仔细观察，再与系统正常工作时的情况进行对比，从而缩小故障范围或直接找到故障部位。例如，观察控制器及显示屏的表面有无伤痕，插头有无脱落，引线有无断开，电路板的元器件有无烧焦、断脚、引脚相碰等情况。

(3) 代替法　是最有效的缩小故障范围的维修检查方法，通过替换完好的部件来判断故障部位或故障元器件。维修时往往是从大的部件开始，一步步替换排除，直到故障查到。这种方法主要是用在配件充足或有其他完好电控系统可调换的情况下。例如，维修交流伺服系统时先要判断是否是系统的问题，一般采取调换正常控制箱的方法，判断区别缝纫机机械或控制箱的问题。在维修电路板时也采用这种方法，用已知的完好元器件代换电路中被怀疑的元器件，观察控制器的变化情况，以判断故障的所在。

(4) 测量电压法　交流伺服控制器在正常工作时，机器中各点的工作电压表示了一定范围内机器的工作情况，当出现故障时工作电压必然发生改变。测量电压法就是用万用表检测机器中各接插头及电路板各测试点的工作电压是否偏大或者偏小，根据电压的异常情况来判断具体故障原因的方法。测量时要用万用表不同的挡位来测量交流电压和直流电压。测量电压法往往是在机器带电情况下测量的，因此要注意单手操作，安全第一。例如，电控系统开机后没有反应，就需要在通电的情况下，从开关到电路板一步步测量，直到找出断路的节点。

(5) 测量电阻法　是通过万用表的欧姆挡检测线路的通与断、电阻值的大与小，来判断具体故障原因的方法。一个工作正常的控制器在未通电的情况下，有些线路是通路的，有些是开路的，则有的有一定的电阻值，当工作失常时，其阻值状态要发生变化，可用测量电阻法查出这些变化，并根据变化判断故障的部位。切记，测量电阻时通常在控制器不带电的情况下操作。例如，电磁铁的检测就是通过万用表的欧姆挡测量其阻值是否在正常范围内来判断其好坏的。

(6) 测量电流法 是通过测量控制器中某测试点的工作电流的大小来判断故障部位的方法。在测量中要先断开原线路，检查完毕后要恢复原线路。电流测量比电压测量操作麻烦，所以应该首先选择测量电压法，必要时再用测量电流法。

(7) 开路检查法 将控制系统中的某功能回路断开，观察控制系统的工作情况，以缩小故障范围。例如，电控系统的电磁铁功能出现故障报警，可以通过断开电磁铁接头或者进一步断开电磁铁的供电电压来判断是否其他回路有故障。

二、电动机故障及检修

电磁离合器电动机常见故障及检修方法见表 10-3。

表 10-3 电磁离合器电动机常见故障及检修

序号	问题	检查点	可能原因	处理方法
1	当电源开关 ON 时，制动处并无“咯”声	6 芯电源插头接线是否正确	电源插头接线不正确	正确地接上电源插头
		主基板上 10A 熔丝烧掉	熔丝烧掉	换熔丝
		换熔丝后再次烧掉	主基板故障	换主基板
		其他原因	其他线路故障	换控制箱
2	操作板灯不亮	16 芯的操作板未接正确（6#、9#）	操作板未接正确	操作板接正确
		其他原因	Pin3# 断路	换操作板
			主基板故障	换主基板
3	电源开关 ON 时，机头立即转动		主基板故障	换主基板
4	机头无法操作	操作板灯仅亮不闪 踩下踏板 LED 闪，踏板中立（不踩）LED 不闪；操作板上的 LED 一直闪	调速器故障	换调速器
			主基板故障	换主基板
			定位器插头未接妥当	定位器插头安装妥当
			安全开关 KD-40-3 未接妥当	安全开关安装妥当
			V 形皮带太紧	调整 V 形皮带
			机头卡住	调整机械结构
			电源故障	换电源
			变压器故障	换变压器
			其他原因	换控制箱
	机头以高速运转	调整器上 VR 设定是否正确	VR 设成无低速	重调 VR
		速度指令电压太高	速度控制器故障	换速度控制器
		其他原因 操作板上的 LED 闪	主基板故障	换主基板
			定位器插头未接妥当	定位器插头安装妥当
			定位器故障	换定位器
	机头以高速运转，然后立刻停机	操作板上 LED 闪	定位器故障	换定位器

续表

序号	问题	检查点	可能原因	处理方法
5	踩下踏板后，再回到中立时，机头立刻停止运转		定位器设定不对	重新调整定位器
			定位器故障	换定位器
			主基板故障	换主基板
6	机头无法与踏脚板同步增减速度	加速是否有问题	调速器故障	换调速器
			主基板故障	换主基板
			电动机故障	换电动机
7	机头无法停在下停针	检查控制箱内上/下停针切换开关是否为0	控制箱上/下停针切换开关为1	将上/下停针切换开关设为0
			定位器下停针反光片调整不对	重新调整下停针反光片位置
8	停车时定位不准	V形皮带是否太松	V形皮带太松	调整V形皮带
		定位基座是否断掉	定位器故障	换定位器
		电动机前盖制动器是否有故障	电动机前盖制动器故障	换电动机前盖制动器
		其他原因	主基板故障	换主基板
9	机头低速运转	检查控制箱内设定是否为低速	控制箱设定为低速	控制箱设定为正常速度
		主基板	主基板故障	换主基板
10	切刀无动作	操作板上切刀开关是否打开	操作板上切刀开关没有打开	打开操作板切刀开关
		定位器遮光片设定是否正确	定位器上/下定位遮光片设定错误	重新调整定位器上/下定位遮光片位置
		切刀插头有无插好	切刀插头未插好	切刀插头安装妥当
		电源关掉，检查切刀电磁阀是否有故障	切刀电磁阀烧掉	换切刀电磁阀
		切刀是否安装正确	切刀故障	检修切刀
		其他原因	主基板故障	换主基板
11	机头无法停在上停针位	低速是否正常	低速太快	调整低速
		其他原因	主基板故障	换主基板
12	每次停车定位时，其车针均停在不同位置	V形皮带是否太松	V形皮带太松	重新调整V形皮带
		低速设定是否正确	低速太快	调整低速
		切刀动作是否顺滑	切刀动作不顺	调整切刀
13	无扫线动作	检查控制箱上扫线开关是否打开	控制箱扫线开关设为OFF	将控制箱扫线开关设为ON
		检查机头上扫线开关是否接触不良	机头扫线开关接触不良	换机头扫线开关
		检查扫线电磁阀接头是否装好	扫线器电磁阀接头未装好	将扫线电磁阀接头重新装好
		电源关掉，检查扫线器电磁阀的阻值是否正确	扫线器电磁阀烧掉	换扫线器电磁阀
		其他原因	主基板故障	换主基板

续表

序号	问题	检查点	可能原因	处理方法
14	手动回缝开关无动作(机头上)	检查手动回缝开关接头是否装好	手动回缝开关接头未装好	将手动回缝开关重新装好
		手动回缝开关是否完好	手动回缝开关故障	换手动回缝开关
		电源关掉,检查回缝电磁阀的阻值是否正确	回缝电磁阀烧掉	换回缝电磁阀
		其他原因	主基板故障	换主基板
15	无前回缝(起始回缝)动作		主基板/操作盒前回缝的针数未设定正确	设定正确的针数
			使用操作盒 X-40 可能导致故障	换操作盒
			主基板故障	换主基板
16	无后回缝(终止回缝)动作		主基板/操作盒前回缝的针数未设定正确	设定正确的针数
			使用操作盒 X-40 可能导致故障	换操作盒
			主基板故障	换主基板
17	切完线后,机针无法停在上停针位		主基板故障	换主基板

三、 显示器故障

1. 开机无任何反应， 面板指示灯不亮

此类故障一般是由操作面板内部的电路板供电部分断路或异常所致的。若机器控制箱内无故障，应重点检查控制箱与操作面板的连接线是否断路或开路，逐根排查；若连接线完好，检查插头和插座是否连接可靠，各焊点有无虚焊处；若检查处理好后故障依旧，则表示面板内部的电路集成块损坏。由于此类电路板多为贴片电路，因此只能更换整块电路板来修复。

2. 调速异常

此类故障多为调速电位器 VRI 不良所致。若因 VRI 滑片脏污造成调速异常可按照下述的方法解决：拆开操作面板，将 VRI 的拨杆取下，用脱脂棉蘸少量无水酒精擦拭半导体面，将表面处理干净并待接触面风干后将拨杆装好即可。若因 VRI 磨损严重或内部断路导致调速异常，需要更换整个 VRI 电位器。

3. 部分功能按键失效

此类故障分为两种情况：打开电源开关，部分功能键失效且蜂鸣器无声；打开电源开关，部分功能键失效且蜂鸣器的按键提示音正常。前一种故障一般是由按键内导电橡胶与电路板接触部分脏污或导电橡胶损坏导致触发脉冲信号无法形成所致的。维修方法是拆开电路板，检查故障按键的导电橡胶是否损坏或与电路板接触处是否脏污，若按键损坏直接更换，若接触不良则用脱脂棉球蘸少许无水酒精擦拭接触面。后一种故障一般是由电路板上的 CPU 个别引脚功能失效所致的，只能通过更换电路板来解决。

4. 液晶显示不正常

此类故障多为显示屏受潮或键盘电路与显示屏连接线的插头插座接触不良所致。若显示屏受潮，可用电热吹风机驱走潮气。对于插头插座接触不良，可对照如下所述检查方法排除故障：若主显示屏故障请检查插头插座是否虚焊或接触不良，再检查各连线有无断开处，分别处理好即可；若底线余量显示故障则检查底线余量插头插座是否虚焊或接触不良，再检查各连线有无断开处，分别做好处理，故障即可排除。

四、 功能动作故障

1. 电路板故障

一般缝纫机的电路板都没有电气原理图，要对一块比较陌生的电路板进行维修，一般应遵循以下几个步骤，按顺序有条不紊地进行。

(1) 外观检查　当你拿到一块待修的电路板时，良好的习惯首先是对其进行目测，必要时还要借助放大镜进行观察，主要看下列几点：

① 是否有断线，是否有烧毁的元器件，电路板是否有烧过的痕迹。

② 分力元件如电阻、电解电容、电感、二极管、三极管等是否存在断开和松动的现象。

③ 集成电路尤其是 CPU 的中心处是否裂纹，这点很重要。

④ 电路板上印制板连接线是否存在断裂、粘连等。

⑤ 是否有人修过，动过哪些元器件，是否存在虚焊、漏焊、插反等操作方面的失误。

(2) 用万用表测试　在外观检查没有特殊的疑点后，就可以进入万用表检查阶段。首先用万用表测量电路板电源和接地之间的阻值，通常电路板的阻值都在 70～80Ω 以上，若阻值太小，才几欧姆或十几欧姆，说明电路板有元件被击穿或部分击穿，就必须采取措施将被击穿的元器件找出来。若阻值正常则用万用表测量电路板上的电阻、二极管、三极管、场效应管、波段开关等分力元件，其目的就是首先要确保测量过的元件正常。具体的方法是：

① 给被修电路板供电，用手去摸电路板上各器件的温度，烫手的是重点怀疑对象，但一般情况下烫手的元器件不是元件本身故障，而是其他元件的短路造成该元器件有大电流通过。

② 若电源供应不上熔丝就不能通电检查，需要用万用表断电测试，重点检查电源部分、大功率三极管、场效应管等一些驱动元器件。

③ 如果外围的功率元器件没有短路，那基本上就是集成电路短路，一般情况下是剪断集成电路块的接电源或接地连线，测量集成电路本身是否有短路的地方。

(3) 替换元器件法　对怀疑损坏的元器件用电烙铁焊下来，换上相应的元器件或参数相应的元器件。

2. 剪刀的动作与针的动作不同步

首先应该检查电动机的上停针位定位是否正确，并检查针杆与送料牙的同步及送料牙高度。如果是剪线时断针的话，则检查剪线凸轮定位是否准确。如果是在进行前后自动固缝（打回针）时容易断针的话，应降低前后自动回缝速度再次尝试。

电控系统对缝纫机自动剪线的控制是通过控制主轴转动及剪线电磁铁的吸合来实现的。由于缝纫机机械部分结构不同，导致电控对它们的控制方式也会有所区别，但最终的原理是一样的，都是通过在缝纫机主轴转到适当位置时将剪线电磁铁开通吸合。当剪线顶销打入凸轮，在主轴继续转动的情况下，顶销在凸轮的带动下移动，以此带动动刀动作进行剪线。

对于电脑平缝机来说，控制箱时刻要知道缝纫机此时正处于什么位置，再根据事先设定好的参数进行剪线控制。所以，如果这时动刀的剪线过程是在机针往下运动时发生的，那么机针肯定会被切断。发生这种情况，肯定是剪线电磁铁的吸合时间不正确。有了上面的理论依据，可以判断主要是由以下三方面的原因造成的。

（1）事先设定的参数不对　将参数恢复至出厂值，故障即可排除。

（2）控制箱采集到缝纫机位置信号错误　产生这种问题的原因又分为以下几种。

① 上停针位的定位不够准确，解决方法是重新调整上针位的定位。

② 如果是皮带传动的平缝机，就有一个上下轮之间的传动比，即轮带比。如果这个比值偏差较大，也会对剪线过程有很大影响。此时应该查看机器是否有自动测试轮带比的功能，如果没有可以联系供应商，查询设定方式。

③ 停针传感器输出信号有误，更换停针传感器即可解决。

（3）缝纫机本身剪线凸轮的位置不正确　检查到此原因的话，重新调整凸轮位置即可排除故障。

3. 电磁铁常见故障和检测方法

（1）开关处于常闭合状态　这个故障的出现可能是由开关内部结构不能复位引起的。找出开关与控制连接的插头或者插头中的对应插针，将这个连接断开，观察故障是否还会重现。假如故障排除，问题就出在开关模块上，是开关无法复位引起的。

（2）开关输入端短路　此故障原理和前一点类似，因为始终有信号输入到控制箱导致控制系统一直给电磁铁输出工作电压。检查方法是查找系统中对电磁铁开通的保护时间是多少，给系统上电后观察在通过这个时间后电磁铁有没有松开，如果电磁铁松开了，证明仍然是输入信号上的问题。在排除了第一点的情况后，检查电路及开关在控制箱内部的连接是否短路。

（3）电磁铁驱动电路损坏　在排除上述原因后，问题应该是在电磁铁驱动电路上，如果控制箱本身有对这方面的检测能力的话，在断开电磁铁与控制系统的连接后，控制箱本身能报出相应的故障代码。

电磁铁是伺服控制系统的动作执行驱动装置，根据机型的不同，电磁铁的结构和安装也略有不同，按安装方式主要可以分为适配“重机”型和适配“兄弟”型，按适用电压有24V和32V两种。

电磁铁常见的故障为短路、开路和功率不够，主要采用测量电磁铁电阻的方法来检测其好坏。若其短路或阻值偏小，则可判断其损坏。若开路，可判断是引线开路还是线圈开路。一般不拆开电磁铁密封包对其线圈进行维修，因为维修后很难进行密封，影响其使用性能。

4. 传感器常见故障和维修方法

传感（同步）器是检测缝纫机的机针位置（上针位或下针位）的。如出故障，机针的停止位置就会不稳定（任意停），安全电路就会动作，指示缝纫机不带切线动作，以离合器电动机控制的缝纫速度继续运转。如果缝纫机的高速运转不停，则是同步器有故障了。应修复或更换同步器。

伺服控制系统的传感器主要有两个部分，停针传感器和踏脚板传感器。

（1）停针传感器　工业缝纫机电控系统中一般都有自己的检测功能，关于停针传感器方面的故障会自动报警，每个厂家的报警代号不同，但其含义一样，都是指停针传感器工作不正常，无法为电控系统反馈位置信号。现在市场中使用最多的是磁敏停针传感器，下面就以其为例介绍停针传感器的维修。

磁敏停针传感器主要由磁缸、传感器和引线组成，所以维修时也是从这几部分分别检查。

① 首先判断传感器的引线是否导通，实际中经常由于磨损或者老化而导致故障。用万用表测量即可。

② 磁缸的检测，磁缸分上下停针磁缸，其区别是磁极相反，检查磁缸是否脱磁，并确定其安装位置距离传感器是否合适（一般控制在1mm之内）。

③ 传感器维修，主要检测电路板上的磁感元器件是否失效，根据磁场强弱输出的电压信号不同，传感器上的磁感器件比较容易区分，使用相同型号器件代替即可。

（2）踏脚板传感器　踏脚板传感器的故障通常出现的都是功能失常性故障，工业缝纫机电控系统并不能自己检测，在维修时主要考虑速度信号的控制和开机与剪线信号的控制两部分。

① 速度信号的控制，根据其信号产生的原理，检测磁场变化时霍尔器件输出电压是否在0～5V内变化。例如，出现没有高速时，可能是霍尔器件的输出电压没有达到标准值，首先考虑磁块的位置是否有偏差，能否为霍尔器件提供强磁场，可以调近磁块与霍尔器件的距离，如果依然不起作用可以考虑更换霍尔器件。

② 开机和剪线信号，一般通过两个光电对管的状态来判断是否正常。当对管没有被遮挡时，输出三极管导通，脚3为低电平，外接的三极管截止，开关信号为高；当对管被遮挡时，输出三极管截止，脚3为高电平，外接的三极管导通，开关信号为低。如果检测到的信号不同则是该光电对管损坏，更换即可。

5. 伺服控制系统的自动工作故障和维修

工业缝纫机电控系统中一般都有自己检测的功能，一般通过不同的故障代码可以判断控制器出现故障的主要部件。由于现在市场上各品牌控制器系统对故障代码的定义千差万别，因此维修伺服控制系统，首先要做的工作就是对控制系统进行恢复出厂设置，恢复出厂设置后测试机器是否可以正常工作，如未排除故障再进行具体的维修作业。各品牌机器恢复出厂设置的方法不同，汉迪牌控制系统恢复出厂设置是通过调整恢复出厂参数的操作来完成的，在技术员参数里调整P21为0088即可。其他品牌可参考说明书具体操作。

汉迪牌控制系统的故障代码介绍和维修处理见表10-4。

表10-4　汉迪牌控制系统的故障代码介绍和维修处理

故障代码(Err)	代码名称(故障描述)	主要故障原因分析	检测与维修处理
Err-01	硬件过流 系统检测到电动机电流超过允许范围	IGBT击穿	用万用表检测，并更换
		电动机短路	检查电动机各相间阻值
		15V控制电压过低	检测15V开关电源或15V稳压器件
Err-02	软件过流 电动机运行状态下系统检测到控制电流瞬间过大	电动机故障，电动机堵转	排除机械故障，排除电动机堵转
		电流传感器故障	换电流传感器(电路板上一般用CT表示)
Err-03	电压过低 电压低于允许范围	电网电压低于允许范围	排除电网问题
		直流母线电容损坏	更换电容
		整流回路故障	换整流桥(电路板一般用BD表示)
Err-04	电压过高 电动机停止状态下，系统检测电压高出允许范围	电网电压高于允许范围	排除电网问题
		电压反馈回路问题	检测电压反馈信号是否正常，如不正常则更换之

续表

故障代码（Err）	代码名称（故障描述）	主要故障原因分析	检测与维修处理
Err-05	运行时过电压 电动机运行状态下，系统检测电压高出允许范围	电网瞬间过电压	电网有干扰，排除电网问题
		制动电阻回路故障	检测放电电阻阻值是否正常，如不正常则更换之
		电压反馈回路故障	检测电压反馈信号是否正常，如不正常则更换之
Err-06	电磁铁回路故障 检测到电磁铁回路故障信号	电磁铁回路短路	去掉电磁铁测试，观察系统能否运行
		驱动三极管短路/过热击穿，检查四个 MOSFET 管	更换 MOSFET 管
		电磁铁故障检测回路损坏	重点检测 MOSFET 管的触发三极管和二极管
Err-07	电流传感器故障 各相电流偏差过大	电流传感器损坏	换电流传感器（CT）
		电动机故障	检测电动机三相间电阻是否平衡
Err-08	电动机堵转 电动机运行状态下，系统检测电动机停止运转或速度不正常	缝纫机机械故障	排除缝纫机故障
		电动机堵转	排除电动机堵转（轴承或轴咬死）
		电动机测初始角错误	重新测电动机初始角（详见各说明书）
Err-09	制动回路故障 系统检测制动回路不正常	制动电阻损坏	检测放电电阻阻值是否正常，如不正常则更换之
		制动管（IGBT）击穿	用万用表检测，如击穿则更换
Err-10	通信故障 HMI 与 DSP 不通信	接插件接触不良	检查各引线是否正常
		HMI 电源问题故障	检查 HMI 稳压二极管
Err-11	停针传感器故障 系统检测停针信号不正常	详见传感器的维修	
Err-12	电动机初始角度检测故障 系统无法检测到电动机初始角	检测时电动机带有负载	去掉负载，检测时电动机必须空转
		检测初始角状态下无法正常工作	恢复出厂设置
Err-13	电动机 HALL 信号故障 系统检测到停针信号但未检测到 HALL 信号	接插件接触不良	检查各引线是否正常
		检查电动机编码器	检测编码器 HALL 元器件
Err-14	DSP EEPROM 读写故障 系统检测 DSP EEPROM 写入错误	EEPROM 损坏	更换 EEPROM
Err-15	超速故障 系统检测到反馈速度高于设定速度	电动机位置传感器故障	检查电动机编码器输入回路
Err-16	反转故障 系统检测到机器处于反转状态	电动机位置传感器故障	检查电动机编码器输入回路
		电动机相错误	更换电动机相
Err-17	HMI EEPROM 读写故障 系统检测 HMI EEPROM 写入错误	HMI 的 EEPROM 损坏	换 HMI 的 EEPROM
Err-18	电动机过载 过载保护累加超过上限	缝纫机机械故障	排除机械故障
		缝料使负载太大	解决使用不当
		电动机故障	电动机轴承坏或咬死等，更换

其他系统的故障代码和名称见表 10-5。

表 10-5　其他系统的故障代码和名称

"贺欣"控制系统		"重机"控制系统	
代码	名称	代码	名称
001	硬件过流	003	传感器故障
002	EEPROM 读写故障	004	下停针故障
004	电源不匹配	005	上停针故障
005	电压过低	906	通信故障
007	电动机堵转	007	机器过载
008	通信故障	012	读取异常
009	电磁铁回路故障	810	电磁铁短路
011	上停针错误	811	电压过高
012	传感器故障	813	电压过低
051	机器过载	924	电动机不良
		930	编码器不良

除了上面这些有故障代码的故障外，还有些无代码的故障，下面分类介绍维修方法。

(1) 与剪线有关

① 剪线不工作（电磁铁动作）：

a. 剪线角度与凸轮位置的配合不正确。需要重新调整凸轮位置或者剪线角度。根据实际情况作出调整，在没有特殊情况的前提下，尽可能地以改变凸轮来配合标准出厂参数作为主要解决方案，如有特殊情况，可考虑调整剪线参数。

b. 轮带比设置不正确或皮带松紧不适宜。重新调整皮带松紧度。

② 剪线不工作（电磁铁不动作）：

a. 在功能设定中将剪线功能去除，将剪线功能加入缝纫模式中。

b. 剪线电磁铁与控制器输出不畅通，排除由于连接问题导致的剪线电磁铁回路无输出。

c. 脚踏板向上的行程不够，达不到剪线位置，应重新调整脚踏板位置，将剪线方向运动的行程调大，并将固定螺钉锁紧。

③ 剪线切线线头太短，甚至在下一次始缝时会从针孔脱出：

a. 剪线凸轮位置走位。按照标准调整凸轮。

b. 剪线角度太小导致切线时间过早。将 P33 参数设置大一些。

c. 轮带比设置不正确或皮带松紧度不好。重新设定轮带比，将皮带调整到合适的松紧度。

d. 上针位位置调整不正确，导致始缝时挑线杆还需要向上运动一个比较长的行程。此时针杆向下运动，遂将线头从针孔中抽出。应将上针位调整到标准的上针位位置。

④ 剪线后停针有不连贯现象：

a. 剪线角度设置与剪线凸轮位置配合不好。将凸轮调整到标准位置后再配合标准剪线参数。

b. 轮带比设置不对或皮带松紧度不好。重新调整皮带松紧度。

⑤ 剪线后，停针时抖动：轮带比设置不正确或皮带松紧度不好。重新调整皮带松紧度并检查轮带比是否匹配。

⑥ 停车后，剪线前多走一针：

a. 下停针位置过后，将下针位位置提前。

b. 轮带比设置不正确或皮带松紧度不好。重新检测并设定轮带比，将皮带调整到合适的松紧度。

(2) 与倒缝有关

① 手动倒缝不工作：

a. 机械问题导致倒缝电磁铁无法工作。检查倒缝扳手是否能顺利扳下，如不能需要修理机械部件。

b. 倒缝开关损坏，无法给控制箱信号。检查倒缝开关是否良好，可以用短路的方法测试倒缝开关信号是否能输入控制箱内部。

c. 倒缝电磁铁线圈断路。用万用表检测倒缝电磁铁线圈的输出是否为开路，如断开，需更换。

d. 倒缝电磁铁输出不畅。用万用表检测倒缝电磁铁的输出是否存在，如不存在检查内部接插件或更换控制板。

② 自动倒缝不工作：

a. 倒缝电磁铁损坏。如果检查出倒缝电磁铁断路，应更换倒缝电磁铁。

b. 倒缝电磁铁输出不畅。检查倒缝电磁铁的输出信号是否存在，如不存在应更换控制板。

c. 如果只是后固缝无法完成，并且剪线也无法完成，问题可能是踏板传感器无法给出剪线信号。应将脚踏板位置重新调整到能够输出剪线信号为止。

d. 程序出错，恢复出厂参数，或是重新输入程序。

③ 倒缝电磁铁一直保持输出：

a. 控制板损坏。更换控制板。

b. 倒缝开关损坏，处于短路状态。观察吸合时间是否正好为参数中所设定的倒缝保护时间，如是，更换或维修倒缝开关。

④ 固缝的线迹始终无法调整好：机械原因导致倒、顺缝针距不同。用手动倒缝扳手进行测试，观察在顺缝和倒缝的过程中是否针距相同，如不相同，需调整缝纫机倒、顺缝针距使之相同。

(3) 与扫线有关

① 拨线钩碰针尖：上针位调整有误，停针位置过低，应将上针位重新调整。

② 拨线钩扫不到线：拨线电磁铁开通时间过短，将开通时间调长一些。

③ 倒缝电磁铁刚吸合就松开：

a. 倒缝电磁铁保护时间设置过短。将保护时间参数设定到适当量。

b. 新的软件输入到老的硬件中。应观察控制板的版本号及软件的版本号，判断不能匹配后，输入能够匹配的软件。

6. 工业缝纫机机电配合的常见故障和维修

缝纫机交流伺服控制系统是机电一体化产品，所以机电配合部分的维修也占很重要的地位。下面就机电配合中常见的调整部件做介绍，以便在维修时能准确地判断故障原因。

(1) 停针位置的调整　停针位置是交流伺服系统与缝纫机配合的位置反馈部件，所以停针位置的调整直接关系到缝纫机的控制准确度及其性能好坏。一般是通过调整螺钉来调整上下停针位置的。

(2) 加固缝针迹补偿的调整　主要是为了正反针迹重合美观，通过调整倒缝磁铁的吸合和释放时间来控制针迹。

(3) 剪线电磁铁的吸合时间调整　即调整电磁铁动作时的角度来控制缝纫机剪线机构打入凸轮的准确度和释放的角度，及剪线过程中缝纫机加力的角度。

(4) 皮带的松紧调整　一般交流伺服控制系统的皮带应调整得偏紧，在皮带中间用1N的力下压不能超过1cm的位移。否则，皮带应及时更换。

7. 缝纫机转动类故障

在电脑缝纫机中，电动机的速度输出由主基板CL及BK回路来控制。当前踩踏板加速时，即踩油门CL；当踏回踏板减速时，即踩制动BK，速度就是CL与BK协调的结果，而CL与BK均由晶体管2SD1795输出。当脚踏板（调速器）不回位或安装不良（电动机与脚踏板拉杆应成90°垂直）时，错误代码会显示02（DK-40控制系统）。主基板CN3的输出电压值见表10-6，主基板的晶体管2SD1795的开路与导通情况见表10-7，脚踏板（调速器）故障及检修方法见表10-8。

表 10-6　主基板 CN3 的输出电压值

故　障	CN3# EN	CN3# TR
(踏板中立)停车	5V	0V
(踩下踏板)启动	0V	0V
(半后踏)只抬压脚，不切线	0V	0V
(全后踏)切线循环	0V	5V

表 10-7　晶体管 2SD1795 的开路与导通情况

晶体	原因	状　况
CL(油门)	内部开路(OPEN)	送电后，踩下踏板，电动机不动作，操作板下的LED闪亮
	内部导通(SHORT)	送电后，踩下踏板，电动机自动高速运转且不停车
BK(制动)	内部开路(OPEN)	送电后，踩下踏板，电动机可以运转，但中立时不能正常定位，而是以自然下落的方式慢慢停下来
	内部导通(SHORT)	送电后，踩下踏板，电动机不动作，操作板的LED闪亮

表 10-8　脚踏板（调速器）故障及检修方法

序号	检 查 点	检 修 方 法
1	当按下电源开关送电后，此时操作板上的LED不亮	检查电源线、开关、插至控制箱上的插头及工厂电源插座是否有正确的电源输入
		检查控制箱的变压器，以确定是否有正确的电压KD-40/30V(AC)、KD-40/10V(AC)输出至主基板
		检查主基板内5V是否被拉成0V或是否有油污
		检查AO_1主基板的$FVSE_2$(2A)、CN4插座上的接点有无焦黑或焊接不良
2	当踩下踏板后，电动机不动作，而操作板上LED仅亮不闪	检查调速器
		检查主基板C从CN3到CPU的回路，或振荡器(XTAL)是否被油浸坏
3	当踩下踏板后，操作板04闪亮，电动机不动作，但当踏板中立时，操作板04仍然一直闪亮	检查车头(转动车头的带轮以了解车头是否卡住)
		检查皮带是否太松(拇指及食指向内夹，弧径不超过2cm)
		检查主基板
		检查定位器
		检查变压器
		检查电动机
		检查4针接插件

续表

序号	检查点	检修方法
3	当踩下踏板后，操作板 01 闪亮，电动机不动作，操作板 02 仍然一直闪亮	检查定位器 检查主基板
	当踩下踏板后，操作板 02 闪亮，电动机不动作，但当踏板中立时，操作板 02 仍然一直闪亮	检查调速器 检查主基板 CN3
4	当踩下踏板后，电动机会立刻高速运转一段时间，然后停机，操作板 04 闪亮	检查定位器(ENCODE 回路→ENC) 检查主基板
	当踩下踏板后，电动机会高速运转不停车，控制器无法控制，必须关电源才会停车	检查主基板上 TR_1(CL)到 CPU 的回路 检查主基板上的 TR_1
5	当踩下踏板后，电动机仅以中速(1000～3000r/min)运转，无法到达最高速，当放掉踏板中立时，电动机会正常停车	检查调速器的悬臂是否松脱而移位 检查主基板上 CN3 到 CPU 指令电压的回路，如果运转中 CN3#，SPD 无法从 0.5V 达到 45V，电动机将无法以高速运转 检查内部参数设定的最高转速是否太低
6	当踩下踏板后，电动机仅以低速(约 200r/min)一针一针运转；当放掉踏板中立时，电动机会正常停车	检查调速器的 VR 回路 检查主基板上 CN3 到 CPU(指令)的回路 检查内部参数设定的最高转速是否太低
7	当踩下踏板后，电动机仅以低速(约 200r/min)一针一针运转，当放掉踏板中立时，电动机仍一直依此速度运转，且不停车	检查定位器的上定位或下定位的回路 检查主基板(CN1 到 CPU 的回路)
8	当踩下踏板后，电动机可正常运转，但当踏板回到中立时，电动机偶尔多走 3～4 转才会停车，或停车时定位不准	检查定位器(上下定位反光片是否被调走，或上下定位反光片是否重叠) 检查主基板的低速是否过高(约 200r/min) 检查电动机前盖的间隙是否过大(0.15～1.25mm) 检查车头皮带轮螺钉是否未上紧，以致松脱
9	当踩下踏板后，电动机正常运转，但踏时无切线、扫线、回缝、抬压脚等动作	检查主基板 CN7 检查车头的电磁阀(电磁阀的阻值应在 4～12Ω 之间)是否有故障 检查定位器的适用性及上/下定位信号 检查调速器是否因悬臂松脱而移位

交流伺服控制系统的缝纫机转动类故障原因和排除方法如下：

(1) 踩下脚踏板而电动机无任何反应

① 踏板的轴松动，将踏板轴调整到正确位置后将螺钉锁紧。

② 踏板传感器与电路板的接触不良，检查连接，改善连接状况。

③ 踏板传感器损坏，更换脚踏板模块。

(2) 脚踏板达不到最高速度

① 踏板向下的行程达不到最高速，将踏板轴调整到正确位置后将螺钉锁紧。

② 踏板曲线斜率过低，将踏板曲线斜率提高。

③ 最高速设定过低，将最高速设定的参数调高。

④ 踏板传感器损坏，更换脚踏板模块。

⑤ 电动机初始角度走位，重新检测电动机初始角。

⑥ 电动机编码器损坏，更换电动机编码器。

⑦ 电动机传动比设置不正确，重新调整传动比，在有自动检测功能的程序下可以先检测再设定。

(3) 电动机转动时有异常声响

① 电动机编码器损坏，更换电动机编码器。

② 皮带过松，重新调整皮带松紧度。

③ 机器安装不良，检查皮带是否和其他物体有碰撞等情况。

(4) 松开脚踏板时，电动机无法停下

① 脚踏板无法复位，调整脚踏板位置。

② 电动机传动比偏差过大，重新调整传动比，在有自动检测功能的程序下可以先检测再设定。

(5) 踩下脚踏板后，电动机启动的时间明显延迟

① 脚踏板初始位置不正确，将脚踏板调整到适当位置。

② P40 参数在没有抬压脚电磁铁的情况下仍然具有较大的值，将 P40 参数设置为 0。

电控系统控制缝纫机主要接收位置传感器、倒缝开关、翻抬开关及踏板传感器等信号来控制主轴的转动以及剪线、拨线、倒缝及抬压脚等电磁铁的输出信号。当发生故障时，无论控制系统是否自身报警，尤其是对一些不报故障的处理中，都应当先判断是哪一块控制部分出现了问题，再由外围设备向内部控制逐步排查故障。排查时，应先检查参数设置是否正确，可以使用出厂参数的恢复进行判断。另外可以将各种配件进行调换来判断故障处于哪一部件中。因为每种控制系统都有其特定的工作方式，熟悉它们的工作方式及其参数设置对故障的排除会有很大的帮助。

第四节 油路故障及漏油分析

一、油路故障

了解了油路系统的基本原理，就能比较容易地分析和维修油路系统的故障，常见的缝纫机油路故障产生原因及排除方法见表 10-9。

表 10-9 油路故障产生原因及排除方法

故障	产生原因	排除方法
油罩内喷油	润滑机油太少，油位低	增加润滑机油，使润滑机油达到油位线
	油泵滤油网被污物阻塞	卸下油盘，将油泵滤油网的污物清除干净，换上新润滑机油
	喷油孔阻塞	用尖针疏通喷油孔
	空心轴式油管阻塞	用针将油路穿通
	叶轮中的铜套磨损	更换叶轮或换新油泵
	油管破损	更换新油管
	润滑油黏度过大，叶轮转动不灵活	更换缝纫机机油

续表

故障	产生原因	排除方法
油量与标准不符	油中污物多，减小了油量，限制毛毡的通油能力	更换机油，清理油道或更换毛毡
	出油孔被堵	用针从出油孔通进，直到刺穿油芯，疏通油孔
	油量调节不当	重新调节油量，调节螺钉
	套筒油孔击穿，造成油量过大	更换新套筒
	调节销套或O形圈损坏，造成油量大	更换新调节销套或O形圈
回油不畅	柱塞端面磨损	修平或更换柱塞
	柱塞工作不正常	用手轻压柱塞簧，转动上轮，检查柱塞，如只有往复运动而无转动为正常
	油泵没有形成真空，真空的位置被机油代替	清洁柱塞，保证弹簧能在孔内发挥作用
	油管内有大量空气，无法吸油	向油管中注油，排出空气
	回油管的30°切口不在毛毡中，回油管吸口至油泵连接处破损	排除漏气
	回油管被压扁	使回油管畅通

密封的功能是阻止泄漏。造成泄漏的原因有两方面：一是密封面上有间隙；二是密封两侧有压力差。消除或减小两者任一因素都可以阻止或减小泄漏。但一般而言减小或消除间隙是阻止泄漏的主要途径。

密封的工艺：良好的加工工艺和成型工艺是保证密封件尺寸精度、表面特征以及提高耐腐蚀和耐磨能力的有效手段。就密封件制造中最常用的模压工艺来说，如果压出来的成品在开关、尺寸等方面误差很大，大型面上存在飞边、毛刺，对于密封都是很不利的。

O形圈密封有良好的密封性，它是一种压缩性密封圈，同时又具有自封能力，所以使用范围很宽。密封压力从 1.33×10^5Pa 的真空到 40MPa 的高压（动密封可达 35Pa）。

就O形圈而言，它是靠给定的压缩变形来保证密封的，如果由于尺寸精度差而保证不了必要的变形量，就会出现泄漏。

另外，由于O形圈以预拉伸状态安装于密封部位，当整体结构发热时，O形圈不是膨胀，而是收缩，这也可能使工作时的压缩变形量减小而发生泄漏。

二、 高速平缝机漏油分析及维修方法

漏油是高速平缝机很重要的质量指标检查项目之一。按轻工行业 QB/T 2609—2003 标准，高速平缝机漏油测试部位见表 10-9 的规定。

在高速平缝机漏油现象中，以针杆部位的泄漏最为常见，其他部位的漏油现象均为密封不良而造成，可通过改善接合的结构较好地解决。针杆漏油形式大多数有挤型漏、渗型漏和混型漏三种。

挤型漏：油液以油沫状在针杆下套筒的上端面流出，颗粒细碎，污染面积较大。

渗型漏：油液顺着针杆下套筒渗出，一部分沿针杆流下，越过护线圈而达到机针；另一部分却向上返回下套筒的过线钩旁，逐渐积聚成油珠滴下，后果严重。

混型漏：油液在针杆与套筒处，既有挤型漏又有渗型漏，只是两者程度各有大小，综合出现。

针杆在套筒内的泄漏，如以液压学上的环状缝隙泄漏来分析，其泄漏量公式为：

$$Q=\pi dZ^3\Delta P/12uL$$

式中 Q——泄漏量；

d——内腔径；

Z——环隙；

ΔP——压差；

u——绝对黏度；

L——液流方向长度。

当 $\Delta P\to O$ 时，$Q\to O$。在针杆运动时，高速平缝机的机头前盖内外（即套筒前后端间）的压力是没有差别的，即 $\Delta P=O$。照此可得出 $Q=0$，即不会泄漏的结论，但实际上不会如此。

针杆在套筒内运动，因环隙 $Z<d$，故其环液状态可以板间润滑状态来研究。如图10-50所示，在套筒内，由于针杆上下拖动，黏附在针杆上的油液随之运动，而在下套筒内表面上的油液，其速度 $v=0$，动静相接，此时该流体就形成层流断面，按公式 $F/A=\eta v/Z$，则剪应力 F/A 与剪应变 v_0/Z 的变化成正比。确切的公式是：

$$\tau=\eta\alpha v/\alpha Z$$

式中 Z——两板间隙；

η——比例常数；

τ——应力；

v——运动速度。

设缝速为 3600 针/min，见图 10-51，则针杆上下运动的平均速度为：

$$v_0=\int_0^\pi \pi v d\theta/\pi=\int_0^\pi \pi R\omega\sin\theta d\theta/\pi=2R\omega/\pi=2\times15.5\times120=3720(\text{mm/s})$$

式中 R——行动曲柄轴长度；

ω——角速度；

θ——行动曲轴转角。

雷诺数计算如下：

$$\begin{aligned}R_e&=4v_0z/v_{50}\\&=4\times3720\times0.01/7\\&=21.3\end{aligned}$$

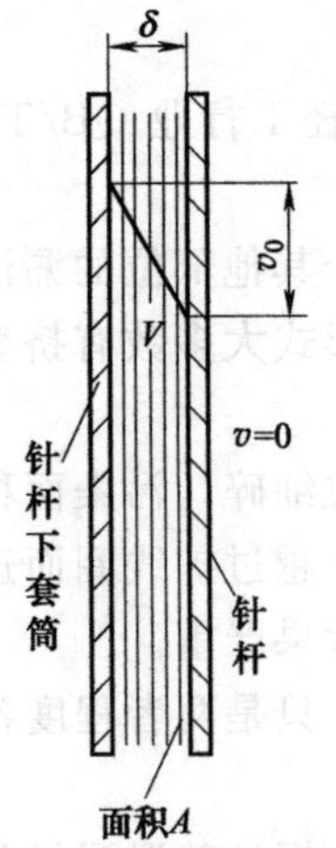

图 10-50 板间的润滑状态

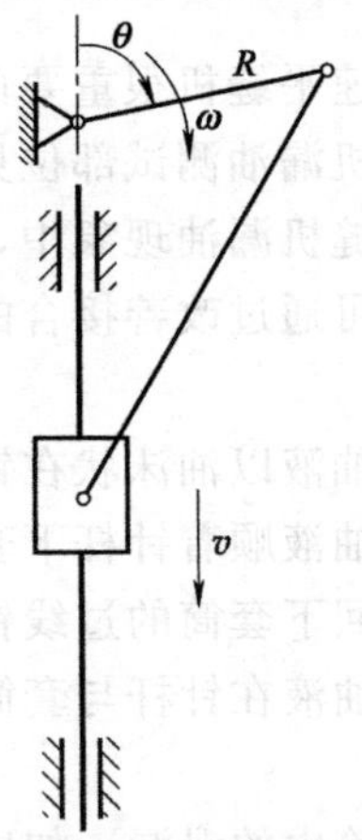

图 10-51 平均速度

因雷诺数 R_e甚低，对于油液运动状态，黏度起着主导作用。由于间隙 Z 很小，故剪应变 $\alpha v/\alpha Z$ 很大，当达到某一值时，油膜就局部撕裂。这些破裂了的油膜，被针杆带出下套筒后，剪应力 $\tau \rightarrow 0$，即 $\alpha v/\alpha Z \rightarrow 0$，油膜受表面张力作用，收缩变厚，当厚度大于 Z 时，就有一层油膜被下套筒端面刮下，其中一部分附在针杆上，在惯性和重力作用下，慢慢地向机针处移动。另一部分在毛细管作用下，向上翻渗到套筒下端的过线槽坑积聚起来，两者便形成了渗型漏。

另外一种情况是随着针杆做正弦规律的高速运动，附在针杆的油膜也做出了与针杆振动频率相关的波动，油膜越厚，则振幅越大。当达到一定的振动频率和振幅时，受到套筒下端的压迫，油膜波便“爆开”飞溅出来，造成挤型漏。

针杆泄漏问题原因较多。如果是新机器就发现针杆泄漏，多数属于设计和零部件质量问题，尤其是针杆套筒有下列问题：

① 套筒内腔过于光滑，油液在其间运动阻力小，因重力关系常呈现向下渗流到针杆下端的趋势。

② 下套筒上端面过大，从针杆刮出的油以及油雾的沉积，不能迅速外溢和流向前盖内腔回油，滞留在上端面，不随针杆往复带入套筒。

③ 上端面表面粗糙度无特别要求，加上安装时敲击，刮出的滞积油在此黏度增大，不易排溢。

④ 下套筒过长（33.2mm），而针杆行程为 31mm，而针杆只有 22mm 的长度，在运动过程中不能伸出套筒两端面，使黏附在这段长度上的油液无法利用上端面的利角刮出。

⑤ 下套筒过长，另外，更严重的后果是其上端面与针杆连接轴下端面的间距很小，按图纸计算只有 1mm，因而针杆每往下运动一次，相当于把套筒上端面的油液向内泵送一次，加速挤渗。

⑥ 下套筒的下端面过小，表面粗糙度值较大，易产生毛细管作用，吸油外溢，向上翻到过线环槽坑处产生积聚。

对于已发生针杆漏油故障的缝纫机可采取以下方法解决：

① 减少前盖内的油量。前盖室内的润雾量太大，也是漏油的重要原因之一。为减少前盖内油雾量，应急的简单方法，是在目前装配工艺中，对上轴油量调节阀由 90°减为 45°～60°。

② 减少上套筒润滑针杆的油量。润滑油绳由上轴前轴套吸引油液，中间分流，润滑挑线连杆铰链，最后到上套筒上部。上轴在前轴套筒每转一圈，即向油道内的润滑棉绳供油一次。由于是高速，棉绳毛细吸力强，所以供油量很大。而棉绳又刚好设在上套筒气孔口的上方，棉绳常把气孔口贴住。当针杆往下运动时，套筒内会产生负压，更强化了棉绳的吸油力。同时，在挑线连杆铰链处的润滑绳紧靠上套筒支承座，挑线杆每挑一次，就挤压棉绳一次，使更多的油流入上套筒。另外，由于上套筒支承座位置正好在前盖顶部最低处，挑线机构与针杆机构在运动时飞溅到上部的油雾，积聚到一定程度，就向低处的上套筒渗流，这也是油多粘于针杆和套筒的原因之一。为此，可考虑在套筒内取消棉绳的润滑，并且把上套筒转动 180 °，使气孔对正面板。试验证明，如此改进，针杆在上套筒的润滑也完全足够，而且黏附在针杆上的油液大为减少。

③ 增加润滑油的运动黏度（尤其是夏季），是配合防止漏油的有效办法，但必须保证各高速运动件有合适的润滑，原设计使用 7 号高速机械油，其运动黏度为 $v_{50}=6\sim8$cst，适用于高转速的机械。稍微增加油料的黏度，可使工作温度升高时的黏度得以增加，不致变稀而容易泄渗。

④ 改短针杆下套筒。不单对减少油料压向下套筒有利，而且改变针杆行程，以加强缝厚能力时不致与针杆轴相碰，提供空间贮备。针杆下套筒上端环面积应减至最小，而下端环面积则应增大，两者都应降低其表面粗糙度值。为防止上端面受损，建议装配时，下套筒应由下向上压入为好。

⑤ 建议针杆和下套筒配合的表面粗糙度由 $Ra=0.4\mu m$ 减小为 $Ra=0.2\mu m$，这样，当 $Z=0.01mm$（图纸要求的配合间隙），$Z/2Ra=25$，使运动副较为可靠地处于流体动压润滑状态。

三、 包缝机漏油分析及维修方法

以 747 包缝机主要漏油部位为例，分析如下。

1. 针夹导杆处的漏油、 甩油

针夹导杆处的供油原理见图 10-52，油线 6 绕在机针传动偏心销 2 上，油线 24 及油线套管 25 配在针夹导杆 22 内，油线 6 及油线 24 压在一起穿入机壳内腔打结，用油毡 23 或类似油毡的油线固定销将其固定在机壳上的过孔内。油线打结的一端可露在机壳内腔吸取油泵打上来的油，或直接延长至油盘内吸油，通过虹吸原理供油至针夹导杆或其他零件。

从设计思路来讲，外露的针夹导杆下部有一个铁皮罩壳，可以接住并导走针杆导套部位多余的油，并用于给上弯针夹紧轴导架润滑。事实上，由于针夹导套 21 沿导杆 22 高速上下运动，产生大量的油雾或飞溅出的油滴不可能按设想的那样导走，由此导致布料污染。供油原理和残油的来源基本搞清楚了，就可从减少供油的方面来达到消除油污染的问题。具体处理方法如下：

① 确保固定油线的零件 23 不是油毡，应用一个锥度销代替，这样可以通过敲入锥度销的松紧来调节供油的大小，而油毡没有这样的调节功能，相反可能使供油量更大。

② 导杆内的油线 24 一般为对折，并且两股全部引入机壳内腔吸油。如果将引入机壳内腔的油线改为一股，可以大大减少该部的供油量。另外，选一些吸油量较差的油线也可以达到同样的效果。在维修中，将油线 24 露出的一端的粗细剪为一半的方法很方便也很有效。

③ 打结后露在内腔的油线长度不宜太长，留 3～5mm 即可，留得太长也会造成供油量过大。当然，用锥形销固定油线时，油线可不必打结，直接留够长度剪断即可。

④ 机器一般在停机一段时间后，针夹导杆部位或滑套下部会存有堆积的残油，平时我们不太注意这点，如果每天早上或每班刚开始使用机器时，用吸油碎布将其擦干净后再开机工作，这样将可以大大减少对布料的污染。

2. 牙架密封导板处漏油

我们知道，要使包缝机高速运转而不咬死，一般都采用强制给油的方法。主轴内部全是有一定压力的油，加上主轴的高速旋转，在送料凸轮处、抬牙滑块 5（见图 10-53）等处都有油甩出以给其他部位润滑，因而，在机器高速运转时，牙架所在的内腔充满了油或者油雾。

牙架密封导板处的密封原理如图 10-53 所示，差动牙架 3、送料牙架 2 沿固定在机壳上的差动送料导板 24 做前后和上下高速运动，很可能带出或甩出油。为了防止油的泄漏，在牙架前部固定的牙架密封导架 27 内装有两片用特殊耐磨密封的材料做成的差动送料密封板 26，将牙架带出或甩出的残油刮掉确保该部不漏油。因而两片差动送料密封板 26 的可靠性、耐久性，及两牙架与差动送料导板 24 的配合都很重要。

如果这两处发生问题，一定会导致牙架甩油从而污染布料。使用较长时间的机器，两片差动送料密封板磨损是导致漏油的直接原因。我们必须从以下几点进行维修。

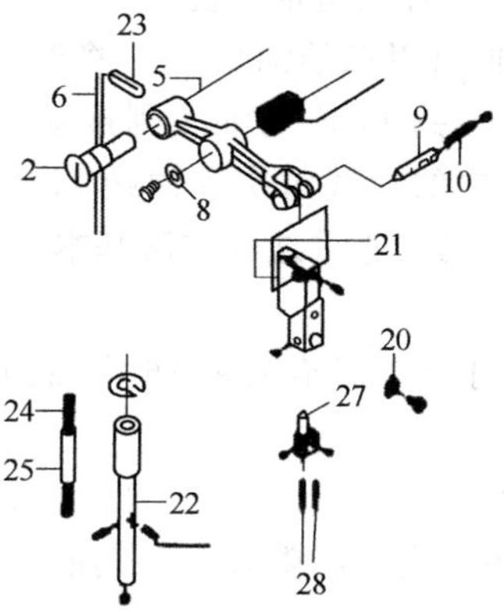

图 10-52　针夹导杆处的供油原理

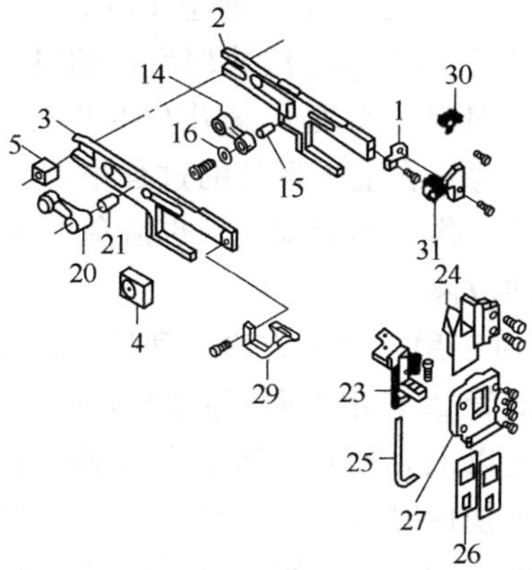

图 10-53　牙架密封导板处的密封原理

① 换上两片新的可靠的差动送料密封板 26。安装时一定要小心，确保牙架前端无毛刺，绝对不能将其撕裂，否则还会导致漏油；并且要注意两个差动送料密封板的安装方向，有大倒角的一面均朝机壳内侧装入。最后，重新安装差动送料密封板破坏了的牙架密封导架 27，必须确保其与机壳之间重新密封好。

为了确保差动送料密封板刮掉牙架带出的油，在目前差动送料密封板的基础上，有些厂家在两片差动送料密封板的内侧增加了一套结构，即增加了一片差动送料密封板，更加保障了它的密封作用。

② 两牙架与差动送料导板 24 的配合精度很高，正常情况下三者之间轻滑动，无间隙、无死点。检查三者配合间隙，如果间隙过大，差动送料密封板也无法完全密封牙架带出的油，这时必须找出并换掉严重磨损的那个零件。

③ 还有一种可能：主轴内的油压过大导致牙架部位的油量过大产生漏油。这时可以给主轴前节油孔内增加一个节流的销轴来减少给前节的供油量，以达到减少该处漏油。孔内放一个比油孔内径小 0.2～0.4mm 的铁丝，即可起到节流的作用。

3. 上弯针导架座处漏油

上弯针导架座处的供油原理见图 10-54，处在机壳内腔的油线 17 通过穿在机壳孔内的油管 23 和油管 24，分别与给上弯针夹紧轴 10 供油的油毡 16 接触供油。上弯针夹紧轴销 11 内的油线 13 每次运动时与油毡 18 摩擦润滑，保证了该部不会因缺少油润滑而咬死。同样，油毡 16 也给上弯针夹紧轴导架提供了必需的润滑。

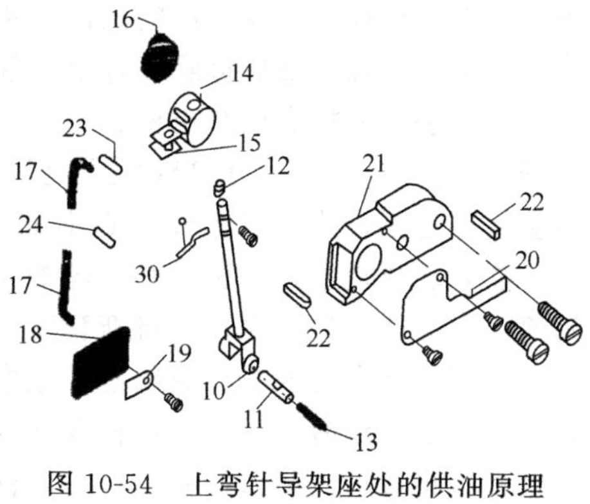

图 10-54　上弯针导架座处的供油原理

但是，以上两点油量无法控制而使油量过大，上弯针甩油的可能性大大增加了。一般情况下，经 8～10h 的拖车实验会发现，在针板左侧的缝台表面沿上弯针运动方向，上弯针甩出的油形成一条由粗到细的明显油痕，而且，台板上、油痕两侧和牙齿运动的方向均有雾状油迹。

弄清楚该供油原理和出现问题的地方后，我们可做以下维修、改良。

① 用一个圆柱销代替油管 24，将油线 17 固定在机壳孔内，油线露出部分不宜太长，约 3mm；油毡尽量剪小，与上弯针夹紧轴销 11 内的油线刚接触上为最佳。这样不仅限制了油

线 17 供油量，也缩小了油毡 18 的贮油量，可大大减少上弯针的甩油可能。

② 对于经上述办法处理后该油量仍然大的机器，我们可以取消油毡 18，将油线 17 对折用圆柱销固定，油线 17 露出的长度标准以与上弯针夹紧轴销 11 内的油线刚接触上为最佳。这样，上弯针在上下运动的过程中，上弯针夹紧轴销 11 内的油线每次和油线 17 接触两次，保证了该处供油不会太大，也避免了因油量过小而导致咬死。通过这种方法基本可以解决该处的甩油故障。

③ 对于用以上两方法处理后，油量仍过大的机器，可以取消给油毡 16 供油的油线 17，或更换油管 23，用上面相同的圆柱销固定。

通过以上 3 种方法基本可以消除上弯针部的漏油情况。

对于使用时间很长的机器，由于零件磨损较严重，各处配合间隙较大，其他部位漏油的可能性也大大增加，因而通过限制供油的方法防止油污染也很有效。

四、 绷缝机漏油分析及维修方法

以 WX8003D 绷缝机主要漏油部位为例，分析如下。

1. 牙架漏油

牙架出现漏油，一般是牙架刮油片磨损或是牙架刮油片盖板四周的密封胶脱落，这种情况只要更换牙架刮油片或重新将牙架刮油片盖板四周加密封胶即可。更换牙架刮油片要特别小心，牙架刮油片四周千万不能有伤痕，否则刮油片会失去防漏油的功能。另外，加密封胶时要将旧密封胶全部清理干净，在上密封胶时注意牙架内侧四周不能有胶水，如果粘上密封胶同样也会失去防漏油的功能。因为胶水粘到牙架内侧时，胶水会流到刮油片上，使刮油片失去防漏油效果。

2. 弯针连杆漏油

一般情况是弯针连杆的密封圈损坏，只要更换新的密封圈，基本能解决问题。

3. 上牙齿、针杆及压脚漏油

漏油现象出现最多的地方是上牙齿、针杆及压脚部位。上牙齿漏油一般是上牙齿连杆的弹簧密封圈损坏，只要更换弹簧密封圈即可。在更换上牙齿连杆密封圈时，注意密封胶一定要粘牢，不能有一丝缝隙，在上胶水之前应将机壳上的旧胶全部清理干净。还有一种情况是因为针杆在针杆筒中晃动造成的漏油，更换针杆及针杆上下套筒时，首先要拆除针杆，然后再将针杆接头拆除，最后拆除针杆上下套筒。在拆除针杆上下套筒时注意观察套筒露出机壳多少，在安装新针杆套筒时也要露出一样多。针杆套筒是用胶水粘在机壳上的，所以只要拆下针杆及针杆接头，就可以敲出上下套筒，用刮刀将机壳上留下的胶水全部刮干净，否则新套筒会塞不进去，或造成针杆中心不准。新套筒在装进机壳时注意要让其能顺利塞入机壳里，不能有轧死现象，要感觉有一丝松动但不能松动太大，否则会造成针杆中心不准。如果新套筒太大不能塞进机壳，可将新套筒外侧四周用砂纸进行打磨，打磨套筒时注意四周要均匀打磨，不能将套筒外圆打成偏心。把磨好的上下套筒固定在针杆上，观察针杆上下运动有没有死点。如果没有，再取出针杆及针杆上下套筒，将针杆上下套筒外侧涂上厌氧胶，不要涂得太多。将针杆先装入机壳里，将针杆上套筒从上面套到针杆上，针杆下套筒从下面套到针杆上，注意针杆上下套筒不能装反，上下套筒全部套在针杆上时，将上下套筒同时装入机壳，速度要快，上下套筒一次性安装到标准位置，否则胶水干了就不能移动了。安装完毕，要上下移动针杆十几下，让针杆套筒与针杆之间比较顺滑，没有死点。大约粘好针杆套筒 30s 后，用干净的布将套筒外面多余的胶水擦干净。

如果上牙齿密封圈和针杆与针杆套筒之间无间隙，但还会出现漏油现象，可能是供油量太大，回油不好造成的。检查造成这种漏油现象的方法很简单，机器正常工作12h后打开针杆部位侧盖，如果针杆部位油很多，在打开侧面盖时会有油流出来，那就是供油量太大，回油效果不好。要解决此类问题，必须了解供油系统工作原理，才能对症下药。

4. 供回油系统的调整

绷缝机供回油系统在正常运转时，通过油泵将油盘的油送到双通部位，然后通过双通将油路一分为二供给牙架传动部位和上轴部位。供上轴部位的油路又分成两路，一路供上牙齿的各个传动机构，另一路供给喷油窗。从油窗喷出的油会流到油窗下面的油盘，油盘上有几个孔，流到油盘上的油会顺着孔流到上绷针连杆部位和针杆部位。上绷针连杆直接润滑针杆部位，通过铜管中的油线进行润滑，油线一头处于上油盘孔的正下端，从油窗喷出来的油顺着上油盘孔正好流到铜管内的油线上，油线的另一头通过上轴前端针杆曲柄，运转时每次碰撞油线使油雾化，从而润滑了针杆部位、上牙齿传动部位、上绷针的传动机构和压脚机构。对供油系统有了大概的了解，同时还要考虑回油系统。牙齿传动机构回油很简单，喷出来润滑的油会自动流到油盘里，供应给上轴进行润滑。上牙齿传动机构及上绷针连杆部位的油，也会顺着机壳流到油盘内。针杆部位的油则无法自动流到油盘内，只能通过回油将多余的油吸回油盘内。这就是油路循环的过程，供油保证机器每个传动零件充分润滑，防止机器在高速运转时咬死，又能减少各个零件之间的磨损。回油还能防止多余的油顺着零部件之间的间隙流到面料上而造成油污。

绷缝机会出现针杆部位供油量过大，而回油泵不能及时将针杆部位多余的油吸回油盘里的现象。由于供油量大小是不可调节的，要想解决漏油，则应先从减小绷缝机供油量入手：首先打开上盖，剪一段10～15cm的油线，拔出通往上轴的油管，将油线塞入油管内，这样能减小上轴供油量，又不阻断上轴供油。塞好油线后把油管接好，再启动设备观察喷油管里是否有油喷出，但油量不能太大，只要盖上上盖后，能从喷油管窗看到有油喷出就可以了。然后打开针杆部位侧面板，旋松针杆部位供油铜管紧固螺钉，取出铜管，将铜管里面的油芯线拔出来，将油芯线的粗细剪掉一半（注意是剪油芯线的粗细，而不是剪油芯线的长短）。将油芯线再塞入铜管内，轻轻地用锤子将筷子塞紧，把露在铜管外面多余的部位剪断，正常情况，筷子只要塞入铜管内10～20mm就可以了，注意塞好筷子后，铜管两头还要露出油芯线5mm，如果露得太多，可以用剪刀剪掉。这样才能既起到向针杆部位供油，又能减小供油量的作用。将铜管装到机壳上，用螺钉固定好铜管，转动手轮，观察上轴针杆曲柄是否每转一次都会碰到铜管，如果碰不到铜管，就基本解决了针杆部位漏油问题。

如果采用以上方法还出现针杆部位漏油的现象，那就是针杆部位的回油力度不够，未能将多余的油及时吸回油盘内。遇到这种情况，需要准备外直径4mm、长20mm的铜管及内直径3.5mm、长500mm左右的塑料油管以及长、宽、高各30mm、20mm、10mm的羊毛毡一块。

首先打开上盖和针杆部位的侧盖，拆下压脚、调压螺钉、调压弹簧、压杆导架、压杆导架座、抬压脚吊板和压紧杆防油罩。注意装压脚的压紧杆不要拆下来，目的是防止操作时不会损坏压脚压紧杆的铜套，如果损坏铜套会造成压脚升降不灵活。然后将准备好的羊毛毡，四周修成圆角，并且底部四周也要修成圆角，因为机壳四周和底部是圆弧形的，修剪后的羊毛毡应能完全贴在机壳内。在羊毛毡上用2mm的钻头打一个小洞，小洞不能打穿，只要钻进去5mm左右深度就可以了。另外注意打洞的位置，因为羊毛毡放置在绷针曲柄下面的机壳里，要让绷针曲柄左右摆动时碰不到回油管，回油管就插在洞里面，用2mm钻头打洞，优点是回油管插入羊毛毡内比较紧，回油管吸回油时就不会漏气，如果漏气就不会吸油，用尖嘴钳或镊子将羊毛毡放到针杆部位里面且绷针曲柄的正下方，放羊毛毡时注意羊毛毡的洞的位置不能错。

剪 15mm 长的铜管，把铜管两头的毛刺全部清理干净，将铜管一头塞入准备好的塑料软管内至少 8mm。如果铜管不容易塞入，可以用开水或电吹风将塑料软管软化，再将塑料软管没有塞铜管的一头顺着机器原有的回油管方向，从机壳里穿过去。机壳穿回油管的地方有两个孔，其中一个孔已经有回油管穿过，新回油管从另一个孔里穿过去，顺着旧回油管方向一直伸到机壳底部油盘内。回油管不要穿错，否则机器运转时会碰到回油管。将新回油管上的铜管用尖嘴钳夹住，慢慢塞入羊毛毡洞中，一定要塞紧并塞到底。然后用手转动手轮，观察上绷针的曲柄是否碰到新回油管，如果碰到可能是羊毛毡洞的位置不对，必须重新打洞。

剪 60mm 长的铜管，两头去掉毛刺，然后用手慢慢掰成 U 形。在 U 形铜管底部用砂轮机或什锦锉刀打出一个孔，将孔四周毛刺清理干净。剪 30mm 长的铜管，同样两头去毛刺，再将铜管一头对准 U 形铜管刚刚打出来的孔，用电烙铁焊牢，焊好后成 Y 形状的三通。焊接时注意，不能将任何一个出口堵住，并且焊接的地方也不能漏气，焊好后要放在水中吹吹看，检查三个出口是否畅通，焊接部位是否漏气。

将机器内的油放掉，打开机头油盘，将机头侧翻在工作台上，从油泵上找出回油管。在离油泵根部 20～30mm 地方剪断回油管，将做好的 Y 形三通一头插在油泵上留下的一段回油管上，被剪下来的回油管插在三通的另一个铜管上，新安装的回油管插在剩下的一个铜管头部，一定要插紧，不能漏气。插好后把机头放正，用手转动手轮，仔细观察是否碰到回油管。如果一切正常，装好油盘，加入机油，装好皮带。在新安上的羊毛毡上注满机油，用手堵住喷油孔，启动设备，观察两根回油管是否正常回油，可能出现两根回油管速度不一样的情况，但只要两根回油管都起到回油作用就可以了。正常情况是一根回油管回油速度快，另一根回油管回油速度慢。

参考文献

[1] 杨明才. 工业缝纫设备手册. 南京：江苏科学技术出版社，1995.

[2] 杨明才. 缝纫设备技术手册. 南京：江苏科学技术出版社，2009.

[3] 王文博. 服装机械设备使用维修手册. 北京：机械工业出版社，2005.

[4] 王文博. 服装机械设备使用保养维修. 北京：化学工业出版社，2005.

[5] 本书编写组. 工业缝纫设备维修快速入门. 北京：化学工业出版社，2016.

[6] 张春宝. 服装缝纫设备原理与实用维修. 北京：中国轻工业出版社，2016.

[7] 邹慧君，等. 现代缝纫机原理与设计. 北京：机械工业出版社，2015.

[8] 孙苏榕. 服装机械原理与设计. 北京：机械工业出版社，1994.

[9] 隆承忠. 服装机械知识. 北京：化学工业出版社，1998.

[10] 孙金阶. 服装机械原理. 北京：中国纺织出版社，2000.

[11] 东北三省职业培训教材编写组. 服装机械使用与维修. 沈阳：辽宁科学技术出版社，2004.

[12] 汪建英. 服装设备及其运用. 杭州：浙江大学出版社，2006.